国家自然科学基金委员会
建设部科学技术司　联合资助

中国古代建筑史

第四卷

元、明建筑

（第二版）

潘谷西　主编

中国建筑工业出版社

图书在版编目（CIP）数据

中国古代建筑史. 第4卷，元、明建筑/潘谷西编著.
—2版. —北京：中国建筑工业出版社，2009.10
ISBN 978-7-112-09099-0

Ⅰ.①中…　Ⅱ.①潘…　Ⅲ.①建筑史-中国-元代
②建筑史-中国-明代　Ⅳ.①TU-092.2

中国版本图书馆CIP数据核字（2009）第198169号

责任编辑：王莉慧
整体设计：冯彝诤
版式设计：王莉慧
责任校对：陈晶晶

国家自然科学基金委员会　联合资助
建 设 部 科 学 技 术 司

中国古代建筑史

第四卷
元、明建筑
（第二版）
潘谷西　主编

＊

中国建筑工业出版社出版、发行（北京西郊百万庄）
各地新华书店、建筑书店经销
北京红光制版公司制版
天津翔远印刷有限公司印刷

＊

开本：880×1230毫米　1/16　印张：41　字数：1246千字
2009年12月第二版　　2019年11月第四次印刷
定价：**132.00**元
ISBN 978-7-112-09099-0
　　（14482）

第二版出版说明

　　用现代科学方法进行我国传统建筑的研究，肇自梁思成、刘敦桢两位先生。在其引领下，一代学人对我国建筑古代建筑遗存进行了实地测绘和调研，写出了大量的调查研究报告，为中国古代建筑史研究奠定了重要的基础。在两位开拓者的引领和影响下，近百年来我国建筑史领域的几代学人在中国建筑史研究这一项浩大的学术工程中，不畏艰辛，辛勤耕耘，取得了丰硕的研究成果。20世纪60年代由梁思成与刘敦桢两位先生亲自负责，并由刘敦桢先生担任主编的《中国古代建筑史》就是一个重要的研究成果。这部系统而全面的中国古代建筑史学术著作，曾八易其稿，久经磨难，直到"文革"结束的1980年代，才得以出版。

　　本套《中国古代建筑史》（五卷）正是在继承前人研究基础上，按中国古代建筑发展过程而编写的全面、系统描述中国古代建筑历史的巨著，按照历史年代顺序编写，分为五卷。各卷作者或在梁思成先生或在刘敦桢先生麾下工作和学习过，且均为当今我国建筑史界有所建树的著名学者。从强大的编写阵容，即可窥见本套书的学术地位。而这套书又系各位学者多年潜心研究的成果，是一套全面、系统研究中国古代建筑史的资料性书籍，为建筑史研究人员、建筑学专业师生和相关专业人士学习、研究中国古代建筑史提供了详尽、重要的参考资料。

　　本套书具有如下特点：

　　（1）书中大量体现了最新的建筑考古研究成果。搜集了丰富的建筑考古资料，并对这些遗迹进行了细致的描述与分析，体现了深厚的学术见解。

　　（2）广泛深入地发掘了古代文献，为读者提供了具有深厚学术价值的史料。

　　（3）丛书探索了建筑的内在规律，体现了深湛的建筑史学观点，并增加了以往研究所不太注意的建筑类型，深入描述了建筑技术的发展。

　　（4）对建筑复原进行了深入探索，使一些重要的古代建筑物跃然纸上，让读者对古代建筑有了更为直观的了解，丰富了读者对古代建筑的认知。

　　（5）图片丰富，全套书近5000幅的图片使原本枯燥的建筑史学论述变得生动，大大地拓宽了读者对中国古代建筑的认识视野。

　　本套书初版于2001～2003年间，这套字数达560余万字的宏篇大著面世后即博得专业读者的好评，并传播到我国的台湾、香港地区以及韩国、日本、美国等国家，受到海内外学者的关注，成为海内外学者研究中国古代建筑的重要资料。之后，我社组织有关专家对本套图书又进行了认真审读，更正了书中不妥之处，替换了一些插图，并对全套书重新排版，在装帧和版面设计上更具美感，力求为读者提供一套内容与形式同样优秀的精品图书。

中国建筑工业出版社
2009年10月

第一版出版说明

中国古代建筑历史的研究，肇自梁思成、刘敦桢两位先生。从 20 世纪 30 年代初开始，他们对散布于中国大地上的许多建筑遗迹、遗物进行了测量绘图，调查研究，发表了不少著作与论文；又于 60 年代前期，编著成《中国古代建筑史》书稿（刘敦桢主编），后因故搁置，至 1980 年才由中国建筑工业出版社出版。本次编著出版的五卷集《中国古代建筑史》，系继承前述而作。全书按照中国古代建筑发展过程分为五卷。

第一卷，中国古代建筑的初创、形成与第一次发展高潮，包括原始社会、夏、商、周、秦、汉建筑，东南大学刘叙杰主编。

第二卷，传统建筑继续发展，佛教建筑传入，以及中国古建筑历史第二次发展高潮，包括三国、两晋、南北朝、隋唐、五代建筑，中国建筑技术研究院建筑历史研究所傅熹年主编。

第三卷，中国古代建筑进一步规范化、模数化与成熟时期，包括宋、辽、金、西夏建筑，清华大学郭黛姮主编。

第四卷，中国古代建筑历史第三次发展高潮，元、明时期建筑，东南大学潘谷西主编。

第五卷，中国古代建筑历史第三次发展高潮之持续与向近代建筑过渡，清代建筑，中国建筑技术研究院建筑历史研究所孙大章主编。

晚清，是中国古代建筑历史发展的终结时期，接下来的就是近、现代建筑发展的历史了。但古代建筑历史的终结，并不是古典建筑的终结，在广阔的中华大地上，遗存有众多的古代建筑实物与古代建筑遗迹。在它们身上凝聚着古代人们的创造与智慧，是我们取之不尽的宝藏。对此，研究与继承都仍很不足。对古代建筑的研究，对中国古建筑历史的研究，是当今我们面临的一项重大课题。

本书的编著，曾得到国家自然科学基金委员会与建设部科技司的资助。

中国建筑工业出版社

一九九九年一月

本 书 作 者

主　　编　潘谷西

编　　校　陈　薇

分章写作：

总论——潘谷西

第一章　城市建设

　　第一、二节——潘谷西

　　第三、四节——陈　薇

第二章　宫殿——陈薇

第三章　坛庙——丁宏伟

第四章　陵墓——章忠民

第五章　住宅——殷永达

第六章　宗教建筑

　　第一节——张十庆

　　第二节——应兆金

　　第三节——杨昌鸣

　　第四节——杨昌鸣、陶永军

　　第五节——常　青

第七章　园林——杜顺宝

第八章　学校等建筑——龚　恺

第九章　结构与装修

　　第一节——朱光亚

　　第二节——龚　恺

　　第三节——陈　薇

　　第四、五、六节——汪永平

第十章　风水、匠师、著作——何晓昕

附录一、二——戚德耀

特邀撰写某段落或某实例的作者，分别在文中加以注明。

自　序

多年来我有一个企盼，希望能在20世纪结束前看到一部充分反映数千年中华建筑文化精华的建筑史问世。人们常说，中国建筑是世界上最具特色的建筑发展体系之一，有着数千年未曾中断过的优秀建筑传统，在世界建筑史上占有特殊的地位。可是，半个多世纪以来，我国只出版了少数几本中国建筑史著作，而且也只是作为大学建筑系课本或向建筑界作一般性介绍而编写的简约本，无论从历史地、完整地反映中华民族优秀建筑传统或是从东方文明古国和世界大国的地位来衡量，都是一种不协调、不相称的局面。基于这种认识，十年前我就结合研究生的培养开展这方面的课题研究，指望积少成多，有朝一日能写一部像样的中国建筑史出来。

我们的研究是从明代建筑下手的。

为什么要把明代建筑作为研究工作的突破口呢？因为建筑史界以至整个社会似乎已形成一种习惯，总是把明代和清代的建筑拼在一起笼统称之为"明清建筑"，结果是名为"明清建筑"，实际上说的是清代建筑，明代建筑被掩盖了。而从建筑演进的历程来看，明代是我国建筑史上的一个高潮，清代建筑只是明代建筑的延续与发展，以清掩明无疑造成了历史的扭曲。我们希望通过研究，把明代建筑的本来面目和真实价值展示出来，以纠正已经形成的错觉。

1979年开始的硕士论文选题就沿着这个思路进行着，先后完成了十多篇有关明代建筑的论文。但是随着研究工作的展开，越来越感到中国历史之长、地域之广、建筑内涵之多，单靠我们少数几个人，也许要再化二三十年的时间才能达到预期的目标。正好，当我把这项研究作为国家自然科学基金项目提出申请时，清华大学和中国建筑技术发展中心的同行们也参加了共同的研究行列，使这项巨大工程有指望在21世纪到来之前得以完成。

我所负责的这一卷——元明时期建筑是一项集体研究的成果。作者主要是一批中青年学者，他们用各自的研究成果充实了本书的内容。现在他们都是本单位教学、科研的骨干，工作很忙，又处在建筑业繁荣时期，受到强烈的市场经济冲击，要做到甘于寂寞坐下来做学问是需要一种精神来支持的，所以这些研究成果的取得更是难能可贵了。我在对他们表示由衷的感谢之余，又为建筑史学术界一批新秀的崛起而深感欣喜。

学术研究是无止境的。我们是在前辈研究的基础上前进一步，虽然这次的研究成果远非完美无缺，但是我想只要能在新研究领域的开拓、新学术解说的建立、新历史材料的展示方面有所前进、有所突破，那也就可以为我们所做的一切有益于弘扬中华建筑文化而感到自慰了。

本书的总论承元史专家姚大力先生审阅。书中大量插图则是何建中、徐千里、曹春萍、郭华瑜等同志及古建四班同学完成的，其间还采用了历届研究生和本科生的测绘成果，也有一些测绘图是由西安冶金建筑学院、天津大学、清华大学、重庆建筑大学、四川省文管会、湖北省文物工作队等单位提供的，图中分别作了注明。朱家宝、李国强两位摄影师则为本书摄影与照片的加工付出了辛勤的劳动，孙大章、陆元鼎两先生还提供了照片资料。在研究工作的启动阶段，朱光亚副教授为编写提纲、组织调研做了许多工作，赵辰副教授则亲率古建一班的学员赴鄂、川、桂等地进行调查。对此，我深表谢意。

在本书的编写过程中，还得到重庆建筑大学、武汉工业大学、安徽建筑工程学院、天津大学、常熟市文管会、江苏省古典园林建筑工程公司等单位的支持与帮助，并此致谢。

潘谷西　于南京兰园
1993年4月

目　录

总　　论

一、元时期建筑（1235～1368 年）

元朝的统治如果从忽必烈立国中原算起仅一百年左右，但在中国历史上却有着特殊的地位。它结束了唐末、五代以来军阀割据和宋、辽、金、夏等政权对峙的局面，实现了空前规模的大统一。元帝国的疆域辽阔：西藏归中央的宣政院管辖，正式纳入中国版图；西南边区设立云南行省；北方朔漠设立岭北行省；东北设立辽阳行省，使边陲地区和内地的联系得到加强；台湾也被纳入元朝版图。元朝的统一，有利于密切国内各民族之间的关系，促进相互交流与融合，也有利于边远地区的开发与进步。但元朝的统一是靠残酷的暴力手段实现的，蒙古军空前规模的掠夺和屠杀曾使各被统治民族遭受巨大灾难，特别在其进入中原的初期，处于奴隶制阶段的草原民族征骑所至之处，人口锐减，生产遭到毁灭性破坏，大汗的一些近臣甚至提出："汉人无补于国，可悉空其人以为牧地"（《元史·耶律楚材传》）。原来富饶的山东半岛登、莱地区就曾一度出现过"广袤千里"的牧场。直至元世祖忽必烈推行"汉法"之后，才比较显著地改变其统治方式，采用"以农桑为急务"的政策，使社会生产逐步得以恢复和发展。

元朝的政权代表着各族上层分子的利益。这个政权以蒙古和西域各族中半世袭性的贵族为核心，对国内民族采取歧视政策，分民族为四等：第一等是蒙古人，享有各种特权；第二等是色目人，即西域各族人，地位稍次；第三等是汉人，即原来金朝统治下的汉族、契丹、女真居民等；第四等是南人，即原来南宋境内的汉族和其他各族居民。在政治上，中央的中书省、御史台、枢密院等要害部门，例由蒙古人和少数几家色目贵族成员担任最高长官，汉人只能充任次要职务，南人的政治地位更低。行省以下的地方行政机构中，多以蒙古、色目人为达鲁花赤（蒙古语 darughachi 的音译，意为弹压官）专门监视同级汉人、南人行政官员。在法律方面，蒙古人犯罪多按"本俗法"处断，往往还要受到各级政权的庇护，所以不同族人犯了相同的罪行，量刑标准不一，经常出现同罪不同刑；赋税负担也轻重各异。这些都反映出元朝政权具有阶级与民族的双重压迫性质。为了强化对各族人民的劳役科差和赋税征收，元朝又建立了严格的户籍制度，编户按财富、人口分为三等三级，又按科差性质区分为民户、站户（供役于驿站）、军户、匠户、盐户……。由于奴隶制的遗留，元代有大量处于隶民地位的私属人口，当时称为"驱口"。上都及大都均曾有专卖驱口的"人市"。

来自草原的蒙古贵族对农业一无所知，但对手工业的重要性认识较充分，在征服各民族的过程中手工业者照例可免于杀戮而被集中起来加以役使，元代的官手工业也因此呈畸形发展，皇室拥有庞大的手工业机构，全国各地到处都是名目繁多的诸色人匠总管府、各业提举司和局、院。各业工匠都是世袭的，劳役是强制性的。而工匠的高度集中、分工的细密、劳动力代价的低廉、原料的垄断，使元代官手工业达到相当高的水平，制造出许多供统治者消费的高质量产品。而中亚和国内各族匠人被拘括集中，共同生产，使工艺与技术得以交流，促进了各行各业的进步。民间手工业在瓷器制造业、纺织业、印刷业、铸造业等也有一定程度的发展。

规模空前的多民族国家的形成、农业与手工业的恢复与发展、政令与货币的统一、驿站体系的扩大与进一步完善[1]、国内外交通的开辟与畅通，都有力地促进了元代商业的繁荣。各地出现了许多商业都会，被称为"汗八里"的大都城，不仅是元朝的政治中枢，也是世界闻名的贸易中心，从欧洲、中亚、日本、南洋各地来的商人与货物，云集大都。地处北疆的上都、和林、镇海等城市也聚集了大批汉族和西域商人。西南的中庆（昆明）和大理、东北的肇州都成了地区性商业中心。沿长江和运河众多的原有大中城市和集镇更是蓬勃发展起来。对外贸易的兴旺使沿海城市广州、泉州、福州、温州、庆元（宁波）、杭州、澉浦、上海等成为重要港口，其中泉州被誉为"世界最大港口之一"（《蒲寿庚考》引摩洛哥人伊本·拨图塔语），当年曾作为航标的石塔六胜塔（1336 年建）至今仍屹立于泉州湾口。为了适应商业发展的需要，元朝政府发行了统一的银本位货币，不仅畅通全国，连越南和南洋也可通用。

元时期政治中心大都与上都地处北方，庞大的行政机构、军队和居民所需粮食主要仰赖于江南，南粮北运成为维持和保证大都正常运作的关键问题之一。因此元朝政府着力开拓海运和疏通南北大运河。海道由苏州刘家港（太仓浏河）启程，经崇明三沙入海，绕过登州（山东蓬莱）外沙门岛入渤海而达直沽（天津塘沽）。每年运粮多达三百余万石。海运成本低，仅及陆运十分之二、三，因此终元之世，海运不废。大运河的疏通是在原有运河基础上进行的，隋唐至宋的运河是以地处中原的京城为中心而疏凿的，元朝只能利用部分河段，故又增开了通惠河、通州运粮河、御河、会通河、济州河等河段，使之成为南起杭州、北达大都城内、长达三千余里、贯通南北的大动脉，每年运粮曾达五百万石，对南北经济、文化的交流起了良好作用。

在思想、文化领域，元朝在推行"汉法"的同时，大力尊崇孔子，积极提倡程、朱理学，规定学校教学和科举考试一概以程、朱对"四书"、"五经"的注释为标准，"非程朱学不式于有司"，理学成了官方哲学和正统思想，两宋以来的理学家都被列入孔庙祀典之中。

蒙古族原来信奉萨满教，但对其他宗教都予以保护、利用，宗教信仰比较自由。所以元代宗教除佛教、道教之外，基督教、伊斯兰教、犹太教都得到发展。大都城内各种宗教的礼拜建筑相继并起，其中以佛教中的喇嘛教为最盛。喇嘛教是佛教和西藏原有本教融合而成的一个教派，自元世祖忽必烈奉喇嘛教萨迦派领袖八思巴为帝师起，其后历代皇帝也都尊该派高僧为帝师，并从之受戒。道教有正一派、全真派、真大道教和太一派等流派，其中以全真派势力最大。元代称基督教为"也里可温"，由两路传入中国：一路由海道经沿海城市而进入内地；一路由教皇派遣教士经西域进入中国。伊斯兰教则随阿拉伯人、波斯人、突厥人东来，元代的"回回人"，即以信奉伊斯兰教的阿拉伯人、波斯人以及畏吾儿以西的中亚突厥人为主体，统称之为"回回"。对宗教采取兼收并容的政策，并对各种宗教职业者以免税免役的优遇，为各种宗教提供了广泛发展的有利条件。

元代各民族在文学艺术上的成就是巨大的，元曲就是其中最突出的一例。藏族民间说唱史诗《格萨尔王传》、蒙古民族史书《蒙古秘史》都是这个时期的不朽杰作。戏曲的兴盛促进了各地演出建筑的发展。在绘画方面，画家从两宋院画的禁锢中解脱出来，追求个性抒发和笔墨情趣，开创了全新的艺术境界。雕塑、壁画也在融合外来技巧和中国传统的基础上向前发展。

蒙古人以其凌厉的军事进攻征服了亚洲和东欧的广大地区，但它的社会生产力发展仍处于游牧为生的阶段，住居方式是毳幕（毡帐），即使王公大人，也只是高大华美其帐幕而已。因此在征服其他民族以后建立的统治中心，除了住居方面仍保留部分帐幕外，其他建筑都利用当地原有传统形式与技术。同时，由于缺少本民族的建筑文化传统，所以对外来建筑没有排他性而能够兼收并容，使各种传统的建筑都能自由发展，从而出现了中国历史上少有的建筑文化交流盛况。这就形成了元代建筑发展的基本格局。

元时期建筑发展大致可分为三个阶段：即：蒙古诸汗时期、忽必烈时期和元朝中晚期。

早在蒙古人逐步南下的过程中就开始吸取各地建筑形式来建设城市。如早期的都城和林，在窝阔台汗时（1235 年）开始营建都城官阙（《元史·地理志》），由汉人刘德柔负责规划建设，城市的布局和宫殿建筑形式显然受到汉地建筑文化的影响（详见第二章"蒙古国都和林"一节），同时，由于西域匠人的流入，也带来了中亚一带的建筑技术，如和林近郊春天居住的离宫，即由回回匠人建成。城内居民分为回回市区和汉人市区两大部分：所谓回回市区，是蒙古人和色目人的居住区，也是贵族、官员的聚居区，其中还有西方来的使者；汉人市区则是在战争中被掳掠来的女真、契丹、汉族的手工业匠人居住区。全城还散布着十二个民族的佛寺、清真寺和基督教堂[2]。到蒙哥汗时（1256 年），在和林建造了一座五层的高阁，名之为兴元阁（许有壬《至正集》敕赐兴元阁碑）。由此可以看出，和林是一个汉地式样的城市布局、宫殿、佛寺和蒙古帐殿、中亚伊斯兰式建筑、西方基督教堂同时并存的具有独特风貌的都城。

忽必烈推行"汉法"使朝廷礼仪、都城规划、宫室布置都迅速汉化，但仍保持着一些蒙古族的传统特色。

早在 1256 年忽必烈居藩时期，就命汉族士人刘秉忠、贾居贞等在桓州（今内蒙古正蓝旗西北，本是忽必烈的驻营地）东，滦水北岸的龙岗上建造城市宫室，以供"谨朝聘，出政令，来远迩，保生聚，以控朔南之交"。这就是开平府城，也就是后来忽必烈登上大汗位后的都城——上都。直到至元四年在燕京（今北京）建立新都为止，其间共有七年是蒙古政权的都城所在（1260～1267 年）。即使在迁都燕京后，这里仍是忽必烈每年春夏两季的居留地和事实上的第二都城。此后，终元之世，元朝诸帝都保持了忽必烈创立的两都制，每年春天二三月份（最迟四月份），元帝从大都燕京出发去上都开平避暑消夏，八九月间又返回关内，这就是元帝特有的"时巡"。直到元末，全国各地农民起义风起云涌，农民军于至正十八年（1358 年）十二月攻破上都开平，焚毁宫殿后，才取消了这种"时巡"。

"时巡"时，各种官府衙门、警卫亲军也随之北行。元帝不仅在上都处理日常政务、通过驿传向全国发布政令，还要举行朝会诸王、狩猎和新帝登基等活动。所以上都的建设也始终受到元帝的重视，除了宫殿苑囿外，还建有各种官署、鹰坊、佛寺、孔庙、司天台、城隍庙和居民区。元世祖时，上都城内有工匠住户三千，城外有大批驻军。但就城市规模而言，上都城面积仅为 2.2 公里×2.2 公里，只相当一个普通府城，这表明元帝的这座夏都主要是利用了忽必烈初建藩王都城时的规模，以后只作扩建和修缮。自从顺帝停止"时巡"后，在元朝政治上曾占重要位置的上都城也就迅速衰败下去，最后从地面上消失。

燕京本是金朝的京城——中都，金宣宗时，因蒙古军不断南进，中都孤立，遂于贞祐二年（1214 年）迁都汴，次年中都陷落。其后蒙古军继续南进，燕京的地位日益显得重要。1260 年忽必烈定都开平后，常驻跸燕京近郊。至元元年（1264 年）遂决定迁都，改燕京为中都。四年（1267 年）筑中都新城。九年（1272 年）更名为大都。

大都的建设是元代城市建设和建筑成就的典型代表，它的宏伟的规模、严整的规划、完善的设施，体现了一个强大帝国首都的气势和风貌，但大都的建设不是一蹴而就的。在元初军事活动频繁，经济有待恢复，仍和南宋处于对峙的局面下，忽必烈对大都的建设是有节制地逐步展开的，遇到灾年就要停工。大都的布局也并非一次规划形成，而是经历了二十余年的苦心经营。所用劳力征自附近各路州县，所用木料、石料采自西山[3]，到至元末年，都城规制才臻于完备。

大都的宫室，初期仍使用蒙古传统的大帐殿。《元史·王磐传》描述元世祖朝见群臣的情况是："时宫阙未建，朝仪未立，凡遇称贺，臣庶杂至帐前，执法者患其喧扰不能禁"。后来在金朝广寒殿的废基上重建了此殿，朝廷大典如授皇后和皇太子的玉册、玉宝等仪式都在此殿举行，其作用相当于以后所建新宫的正殿——大明殿。直到至元十一年正章，新建"宫阙告成"，此殿才让位于大明殿。其实这里所说"宫阙告成"也只是指大朝部分，至于延春阁、太液池西岸的隆福宫、兴圣宫，以及其他一些偏殿、便殿和附属建筑则都是以后陆续完成的。

大都的布局形制有汲取中国传统都城规划观念的一面；但也可以看出元世祖对传统的汉族礼制持保留态度的一面。例如天坛，历来被中国帝王视为最重要的礼制建筑，而元世祖在位期间始终未建。蒙古人虽然也非常重视祭天，但只依本俗仪制举行，对汉式仪制并不重视，至元十二年，元世祖受尊号，只是派遣官员在丽正门南临时设祭台告于天地，礼数甚轻。直到成宗大德九年（1305年），才于大都南郊正式建坛。再如社稷坛，在中国传统观念中这是象征国土和政权的标志，被放在宗庙并列的地位，"左祖右社"已成历朝定制，但元大都的社坛、稷坛迟至至元三十年才建立。而地坛、日坛、月坛在元朝始终没有设置。说明蒙古人对待天地神祇的态度和祭祀方式与汉族是有区别的，也说明尽管忽必烈推行汉法，但对汉文化的吸收是有选择的。

相比之下，忽必烈对宗教建筑的热情则远远超过礼制建筑。蒙古人较早就接受了佛教，到忽必烈时，更是大力提倡，其中尤以藏传佛教（即通常称之为"喇嘛教"者）为甚。因为他深知吐蕃"地广而险远，民犷而好斗，思有以因其俗而柔其人。乃郡县吐蕃之地，设官分职而领之于帝师，……于是，帝师之命与诏敕并行于西土。百年之间，朝廷所以敬礼而尊信之者，无所不用其至，虽帝后妃主皆因受戒而为之膜拜"（《元史·释老传》）。西藏政教合一的体制始于此时，喇嘛教也在此时传播于内地，佛教建筑随之在两都和全国各地兴起，其中最为突出的是大都的一些佛寺，工程浩大，当时已号为虚费。其中部分佛寺建有供奉历朝帝后遗容的"神御殿"，以备常时和节日祭享之用，这是仿效宋代神御殿的遗制。不过宋代神御自元丰以后集中于景灵宫，而元代则是每帝一寺，分布于大都城[4]。这些佛寺具有某个皇帝专寺的性质，多在皇帝即位后就敕令建造，厚赐金银、土地、房屋作为该寺的永业，如仁宗一次赐给他的专寺（大承华普庆寺）金千两、银五万两、钞万锭、西锦彩缎纱罗布帛万端、田八万亩、邸舍四百间；文宗专寺（大承天护圣寺）由皇后卜答失里以银五万两助建，并赐永业田四百顷。除了这些皇帝专寺外，太后、皇太子、诸王还在五台山建造专寺，作为祈福之所。大德年间（1297～1307年），五台山兴起诸王建造佛寺的高潮。英宗时（1321～1323年）在大都西郊寿安山兴建佛寺。文宗时（1328～1332年）在海南兴建大兴龙普明寺。英宗即位（延祐七年，1320年）又令各郡建立帝师八思巴庙，规制视孔庙有加。有元一代，佛寺工费浩穰，远远超过了道教、伊斯兰教、基督教等宗教建筑。

忽必烈死后，大元帝国开始衰落。成宗虽能保持元世祖开创的局面，被称为"守成之君"，但由于后期多病，国事多决于内宫。成宗以后，皇室内部争夺帝位斗争激烈，二十余年七易其君，都是些昏庸无能、穷奢极欲之辈。末代皇帝顺帝在位时间较长，也是一个"怠于政事，荒于游宴"的人。在这段时间里，大都、上都的兴作仍不间断，除了上述大量佛寺外，又扩建了太液池西岸的兴圣宫，大内兴建各式殿宇如鹿顶殿、水晶殿、大幄殿、棕毛殿等。建造各地行宫（如柳枝行宫、伯亦儿行宫）和旺兀察都宫（号为"中都"）。随着元帝推行汉法和汉化程度加深，对儒家的尊崇也日趋隆重，加孔子封号为"大成至圣文宣王"，达到历代封谥的顶峰。曲阜孔庙仿王者之制，又修缮州、县孔庙，建立各地书院，使书院建筑出现了一个前所未有的旺盛期。

元朝特有的社会机制使元代建筑具有不同于其他朝代的特色。主要表现为：

（一）汉地传统与蒙古习俗相结合的皇室建筑

元朝的两都制表面上和中国历代两都制是一脉相承的，但实际使用上却很不一样。唐代的东都洛阳，宋代的西京洛阳，基本上都是备用场所。而元代的上都是皇帝每年春夏必到的避暑地，"时巡"制度使元朝的政权机构大体上要有半年时间在这里运转，所以不妨称之为"夏都"，而大都只在秋冬两季使用。这是蒙古人游牧生活逐夏驻冬习惯在都城建设上的反映。在宫室建筑中，大都宫城的门阙角隅之制都沿用了中国传统的办法，但后宫的布置采取了较为自由的布局，这种自由性在上都宫殿中表现得更为突出。此外，在宫内严整规则的汉式建筑群之外，还散布着一些纯蒙古式的帐幕建筑，这些帐幕规模大，装饰豪华，称为"帐殿"、"幄殿"、"毡殿"（蒙古语称"斡耳朵"），如元世祖忽必烈的帐殿，直到顺帝时（1353年）才因改建殿宇而被撤去（《元史·顺帝纪》），存留时间将近百年，皇太子还有专供读书用的"经幄"，大都隆福宫西侧御苑中则有后妃所居帐殿。帐房和木结构琉璃瓦的殿宇交错分布，勾绘出一幅元代宫室特有的蒙汉建筑混为一体的图画。元大都宫殿的另一特色是色彩和室内装饰：白石阶基红墙、涂红门窗、朱地金龙柱、朱栏、大量间金绘饰、配以各色琉璃、色调浓重、强烈、犷悍。这种情况在金中都宫殿中已经开始，而蒙古贵族则把它推进到了最高峰。此外，元朝宫殿常用白色琉璃瓦屋顶（如兴圣宫正殿及延华阁）。室内则普遍铺厚地毯（记载所谓"毳裀"、"重裀"、"厚毡"），用银鼠和黄猫的毛皮作壁障，锦绣作帘帷，黑貂皮作暖帐和裀褥，都表现了蒙古族的喜好和风情（陶宗仪《辍耕录》、萧洵《故宫遗录》）。

蒙古人尚右，和汉族尚左正相反，所以朝班右列尊于左列，右丞相尊于左丞相。太庙中的先祖神主从太祖成吉思汗而下，由西（右）向东（左）依次排列。直到泰定元年（1324年），才依周礼传统，改为左尊右卑，并按昭穆序列安排神主。其他如太庙祭奠用野猪、鹿，鲜果必采自内苑而不用市场所售，由国师、番僧在太庙做佛事为祖先追福等，都表现了蒙古习惯。

在陵墓方面表现的蒙古特点更为突出。无论帝后王公，死后均不起坟，地面无任何标志。一般是皇帝死后隔一天即以蒙古巫婆为先导，送漠北"起辇谷"陵区瘗埋，下棺填土后将余土运到他处，然后用马群踏平。送葬官员在五里外守护，三年后待草长满，不露痕迹，方予撤回（魏源《元史新编·志礼》）。因此，元代帝陵虽知"起辇谷"其名，而迄今未知其地。后妃陵墓则在独石口毡帽山。其他诸王贵族也各有漠北埋葬处。元帝既无陵墓可祭，太庙每年又仅四祭，因而"神御殿"（亦称"影堂"）就成了日常祭奠的重要场所（有每月四祭及节日之祭）。

（二）佛教建筑兴盛和喇嘛教建筑的传播

蒙古人原来信奉萨满教，在对金战争中进入中原后开始接受佛教。元世祖忽必烈特崇藏传佛教，对中土原有佛教仍取保护态度，使佛教迅速发展，达到了"天下塔庙，一郡动千百区，其徒率占民籍十三"。各朝元帝无不以巨款造新寺，颁赐金银田户。当时有人估计："国家经费，三分为率，僧居二焉"（张养浩《归田类稿·时政书》）。至元二十八年（1291年），全国寺院共四万二千余所，僧尼二十余万人（《元史·世祖纪》）。寺院在政治上有许多特权，拥有大量房屋、土地、山林以及酒坊、当铺等资产和众多驱户、佃户、工匠，一所寺院就是一个大地主庄园，又是大商人和高利贷者；例如大都的大护国仁王寺，在京师附近有地六万余顷，玉石、银、铁等矿十五处，山林、渔场二十九处，在江淮地区还有土地五万余顷，拥有劳役一万八千人。大都的大承天护圣寺也有寺地三十万顷[5]。雄厚的经济实力成为寺院建筑发展的物质基础。由于元帝的提倡，藏传佛教较之传统的禅宗、律宗等宗派更为兴盛，西藏地区的佛教艺术如喇嘛塔、塑像和装饰等方面的工艺也因此传入内地。元世祖时尼泊尔人阿尼哥先曾在西藏造塔，后来到大都从事佛像塑造，当时两都佛像大多出自他手。他还向汉族弟子刘元、邱士亨等人传授西天梵像技术，为中国佛教塑像艺术注入了新的成分。大都的大圣寿万安寺喇嘛塔（即今北京妙应寺白塔）就是阿尼哥的传世之作。过街塔此时开始传播于内地，如卢沟桥塔[6]、南口过街塔等。佛寺中采用藏传密宗塑像是本时期佛教艺术的特色，如成宗时所建大天寿万宁寺塑有喇嘛教的秘密佛，使皇后看后感到不堪入目（《元史·后妃传》）。

（三）地方建筑衰微

元朝立国时期不长，其间曾建造了大都宏伟的城市、宫室以及大量佛寺。但总的说来，中国内地的其他地区很少出现令人景仰的伟大建筑。就现存佛塔而言，除了大圣寿万安寺白塔之外，几乎找不到像唐、宋两代那样使人赞叹不止的砖塔和石塔。在木构建筑方面，作为元代道教建筑重要代表山西芮城永乐宫和著名佛教寺院山西洪洞广胜寺，其规模与气势也难以与唐宋辽金时期相比拟。在建筑技术上，除吸收某些外来技艺外，对宋金传统技术未有明显突破。造成这种状况的原因是多方面的：在经济上，元朝对各族人民征敛苛重，大量财富消耗于统治阶层穷奢极欲的享乐生活，对外扩张战争和内部斗争也加重了人民的负担。而各地经济又极不平衡，中原和北方地区受战争破坏严重，元朝立国后人口又不断流向江南，致使经济发展差距更加扩大。从这些地区所留下的佛寺来看，多属小型建筑，用材简率，加工粗糙，反映了当时经济困窘和技艺下降的严峻情况。在一些地区元代木构建筑上采用的"大额式构架"和"减柱法"等构造曾被誉为元代的特色，实际上是宋、金时代早已有之。元灭南宋过程中，江南地区未遭到重大破坏，经济基础比北方好得多，但元朝规定四等人中，南人属最下等，承受了最重的压迫和剥削，元末农民起义的口号"贫极江南，富称塞北"，多少反映了南方人民受压榨的状况。实际上，"元都于燕，而百司庶府之繁，卫士编民之众，无不仰赖于江南"（《元史·食货志》）。政治上、经济上的严酷形势也难于使江南再出现五代、两宋那样的建筑繁荣局面和处于全国领先地位。在当地的元代遗构中，看不到苏州虎丘塔、瑞光塔、北寺塔、泉州双石塔那样高耸云天的砖石建筑物，也没有苏州玄妙观三清殿这等恢宏壮观的木构殿堂。举出这些例子虽然不能全面反映宋、元两代的情况，但也有一定的代表性。从技术条件看，蒙古军每征服一地，必将该地工匠括为匠户（如忽必烈征服南宋后曾括江南工匠三十万户）。大规模的工匠搜括，必然削弱地方建筑技术力量，阻滞地方建筑的发展。南方的元代建筑技术与工艺基本上只是宋代的继承与延续，正是这种背景的反映。

（四）地区之间建筑技艺的交流加强

元朝的统一，使原来西夏、金、南宋、蒙古、高昌回鹘、大理、吐蕃等各自为政的地区处于一个中央政权的统治下，边陲地区和内地的联系加强。内地汉族人民向边区扩散，边区人民则向内地迁徙，形成中国历史上从未有过的民族大交流和相互错杂居住现象。这不仅带来了经济、文化各方面的交流，也使各族建筑相互产生影响。如窝阔台汗兴建和林，由汉族和中亚工匠营作；大都宫内畏吾儿殿，应是新疆维吾尔建筑的内移；西藏地区的佛寺，由内地汉族工匠参与修造，带去了木构建筑技术和工艺，坡屋顶、琉璃瓦、道地的内地元式斗栱和梁架，都在藏地寺庙中出现，产生了一种藏地平顶建筑和汉地琉璃瓦顶相结合的建筑形式，这种形式对明、清藏地和其他地区的喇嘛教寺院产生深远影响。云南自汉代起就开始了少数民族和汉族人民杂居的历史，但五代、两宋曾一度与内地阻隔。元朝在云南设立行省，重新沟通了和内地的联系。同时由于元军中大批蒙古人和西域人入滇，喇嘛教、伊斯兰教因此盛行起来，喇嘛塔、藏传佛教造像等随之传入（夏光南《元代云南史地丛考》），使这个地区的宗教建筑出现了一个更为多彩的发展阶段。

（五）域外建筑文化的输入

成吉思汗打通了东亚和欧洲之间的陆上通道。并将俘获的大批中亚工匠东迁于漠北和中土。为了扩大对外贸易，又极力发展海上交通，东至日本、朝鲜，西至波斯湾、非洲、欧洲，都有贸易往来。元朝又鼓励各国商人来中国经商，也允许各种宗教传入。这些都对东西方经济、文化交流起了推动作用。建筑文化的交流也比以往任何时候都活跃。其中以西域伊斯兰教建筑文化的东渐最为突出。据记载，至正年间"回回之人遍天下"，"其寺万余"（至正八年河北定县《重修礼拜寺记》）。当时各地城市多设有回回居住区，建有礼拜寺[7]，如此众多的中亚、波斯移民来定居和伊斯兰教礼拜寺的涌现，不可避免地携来中亚一带的建筑文化，除了各种图案纹样的装饰外，中亚和波斯的拱券技术的影响也相继在各地出现。如泉州清净寺拱门、杭州凤凰寺穹隆顶以及镇江、定县等清真寺穹隆顶，都被认为有西域伊斯兰建筑的影响[8]。

除伊斯兰教外，基督教在元朝也得到广泛的传播，西起新疆、甘肃，南到云南，东达温州、泉州、杭州，都有基督教徒和教堂，镇江曾有八所景教寺院。元大都的基督徒更多，有景教和罗马天主教两派，其中景教势力强盛，有教徒三万余人，建有像样的教堂。罗马天主教系由罗马教皇派遣主教，建立教区，建造教堂和钟塔，教徒有西亚人、东欧人、高加索人。蒙古贵族中也有信奉基督教者。但在元末农民战争中，由于被元朝重用的色目人受到了严重打击，基督教也趋于泯灭。当时的建筑文化交流的史实也已难觅踪迹[9]。

摩尼教又称明教，发源于波斯，唐代开始传入中国。元代在泉州、温州等地均建有明教寺庙。泉州南郊华表山至今遗有元代所创摩尼寺——草庵，庵内有摩崖浮雕摩尼光佛坐像，这是国内惟一摩尼教遗寺。又据元温州《选真寺记》所述，该明教寺院的建筑和一般佛寺相近，有殿、三门、两庑、法堂及舍馆、厨廪、湢圂之属（廪，粮仓；湢，浴室；圂，厕所——笔者注）。

二、明时期建筑（1366～1661年）

明朝的建立，在中国历史上又一次出现了强大而统一的多民族国家。洪武、永乐两朝，国势之强，幅员之广，不减汉唐。中期转弱。后期，社会内部已孕育着资本主义萌芽。

明初，朱元璋极力强化君主集权制，取消了秦汉以后沿用了千余年的宰相制度，由皇帝直接掌管六部政务，仅设大学士数人协助皇帝处理庶务，宣宗以后，内阁学士权力逐步增大，六部开始受制于内阁；握有"批红"大权的司礼监秉笔太监，地位亦日趋隆重。此外，又设立监察御史，到各地"代天子巡狩"，以加强对地方政权的监督。在军事上建立卫所编制，中央设大都督府，不久又取消大都督府，改立五军都督府，统率全国卫所。军队由皇帝亲自命将授印调遣，战事结束，将印归还，军队回到原来的卫所，从而使兵权集于一人之手。又设立"东厂"特务机构，由亲信太监掌管，刺探大臣，清除异己。这种高度集中的权力机构在雄才大略的明太祖、明成祖手中，对推动全国统一，整顿吏治，抑制豪强，发展经济等方面曾起积极作用，但在皇帝昏庸怠靡、童幼无能的情况下，权力逐渐落入周围近幸手中，明朝中期以后出现的宦官擅权乱政和廷臣倾轧争夺的现象，不能不说和极端专制主义体制有关。

明初，朱元璋奖励垦荒，对无主田业免征三年，田归耕者所有。又大力推行屯田制：移民置屯开垦闲旷地，卫所士兵屯耕自给，商人在官仓附近屯种输粮。并大规模兴修水利，改善灌溉条件。这些措施，促进了农业生产的恢复和发展。永乐年间，又开凿通了淤塞多年的南北大运河，密切了南北经济、文化交流。造船业、纺织业、矿冶业、制瓷业等手工业也迅速发展起来，南京、北京、长江沿线和运河沿线的城市、沿海港口城市都成了繁荣的工商业都会。国家税入增多，仓廪充实，人口达到六千余万。元末农民起义摧毁了"驱口"制度。洪武初年，明令禁止庶民养奴，因战乱沦为奴者放还为民。又从法律上解除了原来地主与佃户间的主仆关系，贱民变为庶民。对于工匠的管理，仍沿用元朝的匠户制度，但有所放松，工匠可有较多时间自由支配。匠户分两种：一种称"轮班匠"，以三年为一班，到京师无偿服役三个月；一种称"住作匠"（或称"住坐匠"），在官司作场做固定工，每月无偿服役十天。其余时间可以自营生计。由于工匠有了较多生产经营自主权，劳动积极性有所提高，整个手工业生产得到刺激和促进。明中叶朝廷又规定班匠一律以银代役，于是匠户制度趋于崩溃，民营手工业获得了更加有利的发展条件。

明初对边疆地区实施了卓有成效的管理。明成祖五次北征，挫败了蒙古瓦剌部和鞑靼部，巩固了北方边防，稳定了社会生产和生活。永乐七年，在黑龙江口设立奴儿干都指挥司，下设卫所，镇守统率着黑龙江、松花江、乌苏里江及库页岛等广大地区。洪武时，在西藏设两个都指挥使司，综理军民事务。明朝还先后封藏地佛教中三大教派的领袖为三大"法王"，并封了许多"国师"，西藏和中央政府的关系加强。对云、贵、川、湘少数民族地区的管理，则采取了更加系统的土司制度。

进入明朝中期，政治日趋腐败。正统十四年（1449年），蒙古瓦剌部入犯明境，宦官王振专权，挟英宗仓猝出征，到达前线又临阵怯战，匆忙退兵，英宗被瓦剌部所俘，史称"土木之变"。武宗（1506～1521年）生活荒乱，耽于游乐，宦官刘瑾专权，纲纪堕坏。嘉靖间（1522～1566年），世宗崇信道教，修仙求道，不理朝政，又大兴土木，国用日窘。严嵩当国，边防松弛，南有倭寇为患，北有蒙古入侵。皇室、勋贵和富豪吞并土地日益严重，赋税徭役不断增加，数以百万计的农民向各方逃亡，成为"流民"。朝廷对流民进行驱赶和镇压，激起了此起彼伏的农民起义。流民问题是明中叶社会矛盾尖锐化的一个突出表现。在这种情况下出现的张居正改革，也难以从根本上扭转颓败的政局，从此，明朝统治已是江河日下，无法挽回了。

明中期以后商品经济的发展使商业城市遍布全国。南京和北京是百万人口以上的大都会。江南的工商业城镇尤为发达，其中有不少是新兴市镇，资本主义萌芽也首先在这些地区形成，比较突出的是苏州的丝织业，已经出现了拥有批量织机的工场手工业主和成千靠出卖劳动力来维持生活的机工。其他如松江的布袜制造业、嘉兴的榨油等行业，也有资本主义生产关系的记载。虽然这种生产关系是嫩弱而分散的，仅在少数地区的少数行业中出现，但已标志着中国封建社会已进展到它的末期。

倭患是明朝社会的一大祸害。元中叶至明初，倭寇已开始侵扰沿海一带。明太祖、明成祖加强海防，建置卫所，修筑城堡，陈兵戍守，严密防备，及时给来犯者以有力打击，使倭寇不敢侵犯，海上比较平静。到嘉靖时，海防怠废，倭寇猖獗，所到之处如入无人之境，小股匪徒竟能横行浙、赣、苏三省，进逼留都南京，使广大人民遭受巨大灾难。直到戚继光、俞大猷出而灭倭寇于闽、粤，困扰明朝多年的倭患才得平息，东南数省方能恢复正常生产、生活和对外贸易。

明朝在政治上建立君主集权专制主义的同时，在思想领域里也推行文化专制主义。朱元璋大兴文字狱，一字之嫌，就可被处死。另一方面以八股文取士，考试命题取自四书、五经章句，解释文义以朱熹的注解为依据，各级学校，从国子监到府学、县学和社学也以此为教学内容，知识分子的思想束缚在孔孟之道和程朱理学之中，读书只为做官，要做官就得读四书、五经，写空洞的八股文。一切实际问题和实用知识被排斥于校门之外。这种科举制度严重禁锢士人思想和阻碍文化、科技的发展。但到明中叶后，法制松弛，纲纪坠地。商品经济的繁荣，又使统治阶级和整个社会风气日趋奢靡，恣意享乐，逾制越礼，已成普遍现象。社会思想转向活跃，文学、艺术与科学、技术呈现出新的发展势头，李时珍的《本草纲目》、宋应星的《天工开物》、徐宏祖的《徐霞客游记》等名著，都是明代晚期的杰作。

对于宗教，明初仍采取保护的态度。朱元璋本人崇佛，但为了防止佛、道泛滥危及经济发展，曾加以限制。同时有鉴于元代喇嘛教的流弊，转而支持汉地传统佛教。明成祖朱棣因起于北地，特崇北方真武大帝。嘉靖则自封为道教的帝君。其他明代诸帝也多佞佛崇道，热衷于服食"金丹"和斋醮祈禳。道士以进"金丹"而封官者难以数计，甚至勾结宦官、扰乱朝政的事也屡见不鲜。儒、道、佛三教合流和佛教、道教的世俗化倾向增长。藏族地区的各派佛教也继续得到明朝的支持，对西藏、青海等地的高僧分别封以帝师、国师、法王等尊号，借以巩固中央政权和地方的关系。

明初的三都（南京、中都、北京）建设展开了我国建筑发展的又一个新历史时期。

元末至正二十四年（1364年）初，朱元璋在应天（今南京）登吴王位，是为西吴。二十六年（1366年）开始改筑应天城，建造太庙、天地坛、社稷坛，并在旧城东北钟山之阳建造新宫。但当时张士诚尚未平定，北伐灭元尚未开始，各项工程都只能力求简朴。洪武元年（1368年）朱元璋称帝，建都问题成为当务之急。群臣讨论建都地点时，一些儒臣认为"有天下者非都中原不能控制"，这是根据历史经验得出结论。因此一俟明军克定河南，朱元璋就立即赶赴汴梁察看形势。由于当时中原几经战乱，民生凋敝，运输困难，很难在此建都。经过比较，还是选择了有"龙蟠虎踞"的形胜，又是立国之本的应天府城作为京师，而以开封为陪都，以供"春秋巡狩"。不过，朱元璋仍认为应天偏于东南，又有长江之隔，对控制全国不利。于是在第二年（1369年）又决定将他的故乡临濠（后改为凤阳府）建为中都，开始了大规模的建设工程。派遣左丞相李善长全面负责，大将汤和等督领大批军队与工匠民夫加紧修建宫殿、城池、街道、桥梁、坛庙、勋臣第宅和军营等工程。经数万军民劳作五年多，于洪武八年（1375年）规模粗具，四月，朱元璋亲至中都"验功劳赏"。奇怪的是在他二十余天的视察后，突然宣布中止中都的建设，理由是"以劳费罢之"（《明太祖实录》）。这个声明过于简单。实际上，凤阳的地理位置也并不适中，而其本身的基础和周围的农业、交通等条件又极为不利，对此，刘基早就向朱元璋建言：凤阳是帝乡而非帝都。因此，决定建都凤阳是朱元璋的一个决策错误。而直接导致朱元璋放弃中都的导火线，是否由于工匠在建造宫殿过程中使用了"厌镇法"，使这位笃信天命鬼神的大明皇帝不想在此居住（在这次事件中，朱元璋曾诛杀了大批工匠[10]），抑或是由于中都宫殿过于华丽（现存午门须弥座及蟠龙柱础雕刻，远比南京、北京宫殿华丽可证），不合政权初创时期的政治要求，则已难于深究。

放弃中都后，朱元璋才坚定了定都应天的决心，把建设重点转移到南京。原来登吴王位时所建宫室、宗庙，此时已显得过于卑小，对于大明帝国的首都来说已极不相称。因此一方面宣称中都"以劳费罢之"，另一方面又在南京兴起大役。洪武八年七月，改作太庙。九月，下令改建南京宫殿，十年十月竣工，"制度如旧，而稍加增益，规模益宏壮矣"（《明太祖实录》）。实际上这是一次大规模的改建。洪武九年正月，还建成一批坛庙，包括太岁、风云、雷雨、岳镇、海渎、钟山、京畿山川诸坛和京城城隍庙等。同年六月，重建奉先殿成（太庙是四时奉祀祖宗，奉先殿是常日奉祀祖宗）。洪武十年八月，下令改建南郊圜丘为合祀天地的"大祀殿"（历来天地分祀，朱元璋创合祀之制，以为敬天地如敬父母，父母无分祀之理），工程浩大，有殿屋十一间，东西庑三十二间，前有神门，后有天库。仍由太师李善长率工部督造，历时一年竣工。洪武十四年建国子学及孔子庙于鸡鸣山下。十五年造钟鼓楼于城中高地。二十年（1387 年）建都城隍庙、武成王庙、北极真武庙等十庙于鸡鸣山下。二十五年（1392 年）建端门、承天门及东西长安门（均见《明太祖实录》）。一代帝都的宫阙、坛庙制度至此形成完整体系。其他如陵墓、佛寺、道观、大臣第宅、街道等工程也陆续加以修建。其间为了充实京师，曾迁徙江浙富民 5 万余户来南京，汇集全国各地工匠 20 万余户（《明史·严震直传》）和仓脚夫 2 万户供诸司役作，还驻有大量军队（洪武四年九月，大都督府奏：京师将士之数二十万七千八百二十五人，见《明太祖实录》），加上皇族、官员、商人和流动人口，使南京成为百万人口以上的大城市。

中都自洪武八年四月罢作后，仍作为陪都使用。凡太子、诸王习武练兵、宗室有罪幽禁、勋臣致仕，都去凤阳安置。凤阳内外还驻有八卫一所的军队。因此，"罢中都役作"只是停止大规模宫室营建，一些工程如皇陵、大龙兴寺等，仍有所续建。洪武以后中都日趋荒废。

洪武年间的另一项重大工程就是各藩王府和公主府的兴建。明太祖规定了亲王府和公主府的制度，房屋规格高，数量大。随着诸王年长就藩，王府也陆续兴建。西安秦王府、太原晋王府最早建成，其后有开封周王府、武昌楚王府、青州齐王府，长沙潭王府、成都蜀王府、兖州鲁王府，大同代王府等。

洪武年间，明朝还处于经济恢复时期，对于都城建设朱元璋多次强调节俭朴实的方针，洪武八年改建南京宫殿时曾对廷臣说："但求安固，不事华饰……使吾后世子孙守以为法。至于台榭苑囿之作，劳民财以事游观之乐朕决不为之"（《明太祖实录》）。南京虽然山川壮丽，而洪武之世，终未兴苑囿大役，也证实了此话不虚。明初建筑风格也较为朴质，注重实用。臣下及地方建筑受制度约束甚严，无敢轻慢逾制者。

永乐迁都北京，掀起了第二次兴建都城的高潮。朱棣夺取政权后，初期仍以应天为京师。但他的根据地在燕，当时明朝的主要边患也在北方，因此不久就改北平为北京。永乐四年（1406 年）就决定将原来的燕王府改建为北京宫禁，以备北巡时视朝之用。永乐七年营建昌平天寿山寿陵，已表现出迁都的意向。永乐十四年决定迁都，先在元隆福宫旧址上建造了西宫，作为拆旧宫建新宫期间的过渡用房。次年，在西宫之东即元大内基址上建造新的北京大内宫室，其"规制悉如南京，而宏敞过之"。这就是今天所见北京故宫的规模与基本布局。其他如宗庙、社稷坛、郊坛、钟鼓楼等建筑，也"悉如南京"，依次而建。在东安门外东南又建十座王府，皇城东南隅建皇太孙宫（《明太宗实录》）。永乐十八年十二月新都宫阙完成，在短短四年里能完成如此大量高标准宫殿建筑，充分体现了中国古代建筑规划设计和施工组织的灵活快捷的特色。另一方面，元故宫可利用的旧材也可为工程提供某些有利条件[11]。为了仿照南京规制，置五府六部于宫城之前，又将北京的南墙向南拓出一里多。

永乐年间的大工程除了北京宫阙外，还有南京报恩寺塔和武当山道教宫观。前者系朱棣为生母追冥福而建，用五色琉璃构件贴砌，高达百米（一说约八十米），工程自永乐十年至宣德六年，历时十九载，耗银 248 万两，号称"天下第一塔"，欧洲人曾称之为世界七大奇观之一。塔毁于太平天国之役，而塔基至今仍保存于原址；后者因朱棣特崇北方之神真武大帝而于永乐十年命工部侍郎郭琎等督军夫 20 万人于均州太和山（即湖北均县武当山）建太和宫、紫霄宫、五龙宫、玉虚宫、南岩宫、遇真宫等一批道教宫观。号称八宫、二观、三十六庵堂、七十二岩庙。北京宫殿、南京大报恩寺塔和太和山道宫，是永乐三大建筑丰碑。其气魄之宏伟、布局之精当、技术之完美堪称明代建筑的范例。

经过洪武、永乐两朝的奠造，明代都城、宫室、坛庙、陵墓等建筑都已形成定局。从洪熙到弘治（1425～1505 年）的数十年中，明朝的政局开始动荡（土木之变、英宗复辟等）。但承明初强盛之余，社会仍大体处于政得其平、纲纪未败、民物康阜的太平年代。这个阶段的佛教建筑有很大发展，尤以太监建造功德寺为盛，如著名的北京智化寺是正统八年（1443 年）司礼监太监王振所建私庙，法海寺是正统四年（1439 年）御用监太监李童集资兴建，这些寺院从布局、木构、彩画、壁画多方面反映了明中期建筑技术与艺术的特点。代宗景泰二年（1451 年）开创了收费发给度牒的制度，以后演化为政府大量出卖空名度牒筹款赈灾，使僧徒、道士和佛寺、道观迅速增加，成化十七年（1481 年）北京城内外官立寺观达 639 所，外省各地也相应迅速发展（《日下旧闻考》）。弘治年间（1488～1505 年）的重大工程是曲阜孔庙、颜庙、嘉祥曾庙、邹县孟庙的扩建。弘治十二年（1499 年）孔庙遭灾，朝廷派大臣会同山东巡抚董役，征集京畿及各地藩王府良工巧匠进行了历时四年的修建，奠定了孔庙总体布局的最后规模，在石作（陛石、龙柱、碑等）、木作等方面表现了明代中期的最高技艺。随着孔庙规模扩大，其他三庙（颜、曾、孟庙）也陆续完成了扩建工程（参见潘谷西主编《曲阜孔庙建筑》）。

"晏安则易耽息玩，富盛则渐启骄奢"。早在宣德年间（1426～1436 年）宣宗已在西苑所有兴作，原来只作为习射用的东苑，此时则建有二区：一区为金碧殿宇、瑶台玉砌、奇石森耸、花木环列、方池涵碧、石龙吐水的宫苑；另一区则是竹篱荆扉、山斋草亭、疏栏小桥、蔬茹匏瓜的田园风光。前者供燕集游乐，后者供致斋读书，两种情调，两种用途（《日下归闻考》引《翰林记》）。进入明中期，苑园兴作转盛。天顺二年（1458 年，英宗复辟的第二年）就兴土木，改建南内（在皇城东南隅，即东苑旧址），使成为一座山水花木与亭榭殿阁交相辉映的宫苑式离宫。天顺四年（1460 年）又下令新作西苑太液池东岸凝和殿、西岸迎翠殿、西北岸太素殿（白墙草顶），并建亭六座，馆一所（《明英宗实录》），从此开了西苑不断兴作之端。北京南郊的南海子，是一座周围约百里的郊猎苑，创于永乐年间，天顺二年大施兴作，修造行殿和桥梁 76 座（《明英宗实录》）。可见洪武初年朱元璋所强调的节俭方针，至此已丧失殆尽，晚明造园风气之兴盛于此已启端绪。

正德、嘉靖两朝是明朝走向衰微的转折。但由于商品经济发展的城镇的兴旺，地方建筑空前繁荣。

首先，各地住宅、祠堂等建筑普遍发展，尤以江南经济发达地区为盛。从现存的苏、浙、皖、赣、闽等地遗留下来的数以百计的明代中晚期住宅来看，屋宇日趋高敞华丽，明初所规定的百官庶民第宅制度，此时已失去约束力，逾制现象十分普遍。如贴金彩画明初只有亲王府的宫殿才许使用，连公主府都不准用金。可是明末江南官员、富商宅舍中却无所顾忌地使用着。明初规定公主府可在石础和砖墙上雕刻花样纹饰，而明末一般"庶民"住宅使用精美的砖雕、石雕、木雕已很常见。无怪孙承泽在《春明梦余录》中不无感慨地说："吾朝庶人许三间五架，已当唐之六品官矣。江南富翁，一命未沾，辄大营建，五间七间，九架十架，犹为常常耳，曾不以越份愧。浇风日滋，良可慨也"。和住宅同步兴起的祠堂（家庙）也日益增多，由于宗族蔓衍，总祠之外，又有许多分祠遍立于乡里。江南各地至今仍留有大量明代祠堂建筑。

其次，造园之风大盛。正德、嘉靖间，北京西苑的兴作不断。如正德十年（1515 年），改建太液西北岸的太素殿，将原来的白墙草顶殿改为雕饰华丽的殿宇，役工三千，耗银二千万余两[12]，岁支米一万三千石。又修凝翠、昭和、崇智、光霁诸殿（《明史·食货志》）；嘉靖十三年，一次就在西苑建亭馆殿堂十余座。上行下效，各地致仕官员也放胆在自己的住地建造大大小小的园林。江南现存的一些著名园林如南京瞻园、无锡寄畅园、苏州拙政园都创于正、嘉年间。到万历、天启、崇祯间，园林之盛达于顶峰，扬州、南京、苏州、杭州、绍兴等地都有大量私家园林，王世贞文集所记上海、吴县、太仓、昆山、嘉定、南京的园林不下五十处，祁彪佳文集所记绍兴园林有一百九十余处。其他未见著录的为数应更多。北京西郊西湖附近、城内泡子河、什刹海附近也有众多的私园。这些水面附近又是市民游览的风景区。

皇室工程在嘉靖年间又掀起了一次高潮。明世宗朱厚熜以"制礼作乐自任"（《明史·礼志》），意在开创一代新规。于是更定洪武坛壝制度，把天地合祀改为分祀，增建圜丘和皇穹宇，改建大享殿与斋宫；又分别于北郊、东郊、西郊建方泽坛、朝日坛、夕月坛。废太庙同堂异室之制，分立九庙，每庙一主。并为其父立庙，称为"世庙"。建皇史宬、大高玄殿、钦安殿。重建奉天、华盖、谨身三殿。各项工程并时而兴。嘉靖十五年（1356年）前号为简省，工程费用总计已达六、七百万两，其后增至十数倍。常有工地二、三十处，役工匠、军夫数万人，岁费银二、三百万两，而天下财赋岁入太仓者仅二百万两有奇（《明史·食货志》）。大量建筑工程开支，加上边防供给剧增，使朝廷帑藏枯竭，入不敷出，加派赋税于是开始，财政危机日益严重。万历时，大内三殿、二宫灾后重建，也是晚明一项耗资巨大的工程。

北方的边墙和东面的海防城堡是明朝两大军事工程。有明一代的边患仍以北方为主。洪武、嘉靖两朝则倭寇骚扰较剧。明初，工程重点在于布点设置边镇和卫所的城堡，以形成完整的防御体系。洪武年间（1368～1398年）共修筑边城、卫所、关堡三百二十余处（单士元《明代建筑大事年表》）。洪武二十年（1387年），大将汤和在浙江、福建沿海一次筑城59座。永乐以后，除继续兴筑卫所城堡外，又在京师前卫大同、宣府诸处增筑屯堡、烟墩。而大规模地增筑边墙始于天顺、成化年间。明初国势强盛，对北方边患取进攻势态。"土木之变"，英宗被俘，举国震惊，朝廷上下更为重视北边防御，加强了边城边墙的修筑。天顺六年（1462年），英宗曾下令修理各处边墙。成化十年（1474年）延绥巡抚余子俊奏准在河套筑长城1770里，东接黄河，西抵宁夏卫，拱卫河套地区于边城之内。其间还筑有城堡11处，边墩15处，小墩78处，崖砦819处（《明史·余子俊传》）。对河套地区的人民生命财产和农业生产起了良好的保障作用。此后，又不断增建修完边墙、关堡、墩台。由于土筑墙垣易被雨水冲毁，自弘治十一年（1498年）起，逐步改为砖甓整砌。其间尤以万历、天启两朝用砖包砌边墙的工程量最大。如天启五年（1625年），蓟辽总督所辖区内一次就砌完城堡27座，边墙32364丈，空心台315座，其他墩台155座，烽堠70座（《明熹宗实录》），其用砖工程量之巨可想而知。在明朝二百余年的时间里，修成了东起鸭绿江、西至嘉峪关的边墙，其间设军事重镇九处，称为"九边"重镇，又于九镇和长城沿线，设立了众多的关堡、卫所城堡、墩台，形成一座举世无双的军事防御工程。今天人们所见到的砖石砌筑的"万里长城"，就是明代留下来的边墙遗物。

明朝前期处于秩序和生产的恢复阶段，整个社会有一种循礼、俭约、拘谨的风气，建筑技艺多承袭宋、元遗规。到了明朝中晚期，经过百年政治、经济、文化的孕育和建设实践的锤炼，逐步形成明朝特有的建筑风貌。建筑材料、结构、施工等方面有所发展。在建筑选址、造园艺术、室内陈设和家具等方面还出现了若干理论总结的著作。这是一个富有建筑成就和创新发展的时代，中国古代建筑的主要方面在明代都已达到成熟的高峰。

（一）建筑群设计水平的提高

明代创造了一批无与伦比的优秀建筑群，如北京紫禁城宫殿、昌平明陵、北京天坛、曲阜孔庙等。北京宫殿是在总结了洪武时的吴王新宫、凤阳中都新宫和应天南京宫殿三次建宫的经验而建成的。在使用功能、空间艺术、防火、排水、取暖、安全等方面，都取得了很好的效果。今天所留下的北京故宫，其单体建筑虽然大部分属于清代遗物，但其总体格局是明代奠造的。昌平天寿山十三座明代帝陵组成的陵园，是在继承凤阳明皇陵和南京明孝陵布局的基础上，经历了二百余年不断扩充、完善而后完成的，较之皇陵和孝陵，更加恢宏而壮丽。皇陵平面布置受唐、宋陵墓格局影响，尚未创造出新的陵制，孝陵已完成一代陵制的改型，但受地形限制，气势稍逊。昌平明陵处地山环峰抱、前庭开阔、神道砥伸，长达8公里，十三座帝陵联为一个整体。这是一组依山就势，利用地形和大片森林形成肃穆静谧的陵墓建筑群的成功范例。北京南郊的天坛，是用中国传统的"天圆地方"的概念来布置的一组建筑群。采用简单明了的方、圆组合构图，形成优美的建筑空间与造型，以大片柏林为衬托，创造出一种祭祀天神时的神圣崇高气氛，达到形式与内容的高度统一，成为中国古代建筑群的优秀代表作品。山东曲阜孔庙是在两千多年前孔子故宅的基础上经过数十次改建、扩建而成的一组纪念性建筑群。现存的基本布局是明代弘治年间完成的，清代只进行了局部修改。由于儒家礼制思想的影响，孔庙布局的发展是和历代孔子受尊崇的程度和朝廷的封谥密切相联系的。作为"至圣"、"先师"的庙堂，它和宫殿、佛寺、道观是不相同的，应表现出夫子博大精深的品格。设计采用了中国传统的院落组合手法，沿纵轴方向层层推进，充分发挥空间和环境陪衬的作用，创造了别具一格的气氛。对此，明人朱国祯在谒庙后曾写道："清肃壮丽，远非佛宫可拟"（《涌幢小品》），准确地说出了孔庙建筑群所特有的神韵。

大型建筑群的选址与规划设计，往往受堪舆学说的深刻影响。突出的例子是陵墓，几乎明代每个皇帝都亲自选择墓址，先由精通堪舆的人会同钦天监反复比较，然后确定。陵区建筑也要受风水理论的指导而修改布局。堪舆理论使中国建筑群在人工与天然、建筑与环境、单体和总体之间取得高度和谐统一。

（二）建筑技术的发展

其中砖技术的发展尤为显著。由于砖窑容量增加和用煤烧砖开始普及，砖的产量猛增，为房屋使用砖墙提供了有利条件，各地的城墙和北方的边墙也得以更新为砖墙。元代以前，房屋墙体以土砖或夯土为主，属于高档建筑的殿堂，也只用砖垒砌墙下部作"隔减"犹如墙基，上部仍用土筑。及至明代，砖墙遍于全国各地，南方则创造了空斗砖墙。虽然，砖墙仍作为围护结构，不起承重作用，但它的普及却为硬山建筑的发展创造了条件。硬山建筑比悬山建筑更为节省，并有良好的防火性能，因而受到广泛欢迎，迅速在各地盛行。制砖技术的进步，又使砖的装修、装饰作用得以发挥，江南一带，明代出现了加工精细的砖贴面和砖线脚，这种用刨子加工的"砖细"装修工艺，能获得淡雅、细腻、挺括的效果，是磨砖对缝工艺所难以达到的。砖雕装饰构件在明代的住宅、祠堂、塔等建筑上也逐渐用得广泛起来。

琉璃构件的制作趋向色彩丰富多样、图案精美、质地细密。色彩有浅黄、中黄、深黄、草绿、翠绿、深绿、天蓝、紫、红、褐、黑、白多种。胚料坚实，吸水性小，釉面光洁度好，历久不脱。除宫阙、寺观普遍使用琉璃瓦外，琉璃塔、琉璃门、琉璃照壁也大量出现。琉璃塔的杰出代表是南京报恩寺塔，此外还有嘉靖间所建山西洪洞广胜寺飞虹塔和阳城海会塔，万历间所建山西五台山狮子窝万佛塔、阳城寿圣塔等。琉璃照壁（从三龙壁到九龙壁）以山西大同代王府九龙壁最为宏大精美。万历三十五年（1607年）所建北京东岳庙牌坊是已知我国最早的一座琉璃牌坊。这些琉璃建筑物的构件类型复杂繁多，设计、烧制、安装的要求很高，充分反映了明代琉璃技术的进步。

官式建筑大木作向加强构架整体性、斗栱装饰化和简化施工三个方面发展。明代木构架已普遍采用穿插枋，改进了宋代木构架因檐柱与内柱间缺乏联络而不稳定的缺陷。楼阁建筑则废弃了宋以前流行的层叠式构架，代之以柱子从地面直通到屋面的通柱式构架，从而加强了建筑物的整体性。柱头科上的梁头（桃尖梁头）直接承托挑檐桁，取代了宋、元时期下昂所起的作用，使檐部与柱子的结构组合更趋合理。屋架与屋架之间的纵向联系简化为桁、垫、枋三件，宋代流行的桁、襻间、串三者组成纵向联系方式逐渐被淘汰。这些加强整体稳定性的措施，奠定了明清五百余年官式木构架的基本格局。斗栱本来在官式建筑中起着重要结构与装饰作用。到明代，由于桃尖梁头直接托檐部，斗栱的结构作用下降；而砖墙的普及，又使出檐减小。这些变化说明，斗栱过去那种硕大的用料已无必要，减小尺寸是必然趋势。但为了殿堂的装饰需要，斗栱加密，用料变小，直到清末，都保持这种发展趋势。

宋代大木作中的角柱生起、檐柱侧脚、梭柱、月梁等做法，施工都比较繁复。到明代，这些做法逐渐被取消（仅在局部地区和江南民间做法中仍有保留），从而使施工得以简化。

砖拱技术在中国习惯于被用作墓室。元代西域建筑文化的输入和伊斯兰寺院对拱券技术的运用，冲击着中国的传统观念。到明代，佛教寺院成批出现用拱券顶建成的藏经楼和殿宇。宫阙之内也用作防火建筑，如北京宫殿内养心殿前砖殿、皇家档案库皇史宬、天坛斋宫等。标志着砖拱顶已突破陵墓和宗教建筑的鬼神使用范畴而进入生活领域。

石建筑技术在石牌坊、石龙柱、陛石、华表等方面得到新的发展。明代石牌坊遍布全国，北京昌平明陵石坊、曲阜孔林"万古长春"坊可作为此类遗物的代表。其他石拱桥、石塔等也在继承前代基础上有所发展。

（三）建筑新风格的形成

如果说唐代建筑有宏敞壮美之誉，宋代建筑以华丽精美见长，那么明代建筑是在兼有两者之长的基础上，形成了自己的时代特色。

从明代的都城、宫室、坛庙、陵庙到砖砌的万里边墙，都表现了宋代无法比拟的宏大气魄，而色彩绚丽灿烂的琉璃瓦屋顶、白石台基、红墙、青绿彩画组成的华丽格调，又和金、元有着直接的递承关系，和唐以前朱柱、白墙、青瓦为基调的时期则已迥然有别。在建筑群的布局上，严谨、成熟地运用院落和空间围合的手法，使各类建筑群获得充分的性格表现，宫殿的森严、坛墠的崇高、陵墓的静穆、孔庙的清肃，处理都十分成功。单体建筑在宋、元基础上向新的定型化方向发展，角柱生起取消后，屋檐和屋脊由曲线变为直线，加上出檐减小和屋角起翘短促，使整个建筑外形失去了唐、宋时期的舒展而富有弹性的神采，显得较为拘谨，但因此增添了几分凝练和稳重。屋顶按重檐—庑殿—歇山—攒尖—两坡的区别运用于建筑群，产生了相互衬托、主从分明的效果。单体形象的定型化和总体组合的灵活性相结合这一中国建筑的传统特点在明代已达到完全的成熟。斗栱用料减小和排列丛密，彻底改变了它在建筑外观上所起的作用，昔日那种以粗壮有力的躯干支撑着深远出檐而显出中流砥柱气概的栱昂构件，已变成孱弱细小、无足轻重的角色。远看檐下斗栱犹如一列阴影中的线脚，其效果和枭混线并无二致。当时，在砖石建筑上出现了以枭混线代替斗栱承托出檐的做法是种积极、健康的创造，既简化了檐下结构，又符合砖石结构性能，还获得了和丛密细小的斗栱相近的效果（实例如明孝陵大金门、明长陵大红门和定陵地宫门头等）。相比之下，仍用砖石材料亦步亦趋地仿照木斗栱的做法就显得笨拙、虚假了（如永陵、定陵明楼）。梁的断面加宽，取消琴面、月梁和梭柱，使木构主要受力构件失去了富于弹性的优美感，但直线条的增多也加强了壮拙和重涩的感觉，在建筑室内造成了另一种效果。

明代的建筑装饰题材以卷草、花卉、云纹、瑞兽、祥禽为主，甚少用人物。嘉靖崇信道教，云、鹤题材得到极大发展。不论木、石、砖、琉璃，雕饰技法娴熟，构图严谨，分布精慎，绝少铺张滥用。万历以后繁缛铺张的倾向发展，但还未达到清代乾隆以后的泛滥程度。

江南一带的地方建筑形成了一种清丽、精致的风格。大木作发展了宋代厅堂月梁和单斗只替等做法。梁的形式多样,除正规月梁外,圆作梁也做斜项,将梁头支于大斗头上,梁的断面有长方形、多棱形、圆形剜底等多种。单斗只替则又演化出单斗花楂(苏州称为"机")和单斗素枋。梭柱仍可见于皖、赣等地。小木作做工精细,式样繁多。彩画是在宋代解绿装和丹粉刷饰两种低档品种的基础上发展成的淡雅型彩画,常见的有松纹绘饰(土黄刷地后绘棕色木纹)、包袱锦纹彩画以及由如意云发展成的彩画等等。敷色以暖色、浅色为主,少量集中用金。绘饰位置多在室内梁、桁上。砖细、砖雕用于门头、墙面已较普遍。家具以简洁、精美见称于世,和江南明代建筑相辅相成,形成这个时代特有风貌。

(四)造园艺术的复兴

我国造园活动经历了元代和明初二百年的沉寂之后,明中叶后又出现新的高涨。其发展趋向是更为普及和深入生活。园林已不仅仅是官僚、士大夫的享受物,而且也成了庶民阶层的日常爱好。明黄勉之《吴风录》所说:"今吴中富家,竞以湖石筑峙奇峰阴洞……,虽闾阎下户,亦饰小小盆岛为玩",正足说明这种趋向。

明代晚期园林的特点是:

园林功能生活化。南北朝以来,中国园林以追求自然意趣为目标,人工建筑物比重较小。随着造园的普及,园林和生活结合得更紧密,园中的活动内容增多,建筑物的比重也有所提高。到明末,有些园林的活动内容庞杂,房屋很多。例如明末上海潘允端的豫园,有厅堂四座,楼阁六座,斋、室、轩、祠十余座,曲廊阁道一百四十余步。其中除了日常生活所需的房屋外,还有"纯阳阁"、"关侯祠"、"山神祠"、"大士庵"、祭祖的祠堂、接待高僧的禅堂。集住宅、佛庵、道观、祠堂、客房于一园(明潘允端《豫园记》)。明末著名文学家王世贞的弇山园里,也建有"为佛阁者二,为楼者五,为堂者三,为书室者四,为轩者一,为亭者十,为修廊者一,为桥之石者二、木者六,为石梁者五","为流杯者二"(明王世贞《弇山园记》)。一园之中,有如此众多的建筑物,说明园林和日常生活的密切关系。这种园林实质上是住宅的扩大与延伸。所以明末王心一将自己的园林定名为"归田园居"。"居"成为园林的主要功能,在"居"中观赏自然景物。

造园要素密集化。园内活动增多,房屋比重提高,景物配置相应增加。如王世贞弇山园,总面积七十余亩,园中除了上述25座房屋、一条长廊、13座桥梁外,还有"为山者三,为岭者一","为洞者、为滩若濑者各四","诸岩磴洞壑,不可以指计,竹木卉草香药之类,不可以勾股计(意即不可用面积计)"。王心一的归田园居,占地三十亩,除有堂、馆、亭、阁二十余处外,也有黄石山、湖石山数处,峰岭高下重复,洞壑涧隩连属,峰石罗峙于水边和山上,在面积有限的园林中,既要安排众多的活动内容,又要追求丰富的自然意趣,必然产生密集化的结果。这是明末以后我国私家园林的共同趋向。

造园手法精致化。在小型园林内追求丰富的意境,必须精雕细刻,才能适应近距离欣赏的需要。景物布置"宜花"、"宜月","宜雪"、"宜雨"、"宜暑",可供各种时令和气候的游览。空间处理讲究小中见大、曲折幽深和多层次的画面。假山追求奇峭多变,石假山便于垒成各种洞壑、涧谷、峰岭、崖壁、矶隩而受到偏爱。园林建筑已从住宅建筑式样中分化出来,自成一格,具有活泼、玲珑、淡雅的特点。尤其在亭阁、漏窗、装修、铺地等方面的特色更为突出,大量明代版画和专著《园冶》反映了这方面的丰富资料。

到明代晚期,中国传统的造园理论已臻成熟,出现了名著《园冶》。

从以上综述可知:元代立国时间较短,阶级关系和民族矛盾复杂,社会动荡不安,因此,虽然建成了大都这样伟大的都城，造成了各民族、各地区建筑文化交流的新契机，但是未能形成中国建筑发展史上的一代繁盛局面；明代则与之不同，立国时间将近三百年，社会相对稳定时间也较长，其间建造了宏伟壮丽的南北两大都城和数以千计的府县城，修筑了延亘万里的北方边墙——"万里长城"和百余座东方防倭城堡，还兴建了一大批高质量高水平的建筑群体和单体，至今仍留下不少令人赞叹不止的建筑杰作，各地的住宅、园林和风景建筑丰富多彩，大木、装修、彩画、砖细和砖雕、木石雕刻诸方面都表现了精湛的技艺，可以说，明代是在继承宋元建筑传统的基础上把中国古代建筑推到了一个新的更高的水平，是中国建筑发展的又一个鼎盛时期。过去，人们习惯于把明清建筑混为一谈，往往造成明清不分或以清掩明的结果，这种历史的扭曲现象，有待于我们去继续克服。

注释

[1] 据《元史·兵志》，西南至西藏、云南，北至吉利吉思，东北至奴儿干，全国驿站1400多处。驿站由专设的"站户"负责供应饮食、车马。和驿站相辅而行的急递铺，则专门从事传递官方紧急文件。驿站制度加强了各地之间的联系，保证信息沟通和政令统一。

[2] 见卢布鲁克《东方诸国旅行记》。转引自翦伯赞主编《中国通史参考资料》古代部分第六册。

[3]《元史·世祖纪》："至元三年……修筑宫城……凿金口，导卢沟水以漕西山木石"。

[4] 元朝帝后神御殿所在佛寺一览：

寺　名	建造时间	帝后及神御殿名称	位　置
大护国仁王寺	至元七年～二十一年	也可皇后	大都城西高梁河
大圣寿万安寺	至元九年～二十五年	元世祖忽必烈帝后　元寿昭睿殿　真金太子　明寿殿	大都平则门内北街（今北京西四妙应寺）
大天寿万宁寺	大德九年	成宗帝后　广寿殿	大都金台坊
大承华普庆寺	大德四年创建至大元年增建	仁宗帝后　文寿殿　顺宗帝后　衍寿殿	大都太平坊
大崇恩福元寺	至大元年创建皇庆元年落成	武宗帝后　仁寿殿	大都城南
大天源延圣寺		显宗、明宗帝后　景寿殿	大都太平坊
大永福寺	至治元年	英宗帝后　宣寿殿	大都城内
大承天护圣寺	天历二年建至正十三年重建	文宗帝后	大都西玉泉山
延徽寺		宁宗帝后	

[5] 见《中国史稿》第五册，第456～457页，人民出版社，1983年。

[6]《元史·顺帝记》："至正十四年四月，造过街塔于卢沟桥"。

[7]《中国大百科全书·元史》木速鲁条。中国大百科全书出版社，1985年。

[8] 常青《西域建筑文化若干问题的比较研究》。东南大学博士论文，1990年。

[9] 周良霄《元和元以前中国的基督教》，元史研究会编《元史论丛》第一辑，1982年。

[10]《明史·薛祥传》：（洪武八年四月，朱元璋在中都视察）"时造凤阳宫殿，帝坐殿中，若有人持兵斗殿脊者。太师李善长奏：'诸工匠用厌镇法'，帝将尽杀之。薛祥（时为工部尚书）为分别交替不在工者，并铁石匠皆不预。活者千数"。可见被杀工匠甚多。

[11] 据《中国营造学社汇刊》第四卷三、四期合刊，单士元《明代营造史料》考证：大都宫殿全部拆毁的时间在永乐定都北京营造宫殿时，所谓"洪武元年命大臣毁元氏宫殿"一说，是万历间赵琦为萧洵《故宫遗录》所写《跋》的附会之说，不足为据。

[12] 此处"二千万两"似有可疑。一殿之费，不致高出太仓岁入十倍。故疑为"二十万两"之误。

第一章 城 市 建 设

第一节 都城建设

中国古代建都的地域选择有一个趋向，即由西向东推移（由中原地区和关中地区向沿海方向发展），这个过程到了元明两朝已经全部完成，以长安为中心的关中和以洛阳为中心的中原地理位置适中，便于统治全国，历来被视为建都的理想地区，但正是由于政治中心长期落在这两个地区而使它们遭到频繁的战争破坏和森林砍伐所带来的严重生态环境恶化，水土失持、农业衰退，昔日依托富饶之乡而建立起来的都城，不得不日益依赖江淮地区的供给来维持其政权机构的运转，这种形势到北宋已成为不可逆转的定局。因此，虽然在明初讨论建都地点时，也有一些儒者从历史的正统观念出发认为建都中原或关中最为理想，但严酷的现实终于迫使朱元璋放弃在开封建都的念头。

如果单纯从经济的因素和城市的地理环境来考虑，地处长江下游经济发达地区的金陵无疑比华北平原北端的燕京更为优越。一则金陵紧靠当时中国经济重心区，二则有大江作依托，城市供水和对外交通极为便利。相反，燕京地处北偏，食用依赖江南，南粮北运历来是一件困扰当局的大事，而且这里还缺乏有充足水量的河流可资利用，城市供水和漕渠供水始终处于紧张状态。卢沟河虽然水量较大，离城也不远，但水中泥沙含量很大，水流也不稳定，历史上曾有"小黄河"、"浑河"、"无定河"之称，金、元两朝都曾尝试从此河引流输给漕渠，但在当时的科学水平和技术条件下，所有努力都归于失败，连元朝著名水利专家郭守敬也不例外。两地地理环境的优劣是明显的，但是燕京终于成为中国古代社会后期定都地址的稳定选择，主要取决于另外一些重要因素，即当时的军事、政治形势。

中国古代历朝和境外势力的军事斗争始终集中在北面，其性质是以汉族为主体的农业经济社会的统治者和以游牧经济为基础的北方民族军事集团之间的斗争。燕京恰好位于东北和内蒙古通向华北平原和江淮地区的咽喉部位，不论是北方势力向南推进，还是南方势力向北进攻，这里都是枢纽和前沿地段，这种特殊的地理位置以及忽必烈、朱棣对其根据地的依托，决定了元、明两朝初期处于军事进攻态势时的定都选择，不仅元世祖如此，明成祖如此，后来的清王朝也是如此。

中国古代都城建设的形态大致有三种类型：第一类是新建城市，即原来没有任何基础，平地起城，这种情况主要在早期，如先秦时期的许多诸侯城和王城，后期的明中都则是一个不成功的例子；第二类是旁倚旧城建设新城，汉以后的都城多采用这种办法，如西汉初年旁倚秦咸阳旧城利用其部分离宫建长安新城，隋初旁倚汉至后周的长安旧城兴建大兴城，元初旁倚金中都旧城兴建大都城。这类都城又有两种情况——一种是新城建成后，旧城完全废去，如唐长安建城时，汉长安已只是禁苑内的一处遗迹（虽然还留有一些旧宫）；另一种是旧城继续被使用，和新城长期共存，如元大都的南城（即金中都旧城），终元之世，那里仍是重要居民区和佛寺道观的密集区；第三类则是在旧城基础上扩建，以便充分利用原有城市的基础，为新都服务，明初的南京和北京都属这一类。

都城作为全国的政治、军事和文化中心，有数十万至百万以上的人口，功能复杂，占地面积广大，受到各种条件的制约，因此不可能用一种固定的模式来规范城市的形态，也就是说，每个城市必须根据其特定的需要、地理环境、原有基础来确定其建设方针和布局形态。这就是为什么会产生上述多种都城建设类型的原因。因此，《考工记·匠人营国》那一段著名的记述虽然被历代循礼复古的儒者所推崇，但事实上至今还没有发现一处都城曾照章办事、建成一座符合《考工记》模式的城市。

都城建设的特点是一切为政治中心服务，一切围绕皇帝和皇权所在宫廷而展开。在建设程序上，总是先宫城、皇城，再都城和其他工程；在布局上，宫城属于首要地位，其次是政权职能机构、王府、大臣府第以及相应的市政建设，最后才是一般庶民的住所和手工业作场、商铺。元明两朝的都城也不例外。

一、元大都（图 1-1）

忽必烈登位之初，曾以开平为都城。但开平地理位置偏北，对用兵南方和控制全国不利，因此在解决了与其弟阿里不哥之间争夺帝位的战争（1260～1264 年）以后，就决定把都城迁于燕京。

1. 中书省
2. 御史台
3. 枢密院
4. 太仓
5. 光禄寺
6. 省东市
7. 角市
8. 东市
9. 哈达王府
10. 礼部
11. 太史院
12. 太庙
13. 天师府
14. 都府（大都路总管府）
15. 警巡二院（左、右城警巡院）
16. 崇仁倒钞库
17. 中心阁
18. 大天寿万宁寺
19. 鼓楼
20. 钟楼
21. 孔庙
22. 国子监
23. 斜街市
24. 翰林院国史馆（旧中书省）
25. 万春园
26. 大崇国寺
27. 大承华普庆寺
28. 社稷坛
29. 西市（羊角市）
30. 大圣寿万安寺
31. 都城隍庙
32. 倒钞库
33. 大庆寿寺
34. 穷汉市
35. 千步廊
36. 琼华岛
37. 圆坻
38. 诸王昌童府

图 1-1 元大都新城平面复原图

燕京原是金朝的都城——中都。金中都陷落时（1215年）虽未遭到重大破坏，但围城时城中缺乏柴薪，一些宫殿被拆除。蒙古军占领后的第三年（1217年），旧宫又发生一起火灾。时隔半个世纪到至元初期，中都旧宫早已废为瓦砾场或另建其他建筑物了[1]，城外金代众多离宫也早已被毁，因此，忽必烈在燕京初期仍依蒙古旧习，以毳殿和毡帐为居处[2]，但随着朝仪的建立和逐步正规化，帐殿已显得不符要求，于是琼华岛上的广寒殿被修复起来[3]，一些贡物如"渎山大玉海"（石雕酒缸）、"玉山弥御榻"、"玉殿"等石雕品，都陈列在此殿内（《元史·世祖纪》），随后，又开始了新宫的建造。

新宫工程由宫殿府总监阿拉伯人也黑迭儿负责（参见第十章第二节）。忽必烈认为"大业甫定，国势方张，宫室城邑，非钜丽宏深，无以雄视八表"[4]。实际上是强调帝位之争已定，军事上正向南扩张，应该用宏伟富丽的宫室和都城夸耀威慑天下了。从后来陶宗仪《辍耕录》和萧洵《故宫遗录》描述的元大都宫殿来看，确实是极度豪华绚丽，和唐宋宫殿有很大不同，无论色彩、雕刻、内部装潢、用料、做工都极尽工巧精美的能事，这也和元朝统治者无偿使用大批拘括来的工匠和民夫有关。

至元四年（1267年）开始了宫城和都城的兴建。刘秉忠以太保领中书省而总负新都城兴造之责。由于刘秉忠精通经籍，博学多艺，近世论及元大都的布局，往往认为是由他按《考工记·匠人营国》的模式建造起来的复周礼之古的一座都城。这个问题是值得商榷的。问题在于刘秉忠能在多大程度上决定大都的城市布局，又在多大程度上吸取了《考工记》的形制。中国历代的都城和宫殿虽然多由朝廷委派重臣督建，但仍由皇帝亲自掌握并裁定，元大都的建设也不例外，如修筑大都南面城墙时，和庆寿寺内的海云、可庵二和尚墓塔相冲，忽必烈指令把二塔圈入城内[5]；又如宫城前周桥，由忽必烈亲自选定方案，并派石工杨琼负责修造[6]等，都可作为佐证。因此，大都的布局必然要以忽必烈"宏深钜丽"的意向作为主要规划依据。在参考历史经验方面，与其说以《考工记》为蓝本，不如说是吸取了宋汴京和金中都的布局形态及建设经验；从城市的规模来看，元大都和宋汴京很相近[7]；居民区布置和汴京采取相同方式而找不到宋以前里坊制的痕迹；宫城偏于城南和都城东南西各设三门则较接近金中都的模式。当时宋、金旧都全在元世祖统治范围内，要取得有关资料和数据并不困难，以之和一个相距千余年的从未被人实现过的《考工记》方案相比，其现实意义的大小，对于有远见卓识的忽必烈来说是很容易判断的。

至于刘秉忠在元大都的规划中是否采用了"左祖右社"、"面朝背市"这类被认为是典型的《考工记》都城布置形制的问题，我们必须通过历史事实来找出答案。

首先，刘秉忠死于至元十一年（1274年）八月。而"左庙"是至元十四年（1277年）八月元世祖才"诏建太庙于大都"的（《元史·祭祀志》），"右社"则迟至至元三十年（1293年）"始用御史中丞崔彧言，于义和门内少南，得地四十亩为壝墙，近南为二坛，社东稷西"（《元史·祭祀志》），可见元大都的"左祖右社"与刘秉忠无关。

其次，集中式的"市"（周围有墙，设门，有市令管理）到宋代已趋于消灭，代之而起的是分散的商业街，元大都城内也没有集中的"市"，而有许多"街"和行业性的市场（如米市、马市、帽市之类）分布于宫城四周（东、南、西、北都有），可见宋元时代已不存在"面朝背市"的都城布局概念和形态。元大都宫城之所以位于城市的偏南一面，有其深刻的历史与地理原因，而不是套用"面朝背市"的结果。关于这一点，还将咱下文详加讨论。

大都的规划除了借鉴前人经验外，更重要的是根据城市本身的需要和地理环境条件提出符合实际的方案，应该承认，这方面做得是很出色的，例如放弃旧城城西水源不足的莲花池供水系统另觅高梁河作为城市水源、方整规则的道路网、充分利用旧城的基础促成新城的建设、巧妙地环绕太液池水面布置宫殿和苑园、合理分配居民区的用地等等。

从至元初开始宫殿、都城建设，到至元末年开凿通惠河为止，经历了将近三十年时间，大都才基本形成为一代帝都和雄视天下的大都会，其后的元朝各帝只是作一些增补添建。纵观元大都的全部建设过程，大致可分为三个阶段：

第一阶段是骨架工程建设。包括宫城城墙、大明殿、延春阁、太液池西岸的太子府（成宗初年改为太后宫即隆福宫）、中书省等官署、太庙、大护国仁王寺、大圣寿万安寺、都城城墙、钟鼓楼、金水河。这些都是作为全国统治中心所必不可少的设施，大致完成于至元四年到二十二年（1267～1285 年）。

第二阶段是居民区的建设。至元二十二年二月，朝廷发布了居民区住宅占地面积的标准和迁居者身份："诏旧城居民之迁京城者，以赀高及居职者为先，仍定制以地八亩为一份，其或地过八姆及力不能作室者，皆不得冒据，听民作室。"（《元史·世祖纪》），开始了旧中都城区居民的大量迁移，实施城市重心的真正转移。这个阶段还继续完成万安寺、宫中的许多便殿和其他附属建筑、社稷坛、通惠河漕渠等重大工程。时间为至元二十二年到三十一年。据估计当时大都居民约四五十万人[8]。

第三阶段是忽必烈以后诸帝对元大都的充实与增添。主要有武宗至大元年（1308 年）所建兴圣宫、成宗大德六年（1302 年）所建孔庙（现存北京孔庙大门即为元代建筑）、国子学、郊坛，以及一大批佛寺，在宫内还有许多次要殿宇的兴建。但这些工程对大都城市格局没有重大影响。

元大都的布局与建设有以下一些特点：

（一）依托旧城建设新城

大都城区包含新建的都城和原有旧城两部分。忽必烈定都燕京后的最初二十年仍以利用旧城为主，随着新都建设的开展而逐步转移到新城。但在元朝的百年统治期间，旧城始终未废（图 1-2）。

关于中都旧城，过去曾一度认为蒙古军灭金过程中已把城市彻底破坏[9]，其实金贞祐三年（1215 年）燕京被蒙古军围困后，城中不战而降，并未遭受重大损失[10]，随后，成吉思汗就把它作为华北平原的一个重要统治据点——燕京路总管府和大兴府的治所。中统年间（1260～1261 年）忽必烈以燕京为依托与其弟阿里不哥争夺帝位，曾修缮燕京旧城，后来又在城内修建太庙与大臣赐第，至元元年刘秉忠的赐第就在旧城北面中间城门通玄门内的奉先坊。从元王恽的《复隍谣》"南城嚣嚣足污秽，既建神都风土美"的描述来推测，南城（即中都旧城）还是相当热闹的，至元二十二年迁高赀及有职者于新城后，旧城虽然一落千丈，从此萧条下来，但也并未成为一座空城，而仍留有大量城市下层居民。旧城区内仍保有不少街市和居民区（详下文），并设有与北城相同的治安司法机构。大德九年（1305 年）还增设"大都警巡院，以治都城之南"[11]，看来，旧城区的人口数量还相当大。此外，新都建成之后，旧城区又兴建了不少佛寺与道观，因而成了贵官和庶民共同的游览胜地，元虞集在《游长春宫》中曾说："岁时游观，尤以故城为盛"。直到元末顺帝年间，旧城与新城仍并称为南城、北城，如至正二年（1336 年）中书左丞许有壬在廷议开挖金水口引水济漕一事中就一再使用"南北二城"一词来说明引水工程和城市的利害关系[12]。

元大都旁依旧城另建新城，一方面可以充分发挥旧城作为建设基地的作用，另一方面又使新城的布局不受旧城原有设施的限制而能追求一种理想的效果，这是元大都规划与建设获得成功的一个重要因素。

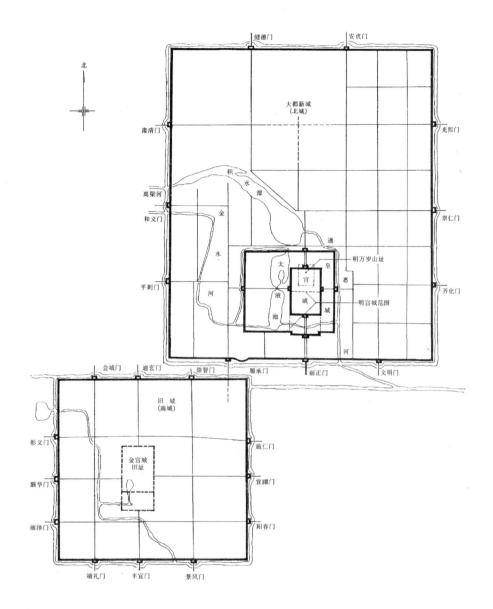

图 1-2　元大都新旧二城关系图

（二）以水面为中心的城市格局

元大都规划最具特色之处就是以太液池水面为中心来确定城市布置的格局，这是一个大胆的创新，也使元大都在中国历代都城建设史上独具一格而富有魅力。

中国历代都城选址都取爽垲而又有河流相通的地方，爽垲则利于排水、通风良好、宜于居住；有河流相通或有河流穿越城市则利于引水和通航漕运。但像元大都这样以广大水面为依据，环水建立宫阙和城市中心区的例子则未出现过。当然这有其具体的历史条件，即当时金中都城内的宫殿早已毁去，城外仅有的宫殿就是在金代旧址重建的广寒殿，但是广寒殿的规模毕竟很有限，不可能因此左右新宫选址和城市布局的决策。所以根本原因在于忽必烈等人对这片水面有与众不同的看法，认定它的重要性高于其他选择。这里虽不能肯定说这就是蒙古人"逐水而居"深层意识的反映，但至少可以看出和汉族传统观念有明显差别。如再参照宫殿不用传统的前朝后寝而采用环水布置大内正朝、东宫太子府（在大内之西而不是传统的在东）、太后宫及皇妃宫等特有的格局来看，就更显示出蒙古人喜好所产生的影响。

由于宫城位置的确定和太液池水面有着密切联系，新都的南面城墙又受旧城北城墙的限制，因此城市的大部分面积向北推移而使南面显得局促，从布局的结果来看似乎出现了"面朝背市"的格局，但从城市规划指导思想上看则完全是另一回事。前面已经说过，先秦时代"市"的概念到宋代已彻底崩溃消失，由之而产生的规划思想和指导原则也已不复存在，如果审视一下当时中都旧城大量人口的存在，可以看出这种城市布局是根据实际情况综合权衡利弊而得出的明智决策，决非出于对某种古老概念的抄袭。

大都的另一创举就是在城市中心设置钟鼓楼作为全城报时的机构。在元代以前，虽然也在城中用鼓声来号令坊市与城门的启闭，但都利用里门、谯楼、城楼设鼓报时，单独建造钟、鼓楼并位于城市中心地段，则是没有先例的。鼓楼上设立计时用的壶漏和报时用的鼓角，钟楼在鼓楼之北，二者相向而立。《元典章·刑部十九·禁夜》载："一更三点，钟声绝，禁行人；五更三点，钟声动，听人行。"说明钟楼是实行夜禁、控制城内居民活动的重要设施。

（三）适宜的规模和严整的格局

大都城平面呈南北略长的长方形，城门十一座，东、南、西三面各三门，北面二门[13]。周长约28600米，面积约50平方公里，相当于唐长安城面积的3/5，而和宋汴京相当。长安是沿用隋朝新建的大兴城，规模过大，尤其城南三列里坊离大明宫太远（7～10公里），始终十分荒凉；北宋汴京则是利用州城扩建，失之过于拥挤，气势也不够庄严宏伟。元大都则避免了两者的缺点。城市道路街巷规划整齐，经纬分明，大街宽24步（考古发掘查明景山北面中轴线上大路宽28米，其他主要大路宽25米），小街宽12步，火巷（胡同）384条（《日下旧闻考》引《析津志》），宽约6～7米。这种宽度较唐长安似更合适（长安中轴线上大街宽150米，其他街道最窄25米）。

由于大都城的轮廓和街道系统整齐、规则，使整个城市呈现庄严、宏伟的外貌，这是旧城扩建型的都城无法达到的效果。

大都的街巷格局被明清两代的北京城所沿用，至今仍能找到当年城市布局的旧迹，从中体验其规划构想。

（四）居民区和商业街市的分布

根据元末的《析津志》及《元一统志》等文献记载，大都的居民分布有四个地区：

东城区。是各种衙署和贵族住宅的集中区。由于皇城将太液池包容在内，因此大内中轴线靠东城区较近，东城区的面积也比西城区大，衙署、贵族集中于此可以就近上朝，这和唐长安城的官员住宅集中于东城以便去大明宫上朝是同样的规律。据记载，元代中书省、枢密院和御史台三大政权机构都设在皇城外东侧偏南或南侧偏东这一区[14]，其他如光禄寺、侍仪司、太仓、礼部、太史院等，也在东城区。这里还有一些王府，如诸王昌童府第在齐化门内太庙前[15]，哈达王府在文明门内（故此门俗称为哈达门）[16]。大臣的第宅是朝廷颁赐份地建造的，散处城内各区，但东城区离丽正门最近，"丽正门当千步街，鸡人三唱万官集"（元欧阳原功诗），又是重要衙署所在地，办事最方便，必然也是达官权要们争取建宅的地区。这里的商市也较集中，有东市和角市。东市在齐化门大街和文明门大街交会处一带，角市在皇城外东南角，即衙署集中的地带。还有中书省东面的省东市和一些专业性的市，如文籍市、纸札市、靴市等。说明这里人口非常密集，商业也很繁盛。

北城区。由于至元末年由郭守敬负责开通了联结大都城内和通州的运粮漕渠通惠河，使皇城北面的海子（积水潭）成了南北大运河的终点码头，促使沿海子一带成为繁荣的商业区，尤其是海子北岸的斜街更是热闹，各种歌台酒馆以及生活必需品的商市汇集于此，如米市、面市、帽市、缎子市、皮帽市、金银珠宝市、铁器市、鹅鸭市等，使这一带成为全城最繁华的地段之一，稍北的钟楼大街，也很热闹，令人瞩目的是这里还有全城最大的"穷汉市"。海子周围还有一些园亭，如望湖亭、万春园等。后者还是进士及第后赐宴集会之处，犹如唐长安的曲江和杏园。

西城区。这里的居民也较密集，但层次稍低于东城。商市集中在平则门大街和顺承门大街交会口附近，买卖牲口的集市如骆驼市、羊市、牛市、马市、驴骡市都集中在这一区。顺承门一带距金中都旧城最近，是新旧二城交接地段，有都城隍庙、倒钞库[17]、酒楼[18]、穷汉市等。根据牲口市和穷汉市两项来判断，这里的下层居民较为集中。

南城区。就是金中都旧城城区和新城前三门关厢区。南城旧居民区以大悲阁[19]周围为稠密，这里集中了南城市、蒸饼市、穷汉市三处商市。此外还有五门街、三叉街，《析津志》把它们和钟楼街、千步廊街等繁华街道并列为大都七街，推测也是同类街市。总之，有这么多商市街道分布在南城区，是不可能把这里想象成一片荒凉的。

在新城丽正、文明、顺承三门外，也有繁华的商市居民区，黄文仲《大都赋》说："若乃城阒之外，则文明为舳舻之津，丽正为衣冠之海，顺承为南商之薮。"丽正门靠近大内宫城和各种官署，城外自然成为各地来京官员的聚集处；文明门前是通惠河的漕运泊地，商旅云集；顺承门外则是由陆路来京的南商结集地。这三处关厢区是大都城外最热闹的地区。

除了前三门外有较热闹的关厢区外，其他各门外也都有集市——至少有一个草市；齐化门外十字街口还有车市，和义门外则有果市和菜市，也有一定数量的居民。

元大都众多穷汉市的存在是值得引起注意的现象。穷汉市的具体内容不明，可能是出卖劳动力的雇工市场，不管怎样，顾名思义，应是指城市最下层居民的集市，它们所处的位置必然靠近下层居民的聚居地，因此从穷汉市的所在位置可以推知城市下层居民的分布概况。

首先，在城北钟楼的北面有全城最大的一处穷汉市，表明钟楼附近及以北是劳动人民聚居的地方。七十年代初在北京第101中学发现简陋的劳动人民住房遗址[20]，其位置就在元大都钟楼的西北，可作为这种推论的一个佐证。

其次，在城南共有五处穷汉市：一在旧城大悲阁东南巷子里，一在新城顺承门里，其余三处在新城前三门外，每座门外各有一处。这表明由于元世祖规定了"高赀及居职者为先"的迁居新城的政策，因此既无份地又无财力的下层居民只得留在旧城里。由此还可以看到大都居民分布的一个总特点：以皇城为中心，权贵显要的第宅靠得最近；其他居职和高赀者散处新城各处；而劳动人民则被挤到僻远的地区。

在城市管理方面，元大都城内共划分为50个坊，分别由左、右警巡院管辖。但这种坊仅是设立坊名标志和区划范围的一种管理形式，和"里坊制"的坊完全是两回事。五十之数是翰林学士虞集按《易·系辞》"大衍之数五十"一语而来，其时间已在元代中期[21]。以后又根据城市居民发展的实际情况，增添新城25坊，并增设南城62坊警巡院一处。三警巡院则由大都路都兵马指挥司管辖（《元史·百官志》）。

（五）城市引水、排水工程

水资源短缺一直是燕京城市生活面临的一个难题，金中都时期如此，元大都时期也如此。

大都城中用水有四种：一是居民饮用水，主要依靠井水；二是宫苑用水，由玉泉设专渠引至太液池；三是城壕水，也由西山引泉水供应；四是漕渠水，因燕京至通州地形高差较大，水易流失，纵然设闸节制，也需有大量水源方能保持漕渠畅通。在四者之中，以漕渠水最难解决，而漕运又是京城经济命脉所依，所以从金朝建都于燕后，就开始设法寻找出路。

第一次努力始于金大定十年（1170年）。朝议引卢沟河水以通京师漕运，金世宗欣然曰："如此则诸路之物，可遥达京师，利孰大焉。"可是水渠于次年挖成后，由于地势高峻（金口闸和中都地势高差 140 尺），水质浑浊，河堤易崩，河床淤浅，无法行舟而不得不废弃。后来又因卢沟河屡次决口成涝而加以堵塞。此后，京师所需的数百万石粮食只得仍由陆路从通州用车辇供应（《金史·河渠志》）。

第二次努力是元世祖至元二十九年（1292 年）由郭守敬主持开挖通惠河。他吸取金代失败的教训，不用卢沟河水，而在昌平、西山一带找到神山泉、王家山泉、虎眼泉、一亩泉、马眼泉、石河泉、南泉、温汤、龙泉、冷水泉等众泉源，经瓮山泊，汇集于高梁河，下注积水潭，再输入漕渠，沿渠每十里设一闸，用以节水通舟。当时确很奏效，至元三十年，忽必烈从上都开平回来，经过积水潭，看到"舳舻蔽水"，非常高兴，厚赏了郭守敬，于是罢去陆辇官粮的办法，改用水运，从通州到大都，节省了大量劳力和费用，也保证了及时供应。可是好景不长，由于上游及各支流被寺观和权势私决堤堰，浇灌稻田、水碾、园圃，水源渐少，漕运不畅，虽经朝廷严申禁令，似乎并未见效。到至正初年，不得不另找水源（《元史·河渠志》及《元史·刘秉忠传》）。

第三次努力是至正二年（1342 年），又有人建议在金代开口设闸的金口处引卢沟河水，另开一条金口河，引水直达通州，以供漕运。当时很多人认为不可行，但丞相脱脱力排众议，务于必行。工程完成后，起闸放水，结果因泥沙壅塞而不能通航。而工程进行之际，毁民庐舍，死伤夫役，当初提出此议的主管都水大臣则遭到御史纠劾而被处死（《元史·河渠志》）。

纵观金元两朝百余年的治漕史实，从通州到京城的漕渠用水始终没有找到满意的解决办法。

除了济漕的引水工程外，另有一条重要供水渠道——金水河，专供宫内及太液池用水。此河从西山玉泉引流，经运石大河、高梁河、西河都架设跨河跳漕，再从和义门南侧穿城而流入宫中，沿河两岸遍植柳树。元世祖时有禁令，不准在金水河洗手，以保证宫廷用水的洁净。因水从西来，西方属金，故称为金水（《元史·河渠志》）。

大都城内的排水沟设在南北主干道的两侧，是用条石砌筑的明沟，深约 1.65 米，宽约 1 米，局部沟段用条石覆盖。

大都的城墙用夯土筑成，其构筑方式仍沿用宋代旧法，即在墙内先立永定柱，再加横向的纴木，然后加土夯筑。土城易被霖雨冲刷浸泡而导致倒塌，因此曾议以砖石被覆，终因财力不及而改用苇编被覆，并抽调军队，专掌砍苇被城事宜。但这种"苇城"实际效果不佳，城墙建成后不久，就因霖雨崩塌而不断进行修缮，动辄投入上万人力。

大都的道路也是土路，一遇接连的大雨，城中交通就会受到阻隔。晴天则灰沙飞扬。

总之，元大都规划与建设的最突出之点是融汉、蒙两族文化于一炉，创造了一个具有崭新风貌的伟大城市。它非但不是复《考工记》之古的都城典型，相反，倒是一个能充分因地制宜、利用旧城、兼收并蓄、富有创新精神的都城建设范例。

元上都——开平（图 1-3）

元上都开平位于今内蒙古自治区正蓝旗东北 20 公里的闪电河（即滦河）北岸，南距元大都约 250 公里。金代曾在这里置桓州。蒙古宪宗五年（1255 年），成为忽必烈的营幕驻守地和军事重镇，翌年（1256 年），忽必烈命刘秉忠在桓州以东滦河北岸营造王府与城市，这就是新建的开平府城。中统四年（1263 年）加号为"上都"，以后元帝每年夏天都来这里避暑，成为元代名副其实的陪都。

关于开平的城市面貌，文献记载较少，但城迹遗址保存较好，为今天的研究提供了实物依据。

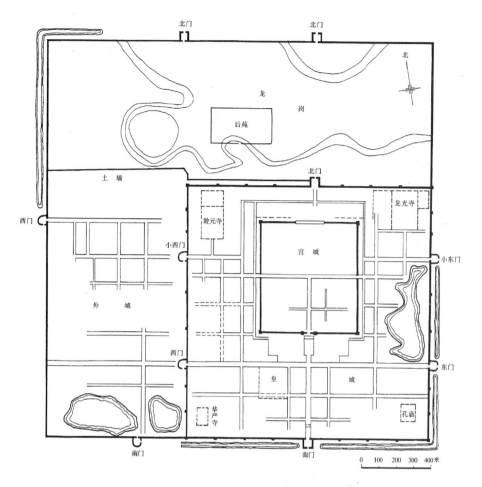

图 1-3 元上都城遗址图（据《文物》1977 年第 5 期）

调查表明，元上都有城三重，即外城、内城、宫城[22]，外城用土筑，内城用土筑后在外侧用块石垒一层护面，宫城则是土墙外包砖皮。

宫城位于内城轴线上，稍偏北。内城 1400 米×1400 米见方，东西各设二门，南北各设一门，城内街道整齐，完全是内地城市方格网式布局。全城以宫城为中心展开，宫前南北御道宽 25 米，东西横街宽 15 米，这两条丁字相交的主要道路和居于城中偏北的宫阙将全城划分成四个区域，每个区域靠近城隅都有一座重要庙宇，使布局显得十分均衡，其中东南隅为至元四年所建孔子庙，孔庙西侧是国子学；西南、西北、东北三隅分别为华严寺、乾元寺和大龙光华严寺。

外城作曲尺形，环于内城北面和西面，使整个上都城达到 2.2 公里×2.2 公里的规模。据记载，北面那部分外城是御苑所在，西面部分是较为热闹的市区。从全城的格局来看，城市人口分布重点在西城，因为元人诗中曾描写"西关轮舆多似雨"，西关外的南马市是南来商人进行贸易的集中地[23]，城市对外交通促进了西关和西城区的发展。从遗址分布情况来看，西关关厢延伸最长，达 1000 米，东关次之，南关最短，也证实了这一点[24]。

上都北倚龙岗，南临滦水，占有"龙岗蟠其阴，滦水经其阳，四山拱卫，佳气葱郁"（王恽《中堂纪事》）的良好地形。内城布局严整规则。从内、外城关系上看，外城偏于一方，使原来轴线鲜明、严格对称的城市格局失去了最初追求的目标和意义，显示出由于城市发展需要而不得不扩建的迹象。因此，是否刘秉忠初期所规划的开平仅是作为忽必烈的藩王王城的内城，而后来又扩建了外城，这还有待于进一步的考查证实。

上都的职能主要是供元帝避暑。原来生活在漠北地区的游牧民族都不适应暑热天气，所以不仅皇族、贵戚，即便是新征集的军队也有因不宜酷暑而暂住上都的记载[25]。元帝每年夏天必到上都"时巡"，春天来，秋天回，年年往返于两都之间。上都的另一个作用就是在军事上作为大都的屏障，用以控制北方诸藩。其间也曾作为南宋降帝赵显（宋恭宗，降元后赐号瀛国公）的安置场所[26]。由于城市所需粮食与物资供应完全依赖内地，又无水路可通，运输不便，所以城市发展受到限制。元世祖在至元初年虽用减轻商税和免除全家赋役的办法来鼓励人们迁居上都[27]，却始终受制于粮食供应而不得不撤减部分人口[28]，因此，城市规模无法和大都相比拟。

二、明南京[❶]（图1-4）

1. 太角
2. 社稷
3. 翰林院
4. 太医院
5. 鸿胪寺
6. 会同馆
7. 乌蛮驿
8. 通政司
9. 钦天监
10. 山川坛
11. 先农坛
12. 净觉寺
13. 吴王府
14. 应天府学
15. 大报恩寺
16. 大理寺
    五军断事官署
    审刑司
17. 刑部
18. 都察院
19. 黄册库
20. 市楼

图1-4　明南京城复原图

---

❶　本节由建筑学硕士，江苏省建委规划处工程师张泉撰写。

元至正十六年，朱元璋率军攻入集庆路城，当时天下胜负未分，朱元璋尚未打算在此建都，所以除了筑龙湾虎口城，在城西北及沿江一带设置军卫等军事性建设和改建国子学以外，没有进行较大规模的城市建设。元至正二十六年，朱元璋西平陈友谅，东逼张士诚，统一江南已呈指日可待之势，于是开始了吴王新宫的建造和应天城的扩建。工程内容包括修筑城墙五十余里，新建宫城（当时仅筑宫城而未筑皇城，故泛称宫城为"皇城"）、宫殿及圜丘、方泽、太庙、社稷坛等礼制建筑。但当时尚处于战争高潮时期，天下未定，而且新宫是吴王之宫，制度规模都有局限，所以这次工程仍属于都城建设的草创阶段，远不能和洪武以后帝国都城相比拟。整个工程前后历时不到一年而成。

洪武元年，国家逐步统一，南京地理位置偏于东南，而军事威胁主要来自西北，在当时的技术条件下不利于对全国的控制，于是明太祖于八月下诏"以金陵为南京（南京之名始于此），大梁为北京，朕以春秋往来巡守"。并于洪武二年九月"诏以临濠为中都，……命有司建置城池、宫阙如京师之制"（《明太祖实录》）。从洪武二年九月下诏建中都始到八年四月诏罢中都役作止，由于集中大量的人力物力兴建中都，南京的建设几乎陷于停顿，多是单座殿宇的兴建或是一些维修、改造而已。

洪武八年明太祖决定放弃中都，定南京为京师，开始了南京的规划建设高潮。这个时期的建设具有稳定、频繁、内容广泛等特点，二十余年中，几乎每年都有大的建设活动，修筑城墙、疏浚河道、改造皇宫、新辟街衢，建造寺观、庙宇、营房、民舍，无所不包。在明太祖去世前，最后完成了南京的重大布局，并到达了全盛阶段，全城人口达一百多万[29]。

明太祖去世后，先因皇室内讧夺权，朱棣登基后又准备迁都北京，基本上没有进行大规模的建设。所以明初虽然定都南京达 53 年之久，但城市规模与市区格局主要是在洪武八年至洪武末年这二十余年中形成的。

明南京城的布局有以下一些特点：

（一）分区与城墙

明南京城分为三大区：市区、军事区、宫城区。明初拓城目的是为了围护新皇宫，因此新宫位置决定了分区布局。

当时南京的外部军事威胁主要来自长江一带，沿江地区不宜建宫；城南聚宝山岗阜起伏，与老城区和军事区联系不便，剩下的可能性只有两个：利用旧城或在其东新建皇宫。

按照元末集庆路的城市布局，旧城区域以大市街为界，街南是旧市区，街北是杨吴、南唐宫城故址和北城外的六朝宫城故址。由于旧市区是历代延续的主要商市，街道纵横，房屋密集，若在这里建宫，就要拆迁几乎整个旧城。而六朝宫城故址，尽管空旷，但朱元璋对"六朝国祚不永"很有忌讳（《明会要》），所以也是他所不取的，大市街以北虽然地域较为平阔，可是元末至正后期已建了一批府第，况且杨吴、南唐宫城故址也有国祚不永之忌。剩下的唯一选择是在旧城之东建宫，这里是一片农田和面积不大的燕雀湖，以填湖为代价把皇宫建在这个新基上，既保留了旧城区，又与旧城区和军事区联系密切，也不和六朝、南唐发生纠葛，于是定下了这个打破常规的宫城位置，这应是至正二十六年朱元璋"命刘基等卜地，定作新宫于钟山之阳"（《明太祖实录》）的实质。

南京城墙也就是这三区外缘的围合，其路线走向也有三种不同的依据：1. 市区从东水关经聚宝门到石头山，依具体情况沿旧城走向新筑或在旧城墙基上增高加固；2. 军事区两侧从石头山到太平门一带，依山傍湖，据险而设；3. 围护皇宫，从朝阳门到通济门段。实测城墙周长 33.68 公里（《明太祖实录》记载为 59 里，10734.2 丈），如包括各门瓮城在内，则全长为 37.14 公里。共设城门 13 座，门上均有城楼，重要的城门设瓮城 1～3 道，如正阳、朝阳、神策三门设瓮城一道，石城门设二道,聚宝(今中华门)、通济、三山三门设三道,每道瓮城设有闸门,以加强防卫能力,但至今只留有聚宝门一处瓮城遗迹(图1-5)。城墙大部用条石作基础,用砖或条石两面贴砌,从朝阳门到太平门西一线(环绕皇城两侧约5公里),则全用城砖实砌,用砖量极大,足见其为了保卫皇帝安全,不惜用砖堆筑成如此庞大的构筑物。砖缝粘结料采用石灰浆,局部墙心系用黄泥砌筑。墙高14~20米,个别因山增筑的部分可高达60米。城基宽度在14~25米之间。城上共设雉堞13616个,军士宿卫用的窝铺共200座。在这座砖石城墙的外围,还有一道土筑的外郭墙,全长约50余公里,共有外郭门18座(图1-6)。

图1-5 明南京聚宝门所遗门孔　　图1-6 明南京外郭图(图中栅栏门与外金川门为清代增辟)

(二)街道、河道系统

南京街道不同于其他古都方整平直的路网风格,它的形成可溯源到东晋时期,当时丞相王导营造建业城时,"无所因承而置制纡曲",因为"江左地促,不如中国,若使阡陌条畅,则一览而尽。故纡余委曲,若不可测"(《世说新语·言语》)。正由于南京地形复杂多变,因此明代街道也沿袭这种格局加以发展。

街道分三等:官街、小街、巷道。

官街是城市中的主干道。宫城、军事两区与市区的纽带分别是长安街、洪武街,而由于这两区之间联系不多,便没有专用官街相连。宫城区交通最畅,四面各有一条通道直达江边或城外,以免皇家活动与市区相互干扰。军事区只有一条洪武街,相形之下就不太便利。市区官街路面"极其宽廓,可容九轨,左右皆缭以官廊,以蔽风雨"(《秦淮志》)。九轨近24米,加上两官廊和廊外道路,其总宽度当在30米左右。

城中河道历代多有凿浚,明初结合城市规模的扩大和运输排洪的需要进行了大量新开、疏浚的水利工程,主要有京城、皇城、宫城三道城壕以及上新河、龙湾、玄武湖、内秦淮、青溪、进香河与小运河等。至洪武中期,水系已网络全城。城内河道与城外水系沟通主要依靠东、西两水关，水关白天通航，夜间锁闭，长年都有军士守卫。另外还有专用于泄洪的铜井闸和引玄武湖水入城的武庙闸等几座水闸。由于城内分区明确，流经各区水道的作用也职能分明：京城护濠是环城水运干道；宫城、皇城护濠主要是防卫性的；军事区中水系流经各仓、卫，专供军队给养运输；进香河主要供鸡鸣山祠庙区朝山进香，市区内秦淮河流经繁华地段，沿河设市，河上盛行各种灯船、游船，除了运输以外，它还是一条城市性的游览水道。

（三）宫城、皇城与官署区

宫城是明初南京建设的重点，除了至正二十六年和洪武八年至十年的大规模兴建外，还经常进行改建与扩建。其重要建筑的布局都经礼部商议，很多规划布点和建筑规制直接反映朱元璋的意图。皇城的建造时间稍晚，是在洪武六年六月诏留守卫指挥司修筑的（《明太祖实录》），周长2571.9丈，和今天测量遗址周长7.4公里约略相等。皇城之内主要是为宫内服务的内宫诸监、内府诸库和御林军。皇城之南、正阳门之内，御街两侧则布置着五部、五府以及其他各种衙署。其中刑部和大理寺、都察院、五军断事司等司法机构布置在皇城以北的都城太平门之外。把刑部等司法机构和礼、户、吏、兵、工五部分开，单独置于城外，这种异乎寻常的布置方式源于对天象的模仿，因为朱元璋以"奉天承运"自命，自称是"奉天承运皇帝"，处处以天命标榜，而天象中的天牢星（又称贯索星）位于紫微垣（帝星所在的星座）之后，所以把主管刑事的机构也仿照天象置于皇宫以北城郊。明太祖还声称要根据对此星变化的观察来判断执法官们是否秉公办事（《明太祖实录》）。皇城南面衙署的布置，朱元璋也有他的理论依据："南方为离，（光）明之位，人君面南以听天下之治，人臣则左文右武，北面而朝礼也。五府六部官署东西并列"（《明太祖实录》）。这样，就形成了沿轴线严格对称的官署建筑群（图1-7）。

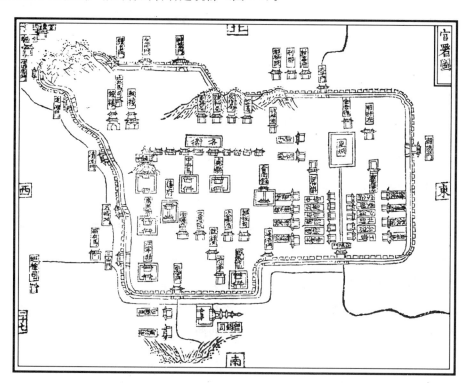

图1-7　《洪武京城图志》所示明南京官署分布图

（四）市区

市区主要是在元集庆路城基础上建设的。元末，朱元璋担心集庆旧民造反，将他们迁往云南等处（《客座赘语》），另从全国调集匠户、富民至京，所以当时城中大多数居民是匠户。

该区布局定型于洪武十三年。当年二月,明太祖下令"改作在京街衢及军民庐舍"(《明太祖实录》),原因之一是为了实行统一的编户制度。改作结束后,洪武十四年一月即命全国编赋役黄册,以110户为单位,"城中曰坊,近城曰厢,乡都曰里"。京城中基本上都以职业分类而居,并明确地分为手工业区、商业区、官吏富民区、风景游乐区等区域(图1-8)。

手工业区的规划布局由官府划定街坊地点,"百二各有区肆",多以职业作为坊名,如银作坊、织锦坊、弓箭坊等。作坊的定点在一定程度上考虑了环境因素,如染坊排污,机织业通风等要求都予以注意和安排。明初尚处于手工业发展高潮的前期,匠户多是家庭手工业形式,作坊规模很小,多设在住宅内;一些自产自销的匠户,或于街市中另设摊头、店面,或邻宅开店;从事需要较大工场和集中管理的官手工业住作匠户,居住区多与工场分开,以便管理,典型的如位于江边的龙江船厂,工场在定淮门外,居住则集中在城内。

兴旺发达的商业是明代南京繁华的重要标志,当时仅江宁一县就有一百零四种铺行,仅当铺就有五百家之多(《金陵琐事剩录》)。从商者几乎包括社会各界人士,主要有三类:外地商人,经营规模较大,店称"铺行",多沿官街两侧按类分段布置,以后由于商业规模逐渐扩大,甚至侵占

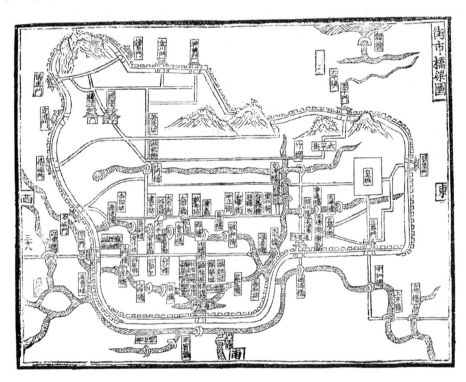

图1-8 《洪武京城图志》所示明南京街市、桥梁分布图

街道作店铺,以至政府制定罚规:"凡侵占街巷道路而起盖房屋……者杖六十,各令复旧"(《明会典》);本城居民,多设小店或摊头于居住区内;郊乡农户,以食物、燃料为主,营业集中定时,交易地仍沿古制称为"市",城内主要分布在镇淮桥西两岸、大中桥、北门桥、三牌楼等处,城外则在聚宝、三山、石城等门外形成较大规模的集市贸易地带。

为了促进流通和增加政府收入,工部在全城内外建了多处榻坊、廊房(洪武年间仅上新河一带一次就建了数百间廊房),专供客商存货、经商和居住,官府收取租税。

官吏、富民的居住区有两个集中区域:一是沿内秦淮河西半段两岸,风景优美,游乐便利,多是开国功臣聚居;另一区即广艺街以东,靠近皇宫和府衙,便于就近朝觐。

风景游乐设施主要有三类:

一是公共风景区。它们都以自然风景为主，基本上都是依山傍水。主要在城西城南北诸山，山上树木参天，寺观错落，风景优美。从北而南有：狮子山和卢龙观、天妃宫、静海寺；四望山、马鞍山和金陵寺、古林庵、吉祥寺；清凉山和清凉寺；鸡鸣山和鸡鸣寺以及十一座祠庙；城南的聚宝山周围更是集中了数十座庙宇，著名的有报恩寺、天界寺、能仁寺等。这些地方多能眺览大江风貌，俯瞰全城景色。

二是私家园林。这些园林不同于北京的皇家园林和苏州的文人园林，多是开国功臣和达官显宦所有，而功臣之家最多，仅中山王徐达子孙辈就有十处左右，如莫愁湖、与富乐院为邻的东园、府第对门的南园、骁骑仓南的西园等等（《客座赘语》）。明代私园多集中在凤凰台、杏花村一带，即今中华门内西南隅，这一带宋时是教场，元末仍一片荒芜，仅有几座寺院，而且这里低山委水，与闹市区又有内秦淮河相隔，给园林发展提供了良好的基地和环境条件。

三是酒楼。这是南京繁华的又一标志，当时号称"十六楼"。但北市楼建成后即被焚，未重建，所以同时存在的只有十五座。"楼每座皆六楹，高基重檐，栋宇宏敞"，除南市楼在城中斗门桥附近外，其余十四座分别在石城、三山、聚宝等城门外和西关中街、西关南街、西关北街、来宾街等对外交通要道处成对设置（图1-9）。

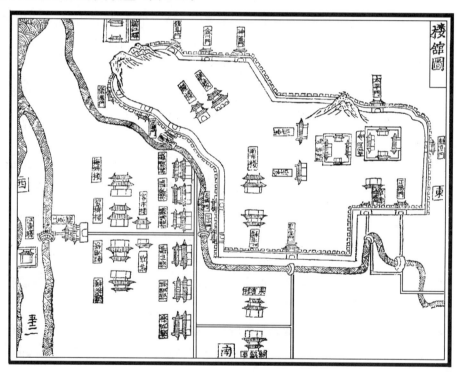

图 1-9 《洪武京城图志》所示明南京市楼、客馆分布图

（五）军事区

明南京常年驻扎军卫都在四十卫以上，最多时在洪武朝，有四十八卫，约二十余万人。按军事布置，可分为江防、城防、京卫、宫卫等四个部分，其中皇城内驻有羽林左、右两卫，皇城周围驻有锦衣、府军等十卫，其余主要驻扎在皇宫西北方的军事区和城北、沿江一带。

各卫中分设军官住房和士兵营房。营房"每十间为连，间广一丈二尺，纵一丈五尺"（《明太祖实录》），土墙瓦顶，每间用料"桁条五根，椽木五十根，芦柴一束半，钉二十五枚，瓦一千五百片，石灰五斤"（《明会典》），每卫约有这类营房百排左右。此外按各卫承担不同的任务还设有各种军匠工场和各色仓库，不少军卫营中还自设操练场。

洪武后期，各卫按二年官俸军粮之数自建粮仓，城中各卫的粮仓多建在本卫营内或附近，驻在城外军卫，假如发生大的战事，随时可能撤进大城，因此他们的粮仓多在城内。各仓都有水路可通，运粮船可停靠仓前甚至直抵仓下。

（六）其他

除了以上五大区域外，还有一些特殊的区域，也是当时南京城的重要组成部分：

陵墓区。基本上都在京城周围的外郭以内地段。墓地分区等级差别按照当时尚南尚左的礼仪：第一等在钟山之阳，以孝陵为主体的皇陵区；第二等在钟山之阴，多葬功勋显著的王公国戚；第三等在京城之南，明初要员多葬于此；第四等是京城之北。重要官员的墓地择区多由朱元璋本人或礼部议定。

学堂。分为三等：社学、府（县）学、国学。社学为民间所立，每坊厢各建一处（《正德江宁县志》），并作为一坊中举行各种礼仪活动的场所。府（县）学是官办，有应天府学和上元、江宁二县学，洪武十四年以原国学改建，即今夫子庙地段。国学位于鸡鸣山下，是宫城区、军事区、城市生活区的结合处，四周河水萦回，自成一区，占地逾1平方公里，极盛时生徒超过万人，是我国有史以来规模空前的最高学府。

鸡鸣山祠庙区。广集本朝功臣和历代帝王、圣人庙宇计十一座，形成表彰武功、宣扬忠孝道德的一个中心区。南对国学，西濒军事区要道。

寺观。布局有两个特点：1. 分区明确。城南聚宝山是主要寺观区，也是从事一般宗教活动的中心，城东寺观专为皇陵需要而设，城西主要接待有关赴京人员，城北沿江寺观则是祭祀江海神灵的场所。2. 洪武朝与其后的规划分区指导思想有较大差别。洪武年间限制佛、道二教，城中未新建寺观，原有寺观重建时都迁到城南，城中重点突出鸡鸣山祠庙，自建文帝开始，才在城中新建庙宇，而且多是皇帝敕建。

玄武湖与黄册库。玄武湖自宋神宗熙宁八年用王安石奏废湖为田以来，仅元代开挖通江河道及一池，其余都是新辟的田地（《后湖志》），至元末取土填燕雀湖建新宫，"始复开衍为湖"（《客座赘语》）。后来朱元璋迁黄册库（户口、赋税档案库）于湖中，并圈占湖滨土地，建墙立石，"以断人畜往来樵牧、窥伺册库"（《客座赘语》），有明一代，玄武湖遂成禁地。

总之，明初南京城的规划摒弃了隋唐以来追求方整规则的城市布局形式，根据当时的地理、经济、军事等因素，结合复杂多变的地形，自由而有机地布置城市各要素，着意追求功能的完美，创造出山水城林交相辉映的一代壮丽都城，这不仅是都城规划思想上的一次突破，也在中国建筑史上留下了一个独具风采的城市建设范例。而现存的21.35公里砖石城墙（图1-10），仍堪称是中国第一城墙。

图1-10　明南京东侧城墙一段

明中都——凤阳（图1-11）

凤阳（原名临濠）曾是朱元璋立国之初选择建都地之一。早在元末朱元璋南渡长江开拓统治区的时候，就有一些儒者说："有天下者非都中原不能控制奸顽"（《明太祖实录》），对此他一直牢记在心。所以洪武元年三月平定中原后，他立即亲率大臣及禁兵数万赶到开封，准备建都。可是经过一个多月的实地考察，发现那里"民生凋敝，水陆转运艰辛"，整个经济和交通运输都不具备建都条件，于是不得不放弃在中原建都的念头，决定以"长江天堑，龙蟠虎踞，江南形胜之地"的金陵作为京师。不过朱元璋对那些儒者的话印象很深，事后仍认为"朕今新造国家，建都于江左，然去中原颇远，控制良难"（《明太祖实录》卷八十），而"临濠则前江后淮，以险可恃，以水可漕，朕欲以为中都"（《明太祖实录》），在群臣的一片"称善"声中，于洪武二年九月，下令把他的家乡临濠建成为中都。

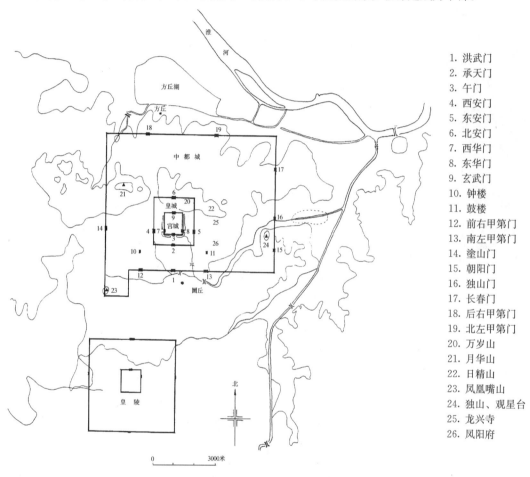

1. 洪武门
2. 承天门
3. 午门
4. 西安门
5. 东安门
6. 北安门
7. 西华门
8. 东华门
9. 玄武门
10. 钟楼
11. 鼓楼
12. 前右甲第门
13. 南左甲第门
14. 涂山门
15. 朝阳门
16. 独山门
17. 长春门
18. 后右甲第门
19. 北左甲第门
20. 万岁山
21. 月华山
22. 日精山
23. 凤凰嘴山
24. 独山、观星台
25. 龙兴寺
26. 凤阳府

图1-11　明中都城平面示意图（据王剑英《明中都》，1992年）

中都的形制，按朱元璋的诏令是要"城池宫阙如京师之制"。但当时的南京宫殿是元代至正二十六年（1366年）朱元璋登吴王位时所建，制度与规模都有局限性，南京又是旧城扩建，中都则是平地起新城，按理而论，要完全照搬南京的模式是不可能的，所以这里所说的"如京师之制"是大有伸缩余地的。

相对而言，南京的吴王新宫建造时间短，制度也不如中都齐备。因为当时尚处于战争年代，所以新宫从审定图样到完工仅九个月（至正二十六年十二月至二十七年九月《明太祖实录》），而凤阳宫殿建造了五年多，可见其规模与工程量之悬殊。为了建造宫殿，洪武二年朱元璋还遣使向当时割据四川的夏国主明昇求援，要求提供大木料，第二年七月，明昇进献了一批楠木。可见朱元璋对中都建设十分重视。再则，《大明会典》所载吴王新宫的制度，仅有大内宫城而无外层萧墙

图 1-12　明中都城内宫城城墙遗存（西墙）

图 1-13　明中都城内西华门门孔遗存

皇城[30]。中轴线上自南而北依次为午门、奉天门、奉天、华盖、谨身三殿和乾清、坤宁二宫[31]；而中都宫殿中轴线上在午门、承天门之前增设了大明门、承天门、端门，又在中轴线的两侧，东边设文华殿，西边设武英殿，从而使大内"前朝"部分的形制臻于完善。相比之下，吴王新宫比中都宫殿简约得多。从礼制来说，吴王新宫只有三殿二门，城墙只有都城和宫城二重，而中都则已完成"三朝五门"和都城、皇城、宫城三重城墙的完整形制。

中都布局的一个显著特点是把凤凰山放在城市的中心位置作为皇城背后的倚靠，使皇城处于北依山、南临涧的良好地形之中，而且东有独山，西有凤凰咀山，气势聚，环境好。但由于凤凰山和左右的月华山、日精山连绵横亘于城中，把城区分割为南北两大区，这对城市交通将带来诸多不便。

把钟鼓楼左右对称地布置在皇城前方，是中都对元大都钟鼓楼的继承和发展。皇陵处于都城南门外，陵门和都城正门斜向相对，则是中国古代都城史上仅见的例子。

中都工程是一次未完成的都城建设（详见《总论》明初建都过程）。到成化年间，只剩宫殿遗址及皇城、都城城墙而已（成化《中都志》）。中都也从未作为明帝国的京城发挥过作用。因此历来不被人重视，但它却是明代都城和宫室制度的先行者，对后来南京宫殿和北京宫殿的形制有深远的影响。中都遗址现仅留有部分城墙、城门及殿宇残迹（图 1-12、1-13）。

三、明北京（图 1-14）

从永乐十八年（1420 年）到崇祯十七年（1644 年）的二百余年中，北京是明帝国的首都。它是沿用元大都旧城加以改造而成为新一代王朝的都城的，因此城市格局有很强的继承性，但是随着城市生活的变化与发展，旧城也不断被改造，从而使明北京和元大都之间产生了极大差别。

洪武元年（1368 年）八月，明军进入元大都，城市未受到破坏，元朝的宫殿也得以完整地保护下来[32]，并随后被改建成为燕王府。从此，燕京进入一个新的发展时期，其过程大致可分为三个阶段：

第一阶段为收缩时期（洪武元年至永乐十四年，1368～1416 年）。

元朝的覆灭，使这座前朝都城降为地方性城市北平府。为了便于防守，明军入城后不久就将城北纵深约 2.8 公里的城区舍弃于城外，另筑一道新的北城墙。又把新旧城墙的外侧用砖包砌起来，以提高防御能力。这种状况持续了近 50 年。

第二阶段为奠定新都格局时期（永乐十四年至嘉靖三十二年，1416～1553 年）。

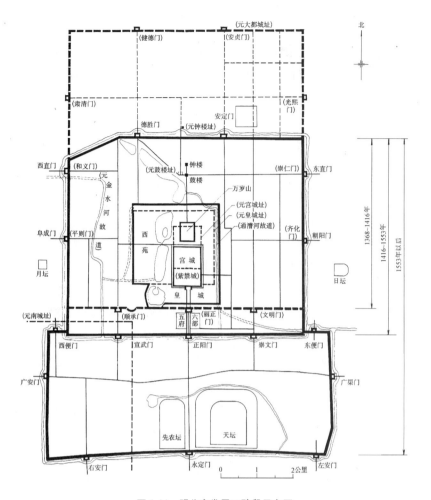

图 1-14 明北京发展三阶段示意图

1402 年，燕王朱棣夺取明朝政权后，初期仍以南京为首都。永乐十四年决定迁都北京，于是开始了新都的大规模建设。从永乐十五年（1417 年）初动工，到十八年底告成，前后历时四年，工程包括大内紫禁城全部宫殿的重建，太庙、社稷坛、十王府、皇太孙府、五府六部衙署、钟鼓楼的兴建，以及都城南墙的迁建等。

明成祖改造北京的一个重要原则是模仿南京的制度，这样既可以加强他夺权后作为正统继承人的地位，又可借以消除元朝旧都的遗迹。当年朱棣在北平为燕王，所用王府原是元朝大内宫殿，经过洪武二年改造后才使用的[33]，永乐四年，又下诏拟加改建[34]，但和南京宫殿相比，在形制上毕竟有很大差别，因此如果正式作为京师皇宫，全面改造势在必行。

这次改造北京宫殿有以下一些重大变动：宫城位置稍向南移，但轴线未变（仍在元朝旧宫的轴线上）；为了仿照南京和凤阳中都宫城后都有镇山的形制，北京宫城也在北面人工堆造土丘，名之曰万岁山（清代改称景山）。皇城南面也稍事扩展，用以容纳太庙和社稷坛，以便形成"左祖右社"的格局；皇城南面千步廊两侧布置五府六部的衙署。这样就在宫阙形制上完成了对南京的模仿。

由于宫城、皇城的南移和扩展，都城的南城墙也向南移了约 0.8 公里。这一带在元代已是城南三门外热闹的关厢地段，历来人烟稠密，把这一片居民区围入城内，对城市管理和居民生活都有好处。

明英宗正统元年至十年（1436~1445 年），又对北京进行了一次大规模的增建活动，主要有以下各项工程：

城墙内侧全部用砖砌筑。

建九门城楼和月城（即瓮城）。其中正阳门设城楼一座和月城左右城楼各一座，其他八门（崇文、宣武、朝阳、阜成、东直、西直、安定、德胜）仅正楼一座和月城城楼一座，各门外立牌坊一座，城壕上原来的木桥全部改为石桥。

都城四隅建造角楼。

城壕两岸用砖石砌筑驳岸。各座石桥之间设水闸，用以节制濠水（均见《明英宗实录》）。

经过永乐、正统两朝的建设，新一代都城以其更完善、更坚固的姿态呈现在人们面前。比起元大都来，又增添了不少壮丽。

第三阶段是增筑外城（嘉靖三十二年以后，1553年～　）。

正统十四年（1449年）"土木之变"，英宗被俘，蒙古瓦剌部的军队长驱而入，直逼北京城下，对明皇朝造成极大的威胁。这件事使北京城防的问题被重视起来，成化十二年（1476年）就有大臣提出，应仿南京之制，在北京城外加筑外郭，以保护城外周围的居民，巩固京师的防卫[35]。嘉靖间，北方蒙古俺答部的势力强盛，屡入边塞，侵及畿辅地区，朝臣对修筑外城的呼声又高涨起来，但当时明世宗朱厚熜醉心于修仙成道，大建宫室、陵寝、苑园、道观，直到嘉靖二十九年，才命修筑前三门（正阳、崇文、宣武）外关厢外城，但不久又停止[36]。到嘉靖三十二年（1553年）又重新动工兴筑，最初计划在京城外面四周筑外城一圈，全长约七十里，后来朱厚熜顾虑工费太大，经过复议，改为只围南面，把已筑成的南面外郭长度由二十里改为十三里，两端折而向北和原有城墙的东南角和西南角相接。于是形成了外城在南、内城在北的凸字形平面，这也就是从1553年到1949年间保持了近四百年的北京城。

明代北京城市布局有以下一些特点：

（一）市区逐步向南推移

从元大都到明中叶的北京城，城区逐步向南推移：明初徐达将城北约2.8公里弃于城外；永乐间又向南扩一里余；嘉靖三十二年又在城南筑外郭。这一步步向南移动的趋向和当年元大都的规划者避开南面旧城（金中都）而向北发展的意图恰好相反，从而也彻底改变了元大都留下的原有格局，形成明代北京特有的形态。造成这种结果的主要原因是居民结集的趋向。元大都南三门外原有大量居民，明时皇城前和正阳门外是各种衙署和四方人士来京公干、会试的集合地，"天下士民工贾各以牒至，云集于斯"（《长安客话》），这里商肆旅邸栉比鳞次，人口稠密[37]。向东经崇文门是通惠河漕运码头，向西过宣武门是山东、河北、山西经卢沟桥而来的陆路交通要冲。对外交通和商旅的汇集使这一带格外增添繁华。因此，城市生活的重心也自然地向城南倾斜。

（二）城市中轴线加强

元大都以中心阁为全城的地理几何中心，但城市的南北中轴线仅靠此阁和大内宫阙相对应而显示出来。明成祖改造北京，在宫城前左右相对布置太庙与社稷坛，宫城后以万岁山形成制高点，又把钟鼓楼向东移到全城轴线上，从而形成一条从正阳门直贯钟楼的全城轴线。嘉靖时增筑外城，又把这一轴线延伸到永定门，成为长达9公里左右的南北纵轴，加上月城、城楼、角楼和朝日坛、夕月坛、方泽坛（地坛）的配置，使明代北京的庄严宏丽程度远胜于元大都。

（三）皇城区成为皇室生活服务设施和离宫苑园的集中地区

明代北京皇城范围原是元朝皇城的旧基，但稍有恢扩：南面向南展出约一里余；北面扩至通惠河北岸，东面扩至通惠河东岸[38]，将这段河道围入禁区，切断了城内的航道；西面仍元之旧。

由于整个城市在元大都基础上缩北展南的推移，使原来位于大都南面的皇城区居于北京的中心位置上，从大明门到地安门南北3公里的距离内，没有一条东西方向的道路可通，造成了城市交通的极大不便，这是明代北京城市布局上的一个突出缺陷。

皇城内部除大内宫室及太庙社稷之外，其余地区大致可以区划为三大部分：第一，离宫区，包括南内（原为东苑）、西宫（后改称永寿宫）和万岁山三处；第二，为皇室服务的内府各种机构；第三，西苑，包括金、元时期遗留下来的太液池区和明天顺初年开挖的南海。这是一片面积约5平方公里的地区，以宫城为中心，环绕着皇室的生活区。

明代离宫比唐宋金元简略，而且都集中在皇城内。其中西宫是永乐十四年在元隆福宫基址上改建成的过渡性住处，供朱棣在大内宫殿未建成前巡狩北京时临时使用，以后成为西苑内的一处别馆，后来改名永寿宫。嘉靖二十一年发生宫女谋杀皇帝事件后，朱厚熜不愿再住大内后宫，于是迁到这个从未有皇帝或嫔妃死于其中的"吉地"[39]。嘉靖四十年失火焚毁，重建后称为万寿宫。这是一组以中路万寿宫为主体，环列东四宫、西四宫和其他一批殿宇在内的建筑群，亦称"西内"。由于有太液池和大内相隔，环境清净，又有亭阁水石花木之胜，深得朱厚熜喜爱，直到嘉靖四十五年病死，他在此宫居住达25年之久。

万岁山本是大内镇山，明代前期还很冷僻，到万历中期以后才开始建造宫殿于山北[40]，主殿称寿皇殿，周围有阁五座（阁之下称为"堂"、"馆"或"室"）、楼一座、亭六座以及观德殿、永寿殿等多处殿庭，组成一区规模相当大的建筑群。万岁山周围遍植果树，称为北果园（或百果园），山的北侧还有供习箭用的射所。

南内位于皇城东南隅，东侧有玉河（即原通惠河）南流穿城墙而出。宣宗时建为斋居别馆，英宗复辟后大事扩建，形成中、东、西三路宫殿和众多亭馆，玉河东岸也建有若干殿阁，是明中晚期的重要离宫。和此宫北面相邻的还有皇史宬、重华宫、玉芝宫等。

内府机构。为皇室服务的各种监、局、库房、作坊大都布置在东安门至西安门一线以北，形成一个庞大的生活服务区，也有少数监、局散布在紫禁城西城壕外侧和东安门内南面。一些内廷使用的佛寺、道观、祠庙也在这一地区内。

关于西苑，将在第七章中详述，此处从略。

（四）城市引水工程设施的改造

明北京的城市用水仍依靠西山泉水，由于明成祖永乐七年在天寿山营建陵墓后，昌平东部的泉水不能穿过陵区导致高粱河，因此泉水水源大为减少。

明初建都南京，北平漕渠废弃不用。永乐迁都后重新加以开通，但通州至北京城的一段仍未恢复。直到成化年间，因漕运总兵建议而修复了这一段运渠，由于水源不足和管理不善，不久又阻塞如故。嘉靖六年，经侍郎仲偕的努力，终于又告通航，"自此漕艘直达京师，迄于明末"（《明史·河渠志》）。漕渠的水源是由西山泉水通过高粱河在都城西北角分别注入北、西两面城壕，再绕城会合于城东南角后进入通惠河，其间设闸节制水流，漕运终点已从城内移至城东南崇文门、朝阳门一带。

明代的宫苑用水改从积水潭导入北海，元朝设立的宫苑用水专渠金水河已废止不用。紫禁城城壕水则由北海北水门设闸分流，另有渠道经万岁山西侧导入壕内，分为二支：一支向西绕城折南经社稷坛西侧再折而向东，经承天门前石桥而入于玉河；一支向东绕城折南经太庙东侧而会于西来支水中。至于紫禁城内渠水，则在西北隅引城壕水南流，经武英殿、奉天门、文华殿前而在东南隅穿城入壕。

城市排水依地势由西北向东南宣泄，上述城壕及金水河故道、通惠河故道都是主要排水渠道，沿街道设有支渠及地下沟渠。外城排水依靠正阳门外的三里河、天坛背后的"龙须沟"等沟渠引至外城的南濠。

街道系统沿用元大都原有的布局，规则整齐。但外城是在自由发展的基础上形成的，因此街道也较不规则，和内城有明显不同。

综观大都、南京、北京三大都城，可以看出它们的共同特点是：从当时的实际需要出发，充分利用旧城和地形的有利条件，进行合理规划和有步骤的建设。开国创业时期的务实、进取精神在这里得到了应有的反映。从建设周期来看，三都大体上都经历了 30 年左右的努力，才初具规模，再经过以后的不断充实、改造，逐步形成各自的风貌。总之，在中国古代社会的最后七个世纪里，大都、南京、北京无疑是我国城市建设的典范，它们为后人留下了许多经验与启示，值得人们进一步去作探索和借鉴。

注释

[1] 金代宫殿在金中都陷落后，不久就残破不堪，《日下旧闻考》引《使蒙日录》："端平甲午（南宋理宗端平二年，1234 年）九月初一抵燕京，十二日同王檝谒宣庙，即是金密院，因就看亡金宫室，瓦砾填塞，荆棘成林"。说明当时金代宫室尚有残存，但坍塌严重，瓦砾塞路，到处长满杂草野树。后来成了蒙古贵族的赐地，进而建造道观。故至元三十年翰林学士王之纲《十方昭明观记》有："旧城金废宫北闬内，有道馆曰昭明。其地则平章军国重事密里沙公，初以施楼云王真人……"（《顺天府志》，《永乐大典》辑佚本）。又参见陈高华《元大都》，北京出版社，1982。

[2] 忽必烈建都燕京初期，仍按旧习居住帐殿，事见《元史·王磐传》。又《元史新编》卷十六："世祖封皇子于长安，营于素浐之西，毳殿中峙，卫士环列，车间容车，帐间容帐，包原络野，周四十里，中为牙门，讥其出入。故老望之，眙目怵心。盖元初中原藩王居帐殿，不居城中，自中叶以后，始渐同汉俗，建宫邸城郭……"说明元初藩王也住帐殿。

[3] 中统四年（1263 年），负责庐帐局（蒙语茶迭儿局）的阿拉伯人也黑迭儿请修琼华岛，忽必烈未允。次年二月，才开始修缮。事见《元史·世祖纪》。

[4] 欧阳玄《圭斋集》九，马合马沙碑所记也黑迭儿事迹。转引《中国营造学社汇刊》三卷二期《哲匠录》。

[5] 《日下旧闻考》引《析津志》："庆寿寺西有海云大师与可庵大师二塔，正当筑城要冲，时相奏，世祖有旨，命圈裹入城内。"

[6] 光绪《曲阳县志》杨琼神道碑铭："丙子（1276 年，至元十三年），架周桥，或绘图以进，多不可，上意独允公议，因命督之"。

[7] 元大都的面积约 50 平方公里。北宋的汴京由于屡遭黄河泛滥淹没，已深埋于黄土表层之下，目前还难以取得确切的面积数据。但文献记载城周长 50 里 165 步（《宋史·地理志》），按宋尺推算，面积也在 50 平方公里左右，和元大都的面积相近。

[8] 参见陈高华《元大都》，第 43 页，北京出版社，1982。

[9] 关于金中都旧城，曾被认为："蒙古兵攻占后，遭受彻底的破坏"（同济大学《中国城市建设史》）、"蒙古灭金，中都受到极大的破坏"（刘敦桢《中国古代建筑史》）。

[10] 《元史·石抹明安传》："乙亥（1215 年）四月，攻万宁宫（即金中都东北郊离宫大宁宫，又称万宁宫、寿安宫、宁寿宫），克之。五月，明安将攻中都，金相完颜福兴（时留守中都）仰药死。辛酉，城中官属、父老缟素开门请降，明安谕之曰：'……非汝等罪，守者之责也。'悉令安业，仍以粟赈之，众皆感服。"

[11] 警巡院主管城市民事及供需。此外南城还设有兵马司和司狱司，分掌南城治安和司法，其建制和北城相当，见《元史·百官志》。

[12] 《元史·河渠志》金口河：至正二年正月，朝议"开水古金口，一百二十里创开新河一道，放西山金口水东流高丽庄，合御河接引海运至大都城内输纳。……（中书）右丞许有壬因条陈其利害，略曰：大德二年，浑河水发为

民害，大都路都水监将金口下闭闸板。五年间，浑河水势浩大，郭太史（守敬）恐冲没田薛二村、南北二城，将金口以上河身用砂石杂土尽行堵闭……"又《元史·扑不花传》："至正十八年，京师大饥疫，死者相枕藉……自南北两城抵卢沟桥……"

[13] 关于大都城门为11而不是12，元末明初长谷真逸《农田余话》说："燕城系刘太保定制，凡十一门，作哪吒三头、六臂、两足。"但正史对此并无解释。参见陈高华《元大都》，北京出版社，1982。

[14] 中书省最初在皇城北面钟楼之西，后迁至皇城之南千步廊街东侧。旧址改为翰林院，时在元文宗至顺年间（1330～1332年）（《日下旧闻考》卷六十四）。

[15] 《元史·田忠良传》："少府为诸王昌童建宅于太庙南。"太庙在齐化门内街北。

[16] 《日下旧闻考》引《析津志》："文明门即哈达门。哈达大王在门内，因名之。"

[17] 倒钞库是元朝在京城和各行省设立的旧钞票换新钞票的场所。《元史·食货志》："凡钞之昏烂者，至元二年委官就交钞库以新倒换。……所倒之钞，每季各路就令纳课正官解赴省部焚毁，隶行省者就焚之。"

[18] 《析津志》载顺承门内街西有庆元楼，与庆元楼相对有丽春楼，庆元楼北有朝元楼。这种临街而设的楼，自宋至明都是指酒楼，如宋平江（苏州）的明月楼、丽景楼以及汴京、临安和明南京的许多酒楼。

[19] 大悲阁即圣恩寺，建自唐，因辽圣宗曾避雨于此，改称此名，阁隶于寺。金代重建，元至元十九年（1282年）重修（《顺天府志》，《永乐大典》辑佚本）。

[20] 《元大都的勘查和发掘》，《考古》1972年第1期。

[21] 据《析津志》，大都坊名由翰林院学士虞集拟定。虞集于大德年间始至大都，六年（1302年）入翰林院为待制，故五十坊名的出现不应早于大德年间。

[22]～[24] 均见贾洲杰《元上都调查报告》，《文物》1977年第5期。

[25] 《元史·世祖纪》："至元十一年五月，敕北京、东京新签军恐不宜暑，权驻上都"。

[26] 《元史·世祖纪》："至元十九年十二月，中书省臣言：……瀛国公赵显、翰林直学士赵与票宜并居上都……有旨：给瀛国公衣粮发遣之"。

[27] 《元史·世祖纪》："至元二年四月，敕上都商税酒醋诸课，毋征其榷。诸人自愿徙居永业者，复其家"。

[28] 《元史·世祖纪》："至元三十年五月，中书省言：上都工匠二千九百九十九户，岁廪官粮五万二百余石，宜择其不切于用者，俾就食大都。从之"。

[29] 按《正德江宁县志》、《万历上元县志》记载合计，洪武二十四年，南京城中户口六万六千户左右，人口近四十八万。当年又迁富民五千三百户至京（《明太祖实录》），估计迁五万人口。洪武二十八年又"徙直隶、浙江民二万户于京师，充仓脚夫"（《明太祖实录》），以平均每户五口计，又得十万。常年驻京军队都在二十万人以上，在京服役的轮班工匠约二十万，不计其他流动人口，当时南京人口已逾百万。

[30] 南京皇城建于洪武六年六月。见《明太祖实录》："洪武六年六月辛未，诏留守卫都指挥使司修筑京师城，周为里五十有九，内城周为里十有四"。

[31] 《大明会典》卷一百八十一："吴元年，作新内，正殿曰奉天殿，前为奉天门，殿之后曰华盖殿，华盖殿之后曰谨身殿，皆翼以廊庑。奉天殿之左右各建楼，左曰文楼，右曰武楼。谨身殿之后为宫，前曰乾清宫，后曰坤宁宫，六宫以次序列。周以皇城，城之门：南曰午门，东曰东华，西曰西华，北曰玄武"。并见《明太祖实录》。

[32] 《明史·太祖纪》："洪武元年八月庚午，徐达入元都，封府库图集，守宫门，禁士卒侵暴"。《明太祖实录》："洪武二年九月癸卯，诏以临濠为中都。初上召诸老臣，问以建都之地……或言北平元之宫室完备，就之可省民力……"

[33] 《明太祖实录》："洪武二年十二月丁卯，上以（赵）耀尝从徐达取元都，习知其风土人情，边事缓急，改授北平（行省参政），且俾守护工府宫室。耀因奏进工部尚书张允所取北平宫室图，上览之，令依元旧皇城基改造工府，耀受命，即日辞行。"又同上："洪武三年七月辛卯，诏建诸王府，工部尚书张允言：'诸王宫城宜各因其国择地，请秦用陕西冶台，晋用太原新宫，燕用元旧内殿……上可其奏，命以明年次第营之。"

[34] 《明史·成祖纪》："永乐四年秋闰七月壬戌，诏以明年五月建北京宫殿，分遣大臣采木于四川、湖广、江西、浙江、山西。"此后，北京宫殿名称就采用了南京的名称。

[35] 《明宪宗实录》："成化十二年八月，定西侯蒋琬上言：'太祖皇帝肇基南京，京城之外复筑土城，以护居民，诚万

世不拔之基也。今北京止有内城而无外城，正统己巳之变，额森（也先）长驱直入城下，众庶奔窜，内无所容，前事可鉴也。且承平日久，聚众益繁，思为忧患之防，须及丰亨之日。况西、北一带，前代旧址犹存，若行劝募之令，加以工罚之待，计其成功，不日可待。'"

[36]《明典汇》："嘉靖二十一年，掌都察院毛伯温等言，宜筑外城。二十九年，命筑正阳、崇文、宣武三关厢外城，既而停止。三十二年，给事中朱伯辰言，城外居民繁多，不宜无以围之……乃命相度兴工。"

[37]《日下旧闻考》引《燕石集》："四方进士来试南宫者，率皆僦居丽正门外。"又引《鸿一亭笔记》："北京正阳门前搭盖棚房，居之为肆，其来久矣。崇祯七年，成国公朱纯臣家灯夕被火，于是司城毁民居之侵占官街搭造棚房拥塞衢路者。"

[38]朱国祯《涌幢小品》："既迁大内，东华（安）门之外逼近民居，喧嚣之声至彻禁籞。至宣德七年，始加恢扩，移东华（按：应是东安）门于河之东。"

[39]《野获编》："西苑宫殿自（嘉靖）十年辛卯渐兴，以至壬戌（嘉靖四十年），凡三十年，其间创造不辍，名号已不胜书。……自永乐以来，无论升遐（皇帝死），即嫔御无一告殒于此者，故上意以吉地而安之。"

[40]《日下旧闻考》引《耳谈》："嘉靖中，禁中有猫……，上最怜爱之，后死，敕葬万岁山阴，碑曰虬龙冢"。可见嘉靖时山北很荒僻。又同书引《鞠史》："北中门之南曰寿皇殿，殿之东曰永寿殿，曰观德殿…万历中年开始者也"。

第二节 地方行政中心——府、县城

秦汉以降，历朝大体都以府、县两级作为基本的地方政权机构，府、县治所在的城镇，既是该地区的政治中心，又往往是军事、经济、文化中心。这是我国古代在长期中央统一治理下形成的城市体制特色。州是一种中间建制，有两种规格：一是直隶州，级别相当于府；一是府属州，级别或相当于县，或仅辖少数属县。

元明时期的地区中心城市是在唐宋的基础上发展而来的，其总数并不比唐宋多（见表1-1），但由于全国人口的流动和消长，各地城市的规模和分布状况也相应起了变化：江南地区府（州）、县人口迅速增长，城市规模扩大，新兴城镇相继出现；黄河流域受宋与金、金与蒙古之间长期战争影响，人口锐减，一些府、县虽然仍保持原有建制，但城市已十分萧条，不能和江南的城市相比。根据《元史·地理志》所载，元代江浙、江西两省（包括今天的浙江、苏南、皖南、赣南地区）的人口共3495.96万，约占全国人口总数的60%。从个别府、县来看，苏州的元代人口比宋代增加12倍，江宁、杭州、徽州增长5～7倍，洪州（南昌）增长2.8倍。而地处黄河流域的一些府、县，情况恰好相反，如开封、河南（洛阳）、大名诸府以及山东半岛的登、莱地区，元代人口只及宋代的1/2.5～1/4，陕西凤翔，甚至只及1/21（见表1-2）。明初，朱元璋大力移民屯田垦荒，对平衡全国人口起了积极作用，但到洪武二十六年，南直隶、浙江、江西三省的人口为2947.36万，仍占全国人口的51%（《明史·地理志》）。永乐迁都，政治中心北移，军事活动也以北边为主，从而促进了人口北流和北方城市的发展，但人口与经济南重北轻的局面终未能根本扭转。

唐、宋、元、明全国府、县数及人口数一览表　　　　　表1-1

| 朝 代 | 地 方 政 权 数 | | | | 总人口数（万人） | 统 计 时 间 |
	府（路）	州	县	共 计		
唐	328		1573	1901	4814.36	开元年间
宋	34	254	1234	1522	4673.47	北宋末年
元	218	359	1127	1704	5883.47	至元二十七年
明	159	240	1144	1543	5824.13	人口为洪武二十六年统计

注：表1-1、表1-2数据采自《新唐书》、《宋史》、《元史》、《明史》各地理志。

江南与中原若干府的人口发展对照表　　　　表 1-2

府　名		苏州	杭州	昇州(今南京)	徽州	洪州(今南昌)	凤翔	河南(今洛阳)	太原	登莱淄	大名	保定	真定
人口（万人）	唐	63.26	58.59		24.91	35.32	38.04	118.39	77.82	51.33	110.98		
	宋(崇宁)	44.83	29.22	20.02	16.78	53.24	32.23	23.32	124.17	46.84	56.89		
	元(至元)	约550	183.47	107.26	82.43	148.57	1.49	6.57	15.53	12.31	16.03	13.09	24.06
	明(洪武)	357.52		119.36 79.05 (弘治)	59.23						57.48 (弘治)	58.24 (弘治)	59.76 (弘治)

　　元明之际江南地区人口高度集中和经济迅速发展加速了本地区城市化的进程，大批新城镇出现，仅太湖下游地区，就有上海、太仓、青浦、崇明、秀水、平湖、嘉善、桐乡八个州、县和金山卫、镇海卫、南汇所、青村所等一批防倭城的建立。新建的集镇就更多，可以称得上是"星罗棋布"，迄至近代，这个地区的城镇分布格局基本上是明代沿袭下来的[1]。

　　至于各地府、县城的扩建或改造，其数量就更多，或由于居民不断增加而扩建，或为了防御需要而减缩城区、增筑城墙，或由于逃避水患而迁移城址……这样的改造几乎每个府、县城市都在进行。

一、府、县城的基本要素

　　作为地区性政治、经济、文化中心的府（州）、县城，无论内地或边区，都须有必要的机构和相应的设施。明代的府、县城大致包含以下各种内容：

　　（一）行政机构

　　府治、县治　　是地区行政首脑机关，多位于城中心地段。其内容为：知府、知县理政用的大堂、幕厅和他们的官邸、僚属的住宅、吏舍、谯楼（报时更楼，或称鼓楼）、监狱、仓库、土地祠等，形成全城中心建筑群。府治与县治的格局基本相同，只是规模大小、房屋多少有所区别。一般县治的规格是：大堂三间，是举行典礼、发布政令、审理案件之处；左右两庑设六房属吏的办事处（东庑是吏、户、礼三房与勘令科等，西庑是兵、刑、工三房和承发司等）；大堂之前为戒石亭，亭中设戒石，刻皇帝颁赐的警戒地方官的铭语和"公生明"三字[2]；戒石亭之前为仪门三间，新官到任，至仪门前下马，平时此门不开，上司到来才开此门迎接；仪门之前为正门三间，谯楼就设在正门之上，形成过街楼形式；正门外两侧设旌善亭、申明亭和榜棚，是揭示公告之处（旌善亭表彰善行，申明亭公布处罚、判决）；正对正门还往往设立牌坊和照壁。大堂之后有穿堂与后堂三间相连，形成工字形平面，后堂即所谓"退思堂"，供审理公事退思商议之用。后堂之后是知县官邸（称为廨或宅），官邸两旁是三位僚属的住宅，即县丞宅、主簿宅、典史宅。在大堂两边的跨院里，还分布着吏舍、牢房、仓库、土地祠等建筑。这是明代县衙的标准格局（图 1-15）。

　　府治的规模比县治稍大：正门五间，与谯楼分开独立成座；仪门、正堂、后堂多作五间；属官的住宅增至七座，即同知宅、通判宅、推官宅、经历宅、照磨宅、知事宅、检校宅。其他设施和县治基本相同，只是房屋数量较多。有的府治内设有候馆，专供县级官吏来府办事晋谒时等候休息之用。

　　察院　　是监察御史院的简称，供御史来府、县驻节莅政之用。其建筑形制有正门、仪门、正堂、穿堂、后堂、东西书吏房、吏舍、庖厨和皂隶房。

　　税课司（局）　　即税收机构，府称司，县称局，设有大使及属吏。明初称为官店，后改称

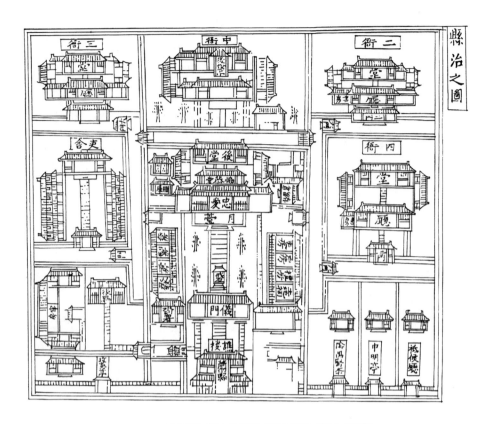

图 1-15 明代浙江萧山县衙图（摹自嘉靖《萧山县志》）

税课司（局）。

巡检司 即警察机构，负责缉捕盗贼，盘诘奸伪。

仓储 供政府贮粮之用。有预备仓、便民仓、平糴仓、东、南、西、北仓等。

布政使司所在的省城，则还有一套相应的省级机构，包括布政使司（行政）、按察使司（监察）、都指挥使司（军事）及其下属机构的衙署。

（二）文化与卹政机构

儒学 是府、县官学。学生有廪膳生（公费）、广增生和附学生三种。儒学包括文庙和学宫两部分；学宫以明伦堂（大教室兼礼堂）为中心，后面有教授、学正和教谕的住宅（府的学官称教授，州称学正，县称教谕），周围还有敬一亭、尊经阁、射圃、名宦祠、乡贤祠和生员斋宿等用房（文庙详见第三章第四节）。书院是私学，各府、县或多或少，或有或无，决定于当地经济、文化的发展程度。

阴阳学与医学 也是明朝所设官学。阴阳学是掌昼夜刻漏及境内灾祥申报的天文、气象部门，多设在府、县的谯楼上，府设正术一名（从九品）、县设训术一名。医学掌方药医疗及狱囚疾病事宜，府设正科（从九品）、县设训科各一人，常与惠民药局结合设置。

僧纲司与道纪司 是管理佛教与道教的机构。府僧纲司设都纲一名，道纪司设都纪一名（从九品），不给俸禄，也不建署，附设于某一佛寺或道观中。

惠民药局、养济院、漏泽园 都是官办慈善机构。惠民药局提供医药施舍，养济院负责收养孤儿和无人抚养的老人，漏泽园为收瘗贫民死无所归和无主尸骸的场所。三者虽属宋代城市建设的遗规，但明代实行较为普遍，在南北各地的明代地方志中可以广泛看到它们的存在。

（三）礼制祠祀场所

山川坛、社稷坛、厉坛 各府、县都设有这三坛。山川坛实际上包含山川和风云雷雨两个方面的内容，简称山川坛，按阴阳五行理论，风云雷雨山川之神，属阳性，所以坛的位置在城南郊，俗称南坛；社稷是五土五谷之神，属地神，是阴性，所以设在城的西北郊，俗称西坛；厉坛祭祀无祀所的游神杂鬼，设于北郊，俗称北坛（图1-16～1-18）。农村中各乡还设有里社坛，但到明代后期，里社坛已很少。

图1-16　明万历《宿迁县志》山川坛图（摹本）

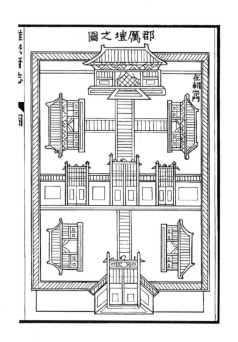

图1-18　明万历《淮安府志》厉坛图（摹本）

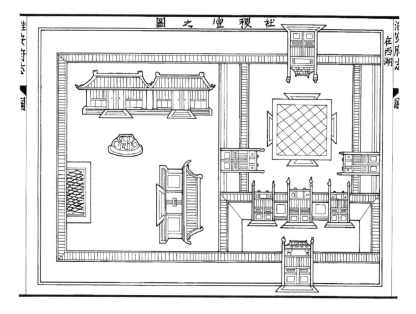

图1-17　明万历《淮安府志》社稷坛图（摹本）

　　城隍庙　　宋代起城隍庙开始普及于府、县，明朝对此特别重视，列入祀典，并规定其建筑和室内陈设都仿照府、县同级衙署的规格。明初，凡功臣死后无嗣则被封为某府或某县的城隍之神，以享祭祀。

　　八蜡庙（坛）　　每年十二月农事结束，在此祭祀八种与农业有关的神：（1）先啬，即神农；（2）司啬，即后稷；（3）农神，或谓古之田畯，曾有功于民；（4）邮表畷，即田间庐舍道路分界之神；（5）猫虎之神，专食野鼠害兽；（6）坊之神，即堤防之神；（7）水庸，即沟洫之神；（8）昆虫之神，祝其勿为农害。

先圣与先贤祠所　　这类祠宇在每个府县城中都有不少数量，各地根据当地的文化传统和历史人物而设立，各有千秋。其中唯有孔庙是每城都有，毫无例外，且规制恢宏，等级很高，一般作五间或七间的殿堂。

（四）商市与居民区

每个城市由于其地理环境、交通条件、经济水平、人口密度等因素而形成不同的分布方式，但商市和一般市民多结集于下列地段：

第一、府、县衙前直街和左右街，形成丁字形繁华地带；

第二、城乡结合部的关厢，由于交通便利，有利于商市的发展，所以一般府、县城的东、西、南、北四关常是最热闹的地区；

第三、水陆交通口和码头周围，例如十字街口、水陆两路交叉的桥头等，也成为商市存在的有利地段；

第四、重要庙宇的附近，因能吸引大量善男信女而成为商市的结集点。

官僚、地主、富豪的邸宅则选择交通便利、环境幽静的地段，一般市民都随商市所在而散处就近地段。

（五）军事机构

凡府、县城设有都司、卫、所等军事机构，则有相应的军事衙署。"都司"是都指挥使司的简称，相当于省一级的军事机构。卫设指挥使司，指挥官阶三品，品位高于知府（四品），其衙署规格相当于府治。所设千户，官阶五品，衙署有正门、仪门、正堂及吏舍等建筑，相当于县衙。在这些军事衙署之下，还设有教场、草场、军械库、粮仓、成造局（含制造军械的作坊、库房、官厅及金火元炉神庙）以及旗纛庙等设施。

上述各项内容，各地府、县因地制宜，略有出入，但无论内地或边陲，也不分上县或下县，行政机构、文化机构和祀典设施都大体具备。否则难以形成一级政权的实体。有些新设县人员配备或有不齐，但其机构框架仍力求完整。

二、城市基础设施

（一）城防工程

在阶级矛盾和民族矛盾十分尖锐的古代社会里，城市的防御能力不仅关系到全城居民的安危，也意味着中央政权对该地统治的存亡，因此，城防工程始终被列为头等重要的基础设施，尤其在易受境外武力侵扰的地区更是如此。随着明代北方边患和沿海倭寇日趋严重和国内矛盾的发展，各地府、县普遍修筑城墙，并绝大多数贴砌了城墙的砖面层，以提高防卫能力，从而使明代成为中国筑城史上的一个高潮期，而制砖生产能力的提高则为之提供了物质技术保证。一些新置的州、县，或一时未及建造城墙，也要立木栅、凿周濠，以备不虞之患，随着战争威胁的迫近，这些州、县也或早或迟地都增筑了城墙。例如江苏太仓，本无城郭，仅有木栅，元至正十七年，张士诚部将高广智始筑城墙以防海寇；江苏如皋明初设县，也仅围以木栅、濠池，嘉靖三十三年倭寇犯县，才筑城墙。其他如浙东的平湖、象山等都是为防倭寇而筑起了城墙。

一般县城的周长从一里余到十里余不等，但多数在4～6里之间，城墙高一丈到三丈，四面辟门，城隅设角楼。府城规模稍大，周长九里左右，长的可达二十余里，城门也相应增加，但仍以东、西、南、北四门为主，其余的门则常冠以小东门、小西门、小南门等名称，强烈地显示了中国传统的坐北朝南的四方位观念。城门是守卫重点，一般都要在门上建造雄伟壮观的门楼，门外加筑一道瓮城（或称月城），作为城门的屏障。瓮城平面或圆或方，随地形而异，其城门常与主城门成90°转折。瓮城上建箭楼，城外设吊桥，这些措施都是为了提高防御能力。角楼也是城防重点，明代北方府、县城普遍设有角楼。城墙每隔一定距离建有敌台（亦称马面），上建敌楼，敌楼之间设窝铺（又称更铺、冷铺、窝铺楼）供军士值夜之用，窝铺的数量少则一二十座，多则六、七十座。在南方炎热多雨地区还使用一种"串楼"，即在城墙上建造长廊式屋宇一周，使整个城上的警戒线处在屋顶覆盖之下，以避骄阳淫雨之逼。这种串楼在湖南、广东等地的一些明代府县城上常有出现，其屋仍为木构，屋数可多至一千余间（见表1-3），足以令人叹为观止！串楼的起因是敌楼和窝铺的不断增多，联成一线就成了串楼。据嘉靖《汀州府志》载：唐大中年间，福建汀州刺史刘岐创敌楼179间，宋代又增设515间，如此众多的敌楼已和串楼无多大区别。明代则在这个基础上发展成为长廊式的串楼。

明代府、县城墙及窝铺、串楼设置举例

表1-3

府、县名	城墙周长	城墙高（丈）	城门、城楼	敌楼（座）	窝铺（座）	串楼（间）	附　注
永州府	9里27步 1644.5丈	3	7 东南西北门，外加三门	35	76	1396	宋咸淳间创立，洪武六年更筑
祁阳县	658丈	1.5	东南西北门			658	景泰元年筑城
东安县	350丈	1.5	东南西三门			317	洪武二十五年创土城，成化间包以石
道　州	5里96步	2.6	东南西北门及小西门	3	37	776	洪武初迁建、石筑
宁远县	280步	1.1	东西南北门及小南门			696	洪武二十五年展筑、石砌
永明县	360丈	1.3	东西南三门			400	天顺八年重建，石包土
江华县	360丈	1.5	东南北三门			350	天顺间迁建，砖砌 以上各县在今湖南省
德庆县	1100丈	3	5	39		720	洪武元年改建、砖砌
泷水县	660丈	2.6	东南北三门			571	正统十三年立土城，景泰四年砌砖城
开建县	233丈	1.4	南西北门	5		220	景泰间立木栅，天顺三年筑土城 以上各县在今广东省
宁化县	812丈	2～3	5		60		旧城毁于水患，正统十一年改筑为砖城
汀州府	6里		5 东南西北门及小东门		82		创于唐，洪武四年包砖石，弘治九年扩建
太仓州	14里50步	3	7 大东、大南、大西、大北、小南、小西、小北七门		75		元至正十七年筑，明代屡修
饶州府	9里30步	1.8	6		76		
归德州	1304丈	3.3	东西南北四门		30		明属开封府，由归德卫拨军士轮番值夜卫戍
永城县	1848丈	1.6	4		50		正德七年农民军逼近，改筑为砖石城
商城县	915丈	2.5	4		冷铺 25		弘治间迁城于城北高地

注：本表数据引自《天一阁明代方志选刊》及续编。

雉堞又称女墙、垛口、俾倪，其目的是为了在守城时遮蔽自己、窥视和攻击敌人，因兼有拦马防坠的作用，所以又称拦马垛口。城上内侧则砌平直的女墙作为护栏。明代北方一些土筑城墙，其雉堞仍用砖砌。

目前我国遗存较完整的明代府县城墙有陕西明西安府城、河南商丘明归德府城和山西平遥县城等数处，但也只留下砖石墙体和少数城楼、箭楼，至于敌楼、窝铺、角楼等建筑已难于寻觅。南方特有的串楼更是早已绝迹，只能在明代的地方志中得到印证。

（二）防洪工程

防洪对府、县城的安危关系极大，尤其对沿江沿河和某些山区城镇尤为重要。河水泛滥、山洪暴发、江岸改线都会造成巨大的灾难。因此各地城市都采取相应的防范措施。

首先，在确定城址时大多注意选择既有充足的水源、又能通畅地排洪的位置，但也有一些城市由于选址不当或宏观环境改变而造成水患，迫使其不得不另觅新址，例如地处长江口的海门县，由于江水冲蚀，岸线北移，自元代至正间至明代嘉靖间曾三迁城址，损失惨重（万历《海门县志》）。黄河沿线一些城市也因河水泛滥，受灾日重而不得不迁于新址，如地处黄河下游的宿迁县，数受河患之害，经过十余年的议论，终于在万历年间迁于城北马陵山山趾的高地上（万历《宿迁县志》）。

其次，是加筑护堤。迁址重建新城耗费巨大，非万不得已不肯轻举，通常都是采取筑堤挡洪的办法。城墙虽然主要是为军事防卫而筑，但也是重要的防洪工程，历来都在抗御洪水中对保护城市居民起着重要作用，遗留至今的少数城墙在近年的特大洪水灾害中仍发挥着这种作用（如安徽寿县），可见把城墙视为单纯的军事工程是片面的。此外，许多城市还在城墙之外再加筑环城护堤，形成双重抗洪屏障，例如江西丰城县，地势中洼，北有赣江，水势湍悍，故在城周筑十里土堤，以防水患，而北面沿江则砌石堤（嘉靖《丰乘》）；河北大名府魏县正统年间筑城，弘治年间筑外围土堤，堤上遍植柳树以固堤土，故称"柳堤"（图1-19）（正德《大名府志》）；河南开封府兰阳县于弘治年间始筑护城土堤，以后续有增培（嘉靖《兰阳县志》）。至于沿河筑堤御水、建闸通舟、开渠疏流等措施，更是各府、县城普遍采用的化水害为水利的办法。

城内泄洪首先有赖于基地高爽以及适当的坡度，有的城市城内地形中间高、周边低，成龟背形，对泄洪很有利，河南归德府新城就有此优点；有的府县城基地向一面或若干方向排

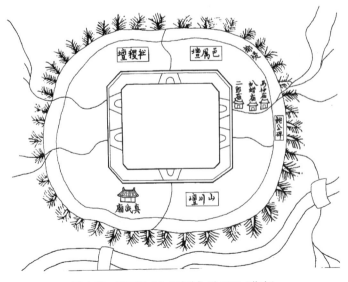

图1-19 明正德《大名府志》魏县图（摹本）

水，如山西平遥处于东南高西北低的平坦地段，城内洪涝可向西北排出城外而入于下游的汾河。北方府、县城市街道较宽，路面为素土，一般都在街侧开沟泄洪；南方城市街道较窄，多作砖石路面，排水沟渠砌于路面下，沟上覆以石板。南方平原地区的水乡城市，城内河道纵横交叉，既是水运交通脉络，又是排水系统，这种城市的水城门具有节制内外交通和洪水倒灌的双重职能。但北方城市的所谓"水门"往往并不具有城门的作用，只是排水沟渠穿过城墙所设的涵洞。

（三）交通、邮递设施

由于一般府、县城市规模较小，城内陆路、水路交通组织比较简单。道路以通向四面城门的大街为主干，由此向全城引申次街和巷子。水乡城市的河道网络和道路系统相辅而行，也以通向四面水城门的市河为主干，联络全城各个地段，如张士诚时期所筑松江府城即是一例（图 1-20）。这些都是沿袭传统的城市布局方式。值得一提的是元、明时期南北府、县城内城郊桥梁已普遍采用砖石砌筑。在南方诸省如江西、福建等地则较多采用木构廊桥。

对外交通对城市发展有着巨大影响。元明时期府、县对外交通的官方设施是驿站和递运所。元朝在全国设有驿站约 1400 余处，拥有驿马四万多匹，驿船近六千艘，这些设施全部归兵部统辖。驿站的接待对象是来往的使者和官员（《元史·兵志》）。明代的各府、县驿站改由地方政府管理，接待对象仍是官员，兵部则另设一种"递运所"，专门负责运送军粮、军用物资及军囚等，从而形成两套全国性的官方交通运输网络。一些不在交通孔道上的府、县接待任务较轻，则将驿站和递运所合而为一，如明松江府就把云间驿和云间递运所合在一起，以简化管理。扬州地处大运河与长江黄金水道的交会口，驿站和递运所也较多，据嘉靖《维扬志》所载，两者建制如下：

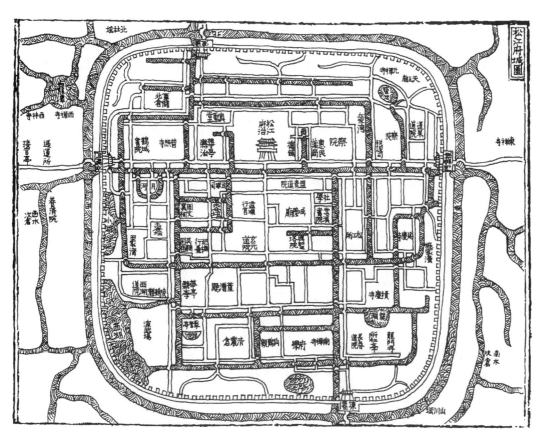

图 1-20　明代松江府城平面图（摹自正德《松江府志》）

驿站

广陵驿　　在府城南门外，有驿船 17 艘，驿马 16 匹，铺 60 副；水夫 170 人，马夫 16 人；

仪真水驿　　在县城东南三里，有驿船 17 艘，驿马 8 匹，铺 76 副，夫役相应；

盂城驿　　在高邮州城南门外，有驿船 18 艘，马 14 匹，铺 68 副及相应夫役；

界首驿　　在高邮州北 60 里界首镇，有驿船 18 艘，驿马 12 匹，铺 67 副，夫役相应。

递运所

仪真递运所　　在县东南三里，有船 64 艘，铺 64 副；

邵伯递运所　　在邵伯镇街北，有船 55 艘，铺 65 副；

界首递运所　　在界首镇，有船 58 艘，铺 71 副。

上述各驿站之间的距离大致在 60~90 里之间。驿站设有大门、仪门、正堂、后堂、上房、厢房、厨库、马房和驿丞住宅等建筑，建筑物之多少视驿站的重要性与客流量而定，如高邮州的盂城驿规模较大，房屋连片，而宿迁县的锺吾驿，就只有少量接待用房与厨房、库、门屋而已（图 1-21）。驿站对投宿者供应食宿，并根据官方签发的"驿关"（即关券）提供船只、马匹和夫役。对此，《明史、职官志》有明确记载："驿丞典邮传迎送之事，凡舟车、夫马、廪糗、褥帐，视使客之品秩、仆夫之多寡而谨供应之，支值于府若县，而籍其出入。"按官品高低提供不同的接待规格是官办驿馆的特色。驿站除上述大批房屋外，还往往在附近设有"接官亭"，作为迎送过往官员暂憩停留的场所。

除驿站提供过往官员食宿之外，各府、县还设有公馆（或称府馆），用以接待赴当地公干或停留的官员。地处交通要冲的城市，这种公馆较多，如淮安府清江县位于运河与淮河交会处，是"南船北马"换乘官员的结集点，所以，除了设有清口驿以外，还有县公馆、市南馆和市北馆三处府馆（万历《淮安府志》）。

邮铺是专司递送公文的机构，元称为急递铺，明代称邮铺、邮舍或仍沿称急递铺，自京城至全国各地府县，每隔十里一铺（县至乡镇之间或二、三十里一铺），各铺之间接力快递来往公务要件。府、县衙前设总铺，其余为中途铺。每铺有门、堂等建筑，由铺司主管其事，铺兵 2~4 人负责递送。邮铺也由驿丞管理，邮路和驿路一般是重合的。

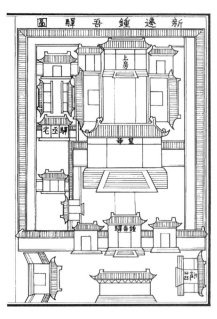

图 1-21　明万历《宿迁县志》驿站图（摹本）

三、府、县城的布局形式

元、明时期府、县城的布局形式最常见的有以下几种：

（一）方城

阴阳五行的学说使中国古代城市规划中的坐北朝南、四维八方的观念扎根甚深，方整的平面、东西南北四向而开的城门和十字相交的道路成了历来建城者们追求的理想模式，即使在客观条件不许可时，往往还要极力向这种模式靠拢。显然，这种模式的优点也是很多的：道路网络清晰，方位明确，便于区划建筑用地，城市面貌整齐，有利于施工等等。所以在全国千余府、县城中，这种平面（以及与之相近的平面）占有很大的分量。现举二例如下：

明归德府城（图1-22）

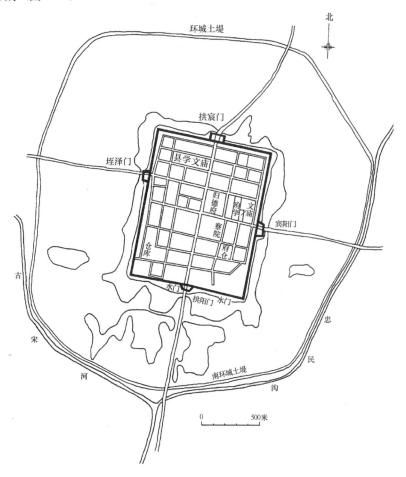

图1-22 明归德府城平面图

在今河南商丘。位于豫东南，地处黄河中游，是一座历史悠久的古城。周代是宋国都城，汉初立为睢阳县，汉文帝封其次子刘武为梁孝王于此，大建宫宅、苑囿，城的规模很大，"广七十里"。五代后周时，赵匡胤在此发迹，故于宋大中祥符七年（1014年）升为南京，建宫城、内城、罗城三重。明洪武初，因城阔民少，截去城区1/4的面积。弘治十五年（1502年）因黄河泛监，城毁于水，遂于正德六年（1511年）迁建于城北高地上。新城周围1304丈（4.36公里，占地1.14平方公里），设四门：东曰宾阳，南曰拱阳，西曰垤泽，北曰拱宸，上各有楼。敌台16座，城上设窝铺30座。城内街道规划整齐，但均无名称。府衙、察院等机构占有城中心位置，附郭商丘县位于西城。以南北门大街和东西门大街相交作为全城交通网络的骨干，组成棋盘形道路系统。雨水经南北街旁水沟排入南门外护城河。风云雷雨山川坛、社稷坛、历坛分别设于城南、西、北三面近郊，一如礼制的规定。

现存归德府城墙高6～7米，顶宽3～5米，外包砖壁厚约1米。敌台存九座，除西墙三座外，其余三面每面两座，城门外有瓮城，开门作90°方向转折。城墙内设环城马道，城壕距城墙约3米。南城墙设排水水门两座（高1.8米，宽2.3米）（图1-23～1-25）。为了防御黄河泛滥洪水的侵

图 1-23 明归德府城墙　　　　　　　　　　　　　　　图 1-24 明归德府瓮城

袭，在城外 500 米处筑有环城土堤一周，堤顶宽 7 米，底宽 20 米，高 5 米，为嘉靖十九年（1540年）所筑（嘉靖《归德府志》）。

明平遥县城（图 1-26、1-27）

位于山西中部，地处汾河冲积平原与山地相交地带，西距汾河约 6 公里，中都河分两支绕过城南与城东而注入汾河，为城市供水提供了有利条件。平遥原为古城，周宣王时大将尹吉甫北伐始筑城于此。明洪武三年置县重筑，正德四年又建下东门关城。城墙初为土筑，后因边患日急，于嘉靖四十一年（1562 年）用砖包砌，并更新城楼。隆庆三年（1569 年）又增建砖敌楼（窝铺）94 座，城门外置吊桥，以提高防御能力。城的平面作方形，仅南城墙内随中都河走向而调整作屈曲状。城墙周长约十二里（6.9 公里，占地约 3 平方公里），城门六：东西各二，南北各一，门外均有瓮城。城内道路仍以东西南北四门大街为骨干组成不规则方格网系统，大街宽约 10 米，小街3～4 米，小巷不足 2 米。街道全为土路。

图 1-25 明归德府城墙排水用水门

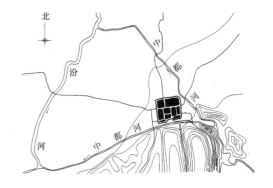

图 1-26 平遥县城位置图

县衙及察院等行政中心位于城中偏南。南门内大街上建市楼称"金井楼"，是全城商市集中处，现存市楼为清代重建。儒学、文庙、城隍庙分布于县前东侧，武庙在西侧。仓库与驿站靠近东门，说明此门是对外交通重要出入口。山川、社稷、邑厉三坛分别在城外东南、西北、东北三方。

平遥城的一项特殊工程是"云路"，即在城东文庙前的城墙上专为本县考中状元的人建造一条木登道，新状元回乡祭孔可由木登道直接入城，以象征青云得志。

平遥城墙至今保存较完整，高 6～10 米，顶宽 3～6 米，垛口高 1.8 米，敌台（马面）相隔40～100 米，台上建砖砌敌楼（图 1-28～1-31）（康熙《平遥县志》）。

（二）圆城

圆城也是古代建城者所追求的一种平面图形。实际上所谓的"方城"和"圆城"，并非几何学

图1-27 明平遥县城平面图

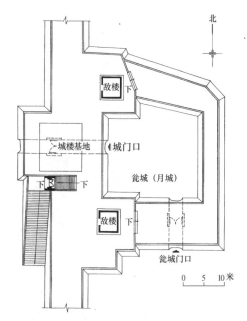

图1-28 明平遥县城上东门瓮城平面略图

图1-29 明平遥县城上东门瓮城

图1-30 明平遥县城敌台、敌楼

上的方与圆，而是由直线组成较规整的平面则称之为"方城"，而由弧线组成的近似圆、长圆或卵形，则称之为"圆城"。一些地方志习惯于把近似平面的城都归结为圆城或方城，如正德《大名府志》就对它的属县作这样的分类。圆城的出现还受到防御要求、防洪要求和某种象征意义的驱使，其总数虽不及方城之多，但也有不少实例，如：

明宿迁县城

宿迁位于徐州东南约100公里处，地处黄河下游。春秋时为锺吾子国封地，唐时设宿迁县，属徐州。明洪武十五年（1382年）改属淮安府。自古宿迁无城，正德六年（1151年）为防山东流民南突，始筑土城，西倚运河，北抵马陵山趾，南达新河。后因黄河水患，城被泛毁，于万历四年（1576年）迁于城北马陵山趾，高出旧城地面十余米的新址上，以土筑城而砖其雉堞，周围四里，开三门，东曰迎照，西曰拱秀，南曰望淮，因堪舆家称北面是龙脉入首处，不可开门，所以仅在城上建亭，名曰"览胜"。城的平面作圆形，据当时迁城的知县喻文伟说："取裁用圆，象太阳也"（喻文伟《建城迁治记》）。至于以太阳为象征所包含的深层意义是否与堪舆之说有关，则已难于考证（图1-32）。

图 1-31 明平遥县城登城踏道

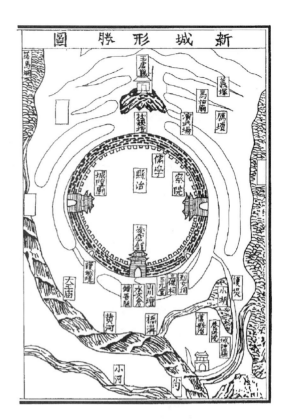

图 1-32 明万历《宿迁县志》县城图（摹本）

城中街道四横五直，仍以县前丁字街作为主干。县衙、儒学、察院等机构都布置在东西横街上，坐北朝南。阴阳学、医学（含惠民药局）、邮递总铺设在县衙前左右两侧。驿站（锺吾驿）在城南运河沿岸。由于新城西南地势低下，故在城外加筑护城堤一道，以防河水冲啮城墙（万历《宿迁县志》）。

明如皋县城

如皋位于长江口迤北，立县较晚，南唐保大十年始建县，隶泰州。宋、元、明因之。这里本是州属僻县，居民仅六千户，无城墙，仅市河一周环于境外。嘉靖十三年（1534年），沿河立六门作为县治的标志。嘉靖三十三年（1554年），县苦倭患，遂由当地的致仕官员等发起，申报获准建城。城作圆形，环于市河之外，周围七里余，计1196丈，高2.5丈，设东、西、南、北四门，门上建戍楼（即城楼），窝铺12座，水城门两座，城外为城壕。城池建立后，在抗倭中为保卫全城居民的生命安全起了重大作用（图1-33、1-34）。

城内布局仍旧：市河环绕，可通舟楫。县衙、察院、邮递总铺、医学、阴阳学、城隍庙等列于东西门大街北侧。南、西、北三坛、接官亭、公馆、教场及养济院等散布于旧县区周围，筑城后被围入城墙以内（嘉靖《如皋县志》）。

（三）不规则城

许多府、县由于地形的限制，不得不因地就势建城，使城的平面形成曲折多变的不规则形状。这种情况在山区表现得尤为突出。

明重庆府城

重庆位于嘉陵江与长江交汇处的金碧山上，地位重要，形势险峻，素有"得重庆者得川东，失重庆者失四川"之称。战国的张仪在此一带筑江州城。三国蜀汉建兴四年（226年）在金碧山筑大城，周围十六里。南宋末年改为重庆府。明洪武三年（1370年）守将戴鼎因旧址扩建，据山岩

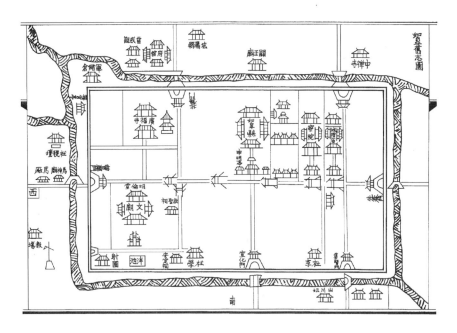

图 1-33　如皋县建城墙前平面图（摹自明嘉靖《如皋县志》）

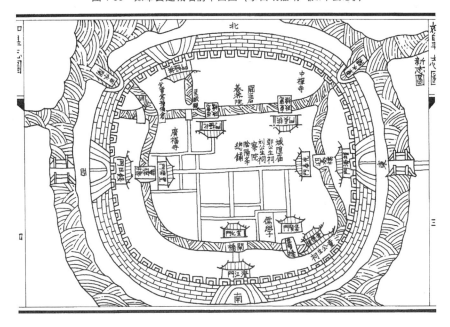

图 1-34　嘉靖 33 年建城后的如皋县城图（摹自明嘉靖《如皋县志》）

险壁筑砌石城，高三丈，最高处达十丈，周围 2666.7 丈，以两江为濠，开城门十七，九开八闭。九座开通的城门是：朝天、东水、太平、储奇、金紫、南纪、通远、临江、千斯；八座闲闭的城门是：翠微、太安、人和、凤凰、金汤、定远、洪崖、西水。之所以采取九开八闭，是为了"象九宫八卦"（乾隆《巴县志》）。中国古代对九宫的解释远较八卦多样，因此难以断定建城者所赋予的确切含义，但从建城以军事目的为主这一点来推测，可能是以此来象征此城法天地、通神明、神机妙化、难以攻克，从而对敌我双方的士气施加影响（图 1-35）。

重庆府因山为城，地形起伏变化大，城市轮廓依山就势，蜿蜒曲折，街道走向也顺应山势环山面江作不规则布置，充分显示了山城的布局特点。府治、重庆卫及附郭的巴县衙署等军政机构布置在东水门至南纪门之间面向长江的地段上，府学、养济院、演武场等则多集中在后山（万历《重庆府志》）。

图 1-35　明代重庆府城图（摹自万历《重庆府志》）

明葭州城

葭州位于陕西东北部黄河西岸，今称佳县。葭芦河由西北而来，在州城南面汇入黄河，州城建于两河交汇处的陡峭山冈上，下临滔滔河水，形势险要，易守难攻。西北距九边重镇延绥（榆林）仅百余里，是一处重要军事据点。这里设县始于西魏，金大定二十四年（1184 年）改为葭州。明初改县，随后又升为州，属延安府。洪武初年，守将王刚在山顶北端筑城，规模很小，周围约三里，隆庆间知州章评以城狭小，扩建南城周围七里，逐形成南北长约 1500 米，东西宽约 500 米的城区。城墙用石包砌，随山崖蜿蜒而筑，所以城的平面极不规则，城内有一条贯串南北的大路，其余均为石板铺设的支路，道路起伏曲折，山城布局特点显著。北城东侧面临黄河有香炉峰，峰前有石如削，顶平如香炉，万历间石上建有寄傲亭及观音小阁，凭槛俯览黄河湍流，如置身虚空间，日西影映中流，犹如海内蓬瀛（图 1-36）（嘉庆《葭州志》）。

（四）双城

府、县所在的城市出现两城并列的双城格局大多是由江水阻隔所造成。两城的形成有先有后，两城的地位也是有主有次。

明瑞州府城

瑞州府位于江西南昌西南约 90 公里的锦江下游地段，地处山水之间，四面环山，锦江中贯，是一个"山环若城，水绕如带"的城市。西汉时在此立县，唐武德年间升为筠州，宋改为瑞州府，是人口较密集、经济较发达的地区之一（附郭的高安县有人口二十万）。城墙始建于唐，元代已废。明正德六年重建，周长 2700 余丈，设九门，门上各建城楼。锦江由西而来，把府城分为南北二城，北城、南城各有城墙，自成一体，但是两城都只作三面围合，沿江一面则围而不合，留有缺口。北城为府衙所在，周围有五门，东曰迎恩、西曰锺秀、南曰瑞阳、北曰阜成、东北曰拱宸；南城为商市和居民区，周设四门：东曰朝阳、西曰靖安、南曰高明、北曰通济。北城的南门正对南城北门，中有东西二桥联系：西名"仁济桥"，原为"比舟为梁"的浮桥，南宋淳熙时改为石墩木梁廊桥，桥上覆屋 60 余间，元代毁于兵火，明弘治九年按旧基重建廊桥，累石为八墩，上架木梁，铺以石板，覆以木屋，长 60 丈，宽 2 丈；东名"锦江桥"（原名惠政桥，明代改此名），也是一座石墩木梁廊桥，始建于南宋宝祐元年（1253 年），桥长 60 丈，宽 2.4 丈，宋以后续有废兴，明代仍循其旧。这两座规模宏大的廊桥标志着江西一带宋、明之间廊桥发展的水平。

江西盛行风水。明正德间知府邝璠认为瑞州人才多而登科第者少，原因之一是风水不佳。于是他亲自踏看地形，发现府学的布局不均衡：门前西面是高耸的府城西门锺秀门，东边却是空虚的，后面处境也很窘迫。就下令将府学后面的瑞丰仓迁走，扩大学舍，并在府学东面建造一座进贤楼，与府城西门相对，以取得平衡。又听说本地有三公和状元之谶，就命开凿南城的市河使之与锦水相通；还和同僚们商议，认为府学"离位（南方）无具瞻（对景），非文明象"，正对府学的南郊石鼓岭，又显得"高旷非峭，文士多晦"，所以决定在此岭上建造一座十多层高的文峰塔，以改变其不利的地位。由此可见当时从知府到本地一般士人对风水的笃信程度（图 1-37）（正德《瑞州府志》）。

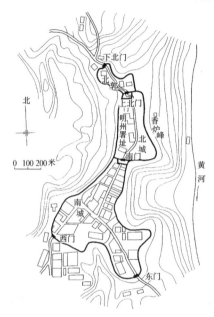

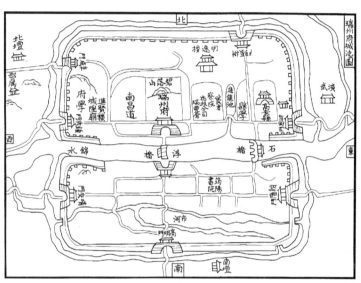

图 1-36　明葭州城墙复原推想图　　　　图 1-37　明正德《瑞州府志》府城图（摹本）

明余姚县城

余姚位于杭州湾南岸，是一座历史悠久的古城。始建于秦，历代都隶于会稽。元代升为余姚州。明时仍为县，属绍兴府。余姚之名与"舜支庶所封之地"有关，相传虞帝舜姓姚，这一带是舜的庶子封地，故名。洪武二十年（1387 年）大将汤和巡视海防，在此修筑城池，这就是北城。嘉靖年间，倭寇侵扰，浙江沿海诸县深受其害，嘉靖三十六年（1557 年）遂兴筑南城，以保护余姚江南岸的居民，从而形成沿江两岸新旧两城对峙的格局。北城南门和南城北门隔江相对，江上建三洞石桥，长 24 丈，用以联结两城。县署及察院等行政机构均在北城，南城为县学、商市与居民区（图 1-38）（万历《余姚县志》）。

（五）重城

唐宋的州城、府城多设有子城和罗城两重，到明代这种城制已不多见，一般的府州衙署不再围建子城。但是有些县城为了加强防御，在城墙之外再筑一道外郭墙，把关厢地区和重要祠坛等围在郭内，形成新的内城外郭式的重城，例如：

明内黄县城

内黄在今河南东北部，明代属大名府。城有内外两重，内城方形，周围五里，土城高三丈，砖砌垛口，敌台和台上铺舍二十处，四角有角楼。外城是利用秦汉以来所遗古城加建东西南北四

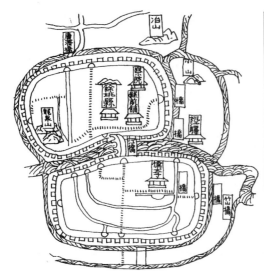

图 1-38　明余姚县图（摹自万历《余姚县志》）

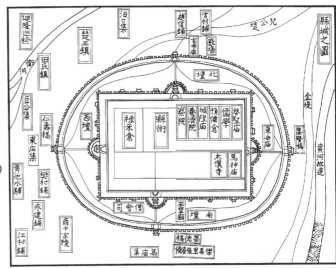

图 1-39　明嘉靖《内黄县志》所载县城图（摹本）

门而成。内城布置和明代一般县城相同，而和唐宋时代的子城（城内无居民，仅建衙署）迥异。南、西、北三坛本应设在城郊，而内黄则在外郭内（图 1-39）（嘉靖《内黄县志》）。

明长垣县城

位于河南与山东、河北的交汇处，是一座历史悠久的古城。春秋时属卫国匡邑，孔子的弟子子路曾在此作邑宰，汉置长垣县，宋时因避黄河水患而迁移，明初水患息又迁回旧址。初期所筑的土城范围很小，周围仅二里，随着经济的发展，正统年间拓展至八里。正德年间山东兵起，加筑了瓮城、敌台、铺舍、角楼等设施，城上值宿的窝铺多达 64 座。又筑外城周围十二里，城高1.3 丈，置东、南、西、北四门及瓮城，长垣在当时是富县，所以加倍设防。正德六年城曾三次被围，都未攻破，可见防御之坚固。城内布置与一般县城无异，唯牌坊特多，共 74 座，其中进士坊就有 16 座，都是明代中期所立，可称是长垣城内一大盛观（图 1-40）（嘉靖《长垣县志》）。

（六）联城

为了加强防御而在新、旧两城之间再筑城墙，形成三城并联的布局，这在宋代的扬州城已有所见，明代的淮安府城又是典型的一例。

明淮安府城

淮安据南北大运河的要冲，是一座著名古城。旧城始建于东晋，明代包砖，周围十一里，东西径 510 丈，南北径 525 丈，有陆门四座，东曰观风，南曰通远，西曰望云，北曰朝宗，角楼三座。水门二座，可通舟楫；新城去旧城之北一里许，原是北辰镇，北临淮河，元末张士诚的守将在此筑土城以固守御，洪武十年增筑砖石，因有淮河及运河作屏障，易守难攻，成为扼二水交汇处的重要军事据点，城内设有大河卫，城周七里二十丈，东西径 326 丈，南北径 334 丈，有门五：东曰望洋，南曰迎薰，西曰览运，北曰拱极、戴辰。南北水门各一，不通舟，四隅设角楼；"联城"在新旧两城之间，嘉靖三十九年，为防倭寇而将新旧两城间的空地围入城内，筑东西两侧城墙共 700 丈，辟东西城门各一座，从而把新旧二城联为一体（图 1-41）。

淮安是明代漕运的总司所在地，漕运总督府和漕运总兵府都设在城内，建造运河六十卫所需船只的造船厂也在附近，南来北往的官员、商贩、士子都在这里过闸、停留，所以被称为"总南北之会"，十分繁华。旧城、新城、联城三位一体，而重点仍在旧城，举凡漕司各衙署、淮安府与山阳县各机构都集中于旧城，三个最热闹的商市——府前市、县前市、西市也在旧城中。新城是由集镇发

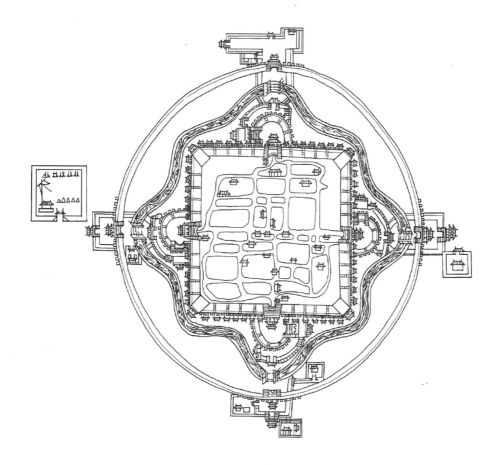

图 1-40　明嘉靖《长垣县志》县城图（摹本）

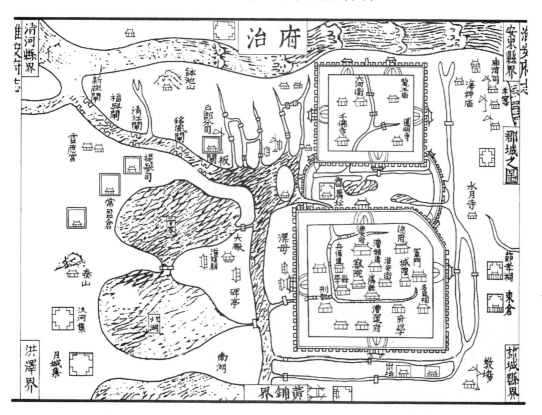

图 1-41　明万历《淮安府志》府治图（摹本）

展而来，原来有较好的基础，加上大河卫驻军于此，城内也较繁荣，据万历《淮安府志》记载，全城99座牌坊中的55座分布在新城中，足见缙绅之家颇多。联城中有大片水面，居民较少。

旧城中心位置上正对南门大街（中长街）的是淮安卫指挥使司衙署，这里原是宋、元府治所在地，明初守将华云龙改为卫署。去署前20丈，街中之谯楼（今存，改名为镇淮楼），创于南宋宝庆二年（1226年），明代屡有修葺。楼的下部是2.5丈高的台基，上面建屋三间，内贮铜壶、刻漏、更筹、十二辰牌、二十四气牌，由阴阳学负责管理，是全城的报时中心。漕运总兵府有南、北两处，而以北府为常住。府治在指挥使署之后，近北门大街。县治则在谯楼西侧。

旧城内有商市四处，新城内仅一处。城外西北沿运河一带还分布着五外商市——西义桥市、罗家桥市、杨家桥市、姜桥市、菜桥市，那里"本土及四方商贾皆萃焉，货具杂陈，甲于旁郡"（万历《淮安府志》），是淮安城外最热闹的商市区。由于黄河夺淮入海后，淮河河床升高，漕运受阻，永乐间陈瑄督漕，开通清江浦二十里旧河道，引淮水，设五闸，使漕运又获畅通，而上下水过闸船只结集的淮安、清江两地也日益繁荣起来（万历《淮安府志》）。

（七）关城

府、县城的城门外是交通、商业和居民的结集地段，其繁华程度常不亚于城内中心地区。为了加强防御，许多城市在这些关厢地段的周围筑起城墙，形成关城。这种由一个大城带1～4个小城的子母城式布局在北方边陲地区最为多见，如代州、大同、凉州、西安等。

明代州城

代州地处雁门关南面，是山西腹地通向雁北重镇大同的孔道。西魏文帝时始建城，隋开皇六年（586年）改为代州。明代仍为代州，洪武六年（1373年）用砖石包砌城墙，周长八里余，辟东西南北四门。景泰元年、成化二年、嘉靖三十年又分别在东、西、北三门城外加筑关城土墙，形成一大城带三小城的格局。关城和大城之间留有夹道，以便在作战中相互呼应配合（图1-42）。

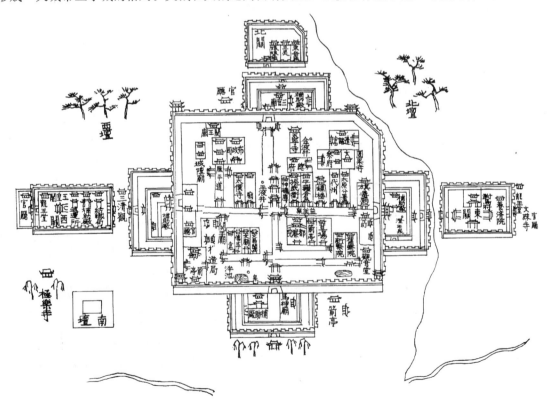

图1-42 明代州城图（摹自万历《代州志》）

代州城是方形平面、十字街通四门的标准布局模式。十字街口建有全城最高大的建筑物——鼓楼，此楼原由吉安侯陆亨于洪武七年（1374年）建造，成化七年毁于火，成化十二年（1471年）重建，此后楼未再毁，保留至今。楼高约40米（去地共一百二十尺，台高四十尺，楼高八十尺），为四滴水式三楼层楼阁，登楼可俯瞰全城，是代州的一大巨观（图1-43）。鼓楼之东为钟楼，高广为鼓楼之半。城内衙署、城郊三坛等建制一如惯例布置（万历《代州志》）。

图1-43 代州鼓楼

（八）不设城墙的府县治

元、明时期有一些府、县或是未受战争威胁，或是成立不久，因而未建城墙。例如东南沿海新建的县，如太仓、平湖等初期都未建城，嘉靖间倭患严重后才相继筑城。内陆地区仍有不少无城墙的府、县。

明思南府

位于贵州东北部山区，是少数民族和汉族杂居之地，原设土官——思南宣慰使统治，永乐十一年，宣慰使田宗鼎"以不法废"，遂改设思南府，而其所属的四个土司不废，府共领四长官司和二县。当时西南一带改土归流的府、县多不筑城，而明朝驻军的军事卫、所却据险筑城，以加强对当地的控制。思南府自永乐迄于嘉靖也未筑城，仅在南面沿江护以木栅，东、西、北三面则用普通土墙围护，墙外开沟仅宽五尺。四门虽备，也只是一般墙门，门外沟上设木板桥，夜间则撤去，可见其设防极为疏简。

城市与街道沿西南去东北的河流展开，大致分为两部分：东北部分是思南府治、兵备道、察院、邮递总铺、儒学、祠庙、道观等所在区域；西南部分是土官住宅和蛮夷长官司等所在地区。因地处群山之中，乌江自西而东流经府治，所谓"群峰叠翠，一水萦流"、"岭峤绵亘，溪涧萦纡"，复杂的地形，使城市布局格外曲折多变。管理土著人民的长官司衙署，其形制与县署相当（图1-44、1-45）（嘉靖《思南府志》）。

以上所列远未包括所有明代城市的布局形式，不过由此可以看出，府、县城虽受统一规定的制约，在基本构成要素的布置上有很大的一致性，但由于各地人口数量、经济结构、技术手段、交通状况、气候条件、地形地貌、文化传统等因素的差异，城市面貌也呈现多样变化，各有特色。

图1-44 明嘉靖《思南府志》府治图（摹本）

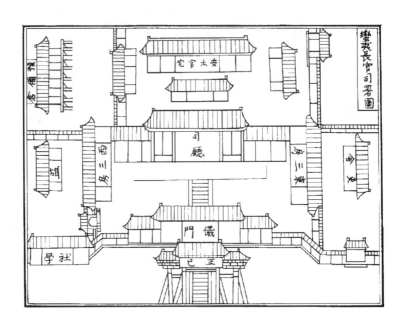

图1-45 明嘉靖《思南府志》所载"蛮夷长官司署图"（摹本）

注释

[1] 王家范《明清江南市镇结构及其历史价值初探》认为：苏松常杭嘉湖地区的市镇大多数勃兴于明代，分布丛密如蛛网，除了它的东部沿海以外，近代市镇的分布格局是在明代奠定的。《华东师范大学学报》1984.1.

[2] 铭语是后蜀主孟昶训诫官属的训令，原有二十四句，宋太祖赵匡胤录其四句颁于府县，勒石置于大堂之前。明代因之，并建亭覆石，故称戒石亭。这四句是："尔俸尔禄，民膏民脂，下民易虐，上天难欺"，面对大堂。石的另一面则刻"公生明"三字，意为公则生明，偏则生暗。清代多将戒石亭改为戒石坊。

第三节 地区性经济中心城市

一、京杭大运河沿线集散中心城市

元大都作为全国的政治中心，"去江南极远，而百司庶府之繁，卫士编民之众，无不仰给于江南"[1]，元朝岁入税粮的54%来自江南三省[2]，开通南北大运河势在必行。

元初曾利用隋炀帝以来所凿通的迂回曲折的运河，漕粮经江南运河过江北入淮，西逆黄河至中滦，然后陆运至淇门入御河，再经直沽转白河达通州，又陆运方能至大都，曲折绕道，水陆并用，十分不便。至元十七年（1280年），元政府首议开济州河，二十年（1283年）八月河成[3]，全长150里；至元十七年（1280年）又开胶莱新河通海[4]。但都因"劳费不赀，卒无成效"[5]，而不能使漕运畅通。

经过多次尝试后，元朝政府产生开凿纵贯南北的人工河的设想，至元二十六年（1289年）用寿张县（今山东梁山西北）尹韩仲晖等建议"开河置闸，引汶水达舟于御河，以便公私漕贩"[6]。是役于年内开工，南起东平路须城县（今山东东平）西南的安山，经寿张西北至东昌路（今山东聊城），又西北至临清，达于御河，全长250余里，凿成后定名会通河。至元二十八年（1291年），都水监郭守敬建议疏凿通州至大都的通惠河，全长164里许。至此，南北大运河全线开通，把我国黄河、淮河、长江、钱塘江四大流域连接起来（图1-46），它以最短的距离，纵贯当时最富庶的东部沿海地区，实现了国家政治中心和经济重心的结合。

元代新运河的开凿为南北交通和物资交流提供了有利条件，同时也产生一些作为集散中心的新兴城市。靠大运河起家最典型的城市是临清，在京杭大运河未开之前，临清不过是个小村镇，据《临清县志》载："临清自东晋迄五代……无商业可言。"是元代开凿会通河，才发展成为北方水运重要内河港，水上航行可南通江浙，北上京津，西达中原。山东的济宁、东昌、德州等也是大运河沿岸的新城。

明初定都南京，运河曾一度淤塞，明成祖定都北京后，又不惜用十五年时间把1800多公里的大运河全线打通，修成一条既宽且深、河道工程和航运设施相当完善的内河航道，真正成为南北水上运输的大动脉。永乐十三年（1415年）开清江浦，建四闸，解决了黄河夺淮后河床升高而造成的过船困难，改善了漕运条件。这样沿运河又出现了一些新城，如淮阴（今清江市）在明代以前还称不上是村落，清江闸建成后，这里成为黄河、淮河、运河的交汇处，南来北往的船只在此停泊，等待过闸。管理河道、闸坝、堤坊、漕运的机构在这里驻守，还修建了大批粮仓，形成人烟稠密的居民点，"舳舻毕集，居民数万户，为水陆之孔道"[7]，成了著名的繁华集镇清江浦。又如夏镇（今山东微山），原名夏村，本是昭阳湖滨的渔村，嘉靖三十年（1551年）因新河通漕，该地遂为冲要，万历时，中河工部分司、徐仓户部分司均驻扎夏镇，数十年间，夏镇由偏僻渔村变为沿运河的名镇，明万寿祺《夏镇诗》云"夏阳全盛日，城阙半临河；夜月楼船满，春风环珮多"，就描绘了当时的盛况。此外，一些原来经济基础较差的城镇也于此时得到发展，如临清、德州、徐州等地，因明政府设仓储运漕粮，于是舟车鳞集，贸易兴旺，城市得到迅速发展。一些原来基础较好的城镇也有所发展，如淮安，经元末明初的战乱，"城郭丘墟"，"土著之户荡析，罕有

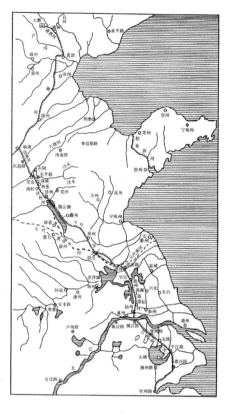

图1-46 元代运河图

存者"[8]，此时又重新兴盛。扬州原来就是大运河的转运枢纽，明以后又是江淮盐运的集中地，设有盐运使衙署，因而成了江淮间最大的工商都会和集散中心。下面以临清为例进行剖析。

临清

临清的名称始于南北朝，后废。北魏复为清渊县，开始筑城。隋开皇六年与清泉县俱属贝州。宋为恩州，大观中卫河决，遂移临清十里，属大名府。元初属东昌路，至元七年改属高唐州。明洪武二年徙县治北八里，汶、卫环流之，隶属东仓府，未及筑城。正统十四年兵部尚书于谦建议筑城，但由于年荒而罢。直到景泰初方建城于汶河（会通河）之北、卫河之东，并移县治。弘治二年升为州，领馆陶和丘县二县[9]（图1-47）。

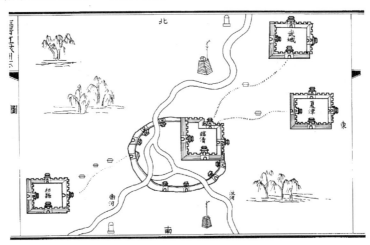

图1-47　临清与汶、卫河关系图（《临清直隶州志》）

（一）漕运与建城

明代临清城的形成与发展和漕运密不可分。

首先，特殊的历史地理位置，决定了临清是重要置仓地。临清"连城依阜，百肆堵安，两水（汶水、卫水）交渠，千樯云集，关察五方之客，闸通七省之漕"[10]，是会通河的咽喉。洪武三年（1370年）于此置仓储粮。永乐十三年（1415年），重疏大运河成，会通河在城南分为南、北二河，至中州合流入卫，县治恰在汶、卫环流之中，运输十分方便。宣德时，又增造临清仓，"容三百万石"[11]，为户部所属诸仓之冠。河南、山东的税粮，则由临清直接运往北京[12]。

其次，漕运政策使临清成为土宜物贸的集散中心和转运枢纽。明代漕运"法凡三变"，先支运，次兑运，后长运。支运者，即民运粮至淮安、徐州、临清、德州诸仓，再由官军节节转运北京。宣德六年（1431年），改行兑运法，成化七年（1471年）改长运法[13]。转漕兵卒和民户终年在外，十分辛苦，"及其回家之日，席未及暖，而文移又催以兑粮矣"[14]，所以运卒、民户视漕运为畏途，致使京师仓储不时匮乏。为了提高运卒的积极性，明政府采取了一系列优恤措施，其中之一便是准许漕舟免税搭载私货，在沿运码头贩卖[15]。景泰、成化时，又鼓励商人运粮输边，换取盐引。因此踞汶、卫之冲的临清，转运与集散更为繁忙。

这样，就为明代临清城的选址、建造和发展奠定了基础。景泰元年卜今地，移治于会通河东，并以原广积仓为依据，形成西北凸出的城圈，俗称"幞头城"。周九里一百步，高三丈二尺，厚二丈有奇，甃以砖，作门四：东曰威武，西曰广积，南曰永清，北曰镇定。门上及角隅为戍楼八，戍铺四十六，人马陟降处为蛾眉甬道（坡道）。凿濠深广皆九尺，形成明代临清城的最初形式。"兵座有舍，商贾有市"[16]。弘治八年兵备副使陈璧增置女墙，筑月城。跨濠垒桥，因门命名。随着漕运的日益发展及往来客商的增加，城西及南隅人稠市集，"弘治而后生聚日繁，城居不能什一"[17]，于是正德五年兵备副使赵继爵予以增葺，六年筑边墙于原城外西南（边墙又名罗城），八年兵备副使李充嗣补葺城的圮损部分。嘉靖年间，于旧城的西北至东南，缘边墙扩筑延袤二十余里的土城，跨汶、卫二水，呈弧状与嶻头城连接，俗称"玉带楼"，又名新城。设门六，东曰宾阳、景岱，西曰靖西、绥远，南曰钦明，北曰怀朔。还有汶一卫二水门共三座，戍铺三十有二。二城面积相当景泰时的三倍，街市扩展至城区之外。二十八年水门增建翼楼二座，新城西墙增辟一门。三十年又建新城敌台三十二座。从而使新建的明代临清城经历景泰嶻头城、正德罗城、嘉靖新城三个发展阶段而完成其最终格局（图 1-48）。

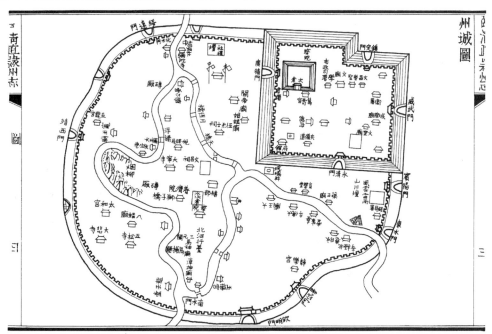

图 1-48　临清州城图（《临清直隶州志》）

（二）市衢与河渠

临清城的建造和发展离不开漕运，市衢的兴盛则相应地离不开河渠。境内的汶、卫交汇构成商贩、行旅、帆樯结集的主要市衢，其位置在嶻头城东南的新城内。

沿河市场最为繁盛，有马市街、盐市街、锅市街首尾相连，南接汶水，北通卫河。其他几个主要市场有：嶻头城永清门外循城而东的柴市；汶河而南的本土米款籴粜所在地车营；锅市街之西的果子巷；卫河浮桥稍南的白布巷及转东的箍桶巷；马市之西的粮食市和东夹道西夹道；卫河之西岸的羊市等。这些市场多是商贾聚集之地。明万历初，临清还有众多的大小店铺，如缎店有三十二座，布店有七十二座，杂物店六十五座以上[18]。整个临清市场繁华，物资丰富，从而也带动了周围地区的贸易发展，四乡各有集市，虽有牙税，仍交易频繁。

临清的衢有陆路和水路两种。水路乃汶河、卫河主流及连属的支流。水路的调节有板闸若干[19]和水门三座。水路和陆路的连通主要靠桥和渡口。桥计有永济桥、弘济桥、广济桥和浮桥。渡口有新开街渡、真武庙渡、长虹渡、窑口渡、通济渡、新开口渡和沙湾渡。浮桥的作用主要是解决河水暴激迅奔时操渡易覆的问题[20]。新城的陆路以中洲的学宫为中心，各有大街抵城门构成主要道路网，如钦明门至学宫曰南门街，其他有北门街、西门街和东门街。次级道路主要以建筑或市场命名，以市场命名的有马市街、盐市街、锅市街、线子市街等，以建筑命名的有州前街、司前街、户部街、帅府街等。还有一些小巷多以商市或作坊称名，如皮巷、香巷、油篓巷、后铺等。这些大小道路纵横交错，穿插于民居和商贾市场之间，并和水路一起，构成漕运、市易、生活十分方便的城市交通架构。

（三）城市布局与建筑设置

全城大致分为两大区：景泰年间建的幞头城和正德始建、嘉靖年间扩大围合成的新城。前者主要以署、学、司、馆、仓为主，后者则为商市和居民的集中地。其建筑设置及分布情形如下[21]：

行政和文化建筑。州署在幞头城的中心位置；秀林亭在州署东；学署在州署北；学宫在新城中心中洲；清源书院在新城；府馆一在新城西南隅，二在州署西南；恭襄侯祠在幞头城西南新城内；晏公庙在新城中洲有三，一在会通闸，一在新闸，一在南板闸；大宁寺、静宁寺、观音阁均在中洲近水附近；其他庙宇如城隍庙、大王庙、大悲寺等分置于城中多处。

商业和军事管理建筑。广积仓和常盈仓在幞头城西北；税课局在中洲；漕运行台在卫水东浒；工部北河行署在中洲；户部督饷分司署在州署西北；鼓铸局在东水门外，有吏役炉三十余座；布政司、按察司、都察院各有行台在州署西北；山东卫河提举司在板闸南；兵备道署在州署西南，附近有蓄锐亭；卫署在州署东，中有演武之台；教场在靖西门外。

生活设施。除市场、居住建筑为新城主体外，还有医学、阴阳学在州署西；养济院在中洲；漏泽园在汶河东浒（瘗埋触刑毙决、疫死他乡或死于非命而无主者的场所，围以垣堵，树以榆柳）；清源水马驿在汶河南岸；清泉水驿在州城西南五十里；递运所在州城南二里；还有诸多作坊、窑厂散布城内，尤以砖厂为多[22]。

概括说来，临清建筑功能分区不很明确，城市分布随临清经济发展而逐步形成，无总体的规划设想。市廛的设置，多受地理因素的影响。城池的形式，也表现出渐进的、与环境相适的、不规则的经济型城市的显著特征。

二、海运与对外贸易港口城市

这里所说的"海运"，是指国内近海运输。元朝从江南运粮到大都，中间道里遥远，各地漕渠时常败坏，或因水灾淤塞，或因水源不足，难保畅通无阻，其间曾改为运河与海路联运，也无成效。至元十九年（1282年），丞相伯颜追忆海道载送亡宋图籍抵达大都之事[23]，提出海运粮食的建议。是年，造平底船六十艘，运粮四万六千余石，由海道运抵京师。

元朝海运航行路线，先后有三条[24]：

最初航路（1282～1291年），自刘家港（今太仓县浏河）入海，经海门县开洋万里长滩，抵淮安路盐城县，再北历东海县、密州、胶州、放灵山洋，投东北抵成山，然后通过渤海南部向西进入界河口（海河口）抵直沽。但初期海运，"沿沙行使，潮长行船，潮落抛泊……两个月余，才抵直沽，委实水路艰难，深为繁重"[25]。

1292年的新航路，自刘家港至万里长滩一段，和以前航路相同，但自万里长滩附近，即利用西南风，向东北航过青水洋，进入黑水洋，又利用东南风，改向西北直驶成山，避免了近海浅沙，又利用了东方海流。

1293年以后的航路，"千户殷明略又开新道，从刘家港入海，至崇明州三沙放洋，向东行入黑水洋，取成山转西至刘家岛，又至登州（山东蓬莱）沙门岛，于莱州大洋入界河"[26]。它比前二条航路更为便捷，主要是沿海岸线较远，取道较直，航期大大缩短。

元代海运的开辟是中国海运史上划时代的大事，它加强了南北经济交流，促进了城市发展，太仓便是随着海运业发展起来的港口城市。此地"旧本墟落，居民鲜少，海道朱氏翦荆榛，立第宅，招徕番舶，屯聚粮艘，不数年间，凑集成市，番汉间处，闽广混居，各循土风，风俗不一"[27]，"市民漕户云集雾溢，烟火数里，久而外夷珍货棋置，户满万室"[28]。元代海运也增加了北方沿海城市的发展，唐宋时海上航线和商港多在东南沿海，元代海运开通后，北方沿海的密州、登州也随之而发展起来，特别是刘家港和直沽，作为起讫港，成了海运线上南北两端的大港。刘家港到明代仍是扬子江口的重要海港，明末才淤塞衰落。直沽自元朝以来，则始终保持其为华北重要海港的地位。

元代对外贸易的发展促进了沿海港口城市的繁荣。上海、澉浦、庆元、温州、福州、泉州、潮州、广州都是对外贸易的重要港口。上海原属华亭县，至元二十七年，以"户口繁多"，割华亭东北五乡另立为县[29]，成为"商贾百货所输会"之地[30]。庆元是与高丽、日本贸易的重要商埠，由于来往货物很多，市舶库房既大又多，用"天平瀛海藏珍府，今日规模复鼎新，货脉流通来万宝，福基绵远庆千春"二十八字加以编号[31]。潮州"舶通瓯吴及诸蕃国，人物辐集"[32]。广州是有悠久历史的对外贸易港口，这里的船舶出虎头门远航世界各地。伊本·拔图塔说"广州是世界上拥有最优美市场的大城市之一。陶器场为其间最大的市场之一。中国瓷由此转运到该国各省和印度、也门"[33]。来自世界各地和中国自己的渔船在这里停泊，一派"万舶集奇货"的景象[34]。泉州是元代中国最大港口，"四海舶商诸番琛贡皆于是乎集"[35]。伊本·拔图塔也说"刺桐港为世界上各大港之一，由余观之，即谓为世界上最大之港，亦不虚也。余见港中，有大船百余，小船则不可胜数矣"[36]。由此可见元代诸港口城市之盛况。

明初朱元璋在政治和经济上严酷打击东南地区，明令规定"片板不许下海"，沿海筑防，实行海禁，遂使元代发展起来的一些东南沿海城市遭受夭折命运。直到永乐三年（1405年）六月明成祖朱棣命郑和出使西洋，才又带来海上交通及贸易的复苏。郑和首航仍是从刘家港启程。至于海运，嘉靖"二十年黄河南徙，言者请复海运及浚山东诸泉。上曰，海运难行，决浚泉源乃今日要务。或请复支运，或请行寄囤"[37]，终未成气候。东南沿海的港口城市，从此不再有元代的繁荣。现举太仓为例。

太仓

太仓之名，始于春秋，吴王即其地置仓，名太仓。元初，朱清自太仓开海运通直沽，舟师货殖，通达海外，遂成万家之邑。"元元贞二年昆山县升为州，延佑元年徙治太仓。至正十三年台州城方国珍由海道犯境，民罹兵燹，立水军万户府以镇之。十六年伪吴张士城据吴，始城"[38]。先以木栅围之，十七年改为砖城。吴元年立太仓卫，洪武二年改州为县，洪武十二年又立镇海卫，集二卫于一城之中。弘治十年，割昆山、常熟、嘉定三县的部分地段立为太仓州，领崇明县，属苏州府。

（一）刘家港与太仓城的相互关系

太仓在元明时期主要为州城，介于昆、嘉二邑之中，它带江控海，被称为吴中雄镇，其兴盛与发展实得益于娄江（刘家河）的出海口刘家港。

刘家港在太仓城东七十里娄江口，南连因丹泾，西接半泾，东流出大海。"或曰乡音刘、娄互呼，刘者娄也"[39]而得名。刘家港以太湖平原为腹地，联结着密如蛛网的内河航道，又是南北海运的起始港，还可外通琉球、日本等国，号称"六国码头"，是元明时期的著名良港。太仓和刘家港有娄河和诸塘泾相通，所以刘家港的兴盛直接影响到太仓的发展（图1-49）。

元初，太仓还是一个不满百户的村落，自刘家港兴起后，日益蕃庶，"外夷珍货棋置，户满万室"[40]，"名楼列布，番贾如归"[41]，逐渐发展成为一座港口城市。繁荣景象一直延续到明代。最初城内主要建筑只有元政府为专管海外贸易于至正三年（1342年）设立的庆元市舶司，以及为防

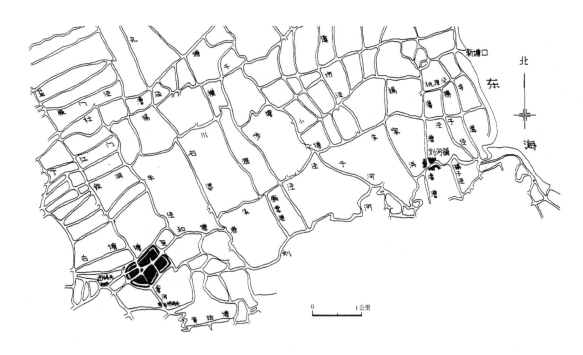

图1-49　元明时期刘家港与太仓地理位置图

海盗于至正十三年（1352年）建立的水军万户府等，到明代已发展成为具有功能齐全的多种建筑类型的规制完整的城市。

在城市功能上，太仓和刘家港相互依存，密不可分：对于经营海外贸易、南粮北运的海运港口刘家港，太仓城是它的后盾；对于带江控海、卫戌要冲的州城太仓，刘家港又是它的海防前卫。

（二）形胜与城市主架构

在历史上，太仓俗称为岗身。《续图经》云："濒海之地，岗阜相属，谓之岗身。"明太仓州城外南北西三面曾有岗门遗址，是大禹凿断岗阜、流为三江、东入于海的历史变迁标志。故太仓形胜是水穿城而过，山根据人文需要依城而生，并由此而构成城市的主架构。

首先，太仓周围的水路决定了城郭的特殊形制和朝向。据记载，元至正十七年建太仓城，高二丈，广三丈，周一十四里五十步，濠深一丈五尺，广八尺。陆门七：曰大东、小南、大南、小西、大西、小北、大北。水门三：曰大东、小西、大西[42]。比照嘉靖太仓州志图，是一致的，只是增加了小南水门（图1-50）。此城郭呈"钟"形，主轴线为东西向。东墙正中设大东门，通张士诚时开凿的九曲河，西墙有大西门引至和塘入城，小西门引陈门泾入城。九曲河实为至和塘尾，至和塘和陈门泾均引娄江水。所以东西向的城郭形制是娄江水东西贯城的必然结果。为配合东西向的主导水路，在大东门水关外设大东门闸（嘉靖九年建），在大西门水关外设大西门闸，小西门水关外设小西门闸（两闸皆嘉靖十年建），借此可以很好地控制城市需要的水位。南北向的水门则起到分流作用。城郭西北和西南角呈弧形，整个城郭和正东西还呈一角度。它们均为受周围水路环境限制而因地制宜的做法。

其次，城内外水路相连，构成太仓城的主要水网和道路骨架。在东西向：城外至和塘入大西门，于城中央折而南；城外陈门泾入小西门于城中央折而北；城外九曲河入大东门并至和塘尾，这样三条水路呈东西向的Y字形交于三尖口会，并设三尖九闸加以控制[43]。在南北向：亘南北而稍偏于西者为盐铁塘，稍偏于东者有周泾、旱泾、樊村泾，它们将东西向的水分流至南北城下[44]。从而构成太仓城有主流、有分流的城市水网。城外沿城墙有"钟"形的城壕一圈，也与水网相通。由于水多，桥梁也多，据记载[45]，跨至和塘有十一座，跨陈门泾有七座，跨盐铁塘有七座，跨其

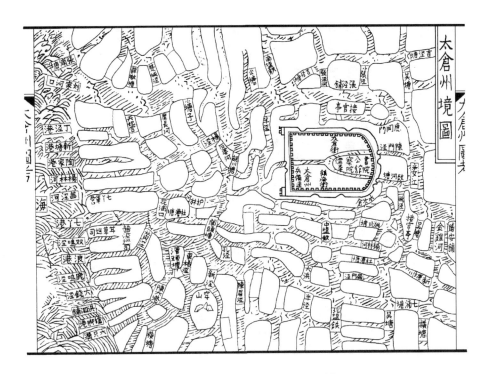

图 1-50　太仓州境图（嘉靖《太仓州志》）

他河泾的还有二十三座。城中干道和上述水网基本上是平行地进行布局，也有的小路和水的支流进行延伸或和干道呈"T"字形穿插和连接。

太仓的山则更多地因人文需要在建城以后人工筑成，其用途是改善风水和供人游览[46]。镇洋山建在城东北，知州李端筑，他认为城东"沧溟环输，摇汩滔瀁，万古不休"，需要仁山"联络地轴，支控鲸渤"[47]。又效法苏东坡在徐州造黄楼的故事，取雄镇东海之意，在州治后隙地因陵为高建镇洋山，土冈蜿蜒三百步，植桧百株，高峙三峰，垒以湖石，山下甃池，前有三亭，曰迎仙、东仙、游仙，山麓为集仙洞，其上亭曰醒翁，稍西边有亭曰吏隐。可见镇洋山除镇厌外，还有效摹东坡意趣的内涵。仰山和文笔山建在城内东西向主河道的连接中心地带，和进大东门的轴线成对称状，形如双阙。仰山偏北，正德八年学正梁亿积土为之，高丈余，长五六十步。文笔（文璧）山，嘉靖十年知州陈璜积土为之，与州学泮池隔陈门泾相映，高二丈许，广百余步，上插峰石，名曰文笔，以示兴盛文风。二十六年又垒湖石为五峰，峦磴纡绕，十分险奇。这样，太仓三山除具有人文意义外，也构成城内的空间景观。

（三）建筑设置与城市布局

主要分为三类（图1-51）：

第一类：署学院庙等行政和文化建筑，分布在太仓城的重要位置上，成为城市形象的主体。进大东门的轴线两边是天妃宫、城隍庙、长生道院、养济院等。轴线和大西门、小西门内的道路交会处及与大南、大北门相通的道路构成的城市中心地带为儒学、察院、土地祠等，两边有仰山和文笔山相拥。再后而近西城墙下为三异州祠、公馆、书院等。这些建筑规模较大，如天妃宫在元代朱旭建时，就"门庑殿寝，秩秩有严"[48]。察院成化七年重建时有止门、仪门、正堂和轩耳、穿堂、后堂、厢房及厨湢等[49]。从而构成东西主轴线完整的城市形象。州治背倚镇洋山，弘治十年巡抚朱瑄始建，凡门堂库牢等，也十分高大，以示"人心所在，天亦随之"[50]。

第二类：司馆仓市等商业和管理性建筑，散布于太仓城内外，构成港口城市不可或缺的重要成分，这类建筑有：

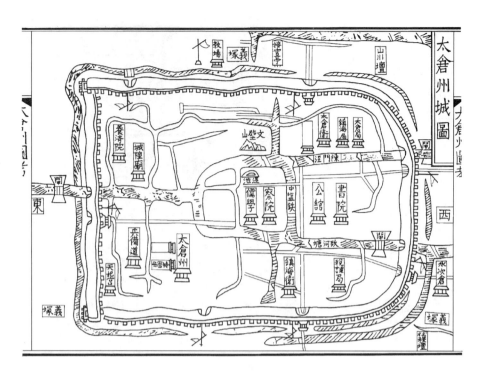

图 1-51　太仓州城图（嘉靖《太仓州志》）

司、局。元政府于至正三年（1342 年）在太仓设立庆元市舶提举司，专管海外贸易，在武陵桥北。到明洪武初年，太仓置黄渡镇市舶司，后因海夷出没无常，出于安全考虑，洪武三年遂罢而不设。两淮都转盐运使司分司署，在太仓长春桥西，永乐十年建。还有税课局，元和明初相因设在太仓，到明中叶在昆山置局，设子局五，太仓为子局之一，位于城内西至和塘北。这种海贸机构功能为"掌海外诸番朝贡市易之事，辨其使人表文勘合之真伪，禁海番，征私货，平交易，闲其出入而慎馆谷之"[51]。

馆、驿。海运总兵馆，在城东半泾上，洪武七年靖海侯吴祯建。"太仓城西门外三里许，旧有海守驿。正统初年，驿移至马鞍山之阳，后人即旧址构屋为馆，以便迎送，号曰'西馆'"[52]。另有"海道接官厅，在灵慈宫山门之左，扁曰景福，元至元二十九年元万户朱旭创，今（明）并入天妃宫"[53]。这些建筑是接待过往宾客和海运官员的场所。

仓、库。洪武年间，城内有太仓军储仓和镇海军储仓。"太仓军储仓在长春桥西南，洪武二十年指挥高晓建，旧隶嘉定县，门房三间，仓厅三间，天、地、月、积、盈、洪六廒，共五十间。镇海军储仓，在长春桥，旧为武宁庵，洪武三十年贮粮于此，遂增建为仓，旧隶昆山县，正门一间，仓厅三间一轩，天、地、玄、黄、丰、盈六廒，共六十一间"[54]。在太仓大南门外娄江北岸南码头，又建仓廒九十一座、九百一十九间，名"海运仓"，俗呼"百万仓"（收贮浙江、南直隶各地粮食至数百万石）。可见，太仓仓廒之多，贮量之大，是南粮北运及海运起始港必不可少的设施。在小南门外，洪武七年靖海侯吴祯建用仗库，贮海运军器等物。

市、场。太仓的市主要在正门大东门外，约二里许，"水阔二三里，上通娄江，东入于海"的半泾处，人皆呼为"亭子头"的地方，"海运时，靖海侯吴祯于此构亭"。"亭之四周高柳扶疏，每残月挂梢，荒鸡三唱，则东乡之民担负就市者，毕集亭下，有顷日出，各散去。盖东门总路，近时垄断尤多"[55]。市十分繁华，以至于交通不便。随着太仓这个港口城市的兴起，与此相应的造船业和其他商业也发展起来。洪武五年（1372 年）靖海侯吴祯在太仓小北门外建苏州府造船场。在今太仓公园内还留有当年浸篾缆用的一口大铁釜，口径达 178 厘米。在今太仓城内五零街，有东、西铁锚弄，是元明二代铸锚工场遗址。在太仓小北门外东南处，还建有抽分竹木场。

第三类：卫所楼铺等军事建筑和防御设施，层层设防以御海盗。

首先，城内设两卫，同城而守。太仓卫，置于洪武元年（1368年），隶前军都督府，初设十千户所，共统军七万一千二百名。洪武四年（1371年）并为左右中前后五所。卫署在太仓城中镇民桥西，即元水军都万户府。洪武十二年（1379年），分太仓卫军之半，置镇海卫，指挥使署在太仓武陵桥西北，设左右中前后五千户所，统军五千余，隶中军都督府。洪武二十年（1387年），又在小北门内建教场，中有点将台及演武亭[56]（后为州治，教场迁至张泾关东）。这些都是城内的军事机构，分置于城市轴线的外围。

其次是城墙、城门、铺等设施，由太仓、镇海二卫分别担任卫戍。沿城墙自大南门西历大小西门、大小北门，抵东北隅，陆门四，水门二，铺三十五，敌台十四，属太仓卫。自大南门东历小南门，抵东北隅，陆门三、水门二，铺三十，敌台十四，属镇海卫。这里的铺实指城上设的巡警铺，又名"倭铺"[57]。

再次是在城四周再设四关，即张泾关（城南三里），半泾关（城东三里），吴塘关（城西三里），古塘关（城北三里）。元时以水军万户府分官防守，洪武间由军卫掌守。正统七年半泾、吴塘、古塘三关由于水道湮塞俱废，仅张泾关由镇海卫防守。

这种重重设防的布局方式，主要是针对太仓"河通潮汐，界无山险"的港口城市进行的。有些军事建筑随着海夷侵扰的减少，性质也产生一些变化，如州治东南的兵备道（正德七年建），负责分治水利。这种"守土之责，兵防之寄"的功能向生产设施性质的转变，充分体现出太仓这一港口城市的特色。

三、手工业与商业城市

元代官手工业空前发达，其规模、产量远在宋金之上。但当时官营手工业作坊，多置于较发达的城市。如从事丝织品生产的大小不等的织染局虽遍布全国，但主要是以建康（天历三年改集庆）、平江、杭州、庆元、泉州为主。因此，元代官办手工业的畸形发展未能促使新市镇的产生。相反，民间手工业的发展则推动了新兴市镇的崛起，明中叶以后这种现象更为突出。

这类城市中都有大量中小商人，且是坐贾[58]，即是以家庭为主和以铺行（户）为主的商人，他们和流动行商不同，是在城市中设铺经商，或既从事手工业生产同时又设铺经商，即所谓前店后场者。如广东佛山的"炉冶铺户"、"炒铁之肆"便是这种经营方式。又如戴春林香铺，不仅能以特殊的方法制造各色竹香，而且自己销售产品，其香"绝少灰煤，亦无竹气，但有氤氲馥郁而已。他香铺不能，故其名独著"。每个城市因其地理、物产资源和传统手工艺不同各具一些典型特征。

在制瓷业方面，宋元时景德镇即有相当基础，到明时已十分发达。明中期以后，除官窑之外，民窑多至二三百座，不仅数量多，而且规模大，生产快，产量也多，招来四方商人从事贸易。

又如以丝织业发达闻名的吴县盛泽镇，原先只是个普通的村落，到嘉靖四十年（1561年）已有"居民百家"，明后期发展至"西岸丝绸牙行，约有千百余家"。

常熟盛产粮食，元时"平江等处香莎糯米千户所"，九所之一就有"常熟所"[59]，明时又有很大发展。

还有各种专业性的圩集，如棉花市集、布市、丝墟、米市等，由临时的或定期的集市逐步发展成为大规模的工商业市镇。典型的如长江中游的刘家隔，开始时居民只有十数家，到宣德、正统年间，人口增多，而且户籍当中从事经商的户口数以万计[60]，终于发展成为商业市镇。

元明商品流通与经济发展的进程，大大推动了多层次的经济型城市的成熟与发展，在明中叶以后，江南一隅已出现了资本主义萌芽，"工商皆本"的观念在市民生活中、在城市建设中都得到具体表现和印证。现举常熟为例。

常熟

常熟之名始自梁代大同六年（540年），元代《重修琴川志》中将其解释为因"土壤膏沃，岁无水旱"而传名。以此参照宋人杨备诗赞："县庭无讼乡间富，岁岁多收常熟田"和明弘治志书的记载："财赋收入以苏州为最，常熟为苏州后户，而历代皆以常熟财富为最"[61]，可知常熟是历史悠久的盛产粮食的地方。

（一）城址变迁

常熟位于长江三角洲，北濒海临江，东邻太仓，南接吴县、昆山，西和北与江阴交界。夏商时属扬州，为北吴之境，商末泰伯、仲雍（虞仲）让国南来，吴人归之，国号"勾吴"。汉代常熟之地始称"虞乡"。西晋太康四年（283年）"分吴县之虞乡，立海虞县"[62]，隶属于吴郡，当时县境东临沧海，故名海虞，但县治狭小，位于南沙，即今福山镇。唐武德七年（624年）"始迁虞山之下"[63]，移治地今址，自此奠定了以后千年不变的城市位置。元元贞二年（1296年），常熟县升为常熟州（中州）。元末，张士诚占有苏州一带，常熟一度属于他的势力范围，城圈扩大。明代洪武三年（1371年），常熟州复降为县。

（二）城垣形制

常熟城垣，始建于西晋太康初年，当时规制狭小，城垣简陋，《祥符图经》谓"城周二百四十步，高一丈，厚四尺"，列竹木为栅。南宋时，皇室南迁临安，常熟因北滨长江，武备紧要，为防金兵南犯，县令李闿之于建炎年间加强了城垣建设，兴建城门五座：东行春门，西秋极门，南承流门，北宣化门，东北介福门，城郭之制略备。

元代末年，为对付农民起义军，拓宽城基，夯筑土城，并结合地形建水陆城门十一座（东、南、西、北四门均水陆二门，另有小西门、小北门及小南门）。至正十六年（1356年），张士诚据有吴地，以常熟为要冲，改土城为砖砌，并将城圈向西北方向虞山东麓发展，使虞山一角入城，人称"城半在山高"[64]，城周九里三十步，高二丈二尺，厚一丈二尺，并增辟小东门一座，城郭颇称完固。

明永乐年间，城垣失修颓圮，加之灾年饥民相率挖城取砖，易食度荒，至成化年间，已是东西城墙仅存遗堞，崇如土岗，城门仅存南、北、东三座。并改承流门为阜民门，宣化门为望海门，介福门为通江门，小东门为阜安门。至嘉靖三十一年（1552年），城垣已夷为平地。三十二年（1553年）倭寇入侵，知县王𬀩集议筑城，以备抗倭，是年六月十九日兴工，历时五个多月成。新城周一千六百六十六丈有余，高二丈四尺，厚八尺，有内外城壕，西北城垣扩展到虞山冈上，成为"腾山而城"[65]。建城门七座：山巅虞山门，东宾汤门，西阜成门，南翼京门，东南迎春门，东北望洋门，西北镇海门。各门皆置城楼，除虞山门、镇海门外，其余均设水关。万历二十二年（1594年），知县张集义增建城陴（雉堞）。三十四年（1606年）知县耿橘改城门望洋门为镇海门，镇海门为镇江门，虞山门为镇山门。从而形成了防御完固的明代常熟城。

常熟四周水系密布，北濒大江，南临昆承湖，西南有尚湖相依，城东南有运河穿城而过，它们又和许多塘、泾相通呈向心状汇往常熟城，因此常熟除多设水门和水关外，为和环境相适应而形成了圆形城郭格局（图1-52）。

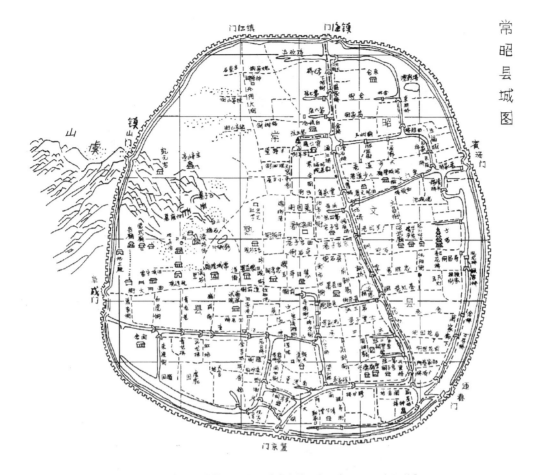

图 1-52　常昭（常熟）县城图 [清光绪八年壬午（1882 年）编]

另一方面，随着商品经济的繁荣，至少在明末，依赖于河道这一交通运输载体，常熟城区已自发增长起来，例如在各个水城门外，沿着水上交通线向外呈辐射状增长。城市用地在突破城墙后，又沿着外护城河作环状线形发展，特别是自翼京门起环至宾汤门，繁华非凡。至此，常熟已形成既有城垣实体，又能适应经济发展，具有向心内聚和离心扩散特点的地区性行政兼贸易中心城市。

（三）城市布局与空间构成

"七溪流水皆通海，十里青山半入城"，是明代诗人沈似潜对常熟山水形胜的褒赞，也是元明常熟城内特征的准确概括。

从枕山而城到腾山而城——元明以前，常熟城仅西枕虞山，经元代到明代城郭不断向西扩展，成为腾山而城（图 1-53），这对地处虞山东麓的平原水乡城市而言，是有着一番独特的构思的。

首先，虞山是长江三角洲腹地的最高峰，奠定了常熟城"地势高爽，岁无水旱"的有利条件，同时也提高了军事扼守设防的能力。《重修常昭合志》记载虞山"山势自西北来，中多岩壑，蜿蜒起伏如卧龙，四望形势各异，旧时城枕山麓，山南北道皆在城外，自改廓邑城，环岭为垣，而虞山一角遂分胜于百雉之内外矣"，"城加于山乃古人守御之深计，据山所以固一城者也，是腾山而城"，可见其匠心之独具。其次，虞山幽秀奇特，层峦叠峰，烟云杳霭，林木蔽日，北可隔江远眺南通狼山五峰，南可极目姑苏邓尉、灵岩和阳山，俯瞰则昆承湖、尚湖，"沐日浴月，如夹明镜"（图 1-54），景色优美。同时，虞山自古还是文化的发祥地，商周时就有"吴君"仲雍墓葬于此，元代的黄公望和明代的王铁都留葬虞山。尤其是山巅的极目亭（建于南宋，初名"望湖"，后改为"极目"、"望齐"，明后更为"达观"，今称"辛峰"）是虞山人文景观的重要标志。明代因地就势，

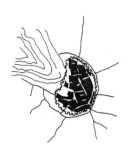
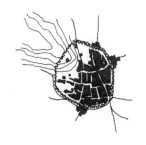

唐武德—元至正　　　　　　　元至正—明万历　　　　　　　明末—清末

图 1-53　常熟发展演变图

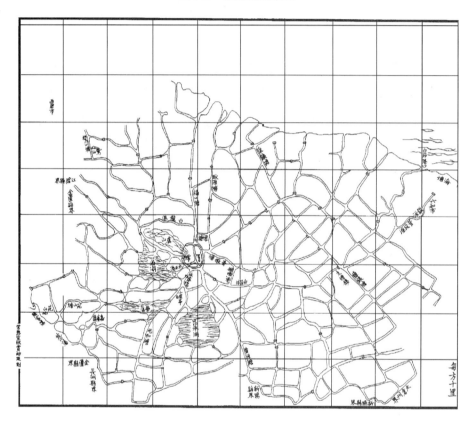

图 1-54　常昭（常熟）全境图

又建了致道观、东灵寺、齐乐寺、岳庙、社坛、乾元宫、张王庙等（图 1-55），形成自然与人文景观并致的文化建筑区域，也是人们常去踏青的场所。

富有空间与功能特征的建筑布局——与虞山东西相望的是崇教兴福寺塔，俗称方塔，始建于南宋，当时常熟城垣尚未腾山，但城与虞山的相对空间位置已经形成。南宋文用禅师精通"宫宅地形之术"，认为"兹邑之居，右高左下，""失宾主之辨"，建议"宜于苍龙左角作浮屠以胜之"，于是县令李闯之"乃除沮洳（泥沼地），大筑厥地，而塔其上"。咸淳年间，由僧法渊继续建设直到完成[66]。塔四面九层，砖木结构。元末明初战乱中，方塔受到战火破坏，洪武八年又由僧净惠重修。方塔的建造看似为满足风水需要，实际上却是弥补了城市景观和制高标志不均衡的缺陷。明代文豪赵用贤描写："雁塔撑霄，控山形之峻耸，龙宫掩月，隘水势之横驰"，显见方塔和虞山的呼应关系，也道出方塔的另一功能——导航和镇水。方塔定位于五条主要河道的交汇点上，四方人们凭棹前往常熟时，方塔就成了交通路线的标志和辨识常熟方位的象征（图 1-56）。其他建筑，如县署衙门建在全城的相对几何中心，具有向心和控制作用；市场则分布在城对外交通的门

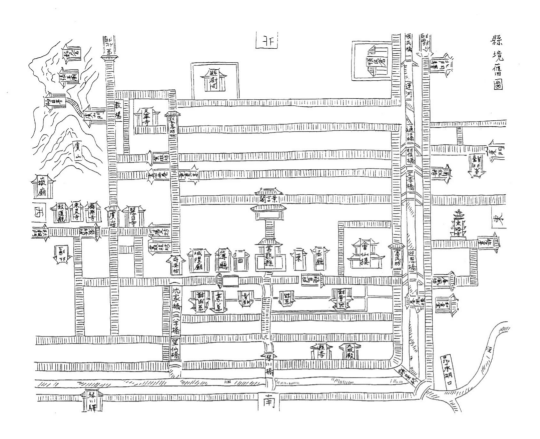

图 1-55　常熟县境旧图（弘治《常熟县志》摹本）

户上，尤其是翼京门环至汤宾门，鱼行、竹木行、砖灰行及粮行等两岸城市，十分繁华；城西北多民居夹田地；另外因常熟人文荟萃，园林和藏书楼颇盛，如明代尚书吴纳引退后所居的"思庵郊居"，明弘治中大夫杨子器重修的读书台[67]，明代天顺年间顾松庵扩建的芙蓉庄，明代中后期吴中地区著名藏书楼脉望馆（主人赵琦美，其父赵用贤）和明末毛晋的汲古阁等，它们分置于城内，创造出丰富的人文景观与城市空间。

自由灵活的坊巷格局——常熟自建城起至元明，是一座典型的有机增长城市，其发展是自下而上的自发过程。据《重修常昭合志》的记载，街道里巷有二百五十二条，基本为明代形成的格局，根据街巷名称的来源，也可看出不是一次规划而成的。主要有四种方式：一为通向各城门的主干道均以城门的方位命名，如东门大街、南门大街、西门大街、旱北门大街、小东门街等；二是就近重要建筑物为命名，如围绕县衙及各署所在的有县东街、县南街、县西街、县后街、东仓街等，围绕方塔的有塔后街、塔湾等；三是临河依水的以河名命名，如六沿河、七沿河、东市河、西市河等；四是以当时大族所属地段命名，如南赵弄、顾家桥街等。由于建筑建造和自然环境形成时间不一，这些街巷也就呈现出随意而灵活的特征，表现在形态上是：基本上是不规则的，没有明显轴线；河道、陆路多呈"丁字形"，常熟的货物主要依靠水网体系来组织，琴川河（运河一段）贯穿城内，而支流和附属的小路死巷较多（图1-57）；河与陆路交叉形成常熟桥多的水乡景观；封建割据和私人占有性，不仅街巷名称以姓氏命之，而且不少河段被私人建以"浮栅"或"覆屋其上"，形成跨河建筑；有意或无意地形成城市空间景观处理。前者如街巷中有不少借景、对景的绝妙之处，如县后街、东言子巷、兴福街、中巷等对景方塔，引线街对景极目亭（图1-58），后者则主要因曲折多变的拓扑线形使城市空间丰富多姿。这也从一个侧面表现出常熟渐进发展、自然形成城市格局的特征。

图 1-56　常熟方塔

图 1-57　常熟琴川河

　图 1-58　常熟城市空间中的对景

从以上实例及元明时期其他地区性经济中心城市来看，有以下几方面的特点：

第一，选址受地理条件影响较大。一是靠近港湾，如太仓靠近刘家港，常熟靠近白茅港，天津依存于直沽港。二是邻近漕运线，如临清、济宁等。三是和各路联系要方便，如扬州北通京都，东通黄河，南达苏杭，西去长江中上游。从而可以有效地将货物疏、集、运、易，构成经济繁荣的基础条件。

第二，扩建或发展多与储粮护仓和市场及人口增多有关。如明景泰五年（1454 年）"筑淮安月城以护常盈仓，广徐州东城以护广运仓"[68]、临清随西南临河人口和市场频增扩建新城等。改造后的城区往往转输非常方便，如通州扩筑西城后，运河支津可北达通惠河、东通白河、西接大运仓[69]。

第三，形制自由，灵活多变。城池轮廓多呈不规则形，以和周围环境及交通运输线协调。城内多有蜿蜒的河道穿过，道路和水系密切相关，城中街、巷、坊交错复杂。市场繁多，并和转漕、运道、坊巷有关：有的沿河，"两岸旅店丛集，居积百货，为京东第一镇"[70]；有的设在城门外，如隆庆仪真"商贾贸易之盛，皆萃于南门外"[71]（图 1-59）；有的设在街巷中，如临清的羊市、马市等。

第四，建有一些不可缺少的建筑内容，如：仓库，据《明漕运志》载："淮滨作常盈仓五十区，贮江南输税。徐州、济宁、临清、德州，皆建仓，使转输"。运输管理机构，如明代通州置盐仓检校批验所和宣课司[72]，扬州有"国都两淮都转运盐使司"[73]，太仓有两淮都转盐运使司分司署等。还有税课局、漕运行台等，其作用是管理、批验、纳税、巡检盘诘私货等。其他行政机构，学宫和庙宇等，和一般府、县相似，但也有一些特色，如太仓的天妃宫最为典型，人们出于对海洋变幻无穷的畏惧而对海神天妃祭祀[74]，明时"郑和等浮海使外国，故祈神威灵以助天声"[75]。市、场、坊、厂，如万历通州有料砖厂、花石板厂、铁锚厂[76]。清江厂辖卫厂八十二所，厂房延绵二十三里，岁造船五百只有奇[77]。卫、所、楼、台、铺等防御设施，如临清演武台是为登高望远，了解泛流之舟情的，还有一些墩台主要为防潮患，如淮安设立峰墩二百二十座[78]。

第五，兴盛或衰败不由人力。从城市的成长至兴盛的过程来看，多呈现出渐进的、"自下而上"的自然发展模式。而其衰败，也多由自然条件改变所致，如淮安，明初运道由旧城西折而向东，由新、旧二城间折而北至古末口入黄河，从而带来"新城西瞰运河，东控马家荡，北俯长淮，得水之利，财赋倍他处"[79]。但后来运河改走城西，由靖江浦入黄河，万历时黄河又在草湾改道，于是新城地利尽失，"人烟寂寞顿异"[80]。

总的来说，元明时地区性经济中心城市的分布重点在我国东

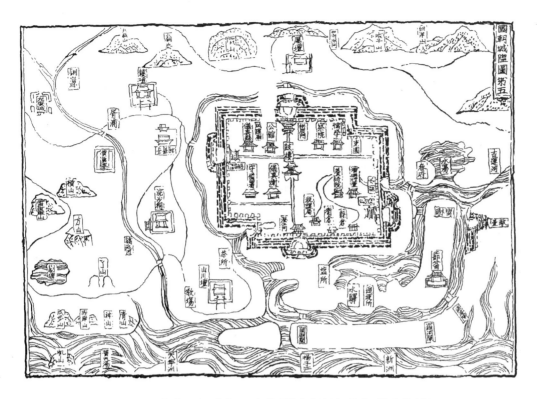

图 1-59　明仪真卫城（摹自天一阁藏明代方志选刊·隆庆《仪真县志》）

南部。一方面，我国河流最众多、人口最密集的东南地区，在元明以前已形成经济发达的基础。另一方面，元明时大力发展漕运和海运，促进了东南地区商品经济和城市的繁荣。相对而言，北方地区则多依托地方行政、军事中心城镇而展开贸易活动，直接由商业、交通的促进而形成的新兴城市较少出现。

注释

[1] 危素《元海运志》。

[2]《元史·食货志》。

[3]《元史》卷六十四《河渠志》。

[4]《元史·世祖纪》。

[5]《元史》卷九十三《食货志》一，《海运》。

[6]《元史》卷六十四《河渠志》一，《会通河》。

[7]《天下郡国利病书》（上海涵芬楼影印昆山图书馆藏稿本）。

[8]《小方壶斋舆地丛钞》第六帙《山阳风俗物产志》。

[9] 参阅：《嘉靖山东通志，上册》卷之三，建置沿革下，天一阁藏明代方志选刊续编。

　　《临清直隶州志十一卷·首一卷》卷之一，沿革，（清）张度：邓希曾修，朱钟纂，清乾隆五十年（1785 年）刻本。

[10]《临清直隶州志十一卷·首一卷》卷之一。

[11]、[12]《明史》食货三。

[13] 兑运法，即民运粮至附近府、州、县，兑给卫所官军，由官军运往京师。长运法，即令官军直接到江南码头兑粮（《明史》食货三）。

[14]《行水金鉴》卷一七五。

[15]《明会典》卷二十九。

[16]、[17]《吏部尚书王直临清建城记》，《临清直隶州志》卷之二，建置，城池。

[18]《皇明经世文编》（中华书局影印本）卷四——赵世卿《关税亏减疏》。

[19]《嘉靖山东通志》上册卷之十三漕河。

[20] 同上卷之十四　桥梁。

[21] 参见《嘉靖山东通志》上册卷之十五——卷之二十一，《临清直隶州十一卷首一卷》卷之二，建置。

[22] 临清是明代供京师营缮的烧造中心。万历时，三大殿工程多用临清砖。《明史》食货六曰"烧造之事，在外临清窑厂、京师琉璃、黑窑厂皆造砖瓦，以供营缮"。

[23] 至元十三年（1276年），伯颜率军攻破临安后，掠取南宋的"库藏图籍物货"，曾诏朱清、张瑄由崇明州（今上海崇明）入海道运往直沽，转至大都。"朱清、张瑄者，海上亡命也。久为盗魁，出没险阻，若风与鬼，劫略商贩，人甚苦也"。（罗洪先《广舆图》）这是元代海运之始。

[24]《古今图书集成》食货典第一百五十九卷漕运部丛考五之十。

[25] 引用顾炎武《天下郡国利病书》（商务印书馆影印原稿本第二二册）。

[26]《元史》卷九十三《食货志一》。

[27]《昆山郡志》卷一《风俗》。

[28]《太仓州志》卷一〇下《新建苏州府太仓州治碑》

[29]《元史·地理志》。

[30] 嘉庆《松江府志》卷三十二载赵孟頫《大德修学记》。

[31]《延祐四明志》卷一四，《学校考》下。

[32] 周伯琦《肃政箴》。

[33] 伊本·拔图塔《中国和通往中国之路》第488页。

[34] 吴师道《送王正善提举广东市舶司》、《吴礼部集》卷三。

[35]《泉州府志》卷十一《城池》。

[36] 同[20]，第486页。

[37]《古今图书集成》一百七十六卷漕运部总论四之四。

[38] 明桑悦纂，弘治《太仓州志》卷一"沿革"，光绪缪荃孙《汇刻太仓旧志五种》本。

[39] 明张采纂，崇祯《太仓州志》卷七"水道"。明崇祯十五年钱肃乐定刻本。

[40] 明钱谷纂《吴都文粹续集》卷十。

[41] 清王祖畬纂，光绪《太仓州、镇洋县志》卷十七。

[42] 参见明王鏊纂，正德《姑苏志》卷十六，明嘉靖间刻本。

[43] 崇祯《太仓州志》卷二，闸口。

[44]、[46]、[47]《嘉靖太仓州志》卷一。

[45] 同上卷三。

[48] 元，舍里性吉《天后宫记》，清长州顾三元辑《吴郡文编》卷九十二。

[49]、[50]《嘉靖太仓州志》卷四。

[51]《明史》职官志四。

[52]《嘉靖太仓州志》卷九。

[53]、[55] 明桑悦纂弘治《太仓州志》卷十。

[54] 同上卷二。

[56] 参见明王鏊纂，正德《姑苏志》卷二十五兵防。

[57] 嘉靖《太仓州志》卷三。

[58]《御制大诰续篇》内注明市井之民有两种："或开铺面于市中，或作行商出入"（第七五《市民不许为吏卒》）。万历时，工科给事中郑秉厚在上奏中也说：凡应买物料"责令宛、大两县召买，或在商人，或在铺行"。（沈榜，《宛署杂记》卷一三、《铺行》）。

[59]《雪堂丛刻、大元海运记二卷》。

[60]"宣德、正统年间，商贾占籍者亿万计"。嘉靖《汉阳府志》卷三《创置志》、《黎淳记》。

[61] 转引自王培堂《江苏省乡土志》下卷，1937年版。

[62]《吴郡志》。

[63]《旧唐书》。

[64]《重修常昭合志》。

[65] 清黄廷鉴《琴川三志补记》。

[66]《常熟史话》，江苏古籍出版社，1989 年 3 月版。

[67] 邓𫟭《读书台铭》"虞山致道观之东有台岿然而峙者，志称梁昭明太子统读书处也，其上故有亭，往岁邑大夫慈溪杨公尝一新之"。

[68] 清，张燮《明通鉴》卷二十六。

[69] 清，李培祐《通州志》卷十《重修通州新城记》。

[70] 明，蒋一葵《长安客话》卷六。

[71] 明，杨洵《扬州府志》序。

[72]《明会典》卷三十五。

[73]《嘉靖维扬志》。

[74] 明，桑悦纂，《太仓州志》卷四，寺观。

[75] 明，沈德符著《万历野获编》卷十四，礼部。

[76] 明，沈应文《顺天府志》卷二。

[77] 明，席书、朱加相《漕船志》卷一。

[78]《嘉靖维扬志》。

[79] 清，吴玉𪷛《山阳志遗》卷一。

[80] 清，金秉祚《山阳县志》卷四。

第四节　军事重镇和城堡

明代军事重镇和城堡的设置，与明代兵制密不可分。明代兵制是洪武初年建立的，曰都司、卫、所。"明以武功定天下，革元旧制，自京师达于郡县皆立卫所，外统之都司，内统于五军都督府"[1]。

所谓都司，原名都卫、行都卫，洪武八年（1375 年）十月改为都指挥使司（简称都司）、行都指挥使司（简称行都司），至宣德中遂成定制。全国共有十六都司、五行都司、二留守司。凡十三布政使司（即行省）皆设一都司，长官叫都指挥使，与布政使同驻一城。如山东都司治济南府、山西都司治太原府、浙江都司治杭州府等。行都司则设在"边境海疆"之地，治所不在省城内，它辅助本省都司管理一部分卫所。如陕西行都司治甘州卫（甘肃张掖）、山西行都司治大同府、福建行都司治建宁府（建瓯）、四川行都司治建昌卫（西昌）、湖广行都司治郧阳府（湖北郧县）。留守司只掌中都、兴都护陵守御之事[2]，长官称留守。

所谓卫所，"一郡者设所，连郡者设卫"[3]。洪武六年（1373 年）定制，每卫设前、后、中、左、右五千户所，大约五千六百人为一卫，一千一百二十人为一千户所，一百一十二人为百户所。所设总旗二，小旗十（五十人为一总旗，十人为一小旗）。又有守御千户所独驻一地，大部分直隶于都司，少数隶属于卫。还有屯田千户所、群牧千户所等。据《明史·兵志》载，洪武二十六年（1393 年），全国共有"内外卫三百二十九，守御千户所六十五"。后来逐渐增加，到明朝末年，"所属卫四百九十有三，所二十五百九十有二，守御千户所三百一十有五"[4]。各卫所皆出各省的都司和行都司分别特辖，两直隶（京师和南京）境内的卫所则直隶两京五军都督府。

明代都司卫所的任务。对外防止侵略，巩固边防，对内镇压人民的反抗，维护统治阶级的政权。尤在明代"南倭北虏"的边防危机中，都司或行都司所在地的重镇和卫所所在地的城堡发挥了重大的军事作用。

一、北边防御城市与长城

"元人北归，屡谋兴复，永乐迁都北平，三面近塞，正统以后敌患日多，故终明之世边防甚重"[5]。整个明朝一代很注意北边的防御。早在洪武初年，徐达和常遇春等大将便奉命北征，修筑长城和城池。至永乐时，"帝于边备甚谨"[6]，并数次亲征鞑靼。正统十四年（1449 年）瓦剌掳去英宗，又促使加强北边防务。为了对付北方的蒙古族，整个明代修边墙（长城）达十八次之多。经一百余年的时间，形成东起鸭绿江，西迄嘉峪关，长达一万余里的万里长城。

早在汉灵帝熹平六年（177 年），蔡邕就说过："天设山河，秦筑长城，汉起塞垣，所以别内外，异殊俗也"。贾谊《过秦论》也说："北筑长城而守藩篱，郤匈奴七百余里，胡人不敢南下而牧马。"可见，秦汉时期，长城已是草原游牧和定居农耕的分野，又是抵御北方游骑南侵的边墙。但秦汉时代的长城，沿阴山而筑，在现存长城以北四、五百公里。汉族和匈奴争斗，主要以长城为界，匈奴失败，就退至阴山以北。明代长城远在阴山以南，蒙古部族以阴山为根据地出击，曾使中叶以后的明朝难以应付，迫使日益衰弱的明王朝把阻止蒙古军队南侵的希望寄托于重新修筑的长城上，因而明朝中期以后修建长城的活动更趋频繁。对工程质量的要求也更高，为了使长城能更坚固、耐久，许多地方用砖、石墙体来取代原来的土筑墙体。今天人们所看到的延亘于崇山峻岭之间的砖砌长城，就是明中晚期的杰作。

明代长城包括内边和外边两大部分（图 1-60），沿线碉堡、烽火台踞险而布，关塞、水口因地而置（图 1-61～1-64），接近京师一段，工程特别坚固，用料讲究，保存也最完好。以北京西北的八达岭一段为例，墙身用整齐的条石和特制的大型城砖砌成，内填泥土石块，平均高 6.6 米，墙基平均宽 6.5 米，顶宽约 5.5 米。墙身南侧（内侧），每隔 70～100 米就有门洞，循石梯可通墙顶。墙顶使用三、四层巨砖铺砌，宽 4.5 米，可容五马并骑。墙上还有女墙和垛口，用以瞭望和射击。长城每隔一段距离，筑有敌楼或墙台以司巡逻放哨。长城沿边驻有重兵，分段进行防守。"初设辽东、宣府、大同、延绥四镇，继设宁夏、甘肃、蓟州三镇，而太原总兵治偏关，三边制府驻固原，亦称二镇，是为九边"[7]，形成九边重镇。重镇下又多设卫所。这样由军事重镇（都司或行都司所在地）、卫所、关堡等防御设施，组成一整套严整的北边防御体系。

明代的九边重镇分段划区设防，计为：（一）辽东镇，镇治辽东司或广宁，在今辽宁省辽阳市；（二）蓟镇，镇治蓟州，在今河北省蓟县；（三）宣府镇，镇治万全都指挥使司，在今河北省宣化；

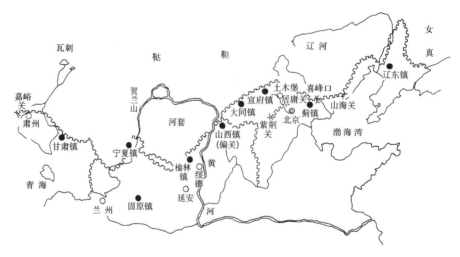

图 1-60 明长城示意图

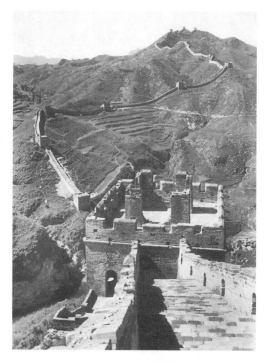

图 1-61　司马台长城段与烽火台

图 1-63　山西雁门关

图 1-62　嘉峪关长城段与碉堡

图 1-64　司马台长城段与水口

（四）大同镇，镇治大同府，今山西省大同市；（五）山西镇，亦称太原镇，总兵驻偏关，今山西西北角的偏关县；（六）延绥镇，亦称榆林镇，镇治在榆林堡，今陕西省北部榆林县；（七）宁夏镇，镇治宁夏镇城，即今宁夏回族自治区银川市；（八）固原镇，镇治在固原州，今宁夏自治州固原县；（九）甘肃镇，镇治陕西行都指挥使司，即今甘肃省张掖县。九边重镇的管辖范围如表1-4[8]（太原镇和固原镇属于内边，未列入）。

明九边重镇管辖范围　　　　　　　　　　　　　　　　　　表 1-4

镇　　名	管　辖　范　围	距　　离
辽　　东	东起鸭绿江　西达山海关	1950 里
蓟　　镇	东起山海关　西达居庸关	1200 里
宣　　府	东起居庸关　西达大同市	1023 里
大　　同	西起山西偏关东到山西天镇	647 里
延　　绥	东起内蒙古清水河西达宁夏盐池县	1770 里
宁　　夏	东起宁夏盐池县西达甘肃靖远	2000 里
甘　　肃	东起兰州西达嘉峪关	1600 里

九边重镇下设卫所甚多，罗洪先在《广舆图》中曾有说明见表1-5。这些卫所根据地势沿长城分布。此外，在重要地段又设城堡，城墙上筑敌台、墩台，以司瞭望、报警，驻兵防守。如大同，

"边防共有城堡六十四座,敌台八十九座,墩台七百八十八座"[9]。又据研究,大同共有 72 座城堡(表1-6)、827 个边墩和 813 个火路墩,不靠边的地区,没有边墩,只有火路墩(陈正祥《明代地理》。《中国研究丛书》第 19 号)。这些城堡或居边塞要处,或于地势平漫无险可恃处,以图与卫所、重镇"辅车相依,声势联络"。

九边重镇下辖卫所　　　　　　　　　　　　　　表 1-5

镇　　名	卫　　数	所　　数	马步官军人数	马　骡　数
辽　　东	25	11	99875	907
蓟　　镇	—	—	78621	—
宣　　府	15	66	126395	66980
大　　同	8	7	54154	46944
山　　西	—	—	49250	44295
宁　　夏	2	4	30787	4180
固　　原	3	4	28830	8673

大同总镇的 72 座城堡　　　　　　　　　　　　表 1-6

城堡名称	城　　周	高　　度	驻军人数	马骡数	建　置　经　过
平远堡	2里8分	3丈5尺	673	281	嘉靖二十五年土筑,隆庆六年砖包
新平堡	3里6分	3丈5尺	1642	596	同　　上
保平堡	1里7分	3丈5尺	321	18	同　　上
桦门堡	7分	3丈9尺	297	8	万历九年设,十九年砖包
永嘉堡	2里5分	3丈6尺	307	18	嘉靖三十七年设,万历十九年砖包
瓦窑堡	1里6分	3丈5尺	425	21	嘉靖三十七年设,隆庆六年砖包
天城城	9里有奇	2丈9尺	2652	1057	洪武三十一年砖设,万历十三年重包
镇宁堡	1里2分	3丈5尺	302	16	嘉靖四十四年设,隆庆六年砖包
镇口堡	1里3分	3丈5尺	310	17	嘉靖二十五年设,隆庆六年砖包
镇门堡	260丈5尺	3丈5尺	493	45	同　　上
守口堡	1里220步	3丈5尺	466	45	同　　上
阳和城	9里2分	3丈7尺	9109	5960	洪武三十一年砖建,万历三十年重修
靖虏堡	2里4分	3丈3尺	513	86	同　　上
镇边堡	3里80步	4丈1尺	699	82	嘉靖十八年更筑,万历十一年砖包
镇川堡	2里5分	4丈1尺	674	70	嘉靖十八年创筑,万历十年砖包
镇羌堡	1里7分	3丈8尺	1053	268	嘉靖二十四年设,万历二年砖包
得胜堡	3里4分	3丈8尺	2960	1191	嘉靖二十七年设,万历二年砖包
弘赐堡	4里32步	3丈6尺	608	92	嘉靖十八年筑,万历二年砖包
拒墙堡	1里8分	3丈6尺	420	30	嘉靖二十四年设,万历二年砖包
镇虏堡	2里9分	4丈	266	47	嘉靖十八年土筑,万历十四年砖包
镇河堡	2里8分	4丈	358	7	嘉靖十八年设,万历十四年砖包
许家庄堡	3里68步	3丈6尺	581	183	嘉靖三十九年更置,万历二十九年砖包
蔚州城	7里12步	4丈1尺	隶宣府	隶宣府	周天象二年创建,洪武七年砖包
广昌城	3里5分	3丈5尺	隶宣府	隶宣府	洪武七年砖建,嘉靖三十七年重修
聚落城	3里3分	3丈7尺	722	190	弘治十三年创,隆庆六年砖包
广灵城	2里7尺15步	4丈	—	—	洪武十六年土筑,万历元年砖包
灵丘城	4里13步	3丈5尺	605	124	唐开元创,天顺三年土筑,万历二十八年砖包
王家庄堡	2里8分	3丈6尺	200	10	嘉靖十九年土筑,万历三十三年砖包
浑源州城	4里220步	4丈	475	48	唐州治,洪武元年因之,万历元年砖包
大同镇城	13里	4丈2尺	22709	16992 包括骆驼	洪武五年因旧土城砖包,万历八年加修

城堡名称	城 周	高 度	驻军人数	马骡数	建 置 经 过
云冈堡	1里4分	3丈5尺	217	66	嘉靖三十七年土建
拒门堡	1里7分	3丈7尺	604	18	嘉靖二十四年土筑,万历元年砖包
破虏堡	2里2分	3丈5尺	663	217	嘉靖二十二年土筑,万历元年砖包
灭虏堡	2里4分	3丈8尺	964	306	同 上
助马堡	2里4分	3丈8尺	2175	890 包括骆驼	嘉靖二十四年土筑,万历元年砖包
高山城	4里3分	3丈5尺	1224	770	天顺六年建置,嘉靖十四年改建,万历十年砖包
保安堡	1里3分	3丈7尺	467	66	嘉靖二十五年土筑,万历元年砖包
威虏堡	2里2分	3丈8尺	781	209	嘉靖二十二年土筑,万历元年砖包
云西堡	1里3分	3丈5尺	396	66	嘉靖三十七年土筑,万历二十二年砖包
宁虏堡	2里7分	3丈7尺	607	197	嘉靖二十二年土筑,万历元年砖包
三屯堡	7分	3丈5尺	292	16	隆庆三年土筑,万历二年砖砌女墙
大同左卫城	11里3分	4丈2尺	5017	3232	永乐七年设,砖砌,万历六年增修
破胡堡	2里	3丈8尺	700	89	嘉靖二十三年土筑,万历二年砖包
云阳堡	1里6分	3丈5尺	365	68	嘉靖三十七年土筑,万历二十四年砖包
牛心堡	2里5分	3丈5尺	641	249	嘉靖二十七年土筑,隆庆六年石包
马 堡	1里1分5里	3丈5尺	364	29	嘉靖二十五年土筑,万历元年石包
残胡堡	1里6分	3丈6尺	395	32	嘉靖二十三年土筑,隆庆六年石包
黄土堡	1里6分	3丈5尺	347	66	嘉靖三十七年土筑,万历十二年砖包
红土堡	1里8分	3丈5尺	275	33	嘉靖三十七年土筑,万历二年石包
杀胡堡	2里	3丈5尺	777	149	嘉靖二十三年土筑,万历二年砖包
马营河堡	8分	3丈3尺	200	11	万历元年土筑
大同右卫城	9里8分	3丈5尺	3687	1846	永乐七年始设,万历三年砖包
铁山堡	1里4分	3丈5尺	534	42	嘉靖三十八年土筑,万历二年砖包
祁家河堡	2里	3丈5尺	313	105	嘉靖四十一年土筑,万历元年石包
威远城	5里8分	4丈	1848	891	正统三年砖建,万历三年增修
云石堡	1里7分	4丈	545	27	嘉靖三十八年土筑,万历十年改建砖包
威平堡	1里4分	3丈5尺	453	190	嘉靖四十五年土筑,万历元年石包
威胡堡	1里5丈	4丈	497	39	嘉靖二十三年土筑,万历九年砖包
平虏堡	6里108步	4丈	3078	551	成化十七年筑,万历二年砖包
败胡堡	1里180步	3丈6尺	458	50	嘉靖二十三年创,隆庆六年砖包
迎恩堡	1里108步	3丈7尺	598	95	嘉靖二十三年土筑,万历元年砖包
阻胡堡	1里36步	3丈5尺	396	70	嘉靖二十三年土筑,隆庆六年砖包
西安堡	2里	3丈5尺	230	14	嘉靖四十年设堡,万历二十八年砖墁
应州城	6里18步	4丈	809	85	古州治,洪武八年土筑,隆庆六年砖包
怀仁县城	4里72步	3丈5尺	663	293	洪武十六年设,万历二年砖包
马邑县城	3里220步	4丈	424	45	洪武十六年土筑,正统二年展拓,隆庆六年砖包
山阴县城	4里137步	4丈	531	58	古县治,永乐三年土筑,隆庆六年砖包
井坪城	4里324步	3丈6尺	1856	896	成化二十一年土筑,隆庆六年砖包
朔州城	6里108步	4丈2尺	1743	757	洪武三年砖建,万历十五年增修
灭胡堡	1里186步	3丈7尺	539	20	嘉靖二十三年设,万年元年砖包
将军会堡	1里184步	4丈4尺	603	22	万历九年建,二十四年砖包
乃河堡	1里152步	3丈5尺	343	79	嘉靖四十五年土筑,万历元年砖包

注:本表资料据陈正祥《明代地理》。

明代边防的关城也很多,都选择在地势险峻或山水隘口处,即所谓关塞。用人工设防来加强天险或弥补自然不足,古称"堑山堙谷"或"用险制塞"。在内边,有京师恃之为内险的"内三关",即居庸关(河北昌平)、紫荆关(河北易县紫荆岭上)和倒马关(河北唐县西北)。还有京师恃之为外险的"外三关",即雁门关(山西代县)、宁武关(山西宁武县)和偏头关(山西偏关县),均地位显要,有"今之急务,唯在备三关之险"的记载[10]。在外边,最著名的关城有嘉峪关和山海关。嘉峪关是明代长城西端的起点,建在酒泉西70里通往新疆的大道上,长城起点从祁连山下经几百米和关城相连,形势极险,称为"天下第一雄关"(图1-65～1-68)。山海关是明代长城东端的要塞,是渤海和燕山之间的"辽蓟咽喉"的关隘,素有"两京锁钥无双地,万里长城第一关"之称。

作为一整体,分段防守的九边,依势分布的卫所,因险制塞的关城和一线长城及沿线的墩台、敌楼,其建置的目的和作用是一致的,即护卫京师,抵御北虏,保卫中原。然作为每个个体,由于具体需要,地理环境和施工条件等诸因素不同,而呈现出丰富多彩的形态特征。以下就重镇、卫城、关城三者举例分析。

（一）榆林镇❶

榆林又名延绥,位于陕西北部,无定河的中游。"延绥在周为猃狁"[11],自从周北伐猃狁之后,逐渐成为中原及关中北部的边防重地。隋炀帝时置榆林郡,统三县。金元为米脂县地。明洪武初年,"定陕

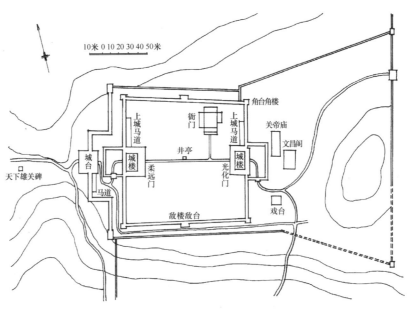

图1-65 嘉峪关平面示意图

图1-66 嘉峪关城与城楼

图1-67 嘉峪关城墙与敌楼

❶ 本例根据田增涛调研资料撰写。

西分绥德卫千户"[12]，置榆林寨。正统中河套蒙古为患，在寨的基础上建榆林堡，设都督镇守。成化至嘉靖间，蒙古南侵加剧，于是明政府加筑鄂尔多斯南边的一段长城，榆林的军事重要性尤显突出，"成化七年（1471 年），延绥巡抚都御史余子俊大筑边城。先是东胜设卫，守在河外，榆林治绥德。后东胜内迁，失险，捐米脂、鱼河地几三百里。正统间，镇守都督王祯始筑榆林城，建缘边营堡二十四，岁调延安、绥德、庆阳三卫军分成。天顺中，阿罗出入河套驻牧，每引诸部内犯。至是，子俊乃徙治榆林。由黄甫川西至定边营千二百余里，墩堡相望，横截套口，内复堑山堙谷，曰夹道，东抵偏头，西终宁、固，风土劲悍，将勇士力，北人呼为橐驼城"[13]。成为九边重镇之一。由于榆林辖"绵亘千八百里，而延绥镇之名自此始"[14]。

图 1-68　嘉峪关马面

城市形制经几阶段发展而成。在成化九年（1473 年）将军事机构（榆林卫指挥使司，隶陕西都司）从绥德迁到榆林堡的基础上，先是于成化二十二年（1486 年）向北"一拓"城垣称为"北城"；然后于弘治五年（1492 年）"二拓"扩展修筑原南城；再则于正德十年（1515 年）为适应城市发展及避免风沙向南"三拓"成为南郭城。这三次扩建城池，亦称为"三拓榆林城"，遂形成窄长矩形的平面形式（图 1-69），城垣周长 8.9 公里。

城半倚驼山而建（图 1-70），城东垣借山因沿驼山脊而筑，南北墙从山脊向西逐渐降低接西垣，西临榆溪芹河诸水。如此顺应地势，北可扼蒙古顺河川地带内犯，西可取水屯田，东可拒沙石于城外，"系极冲中地"[15]，选址十分合理和显要。

榆林城初建时为土城，嘉靖、隆庆、万历时，渐用砖甃，形成顶宽 9.6 米、底宽 16 米、高 11.5 米、包砌厚 1 米余的坚固城墙（图 1-71）。墙顶外侧有雉堞，建有城楼和角楼共 15 座，铺房 47 座。城门有七，东设二门，南设一门，西设四门，北出于防御需要不设门，各城门外均建瓮城（图 1-72、1-73）。据对东瓮城的测绘，门为板门，闸板并置，在板门外一米处开 13 厘米的槽，上下直通城顶，安装千斤闸板，从而构成坚固严密的防御工程。

城中土筑路面，主干道结合地形南北向东西排列两道，称为大街、二街。大街通南门，北抵北城牌楼，二街居西，均贯穿城南北，大街和二街有主次之分。连接大街和二街的是东西向的小街，从南到北还排列着东西向的小巷，东高西低，结合地形。

贯穿城中大街南北的为南门镇远楼、新楼、凯歌楼、鼓楼、钟楼和北楼镇北楼。还有牌坊穿插其间。军事管理机构如总镇署、榆林道、榆林卫等和文化性质建筑和儒学馆、城隍庙等，位于城西北，分布在较平缓的坡地上。仓库和火器库分置榆林卫的北边和西边。察院、城堡厅、府署、布政分司等行政管理机构位于城的西南。城东倚驼山就地势布置了许多庙宇、寺观，如旗纛庙、关王

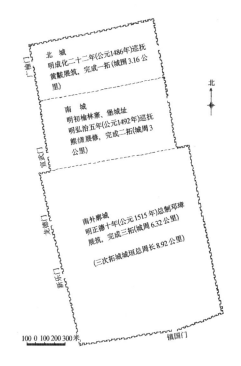

图 1-69　延绥镇城三拓变迁图示

图 1-70 延绥镇城图（据康熙《延绥镇志》图改画）

图 1-71 榆林镇南城墙

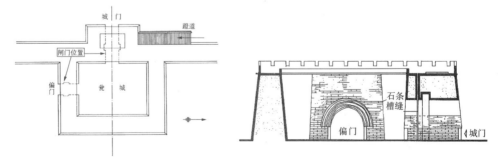

图 1-72 榆林东门瓮城平面示意图   图 1-73 榆林东门瓮城剖面示意图

庙、天神庙、龙王庙等,形成半倚青山寺如林的格局。在城外西北、东北和东南方向建有社稷坛、厉坛和山川坛。城南高地上建有凌霄塔,与城中诸过街楼遥相呼应。在城北十里许,为红山、神木、黄甫川三互市处,明初还与蒙古人贸易。"市有土城,不屋,陶穴以居,或施帐焉共贷","每年正月望后择日开市"[16]。然互市常带来蒙古人伺机南下掠取财物,因此,成化以后,在修筑长城、扩建榆林城池的同时,于此地筑马城以互市和款贡城以供蒙人纳贡、交易,加强控制。出于防范需要,万历三十五年(1607年)又于款贡城西南角筑镇北台(图1-74、1-75),层台峻堞连接北边墙,成为居高临下观察敌情的长城险要。

(二)宁远卫

即今辽宁省兴城,是至今保存尚好的明代卫城。元属大宁路,明初辽宁都司设广宁左屯卫,广宁右屯卫,广宁前屯卫,广宁后屯卫和广宁中屯卫(中护改为中屯卫)[17]。这里是广宁前屯、中屯二卫地,明宣德三年(1428年),总兵巫凯请建宁远卫,统中左中右二千户所,于此筑城。

宁远卫形胜、选址极佳,其东十五里为锦县,南十里为渤海,西一百九十里为山海关,北三

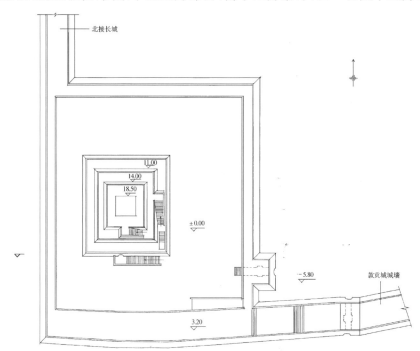

图1-74　榆林镇北台实测示意图

图1-75　榆林镇北台南侧外观

十五里有寨兜山，西北至笔架山五十里为边墙，西南至关墙一百九十里为山海卫。是背山临海的置城佳地，又是山海要卫和边墙、关墙之锁钥[18]。明末这里曾有效阻止清兵，名将袁崇焕凭借城险取得宁锦大捷，所以宁远还是山海关的前哨，具有重要的防御作用。

城池方整，范围不大。城墙高为8.9米，底宽6.5米，顶宽5米，纵横各约800余米，城周长3300米。外围一圈城壕，城墙夯土垒筑，外墙包砖，内墙用石块镶砌。门四，东曰春和，南曰延晖，西曰永宁，北曰威远。四城门和四城角俱设城门楼、角楼（图1-76～1-78），形制规整。

城内道路为典型北方军事城市构架。两条大街十字相交，各通向四个城门，十字中心为钟鼓楼（图1-79），明都督焦礼建，天启间重修，崇祯十五年拆毁（现状为清代建构）。其他道路均为南北向或东西向街坊，有景阳、崇礼、怀远、靖边四街坊和前屯卫街坊等。

建筑设置和布局大致如下：宁远备御都司在城永宁门东；广宁前屯卫在崇礼街北，洪武二十五年建，卫属五千户所；广宁前屯备御都司在儒学东；儒学在城西北隅；其他还有衙治、卫学等公署与文化机构及经历司、镇抚司、军器司、军储仓、预备仓、钱帛库等军事管理与配给机构置于城内。庙宇繁多，分置城内外，有城隍庙、关帝庙、上帝庙、马神庙、火神庙、天宁寺等，凡几十座，以便于军民祈祷平安和抚慰军心。城内牌坊亦多，有进士坊、都谏坊、举人坊、大司寇坊、尚义坊、孝子坊等。"忠贞胆智"和"登坛骏烈"二坊位于城南大街上（图1-80），是崇祯皇帝朱由检为曾驻守于宁远的边关大将祖大乐、祖大寿兄弟修建的。城外西南有盐场百户所、铁场百户所，城外东北有八塔山中左所和附近屯堡夹山屯、邓家屯、钓鱼台等四十九个，还有周围递运所及驿铺十余座[19]，成为宁远卫经济供给和军事防御的必要组成部分。

（三）山海关

山海关是万里长城著名关隘，倚燕山，傍渤海，山、海之间相距仅十五华里，为华北通往东北的咽喉，形势险要，素有"京都锁钥"之称。山海关所在地区，商代属孤竹国，周属燕，秦时为辽东郡，汉代属卢绾，唐属临榆县，武后万岁通天二年（697年）更名为石城县，名临榆关，辽

图1-76 兴城城门

图1-77 兴城角楼

图1-78 兴城奎星阁

图1-79　兴城中心钟鼓楼　　　　　　　　　　　图1-80　兴城城南牌坊

代为迁民县，金、元两代在这里设迁民镇。明洪武十四年（1381年）魏国公徐达移榆关于永平府抚宁县东，创建城池关隘，名山海关，设山海卫，领十千户所，属北平都指挥使司[20]。

长城由居庸关、古北口延伸而东，绵亘千里（图1-81）似一巨龙从燕山山脊蜿蜒而下，和关城相接，然后复逶迤南去，一直伸到渤海之滨。万历七年（1579年）戚继光在城南海滨增筑入海石城七丈，其地名"老龙头"，从而构成东西之屏障。位于山海之间的山海关城遂成"辽蓟咽喉"要害处。

山海关"卫城周八里一百三十七步四尺，高四丈一尺，土筑，砖包其外。自京师东，城号高坚者，此为最大"[21]，城墙顺应地形成南北长东西短的不规则四边形（图1-82）。东南西北各开门，曰镇东、望洋、迎恩和威远。门外各设瓮城。"门各设重键，上竖楼橹，环构铺舍，以便夜巡。水门三，居东、西、南三隅，因地势之下，泄城中积水而引以灌池……池周一千六百二十丈，阔十丈，深二丈五尺，外有夹池，其广深半之，潴水四时不竭。四门各设吊桥，横于池上，以通出入"[22]，是充分利用地势以凿护城池的佳例。

城内道路布局简洁，为纵横十字大街，街中心为钟鼓楼。街巷基本呈方格网布置。在城西北设有守备署、副都总署、儒学、城隍庙等军事管理与文化机构。在城东门内设关道署，以"关法稽文凭验年貌出入，禁辽卒逋逃，并商贾非法者"[23]，此处亦"为朝鲜女真诸夷国入贡及通辽商贡所由"[24]处。城内外遍置庙宇，城内有静修庵、土地祠、观音堂、吕祖庙等，城外有东岳庙、玉皇庙、三清观、关帝庙等。城外西北处建有演武厅。

作为军事要塞的山海关，其外围整体布局尤胜。在明初徐达建山海关城之后，又陆续建有东罗城、西罗城。山海关的东城门（镇东门）是向东通向关外的东大门。城台上建有高大的城楼。城楼上层西向檐下，悬挂有明宪宗成化八年（1472年）进士肖显所书"天下第一关"巨幅横匾（图1-83）。城墙上有临闾楼、奎光楼、靖边楼高耸（图1-84～1-86），成镇东之局。在关城南北各二里处建有南翼城、北翼城，与山海关城长城相接，主要为驻守士兵、贮藏粮草军械之用，也与东、西罗城构成关城的第一道防卫层次。在山海关城南八里老龙头入海处（图1-87），有明蓟镇总兵戚继光所建的入海石城，老龙头入海城堡宁海城台上建有澄海楼（图1-88）。在山海关城东二里的欢喜岭高地上，有明末总兵吴三桂所筑的威远城。前者临海把守，后者居高瞭望，互为犄角，遥相呼应，形成关城外围的第二道防卫层次。再往外，为长城沿线，凡高山险岭水陆要冲处设有南海关、南水关、北水关、旱门关、角山关、三道关，为第三道防卫层次。在长城线外山峦制高点上又分布了许多烽火台，是专为监视敌情，传递消息的最外围的据点，也是第四道防卫层次。如此，从整体看，山海关城防体系是以长城为主体，关城为核心，外围六城围绕，四围散布烽燧的据险要塞。它结构严谨，层次清晰，重点突出。而从山海关城来看，则又构成了关城主体，南北两翼，左辅右弼，二城卫哨，一线坚壁的明代城市卫戍体系。

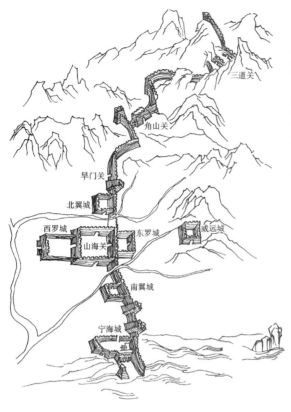

图 1-81　山海关城防布置图

图 1-82　山海关城墙

图 1-83　山海关东城门楼与天下第一关

图 1-84　山海关临闾楼

图 1-85　山海关奎光楼

图 1-86　山海关靖边楼

图 1-87　山海关老龙头

图 1-88 山海关澄海楼

二、沿海抗倭城堡 [1]

明代倭寇的侵扰，以洪武、嘉靖两朝为剧。洪武到永乐年间（1368～1424 年）有 14 年入侵。宣德到正德年间（1426～1521 年）有所收敛，仅有 4 年入侵。嘉靖年间复猖獗，嘉靖三十年至四十三年（1551～1564 年），已是年年有犯。《明史》记载，嘉靖三十二年，诸倭大举入寇，"连舰数百，蔽海而至，浙东西、江南北，滨海数千里同时告警"[25]。并且深入腹里，"焚燔庐舍，掳掠女子、财帛"[26]，滥杀无辜，"积骸如陵，流血成川，城野萧条，过者陨涕"[27]。直到万历十六年（1588 年）以后方稍安（图 1-89）。

明政府为了消除倭患，积极采取措施：一方面，于洪武二年（1369 年）朱元璋遣杨载，三年遣赵秩，四年又命僧祖阐等人出使日本，试图用外交手段阻止倭寇入侵，同时实行海禁，"严禁濒海居民及守备将卒私通海外诸国"[28]。另一方面，洪武二十年（1387 年）命江夏侯周德兴巡视福建，筑沿海抗倭卫所城堡十六座。"又命信国公汤和行视浙江东西诸部，整饬海防，乃筑城五十九"[29]，以御倭寇。其他地区也有卫所城堡建造，如著名的蓬莱水城。于是形成明代沿海南起钦州湾钦州所，北至金州湾金州卫，排布五十三座卫城、一百零三座所城的布局。

江苏北部沿海地形平坦，滩涂深远，岸线平直，船舶难于避风停泊，人也不易登岸，故卫所城堡分布较稀。浙闽沿海多岛屿，岸线曲折，天然良港甚多，卫所城堡分布则密。辽东倭患较轻，卫所兼负边防之职[30]。

作为个体的卫所城堡，其形态特征如下：

（一）选址

沿海卫所城堡常设于江河口岸，以关锁水口，是典型选址之一。如为封长江口以护南京，设有仪真、镇江、太仓等卫，宝山、吴淞、通州等所。又如钱塘江口可达杭州府，过桐庐达严州府，过淳安达徽州府，至关重要，故设置海宁、临山、观海、定海四卫城，海宁、乍浦、三江、沥海等所城（图 1-90）。闽江口通福州等地，设有梅花、定海等所城。珠江口通广州等地，设有广海、南海二卫城，新会、东莞、香山等所城（图 1-91）。均系同样考虑。

倭寇入侵，常觅港口登陆，因此依港口建城堡以抗敌为典型选址之二。如浙江定海卫城"南临港口"[31]。"大嵩所以大嵩港舟帅为命"[32]。穿山"后十户所坐临黄崎港"[33]。海门卫"前所与海门卫对垒，中隔大港"[34]。松门卫坐松门港，健跳所坐健跳港，新河所坐新河港。海安所居海安港与飞云渡港之间。

---

❶　参加本节撰写和调研的有周思源、郭琳、于建华。

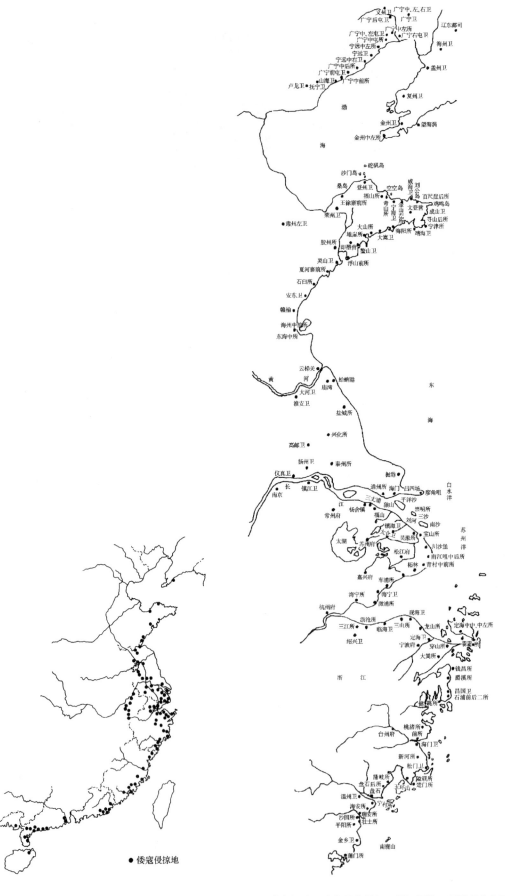

图 1-89　明代倭患图　　　　图 1-90　渤海沿岸、南京沿海沿江、浙江沿海卫所城堡分布图

图 1-91　福建、广东沿海卫所城堡分布图

关隘口作为要地，是卫所城堡的典型选址之三。如"昌国卫，坐冲大海，极为险要，石浦关切近，坛头、韭山乃倭寇出没之咽喉"[35]。石浦"前后二所南临关口，近三门要冲之路"[36]。又如崇武所，"有负海之险，当南北之咽喉，为舟行之锁钥"[37]（图 1-92）。

（二）规模与城堡防卫设施

据对 68 座沿海抗倭城堡的研究，其共同特点是：

规模一般较小。大者如城周在 2000 丈以上的占 7%，一般性的城周在 1000 丈以上的占 40%，城周在 1000 丈以下的则占 54%。最小的如山东王徐寨所周长仅 360 丈。

防卫设施十分齐全。常见的有敌楼、敌台、月城、窝铺、雉堞等（图 1-93～1-96），福建、浙江、江苏一般都有门楼和水门。又，南直隶扬州卫月城设门二重，其中南门设门三重[38]。镇江卫城东、南、北设门二重，西门设三重[39]。金山卫城则增置金汁楼和腰楼[40]，浙江定海卫城"就城之北增建望海楼"，使防卫更严[41]。

城壕根据防卫需要因地制宜。一般是城外设有濠，广者如南直隶泰州所，达 25 丈。有的很窄，如广东捷胜所仅 8 尺。还有置二重濠的，如吴淞所城"外城河广六丈，深一丈，内城河广三丈，深八尺"[42]，通州所城"濠二重，广二丈，深一丈。濠外为池，东广四十丈，西广五十丈，南广中十五丈，深如濠，北广如西，深加二尺"[43]，均根据地形变化为之。另，浙江定海卫城北向、福建平海卫城南向"以海为濠"[44]，南直隶淮安卫"以运河为池"[45]，浙江霩䂍所、穿山后所"因阻山而设堑"等，皆因地就势设险防卫。

（三）建筑与城堡结构和布局

作为卫所城堡，不可或缺的建筑内容有：军事机构，如卫厅、经历司厅、镇抚司厅、千户所公廨等；军事配给及设施，如军营、演武场、教场、军器局、仓库等；庙宇、钟鼓楼等公共建筑，往往兼作战时擂鼓或出战及役后举行仪式的地方，一般都有旗纛庙，祀军牙六纛之神，其他庙宇亦多，如临山卫城有庙宇十座，另设晏公祠五十座，哀悼殉难的官兵，还建有"戚公生祠"，颂念平倭名将戚继光[46]；武官居住的武署，如定海卫指挥使[47]、舟山所千户等诸武官皆有署[48]。其他还有儒学、武学、文昌阁等，但非每城必备。

卫所城堡结构大多比较简单，常见的是四向辟门，道路便捷，呈"十"字形，或略有错位呈"丰"字形。如山东鳌山卫城、南直隶仪真卫城、扬州卫泰州所城、浙江海宁卫澉浦所城均系前者（图1-97、1-98），南直隶高邮卫城系后者（图1-99）。有的城堡为方便战时传递信息和环城据守，还设置走马路（跑马道），城堡与城堡之间主要依据烽火墩堠、急递铺来传递倭警和信息。

图1-92　崇武所城有负海之险

图1-93　浙江蒲禧城堡敌台

图1-94　浙江蒲禧城堡东月城

图1-95　浙江浦门城堡南月城

图1-96　浙江浦门城堡雉堞与东门

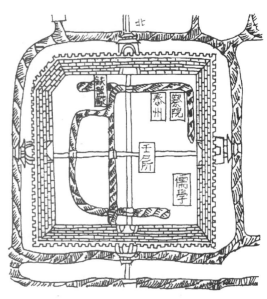

图1-97　扬州卫泰州所城（《嘉靖惟扬志》）

图 1-98　海宁卫澉浦所城(《天启海盐县图经》)

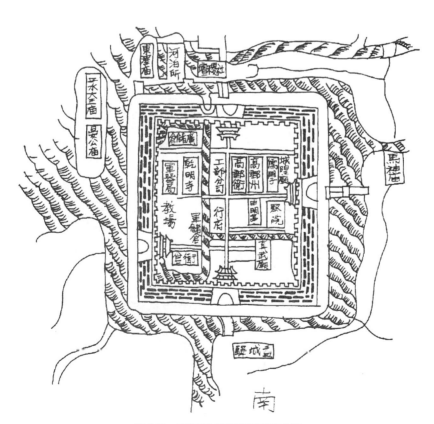

图 1-99　高邮卫城图(《嘉靖惟扬志》)

在布局上，于道路的交叉中心位置，或设置卫治等机构，如高邮城；或"十字街设钟鼓楼"[49]，如广西钦州所城，以便于向四方发布、传送命令。军事配给及设施多设于城门、城墙附近，如临山卫城东、南、西、北水城门内外设有兵马司十座；城门内即是军营，演武场仅离东门半里；设东廒二座十二间，西廒二座十二间以运贮军粮；沿城内马路周围辟有牧马草荡凡一千四百二十二亩；又城西门附近泊有战船五十只，飞船十只，以方便作战[50]。另外，城内外庙宇形式繁多，分布散广；营房占地面积大，数量众多[51]，都从一个侧面反映出军事型城市兵士人口构成繁杂及信仰神祇不拘一格的特有生活画卷。

以下举卫城二座、所城二座、水城一座为例：

1. 海宁卫

海宁卫城在今浙江省海盐县，地处杭嘉湖平原。洪武十七年三月设海宁卫，十八年加设卫所属的前后中左右五所。正统七年调后所贴守乍浦，实存四所[52]。海宁卫与海盐县同城。

海宁卫是嘉兴、湖州两郡的屏障。置卫于此，主要是其东边的龙王塘及与之相连的长达十余里捍海塘，为倭寇登陆之地，又是潮水作浪之处，如失守或溃决，则百姓成鱼鳖，各郡咸被荼毒，地位十分冲要[53]。又东向海中有凤凰山，再东有石墩，东南方向有马迹，是倭寇登陆、结巢、盘踞、藏匿的危险地带，守此关口十分重要。它"南至澉浦所城，北至乍浦所城，相去皆为四十里"[54]，也属便于左右声援的适中地段。

城防设施布局周密。城墙东南段因临海，置铺十一座，敌台六座，箭楼五座。而西南段仅置铺六座，敌台四座，箭楼四座，均有递减。嘉靖三十二年，都指挥张铁又沿城壕掘土筑外墉，"其厚六尺，惟其坚，其崇一丈三尺，惟其峻削不可涉，四关外为门，门有栅，栅置守卒"。又明年知县郑公茂增筑子城，立敌台十有八（图1-100）。其制可三面瞰外[55]，增加了一层防卫。在城外海塘延绵可泊岸处，设麦庄泾中寨、北铺寨等十三座，联布设防。这样形成三重城防之障。

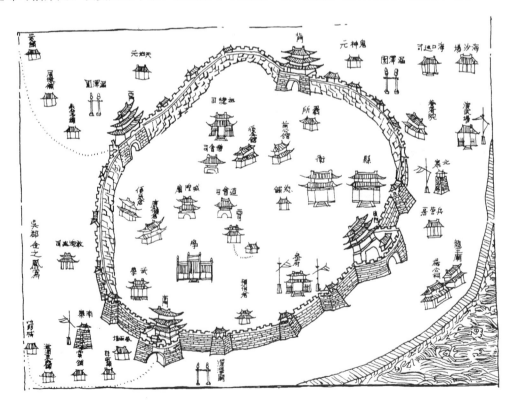

图1-100　海宁卫城图（《天启海盐县图经》）

在建筑和城堡结构布局上，都以适应和方便作战为准则。海宁卫城以东面防倭最重要。故卫厅设在东门内，东门外建演武场、北寨、兵营房，集结较多的兵力。南门、北门较次。南门内设有参将府，武学，外设南寨。北门内设把总司，配备一定的兵力。西门较为安全，门内北侧为杨家巷、戚亲巷等军属住地，南侧设有便民仓和广储仓。城堡主要道路结构呈"十"字形，尤东西向大道又宽又直，便于车马奔驰。在城堡的中心位置设总铺。城内其他小道多呈南北和东西向垂直相交，仅东南角和城北近城郭处随城圈形状作弧线和斜线小路。城南建有儒学，城东设旗纛庙，春秋二季及出战前夕由主将在此祭军旗。

正统十二年巡按御史李奎置烽堠，时仅六座，于是"增设骑操马一百五十匹，传递塘报"[56]，加强了急递铺建设。

2. 福宁卫

福宁卫城在今福建省霞浦县。洪武二十一年（1388年）二月，江夏侯周德兴为防倭而置卫，卫与福宁州同城。

卫城地处福建北端，与浙江交界，是控扼倭寇于浙闽之间流窜的要地。东有沙埕、罗江、古镇、罗浮、九沃等险，"庶可为福州之藩户也"[57]，北有分水岭、叠石关等隘口，自古为兵家必争之地。

卫城筑于龙首山下，洪武二年海寇犯境，三年始筑，经洪武二十年、永乐五年、嘉靖四十三年数次展拓而成。城墙沿山势砌筑，呈不规则形（图1-101）。城墙始筑时高一丈九尺，厚一丈，洪武二十年增高三尺，永乐五年增高三尺，嘉靖三十七年增高四尺，加厚三尺。万历十三年筑鳖城，下用石，上用砖。"嘉靖三十四年知州钟一元邦拓西城二里，而旧西城犹在。三十六年知州柴应宾依内城造东北敌楼"[58]，故城郭分设有内外二道城墙。"先时龙首山出东西二涧，冲城而下，各奔东西而逝，乃于东北开水门，于西开濠"[59]，旧外濠成为内河，经水门穿城而出至于海。如此形成四向辟门外加水门、西面双墙双濠的城郭格局。

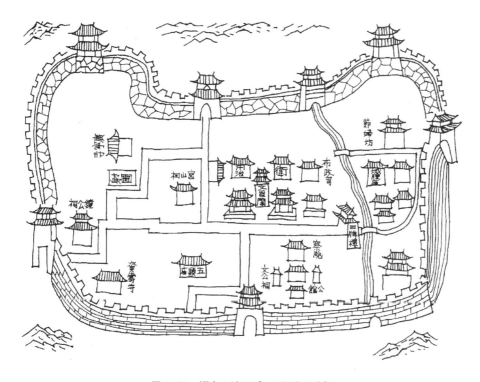

图1-101 福宁卫城图（《万历福宁州志》）

为配合城守，东门外驻福宁营，西门外驻左营。卫城附近设有烽火门水寨，驻有舟师。设有清湾、丁家、小簧笪、黄崎等八座兵寨，清湾、大簧笪、芦门等六座巡检司，皆驻重兵。又设有松山堡、牙里堡、秦屿堡等五十四座乡堡，练有乡兵，形成外卫较强的军事力量。为便于发现敌情，龙首山巅又建有瞭望台，周围置有二十一座烽墩，拨军哨守，用于报警。

城内道路因城郭不规则、门向不正对，而呈平行错综状。城内外设走马路，便于环城据守。在城的中心位置设州治、卫治、文昌阁。城内外散布庙宇。旗纛庙在卫治内。西城建有宫山祠、广宁寺、钟公祠、资寿寺等，南城建有五显庙、文公祠，东城建有城隍庙等，北门外设社稷坛、厉坛，东门外设风云雷雨山川坛。计有内外寺庵三十二座、庙十七座、祠十八座[60]，用以满足不同信仰的军民习俗和精神要求。洪武二年谯楼内设急递总铺[61]，可迅速传发情报。

3. 舟山所

舟山所城在今浙江省舟山地区定海县，洪武十三年置明州守御千户所，十七年改昌国卫，二十年信国公汤和迁卫至象山东，存中所改作中中、中左两所，二十五年改隶定海卫[62]。

所城居险立于海中，四周波涛汹涌，为省城杭州的右翼控扼门户。又，舟山"无处不可登崖"，且"五谷之饶，鱼盐之利，以食万家"[63]，是倭寇常登陆和掠取的地方，于此建城十分必要。

舟山所城西北跨镇鳌山，东抱霞山，余皆平陆（图 1-102）。城卫设施除建有常见的城墙、敌楼、门楼外，又有角楼、瓮城，且窝铺特多，达 60 余座。"四城壕处各设木栅一道，辟门设关"[64]。万历四十二年（1614 年）副镇张大可修筑增埤兵马司房四座、箭楼五座、铁木门十八扇，使城守更严密。而舟山又"因山为埤，就海为濠"，故虽为孤岛和平陆之地的舟山所城，仍不失为金城汤池。

图 1-102　定海卫舟山所城图（《天启舟山志》）

城居海岛，为解决食粮和饮水问题，采取了特殊的布局和设施。首先，将外城水从会源桥引入城内，然后分为四条：中河至常盈仓前，解决粮运，西河至镇鳌桥近武署，东河至联辉桥，北河自北野而绕至众乐桥，解决军民生产、生活用水；其次，在西北镇鳌山下，满布水井三十四口，利用山泉饮用，并用有蠹池、圣母池、放生池贮存淡水；再则，在城外用五湖、三溪、十一浦蓄水[65]。万历四十六年（1618年）副镇张大可于城傍海西南隅筑以闸闸，以时蓄泄。由于城内引水渠道甚多，也形成大小桥梁三十八座的水乡城市景象。城内外寺庙有天妃宫、道隆观、祖印寺、城隍庙、真武宫、武庙等，一如军事城堡建筑特点。

所城外置有烽堠二十五座，最近的舟山堠在治南二里，最远的沈家罾在治南八十里，其间有石衕堠、赤石堠、小剪堠等，依次相间，排布密集，各堠设柴楼二，瞭台一，一旦发现敌情，报警传送十分迅速。急递铺设置很少，仅舟山铺一个。

4. 崇武所

崇武所城在今福建省惠安县崇武乡。宋太平兴国六年（981年），置崇武乡守节里。元丰二年（1079年）建小兜巡检寨。元初改为巡检司。明初因倭夷入寇，洪武二十年（1387年）江夏侯周德兴奉命置崇武千户所，属永宁卫，修建崇武所城[66]。

崇武西连大陆，北隔大港，南隔泉州湾，东临海峡，当南北之咽喉，为舟行之锁钥。"明永乐间有岛夷患，乃造沿海五城，东南有警，辄备虎窟，而最要莫若崇武大岞，孤悬海外。上与莆之南曰湄州、下与晋之永宁、祥芝相为犄角。邑北之沙格、旗尾，东北之黄嶼、小岞，南之獭窟，皆缩居内地，藉崇武、大岞为声援，善制险者当筹以防之……"[67]故崇武选址处险，素有"孤城三面鱼龙窟，大岞双峰虎豹关"之称[68]。筑城在贴近崇武港处的莲花山上，与大岞山隔一沙平地而对峙，崇武境内地形复杂，小山丘居多（图1-103）。

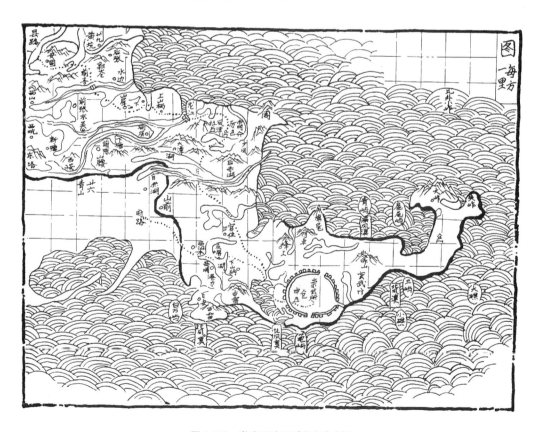

图 1-103　崇武形胜图（《惠安政书》）

崇武所城平面呈荷花形（图1-104），城墙四面的南城角、庵山顶、北城门、西城门各压着一座小山丘，城中有高突的莲花石，形似花蒂。城周七百三十七丈，规模之大为福建所城之最。城连女墙共高二丈一尺，永乐十五年都指挥谷祥又增高四尺，城厚一丈五尺，嘉靖三十七年又筑内边城墙，厚一丈二尺。南城角和东城角因地处高势显峻险（图1-105）。四城门上均有门楼。东、西、北三门处还加筑半弧形月城（瓮城）（图1-106～1-108），瓮城门与正城门朝向不同，南门外只作照壁（图1-109、1-110）。城上窝铺二十余座，西南一铺，极为要害，嘉靖二十四年用纯石砌筑，十分牢固。敌台有四座，十分坚固（图1-111），"其制上下四旁俱有大小穴孔，可以安铳。台内可容数十人，遇贼群至城下，台内铳炮一时齐发攻击，敌军无虞，彼贼立毙"[69]。在构造上，崇武城墙全用花岗石块砌筑，城外墙用长条形石作横直丁字砌（图1-112）。城门用铁板包钉，"前有附板函，如警急，则下板重闸，坚壁而守可固"[70]。

崇武城有跑马道，呈双层，间有三层（图1-113），用乱块石或卵石花砌，墙间夯以五花

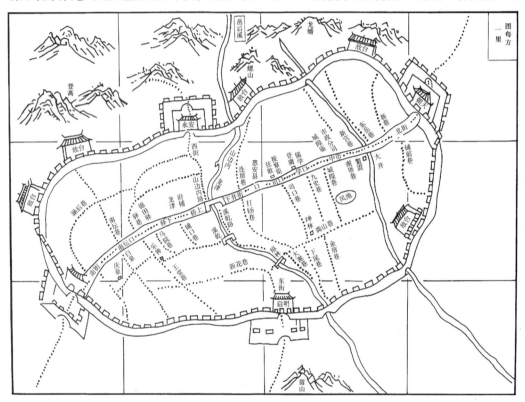

图1-104　崇武所城图（《惠安政书》）

图1-105　崇武城因地就势

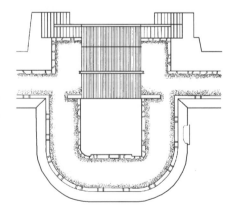

图1-106　崇武所北月城俯视平面

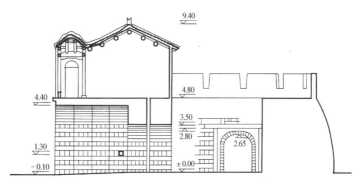

图 1-108 崇武所北月城剖面

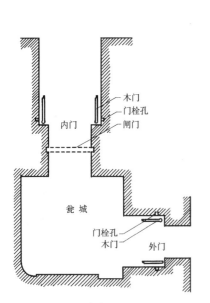

图 1-107 崇武所北月城平面

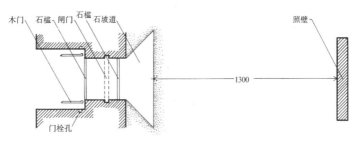

图 1-109 崇武南城门平面

图 1-110 崇武南门

图 1-111 崇武所城敌台

图 1-112 崇武所城墙丁字砌

图 1-113 崇武城跑马道

土（图1-114）。这种复层跑马道，主要因城内地形复杂、路不畅使然。而这种做法，既有利于城墙稳固，又可输送兵源和粮食、传递信息和对外作战。城内部道路系统作不规则十字交叉形，其中心位置为所公署处，可便于传递指令。还有东西向的一条道路连通环城道路，与四城门和军营房相通，在城门处有连接上下交通的台阶，在瓮城处跑马道加宽，便于兵马调动。

在布局上，所公署地处城中心偏北，前有大门，上为谯楼，中为正堂，后有燕堂，再后为旗纛庙，正堂前有东西廊庑，组成一组轴线对称的建筑群。正堂东侧有镇抚司、监牢，西侧为文卷房。正堂东房为军器库，西房为龙亭库。军粮仓在所治之西，有东西两廒，仓后设有铁局，为一系列军事供给配备设施。在所公署西侧莲花石上建有战时发号施令的中军台，是隆庆元年（1567年）戚继光所建。台上插旗帜，日夜派军瞭望往来舟楫、陆路动静及附近墩台。遇有寇警，主将在台上指挥，通城不论官军、民户及乡绅子弟，尽照编号各执兵器登城守垛。城上发擂点鼓，俱依中军号令。洪武中，共置军营987间，每间一厅二房，后接厨舍一落，总旗二间，小旗一间，或二军共居一间，俱是官建。又于东、西、南、北四城门内靠近营房地段，在巷口、街边设有10处土地祠，便于兵士随时供奉和祷告。另外还有东岳庙、天妃宫、观音堂等散置城中。四个城门楼内，也分别塑神像：东门楼玄天上帝、南门楼观音、北门楼赵公元帅、西门楼关帝，五花八门，目的是想借助神力保佑官兵，也用以鼓舞士气。

在城市外围，西门外建有迎恩亭，是迎接诏书处，还建有演武场（明中期改在东门外），港边设有船场。南门外有大片的葬区。城外的军事设施有烟墩和汛地。烟墩是古代军事上不可缺少的传递敌情的设施，崇武在城外大岞山、赤山、高雷山和青山四处设有烟墩，每处建一望楼，内供军士住宿，上置烟堠，遇有寇警，夜里举火、白天竖旗为号。汛地也不可缺少，崇武沿海岸设三处，北门外有青屿，泊哨船二只；南有龟屿，泊哨船八只；东有三屿，泊哨船二只。此三屿分别控制东、南、北三面的海面，遇有敌情即通知烟墩官兵。这样，由汛地、烟墩再传至中军台，然后由中军台发令迎击敌人，构成了崇武城完整的御敌系统。

5. 蓬莱水城

蓬莱水城，位于山东蓬莱县城北一里许。据《登州府志》载："蓬莱，因汉武帝曾于此筑城，望海中蓬莱山故名"[71]。宋庆历二年（1042年），曾在此设置刀鱼巡检，有水兵三百，戍守沙门岛（庙岛），备御契舟。元时，水军之防仍循旧制。明初"沿海之地，岛寇倭夷，在此出没，故海防亦重，筑山东江南北、浙东西沿海诸城"[72]。洪武九年（1376年）升登州（即今蓬莱、长岛两县）为府，改"守御千户所升为登州卫"[73]，修筑水城以抗倭，这就是蓬莱水城，又名备倭城。

水城位于山东半岛最北端，与辽东旅顺口遥遥相对，庙岛群岛隔海为屏，"东扼岛夷，北控辽左，南通吴会，西翼燕云，舟贸运之所达，可以济济咽喉，备倭之所据，可以崇保障"[74]，地势十分险要。水城在选址上，利用刀鱼寨原址，将画河道扩大挖深，巧妙地利用这天然港湾于城内形成小海，用于停泊船舰和操演水师。并将城头架于丹崖山脊，形成北临悬崖，西跨丹山，仅东、南两面在平地上布局城郭。同时，沿城南、城东凿新河道，引画河水绕东流入海，兼做水城的护城河。是一座和周围环境密切结合据险为塞的城堡。15世纪后期，倭寇日盛，明政府进一步增强海防，调集南北水陆官员防海，此处遂为重镇，与诸边等[75]。万历二十四年（1579年）总兵李承勋又在原土城墙外甃以砖石，增设敌台，遂成更为坚固的军事基地。明清两朝都在此驻扎水师，拥有战舰，巡防海面。

水城布局很有特色。城郭因就地势，呈不规则长方形（图1-115），城墙各边长度依次为东720米，西850米，南370米，北300米，城内以小海为中心，小海周约1000米左右，占水城面积的

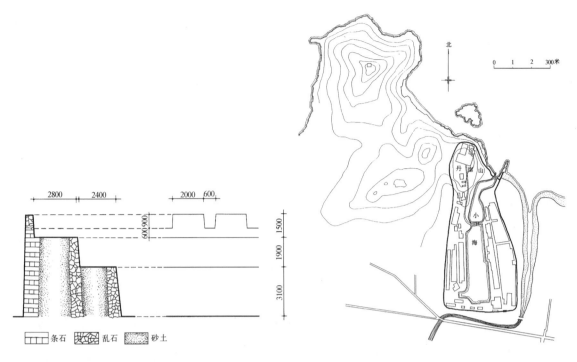

图 1-114 崇武城跑马道剖面　　　　　　图 1-115 蓬莱县水城平面图

三分之一，自北而南呈窄长形，将水城分为东西两部分，为方便交通，在小海北半部横跨东西岸有一条通路，路中留水道，上架活动木板桥（现为铁板桥），便于船舰通行。沿小海岸有用石块砌起的平台码头，供船只停靠。城内建筑除水师营地和部分市井外，庙宇众多，丹崖山一带有蓬莱阁、三清殿、海神庙、龙王宫、毗卢阁等（图1-116）。城南门外有关帝庙，还有演武场，均体现出军事城堡独有的风貌。道路稀少而便捷是水城另一独特之处，城南门抵平浪台的南北干道和横贯小海通蓬莱山的道路则构成水城的主要道路。

城防设施也因此城的特殊性而异于他地，除常见的防御建筑如城墙、敌台、护城河等，更有一系列和水城城堡相关的海港建筑设防。首先，是特别注重门户的把守。水城仅有两座城门：北为水门，南为振阳门，一通海上，一通陆地，分别位于城的两端。振阳门是普通砖石拱券做法，门洞宽 3 米，深 13.75 米，高 5.3 米。水门又名天桥口，俗称"关门口"，是小海通往大海的惟一通道，其做法较为特殊：门作敞口式，底宽 9.4 米，顶宽 11.4 米，深 11.4 米，下部砌石，上部砌砖，门垛的砌筑先清除基部的淤沙，直至岩层，而后用条形巨石块在岩层上开始垒砌，石缝用白

图 1-116 蓬莱水城外景及蓬莱阁建筑群

101

沙灰填塞和粘结，耐水而坚固。在水门的东北和西北面，分列炮台，东炮台沿东墙向北伸出 36.2米，呈长方形，西炮台位于水门西北 100 米，建于城外丹崖山东侧的陡坡上，伸出城外 12 米，宽12 米，东西炮台相距 85 米，呈犄角之势护卫水门（图 1-117、1-118）。其次，为了加强水门一带的设防，又建平浪台和防波堤。平浪台在小海北端缓冲湾的南岸，北距水门 51 米，迎水门而立，东与城垣衔接，平浪台系用挖掘小海所得泥沙堆成的台基，其上原有建筑物是水师的驻地，平浪台也可遮挡北风对小海的袭击。防波堤俗称"码头尖"，在水门口外，沿东炮台向北伸出，南北长约 80 米，东西宽 15 米，高约 2 米，系由天然巨石堆积而成，可减弱来自东北方向的海浪袭击和阻挡泥沙进入港内。

图 1-117 蓬莱水城鸟瞰

图 1-118 蓬莱水城水城门（楼庆西摄）

蓬莱水城，是北部沿海抗倭的一个重要军事城堡，它既有一般沿海城堡的共同性，又有它的独特性，尤其在港址选择，港湾开辟，港口设施的布置上，体现出较高的设计水平。

注释

[1]《明史》卷八十九，志第六十五，兵一。

[2] 洪武十四年（1381 年）于安徽凤阳府置中都留守司，统凤阳等八卫，专门防护皇陵。嘉靖十八年（1539 年）于湖广承天府（湖北钟祥）置兴都留守司，统显陵、承天二卫，专门防护显陵。参见《明史》卷九十，志第六十六，兵二。

[3]《明史》卷九十，志第六十六，兵二。

[4]《明史》地理志。

[5]～［ 7]《明史》卷九十一，志第六十七，兵三，边防。

[8] 表 1-4 参阅《九边图考》，明，程道生撰，民国，武进庄氏石印本。

[9]《明会典·镇戍五》。

[10]《九边图考》之《三关考》。

[11]、[12][康熙]《延绥镇志》卷之一，图谱。清，谭吉聪纂修，清康熙十二年刻本。

[13]《明史》卷九十一，兵三。

[14]、[15] 同 [11]、[12]。

[16] [康熙]《延绥镇志》卷之二，食货志。

[17]《明史》卷九〇，兵志。

[18] [康熙]《宁远州志》第一卷，清，冯昌奕等修，范勋纂，清康熙二十一年（1682 年）抄本。

[19] 同上第二卷，建置。

[20] 参见《大明一统志》和《嘉靖山海关志》。

[21]～[24]《嘉靖山海关志》。

[25]《明史·外国传·日本》，张廷玉，上海古籍出版社，上海书店，缩印本。

[26]《筹海图编》卷九《大捷考·擒获王直》，胡宗宪，台湾成文出版有限公司影印《钦定四库全书本》584 册，第 245 页。

[27]《嘉靖东南平倭录》附《国朝典汇》，徐学聚，民国石印本，第 8 页。

[28]、[29]《明史》卷 322，第 916 页。

[30]《筹海图编》卷之七《辽阳事宜》。

[31]～[36]《筹海图编》卷之五《浙江事宜》。

[37]《惠安政书》附《崇武文庙序》，明，叶春及，福建人民出版社，1987，9 版。第 112 页。

[38]、[43]《维扬志》，朱怀干，上海古籍书店据宁波天一阁藏明嘉靖刻本影印，卷之十，第 11 页。

[39]《江南经略》，明，郑若曾，台湾成文出版有限公司影印《钦定四库全书》本，728 册卷四，第 274 页。

[40]《正德金山卫志》，夏有文，台湾成文出版有限公司据明本影印本卷一，第 1 页。

[41]《嘉靖定海县志》，张时彻，台湾成文出版有限公司据明本影印，卷二，第 1 页。

[42]《江南经略》，明，郑若曾，《钦定四库全书》728 册，卷四，第 181 页。

[44]《嘉靖定海县志》，张时彻，卷二，第 2 页。《弘治兴化府志》，吕一静，卷四十八，第 2 页。

[45]《崇祯淮安府实录备草》，牟廷宪，胶卷。

[46]《临山卫志》，明，耿宗道，台湾成文出版有限公司据明嘉靖刻本影印，卷二，第 142 页。

[47]《嘉靖定海县志》，张时彻，第 237 页。

[48]《正德金山卫志》，夏有文，卷一，第 17 页。

[49]《天顺东莞旧志》，卢祥，卷二。

[50]《临山卫志》，明，耿宗道，台湾成文出版有限公司据明嘉靖刻本影印，卷二。

[51]《正德金山卫志》夏有文，卷一，第 17 页。

松江守御中千户所军营，附四门城。总旗二十名，其屋六十间，地七十二丈。小旗九十八名，共房一百九十六间，地二百三十五丈二尺。军一千另二名，屋如之，地一千二百另二丈四尺。

青村千户所军营，并在城。各百户所总旗一十五名，共屋四十五间，地五十七丈。小旗九十八名，屋间如之，地一千四百一十六丈。

守御南汇嘴中后千户所军营，并在城。总旗一十三名共屋三十九间，地四十六丈八尺。小旗一百二名，屋二百四十间，地二百四十丈八尺，军一千五名，屋如其数，地一千二百六丈。

[52]～[56]《天启海盐图经》，樊维城，卷一。

[57]《筹海图编》，影印卷四。

[58]、[59]《万历福宁州志》，明，殷之辂纂，朱梅摹，万历四十二刻本（胶），卷二。

[60] 同上卷三。

[61] 同上卷五。

[62]《宁波郡志》，明，杨寔纂修，台湾成文有限出版公司据明成化四年刻本影印，卷一。

[63]～[65]《舟山志》，明，何汝宾，台湾成文有限出版公司据明天启六年何氏刻本影印，卷一。

[66]《惠安政书》，明，叶春及，附《崇武所城志》，朱彤宾。

[67]《惠安明代御倭史》，杜唐，惠安社印陶编，"民国"二十七年（1938 年）石印本第 3 页。

[68]《惠安政书》附《远咏崇武》，何乔。

[69]、[70] 同 [66]。

[71] 顺治《登州府志》卷五，武备。

[72]《明史》志六十七，兵三。

[73] 光绪《增修登州府志》卷七，城池。

[74]《蓬莱县续志》卷十二，艺文志，宋应昌《重修蓬莱阁记》。

[75]《增修登州府志》卷十二，军垒。

第二章 宫　殿

　　宫殿，作为帝王视朝和居住的场所，其兴衰存亡与政权更替密切相关，并直接反映统治者的政治意图和喜好，同时由于高度集中的权力和投入大量财力人力，宫殿建筑往往代表着一个时期的技术与艺术水平。元明两代的宫殿建筑，正由于统治者的不同族别、不同政治倾向和文化传统，因而呈现不同的特点。

第一节　元时期宫殿

一、蒙古国都和林宫殿

　　从成吉思汗到蒙哥汗时期，漠北是蒙古国的中心地域，其中，在窝阔台即位时，为"奠定世界强国之根基，建立繁荣昌盛之基础"，于1235年，在回鹘故都之南、斡耳寒河东岸建造和林城及宫殿。

　　据1889年和1948～1949年俄国和苏蒙考古学者考察[1]，和林城作不规则长方形，周围有土墙，四面设城门。在城西南郊发现宫殿址，宫墙长约255米，宽220～255米，呈不规则方形。内有五个台基。中央台基高约2米，上有大型殿址，面积为55米×45米，根据花岗石柱础的位置，推定殿内共有75根木柱。在殿南面发现有用花岗岩石板砌成的门址。一般认为中央大殿和周围四个台基殿址构成的建筑群，系1235年窝阔台所建之万安宫。这组壮观的建筑群，相互衔接又有中轴对称，周围四个台基遗址可看出建筑都面向中央大殿，类似汉族传统宫殿布局。据记载，为窝阔台"立行宫，改新帐殿，城和林，起万安之阁、宫闱司局"的是汉人刘德柔（刘敏，宣德人）[2]，所以漠北宫殿受汉族传统布局影响应是自然之事。在万安宫殿址上，还发现地面铺设绿琉璃方砖。在和林城址内，又有出土的大量北宋钱币、钧窑和磁州窑瓷器，以及汉式铜镜、砖瓦等，反映出汉族文化在当地的渗透。

　　但是，作为和林城蒙古窝阔台汗的宫殿万安宫的具体形制和设置，又多有体现其少数民族政治和文化色彩的独特之处。如：

　　1. "斡尔朵"制度使蒙古宫殿形成特有的风貌。斡尔朵是突厥——蒙古语ordo的音译，意为宫帐、后宫、宫室，又指皇室成员占有和继承财产、私属人口的一种组织形式。此语最早见于唐代古突厥文碑铭。辽、金、蒙古及相继的元都有斡尔朵制度。成吉思汗有四大斡尔朵，分别属于四皇后[3]。因此和此制度相对应的是"宫殿之外别有帐殿，名斡尔朵，金碧辉煌，层层结构，棕毳与锦绣相错，高敞姘㠉，可庇千人，每帐殿所费巨万"[4]。和林太祖四大帐殿及太宗窝阔台帐殿至元中叶尚存。其功能：一是"帝弃世则以此帐属后妃守之，或二后共守一帐，嗣后子孙世有守帐之人"[5]，作为类似牌位进行事奉；二是"每新君立，复别帐殿，帝帝皆然，其靡费更在宫室之上，宫殿可百年轮奂，而帐殿则屡朝屡易也"[6]，即视帐殿为权力之象征；三是"又有外毡帐房者，规制较小，凡后妃妊身将及月辰，则出居于外毡帐房生子，弥月后复迁内寝[7]；四是帐殿为蒙古人习惯居住之地，《史集》中记载成吉思汗曾卧帐中做噩梦并将其妻赐给卫士的事情，并将帐殿作为财产赐予其妻[8]。虽然和林现已无帐殿遗迹，但由此可见，蒙古宫殿的完整意义是具有朝政、家庙功能和财产、权利传世及居住等多重内容的。在形式上，包括楼阁殿堂和帐殿两部分，修建后者耗资之巨甚至超过前者。

2. 在宫殿具体安排上表现出和汉族传统相异的左右等级观念。蒙古人尚右，右是等级较高的方位，通常男右女左。据目击者法国使臣卢布鲁克所记，万安宫殿辟三门皆南向，殿内圆柱两列，北面置一高台，为御座所在，座前有左右阶梯接地。御座左右两侧均置平台，右侧为诸王座位，左侧为后妃座位，御前空地为奏事或进贡的臣僚、使节等人站立处。

3. 蒙古游牧民族喜好饮酒的习俗使酒局成为一种宫殿中特有的装置。"酒局"可译为"云倾"，又有译为"瓮"[9]。《蒙古总汇》译为喷壶，实指巨大的盛酒器皿。建万安宫时，巴黎名匠威廉巧妙地设计了一套机关，将特有的酒局设置于万安宫门前[10]。它立有一棵银树，树顶上装一吹号的天使，树的根部有四头银狮，每一树枝上绕一条金蛇，各有管子通到树下地窖，窖中预藏若干仆役伺候。每当开宴时，司号仆役吹响天使所执号角，其他人则将各种饮料倾入管内，于是银狮、金蛇同时口吐马奶和各色美酒，呈现出壮观的奇景。这个酒局"盖宫内陈设，随国势隆盛而改观"[11]。也使万安宫增添了少数民族宫殿的独特风采。

和林宫殿是蒙古统治者在其发祥地建造的，在宫殿作用上具有多重功能，在布局、设置、建筑用材等方面，于保留和发扬蒙古族传统习惯的同时，又吸收了汉民族文化，呈现蒙汉互为交融、相辅相成的图画。

二、上都开平宫殿

到忽必烈时，又有一处宫殿——上都宫殿的建设。早在1256年（蒙古宪宗六年）忽必烈就"命僧子聪（刘秉忠）[12]卜地桓州东、滦水北，城开平府，经营宫室"[13]。中统四年（1263年），开平升为上都。至元三年（1266年），建宫室大安阁于开平。九年（1272年）年改燕京为大都，而将上都作为避暑的夏都。

上都城位于滦河上游北岸的冲积地带，地处蒙古高原的南部，燕山山脉以北的草原深处，邻近华北地区。既便于与和林联系，又有利于对汉人地区控制，而且此地气候良好，水草丰美，是理想的夏季牧场，也适于居住。城郭的北面为东西横亘的山冈，城外东西侧有小山拱卫，背靠巍峨的大山，前望河南的丘陵。忽必烈在此建夏都宫殿，有其独特之处。

（一）宫城不是在内城正中央，而是在中央偏北，外城围绕内城的西、北两方。这种总体设计思想，当为忽必烈尚未即帝位前所有。而正式营建宫殿时，上都已为陪都，建宫主要目的是为皇帝夏季来此避暑游乐和处理政务，因此规模远不如大都宫殿，仅因巡幸的需要在宫城中利用大安阁和营建其他一些宫殿而已。

现今宫城布局及城内部分建筑遗迹尚清楚（图2-1）。宫城平面为长方形，长620米，宽570米，四角建角楼，东、南、西正中设城门。自南面正门内有一条御道直通至宫城中央的方形建筑台基前，与东西二门内的大道相合，呈丁字形。御道也和皇城的中轴线相吻合，"规制尊稳秀杰"。自皇城南门抵宫城南门大道两边布局严整，对称有序。宫城南门外，辟有一处广场，东西宽约500米，南北长约100米，为宫廷前举行盛典的地方。在宫城墙外有夹城，自

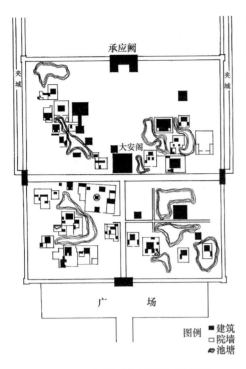

图 2-1 元上都开平宫殿平面示意图

东华门、西华门城墙外循城而北，直至皇城北门止，它是从宫城去外城北部苑囿的通道，石块垒砌的墙身已塌毁，仅存残高1米多的石堆。

据史籍记载，上都宫城内有大安阁、仪天殿、连香阁、寿昌堂等建筑，但现今只有大安阁和承应阙的位置尚可确定。虞集《道园学古录》卷五"跋大安阁图"载"世祖皇帝在藩，以开平为分地，即为城郭宫室，取故宋熙春材于汴，稍损益之，以为此阁，名曰大安。既登大宝，以开平为上都。宫城之内，不作正衙，此阁巍然遂为前殿矣"。可见上都宫殿殿堂有的只是利用忽必烈藩邸宫室原有建筑而已。现存方形台基（前抵御道者），应是所谓的前殿。《元史·阿沙不花传》："尝扈从上都，方入朝，而宫草多露，跣足而行。帝御大安阁，望而见之"。可知大安阁前开敞无遮。"至元三十一年四月（成宗）即皇帝位，受诸王、宗亲、百官朝于大安阁"[14]。"大德十一年五月甲申，（武宗）即位于上都，受之诸王文武百官朝于大安阁"[15]。说明大安阁是元上都用于大朝会的正衙。位于宫城北墙正中的阙式建筑台基，平面为冂形，无门道，应是承应阙遗址。据《元史·百官志第三十九》"至元八年以上都承应阙官增置行司天监"，推定此阙上有天文台。

（二）上都宫城内除具有巡幸时处理政务的正衙等殿堂外，还建有许多堂阁亭榭。它们于御道东西两侧各自成群，互不对称，还利用夏都地湿多水的条件，在宫内挖掘了许多池沼，建筑物则有的临近水池，有的地处土岗，或单体，或院落，泉池穿插其间，路径曲折，布局不求规整，自由活泼，颇具汉地传统离宫的色彩，也反映出夏都宫殿的独特性。

此外，为配合夏都的特殊功能，还根据忽必烈的旨意，在上都的东、西方建有行宫，以备游猎时居住，通常称为东凉亭和西凉亭。周伯琦《立秋日书事》诗有"凉亭千里内，相望列东西"[16]之句，说的就是这两处行宫。东凉亭蒙古名只哈赤·八剌哈孙，意为"渔者之城"，故址应即今内蒙古多伦县北的古城子古城[17]。西凉亭的正式名称为察罕脑儿行宫，周伯琦《察罕脑儿》诗："凉亭临白海，行内壮黄图"即指此。蒙语察罕脑儿意为白色湖，元人诗文中常称白海行宫，在今河北张北县沽源公社东北、闪电河西岸小红城子[18]。从这两行宫名称及所处地理位置可知，为皇帝巡幸休息之所，惜今已无遗迹可考。仅在小红城附近发现有一土台基，高5尺，长约50步，宽半之，台上有玉色琉璃和彩饰滴水残片。

（三）萨满教在蒙古统治集团中占有不可忽视的地位。萨满教认为鹰是神鸟，它的力量无比，萨满神帽顶上的铜制小鸟就是鹰神的象征。因此"忽必烈在这里（元上都）造一个极大的皇宫……大可汗园里养各种禽兽，各种麋鹿，预备喂养他的各种鹰，这些鹰都养在笼子里，单是大鹰一类就有二百多只"[19]。这种情况在元以前的汉族传统宫廷中从未有过。

总之，上都宫殿兼具朝廷行政和避暑游乐的功能。一方面，为突出通往宫城所需的庄严，宫城前井然有序，中轴对称，进入宫城后的主干也讲究秩序分明；另一方面，宫城内许多殿堂楼阁随意自由布局，呈现出离宫的特色，另还保留一些蒙古人特有场所。它是汉族传统的宫城整体布局框架和蒙古族生活内容相结合的结果。

三、大都燕京宫殿

大都宫殿的建设过程，大致可分为三个阶段：

第一个阶段是至元三年（1266年）到至元七年（1270年）利用琼华岛宫殿的过渡阶段。其时燕京已为中都，以琼华岛一带为中心建新城的设想正在实现。至元三年（1266年）诏安肃公张柔、行工部尚书段天佑、茶迭儿局诸色人匠总管府达鲁花赤也黑迭儿等同行工部事修筑宫城[20]；至元四年（1267年）秋作玉殿于广寒殿中。

第二阶段是至元八年（1271年）到至元二十一年（1284年）的正式建宫阶段。至元九年春（1272年）宫城成，至元十年（1273年）初建正殿、寝殿、香阁、周庑、两翼室，至元十一年（1274年）正月宫阙殿告成。四月，初建东宫，十一月，建延春阁。大都宫殿规模始具。

第三阶段是至元二十二年（1285年）到顺帝至正十四年（1354年）的继续建造与修葺阶段。其中，在至元三十年，将旧太子府改为皇太后所居的隆福宫；武宗至大元年春建兴圣宫等。

从宫城和元大都的关系看，其特色是以宫城为都城的中心区，且靠近都城南侧。大都城的建造时间是至元四年（1267年）到至元十三年（1276年），当时中都旧城尚存，故其南墙避开旧城北墙而建。全城以海子（今什刹海）东岸的中心阁（阁西面立有"中心之台"石碑）为几何中心，以中心阁至南门丽正门距离作为全城四至基准，从而将金代原有的太液池琼华岛一带风景区包括了进来，巧妙地安排了全部宫殿和苑囿的布局，这是因地制宜和吸收汉族宫城居中传统的综合结果（参见图1-2）。

宫城是以从外城丽正门、皇城崇天门达中心阁的正南北为中轴而对称排列展开的，即大都的中轴线和大内的中轴线合一。宫城之北为御苑，直抵皇城北门。宫城之西隔太液池，南有隆福宫，北有兴圣宫，两宫之间有皇城的东西轴线相隔，轴线通过太液池的木吊桥、木桥等转折向南，与大内前殿后阁间的东西轴线相连，从而形成以大内和御苑、隆福和兴圣二宫为内容的，以太液池分隔和联系的元大都宫殿苑囿区（参见图1-1）。

（一）大内

元大内是大都宫殿的最主要部分（图2-2）。它以南崇天门、北厚载门、东东华门、西西华门为宫墙经纬而构成宫城区。轴线上的大明殿和延春阁两组建筑为其主体，辅以玉德殿、庖酒人之室、内藏库及附于大内的仪鸾局、留守司、百官会集之所、鹰房、羊圈等，其建筑内容和布局的特色是：

1. 于继承中有创新，如中轴对称，四隅设角楼，四面设门，崇天门前设周桥和千步廊，大明殿和延春阁采用工字殿等，均为宋代宫殿做法的延续[21]。但正朝大明殿和常朝延春阁分设寝殿，自成一体，各自用墙垣环绕，成为两组相对独立的活动区，朝廷大典诸仪式在大明殿举行，平时奏事、召见则在延春阁，和传统的前朝后寝布置方式有所不同。宫城周桥前设棂星门亦为前代所无。

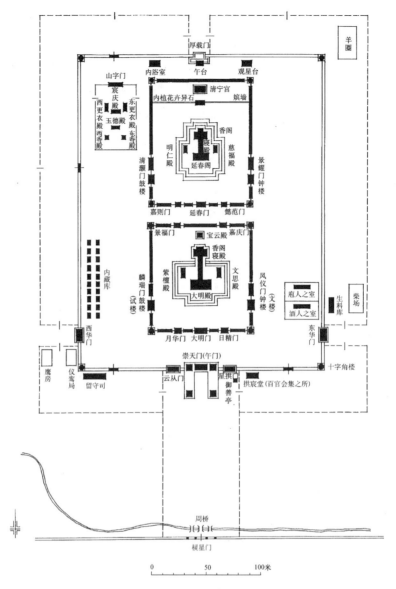

图 2-2 元大内图

2. 建筑内容体现蒙古人的信仰和生活习俗，如大内西北角玉德殿一组建筑，独立成区，为正衙之便殿，以奉佛为主，每宫中赞佛，有宫女按舞奏乐，平时亦兼听政。在宫中设这组建筑和蒙古人较早就接受佛教并在元代大力提倡有关，宗教活动已成为宫廷的生活内容；又如在宫城内东南、东华门之北建有庖人之室和酒人之室，为专供殿上执事的庖人、酒人居住之处。元统治阶级保留蒙古人豪饮习俗，"殿上执事，酒人凡六十人：主酒二十人，主潼（马乳）二十人，主膳二十人"[22]。酒人、庖人均为殿宴的必需侍者；再如和上都一样建有鹰房，建在宫城夹墙内；元人尚羊，举行蒙古国俗旧礼时，常要用羊、马等进行祭祀，奠祭所葬陵地要一日三次用羊，每岁脱旧灾迎新福，帝后及太子自顶至手足要用羊毛线缠系，再念咒语以烟熏断其线[23]，用羊量极大，故宫中夹墙内亦建筑有羊圈。这些建筑的设置迥异于汉族传统宫殿建筑内容。

3. 室内装修与陈设富有特色。如正殿内帝、后座位并列，皇后参与朝会，诸王、怯薛官、文武官员，也有侍宴坐床，其他殿宇也多有侍臣坐床。在装修方面，喜用动物毛皮做壁幛、帷幄、地衣。"内寝屏障重覆，帷幄而裹以银鼠，席地皆编细簟，上加红黄厚毡，重覆茸单"[24]，大殿"黄猫皮壁幛黑豹褥，香阁则银鼠皮壁幛黑豹暖帐"[25]。大酒瓮在元代宫殿中为必不可少的陈设之一，酒瓮、酒局、酒海是同一器物[26]，"天子登极、正旦、天寿节御大明殿会朝时，则人执之，立于酒海之前"[27]。大明殿酒海为"木质银裹漆瓮，一金云龙蛇绕之，高一丈七尺，贮酒可五十余石"[28]，和漠北酒局同一功能。其他殿宇也置有酒海，如延春阁"中置玉台牀，前设金酒海，四列金红小连牀"[29]。

（二）西宫——隆福宫和兴圣宫

隆福宫本是太子东宫，建有光天殿，又有光天宫之称。至元三十一年（1294年），世祖崩，成宗即位，尊其母元妃（真金太子之妃）为皇太后，以旧东宫奉之，改名隆福宫，但光天门、光天殿名称仍保留。隆福宫作为怡养太后之地，别有特色，位于其北部的侍女直庐室特多，而环绕光天殿、柱廊、隆福殿构成的工字殿主体建筑的廊庑宫墙，除建有角楼、门庑外，还有针线殿。隆福宫西建有御苑，原为太子府所属，萧洵《故宫遗录》谓原先为后妃所居，按元史后妃表，其所居斡耳朵有等级之分，故隆福宫西御苑北端的太子斡耳朵，似应为太子之妃所居。在西御苑还有流杯池，"凿石为池一如曲水流觞故事"[30]。泰定年间又建有一些新殿和亭榭。整个隆福宫主要为生活休息场所（图2-3）。

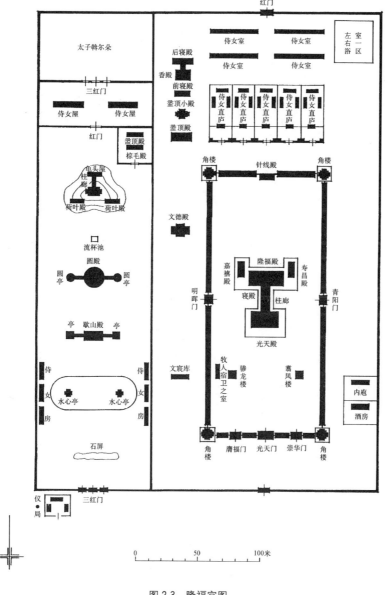

图2-3　隆福宫图

兴圣宫是武宗为其母兴建的一座新宫，从而使太后除隆福宫外，又有兴圣宫可居，大批嫔妃也居于此。在轴线上是以兴圣殿和延华阁为主体构成的两组建筑群，规制类似大内，二者相对独立。轴线两边则是嫔妃别院和侍女宦人之室、庖厨湢浴等附属建筑，还有学士院、生料库、鞍辔库、军器库诸院。垣外又设周庐板屋，作为卫士值宿之舍（图2-4）。学士院初名奎章阁，天历年间建于兴圣殿之西廊，为屋三间，高明敞爽，文宗复位，升为学士院，至正元年，改奎章阁为宣文阁，具有后来明清文渊阁的性质，用作检校书籍、珍藏古玩与书籍、研读经典、诸官入值等[31]。可见此宫的内涵已十分丰富。

隆福宫和兴圣宫除各有自己的特色外，还有些共性，反映出宫内特有的生活方式，如：隆福宫西苑有太子斡耳朵，兴圣宫的龙光、慈仁、慈德三殿亦为斡耳朵，均为后妃分居之地[32]；又如二宫都在宫内举行各种佛事，如泰定元年修佛事于隆福宫寿昌殿[33]，天历元年命高昌僧作佛事于兴圣宫宝慈殿[34]等，该两殿均各为主体建筑的配殿，可见，供佛是宫中重要生活内容。再如两宫都建有庖、酒室、鹿顶殿和棕毛殿（鹿顶只在陶宗仪《辍耕录》作盝顶，而其他史载均作鹿顶），

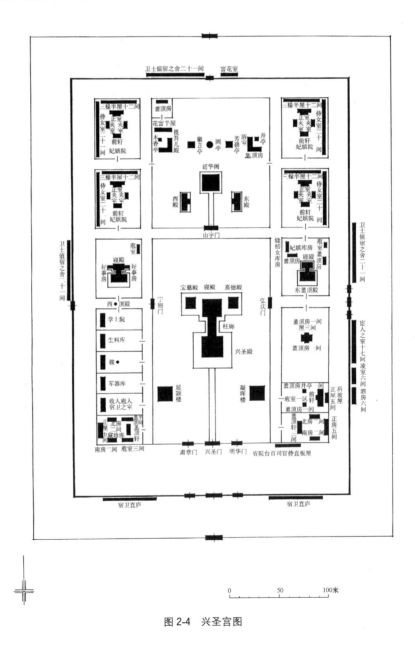

图2-4　兴圣宫图

兴圣殿正殿室内则"借以毳褥，中设扆屏榻，张白盖簾帷，皆锦绣为之"[35]，一派帐殿毡包装饰气氛。此外，二宫都有一些形式丰富而自由的建筑物，如隆福宫有流杯亭、圆殿、建于水中的水心亭，兴圣宫有圆亭、十字脊的芳碧亭、井亭、独脚门等，有很浓厚的生活气息和类似离宫别墅的情调。

有关太液池和万岁山的论述将在本书第七章中展开，但从大内、西宫与太液池和万岁山三者的关系来看，在空间上，由于万岁山的竖向构图打破了大内和西宫平面铺展的布局，创造出较丰富轮廓线的宫殿苑囿景色；在功能上，太液池对大内和西宫的用水和理水起到流通补充的作用。"源出于宛平县玉泉山流至和义门南水门入京城"的金水河[36]，分为南北两支：南支入太液池，再从崇天门南面的周桥下东流入通惠河，北支沿皇城西墙外北流，再折而向东入太液池北岸，这股活水为宫苑用水提供了充沛的来源。隆福宫前河和太液池相通，兴圣宫中建小直殿引太液池水绕其下[37]，也为宫中理水提供了保障；在平面构成上，大内和西宫三组轴线对称、规则布置的建筑，经自然曲折的太液池的柔化，形成一虚实相间、刚柔相济的宫殿苑囿区。

总之，元大都宫殿较前代有所发展和创新，在吸收汉族传统宫城布局架构和苑园造景方面的经验的同时，还掺入了蒙古人特有的生活方式、审美要求、宗教信仰等方面的广泛内容，从而使元代宫殿呈现出独特的建筑风貌。

注释

[1] 转引自《中国大百科全书．考古学》155 页。

[2] 元好问《刘德柔先茔神道碑》。《遗山集》卷二八。

[3]《中国大百科全书．中国历史》元史 113 页。

[4]～[7] 清·魏源撰《元史新编》，江苏广陵古籍刻印社，1990.4 第一版。

[8]"'外何人番卫'？时值卫的诺颜扎歹答道：'是我'。成吉思汗遂命其进来，说：'我把这位夫人赐你，将她带走吧！'扎歹惊恐异常。……又对其妻说：'将主膳官和饮酒用的金盏留下做个纪念吧！'余者斡尔朵、侍童、家仆、财物、马群和畜群在将她赐给扎歹时，尽数赐给这位妻子"。

《史集》俄文版，第一卷第一册 186 页。

[9]"酒局"一词，数见于《秘史》。除一八七节译成古鲁额（kürüe）外，他处均作秃速儿格（tüsürge）。按动词 tüsür（《华夏译语》音译为土俗儿）译云倾。tüsürge《秘史》第一三○节译为瓮。《蒙古总汇》译为喷壶。故"所谓酒局者，必为一种巨大的盛酒之器也"。转引自《元代漠北酒局与大都酒海》，《穹庐集》韩儒林，上海人民出版社，1982 年 11 月版。

[10]《卢布鲁克东游记》柔克义译本，207～310 页。

[11] 韩儒林《元代漠北酒局与大都酒海》，《穹庐集》，上海人民出版社，1982 年 11 月版。

[12]《元史·世祖纪》：至元元年（1264 年）八月癸丑"命僧子聪同议枢密院事。诏子聪复其姓刘氏，易名秉忠，拜太保参领中事。"

[13]《元史·地理志》。

[14]《元史·成宗纪》。

[15]《元史·武宗纪》。

[16] 周伯琦《近光集》卷一。

[17]《清一统志》卷四○九，御马厂古迹。按此古城即明米万春《蓟门考》、戚继光《蓟镇边防考》所载之插汉根儿，又名三间房、白庙儿。

[18] 见康熙《皇舆全图》。

[19]《马可波罗游记》，张星烺译，商务印书馆版，125 页。

[20]《圭斋集》："至元三年十二月，命也黑迭儿与张柔、工部尚书段天祐共同负责修筑大都宫城"。"至元二年，定都

于燕。八月，授也黑迭儿嘉仪大夫领茶迭儿局诸色人匠总管府达鲁花赤，兼领宫殿府。"

[21]《辍耕录》卷第十八《记宋宫殿》。

[22]《元史·舆服志四》。

[23]《元史·祭祀志》。

[24] 王士点《禁扁》。

[25] 陶宗仪《辍耕录》。

[26]《元代漠北酒局与大都酒海》，《穹庐集》韩儒林，上海人民出版社，1982.11。

[27]《辍耕录》卷五。

[28]《辍耕录》卷二十一。

[29] 萧洵《故宫遗录》。

[30]《元史》一一五，裕宗传。

[31]《辍耕录》卷二。

[32]《禁扁》。

[33]《元史·二十九，泰定帝记》。

[34]《元史·三十二，文宗记》。

[35]《辍耕录》卷二十一。

[36]《元史·卷六十四·河渠一》。

[37]《故宫遗录》。

第二节 明代宫殿

一、南京宫殿

明南京宫殿位于南京城东侧钟山西趾之阳（今中山门内御道街一带），坐北向南，前朝后寝，后妃六宫以次序列。南京宫殿的规制形成，大致经历了三个阶段：

第一个阶段：至正二十六年（1366 年）至吴元年（1367 年），解决了选址问题并奠定了明代宫殿基本模式，形成三朝二宫制度，"正殿曰奉天殿，前为奉天门，殿之后曰华盖殿，华盖殿之后曰谨身殿，皆翼以廊庑。奉天殿之左右各建楼，左曰文楼，右曰武楼。谨身殿之后为宫，前曰乾清宫，后曰坤宁宫，六宫以次序列。周以皇城，城之门南曰午门，东曰东华，西曰西华，北曰玄武"[1]。当时仅建一重宫墙，这里所说的皇城实为宫城（洪武六年于宫城外修建的皇城，当时称为"内城"[2]）。此为南京宫殿创建初期，朱元璋"敦崇俭朴，犹恐习于奢华"[3]，所以宫殿建筑较为简朴，摒去了雕琢奇丽的装饰。宫城的规模也较小，正殿之前仅有奉天门及午门二重门阙。

第二个阶段：洪武八年（1375 年）九月至十年（1377 年）十月。洪武八年四月朱元璋停止中都宫殿建设后不到半年就开始了大规模改作南京宫殿的工程。这次改造，首先加强了门的建设，午门翼以两观，形成阙门，中有三门，东西为左右掖门，奉天门左右建东西角门，奉天殿左曰中左门，右曰中右门，奉天门外两庑之间也有门，左曰左顺门，右曰右顺门，左顺门之外为东华门，右顺门之外为西华门。同时增建一些殿宇，如东华门内建文华殿，为东宫视事之所，西华门内建武英殿，为斋戒时居住之地等。

第三个阶段：洪武二十五年（1392 年），再次扩建大内，增加宫前建筑。改建金水桥，又建端门、承天门、长安东西二门[4]，向南直抵洪武六年建成的洪武门，遂成完整的明南京宫殿布局（图 2-5）。

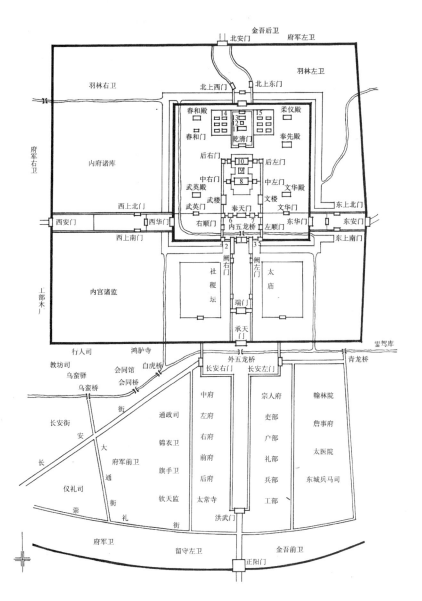

图中标注：

1. 午门
2. 右掖门
3. 左掖门
4. 西角门楼
5. 东角门楼
6. 西角门
7. 东角门
8. 奉天殿
9. 华盖殿
10. 谨身殿
11. 乾清宫
12. 省躬殿
13. 坤宁宫
14. 西六宫
15. 东六宫

图 2-5　明代南京皇城宫城复原图

南京宫城至今遗有东、北、西三面城壕，南面城壕仅剩东西两侧一段。现存城壕所包含的面积，东西宽 850 米，南北深 807 米，如果除去城壕与城墙之间的隙地，则推算出宫城面积约为 790 米×750 米。

南京宫殿的布局有以下几个方面特色：

（一）在选址上顺应自然，权衡各种利弊作出最佳选择（图 2-6）。宫城卜地于城东钟山之阳，背倚钟山的"龙头"富贵山，并以之作为镇山，放弃了对平坦的中心地带——原六朝及南唐宫殿旧址的利用，而采用填湖造宫的办法。究其原因，除了"六朝国祚不永"的忌讳外，不外是"（旧内）因元南台为宫，稍庳隘"[5]，不符合新王朝的要求，而且旧城居民密集，又有诸多功臣府第，大量拆迁有关人心向背；加之南京属丘陵地带，半地难寻，而因地就势依山而建，能创造出气象宏伟的效果。这种选址，在金陵有历史先例可循，六朝宫城便是选择在鸡笼山、覆舟山下的一片高河漫滩上，东濒青溪，西达五台，鸡笼山和覆舟山就像天然屏风拱卫于宫城之后。明代南京宫城以富贵山作为依托，并巧用原来的东渠作为皇城西城隍，将午门以北的内五龙桥、承天门以南的外五龙桥和宫城城壕与南京城水系相互连通，取得人工和自然相互辉映的效果（图 2-7）。而宫

113

城偏于城之东，则可减缓居中布局常带来的交通阻塞问题。因此南京宫殿选址是综合考虑地形地貌和社会心理因素而进行决策的结果。

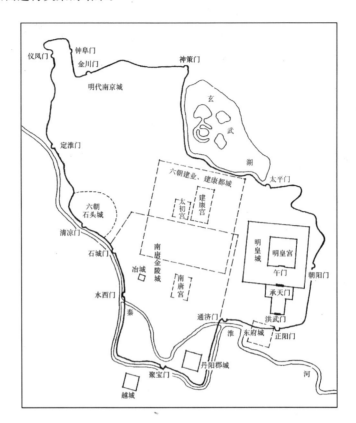

图2-6　六朝、南唐、明南京城郭图示

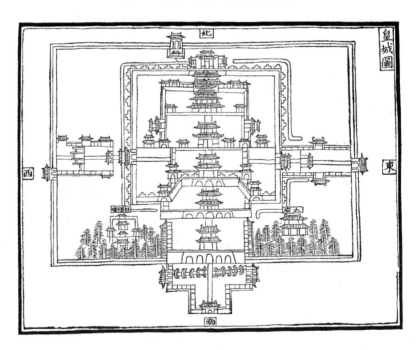

图2-7　《洪武京城图志》载南京皇城图

　　（二）在宫殿形制上，朱元璋力图恢复汉族文化传统的政治主张，集中表现为遵循礼制。即建筑形式的内容极力寻找礼制的依据：例如采用三朝五门，即《礼记》郑玄注所称，周天子及诸侯皆有三朝：外朝一，内朝二；天子有五门：外曰皋门，二曰雉门，三曰库门，四曰应门[6]，五曰路门[7]。但实际上，自战国以后，都城宫室制度中，循此制者无几，直到唐长安始有其意。这就是唐西内有五门（承天门、太极门、朱明门、两仪门、甘露门）和三朝（外朝承天门、中朝太极殿、内朝两仪殿）[8]。元失此制，明南京宫殿则又用此制，其五门为：洪武门、承天门、端门、午门、奉天门，三殿为：奉天殿、华盖殿、谨身殿。至于后妃六宫，按周礼，"天子后立六宫，……御妻以听天下之内治以明章妇顺。……夫人虽不分六宫，亦分主六宫之事，或二宫则一人也。"南京宫殿在历史上再次建立后妃六宫以次序列的形制，以趋合礼制的要求。关于门阙，《礼记》有"以高为贵"的规定。早在秦汉时期，高台建阙（观）就作为一种礼仪性的设置，标表入口以壮观瞻。唐代宫殿门阙已作匚形平面，并直接影响到五代洛阳五凤楼、宋东京宣德门。南京宫殿午门采用匚形高大门阙便是吸收这种传统建筑形式建成的。通过门阙的体量和所组成的空间，体现皇帝所需的崇高与威严。

此外，朱元璋还刻意借"天道"来加强礼制在宫殿建筑上的作用。所谓"礼者天地之序也"[9]。"故人者，其天地之德，阴阳之交，鬼神之会，五行之秀气也。故天秉阳，垂日星，地秉阴，穷于山川。播五行于四时和而后月生也。……故圣人作则必以天地为本，以阴阳为端，以四时为柄，以日星为纪，以月为量"[10]。讲究天人感应和礼制秩序的朱元璋，在南京宫殿中极力利用这些原则来强化皇帝至高无上的地位和礼制的权威。如在正殿之后建立乾清、坤宁二宫，象征帝后犹如天地；在乾清宫之左右立"日精门"、"月华门"，象征日月陪衬于帝后之左右；在东安门外者曰青龙桥，在西华门外者曰白虎桥，取自星宿二十八宿，以象征天津之横贯。在建筑的称谓上也采用一些拟天的象征手法，如前朝正殿名为"奉天"，意为奉天命而统治天下，明人的解释是"明人主不敢以一人肆于民上，无往非奉天也"[11]，以此强调新王朝的合法性与权威性。"华盖"本是星名，古称天皇大帝座上的九星叫"华盖"，象征明太祖统一天下是应帝星之瑞。"谨身"是说皇帝加强自身修养。

（三）开创了明清两代宫殿自南而北中轴线与全城轴线重合的模式。南京宫殿和衙署都沿着这条轴线结合在一起。从《洪武京城图志》载京城图中可见（图1-7），以南端外城的正阳门为起点，经洪武门至皇城的承天门，为一条宽广的御道，御道两边为千步廊，御道的东面分布着吏部、户部、礼部、兵部和工部等中央行政机构（只有刑部在皇城以北太平门外），西面则是最高的军事机构——"五军都督府"的所在地。御道尽头承天门前是长安左、右门形成的东西横街——长安街（广场）和外五龙桥，向北引延，经端门、午门、内五龙桥至奉天门，进入宫城。经三大殿两大宫抵宫城北门玄武门，至皇城北门北安门出皇城，正对钟山"龙头"富贵山，而以都城的太平门为结束。这种宫、城轴线合一的模式，既为南京特殊的地理条件使然，亦很突出地表达出封建集权统治唯我独尊的精神，成为后来明成祖朱棣迁都北京时改建北京城和设计宫城的蓝本。

南京宫殿是隆崇封建集权统治和严格的礼制秩序的典范，又是结合自然、顺应地势布置城、宫的杰出例子。但它的选址也存缺陷，如当时填湖建宫，虽然在工程做法上为避免地基下沉，采取了在基础下铺垫巨石和打桩以及用石灰、三合土分层夯实等方法，但到洪武末年已显出宫城南高北低宫中积涝不易排除的问题。又如由于宫城距外城太近，战时易受城外敌军威胁。所以后来太平天国攻占南京后，就没有用明宫殿来做天王府。

1421年朱棣迁都北京，改南京为留都，宫城仍存旧制，并委派皇族、内臣驻守。崇祯十七年（1644年），福王朱由崧一度在这里即位，历史上称南明王朝。经清代及太平天国兵火毁坏，现仅存午门、东华门、西安门以及内外五龙桥、柱础、碑刻等遗迹（图2-8～2-10）。

图 2-8 明南京午门遗存

两阙已无遗存

近年所建蹬道
两阙已无遗存

0 10米

图 2-9 明南京午门现状平面实测图

二、北京宫殿

自永乐十九年迁都北京到崇祯十七年明亡，二百余年间，北京宫殿是明朝的象征和政治中枢。自永乐创建之后，历朝多有增修和扩建。其间经历了如下几个阶段：

第一阶段：洪武元年（1368 年）至永乐十三年（1415 年）改造、利用元旧宫以作巡幸时期。

据《明太祖实录》："洪武三年七月，诏建诸王府，工部尚书张允文言：诸王宜各因其国择地。请秦用陕西台治，……燕用元旧内殿……上可其奏，命以明年次第营之"。《祖训录·营缮门》亦云："凡诸王宫室，并依已定格式起造，不许犯分。燕因元旧有，若王孙繁盛，小院宫室，任从起造"。可见，朱棣燕府是经明太祖特许利用元旧大内宫城，其正殿承运殿十一间应是仍元大明殿之旧[12]。

朱棣称帝后，于永乐四年（1406 年）闰七月曾遣工部尚书宋礼等分赴各地督民采木，烧造砖瓦，并征发各地工匠、军士、民丁，诏以明年五月建北京宫殿，以备巡幸[13]。但实际上营建工程并未如期动工，历时多年的"靖难之役"，对社会生产造成了严重破坏，加上为皇后徐氏建昌平寿陵（1409 年）及朱棣大规模征讨异族[14]，使财政支出大为增加，同时会通河"岸狭水浅，不任重载"[15]，漕运困难，建宫计划随之搁浅。但永乐七年，"礼部言，皇上将巡狩北京，旧藩府宫殿及门宜正名号，从之"[16]，随后北京宫阙名称按南京宫殿更改。

第二阶段：永乐十四年（1416 年）至永乐十八年（1420 年）创建新宫时期。

永乐十四年（1416 年）八月，为了营建北京大内宫殿，朱棣下令在北京作西宫，《明实录》载："初，上至北京，仍御旧宫，及是将撤而新之，乃命工部作西宫，为视朝之所"[17]。于是揭开了大规模营建的序幕。其址在太液池之西元隆福、兴圣二宫旧地。同年，清理元大内旧址，空出了建造新宫大内的地方。永乐十五年（1417 年）四月西宫成。"其制中为奉天殿，殿之侧为左右二殿，奉天之南为奉天门，左右为东西角门。奉天之南为午门，午门之南为承天门。奉天殿之北有后殿、凉殿、暖殿及仁寿、景福、仁和、万春、永寿、长春等宫，凡为屋千六百三十楹"[18]。

永乐十五年（1417 年），开始建造北京大内宫殿，"凡庙社、郊祀、坛场、宫殿、门阙，规制悉如南京"[19]，"而宏敞过之"[20]，共建屋 8350 间。十八年（1420 年）告成，并以迁都北京诏告天下。宫城（又名紫禁城）周六里十六步。正南第一重曰承天，第二重曰端门，第三重曰午门，东曰东华，西曰西华，北曰玄武，承天门前为左右长安门。宫城之外为皇城。永乐十七年又拓北京南城，形成宫城居中的宫城与都城的布局关系。在宫殿形制上按南京宫殿建三殿（奉天、华盖、谨身）、两宫（乾清、坤宁）及五门。午门两阙，中设三门，东西为左、右掖门。奉天门两侧为东、西角门，奉天殿之左右曰中左门、中右门及文楼、武楼。奉天门外两庑间有左顺门、右顺门、门外为文华殿、武英殿。其余金水桥、端门、承天门、长安东、西二门，都一如南京之制[21]。于是奠定了明朝北京宫殿的格局。

第三阶段：永乐十九年（1421年）至万历二十五年（1597年）完善时期。

北京宫殿落成不久，即永乐十九年（1421年），奉天、华盖、谨身三殿遭火灾[22]，次年乾清宫亦灾[23]。直到英宗正统五年（1440年）始重建三殿和乾清、坤宁二宫，灾后以奉天门为正朝的状况才得以结束[24]。至景泰六年（1455年）增建了御花房。天顺三年（1459年）经营西苑，新作太液池沿岸行殿三处：池西向东对蓬莱山者曰迎翠，池东向西者曰凝和，池西向南者曰太素。至此，北京宫殿及御苑基本完备。嘉靖一代，为明朝重建、扩建宫苑的极盛期，共有二十余处兴作。如：嘉靖元年（1522年）修建文华殿，易以黄瓦，凡斋居经筵及召见大臣等项俱御此殿（此原为东宫讲读之所，天顺中移于殿之东厢）；嘉靖十四年（1535年）改十二宫名（图2-11），于是十二宫名东西尽成对称；嘉靖三十六年（1557年），三殿及奉天门、文楼武楼等遭灾，次年，重建奉天门成；嘉靖四十年1561年，三殿重建竣工，并更名奉天殿为皇极殿，华盖殿为中极殿，谨身殿为建极殿，其他诸楼、门亦有更名。万历二十五年（1597年）又因灾重建二宫，并建交泰殿、暖殿、披房、斜廊及诸门等，形成完备的明代大内宫殿（图2-12）。其特色为：

（一）功能齐全，结构严整

明北京宫殿规模宏大，形制完备，机构繁多，朝廷与帝王、太后、太子等诸宫合于一城，但分区明确。在功能上，大体可分为外朝、内廷两大部分，前者（三大殿以南）是举行典礼、处理朝政、召见大臣、经筵进讲的场所；后者（乾清宫以北）是帝室居住、生活的地区。在主轴线上，由午门开端，自南向北为内五龙桥、奉天门、奉天殿、华盖殿、谨身殿、乾清门、乾清宫、交泰殿、坤宁宫、坤宁门、御花园，直抵北宫门玄武门。由午门往南依次为端门、承天门、外五龙桥、长安左右门、千步廊和皇城南门大明门，再南经正阳门抵嘉靖三十二年加筑的外城南门永定门。玄武门外往北依次为景山、皇城北门北安门，再以钟鼓楼作为结束，构成全城的整个轴线。宫城布局基本对称，在轴线左右，东路有文华殿、慈庆宫（太子东宫）、奉先殿（内太庙）、仁寿宫、东六宫、乾清宫东房五所等；西路有武英殿、慈宁宫（太后）、咸安宫（太后）、养心

图2-10　明南京故宫内金水河及五龙桥遗存

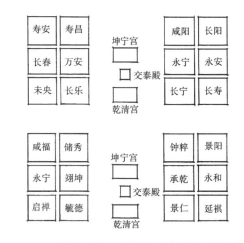

图2-11　明代北京宫殿嘉靖十四年前后十二宫名图

殿、西六宫、乾清宫西房五所等。还有内监各司房、膳房、酒房等以不对称形式参差其间。又有宫城北墙和西墙下的廊下家环于北、西两边。这样，由近千座单体建筑纵横组织在一起，又通过南北主轴线和东西两路的陪衬，使全局协调地统一起来，成为中国历史上无与伦比的布局严整、规模宏伟的大建筑群（表2-1）。

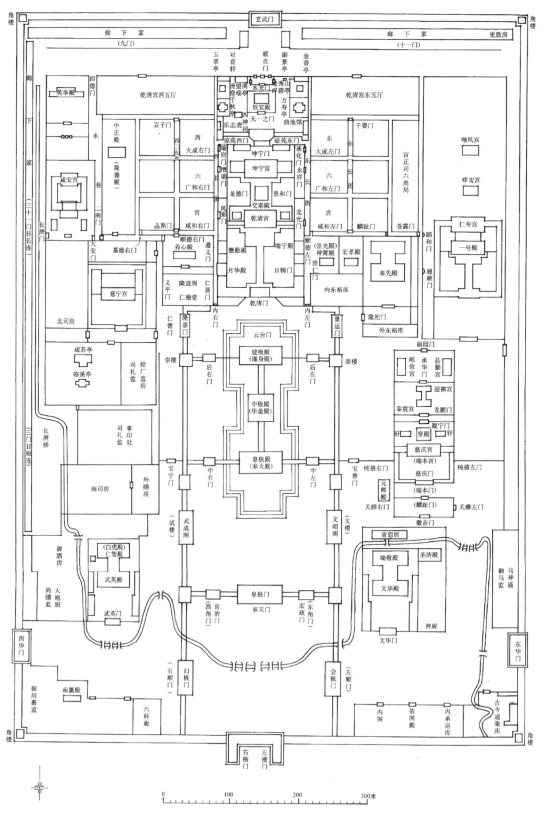

图 2-12　明代北京紫禁城殿宇位置图

位　置		建筑物名称	用　　　　途	备　　注
外朝	中路	承 天 门	颁示诏书,由承天门以绳缒下;在京法司审录重囚,俱于承天门东西进行	
		端　门	仪　门	
		午门、东华门、西华门、玄武门	紫禁城南东西北四门,午门为正门。百官待朝于此,门外架棚,覆以松叶,以免百官立风露下。大臣廷杖及行献俘礼也在午门进行。玄武门上置夜间所用更鼓	
		奉天门(皇极门、大朝门)及门外两庑	常朝之所,设御座称为"金台",皇帝每日在此决事;每年冬天颁赐年历日于此,仪典比于大朝会。东西两庑共 48 间,其中东 20 间为实录、玉牒、起居注诸馆;西 20 间为诸王馆及诸会典之馆。文武群臣朝见亲王于奉天门东廊	
		奉 天 殿(皇极殿)	行大朝会及策士等重典之处。殿前广庭为文武大臣序班次以及陈列仪仗之处	九开间(重檐,故立面为十一间)
		华 盖 殿(中极殿)	召见群臣;赐宴亲王;与内阁大学士商定一、二、三甲进士名榜等。又相当于前后两殿间的过厅,作圆顶	有穿堂联系三殿
		谨身殿(建极殿)	皇帝大朝时在此更衣,作准备	
		左顺门(会极门)、右顺门(归极门)	通东西华门及文华殿、武英殿之主要侧门。京官上奏本、接奏本均在左顺门,经筵(在文华殿举行)后在此赐宴大臣	
		云台门、云台左右门(后左门、后右门)	朝对阁臣,或于后左门为大臣出征赐宴	亦称"平台",在谨身殿之后,乾清门之前
	东路	文 华 殿	皇帝之别殿,为召见群臣、斋居、经筵之处。殿后穿廊与后殿相连。前殿进讲,穿廊日讲,后殿正字。殿内设孔子像	工字形平面,制作特精,初为绿琉璃瓦,后易黄瓦
		内　阁	内阁辅臣办事之处,为明朝政权要地	
		佑 国 殿	在文华殿南,内供玄武大帝	
		古今通集库	贮藏古今君臣画像及典籍	
		圣 济 殿	奉祀先医之处	
	西路	武 英 殿	皇帝之别殿,为召见群臣及斋居之处。皇后生辰,命妇朝见皇后于此殿,后殿(名仁智殿,俗称白虎殿)为皇帝死后停棺之处。有时供画士作画于此	
		南 薰 殿	凡遇徽号册封大典,内阁大臣率官员在此篆写金宝、金册	此殿今存,室内彩画为明代原物

中国古代建筑史

第四卷

元、明建筑

位　置		建筑物名称	用　　　途	备　　注
内廷	中路	乾清宫	皇帝正寝,宫后部设暖阁(隔内部为小间),共九间,分为上下两层,有天桥(楼梯),共设床27张,可供皇帝随宜居寝。殿庭内,合交泰殿、坤宁宫、斜廊、披房、暖阁诸门共110间	两旁斜廊与两庑相接,后有穿堂联结交泰殿、坤宁殿
		交泰殿	皇后所居,形制如穿堂,中有圆顶	
		坤宁宫	皇后所居,即中宫。环设斋轩:东安德斋、清暇居,西养正斋,北游艺斋	
	东路	东六宫及乾清宫东房五所	东宫妃嫔居之。其中靠中宫最近的承乾宫为东宫贵妃所居。其后的钟粹宫曾是皇太子所居,后改为龙兴宫	
	西路	西六宫及乾清宫西房五所	西宫妃嫔居之。其中靠中宫最近的翊坤宫为西宫贵妃所居	
	外东路	奉先殿	内太庙(与太庙相对,太庙象外朝,奉先殿象内朝)	殿九间,如太庙寝殿之制,每室供一帝一后
		端本宫(慈庆宫)	皇太子所居,后来皇子既冠也居于此	
		仁寿宫、哕鸾宫、喈凤宫	先朝宫妃养老之地	
		宫正司及六尚局	宫正司掌宫闱纠察责罚戒令。六局:尚宫,导引中宫;尚仪,掌礼乐起居;尚衣,掌服用;尚食,掌供膳;尚寝,掌燕寝;尚功,掌宫内女功	
	外西路	养心殿	宫前有向北之无梁殿,是明世宗(嘉靖)玄修炼丹之所	
		慈宁宫	太后之宫,前有花园,有池,池上有桥,有亭,有馆。为庭园式花园	
		隆德殿	道宫,原名玄极宝殿,供三清、玄武之神	
		咸安宫	太后居之	
		英华殿	佛殿,供番佛	
	后苑	钦安殿	供玄天上帝,为内廷祠宇	
	宫城周边地带	廊下家(长短连街)	宫中储材物处,有六店,共54门,二街。一街曰长连,一街曰短连。供众"长随"所住。各门栽枣树森郁。众长随制酒出卖,都人谓之"廊下内酒"	明武宗曾在此扮商贾,与六店贸易,争忿喧诟,晚宿廊下
		内监诸房、库	管理、供应宫中生活所需之场所。多处在宫城周边地带	
		苍露门	内廷东边门。凡冬天扫雪,三千军士由此出入	
		长庚门	内廷西边门,通长短连街。宫中淘沟及修造,夫匠由此出入。宫人病故,也由此门运出	

注:本表据孙承泽《春明梦余录》、窦光鼐、朱筠等《日下旧闻考》、朱偰《明清两代宫苑建置沿革图考》。

宫城的对外交通也秩序井然。午门是皇帝车驾出入口,百官朝会则由午门的左右掖门进入;东华门是平时京官入奏、内阁大臣出入之处;命妇于武英殿朝见皇后则由西华门进入;玄武门是后门,凡内监及夫役出入、皇帝去景山等都经此门。内廷两侧的边门(东面苍露门、西面长庚门)是杂役出入之处(参见表2-1)。

(二)承袭南京,继续发展

北京紫禁城格局的主体框架是永乐年间所确定的,被称为"规制悉如南京,壮丽过之"(《明史·舆服志》)。经遗址考察,北京紫禁城东西方向与南京宫城宽度约略相当,而深度则增二百余米(北京紫禁城东西宽760米,南北深960米)。由于轴线长度增加,和宫前城门体量加大,使它的壮丽程度超过了南京。

在永乐十八年(1421年)建成北京宫殿之后的二百余年中,由于不断扩建和改造,逐步增加了许多新内容,形成新的特色,其中最突出的两个方面是园林化(离宫化)和宗教渗入。

明初，朱元璋、朱棣建造宫殿的特点是政治目的较强，生活上强调节俭，因此宫中无园林的兴作。但随着后继者居安趋奢倾向的不断加强，园林的离宫的兴作与日俱增。明宣宗朱瞻基就把他祖父朱棣的供骑射用的东苑改建成斋居别馆，英宗又建为殿宇亭阁盛丽的正式离宫，到嘉靖、万历两朝，兴作尤盛，随着南内的出现、西苑的扩大与增建、万岁山的开辟、太后所居慈宁宫花园的坤宁宫后御园的兴造，北京宫殿的性质与内容已大异于明初的创建阶段。

另一方面，由于帝室佞佛崇道，北京宫中出现许多供佛场所和佛殿、道宫。如苑园内的建筑里大多供有佛像；万历二十九年（1601年）修万法宝殿，添盖佛殿连房[25]。还有明北京宫中特有的廊下家，除作为库储更鼓房、"长随"所住及门屋等外，均各有佛堂，以供香火，三时钟磬，宛如梵宫[26]。一段时间，甚至乾清宫中也供佛像。而内廷最重要的佛殿是宫城西北隅的英华殿，道宫则在其东侧的中正殿（隆德殿），前者殿内供奉西番佛像，后者殿内供奉三清、玄武诸神。这些建筑主要是为方便帝王后妃及其他人员经常性的宗教与祭祀活动而设立的。

再则，明代皇室成员日益繁多，宫女多至九千人，内监达十万人[27]，紫禁城内建筑密度增高，内廷除东西宫、东西房外，外东路、外西路也扩建了各种建筑物，作为太后宫、先朝后妃宫眷养老宫和各种服务性用房，使宫城成为一座面积达73公顷的硕大无比的建筑组合群体。

（三）建筑艺术成就

作为一种建筑形制的外在呈现，北京故宫创造出较前诸代更为强化集权统治的艺术风格。

中轴线——故宫的中轴线亦为整个城市的主干线和中轴线，自永定门至大明门经宫殿轴线抵钟鼓楼，将京城东西一分为二，整体轴线构架十分明确，宫城居中，表达出强有力的崇高气氛（图2-13）。

空间有序转换——一是以门为媒介，贯穿于整体秩序之中，起着空间的限定、转换与渗透作用（图2-14～2-17），同时门的形制也体现等级秩序；二是以廊庑为辅助，与殿堂、楼阁形成丰富的群体造型，并起到功能划分、交通引导及衬托主体等作用（图2-18～2-20）；三是通过不同的屋顶形式，表达尊卑秩序，强化专制气氛（图2-21），从而形成富有节奏的有序的建筑群体。

局部强化的处理——如建角楼以壮观；建高台突出三大殿；以至尊的黄色和龙凤图案作为北京故宫的装饰主调，如南薰殿尚存明代辉煌的龙纹藻井彩画（图2-22）；运用最高等级的数字和形制，从形式到内涵创造至高无上的气氛，如奉天殿用九开间、重檐庑殿等（图2-23）；对称的宫名、殿名、门名，增强了秩序和烘托了主体，如东西六宫名及乾清、坤宁通往东西六宫的门名（图2-24）。

图2-13　北京宫殿鸟瞰

图2-14　北京宫殿午门门道

图2-15　北京宫殿午门内侧

图 2-16　北京宫殿午门整体形象

图 2-17　北京宫殿协和门(清)——原为明代会极门(左顺门)

图 2-18　廊庑——划分内外空间

图 2-19　廊庑——衬托主体

图 2-20　廊庑——交通引导

图 2-21　北京宫殿三大殿的屋顶轮廓线

图 2-22　北京宫殿南薰殿龙纹藻井

图 2-23　明代所绘北京宫殿图

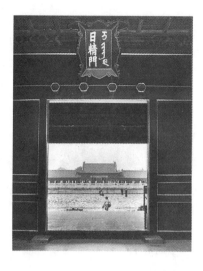

图 2-24 通往东西六宫有八座门，此为其中的日精门与龙光门

这样，北京宫殿从整体到细部综合地表达出一种皇权所需要的"奉天"的气氛和至高无上的地位。

（四）建筑技术的运用

在供水排水等方面，故宫有河道 12000 米左右，它从西北城角引护城河水从城下涵洞流入，顺西城墙南流，由武英殿前东行透迤出东南城角，与外金水河合，供防卫、防火、排水用。宫城内还有完整的沟渠系统，组织各庭院的地面水排入金水河，最后入护城河。排水坡度适当，全城无积涝之患。宫中用水，除帝王用水由城外玉泉山运来外，有井约 80 口，供其他人使用。

在防火方面，除河水、水井、蓄水缸之外（图 2-25～2-27），廊庑则每若干间设砖砌防火墙，屋顶用锡背。内廷东西宫的长街和高墙也起着防火减灾的作用，但由于三殿和两宫都采用穿堂连属的布局，且用斜廊将主殿和两庑连接（廊庑又环抱主殿一周），形成联络成片的建筑组群，因此一处着火，整片化为灰烬，如嘉靖三十六年（1557 年）雷火从奉天殿起，延烧三殿、两庑、文武楼及奉天门等十五门，全部烧毁；正德九年（1514 年）乾清宫起火也将这一区百余间殿宇一扫而光。

在采暖方面，多数寝宫设有地炕。其方法是在地下砌火道，在室外台基边开口设焚炭处，火道由外口处逐渐上坡，左右有分道。热气进入分火道，使室内地面升温，火道尽头左右有回气孔，仍由台基下排出，灰烟不大。这是北方民间取暖经验改进后在宫中的用法。

明代北京宫殿的建设，主要是以南京宫殿为蓝本，尤在形制上反映出一代统治阶级在思想体系与政治制度方面的一致性。但由于宫殿的建筑内容、规模、功能等不断扩大，同时在地域上，由于大都和北京一脉相承，所以在宫与城、宫与苑等的关系上又明显地沿用，从而北京宫殿继往

图 2-25 北京宫城内金水河

图 2-26 北京宫城城壕

开来，开创出北方建城立宫的皇家气派和风格，并形成宫城与大片水面太液池的均衡及人工与自然在城市中的协调。但由于南北轴线将城市一分为二，而宫城又居正中位置，所以带来城市东西向的交通困难。

李自成之乱，北京故宫建筑多半被焚。刘敦桢先生考证惟武英、谨身、钦安三殿未遭劫火[28]。朱偰先生则以情理推之，认为大内及十二宫，或焚毁殆尽，至于御花园中万春、千秋、金香、玉翠、浮碧、澄瑞、御景诸亭，以及僻在西北之英华等殿，未必遭焚[29]。从建筑构架具体考察，则谨身殿（建极殿）、三殿左右掖门、左顺门（会极门）、崇楼、武英殿、南薰殿、英华殿、咸安宫正殿、钦安殿、午门、紫禁城角楼均为明代原构（图2-28～2-37）。钟粹宫、长春宫、储秀宫及神武门虽清代经过维修，但并未改变明代初建时的构架形制（图2-38～2-42）。

综上所述，元时期宫殿的最大特色为汉蒙建筑文化的结合，一方面，有选择地吸收汉族传统宫殿的中轴对称，四隅设角楼，宫前广场与千步廊、金水桥、工字殿等，形成宫殿的主架构和防御性很强的整体外观；另一方面，在关系到统治阶级生活内容方面，保持众多蒙古习俗与特点，如斡尔朵制度、宗教和祭祀建筑、室内陈设装修等，使禁中充满浓郁的蒙族情调。还值得一提的是，上都和大都宫殿均有环水布置建筑的特点，上都在宫内御道两边临水自由布置建筑成院落，大都则大内和隆福、兴圣二宫分散设置于太液池东西两侧。其中原因除了利用地形——上都地湿多水易成池沼、大都利用金中都太液池离宫旧址——之外，应与蒙古人擅建离宫作为逐夏游猎休息场所的习俗有关，此外逐水而居对游牧民族非常必需，饮马、洗马都离不开水。《元史卷六十四河渠志》便有英宗至治二年为解决金水河洗马而修浚隆福宫前河的记载[30]。所以，从形式上看，元代宫殿临水而建，在成景方面有吸取汉族传统造景方面经验的特点，但直言之，也是蒙古人生活习俗使然。

图2-27　北京宫殿内蓄水缸

图2-28　英华殿

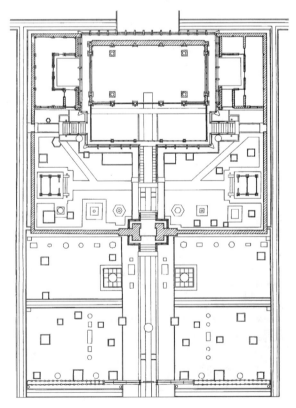

图2-29　钦安殿平面图

　　明朝宫殿，则体现出对传统礼制文化着力再兴的鲜明特色，从而使中国封建专制秩序在建筑形象的表现上走向了极端。从积极方面看，在强化某一主题表现的艺术创造上，在对"至高无上"境界的追求上，明代宫殿是一种成熟和进步；从消极方面看，由于过分强调宫殿在封建都城中的中心地位，带来城市生活交通不便等弊端，同时也使宫中变得枯燥单调。

　　宫殿形制是一朝一代政治和文化制度的最鲜明生动的缩影。元明两代宫殿都在这方面给历史留下了深刻的印迹。

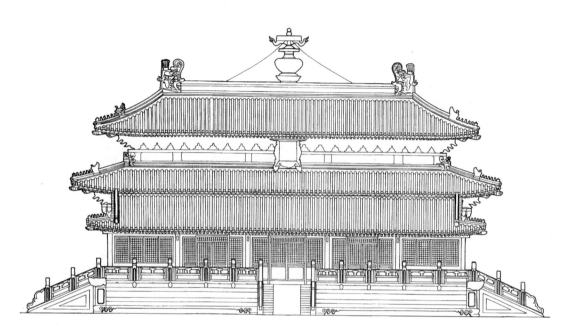

图 2-30　钦安殿立面图

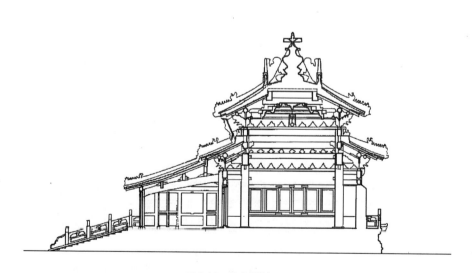

图 2-31　钦安殿剖面图

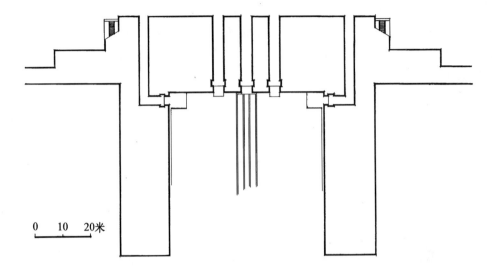

0　　10　　20米

图 2-32　午门城楼平面图

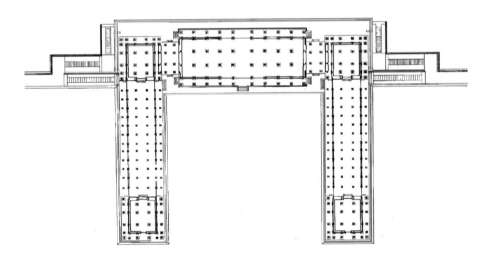

图 2-33　午门本层平面图

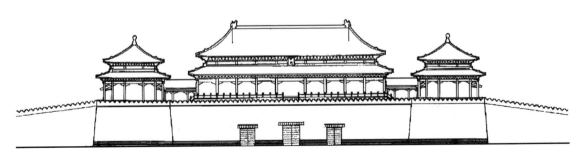

图 2-34　午门正立面图

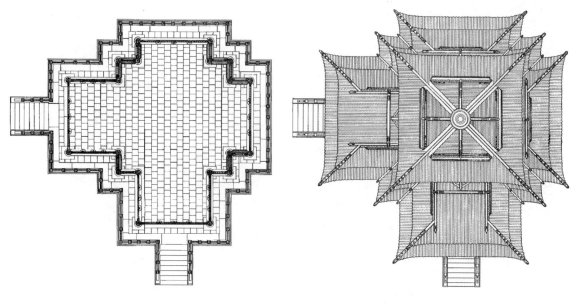

图 2-35 角楼本层平面图

图 2-37 角楼屋顶平面图

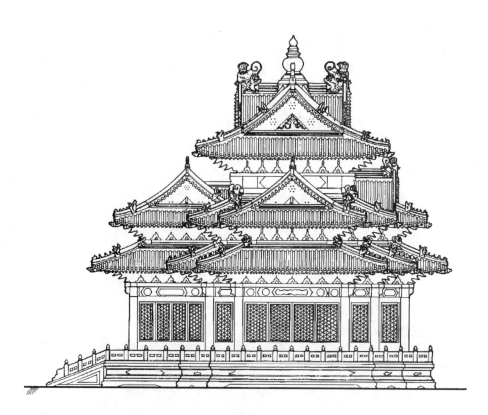

图 2-36 角楼后立面图

图 2-38　南薰殿

图 2-39　钟粹宫

图 2-40　储秀宫

图 2-41　长春宫

图 2-42　玄武门外观（清改称神武门）

注释

[1] 万历《大明会典》卷一百八十一。

[2]《明太祖实录》。

[3]《纪事本末》。

[4] 第二、第三阶段参见《明会典》。

[5]《明太祖实录》卷二一。

[6]《尔雅》"正门谓之应门，此主正治之朝门言也。"

[7] 李巡："应是当也，以当朝正位，故谓之应门，天子宫内有路寝，故应门之内有路门"。郑康成："路门者，寝者天子入而安身之地，静而复于道也"。转引自《古今图书集成·考工典第三十九卷·宫殿部丛考一》。

[8]《唐六典》。

[9]《礼记·卷五》。

[10]《礼记·卷四》。

[11]《明会要》1395 页。

[12]《明太祖实录》："洪武十二年十一月甲寅，燕府营造讫，绘图以进，其制：王城四门……门楼廊庑二百七十二间，中曰承运殿，十一间，后曰圆殿，次曰存心殿，各九间……自承运、存心周围而至承运门，为屋百三十八间，殿之后为前后三宫，各九间，宫门两厢等室九十九间。王城之外，周围四门，南曰灵星，……凡为宫殿室屋八百一十一间"。其正殿、棂星门、王城二重以及宏大的规模，都可隐约看到元旧大内的痕迹。

[13]《明实录》卷五十七；永乐四年"壬戌，文武群臣淇国公丘福等，请建北京宫殿，以备巡幸。遂遣工部尚书宋礼诣四川，吏部右侍郎师逵诣湖广，户部左侍郎古朴诣江西，右副都御史刘观诣浙江，右会都御史仲成诣江西，督军民采木"。并督军民匠造砖瓦，征天下诸色匠作。"在京诸卫及河南、山东、陕西、山西都司，中都留守司，直隶各卫选军士，河南，山东、陕西、山西等布政司直隶凤阳、淮安、扬州、庐山、安庆、徐州、和州选民丁，斯明年五月俱赴北系听政"。

[14] 永乐七年（1409 年）派丘福率精骑十万北征，次年朱棣又"自将五十万众出塞"，征讨鞑靼（《明史·鞑靼传》）。永乐十二年，朱棣又"发山东、山西、河南及凤阳、淮安、徐、邳民十五万，运粮赴宣府"，亲征瓦剌（《明史·成祖纪》）。

[15]《明史·宋礼传》。

[16]《明实录》卷八十七。

[17]《明实录》卷一百七十九。

[18]《明实录》卷一百八十七。

[19]《明太祖实录》。

[20]、[21]《春明梦余录》。

[22]《日下旧闻考》。

[23]《明史·成祖纪》。

[24]《明会要》七十二。

[25]《日下旧闻考》卷四十一。

[26] 黄瑜《双槐岁抄》卷四"宣庙御制文渊阁铭"序。

[27] 朱偰《明清两代宫苑建置沿革图考·自序》商务印书馆，1947 年。

[28]《中国营造学社汇刊》第六卷第二期。

[29] 朱偰《明清两代宫苑建置沿革图考》第一章。

[30]《元史卷六十四河渠志第十六》："隆福宫前河其水与太液池通，英宗至治二年五月奉敕云：昔在世祖时，金水河濯手有禁，今则洗马者有之，比至秋疏涤禁诸人毋得污秽，于是会计修浚，三年四月兴工。五月工毕，凡役军八百，为工五千六百三十五"。

第三章 坛 庙 建 筑

　　祭坛与祠庙都是祭祀神灵的场所。台而不屋为坛，设屋而祭为庙。坛庙建筑的历史远比宗教建筑长久，早在原始社会末期，我国已有坛庙建筑出现[1]。随着社会的发展，这类建筑逐步脱离原始宗教信仰的范畴而成为一种有明显政治作用的设施，统治者们越来越多地赋予君权神授、尊王攘夷、宗法秩序、伦理道德等巩固政权所需的精神内容，使之神圣化和礼制化。于是，坛庙建筑就有了特殊的意义和地位，在都城建设以至府县城建设中成了必不可少的重要项目。

　　元明两朝和历代统治者一样，也都利用这类建筑来加强其统治基础。但由于两朝的信仰与习俗不同，在利用的程度上有所差异。据记载，元朝的"五礼"都按蒙古旧俗举行，对中国传统的神祇在祭祀上只是"稍稽诸古"而已[2]。对一些坛庙建筑的营造也不甚重视（对此，本卷总论及第一章有详细论述）。不过，从精神统治目的出发，早在窝阔台（蒙古太宗）时期，他们就发现了儒学对笼络汉族士人的作用，因此开始尊孔抚儒，曲阜孔庙也得到修缮。随着忽必烈推行"汉法"的逐步深入，各种坛庙先后建造起来。但有些历来被视为十分重要的坛壝如北郊地坛等则始终未建，各种祀典也不完备，或虽有定制而并未执行，如南郊祭天，历朝都是皇帝亲祭，而元代直到第七代皇帝文宗才亲祭一次，其他都只派大臣"摄祀"，可谓疏略已极。祭天如此，中祀以下就可想而知了。所以《元史·祭祀志》评论元代轻于祀典时说："以道释祷祠荐禳之甚，竭生民之力以营寺宇者前代所未有，有所重则有所轻欤？"诚然，蒙古皇室和贵族对佛道成佛成仙的追求远远超过对礼制神灵的虔敬，对巫祝"亲见鬼神"的热情更甚于对幽远阔大难于捉摸的天地神祇的信赖。

　　明朝以继承汉族文化传统为标榜，朱元璋初定天下，"他务未遑，首开礼、乐二局，广征耆儒，分曹究讨"，在位三十余年间，他制定了一系列的礼制礼仪[3]，坛庙建筑也因备受重视而有了很大发展，《明史·礼志》中载入祀典的坛庙有数十种。修建南京、中都凤阳、北京时，都把太庙、天坛等坛庙列为与宫室、城池同等重要而一并兴建。府县列为通祀的坛庙有南、西、北三坛（即山川坛、社稷坛、厉坛）、城隍庙、孔庙等多种，尤其是城隍庙得到特别重视。各地相宜而建的祠庙则各有特点，如苏州府城有吴地开拓者太伯庙（亦称至德庙，因孔子称赞太伯三让王位而避居吴地为"至德"）及曾助吴王夫差兴国的伍子胥庙；沿海各地有天妃宫（庙）；衢州有孔子家庙（南宋时孔氏避金兵迁居于此）等等。其他如东岳行祠（宫）、关帝庙、八蜡庙、文昌祠、龙王庙、水神庙、土地庙等都是任意起造，"神能为民御灾捍患则祀之，前代名贤烈士为后人所慕者则祀之"，只要不是有碍封建秩序的"淫祠"，官府就不加干预，所以每个城镇都有不少这类祠庙，正德《姑苏志》所载明代苏州城内就有50余所各类神祠。一些卫所城镇还有众多与战争有关的神祠供祭拜，以便为卫所军民提供精神依托。至于官员及其后裔所建家庙，则更是遍布全国城市、乡村。所以明代是坛庙祠宇建筑发展的兴盛期。

中国古代信奉万物有灵的观念，朱元璋就说过："天生英物，必有神司之"[4]。也就是说自然界中大至天地日月山岳河海，小至五谷牛马沟路仓灶，都有神灵司之于冥冥之中，人是万物之灵，圣贤英雄仁人义士死后奉之为神更是顺理成章的事。这样就形成了庞大的神灵系统。坛庙建筑也相应地成了一个广泛而芜杂的类型。元明时期的坛庙建筑就其祭祀对象而言，大致可以分为两大类：第一类是祭祀自然神的场所，包括天上诸神如天帝、日月星辰、风云雷雨之神，以及地上诸神如皇地祇、社稷、先农、岳镇海渎、城隍、土地、八蜡等等；第二类是祖先和圣贤英雄之庙。以下对天神、地神、祖先、圣贤四种坛庙建筑分别进行论述。

第一节 天神坛

一、天坛

祭天是皇帝的特权，皇帝登极必告天地，表示"受命于天"，承天意而治国，故称"天子"。古代对天地日月等自然神的祭祀都在都城郊外进行，因而这类祭祀活动统称为"郊"。历史上，自汉以后，"郊"在都城总体布局中的位置是按照阴阳五行的思想确定的。"凡祀分阴阳者，以天地则天阳地阴，以日月则日阳月阴，以宗庙则昭阳而穆阴"[5]。南属阳位，故祭天于南郊，北属阴位，故祭地于北郊。

蒙古兴起于朔漠，历来也有拜天礼，但仪式简单，所谓"衣冠尚质，祭器尚纯，帝后亲之，宗戚助祭"[6]。宪宗蒙哥时（1252年）才开始冕服拜天于日月山，并用孔子五十一代孙孔元措之言，天地同祭，祭时配乐，立天帝牌位，这种状况大概一直持续到至元十二年（1275年），忽必烈为了接受"尊号"，才在大都丽正门东南七里处设台祭天地神位，但这还不是传统意义上的"南郊礼"，只是一种临时对天地的祷告，祭台也不是按圜丘之制建造，祭仪仍按蒙古旧俗。成宗大德九年（1305年），才因多天灾而在大都南郊正式建坛。按周礼制，坛作三层，每层高八尺一寸，以符乾之九九。坛面用砖铺砌。坛外设二壝[7]，壝各有门四。壝外又有外墙一道，墙上南有棂星门三座，东西各一座。燎坛、香殿和其他附属建筑（如执事斋房、神厨、祭祠局、演乐堂、雅乐库、省馔殿、馔幕殿等）都设在外墙内。坛区总占地面积约三百亩[8]。

元末，朱元璋在应天府（今南京）登吴王位，便建圜丘于钟山之阳，建方丘于钟山之阴。登帝位后，又于洪武四年扩建天地坛。洪武十年，太祖忽感分祭天地，情有未安。"因人君事天地犹父母，不宜异处"[9]。于是改为天地合祭，仿古明堂之制，即圜丘旧址改建为殿，名曰"大祀殿"（图3-1）。正殿十一间，两庑各31间，大祀门五间，殿后天库五间，形成廊庑环绕的院落。再在殿庑外，环围墙二重：内围墙之内称为内坛，南有石（券）门三洞，直对大祀门；外围墙周长九里余，南有石（券）门三洞，直对内围墙的南门。从大祀门向南出内外石门有甬道三条，中间一道是神道，东（左）是御道，西是王道，是分别供神灵、皇帝、诸王在祭祀时行进的路线。这三道都高出两旁地面，以示与一般从祀官员的区别。皇帝的斋宫设在外墙内的西南，东向。坛区内遍植松柏[10]。

成祖迁都北京，永乐十八年（1420年）依南京规制在南郊建大祀殿[11]（图3-2）。此后的百余年均合祀天地于大祀殿。

嘉靖九年（1530年）明世宗以合祭天地于殿内不合古制为由，于大祀殿南神门外另作圜丘（天坛），恢复露天祭祀，又另立方泽（地坛）于北郊，实行天地分祭。同时立东郊（朝日坛，省

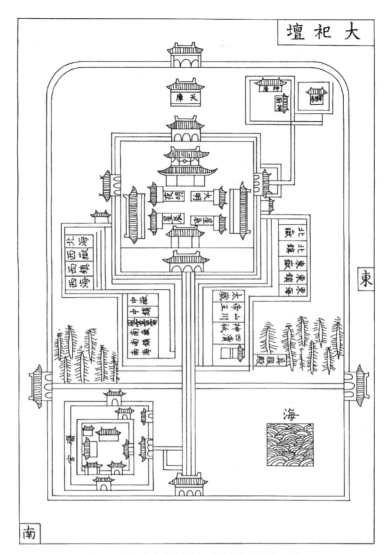

图 3-1　明初南京大祀坛图(摹自《洪武京城图志》)

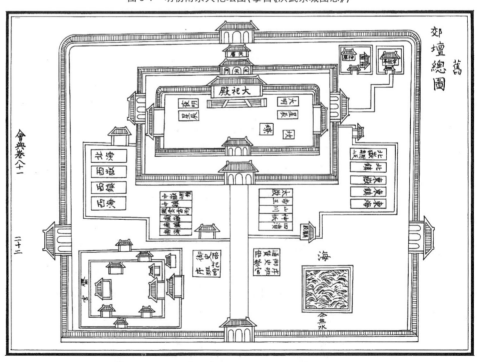

图 3-2　《大明会典》载永乐"郊坛总图"

称日坛）、西郊（夕月坛，省称月坛），从此成为定制，直至清代未变。原有的大祀殿，自实行天地分祭后，仅嘉靖十年正月在此祈谷。嘉靖二十年，又拆去原大祀殿，由嘉靖帝新定形制，在旧址按照明堂性质造殿，名曰"泰享殿"（即大享殿）[12]。

明北京天坛

天坛位于北京内城外正阳门东南侧；主要入口面西。总面积二百七十三公顷，约四倍于北京故宫紫禁城（图 3-3）。天坛现存的地面建筑虽然大部分属清代所建，但其布局仍为明嘉靖改制后所遗，其中祈年门、斋宫等建筑则是明代原物。

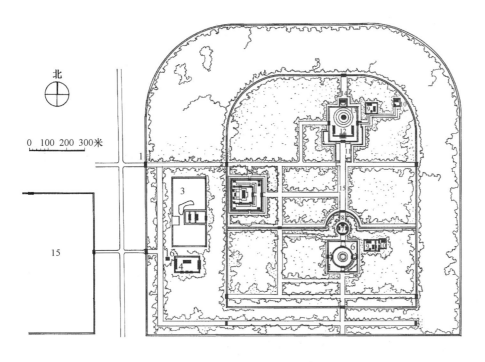

1. 坛西门
2. 西天门
3. 神乐署
4. 牺牲所
5. 斋宫
6. 圜丘
7. 皇穹宇
8. 成贞门
9. 神厨神库
10. 宰牲亭
11. 具服台
12. 祈年门
13. 泰享殿
14. 皇乾殿
15. 先家坛

北

0 100 200 300米

图 3-3　北京天坛总平面图

天坛是圜丘与泰享殿的总称，由内外两重坛墙环绕，分内坛和外坛，围墙平面呈南方北圆，象征天圆地方。天坛的建筑按其性质可分为四组：在南北轴线上，南有祭天的圜丘坛，皇穹宇；北有祈祷丰年的泰享殿；内坛墙西门内南侧是皇帝祭祀前斋宿用的斋宫；外墙西门内建有饲养祭祀用牲畜的牺牲所和舞乐人员居住的神乐署。在总平面布局上，圜丘与泰享殿是天坛建筑的主体，圜丘形体扁平伸展，泰享殿三重檐攒尖顶，高耸向上，和谐地统一在圆的构图之下，两者之间相距约 400 余米，由南低北高宽二十八米的甬道连成一个整体，加之茂密的柏林的衬托，形成了一种宁静肃穆的祭祀气氛。它不仅创造出了优秀的建筑，也创造出了非凡的环境，从而成为我国建筑史册上的一颗明珠。

圜丘是露天的圆形祭台（图 3-4）。坛三层，每层坛面及周围栏板柱子，皆为青色琉璃（清代改为白玉石）。每层之面径、台高、墙墙高其尺寸均用九、五作为基数或尾数。中国历来视九、五为帝王之尊，故用此数来表示对天帝的崇敬。坛外有墙墙两重，内墙圆形，外墙方形，墙墙四面各设白玉石棂星门，南三，东西北各一，共六座（清代改为四面各三座）。西南有望灯台，长杆悬大灯。内墙外东南有燎炉、毛血池。圜丘的附属建筑有皇穹宇、神库、神厨、宰牲亭、祭器库、乐器库等。

皇穹宇是平时用以存放"昊天上帝"神位的地方（图 3-5）。明嘉靖九年创建，初名"泰神

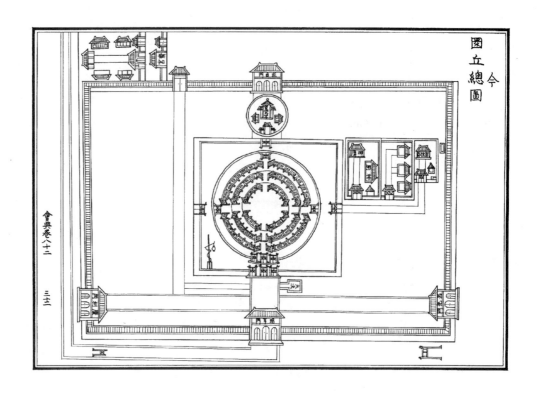

图3-4 《大明会典》载嘉靖"圜丘总图"

殿",嘉靖十七年改称"皇穹宇"。为重檐圆攒尖顶小殿（清乾隆时改单檐攒尖顶）。殿前东西各建
配殿一，存放圜丘从祀的神位。外再以圆形围墙环绕。

皇帝祭天于每年冬至日举行。祭祀之前，天子要斋戒告庙，并省视献神的牺牲和祭器。祭前
一日，皇帝出宿于南郊斋宫。祭天之日，请皇穹宇昊天上帝神位及东西配殿从祀神位安于圜丘神
坛。神坛上层供奉上帝，南向；以太祖配，西向。第二层有从祀坛四：东大明，西夜明；次东星
辰，次西风云雷雨。祭时奏乐伴舞，燔柴臭天，以迎帝神降临。天神降坛后进行祭祀仪式——行
三献礼、赐福胙等。礼毕，将祭天的牺牲、玉帛等在燎炉燔燎焚烧，将神送回天上，并送诸神位
于皇穹宇。至此，祭仪结束。

泰享殿（同大享殿）在天坛北半部（图3-6、3-7），前身为创建于明永乐的大祀殿，嘉靖二十
四年（1545年）改建成"泰享殿"〔清乾隆十六年（1751年）改称祈年殿〕。原意作为秋末大享祭
天之用，但后来未行，大享礼仍在宫中玄极宝殿（即钦安殿）举行。

泰享殿三重檐攒尖圆顶的上檐用青色琉璃瓦，中层檐用黄色，下檐用绿色（清乾隆十六
年改纯一青色），象征天、地、万物。大殿矗立在高六米的三层汉白玉石基上，其前两侧建有
东西配殿。外绕方形墙墙一重，形成一组建筑群。大享殿前有门（清称祈年门），面宽五间三
门庑殿琉璃瓦顶（图3-8、3-9），大享殿后又有皇乾殿，它与大殿的关系恰如皇穹宇与圜丘的
关系。

斋宫在天坛西天门以南（图3-10、3-11），外围有围墙两重，并以"御沟"环绕，戒备甚严。
外沟内岸四周有回廊一百六十三间。宫东南正殿五间是砖券结构的"无梁殿"式建筑，正殿月台
上有斋戒铜人亭（铜人高一尺五寸，手执牙简，上书致斋天数，以示告诫）和时辰牌位亭，殿后
有寝殿五间，东北隅有钟楼一座（图3-12～3-15）。

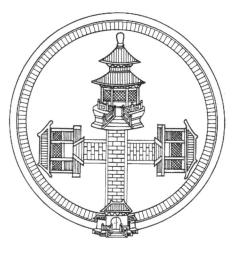

图 3-5 《大明会典》载嘉靖"皇穹宇图"

图 3-6 北京天坛泰享殿（祈年殿）建筑群

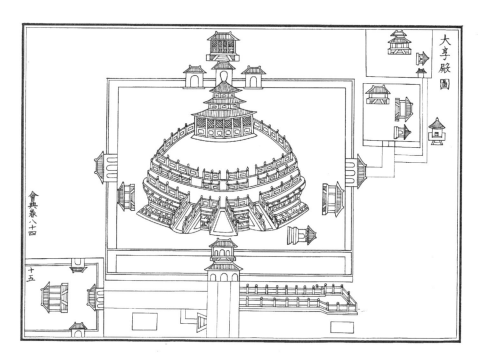

图 3-7 《大明会典》载嘉靖"大享殿图"

图 3-8 北京天坛祈年门

图 3-9 天坛祈年门匾

图 3-10　北京天坛斋宫宫门

图 3-11　天坛斋宫御河

图 3-12　天坛斋宫正殿

图 3-13　天坛斋宫钟楼

图 3-14　天坛斋宫斋戒铜人亭

图 3-15　天坛斋宫时辰牌位亭

　　天坛作为皇帝祭祀至高无上的"昊天上帝"的礼制建筑，它的创作中心思想是要表示皇帝祭天时与天对话的那种神圣、崇高、庄严、肃穆的氛围，因此，从总体到细部都极力施展各种建筑艺术手段，并把中国古代对天的理解和想象转化为建筑语言，以此来表达对天的虔敬和塑造所需的环境氛围。成功的努力终于使天坛成了我国历史上思想性最强和艺术性最高的建筑群之一。从天坛现存布局和部分明代建筑中，我们仍能领略到当年的风采。归纳天坛所采用的建筑语言，主要有以下几个方面：

阴阳定律——按照阴阳学说，天为阳，高高在上；地为阴，静静在下。所以祭天于南郊，就阳位；祭地于北郊，就阴位；祭天圜丘，取其因高之义，"贵在昭天明，旁流气物"，故嘉靖帝在择地建筑圜丘时提出："圜丘祀天，宜即高敞，以展对越之敬"，要求圜丘"务须体势峻极，可与大祀殿等"[13]，于是便产生了我们今天在天坛建筑中所感受到的那种威严、崇高、旷达的空间意境。在建筑细部处理上，用阳奇之数来决定天坛的各部尺寸，如坛的层数、层高、直径及坛上铺石的数量尺寸等，来隐喻天阳地阴的概念。在建筑中系统地运用数字这种带有隐喻性或象征性语言是中国特有的象征主义建筑创作手法。

"天圆地方"——中国古代的"盖天说"认为："天圆如张盖，地方如棋局"[14]，这个天圆地方的概念长久地积淀在人们的心中，成为一种传统的认识定势。所以在天坛建筑中也到处表现出这个概念，墙平面的南方北圆；内外墙的内圆外方；用圜丘（圜同圆）表示天的形象。

"坛而不屋"——中国古人祭祀天地神灵的场所是不建房屋的，因为认为天地的本性纯朴自然，不尚华饰，所以人们应依照天地的本性用最自然质朴的东西来表达对神灵的诚意。于是积土为坛，不加雕饰，仅设幕布围成的临时帐篷，《周礼》称之为"大次"、"小次"。大次是在坛墙之外，供皇帝及陪祀官员斋戒、住宿之用，小次在坛的旁边，是举行祭祀活动时的临时退息之处。至宋代大次才变为斋宫。同时，祭祀值雨雪，终有不便，故而产生瞭望祭殿的建筑，祭祀时遇风雨可在其中望祭。明洪武初，太祖虑"坛而不屋，或骤雨沾服"，于圜丘"建殿九间，为望祭之所，遇雨则于此望祭"[15]。洪武十年（1377年），皇帝"感斋居阴雨"，"当斋期必有风雨，临祭乃止，每以为忧"[16]，干脆"即圜丘旧址为坛，以屋覆之，命曰大祀殿"。彻底改变了古代建坛的原意，所以嘉靖时，认为大祀殿不符合古制而重设了圜丘。

"柴燎祭天"——在祭天仪式中，首先是奏乐伴舞，又用柴火焚烧牺牲迎天神，"使烟之臭上达于天，因名祭天曰燔柴也。"祭毕，又要把祭品送燎所焚烧，送天神返回。相反，因地神住在地下，所以就要将毛血埋入地下。因为"天神在上，非燔柴不足以达之。地示在下，非瘗埋不足以达之"[17]。这种祭法很明显地是根据天地的自然属性而想象出来的一种方式，带有巫祝式的原始宗教色彩。燔柴的台称燎坛，瘗埋的地称瘗坎。天坛设燎坛，在圜丘之南，凸起，表示阳性；地坛设瘗坎，在方丘之北，凹下，表示阴性。但明代已不用燎坛而用燎炉，且圜丘兼有瘗坎，而方丘又兼有燎炉了。

二、日月坛

"天无形体，悬象著明不过日月"。故对日月的祭祀要早于对天的崇拜，及至创立了"天"及"天帝"这一最高神，对日神的崇拜才始衰落，祀典也较天地降低一级。按礼制，祀日月于郊：日坛在东郊，月坛在西郊，祭日在春分之朝，祭月在秋分之夕，这是对日月的正祭。另外郊祀天地常以日月从祀。祭日神与祭天神一样，为便于人和神接近，"祭日于坛"[18]。元制，日月从祀于南郊圜丘，不设正祭。明初，按周礼于南京设坛专祀日月。朝日坛于城东门之外，夕月坛于城西门之外。洪武二十一年（1388年）以日月已从祀于南郊大祀殿，罢朝日、夕月之祭。嘉靖九年（1530年），复明初分坛专祀旧仪。每逢大十为甲、丙、戊、庚、壬之年，皇帝亲自祭日，余则由文臣代祀。每逢地支为丑、辰、未、戌之年时，皇帝亲自祭月，余则由武臣代祀。

现北京日月坛建于明嘉靖九年（1530年）。朝日坛在北京城东朝阳门外，夕月坛在北京城西阜成门外。两坛"坛制有隆杀以示别。朝日，护坛地一百亩；夕月，护坛地三十六亩"[19]。

日坛为一层方坛（图3-16），西向。方广五丈，高五尺九寸，阶九级，均为阳数。坛面为红琉璃，以象征太阳（清改为方砖墁砌）。四周为圆形壝墙，仍有天圆地方的寓意。西壝墙设有白石棂星门三座，其余三面各一座。西门外有燎炉、瘗池，西南为具服殿，东北为神库、神厨、宰牲亭、灯库、钟楼等（钟楼已坍塌拆除），北为遣官房。外围围墙前方后圆，西、北面各设三开间神门一座。西天门内迤南为陪祀斋房，外围墙西北有石坊，曰礼神街。每年春分以寅时行祭礼，迎日出。

夕月坛与朝日坛相对，也为方坛（图 3-17）。坛东向，坛制基本如日坛，但用阴数，坛面用

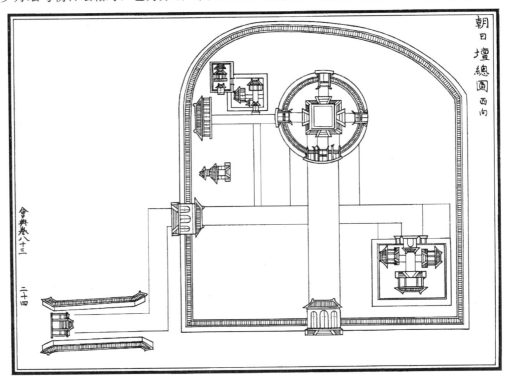

图 3-16 《大明会典》载 "朝日坛总图"

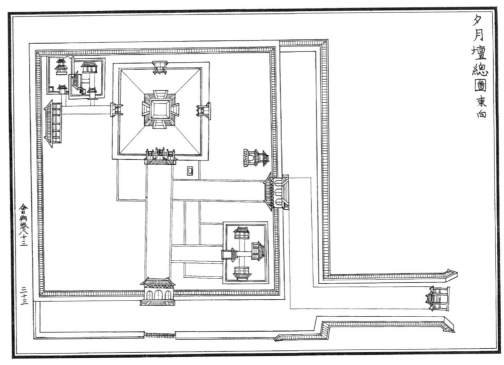

图 3-17 《大明会典》载 "夕月坛总图"

白石，墙墙四面为正方形，不设燎台，只设瘗池。其他附属建筑布局如具服殿、神库神厨等与日坛相同。每年秋分亥时行祭礼，迎月出。月坛同时配祀二十八宿、木火土金水五星及周天星辰。

三、星辰、太岁、风云雷雨等坛

星辰坛——祭祀天地时从祀的星神数以百计，而主要的是五星、二十八宿。元制，星辰从祀圜丘。至元五年（1269年）后，每年二分（春分、秋分）、二至（夏至、冬至）在司天台祭星。明初如唐制，立司中、司人、司禄坛于城南祭之。洪武四年（1371年）特辟专殿祭祀周天星辰，正殿设坛十，祭仪如朝日仪。二十一年，以星辰既从祀南郊，罢荧星之祭。

太岁坛——太岁，本是古人设想的一颗在地下与岁星运行方向相反的星，星占术士认为它的方位与战争胜负、土木兴建、谷物收获丰歉有很大关系[20]。最早祭祀太岁的是元朝，但也无常典[21]，明代始重其祭。明初太岁与风云雷雨等合祀一坛，春秋祀之，并非专祀，且室而不坛。嘉靖十一年建太岁坛于正阳门外之西的山川坛内，东与天坛相对。其坛制同社稷而尺度减杀。正殿太岁殿（图3-18、3-19），南向七间单檐歇山顶祀太岁神。东、西配庑各十一间，东庑祀春秋季的神六位，两庑祀夏冬季的神六位。正殿之南为拜殿七间，帝亲祭于拜殿中（图3-20～3-22）。殿之东砌燎炉，殿之西为神厨神库等。

风云雷雨坛——元朝在立春后丑日祭风师于东北郊，立夏申日祭雷雨师于西南郊。仁宗延佑年立风雨雷师坛于上述二郊。明初如元制，洪武二年礼官奏："天地之生物，动之以风，润之以雨，发之以雷，阴阳之机，本一气使然，而各以时别祭，甚失享祀本意"。遂合风云雷雨等祀于一坛，春秋祀之。嘉靖九年分风伯、云师、雨师、雷师为天神，岳、镇、海、渎、钟山、天寿山、京畿天下名山大川之神为地祇，十年建天神、地祇二坛于先农坛之南（图3-23），天神坛南向，地祇坛北向。王国及府县筑风云雷雨坛于城西南。民间对雷神、风伯、雨师也常建有专祠奉祀。

此外，明嘉靖皇帝曾在太液池东北隅敕建"雷霆洪应殿"，专祀雷神。内有坛城、轰雷轩、啸风室、嘘雪室、灵雨室、电室、演妙堂等建筑。在太液池东，芭蕉园附近，还建了一座五雷殿。

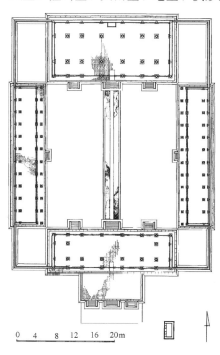

0 4 8 12 16 20m

图3-18 北京太岁殿总平面

图3-19 北京太岁殿正殿外观

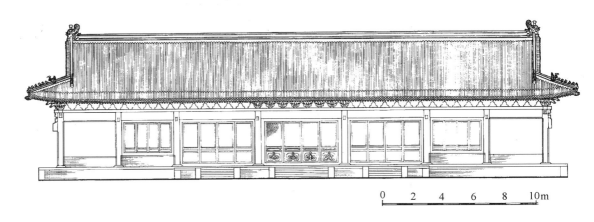

图 3-20　北京太岁殿拜殿立面

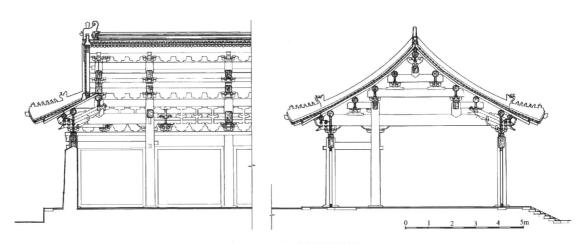

图 3-21　北京太岁殿拜殿剖面

图 3-22　北京太岁殿拜殿外观

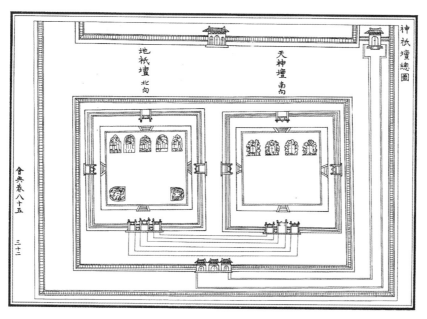

図 3-23 《大明会典》载嘉靖神祇坛总图

注释

[1] 近年在内蒙古、辽宁、浙江等地发现了一批中国最早的祭坛和个别神庙，它们分别属于原始社会的细石器时代文化、红山文化和良渚文化，距今约五、六千年。

[2]《元史·祭祀志》："元之五礼皆以国俗行之，惟祭祀稍稽诸古"。五礼为吉礼、嘉礼、宾礼、军礼、凶礼。

[3] 见《明史·礼一》，太祖"在位三十余年，所著书可考见者，曰《孝慈录》，曰《洪武礼制》，曰《礼仪定式》，曰《诸司职掌》，曰《稽古定制》，曰《国朝制作》，曰《大礼要议》，曰《皇朝礼制》，曰《大明礼制》，曰《洪武礼法》，曰《礼制集要》，曰《礼制节文》，曰《太常集礼》，曰《礼书》"。

[4]《明史·礼志》礼四·马神。

[5]《古今图书集成·礼仪典·天地祀典》。

[6]《元史·祭祀志·郊祀上》。

[7] 壝是一种围于坛外的矮墙，天坛之壝高八尺一寸，地坛之壝高六尺。均见《明史·礼志》。

[8]《元史·祭祀志》，《元史·成宗本记》。

[9]《明史》卷四十八，礼二。

[10]《明史》卷四十七，礼一。

[11]《大明会典·郊祀》，《明史》卷四十七，礼一。

[12] 明世宗的这一改革，有其原因。按古礼，帝王祭天有三：圆丘、明堂、泰山封禅。南郊祭天，以始祖配位；祭于明堂，则以当世皇帝之父配位。而"严父莫大于配天"，是对先王尊敬孝尽的最高形式，因明武宗无子，世宗是以武宗的堂弟而入继大统，其生父虽已尊为兴献皇帝，但尚无庙号，不能在太庙中占有位置，故世宗借复古礼建明堂之名，为其生父尊庙号称宗，争得入祔太庙与配享上帝的地位。

[13]《明会要》。

[14]《晋书·天文志》。

[15]《大政记》。

[16]《明会典》。

[17]《祭法·孔颖达疏》。

[18]《周礼·郑颖疏》。

[19]《明史》卷四十九，礼三。

[20] 关于太岁的说法有的谓年太岁、月太岁等。年太岁又称太阴、青龙、天一。

[21]《明史》卷四十九："元每有大兴作，祭太岁、月将、日值于太史院"。

第三章 坛庙建筑 第一节 天神坛

141

第二节　地神坛庙

一、地坛

地坛所祀之地，是相对于"天"而言的，称"皇天"和"后土"，代表的是一种抽象的宇宙观，属于阴阳相对的哲学范畴。元朝无地坛之设，合祀于圜丘。明初朱元璋建坛于钟山之阴，后合祭天地于大祀殿。嘉靖九年（1590年）改革坛庙制度，创建地坛于都城之北。

明北京地坛

地坛又名方泽坛，在明北京城北安定门外东隅，坐南面北（图3-24）。坛内按祭祀活动的要求，形成若干组建筑群，其中包括位于中轴线的祭祀部分——方泽坛和皇祇室；西北隅的斋宫及銮驾车库、遣官房、陪祀官房；西北隅的神厨、神库、宰牲亭、祭器库等辅助建筑。外有壝墙两道，四向各设门一座，北门为正门，西门外有泰折街牌坊，是皇帝祭前进斋宫的入口。每年夏至黎明日出之时，皇帝至此行祭礼。坛上层设皇地祇神位，太祖配享，第二层设五岳、五镇、四海、四渎从祀位。按天圆地方原理，地坛平面为正方形，二层，上层方六丈，高六尺二寸，下层方十丈六尺，皆用黄色琉璃、青白石筑砌，每层八级台阶。各数均取双数。正如九代表天一样，六、八之数代表地。古人认为地为阴，阴者为凹陷之物，"为下必于川泽。"北郊方丘，理应建于水泽之中，故坛周围水渠一道，祭祀时由暗沟引水，意为泽中之丘。其外为坛壝，有棂星门四座，仅正北方棂星门为三开间，其余三面各为一开间。皇祇室位于地坛之南，在方坛轴线的尽端，是一座五开间的单檐歇山顶建筑，施黄色琉璃瓦，呈四合院形式。是平时供奉皇地祇神位的地方。

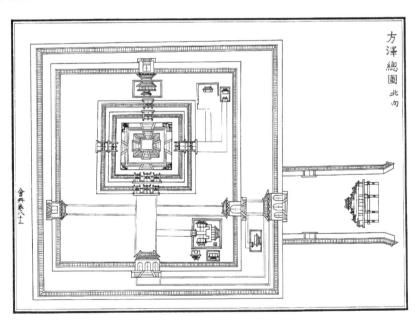

图3-24　《大明会典》载嘉靖"方泽总图"

受"天尊地卑"影响，与天坛相比，地坛建筑群运用更为简单的基本建筑元素（如门、墙、地面、台基等）及一系列方形几何母题的组合。

二、社稷坛

社是五土之神。社坛和地坛尽管都是对土地进行祭祀，但概念却不同：地坛所祭是和天神对应的地神；而社坛所祭的"地"，代表的是一种具体的地域性土地概念以及土地"生物养人"的功能。这就产生了中国祭祀制度中一个非常奇特的现象，即宇宙观上的地，惟天子得祭；而区域性的地，则是自天子以至庶人，人人皆得祭，其不同者，仅在于所祭范围的不同，"普天之下，莫非王土"，故天子祭的是全国的土地，各王国、郡邑则以所辖土地立社致祭，故府有府社，州有州社，县有县社，里有里社。稷是五谷之神，谷类众多，不可遍敬，故立稷为代表而祭之[1]。

元朝社稷坛，建于至元三十年(1293年)，在元大都和义门内稍南，占地四十亩。元朝以前，社稷二神是分坛而祭的，二坛同在一墙墙之内，并排而列，社坛在东，稷坛在西。元代于社稷二坛南各植杉一株，以作"社树"。立社树的意思，一方面是作为空间的界定及场所的标志[2]，另一方面是为了表彰土地的功绩。

明代社稷坛先后有三处：南京、中都和北京。明太祖吴元年（1367年）落成的南京社稷坛，如元制，为异坛同墙之制，两坛相去五丈，太社在东，太稷在西，坛而不屋，若遇风雨，则于斋宫望祭（图3-25）。洪武三年（1370年）于坛北建享殿五间，又北建拜殿五间，以备风雨。洪武十年（1377年），太祖朱元璋认为社稷分为二坛祭祀不合经典，于是按"左祖右社"古制，改作社稷坛于午门外之右，社稷共为一坛。中都社稷坛建于洪武四年（1371年），取五方土以筑：直隶、河南进黄土；浙江、福建、广东、广西进赤土；江西、湖广、陕西进白土；山东进青土；北平进黑土；天下千三百余府县各于名山高爽之地取土百斤以进。取土范围之广，规模之大前所未有。

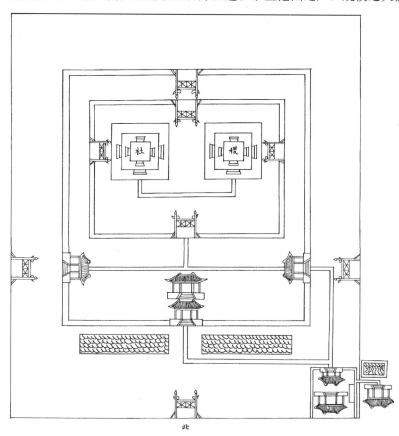

图3-25　《大明集礼》载明初社稷分坛图

明北京社稷坛

北京社稷坛位于午门之右，创建于永乐十九年（1421年）。"社为阴"，遵天南地北之制，由北向南设祭，总体布局亦由北向南展开：北端正门三间；入正门有拜殿（清代改为戟门）；再南是祭殿；最后是用矮墙围绕的社稷坛。另有附属建筑斋宫、神库和宰牲亭等。

拜殿与祭殿，都是仿南京之制，是皇帝举行祭祀仪式前休息或遇风雨行祭祀的地方。现存建筑为明代遗物，各面宽五间，单檐歇山、黄琉璃瓦顶（图 3-26、3-27）。

五色土方坛是整个社稷坛建筑群的主体建筑（图 3-28、3-29），上下二层，上层方五丈，高五尺，四出阶，坛上铺以五色土，是普天下之国土的象征（即以青象东，赤象南，白象西，黑象北，黄象中）。以方色象征不仅用于坛面，还用于壝墙，即用四色琉璃砖砌成四面壝墙，上覆四色琉璃瓦，方色与五色土相一致（元代仅在社坛覆以五色土，四面以五色泥饰之，四出阶亦各以方色，稷坛则用纯一色黄土）。壝墙四面各设汉白玉棂星门一座，坛中央有一方形石柱埋于土中，微露锥顶，名"社主石"。稷用木作神牌，祭时设于坛上，祭毕贮于库。太社太稷祭祀，明初为中祀，后改为大祀。每年以春秋季仲月上戊日清晨致祭。祭时，坛上神牌社东稷西，俱向北。

嘉靖十年（1531年），于西苑空闲地，开垦为田，树艺五谷，又建帝社稷坛，以便宫内行籍田、祭社稷，隆庆间以烦数而罢。

元朝，郡县社稷之坛位于城西南，坛方广视太社、太稷减半，方二丈五尺，高三尺。城南栽社树，或以栗，或以各地所宜之木以表之。明代的府县社稷坛设于城西北，初为社稷分祭（图 3-30），洪武十一年改同坛合祭如京师（参见图 1-17）。每里一百户则立里社一所。

图 3-26 北京社稷坛拜殿外观

图 3-27 北京社稷坛祭殿外观

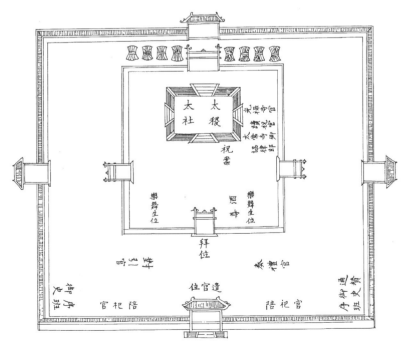

图 3-28 《大明会典》载嘉靖太社太稷合坛坛图

图 3-29 北京社稷坛五色土方坛

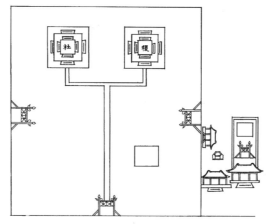

图 3-30 明初郡县社稷坛图（载《大明集礼》）

三、先农坛、先蚕坛

先农坛是皇帝行躬耕籍田典礼的地方。祭祀神农，这是中国自古以农立国的反映，也是历史上的男耕女织社会分工在祭祀上的反映。天子亲耕于籍田，皇后亲蚕于公桑蚕室，一是"以（皇帝）躬耕之谷为粢盛，以（皇后）亲蚕之丝为祭服"，用来祭祀天地祖宗，祈求丰年；二是皇帝皇后亲耕亲蚕，作为表率，以劝天下之耕织。

明代北京先农坛创建于永乐时，位于南郊西侧籍田之北，与天坛相对。坛方形一层，砖石包砌，方广四丈七尺，高四尺五寸，石阶九级，均为阳数。祭时坛上张黄幄，奉先农。坛西为瘗位，东为銮驾库与斋宫。斋宫正殿和寝殿各五间，左右配殿各三间，皇帝亲耕后，在此犒劳扈从臣僚茶果。月台前设日晷和时辰牌亭。东北神仓为收藏籍田谷物之处。东为观耕处，南为籍田。嘉靖十一年（1532 年）以原观耕处地位卑下，建木构观耕台，每年三月上亥日，皇帝来此扶犁亲耕，三公九卿从耕，皇帝耕后即上台观耕。台北为具服殿，是皇帝的更衣处（图 3-31～3-33）。坛西北为宰牲亭、神库、神厨及井亭（图 3-34～3-36）。宰牲亭面宽五间，上檐悬山，下檐四阿，形式独特（图 3-37～3-41）。先农坛东北，嘉靖十一年建有太岁殿，南部原为明永乐十八年（1420 年）所建的山川坛，嘉靖九年（1530 年）改建为天神、地祇二坛。

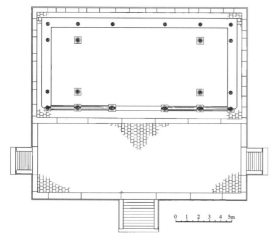

图 3-31 北京先农坛具服殿平面

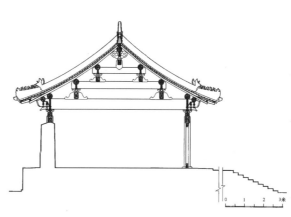

图 3-32 北京先农坛具服殿剖面

图 3-33　北京先农坛具服殿外观

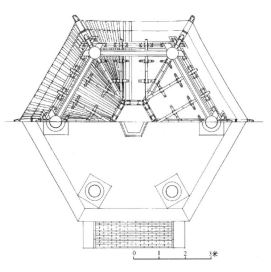

图 3-34　北京先农坛井亭仰视、平面

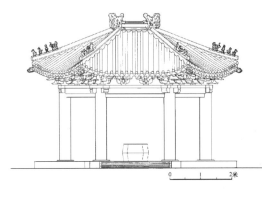

图 3-35　北京先农坛井亭立面

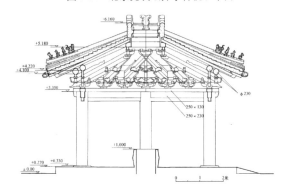

图 3-36　北京先农坛井亭剖面

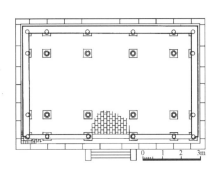

图 3-37　北京先农坛宰牲亭平面

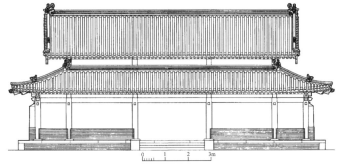

图 3-38　北京先农坛宰牲亭正立面

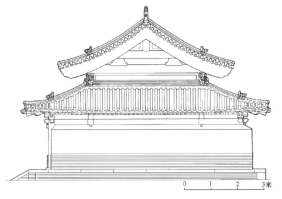

图 3-39　北京先农坛宰牲亭东立面

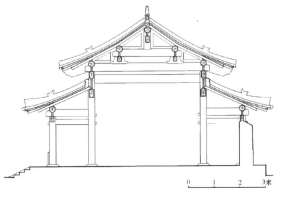

图 3-40　北京先农坛宰牲亭剖面

图 3-41　北京先农坛宰牲亭外观

先蚕坛是皇后行躬蚕桑典礼之处，祭先蚕嫘祖。传说中嫘祖"教民育蚕治丝茧，以供衣服。"后世祀为先蚕。先蚕坛的方位，按阴阳学说，与皇帝亲耕的籍田、祭神农的先农坛相对应，或位于城北，或位于城西。明代北京先蚕坛位于安定门外，创建于明嘉靖九年（1530 年），坛方二丈六尺，垒二级，高二尺六寸，四出阶，皆用阴数。东西北三面俱树桑柘，并有蚕宫令署、銮驾库、织室等建筑。

四、岳镇海渎庙❶

历朝帝皇所祭的名山大川主要有五岳、五镇、四海、四渎，即东岳泰山、西岳华山、中岳嵩山、南岳衡山和北岳恒山；东镇沂山、西镇吴山、中镇霍山、南镇会稽山、北镇医巫闾山；东海、南海、西海、北海及江渎、河渎、淮渎、济渎。这种祭祀制度到周代已大致完备，至唐宋而达于鼎盛。唐时封五岳四海之神为王，宋真宗更升之为帝，于是神庙规格更趋宫室化，规模空前扩大，如东岳泰山庙（岱庙）和中岳华山庙都达到殿宇房屋八百余间。元代仍重岳镇海渎之祀，每年分五道派使臣去五岳四渎庙会同当地地方官致祭。明初，朱元璋尽去岳镇海渎封号，仅称本名，如"东岳泰山之神"、"南海之神"、"南渎大江之神"等，仍按时遣官致祭。对于岳镇海渎庙的管理，明代由皇帝敕令详加规定，从而使庙制臻于完善，保护与维修也能经常进行[3]。

明代岳庙的形制是在前代基础上发展而成的，各庙布局有其共同之处，其中正殿、寝殿、两庑和正殿殿门是全庙的核心。正殿等级高，体量大，仅低于皇宫主殿一级（面阔一般为九间或七间加周围廊），屋顶除西岳庙为单檐歇山顶外，岱庙、中岳庙为重檐庑殿，南岳庙为重檐歇山顶。正殿后有寝宫，正殿两侧都有廊庑，后部连于正殿或寝宫，与《金中岳庙图碑》比较，可知廊庑延伸至寝宫，乃宋时常见而影响后代的一种布局手法。西岳庙和中岳庙都在大殿和寝殿之间连以穿堂，成工字殿形式。正殿殿门均为五开间单檐歇山顶。以上四部分为岳庙建筑的主体，其相对位置、等级差别是不容改变的。正殿殿门前，再设门二重。由内而外的第一道门为岳庙的主要大门，或称内坛门，为台门式样，城墙或围墙多与这道门相连。其外有第二道门，第二道门外还有牌坊与"遥参亭"，"凡有事于庙者，先拜丁亭，而后入庙。"故亦称草参亭。中岳为八角亭，西岳庙亭已毁，南岳庙原也为亭，不知何时改为照壁。岱庙遥参亭宋代为重檐八角，明嘉靖时改亭为殿，前置门，形成一四合院。

---

❶　本节部分内容由杨新寿撰写。

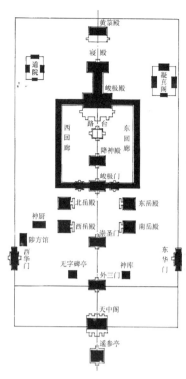

图 3-42　明代中岳庙示意图

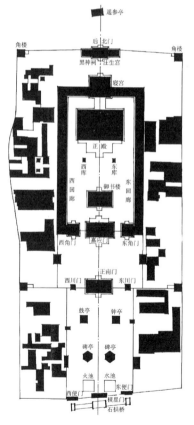

图 3-43　明代南岳庙示意图

岳庙中另一项主要建筑是御香亭（或御香殿）和藏经楼（清代改称御书楼）。御香亭，为存放皇帝御香之所，其位置不定。南岳在重门之内，北岳在头门二门之间，中岳在殿西。藏经楼创建于明万历间，为贮藏神宗朱翊钧敕降道藏经函而建，通常位于寝宫之后。唯南岳庙御书楼位于正殿之前，有别于其他岳庙，这可能因南岳庙寝宫与北门间空间狭窄，已无法增建书楼。最后为北门，由此可登临主峰。

东岳庙为历代皇帝登泰山封禅必趋之所，西岳庙为皇帝西巡驻跸之地。因而东西二岳庙有城墙，其余三岳庙绕以墙垣。但角楼（除北岳庙外）却是岳庙所共有的。

五岳庙除了是祭祀建筑外，还属于道教系统，五岳名山道教兴旺。庙内除中轴线上的建筑外，往往在两侧建有许多道观。东岳庙东有炳灵宫，西有延禧宫；中岳庙有东三宫、西三宫（图 3-42）；南岳庙则有东观八、西寺八（图 3-43）；西岳庙东西有道院，后部有吕祖庙等。

东岳泰山岱庙

泰山是五岳之首，历代帝王均把"封泰山，禅梁父"视作"受命于天"的神圣大典。因泰山位于中国东部，古人以东方为万物交替、初春发生之地，故有"五岳之长"、"五岳独尊"的称誉，又称岱山或岱宗，宗者长也。

岱庙位于泰山南麓泰安城北，为历代帝王封禅泰山举行大典之地。据记载"秦既作畤"，"汉亦起宫"，但其庙址不在今址。唐代以后，随朝廷对岳渎之神的加封（唐时封为天齐王，宋时封为天齐仁圣帝），岱庙得以不断扩建，至宋徽宗宣和四年（1122 年）已有殿、寝、堂、门、亭、库、馆、楼、观、廊、庑合八百一十三间，从而奠定了岱庙的宏伟规模。金末岱庙大部分建筑毁于贞祐兵祸，仅保留了客省和诚享殿[4]。其后各代历有兴废、修葺。元代对岱庙的修缮，有史可考者仅元至正十三年（1353 年）一次。这次维修"又创新堂五楹，前轩后闿，高明虚敞，以待宾客，西为神库，以藏天子赐物。复辟东廊设以轩楯，高其陛所以待诸官有事岳祠者"[5]。据志书和碑文资料，元末岱庙的建筑布局沿中轴线自南而北大致为：草参门，门内层台之上设四面重檐歇山亭，亭北为岱庙庙城。庙城四周缭以高墙，四角设角楼，南辟三门，中曰正阳门（包括左右掖门），东曰仰高门，西曰见大门。西墙辟素景门，东墙辟青阳门，北墙辟鲁瞻门。正阳门北为配天门，门东为三灵侯殿，西为太尉殿。三灵侯殿东为炳灵殿（东岳大帝的"太子"炳灵王之殿），殿南信道堂，殿北灵感亭。太尉殿西为延禧殿，殿西北为环咏亭，北为御香亭、诚明堂，再北为藏经堂。配天门北为仁安门，进入仁安门即为主殿大院。仁安门两侧为左右神门，北为石栏，栏内置玲珑石九块。栏之北为露台，台东西两侧水井各一口。露台北侧、月台之上即仁安殿（宋称天贶殿，明称峻极殿），殿内祀天齐大生仁圣帝（即东岳泰山神），现殿内东、西、北三墙尚有巨幅壁画《启跸回銮图》，描绘东岳大帝出巡和回銮的情景。仁安殿与仁安门之间有东西各以回廊联系，构成封闭院落，是为岱庙祭祀活动的主要空间。东回廊的中间为鼓楼，楼后为东斋房；西回廊的中间为钟楼，楼后有神器库和西斋房。仁安殿北为寝殿，再北为岱庙北门鲁瞻门又称厚载门（图3-44），出鲁瞻门，即可登泰山主峰。

明初沿用元末保存下来的岱庙，其后于天顺四年、弘治十年（1460年）、嘉靖四十一年（1562年）及万历年间曾四次维修[6]，其中以万历二十七年（1599年）之役规模最巨。明朝的岱庙在前代的基础上拓建了遥参亭，增建了东西斋房、钟楼西侧的鲁班殿、藏经堂、鼓楼东侧皇帝驻跸的迎宾堂、炳灵殿南的信道堂等建筑。在主体建筑的配置上，仍保持了宋元以来的格局（图3-45）。拓建后的遥参亭，丹垣周匝，亭前建"遥参坊"，实为岱庙第一门，亭后又置门，在门内庭原亭的位置建殿五间，内供碧霞元君像。现存岱庙内建筑物均为清代重建，唯仁安门，从其斗栱、木构上看，仍为明代结构。

此外，泰山祭东岳神的庙还有位于王母池东的岱岳观（亦称东岳中庙）及位于泰山之巅祭祀"碧霞元君"的碧霞灵应宫（清称碧霞祠），亦称岱岳上祠。

东岳泰山之神也是道教的大神。道教认为东岳之神率领五千九百诸神，主管人间生死，是百鬼的主帅，因而获得了广泛的社会基础。约在唐宋时，东岳信仰便走出了泰山，各地相继建立起本地的东岳庙。如山西万荣东岳庙，唐贞观时已有；山西晋城有二所东岳庙，一创建于北宋元丰三年（1080年），一创建于金大定年间（1161～1189年）。元明时期，全国各地均有东岳庙，一些道观中也有东岳庙之设，东岳大帝成了普遍信仰的大神。传说三月二十八日为泰山神的诞辰，这前后各地都有庙会，去东岳庙烧香还愿也成了百姓外出贸易郊游的重要活动（参见第六章第四节道教建筑）。

万荣县东岳庙，在万荣解店镇东南隅，创建年代不详。元至元十八年（1291年）至大德元年（1297年）重修，明代又屡有修缮。庙前为正方楼（现楼为清乾隆十一年重建），其后依次有午门、献殿、享亭、东岳大帝殿、阎王殿等建筑。

午门面宽七间，深六椽，分心槽式构架，单檐歇山顶。斗栱五铺作双下昂，补间一朵。室内彻上露明造，中缝补间用45°斜栱，梁架规整划一，具有典型的元代特征（图3-46、3-47）。献殿宽七间，深六椽，硬山式建筑。享亭为方形，十字脊顶，四周勾栏，雕流云和盘龙，为明正德间遗物。东岳大帝殿宽深各五间，平面近方形，殿身重檐歇山式，前殿石柱收杀较大，犹存元制。

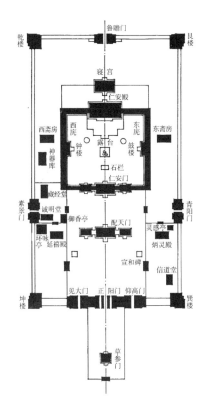

图3-44 元代岱庙示意图

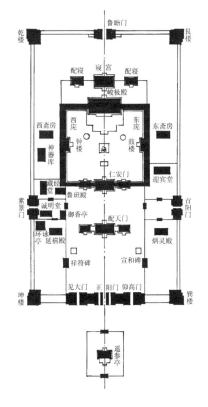

图3-45 明代岱庙示意图

图 3-46 山西万荣东岳庙午门　　　　　　图 3-47 山西万荣东岳庙午门内部

华山西岳庙

西岳庙位于陕西省华阴县西华山之北。华山五峰耸峙，"远而望之若花状"[7]，因名华山。华山早在西周以前已称西岳，汉武帝始封为五岳之一而筑庙祭山。汉时的西岳庙在现址以东的黄神谷，称"集灵宫"，基址很不理想，根本无法观望华山主峰。至三国时魏文帝黄初元年（202年）才迁到今址[8]。

西岳庙在唐宋时已初具规模[9]。元代建置情况不明。明初，西岳庙未进行大规模修缮。至成化中，庙"栋宇瓦墁，日寝腐敝"，于是开始了西岳庙的大规模修建，工程较大的有四次：成化十五至十八年（1479～1482年）、嘉靖二十年（1541年）、四十一至四十三年（1562～1564年）及万历三十年（1602年）[10]。其中以成化年间的修缮规模最巨，为屋凡187间，从而奠定了明代西岳庙的建筑形制和规模。嘉靖年间的两次维修，保持了成化庙貌。万历年的修缮，增加了万寿阁、藏经楼等建筑[11]。

明代西岳庙的形制，参照明万历《华阴县志》所载《岳庙图》及其他史志，其布局为：

大门"灏灵门"，三间，砖石拱券式建筑。两侧有东西掖门各一，门前有亭（清改为照壁）。灏灵门后，紧接着是五凤楼，为砖石台城式建筑，左右对峙钟楼、鼓楼。五凤楼后是一宽敞的院子，以三开间棂星门（清代改建）为构图中心。左右亦有掖门。棂星门与其后的金城门之间距离达130米，然其间东西分列碑亭、神荼殿、祭器所、郁垒殿、易服亭等建筑。外侧左为宰牲所，右为致斋所，空间深远，层次变化而无空旷感。跨过金城门，为主要祭祀空间，气氛森然。四周回廊环绕，正殿灏灵殿耸立于宽大的月台之上，殿为琉璃瓦单檐歇山顶、面宽七间、进深五间，周围廊式，殿左右廊八十余间，为左右司房。正殿后为寝宫、其间贯以穿堂五间，为工字殿形式，左为神厨，右为神库。到寝宫止，岳庙的主要部分基本结束，往后是园林部分，空间由封闭转为开敞。庭中有放生池、吕祖堂、藏经楼、万寿阁等建筑。万寿阁是高台建筑，体量高大，"登万寿阁，阁前与太华相对，东指河潼，北眺泾渭，西望终南，杂树茅浮，川原绣错"，形成整个空间的收束点。庙的中轴线两侧另有东西道院。西岳庙同时也是历代帝王巡视陕西的驻跸之地，因而其周围也绕以城墙，形制与东岳庙相同（图3-48）。

恒山北岳庙

北岳恒山，亦称太恒山，又名玄岳、常山。恒山西控雁门关，东跨冀北平原，连绵数百里，横亘塞上。主峰天峰岭在今山西浑源县城南，海拔2017米，山高为五岳之冠。历来北岳祭祀一直在今河北曲阳。五岳庙中其他四庙均临主峰而建，惟独曲阳北岳庙相距浑源主峰约三百里，且金、元、明诸代建都燕京，曲阳在京城之南，同北岳之称似有不符。造成这种状况的原因可能是由于恒山地居塞外，交通不便，而曲阳位居恒山山脉之南，由京师而来较为方便。加之社会动乱，国家分裂之际，恒山主峰北麓之浑源往往不在中原政权管辖之内，故唐宋元均立庙于曲阳。明嘉靖间屡有曲阳、浑源之争，遂改以浑源之玄岳山为北岳恒山，但秩祀仍在曲阳，直至清初顺治间才改祭北岳于浑源。

曲阳北岳庙位于曲阳城西，创建于北魏，唐宋以来屡有重建。元世祖至元八年（1271 年）在前代岳庙基础上实施重建，现存大殿当为此次重建遗构。现曲阳北岳庙规模形成于明嘉靖十四年（1535 年），其后万历年间曾大修。从现存北岳庙内的明嘉靖《大明庙图碑》（图 3-49）可了解明代北岳庙的形制。庙面南，在南北轴线上，最南为曲阳县城门临漪门（亦称神门、午门），后有牌坊三间，庙门为朝仪门，五间，朝仪门前衢东有通驾门。入朝仪门，前后依次为御香亭、凌霄门、三山门、飞石殿、德宁殿、望岳亭。德宁殿前接月台，台前东西碑楼各一座。又前，碑亭、碑房数座分列左右。殿东为圣母祠，再东为东昭福门；殿西为药王祠，再西为西昭福门。三山门内，飞石殿前，左钟楼，右鼓楼。御香亭两侧分别为东、西朝房。东昭福门外，北为神厨、宰牲房和斋房，南为总玄宫，东为进禄门，再东为东进门。御香殿（图 3-50）平面八角形，三重檐攒尖顶，上、中檐施七踩双下昂斗栱，为明嘉靖十五年（1536 年）创建。因距朝仪门仅 20 余米，稍有局促之感。飞石殿相传为唐贞观间有石坠于此而建，是五岳庙中特有建筑。原殿五间，毁于清末。殿台基上有明范志完草书"飞来石"三字。主殿德宁殿，位于高台上，为元代遗构（图 3-51～3-54）。殿面阔七间，进深四间，副阶周匝，重檐庑殿顶。四周设栏，栏柱上雕刻石狮，精巧生动。柱头铺作副阶重昂五铺作，殿身单抄重昂六铺作，均假昂。补间铺作上层用真昂。殿内东西两壁绘有巨幅壁画《天宫图》，高八米，宽十八米，图中人物高达三米。西壁最高处绘有"飞天之神"，荷戟而视，气势非凡。

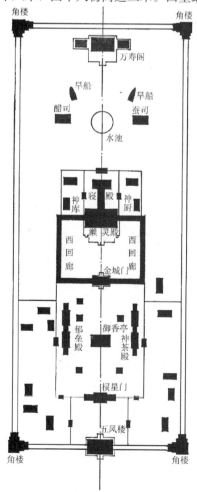

图 3-48 明代西岳庙示意图

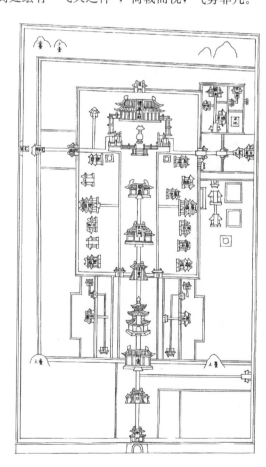

图 3-49 嘉靖《大明庙图碑》载曲阳北岳庙图

图 3-50 曲阳北岳庙御香亭

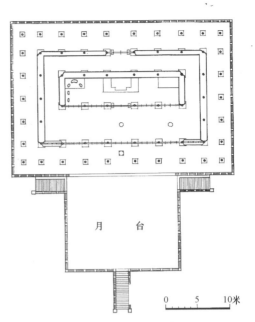

图 3-51 曲阳北岳庙主殿德宁殿平面

月　台

0　5　10米

图 3-52 曲阳北岳庙主殿德宁殿外观

图 3-54 曲阳北岳庙主殿德宁殿螭首

图 3-53 曲阳北岳庙主殿德宁殿前石栏、石狮

据《恒山志》载，自北魏起，皇帝虽建庙秩祀北岳恒山于曲阳，但浑源作为恒山主峰，"有山灵，气磅礴，礼而修治其庙，于礼亦宜"[12]。所以浑源仍设庙祭祀，唐宋金元屡有兴废。明代洪武、成化亦有增修。由于其祭非正典，故庙制等级较低，明时，仅正殿三间加门阙斋庑而已[13]。庙在中峰南麓，诸山环拥，由于其基址在恒山之巅，庙的布局亦与众不同：一是组织前部空间，将登山之道纳入入口空间序列：出浑源城，由官道沿峡谷登山，沿途设牌坊，至瓷窑口，建恒山门（现淹没于1958年修建的恒山水库中）。山门为二层台城式建筑，券洞门三通，门洞上书"北岳恒山"四字。因山门与庙相距十里，且道路蜿蜒曲折，香客无法看到岳庙建筑，所以沿途设有亭、堂、庵、楼等休息景观建筑十来处，加以引导；二是庙呈不规则分散布局。原庙旧殿在山顶面北，且位于"飞石窟"中，所谓"高入天际，中曲崎蜿蜒，松桧敞空者，邃广若雷，中空若窟；深广仅容三殿，有隐于檐，缩于雷，两翼山削如壁"[14]。至弘治十四年奉敕扩修，都御史刘宇实地行视，在旧殿对面中峰之阳，增建山门、大殿等，将原殿改为寝宫。至此浑源北岳庙规制始备，形成目前的规模（图3-55、图3-56）。庙前因地形陡峭，空间局促，故入庙道路只能曲折盘旋，迎庙门山墙而上（图3-57）。跨入山门，便是"陡若天梯"的石阶103级，坡度达40°，"登如缘壁行，以手足踞地，匍匐而上"（图3-58）。石阶两侧，东西两庑相对，垒石台为基，称龙虎两殿。踏阶之上，便是正殿。殿面宽七间，筑于石壁之下，临万仞之壑。殿中神龛内供奉北岳之神坐像。殿左右为钟鼓楼。正殿对面里许，便是一巨大的自然崩石深壑，东南西三面环壁，北面豁开若门，称"飞石窟"，寝宫便建于窟内东侧石壁之下。寝殿三间，重檐歇山顶，这里原为古北岳庙，弘治十四年（1501年）扩建时改为寝宫（图3-59）。

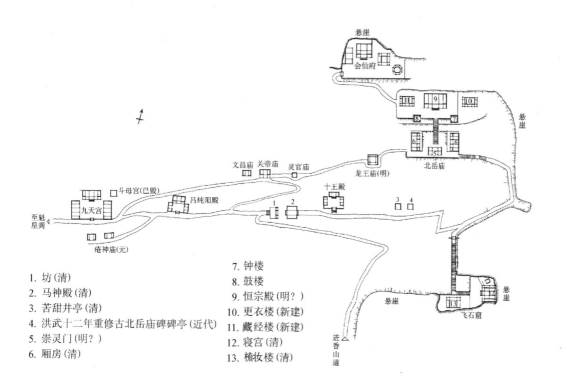

1. 坊（清）
2. 马神殿（清）
3. 苦甜井亭（清）
4. 洪武十二年重修古北岳庙碑碑亭（近代）
5. 崇灵门（明？）
6. 厢房（清）

7. 钟楼
8. 鼓楼
9. 恒宗殿（明？）
10. 更衣楼（新建）
11. 藏经楼（新建）
12. 寝宫（清）
13. 梳妆楼（清）

图3-55 浑源北岳庙总平面示意图

图 3-56　浑源北岳庙全景

图 3-57　浑源北岳庙入口

图 3-58　浑源北岳庙天梯

图 3-59　浑源北岳庙南望飞石窟（寝殿清建）

　　岳庙西南，依山就势，另建有龙王庙（明代遗构）、疮神庙（元构）、九天宫等道观建筑。进香者自山下起一路都可看到这些建筑，也可起到引导朝山的作用（图 3-60）。

　　镇庙

　　镇庙的规模及等级比岳庙低。现存的镇庙，多为明代"因旧起废"而形成规模。其建筑布局中轴线上依次是：遥参亭、牌坊、山门、二山门、御香亭、大殿。北镇庙另有中殿、寝殿。中轴线两侧的建筑依次为：东西庑、东钟楼、西鼓楼、左右司、东西廊、神库、神厨等。东北角设宰牲所。庙外设置的建筑主要有公馆、斋宿房、道士居室等附属建筑（图 3-61、3-62）。

　　医巫闾山北镇庙位于辽宁省医巫闾山下，东距广宁镇两公里，是五镇庙中唯一的、保存相对较为完好的祀镇建筑。

　　最早在今址上建庙始于金代。隋开皇十四年（594 年）虽曾诏就北镇立祠，但因当时隋朝的势力范围未及此地，所以隋开皇十六年（596 年）又特诏于营州龙山立北镇祠。唐代也规定祭"北镇医巫闾山于营州。"北宋与辽对峙，势力更未及现在的北镇地区，故宋朝规定"望祭北镇于定州北

图 3-60　北岳恒山远眺

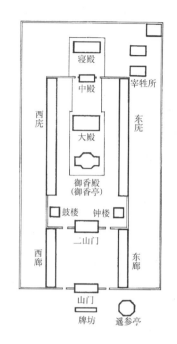

图 3-61　镇庙模式图

岳祠。"金代始于山下立庙，称广宁神祠。元代在北镇庙举行的祭祀活动很多，但对庙的布局缺少文字记录。元末，北镇庙"值兵灾，只遗正殿三间。"现北镇庙的格局形成于明代。

明代北镇庙规模的扩大及建筑形制的完善，可分为三期：洪武时期，由于朱元璋改革山川祭礼，北镇建筑开始再度兴建。洪武二十三年（1390 年），维修元代所遗三间正殿，在其与寝殿间新建了中殿，并建左右司各一间。另于庙东建宰牲亭、神库、神厨各三间。庙有垣墙围绕（图 3-63）；永乐十九年（1421 年）因北镇庙"庙宇颓毁于今，弗克修治"，敕辽东都司"择日兴工，建立祠宇。"拆去原所有建筑，重新进行规划建设，开始了北镇庙的大规模的扩建。新庙将主要建筑置于高约四米的台上，台缘围以石栏。台上建筑依次为：御香殿五间，前殿五间（清改七间）、中殿三间，后殿七间（清改五间），后殿前建有东西殿各五间。此台之下又成一台，台上正中建神门，其两侧往北至前殿两侧各建左右司十一间。神马门下又为一台，台中建山门。门两旁建垣墙，围合

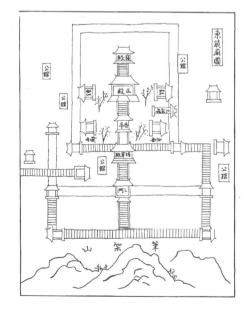

图 3-62　明万历《东镇沂山志》载东镇庙图

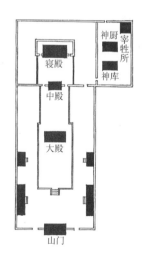

图 3-63　洪武时期北镇庙平面布局示意图

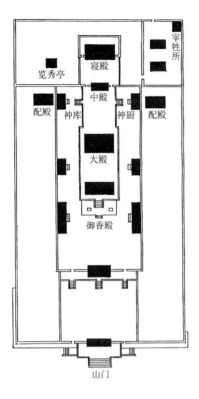

图 3-64 永乐时期北镇庙平面布局示意图

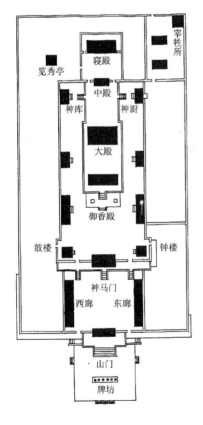

图 3-65 弘治时期北镇庙平面布局示意图

整个庙宇"因地势而为之。"至此，北镇庙的布局形式基本确定（图 3-64）；弘治时期，主要修建庙的前部，使北镇庙的布局得到完善。在神马门的"东西创钟鼓二楼"。在神马门与山门之间"又增左右翼廊二十间，以便舆献。"山门前扩展台基。台上建牌坊（清改石牌坊）。这时的北镇庙，规制更加完备（图 3-65）。

海渎庙

中国古代认为四境有四海环绕。《书·禹贡》："四海会同。"本为泛称之词。《礼记·祭义》具体提到东海、西海、南海和北海，也不过对举而言，没有确指海域。后人因文求实，直以四海为环绕中国四周的海，于是东南西北海，便有方域可指。但亦因时而异，说法不一[15]。四海的祭祀，自唐至明基本固定：东海于莱阳（今山东省）；南海于广州；西海于蒲州（今山西省永济县西）；北海于孟州（河南省孟县）。宋时祭西海就河渎庙望祭，北海就济渎庙望祭。

四渎是古人对我国四条独自入海的大川的总称，即江（长江）、河（黄河）、淮（淮河）、济（济水）。自唐始分别以大淮为东渎、大江为南渎、大河为西渎、大济为北渎，并为金、明各代所沿袭。江渎祭于四川成都（金时疆土未及成都，故祭江渎于山东莱州，元随金制，亦祭江渎于莱州）；河渎祭于山西永济；淮渎祭于河南桐柏；济渎祭于山西济源。明代以春秋仲月上旬择日祭四渎。现四渎中仅济渎庙保存较为完整。

济渎庙，在河南济源县城西北二公里许的庙街。济渎为济水之源。济水下游早被黄河侵夺，已不能独流入海，但济水尚在。庙始建于隋开皇二年（582 年）。唐封济渎为清源公，建庙于泉之初源——东、西二源之间。后经宋元明增补修葺。

济渎庙的布局可分前后两部分（图 3-66）：

前部为济渎庙的主体。大门"清源洞府"，左右对峙牌坊二。其后依次为清源门、渊德门、献殿、德源庙、寝宫，最后为临渊门。渊德门至临渊门间四周绕以回廊，为祭祀主庭。

后部为北海神庙，前后两部分轴线错位。出北海神庙山门临渊门，有北海神祠、龙亭、北海、临渊阁等建筑。北海为二泓石筑方形水潭，其水来自济水东源，经北海而汇于济水。北海四周有亭阁、石桥多座，风景甚佳（图 3-67）。

济渎庙现存建筑（图 3-68）中，"清源洞府"门是明代遗构，为三间悬山顶木牌楼，上施七踩斗栱，檐口用重唇板瓦，柱子粗壮，出檐较大，造型朴实。寝宫为北宋遗构。

临渊门重建于元大德年间，为北海神祠山门。面广三间，进深四椽，用中柱悬山式建筑。两侧原有回廊。斗栱四铺作用真昂，后尾挑金檩枋。柱用梭柱，柱下为莲花瓣柱础（图 3-69）。

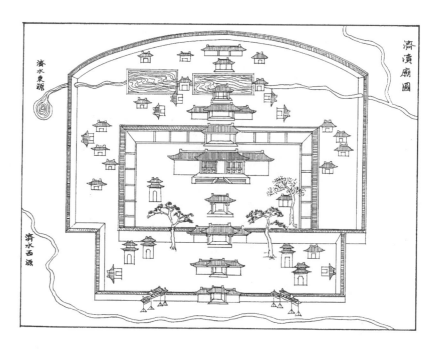

图 3-66　乾隆二十六年《济源县志》载"济渎庙图"

图 3-67　济渎庙北部北海及龙亭

图 3-69　济渎庙临渊门

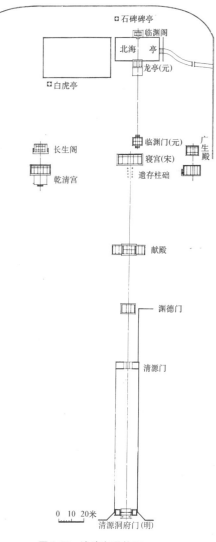

图 3-68　济渎庙现状图

龙亭为元代遗构，位于北海南岸，供放置皇帝祭文之用，亭四面开敞，面阔三间，单檐歇山顶（参见图3-67）。斗栱四铺作，檐柱作梭形，正面用三开间通长硕大檐额，其上施斗栱五朵，室内梁架与柱不对位，不在明间柱头上，而在补间斗栱之上。翼角老角梁支承在抹角梁上，悬出后支撑垂莲柱以承金檩（图3-70、3-71），内部结构独具一格。

图3-70 济渎庙龙亭外檐斗栱　　　　　　　　图3-71 济渎庙龙亭内部翼角结构

五、城隍庙

中国古代称无水的城堑为"隍"，有水的城堑为"池"。城池"为一方之屏翰者，"有功于民，当然得设神灵。城隍作为城市的保护神，与百姓日常生活最密切，故其庙遍及各大小城市。

最早见于史载的城隍庙，是三国时吴国赤乌二年（239年）修建的芜湖城隍庙。南北朝时城隍影响渐大，从南方逐渐扩充到北方。到了唐代，城市经济空前发展，商业繁荣，城隍信仰更为普遍，许多城池都大兴建筑城隍庙，此时城隍的职能扩大，与人沟通，能止雨祈晴，助善除恶。宋代的大小城池都已有城隍，并以有德于民或有助于国的英雄或名臣立为当地的城隍，希冀他们的英灵能同生前一样，护佑百姓，打击邪恶。元代皇帝则在都城建起了都城隍庙。明初朱元璋大封城隍神，为"使人知畏，人有所畏，则不敢妄为！"全国大大小小的城隍一律加爵进位，按所在地方的等级而定城隍之品级：京都、开封、临壕、太平、和州、滁州城隍为王，秩正一品，与太师、太傅、太保"三公"和左右丞相平起平坐。其中"京师城隍，统各府州县之神，以监察民之善恶而祸福之"；其余各府城隍皆为公，秩正二品；各州为侯，秩三品；县为伯，秩四品[16]。并令各藩国的亲王要亲自主祭城隍神，各府、州、县要由知府、知州、知县来主祭。新官到任，祀诸神于城隍庙，并在城隍面前就职宣誓。明太祖对城隍的如此推重，其级别远远超过当地的最高官阶，为阴间的地方官。同时，使城隍神的权限也日益扩大，从剪恶除凶、护国保邦之神，到能抗旱防涝、五谷丰登、生老病死、管领亡魂，成为无所不能的神灵。明代城隍庙的形制，明初朱元璋规定：各府州县城城隍庙，规格形制俱与当地的官署正衙相同，甚至连"几案"皆同。城隍庙正殿一般正中为城隍，两旁分列判官、牛头、马面、黑白无常等鬼卒。

由于人们希望城隍真正清廉正直，保护下民，以致城隍庙中常设二尊神像，一座是泥塑的，永远供于庙内，另一座是木雕的，专用于抬着出巡，大概是希望城隍不要总闭目塞听，而"监察司民意。"

山西长治市潞州府城隍庙，在城东丽泽坊宏门街北端，始建于元至元二十二年（1285年），明洪武五年（1372年）重建，其后成化、正统年间都曾修缮。庙的中轴线上有大门、戏楼、献殿（香亭）、正殿、寝殿等建筑（图3-72）。现存大殿为元代建筑，寝殿的主体仍为明代遗构。

大殿面阔五间，单檐歇山绿琉璃瓦顶，内外均用方形石柱，用料较大，前檐石柱刻有牡丹花饰。正面斗栱单抄三昂，背面五铺作双下昂，均无补间铺作（图3-73）。

陕西三原县城隍庙位于县城白渠北。元代以前的三原城隍庙在荆村。明洪武三年（1370年）秦王朱樉奏准于三原修城隍庙，遂于洪武八年（1375年）在今址建庙。明永乐、正统、成化、万历曾多次增修（图3-74～3-76）。

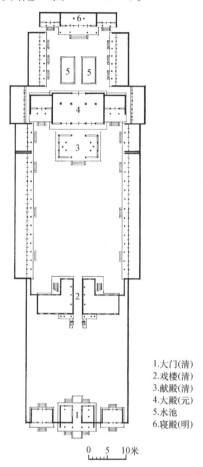

1.大门(清)
2.戏楼(清)
3.献殿(清)
4.大殿(元)
5.水池
6.寝殿(明)

0　5　10米

图 3-72　山西长治潞州府城隍庙平面图

图 3-73　潞州府城隍庙大殿

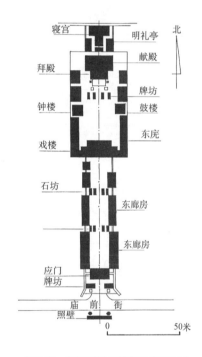

图 3-74　陕西三原县城隍庙总平面图

图 3-75　三原县城隍庙前照壁、旗杆

图 3-76　三原县城隍庙明万历石牌坊

六、某山、某水的专祀之庙

除五岳五镇、四海四渎之外的其他各地山川池泉，也设庙祭祀。尤以水神庙、泉神庙更为普遍。如洞庭湖在君山设有湖山神祠，祭祀湖神与君山之神（图3-77）。水，在缺水的北方对人们的生活、耕种至关重要，故人们把希望寄托于对神灵的祷求，因而水神庙、池神庙遍布北方地区。

山西洪洞水神庙

在山西洪洞县城东北17公里霍山之麓（图3-78）。据北魏郦道元《水经注》载，霍水出自霍太山，源自霍泉，泉前积水成潭，周数十丈。分南北二渠，灌溉洪洞、赵城十万余亩良田。池前建分池亭，水神庙建于霍泉源头，左傍霍山，面临泉源，与广胜下寺相邻。庙由戏楼、山门、明应王殿及两侧厢窑洞组成。大殿于元延祐六年（1319年）重建，为五间周围廊重檐歇山顶，是元朝祠祀建筑大殿的常见类型（图3-79～3-81）。殿内塑水神明应王及其侍者十一尊，皆为元代原作。

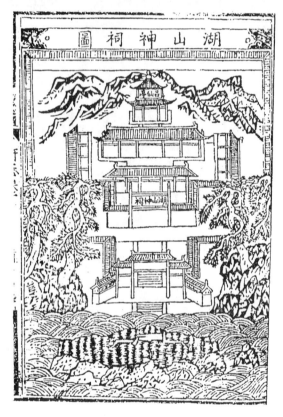

图3-77 湖南岳阳明洞庭湖君山湖山神祠图(弘治《岳州府志》)

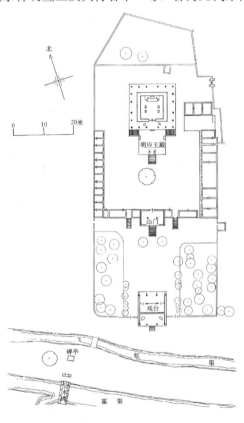

图3-78 山西洪洞县霍水水神庙平面

图3-79 洪洞水神庙鸟瞰

图3-80 洪洞水神庙大殿前檐斗栱

四面布满壁画，内容为祈天降雨及历史故事。整个画面绘成于元泰定元年（1324年），构图严谨，色彩质朴浑厚，人物传神，笔法苍劲有力，是我国元代壁画中的佳品。大殿位居寺内后部当心，殿前庭院很大，供当时公共集会和露台看戏之用。大殿内南壁东侧戏剧画反映的是元代杂剧兴成时期的真实情景。水神庙现存戏台经后来改建，已非元代旧貌。

山西运城池神庙

在山西运城县南二公里土垣上，坐北向南，西临银湖（亦称蓝池、盐池）。唐大历间（766～779年）以神赐瑞盐，遂建庙奉之。北宋崇宁四年（1105年）尊东池神为资宝公，西池神为惠康公，大观二年（1108年）晋爵为王，元至元十二年（1275年）赐庙号"宏济"，大德二年（1299年）加神号"广济"、"永泽"，至大三年（1310年）迁今址，时有正殿、寝殿、东西庑等建筑。明洪武初年正号盐池之神，遂修庙，其后弘治、嘉靖、万历等均有重修。万历十七年（1589年）改庙号为灵祐，岁以季春上旬致祭。

明代池神庙的布置，从《明嘉靖十四年重修蓝池神碑记》可知：庙前有山门曰"海光楼"，为五间楼式建筑。其南有蓝风亭，"候熏风也"。外折道又有三坊（位置已不可考），南有南禁楼，庙门内为二门洪济门，五开间，左右有角门。其外左右为神厨和土地庙各五间。二门后为乐台，后部为并列的三座大殿。三殿规模相当，形制类同。三殿面阔五间，四周环廊，重檐歇山顶。中殿特别，中间三间为正方形穷殿。三殿所奉不一，按明嘉靖碑文载，中殿奉东池神与西池神，东殿奉条山（即中条山）风洞之神，西殿奉忠义武安王之神。殿前东西有廊四十八间，形成祭祀院落（图3-82）。现仅存三大殿较为完整，部分构件仍为明代遗构（图3-83）。

图3-81 洪洞水神庙大殿前檐梁架斗栱

图3-83 运城池神庙三大殿

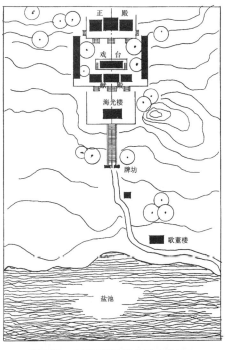

图3-82 山西运城池神庙平面推想图

注释

[1] 稷和黍的形态相同，学名也相同，黍有黏性，北方用以酿酒，或磨粉作糕。稷不黏，可以做饭。

[2]《周礼》："封人掌设王之社遗为畿封而树之。"史氏曰："畿封植其所宜木，严其界限，使无犯。"《白虎通》："社稷所以有树何也？尊而识之，使民望之而师尊之"。

[3]《大明会典》卷一百八十七，庙宇："正统八年敕，凡岳镇海渎祠庙屋宇墙垣或有损坏，即令各该官司修理，合用物料酌量所在官钱内支给收买，或分派所属殷实人户备办，于秋成时月起请夫匠修理。若岳镇海渎庙宇焚毁不存用工多者，布、按二司同该府官斟酌民力量宜起盖，仍先画图奏来定夺。凡修完应祀坛庙，皆选诚实之人看守，所司时加提督，遇有损坏，即依例整修，不许废坏，仍令巡按御史、按察司官按临巡视"。

[4] 金·元好问《东游纪略》。

[5] 元《东岳别殿重修堂庑碑记》。

[6]《明天顺六年修庙碑文》、《大明重修东岳庙碑》、《万历三十六年黄克缵修庙记碑》。

[7]《水经注》。

[8]《王山史》；另一说为西汉元光初年（《唐封神号册文》）。

[9] 宋《杨昭俭修西岳庙记》载，宋庆历年间曾大事拓建，"阐旧规而立新制，起卑陋而为显敞，土木之制尽其壮丽"，其规模已相当可观。

[10] 见《明成化十八年周洪谟重修岳庙记》、《明嘉靖二十年夏言重修庙记》、《明嘉靖四十五年瞿景淳重修庙记》、《明万历三十年张维新修庙记略》及明末王宏撰《募修万寿阁疏》。

[11] 乾隆《华岳志·坛庙》。

[12] 明吴宽《重修北岳庙碑记》，转引自《古今图书集成·山川典》。

[13] 明郑允生《重修恒山岳庙记》。

[14]《恒山志》耿裕《重修北岳庙碑铭》，转引自《古今图书集成·山川典》。

[15] 如其中西海，因中国西方陆地广远，无正确海域可定，故古籍中言西海者特别多，有五、六处。

[16]《明史·礼志三》。

第三节　宗庙

一、皇室宗庙

元初，按蒙俗"祖宗祭享之礼，割牲奠马湩，以蒙古巫祝致辞"[1]。中统四年初，立太庙于燕京旧城，为七室之制。蒙古族尚右，故太庙中凡室以西为上，太祖成吉思汗以下以次而东。直至泰定元年（1324 年），才按周礼传统，改左尊右卑，并按昭穆安排神主。至元四年（1267 年）始建元大都（北京），十四年诏建太庙于大都，十七年新庙成。新庙位于宫城东北齐化门内。庙制为前殿后寝，大殿七间，深五间，内分七室，仿金代宗庙形制，庙外"环以宫城，四隅重屋，号角楼"。设南、东、西三神门，南神门外有井亭二座。宫城之南复为门，与中神门相对，二者之间左右以廊相连。其外有棂星门，门外驰道抵齐化门之通衢[2]。至治元年太庙寝殿灾，改原大殿为寝殿，在其前别建大殿十五间，深六间，中三间通为一室，奉太祖神主，余十间依次为室，东西两旁际墙各留一间以为夹室。至此庙室改为九室。同时太庙城垣向南拓开，于殿南新建井亭二，南部角楼、南神门、东西神门、馔幕殿、省馔殿、献官殿、执事斋房、棂星门、中南门、斋班厅、雅乐库、神厨祭等建筑也一并南移。元朝皇室祭祖除宗庙外，在大都的一些佛寺中还建有祭历朝帝后遗容的"神御殿"。

明代宗庙形制，经历了每庙一主与同堂异室之制的四次变更：洪武元年（1368 年），按左祖右社之制，定四亲庙之祭于南京，其制为每庙一主，庙皆南向，缭以周垣；洪武九年（1376 年）改建太庙，恢复了前庙后寝制度（图 3-84）。正殿几座止设衣冠而不奉神主，又以亲王配享于东壁，

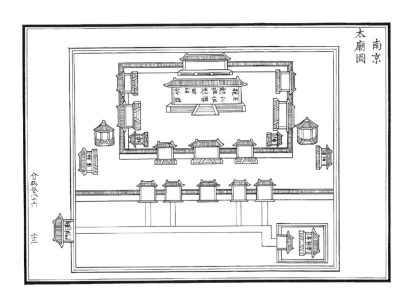

图 3-84　《大明会典》载明初"南京太庙图"

功臣配享于西壁。寝殿九间，分间奉藏神主，为同堂异室之制。"几席床榻、衾褥楎椸、箧笥帷幔器皿之属，皆如事生之仪"[3]，永乐十八年（1420 年）建北京太庙，规制与南京同。弘治元年（1488 年），建祧庙于寝殿后[4]，明代宗庙的祧迁制度始于此。明世宗时开始对宗庙进行改革，嘉靖十四年（1535 年），仿古制，改同堂异室制为九庙制，每主各建一庙，各有门有墙，自为一区。每庙正殿五间，寝殿三殿。太祖庙寝后有祧庙，奉藏各祧主。太祖庙门南向，群庙门东西向，而内门殿寝皆南向。嘉靖二十年（1541 年）新建太庙中的八庙毁于火灾，重建时又恢复了轴线上前后三殿相重的布局与同堂异室制，即一殿九室，并在祧庙与寝殿之间增筑隔墙。自此庙制始定，并沿用至清代。

明北京太庙

明北京太庙位于宫城前东侧，创建于永乐十八年（1420 年），最终完成于嘉靖时期。由承天门内、端门前东庑一门可通太庙的正门。

太庙呈南北向长方形，周有围墙二重（图 3-85）。南有琉璃门为庙门（图 3-86），后为七座石桥和戟门。戟门外设具服、小次，门左为神库，右为神厨。主要建筑有三殿（正殿、寝殿、祧庙）及配殿。宰牲亭、神宫监位于庙门南。前殿和寝殿坐落在白石台基上。前殿台基三层，寝殿二层，周围为汉白玉石护栏。

正殿是大享和岁暮大袷时皇帝举行祭祖仪式的地方。殿身九间（加周围廊亦可称为十一间）。殿内有藏柜，贮帝后冕旒凤冠袍带，祭时陈设，祭毕仍藏匣中。殿中设有神座，其数与寝殿牌位数一致，座前设案（帝后同案），祭祀时案上设笾、豆及金匕、金箸、玉爵等祭器，案前设三俎，俎前设香案及烛台。此外，另有其他放置祝版、供品、祭器的案桌。殿门内正中为皇帝的"御拜位"，左右两侧为执事官位。大享和大袷时，殿前檐下设乐舞。殿东西两侧设亲王功臣牌位。古人事死如事生，正殿相当于皇宫的"前朝"。前殿的东西两庑为功臣配享的地方，里面供奉着明代历朝建立功勋的宗室、亲王和文臣武将的神位。

寝殿九间，奉藏太祖以下神主，每代帝后各占一室。中间供太祖，东一间成祖，西一间英宗；其余六世帝王神主按昭穆序位，每室设神龛神主。几席床榻衾褥箧笥帷幔及日用器皿都和生前相同。

寝殿后为祧庙九间，奉藏远祖神主。按周礼，天子七庙，寝殿中的神主太祖永世不迁，其余

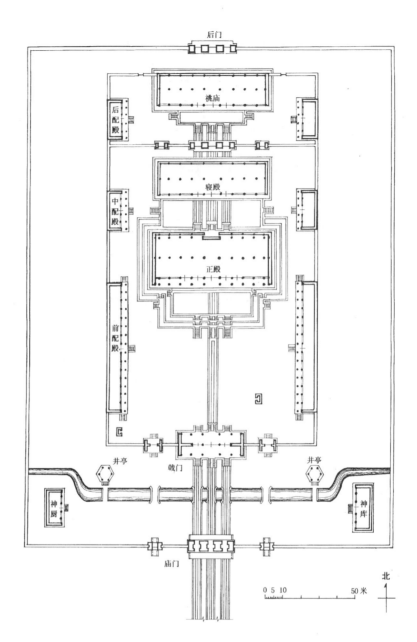

图 3-85　北京太庙平面

图 3-86　太庙琉璃门

三昭三穆，则视功业大小及与在位皇帝关系亲疏而决定去留，去者称祧主，迁入祧庙。但秦汉以后均无祧庙，迁祧主于夹室。弘治元年（1488年）始行祧庙之制。

现存北京太庙的戟门、正殿、二殿、三殿的主体构架均是明嘉靖间原物。其中正殿因清代文献中屡有"重修"、"改建"等字样以及杂有清代修葺时留下的建筑手法，致使学术界对大殿的建造年代一直未有定论。有的文章则称太庙大殿曾于乾隆年间改九间为十一间。但通过1998年对太庙正殿的测绘工作及对大木构架的全面考察，认定该殿无论在构架类型、构件材质、用材等级、彩画形式等方面均表现出典型的明代特征，故系明嘉靖间原物无疑。（详见郭华瑜《北京太庙大殿建造年代探讨》，《故宫博物院院刊》，2002年第3期）

明代除"奉以正统之礼"的太庙外，另有"行家人礼"的"奉先殿"。"国家有太庙以象外朝，有奉先殿以象内朝"。奉先殿在乾清宫东侧。奉先殿的祭祀是经常性的，朝夕焚香、朔望瞻拜、时节献新、生忌致祭、册封告祭，都来此行家人礼[5]。殿九间，每室一帝一后，犹如太庙寝殿，其祔祧迁之礼亦如之。嘉靖时，又为其生父立"世庙"于太庙之左，"奉以私亲之礼"。

二、祠堂

尊先祭祖，除帝王的太庙之外，数量更多、分布更广的是按官制所设的家庙和民间祠堂。"私庙所以奉本宗，太庙所以尊正统也"。就本质而言，太庙与祠堂同为安奉祖神之所，太庙强调的是国家、皇统的象征意义，而祠堂则是为了敬宗联族，厚风睦伦，以维护宗法社会的统治。

元明时期的祠堂建筑，是在特定的社会历史背景下发展起来的。首先，随着祠堂、族产与族权的日益完善，宗族组织在基层社会普遍建立起来，闽、赣、皖南等地几乎是无人不族。其次，宋代出现了第一部私家礼仪——《朱子家礼》，朱熹在《家礼》中修订、完备了祠堂之制，于是祭祖立祠之礼进一步世俗化。如宋末元初的徽州桂溪项氏，各门别祖已设有上族门、会嘉门、均安门、易魁门等支祠[6]。值得注意的是，除了以朱熹《家礼》为蓝本的祠堂外，更多的是以祖先生前居室作为祠堂的。其时徽州地区各族祭始迁祖、分迁祖的祠堂多数为后人以始迁祖故居而安奉神主的。如环山余氏元末明初建的"一经堂"[7]、段莘汪氏"崇义堂"，就是以始祖之故居"以为子姓奉先之祠"[8]。这种祠堂较朱子《家礼》之祠堂更切于实用，它不受朝廷的等级限制，可避免僭越之罪。再次，朝廷允许臣民祭祖立祠，明洪武初许庶人祭及高、曾、祖、祢四世[9]，嘉靖时许臣民祭始祖立家庙[10]，于是"民间皆得联宗立庙，于是宗祠遍天下"。如明代歙县西溪南村有十二所祠堂[11]，潜口村现存的明代祠堂就有五座。最后，随着社会生产力的发展和经济的繁荣，各宗族置族田、建祠堂、修族谱，形成了祠堂与族田相结合的祠堂经济，成为元明时期祠堂建筑活动的经济支柱。

由于上述诸方面的原因，元明时期的祠堂建筑得到了迅速发展，其建筑本身的功能也不断社会化，它不仅是祭祖之地，也是合族宴饮、正俗敦化的场所，又是族众排难解纷、执行家法族规的公庭。

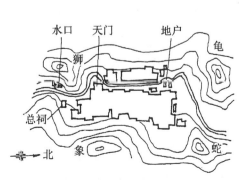

图3-87　徽州绩溪冯村图

图3-88　绩溪冯村村口祠堂群

在传统的祖先崇拜观念、宗法伦理观念、风水观念等影响下，人们在村落的营建过程中，把祠堂建筑放在十分重要的位置。或宗祠支祠集中设置，形成祭祀中心（如绩溪县冯村，图3-87、3-88）；或按血缘组团分区设置祠堂，形成各自的中心；或按风水观念，位于村落"水口"，与其他亭台、牌楼等景观建筑结合，形成乡土社会的精神中心。

祠堂的形制，上自唐宋士大夫家庙及朱熹《家礼》中的祠堂之制，下至元明祠堂，有一历史演变的过程，受社会、政治、自然环境、堪舆流派以及祭祀形式、所祭神主世数和神主布置形式等方面因素的影响，因而建筑形式丰富多样，具有明显的地方特征。其形制可归纳为以朱子家礼为蓝本的祠堂、由居室演变而来的祠堂、明中叶以后兴盛的独立于居室之外的大型祠堂，以及祭祖于家的家堂、香火屋四类。全国明代祠堂分布面广量大，本节仅以受朱熹学说影响很深，号称"东南邹鲁"的徽州一地的明代祠堂为例进行论述。

（一）以朱熹《家礼》为蓝本的祠堂

朱熹在《家礼》中规定，"君子将营宫室，先立祠堂于正寝之东，为四龛以奉先世神主"。其形制：前为门屋，后为寝堂，兼作祭祀之所，又设遗书衣物、祭器库及神厨于其东，周缭以垣。其堂为三间，中设门，堂前为二阶，以堂北一架为四龛（图3-89）。"若家贫地狭，则止为一间，不立厨库而东西壁下置立两柜，西藏遗书衣物，东藏祭器"（图3-90）。由上可见，朱子这种祠堂与唐时三品官的家庙[12]（图3-91）在平面形式上无多大区别，而仅仅是针对唐宋时庙制受严格的等级限制，特别是当时士大夫无世官，"有庙之子孙或官微不可以承祭"[13]以致不敢立庙的情况，朱熹为安孝子顺孙之心，别以"祠堂"名之，用以奉祭祖先，建筑规模如开间等也随之缩小。正因为朱熹的祠堂之制"切于实用"，元末明初，许多地方均按《家礼》立祠，如徽州泰塘程氏宗祠建于明成化十一年（1475年），正堂三间（两旁夹室二间，实为五间），两旁回廊，旁有厨屋，是这类祠堂的典型遗例（图3-92）。嘉靖间所建的程氏始祖墓祠及现存的明代徽州歙县潜口"司谏第"、黟县屏山舒氏祠堂均属此类（图3-93～3-95）。

图 3-89　朱熹《家礼》载"祠堂三间图"

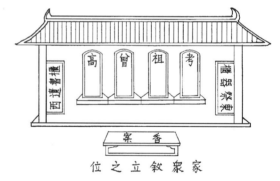

图 3-90　朱熹《家礼》载"祠堂一间图"

朱熹所立的祠堂之制对明代的祠堂影响较大，《大明会典》所载的明初群臣家庙也是"权仿"朱子家礼祠堂之制而规定的。其后明代宗庙形制恢复了前庙后寝之制，并于祠门前又增设一门（皋门，图3-96）。这皋门的设置和以后于祠前建置的照壁、牌楼等在功能上是一致的。此外，朱熹在《家礼》中提出的祭祀仪节仍为明代祠堂所沿用，其"祠堂一间图"中的东西壁下设两柜分别藏遗书衣物及祭器的布局，或为明代的某些祠堂所直接继承，或在某些祠中发展为寝楼下层设东西夹室藏遗书衣物祭器的布局。

（二）由祖先故居演变而来的祠堂

在民间早期祠堂发展的过程中，此类祠堂占有极为重要的地位，它是与朱子家礼之祠堂并驾齐驱的，甚至在数量上更为广泛。它们主要是创建村落之初祭祀分迁始祖及各门别祖的祠堂。据明邱浚辑《朱子家礼》卷一《通礼余注·祠堂》载，明时非嫡长子（即庶子）立祠有以下三种情况：其一"与嫡长同居，则死后其子孙为立祠堂于私室，且随所继世数为龛"；其二"其出而异居，仍备其制"；其三"若生而异居，则预其地立斋以居如祠堂制，死则因以为祠堂"。由此可知，

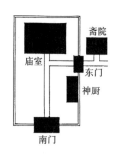

图 3-91　唐三品官一堂三室家庙示意图

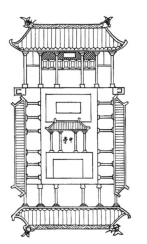

图 3-92　徽州泰塘程氏宗祠图
（摹自明程一枝《程典》）

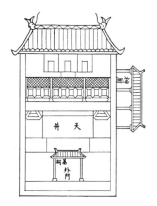

图 3-93　泰塘程氏始祖墓墓祠图(摹自明程一枝《程典》)

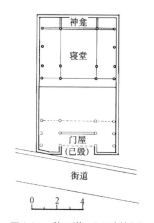

图 3-94　歙县潜口"司谏第"平面

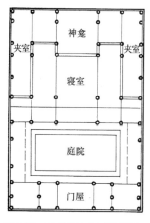

图 3-95　黟县屏山舒氏祠堂平面

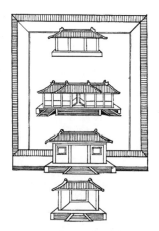

图 3-96　《大明会典》载家庙图

此类祠堂的平面形制有两种形式，前二者纯粹由住宅演变而来，所以其平面形制无一定的模式，随住宅形成的不同而各异，较为多样化。如段萃汪氏"崇义堂"原为洪武二十九年（1396 年）厚奖公始迁时所造之居，前厅后堂，左右两廊各一，前虚月台方塘[14]。现存明代遗构则如歙县潜口"曹门厅"、"乐善堂"便属此类祠堂（图 3-97、3-98），从其外观看，很难区别是住宅还是祠堂。上述后者则在建造时仿朱子祠堂之制，所以平面形制与朱子祠堂基本相同。如黟县环山余氏"一经堂"为始祖荫甫公（元至正元年至洪武二十四年）所建，中奉始祖栗主，左右夹室藏昭穆主，周缭以垣[15]。现存歙县潜口中街祠堂也属此类（图 3-99）。

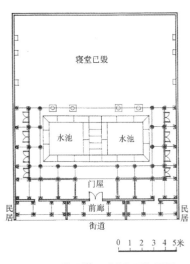

图 3-97　歙县潜口"曹门厅"平面

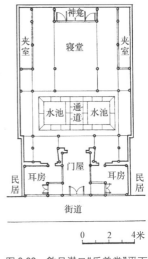

图 3-98　歙县潜口"乐善堂"平面

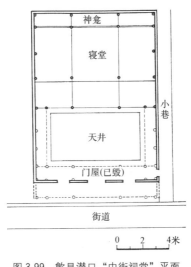

图 3-99　歙县潜口"中街祠堂"平面

以上两种形式的祠堂，由于均由居室演变而来这一前提所决定，其形制往往介于祠堂与住宅之间，前者更多地接近于住宅，后者更多地类似于祠堂。从《程典》所载的程氏各门派宅舍图来看，明初的徽州祠堂与住宅的平面形式是基本相同的，均采用四合院式，中为广庭，仅由于二者的功能不同，导致二者的庭院比例、堂之尺度及室内布置不同而已。但这种形式的祠堂与其宗子或族众后代裔孙屋室的相对位置已非完全拘泥于朱子家礼所规定的居于正寝之东。因而，它可被认为是明中叶以后独立于居室之外的祠堂的先驱。由于各地区的建筑习俗不同，此类祠堂在全国不同地区呈现不同的平面形式。

（三）独立于居室之外的大型祠堂

随着家族的繁衍发展，上述两种类型的祠堂已远远不能容纳参加祭祀仪式的族众，这种矛盾在明初的徽州已有所暴露。如上述由居室演化而来的段萃汪氏"崇义堂"，至明正德时因"梁木摧坏，子孙繁衍有弗能容"，于正德乙亥"鸠工度材，出办资力，重创扩建"[16]。随着村落规模的扩大，原位于村落中心的祠堂往往已不可能再扩建，只能另择新址，加上风水观念对村落水口的重视，这种大型祠堂便向村首水口处发展。这种祠堂的基本部分还是采用四合院式，轴线上有门屋、享堂、寝楼，规模大的祠堂有前门（或加栅门）、仪门、前后享堂、寝楼，周围绕以垣墙，两侧设有廊庑，有的由二三个甚至四个四合院组成。与朱子家礼的祠堂相比，中轴线上的进深增加了，空间层次特别是祠堂前部序列的纪念性气氛加强了，同时为适应祭祀需要，前庭的空间大扩展了。歙县潜口金紫祠则为这种祠前建牌楼的大型祠堂的典型，该祠位于村首，前对平坦的小平原，祠前左远方建有明代风水塔一座，祠堂轴线上依次为牌楼、水池石桥、栅门、头门、碑亭、二门、享堂、寝堂（图 3-100）。

（四）祭祖于家的家堂与香火屋

在明代，虽然祠堂建筑得到了空前的发展，但由于受政治经济地位的局限，更多的家族，特别是庶子支系和分居别室的小家庭，还是采用祭祖于家的家堂形式，如休宁西门查氏，在未建祠以前，"向来各支仅有私祭"[17]。即使在祠堂普设的明中叶以后，一些经济薄弱的家族仍是祭于宗子之家或家堂。如明万历间的皖南东流县章氏因"祠堂难以猝建"，只能"暂以宗子居为家祠"[18]。棠樾鲍氏及桂溪项氏虽建宗祠，但仍设祭于宗子之家。"有祠矣，何以祭于堂？从俗也。从俗奈何？歙之俗于祠祭奠祭外，如春秋三社与夫中元岁腊设食以祭于家"[19]。可见设祭于堂仍是地方习俗。故在民居中亦往往以主厅堂为祭祖的地方。但由于各地区的建筑习俗不同，形式也不尽相同。如徽州习以楼居，而祖宗牌位之上不得有人走动，故民居都设"祖堂"于楼层明间后墙。

在徽州，除祠堂、家堂外，另有当地称之为"香火屋"的祭祖之所。其所设位置无定制，通常为位于居室附近的一简单的小屋，内安近世神主。香火屋的祭祀仪节与祖堂一样较为简单，每届"岁时、伏腊、生忌、荐新皆在香火堂，宗祠支祠礼较严肃"[20]。

祠堂的单体建筑主要有大门、享堂、寝堂及神厨等。

1. 大门

大门入口预示着整个祠堂的规模和等级，因此各宗祠均对此予以特别的重视。祠前一般都设有开阔的广场来突出其入口，强调其在村落中的特殊地位，特别是居于村首的祠堂，以其宽敞的规模，高耸的形象，加上照壁、牌楼等建筑要素成为村落的标志（图3-101）。如歙县棠樾村明代村首祠前建有牌楼三座（至清代发展至七座）及亭一座，作为祠堂乃至整个村落的前奏。歙县郑村忠烈祠、祠前则并列三座牌楼。中间为三间五楼，稍后退，两侧各为一间三楼，略前，成迎合状，三座牌楼间用矮墙相连，使牌楼前后的道路与祠前广场在空间分隔上更为明显（图3-102）。照壁形式有一字形、八字形、弧形等（图3-103）。而更多的祠堂则是将左右垣墙与照壁连成一气，在祠前形成一"凵"形封闭性空间，如歙县呈坎贞靖祠。

祠堂大门的形式有门屋、门楼、门罩三种。门屋一般为三开间，但因常有耳房，故其总面阔均在五开间以上，甚至有九开间者（图3-104、3-105）。这种处理，既避免了僭越之罪名，又获得了雄壮的外观，因而祠堂的享堂、寝堂也往往采用这种手法以增大其面阔。大型祠堂，特别是一些高官名宦的家庙，如潜口金紫祠，则设有头门、仪门二重门，以建筑群体的纵深层次及门屋的体量获得庄严、气派的建筑外观。

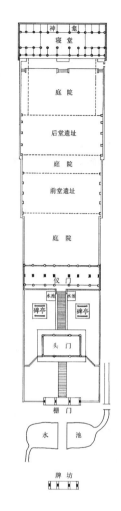

图3-100 歙县潜口"金紫祠"平面

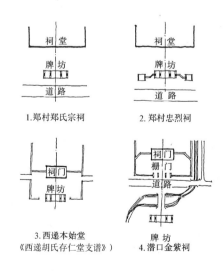

图3-101 祠前设牌楼的几种处理方法

1. 郑村郑氏宗祠

2. 郑村忠烈祠

3. 西递本始堂
《西递胡氏存仁堂支谱》

4. 潜口金紫祠

图 3-102 歙县郑村忠烈祠前牌坊

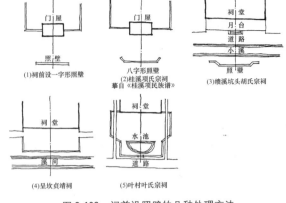

图 3-103 祠前设照壁的几种处理方法

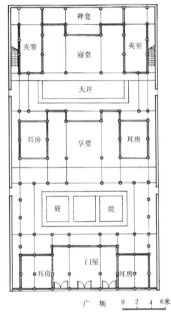

图 3-104 黟县万村韩氏祠堂平面

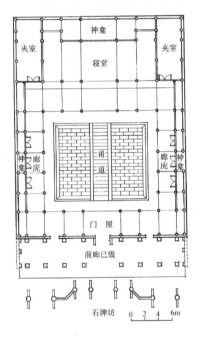

图 3-105 歙县郑村忠烈祠平面

在立面造型上，多将中间门道部分的屋面抬高，形成中间高两侧耳房矮的叠落式屋面。屋顶仍以悬山为主。斗栱是衡量我国古代建筑的等级标准之一，明代祠堂的门屋，特别是徽州地区，一般都施有斗栱，以五铺作为多，出跳数与享堂斗栱相同，或少出一跳。门屋的剖面，大多以五架为主，其侧样有前后对称用中柱、设后廊（门位于前檐柱）、设前后廊三种形式（图 3-106）。祠堂大门的另一形式是门楼。有些祠堂前临街道，如黟城余氏祠堂（图 3-107），将门楼后退，前作八字墙。一般为三间或一间三楼，其形式与明代居民之门楼相一致，造型完全仿木牌楼式，用水磨砖做出柱、枋、斗栱、雀替等，有些门楼还饰有精美的雕花雀替和砖雕彩画。

2. 享堂

享堂亦曰祭堂，是祭祖时举行仪式及族众团聚之所，作为祠堂的主体建筑，其用料、斗栱、装饰的等级都是最高的。

享堂的形制，受祭祀方式的影响。《朱子家礼》中所立的是同堂异室之制，享堂与寝堂合二为一，且所祭神主世数较少，一般仅限于高、曾、祖、考四世，族众也较后世为少。祭祀仪式在堂内举行。其堂"令可容家众序立"为度，享堂前庭并非祭祀时族众主要活动场所，故祠堂庭院较为狭小，如徽州元明早期祠堂面阔与进深之比一般在 2.5∶1 左右（参见图 3-94、3-95、3-99、3-104），与当地民居庭之比 3∶1 很接近。明代早期的徽州祠堂中仍设有水池、水沟，有的还在庭中建筑亭榭

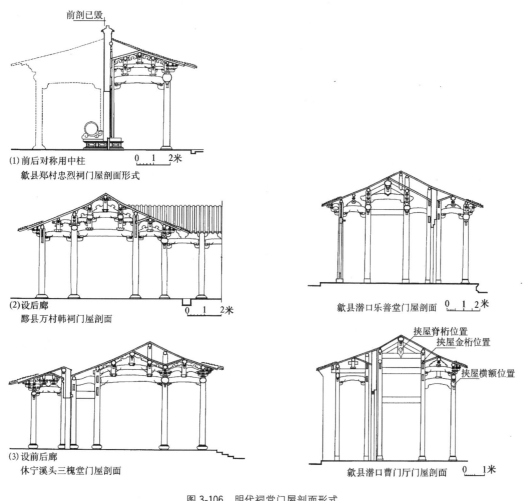

前剖已毁
(1)前后对称用中柱
歙县郑村忠烈祠门屋剖面形式
0 1 2米
(2)设后廊
黟县万村韩祠门屋剖面
0 1 2米
歙县潜口乐善堂门屋剖面
0 1 2米
(3)设前后廊
休宁溪头三槐堂门屋剖面
挟屋脊桁位置
挟屋金桁位置
挟屋横额位置
歙县潜口曹门厅门屋剖面
0 1米

图 3-106 明代祠堂门屋剖面形式

立面图
0 0.5 1米
剖面图
平面图
0 1 2米

图 3-107 黟县余氏祠堂门楼平、立、剖面

（参见图 3-92、3-97、3-98）（图 3-108）。随着明朝皇室宗庙恢复前堂后寝之制，祠堂也就有享堂和寝堂之设。由于享堂的室内空间毕竟有限，不能满足日益隆盛的祭祀仪式，所以堂内仅安置神主、祭台以及主持祭祀的主祭、礼生（包括通赞、引礼、毛血、帛、爵、祝、饮福、尊等数人）之位，族众则序立于前庭或两庑。此时的享堂正面敞开，不设格扇，前廊与前庭位于同一标高，台阶设在老檐柱前，前檐已作为外庭空间的引申，与庭院融为一体。明中叶以后由于族众的繁衍，早期狭小的

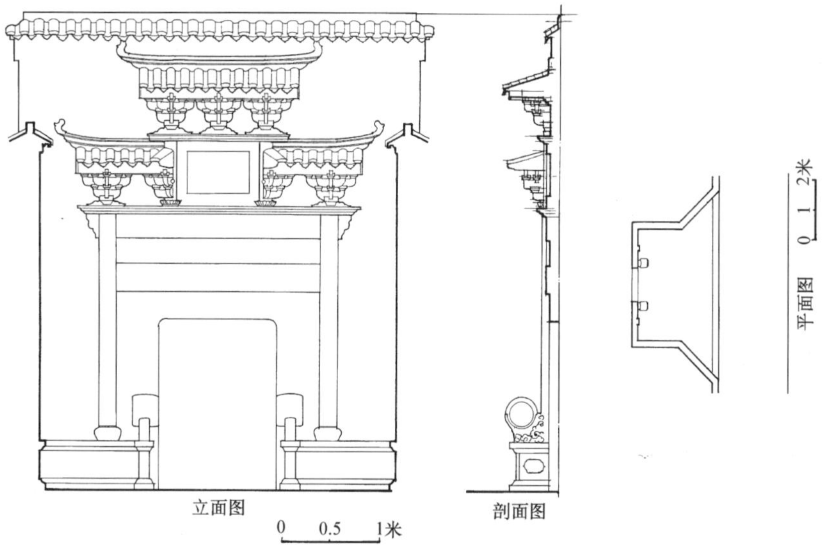

庭院已不能容下众多的祭祀者，以致前庭的进深不断加大，达到了早期祠堂的四至五倍，庭中也不再设置水池、亭榭等（参见图3-100、3-109）。享堂的剖面有两种形式：一种仅设前廊，另一种设前后廊（图3-110），此时前廊也成了享堂的重点装饰对象。如歙县金村许氏支祠、黟县美溪李氏祠堂、万村韩氏祠堂享堂前廊的补间铺作都用上昂承托小月梁、檩条，并用枫拱装饰；美溪李氏祠堂、金村许氏支祠享堂前廊上的蜀柱作瓜棱状。万村韩祠、溪头三槐堂还用精美剔透的雕花雀替承托梁架，很富有装饰性（图3-111～3-115）。这种瓜棱蜀柱与雕花雀替还可见于呈坎贞靖祠寝楼"宝纶阁"及卢村门楼残迹上（图3-116）。石潭吴氏宗祠享堂前廊则用垂莲柱将补间铺作上伸出的牵梁与三架梁相连，横向又串以小月梁、檩条联系，廊中梁架纵横交错，因而当地称之为"百梁厅"（图3-117）。

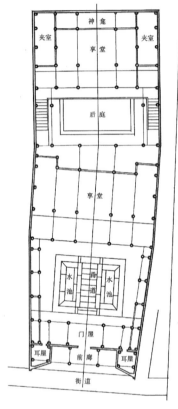

图3-108　歙县石潭吴氏宗祠平面

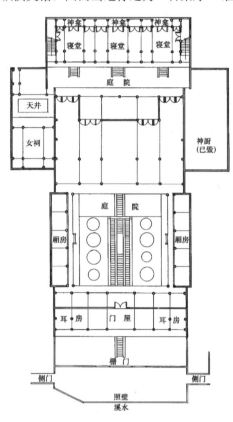

图3-109　歙县呈坎贞靖祠平面

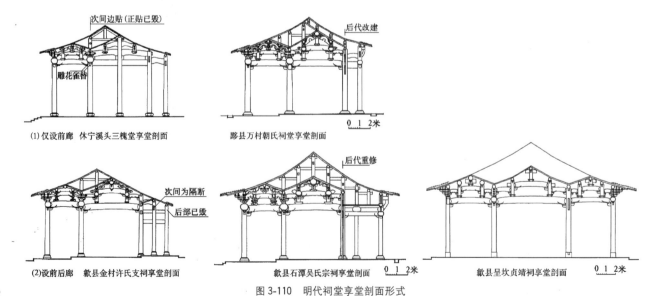

图3-110　明代祠堂享堂剖面形式

图 3-111　歙县金村许氏支祠享堂前廊雕饰

图 3-112　黟县美溪李氏祠堂享堂前廊雕饰

图 3-113　黟县万村韩氏祠堂享堂前廊

图 3-114　黟县万村韩氏祠堂享堂枫栱

图 3-115　黟县万村韩氏祠堂享堂雕花雀替

图 3-116　歙县呈坎宝纶阁前廊梁架

图 3-117　歙县石潭吴氏宗祠享堂前廊梁架

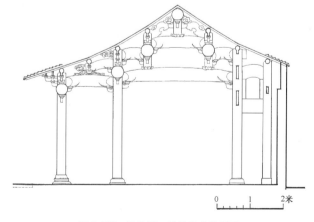

图 3-118　歙县潜口乐善堂寝堂剖面

3. 寝堂

寝堂是安奉神主之所，其形制与神主数有关。《朱子家礼》的祠堂仅设四世神主，高祖以上当迁，享堂与寝堂不分。此类寝堂前部家族祭祀活动部分进深较大，较开敞；相对来说，后部神龛部分进深较浅（图3-118～3-121）。明初许庶人祭及始祖，神主数便不断增加，特别是后来祠堂条规松弛和不实行祧迁之制，促使南向主龛和寝堂开间数的增加，且出现了分层设龛安置神主的状况。这时寝堂的功用仅作安置神主用，故后部神龛部分相对较深（图3-122）。寝堂一般设有左右夹室，中间为寝堂，供奉神主或张挂祖容，左右夹室的功用，或仿朱子家礼"祠堂一间图"之余意，东夹室藏祭器，西夹室藏遗衣书画；或仿宗庙形式，左昭右穆，供奉迁祧神主；或供奉出银建祠、置祠田的有功于祠族的神主。有楼居习俗的徽州，明中叶以后的寝堂则普遍采用楼屋形式。这种楼屋形式的寝堂有两种布置方式：一种是楼下设龛，安奉祖主，楼上或藏始祖神主，或藏遗衣物，徽州呈坎贞靖祠为明万历户部尚书罗应鹤所建，寝堂楼上则珍藏皇帝恩赐的纶音圣旨、宝封诰命，因此命名为"宝纶阁"（图3-123）。另一种是神主供于楼上，而楼下中间作祭堂，楼下左

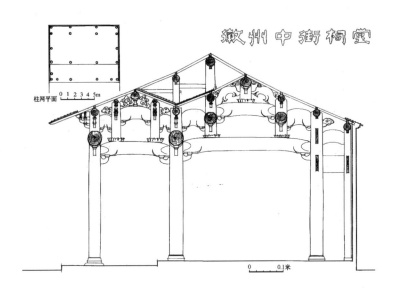

图3-119　歙县潜口中街祠堂寝堂剖面

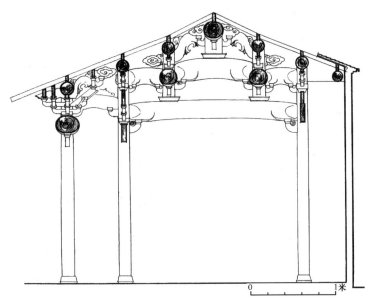

图3-120　歙县潜口司谏第寝堂剖面

右夹室藏祭器，或张挂先祖神像。由于寝楼的下层是族众活动的场所，故楼下前廊与享堂前廊一样，为重点装饰所在，呈坎宝纶阁下层还施以建筑彩画（参见图3-116）。相反，楼上的梁架较为简单，用料也较小。

4. 廊庑、神厨及其他

祠堂庭院两旁绕有回廊，一般以三开间为多，明后期随前庭进深的加大而增至五开间。剖面大多为一面靠墙，进深三架，或做成廊庑。庑内设龛奉祧主或配享神主。

唐宋家庙及朱熹所立的祠制，神厨位于祠之右侧，明代祠堂的神厨多数位于祠左。由于名宗望族的分迁支派众多，远族距祠少则几十里，多至二、三百里，每届祭祖之时，远族族众须提前到祠，前后在祠需停留数天，所以解决远道族众食宿等的辅助用房也是祠堂的一个组成部分。休宁三槐堂的轴线两侧有大面积的辅助用房，与门屋、享堂组成了一庞大的建筑群（图3-124）。有些宗族则利用各支祠的余屋或其他宗族房产如会馆等来解决族众住宿问题。

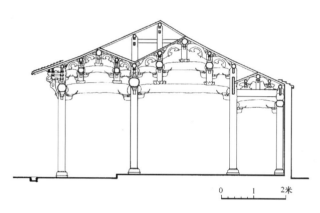

图 3-121　歙县郑村忠烈祠寝堂剖面

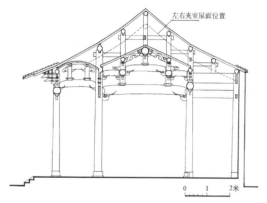

图 3-122　歙县潜口金紫祠寝堂剖面

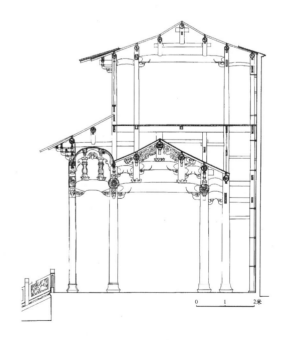

图 3-123　歙县呈坎贞靖祠宝纶阁(寝楼)剖面

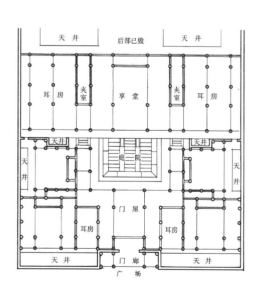

图 3-124　休宁县溪头村"三槐堂"平面

注释

[1]《元史》卷七十四，祭祀志宗庙上。

[2]《元史·世祖本记》。

[3]《明会典》、《明史·礼志》。

[4]《明会典》。

[5]《明会要》。

[6]徽州《桂溪项氏族谱》。

[7]黟县《环山余氏族谱》。

[8]明·汪蓉峰编，清·汪永熏重修《汪氏统宗正脉》，清乾隆刻本。

[9]此说不见正史，但在毛奇龄《西河合集·辨祭通俗谱》及休宁《茗州吴氏家典》中均论及"洪武初用行唐知县胡秉中议，许庶人祭及三代。三十一年奉旨颁祝文祭高曾祖祢四代，士庶之祭四世由洪武始也"。毛奇龄康熙时曾任翰林院检讨、明史馆纂修官，其文应有一定的参考价值。且从徽州地方家谱来看，明代甚至明以前已有始祖者。

[10]《皇明嘉隆两朝见录》载嘉靖十五年礼部尚书夏言上《令臣民得祭始祖立家庙疏》："今宜如程子所论，冬至祭始祖，立春祭始祖以下高曾以上之先祖……乞诏天下臣民建立家庙"。

[11]吴吉祐《丰南志》。

[12]参见《新唐书》、《宋史》。

[13]《宋史》卷一〇九，群臣家庙。

[14]徽州段萃《汪氏统宗正脉》。

[15]黟县《环山余氏宗谱》卷二十一，《衡公祠记》。

[16]徽州段萃《汪氏统宗正脉》。

[17]《休宁西门查氏祠记·纪事》明万历年编，崇祯刻本。

[18]东流县《章氏宗睦家规》，明万历写本。

[19]歙县《棠樾鲍氏宣思堂支谱》。

[20]乾隆《绩溪县志》卷一，风俗。

第四节　圣贤庙

我国历代祭祀圣贤的祠庙类型多，分布广。有祭祀创造华夏文明的三皇庙、孔庙；有祭祀忠臣烈士的关庙、岳庙；有祭祀泽被百姓的名宦贤侯祠；有祭祀忠孝节悌的贞节祠、孝子祠；有祭祀盛名天下的诗圣文豪祠；有祭行业之祖的鲁班祠、药王祠……，不胜枚举。

圣贤祠庙在性质上与祭天地、山川、日月等自然界的坛庙及祭祀祖先的太庙、家祠不同，除少数类型如孔庙、关帝庙等由于其地位的特殊载入祀典而由官方建造外，一般多由地方、民间设立，属民间信仰，因此圣贤祠庙具有广泛的民间性和教化性。这些祠庙或设在名人的家乡，由名人故宅发展而来；或在其工作、生活过的地方建立；或采取祠墓合一的布局形式。这类祠庙的建筑造型及装饰，多带有地方特点。

一、各地文庙

长期以来，儒学被视为中国文化的正统，在圣贤祠中，孔庙的地位特殊。自汉武帝"罢黜百家，独尊儒术"，孔子一直受到统治者的尊重，先后被追谥为"先师"、"先圣"、"文宣王"、"玄圣文宣王"，随着尊孔活动的升级，全国各地的孔庙也相应发展起来，唐太宗贞观四年（630年），令州县皆立孔子庙，孔庙遂遍于全国各地，庙学相结合亦成定制。元朝尊孔子为"大成至圣文宣王"。忽必烈令州县各立孔子庙，大德十年（1306年）创建大都孔庙。元朝全国孔庙均供奉孔子塑像。到了明代，尊孔达无以复加的地步，全国府州县三级孔庙，总数达 1560 所。明初在鸡鸣山前建立了规模宏大的国子监，并于其东侧立孔庙[1]（图 3-125）。永乐间立北京国学，就元朝旧址重建孔庙。嘉靖九年（1530 年），命令全国尽行屏撤孔庙内的孔子像而易为木主[2]，惟独曲阜孔庙属家庙性质，塑像始终未毁。明代各地还往往设有孔子弟子的祠所，如苏州有颜子庙，常熟有颜子祠等。

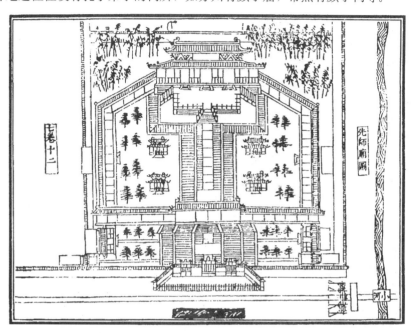

图 3-125　明黄佐《南雍志》载明南京国子监孔庙图

元明时期全国各地的孔庙（包括京师太学孔庙和府州县学孔庙）属于国家祀典内容之一，各级所司必须按礼制规定在春秋仲丁之日，遣官行释奠礼。这些孔庙的特点是庙附于学，和国学、府学、（州）县学联为一体。庙的位置或在学的前部，或偏于一侧，其主要建筑的布局形制如下：

前设照壁、棂星门和东西牌坊形成庙前广场。

棂星门前或棂星门内设半圆形水池，称为"泮池"，这是孔庙的一种特有形制。"泮池"的来源出自周礼，按照儒家的解释，周代礼制，天子所立太学，四周环水，平面成玉璧形，称为"辟雍"。辟与璧通，雍即壅，以水壅阻为界限，用以节制观者。诸侯所立国学，水只环半圈，成半璧状，称为泮池（或半璧池），秦废诸侯分封之制，后世遂以州县文庙比拟诸侯而设半璧池。

棂星门之内是大成门。大成门俗称戟门，因为宋以后孔庙门列棨戟，故有此称。

大成门内为大成殿和两庑。为了排列一百多名孔门弟子和历代贤儒的神主，两庑必须有足够的长度，这就形成了不同于四合院的廊庑院布置形式。大成殿的建筑规格常用五间或七间的重檐建筑。

大成殿之后设启圣祠。明嘉靖时诏令天下文庙立启圣祠以祀孔子之父叔梁纥（清雍正元年改启圣祠为崇圣祠以祀孔子五世祖）。

以上是孔庙的祭祀部分。此外，沿庙宇的中轴线还设有学官视事和生员集会用的明伦堂（也有称明德堂者）、藏书用的尊经阁，以及"敬一亭"等建筑物。两侧则布置名宦祠（祀当地有政绩的地方官）、乡宦祠（祀本地出身的著名官员）和师生教学用房。

敬一亭是明嘉靖七年诏令全国文庙设立的一个新项目，目的是安放明世宗朱厚熜的御制《敬一箴》和范浚所作《心箴》并程颐所作《视听言动四箴》，刻之于石，立于亭内，作为天下士人的规诫和座右铭。

苏州府文庙

苏州在唐代已有文宣王庙。宋代范仲淹始附庙立学，至南宋时，苏州府庙学已具相当规模。主要建筑除以大成殿、两庑为中心的祭祀主庭外，又有御书阁（元大德时更御书阁为尊经阁）、范文公祠、五贤堂、讲堂、斋舍、公堂、射圃及假山、亭榭等建筑。元延祐二年（1315年）、至治二年（1322年）二次增外垣，扩大庙学规模。至正二十六年（1366年）于大成殿前建乐轩。明代，又有多次修缮和增建。洪武元年（1368年）拓庙南棂星门前空间，以临南衢；成化十年，改原东向学门为南向，拓之与庙门并。明代增添的建筑有：洪武年间创建的明伦堂、毓贤堂；景泰年间建的会馔堂、学舍三十余间；天顺间立的"成德"、"达材"二斋和杏坛；成化十年（1474年）扩建大成殿（宋元以来大成殿仅三间，成化十年改为重檐，殿身五间带周围廊，室内用三轩）及两庑四十三间，拆旧材作戟门五间及左右掖门各三间。二十三年以先贤祠分名宦、乡贤各一祠；弘治十二年建嘉会厅于学门外，为师生迎候之所；嘉靖时诏天下起启圣祠、敬一亭，乃于大成殿后造祠，尊经阁前建亭，又于庙学门外建"万世师表"、"三吴文献"二石坊。

考之史志[3]，明代苏州府学的布局为：

前临通衢，其南皆平郊。孔庙在左。庙前为棂星门；庙门两侧分列二石坊；入门则洗马池、神道，神道左右有碑亭二：一宋濂修学记，一旧庙学图；又北为红门及神厨、省牲所、省牲亭；再北为戟门，门西为神库，置祭器、乐器；门内广庭高阶，历露台始至大成殿，最后为启圣祠。

府学在右。外为嘉会厅，与学门相直，门之前为泮宫坊；入门东为杏坛，上覆以亭，直北为来秀桥；入钟秀门，路左右名宦、乡贤二祠，又北范公、安定祠；又北泮池（上有石桥），又北仪门，门内有大池，跨以长桥，石洞凡七（名七星桥）；过桥始上露台，登明伦堂，堂后至善堂，又后毓贤堂、尊敬阁；阁后过众芳桥至游息所、敬一亭，左采芹亭，右道山亭（前有大池），直北射圃，中有观德亭、教官之廨宇、诸生之号舍布分其间；其后又有池沼畦圃，苍松古桧，望之不见其际。

当时的苏州府庙学规模之大为江南之最。现存建筑仅棂星门及大成殿为明成化时重建遗构（图3-126～3-129），面阔七间，重檐歇山琉璃瓦顶。

苏州城内除府文庙外，另有吴县、长（州）元（和）县二处文庙。吴县文庙始建于宋，至明代也已具相当规模（图3-130）。

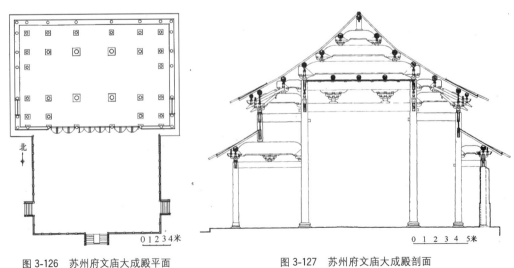

图3-126 苏州府文庙大成殿平面   图3-127 苏州府文庙大成殿剖面

图 3-128　苏州府文庙大成殿外观　　　　　　　　　　图 3-129　苏州府文庙棂星门

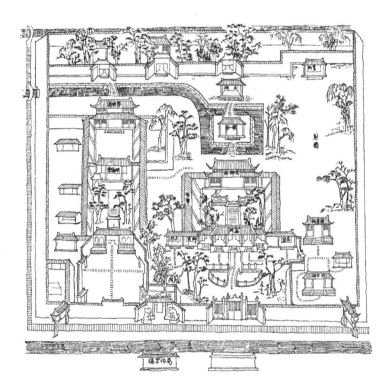

图 3-130　明崇祯《吴县志》载吴县文庙图

云南建水县文庙

　　建水在明代是临安府及建水州府治所在地，是明朝经略南疆的战略要地，故文庙规模宏大。庙在县城内原府治西北，始建于元泰定二年（1325 年），明初诏郡县设学，因郡庙设府学于庙之西，州学于庙之东。明洪武二十二年（1389 年）拓建，初具规模。其后宣德、弘治、嘉靖、万历、崇祯间屡有增修而不断完善。

　　据雍正《建水州志》载，明代建水文庙，最南端为建于万历三年（1575 年）的云露坊（坊表曰"滇南邹鲁"）、文星阁，北为泮池、"洙泗渊源"坊、棂星门。棂星门东侧"德配天地"坊，西侧有"道冠古今"坊。棂星门内为大成门，大成门左右又有左右掖门，曰"金声"、"玉振"。门外两侧分别为嘉靖二十年（1541 年）建的名宦祠和乡贤祠，其间布有历朝碑亭。大成门北为杏坛（旧在棂星门前泮池上，天顺六年，1462 年重建），石刻圣人弦诵像于其中。再北大成殿，为弘治八年（1495 年）重建后历经修缮的遗构，现明间脊檩上仍留有"大明弘治八年岁次乙卯九月二十六日重建"及崇祯十三年重修的题记。殿作五间单檐歇山顶,外檐周圈用石柱,另在角梁下加二擎檐柱,柱身刻以云龙(图3-131~3-135)。殿前东西廊庑,祭六十二位先贤、三十六位先儒,末三间分别为神厨、神库。庙侧与府学间有敬一亭、明伦堂、尊经阁。东侧与州学之间有寄贤祠,祀明翰林学士王奎、副都御史韩宜可。洪武间二人教授生徒为振兴郡邑文教二十余年,成化中建祠祀之,其讲学处构读书台。州学之后又有启圣祠。

图 3-131 云南建水文庙大成殿外观

图 3-132 云南建水文庙大成殿龙柱

图 3-133 云南建水文庙大成殿斗栱

图 3-134 云南建水文庙大成殿内部梁架

图 3-135 云南建水文庙大成殿"万世师表"匾
（此匾为清康熙二十三年御笔赐全国各地孔庙之物）

二、曲阜孔庙（本节参照潘谷西《曲阜孔庙建筑》撰写）

阙里孔庙是由当年孔子住宅发展而来的，它是中国现存建筑群中历史最悠久的一处。自孔子死后，次年（公元前478年）利用孔子旧宅立庙祭祀，至今已有近两千五百年的历史。在漫长的岁月中，由于战乱、兵灾、雷火等原因使庙宇屡次遭到破坏，但很快被重建，且规模越来越宏伟，庙貌越来越壮观。至宋时，经宋太祖、宋真宗的扩建，奠定了后世布局的基调。

金、元之间，战火延及曲阜，孔庙殿宇半数被毁。元代多次修缮，其中大德元年至六年（1297～1302年）的一次修理规模最大，共建房一百二十六间。元至顺二年（1331年）五十代衍圣公孔思晦疏请按前朝故事，仿王者宫城制度，在庙庭四周建造四座角楼，并在大成门前添置碑亭两座。

明朝大事尊孔，崇饰孔庙，太祖、成祖、宪宗屡次诏修曲阜孔庙。成化十九年，因衍圣公孔弘泰的奏请，又进行一次大规模的维修活动，共修葺殿堂廊庑门庭斋厨等三百五十八间，工程浩大，历时四年，共耗银十余万两，石柱刻以龙凤，围墙和道路用砖砌。弘治十二年（1499年）主体建筑因雷击毁于火，于是进行了又一次大规模的兴造活动，孔庙的布局有了巨大发展，形成最终规模，是孔庙的全盛时期。以后终明之世只是局部的扩建和改造：如正德至嘉靖间把庙前照壁改为棂星门；门前加建了两石碑坊（金声玉振坊、太和元气坊）；万历间，在寝殿后建造了圣迹殿（图3-136、3-137）。

与上述府州县文庙相比，曲阜孔庙的建筑形制有以下特点：

第一，曲阜孔庙因宅立庙，现大殿前相传为孔子生前教授堂遗址建有"杏坛"，寓"杏坛设教"之意，象征孔子在教育事业方面的卓越贡献；孔庙东侧金丝堂、鲁壁、故宅井，是为纪念孔子故居原址而设；诗礼堂是表彰孔子诗礼传家，为纪念孔鲤"过庭诗礼"的故事而立。

第二，曲阜孔庙采用帝王宗庙的宫室之制。元朝建立的角楼，采用王者宫室门隅之制，纯粹是一种象征性建筑物；五重门（圣时门、弘道门、大中门、同文门、大成门）体现的是天子五门之制。

第三，曲阜孔庙是孔氏家庙，故设有寝殿和家庙等建筑。

曲阜孔庙建筑成功地通过建筑群体所形成的环境序列来达到烘托孔子的丰功伟绩和圣教的博大高深，所以孔庙建筑的艺术表现力，首先在于其总体布置，其次才是单体建筑的处理。目前，庙内的主体建筑——大成门、大成殿、寝殿虽是清雍正年间重建之物，但总体布局仍沿袭明代原貌，且杏坛、奎文阁、圣迹殿，同文、弘道、圣时三门及门前各坊都是明代原物，无疑，从孔庙建筑中仍能充分体现明代大型建筑群的空间处理和技艺水平。由于创造空间艺术所使用的特定形式是庭院，因此按庭院的性质和功能分为五部分进行剖析：

（一）前庭三院

大中门以南三个庭院里，仅设墙垣和门坊而无任何殿宇亭阁（汉石人亭系近年所建，并非孔

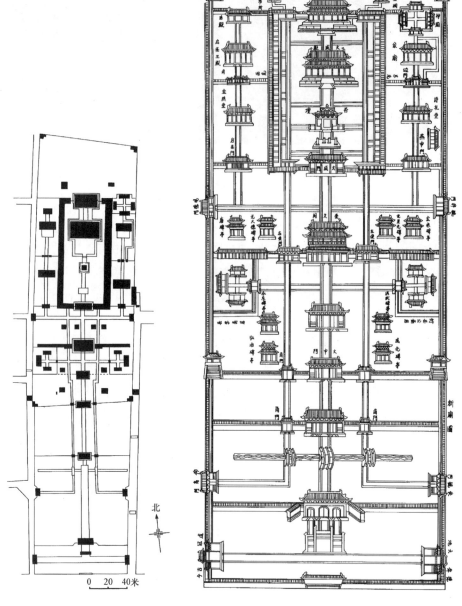

图 3-136　明代曲阜孔庙平面图　　　图 3-137　明正德本《阙里志》孔庙图

庙规制所涵的建筑物），宽阔的庭院内遍植柏树，形成绿色屏障和深邃的甬道空间。重重门坊隐现于丛翠之中，间歇地起着标志作用，这是培养晋谒者肃穆崇敬心情所不可缺少的部分。

圣时门前院——圣时门是孔庙的大门，明弘治、正德年间大门前的布局与明代祠庙门前常见的形制相同，即：门前有石坊，对门是照壁，两旁有东西牌坊。正德间，移城卫庙之后，照壁被改为棂星门，棂星门外添了一座"金声玉振"石坊（嘉靖十七年），棂星门内加了一座"太和元气"石坊（嘉靖二十三年），就形成现在所见的格局。

这是一区以牌坊为主体的庭院，共有三座石牌坊和一座石棂星门（图 3-138），牌坊上的榜额"金声玉振"、"太和元气"，"德侔天地"、"道冠古今"，标志着孔子的道德功业。"金声玉振"和"太和元气"二坊，建造年代相近，形式与大小也基本相同，都是三间四柱冲天柱式石坊，柱顶饰以蹲兽，明间额上镌榜题，两次间额上用平钑法镌刻云龙图案。"宣圣庙"石坊（清雍正改称"至圣庙"坊）是弘治间的遗物。此坊形式更为简单，柱间只用一整块石板作榜牌兼额枋，额枋上惟一装饰是明间中心的火焰宝珠和横贯边柱顶部的日月板，但边柱有侧脚（微向明间内侧），雕工精细，云龙图像生动，线条流畅，显示了明代盛期高超的工艺水平。棂星门是孔庙第一道门，明正德至嘉靖间改照壁为棂星门，明时为木构（到乾隆十九年才易为石构）。"德侔天地"、"道冠古今"两座木牌坊东西向而立，比例凝重端庄，是成功的作品（图3-139）。圣时门是一座砖身木构屋顶的建筑，明弘治以前在这里已有一座三开间的门屋，弘治时改为五间，退后二丈，两侧添了八字墙，显得匀称悦目。此门前后正中的两方陛石，雕刻精美，双龙戏珠用云水烘托，龙身翻转腾跃，姿态生动，山形奔竟，水势汹涌，行云流畅，整个浮雕图形，呈现一种动态美，堪称是孔庙石刻的上品，也是明代石刻中的精品（图3-140～3-143）。

图 3-138 曲阜孔庙门前石坊群

图 3-139 曲阜孔庙"德侔天地"坊（内侧）

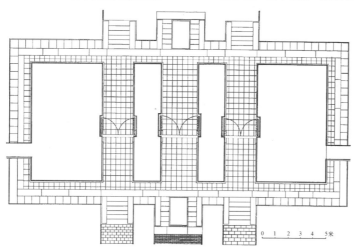

图 3-140 曲阜孔庙圣时门平面

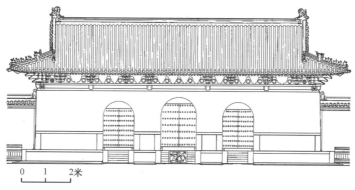

图 3-141 曲阜孔庙圣时门立面

图 3-142　曲阜孔庙圣时门外观

图 3-143　曲阜孔庙圣时门前陛石

图 3-144　曲阜孔庙弘道门前石桥

弘道门前院——弘道门是孔庙的二门，原为三开间，弘治十七年（1504年）改为五开间。门前横亘璧水河（亦称泮河）一道，河上架石拱桥三座，门前东西两侧开边门两座，东曰快睹，西曰仰高。此外，院中遍植桧柏林，别无其他建筑物。院子略呈方形，晋谒者经过大门后穿过门前长约为130米，两旁古柏森郁的甬道走到璧水桥前，才能从浓荫蔽日的树丛中看到这座门，对形成庙前肃穆安静的环境气氛起着重要的作用（图3-144、3-145）。在庙内开河架桥，使环境富有生气，增加变化，是一种良好的手法。作为泮池，这种长河的形式和一般文庙又是截然不同的处理。

大中门前院主要由前后相对的两座门（弘道门和大中门）以及道两侧的古柏所形成的空间来进一步创造晋谒过程中所需的肃穆气氛，也是前述第一、第二庭院的继续，现存门屋为清代建筑。

（二）奎文阁前院

奎文阁和大中门之间，原来有两层院落，即在同文门的东侧和西侧都有围墙将前后两院分开。弘治之役，为了建造四座碑亭，将墙拆除，合二院为一院。在当时，这组院落是祭前进行各种准备工作的场所：奎文阁楼下是祭前对孔子夫妇及四配十二哲举行祭仪"彩排"处；大中门则是衍圣公及陪祭人员举行祭前戒誓仪式处；同文门及其左右两侧分别是存放历代碑碣及孔子五代祖、孔氏中兴祖孔仁玉、先贤先儒祭仪"彩排"处，东西斋居是衍圣公和地方官员祭前二日持斋住宿的地点，由此可见这一院落在祭祀中具有重要作用。明代合二院为一院的改造，使空间关系更为协调、恰当。因为弘治间，奎文阁由五间改为七间后，体量增大，从同文门望奎文门，稍有局促之感，拆除围墙，添建碑亭四座（现在仅存二座），一方面增加了空间层次，另一方面也获得了良好的视角去观赏奎文阁。

奎文阁创建于宋初，金明昌二至六年（1191～1195年）重建时钦定名为"奎文阁"。明弘治重建为面阔七间，进深五间，外观是二层三檐，内部空间三层——两明一暗，上层挑出平坐，屋盖用 歇山顶黄琉璃瓦（图3-146～3-150）。阁的楼上是藏书室，当时奎文阁的藏书供孔、颜、孟三

图 3-145　曲阜孔庙泮池上的璧水

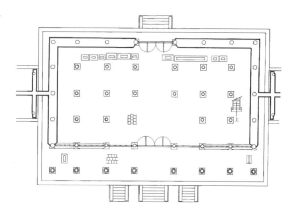

图 3-146　曲阜孔庙奎文阁一层平面

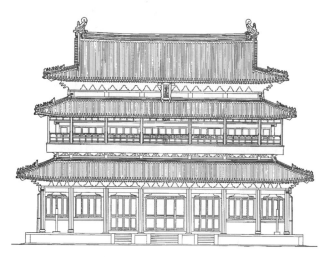

图 3-147　曲阜孔庙奎文阁立面

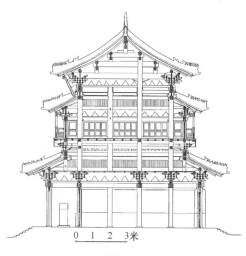

0 1 2 3米

图 3-148　曲阜孔庙奎文阁剖面

图 3-149　曲阜孔庙奎文阁外观

图 3-150　曲阜孔庙奎文阁下檐斗栱

氏子弟与县学诸生阅读，所以属公共图书馆性质。奎文阁楼下既无装修与隔断，也无家具与陈设，据记载，这里有两种用途：一是作为孔庙中路的一座殿门；二是举行释奠祭孔礼前，在此举行祀典的演习。因为奎文阁的楼下是作为殿堂使用的，故所以下层的木构架是典型的宋《营造法式》中的"殿堂"结构，楼下46根柱子同高，用料工整划一，柱子与额枋上纵横罗列斗栱，其上安天花，这种结构通常用于最高一级的大殿和殿门。对比之下，楼上柱子不圆不方，用料将就，也无天花，属于"厅堂"结构，比殿堂低一等。这种结构安排符合上面所说的楼上藏书、楼下做殿堂兼殿门的功能要求。

参同门（清雍正八年钦命改称"同文门"），其位置本是宋时额为"至圣文宣王庙"的庙门所在，明代取消两侧围墙和角门，成为一座孤立的门屋，这种格局一直保持到今天。门屋五间，单檐歇山顶，明代这里是古碑贮放处。角楼位于大中门东西两侧及孔庙北墙转角处，共四座，创建于元至元二年（1336年），清康熙二年重修。楼的平面成曲尺形，立于高台之上，有坡道可供上下。在东南角楼外侧偏北即钟楼，二者有隘道相通。明时孔庙东有钟楼，西有鼓楼[4]。钟楼的形制犹如城门，下为砖砌高台，以筒拱作门道，设大门供启闭，实际上是孔府的外门，其位置正当金代"庙宅外门"处。

（三）大成门前院

大成门与奎文阁之间是一座南北狭东西长的庭院，明代院中有四座碑亭（金二，元二，图3-151～3-153，清代增添九座碑亭）。宋金时大成门为三间，明成化、弘治间改为五间。现存大成门虽经清雍正重建，但其中须弥座及部分石柱，雕刻精美，当是明代遗构（图3-154）。

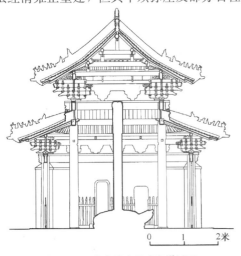

图3-151 曲阜孔庙元碑亭横剖面

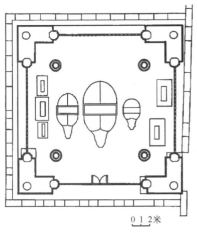

图3-152 曲阜孔庙元碑亭平面

图3-153 曲阜孔庙元碑亭外观

图3-154 曲阜孔庙大成门后檐龙柱

（四）正殿殿庭

　　作为孔子神位所在地的大成殿，是整个孔庙的中心建筑，环绕着它而布置的建筑物和庭院都起陪衬烘托作用。从宋代以来，这组殿庭所采用的是宋金时期祠庙常用的一种组合方式——廊庑周绕的封闭庭院。廊庑到明代以后已较少使用，孔庙殿庭始终保持这种形制，是一个难得的遗例。现存建筑物除杏坛外，都是清雍正间所建，而其庭院布置的平面则是明弘治十三年至十七年（1500～1504年）间所形成的。杏坛相传为孔子旧宅教授堂，经汉唐迄于北宋，曾作为孔庙的正殿使用，宋乾兴元年（1022年），因扩大庙制，拓宽殿庭，将殿北移至讲堂旧址重建为正殿，而旧基改筑成砖坛，周围环植杏树，称为杏坛，这就是杏坛的起始。到金明昌年间，坛上加单檐一座歇山亭子，和传统坛而不屋的规制不符，且在建筑处理上有两点失败：一是改坛为屋，割断了对孔子"杏坛设教"掌故的联想，一是造成对主殿的遮挡。明弘治间，此亭已成单檐十字脊，明隆庆三年（1569年），改建为重檐十字脊，平面方形，每面三间，用八角石檐柱（图3-155～3-158）。宋、金时期，大成殿为七开间，明成化十九年扩建为九间。弘治火灾后复建九间，重檐歇山顶，殿前用石盘龙柱，两山及后檐俱用镂花石柱，屋顶用绿琉璃瓦，露台二层，均为镂花石须弥座。现在的正殿虽是雍正间重建，但形制和弘治所建相同，仅屋瓦换成黄琉璃瓦。

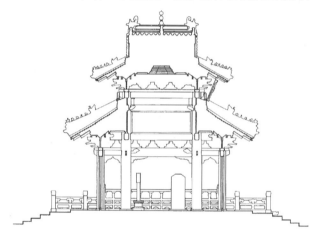

图 3-155　曲阜孔庙杏坛剖面

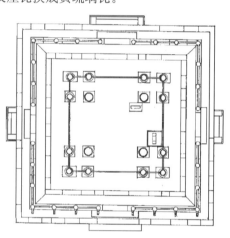

图 3-156　曲阜孔庙杏坛平面

图 3-157　曲阜孔庙杏坛外观

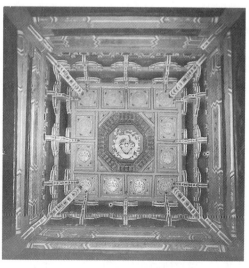

图 3-158　曲阜孔庙杏坛藻井

（五）殿庭左、右、后三面的庭院

紧靠正殿殿庭的东侧、西侧和后面，环绕着一批较小的庭院和殿堂屋宇。是供祭仪中进行分祀和准备礼器、乐器、牺牲、供品之用的，主要有诗礼堂、金丝堂、启圣殿，圣迹殿等，是祭仪不可缺少的组成部分。在建筑群的处理上，则有重要的陪衬作用，正是由于这些建筑物的环抱，使大成殿处于众星拱卫的地位，外观更加深远崇高、庄严巍峨，整个孔庙也更为层次丰富、轮廓起伏，那些大小形状不同、色彩鲜明而有变化的屋顶分布在绿树形成的底色上，构成了一幅优美图案，这种"第五立面"的艺术效果，充分表现了我国古代建筑的魅力。

殿庭东院——大成殿庭院东侧的偏院，主要包含二个内容：一是诗礼堂，即宋至明初称为斋厅的建筑，原来用讲学堂及孔氏族人致斋等用途；二是家庙和神厨，供祭孔子以下二代祖及中兴祖之用。在诗礼堂后院，相传即是孔子旧居的水井和秦始皇焚书坑儒时孔鲋在壁中藏书的地点。东院正门燕申门（清雍正时改称"承圣门"）是明永乐间遗物。

殿庭西院——大成殿殿庭西侧的偏院前后二进，前一进金丝堂，明代是存放乐器及祭前演习乐舞之处，后一进启圣殿与寝殿，是祭祀孔子父母的祠堂。

殿庭后院——在大成殿以北一区内，包含着两大部分：一是圣迹殿；二是后土祠院、瘗所、燎所院、神庖院和神厨四座小院。其中除圣迹殿建筑规模较大外，其余都很狭小，位置偏僻，但在祭祀活动中却担负着重要职能：瘗所、燎所是迎神送神之处，神庖、神厨是为神准备牺牲、祭品之处，后土祠是土地神庙。所以这里是"神灵"的出入孔道和厨房所在地。圣迹殿的主要内容是陈列120幅"圣迹图"，即用连环画的形式，描绘孔子一生事迹，刻之于石，这和佛教建筑中"佛传图"很相似，每幅约长60厘米，内容是从孔母祷于尼山而生孔子起，直到孔子死后弟子庐墓止。此殿建于明万历二十年，是一座单檐歇山顶建筑，面阔五间，进深三间，斗栱用五彩单翘单昂，室内无天花（图 3-159）。

三、其他圣贤庙

圣贤庙（祠）的布局仍以正殿（享堂）所在的庭院为核心，前设棂星门、牌坊、照壁之属。特别受尊崇的先圣先贤，则在庙制的规模和门屋数量上有所增扩，如曲阜颜庙在神门之前更设归仁、复圣二门，形成三门一坊的殿前格局。根据"视死如生"的传统观念，圣贤庙还常有寝殿（夫人殿）之设，这一点和佛寺、道观、府县文庙有所区别，却与宗庙有相似之处。各地众多的生祠，一般规模较小，布局也较简单（图 3-160）。

（一）曲阜颜庙

颜回、曾参、孔伋、孟轲四人被认为是孔门弟子中品德最高，足以配立于孔子身旁同受祭享的四位儒家圣人——"复圣"颜子、"宗圣"曾子、"述圣"子思、"亚圣"孟子。他们的祀位在大成殿内列于孔子左右两侧，通常称为"四配"。"四配"除在孔庙受祭外，颜、孟、曾还有专祠设在他们的故乡，即曲阜陋巷的颜庙、邹县城南的孟庙、嘉祥县城南的曾庙，都由他们的长孙世袭奉祀。唯有孔伋（字子思）因是孔子的孙子，历来都在他的祖庙——孔子庙中受祀，不另立庙。

颜、孟、曾三庙创建时间不同，盛衰兴废的经历也各有千秋，因孔庙在成化十九年(1483 年)的扩建，大成殿由七间重檐改为九间重檐，弟子原有庙宇显得过于卑陋寒碜，有司接踵疏请增广三庙庙制。于是在明成化至正德年间(1486~1512 年)的二十余年内，三庙都相继扩大，大体达到现存庙制的规模和布局。三庙占地面积约略相等，都在 35~37 亩之间，布局形制也很相似，仅有微小的差别，其中曾庙比颜、孟二庙的轴线进深少一重院落，反映历来对三庙尊崇程度的差别。目前三庙的单体建筑绝大部分经清代重建，仅颜庙杞国公殿为元代建筑，颜庙复圣门、克己门、碑亭及复圣殿石龙柱等是明代遗构。

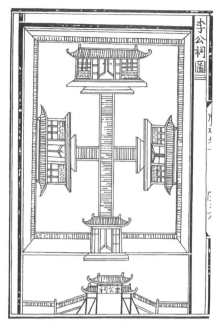

图 3-159　曲阜孔庙圣迹殿内陈列圣迹图

图 3-160　明岳州知府李镜之生祠（弘治《岳州府志》）

　　颜庙又名复圣庙，在曲阜县城内，与孔庙相距仅数百米。由于颜回是孔子最得意的弟子，历来被尊为"四配"之首。曲阜颜庙的创建年代不详，到元代延祐四年（1317 年），才在陋巷颜回故居遗址建新庙（即今庙，图 3-161）。明代，颜庙曾多次修葺，其中成化二十二年和正德二年的两次工程规模最大，前一次是"大廓其规制"，后一次是"规模宏敞，视昔有加"[5]，将西院的斋堂、神厨改成颜父颜母的祀所——杞国公殿。明代颜庙的形制可以从《陋巷志》的文字记载参照"国朝 复圣庙图"及《圣门志》的记载中见其梗概（图3-162、3-163）。在现存单体建筑中以西院杞国

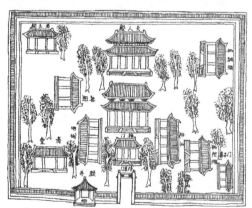

图 3-161　《陋巷志》载元代曲阜颜庙图

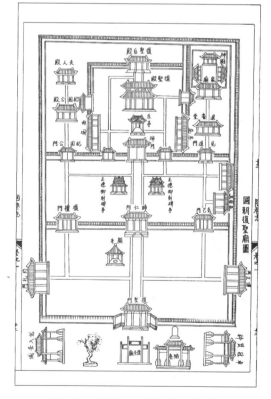

图 3-163　曲阜颜庙石坊

图 3-162　《陋巷志》载明代曲阜颜庙图

公殿的年代为最早，也是曲阜惟一的元代殿堂。殿五间，单檐四阿顶，灰筒瓦绿琉璃剪边，斗栱五铺作双下昂，上昂是真昂，下昂是假昂，室内彻上明造（图3-164～3-167）。

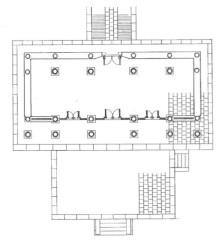

图3-164　曲阜颜庙(元)杞国公殿平面

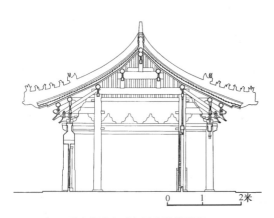

图3-165　曲阜颜庙(元)杞国公殿横剖面

图3-166　曲阜颜庙(元)杞国公殿外观

图3-167　曲阜颜庙(元)杞国公殿前檐斗栱

（二）无锡泰伯庙❶

泰伯庙位于江苏无锡梅村镇伯渎河边。相传商末周原的泰伯为避让王位来到梅里，将兴盛的奴隶社会文化带到仍处于原始社会的"荆蛮"之区。泰伯是被载入史册的江南地区第一位开拓者，孔子称赞泰伯三让王位为"至德"。

泰伯庙始建年代不详，弘治十三年（1500年）知县姜文魁"即梅里故墟创建殿、寝、门、堂，规制有加于昔"[6]。清咸丰十年（1860年）庙遭战火，仅留下正殿、棂星门、照池及池上石桥。1983年予以整修，其中正殿"至德殿"木构架仍基本保持弘治重建时面貌（图3-168～3-172）。

至德殿五开间，通面阔19.59米，通进深11.20米，歇山顶。前檐柱中间四根为木柱，下用石楯及石覆盆，两山及后檐均为抹角八角柱，下用石楯，内柱直径45厘米，下用鼓形木础及石覆盆，表示了江南木构建筑对柱子防潮问题的重视以及和宋《营造法式》之间一脉相承的密切关系。檐柱额枋高而狭，平板枋扁而平，不同于明代官式做法。外檐斗栱三踩单昂，用材为8厘米×11.5厘米，足材为8厘米×17厘米，斗栱形制接近官式做法而与"牌科"做法不同。木构架尚保留不少宋式遗意，如室内柱、梁、桁之间用斗栱联结，明间脊童柱与次间中柱间用串枋联结，梁用扁作如宋之月梁（但拼梁之法已稍异于宋式，即"缴背"所用二木已非实拼而留有空隙以减少用料）

❶　本例由建筑学硕士、江苏省古建公司高级建筑师何建中撰写，编者稍有删节。

等。其他如脊童柱下端做成"鹰咀"并施以雕刻,脊部以云板为饰,三架梁下施荷叶斗、五架梁下施梁垫旁交三幅云棹木等做法,均有鲜明的苏南明代建筑特点。而前金柱内额下用斜撑与雀替,雀替旁出三幅云的做法则为他处罕见。

（三）常熟言子祠

言子祠位于常熟城内学前街文庙东侧,俗称小学。言子名偃,字子游,春秋时吴国（今常熟）人,是孔子弟子七十二贤中唯一来自江南的学者。出仕为鲁国武城宰时,以礼为政,推行孔子的社会理想,深得孔子赞许。后在江南传播孔子思想,因对中原文化南渐有重要贡献而被后世尊为"南方夫子",唐追封为吴侯,北宋封"丹阳公",元封吴国公,明嘉靖时尊为"先贤言子"。其祠创建于南宋,先是建于文庙东,后移于文庙后,至明代又移于文庙东,单独辟门临街面河,并于庙前立石牌坊。以后曾屡有修缮,并于清乾隆间重建坊表[7],但其布局仍大体保持原有状况（图3-173）。现祠中建筑物仅存正殿,其余均已不存。

享堂三间,平面呈方形,面阔进深均10米左右。木构架体系规整、简明,仍基本保持明代原貌。屋盖重量全由四根金柱支承,并由双步梁和山面顺梁上双向悬挑的金檩支承角梁重量。斗栱用三踩单昂,柱头科用材尺度与平身科相同,仍是宋代旧规。室内无天花,用插栱、十字斗栱作为柱、梁交接处理,月梁、额枋、石栿等形式也较多地继承了宋、元建筑的遗风（图3-174~3-176）。

（四）四川七曲山文昌宫

七曲山文昌宫,又称"大庙",位于四川省梓潼县城北10公里七曲山麓,有川陕公路穿庙而过。庙的创建是为了纪念晋代的张亚子。张是七曲人,仕晋战殁,人为立庙,唐宋时封为英显王,因道家谓其执掌文昌府事及人间官禄,所以元代封为文昌帝君,此庙遂有文昌宫之称。其后庙的内容渐杂,儒、道、佛三者兼而有之,有启圣祠,有天尊殿,有关帝殿,也曾做过张献忠的家庙。由于内容混杂,性质逐渐模糊,于是出现了一个概念含混的名称"大庙"。庙的总体布局也显得主体不突出,稍有零乱感,正足以说明此庙是各个时期根据各种需求综合改造的结果（图3-177~3-179）。

现存庙中建筑物元明清各个时期都有。其中盘陀石殿是元代遗物,桂香殿与天尊殿保留较多明代风格,其余则是清代以后所建。盘陀石殿是一座单间小殿,斗栱用真昂,山面用弯曲木料作梁,用材较其他各殿大（11.5厘米×17.5厘米）,显示元代建筑的特点（图3-180、3-181）。桂香殿是此庙主殿,面阔三间,单檐歇山顶,梁架规整,用料粗大,斗栱用一斗二升交麻叶云,雀替蝉肚多而长,木构架显示明代手法较多（图3-182~3-186）。天尊殿面阔三间,单檐歇山顶,斗栱用单抄双下昂七踩,其中上一昂是真昂,梁架用料较小,年代应较桂香殿稍晚。

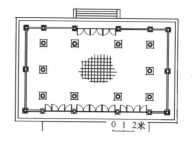

图3-168　无锡泰伯庙至德殿平面

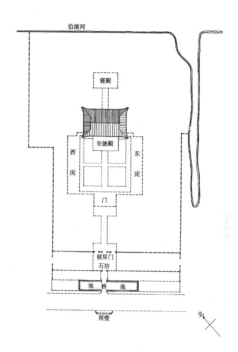

图3-169　江苏无锡梅村泰伯庙平面

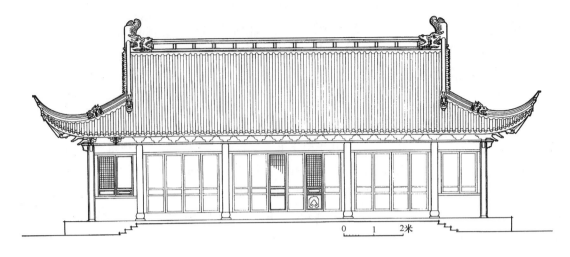

图 3-170　无锡泰伯庙至德殿立面

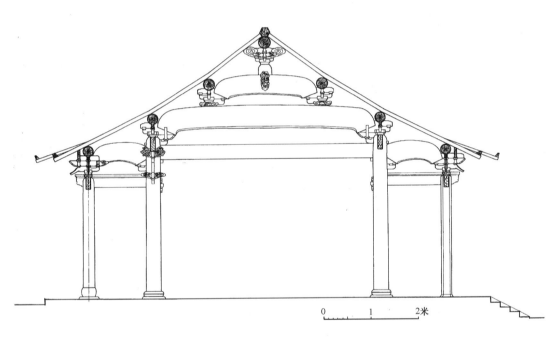

图 3-171　无锡泰伯庙至德殿横剖面

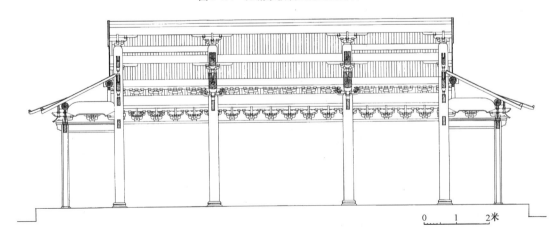

图 3-172　无锡泰伯庙至德殿纵剖面

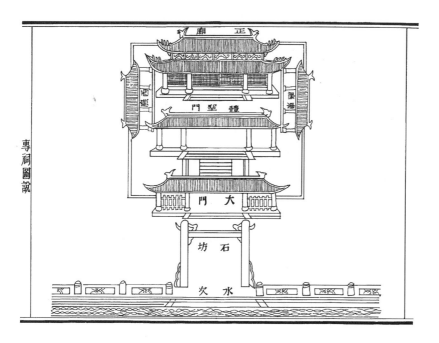

图3-173　江苏常熟言子祠图（摹）

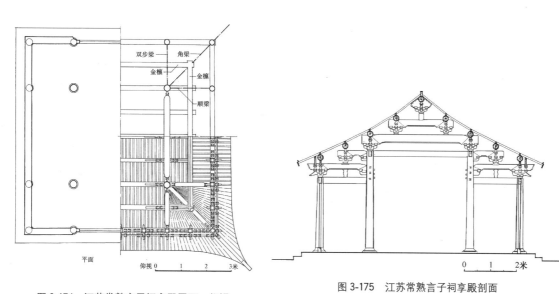

平面

仰视　0　1　2　3米

图3-174　江苏常熟言子祠享殿平面、仰视

0　1　2米

图3-175　江苏常熟言子祠享殿剖面

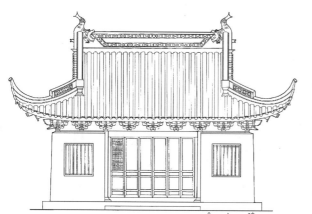

0　1　2米

图3-176　江苏常熟言子祠亭殿立面

图3-177　四川梓潼七曲山大庙鸟瞰

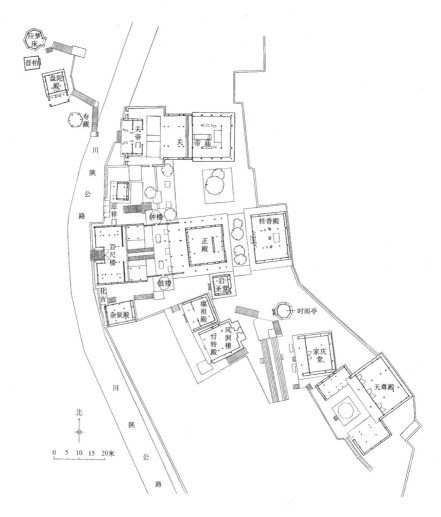

图 3-178 四川梓潼七曲山大庙总平面

图 3-179 四川梓潼七曲山大庙主轴线剖面

图 3-180 四川梓潼七曲山大庙盘陀石殿

图 3-181 四川梓潼七曲山大庙盘陀石殿斗栱

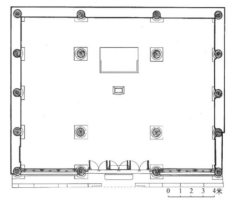

图 3-182 四川梓潼七曲山大庙桂香殿平面
(图 3-182～3-185 由清华大学提供)

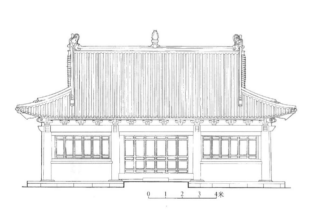

图 3-183 四川梓潼七曲山大庙桂香殿正立面

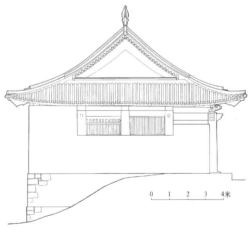

图 3-184 四川梓潼七曲山大庙桂香殿侧立面

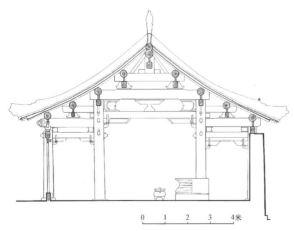

图 3-185 四川梓潼七曲山大庙桂香殿剖面

图 3-186 四川梓潼七曲山大庙桂香殿内部蝉肚雀替

注释

［1］明·黄佐等《南雍志》，嘉靖二十三年本，万历增补。

［2］《明史》卷五十。

［3］参见明正德《姑苏志》卷二十四、乾隆《苏州府志》卷十六。

［4］明弘治十七年李东阳所撰《重建阙里孔子庙图序》称："又前为门四重，中为桥三，……又左右为钟鼓楼，与角楼而六……"。

［5］《陋巷志》，万历二十九年吕兆祥重修本。

［6］万历《无锡县志》。

［7］言如泗辑清光绪本《言子文学录》。

第四章　陵　墓　建　筑

第一节　元代陵墓

　　成吉思汗（元太祖）于公元1226年，率兵亲征西夏，第二年七月就病逝军中，葬起辇谷。从此，神秘的"起辇谷"遂成为蒙古及元朝历代帝、后死后埋葬的地方。据记载，元代帝、后死后以楠木为棺，掘土深埋，地面不起封土，"用万马蹴平，候草青方已，使同平坡，不可复识"。护葬官员则居住在距陵五里之远的地方，每日一次"烧饭致祭"，三年后方撤回。

　　元代帝陵的葬俗与汉民族在早期氏族社会时期的葬俗有着惊人的相似之处，如"不封不树"，"不墓祭"，"葬者藏也，欲使人不得识也"等等。这可能反映了元时期的蒙古民族从他们祖先的原始部落制度脱胎不远，故而氏族社会的文化意识仍深刻地影响着当时的社会习俗。

　　元代诸帝死后皆北葬祖陵，同埋一地的做法，与同为少数民族的辽、金两代相比，反映了元代统治者强烈的尊祖意识和民族意识。

　　多少年来，元代帝陵位置不为人们所知，从而得以保存，这与历史上那些大兴土木、营造山陵，死后其墓反遭盗掘的皇帝们相比，其境遇无疑是符合统治者的初衷的。

　　人们一直企图找到元代帝陵的真实所在，但终无所得，推断可能在蒙古国境内。据报道，蒙古与日本两国的考古界及科技界已着手运用大地遥感探测技术展开对成吉思汗陵寝的找寻工作。人们期待着这一行动对揭开元陵之谜能有重大的突破，以期对元代的陵寝制度能够有较为详尽的认识。

　　元代对一般贵族和官员的墓葬制度，也无详细的制度规定，只能根据遗物进行探讨。从各地已知资料来看，元代墓葬区地面上未发现有建筑遗址、石象生及墓碑，这可能是受元代帝陵"不封不树"的制约和影响。地下的墓室建筑则可分为穹顶墓和竖穴砖椁墓两大体系。

　　穹顶墓主要分布在甘肃、陕西、河南、山西、河北、辽宁、内蒙古等地，最南在北纬34°一线以北。最北在北纬42°左右，东西所括范围在东经104°～119°以内。这一片地区正是我国最大和最集中的黄土分布区[1]。黄土地区气候干燥，土层厚（100～200米），土质均匀，利于人工挖掘。我国古代横穴式砖（石）砌拱券结构与穹顶结构的墓室正是在这片黄土地上产生并发展起来的[2]，元代北方的墓室建筑继承了这个结构体系。在建筑处理上，则是沿袭了盛行于宋、金时期的仿木结构砖室墓的做法，但规模和技术已是大为简陋，表现出五代、北宋以来盛行的仿木建筑结构砖室墓，到元代已经衰落，接近尾声。元代的穹顶墓平面大多为方形，墓壁上方或四面叠涩（起券）收拢结顶，或四角叠涩出挑成八边形，再层层叠涩封顶。墓室正面有券门与墓道相连成"甲"字形平面，砌筑材料以砖居多，也有用石筑者。墓室内壁上的仿木构做法多已简化作"一斗三升"

与"把头绞项作"式样。这种"甲"字形平面的仿木构砖砌穹顶墓是元代北方墓室建筑的主要类型，此外，也有少数拱顶结构的墓室和多室布局的墓室形制。实例如：

汪氏墓[3]，在甘肃省漳县徐家坪，属元巩昌便宜都总帅、陇右王汪世显及其子孙的家族墓葬区。至今共发掘了 27 座墓葬。墓室平面为方形和长方形两种。单室，砖构，叠涩攒尖顶，拱券门。墓室四壁上部砌仿木构建筑式样，有山面、屋檐、把头绞项作斗栱（一斗三升出耍头）、檐柱等细部，下部嵌有花草、动物、人物等图纹的砖雕，局部施有彩绘，规模较大的墓室内，其四壁还建有门窗、走廊、楼台等仿木建筑，墓室面积小的约 5 平方米，大的约 20 平方米。汪氏家族成员在元代曾任中书省参知政事，检署枢密院事，奉元路总管，御史台御史中丞等职，死后大都被追封为王、公、侯等爵号，埋葬年代从元初一直延续到元末（图 4-1）。

卫氏墓[4]，在山西省新绛县吴岭庄，居吕梁山南麓。墓主卫忠，确切身份不详，据墓室内题记，可能属富豪大户人家。墓室平面为"十"字形，有前、后、左、右 4 室，各室均为砖构叠涩攒尖顶，以券道相连。四壁砌有仿木构建筑，施彩绘，斗栱为四铺作与把头绞项作，墓壁有各种人物图形的砖雕（图 4-2）。

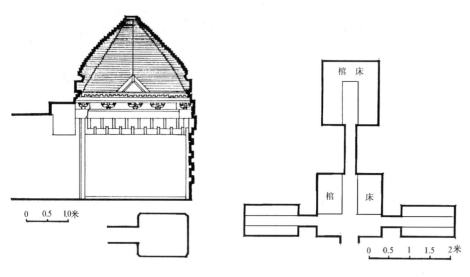

图 4-1　甘肃漳县汪氏墓　　　　　图 4-2　山西新绛卫氏家族墓

段继荣墓[5]，在陕西省西安市。段继荣，曾任元京兆总管府奏差提领，葬于至元二年（1265 年）十一月。墓室平面为方形，结构为砖砌叠涩穹顶，墓壁上部砌有一斗二升斗栱，从墓壁中部起四角出叠涩成八边形，墓门为仿木构门屋，有斗栱、鸱吻（图 4-3）。长江流域及其以南地区的元代墓室普遍为竖穴式砖椁，平面作长方形，一棺一椁或多棺多椁，椁室顶有做拱顶的，亦有做平顶的（以一块或数块石板封盖），是该地区传统做法的延续[6]。值得注意的是，明代南方普遍采用的米汁石灰浆封筑墓室的做法在元代已经开始出现。实例如：

范文虎墓[7]，在安徽省安庆市。范文虎，原为南宋殿前都指挥使知安庆府，后降元，任两浙大都督及中书右丞，葬于大德九年（1305 年）。墓室为竖穴砖椁浇浆结构，椁室长 4.5 米，宽 5.0 米，砖椁与木棺间灌筑米汁石灰浇浆层，椁顶用砖封砌，再盖以木板，木板上有米汁石灰浇浆层。此墓是已知元墓中唯一采用米汁石灰浇浆层的实例（图 4-4）。

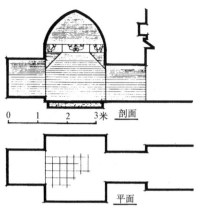

图 4-3　西安段继荣墓　　　　　　　　图 4-4　安徽安庆范文虎墓

　　吕师孟墓，在江苏省吴县。吕师孟，元宣慰副使，葬于大德八年（1304 年）。墓室为竖穴砖椁结构。砖椁外壁有厚约 0.15 米的炭屑石灰浇浆层，椁顶用 6 块厚约 0.4 米的大石条封盖，石盖板上也有石灰浇浆层（图 4-5）。

　　明玉珍墓[8]，在重庆市。明玉珍，元末农民起义军领袖之一，先为徐寿辉之"无完"政权陇蜀省右丞，后自称陇蜀王，至正二十一年（1361 年）三月，以重庆为都建国，号"大夏"，葬于1366 年。墓室为竖穴石坑墓，坑体直接在山岩上凿成。深约 4.2 米，从地面至棺椁顶部共有 9 层厚约 2.8 米的不同材料的垫层，有五花土、粗木炭、卵石、碎木炭、三合土等，墓室内棺椁之后有石碑，碑文中称此墓为"睿陵"（图 4-6）。

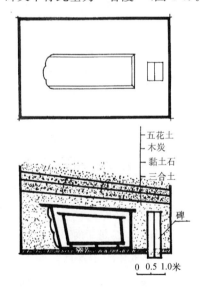

图 4-5　四川重庆明玉珍墓　　　　　　　图 4-6　江苏吴县吕师孟墓

注释

［1］参见《中国自然地理纲要》任美锷主编，商务印书馆 1985 年出版。

［2］、［6］参见《中国大百科全书·考古学》——中国古代陵墓制度，中国大百科全书出版社。

［3］引自《文物》1982 年 2 月。

［4］引自《文物》1983 年 1 月。

［5］引自《文物参考资料》1958 年 6 月。

［7］引自《文物参考资料》1957 年 5 月。

［8］引自《考古》1986 年 9 月。

第二节　明代帝陵

明代在建国之初，全面地继承和恢复一系列的古代礼仪制度[1]。在陵寝制度方面，沿袭了"因山为陵"、帝后同陵和集诸陵于同一兆域的做法，同时又改革了某些旧的制度，使明代陵寝规制在前代的基础上产生了变化，呈现出自己的鲜明特点。这种变化发端于明皇陵与明祖陵，成形于明孝陵，定制于明长陵，其影响波及明代藩王墓及其他皇室成员的墓葬制度。

明代陵寝规制的最大变化之处，在于将唐、宋两代陵寝制度中的上、下二宫合为一体，一改过去那种以陵体居中，四向出门的方形布局，确立了以祾恩殿（享殿）为中心的长方形陵区布局；其次，在于创立了以方城明楼为主体建筑的宝城制度，并改方形陵体为圆形陵体；另外，诸陵合用一条公共神道，也是明北京十三陵的与众不同之处。

这些变化的基本原因是由于明代对前代陵寝祭祀制度的改革。唐、宋时期，陵区分设上、下二宫，上宫即陵体与献殿所在的区域，下宫即是以寝殿为主体建筑的寝宫区。献殿为一年数次享献大礼的场所，寝殿则有守陵宫人每日上食洒扫，所谓"日祭于寝"。除了日常的供奉祭食活动以外，皇家各种祭享活动亦在下宫寝殿进行。至明代，在陵寝祭祀活动中革除了宫人守陵及日常供奉的内容，保留并加强了陵寝祭祀活动中"礼"的成分，将上、下二宫合并，集上宫献殿与下宫寝殿之功能于祾恩殿一身。上、下二宫合并所带来的变化，即是明帝陵以祾恩殿居中、陵体居后的长方形平面的布局。

一个社会的建筑活动总是受该社会的政治、经济、文化等诸方面因素的影响和制约，并为社会需要服务的。明代陵寝规制的变化，从形式上看，只是对陵寝制度中诸元素的取舍和重新组合，然而从本质上看，这种变化表明了封建社会的陵寝祭祀中远古"灵魂"崇拜观念的逐步淡化与礼制观念的不断加强。这个发展过程是漫长的，而这最后一步是在明代所完成的。

亦有观点认为，明代陵寝布局的变化，是受南宋陵寝布局的影响[2]。

现存明代帝陵共有 18 处，分布在 5 个地区，即安徽凤阳的皇陵；江苏盱眙的祖陵；南京的孝陵；北京昌平的十三陵和西山的景泰皇帝陵；湖北钟祥的显陵。

明代帝陵的基本布局模式为前后两个区域，即以祾恩殿为主体建筑的祭祀区在前，以方城明楼为标志的地宫区居后。祭祀区以墙垣围绕成长方形，其内以横墙分割成三个院落：从陵门至祾恩门为第一进院落，院两侧有神库、神厨、宰牲亭等建筑；祾恩门以内为第二进院落，祾恩殿即在此院中，殿前两侧有配殿；祾恩殿之后为内红门，进内红门即为第三院落，内有二柱门（图 4-7），石几筵（石五供）（图 4-8）等。地宫区以方城明楼为入口，缭以圆形（或椭

图 4-7　明陵二柱门（长陵）

图 4-8　明陵石五供（定陵）

圆形）城墙，谓之宝城。宝城内的陵体称宝顶，地宫即在宝顶之下。但因所处地形不同与所建年代不同，每座帝陵的陵区规模，建筑配置以及建筑形制也不尽相同。

在陵门之前的轴线上，设有石桥、石象生、石柱表、棂星门、碑亭、大红门（大金门）等建筑。在大红门两侧，有墙垣环绕，将整个陵区加以圈护。

一、明皇陵与明祖陵

（一）皇陵

明皇陵在安徽省凤阳县城西南郊，是明太祖朱元璋父亲(朱世珍)的陵墓。初草葬，吴元年(1367年)在原址上兴建，洪武元年(1368年)二月立碑，号"英陵"，二年五月更名曰"皇陵"，八年十月筑陵城，十二年闰五月享殿竣工。皇陵建筑毁于明末，现仅存陵体、石象生及部分石碑和墙垣遗址。

皇陵位于中都城的西南郊。据《中都志》内所载"皇陵总图"（万历四十一年万嗣达增补）（图 4-9），陵区坐南朝北，内外共有三道墙垣，外墙垣正面轴线上为正红门，两侧有东、西角门。大红门坐西南朝东北，与中都城遥遥相望。外墙垣其余三面均辟有门，形制为单檐庑殿顶。内墙垣围作长方形，正面突出有墙如瓮城。内墙垣之正门称"明楼"，形制如城门，作重檐庑殿顶，下开三道拱券门洞。其余三面墙垣各有一座"明楼"，形制与正明楼相同。正明楼之内为神道石象生，共有 2 对神道柱和 30 对石象生 （图 4-10～4-13），石象生末端有御桥，桥南即为陵门。陵门外两侧有东、西碑亭，陵门内为该区域的主体建筑享殿，时称"皇堂"[3]，单檐庑殿顶，面阔 11 间，设东、西阶，中有陛道。享殿前左、右两侧为东西庑。享殿后为内陵门，内陵门两侧建墙垣沿东、西向北延伸与陵门相接，成为一区。出内陵门向南为陵体，形制为方形覆斗式，长约 140 米，宽约 90 米，高约 10 米。"皇陵总图"所记的建筑布局与现存皇陵建筑遗址相符 （图 4-14）。

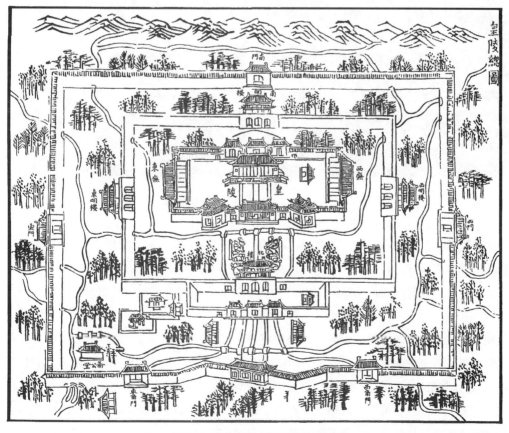

图 4-9 明皇陵图（摹自《中都志》）

图4-10 明皇陵神道及石象生

图4-11 明皇陵石象生——马及控马官

图4-12 明皇陵石象生——文臣

图4-13 明皇陵石象生——武臣

　　整个皇陵的建筑规制可分为三大部分：即外陵区（外墙垣以内和内墙垣以外），该区域内主要为绿化区及部分附属建筑；内陵区（内墙垣以内和陵门以外），该区域内主要有神道石象生、碑亭和陵体；祭祀区（陵门以内），该区域内的主体建筑为享殿，按其功能该区当为整个陵区的主要活动场所。

　　从明皇陵的规制中既可看出受前代影响的痕迹，如陵区四向出门，陵体作方形覆斗式等，亦能找出影响以后各明陵建筑规制的因素，如陵区中轴线上设五门（大红门、外陵门、明楼、陵门、内陵门）；陵体与祭祀区前后分开各成一区；明楼之制等。其中最主要之点是将以享殿为主体建筑的祭祀区处理成相对独立的一个区域，并在整个陵区布局中占核心地位，这是明陵建筑规制与前代帝陵建筑规制间差异的首要之处。陵墓位于中都城南，陵区坐南朝北正对城门，这是历代陵墓所未有的现象（参见第一章第一节明中都城图）。它的另一个特点是祭祀区的占地面积很小，仅为10000平方米（为明长陵祭祀区的1/5弱），而内陵区占地面积为近100万平方米。但在明孝陵以后的各陵中则都扩大了祭祀区。此外，陵区环以内外城墙，陵前设内外御河桥五座，明楼用城门之制等则又与宫城（紫禁城）的形制有相似之处。总之，明皇陵在中国古代帝陵发展过程中具有承上启下的重要意义，可说是开创了明清两代帝陵规制的端绪。

（二）祖陵

明祖陵在江苏省盱眙县，位于洪泽湖西岸。朱元璋定都金陵后，追封四代，封其祖父（朱初一）为熙祖裕皇帝，号其陵曰"祖陵"。因"初时不识坟墓所在"，只在"泗州城西濒河凭吊，岁时遣官致祭"。洪武十七年（1384年）找到葬处后，即开始兴建陵园，十九年筑陵城，二十年建享殿，嘉靖十三年（1534年）更陵寝建筑之黑瓦为黄瓦，并刻建石象生[4]。由于朱元璋的高祖德祖玄皇帝（朱伯六）和懿祖恒皇帝（曾祖朱四九）的坟墓已寻找不到，就在熙祖陵"望祭德祖、懿祖二陵，"所以实际上祖陵为三祖同葬。明中期后，祖陵受黄、淮水患，时被水淹。清康熙十七年（1678年），祖陵没于水中，建筑全毁[5]。20世纪60年代，洪泽湖水位下降，祖陵遗址经围堤排水后复出水面。现存明祖陵总平面前部为神道石刻群，有石象生19对，神道柱2对（图4-15～4-18），石象生北有灵棂门、享殿及东西庑房等建筑遗址。享殿北约90米处为陵体遗址，地面封土已不复存在。

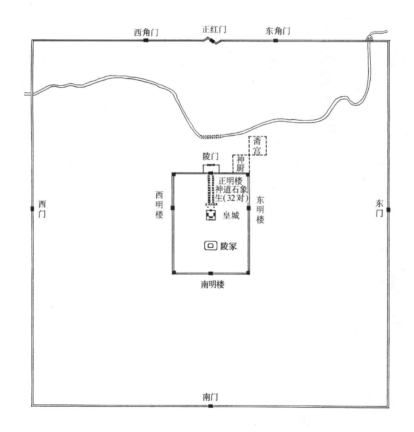

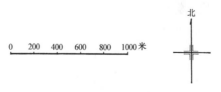

图 4-14　明皇陵遗址总平面

图 4-15　明祖陵神道（自南向北望）

图 4-16　明祖陵神道（自西北向东南望）

图 4-17　明祖陵石象生——文臣

图 4-18　明祖陵石象生——武臣

　　据明《帝乡纪略》所录的"祖陵图"（图 4-19）及有关记载，祖陵陵园规制类似皇陵。陵园为方形平面，有内外两道墙垣，陵区中轴线前端为碑亭，过碑亭有下马桥、桥前西侧有石碑（似为下马碑），桥北即为陵区，四向设门，进南陵门为神道，两侧列石象生，神道柱居中，柱北有金水桥。神道尽头为祭祀区，内有享殿、东西庑。墓冢在祭祀区之后，北陵门之前。附属建筑有奉祀衙、磨房、厨、库、井亭、宰牲堂、更房、朝房等。祖陵建筑规制较之皇陵少了一道墙垣，四向陵门为单檐三券洞门式，不作明楼形制。陵区占地总面积约 170 万平方米（周九里三十步），远小于皇陵（周二十八里，约 1600 万平方米），然祭祀区面积有 336400 平方米（周四里十步），远大于皇陵（约 10000 平方米），是一改进。

　　祖陵兴建时间在孝陵之后，但建筑规制仍比照皇陵，而不仿孝陵。

图 4-19　明祖陵图（摹自明《帝乡纪略》）

二、明孝陵

明孝陵是明太祖朱元璋的陵墓。位于江苏省南京市钟山之阳（图 4-20）。孝陵确切的始建年代不详。洪武十五年（1382 年）九月葬太祖之马皇后时，"命所葬山陵曰孝陵"，十六年建享殿，永乐三年（1405 年）树神功圣德碑并建碑亭，永乐九年建大金门[6]。明孝陵区以内外两道围墙圈护，自外围墙正门（大金门）（图 4-21）开始，轴线上的建筑配置依次为碑亭（图 4-22）、石桥、石象生（12 对）（图 4-23）、棂星门、石桥、陵门、祾恩门、祾恩殿、内陵门、石桥、方城明楼（图 4-24）及宝城宝顶。自碑亭以北，陵区轴线即向西折。绕小丘（今称梅花山）而至外金水桥，再折而依轴线向北入陵门。形成了一种特有的帝陵神道布置方式（图 4-25、4-26）。

关于明孝陵不规则神道的成因，目前有不同的看法：一说梅花山是三国时孙权之墓，朱元璋慕其为人而绕道营建神道；一说孝陵神道为两个时期所建，即自神道柱至棂星门为洪武时期所建，而神道以东的石象生是永乐时期添建，由于神道柱向南距离有限，故折而东行以增加神道深度。但从陵区实地观察，碑亭向北地形较为复杂，丘峦起伏，沟壑纵横，而沿现有神道一线地势较为平坦，也有可能当初是从便于祭祀时车马人流通行而选定这条路线的。由于缺乏明确的史料和现场发掘资料，对这个问题一时还难以得出肯定结论。

明孝陵开创了有明一代陵寝建筑布局的新规制，明成祖长陵以后的历代明陵均以孝陵格局为基本模式，只在局部有所变动，如在方城明楼前增添了石几筵（石五供）及二柱门。明、清陵寝中常见的"哑巴院"亦首先见之于明孝陵（所谓"哑巴院"是在宝城与方城的接合部位设一半月形的院子，院后用挡土墙挡住宝顶封土）。从哑巴院两侧经踏道可上明楼。北京明十三陵中除了长陵、永陵、定陵及思陵外，其余九陵均设有哑巴院，湖北钟祥明显陵亦有哑巴院。另外，明孝陵的明楼形制亦不同于其他的明代诸陵，其平面形状为长方形，从现存的遗址分析推测，应是木结构的殿式建筑，不同于其他明陵中的方形砖石拱券结构的明楼，这可以说是保留了皇陵明楼的含义与形制而根据孝陵的地形条件加以变通使用的结果，由于孝陵地处山上，不可能作方城与四出城门，所以仅用一座城楼，城楼下的门洞也改为一孔。至于北京明陵的明楼则已演化为碑楼，与皇陵明楼的形制相去已远。明孝陵的祭祀区部分自内红门以后，两侧围墙向里收缩作颈项状而成为通道式空间，使祭祀区与宝顶地宫区有明显的区域划分，亦为以后的诸陵所不见（献陵、庆陵则因地形所限而将这两部分拉开）。

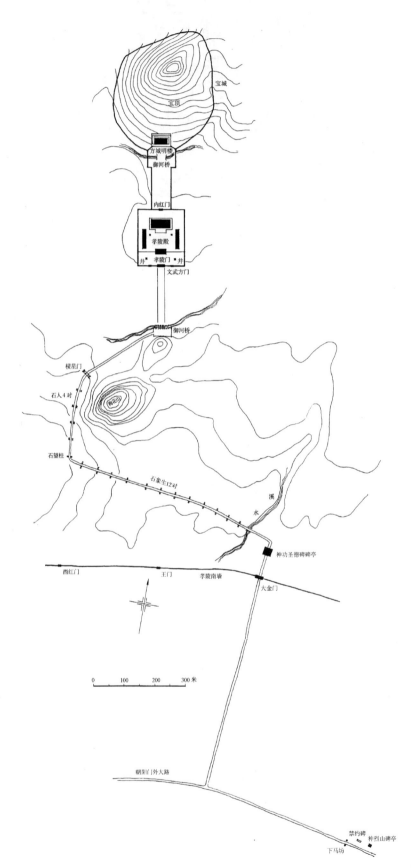

宝城
宝顶

方城明楼
御河桥

内红门

孝陵殿

井　孝陵门　井
文武方门

御河桥

棂星门

石人4对

梅花山

石望柱

石象生12对

溪
水

神功圣德碑碑亭

西红门　　　王门　孝陵南墙
大金门

朝阳门外大路

0　100　200　300 米

禁约碑　神烈山碑亭
下马坊

图 4-20　明孝陵总平面

图 4-21　明孝陵大金门遗存　　图 4-22　明孝陵碑亭遗存及永乐间所立"神功圣德碑"

图 4-23　明孝陵神道石象生

图 4-24　明孝陵方城明楼遗存

图 4-25　明孝陵神道（由西向东望）

图 4-26　明孝陵神道后半部折而向北（由南向北望）

　　总之，明孝陵的建筑规制与择地模式开明代陵寝格局与艺术风格之先河，成为中国陵寝建筑制度发展史上的一个转折点。

三、明十三陵

　　明十三陵为成祖（朱棣）至思宗（朱由检），除景泰皇帝（朱祁钰）外的十三位皇帝的陵墓，因共处北京市昌平县天寿山麓，后人通称为十三陵（图4-27）。整个陵区以精丽宏伟的石牌坊作为入口标志（图8-31～8-35），大红门（图4-28）内由碑亭、华表（图4-29）、神道柱、石象生及棂星门（图4-30）组成的总神道，为各陵所共用。在大约80平方公里的范围内，每座陵各自占据一片山坡，自成陵区，规模大小不一，其中以明成祖长陵的规模为最大，布局规制为最完备。陵区神道为永乐后逐渐建成，如碑亭建于宣德十年（1435年）（图4-31），石象生建于宣德十年（1435年）（图4-32），石牌坊建于嘉靖十九年（1540年）。据记载，陵区建筑还有时陟殿、感恩殿等，现已不存。

　　十三陵诸陵的建筑规制基本相似。按规模大小及建筑配置的多少稍有区别，大致可分为三种类型（图4-33、4-34）：

　　第一种，轴线上的建筑有陵门、祾恩门、祾恩殿、内红门、二柱门、方城明楼、宝城、宝顶。此类形制仅长陵一例，与南京孝陵、湖北钟祥显陵相同，为明代帝陵规制最完备的一种。

　　第二种，轴线上的建筑有祾恩门、祾恩殿、内红门、二柱门、方城明楼、宝城、宝顶。与第一种类型相比，少了陵门。献陵、景陵、裕陵、茂陵、泰陵、康陵、昭陵、庆陵、德陵属之。这一类的帝陵还有一个共同点，即都有"哑巴院"。

　　第三种，轴线上的建筑有陵门、祾恩门、祾恩殿、二柱门、方城明楼、宝城宝顶。与第一种类型相比，少了内红门。这种类型的帝陵有永陵、定陵。

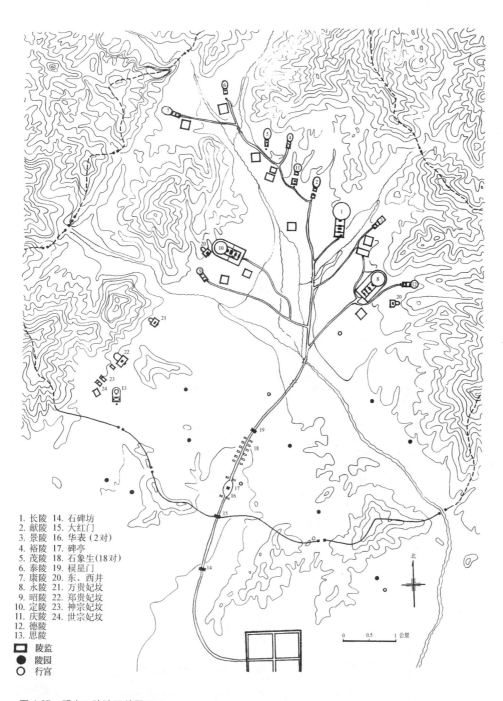

1. 长陵　　14. 石碑坊
2. 献陵　　15. 大红门
3. 景陵　　16. 华表（2对）
4. 裕陵　　17. 碑亭
5. 茂陵　　18. 石象生(18对)
6. 泰陵　　19. 棂星门
7. 康陵　　20. 东、西井
8. 永陵　　21. 万贵妃坟
9. 昭陵　　22. 郑贵妃坟
10. 定陵　　23. 神宗妃坟
11. 庆陵　　24. 世宗妃坟
12. 德陵
13. 思陵

▢　陵监
●　陵园
○　行宫

北

0　　　0.5　　　1 公里

图 4-27　明十三陵陵区总平面图

图 4-28　明十三陵大红门

图 4-29　明十三陵神道华表之一

图 4-30　明十三陵棂星门

图 4-31　明十三陵碑亭

图 4-32　明十三陵神道及石象生

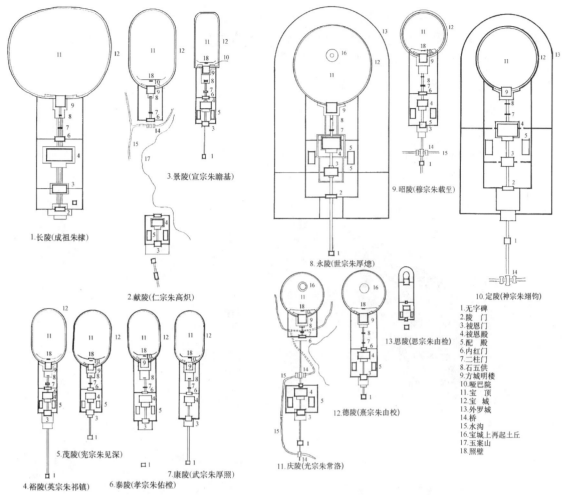

1.长陵(成祖朱棣)

2.献陵(仁宗朱高炽)

3.景陵(宣宗朱瞻基)

8.永陵(世宗朱厚熜)

9.昭陵(穆宗朱载垕)

10.定陵(神宗朱翊钧)

4.裕陵(英宗朱祁镇)

5.茂陵(宪宗朱见深)

6.泰陵(孝宗朱佑樘)

7.康陵(武宗朱厚照)

11.庆陵(光宗朱常洛)

12.德陵(熹宗朱由校)

13.思陵(思宗朱由检)

1.无字碑
2.陵 门
3.祾恩门
4.祾恩殿
5.配 殿
6.内红门
7.二柱门
8.石五供
9.方城明楼
10.哑巴院
11.宝 顶
12.宝 城
13.外罗城
14.桥
15.水沟
16.宝城上再起土丘
17.玉案山
18.照壁

图 4-33 明十三陵各陵平面（一）
（图 4-33、4-34 由天津大学提供）

图 4-34 明十三陵各陵平面（二）

　　崇祯皇帝（朱由检）的思陵原为其宠妃田氏的墓园，因崇祯帝生前未建寿陵，故死后启田妃墓而葬之。清初曾仿照其他诸陵进行过改建，据《帝陵图说》中载，思陵无方城明楼与宝城，陵门、享殿规制也很卑狭。现存陵址已残败不堪，难识旧貌。

　　（一）长陵

　　明长陵始建于永乐七年（1409 年），十一年正月地宫建成，定名长陵。二月，葬成祖之仁孝皇后。十四年三月享殿竣工，二十二年十月设长陵祠祭署。十二月葬成祖。宣德十年（1435 年）十月，立神功圣德碑。长陵在十三陵中占据的位置最为显著，从石牌坊、大红门开始，长约 7 公里的神道经碑亭、石象生、棂星门直通长陵陵门（图 4-35），穿过陵门、祾恩门（图 4-36、4-37），即是陵区主体建筑祾恩殿（图 4-38～4-41）。祾恩殿以三层白石台基为基座，面阔九间，进深五间，重檐庑殿顶，建筑面积约 2000 余平方米，是中国现存最大的木构殿宇建筑之一。内红门（图 4-42）之后即是方城明楼（图 4-43～4-46）和宝城宝顶（图 4-47），长陵宝城平面呈不规则圆形，南北径约 300 余米，东西径约 270 米。

　　长陵规制以孝陵规制为蓝本，在方城明楼之前增设了二柱门，并改长方形明楼为方形，成为以后历代明陵之定制。但长陵宝城内未建哑巴院。

　　（二）献陵（参见图 4-33 之 2）

　　献陵为明仁宗（朱高炽）之陵。仁宗于永乐二十二年（1424 年）八月即位，崩于洪熙元年

（1425年）五月，在位不足八月，遗诏山陵制度务从俭约，但实际役作规模仍很惊人，洪熙元年六月"遣漕军五万人就役山陵"，同月又增派南京军匠近十三万人赴天寿山营作。七月，又"役河南、山东、山西、凤阳、大名等五万人治山陵"。九月入葬。献陵规制逊于长陵，以祾恩门为陵园入口的大门，省却了陵门。祾恩殿面阔五间，进深三间。陵园面积（除宝城）约10000余平方米，仅及长陵之四分之一弱。宝城形状呈椭圆形，前部建有哑巴院。是明十三陵中有哑巴院之首例，也是明陵中宝城为椭圆形之首例。献陵规制对以后诸陵有很大的影响，景、裕、茂、泰、康诸陵的规制，基本上是以献陵为样板的，如均不设陵门，陵园面积均在10000平方米左右，有哑巴院，宝城形状多作椭圆（景陵为前方后圆形）等。这一段时期，是明代陵寝营建史中规制较为俭约的时期[7]。

图 4-35　明长陵陵门

图 4-37　明长陵祾恩门匾

图 4-36　明长陵祾恩门

图 4-38　明长陵祾恩殿

图 4-39　明长陵祾恩殿匾及檐部

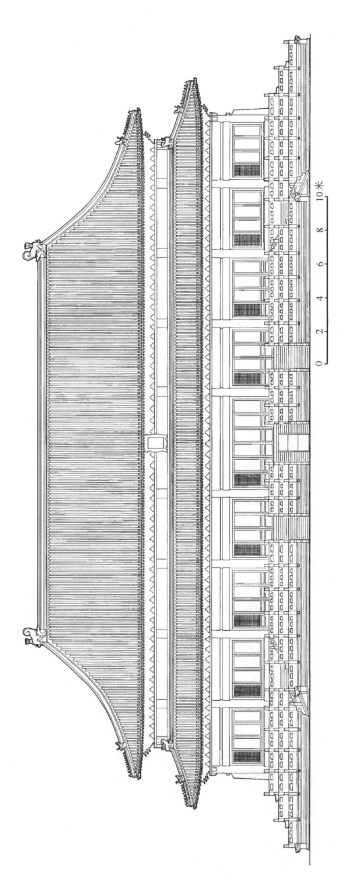

图 4-40 明长陵祾恩殿正立面
（图 4-40、4-41 由天津大学提供）

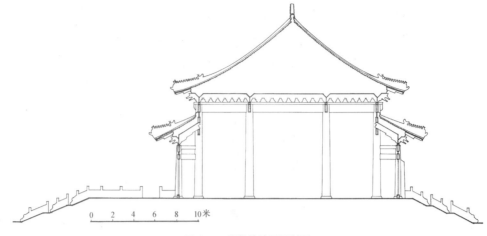

图 4-41　明长陵祾恩殿剖面

图 4-42　明长陵内红门

图 4-43　明长陵方城明楼

图 4-44　明长陵方城明楼内庙号碑

献陵布局有一个明显的特点,即陵园分为两个区域:前以祾恩殿为主自成一区,后以方城明楼为主又成一区,中间被一山体支脉所分离,形成前后两区互不连贯的独特布局。其原因是献陵位置紧挨长陵西北,长陵宝城后面的山体恰有一支向西南伸展,横贯献陵陵址中部,而根据风水形家"至尊至贵之砂不可剥削尺寸"之说,故而只能"绕建享殿、祾恩门于龙砂之前"。这也反映了当时匆匆选址和匆匆施工的情况,如选址时间宽裕,当不致成这种局面。同样的例子在十三陵还有明光宗庆陵一处[8]。

（三）定陵

定陵是明神宗(朱翊钧)的陵寝,位于长陵西南约2.3公里的大峪山下。是十三陵中又一处规模宏大的帝陵,万历十一年(1583年)二月开始择地,十二年九月定寿宫吉兆,十月兴工,十四年七月"安砌寿宫宝座",十月"寿宫正殿迎梁",十五年九月,竖明楼石碑与角柱,十七年七月"寿工就绪"。泰昌元年(1620年)八月"定新陵名曰定陵",十月,"葬神宗显皇帝、孝端显皇后于定陵"。天启元年(1621年)闰二月照永陵规制筑宝顶宝城。宝城直径约230米。定陵地面建筑布局类永陵,无内红门,陵区绕以两道墙垣(参见图4-33之10)。墓室为石砌拱券结构,有前、中、后殿与左右配殿。后殿最为高敞,是安放帝、后棺椁(梓宫)的场所,亦称"皇堂";中殿放随葬物品;左、右配殿亦有棺床,可能准备用于安放从葬皇妃等人的棺椁。前殿之外有隧道券,再外以金刚墙封堵。总面积为1195平方米(图4-48)。

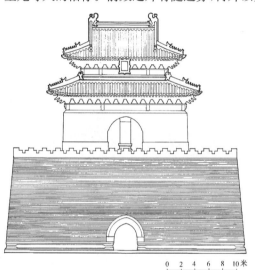

图4-45　明长陵方城明楼正立面
（图4-45、4-46由天津大学提供）

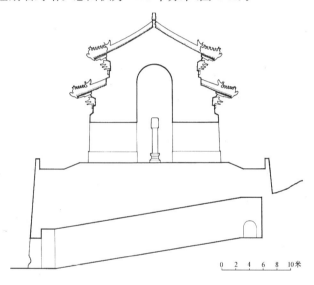

图4-46　明长陵方城明楼剖面

图4-47　明长陵宝城

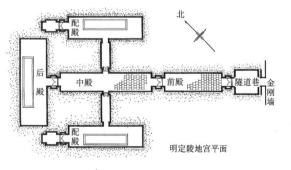

明定陵地宫平面

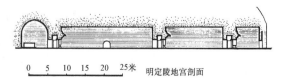

明定陵地宫剖面

图4-48　明定陵地宫平、剖面

四、明显陵

地处湖北省钟祥县纯德山的显陵(图4-49),是明世宗父亲(朱祐杬)的陵寝。朱祐杬是明宪宗次子,成化二十三年(1487年)封兴王,弘治七年(1494年)就藩安陆州(今钟祥县),正德十四年(1519年)薨,葬当地松林山。嘉靖元年(1522年)三月,明世宗追封其父为兴献帝,墓亦相应升为帝陵,自此,开始了长达十几年的陵寝改建工程。嘉靖二年二月,易陵区建筑原有黑瓦为黄琉璃瓦。三年三月,定陵名曰显陵。六年十二月,"命修显陵如天寿山七陵之制"。七年十月,方城明楼建成。立献皇帝庙号碑,挂明楼悬额。八年六月,一期改建工程完毕,陵墓格局已形成帝陵规制。新增建的重要建筑有方城明楼、红门、碑亭等,并设置了石象生。嘉靖十年二月,改松林山为纯德山。十七年十二月,明世宗之母皇太后死,十八年正月,"定梓宫南附显陵",明世宗亲赴纯德山视阅,以"显陵昔者建造狭隘,虽尝增修,犹多未称"为由,决定再兴土木。同年三月,"诏增显陵园垣,遂定新玄宫之式"。七月,新玄宫(地宫)建成,闰七月,献皇帝与献皇后梓宫合葬于显陵新寝。十月,建新玄宫宝城。经过这两期改建工程以及其间陆续修葺之后,显陵规制已达到了"尽视七陵"的程度。

现存显陵区建筑自新红门始(图4-50),向北依次有石桥、旧红门、碑亭(图4-51)、石桥、石柱及石象生(10对)(图4-52～4-54)、棂星门(图4-55)、石桥、圆形水池、祾恩门、祾恩

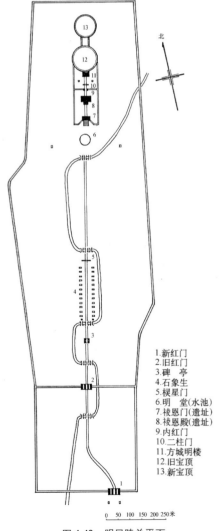

1.新红门
2.旧红门
3.碑　亭
4.石象生
5.棂星门
6.明　堂(水池)
7.祾恩门(遗址)
8.祾恩殿(遗址)
9.内红门
10.二柱门
11.方城明楼
12.旧宝顶
13.新宝顶

0　50　100　150　200 250米

图4-49　明显陵总平面

图4-50　明显陵新红门

图4-51　明显陵碑亭

图4-52　明显陵神道及望柱、石象生

图4-53　明显陵石象生——骆驼

图4-54　明显陵石象生——象

图4-55　明显陵棂星门

图4-56　明显陵祾恩门、新旧宝城等遗存

殿、内红门、二柱门、方城明楼、旧宝城、新宝城（图4-56）。显陵规制是典型的帝陵模式，但又有特别之处：一是双宝城；二是祾恩门之前有圆形水池，俗称明堂；三是自陵区东北角引一溪水入陵区内沿轴线左右弯曲，蜿蜒向南，在新红门西侧出城而去，在陵区内轴线上留下五座石桥。

　　明显陵由藩王墓改建为帝陵，对研究明代帝陵规制与明代藩王墓规制均有较高的参考价值。

北京明代诸帝陵营建概况表

表4-1

成祖长陵	永乐七年（1409年）始建，十一年正月地宫建成，名长陵，二月葬仁孝皇后，十四年三月享殿竣工。二十二年十二月葬成祖。宣德十年十月立神功圣德碑
仁宗献陵	洪熙元年（1425年）六月始建，九月葬仁宗
宣宗景陵	宣德十年（1435年）正月始建，十万人兴役，五月号景陵，六月葬宣宗皇帝于景陵，天顺六年（1462年）九月，建方城明楼，筑宝城。嘉靖十五年（1536年）四月以陵制庳临增拓陵园
英宗裕陵	天顺八年（1464年）二月始建，五月葬英宗皇帝于裕陵
宪宗茂陵	成化二十三年（1487年）九月始建，十二月奉葬，弘治元年（1488年）四月，茂陵工成

孝宗泰陵	弘治十八年（1505年）五月择地。六月始建，号泰陵，十月，葬孝宗敬皇帝于泰陵，正德元年（1506年）三月，泰陵竣工
武宗康陵	正德十六年（1521年）四月始建，九月，葬武宗皇帝于康陵，嘉靖十四年（1535年）九月，康陵工成
世宗永陵	嘉靖十五年（1536年）三月择地，五月定寿宫规制，二十七年（1548年）二月定名曰永陵。隆庆元年（1567年）三月葬世宗皇帝于永陵
穆宗昭陵	隆庆六年（1572年）五月择地，六月始建，号昭陵（系睿宗献皇帝玄宫之地），九月，葬穆宗梓宫于昭陵，万历元年（1573年）二月恩殿上梁。六月，恩殿竣工。用银三十九万九百三十二两
神宗定陵	万历十一年（1583年）二月择地，十二年九月定吉兆，十月开工，十七年七月"寿工就绪"。泰昌元年（1620年）八月名定陵，十月葬神宗、孝端皇后。天启元年（1621年）闰二月筑宝顶宝城
光宗庆陵	泰昌元年（1620年）九月择地，天启元年（1621年）正月开工，规制取法昭陵，闰二月，因地形之故改仿献陵规制，七月，玄宫龙门券石安合，九月，葬光宗贞皇帝梓宫于庆陵，十月，建享殿，二年七月，享殿上梁，十一月，享殿竣工。费银一百六十万两
熹宗德陵	天启七年（1627年）九月择地，拨银五十万，十月，朝臣捐助陵工，议陵费二百万，崇祯三年六月开工
景泰皇帝陵	天顺元年（1457年）二月薨，以王礼葬金山，成化十一年（1475年）十二月，复郕王帝号，修饰陵寝，嘉靖十五年（1536年）十一月，建恭仁康定景皇帝陵寝碑亭
庄烈帝思陵	清顺治元年（崇祯十七年）五月，启其妃田氏之墓而葬之。其后增建门殿，碑亭，但规制甚为卑狭、简陋

资料来源：《明实录》

注释

[1]《明史·礼志》："明太祖初定天下，他务未遑，首开礼乐二局，广征耆儒，分曹究讨。"

[2] 参见《中国建筑史》（第二版）84页，中国建筑工业出版社。

[3]《明太祖实录》卷一二五："洪武十二年闰五月丁巳，皇陵祭殿成，命称曰皇堂。"

[4]《明世宗实录》卷一六九："嘉靖十三年十月己卯，先是洪武中建泗州祖陵，令江南造黄瓦，以道远未至，先以黑瓦覆之。已而殿庑告成，遂不复更瓦，至皆积不用。至是奉纪，朱光道具疏请用故所积黄瓦更正殿庑，及增设前石仪与凤阳同制，礼部覆如其奏，上从之。"

[5] 参见《明祖陵述略》——《考古与文物》1984年2月。

[6] 明谈迁《国榷》"（永乐）九年正月乙酉，立孝陵门如大祀坛南天门之制。"

[7]《明史·礼志》："明自仁宗献陵以后规制俭约，世宗葬永陵，其制始侈。"

[8]《明熹宗实录》卷七："天启元年闰二月癸未，大学士刘一燝覆视庆陵，回奏言：'新陵营造规制原题比照昭陵，今相度形势又宜参酌献陵，盖以龙砂蜿蜒，环抱在前，形家以为至尊至贵之砂，不可剥削尺寸，献陵亦以龙砂前绕建享殿、裱恩门于龙砂之前，正与比合……'。上命依规制营造。"

第三节　明代藩王墓及皇室其他成员墓

一、藩王墓

"明制，皇子封亲王，授金册金宝，岁禄万石，府置官属，护卫甲士少者三千人，多者至万九千人，隶籍兵部。冕服、车旗、邸第，下天子一等，公侯大臣伏而拜谒，无敢钧礼"[1]。明代亲王大都被封藩到全国各地，亦称藩王。藩王在受封的领地里建都置府，广置田产，拥有庞大的政治、军事及经济权力，俨然为一国之主，是明皇朝政治权力体系中一个极其重要的组成部分。

明代藩王墓规制在明代陵墓制度中居有仅次于帝陵的重要地位。受明帝陵布局变化的影响，其建筑布局与明帝陵属一个基本模式，只是规模较小，建筑配置和形制有所削减而已。

明代藩王墓与明代帝陵的最大差异在于藩王墓不设方城明楼，墓区中轴线上门的数量也少于帝陵，单体建筑的形制等级、装饰、色彩等，也较帝陵为低。由于分封地域广阔，各地区文化习俗的差异，以及藩王与皇帝之间的亲疏远近，使各藩王墓的建筑配置与风格存在不少差异。那些受封后未就藩的亲王，以及就藩后又被削废的藩王，其墓葬等级与藩王亦不尽相同。

据统计，迄今为止被发现的明代藩王墓有 13 处：鲁荒王墓（山东邹县）、楚王墓（湖北武昌县）、周王墓（河南禹县）、蜀王墓（四川成都市）、庆王墓（宁夏同心县）、辽王墓与湘王墓（湖北江陵县）、宁王墓（江西新建县）、荆王墓（湖北蕲春县）、益王墓（江西南城县）、潞王墓（河南新乡市）、荣王墓（湖南常德市）、靖江王墓（广西桂林市）。各地藩王墓的营建往往取北京十三陵之制，集中于同一兆域内。如湖北武昌县的楚王墓兆域内有昭王、庄王、宪王、康王、靖王、端王、愍王、恭王、贺王共九处墓园；宁夏同心县的庆王墓兆域内有靖王、康王、怀王、庄王、恭王五座墓园及几座郡王墓和十几座王妃墓；广西桂林市的靖江王墓兆域内有庄简王、康僖王、安肃王、温裕王等八座王墓。也有分散营建的藩王墓，如河南的周定王墓在禹县，周靖王、周懿王、周惠王墓在荥阳县；四川成都的蜀王墓和江西南城县的益王墓亦是散处各地，单独安葬。因此所谓 13 处藩王墓是指分封各地的藩王王系墓葬之数，并非指现存的单个藩王墓之总数。

明初，朱元璋曾追封其外祖、外曾祖、外高祖及兄等人为王，并修筑陵墓，如扬王（外祖）墓、泰王（外曾祖）墓、高王（外高祖）墓、徐王（兄）墓等，应是明代第一批王墓。据《帝乡纪略》记载，扬王墓等墓区中轴线上建有门三座（陵门、门楼、金门），主体建筑为享堂，门楼前设神道石象生，有石人、石虎、石马、石羊、石望柱共七对，四周有墙垣围绕，其余附属建筑有神厨、神库、宰牲房、碑亭等，墓区总地面积约 18 万平方米（图 4-57）。这些王墓已具备了以后藩王墓的基本格局，如轴线上设三门，前享堂，后墓冢等，其布局对后来的藩王墓有直接影响。但仍表现出前代陵寝格局的影响，如墓区平面呈方形，四向出门等。

明代亲王（藩王）墓的规制始定于洪武年间，其后历代均有损益，其中以永乐八年（1410 年）的修订最为详尽[2]，各藩王墓基本上是依这个规制营建的。其制为：墓区轴线上有享堂（七间）、中门（三间）、外门（三间），附属建筑有神厨、神库、宰牲房、东西厢房、焚帛亭、祭器亭、碑亭等，墓区四周有围墙 290 丈，围墙外还有奉祠房等，享堂设内门和墓冢（地宫）。

鲁荒王（朱檀）墓是明代早期藩王墓之一，建于洪武二十二年（1389 年）。位于山东省邹县城东北 12 公里处的九龙山南麓，墓区现存有以享堂为主体建筑的祭祀区，祭祀区以北是地宫。祭祀区以砖墙围绕成长方形，沿轴线从南至北依次为外门、中门、享堂、内门。外门以南有石桥一座。地宫在距祭祀区以北约 200 米处的山坡地，紧倚九龙山龙首之阳，距地表深约 20 米，地面无明显封土堆。地宫为砖砌拱券结构，平面布局为 "T" 形，分前后两室，前室置随葬品，后室筑棺床，地坪铺方砖，墓壁涂白色石灰砂浆面层，地宫面积为 103 平方米（图 4-58、4-59）。

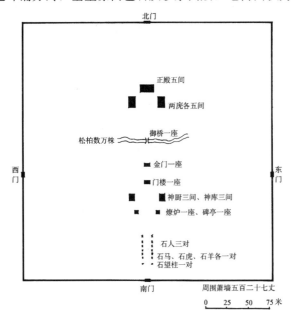

图 4-57　明初扬王墓平面形制推想图（泰王、高王同）

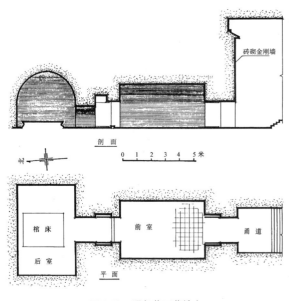

图 4-59　明鲁荒王墓地宫

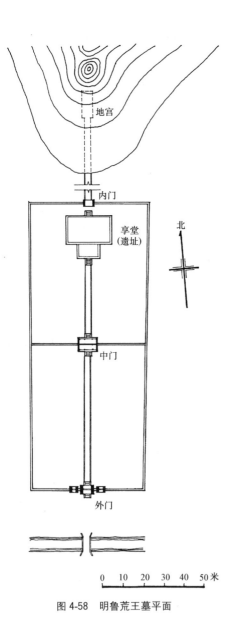

图 4-58　明鲁荒王墓平面

蜀僖王（朱友堉）墓在四川省成都市东郊正觉山，建于宣德十年（1435 年）。蜀僖王墓的形制比较特殊，墓区地面没有任何建筑痕迹，墓冢封土亦不在地宫正上方。但地宫建筑却精致华丽，为其他藩王墓所不及。在长约 26 米的砖砌拱券内，有用砂石砌筑的仿木构建筑，其布局以藩王墓地面建筑为范本：入口处为歇山顶门屋，两侧砌八字墙，入门为碑室，室中方趺圆首碑一通，两

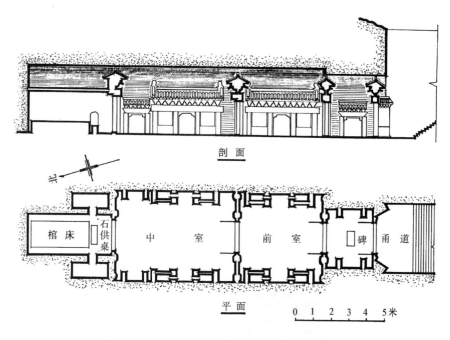

侧有单开间厢房。碑室之后为前室，室内放陶塑仪仗俑，两侧有三开间的厢房。中室面积最大，室内原砌有长方形的石构享堂，室两侧有三开间厢房与单开间厢房各一座。后室为安放棺椁的场所，砌有石棺床，后室两旁有左右夹室，以小门相通。在成都市北郊的凤凰山，有蜀献王世子（朱悦㷊）墓，建于永乐八年（1410年），格局与蜀僖王墓大致相同。这种墓制实际上是将一个完整的藩王墓地面建筑群加以缩小而放入地宫，与本来的地宫合二为一，建造了一个精致的地下藩王墓建筑群。这种做法可能是出于防盗防毁的考虑，目的是使人不识墓之所在，如今却为研究明代藩王墓提供了一个完好的实例（图4-60）。

剖 面

北

石供桌 棺床 中 室 前 室 碑 甬道

平 面

0 1 2 3 4 5米

图4-60 明蜀僖王墓地宫

宁献王（朱权）墓地处江西省新建县石埠乡西山，按《宁献王圹志》载：此墓为"预营坟园，比薨，以正统十四年（1449年）二月二十日葬。"实际建墓时间为正统二年（1437年）。由于该墓的地面建筑现已全部毁尽，故无法窥得其本来面貌。据江西省博物馆于20世纪60年代初发掘报告所称：原墓区轴线自墓冢向前依次有4处建筑遗址，其中可确定的有享堂、中门，其余两处不甚明确。从制度推测，当是外门与内门。地宫为砖砌拱券结构，平面呈"十"字形，分前室、中室、后室和左右配室，墓壁下部是高约1米的石墙裙，上部为清水砖墙，地面铺方砖，后室有砖构棺床。后壁上有一小型仿木构石龛屋，四柱单间，其做法明显为南方穿斗式结构体系之特征。地宫面积约148平方米（图4-61、4-62）。

潞简王（朱翊镠）为万历皇帝之同母胞弟，深受太后及皇帝的宠爱，故墓区特别宏伟，超出其他藩王之上。潞简王墓在河南省新乡市北郊凤凰山南麓，建于万历四十二年（1614年）。墓区地面除木构建筑已毁坏外，其余建筑大部完好，从墓区入口处的"潞藩佳城"石坊开始，轴线上依次设有石望柱、石象生（16对）、石桥、外门、石坊、中门、享堂、内门、碑亭、宝城。碑亭（现已毁）明显为仿帝陵方城明楼之作，这在藩王建筑中是绝无仅有的。宝城直径约40米，宝顶为平地堆起的封土。宝城正面有石拱门，顺踏道而上可达宝顶。地宫全部用石块砌筑，拱券结构，平面为"十"字形，有前室、中室、后室和左右配室，面积有180平方米。此墓为已知明代藩王墓中保存最好，布局最规整，与帝陵形制最相似的一座，以享堂为中心的墓园以青石墙垣围成长方形，墓园内用二道横墙分割为三个区域，前三分之二为祭祀区，后三分之一为地宫区。墓园占地

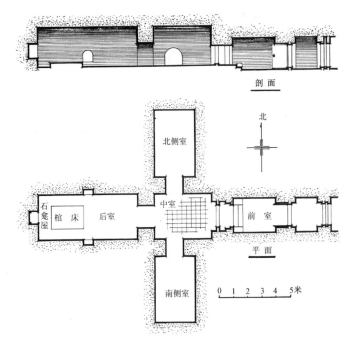

石龛屋立面

图 4-61　明宁献王墓地宫

图 4-62　明宁献王墓神道柱

面积为 47000 平方米，与明长陵祭祀区面积相差无几，由于宝城面积较帝陵为小，故可围在墓园围墙内，既不像帝陵宝城在平面上明显突出于祭祀区之外，在体量上与祭祀区呈相对抗衡之态势；也不似早期藩王墓的墓距祭祀区较远，两者间有脱节之感。不失为一座布局紧凑、主次分明、体量适度的"佳城"之作（图 4-63、4-64）。

二、皇室其他成员墓

在明代的陵墓建筑中，除了帝陵、藩王墓以外，皇室其他成员，如太子、皇妃、亲王、郡王等人员的墓葬建筑，也是明代皇家陵墓建筑的重要组成部分。这些墓葬建筑一部分在帝陵总陵区的地域内，如南京钟山的虞王墓、懿文太子墓，北京天寿山的万贵妃、郑贵妃墓。一部分在帝陵总陵区以外的地方，如北京金山的皇妃墓。郡王、郡王妃等人员的墓葬则分布在他们各自的封地范围内，如山西太原的悼平王（晋恭王第七子）墓、河南荥阳县温穆王（端和王之子、周王后裔）墓等。

明代初期，皇帝死后曾以其嫔妃殉葬，自明英宗起，废嫔妃殉葬制度[3]，皇妃死后大部分葬北京金山、西山等地，少数葬天寿山总陵区内。据《明会典》记载，明宪宗（成化年间）以前，皇妃"皆自为坟"，宪宗时"十三妃始为一墓"。嘉靖三十年（1551年），定"九妃为一墓"之制，并在金山"预造五墓，墓各九数，以次葬焉[4]。"以现存实例看，明代皇妃墓的墓葬建筑规制依墓主生前的身份地位而有所不同。普通嫔妃一般为合葬，即数棺一墓，墓区一般仅有墓冢，无其他地面建筑；受皇帝优宠或曾生育过皇子的嫔妃墓除墓冢外，还建有享堂、墓园等，既有合葬，也有独葬。郡王等人员的墓葬因现存实例较少，且都破坏严重，其墓区建筑规制不明。

金山皇妃墓[5]在北京西郊金山南麓的董四墓村。1号墓室为砖砌拱券结构，前后两室，中以券道相连，呈"工"字形平面，后室后壁前砌石棺床，上置三棺，葬熹宗三妃。前后墓室拱券上均用琉璃瓦砌盖歇山式屋顶。2号墓在1号墓东约300米处，墓室用砖石砌筑，如同宽约19米，进深约12米的平房式建筑，墓室中间用砖墙分隔成前后两室，两室中共有七棺，葬万历帝的嫔妃（图4-65之12）。

天寿山皇妃墓[6]在十三陵总陵区之内，已知有宪宗万贵妃墓、世宗三妃墓、世宗四妃、二太子墓、神宗万贵妃墓及神宗四妃墓（参见图4-27）。

万贵妃是明宪宗宠妃，墓在天寿山昭陵西南约1公里的苏山脚下万娘坟村。墓园平面前方后圆，正面中为门楼，两侧有掖门，正门之后为祭祀区，另有墙垣围绕，南向设门，内有享堂及两庑，享堂后为内门，进内门为墓冢区，中为墓冢，前有影壁、石碑、供桌。此墓占地面积二万余平方米，建筑布局与规模可比于藩王墓（图4-66）。与此墓规制相类似的还有神宗的郑贵妃墓。

世宗四妃、二太子墓在万贵妃墓西南约500米处，墓园平面前方后圆，正面中有园门，门内轴线上有照壁墙、石供案，墓园中部为墓冢群，共有5墓，按昭穆次序排列，主墓葬阎妃、王妃，左墓葬马妃，右墓葬杨妃，次左墓葬哀冲太子，次右墓葬庄敬太子，此墓规制较简，无享堂等祭祀建筑，且数墓一园，较之万贵妃，郑贵妃等墓差之甚远。

温穆王墓在河南荥阳县。温穆王（朱朝垍）是明周定王后裔，其父端和王，属郡王。万历三十五年（1607年）薨。墓区地面已非原貌，1981年曾挖出石羊、石人等石象生，据当地村民回忆，20世纪50年代初期墓区的石象生尚属完整，有文臣、武官等约十几个，无建筑。墓室为单室拱券结构，墓室前砌硬山顶八字墙墓门，墓室四壁涂灰浆上绘彩画，其规格相当于高品位的官员墓（图4-67）。

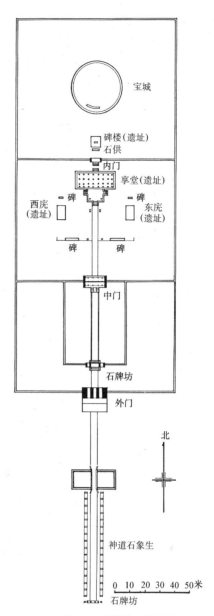

图4-63　明潞简王墓总平面

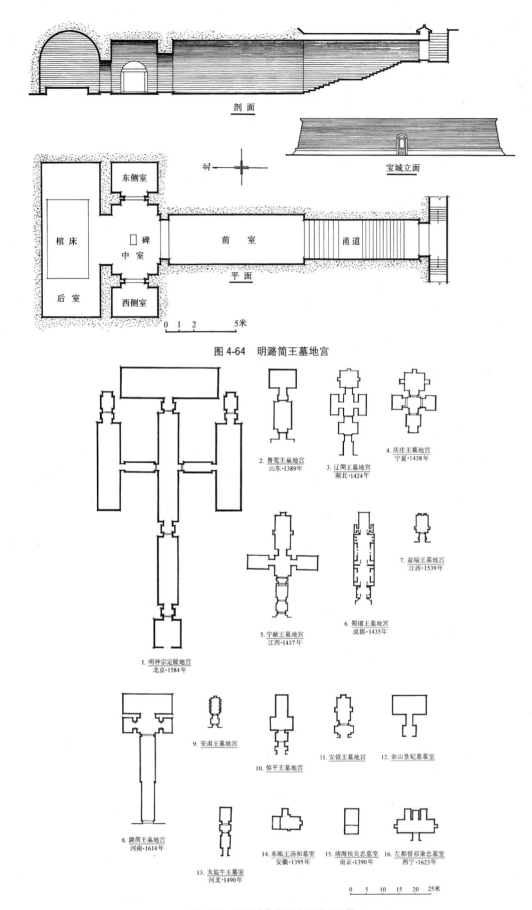

剖 面

宝城立面

东侧室

棺床

中室 碑

前 室

甬 道

后室

西侧室

平 面

0 1 2   5米

图 4-64　明潞简王墓地宫

1. 明神宗定陵地宫
北京·1584年

2. 鲁荒王墓地宫
山东·1389年

3. 辽简王墓地宫
湖北·1424年

4. 庆庄王墓地宫
宁夏·1438年

5. 宁献王墓地宫
江西·1437年

6. 蜀僖王墓地宫
成都·1435年

7. 益端王墓地宫
江西·1539年

8. 潞简王墓地宫
河南·1614年

9. 安肃王墓地宫

10. 悼平王墓地宫

11. 安僖王墓地宫

12. 金山皇妃墓室

13. 太监牛玉墓室
河北·1490年

14. 东瓯王汤和墓室
安徽·1395年

15. 靖海侯吴忠墓室
南京·1390年

16. 左都督祁秉忠墓室
西宁·1623年

0 5 10 15 20 25米

图 4-65　明代陵墓地下建筑平面比较

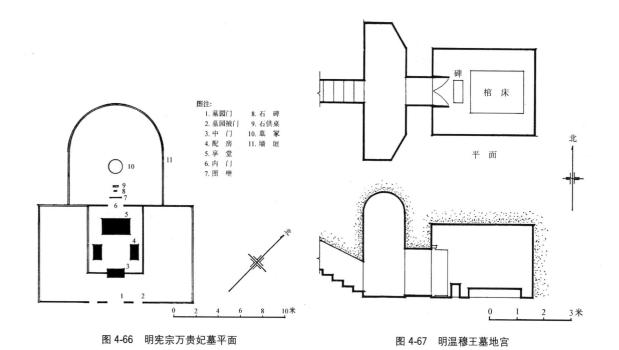

图注:
1. 墓园门　8. 石　碑
2. 墓园掖门　9. 石供桌
3. 中　门　10. 墓　冢
4. 配　房　11. 墙　垣
5. 享　堂
6. 内　门
7. 照　壁

碑　棺床
平　面
北

0 2 4 6 8 10米

图 4-66　明宪宗万贵妃墓平面

0 1 2 3米

图 4-67　明温穆王墓地宫

明代藩王墓概况表　　　　　　表 4-2

藩王名称	分　封　概　况	谥号	墓葬所在地
鲁王檀	太祖庶十子,洪武三年封,十八年就藩兖州,二十二年(1389年)薨	荒	山东邹县九龙山
楚王桢	太祖嫡六子,洪武三年封,十四年就藩武昌,永乐二十二年(1424年)薨	昭	湖北武昌县龙泉山
周王肃	太祖嫡五子,洪武三年封吴,十一年改封周,十四年就藩开封,洪熙元年(1425年)薨	定	河南禹县
辽王植	太祖庶十五子,洪武十一年封卫,二十二年改封辽,永乐二年迁荆州,二十二年(1424年)薨	简	湖北江陵县
蜀僖王友堩	蜀献王朱椿之孙,初封罗江王,宣德七年封蜀王,九年(1434年)薨	僖	四川成都市东郊
庆王㮵	太祖庶十六子,洪武二十四年封,二十六年就藩韦州,建文三年迁宁夏,正统三年(1438年)薨	靖	宁夏同心县韦州乡
宁王权	太祖庶十七子,二十四年封,二十六年就藩大宁,永乐三年迁南昌,正统三年(1438年)薨	献	江西省新建县石埠乡
湘王柏	太祖庶十二子,洪武十一年封,十八年就藩荆州,建文元年(1399年)以告反遣讯,王惧自焚,谥曰戾,永乐初改谥	献	湖北省江陵县
荆王瞻堈	仁宗庶六子,永乐二十二年封,宣德四年就藩建昌,正统十年徙蕲州,景泰四年(1453年)薨	宪	湖北省蕲春县
益王祐槟	宪宗第六子,弘治八年就藩建昌,嘉靖十八年(1539年)薨	端	江西南城县金华山
潞王翊镠	穆宗第四子,四岁而封,万历十七年就藩卫辉,四十二年(1614年)薨	简	河南新乡市北郊
荣王翊铃	第四代荣王,万历二十六年袭封,四十年(1612年)薨	定	湖南省常德市
悼僖王赞仪	靖江王守谦嫡一子,建文二年袭封,永乐元年就藩桂林,六年(1408年)薨		广西桂林市郊区

藩王墓地宫建筑概况表　　　　　表4-3

名　称	面积平方米	室	门	平面形制	棺床形制	封土形式	砌筑材料	粘结材料	拱券形状	拱壁厚	附图
鲁荒王墓	100.2	2	2	"T"形	须弥座（砖）	因山为陵	砖（41.5cm×22.5cm×8cm）	石灰砂浆	坦拱		
蜀僖王墓	123.9	4	4	"1"字形	须弥座（石）	无	砖	石灰砂浆	半圆拱	五券五伏	
宁献王墓	148.5	6	4	"十"字形	素面（砖）	因山为陵	砖（39.5cm×19.5cm×12cm）	石灰砂浆	半圆拱		
庆庄王墓	107.1	5	3	同　上	须弥座（石）	圆　丘	砖（43cm×20.5cm×12cm）	石灰砂浆	半圆拱	六券六伏	图4-68
益端王墓	20.6	2	2	"1"字形	须弥座（石）	因山为陵	砖（38.5cm×20cm×8.5cm）	石灰砂浆	半圆拱	七券七伏	图4-69
潞简王墓	185	5	3	"十"字形	须弥座（石）	宝顶宝城	石	石灰砂浆	半圆拱		
安肃王墓	13.4	2	2	"1"字形	素面（砖）	圆　丘	砖	石灰砂浆	半圆拱	五券五伏	图4-70
辽简王墓	124.3	5	3	"十"字形	须弥座（石）	圆　丘	砖（40cm×23cm×9cm）	石灰砂浆	双心拱	三券三伏	图4-71

注释

[1]《明史·卷一百十六》。

[2]《明会典·卷二〇三·工部二十三》。

[3]《明史·卷十二》："（天顺）八年春正月乙卯，帝不豫，己未，皇太子奉于文华殿，己巳大渐，遗诏罢宫妃殉葬……"。

[4] 参见《明会典·卷九〇·礼部四十八》。

[5] 参见《文物参考资料》1952.2。

[6] 参见《考古》1986.6。

第四节　明代帝王陵墓建筑的形制、艺术与技术特色

一、陵址选择与陵区布局

明代陵寝营造之前，选择陵址是一个极为慎重的步骤。选址活动由有关官员与风水术士参加，按风水理论认定的陵寝（阴宅）地形模式相地寻穴，择得比较理想的陵址后，即"画图贴说"，呈送皇帝审阅，一俟定夺后，还要选择吉日，在所选陵地处行祭告后土神之礼，然后方可开工动土。北京昌平天寿山十三陵陵域即是由江西风水术士廖均卿择定的[1]，长陵以后的诸陵陵寝地址的选择活动大多有风水术士参与其间，并具有举足轻重的作用[2]。

明代陵寝的选址活动是以"江西派"学说为指导。这一派的风水理论又称为"形势宗"，"其为说主于形势，原其所起，即其所止，以定向位，专指龙、穴、砂、水之相配"[3]。有关风水理论指导陵墓选址的记载，在《明实录》中屡见不鲜[4]，足证"形势宗"风水理论在明代皇室朝廷中有极重要的影响。

风水理论和活动能在明代的陵寝营建活动中发挥重要作用，与明代统治者的需求是分不开的。风水理论既蕴涵了中国传统文化中山川崇拜、天人合一观念的基本成分，又迎合了明代统治者视

陵寝吉地是"允为万世，圣子神孙钟灵毓秀之区"以希冀"用垂万世，永久之图"的心态。

在陵区的布局上，明初营建的皇陵，虽然已不设下宫区，但陵区四向出门，陵体居中，并作方形覆斗式等做法，依然表现出受唐、宋陵寝格局的明显影响。祭祀区虽已相对独立，并占重要地位，但规模较小，区域划分不甚合理。陵区的总体格局尚未脱出旧的框架，且有模仿宫城布局的某些表现。这反映了当时在帝陵规划中所进行的探索和尝试尚处于不成熟与不完善阶段。至孝陵时，新的帝陵建筑规制已基本成形。将皇陵与孝陵的陵区布局作比较，明显变化之处是孝陵已将神道石象生移出内陵区，并将原来的内陵区墙垣大大收缩，成为仅围绕陵体的宝城；保留正明楼而取消其余三个明楼，形成了明陵建筑中特有的宝城宝顶与方城明楼；将原来的祭祀区墙垣后移连接于宝城。这样，原来的内陵区实际上已被取消，宝城区与祭祀区联为一体，扩大了祭祀区的面积，进一步突出了祭祀区在陵区布局中的主要地位，加强了陵区建筑群的主轴线和建筑布局的院落化，使整个陵区布局更加紧凑，功能更加合理。这些改动无疑是有益于陵寝祭祀活动的进行的。自长陵以后的各陵规制都以孝陵为范本，很少再有变化。

与明帝陵相比较，明代第一批藩王墓的建筑规制与皇陵、祖陵相类似。稍后藩王墓的建筑规制则有了改进，以享堂为主体的祭祀区进一步突出，并形成了前陵门、后享殿的院落式布局（如帝陵中前祾恩门、后祾恩殿的固定模式），墓区占地面积亦相应缩小。但旧格局的痕迹依然存在，如鲁荒王墓的墓区围墙四角建有角楼，楚昭王墓的墓区围墙除正门外，东、西墙垣亦设门。明中期以后的藩王墓格局已同明陵新制相类同，其中尤以潞简王墓最具代表性。

明代帝陵与藩王墓形制虽属同一个基本模式，但差别亦是明显的。方城明楼是明代帝陵的重要标志之一，藩王墓及皇室其他成员墓均不能设立的。方城实际上是通向宝城宝顶的城门，亦称"灵寝门"[5]。明楼则是放置皇帝庙号的碑楼。明代诸陵规模有大有小，建筑设置有简有繁，但除了皇陵、祖陵、思陵与景泰陵外，均建筑有方城明楼。景泰生前营建了自己的寿陵，并葬入其皇后杭氏，可是后来景泰帝被英宗赶下台，死后以王礼葬于金山，杭皇后陵区内的方城明楼也就被拆除[6]。明世宗追封其父为睿宗献皇帝之后，墓的等级也从藩王墓升为帝陵，墓区内也就相应的增建了方城明楼[7]。至于潞简王墓的仿帝陵方城明楼而建的碑亭，则如清人所评，当为"营建逾制"之举[8]。

中轴线上门的多寡也是明代帝陵与藩王及其他皇室成员墓之间等级差别的重要标志之一。帝陵中轴线上一般设有五座门，即大红门、陵门、祾恩门、内陵门和灵寝门（方城之门）。藩王墓一般为三座门，即外门、中门、内门。其他皇室成员墓多为二门或一门。明代帝王陵墓中门的设置，明显地是模仿宫城的规制，如明皇城从主殿（奉天殿）向南有门五座，依次为奉天门、午门、端门、承天门、大明门；藩王宫城从其主殿（承运殿）向南有门三座，依次为承运门、端礼门、棂星门。这种门的设置最终是对周礼有关宫城制度及儒家注释的沿袭，所谓天子五门，诸侯三门[9]。但需指出的是，帝陵五门与藩王墓三门只是一种标准模式，实际上并非每座帝陵与藩王墓都达到了这一规格，所谓"尊可从卑，卑不可从尊"，即尊可从简而卑不可以逾制。

明代帝王陵墓布局受宫城影响的另一个方面，就是按"前朝后寝"的制度设置享殿与宝城。享殿在前以象朝，宝城在后以象寝，这与宗庙的"前庙后寝"同出一源。

石象生在明代帝王陵墓中的地位与作用较前代陵寝已明显降低。明十三陵合用一条神道石象生，而不似前代诸陵均自成体系。石象生的雕刻艺术水平较前代也稍为逊色，如果说作为等级制度的一个方面，在帝陵中依然规定必须有石象生的话，那么在藩王墓中，石象生则已是可设可不设，不很讲究了。从现存藩王墓实例看，一类是设石象生的，如益王墓、潞简王墓、靖江王墓；

一类是不设石象生的，如楚昭王墓、庆王墓。还有的则因为墓区破坏严重而情况不明。从文献记载看，在明代有相当多的藩王墓是不设翁仲石人的[10]，如晋恭王墓、晋宪王墓等。其他的皇室成员墓也大都不设石象生。

明代帝王陵墓制度在前代的基础上产生了新的适合当时需要的变化，使延续了数千年之久的中国帝王陵墓建筑的风格到此为之一新，并对清代的陵寝制度产生了深刻的影响。

二、地宫形制

明代帝陵的地宫，按仅有的一个出土实例——定陵的地宫来看，是石砌拱券结构，平面为"十"字形，后殿拱券与中殿拱券成正交，此种拱券当时称"丁字大券"，按制度"丁字大券"只供帝王陵墓使用，公侯大臣墓是不允许建造的[11]。定陵地宫形制与文献记载的明代帝地宫形制相符[12]，推测其余诸陵的地宫形制与定陵地宫相仿。明代帝陵"十"字形布局的地宫形制是仿皇帝生前居住的内宫建筑布局规划的，即所谓"九重法宫"[13]。法宫即为皇宫中的内廷建筑，即寝宫[14]。据已有资料表明，多室布局的地宫建筑在汉代即已出现，唐、宋时期高级别的地宫建筑亦普遍采用多室布局，如江苏江宁县的南唐二陵，四川成都市的前蜀永陵。这种多室布局的地宫建筑与明定陵的地宫建筑相比较，规模较小，通常只有2～3室，加之两侧若干个小室，以轴线分，属"1"字形，而非"十"字形。这表明明代陵寝的地宫形制在前代陵寝地宫多室布局规制的基础上，更加严格仿照皇帝生前居住的寝宫进行规划。这可能与明代陵寝在撤销了地面寝宫建筑后，更加注重对地下寝宫的营建这一现象有关。另外，从实际功能需要看，明代由于实行一帝多后合葬和皇妃从葬的制度，如定陵地宫后殿放一帝二后的三座棺木，左右配殿亦筑有棺床。中殿除放置帝、后的石御座及琉璃五供等随葬物品外，在梓宫奉安后，护葬官员还要在中殿举行祭祀礼仪活动。这些都要求地宫建筑有较大的使用空间。

藩王墓地宫建筑的形制与结构同帝陵相仿，只是规模较小，除"十"字形布局外，还有"T"形和"1"字形两种。"T"形布局的地宫无左右配室，亦为"丁字大券"。"1"字形布局的地宫则

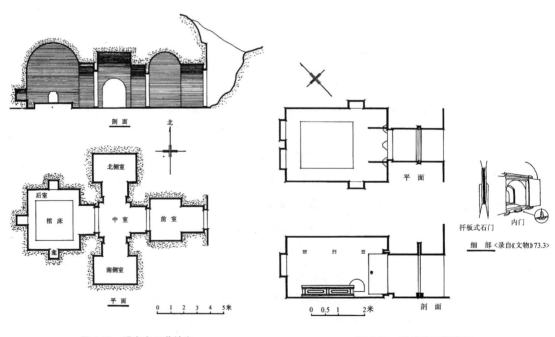

图 4-68　明庆庄王墓地宫　　　　　　　　　图 4-69　明益端王墓地宫

是以数个跨度不等的纵拱前后相接而成，以门分隔成若干个空间。其中"十"字形布局规模最大，可有5室；"T"形与"1"字形的为2～4室。藩王墓的地宫布局较为多样，规制有简有繁，最简单的如江西南城的明益宣王墓甚至用竖穴土圹砖椁结构。藩王墓的地宫以众多的式样与风格补充了帝陵地宫资料的不足，使我们对明代陵墓地宫有较多的了解（图4-68～4-72）。

其他重要皇室成员墓的墓室建筑亦多为拱券结构多室形制，平面布局多数为"1"字形，少数为"T"形，未见有"十"字形的，反映了其在等级方面与帝陵及藩王墓之间的差别（参见图4-65）。

关于金井在明代帝陵地宫中的使用，从定陵地宫的情况看，后殿帝、后棺床上与两侧配殿内的棺床上均设有金井。据文献记载，明泰陵与明庆陵的地宫中也有金井[15]，金井制度在明代帝陵中当是定制。藩王墓地宫棺床上有金井的仅有蜀献王世子（朱悦燫）墓一例。在其他皇室成员墓中，潞简王次妃赵氏墓的地宫棺床上亦有金井。这表明，在明代陵墓中，除帝陵外，金井的使用不属普遍现象。历史上帝陵地宫中有金井的最早实例为南唐二陵。古代风水理论有"气因土行"之说，地宫棺床上设金井有所谓通地而"乘生气"之功用。明代陵寝的金井使用可能仍停留在这一水平上。至清代，金井与陵寝工程的施工产生了联系，成为控制地宫及整个陵园建筑的一个基准点[16]。

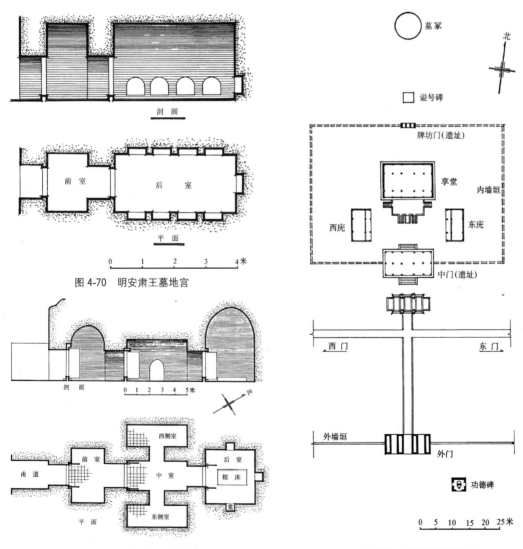

图 4-70　明安肃王墓地宫

图 4-71　明辽简王墓地宫

图 4-72　明楚昭王墓平面

三、建筑艺术与技术特色

在以风水理论为依据而相择的吉地上营建的明代陵寝建筑,一改传统的帝王陵寝建筑规制中突出表现高大陵体的布局和环境处理手法。特别注重建筑与山水的协调相称。在"如屏、如几、如拱、如卫"的陵地环境中,建筑虽是中心,是主体,却又掩映在群山之中,相互交融,相互映衬。绵延起伏的山峦如巨人伸出双臂,把陵园环抱其中,使建筑与环境融为一体。在陵园建筑的布局手法上,则充分利用地形,在长长的神道轴线上,依次设置了坊、门、亭、柱、(石象生)、桥等建筑物,依自然山势缓缓趋高,逐步引导到享殿、宝城,把纪念性的气氛推向高潮,创造出一种流动的、有韵律的美感。在每座陵区的建筑布局与空间处理上,以享殿为主体建筑的祭祀区突出于陵区前部,轴线分明,排列有序的建筑群给人以封建礼制的秩序感。高耸的明楼和巨大的宝城突起于整个陵区建筑之上,点明了陵区主人的显赫地位与身份,似乎以其象征封建帝业的"永垂万世"。宝顶上遍植林木,给寂静、肃穆的山陵增添了许多生机。无疑,明代陵寝所创造出的建筑与山水相交融的卓越艺术成就,是中国传统建筑文化的成功范例。

陵寝建筑在明代官方建筑中占有重要的地位,每有营建,必投以大量的人力物力,并委派朝廷大臣亲临督工,所费银两多者数百万,少者几十万,如明定陵的营造费用耗资达八百万之巨。这就决定了明代陵寝建筑无论在施工规模与施工质量上都居于官方建筑的一流水平,可与明代宫殿、坛庙建筑相媲美。如现存长陵祾恩殿,规模之大,等级之高,质量之好,与明代宫室的殿宇不相上下。长陵祾恩殿面阔九间,宽66.64米,进深29.3米,高25米,重檐庑殿顶,黄琉璃瓦。殿身内用32根楠木作柱,高约12米,径1.07米,中央4根金柱特大,径为1.17米,历数百年风雨雷击,构架迄今仍保持完好,是我国现存有代表性的也是最大的古代木构建筑之一。

明代陵寝建筑的一大特点是普遍采用砖石拱券结构。除祾恩门、祾恩殿、厢房配殿外,陵门、碑亭、方城明楼等重要建筑均是砖石拱券结构。这一方面,可能因明代大规模的营建活动而致使木料匮乏所促成。另一方面,由于砖石拱券结构建筑在防火、防腐、防虫等方面的性能均优于木结构建筑。从现存陵寝建筑的情况看,除长陵祾恩殿、祾恩门尚保存完好外,其余诸陵的木结构建筑均毁坏殆尽,而砖石拱券结构的建筑大都保存了下来。中国古代砖石拱券结构技术起源虽然较早,但一直限于在桥梁、砖塔、墓室等建筑中使用,普遍使用于地面建筑的结构中,则是从明代才兴盛起来的。明代陵寝建筑中的拱券有单心券与双心券两种,单心券使用较为普遍,使用双心券的有定陵地宫、辽简王墓地宫等。拱券结构的特点是在垂直荷载作用下产生水平推力,拱壳主要承受轴向压力,而水平推力的大小又与拱的矢跨比有关,矢跨比越大推力越小,矢跨比越小推力越大,在相等跨度的拱券结构中,双心券的矢跨比要大于单心券的矢跨比,所产生的水平推力也就小于单心券,因而双心券结构的力学性能要优于单心券结构。定陵地宫的双心券矢跨比约为1:1.07,与清代陵寝地宫双心券结构的矢跨比(1:1.1)非常接近。

砖石结构建筑的普及,刺激和促进了明代砖石材料的制作与加工技术的提高。明代陵寝建筑用砖主要由山东临清和江苏苏州等地提供。山东临清主要制作砌筑用砖,种类有城砖、副砖、券砖、斧刃砖、线砖、平身砖、方砖、望板砖等。苏州主要制作铺地用的细料方砖,规格有二尺、尺七、尺五、尺二等。砖的色泽乌青、砖体细腻、平整光滑,敲之声音清亮,堪称砖中上品。

成品砖的加工,即砖细技术,在明代也达到了很高的水平。砖细技术是对砖进行砍磨加工,以达到砌筑上磨砖对缝的要求。磨砖对缝的砌筑方法在地宫中使用较多,如在现存明宁献王墓、庆靖王墓、益端王墓的地宫中，都能看到磨砖对缝的墙体，墙身光滑平整，灰缝极细。

在永陵的方城明楼与定陵的地宫中，则能看到明代砌石技术的高超水平。永陵的方城及宝城之女墙部分，全部采用纹理美观的花斑石砌筑而成，石材经过打磨加工，石与石相叠部分有石榫石卯相接。明楼则全部采用石件构成，檩、椽、枋、拱，悉仿木构为之，迄今完好如初。定陵地宫全部采用长2.1米、宽0.44米的石块砌筑而成，拱券部分用相同规格的石料加工出相应的弧面拼接而成。整个壁面平滑如镜，浑然一体。

在砌筑用粘结材料方面，明代陵寝建筑中广泛使用糯米汁石灰浆，"糯米舂白煮粥，方稠黏，锅中投石灰"。这种灰浆不仅粘结强度很高，且不怕水浸雨蚀，干结后坚硬如石。

注释

[1] 《明太宗实录》卷九二："永乐七年五月，营山陵于昌平县，时仁孝皇后未葬，上命礼部尚书赵羾以明地理者廖均卿等择得吉地于昌平县东黄土山，车驾临视，遂封其山为天寿山。"

[2] 《明神宗实录》卷二："隆庆六年六月庚申，传谕山陵事，……居正上言，选终之事至大，相地之理甚微，事大则处之不厌其详，理微则求之必贵于广，乞照嘉靖七年事例，差礼、工二部堂上及科道官各一员，带领钦天监深晓地理官员阴阳人等，举廷臣中有素谙地理者一员同往相度"。

同上卷一三二："万历十一年正月丁丑，上诣内阁：朕于闰二月躬诣天寿山，行春祭礼，并择寿宫……大学士张泗维等疏曰：今天寿山，吉壤固多，未知何地最胜，合照世祖先年事例，命文武大臣带领钦天监及深晓地理风水之人先行相择二三处，画图贴说，进上御览……"。

《明熹宗实录》卷一二："泰昌元年九月，上谕礼部，山陵事重，礼、工二部堂上官率钦天监，并访举精通地理人员一同前往相择"。

[3] 参见《风水探源》，何晓昕著，东南大学出版社出版，1990年。

[4] 《明世宗实录》："嘉靖三年八月丙午，显陵司香太监杨保言陵殿门墙规模狭小，乞照天寿山诸陵制更造，工部尚书赵璜等言：陵制当与山水相称，恐难概同……"。

《明神宗实录》卷五："隆庆六年九月庚子，命大学士张居正诣昭陵恭题神主，既竣事，居正驰疏曰：臣奉命前诣昭陵恭叩，玄宫精固完美，有同神造，及周视山川形势，结聚环抱，比之考卜之时，更赏佳胜……"。

同上卷一〇四："万历十一年八月癸酉，定国公徐文璧、大学士申时行题：臣等谨于八月二十一日恭诣天寿山，将择过吉地逐一细加详视，看得该监听呈形龙山、大峪山处风水形势，诚天造地设，允为万世圣子神孙钟灵毓秀之区，与臣等所见相合，俱称上吉，其余位次参差，砂水倾侧，委不堪用……"。

《明熹宗实录》卷二："泰昌元年十月癸丑，大学士刘一燝同礼部尚书孙如游等诣天寿山卜地，言皇山二岭最吉，癸山丁向至尊至贵，所有潭山峪，详子诸岭俱不能及，盖百灵呵护"。

《明熹宗实录》卷二二："天启元年三月，初新陵业有定卜，既而开穴得石，御史傅宗龙等言不可用，礼部会诸臣往视之，众疑未决。通使王舜鼎等言：穴宜稍右，或云宜再前移，礼部以闻，上命辅臣韩火广复视，毕回言，臣恭诣庆陵，参酌群言，偏右近屑，兼虞气脱，周视里峦形势，穴情仍在原处，……"。

[5] 《明史·卷六十》："各陵深广丈尺有差，正前为明楼，楼中立帝庙谥石碑，下为灵寝门"。

[6] 《明英宗实录》卷二七八："天顺元年五月癸酉，命工部尚书赵荣毁寿陵。初襄王瞻墡来朝，上命往谒三陵。王还，上章言：郕王葬杭氏，明楼高耸，僭拟与长陵、献陵相等，况景陵明楼未建，其越礼犯分乃如是，臣不胜愤悼，伏觊皇太后制谕废之。……上是王言，遂命荣帅长陵等三卫官军五千人往毁之"。

[7] 《明世宗实录》卷八一."嘉靖三年八月丙午，显陵司香太监杨保言：陵殿门墙规模狭小，乞照天寿山陵制更造。工部尚书赵璜等言：陵制当与山水相称，恐难概同，今殿墙已易黄瓦，但宜添设明楼、石碑……"。

[8] 《潞王资料汇编》，河南新乡市博物馆，潞王墓文管所编。

[9] 明丘浚《大学衍义补》引《诗·大雅·绵》："迺立皋门，皋门有伉；迺立应门，应门将将"。（朱熹曰：传曰：王之郭门曰皋门，王之正门曰应门，太王之时未有制度，特作二门，其名如此，遂尊以为天子之门，而诸侯不得立焉。臣按周制天子有五门，曰皋、曰库、曰雉、曰应、曰路）。

《吴郡图经续记》："盖古之诸侯有三门，外曰皋门，中曰应门，内曰路门"。

[10]《明英宗实录》卷三五五："天顺元年闰七月，晋王钟铉奏：曾祖晋恭王，曾母恭王妃，父晋宪王三坟茔无翁仲石人。事下工部，复奏：近年各王府坟俱无翁仲石人，乃弗兴"。

[11]《明世宗实录》卷四四四："嘉靖三十六年二月戊子，祭太社稷，遣英国公张溶代掌锦衣卫事。都督陆炳劾奏司礼监太监李彬侵盗帝真工所物料及内府钱粮，以数十万计，私役军丁，造坟于黑山，会起丁字大券，循拟山陵，大不道，宜宾诸法。上命锦衣卫捕送镇抚司，拷送下刑部，拟罪比依盗……"。

[12]《陵工记事》："陵寝有后殿、中殿、前殿，重门相隔。"引自《古今图书集成·方舆汇编·坤舆典·陵寝部》。

[13]《明世宗实录》卷一八七："嘉靖十五年五月辛未，……上谒陵还，召见辅臣李时、尚书夏言于行宫，谕以寿宫规制，宜逊避祖陵，节省财力，其享殿以砖石为之，地中宫殿器物等旧仿九重法宫为之，工力甚巨，此皆虚文且空洞不实，宜一切蘯去不用。"

[14]参见胡汉生《明定陵玄宫制度考》(《故宫博物院院刊》1989年4月)。

[15]《明武宗实录》卷十一："正德元年三月壬寅，泰陵成，其制：金井、宝山、明楼、琉璃照壁各一所……。"

[16]参见王其亨《清代陵寝制度研究》(天津大学建筑系硕士研究生论文)。

第五节　明代品官墓

明代品官墓形制仍沿袭前代同类型墓的旧制，墓区地面部分通常由墓冢、墓碑和石象生这三大基本元素组成，一般不设享堂之类的祭祀建筑[1]。其等级差别主要是由上述三个基本元素的量的差异来反映的，如墓冢封土的大小；墓碑尺度与碑首、碑趺式样的不同；石象生数量的多少有无等等。少数受皇帝赐葬而营建的品官墓，则可建造享堂、碑亭之类的建筑物[2]。

明代对品官墓制有详细而明确的规定（见表4-4、4-5），但由于分布全国，面广量大，必然要受各地方文化习俗的影响，在遵循制度的大前提下，各地区品官墓的形制、风格往往各不相同。

明代品宫墓规制（洪武五年定）　　　　　　　　　　　　表4-4

官　秩	墓　冢	碑	石　刻
王、公、侯	坟高2丈 墓地周围100步 坟墙高1丈	螭首高：3.4尺 碑身高：9尺　阔3.6尺 龟趺高：3.8尺	石人4、石马2、石羊2、石虎2、石望柱2
一　品	高1.8丈 周围90步 坟墙高9尺	高：3尺（螭首） 高：8.5尺　阔3.4尺 高：3.6尺（龟趺）	石人2、石马2、石羊2、石虎2、石望柱2
二　品	高1.6丈 周围80步 坟墙高8尺	高：2.8尺（麒麟） 高：8.0尺　阔3.2尺 高：3.4尺（龟趺）	石人2、石马2、石羊2、石虎2、石望柱2
三　品	高1.4丈 周围70步 坟墙高7尺	高：2.6尺（天禄辟邪） 高：7.5尺　阔3尺 高：3.2尺（龟趺）	石虎2、石羊2、石马2、石望柱2
四　品	高1.2丈 周围60步 坟墙高6尺	高：2.4尺（圆首） 高：7尺、阔2.8尺 高：3.0尺（方趺）	石虎2、石羊2、石马2、石望柱2
五　品	高1丈 周围50步 坟墙高4尺	高：2.2尺（圆首） 高：6.5尺、阔2.6尺 高：2.8尺（方趺）	石羊2、石马2、石望柱2

续表

官　秩	墓　冢	碑	石　　刻
六　品	高 8 尺 周围 40 步	高：2 尺（圆首） 高：6.0 尺、阔 2.4 尺 高：2.6 尺（方趺）	无
七　品	高 6 尺 周围 30 步	高：1.8 尺（圆首） 高：5.5 尺、阔 2.2 尺 高：2.4 尺（方趺）	无

注：1. 资料引自《明史·礼志》；2. 明制一步等于五尺，1 尺＝0.32 米。

明代品官墓规制（洪武二十六年定）　　　　　　表 4-5

官　　秩	墓 室 建 筑 用 材 料
公、侯、伯	黄麻 120 斤、白麻 120 斤、石灰 7500 斤、沙板砖 3000 个、芦席 400 领、揪棍 300 根、松桩柴 100 根、把柴 150 根、糯米 1 石 5 斗、夫匠 32 名
都督（正一品） 都督同知（从一品） 都督企事（正二品）	黄麻 100 斤、白麻 100 斤、石灰 5000 斤、芦席 300 领、揪棍 300 根、沙板砖 2000 个、松桩柴 100 根、糯米 1 石、夫匠 20 名

注：资料引自《明会典》。

　　明代品官墓地面部分的布置一般按石碑、石望柱、石象生与墓冢的顺序列。如现存江苏南京市周围洪武年间的一些品官墓，都基本如此。亦有石望柱、石象生在前，石碑在后，石碑之后再接石象生的布局，如青海西宁市的明太子太保、左都督祁秉忠墓（天启三年）和辽宁绥中县的明太子太保、左都督朱梅墓（崇祯十二年）。明代早期品官墓的石象生中，石马旁多有控马官相伴，如李杰墓（洪武元年）、常遇春墓（洪武二年）、邓愈墓（洪武十年）、吴桢墓（洪武十二年）、李文忠墓（洪武十七年）、徐达墓（洪武十八年）、汤和墓（洪武二十八年）等。直到永乐六年（1408 年）的渤泥国王墓[3]石马旁仍设有控马官。此后，控马官不再出现[4]。在明代中期与后期的品官墓墓布局中，往往设有石牌坊（楼），而按明制，未见有墓区设石牌坊（楼）的规定，即使皇帝恩赐，也只是添设享堂、碑亭。现存实例中设石牌坊（楼）的明代品官墓以江苏南部地区为多，如常州市的明兵部侍郎唐荆川墓（嘉靖年间）、南京市的明南京刑部尚书顾璘墓（嘉靖二十四年）、苏州市的明户部尚书王鏊墓（嘉靖三年）和明吏部尚书申时行墓（万历四十年）等。北方地区亦有见之者，如河北阜城县的明吏部尚书廖纪墓（嘉靖年间）、甘肃兰州市的明兵部尚书彭泽墓（嘉靖年间）、辽宁绥中县的明左都督朱梅墓。石牌坊（楼）的位置通常在墓道最前端，亦有在石望柱与石象生之后的。此外，少数明代品官墓墓前还设置有石供桌[5]，这在明制中亦未见有规定。

　　在明代品官墓中，还有一种围绕墓冢筑半圆形墙垣，墓冢前部敞为拜台的布局，这类墓的现存实例多在江苏南部地区，时代为明中晚期，如江苏吴县的明南京都察院右副都御史毛珵墓（嘉靖年间）、苏州市的申时行墓、常州市的唐荆川墓、吴县的王鏊墓、苏州市的明著名画家沈周墓（正德四年）、常熟市的明兵部尚书瞿式耜墓（南明）等。明末清初的学者朱舜水在谈到吴地的墓葬制时，曾提及这种墓区布局[6]。

　　明代品官墓墓室有 3 种结构类型：一类为砖（石）砌拱券结构；一类为砖（石）椁墓室；还

有一类为叠涩穹顶结构。

砖（石）砌拱券结构墓室在南、北方都有发现，其平面形制有"T"形与"1"字形两种，墓室规模小的在 20 平方米左右，大的可达 80 平方米左右，墓室在 2~4 室之间，亦有单室的，高度一般为 2~4 米。这类墓室的墓主官职多数在三品官以上，说明这是属于高级别的做法，其规格是和藩王墓和皇室成员墓相对应的（参见图 4-65）。

砖（石）椁墓室在砌筑形式上有券顶与平顶之分，在防护技术上有浇浆与非浇浆之分。墓室面积一般在 3~6 平方米左右，数棺合葬则数室并列，高度一般在 1~1.5 米之间，亦有高于 2 米的。非浇浆的砖（石）椁墓室南、北方均有分布。

浇浆的砖（石）椁墓室按浇浆材料的成分有三合土与米汁石灰两种。三合土（石灰、细砂、黄土）浇浆墓的筑法有两种：一种是先在挖好的土塘内用木板隔成如砖椁之形状，然后在木板与土壁之间（厚约 0.3 米）灌三合土，层层筑实，然后撤去木板，砌砖椁，椁室内放木棺，砖椁顶部覆以石板（亦有放木板），板上铺筑三合土，最后堆土成冢；另一种筑法是先在土塘内砌好砖椁，然后安置木棺，在木棺与砖椁的空当处填以三合土，逐层轻捣实，再以石板封顶，石板上亦铺筑三合土。此类浇浆墓在南、北方均有发现，墓主身份既有官职较高的，亦有官职普通的，如明中山王徐达五世孙、南京守备太傅徐俌墓（正德十二年）与明光禄寺掌醢署监事（八品）潘允征墓（隆庆元年）都是三合土浇浆墓室。

米汁石灰浇浆墓做法即是用糯米浆与石灰拌匀（亦可加入少量细砂）取代三合土筑墓。这种做法在元代已经开始出现[7]，而普遍采用则可能是在明代中期以后。明人王文禄在其专门谈论墓葬规制及做法的文章中写道："予偶阅一书曰：石灰火化糯粥水煮合筑之，水火既济，久久复还原性，结成完石"[8]。而迄今发现的明代米汁石灰浇浆墓年代亦绝大部分是在嘉靖至崇祯年间。米汁石灰浇浆墓的筑法与三合土浇浆墓的筑法大体相同，有筑于椁室外的，有筑于椁室内的，考究一些的则有取两种方法合做一墓，或是在砖椁外做两层浇浆层，外面的一层浇浆层里拌有硬物，以防盗墓。在浇浆的具体操作过程中，要求尽量一次完成，所谓："人力须齐，不可停歇，歇则结皮不相连矣，不能一日完，必锄动面皮，刷汁加筑"[9]。米汁石灰浇浆墓主要集中在东南地区，如江苏、浙江、福建、江西、安徽等地，西南地区亦有发现，如四川、贵州等地。这一方面与该地盛产稻米有关，另一方面表明了在明代人们对墓室及尸体保存的技术方面有新的认识和运用。

叠涩穹顶墓在明代品官墓室建筑中已是非常少见。实例中只发现有两处，一处在山西太原，一处在河南林县，说明此种结构的墓室建筑在明代已趋于淘汰。

明代品官墓的墓室规制基本上是继承和沿袭了前代墓室建筑的常有规制和做法，其特点在于更加重视墓室防护技术的改进和提高，以达到更好的保存尸体的目的（图 4-73）。汤和墓[10]在安徽省蚌埠市郊。汤和是明朝开国的重要将领，洪武三年（1370 年）封中山侯，十年改封信国公，二十八年八月薨，赠东瓯王，谥襄武王。墓区神道长 225 米，前部立石碑，高 6.35 米，其后有石象生 5 对。墓室为砖砌拱券结构，在一道纵拱内以门分隔成前后两室，中有石砌棺池，上铺木板。板上搁棺。后室西壁上有一方门通西侧室，整个墓室墙壁为清水砖墙，地铺方砖（参见图 4-65 之 14）。

祁秉忠墓[11]在青海省西宁市郊。祁秉忠官至援辽总兵，左都督等职。葬于明天启二年（1623 年）。墓区坐西朝东，以版筑夯土墙围绕，长 98 米，宽 40 余米。入墓园门即是石象生二对，石象生之后，神道中有一碑座（龟趺），再后为享堂遗址，享堂后又有石象生三对，最后为墓冢，封土高 6 米，直径约 16 米。墓室为砖砌拱券结构，墓门为仿木构门楼，有斗栱，过甬道即是前室，前室后壁有三个券门洞，并列三个后室，后室内有石棺床，据墓志中所载："圣旨颁赐回籍追封太子少保御葬高堂"之文，可知祁秉忠死后受皇帝赐葬，故而墓制规格较高，如墓前建享堂，石象生数量有五对（按明制一品官为四对），墓室结构形制采用"丁字大券"等（参见图4-65之16）。

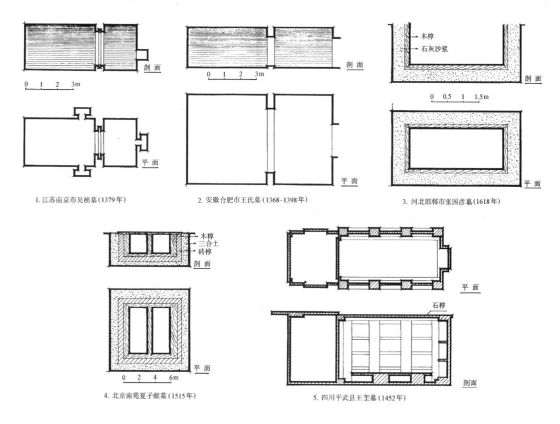

1. 江苏南京市吴桢墓（1379年）　　2. 安徽合肥市王氏墓（1368～1398年）　　3. 河北邯郸市张国彦墓（1618年）

4. 北京南苑夏子献墓（1515年）　　5. 四川平武县王玺墓（1452年）

图4-73　明代品官墓墓室建筑结构选例（一）

赵炳然墓[12]在四川剑阁县，墓主为明万历间兵部尚书，葬于万历十二年（1584年）。墓区地面布局不清，墓室为竖穴石椁米汁石灰浇浆结构，并列三室，石椁外有0.20米厚的米汁石灰浇浆层，石椁上部用石板封盖，亦浇以米汁石灰浆（图4-74之2）。明代的竖穴石椁墓室在四川有多处发现，如铜梁县的张叔珮墓（万历四十七年）[13]、李三溪墓（万历元年）[14]、平武县的王玺家族墓（明宣德六年至正德七年）[15]，都是此种类型墓。

卢维桢墓[16]在福建省漳浦县。卢维桢是明万历年间户、工二部侍郎，葬于万历四十年（1612年），追赠户部尚书。墓区神道长50米，有石象生四对，数量与种类均与明制相符，仅缺石望柱。墓冢前有石供桌。墓室为竖穴砖椁米汁石灰浇浆墓，券顶，砖椁外为0.8米厚的浇浆层，再外为又一层浇浆层，厚1.2米，拌有碎瓷片，当是为预防盗墓而设（图4-74之3）。

徐俌墓[17]在江苏省南京市太平门外。徐俌为明中山王徐达之五世孙，袭魏国公，葬于正德十四年（1519年），赠光禄大夫、右柱国、太傅。墓西距徐达墓约100米，地面建筑已不存。墓室为竖穴砖椁三合土浇浆墓，砖椁内置木棺，木棺外填以0.6米厚的三合土（石灰、黄砂、土），椁室顶用石板封盖，石板上再夯筑0.24米厚的三合土层。由于墓室封护严密，尸体及衣物在浅黄色液体中保存完好。

朱梅墓[18]在辽宁省绥中县李家乡。朱梅为明崇祯年间镇守蓟、辽的总兵官，葬于崇祯十二年（1639年），追赠左柱国、光禄大夫、太子太保，皇帝赐祭。墓区坐北朝南，总长350米。入口处为神道柱，后有石狮一对，石狮北25米处为石牌楼一座，四柱三楼歇山顶，通面阔8.76米，明间高10米。石牌楼向北约200米处为石柱仪门一座，柱端刻有蹲兽，形制类似明帝陵中的二柱门，其后的神道两侧有石象生四对，石碑二对，最北处为墓冢，高 4 米，直径约 10 米，墓冢前有卧式石碑和石供桌。在朱梅墓冢的前方左、右二侧，各有一座墓冢，为朱梅后裔葬处。朱梅因生前"百经血战"，死后受到皇帝的"宠加赠禄，特示优崇"，故墓园规制非同一般，石象生比制度多一对，有石牌楼，尤其是二柱仪门之制，为现存明代品官墓中所仅见（图4-75）。

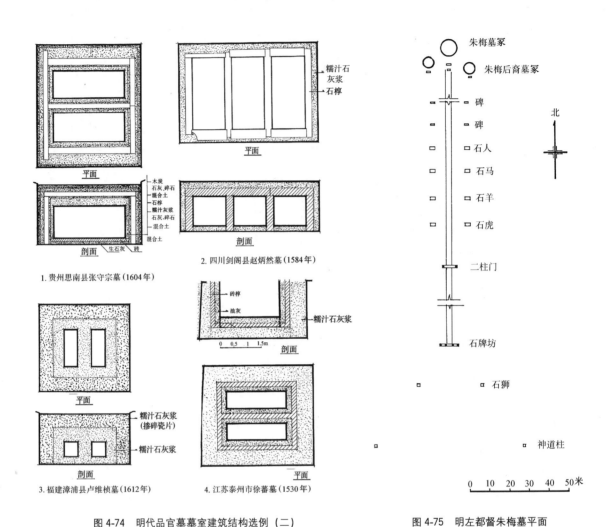

平面

1. 贵州思南县张守宗墓（1604年）

2. 四川剑阁县赵炳然墓（1584年）

3. 福建漳浦县卢维桢墓（1612年）

4. 江苏泰州市徐蕃墓（1530年）

图 4-74　明代品官墓墓室建筑结构选例（二）

朱梅墓冢

朱梅后裔墓冢

碑

碑

石人

石马

石羊

石虎

二柱门

石牌坊

石狮

神道柱

图 4-75　明左都督朱梅墓平面

刘忠墓[19]在北京香山。刘忠为"大明三朝近侍御马监太监"，葬于嘉靖三十三年（1554年）。所谓三朝，当是弘治、正德、嘉靖三个朝代。墓依山凿石而成，墓室为砖石混砌拱券结构，平面作"1"字形，墓室大门用汉白玉做成，进门为甬道，其后为前室，前室与后室间亦有甬道相连，前有石制栏杆，后为石门。后室放置有一张长方形石太师椅，石椅前为棺池，内放木棺，墓壁用石砌，拱筑用砖，地铺方砖。

明代太监墓有制[20]，但从明中期始，内官气势渐盛，权力超过了内阁，在墓室营建方面，逾制现象屡有发生[21]。从现存实例看，明太监墓的墓室建筑无论在规制方面，还是在砌筑材料与技术方面，都比较讲究，奢侈华丽程度，超过公、侯。如河北省涿县的"明故两京司监太监"牛玉墓[22]（弘治十三年），墓室为石砌拱券结构，三室，丁字大券，墓室内有汉白玉制作的太师椅与棺床（图4-65之13）。江苏南京市的"明故司礼监太监"金英墓[23]（景泰七年），墓室面积有 50 余平方米，三室，拱券结构，用水磨砖砌筑。四川成都市的四代蜀王太监魏公之墓[24]，墓室壁绘画彩画，顶绘藻井。

名　称	地　点	年　代	官　爵	墓　　　制	备　注
康茂才墓	江苏南京市	洪武三年 （1370 年）	蕲国公	石象生：石马 2、石羊 2、石虎、石人 4	
邓愈墓	江苏南京市	洪武十年 （1377 年）	卫国公 宁河王	墓冢：径 6 米、高 2 米 碑：龟趺螭首、通高 5.2 米 石象生：石马 2（有控马官）、石羊 2、石虎 2、石人 4、石望柱 2	有石供桌
吴桢墓	江苏南京市	洪武十二年 （1379 年）	海国公 靖海侯	石象生：石马 2（有控马官）、石羊 2、石虎 2、石人 2 墓　室：石砌拱券结构，双室	
李文忠墓	江苏南京市	洪武十七年 （1384 年）	曹国公 岐阳王	碑：龟趺螭首，通高 8.6 米 石象生：石望柱 2、石马 2（有控马官）、石羊 2、石虎 2、石人 4	有享堂遗址
俞通海墓	江苏南京市	吴元年 （1367 年）	豫国公 秦淮翼元帅	石象生：石虎 2、石羊 2、石马 2、石人 4、石望柱 2	
李杰墓	江苏南京市	洪武元年 （1368 年）	指挥使司事镇国上将军都指挥使 （正二品）	碑：龟趺螭首，通高 5.05 米 石象生：石羊 2、石虎 2、石马 2（有控马官）、石人 2（武士）	
常遇春墓	江苏南京市	洪武元年 （1368 年）	鄂国公 开平王	墓冢：径 9.5 米，高 2.4 米 石象生：石望柱 2、石马 2（有控马官）石羊 2、石虎 2、石人 2（武士）	有享堂遗址
徐达墓	江苏南京市	洪武十八年 （1385 年）	信国公 中山王	墓冢：径 14 米，高 2.4 米 碑：龟趺螭首，通高 8.95 米 石象生：石马 2（有控马官）、石羊 2、石虎 2、石人 4	
顾兴祖墓	江苏南京市	天顺七年 （1463 年）	镇远侯 南京协同守备	碑：龟趺 石象生：石羊 2、石虎 2、石马 2、石人 2	
毛珵墓	江苏吴县	嘉靖年间	南京都察院 右副都御史 （正三品）	墓冢：径 9 米，高 1 米 碑：龟趺 石象生：石马 2、石人 2	有石砌"罗城"
王玺墓	四川平武县	天顺八年 （1464 年）	宣抚司佥事 （正六品）	石象生：石望柱 2、石狮 2、石马 2、石人 4 墓室：竖穴石椁	
廖纪墓	河北阜城县	嘉靖年间	太子太保吏部尚书 （正二品）	石象生：石虎 2、石羊 2、石马 2、石人 4、石望柱 2	有石牌坊
唐荆川墓	江苏常州市	嘉靖十四年 （1535 年）	右佥都御史兵部侍郎 （正三品）	石象生：石羊 2、石马 2、石兽 2、石人 2、石望柱 2	有石碑牌楼
申时行墓	江苏苏州市	万历四十二年 （1614 年）	吏部尚书中极殿大学士太子太师（从一品）	墓冢：高 3.5 米，径 7 米 碑：龟蚨螭首，通高 4.66 米 石象生：石马 2、石望柱 2、石人 4	有墓园大门、享堂、碑亭、牌坊、有"罗城"

名　称	地　点	年　代	官　爵	墓　制	备　注
彭泽墓	甘肃兰州市	嘉靖年间	太子太保兵部尚书（正二品）	墓冢：径8米，高4.8米 石象生：石人2、石马2、石狮4	有石牌坊
张朝瑞墓	江苏连云港市	万历年间	湖广参政	石象生：石马2、石羊2、石兽2、石人2	有牌坊
顾璘墓	江苏南京市	嘉靖二十四年（1545年）	南京刑部尚书	碑：高2.35米，龟趺螭首 石象生：石望柱2、石羊2、石虎2、石马2、石人2	有石坊石供桌

注：资料来源《考古》、《文物》、《江苏文物综录》

注释

[1]《明会典》卷二〇三·工部二十三"（洪武）二十六年诏，自今凡功臣故，不建享堂。"

[2]《明神宗实录》卷三："隆庆年九月，赐德平伯李铭祭葬享堂并护坟地土。"

[3] 参见《江苏文物综录》。

[4] 明代陵墓中石象生设有控马官的最晚年限为万历十二年（1614年），即明潞简王墓的石象生。

[5] 参见本章表4-6。

[6] 参见《朱舜水谈奇录》。

[7] 参见本章第一节。

[8]《王文禄制度》，转引自《古今图书集成·经济汇编·礼仪典》第八十卷。

[9] 同[8]。

[10] 引自《文物》1977.2。

[11] 引自《文物》1959.1。

[12] 引自《文物》1982.2。

[13] 参见《文物》1987.7。

[14] 参见《文物》1983.2。

[15] 参见《文物》1989.7。

[16] 引自《东南文化》1989.3。

[17] 引自《文物》1982.2。

[18] 资料由辽宁锦州市文管会提供。

[19] 引自《文物》1986.9。

[20]《明会典》卷二〇三·工部二十三："凡内臣病故乞葬，正德十二年奏准查本官历年深浅，有无勤劳。应该造坟或盖享堂、碑亭者，定与等第，照例奏请，不许一概妄行比乞。"

[21]《明世宗实录》卷一一九："嘉靖九年一月，工部尚书章拯、礼部右侍郎湛若水奉旨会勘锦衣卫军匠童源所奏事，言品官坟茔原有规制，内官已故往往赐葬碑亭、享堂，皆出特恩，或有因而盛兴土木，华靡越份，又有预修越制之工，以冀后来恩宠，积弊既久，玩袭为常，非止张忠、张永一二冢而已……。"

　　同上卷一二二："都察院复童源所奏，查勘过太监秦德、张永、张忠坟墓在瓮山广源间等处，俱系山陵来龙过脉及环拱处所，且奢丽逾制，俱宜改正……上曰：秦德等墓越礼奢侈，一体改正……。"

[22] 参见《文物》1983.2。

[23] 参见《文物参考资料》1954.12。

[24] 参见《文物参考资料》1956.10。

第五章　住　　宅

第一节　元明时期的住宅制度

住宅制度由来已久，这是一种尊卑、等级观念在居住建筑上的反映。

元代的住宅制度仅散见于《元史》的《世祖纪》、《刑法志》以及《元典章》[1]等处。《世祖纪》中的记载是，至元二十二年（1285年）元政府规定："旧城居民之迁京城者，以赀高及居职者为先，仍定制，以地八亩为一分，或其地过八亩及力不能作室者，皆不得冒据，听民作室"[2]。这一记载表明，富户与官员虽有优先选址之便，但住宅地盘的大小还是受限制的。每亩若以540平方米计，八亩为4320平方米，这一面积相当于68米×63米或72米×60米左右，北京后英房元代居住遗址住宅的主院及两侧的房宽，东西近70米，与上述尺寸正好吻合，可见这一规定，当时确实是实施过的。

《世祖纪》中的条文仅适用于京城，而真正能称为住宅制度的在《刑法志·禁令》中留有如下记载："诸小民房屋安置鹅项、衔脊有鳞爪瓦兽者，笞三十七，陶人二十七"[3]。条文未涉及品官宅舍等级，文中规定不准"安置鹅项"（鹅项今称美人靠、飞来椅、吴王靠）未见于唐宋制度，出源不详。至于不准"衔脊有鳞爪瓦兽"之制，可与南北朝期间鸱尾的使用除特许外，规定仅用于三公黄阁听事[4]以及宋代"凡公宇栋施瓦兽"[5]的制度相比拟，可见元代这一禁令与此一脉相承。

元代的《大元通制》[6]、《经世大典》[7]、《至正条格》以及《官民准用》、《金玉新书》[8]诸书均已佚失。传世的《通制条格》中的《仪制》、《缮营》以及其他诸卷均无住宅制度的条款。元代是否存在比《元史·刑法志·禁令》中更详尽的住宅制度，已无法弄清。传世的《元典章》中有"江南三省所辖之地，民多豪富兼并之家，第宅居室，衣服器用，僭越过分"[9]的记载。有制可循，才能称为"僭越过分"，此记载成于至大四年（1311年），民舍定制应颁于记载之前，此言方能成立，但查遍《元典章》与其他文献典籍，未发现第宅居室的定制。反之，《通制条格》对同一件事的记载则将"第宅居室、衣服器用，僭越过分"的文字删去了[10]，故有可能是《元典章》沿用习俗用语而产生的衍文。

此外《元典章·工部》有诸多条目与官员宅舍有关。如："修理系官房舍"、"官员修理官舍住坐"、"禁治占住民舍"等等，这在《通制条格》[11]中亦有反映，其内容为元朝官员占居民宅，通家往来，败坏官府，故对亡宋官舍予以修理用作官舍，以禁占民居云云。若元代品官有住宅制度规定，决无大量发生占居民舍之理由，也不必以修亡宋官舍来解决。这倒是元代不存在品官第宅制度的反证。

元代典章制度无论与前朝宋还是后代明相比，都显得过于疏阔，元朝统治集团尚武轻文，文化落后，本来就没有详尽的官宅制度。统一全国后虽然大力吸收汉族文化，但立国不过百年，显然还未具备形成一代官宅制度的条件。

明代的住宅制度载入《明史·舆服志》的内容分明初、洪武二十六年、三十五年以及正统十二年四次，其中洪武二十六年的规定十分详细，奠定了明代住宅制度的基础，以后洪武三十五年及正统十二年仅作局部修正。

明初规定："百官第宅，明初，禁官民房屋不许雕刻古帝后、圣贤人物及日月、龙凤、狻猊、麒麟、犀象之形。凡官员任满致仕，与见任同。其父祖有官，身殁，子孙许居父祖房舍。"[12]当时明朝基业既未统一，更未稳固，"不许雕刻古帝后、圣贤人物及日月、龙凤、狻猊、麒麟、犀象之形"的规定目的是强化朱元璋的天子地位。"凡官员任满致仕，与见任同，其父祖有官，身殁，子孙许居父祖房舍"的规定，继承了宋代"父祖舍宅有者，子孙许仍之"[13]的旧制，但在措辞上强调了"身殁"。规定中未涉及品官等级，显然与戎马年月的制度草创有关。据明律规定，违式僭用，处罚最严厉的是颠倒君臣之序的违式[14]，尊卑贵贱之序，最重要的是分君臣，明初制度的重点是分君臣。

与明初相比，洪武二十六年的规定，十分详细，常被引用的是载入《明史·舆服志》中的条文："二十六年定制，官员营造房屋，不许歇山、转角、重檐、重栱及绘藻井，惟楼居重檐不禁。公侯前厅七间，两厦九架，中堂七间九架，后堂七间七架，门三间五架，用金漆及兽面锡环。家庙三间五架。覆以黑板瓦，脊用花样瓦兽，梁栋、斗栱、檐桷彩绘饰。门窗枋柱金漆饰。廊、庑、庖、库从屋不得过五间七架。一品、二品厅堂五间九架，屋脊用瓦兽，梁栋、斗栱、檐桷青碧绘饰。门三间五架，绿油，兽面锡环。三品至五品厅堂五间七架，屋脊用瓦兽，梁栋、檐桷青碧绘饰。门三间三架，黑油、锡环。六品至九品，厅堂三间七架，梁栋饰以土黄，门一间三架，黑门铁环。品官房舍，门窗户牖不得用丹漆，功臣宅舍之后，留空地十丈，左右皆五丈。不许挪移军民居止，更不许于宅前后左右多占地，构亭馆，开池塘，以资游眺"。"庶民庐舍，洪武二十六年定制，不过三间五架，不许用斗栱，饰彩色"。[15]这一规定既继承了唐宋制度，又有鲜明的时代特色，其实质可归纳为：

第一，等级森严、划分更细。洪武二十六年定制，在原则上依然是遵循《唐六典》"凡宫室之制，自天子至士庶，各有等差"的思想，在等级的划分上，唐代划分为五个等级：王公、三品、五品、六品至七品，庶人[16]。洪武二十六年分为公侯、一及二品、三至五品、六至九品、庶民五个等级，二者基本对应。至于具体内容，唐代主要规定了堂门之制[17]，而洪武二十六年定制则包括门、厅、中堂、后堂之制。在建筑形式上除了继续把重栱、藻井作为帝王的专用形式外，还把歇山、转角、重檐诸形式列为品官宅第不许采用的形式。此外还对瓦脊式样、门色、门环质地和梁栋檐桷色彩诸内容都做了等差的规定以示尊卑之序。明与唐的制度相比，六品以下官员的堂与门，间数相同而架数有所增加，若檐高相同，架数增加意味着建筑物更高轩、宏大。但《明史·舆服志》系后人编撰，与《明会典》原规定比较，尚有遗文，如"除正厅外，其他房舍从宜盖造，比正屋制度务必减小，不许过度"[18]。可见当时十分重视各单体之间尊卑有序的格局，显然比唐制专重堂、门单体更为成熟。

洪武二十六年定制虽可上溯唐制，但唐制当时无法实施[19]，徒有虚名而已。宋代放宽禁限，如重栱、藻井等仅限于庶民百姓不准用[20]，元代制度疏阔，相比之下洪武二十六年定制实属等级森严，周详备至。

第二，重血缘、轻品官。住宅制度反映"君臣、尊卑贵贱之序"，中国封建社会是以血缘远近分亲疏，又以品官等级定尊卑，两者住宅规格的尊卑贵贱之序是住宅制度的重要内容。明初平定异己与统一疆域的战争结束后，大批文臣武将授以高官厚禄，此时朱元璋为巩固朱氏江山的皇权与保护子孙的皇位，废丞相，杀功臣，这种重血缘、抑品官的倾向在住宅制度中得到反映。以公主府第为例："公主府第，洪武五年礼部言唐宋公主视正一品府第，并用正一品制度，今拟公主厅堂九间十一架，施花样兽脊，梁栋、斗栱、檐桷彩色绘饰，惟不用金，正门五间七架，大门绿油、铜环，石础墙砖镌凿玲珑花样，从之"[21]。与之比较，规格远比洪武二十六年定制中的一品第宅高。

第三，尚俭朴、信风水。洪武二十六年定制中："功臣宅舍之后留空地十丈，左右皆五丈。不许挪移军民居止，更不许于宅前后左右多占地，构亭馆，开池塘，以资游眺。"这在唐宋定制中无法找到相关的内容，对照《明会典》原文，发现有较多遗漏致使历来引用《明史·舆服志》的这段文字与原意不合，现引录原文分析之：

"在京功臣宅舍地势宽者，住宅后许留空地十丈，住宅左边、右边各许留空地五丈，若见旧居所在地势窄隘，已有年矣，左右前后皆是军民所居止，仍旧居。不许挪移军民以留地"[22]。此外，另一段文字对此规定作了进一步说明："京城系人烟辐辏去处，其地有限，设使官员之家往往窥觑住宅左右前后空地，日侵月占，围在墙内作园种蔬菜及游玩处所，甚妨军民居住，且京城官员不下数千，若一概仿效，京城内地多为菜园，百十军何处居住？今后官员住宅照依前定丈尺，不许多留空地，如有过此，即便退出与军民居住，令子孙赴告，官给园地另于城外量拨。一在京文职官员所居房屋，临时奏请量拨居住"[23]。由此可见，此原意专指京城功臣宅舍，所许留丈尺不但是最大尺寸，而且须地势宽者方可执行此条文，这与当时京城（南京）人稠官多地窄有直接关系。

《明会典》载："功臣之家不守分限，往往于住宅前后左右多占地丈，盖造亭馆或开掘池塘，以为游玩。似此越礼犯法，所以不能保守前功，共享太平之福"[24]。又载："古人于地有王气之处，往往埋金以厌之，或井其地以泄之，前代帝王如此用心。今京城已故各官多有不谙道理，于住宅内自行开挑池塘，养鱼种莲，以为玩好，非惟泄断地脉，实于本家不利，以致身亡家破。今后京城内官员宅院内不许开挑池塘，亦不得于内取土筑墙掘成坑坎"[25]。上述内容再联系《明会典》载：明祖训"凡诸王宫室并依已定格式起盖，不许过分"，以及"不许有离宫别殿及台榭游玩去处"[26]。可见明太祖的崇尚俭朴以及明代风水盛行是不许"构亭榭，开池塘"的真正原因。

洪武三十五年的修正是："申明军民房屋不许盖造九、五间数，一品、二品厅堂各七间，六品至九品厅堂梁栋止用粉青刷饰，庶民所居房舍、从屋虽十所二十所，随所宜盖，但不得过三间"[27]。这次修正可能与当时的政治原因有关。洪武三十五年实为建文四年，建文为巩固皇权而削藩，这条提高一、二品官员邸宅规格的规定实是对重血缘、贬品官决策的调整，与对庶民、从屋数量放宽限制一起，起着笼络臣民的作用。

"正统十二年令庶民房屋架多而间少者不在禁限"[28]，这次变通使庶民住宅的规格提高到六品至九品的水平，其原因可能是由于原先规定深五间的尺度过小，无法满足使用要求而作出的。

注释

[1]《元典章》全名为《大元圣政国朝典章》，是一部至治二年（1322年）以前元朝法令文书的分类汇编。在元成宗时，曾规定各地官府抄集中统以来的律令格例，"置簿编写检举"作为官吏遵循的依据。

[2]《元史》卷十三，本纪第十三，世祖十。

[3]《元史》卷一〇五，刑法志第五十三，刑法四，禁令。

[4]《陈书》卷三一，萧摩诃传。

［5］《宋史》卷一百五十四，舆服志第一百七，舆服六，臣庶室屋制度。

［6］《大元通制》。元仁宗时，为了便于各级官吏检索遵行，下令将历朝颁发的有关法令文书斟酌损益，类集折中，汇辑成书，后经英宗增删审核，定名为《大元通制》，于至治三年（1323 年）刊行。全书不传，仅存明写本《通制条格》残卷，其中有仪制、缮营等内容。

［7］《经世大典》。官修政书，元顺帝至顺二年编定，原书今已佚失。《永乐大典》残卷以及《国朝文类》中有部分内容传世。

［8］《至正条格》。性质与《大元通制》同，顺帝朝至正间纂定，全书已佚失。《官民准用》、《金玉新书》不著撰人名氏，均属元代民间集本，原书收入《永乐大典》在《四库全书》中存于卷八四、史部、政书（第 726 页）。

［9］载于《元典章·五十七、刑部十九》："诸禁"、"禁富户子孙跟随官员"条目中。文曰："至大四年闰七月，行省准中书省咨御史台呈，行台咨监察御史呈：切惟江南三省所辖之地，民多豪富兼并之家，第宅居室，衣服器用，僭越过分，逞其私欲，靡所不至，……专令子孙弟侄华裙骏马……"

［10］《通制条格》卷二，"户令。官豪影占"："至大四年七月，中书省御史台呈：江南三省所辖之地，民多豪富兼并之家，专令子孙弟侄华裙骏马，跟随省官恃势影占，不当差役……。"浙江古籍出版社，1986 年 3 月版，第 18 页。

［11］参见《通制条格》卷二十八："杂令·扰民"条目。

［12］《明史·舆服志》。

［13］《宋史·舆服志·臣庶室屋制度》。

［14］《明会典·刑部·明律》。

［15］同［12］。

［16］、［17］《新唐书·车服志》："王公之居，不施重栱藻井。三品，堂五间九架，门三间五架。五品，堂五间七架，门三间两架。六品、七品，堂三间五架，庶人四架，而门皆一架、二架。常参官施悬鱼、对凤、瓦兽、通袱、乳梁。"

［18］《明会典·礼部、房屋器用等第》。

［19］同［16］。

［20］同［13］。

［21］同［12］。

［22］～［25］《明会典·礼部十六》。

［26］《明会典·工部·亲王府制》。

［27］、［28］同［22］。

第二节　元代汉地住宅

　　元代住宅是宋、金发展至明清住宅的中间环节，是在住宅制度逐步森严、精致化过程中一个较为自由、散漫的阶段。元代住宅制度的疏阔，使"过分"成为一种普遍的现象，使功能与环境等影响因素的作用显著。在形式上，北方的住宅较多地受大都住宅的影响，而南方住宅则在原宋制的基调上渐变。元代文人住宅十分重视环境，住宅与自然的融合是其重要特色。元代少数民族住宅内容极为丰富多彩。

　　历史的沧桑，使元代住宅实例已荡然无存，故对元代住宅的研讨只能凭借考古资料、绘画以及散见于典籍文献的有关文字进行，目前的研究主要还停留在某些片断上。

一、元大都住宅遗址

　　元大都是个新建城市，原来的燕京城被称为旧城，忽必烈曾计划把旧城的居民全部迁居新城[1]，并于至元二十二年（1285 年）二月颁布迁居新城的规定。这次迁居使"北城繁华拨不开，南城尽是废池台，"迁居计划虽然没有完全实行，但从迁居后旧城的萧条[2]，可以看出迁居的规模是十分可观的。

元大都的新住宅是建在经过规划的街坊里的，这些街坊的规格是："大街二十四步、小街十二步阔"，另有"三百八十四火巷、二十九衖通"[3]。按此推算，火巷为六步阔，间距约为50步，住宅用地深度则为44步，火巷（胡同）长度约为住宅深度的10倍，即440步。

目前北京（大都）城内的不少街巷、胡同，据考证依然是元代的格局[4]，如大都建设中形成的南锣鼓巷东部的照回坊的九条胡同平均距离约为70米，依然是元代的面貌[5]。

元代规定一般平民住宅占地八分，贵戚功臣以及赀高居职者可达八亩。按此规定予以复原，可以得出：一条胡同约可聚居百户平民或建十户前后临街、四进院落、三条纵轴的大型宅第[6]。尽管北京不少胡同旧貌尚存，由于明清二代的重建，目前北京旧宅已都是清代的遗物。进一步研讨大都住宅，只能凭借考古发掘资料与文献。

迄今为止元代居住遗址已发掘十余处，已报道的有后英房遗址[7]、西绦胡同遗址、后桃园遗址[8]、雍和宫后遗址、106中学遗址[9]以及建华铁厂遗址[10]。

后英房胡同遗址是一幢大型住宅（图5-1），横向分为三个院落，主院正房建在台基上，前出轩廊，两侧立挟屋，后有抱厦。东院正房是一座平面为工字形的建筑，即南北屋由中间的柱廊联结。西院损毁严重，已无法勾勒出建筑的具体面貌。主院、东院正房两侧均建有东西厢房，从保存较完整的东院分析，东西厢房不但进深不一，而且间数也不等，西厢房三间，东厢房至少有五间。从纵向分析，后英房遗址仅是此住宅的偏北部分。在它的南面似乎还应有一、二进院落，北部可能尚有后院。总进深应相当于元大都胡同间距70米左右。对这座住宅遗址可作如下概括：

宅院有三条纵轴，主体建筑都布在轴线上，并且左右对称。两侧的辅助建筑不作对称处理。建筑平面以矩形为基本形。主体建筑采用出轩、立挟屋，连抱厦或用廊屋相连，而构成凸字形、工字形平面。辅助建筑常为一字形平面。建筑都建在台基上，台基以建筑主次、规模分高低、等级，主要建筑前常有月台。建筑之间采用台阶、露道连通，主露道常采用高露道形式。院落空间采用主房与厢房围合为主，用围墙连接为辅的手法构成封闭型院落。院落之间采用门连通，亦有以跨院作过渡空间。

此宅主院正房前出轩，两侧立挟屋的形式以及东院工字形平面屡见于宋、辽、金建筑[11]。反映了它们的继承性。这些形式又被元大都的宫殿[12]、寺庙、官署广泛采用，说明当时在大都是相当流行的。在细部处理上，台基、踏道多用象眼，但比例与《法式》不合，象眼采用须弥座式样砌出（图5-2）是自宋以来渐趋繁复的表现。对此宅进行想象复原，大致可勾勒出它的形象。

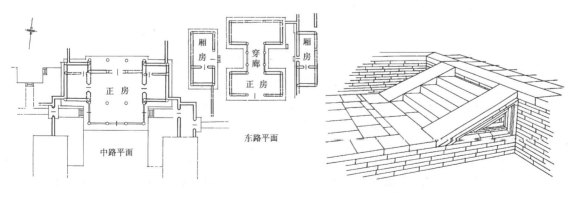

图5-1 北京元后英房居住建筑局部平面示意　　　　图5-2 后英房主院大台基西踏道透视

西绦胡同住宅遗址是一处坐北朝南的住宅，发掘的部分应是该住宅的后院，其中包括居室、库房、厨房和仆役居舍，从高大的砖砌台基、磨砖对缝的砖墙、光滑平整的方砖墁地和宽敞的后廊与套间推想，其已毁的前进主房理当更为精致、高轩、宽敞。现存后院建筑平面布局自由、灵活，建筑空间无轴线可言，其南房与北房东西错位，与东房加连围墙构成三合院，院呈一字形，长宽比达3∶1。

雍和宫后的住房遗址出土器物上有"内府公用"的字样，因而推测可能是一处衙府，目前发现的三合院应是其中的一进。平面布局三间正房坐北朝南，二侧为东西厢房，正房平面为二明一暗，明间后檐内收，形成二间后厦。在它稍东的一处居住遗址中的建筑平面也采用这种形式。可见这是一种元代比较流行的建筑形式。正房前有一方形砖砌月台，台前用砖砌出十字形高露道，通向东西厢房与正前方。

后桃园元代住宅遗址因遭严重破坏已无法弄清其平面，但遗址中出土了不少元代建筑构件。如：覆盆式柱础、锭脚石、门砧、鸱尾、瓦当、滴水等。由此可知北京地区住宅在构造上与宋制存在着明显的继承关系。

在已报道的元大都居住遗址中，106中学遗址最为简陋，房基低狭、地面潮湿，房内仅有一灶、一坑、一石臼而已，墙壁用碎砖块砌成，把它与后英房、西绦胡同、雍和宫后遗址相比，质量乃天壤之别，应是当时贫苦庶民的住宅。

元代诗人宋伺《初至都，书金城坊所僦屋壁》诗句："自是诗人嫌日短"[13]，以及当时大都流行"到月终房钱嫌日短"的俗语表明，大都曾建有大量供出租居住的住宅，建华铁厂发现的元代居住遗址，建筑平面为长方形，前明后暗，形式相同，横向并列布局的单元式建筑，可能便是这种供出租之用的住房。

把这些元代住宅与北京现存的（清代）四合院比较，在主房、厢房的建筑平面以及院落构成、交通联系方式诸方面，显然手法各异。在清代四合院中，找不到用柱廊连接的工字形平面和前出轩后有抱厦、左右立挟屋的凸形平面，也不见二明一暗带抱厦的平面。院中的高露道被清代的抄手廊所替代。可见这些正是大都元代住宅的特色。

元大都发掘的遗址平面尽管数量不多，但由于互不雷同，因此涵盖了当时最基本的二种倾向：趋同与多样。这貌似矛盾的两种倾向是由于制度疏阔而造成的。最好的实证莫过于元大都在各门类建筑中广泛采用工字形平面和二明一暗带抱厦这种不对称正房在住宅中的流行。前者显示了各门类间，相互模仿成风的趋同，这在制度森严的背景下是不可能的；后者则反映了对历代正房左右对称意识的否定。

元大都住宅的平面尺度，在发掘报告中未作全面披露，现仅就已报道部分列表比较如表5-1所示。

大都住宅除考古发掘外，文献记载大都郊外有别业多处，如：

"远风台，在燕京丰宜门外，西南行五里，韩御史之别墅也"[14]。

"万柳堂在府南，元廉希宪别墅"[15]。

"遂初堂，元詹事张九思别业，绕堂花竹水石之胜，甲于都城"[16]。

由于至元二十二年颁布的建宅规定使大都城内大型住宅的规模受到限制。当时在京权贵豪绅虽有起盖房舍、侵占官街的事件发生，但这种情况会受到官府的查处[17]，用地紧张，遂向郊外扩展，于是显贵豪富之家纷纷在郊外择地广建别墅，作为城中第宅的补充。

元大都住宅遗址平面尺度一览　　　　　（长度单位：米）　　表5-1

遗址名称					面宽	总面宽/总间数	进深	总进深/总间数
后英房	主院	正房	正屋三间	心　间	4.07			6.64/1
				次　间	3.88			
			前轩三间					4.39/1
			后厦三间					2.44/1
			挟屋一间		4.90		5.67	7.71/2
							2.04	
		厢房	东　厢			不　详		
			西　厢					
	东院	正房	南房、北房各三间		3.72	11.16/3		4.75/1
			柱　廊					
		厢房	西厢三间	心　间	3.76			4.65/1
				南次间	3.67			
			东厢三间			11.25/3		3.90/1
	西院	破坏严重，平面不详。						
西绦胡同			北房三间	后廊 东间	3.85	11.78/3	1.35	不　详
				西间	4.13		1.85	
			西套间		3.80			
			南房三间			10.60/3		6.46
			东　房			不　详		
雍和宫后		北房三间	明间二间	心间	4	5.42		
				次间				
			后厦二间			1.66		
			西暗一间		3.75	7.08		
		厢房	东　厢		未公布尺寸			
			西　厢					

二、元画中表现的住宅

（一）宋德方墓线刻画中的宗教地主住宅

元代由于政府的优容，释道俱兴。道观、寺庙占有大量田产，当时人称"海内各山，寺据者十八九，富埒王侯"[18]。这样便造就了大批道士、僧侣地主。宗教地主，作为地主阶级的一个特殊阶层，历代都有，但元代宗教地主阶层却与历代殊异，他们不但占有大量的田产与财富，而且普遍地蓄发娶妻，如江南龙虎山的张天师，"纵情姬妾，广置田产，招揽权势，凌轹官府，乃江南一大豪霸"[19]。正是这种与世俗无异的生活方式和宗教特权地位使这一特殊阶层突破了宗教制度限定的居住形式，因为无论是佛教的方丈室、首座寮、延寿堂还是道教的道院都无法满足这些人的生活需要。山西芮城永乐宫宋德方道士墓石椁上雕刻的建筑图像便是蒙元时期宗教地主住宅的典型例子[20]。

宋德方石椁两侧的线刻画（图5-3），一面刻"墓主人夫妇开芳宴，"一面刻"墓主人游归图"。这两个题材在北宋以来的地主阶级墓葬中极为流行。石椁的制作者是山西稷山县姓胡的匠人，因此石椁上的建筑图像也应是反映当时山西官僚地主住宅建筑形象。据发掘简报记载：

图 5-3 元、宋德方墓石椁平雕线刻画

"椁右壁全是平雕线刻画，正面是大厅，面阔三间，单檐悬山顶，从两边角柱上可以看出柱下有圆柱础，柱首有卷杀。左侧有八角攒尖顶楼阁建筑一座。大厅对面有结构简单的建筑一座，好像门，在门的左侧设有厨舍，庭前还植柳树一株。在这座建筑中，并刻画出整个的一套上层人物的生活方式……"。

"椁左壁从首至尾，刻宏伟富丽的建筑一所，正面座有大庭，左（疑误，按图所示应为右）侧有四面透空重檐歇山的亭子一座，结构形式完全与椁右壁所刻的右亭相同。左侧有八角攒尖的小亭一座，前面正中有更高的两层三檐歇山顶楼阁一座，上下层的两侧各有抱厦（？），前者有四柱三牌坊式建筑……"。

"椁前壁，凿门可通棺内，门的四周刻抱框与花边，门上用线刻出重檐歇山九脊垂兽的楼，门下刻台基栏板、望柱和一对守门狮子，门两侧左右各站人，门右并刻'稷山县匠人胡'的落款。"

由以上描述可知，住宅的主要建筑是布置在轴线上的，依次为门楼、牌坊、楼阁或厅堂，左右尚建有亭、楼、廊和厨舍等。屋顶形式丰富，计有单檐悬山、攒尖、重檐、歇山和二层三重檐歇山等。宋德方石椁线刻画中出现如此豪华复杂的成组亭台楼阁，从这些建筑上出现成组的斗栱和楼阁、门楼的形制来分析，规格之高是远超出宋代舆服志中对臣庶室屋制度的规定。这正是中国北方地区受辽金文化冲击的反映。

据棺盖款刻推定，线刻画时间为蒙古宪宗四年（1254 年）。

另据实物资料表明，山西地区从辽金以来在木构建筑中广泛流行斜栱[21]，因此在线刻画建筑的补间铺作中大量出现斜栱、斜昂，正表明这些建筑具有山西的地方特色。

（二）永乐宫壁画中的住宅

元代壁画中保留着部分住宅的形象，其中以永乐宫纯阳殿、重阳殿壁画最为丰富。

永乐宫纯阳殿、重阳殿壁画以山水、人物、界画为主。其中界画场面宏大，结构严谨、真实、透视佳、画工精，不少画绘有住宅生活情景。据纯阳殿壁画题记[22]可知，壁画绘于元至正十八年（1358年），属元末作品。重阳殿壁画因画面损坏未发现作画年代与作者姓名，但从东壁中部所绘的碑上隐约有"洪武元年"（1368 年）的字样[23]，以及从壁画的风格分析，重阳殿壁画也应是元末作品。

从壁画中寺庙、住宅出现减柱法与柱高过间广和室外采用高露道手法表明，壁画的创作除反映画工的师承以及受宋代界画作品的影响外，在一定程度上是以元代北方建筑为蓝本的。由于题材的神话色彩[24]，因此在方法上它不同于宋代的《清明上河图》那样采用直接仿写现实环境来完成，而是对生活素材通过概括、提炼、创作出典型形象来反映的。神话题材，使它带上荒诞的色彩，但就其中的界画而言，还是写实的。

纯阳殿东、西、北三壁上绘的是《纯阳帝君神游显化之图》，共 52 幅，其中十多幅反映住宅的画面大致可分为贫民、地主、官员住宅三种类型。

贫民住宅在图上相当简陋，如《神化赐药马氏》（图 5-4）图中马氏宅，正房由三间正屋与一侧挟屋组成，屋脊无兽头。单侧有厢房，是草房，大门不起屋。更有甚者，《救苟婆眼疾》图中苟宅，仅由二幢瓦房、一幢草房组成。瓦房台基低矮，一幢为三间，一幢仅一间。平面成一字形横向布置，住宅既无围墙，也无大门。

大户与地主宅大多属于四合院形式。典型平面如《衡州肃妖》中所示。该宅围墙中起门屋一间，正屋厅堂与门屋都布置在中轴线上，庭院的两侧各有三间厢房。也有住宅的正房厅堂不在纵轴线上的，如《慈济阴德第三》中所示。住宅正房的形式有单层三间、正屋加挟屋，也有为了扩大空间采用减柱法的厅堂。如图《再度郭仙》中的郭宅和《提邵康节先生》（图 5-5）中的邵宅。

图 5-4　永乐宫纯阳殿壁画中贫民住宅：　　　图 5-5　纯阳殿壁画中地主住宅："再度郭仙"中之郭宅
"神化赐药马氏"中之马氏宅

与大户、地主住宅相比，官员府第则显得更为复杂，如《瑞应永乐第一》（图 5-6）中所示的吕府在中轴线上绘有二进住宅，一进由三间悬山正屋与四间悬山厢房。住宅大门起屋，设置在中轴线上。一进庭院的西侧尚建有一栋庑殿式样的建筑。各栋建筑的正脊、垂脊上都置瓦兽。再如《度马庭鸾》中马府，在门屋内设置照壁，门屋、照壁与正房也都布置在中轴线上。

也有住宅平面没有明显的轴线布局自由，如《神化度乔二郎》中的乔宅、《神化赵相公》中的赵宅，这种自由布局正是正统意识淡化的结果。在住宅建筑中除矩形平面外，也有方形与不常见的多边形平面，如图《丹度莫敌》（图 5-7）中所示，由于体量较大而采用勾连搭做法。此外在赵宅中还出现工字形平面，这种工字形平面又见丁大都后英房居住遗址，足见其流行之广。

元代文献中没有留下完整的住宅等级制度的记载，但在永乐宫纯阳殿壁画中还是能明显地反映出不同等级的区别。如简陋的民宅仅存正脊，脊上无兽头，而其他住宅都出现正脊、垂脊，并有鸱尾、兽头。台基的做法也有区别。而斗栱则大多出现在品官第宅上。

图 5-6　纯阳殿壁画中品官府第：
瑞应永乐第一

图 5-7　纯阳殿壁画中自由布局住宅：
"丹度莫敌"中莫宅

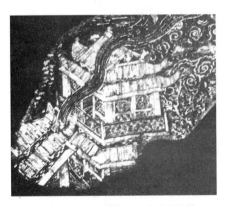

图 5-8　北京后英房元代遗址出土的
鲍鱼壳镶广寒宫漆器

重阳殿壁画因损毁较多而略逊于纯阳殿壁画的价值，但其中尚存的有关住宅的图面在元代已无住宅实例的前提下，依然是不可多得的研究资料。

（三）元画中的江南富豪住宅与文人住宅

元军灭宋时，对江南财富采取保护的态度，这使江南地主的剥削关系与势力得以继续，而元朝委派的蒙古、色目官员，又不谙情事，多被南方富豪操纵，这使南方地主势力进一步扩展，他们广占农地，驱役佃户"无爵邑而有封君之贵，无印节而有官府之权"[25]，恣纵妄为，靡所不至。如松江大地主曹梦炎占淀山湖田便有数万亩，积粟百万；大地主瞿霆发有田地和收佃田达万顷。这些地主、豪富，大肆营建宅第，当时著名的有瞿氏第宅园苑，此外还有平江福山之曹姓、横泽之顾姓、嘉兴魏塘之陈姓等宅院[26]。这些第宅之规模，远胜大都八亩一份的规格。再如昆山顾家更以园林馆阁之盛闻名而载入方志[27]。《元典章》中有："江南三省所辖之地，民多富豪兼并之家，第宅居室，衣服器用，僭越过分。"虽因元代制度不详，此说存疑，但第宅居室超过宋制是可以推定的。元代住宅的间接资料尚有至元元年（1340年）刻本《事林广记》插图及大都后英房居住遗址出土的鲍鱼壳镶嵌的广寒宫螺钿漆器图面（图5-8），以及元青花釉里红楼阁式建筑瓷仓建筑重檐悬山、平座与台基设有勾栏，屋角起翘等画风二者十分相似。因此被认为是以同一地区的建筑形象为蓝本的结果。《事林广记》乃福建刻板，而鲍鱼壳产于福建沿海以南。由此可以认为图面间接地反映了元代福建以及南方地区达官显贵的第宅形象。

徽州地区近年来在元代墓中发现石质线刻住宅图填补了这一地区元代住宅的空白[28]。图中住宅二层，斗栱、鹅项等做法与宋制相近，可见这一地区受元代北方官式影响甚微。《元史·刑法志》禁令中规定不准安置鹅项一项显然对一些南方山区无多大约束。同时这一资料的发现使徽州明代住宅中大量采用宋式做法，也就显得顺理成章，可以理喻。

元代江南城邑中住宅形制，至今不详。仅知一些城邑，由于地窄人稠，住宅十分密集，典型的记载如松江"至正丙戌闰十月二十九日夜，由于不谨于火，延燎三千余家，重门邃馆等悉为煨尽"[29]。在江南水乡城邑中湖塘较多，临湖寓舍常建水阁。

元代民族等级禁严，南人地位低下，又由于元代重吏轻文，仕途阻滞[30]，于是众多文人承魏晋遗风，啸傲山林，避世而居。虽然元代文人村野之居的遗踪实迹早已无考，但他们把描绘山林幽栖作为精神寄托，这就使绘画中出现一大批以山林村野之居为题材的山水画，如钱选的《山居图》，何澄的《归庄图》（图5-9），王蒙的《春山读书图》、《深林叠嶂图》，黄公望的《剡溪访戴图》（图5-10）

图5-9　之一，元、钱选《山居图》中的住宅与环境

图5-9　之二，元、何澄《归庄图》中的住宅

等等。这些便是分析当时文人山居形态的重要依据。

试以钱选《山居图》为例进行分析：图中群峰崇立，嘉树成荫，环抱小宅数栋。山的左右波平如镜，烟水浩渺，远处白云缓缓，列岫隐浮，对面一乘骑偕侍者走过木桥，前方苍松数株，挺立岩上，岩下杂树茅舍，山后水烟弥漫，丘岗逶迤，画面上所反映的那种绝无尘喧的淡泊境地正是元代文人山居的缩影。图面上有钱选自题诗一首，道出了画家的心声：

"山居惟爱静，日午掩柴门。寡合人多忌，无求道自尊。

鹦鹏俱有志，兰艾不同根。安得蒙庄叟，相逢与细论。"

从住宅形态的角度看，元代文人的住宅有如下特征：

第一，用材朴质、简陋，以茅舍草屋为主。

图中的大部分住宅都是茅舍草屋，如王蒙《春山读书图》、《深林叠嶂图》等，甚至一些亭榭亦多用草构成。这里除了经济因素外，更重要的是包含着文人对自身社会地位认识的表露和对当时上层达官显贵奢侈审美观的否定。

第二，因地制宜，不拘一格。

图中建筑布局自由，根本没有大都城中那种轴线纵横的形式，也不见永乐宫壁画中那些正房、厢房主次分明的布局，在王蒙《深林叠嶂图》中的住宅是建在水上的干阑式建筑，布局相互前后错落，无法以院落来形成多进的布局。再如元画《山居晴雪图》（图5-11）中的住宅，因山就势，曲折多变，也是城市宅第所不可能做到的。黄公望《剡溪访戴图》中的住宅是随山谷形势曲折布置，因地制宜，不拘一格。这种源于民间住宅的手法，能被文人清士所崇尚，无疑得益于对非正统审美观的理解。

图5-10　元、黄公望《剡溪访戴图》中的住宅　　　　图5-11　元画《山居晴雪图》中的住宅

第三，环境追求融于自然，意境追求淡泊、绝尘。

元代文人山居中的住宅在形态上与庶民村舍并无多大区别，但在情趣上着意追求清高脱俗是十分明显的。前述钱选《山居图》以及何澄的《归庄图》都是这种现象的最好注解。而庶民居舍，据余阙《梯云庄记》云："墙下树桑，庭有隙地，即以树菜茹麻，无尺寸废者"[31]。世业农耕的民户，虽在元朝也深受压迫，但与文人相比，他们没有仕途受阻的失落感，他们的情趣追求也就不可能与文人一致。

元代文人画中住宅的真实性还可以从元代文人的诗文中得到印证。陈基《题玉山草堂》中的"隐居家住玉山阿，新制茅堂接薜萝"[32]，郭钰《访友人别墅》："阴森及木晓苍茫，路转山腰间草堂"[33]等诗句以及姚燧的《万竹亭记》、马祖常的《石田山房记》等内容都与山居图的内涵相吻合。

从历史上看，江南村居重视环境的意识虽不是从元代始，但元朝一代文人村居如此普遍、广泛、持久地追求环境意境，确实是前无先例的，它对江南明清村落重视环境的意识无疑会产生一定的影响。

注释

[1] 程钜夫《拂林献王神道碑》，《雪楼集》卷五。

[2] 元·虞集《游长春宫诗序》：旧城出现"寂寞千门草棘荒"，只有"浮屠、老子之宫得不毁，"载于《道园学古录》卷五。元·张翥《九月八日游南城之学寺、万寿寺》："楼台唯见寺，井里半成尘。"载于《蜕庵诗集》卷一。元·吴师道《三月二十三日南城纪游》："颓垣废巷多委曲，高门大馆何寂寥。"载于《吴正传文集》卷五。

[3] 清·于敏中等《日下旧闻考》卷三十八，《京城总纪》转引《析津志》（北京古籍出版社1981年10月版，第603页）。

[4] 中国科学院考古研究所，北京市文物管理处，元大都考古队《元大都的勘查和发掘》："勘查工作证明，大都城内街道分布的基本形式是：在南北向的主干大道的东西两侧，等距离地平列着许多东西的胡同。大街宽约25米左右，胡同宽约6～7米。今天北京内城的许多街道和胡同，仍然可以反映出元大都街道布局的旧迹。"（《考古》1972年第一期第21页）。

[5] 程敬琪，杨玲玉《北京传统街坊的保护刍议——南锣鼓巷四合院街坊》（中国建筑科学院情报所《建筑历史研究》2，第73页）。

[6] 孙大章《中国古代建筑史话》：元大都的胡同（中国建筑工业出版社1987年12版第72页）。

[7] 中国科学院考古研究所、北京市文物管理处，元大都考古队《北京后英房元代居住遗址》（《考古》1972年第6期）。

[8] 中国科学院考古研究所、北京市文物管理处，元大都考古队：《北京西绦胡同和后桃园的元代居住遗址》（《考古》

1973年第5期)。

[9] 中国科学院考古研究所，北京市文物管理处，元大都考古队：《元大都的勘查和发掘》(《考古》1972年第一期)。

[10] 徐苹芳《元代的城址和窖藏》，(中国社会科学院考古研究所编《新中国的考古发现的研究》，文物出版社，1984
　　 年5月版，第611页)。

[11] 前出轩，两侧立挟屋平面实例有大同华严寺薄伽教藏辽代壁藏天宫楼阁。应县净土寺金代大殿明间中部藻井。工
　　 字形平面在宋王希孟《千里江山图卷》中极为多见。

[12] 元大都中大明殿、延春阁后面都有寝殿，中间连以柱廊，成工字形。

[13] 元·宋禠《燕石集》卷八。

[14] 元·熊梦祥《析津志辑佚》：《古迹》(北京古籍出版社1983年9月版，第103页)。

[15] 清·于敏中等《日下旧闻考》卷九十，郊埛，此条转引《明一统志》。

[16] 同上。

[17] 《通制条格》卷二十七《杂令：侵占官街》：中统四年七月内，钦奉圣旨：在京权豪势要回回、汉儿、军、站、民、
　　 匠、僧、道诸色人等，起盖房舍，修筑垣墙，因而侵占官街，乞禁约事，准奏。今后再不得似前侵占，如违即便
　　 将侵街垣墙房屋拆毁，仍将犯人断罪。钦此。(浙江古籍出版社，1986年3月版，第282页)。

[18] 许有壬《朝明寺记》，转引自《中国通史》第七册，第171页，蔡美彪等著，人民出版社1983年7月版。

[19] 郑介夫奏议，《历代名臣奏议》卷六七，上海古籍出版社，本文转引自蔡美彪等著《中国通史》第七册、第
　　 172页。

[20] 山西省文物管理委员会、考古研究所：《山西芮城永乐宫旧址宋德方、潘德冲和"吕祖"墓发掘简报》，《考古》
　　 1960年第八期。

[21] 实例如辽代大同善化寺大殿当心间补间铺作已采用60°斜栱，金皇统三年(1143年)朔县崇福寺弥陀殿的柱头铺
　　 作采用斜栱。

[22] 纯阳殿南壁壁画题记：
　　 南壁东半部：禽昌朱好古门人……，至正十八年戊戌秋重阳日工毕谨志。
　　 南壁西半部：禽昌朱好古门人……，至正十八年戊戌秋上旬一日工毕谨志。

[23] 王畅安《纯阳殿、重阳殿的壁画》，《文物》1963年第8期第43页。

[24] 纯阳殿壁画绘吕洞宾出生、得道、神游显化的故事。重阳殿壁画绘王重阳诞生、得道、度化七真的故事。

[25] 赵天麟《太平金镜策》，转引自《续文献通考》卷一、《田赋考》。

[26] 元·陶宗仪《南村辍耕录》卷二十六，[浙西西苑] 第329页，中华书局1959年2月第1版，1980年3月第二次
　　 印刷。

[27] 《昆新两县合志》乾隆十六年刊本，转引自韩儒林主编《元朝史》。

[28] 《徽州石雕艺术》安徽美术出版社，1988年版。

[29] 元·陶宗仪《南村辍耕录》卷三十 [书画楼] 第379页，卷十九 [神人狮子] 第235页。

[30] 元代98年间自元仁宗延佑二年(1315年)首次开科，至顺帝至正二十六年 (1366年) 最后一次开科，共51年，
　　 其中尚有6年中断，共开科16次，取士1200人左右，不足元官员二十二分之一 (以《元典章》载总数计)。

[31] 余阙《梯云庄记》，《青阳先生文集》卷三，(《四部丛刊》续编本)。

[32] 陈基《元诗别裁集》卷五、五律三十三。

[33] 郭钰《元诗别裁集》卷六、七律六。

第三节　明代汉地住宅

中国自明代起始有住宅遗构传世，目前发现的实例虽仅限于江、浙、皖、赣、闽、粤及山西、山东、陕西、四川等地，但比明代前使用间接资料研讨要具体得多。以汉族文化继承者自居的明朝统治者把"驱逐胡虏、恢复中国"作为政治口号，重振礼制无论在理论与实践上均得到高度重视。明代汉地住宅的发展基本上是在制度的约束下展开的。另一方面，高度发达的封建文化，建

筑技术的提高，又使明代汉地住宅具有鲜明的时代特点与地方色彩。

一、明代汉地住宅的时代特征与地方性

明代初期上至王公品官，下至庶民百姓，住宅形态无不深受制度的严格束缚，这就造成了住宅单体建筑的形式单一和群体组合的严谨规整。

中国住宅从春秋《仪礼》所记载的一字形平面、悬山顶形式[1]，宋代出现工字形、十字形等复杂的平面并采用多层、重檐与丰富的组合屋面，标志着住宅的主体建筑从简单向造型丰富、复杂的方向发展，这一趋向在元代无严格制度的背景下得到进一步的发展[2]。到了明代早期，元代那些丰富的造型和复杂的平面不见了，取而代之的是清一式的悬山顶，单纯的一字形平面，正房不对称的形式也不见了，其变化仅是按等级的差别在尺度上（间、架）有所不同而已。这种现象几乎可以说已倒退到了春秋时期《仪礼》的状态。中国古代单体建筑不发达，其中无法排除这种倒退的影响。在建筑群的组合上，元代一度出现的无轴线的自由布局被否定，代之以严正的中轴线组合，辅助建筑采用拱围的手法作对称布置，小至一进三合院，大至多进深宅大院，均无例外。明代，古老的前堂后寝格局重新被推崇，成为品官第宅的经典模式，住宅各建筑空间与使用者的人间关系相对应，长幼、男女、主仆，各自的活动空间都按尊卑关系做出明确的限定，并组织互不干扰的交通路线以区别。例如因男女有别而把女眷住房设置在后寝的后楼；为了仆人不致穿堂越室，在南方地区广泛采用备弄的方式。墙门被用于内部分隔以明前后，居中为贵的思想不但使轴线布局重新成为群体布局的基本法则，而且发展到多条轴线为对称的刻板地步。这正是明代制度所包含的伦理观念的体现。绍兴吕府便是这种刻板、严正布局的典范。

到了明代中后期，随着制度松弛，风俗趋侈和技术进步，住宅特点也有了新的发展，突出表现为以下几点：

第一、雕饰日趋精美。明初尚处于经济恢复时期，崇尚俭朴的风俗使住宅装饰得不到充分发展，随着明中后期的风俗日侈，精美的雕饰便逐渐成了住宅的一大特色。当时雕饰的主要部位是门楼、照壁、梁架、鹅项等处，雕饰属于立体艺术，它有彩绘无法比拟的光影艺术效果，其中砖石雕饰又有耐久性好，适合于室外的优点。雕饰的题材远比彩绘丰富，单色的雕饰有一种淡雅的书卷气。再加上明代住宅雕饰仅在重点部位采用，它不但改善了单体简约、单一的形象，而且没有过于繁琐的匠气，因此，在艺术上是很成功的。

第二、内部空间宜人。明代住宅制度从间、架定制发展到架多不禁，从而导致大进深厅堂的大量出现，它虽然满足了礼仪等活动所需要的空间深度，但作为庶民百姓住宅，它不像宗教寺庙与皇家宫殿那样需要超人的室内尺度以显示其神圣与权势，而明代木结构中轩（卷）和草架技术使原先因制度不准使用藻井的缺陷得到弥补，室内空间不但因此而保持宜人的尺度而不受架多脊高的影响，同时它与木雕一起丰富了室内空间的艺术形象（图5-12）。

第三、出现横向自由布局。山墙高出屋面的形式使纵向多轴线的大型住宅出现横向自由布局。这种形式可能是继硬山顶之后出现的。硬山顶，从现存较早实例仅流行于江南发达地区分析，可能是人口稠密、建筑密度很高的江南城镇的创造，作为一种新型式，在明代以崇尚古制为贵的背景下，早期很可能仅流行于庶民住宅，但它那远比悬山顶强得多的耐火能力，应是南方品官第宅接受的重要原因，这从以尊礼著称的曲阜孔府一直恪守悬山顶形式（图5-13）不变以及南方绍兴吕府采用硬山顶中得到佐证。早期的硬山顶尚保留着大量模仿悬山的做法，因此理当比马头墙出现为早，马头墙的出现未见文献记载，弘治年间徽州何韻创造五家为伍的火墙是为了拒火[3]，万历

年间王士性所著《广志绎》中关于："南中造屋，两山墙需高起梁栋五尺余，如城垛，然其近墙处不盖瓦，惟以砖甃成路，亦如梯状，余问其故，云近海多盗，此夜登之以瞭望守御也"[4] 的记载表明，形式的产生首先是从实用的功利出发。因为悬山顶住宅在横向并联时，只能采用挟屋、抱厦的方式，无法解决进深、层高交叉的屋面处理，而当隔墙采用马头墙形式时，这些问题迎刃而解，明末建造的福建泰宁尚书第便是一个佳例（图 5-14）。加上它那形式在外墙使用时又有十分优美的韵律感，使它在明代南方中、小住宅中得到普遍采用。

第四、崇尚自然对严正有序的修正。明初由于太祖遗训的约束，亭榭之筑趋于低谷。随着明中期后的制度松弛，筑园日多，其主要类型已不再是宋代那种以游息宴集为主的游乐园，当时除了一些豪富广筑大型园林外，大量的是在尊卑有序的住宅中作局部的园林化处理，其布局有前宅后园和庭院空间园林化二种处理手法，后者主要在书斋庭院与后楼庭院。实例如宁波天一阁庭院、曲阜孔府后园等。作为儒学伦理观念的一种补偿，明代中后期的住宅同时又兼容道家尚自然的色彩，使明代的住宅成为反映中国古代文化的丰富载体，这不但是明代中后期住宅的特色，也是封建社会后期住宅的重要特色。

在地方特色方面，明代汉地住宅大致可分为南北二大区域。即以华北平原为代表的北方区域和以江南为代表的南方区域。

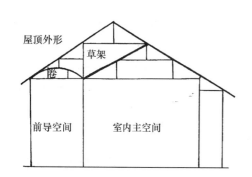
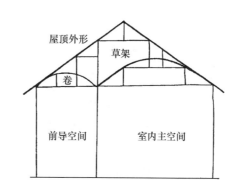

图 5-12 卷、草架技术对室内空间尺度的影响示意

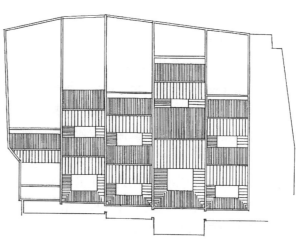

图 5-13 曲阜孔府内宅门悬山顶

图 5-14 福建泰宁尚书第屋顶平面

华北平原早在母系社会仰韶文化时期就形成了穴居与木骨泥墙建筑的住宅，其中的穴居发展为窑洞得以长期流传，木骨泥墙的建筑则演进而成版筑墙与木构架建筑。先秦时出现了以《仪礼》所示士大夫住宅为典范的住宅形式，自秦至北宋，大部分汉族政权建都北方，这使北方住宅深受正统思想的影响，住宅对称的轴线艺术得到很大的发展。辽金元少数民族的统治，使这一地区住宅出现自由布局的倾向，永乐定都北京，华北平原再次受到政治文化中心的强烈影响，官式住宅严格遵制，中原文化中的一些古风旧习重新得到推崇，如"山左士大夫恭俭而少谒，茅茨土陛晏如也，即公卿家，或门或堂，必有草房数楹，斯其为邹鲁之风"[5]。民间住宅则较多吸收金元时期的一些地方手法，并在北派风水的影响下，形成北方的特色。总的说来，华北明代住宅形式上以单纯浑厚见长，除官式与民间住宅有较大区别外，各地住宅风格不如南方丰富。

中国南方地区早在母系社会就产生了富有地方特色的干阑式、穿斗式住宅。吴越之地，历史悠久，文化发达，经济繁荣，随着历史上地方政权的多次割据与中央政权的多次南迁，这里逐渐成为全国经济、文化、技术的先进地区。在明代，这一带的住宅率先采用砖墙、硬山顶、封火山墙等新技术新形式，同时创造出布局紧凑，白墙黛瓦，装修精美，清丽细腻的地方特色。丘陵山区原是中原人士历代屡次南迁避难偏安之地，一些与江南经济、文化中心毗邻的山区如徽州等地由于明代商业发达促进了山区经济的腾飞，也跃入先进的行列。这些山区由于人稠地窄，聚族而居，出现了分散的小型天井式住宅与独立的公共建筑相组合的居住建筑群体。另一些僻远之地由于受到不同时期中原人士南迁所带来的技术影响，经过融合与发展，逐渐形成新的形态模式，由于这些地区交通不便，长期处于较封闭的环境之中，于是在明代的住宅中依然保留着某些北方建筑技术的早期特征，如福建带廊院的住宅，闽粤土楼等。也有一些地区长期恪守南方传统手法，至明代依然不变，如浙东的穿斗式板屋。气候炎热的亚热带地区，住宅对通风、纳凉等方面积累了长期的经验，成为重要的地方特色。此外，河网地区渔民的舟居[6]，由于无实例保留，故已无法知其详情。

在这两大区域中，或因环境相似，或因长期以来频繁的文化、技术交流，又形成许多各具特色的小地区，南方如太湖周围的苏南、浙北地区，皖南、浙西、赣北地区，闽南粤北地区等都是这种住宅建筑的文化圈。这些地区性文化圈中的住宅都有很多风格相似之处。而文化圈的中心城市又往往对全区住宅风格的演变有着强烈的导向作用，如在太湖流域，明人王士性曾说："苏人以为雅者，则四方随而雅之，俗者则随而俗之"[7]，从太湖周围各地明代住宅中，确实也看到了这种建筑文化的趋同现象。

明代住宅地方特色的成因是复杂的，其间有地理、气候、材料诸因素，也有经济发展水平和各种社会、文化内涵的影响，但从历史发展阶段的具体情况来看，以下几个方面有较明显的作用：

首先是明代各地人口密度极不平衡，南高北低的趋向有增无减，无论城市、乡村，南北各地住宅的建筑密度有显著差异。因而不仅使住宅的间距、庭院的尺度、单体的形态和群体的组合都呈现不同的形态，而且使城市和乡镇的面貌也各具一望而知的特色。例如：北方四合院基本是单层，庭院宽敞，厢房与正房不相连，建筑密度低。江南水乡住宅厢房都与正房相连，庭院较为浅狭，多用楼房。徽州山区住宅则更为极端化，庭院已演变为小天井，大多作二层楼，楼层还要采用出挑以增加面积。把这些住宅的剖面放在一起进行比较，建筑密度的差异是明显的，而这种差异正是和这些地区的人口密度密切相关的。

其次是堪舆流派的地域性。明代因皇帝的虔信而使风水大盛，而风水流派众多，各派又有区域性的影响范围，这就促使明代各地住宅在不同的风水流派的影响下产生某些不同的地方特色。

例如北方常见的一种坎宅巽门形式的四合院住宅，就是受当地风水之说的影响，把主房设在北面（坎位）朝南，门设在东南（巽位），认为这是一种吉相的宅形[8]。南方风水则有江西派与福建派之分。福建泰宁明代住宅受风水影响，多取坐西朝东；福建邵武明宅虽取坐北朝南方位，但分金都有偏折。风水内容庞杂，各地不同环境都能从风水术中找到对应的趋吉避凶的处理方式，这就使地方特色既呈现出大的流派区别又有细微的地方差别。

再次是审美情趣的差异。以雕刻为例，明代自中期起，住宅雕饰日趋精美，各地住宅雕饰又具有很强的地方特色。造成这一差别的原因有地方材料与技术的因素，如平原多用砖雕而山区石雕较多。但对雕饰的艺术效果的追求，则更多地受不同审美情趣的影响。如越地绍兴，盛产石材，住宅厅内地坪多用石板铺设，石材的应用不谓不广，但其雕饰远比吴地与徽州简约，这与浙东"俗敦朴，尚古谆风"[9]而"昔吴地俗习奢华"[10]有关。现存建于明中后期的绍兴吕府雕饰之简朴，确非它处可比。吴地与徽州明代住宅虽皆重雕饰，但现存苏州、洞庭东山、西山等地明宅，雕饰门楼以内侧为重点，使砖雕与楼厅成对景，故属于内向型，主要供宅主欣赏。徽州明代住宅门楼雕饰外侧最为精美，楼上三面栏杆的木雕也无法在厅中欣赏，重在向外客炫耀富有。徽州长期以来较为贫困落后，明代经济腾飞后，产生了类似暴发户所特有的表现欲。

此外，防卫要求对形成某些独特的地方性住宅面貌也起着重要的作用，例如为了防卫倭寇和宗族械斗而形成的各种堡、寨式住宅，成为东南沿海居民和福建山区客家别具一格的住宅形式。

二、明代汉地住宅的类型

明代地方经济的繁荣，使各地的住宅都有很大进步，由于调查资料的局限，仅就以下几种住宅类型进行实例分析介绍。

（一）窑洞住宅

窑洞可追溯到仰韶文化时期[11]，以后木构兴起，但窑洞有冬暖、夏凉、建造简便和耗材很少等优点，故至今仍被广泛采用。黄土高原区气候干燥，至今尚有三、四百年的古老窑洞[12]。但具体资料未见公开发表，因此明代窑洞实例有待进一步调查。

明代窑洞在明代笔记中时有记载，其中《广志绎》一书对洛阳窑洞作了概括的介绍[13]。

第一种："傍穴土而居"。

第二种："山麓穴山而楼，致挖土为重楼"。此即傍山而筑的多层窑洞。

第三种："遇败冢，穴其隧道门洞而居"。

晋中家庭即使居住木构的往往也多筑有土窑，平时用以藏粟，盗至可入而避之，同时为了防止被盗熏烟，"第家家穿地道，又穿之每每长里余，尝与他家穿处相遇"。[14]

此外据调查，尚有一种砖砌窑洞式住宅，20世纪50年代末幸存的实例有山西平遥城内南巷梁宅。此宅平面为三合院布局，正房三大间为砖砌窑洞式建筑，无前廊，平顶用砖斗栱及平板枋、额枋[15]。

（二）北方品官府第

北方明代品官府第保存数量不多，典型实例有山东曲阜孔府、山西晋城下元巷李宅等。

孔府大门在中轴线上，主体建筑采用纵向轴线布置重门、重堂，均按制度所规定的等级建造，联系清代北京官府大门仍在中轴线上以及与郑州博物馆所藏明代陶楼、山东招远明墓出土石房屋模型相印证，从而推定这种布局应是明代北方官式第宅的习用模式。

孔府为孔子后裔的府第。孔子的子孙以遵礼著称，明朝又十分重视礼制，故孔府既是北方官宅的典范，又具有明早期崇古守制的特色。由于现存孔府经后代多次改建，故首先要考定明代孔府的面貌。

据文献记载，孔府在明代有三次重大修建：

第一次是洪武十年（1377年）奉敕创建衍圣公府，其位置在正德年间家庙东，外门与庙外东便门相邻[16]，计有："正厅五间，后厅五间，东西司房各十数间，外仪门三间"，内宅情况不详，明代品官第宅制度颁于洪武二十六年，创建的孔府当是参照唐宋制度而定。

第二次是景泰八年（1459年）至成化五年（1469年）的增建，详情已无考。此说系从孔子嫡裔宗子世系所载[17]第61代衍圣公孔弘绪，在位多所兴建，成化五年以后宫室逾制被劾夺爵推定。

第三次是弘治十六年的重建。重建原因未见记载，可能是弘治十二年起于家庙的大火烧及官衙所致[18]。这次重建，正德本《阙里志》载："稍移于东，在今衍圣公宅居前。"可见原来府、宅不在同一轴线上。

这三次重大修建之间也有零星增建，如明洪熙年间，孔彦缙"作堂于其家，而匾曰'崇恩'。至明末，孔府规模按崇祯本《阙里志》载："其制，头门三间，二门三间，二门内有仪门；仪门之北正厅五间，东西司房各十间；后厅五间，穿堂与正厅相连；退厅五间，东南廊房各五间，左为东书房、右为西书房，退厅东南为家庙，祀高曾祖弥五代衍圣公；退厅之后为内宅，楼阁房室不能具载。"（图5-15）

经考证，孔府现状之中路大门、仪门（重光门）、大堂、穿堂、二堂、三堂、东西两厢及内宅门和东路的家庙报本堂、迎恩门都属明构，其中重光门可定为弘治原物，是已知惟一的明代中叶所遗垂花门实物（图5-16～5-36）。据此与崇祯本《阙里志》记载比较，可知中路基本未变，东路家庙虽是明构，但位置已改在退厅东北，应是以后移建所致。

从传统的居中为贵的思想分析，明代西路也应有所营建，只是文献连内宅的营建都不具载，西路建筑的记载被省略也在情理之中。

孔府群体主要特色之一是守旧崇古，严格遵制。曲阜为孔子故里，孔子死后，鲁哀公立宅为庙，孔子后裔依庙立宅，元末不但规模狭小，而且由于孔庙的扩大使庙东垣逼近孔府[19]。明代由于朱氏皇帝的重视，遂有多次修建，自弘治重建起，府、宅移置于同一轴线上，从而形成前堂后寝的格局。洪武三十五年起把一、二品厅堂从五间提高到七间，衍圣公据明史记载："正二品袍带，诰命朝班一品，洪武元年授孔子五十六代孙子希学袭封"[20]，但现存明构正厅五间恪守洪武十年创建时的旧制未变。后厅、退厅按照"除正厅外，其余房客从宜盖造，比正屋制度务必减少，不许过度"的原则，采用减少架数予以满足。以现存明构分析，都严格遵制，堪称明代之楷模，也许也吸取了61代衍圣公夺爵的教训。

孔府中不少建筑屡毁于火，但屋顶形式恪守古制悬山顶不变，始终未采用明代已普及的防火性能强得多的硬山顶形式。

尊卑有序是孔府建筑群体的又一特色。礼是儒学的主要内容，由礼的思想而衍生出来的尊卑、等级次序观念，在孔府建筑上反映为前府后宅的各自分区，并强调前府；三条轴线只强调中路轴线；中轴线上突出三门三厅之制，它们既是礼仪活动的场所，又是衍圣公官秩与权力的象征。在群体中，无论是在建筑以及庭院的体量尺度与形式上都作了主次、大小的区别，以强化尊卑关系。

明代孔府内宅形制缺乏记载，这里作如下推测：据制度规定"除正厅外，其余房舍从宜盖造，比正屋制度务必减少，不许过度"的原则，内宅当应不过五间为宜，现存内宅之前上房、前楼堂、后楼堂均为七间，造成这种扩大过厅、正厅间数的原因有两种可能：一是景泰八年至弘治五年间

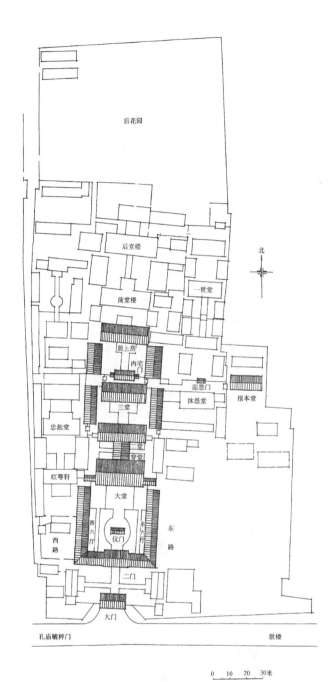

图 5-16 孔府大门

图 5-17 孔府大门内景

图 5-15 曲阜孔府明代建筑遗存分布图

图 5-18 孔府门前石狮

的逾制营建；二是清代重建时的扩大规模。目前前堂楼以后已是清光绪十二年火灾后重建之物，已难于反映明代的原貌。

山西晋城下元巷张宅建于明万历十年（1582年）[21]。该宅正厅五间，应属十品官第宅（图5-37、5-38）。宅的大门已是清代重建，原貌不详。正厅单层带前廊，檐柱高达4.7米，内部空间十分高大，两厢为楼，进深较浅，庭院宽敞。后进为二层的三合院全带前廊，但很方正，三合院后面有平房十余间，其规模格局属明代无疑，该宅正厅前廊额枋等处不但有彩绘，还有华丽的明代雕刻。晋城产煤，便于烧砖，明代住宅多用砖砌，上述下元巷张宅便是用砖规格较高的一幢。

图 5-19　孔府脊兽

图 5-20　孔府门前上马石

图 5-21　孔府仪门

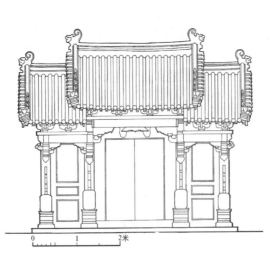

图 5-22　孔府仪门立面

图 5-23　仪门抱鼓石

图 5-24　仪门匾额

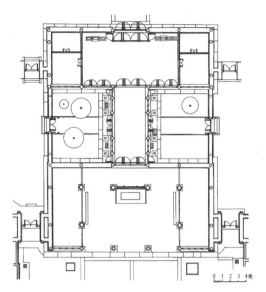

图 5-25　孔府大堂及二堂平面

图 5-26　孔府大堂

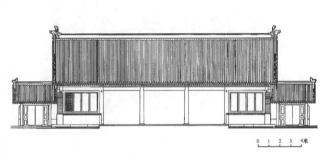

图 5-27　孔府大堂立面

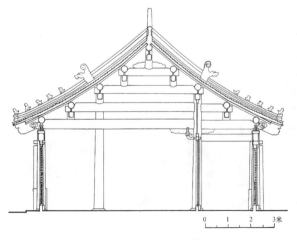

图 5-28　孔府大堂明间剖面

图 5-29　孔府大堂内景

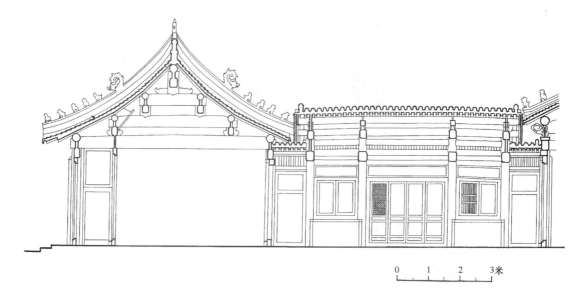

0   1   2   3米

图 5-30   孔府二堂及穿堂剖面

图 5-31   孔府大堂后穿堂内梁架及松文彩画

图 5-32   孔府大堂、二堂东侧外景

图 5-33   孔府二堂后庭院

图 5-34   孔府内宅前上房

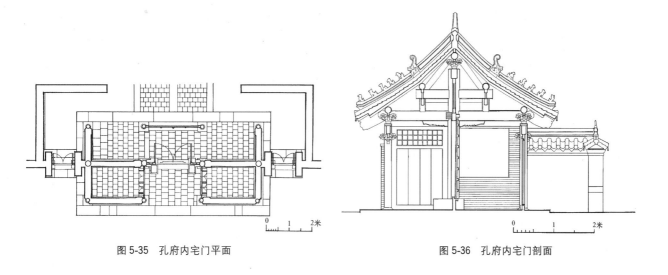

图 5-35　孔府内宅门平面

图 5-36　孔府内宅门剖面

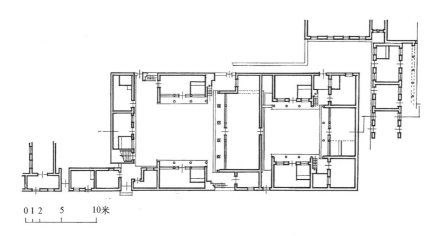

图 5-37　山西晋城下元巷张宅底层平面

图 5-38　山西晋城下元巷张宅剖面

（三）北方坎宅巽门式住宅

华北民间四合院正房均不过三间，可见制度影响之深，由于受风水影响，现存实例，大门均开在东南方，属坎宅巽门形式。小型四合院由大门、倒座、庭院、正房、两厢组成，实例如山西襄汾丁村（图5-39）万历二十一年（1593年）所建之宅（图5-40～5-45）。稍大的则有前院与后院之分，并有门（可能是垂花门），丁村万历四十年（1612年）所建住宅便是属于这种形式（图5-46～5-50）。华北四合院厢房都采用明三暗二的做法，即是将三间中间用墙隔成两个一间半的房间，室内布置顺山炕后尚有足够空间可供活动。厢房与正房是不相连的，中间的间隙作采光与通风之用。重建于嘉靖三十九年（1560年）的襄汾连村柴宅的正房带有阁楼，这种处理手法不但改善了室内过高的尺度，而且增加了贮藏空间，应是一种很实用的方法（图5-51、5-52）。

丁村民居保存至今有三十一处，从明万历二十一年到"民国"元年，较完整和典型有以下两处：

3号宅：明万历二十一年。门楼、正厅、东西厢房、倒座共13间。

2号宅：明万历四十年。门楼、正厅、东西厢房共12间。

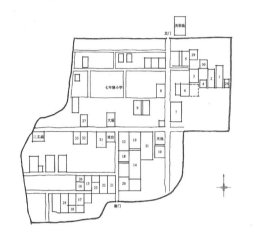

图5-39 山西襄汾丁村民居分布示意图

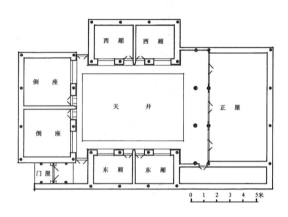

图5-40 山西襄汾丁村万历二十一年建3号宅平面

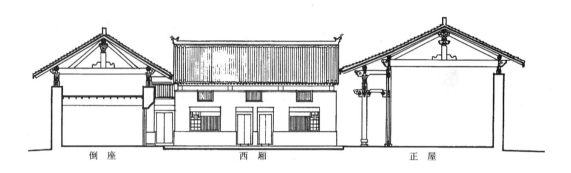

图5-41 山西襄汾丁村万历二十一年建3号宅剖面

图5-42 山西襄汾丁村万历二十一年建3号宅进门影壁（图5-42～5-45由孙大章先生提供）

图5-43 山西襄汾丁村万历二十一年建3号宅正房

图 5-44　山西襄汾丁村万历二十一年建 3 号宅正房梁架彩画

图 5-45　山西襄汾丁村万历二十一年建 3 号宅正房隔扇门

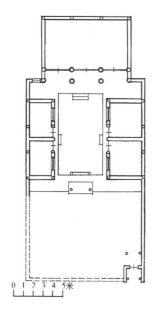

图 5-46　丁村丁宅万历四十年建 2 号宅平面

图 5-47　丁村万历四十年建 2 号宅正房
（图 5-47～5-50 由孙大章先生提供）

图 5-48　丁村万历四十年建 2 号宅厢房

图5-49　丁村万历四十年建 2 号宅正房廊下

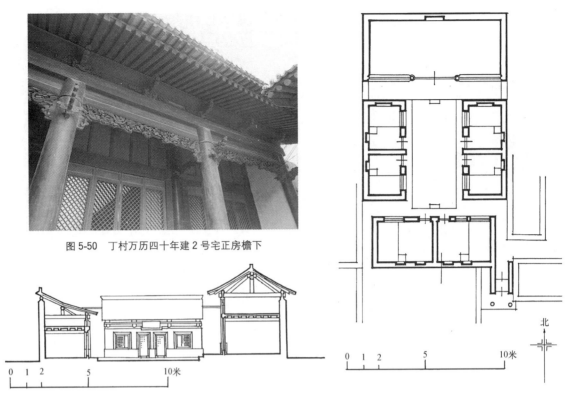

图 5-50　丁村万历四十年建 2 号宅正房檐下

图 5-52　山西襄汾连村柴宅剖面

图 5-51　山西襄汾连村柴宅平面

北

0 1 2　　5　　　　10米

0 1 2　　5　　　　10米

　　襄汾伯虞乡李宅（图 5-53、5-54）建于明万历三十七年（1609 年），是属于平面布局灵活，庭院大小适中，房屋高度适人的一幢明代四合院。其宅坐北朝南，大门在东南角，进大门有砖雕照壁为对景，雕刻精致，艺术性很高。进大门后北端西转即是外院，中有垂花门一座，即内宅门。内院正房为三间厅房，两厢与正房全带前廊；正厅左山墙外有一跨院，院内有廊有室，又有正房三间，正厅右侧山墙外建有方形砖楼，高出正厅之上，可供瞭望之用。

　　（四）江南官式住宅

　　江南官式住宅形态大致存在三种倾向：一是正统官式模式，严守制度，与北方官式第宅相似；二是逾制之构，实例如慈城湖广布政使冯叔吉故居，采用东、中、西三厅横向相连，实际总面宽为九间，常熟严纳宅厅，采用歇山顶等；三是采用地方民宅形态，与当地民宅的差别主要仅反映在面宽的间数上，这种官宅将并入地方民宅分析。南方正统官式第宅实例主要集中在江浙等地，著名的有慈城的姚镆故居[22]、冯岳故居[23]、乐清南阁村的章纶尚书第[24]、诸暨的杨肇故居[25]等，这些采用一条纵轴的官式住宅，其布局在中轴上依次为外照壁、台门、正厅、后楼。有的在街巷侧立有牌坊[26]。这些住宅梁架属直梁型抬梁式体系，屋顶为硬山形式，装饰重彩绘，轻雕饰，现存冯岳故居台门彩绘可见一斑。由于这些第宅大多仅存部分主体建筑，故已很难复原其全貌。

　　常熟"彩衣堂"、苏州天官坊陆宅算是江南明宅中仍保留着多条纵轴的范例。"彩衣堂"原为明代桑侃宅，明末归邵武和府严澂，清道光年间为翁心存之母休养之所。该宅坐北朝南，街坊上立有世俊、时英二坊（已毁）。整座第宅由三条纵轴组成，主轴上依次为轿厅、茶厅、正厅堂楼、下房；东轴线上有门屋、东厅、东楼（图 5-55）。苏州天官坊陆宅原为明代王鏊宅，占地极广，南起柱国坊，北至天官坊，另有怡老园。入清后，宅归陆义庵。宅有五条纵轴，其主轴尚存旧观，依次为门屋、轿厅、大厅。厅前门楼下设置戏台，厅侧设书房。大厅后为女厅（楼厅），缀以厢楼，最后为楼屋、披屋。江南夏季炎热，故庭院为横长形。各路之间的避弄是纵向与横向联系的通道，兼供巡逻与防火之用，这种住宅的格局后来被清代江南城邑大宅所沿用，如浙江杭州吴宅。

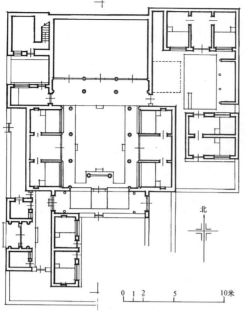

图 5-53　山西襄汾伯虞乡李宅平面

图 5-54　山西襄汾伯虞乡李宅轴线剖面

图 5-55　常熟"彩衣堂"总平面

明代望族多聚族而居，宅址位于村野与邑郊尤利于发展，幸存者以浙江东阳卢宅规模最为宏大（图5-56、5-57）。宅平面由多根纵轴组成，主轴线"肃雍堂"轴（图5-58），与之并行的东有业德堂，南有"柱史第"、"五云堂"、"冰云堂"等轴线。这些建筑均采用前堂后宅之制，其中"肃雍堂"

图 5-56　浙江东阳卢宅平面图

图 5-57　卢宅门厅

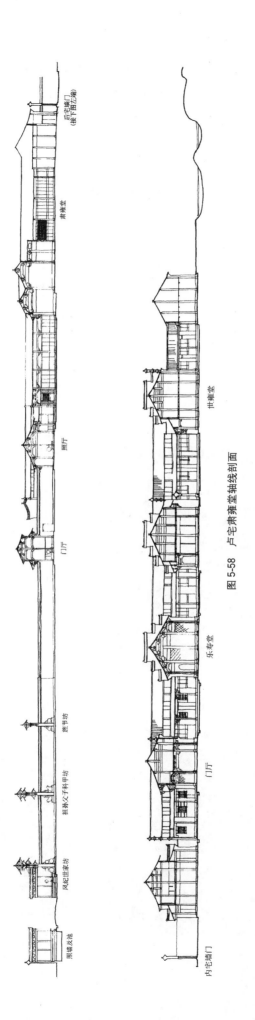

图5-58 卢宅肃雍堂轴线剖面

（图 5-59～5-61）正厅三间带左右挟屋，进深十檩，由于进深过大，故采用勾连搭处理，正堂与后楼用廊相连成工字形平面，此种做法在明代住宅中已较罕见。据荷亭文集《肃雍堂记》所载：肃雍堂始建于明景泰丙子年（1456 年），至天顺壬午年（1462 年）告成，在明宅中属有文献可证纪年的名宅。

绍兴吕府系明嘉靖三十三年（1554 年）太子太保兼文渊阁大学士吕本的行府（图 5-62～5-64）。它不但是明代官式住宅中规格最高的府第，而且群体保存相当完好，对它的分析可知江南正统官式住宅之一般。

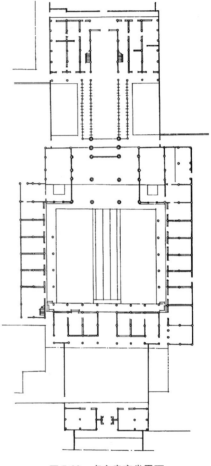

图 5-59　卢宅肃雍堂外景

图 5-60　卢宅肃雍堂平面

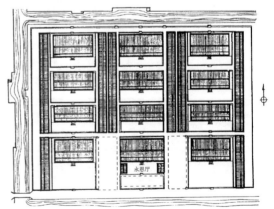

图 5-61　卢宅肃雍堂梁架

图 5-62　绍兴吕府平面

该建筑坐落于绍兴城西北，东起原万安桥，西至谢公桥，南从新河弄起，北至大有仓，东西长约 167 米，南北宽 119 米，府第坐北朝南，三面临河，隔岸又有照壁，气魄宏伟，以河道为府第边界，可追溯到北宋平江府图中的住宅，文献记载："明代钱相国机山先生第，南面临流"[27]，可见当时广为采用，绍兴为水乡泽国，其形式正反映了江南水乡特色。

吕府群体平面由三区横向并列的住宅组成，各区住宅体形成纵长形，方正、规则，每区以中纵线为对称轴，左右两区又以中区轴线为对称布置，手法刻板严肃。从文献上可知，江南明代一品府第多用三区并建的布局[28]，这既可分主次，又可体现居中为贵的思想。因此吕府的布局实是当时上层官邸推崇的一种形式。

吕府平面纵向又可分成前后两个部分，以正厅之后的石板路为界（当地称为马弄），各自以高墙围筑，形成前后二个封闭的院落组合。前部中区为轿厅、正厅（图 5-65），左右二区为牌楼（已毁）。前厅是当时重大礼仪活动的场所，后部有主房与下房之分，应是主人与仆人日常居住的宅区，这种关系实与孔府的前府后宅之制相同，应是当时一种普遍采用的布局形式。

吕本官拜一品，纵向轴线上的厅、楼均为七开间，符合洪武三十五年的制度。各厅又采用架数的多寡以示建筑的主次尊卑，如：轿厅五架，正厅十一架，中堂八架；中区与边区的区别则是以面宽的不同尺度来反映，如中区通面宽 36.12 米，边区通面宽 33.80 米。吕府后宅的主宅坐北朝南，两侧的下房拱向主房。

吕府的木构梁架为直梁系统，抬梁与穿斗相结合，间用船篷轩（图 5-66、5-67）。梁架除按制

图 5-63　绍兴吕府大门

图 5-64　绍兴吕府砖砌门楼

图 5-65　绍兴吕府大厅

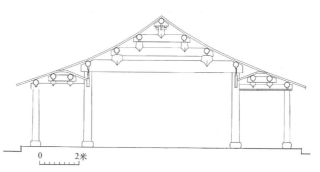

图 5-66　绍兴吕府永恩堂（直梁）剖面

度规定施以彩绘外，不作任何雕饰。各区院落均采用高墙围筑，厅、楼、门楼为硬山顶，厢房为卷棚，除门楼及两侧照墙采用须弥座外，基本上没有砖石雕饰。吕府虽建于明中期，但它的这些做法仍反映出明初崇尚古朴的风尚对它的影响，当地所传口碑："吕府十三厅不及伯府一个厅"，表明吕府在雕饰方面不及王阳明的府第。

吕府的交通组织也颇有特色，它既体现了尊卑有序的等级观念，又具有水乡第宅的风貌。外部水路交通沿河马面踏道可供来往舟楫停靠，陆路东面有石板大路可通绍兴古城中心。内部纵向三条穿厅过堂的路线主要是供宅主使用，各区宅间则从马弄再进宅门。下人纵向则在下房廊道和相邻下房间的弄内行走。横向还利用各区厅楼进深整齐划一、厅廊相同的条件在廊侧墙面开门，再把中间的下房作门屋处理，从而构成三条东西贯通的通道，这些通道层层设门，既有利于相互独立使用，又便于联系。

（五）江南平原住宅

江南水乡泽国，河网密布，住宅进深多受河网间距的限制，住宅往往前后临河，水路是其交通的重要方式。明代周庄张厅（图 5-68）不但前后临河，而且把暖阁建于水上，使船从家中过，乃幸存之佳例。

图 5-67　绍兴吕府厅堂梁架

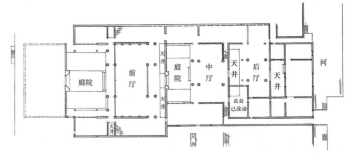

图 5-68　江苏周庄张厅平面示意

江南太湖流域，明代文化发达，又率先采用新的技术与建筑形式，这个地区以现存明代实例的平面分析，存在着三种模式：

对称式平面。实例如东山秋官第尊让堂（图 5-69～5-72）、敦余堂（图 5-73、5-74）、凝德堂（图 5-75～5-78）、麟庆堂（图 5-79～5-83）等。这类住宅轴线居中，对称布局。规模较大者在轴线上有：门屋、轿厅、仪门、大厅、楼厅等建筑，有的还有库房。在水网地区除轿厅外另设船厅。从采用仪门分割空间层次以及置轿厅、船厅等设置，反映出这一地区空间功能的分工明确与细腻。

小型住宅，实例有王久娥、徐斌良、赵东林宅等（图 5-84、5-85）。这类住宅平面大多不规则，属于庶民住宅，主要是因住宅基地不规则造成的。如赵东林宅（图 5-86～5-89）与翁载吾宅（图 5-90～5-94）为不规则多边形平面，晚三堂宅（图 5-95～5-98）横宽大于纵深，左右不作对称处理，为他处少见。

重堂附夹道式住宅。实例如遂高堂、恒庆堂、明善堂（图 5-99～5-102）等，这类住宅在正房的一侧附有夹道，使纵向交通从单一的穿堂入室转变为又有夹道以通的双重方式，这种形式应是苏州明代重门重堂附避弄形式的一种[29]，从满足尊卑以分的功能分析应是明代重视礼制而创造的新形式。

这一地区的梁架与雕饰也富有地方特色。梁架采用月梁形式，以扁作为贵，圆作次之。月梁起拱大，断面形似矩形，常采用缴背做法；圆作造型简洁、流畅，形式多样（图 5-103），梁架细部

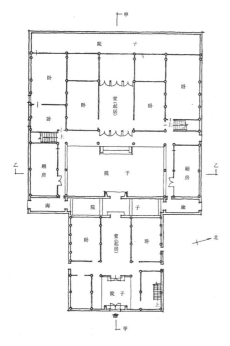

图 5-69　江苏吴县东山秋官第尊让堂一层平面图

图 5-72　东山尊让堂前楼正贴

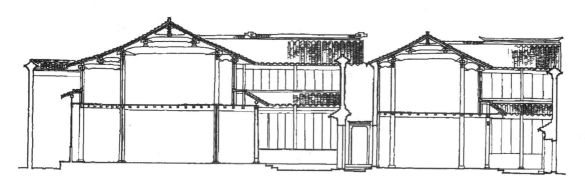

图 5-70　东山尊让堂甲—甲剖面

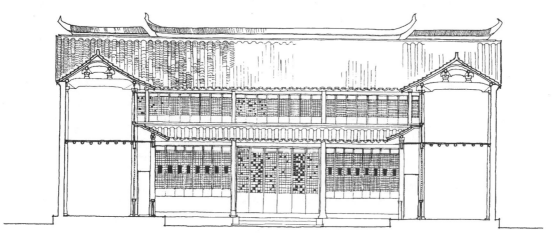

图 5-71　东山尊让堂乙—乙剖面

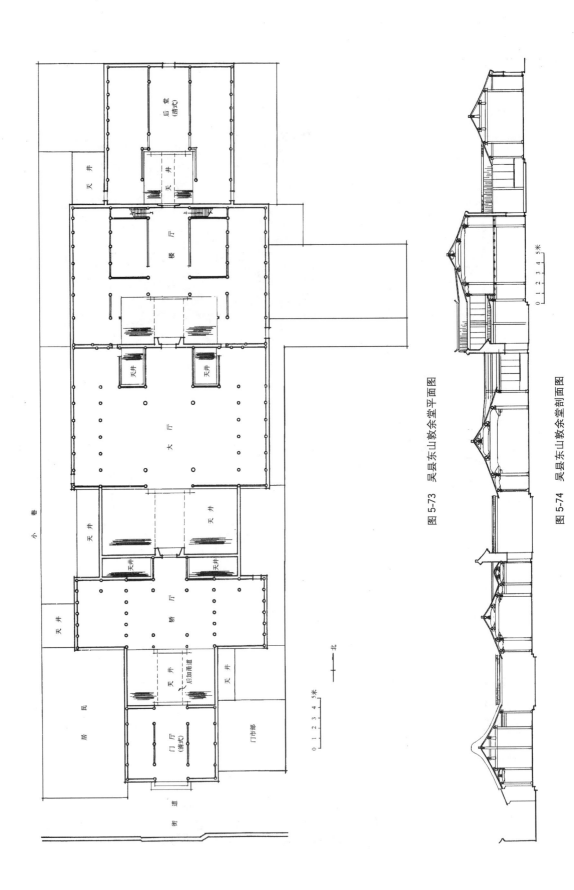

图5-73 吴县东山敦余堂平面图

图5-74 吴县东山敦余堂剖面图

图 5-75 吴县东山凝德堂仪门北面

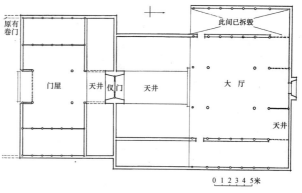

图 5-76 凝德堂平面图

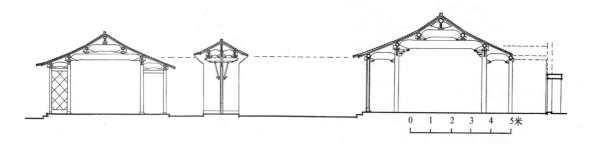

图 5-77 凝德堂剖面图

图 5-78 凝德堂客厅正贴

图 5-79 麟庆堂外观

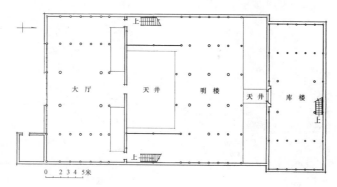

图 5-80 吴县东山麟庆堂平面图

273

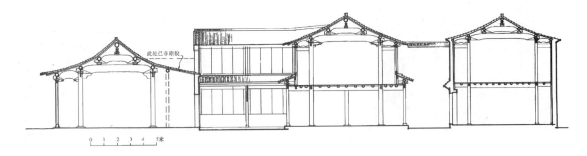

此处已非原貌

0 1 2 3 4 5米

图 5-81　吴县东山麟庆堂剖面图

图 5-82　麟庆堂前厅正贴

图 5-83　麟庆堂楼层厢房中贴

图 5-84　吴县东山王久娥宅外景

图 5-85　吴县东山徐斌良宅外景

图 5-86　吴县东山赵东林宅外景

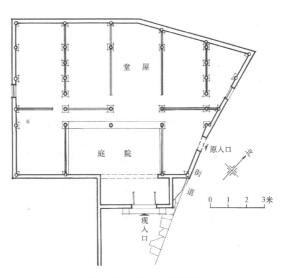

图 5-87　赵东林宅平面图

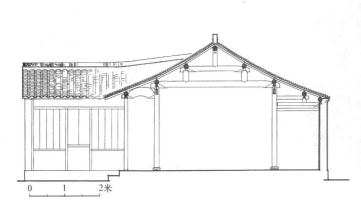

图 5-88　赵东林宅剖面

图 5-89　赵东林宅梁架

图 5-90　吴县东山翁载吾宅大门外景

图 5-92　翁载吾宅前进厢房中贴

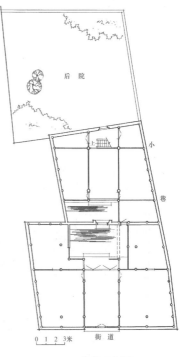

图 5-91　翁载吾宅平面

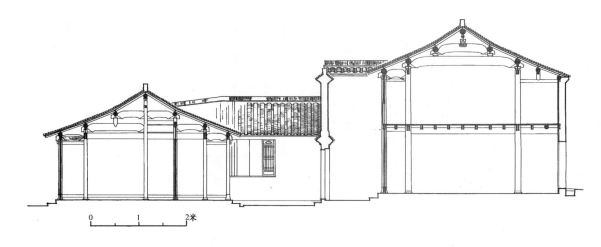

图 5-93　翁载吾宅剖面

图 5-94　翁载吾宅门房次贴

图 5-95　吴县东山晚三堂外景

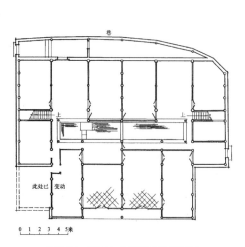

图 5-96　吴县东山晚三堂底层平面

图 5-97　晚三堂天井

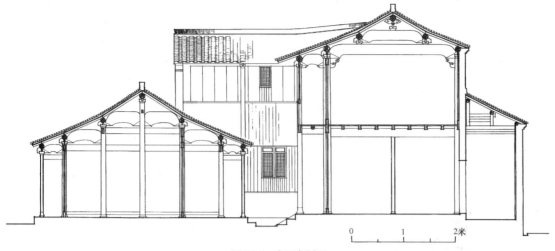

图 5-98 晚三堂剖面

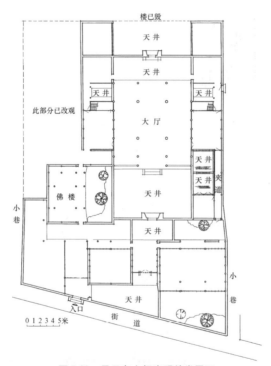

图 5-99 吴县东山杨湾明善堂平面

图 5-100 明善堂砖雕门楼

图 5-101 明善堂大厅正贴

处理细腻。斗栱形式有单斗只替、单斗素枋、丁头栱、斗三升与斗六升数种。雕饰以木雕、砖雕为主，木雕主要施于替木、山雾云等处，砖雕多用于门楼、墙门、照壁与垛头等处。门楼与墙门内外不对称，雕饰重点在内侧常为厅的对景（图 5-104）。照壁为大面积"砖细"砌成，下作须弥座，上有砖仿木柱、枋、斗栱。此外，在住宅中还出现大量用料考究的楠木厅，实例如常州前北岸 64 号宅，吴县吴山镇念勤堂等。仕宦贤达住宅之前还往往有里门、牌坊之设（图 5-105）。

（六）浙东正房带挟屋对称式住宅

这种形式在浙江明州（宁波）、慈城一带尚有不少实例遗存，如宁波的范宅（图 5-106）、大方岳第、慈城刘宅、钱宅（甲第世家）（图 5-107）等。这类住宅正房按轴线布置，大型住宅一般有门楼、前厅、中厅、后楼与左右厢楼组成，其中前厅、中厅、后楼两侧与厢楼间各有一弄，由于前后各进面阔相同，故夹弄也正直相对，当地称这种夹弄为"挟屋"，其作用与苏松地区夹道（避弄）相近，只是在开井部位便成了厢楼的廊。其中宁波建于明嘉靖年间贵州布政使张渊之宅（大方岳第）虽然是面宽五间，但也采用带对称挟屋的形式，可见这种形式已被当地的一些官式第宅所接受。这些住宅的入口都在东南方，应是受到北派风水影响的结果。若把闽粤住宅的护厝改为楼，并向主屋靠拢，便与这种带挟屋的对称式住宅十分相似。因此这种形式既可能受苏松重堂、复道住宅的影响，也可能与带护厝的住宅形式有联系。

明代因制度的限制，六品以下厅堂限于三间，这种附夹弄并横连厢楼的做法，能达到扩大规模又不明显逾制的变通办法。范宅三进无前后分区的墙门（仪门）表明，这类住宅所体现的伦理观念尚不及江南水乡住宅发达。

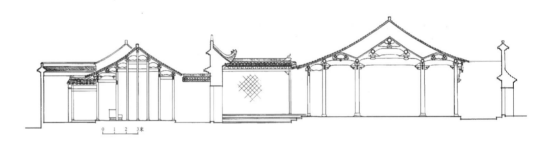

图 5-102　明善堂轴线剖面

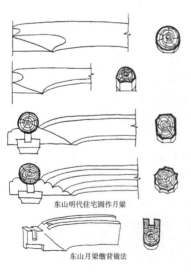

图 5-103　东山大木作做法

图 5-104　东山明宅与楼厅成对景的照壁

图 5-105　吴县西山东村栖贤里门

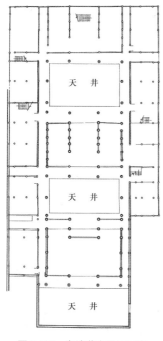

图 5-106 宁波范宅平面示意

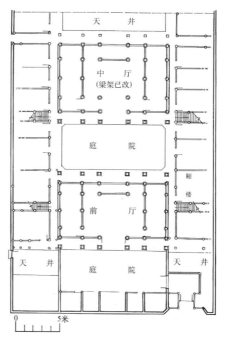

图 5-107 慈城甲第世家钱宅底层平面

（七）江南山区天井式楼宅

江南皖南、浙东、赣北等地山区，明代起以从贾或以陶利促使经济迅速繁荣，其中以徽州最为突出，当时有"富室之称雄者，江南则推新安"[30]之说。这些山区多为聚族而居的宗族村落，因人稠地窄与经济富裕的特殊背景，遂产生了具有很强地方特色的天井式楼宅。

这种住宅因血缘聚居的关系，群体（血缘村落）周边呈动态的模糊边界，不存在如城邑中群体的外部围墙。群体内部以居室为主的小家庭单元与独立的公共建筑组合而成。公共建筑有大厅、书院、祠堂、楼阁等，其中祠堂、大厅规模宏大逾制，实例如歙县呈坎的宝纶阁、休宁溪头的三槐堂（参见图 3-123、3-124）。

小家庭单元平面多为冂形、口字形、H 形平面（图 5-108～5-112）也有一些规模较大的日字形平面（图 5-113），但未见独立的深宅大院。小型住宅面宽多为三间，亦有因地基关系而出现四间者，实例如歙县棠樾毕德修宅（图 5-114～5-116）。

这些住宅的大门多在中轴线上，早期大门采用木过梁上钉砖，后来多采用石梁。住宅四周用高墙围筑，也有因交通关系，门开在侧面也不采用坐北朝南的朝向。或因地形关系，呈不规则平面，但住宅的主屋仍作规则处理。这种天井式楼宅最典型的特征是用地经济，平面紧凑。主要表现为：

天井狭小。天井呈横长形，正房三间者，天井深宽比约为 1 比 3，正房五间者，深宽比约 1 比 5，深度一般 2～3 米。传统的三间二厢形式，在这里被凝聚在一起，还出现二厢过浅而改作二廊来改善天井过狭采光不足的做法，实例如休宁吴省初宅。

住宅全部为楼层。不但主房是楼，厢房也是楼，在一些用地特别紧张的村落，还出现局部三层与全是三层的住宅，实例如黟县西武孙宅、屯溪程梦周宅（图 5-117～5-121）、景德镇桃墅汪明宠宅（图 5-122～5-130）、歙县呈坎罗时金、王干臣宅等（图 5-131～5-136）。谢肇淛在《五杂俎》中指出："余在新安见人家多在楼上架楼，未尝有无楼之屋也。计一室之居可抵二、三室，而犹无尺寸隙地。"

住宅平面横向发展。山区受地形限制，无法如平原那样自由地向纵深发展，于是向横向延伸，形成横长形的平面，实例如景德镇金达宅（图 5-137～5-141），徽州呈坎罗来余宅（图 5-142）以及景德镇庄湾庄松元宅等（图 5-143）。

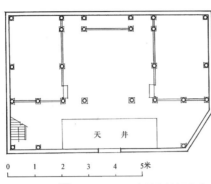

图 5-108　□形平面：徽州唐模胡培福宅底层平面

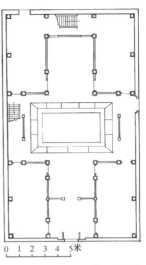

图 5-109　口形平面：潜口方文泰宅

图 5-110　方文泰宅楼层回廊勾栏

图 5-111　方文泰宅窗

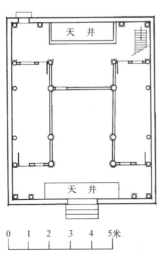

图 5-112　H形平面：休宁上黄村唐荣业宅平面

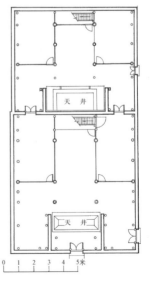

图 5-113　日形平面：兰溪长乐金宅平面图

图 5-114　歙县棠樾毕德修宅外景

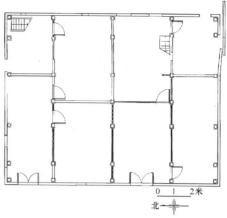

图 5-115　毕德修宅底层平面

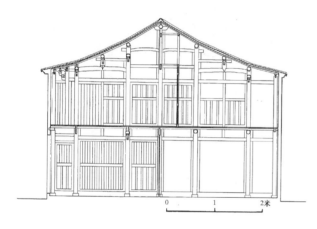

图 5-116　毕德修宅横剖面

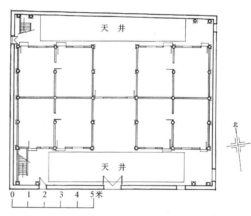

图 5-117　屯溪程梦周宅底层平面

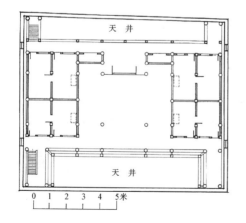

图 5-118　屯溪程梦周宅二层平面

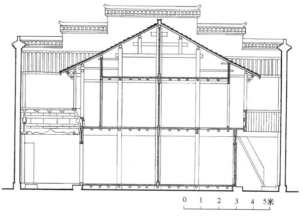

图 5-119　屯溪程梦周宅次间剖面

图 5-120　屯溪程宅天井

图 5-121　屯溪程宅厅堂局部

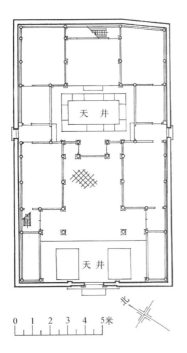

图 5-122　景德镇桃墅汪明宠宅
底层平面

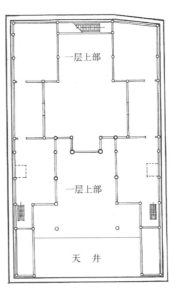

图 5-123　汪明宠宅二层平面

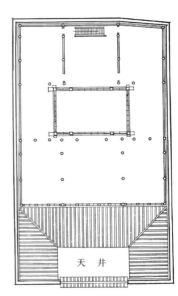

图 5-124　汪明宠宅三层平面

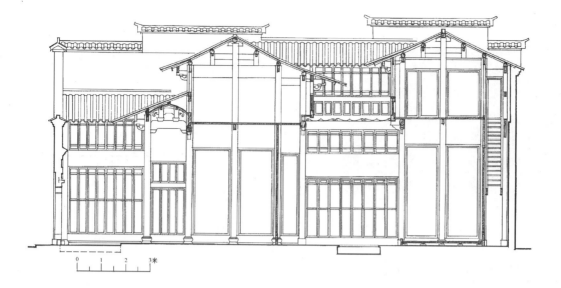

图 5-125　汪明宠宅明间剖面

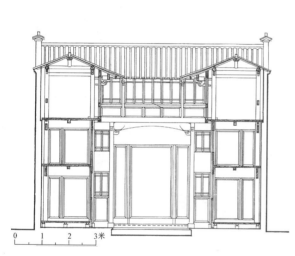

图 5-126　汪明宠宅厢房剖面

图 5-127　汪明宠宅大门内景

图 5-128　汪明宠宅天井与厢房局部

图 5-129　汪明宠宅厅堂月梁

图 5-130　汪明宠宅楼层梁架

图 5-132　徽州呈坎罗时金宅厢房格窗

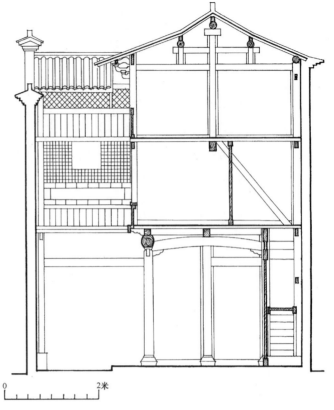

0　　　　　2米

图 5-131　徽州呈坎罗时金宅明间剖面

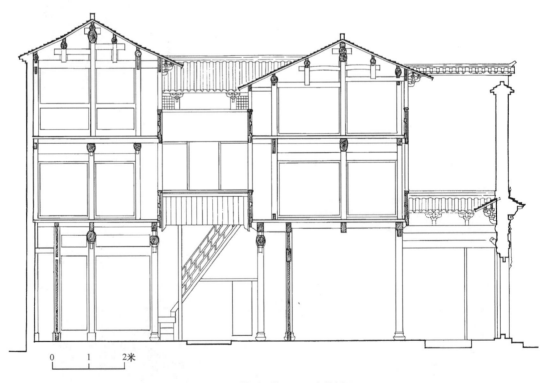

0　　1　　2米

图 5-133　徽州呈坎王干臣宅纵剖面

图 5-134　徽州呈坎王干臣宅大门

图 5-135　徽州呈坎王干臣宅厅堂月梁

图 5-136　徽州呈坎王干臣宅三层厢廊檐口

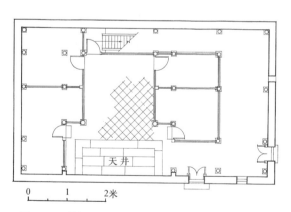

图 5-137　横长形宅：景德镇金达宅底层平面

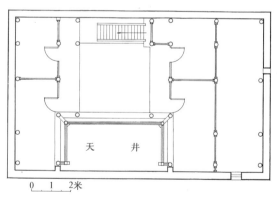

图 5-138　景德镇金达宅二层平面

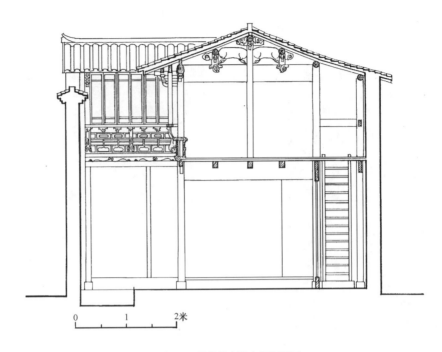

图 5-139　景德镇金达宅明间剖面

图 5-140　景德镇金达宅梁架雕饰

图 5-141　景德镇金达宅飞来椅

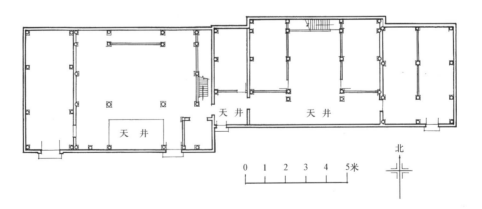

图 5-142　横长形宅例：徽州呈坎罗来余宅平面

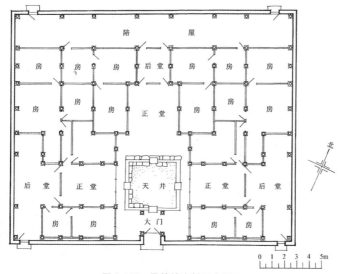

图 5-143　景德镇庄松元宅平面

这里"因居山国，木材价廉，取材宏大，坚固耐久"[31]。住宅梁架属冬瓜梁体系，楼上采用彻上明造，堂屋多为抬梁式。山面每步落地。有部分楼柱立在梁上与下柱不对齐，为它处所无。

这些明代住宅大多雕饰精美，木雕主要施于梁头、栱眼、平盘斗、叉手、雀替（图 5-144～5-146）以及楼层栏杆。砖雕多施于门楼、门罩。门楼有一间三楼、三间五楼诸形式（图 5-147），门罩多为垂花门形式。

石雕主要用于水池栏板、柱础（图 5-148、5-149）与部分门楼上。雕饰多面向外面，以炫耀富有。

江南山区的天井式楼宅中，赣北景德镇因与徽州毗邻，交往密切，故风格、手法较为接近；而浙东兰溪天井式楼宅与徽州相比则有不少差别。如兰溪天井式楼宅斗栱用得较少，底层有单独升高明间堂屋的做法，在明中期的实例中，楼层与底层高度相近，后期实例楼层高度降低。而徽州较早实例如休宁周裕民宅、歙县苏雪痕、吴息之宅，楼层高于底层，以后底层逐步升高。联系三层楼宅以二层为最低的做法，无法用目前流行的干阑式影响说解释。从当地尚存的明代单层多进宅院表明，在用地不太紧张的村镇，人们早已习惯于居住平房，根据歙县三层楼宅把祭祀祖先的活动设在三楼，而二层楼宅设在二层的做法，很可能楼层的层高受祭祀功能的影响。

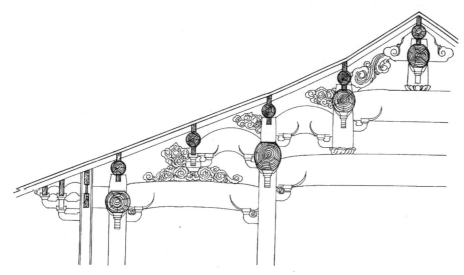

图 5-144　歙县溪南吴息之宅梁架雕饰

除上述天井式楼宅外，这些地区还存在着天井式单层住宅以及堂屋为单层、厢房为楼层的形式。前者实例如休宁汊口乡后田村李锦元宅、泾县翟村将军府（图 5-150～5-153）。从单层用地不如楼层经济的角度分析，它应是人口尚不十分密集时期广为采用的一种形式。从明代起随着人口的增加，大部分单层住宅被楼宅所代替。后者实例如景德镇刘家弄 3 号宅第（图 5-154、5-155）。当地认为，这与景德镇瓷器业发达有关，堂屋不但是生活起居的场所，而且还要满足制瓷操作与存放瓷坯的需要。

图 5-145　徽州呈坎罗来余宅梁架雕饰

图 5-146　歙县方晴初宅叉手雕饰

图 5-147　徽州明宅门楼

图 5-148　徽州明宅石雕柱础

图 5-149　景德镇祥集弄 7 号宅柱础

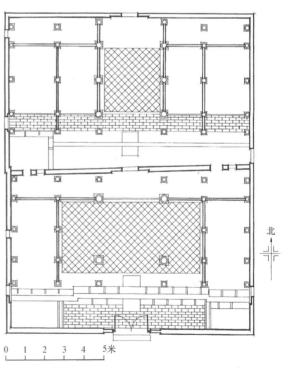

图 5-150　泾县翟村将军府平面

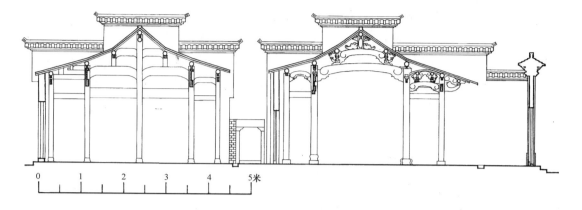

图 5-151　泾县翟村将军府纵剖面

图 5-152　泾县翟村将军府门楼

图 5-153　泾县翟村将军府柱础

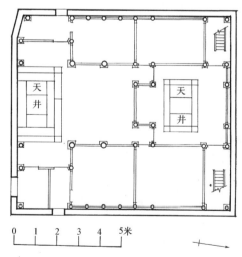

图 5-154　景德镇刘家弄 3 号宅底层平面

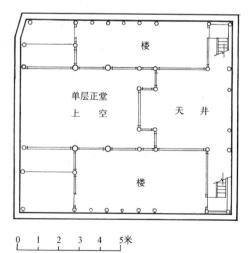

图 5-155　景德镇刘家弄 3 号宅二层平面

（八）浙东穿斗式板屋

浙东穿斗式板屋可追溯到六千年前的河姆渡原始干阑建筑，由于以后地面水的降退，架空的干阑式住宅便落到了地面上。这种住宅采用穿斗式梁架，四周围护部分由木板组成，屋面采用茅草覆盖，以后随着瓦的生产，屋面便改为瓦顶，本文把它称为穿斗式板屋。浙东楠溪江一带至今保留着大量穿斗式梁架、木板墙、木柱础，屋面举折平缓，出檐深远的古宅，其形态与河姆渡原始地面式住宅一脉相承。

根据当地口碑以及与江南明代住宅典型构造相参证，楠溪江古宅中尚存在不少明代住宅，这些住宅的平面特征是以三间带前廊的平面为基本单元，通过横向扩展或转折或围合便形成多种平面形式：

一字形平面。最简单的平面由带前廊的三间正屋再加二披屋组成。这种形式从功能上考虑，很可能是为了提高住宅整体的抗风能力和减少山面受风雨的侵蚀，特别是披屋的上部又加局部雨披，防风雨的效果十分明显。实例如蓬溪村三图宅、芙蓉村墙心屋（图5-156）。规模较大的是五间正屋三间带前廊，另加二间挟屋和二间披屋，实例如花坦村的四宅基（图5-157、5-158）。

冂形平面。典型做法是正屋三间带前廊再加二侧厢，如岩头蓬溪村李宅（图5-159）。

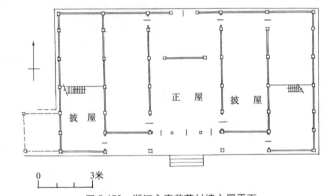

图 5-156　浙江永嘉芙蓉村墙心屋平面

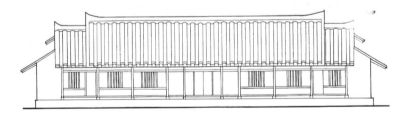

图 5-157　浙江永嘉花坦村四宅基立面

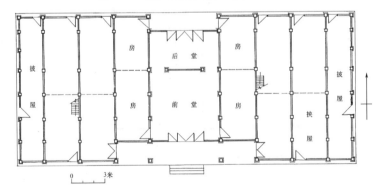

图 5-158　浙江永嘉花坦村四宅基平面

口字形平面。楠溪江穿斗式板屋口字形住宅的特色是内庭院为围廊，每面均由一基本单元组成，典型实例如蓬溪七分宅。更考究的是正面加前廊，如花坦村梅花洞宅（图5-160）、芙蓉村的四面宅。这种平面由于各面形式相似，故主次之分是借助于方位踏步的位置与屋面的高低来确定。

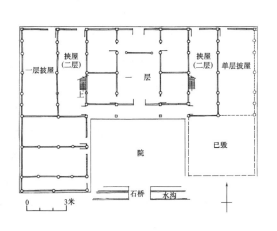

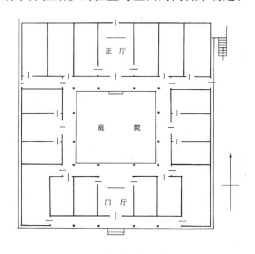

图5-159　浙江永嘉蓬溪村李宅平面　　　　　　　图5-160　浙江永嘉花坦村梅花洞宅平面

这种住宅由于墙面采用木板，仍然保留着古老的有深远出檐以保护墙面的做法，屋顶正脊两端升起大，进深架数多，一般为11架，最多的实例达13架。房屋层高低，单层或附阁楼，但阁楼均不开窗户。口形与口字形平面住宅的屋顶都作重檐，山面为悬山顶，无博风与悬鱼、惹草，仅在檩端钉以大瓦挡雨，这种做法应是悬鱼惹草做法的前身，在建筑发展史上有重要参考价值。住宅的木板墙面底部用木地栿，次间有木槛窗，室内梁架简洁，大多无雕饰。

此外，楠溪江村落中尚保留部分明代台门，这些台门面宽一间，木柱、木础，悬山顶，前后有多重插栱承挑出檐，为它处所少见。

（九）福建廊院式住宅

廊院式形制最早可追溯到商代二里头宫殿，以后从石刻及敦煌壁画中可知用回廊组成庭院是隋唐五代北方住宅的常用手法。在宋元明北方住宅的资料中已很难找到这种形式，但这种形式在福建，东至福州、北至邵武、泰宁的明代住宅中仍广泛流行，因此可以认为廊院式住宅是福建明代住宅的一种基本形式。究其原因，福建在古代属"南蛮"之地，自秦驻兵五岭之后，经晋八王之乱和隋唐辽金的战祸，促使大批中原人士南迁定居福建，当时北方流行的廊院式住宅很可能也因此而传入福建。以后这种形式由于福建历史上的地方割据与偏安一隅而被固定下来，宋元明时期福建又因远离文化中心而未能如江浙等地那样随技术的进步而不断更新。这便是明代福建大部分地区仍广泛流行这一宅院形式的基本原因。

从现存实例分析，这种形式传入后，因福建各地人口与文化、技术发展的不平衡，至明代已形成三种模式：

一是古典型廊院式住宅。主要流行于文化技术交流较差的小邑。形制古朴、简单，可能是保留早期做法较多的一种形式。这种住宅四周用版筑土墙，房屋布置在中轴线上，除门厅外，一般为三进，第一进为正厅，单层，厅前由三合围廊构成庭院，第二、第三进为楼房。正厅单檐、楼为重檐，全部为悬山顶。各进之间无隔墙。目前这种形式在闽东连江县尚有实例幸存，明宅事守堂保存了正厅和前楼，但后楼已毁（图5-161）。根据后庭院古井上刻的嘉靖年号，并参证柱础、梁架及屋面手法，可断此宅基本上是嘉靖原构。明宅捷报堂布局依旧，保存完好。这二宅正厅五

291

间，带前后廊，正面额枋上置门簪。由于进深颇大，故作前后厅处理，前厅减去了明间二金柱，显得十分宽敞。事守堂前楼带前廊，底层明间用门分为前后两部分，这种处理为他处不见。这二宅的厅、楼均为五间，故推测应是明代官僚宅邸。另一处面宽三间的庶民小宅，因只存单体而无法推知全貌。

二是多重墙门型廊院式住宅。这种形式主要流行于福州等闽东大邑。这些地方由于文化与技术交流的促进，采用了类似明代江南硬山顶的建筑技术，并用墙门分隔前后以提高防火能力和区别内外。这类住宅的房屋也是按轴线布置，依次是门厅、正厅、前楼、后楼。与前者不同的是门厅、正厅以及前楼之间增加了二道墙门，墙为版筑墙，厚68至75厘米。现存典型实例有福州文儒坊18号、24号，安民巷38号等宅（图5-162、5-163）。文儒坊18号宅尚存廊院、正厅、正厅后院、墙门，后厅前院与后厅东半部（已残）。正厅带前后轩廊，面宽五间，进深七间。后厅宽五间，进深九间。檐柱插栱三跳，偷心造，出檐深远。文儒坊24号存门厅、墙门、廊院、带前廊正厅、正厅后院、墙门、前楼前院、前楼、前楼后院、墙门，后楼已毁。其中前楼已属清代重建，但布局仍为明制。安民巷38号仅存廊院、正厅与正厅后院墙门。后部建筑毁于1987年[32]，十分可惜。其中文儒坊18号原是七省经略使张经衙署，故不设前楼而设后厅。

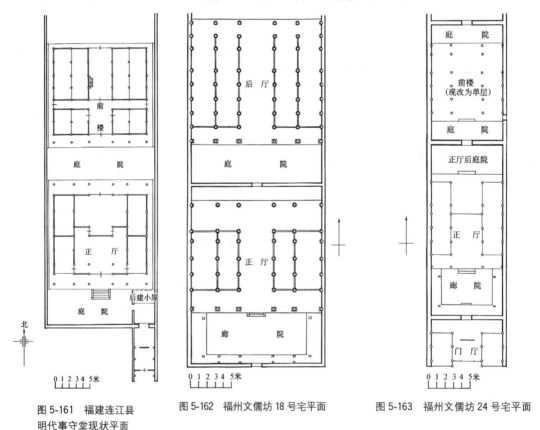

图 5-161　福建连江县
明代事守堂现状平面

图 5-162　福州文儒坊 18 号宅平面

图 5-163　福州文儒坊 24 号宅平面

被当地文物部门定为明代住宅的苍巷6至7号宅，从斗栱、柱础等做法判断应是清代建筑，但此宅前后二进全部采用廊院的做法可能明代已经出现，只是从强调主厅庭院的观念分析，二进全部采用廊院应属于例外的做法。

三是带厢房型廊院式住宅。这种住宅在明代首先出现在闽北人口稠密的邵武、泰宁等城邑。它与多重墙门型廊院式住宅相比，由于增加了厢房，因此也提高了建筑密度，这显然是适应人口稠密的需求而产生的。以邵武新建路18号宅（图5-164）、跃进路44号宅（图5-165）为例，其特点是廊院变浅，深度仅2米许。后院因两侧增加了厢房，从而形成了四面有屋围合的小天井，天

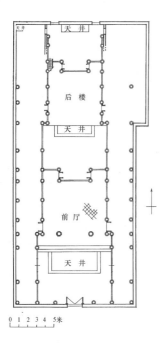 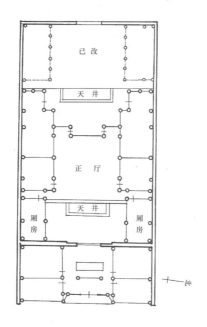

图 5-164　邵武新建路 18 号米宅平面　　　　图 5-165　邵武跃进路 44 号明代张进士宅平面

井深仅 1.3 米，宽仅 2.6 米，其狭小程度不亚于徽州。这种住宅一般是一厅一楼或一厅二楼，厢房紧靠厅楼，其间无檐廊。为了减少厢房对厅、楼的遮挡，厢房的进深比厅、楼的面宽窄 55 厘米以争取局部采光。这种住宅的厅堂采用面宽三间减柱的做法，由于次间面宽不足 2 米，故实际尺寸仅二间宽度。厅堂单层，二侧卧室多设置阁楼，实例如凹巷口 2 号明宅。这种地方性手法很可能是用地紧张条件下的创造。

　　闽北邵武山村以及泰宁县城尚留着一些明代廊院式住宅的大型群体，其门厅与正厅之间未设墙门，故廊院形式也与前述稍有不同，第一道墙门设在正厅后，后厅因有两厢使庭院变得窄小，但两厢与后厅间有檐廊相隔，故建筑也不似上述带厢房廊院式住宅那样密集。这种住宅群以泰宁明中后期建造的胜利二街明代住宅群和明晚期的尚书第最为完整。

　　胜利二街明代住宅群当年是豪富陈氏家庭聚居之处，虽经后代分居与改动，但仍能看出原有布局之大概（图 5-166）。住宅群由并列的多重墙门型廊院式住宅组成，相互采用避弄与厅前檐下

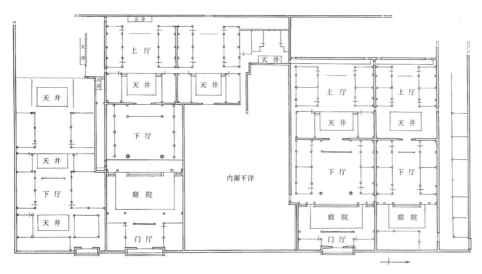

图 5-166　福建泰宁胜利二街陈宅平面图

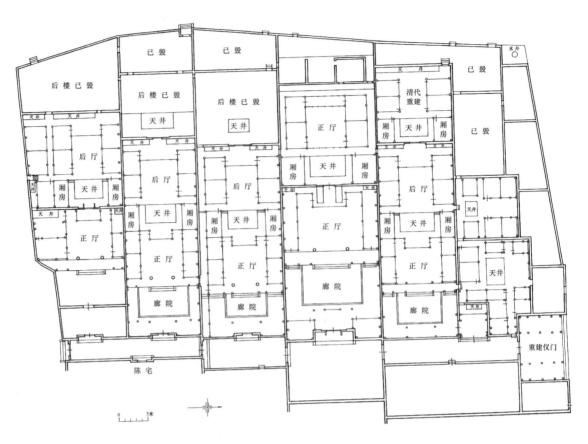

图 5-167　泰宁明李春烨府第总平面

通道组织横向交通，辅助用房设置在群体的两侧。各宅运用大门位置（正面或侧面）的交叉变化以区别主次。这些手法在一次性建成的泰宁尚书第中应用得更为成熟。

泰宁城关尚书第（图 5-167、5-168）是明天启间（1621～1627 年）协理京营戎政兵部尚书加少保兼太子太师李春烨的府第，规模宏大，保存基本完好，是一处颇具地方特色的晚明府第。李府四面临巷，平面呈横长形，因受风水影响，取坐西面东朝向，南北宽约 87 米，东西深约 60 米，外形轮廓有多处转折，很不规则。辅助用房全安排在周边的不规则平面中，从而使主体部分体形规则。

李府主体部分由五座坐西朝东横向并联的住宅组成，这五宅的轴线分三种形式：一、居中设置。如第二、第四宅，从大门至庭院、正厅一直到后厅，轴线严正，即使增设备弄，也对称设置；二、轴线转折。如第一宅，门厅设在宅傍东北侧，东向一间，门厅内南墙开门与住宅相通，再西折为住宅轴线；三、轴线偏北。如第三宅，因南侧增设备弄而造成不对称布局，再如第五宅因南侧置辅助建筑而使轴线偏北。

各宅布局除第五座一、二进已毁，原貌不详外，其他几座在轴线上依次为回廊、前庭院、正厅、后庭院、二厢、后厅、后楼，只是后楼多已毁掉，第一座所存后楼也已是清代重建之物。

李府各宅厅堂都是面宽五间，明间二缝梁架为抬梁式，其余均为穿斗式；后厅三间，梁架为穿斗式。按李春烨的官品等级，正厅完全可以按面宽七间的标准建造。李府又名五福堂，从宅基的宽度考虑，若建造面宽七间的大宅，显然无法容纳五座并联以满足五福的追求。从宗谱可知[33]，李春烨有五个儿子，因此采用五宅并联的形式来自五子分居的需要。

李府五宅中第二宅是主宅，其厅堂、庭院尺度最为宏大。其他各宅庭院进深均有变化，因此构成了横向没有轴线可循的特点，这种布局与绍兴吕府相比较为自由活泼。造成这一结果的重要技术条件是马头山墙的使用，使横向并联的住宅在马头山墙的间隔下，深度、位置可以自由安排。

　　从横向联系的方式分析，李府并联的住宅采用二种方式组织交通：一是采用厅廊相对，隔墙设门以通。如第一宅后厅后檐下通道与第二宅后厅前檐下通道相对开门相通；二是通过备弄与厅檐下通道相通，如第四宅正厅的前檐下通道北墙开门与第三宅备弄相通。特别是第二种横向交通方式使并联的厅堂纵向错位变得相当自由，现在各宅庭院进深不一，显然也与这一横向交通方式提供了较大自由度有关。各宅备弄均与设于西侧的后门相通。

　　李府在东北角设面宽三间的仪门（已毁，现仪门为近年重建），仪门内为甬道，甬道与各宅大门相通。由于宅基平面不规则，使甬道平面宽窄不一，并有多处转角。甬道采用按面宽设置墙门予以分隔，于是构成了既可连通，又可独立的宅前广场，它不仅使冗长、单调的甬道变得活泼而富有层次，而且通过对宅前广场尺度的有意识的变化，起到了烘托主宅的作用。从防卫方面考虑，甬道层层设门，显然也是十分可取的。

　　李府的雕饰十分华丽精致，特别是砖雕与石雕，艺术水平很高。它们主要用于门楼、门斗以及须弥座与础柱等部位。在五宅之中又以主宅最为精致、华丽，这种简繁得当的方法进一步突出了尊卑关系，是明代住宅雕饰的成功之作。由于砖雕、石雕坚固耐久，故至今基本完好，而当初绘制的梁枋彩绘大都已模糊不清，无法辨认，只有在第二宅门上的梁枋彩绘以及甬道门斗中砖斗上的彩绘尚存一二。

　　福建是风水极盛地区之一，李府深受风水的影响，除上述朝向有确定源于风水之外，还可以从第五宅西墙正对巷道的位置在墙内嵌砌石狮以挡煞中得到证实。

　　（十）闽粤带护厝的住宅

　　闽南与粤东在明代都流行着带护厝的住宅。闽南带护厝的明代住宅以漳浦赵家堡的赵范府第保存最为完整[34]。

　　赵范府第建于明万历三十二年（1604年）（图5-169、5-170）。总体平面中的五座正宅分为三组，各有护厝拱卫。第一组由第一正宅与两侧的护厝组成；第二组由第二、三、四正宅与两侧的护厝组成；第三组正宅当时未建成，按布局应与第一组对称布局。

　　　　图5-168　李府（尚书第）中路东大门

　　　　图5-170　漳浦赵家堡赵范府外观

　　每座正宅有五进：第一进为门屋，三间，门屋与后四进间有广场相隔，单列而不相连，明间置大门，二侧各有一间房；第二进起山面用高墙相连，构成封闭的多进宅院，第二进便是这封闭多进宅院的门厅；第三进为正厅，正厅前庭二侧为廊，门厅与正厅均面阔五间，明间面阔尺度极为宏大，次间面阔十分狭小，使厅堂很有气派；第四进后厅与两厢大部已毁，从残存有墙柱分析应是面阔三间；第五进为后楼（图5-171～5-173），三间带前廊。除后楼外，各进厅堂均作开敞式处理，这应是闽南气候炎热而造成的。

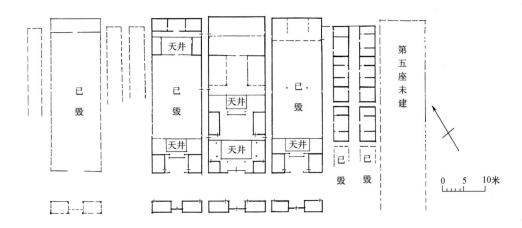

图 5-169 闽粤带护厝的住宅：漳浦赵家堡赵范府总平面图

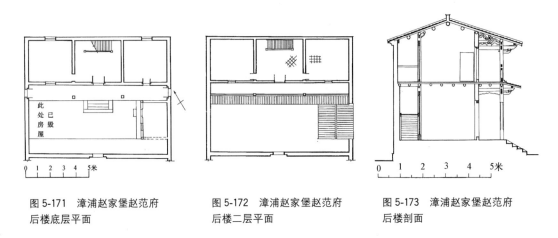

图 5-171 漳浦赵家堡赵范府
后楼底层平面

图 5-172 漳浦赵家堡赵范府
后楼二层平面

图 5-173 漳浦赵家堡赵范府
后楼剖面

赵范府第因位于山村之中，四周未设置围墙，但为了防御倭寇整个村落外围建有城堡。闽南盛产石材，作为地方性材料，在赵范府第中广为使用。如宅前广场的石铺地、石台阶，墙体的石墙肩，门屋与门厅的石过梁、石斗栱，还有石柱和山面的石墀头等，这些石构件制作十分工整、考究。建筑用材的另一个特色是喜用通长圆木作檩，通长达三间，为它处所罕见。建筑物山面类似硬山形式，又具有地方特色，应是闽南明代住宅常用的形式这一种。

粤东带护厝的住宅明代在潮汕一带广为流行，其中潮州许驸马府（图5-174～5-180）与黄尚书第最为典型。许驸马府据C14测定应是明初之物，平面复杂，主体建筑为五过间，既有护厝，又有后包。主体的基本单元是三过间，而护厝与后包都属于下人居住的辅助用房，这种形式与徽州明代宗族村落中佃户居住在村落四周有相似之处，可能起源于古老的地主庄院，以后因当地根深蒂固的宗族制，使这种关系演变为带护厝与后包形态。由于粤东地处亚热带，故十分重视遮阴与纳凉，这在许宅中反映为对庭院进行横向分隔与厅堂采用敞厅的做法。

黄尚书第为明崇祯年间南京礼部尚书黄锦所建（图5-181～5-183），该宅南北深77.5米，东西宽55米，占地达4200平方米。其平面与许宅相似，可见这种住宅模式的成熟与稳定。在细部处理上，许府与黄府及其他潮州明代府第存在着较多的区别，这可用许府较多地传承创建时的手法来解释。

（十一）闽粤土楼

闽西龙岩、闽南漳州以及粤东潮州地区至今存在着大量土楼。从实例遗存有楼额题名的落款年代可以认定部分土楼始建于明代，若参证宗谱分析，则这种土楼元代也已存在。根据土楼外墙

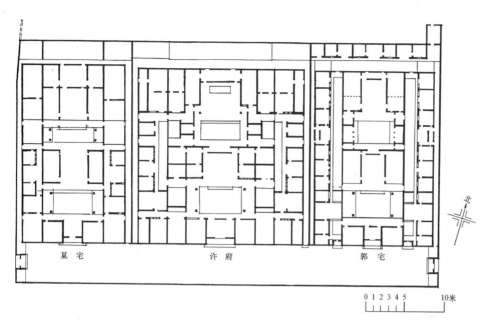

图 5-174　潮州许府及左右邻宅平面

图 5-175　潮州许府立面

图 5-176　许府沿街立面
（图 5-176～5-178 由陆元鼎先生提供）

图 5-177　许府大门

图 5-178　许府后包巷

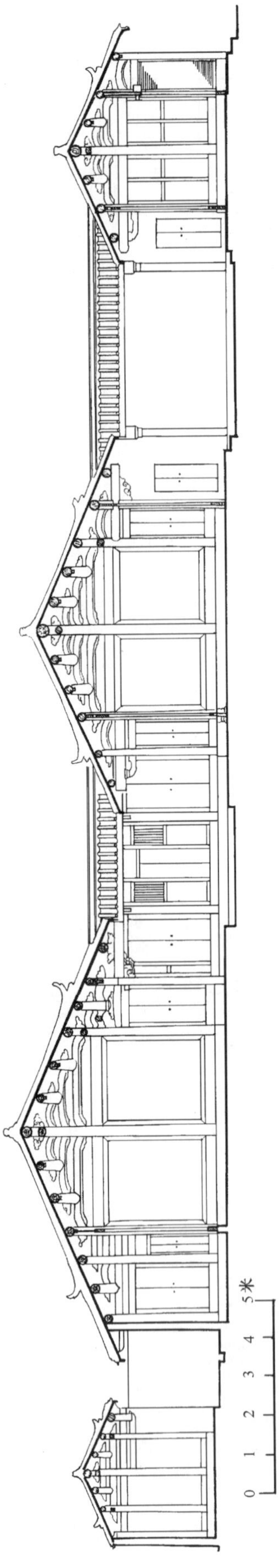

图 5-179 许府纵轴剖面图

图 5-180　许府后座东侧屋架（陆元鼎先生提供）

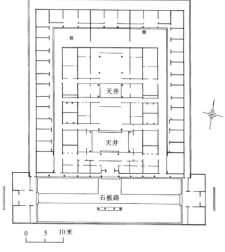

图 5-181　潮州黄府平面

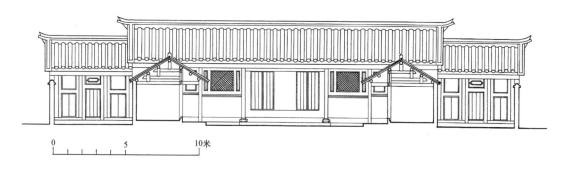

图 5-182　潮州黄府二进横剖面

采用版筑技术推测，这种技术很可能由中原人士的南迁而传入，应属于中原建筑技术体系。土楼的形态与汉代陶楼中的坞堡有相似之处，因此它的创建年代可能很早，据《潮州志·兵防志》载："堡、寨，古时大乱，乡无不寨，初则穴洞山楼苟存性命，后遂有据险负固者，往姑弗论，若晚岭东一隅……枭雄之徒则以为窝屯所，乡寨之盛盖莫逾于此矣"[35]。闽粤明代土楼正是在宗族械斗频繁再加上倭寇大肆侵扰的背景下迅速发展起来的。

明代土楼的平面可分为三种形式：

一字形平面。实例如华安县庭安村的日新楼，此楼建于山坡上，主体由三座一字形建筑组成，由于地形关系，三座建筑呈台阶形升高。大门设在最低的一幢建筑中间，门上尚存花岗石楼额，刻有："日新楼"及"万历癸卯（1603 年）岁仲春邹氏建"。第二进正中为祠堂，已经清初重建，但整体布局仍依明代格局。

圆形平面。从宗谱与土楼题额可知华安沙建乡的齐云楼创建于明初[36]，楼作圆形，建于岱山之巅，只是现存实物已是民国重建之构[37]。沙建乡的昇平楼属明代原构，三层，外墙采用花岗石砌筑，但其平面形态与圆形土楼相近，可供研究圆形土楼参考（图 5-184）。

方形半面。永定县古竹乡古竹村的贞固楼始建于明代[38]，四层，因昔火灾现仅存半栋，但与其他早期的方形土楼相比，此楼形制最为古朴，可能是明代原构（图 5-185）。据宗谱记载，漳浦三层的完璧楼创建于明万历三十四年（1606 年），但梁架经近代大修，已无法弄清原貌，而其平面布局仍可认为与创建时相去不远，是小型方形土楼的重要实例（图 5-186～5-188）。此外能肯定创建于明代的土楼尚有漳浦镇马坑村一德楼(1558年)，霞美镇过田村贻燕楼(1560年)、运头村庆

图 5-183 潮州黄府中座屋架（陆元鼎先生提供）

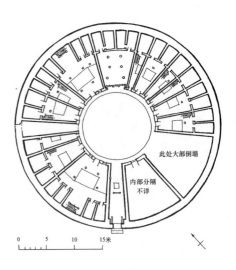

图 5-184 华安县沙建乡昇平楼底层平面

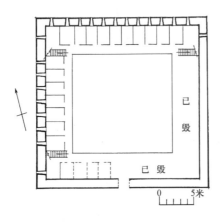

图 5-185 永定县古竹乡贞固楼平面

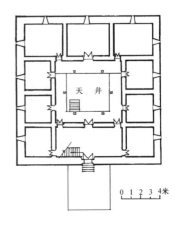

图 5-186 漳浦赵家堡完璧楼底层平面

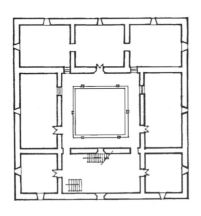

图 5-187 漳浦赵家堡完璧楼二层平面

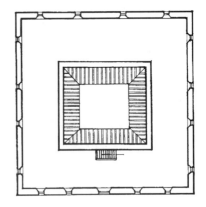

图 5-188 漳浦赵家堡完璧楼三层平面

云楼（1569年）、归镇镇潭子头村晏海楼（1583年）[39]及永定古竹乡高头村的五云楼，只是此楼在清初易主后曾改建，已不是明代原构，但改建的痕迹明显，故大致能推定为明代的形态。

这三种形式建筑的构造与技术上都有相同的特点：外墙很厚，底层一般在1.5米左右，向上逐层收缩。为了防卫，底层外墙一般不开窗，楼上的窗孔尺寸也很小，剖面呈梯形，以利防卫。土楼除外墙为版筑土墙外，隔墙也用版筑或土坯砖，楼板与内侧承重均用木构。方形土楼在四角设楼梯。大型土楼则在中央设祠堂，但升平楼与贞固楼中间庭院仅有井而无祠堂，因此可能当时便存在着两种形式。

这些土楼内的房间都很小，只有 9 平方米左右，都是作为居室使用的。每层楼上都有内廊环通，早期都作重檐处理，以防雨水侵蚀，只是目前大都已损毁。

土楼的选址与造型和它所处的地形有一定关联，如圆形的建筑在山巅，一字形的建筑在山坡，方形的建在平坦的地形上。

注释

［1］清·焦里堂《群经宫室图》，转引自孙宗文《儒家思想在古代住宅上的反映（二）》，《古建园林技术》1990 年第一期。

［2］参阅本文第二节、二。

［3］歙县新安碑园《徽郡太守何君德政碑记》。

［4］［5］明·王士性《广志绎》卷之四，江南诸省第 103、54 页。中华书局 1981 年 12 月版。

［6］明·王临亨《粤剑编》卷之二，第 76 页："蜑民以船为家，以渔为业，沿海一带皆有之。"中华书局 1987 年 8 月版。

　　明·王士性《广志绎》卷之五，西南诸省、第 114 页："三江户其初多广东人，产业牲畜皆在舟中，即子孙长而分家，不过造一舟耳。"又，卷之四，江南诸省，第 103 页："四曰蜑户，舟居穴处，仅同水族……以采海为生。"

［7］明·王士性《广志绎》卷之二，两都。第 33 页。中华书局。

［8］参见宋昆、易林《阳宅相法简析》，刊于《风水理论研究》，天津大学出版社 1992.8 版。

［9］同［7］第 67 页。

［10］明·张瀚《松窗梦语》卷之四百工记第 70 页。上海古籍出版社 1986 年 2 月版。

［11］参见《考古》1983.10《甘肃宁县阳呱遗址试掘简报》及《考古》1991.3，《文物》1988.9 等。

［12］杨志威《浅议我国窑洞建筑的现状与未来》，《西北建筑工程学院学报》1990.3～4。

［13］、［14］同［7］第 39、61 页。

［15］刘致平《内蒙、山西等处古建筑调查纪略（上）》，《建筑历史研究一》第 51 页。

［16］正德本《阙里志》卷四，转引自《曲阜孔庙建筑》附录七，中国建筑工业出版社。

［17］《孔子嫡裔宗子世系》第 61 代。转引自《曲阜孔庙建筑》附录六。

［18］、［19］《曲阜孔庙建筑》孔府。

［20］《明史·职官二·衍圣公》。

［21］刘致平《内蒙、山西等处古建筑调查纪略（下）》，《建筑历史研究·二》，中国建筑科学研究院建筑历史与理论研究室编。

［22］姚镆，明弘治癸丑状元，历任福建、山东布政使，官至资政大夫、兵部尚书兼都察院右都御史。

［23］冯岳，明嘉靖五年进士，历任山东、江西、河南、北京等地方官，后升至都察院右都御史、南京刑部尚书。

［24］章伦，明正统四年进士，官至南京礼部左侍郎。

［25］杨肇泰，明万历进士，授静海县知县，后升刑部主事、工部都水司员外郎和安庆府知府。

［26］巷侧立牌坊的有宁波张渊之故居、常熟"彩衣堂"等。

［27］清·叶梦珠《阅世编》卷十、居第一，第 209 页，上海古籍出版社。1981 年。

［28］同上，第 208 页："故相徐文贞公以三朝元老，赐第于松城之南，三区并建，规制壮丽，甲于一郡。"

［29］明·文震亨《长物志》卷一、室庐，十七海论："忌旁无避弄。"可见避弄形式在明代已普遍采用。

［30］明·谢肇淛《五杂俎》卷四。

［31］张仲一等《徽州明代住宅》第 11 页，中国建筑工业出版社。

［32］当地文物干部介绍。

［33］光绪《瑞溪李氏族谱》卷二。

［34］赵范，闽冲郡王赵若和九世孙，明隆庆进士，曾任浙江按察使司兵备副使等职。

［35］转引自谢逸主编《潮州市文物志》第四篇。古建筑、龙湖寨。1985 年 7 月版。

[36] 齐云楼门额石刻题字。

[37] 华安县文化馆原馆长钟国姓先生口述。钟先生为当地人士，其年幼时曾目睹重建。

[38] 楼额石刻题字："大明甲申鼎，长苏苏子书"。

[39] 见 1993.8.22，《中国文物报》。

第四节　元明时期少数民族地区住宅

我国是一个多民族的国家。由于历史的原因，众多的少数民族聚居在中国的边陲地区。明代这些地区分别在民族政权、都司辖区以及中央政府势力薄弱的西南诸省深山之中，与汉文化地区的技术交流较少，生产方式变化缓慢，社会制度落后。少数民族独特的生活习惯再加上不同的自然条件与地理环境，使古老的住宅形式得以长期保存，如西北草原因牧民生产的迁移需要，一直采用帐幕形式；西南诸省山区如云南贵州山区，据唐代史书记载："山有毒草及虮蝮蛇，人并楼居，登梯而上，号称干阑。"[1]，可见早期这些地区与浙东、闽粤地区同属干阑式住宅地区，浙东、闽粤因技术进步已被新形式所替代，而这些地区依旧如故，这种因袭守旧的习俗在文献上亦有披露，如"陕西秦州等处房屋以木皮代瓦"[2]，"宝鸡以西盖屋或以板用石压之，小戎曰：在其板屋，自古西戎之俗然也。"[3]

元明以来，随着中央政权对少数民族地区统治的加强，在一些城邑出现少量汉化的住宅，如砖瓦房等[4]，但其影响甚微。就总体而言，少数民族地区住宅从材料、结构形式、平面形态、群体布局上与汉文化区大相径庭，自成体系。只是由于这些住宅大多不够耐久，再加上清雍正年间大规模的"改土归流"运动，使大量村寨房舍毁于一旦，以后又历经天灾人祸，至今已极难觅寻明代以前的住宅实例了，因此对这一时期的少数民族地区住宅的研究不得不较多地运用文献资料。

一、蒙古族牧民住宅

元朝统治集团是蒙古游牧民族，因此在元朝的文献中对蒙古族的住宅形式时有涉及。据记载，这些地区大都以庐帐为居，这与牧民放牧散居、经常迁徙以逐水草的生活方式有关。彭大雅《黑鞑事略》记曰："其居穹庐，无城壁栋宇，迁就水草无常"[5]，元《经世大典》载："我朝居朔方，其俗逐水草，无常居，故为穹庐，以便移徙"[6]。这些记载便是这种居住方式的真实写照。当时在草原上生活的蒙古人，多取当地河流两岸的高柳建造庐帐[7]，而生活在森林地区的贫民"皆以桦皮作庐帐"[8]，也有的以"白桦和其他树皮筑成敞棚和茅屋"居住[9]，可见就地取材、方便生活是他们居住方式的重要基点。此外，当时在北方地区也有以"毡为屋状而居的"[10]。即便是蕃汉杂居之地，也仅是"稍有居室，皆以土冒之。"[11]

北方蒙古游牧民族的住宅在当时欧洲旅行家的游记中有详细的描写，据柏朗嘉宾的记载：

"他们的住宅为圆形，利用木桩和木杆而支成帐篷形。这些幕帐在顶部和中部开一个圆孔，光线可以通过此口而射入，同时也可以使烟雾从中冒出来。""四壁与幕顶均以毡毯覆盖，门同样也是以毡毯做成的，有些幕帐很宽大，有的则较小，按照人们社会地位的高低贵贱而有区别。有的幕帐可以很快地拆卸并重新组装，用驮兽运载搬迁。有些则是不能拆开的，但可以用车搬运。对于那些大幕帐，则需要三、四头或更多的牛"[12]。

幕帐的色彩、室内装修在鲁布鲁克的游记中也有详细的记载：

幕帐"安放在用棍条编织成的圆形框架上,顶端辐辏成小小的圆环,上面伸出一个筒当作烟囱,而这个(框架)他们覆以白毡,他们常常用白粉或白黏土或骨粉涂在毡上,使它显得白些,有时(他们把毡子)也涂成黑色。顶端烟囱四周的毡子,他们饰以种种好看的图案。入口处他们还悬挂有各种彩色绣花的毡子,因为他们给毡子绣上五颜六色或素色的藤、树、鸟兽的图像"[13]。

幕帐的等级在材料上也能区分,等级最高是"金帐","用来搭幕帐的支柱以金版相裹,然后用金键将其他支柱钉在一起"[14],其次是紫色布帐篷和采用亚麻制成的华丽幕帐[15]。

"他们把这些屋舍造得很大,有时宽为三十英尺,"在迁居时需把"房舍放在车上"每辆车用二十二头牛拉一所这样大屋。据柏朗嘉宾所见,最大的幕帐(按:可以拆卸的)可容纳两千多人,可见建造技术之高超。此外还有一种用"细枝编织成的方形大箱"犹如贮藏卧具、贵重物品的小屋,它也是住宅的重要部分。这种小屋上面也用细枝编成的盖子,整个盖严,正面开一扇小门,整幢小屋用牛脂或羊脂涂抹过的黑毡遮起来,防止漏雨,并用五彩图案予以装饰。这种小屋被安置在由骆驼拉的大车上。

上述小屋的多少往往与主人的富裕程度与地位有关,多的可以达到一百或二百座。在定居时,大屋(幕帐)的门朝向南方,小屋仍在车上分列于一投石之遥的两侧。

蒙古当时实行的是多妻制,一个富裕的蒙古人可以有多个供养得起的妻妾,每个妻妾都占用一所大屋(幕帐)并附有部分小幕帐(以供做针线活的妇女居住)和存放行李、物品的小屋,在定居时,长妻住宅安置在最西边,其他妻妾的住宅按照地位顺序排列,两位妻子的营帐(蒙语"禹儿惕"或"斡耳朵")的间距为一投石距离。

大幕帐的功能是寝卧、聚会、宴饮。如果说汉文化传统中从堂寝同室发展到堂寝分室是一种进步,那么蒙古族牧民的居住方式还停留在功能混杂的初级阶段。据鲁布鲁克记载,室内陈设主要是卧榻,主人卧榻正对入口,位于北边,妇女居位在东侧,男子居住在西侧。室内另一重要陈设是偶像,偶像设置有壁上与地上二种方式:在主人位置头上的壁上挂着用毡制成的象征主人兄弟的人形偶像;在主妇头上的壁上则挂有象征主妇兄弟的偶像,这两偶像之间上方则挂有象征全屋(家)保护神的偶像。地上有三个偶像:在主妇右手卧榻足下放有一张有绒毛的山羊皮或其他毛织品,其旁则放有小偶像,朝着仆从和妇孺的方向。妇女一侧入口旁有另一偶像及一个为挤奶妇女安置的母牛奶头。男人一侧入口旁还有另一偶像和为挤马奶的男人安置的母马奶头[16]。

上述陈设偶像的具体破译,有待于专门的研究。从文化的角度分析,这是一种信仰的行为,犹如汉文化中信仰赵公元帅、信仰风水术中的一些镇物有灵验相似。这都是相应的文化习俗在住宅这个生活空间中的映射。

蒙古牧民群体居住方式是以部落为集群进行聚居的,这种方式被称为"古列延"。古列延的意义是圈子,这种模式即是许多帐舆在草原上按环形布列的方式围成圆圈[17]。这无论对防卫或对内部的联系都是十分有效的[18]。如果把它与中原地区仰韶文化西安半坡、姜寨的聚居模式相比较,可发现两者十分相似。在一定程度上反映出这种聚居模式具有很强的适应性。

中国历史的宏观轨迹从渔猎至畜牧再走向农耕,华夏早期畜牧阶段的社会化居住形态早已无法详考,而元代蒙古游牧民族的居住形态,无疑是社会化的结果,它那特有的生产、生活方式,从人类居住形态学上分析,应与畜牧阶段居住形态模式存在着很强的亲缘关系。虽然我们无法推定这种居住模式便是早期畜牧阶段的基本模式,但至少可以认为这种模式的许多基本内容在当时的居住模式中也会出现。

二、新疆维吾尔族住宅❶

新疆史称西域，自汉以来，一直是我国领土的一部分。历代中原王朝都在此设有政府机构，采用羁縻政策[19]的统治方式进行管理。同时新疆也是各朝屯田之地。元代是察合台王的封地，元朝中央政府在北庭、和阗等地设有都元帅府、宣慰使等机构并驻军管辖当地事务。明朝在哈密设哈密卫，派都督带兵镇守，对西域其他地区则分封当地首领，使他们与明王朝保持政治上的臣属关系。清朝平定了准噶尔叛乱后，"故土新归"，以新疆为省名。

维吾尔族是新疆的主体民族，它是一个多源民族，最主要的来源是二支：一支是来自蒙古草原的回纥人；另一支是南疆绿洲上的土著居民。它的形成经历了一千多年的漫长历程。到 16 世纪完全融合为一个统一的、具有现代意义的新的民族[20]。

从汉起，"丝绸之路"沟通和发展了中原与中亚、西亚和欧洲的经济、文化交流，对西域沿线的城镇繁荣有着重要影响。就建筑技术和艺术方面而言，中原地区的木结构坡屋顶体系和古希腊的建筑文化都在此地有过印迹。但炎热、干燥的大陆性气候，多风沙的自然环境，木材石材的缺乏，使住宅的形式朝着满足纳凉、防风沙的功能和适应当地少数民族生活习俗的需要发展而自成体系。维吾尔继承了这些建筑体系，在技术和艺术上发展完善到最高水平。

至迟在汉时这里便熟练地掌握木框架、红柳编笆泥墙、生土夯筑、穴居土拱、土垣垒砌、土拱砌筑等建筑技术。在古楼兰尼雅古城里遗留下来的至迟是三、四世纪的木框架体系民居，至今仍能清楚地推判当时建筑的情景，尼雅木框架体系的民居遗址（图 5-189）有不少大小房间，其特点是有一间中央的大厅，长 12.2 米，宽 7.93 米，承屋顶的大白杨木梁长达 12.2 米，像安放正梁的斗栱一样，上面都有美丽的雕刻。石灰涂的墙壁还绘有大卷花形图案作为装饰[21]。

至元明之间才废弃的交河古城，遗址至今保存较为完好。城中东北区为居民区，院落鳞次栉比，尚可看出住宅的平面布局和房屋的门窗位置（图 5-190）。与住宅相通的街巷宽窄不一，窄的

图 5-189　新疆尼雅民居遗址

图 5-190　新疆交河故城中的建筑遗址

仅二米许，巷口尚设有坊门，房屋多为二层。地下或半地下层是在原土层上挖凿而成的，净高 2.5～2.7 米，墙厚 0.8～1 米，屋盖一般厚 0.6～0.8 米，也有 1 米以上的。地上层多数为夯土版筑墙，也有土坯砌墙，厚 0.7～0.8 米，屋顶多数为木梁、木檩、椽、草泥平屋顶，也有土拱顶的，平面多呈内向型庭院结合地形布置。这里的元、明住宅遗物，不但在全国少数民族地区的住宅遗

---

❶　本节作者为新疆建筑勘察设计院高级工程师张胜仪。

物中十分难得，即使在全国传统住宅中也属值得珍视的实物遗存。

元、明时期的维吾尔民居实物，遗留下来的以和阗、喀什、吐鲁番地区最有代表性。和阗、喀什的古民居称之为"阿以旺"，是旱热、风沙大的塔克拉玛干大沙漠边沿绿洲地区的住宅类型，吐鲁番地区则多土墙、土拱顶建筑。

（一）阿以旺式住宅

这种住宅因有一个较大中厅——维吾尔语称之为"阿以旺"而得名。阿以旺住宅一般为单层建筑，由内向式的封闭空间组成。整座房屋除大门入口外，在外观上是不开任何门窗的实体。平面布局的特点，是以一个中央内厅"阿以旺"为中心，围绕布置其他用房，不求轴线对称，不强调日照方位，结合地形与道路走向，根据使用需要灵活布置。实例如喀什幸福路则盖里三巷 22 号（图 5-191～5-194）、长库尔街第五巷 22 号（图 5-195～5-198）。

中央内厅采用高侧窗采光，其余围绕它的房间，均为小尺寸的平天窗采光，由于阿以旺是该建筑中面积最大、层高最高、装饰最好、光线最亮、通风最佳的空间，反映了这种建筑的主要特征，所以，俗称这种居住建筑叫"阿以旺"[22]。

阿以旺厅的面积，大的 80～100 平方米左右，一般为 40～60 平方米左右，小的也在 30 平方米左右。室内中部一般设木柱 4～8 根，以解决大空间的跨度问题和设置高侧窗，柱子四周设宽大的土炕台。面积小的阿以旺厅，只设 2～4 根柱子，高侧窗凸起部分也很小，称之为"卡泼斯阿以旺"，即笼子式阿以旺。

图 5-192 阿以旺厅仰视

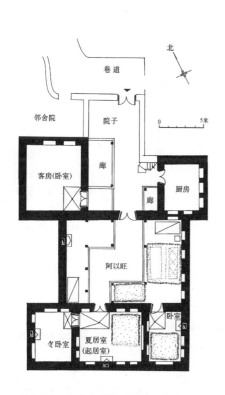

图 5-191 喀什幸福路则盖里三巷 22 号平面图

图 5-193 阿以旺宅梁架

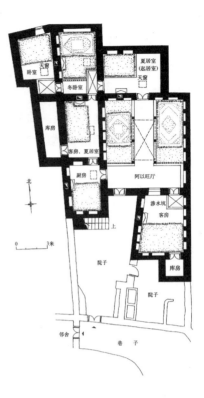

图 5-194　喀什幸福路则盖里三巷 22 号阿以旺厅室内透视图　　图 5-195　喀什长库尔街第五巷 22 号宅平面

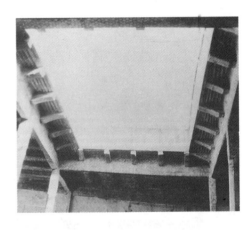

图 5-196　喀什长库尔街第五巷 22 号宅阿以旺厅　　图 5-197　喀什长库尔街第五巷 22 号宅阿以旺厅天窗

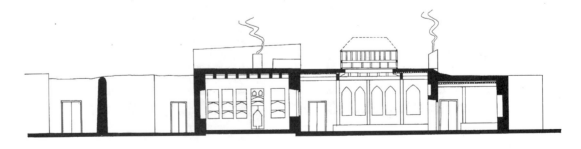

图 5-198　喀什长库尔街第五巷 22 号剖面图

阿以旺是周围房间的联系体和交通枢纽，功能上除待客、纳凉、休息、进餐、读书、老人学经、儿童游戏之外，也是夜宿的地方。农闲休假、喜庆佳节时则是喜歌善舞的维吾尔人欢聚弹唱、载歌载舞的场所，平日则在这个明亮的厅里作家庭养蚕、纺纱、织地毯等。农忙季节，又是选种、收获、加工农作物的补助空间。剥削阶级则在这个大厅里收租纳税，乃至听政、审理官司。

阿以旺厅的装饰、装修在整座房屋之中最为讲究。高侧窗四周用通长木棂花格、空花板等做成图案，玲珑空透，精致美观，具有汉族文化的影响。梁枋和立柱上多作木雕刻，以阴线刻满布花饰为特点。天棚为小梁上满铺半圆小椽。墙壁用石膏粉饰，设壁龛，有的还设有壁炉采暖。整个厅四周土炕上满铺毛毡和地毯。

阿以旺民居的另一个特点是主要方位或主轴线上安排"沙拉依"——冬居室。沙拉依实际代表了一组生活用房，因此阿以旺民居又称"阿以旺—沙拉依"民居。沙拉依的正中一间为夏居室或起居室，用小尺寸的平天窗采光，室内分前后两部分：后部空间较大，设土炕台，炕边用整片木棂花格落地隔断，墙上设壁龛、壁台；前部形成走道，通向两间房间。走道一端房间是冬卧室，室内也分成就寝和交通两部分，多数还设落地木棂花隔断。房间的入口处设有渗漏水坑，作为习俗沐浴之用，除渗水坑外为大土炕台，满铺毛毡地毯。室内无家具，墙上设龛和壁台板，存放物品，炕上放被褥和箱子。密小梁天棚，梁作木雕刻花饰，平天窗采光，壁炉采暖，洁白石膏墙面。走道另一端的房间也是卧室，但在使用上它除就寝外，主要是家中常用物品的存放处。这组称为"沙拉依"的生活单元，在一座民居里，一般设一组，也有设两组的。

除沙拉依外，围绕在阿以旺厅的其他房间，有单独的居室、客房、厨房、库房和杂物用房等。房间有的相互可通，有的仅单独与阿以旺联通。

南疆沙漠边沿地区气候干旱酷热，沙暴天数有的长达二月之久，风卷狂沙，昏天黑地，严重时，数尺之外，不见人影。在这种恶劣的气候里，人们成功地用阿以旺这种建筑形式，解决了在自己的家里正常生活和生产的难题。这种全封闭式的房屋可以防止热流和沙暴入侵；高侧窗和平天窗，采光率高，有利室内通风。冬季寒冷，在这个缺乏燃料的地区，又十分节省能源。

维吾尔人原是游牧民族，由于新疆气候少雨干热，除寒冬和刮风沙天气外，人们都喜欢在户外活动，一年之中将近半年在室外露宿。因此，建筑普遍设有外廊，廊内的地坪高起约45厘米，形成炕台，上铺毡毯，成为日常生活的场所，廊子多数不起走廊作用，实际上是一种开敞式的起居用房。

阿以旺民居采用土木混合结构：夯土基础，墙体用土坯砖砌筑，墙中加木柱，木柱之间设斜撑，下部设木地圈梁，上部设木枋圈梁，屋顶为断面15厘米×20厘米、中距60～80厘米的密梁，梁上满铺5～6厘米直径的半圆木椽及苇席、麦草或芦苇，最上层为麦草泥面层，厚约8～15厘米。

（二）土拱住宅

关于吐鲁番民居，宋初王延德出使高昌时就记有"架木为屋、土覆其上"的做法。盖因"地无雨雪而极热，可不用瓦也"。明代文献有"火洲……每盛暑，人皆穴地而居"（《裔乘·西北夷》卷八）。现存古城里的民居遗址及古民居的情况与上述记载完全一致。

吐鲁番民居以土拱建筑而著称于世。这种土拱建筑属全生土体系，即房屋的基础、墙身、楼盖、屋顶完全以生土为材料。这是由于吐鲁番地区属亚黏土层，土质黏性好。更重要的是，这里气候特别干热，极端最高气温为47.6℃，为全国之冠。日照时数长，全年达3049.5小时。雨量极少，年平均降雨量不到16.60毫米，而年蒸发量为3003.9毫米。独特的地理与气候条件，促使生土建筑得到发展。

吐鲁番土拱建筑的楼盖、屋顶均用土坯拱，其特点是无论房间的方向和房间的开间尺寸如何变化，都不妨碍土拱的建造，还可以无模施工，所以具有施工方便、经济耐用、冬暖夏凉的优点。

现存明代土拱建筑多作套间式（图5-199～5-201）。即以一间长而宽大的房间横向布置，穿套三、四间垂直于它的小房间，构成主要生活用房，其余附属用房设于庭院内。横向大房两端开侧窗和顶部开平天窗，是冬季使用的房间。另一种布置方式是在通长的大土拱房屋左右两侧垂直方向布置其余土拱房间。

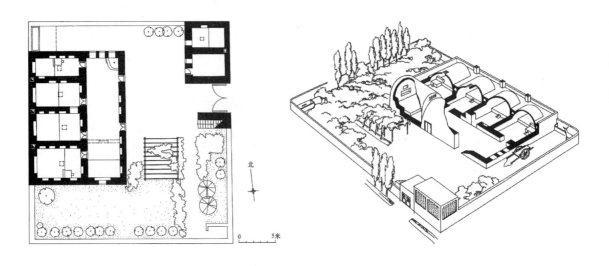

图5-199　吐鲁番五星公社托乎提·库尔班宅平面　　　　图5-200　吐鲁番五星公社托乎提·库尔班宅剖视

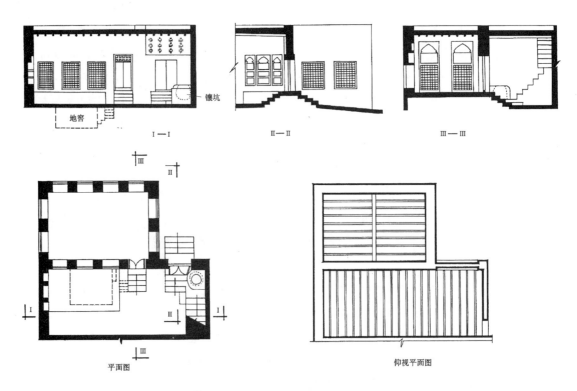

图5-201　吐鲁番地区鄯善县吐峪沟玉拉英·阿不都买英宅平、剖面

在吐鲁番除了土拱建筑外，还有一种土木混合建筑，即由土基础、土墙（夯土、土坯墙）、木梁、密椽、草泥屋面平屋顶构成的平房建筑。平面布局则与土拱建筑无甚差别。

三、云南白族住宅

白族主要聚居在云南西部，属高原的西南峡谷区。白族文化发达，历史悠久，早期为干阑、井干式住宅，自唐（南诏）始与中原联系密切，汉族的木构架、土坯墙、瓦顶传入后逐渐取代当地干阑、井干式结构。频繁的经济文化技术交流促进了白族的生产，至元明期间，白族的农业、手工业、商业发达的程度已与汉地无多大差别。在交流中，白族住宅较多地吸收了汉地建筑技术，建筑技术精细，雕饰绚丽，建筑艺术、建筑质量水平较高，一些明代古宅至今尚存。实例如下关赵雪平宅、喜州三宅、周城一宅[23]。其特点有三：1. 屋面构造有篾笆作瓦衣，铺在椽子上拴牢，再填苫背后铺瓦，有利于防风抗震。2. 梁柱粗壮，加工工整。喜州某宅主房三间七架，五柱落地，中柱径 38 厘米，梁下花牙子有丁头栱支承。3. 梁架雕刻很多，简洁大方，举架的驼峰、柁满雕卷草或云纹，梁头雕刻也多，大同小异，豪放流畅、技艺精湛。

四、藏、彝、羌族碉房

这是一种用乱石垒砌或土筑的防卫性强的住宅，元明时期藏民碉房可从元代萨迦寺、夏鲁寺中低矮的僧房以及采措颇章、卓玛颇章二座造型厚实、采用密梁平顶结构的第宅知其一斑。

流行于四川西部松潘等地彝、羌诸族之中的碉房可追溯到汉代。《后汉书》："冉駹彝者武帝所开，元鼎元年（公元前 111 年）以为汶山郡……皆依山居止。累石为室，高者至十数丈为邛笼"[24]。明人曹学全《蜀中广记》中称其为"碉"。从《蜀中广记·风俗记·第一》等文献中可知四川明代碉房有低层和高层之分。低层碉房通常高二至三层，平面为一颗印形式，中有小天井，顶平，覆以泥瓦或石板。下层为牲畜厩舍，不开窗，中层为卧室厨房，设木制小窗，上层为晒房，可供晒谷物与夏季乘凉。富者于房角建高碉，以片石作壁，以木为梯，高至十余丈，用以防卫。高层碉房防卫功能更强，高十余丈，基高三、四步，状似佛塔，以木为楼梯，用以瞭望、固守。这种高层碉房曾使清初乾隆年间入川清兵受阻。

碉房坚固耐久，这一地区至今尚有大量遗构传世，只是缺乏考证，无法确指明代实例。

普济州土司知州（彝族）宅[25]

明初普济州土司（彝族）阿喆撒加因洪武十六年"平叛讨逆"有功，被晋升为正五品爵靖远侯，赐姓吉，并由朝廷批谕修建衙门，衙门坐落于四川攀枝花市普威街后一公里处。开工于洪武十八年（1385 年），竣工于洪武二十一年（1388 年），宅附于衙内，系前衙后宅布局（图 5-202）。整组建筑中轴线清晰，中路大堂之后从第三院起正上方为土司眷属住房，左廊右碉，第四院正中上方为土司祖堂，平时为眷属进餐之地，左面一间为总管住衙，右面一间为衙中管人、管事二员执差的住房。左右两厢分别为保姆、使女及家僮住房，左女右男。

土司的起居生活区在平面左侧，亦按轴线布置，前部一个院落由戏台及左厢厨房、右厢勤杂住房围合而成，院内有水池、花台，环境幽雅，花台之后为"补过轩"，后院则由土司居室、墨笔师爷室、膳厅组成。院内长方形鱼池居中布置。土司居室呈丁字形平面。整组建筑的两侧还设置了花园、菜地及仓库，规模十分可观。

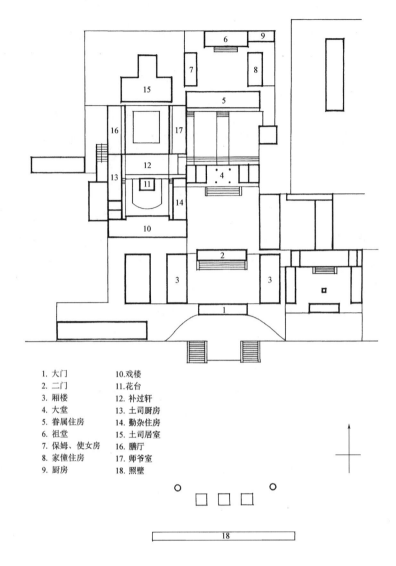

1. 大门　　　　10. 戏楼
2. 二门　　　　11. 花台
3. 厢楼　　　　12. 补过轩
4. 大堂　　　　13. 土司厨房
5. 眷属住房　　14. 勤杂住房
6. 祖堂　　　　15. 土司居室
7. 保姆、使女房　16. 膳厅
8. 家僮住房　　17. 师爷室
9. 厨房　　　　18. 照壁

图 5-202　四川攀枝花普济州土司衙门复原平面示意

注释

[1]《旧唐书》卷一九七，南蛮传。

[2] 明·李诩《戒庵老人漫笔》，中华书局 1982.2 版，卷一，第 8 页。

[3] 明·王士性《广志绎》，中华书局 1981.12 版，卷之三，"江北四省"，第 49～50 页。

[4]《云南民居》第 85 页，中国建筑工业出版社。

[5] 转引自翦伯赞等主编《中国通史参考资料》第 6 册，中华书局 1981 年 5 月第 1 版，第 9 页。

[6]《经世大典》工典总叙、庐帐，万有文库本《元文类》（六）第 616 页。

[7] 李志常《长春真人西游记》。

[8]《元史》卷六十三，地理志，西北地附录。

[9]《史集》商务印书馆 1983 年 9 月第 1 版第一卷第一分册，第 202 页。

[10] 张养浩《归田类稿》卷 11，《驿卒佟锁住传》。

[11]《张参议耀卿纪行》见王恽《秋涧先生大全文集》卷 100。

[12]《柏朗嘉宾蒙古行记》中华书局 1985 年 1 月第 1 版，第 30 页。

[13]《鲁布鲁克东行记》中华书局 1985 年 1 月第 1 版，第 210 页。

[14]《柏朗嘉宾蒙古行记》同上版本第 98 页。

[15] 同上书，第 92、96 页。

[16] 以上引文与内容均根据《鲁布鲁克东行记》第二章《鞑靼人和他们的住所》摘录与编写。中华书局，1985年第1版第109～211页。

[17] 《史集》第一卷，第二分册第18页。

[18] 《史集》第一卷，第二分册第112页。

[19] 中央驻西域的政府机构，不征赋税或只征很少的赋税。这些机构一般只负责当地的国防、治安、重要官吏和地方首领的任免以及调解重大的纠纷。地方首领有较多的管理属民的自主权并往往可以世袭。

[20] 《新疆纵横》：各民族在新疆的融合，维吾尔等民族的形成。中央民族学院出版社。

[21] 《斯坦因考古记》。

[22] 阿以旺，维吾尔语的意思是光明之处，此处是指住宅中的一种中厅，犹如起居室，周围环绕其他房间。因此维族俗称这种中厅式住宅为"阿以旺"。此外，阿以旺还含有阳台、廊下等综合译意，新疆伊斯兰玛札的拱门也称阿以旺。

[23] 本节参考中国建筑工业出版社，《云南民居》概论、白族民居有关内容编写。

[24] 《后汉书》卷一一七·西南夷。

[25] 本段参考中国科学技术出版社《中华古建筑》中陈显寰"渡口民族建筑调查"一文之"土司建筑"一节编写。

第六章 宗 教 建 筑

第一节 汉地佛教建筑

元代的汉地佛教，除了帝王和皇室成员所建的佛寺多属帝师的喇嘛教系统外，其余仍以禅宗为主体。

禅宗自南宋创立"五山十刹"的体制之后，形成了以临安为中心的庞大严密的禅院组织机构，并依据这种组织形式展开、发展。元代一脉相承，构成了其禅林的基本格局。因此，五山十刹之制，是把握以禅宗为代表的汉地佛教发展的关键，同时也是把握元代禅林组织机构形式及寺院建筑性质的重要依据。但元代五山十刹的寺格等级，由于至顺元年（1330 年）元文宗改金陵潜邸创建大龙翔集庆寺，将其列于五山之上，从而产生了这一最高寺格的建置制度。这种制度也传入日本，影响了日本禅林组织机构形式[1]。

在地域上，禅宗在江南得到了空前的发展，其中五山十刹集中于江浙地区。十刹之下的"甲刹"也绝大多数分布于江南。元代甲刹的分布状况为：浙江省十，江苏省九，江西省八，福建省与湖北省各二，安徽、广东、河北与河南省各一。位于华北的甲刹仅初祖达摩的登封少林寺与二祖慧可的磁州二祖山两处[2]。同五山十刹一样，元代的甲刹亦皆为上代所遗，而金陵大龙翔集庆寺与杭州报国寺等则为元代所创。

元代禅宗五山十刹的伽蓝建筑绝大多数已不复存在或已面目全非，对于元代江南禅刹形态及建筑形制的研究，可以从现存南宋末年"五山十刹图"绘卷中得到极为珍贵的参照资料[3]。

在中国佛教诸宗中，禅宗能得以兴盛地发展并能如此规矩齐备，在很大程度上依赖于禅门所特有的纲纪即禅门清规之力。清规的内容从日常生活到禅寺全体行事制度，均有详尽规定，禅寺建筑形制亦受其约束。可以说禅寺建筑形制是其教义与清规内在制约的形而下的反映和表现。

禅门清规首创于唐百丈怀海，其所著《百丈清规》今已散失。现存被称为"百丈清规"的是元至元四年（1338 年）百丈山住持东阳德辉奉诏编撰的《敕修百丈清规》。在禅门清规史上，唐《百丈清规》之后，宋代主要修有三部清规，其中的《禅苑清规》（10 卷）为现存最古及最重要者。元代主要修有《禅林备用清规》（10 卷、至大四年）、《幻住庵清规》（1 卷、延祐四年）及《敕修百丈清规》（8 卷、至元四年）。这三部清规表明元代禅宗及禅刹寺院仍有一定的发展，尤其是《敕修百丈清规》意义重大。由于敕修颁行全国而对寺院制度及生活诸方面产生了极大影响，直至近代仍是禅林生活的基本规范。

禅林完备的纲纪制度也给汉地佛教的其他诸宗以深刻的影响。元代以后，佛教诸宗寺院，表面上虽有宗派传承，实际上不甚严格，一般都以禅宗的丛林制度为准而加以增减。流传至今的汉地佛教寺院制度及生活方式诸方面，基本上是在禅林纲纪制度的影响下形成并完善的。

明初，喇嘛教在内地渐衰，而禅、净等诸宗逐渐恢复。洪武元年（1368 年），在南京天界寺设立善世院管领佛教，分寺院为禅、讲、教三类，与前代有了明显的不同。明代以前，历来都是以律、禅、教三种寺别为主干的。明太祖所谓"禅、讲、教"之分，在内容上将以往称为教寺的，即研习教义、讲授经典的寺院，包括天台、华严诸教均称为讲寺，而所谓"教寺"，实指那些专作佛事的寺院。归并的结果是由"教寺"取代律寺，这也说明明代律寺的衰微[4]。

明代佛教诸宗，仍以禅宗为盛。禅宗各派则以临济宗为最，曹洞宗次之。但与宋元相比，已显得江河日下，昔日的辉煌已不复存在。佛教普及化与世俗化的进一步加深，是元明时期尤其是明代佛教发展的重要特色。诸宗归一，相互融合，亦构成明代佛教发展的主要趋势。

这一时期，作为宋元禅林中心的五山十刹渐趋衰微，代之而起的是明代佛教四大名山。这一现象所反映的本质即是上述明代佛教自身的演变及其特色。明代佛教四大名山也称四大道场，是我国佛教中所传四位菩萨分别显圣说法的道场。它们是山西五台山（文殊菩萨）、浙江普陀山（观音菩萨）、四川峨眉山（普贤菩萨），以及安徽九华山（地藏菩萨）。四山之中，以五台山最为有名，明代曾有"金五台、银普陀、铜峨眉、铁九华"之形象比喻。这四大名山，作为僧侣巡礼朝拜的圣地，寺院建筑宏大辉煌，尤其是明神宗万历时期（1573～1619 年），诸宗名师辈出，形成了明代佛教的复兴气象，佛教寺院建筑也随之有了较大的发展。其特色在于，宋元五山十刹为禅宗专一丛林，而明代兴盛的四大名山则多为诸宗杂处，宗派的特色与个性不甚分明。如五台山即青庙（汉僧寺院）与黄庙（藏传寺院、喇嘛庙）共处；青庙中也多宗杂处，全无宋元禅宗独立鲜明的个性，禅宗伽蓝建筑形制上的纯粹性也随之失去。佛教徒参拜的中心从五山十刹转向四大名山的现象，反映了从禅宗所重的名师参拜转向诸宗融合的名山参拜。

宋代以来汉地佛教文化的发展趋势大致是三教合一与大众化。三教合一的趋势使佛教与儒学、道教的关系越来越密切，佛教信仰借助于三教合一之力更加深入普及。更重要的是佛教与民间宗教信仰及群众的现实需要相结合，向大众化、实用化和通俗化的方向迅猛发展，佛教寺院的构成与性质随之发生变化，表现出相应的世俗化的色彩。佛教之寺与民间之庙逐渐相互接近、融合，佛教寺院渐脱去其袈裟外衣，宗教色彩日趋淡薄，相应的民间宗教氛围及儒家的成分则日益显著了起来。明代就是这样一个典型的时期。

净土信仰是佛教普及化与世俗化的最主要的表现形式，以称名念佛的简便修行方法追求往生彼岸世界。这一简化及实用化的修行"捷径"，吸引了众多信徒，尤其在平民中得到了极大的普及。净土宗既以专修往生西方净土的形式流行，又与其他宗派结合起来传播，尤其是与禅宗一起作为汉地社会最普及的佛教信仰，广泛传播，形成"禅净双修"的模式。念佛禅是宋代以来禅宗发展重要趋势，至元明时期尤甚。禅儒相融，禅净一致，成为元明以后（乃至受其影响的日本、朝鲜及越南）禅风的重要特色。这一佛教发展的趋势大大改变了宋代以来纯粹禅寺的格局与形式，而使之带上了净土信仰的烙印与色彩。例如念佛堂出现于明代禅寺，即应视为南宋以来禅净一致思想演化的结果。明代佛教虽以禅宗为本，但禅僧又几乎都离不开念佛拜佛，净土念佛的魅力渗透融于禅宗丛林之中。明末清初，"融混佛教"走向极端，使禅宗与净土宗之间仅有的界限也十分模糊。及至清代，终于使禅寺丧失了自己的独立形态。

元明时期汉地佛教在发展过程中，也影响了周边诸国的佛教发展，尤以朝鲜和日本最为突出。

宋元的禅宗，通过僧侣传入日本和朝鲜，寺院形制和建筑技术，也随之被忠实地移植于彼土。日本中世纪所谓的"禅宗样"建筑就是直接以南宋末至元代的中国五山十刹建筑为祖形的。因此，从比较的角度而言，这些源于宋末及元的禅宗寺院建筑，也就成为研究宋元这一时期中国本土寺院建筑的最好参照。由于江南元代禅院建筑仅存二、三处，故结合相应时期日本的禅宗样建筑，就不难把握元代江南禅院建筑的形制与技术。

明代佛教对周边诸国的影响，以明末黄檗山高僧隐元禅师传至日本的黄檗禅宗最具代表性。在建筑方面，当时中国东南沿海佛教寺院的形制与技术也随之传入日本，成为日本黄檗宗寺院的标准，其建筑样式统称为"黄檗样"。隐元禅师直接所传的日本宇治黄檗山万福寺，就是一座典型的明代寺院建筑[5]。

纵观中国佛教的发展，禅宗是汉地佛教最成熟阶段的产物。没有禅宗，也就没有及至今日的汉地佛教文化圈成熟与完善的形式与面貌。故禅宗寺院建筑当是元明时期汉地佛教建筑的重心所在。

以下就元明汉地佛教建筑的三个方面，即伽蓝布局、木构建筑及砖石建筑，分别论述。

一、伽蓝布局的模式及其演变

元代佛教伽蓝布局，南方以南宋以来持续至元的江南大禅院为代表，形制极为成熟与定型；北方则以现存的山西洪洞广胜上、下寺为重要实例。严格地说，佛教寺院的形制，当随宗派之别而有所不同，汉地佛教寺院的形制，除了反映时代与地域性的特征之外，还应反映各宗派之间的教义与规矩制度的不同特色。尽管我们现在还难以直接了解元代伽蓝布局的规制，但根据历史演变规律以及存留的部分资料，我们还是可以推测其大概。

如前所述，从整体上来看，元代汉地佛教仍以禅宗为主流，江浙二地的元代五山十刹的伽蓝形制，则具有典型性和代表意义。从发展演变上来看，宋元两朝江南禅院的发展，具有相当的一贯性和承袭性，所以元代江南禅院形制，根据"五山十刹图"绘卷也可知其大概。

"五山十刹图"中载有南宋末年江南禅宗大刹灵隐、天童及万年三寺的伽蓝布局（图6-1～6-3），其构成可概括表示如下：

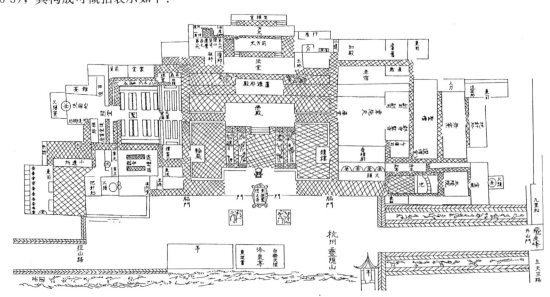

图6-1　南宋末年杭州灵隐寺图（录自《五山十刹图》）

坐禅堂　　　　　　方丈　　　　　　　方丈

方丈　　　　　　　法堂　　　　　　　大舍堂

前方丈　　　僧堂—佛殿—库院　　　　法堂

法堂　　　观音阁—山门—钟楼　　　罗汉殿
　　　　　　　　（天童寺）
卢舍那殿　　　　　　　　　　　僧堂—佛殿—库院

僧堂—佛殿—库堂　　　　　　　　　　山门
　　　　　　　　　　　　　　　　（万年寺）
轮藏—山门—钟楼
（灵隐寺）

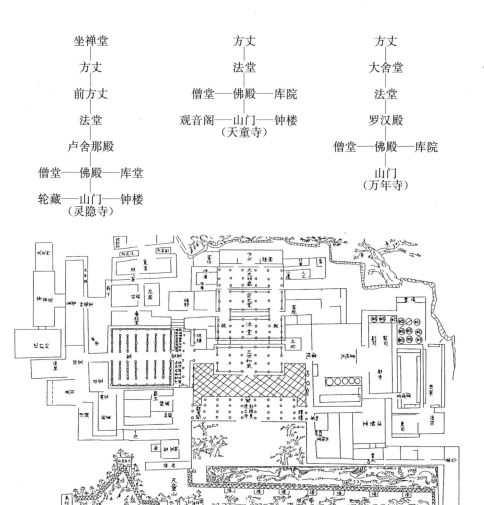

图 6-2　南宋末年宁波天童寺图（录自《五山十刹图》）

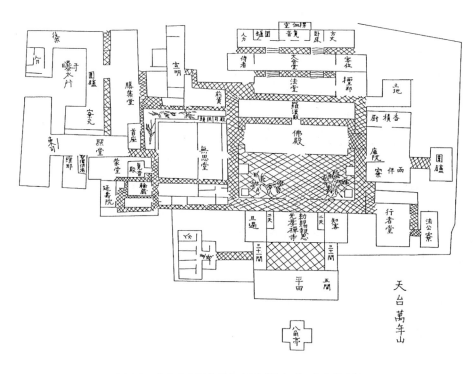

图 6-3　南宋末年天台万年寺图（录自《五山十刹图》）

灵隐、天童及万年三寺的布局，具有明显的一致性及相通处，其主体构成模式可归纳如下：

（西）　　　　　　　（东）

以上模式，是在唐后期禅寺基本布局模式（如下图）的基础上发展而来的。其发展的基本趋势是：佛殿的活动随着法堂职能的减弱而增强，佛殿在伽蓝布局上逐渐取代法堂的中心地位，伽蓝构成从法堂中心转向佛殿中心[6]。

唐后期禅寺构成的基本模式

至于元代五山十刹的伽蓝布局，当与南宋末年的相类似，即使有所变化，其主体构成当也以上述的共同构成模式为基准而不离其左右。同一时期的日本中世纪禅宗寺院，其布局也与宋末元代具有本质上的一致，即日本所谓的禅宗"伽蓝七堂"之制，如下图式：

日本之例可作为了解元代伽蓝布局的间接资料。

对于宋元伽蓝配置，我们所知不多，只能依靠一些间接资料分析推测，而明代伽蓝，既有实例遗存，又有文献资料，尤其是《金陵梵刹志》为我们提供了大量的明代寺院资料。以下按元明二朝的发展脉络，分析比较以禅寺为代表的元明寺院形制的演变，从中可以看出，元代伽蓝布局多承南宋旧制，而明代则有较大发展和变化。

（一）关于僧堂与厨库相对

僧堂与厨库相对之制是宋元禅寺布局的重要特色之一。两者一般相对分置于佛殿两侧，位置相当确定，如宋僧大休正念所言"山门朝佛殿，厨库对僧堂"（《大休录》），表示的正是这一规制。南宋末年的灵隐、天童与万年三寺以及元天历二年（1329年）敕建的金陵龙翔集庆寺（图6-4），也都是如此。随着禅林教义与清规的演变，到了明代，上述这一布局规制趋于消失。其原因在于宋元规制中的僧堂解体，僧堂的职责与功能为明代禅林中的禅堂、斋堂及寮舍所取代。

（二）关于僧堂的分解以及新的布局规制

宋元禅寺规制中，僧堂是以一堂而兼坐禅、起卧与食事三种功能的，即所谓的"禅宴食息之具。"从源流及本质上而言，早期禅林中的僧堂为禅林生活的中心。明代，僧堂依其三大功能，分化为禅堂、斋堂和寮舍。禅堂为坐禅之专门道场，起卧与食事则分别于寮舍、斋堂中进行。僧堂生活方式的解体是僧堂解体的内在原因。因此，明代的禅堂与宋元之僧堂有本质的区别。这一演

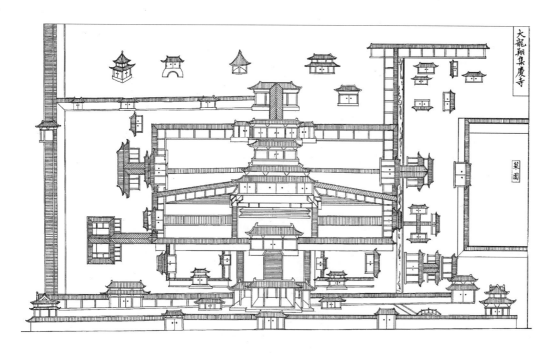

图 6-4　元集庆路大龙翔集庆寺图（摹自至正《金陵新志》）

变构成了元明禅寺布局的最显著的区别。在明代禅寺布局上，往往又取禅堂与斋堂左右对置的形式。明晚期某些禅寺中，禅堂又进一步演化为脱离寺院主体的独立禅堂院。如《金陵梵刹志》中所载的鸡鸣寺、静海寺、鹫峰寺、承恩寺、金陵寺、报恩寺、弘觉寺、普德寺等诸寺皆如此。寺院的组织机构进一步趋于复杂。

（三）关于祖师堂与伽蓝堂相对

宋元禅寺法堂两侧，多置有东西两配殿。一般东为伽蓝堂、西为祖师堂，是禅刹中最具宗派色彩的部分。尤其是祖师堂，堂内供奉禅宗初祖达摩、禅宗实际创立者六祖慧能及禅宗清规始创者百丈怀海。正如《南禅规式》所言："宋国土地（即伽蓝）、祖师二堂在法堂左右。"及至明代，此二配殿已移至佛殿两侧。这一现象的本质也同样反映了禅寺中心从法堂转向佛殿的发展趋势。关于伽蓝、祖师二堂由法堂两侧移至佛殿两侧变化，一般认为始于明代，但据日本史料推测，这一变化在元代可能就已出现。日本现存的中世纪古图"建长寺指图"（1331 年）中的土地堂与祖师堂，即已位于佛殿的两侧（图 6-5）。根据宋元与日本中世纪禅林密切的源流关系，此例可以作为上述推测的重要依据。明代，这一配置形式成为定式。

（四）关于左钟楼右经藏相对以及钟鼓楼对峙的新格局

此制的起源，可追溯至唐代，并一直延续到元末。据《天童寺志》载：元至正五年（1345 年），重建山门朝元阁，"钟楼在朝元阁左，轮藏在阁之右。"又据"五山十刹图"，南宋末的灵隐寺，亦左钟右藏相对峙于佛殿与山门之间的两侧。可见，南宋至元，此制为一般常规，及至明代，出现了新的布局规制，即宋元左钟右藏对置的格局为明代藏殿与观音阁对峙的格局所取代。但从"五山十刹图"中的天童寺平面图可以看出，南宋末至元代这一时期，钟楼与观音阁左右对峙的格局似也存在（参见图 6-2）。虽然该寺的轮藏仍然位于中轴线的右侧，但在与左钟楼相对称的位置上，设置的是观音阁，而非轮藏，轮藏被排斥在与钟楼对称的位置之外。此或为一特例，但似又与明代观音阁在伽蓝布局上地位显著起来之间有前后演变发展的关系。最终左观音殿右轮藏殿对置的布局形式，成为明代禅寺布局的典型特征。《金陵梵刹志》中所载明代诸寺，皆守此规制，明北京智化寺与平武报恩寺亦如此[7]。

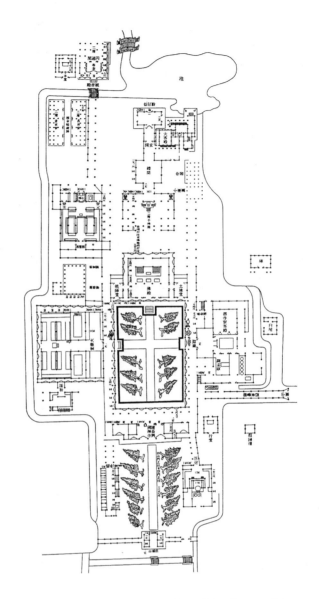

图 6-5　日本中世纪禅寺古图《建长寺指图》（1331 年）

　　鼓楼于寺院中的出现，是明代寺院布局上的一个新要素，并形成了左钟楼右鼓楼对置的格局。对置于寺院前端两侧的钟鼓楼，构成了元代以后明清两代寺院最显著的特征与标志。

　　（五）关于看经堂和山门

　　宋禅宗伽蓝中，藏经分为阅经用的看经堂与专门用作藏经的经藏两个独立部分。"五山十刹图"中的灵隐寺与天童寺如此，宋崇宁二年（1103 年）的《禅苑清规》中也有同样的记载，但元代以后，看经堂消失，看经移至众寮内。正如元《敕修百丈清规》载："各僧看经多就众寮。"

　　宋元伽蓝古制中的山门，以重层为特色。如元代天童寺重建的山门，称为朝元阁，即表示是重层。日本中世纪禅院的山门，也取重层的形式。及至明代，重层山门演化为单层的天王殿，成为元明禅寺的重要区别之一。

　　（六）关于中心轴线上建筑的配置及其变化

　　元代禅寺中心轴线上建筑的配置，一般以从南到北设置山门、佛殿、法堂、方丈为常法。明中期以后，一般禅寺在中心轴线上出现了二座以上的大殿，如明代金陵天界寺有正佛殿、三圣殿及毗卢殿三殿（图6-6）。明代，佛殿的地位进一步加强，法堂虽仍位于中轴线上，但其地位与职能较元代更趋衰微。山门部分，除了从古制的重层山门演化为单层天王殿之外，并又多于其前增置一金刚殿，从而进一步加强了中轴线上的纵深感。对此，《金陵梵刹志》记载甚详。

（七）关于诸宗合一在伽蓝布局上的影响

元明以来，随着佛教思想的发展演变，禅寺逐渐失去其鲜明的个性乃至失去其独立的形态。诸宗合一、融混佛教也给寺院布局带来相应的影响。据《金陵梵刹志》载，天启年间灵谷寺大殿之左右，有左律堂右禅堂之配置，这反映了禅律合一的现象。同时，这一时期，律宗的戒堂与净土宗的念佛堂亦多出现于禅寺中，这也是明代佛教思想特色的反映。

以上从七个方面，大致论述了元明时期以禅寺为代表的寺院布局的形制及其演变的若干侧面及问题。以下再根据已知的资料，作一总体的概观。

元代寺院的总体，已如前述，因资料的限制，难以作进一步的实证。而明代则相对而言，资料较丰，寺院总体的状况，基本可以把握。

明代金陵，寺院极盛。"金陵为王者都会，名胜甲寰内而梵宫最盛"（《金陵梵刹志》序）。"国朝定都，招提重建，或沿故基易其名，或仍旧额更其处，加以修复增置，共得大寺三、次大寺五、中寺三十二、小寺一百二十，其最小不入志者百余。京城内外，星散绮错"（《金陵梵刹志·凡则》）。且诸寺组织机构明晰，大寺统中寺若干，中寺又统小寺若干，犹似宋元五山十刹之制。就中大寺与次大寺者，皆为当时之名刹。它们是："大寺三曰灵谷、天界、报恩，次大寺五曰鸡鸣、能仁、栖霞、弘觉、静海"（《金陵梵刹志》卷十六）。至于诸寺总体配置的特点，试以一所具有代表性的寺院——《金陵梵刹志》卷二十二载中刹青溪鹫峰寺——为例，其伽蓝殿堂构成如下（从南至北）：金刚殿、左钟楼右鼓楼、天王殿、左伽蓝殿右祖师殿、正佛殿、左观音殿右轮藏殿、毗

图6-6　明代南京天界寺图（《金陵梵刹志》）

卢殿、回廊围绕。此寺之构成基本上反映了明代寺院（以禅寺为代表）主体布局的主要形制和特色。其他诸寺大体是在这一格式基础上增减调整。如大刹凤山天界寺的伽蓝整体构成为（图6-6）：金刚殿、天王殿、大雄殿、左观音殿右轮藏殿、三圣殿、左伽蓝殿右祖师殿、回以廊庑百楹，另有钟楼一座、毗卢阁压后等(《梵金陵刹志》卷十六)。次大刹鸡笼山鸡鸣寺的伽蓝整体构成为（图6-7）：天王殿、千佛阁、正佛殿、左观音殿右轮藏殿、左钟楼右鼓楼、五方殿、左伽蓝殿右祖师殿(《金陵梵刹志》卷十七)。小刹则一般仅由佛殿与僧院构成，间或添有天王殿等。

图6-7　明代南京鸡鸣寺图(《金陵梵刹志》)

此外，由明末高僧隐元禅师指导营建的日本黄檗山万福寺，亦反映的是明代寺院布局的典型形式（图6-8）。其中轴线上大雄宝殿前之左右，分设禅堂与斋堂、祖师堂与伽蓝堂、鼓楼与钟楼，各自同形对称而置，更加强了伽蓝整体的对称感。观音殿与轮藏殿对置的格局，在此已消失。

元明时期现存的汉地佛教寺院，以山西洪洞广胜上、下寺（参见图6-20）、北京智化寺（参见图6-28）及四川平武报恩寺（参见图6-49）为最有代表性。

二、佛寺木构建筑的形制与特征

木构建筑是中国古代建筑的主流，同样也是佛寺建筑最重要的构成形式。中国木构建筑发展至唐宋，已达鼎盛时期，元代则是在这个基础上的继续和发展，并对明清木构建筑产生深远的影响。

元代佛教寺院中的木构建筑，以殿堂最具代表性。遗留的实物也以佛寺殿堂实例为多，且大多分布在北方，尤其是山西地区。这一地区在金、元两代佛教盛行，佛教寺院也较多。其中如广胜下寺后大殿等即为现存最重要的元代佛教木构建筑[8]（参见图6-21、6-22）。江南地区，则相对而言所存遗构较少。目前已知的有金华天宁寺大殿（图6-9、6-10）、武义延福寺大殿（图6-11~6-13）、上海真如寺大殿等（图6-14、6-15）。

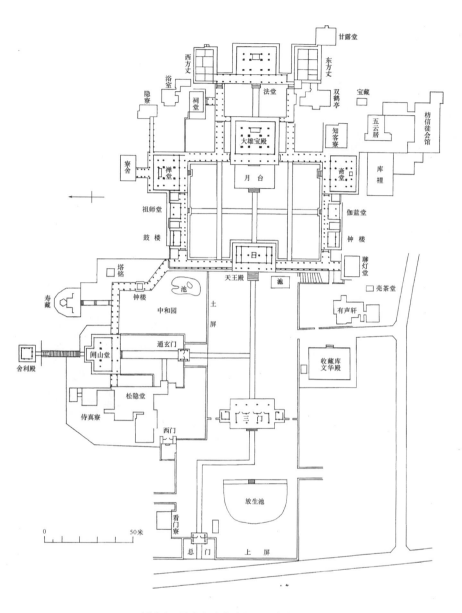

图 6-8　日本宇治黄檗山万福寺总平面

图 6-9　金华天宁寺大殿外观

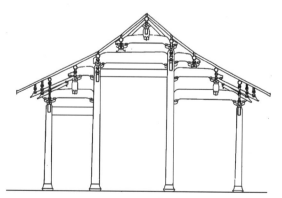

图 6-10　金华天宁寺大殿横剖面

图 6-11　武义延福寺大殿外观

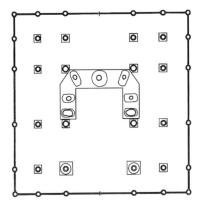

图 6-12　武义延福寺大殿平面

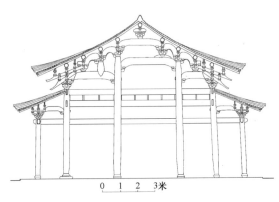

图 6-13　武义延福寺大殿剖面

图 6-14　上海真如寺大殿外观

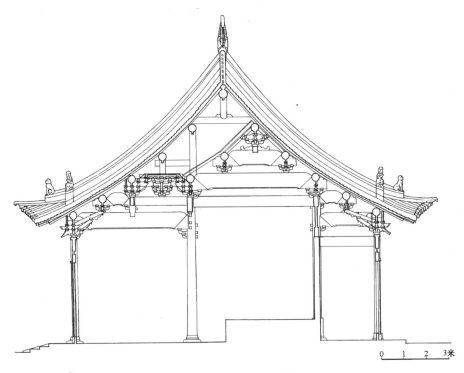

图 6-15　上海真如寺大殿横剖面

元代佛寺殿堂的梁架结构形式，从整体观之，可分为两大体系：一是传统式；二是大额式[9]。传统式的梁架结构体系，基本上是继承了唐宋以来的木构技术传统，在平面、梁架结构、细部做法与形制样式诸方面，大体上与宋代相同，其间也有一定的发展和变化。这类建筑主要有北方的浑源永安寺传法正宗殿、繁峙寿宁寺毗卢殿等以及南方现存的所有元代佛寺木构殿堂。

大额式梁架结构的主要特征是，以大额承担上部梁架荷载，在大额之下进行移柱和减柱，以求得平面柱网及空间结构的自由化和多样化，以此适应佛教礼仪、使用等诸方面的要求。大额式梁架做法，在具体运用上又有许多变化，形成了丰富多变的梁架结构及内部空间形式。它的地区分布主要在山西一带，具有明显的地域性特征。大额式结构虽然早在宋金二代即已出现，至元代，才大量发展，成为元代佛教木构建筑的重要结构形式之一。大额又分大内额与大檐额两类。在这种结构中，还普遍运用减柱法、移柱法及斜梁等做法，这几种方法之间具有密切的结构上的逻辑关系。典型实例有洪洞广胜下寺后殿、晋城青莲寺大殿、繁峙灵岩寺文殊殿、五台广济寺大殿、高平景德寺大殿以及襄汾普净寺大殿等。

大额式结构中的大斜梁或大斜昂的做法（如广胜寺元代诸殿），从本质上或演变的角度来看，是一种较原始的结构方式，或许可以说是昂的一特殊的或原始的形态。与此相同或类似的大斜昂构件，在日本中世纪的佛教建筑上也可见到。这当是元代佛教建筑对日本传播、影响的结果。

在传统式结构中，也同样反映有地域性特征。概括地说，元代北方的传统式结构，属层叠式的构架体系，与《营造法式》的殿堂式层叠结构近似。而南方的传统式结构形式，则多少带有穿斗结构的某些特征，其结构形式的本质，可以用《营造法式》的厅堂式结构来表示。在中国建筑的发展上，常有地域性特征大于时代性特征的现象。元代佛教木构建筑上，也同样显著地反映了这一特色。

在结构技术方面，这一时期的探索创新精神主要表现在北方的大额式结构上，使元代佛寺建筑的木构出现了新的变化，可称是中国传统木构技术发展上的有意义探索。

在平面形制上，方形平面佛殿是南宋以来禅宗佛殿的一个重要形式。一般大型禅院以方五间佛殿为多，小型禅院则多取方三间。这种方形佛殿，似与禅宗教义清规及修行礼仪对佛殿内部空间形式的要求有关。以南宋及元为渊源的日本中世纪禅院佛殿也反映有这一同样的特色。元代禅宗方形佛殿现存者均为小型的方三间佛殿，大型方五间佛殿不存。

早期方三间佛殿，一般殿内不减柱。如少林寺初祖庵大殿。推测至南宋以后，方三间佛殿上应有减去两根前金柱的做法。同时期的日本中世纪禅院方三间佛殿内，几乎全部减去了两根前金柱。这间接地表明了南宋至元这一时期，这一做法的存在以及对外的影响。但是目前仅存在的几座江南元代佛殿，如天宁寺大殿、延福寺大殿以及真如寺大殿，其殿内均未减柱。这似乎表现的是另外一种佛殿内部结构及空间的处理手法。

佛殿内部减去前金柱，是与增大殿内前部礼拜空间的需求有直接关系的。北宋以来，对增大佛殿内前部礼拜空间的需求就已经甚为强烈。北宋的少林寺初祖庵大殿，虽未达到减去两根前金柱这一步，但还是通过后退两根后金柱，表达了同样的扩大内部礼拜空间的愿望。这是一种相对早期的手法，在日本中世纪禅院佛殿上亦有表现。现存江浙一带的元代佛殿，虽然既未减去两根前金柱，又未后退后金柱，但还是设法加大了佛殿进深。现存江浙一带的元代佛殿，均表现出进深略大于面阔这一现象，并且是通过加大作为礼拜空间的前部第一间的进深而达到的。其实，这一现象早在北宋宁波保国寺大殿中即已出现。

入明以后，唐、宋以来的传统得到强调，佛教建筑也基本上沿着传统的轨道进一步发展和完善。至此中国传统的木构建筑的发展，步入后期阶段。就木构建筑的单体而言，逐渐趋于极度的成熟与定型，标准化程度极大地提高，从宋、元时期的构件生产的标准化和程式化，发展至明代的整个单体建筑生产的标准化和程式化，建筑发展的重心从单体转向群体。即运用定型的单体，组合复杂的群体。这一时期在群体布局上所取得的成就远甚于单体技术的发展。明代佛教寺院建筑也正处于这样的背景之下。

明代佛寺殿堂大木结构技术，基本上遵循传统的方法与规制。大额式结构已基本消失，移柱造也随之取消，减柱造则趋于少用。但在局部结构和构件形制、做法上还是继承了元代的一些手法。

传统式大木结构，在明代作为主流与正统，也取得了一定的发展。主要表现在：于梁架结构上去繁就简，于装饰细部上增繁弄巧。这两个相反方向上的繁简变化，很能体现明代木构建筑的主要精神。与元代木构建筑的探索创新精神相比，明代木构建筑则相对而言显得平淡或略为缺少鲜明的个性。

明代所存佛寺木构建筑，远较前代各时期为多，如明代的五台山，作为佛教圣地兴建了大量佛教寺院建筑，并有不少留存至今。山西平遥双林寺的现存木构建筑，也大多为明代遗构。此外，山西太原崇善寺大悲殿亦为现存明初寺院殿堂建筑的重要实例。典型的明代寺院建筑还有北京法海寺大殿、伽蓝祖师二堂，智化寺大智殿、轮藏殿、智化殿、如来殿万佛阁，四川平武报恩寺各殿及泉州开元寺大殿等，皆为明代佛教木构建筑的精品。

三、砖石佛塔与砖石殿堂

佛塔是中国佛教建筑的一个重要内容。从佛教传入中国以后，佛塔即成为寺院的象征及重要的组成部分。从寺塔的演变过程来看，早期寺院中佛塔占极重要的地位。至宋代，寺院中塔的意义与地位已减弱，这与宋代以后，佛教中禅宗一家独盛的局面有直接的关系。禅宗教义决定了禅宗寺院不重塔的供养。宋以后，禅刹中不重立塔已成为一般的趋势，此制宋元一脉相承。描写宋末至元这一时期江南禅刹的"五山十刹图"中，均无造塔记录。这是宋元禅寺无造塔之风的又一直接明证。

佛塔按类型可分为三类，即佛塔、墓塔及经塔。宋元以降，造塔逐渐脱离了佛教的本义，独树一帜，演化出各种用途之塔。元代禅寺中，虽然别无特别的佛塔营建，但禅僧的墓塔，却代有营造。在北方，墓塔又称"普同塔"，南方禅僧墓塔则称为"无缝塔"，均为砖塔。

历史上唐、宋、明是砖石塔的三个成熟与高峰时期，具有代表性的高大之塔，均出自这三朝，现存佛塔遗构，也以此三朝之塔最为优秀，相比较而言，元代的造塔则正处于宋明这两个高潮之间，表现出低落、停滞状态，造塔之风甚衰。故现存历代古塔虽然颇多，但独少元塔。现存的少数一些元塔，也主要是些墓塔与经塔。经过金代的发展，至元代盛行起来的幢式墓塔，在大墓塔群中时可见到。如山西交城县石壁山玄中寺及山西万卦山天宁万寿禅寺的墓塔群中，数量甚多。其形制为平面八角形，台基、基座及莲座三部分参差叠起，施用复杂之雕刻，在基座、束腰部分雕刻莲花、飞天等图案，基座上置莲花，状如平座之格式，塔身正面施卧狮，塔刹在一般情况下用六至七层构件组合而成等等[10]。

元代的墓塔与经塔，样式多与传统相异，无系统性，随意建造，无统一的标准与形制。这类元塔，相对于传统塔之形制，又被称为异形塔。在这一点上，与元代佛教木构建筑在传统形制制约之外的放任与随意，甚为相通。这与元代社会的复杂性密切相关。

在异型砖石小塔方面，造型变化极多，形制与一般常见之塔不同，如交城南塔塔寺圆明禅师塔。元代还于寺中建造实心砖墓塔，如山西天龙山寿圣寺墓塔、玄中寺墓塔等。这类塔有扁平基座、高耸塔身及层层叠涩而出的密檐。自元代晚期此类塔出现以后，深刻地影响了明代墓塔，在明代大量地建造起来[11]。

元代汉地传统楼阁式佛塔的营造极衰，所建无几。但从现存遗构来看，元代营建有若干石构仿楼阁式佛塔。如临安普庆寺六角石塔、晋江六胜塔等。苏州天池山的寂鉴寺石殿也为元构，共三座，二座形似佛龛，一座为殿堂，造型仿木构[12]（图6-16～6-18）。

明代，佛塔的发展进入了又一个高峰时期，其发展原因，从全局来看，明代汉地佛教及佛教寺院的发展固然是一个重要的因素，另一方面，造塔材料（砖）及造塔技术的发展，也为明代佛塔的再兴，提供了必不可少的条件。

中国佛塔发展的历史上，最高大、宏丽的砖塔即出现于明代，它就是著名的南京报恩寺塔。此塔建于明初永乐十年至宣德六年（1412～1431年）间，塔高（自底至刹尖）三十二丈四尺九寸四分（据清嘉庆七年"江南报恩寺琉璃宝塔全图"）。按明营造尺（合0.314米）（编者注：明营造尺折合米数迄今未有定论。矩斋《古尺考》据明尺遗物所得数据为：1明尺＝0.32米，亦可供参考。）计算，高达102米。当时系"敕工部侍郎黄立泰，依大内图式，造九级五色琉璃宝塔一座"，"顶以黄金风波铜镀之，以存久远"（同前），"其雄丽冠于浮屠，金轮耸出云表，与日竞丽"，"塔四周镌四天王金刚护法神，中镌如来佛，俱用白石，精细巧致若鬼工"（明末王世贞游记）。又造塔时，"具三塔材，成其一，埋其二，编号识之，塔损一砖，以字号报工部，发一砖补之，如生成焉"（《金陵大报恩寺塔志》）。金陵大报恩寺塔充分反映和代表了明代砖构佛塔发展的辉煌成就。此塔不仅当时即闻名于世，直至清代还享誉于欧洲。

明代砖塔式样甚丰，其中传统的楼阁式塔仍占主要地位。砖塔之精华与成就，主要集中表现在此种塔上。其一般形制为平面八角形，层数多为七层、九层，高者可达十三层。与宋塔相比，明塔体积大、塔身高、雄伟华丽。在结构上，明塔也变化多样、新意层出。其结构形式大致可分为如下几类：穿心式、混合式、空筒塔室式、壁内折上式以及实心式等[13]。其中以壁内折上式结构的运用最为普遍。如山西潞城原起寺塔、永济县万固寺塔、龙泉寺舍利塔等。著名的洪洞广胜上寺飞虹塔，是明代砖塔另一种较常见的结构形式，即空筒式塔。

明代部分砖塔，表面还施以琉璃，或部分用琉璃砖贴砌，或全部满贴。琉璃塔成为明代砖塔的特色之一。

汉地大量建造喇嘛塔始于元代，及至明代，其势不衰，各地仍

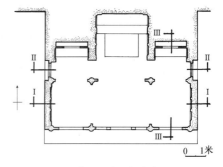

图6-16　苏州天池山寂鉴寺石殿平面

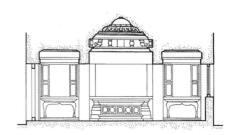

图6-17　苏州天池山寂鉴寺石殿剖面Ⅱ-Ⅱ

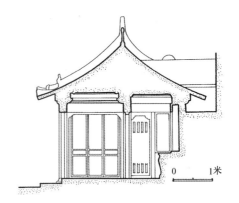

图6-18　苏州天池山寂鉴寺石殿剖面Ⅲ-Ⅲ

有建造。金刚宝座塔也是明代佛塔中的另一种类型，如北京大正觉寺金刚宝座塔等。

明代砖石墓塔一般甚简洁，平面呈八角形，以三至五层者为多，外表仿木楼阁式，内为实心[14]。

明代砖塔的使用材料，南方与北方各有地域性特征，即北方砖塔多为纯砖砌筑而成，南方砖塔则多采用砖木混合塔之形式。此为五代、宋以来的传统。五代江南苏州云岩寺塔，即为砖木混合塔的现存最早实例。直至明清，这一地域性做法一脉相承。这也使得明代江南砖构佛塔在造型上明显区别于北方砖塔。其特色是既保持有砖结构的优点，又力求在造型比例上接近木塔，带有木塔的轻盈及丰富的轮廓线，如南通五福寺塔等。

明代石塔的营建，主要分布在产石地区。如福建南部，至今仍有不少明代石构佛塔留存。在形制上，塔内多为空筒形，外以石块砌出八角形塔壁。一般用叠涩出檐，塔室各层用石梁石板分隔，是为福建地区较普遍的一种石构佛塔类型。如福清瑞云塔等。

明代砖结构的砌筑技术有了显著的提高，石灰灰浆普遍使用，砖拱结构的跨度大大增加，在此基础上，产生了一种砖构殿堂——无梁殿，成为明代建筑发展上令人瞩目的成就。

元末明初，砖砌筒拱结构开始在地面建筑上较为普遍地运用。元朝与各国及各民族之间的交流，促使了汉族对砖建筑适用范围的认识逐步扩大，成为明代砖建筑兴起的先导。另一方面，对建筑长久性及防火的要求，也成为明代砖构无梁殿发展的主要动力。

从现存实例可以看出，明万历年间是明代无梁殿兴建的高峰时期。这有其特定的历史背景及相关的影响因素。

首先是藏经的需要。"法"是佛教三宝（佛、法、僧）之一。随着明代佛教逐渐的世俗化，一度由于禅宗兴盛而处于不甚重要地位的"法"，又成为重要的崇拜对象。明初因元时藏经悉毁于兵燹而重加开刻，同时皇家又屡次颁赐大藏经，故明代有数次大规模的刻经活动，尤以万历年间所刻《经山藏》最为著名。各大寺都以获得皇帝赐予《藏经》为荣。万历年间无梁殿的大量兴建，就是与这种赐经风气相关，即以无梁殿作为藏经阁之用，以图御火和垂之久远。如《宝华山志》载句容隆昌寺无梁殿："翼殿二藏经楼，累瓴甓御火。"现该寺所存翼殿原初即为藏经阁，分藏万历帝和慈圣太后所赐之藏经各一部。又如苏州开元寺无梁殿，据牛若麟《吴县志》载："万历四十二年颁施天下寺院大藏经，太监赵继芳奉敕赍经至苏州开元寺供安。四十六年，僧如缘建阁供奉钦赐大藏。纯垒细砖，不用寸木"；《峨眉山志》载："万年寺砖殿（指峨眉山万年寺无梁殿），又称藏经阁，原有明万历二十七年敕经一部"。其他如显通寺中称为毗卢阁的无梁殿，亦为明代寺院中常置藏经之殿。

明以前藏经一般都附于佛殿，及至明时，藏经阁就完全从佛殿中独立而出，成为中轴上最后一进大殿。这说明当时对藏经之重视和皇家对佛教的影响。历史上对佛经的保存，作过许多防火的努力和尝试。明代无梁殿所显示的防火及坚固耐久的特点，使之成为理想的藏经之所。

无梁殿的"无梁"，又恰好与佛教寺院中供奉的无量寿佛的"无量"谐音，此亦给无梁殿这一以结构特点而得名的殿名，蒙上了浓厚的佛教色彩（参见第九章第二节及第十章第二节释妙峰）。

元明时期现存的汉地佛教建筑数量不少，但大多仅存个别殿、塔，能全面反映当时建筑风貌者却并不多，相对而言，以下数例保存遗构较多，也有较大代表性。

（一）洪洞广胜寺❶

在山西省洪洞县城东的霍山，有上、下两寺，相距约半公里。下寺在山趾，与霍水水神庙相

---

❶ 洪洞广胜寺、北京智化寺、泉州开元寺、太原崇善寺诸例由编者增补。

邻；上寺在山顶，可居高而俯视下寺。

下寺保持元代面貌较多，现存轴线上的三座主要建筑全是元构。寺区坐落在山下一段坡地上，南低北高，由山门经前殿到后大殿，地面逐步升高（图6-19、6-20）。山门三间，单檐歇山顶，前后檐各加一个披檐，起到了雨搭作用，也使外观更富于变化。前殿五间，悬山顶。后大殿重建于元至大二年（1309年），七间，悬山顶，内供三世佛。由于前后两殿屋顶形式相同，显得有重复之感。后大殿的结构采用大内额上搁置梁架的做法，使屋顶重量通过梁架传于大内额后再传至柱顶斗栱，因此柱子位置可作适当调整，既减省了柱子，又增加了室内活动空间，此外，此殿还采用不整齐的圆料和弯料做梁、额等承重构件，使梁架结构出现了简率、随意的新意，这是对传统的殿堂木构架做法的一种革新，既反映了元代北方木材紧缺的窘况，也表现了宋以来"法式"对建筑所起的制约作用渐趋淡化，不过这种革新并非出于结构概念的更新与进步，而主要是迫于环境条件而采取的一种灵活变通办法，因此事后又在11.5米长的大内额下各加一根支撑，以防止其挠曲而产生断裂的危险（图6-21、6-22）。

上寺年代较下寺稍晚，主要建筑物均系明代所建。寺的前院是一座高47.31米的琉璃塔——飞虹塔（图6-23），塔后是三座佛殿组成的三进院落。这种前塔后殿的布置方式反映了早期佛寺以塔为中心的概念，在明代，这种布局已较少见。塔前东西两侧设祖师殿与伽蓝殿，是禅寺的典型格局。塔的周围环以院墙，形成一区独立的塔院，使总体布局独具一格。塔后三殿依次为弥陀殿、释伽殿（大殿）、毗卢殿（图6-26、6-27），分别供奉不同经义所宗的佛像。弥陀殿木构架采用大斜梁、减柱等手法（图6-24、6-25），是当地元代木构做法的延续。毗卢殿的门窗格扇制作精致，被誉为当地明代小木作的代表作品。

（二）北京智化寺

位于北京市东城区禄米仓，是明正统八年（1443年）太监王振所建私庙[15]，也是当时北京的一座重要佛寺，属禅宗的临济宗。

寺的布局在明代佛寺中有典型性（图6-28）。山门内钟楼、鼓楼左右对峙；经智化门（天王殿）而入，即是正殿（智化殿），殿内奉释迦像及罗汉20尊；殿前西侧是轮藏殿（图6-29），殿内转轮藏尚存，东侧是大智殿，奉观音、文殊、普贤、地藏四像；再后为如来殿、大悲堂（供观音）、万法堂（讲堂）及方丈院。其中如来殿是两层楼阁，楼下称如来殿，楼上称万佛阁，四壁木制佛龛内有小佛像九千多个，故有万佛阁之名（图6-30～6-33）。

图6-19　山西洪洞广胜下寺鸟瞰

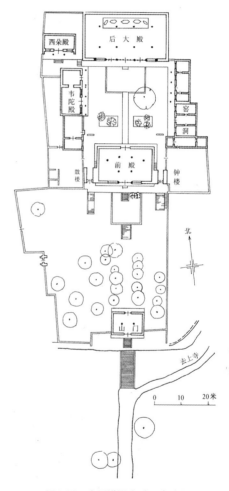

图6-20　山西洪洞广胜下寺总平面

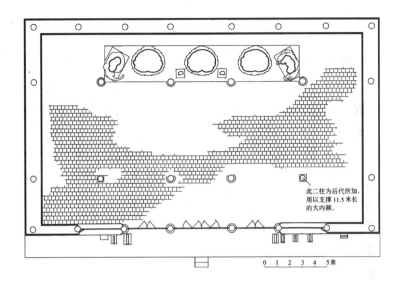

此二柱为后代所加,
用以支撑11.5米长
的大内额.

0 1 2 3 4 5米

图 6-21　山西洪洞广胜下寺后大殿平面

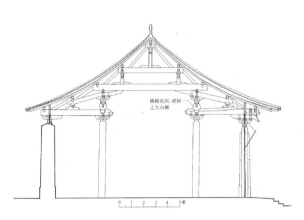

横跨次间、梢间
之大内额

0 1 2 3 4 5米

图 6-22　山西洪洞广胜下寺后大殿剖面

图 6-23　山西洪洞广胜上寺飞虹塔外观

图 6-24　山西洪洞广胜上寺毗卢殿外观

图 6-25　山西洪洞广胜上寺毗卢殿内景

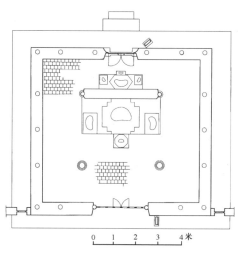

图 6-26　山西洪洞广胜上寺弥陀殿平面

图 6-27　山西洪洞广胜上寺弥陀殿剖面

图 6-28　北京智化寺轮藏殿外观

　　此寺的殿宇规模都比较小，山门仅有券门一洞，寺门、主殿、配殿都是三间，属于小型佛寺规格。最高大的建筑物是万佛阁，五开间，通面阔 18 米，也算不上是一座宏伟的楼阁，而且所用的琉璃瓦是黑色，在琉璃瓦等级中属于下等。一切室外的阶基、门窗、斗栱也无特别引人注目之处。但殿内的佛像、天花、藻井、轮藏等雕镂精致，色彩富丽；彩画金碧辉煌，极尽装饰的能事，由此可见《明史·王振传》所谓"建智化寺，穷极土木，"并非虚夸之词。其中尤以万佛阁的藻井和天花彩画，可称是明代遗物中的代表，以致在 20 世纪 30 年代被觊觎而遭盗卖（现该阁藻井藏于美国纳尔逊博物馆）。从这些建筑装饰中也可以看到风格已趋于繁琐堆砌，如藻井、须弥座等处雕饰丛密，几乎都是满铺。而其中的一些内容如七字真言、八宝（轮、螺、伞、罐、花、盖、鱼、长）、金翅鸟与龙女（蛇）等则是喇嘛教的题材，可见元大都时代喇嘛教艺术对北京地区影响很深，以致明代禅宗寺院也习惯于大量使用异派情调的装饰了。

　　（三）泉州开元寺

　　位于福建省泉州市西城区。现存寺前两座宋代石塔——镇国塔与仁寿塔是国内最高的楼阁式石塔，轴线上的主体建筑山门、大殿和戒坛则是明代遗物（图 6-34）。

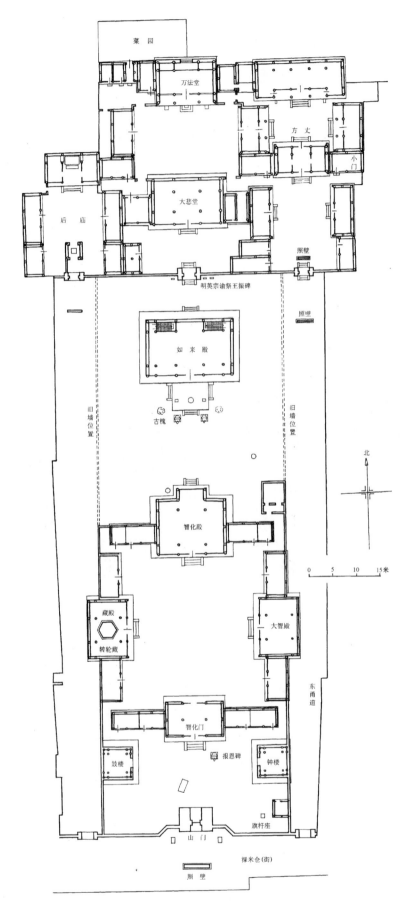

图 6-29　北京智化寺总平面

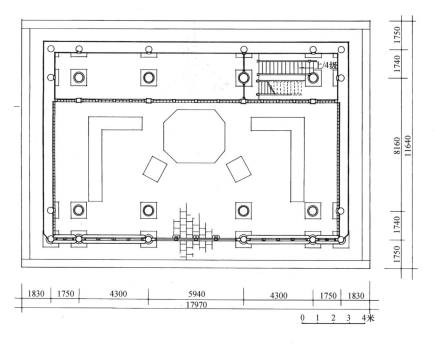

图 6-30　北京智化寺万佛阁底层（如来殿）平面

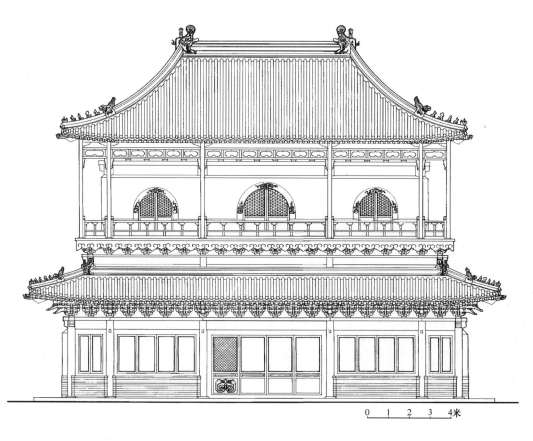

图 6-31　北京智化寺万佛阁立面

图 6-32　北京智化寺万佛阁剖面

图 6-33　北京智化寺万佛阁外观

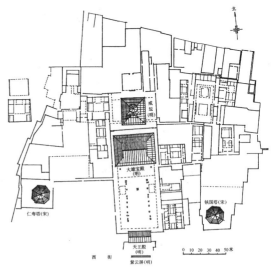

图 6-34　泉州开元寺总平面

开元寺始建于唐垂拱二年（686年），其后历经兴衰，元末遭战火破坏，木构建筑全部被毁。明洪武年间重建山门、大殿、戒坛等建筑物，万历四年（1576年）建山门前照壁。现存山门五间，后檐附有方形拜亭，其中明、次间是明代原物，两梢间及拜亭则是近世添建。大殿面阔九间，进深九间，重檐歇山顶，体量宏伟，形制独特，是福建佛教殿堂的重要代表（图6-35、6-36）。但其殿身（七间）部分系沿用宋代平面，洪武年间复建时利用了原有平面和柱础而在四周加了一圈回廊（副阶），就成了目前所见的形状。崇祯十年（1637年）又将内柱易为石柱。因此这座大殿的平面是宋、明两朝的复合体，而构架则是明初与明末的混合物（图6-37～6-41）。如按平面柱网计算，此殿应有柱子100根，故民间俗称百柱殿，但实际上由于减去两排内柱14根而实存86根。殿内天花以上木构架采用南方传统的穿斗式，斗栱宏大而疏朗，尚存宋代遗风。其间最突出的特点是内柱斗栱的华栱刻作飞天伎乐，使殿内氛围顿异于一般佛殿。据考证，这种手持乐器的飞天是经海上文化交流而于宋元期间传入泉州的，明初复建时按旧样仿制而成（图6-42、6-43）。戒坛的建筑造型颇为独特，中设石坛，坛上覆以方形与八角形的重檐坛屋，四周再以披屋和回廊环绕，使之形成一座组合复杂的建筑物（图6-44～6-48）。其中回廊是永乐九年（1411年）添建之物，坛屋和披屋则建于建文二年（1400年）。

图6-35 泉州开元寺大殿外观

图6-36 泉州开元寺大殿内景

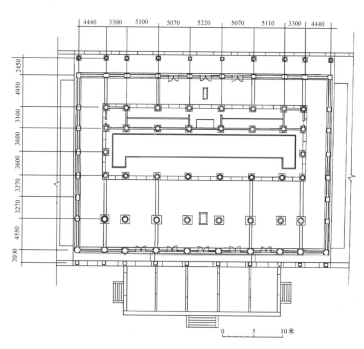

图6-37 泉州开元寺大殿平面

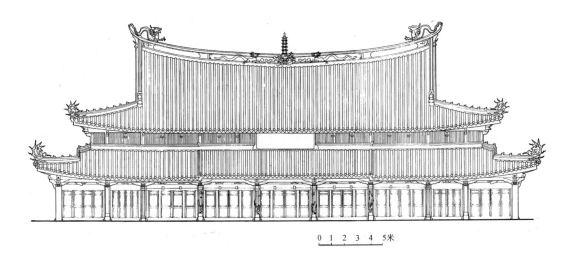

图 6-38　泉州开元寺大殿南立面

图 6-39　泉州开元寺大殿横剖面

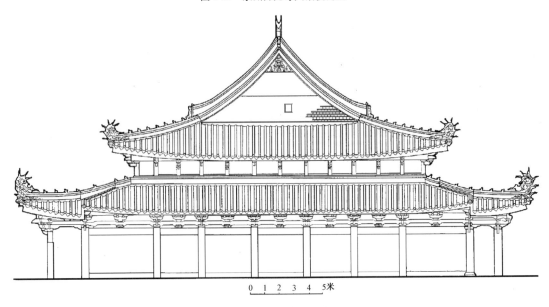

图 6-40　泉州开元寺大殿侧立面

图 6-41　泉州开元寺大殿纵剖面

图 6-42　泉州开元寺大殿内飞天

图 6-43　泉州开元寺大殿内飞天特写

图 6-44　泉州开元寺戒坛外观

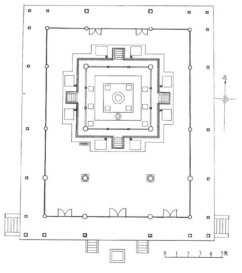

图 6-45　泉州开元寺戒坛平面

335

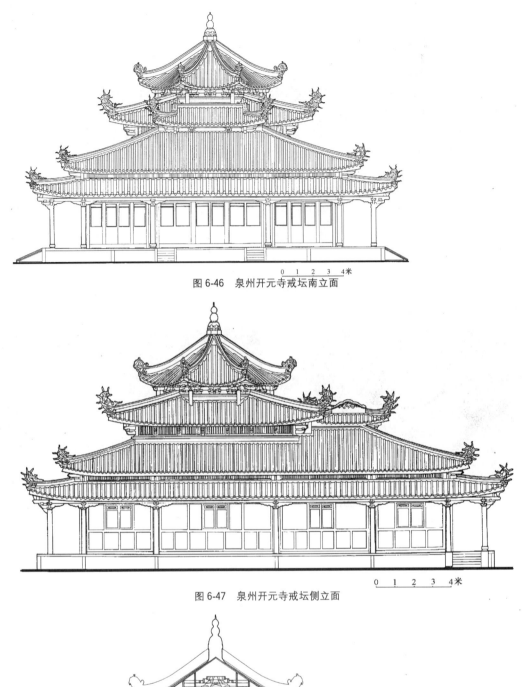

图 6-46　泉州开元寺戒坛南立面

图 6-47　泉州开元寺戒坛侧立面

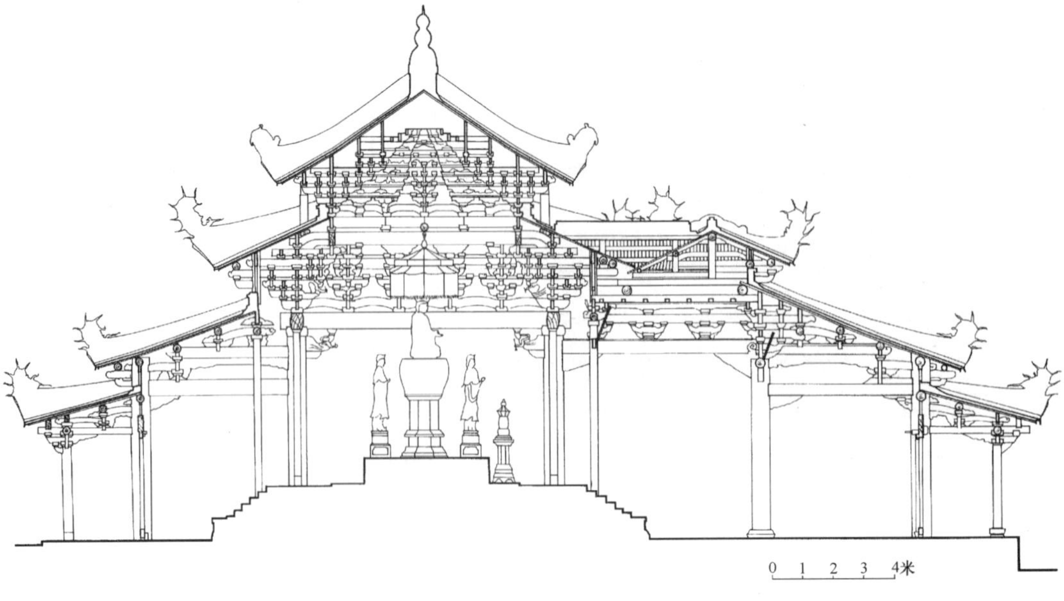

图 6-48　泉州开元寺戒坛横剖面

（四）平武报恩寺❶

位于四川省西北部平武县城龙安镇东北的山麓，前临涪江，四面松柏环抱，因深藏于边远的民族杂居山区，至今保存完整。

此寺系龙州（平武）土官金事王玺奏请朝廷为报答皇恩而修建的。始建于明正统五年（1440年），建筑物完成于正统十一年（1446年），塑像、壁画、粉塑则到天顺四年（1460年）才告全部竣工。全寺占地近2.5公顷，建筑面积3500余平方米，坐西向东，全长约300米（图6-49）。寺前

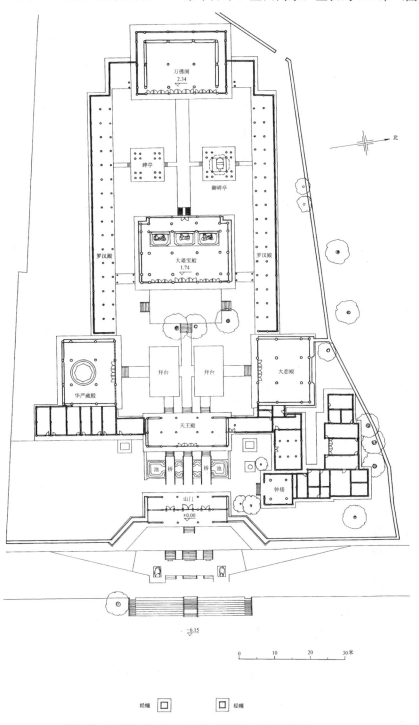

图6-49 四川平武报恩寺总平面（据重庆建筑大学测绘图重制）

❶ 平武报恩寺由重庆建筑大学李先逵教授撰写，编者有所删节。文中插图据该校测绘重制。

为一片开阔的广场，广场中有经幢一对峙立于轴线两侧。面对经幢，在 6 米高的三层台基之上横展八字琉璃墙与山门（图 6-50），山门后轴线上依次布置三座石桥、天王殿、大雄宝殿及万佛阁。天王殿前左侧为钟楼，右侧无鼓楼之设；大殿左右配殿为大悲殿与华严藏殿，两殿后接长庑（又称罗汉殿）34 间；后院万佛阁前设碑亭二座（图 6-51）。大悲殿和钟楼后面的禅室、方丈、斋堂、仓库等建筑，则为后世添建。

大殿殿身三间，重檐歇山（图 6-52～6-54）。其两侧配以斜廊，这是明代宫殿、庙宇常用手法，实物已不多见，益见此例之可贵。万佛阁高 24.05 米，立于高 1.61 米的须弥坐台基上，外观高大巍峨，内柱采用通柱，外檐斗栱形态各异，极富变化（图 6-55～6-57）。两座碑亭形制相似，均用下方上八角的重檐攒尖顶，上檐则用担梁承挑，为他处所少见，显示了精巧的明代建筑技艺（参见图 6-51）。各殿天花以下明栿用抬梁式，天花以上用穿斗式，两相结合，这是四川地区常见的手法。斗栱排列密集，手法多样，极富装饰性，全寺七座殿宇共斗栱约五十余种，并大量使用 45°斜栱、斜昂及象鼻昂。有的斗栱为避免相邻斗栱挑出的斜昂相碰，采用了交叉出昂的办法，更显得别致、生动。檐柱侧脚、生起的做法尚存宋以来的旧法。天花彩画多用龙凤和花卉图案，额枋多用青绿旋子彩画。各殿屋面用绿色琉璃瓦。

华严藏殿中设转轮经藏（图 6-58、6-59），明三层暗四层，饰有天宫楼阁，至今五百多年仍转动自如。大悲殿内用楠木雕成的千手观音高达 9 米，是一件稀世木雕珍品（图 6-60）。余如大殿三世佛背光泥塑及后面的"三大士图"壁塑、大悲殿"千手观音图"壁塑以及万佛阁的大面积壁画，都是精美的明代艺术品。可称是一座集明中叶建筑、雕塑、壁画于一体的艺术殿堂。

图 6-50　四川平武报恩寺山门及广场

图 6-52　四川平武报恩寺大雄宝殿外观

图 6-51　四川平武报恩寺御碑亭立面图

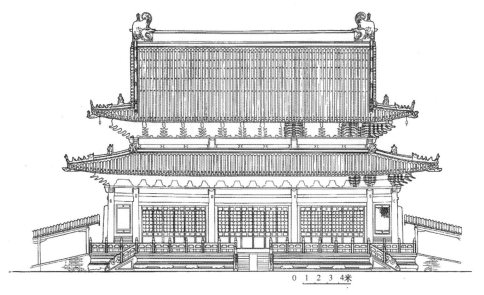

图 6-53　四川平武报恩寺大雄宝殿立面

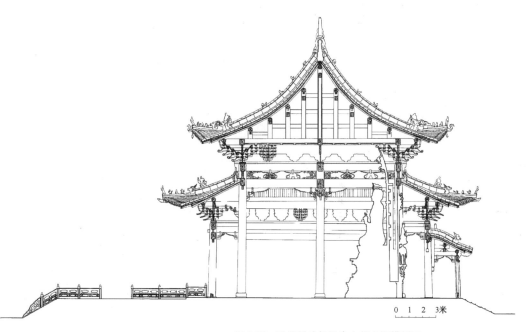

图 6-54　四川平武报恩寺大雄宝殿横剖面

图 6-55　四川平武报恩寺万佛阁外观

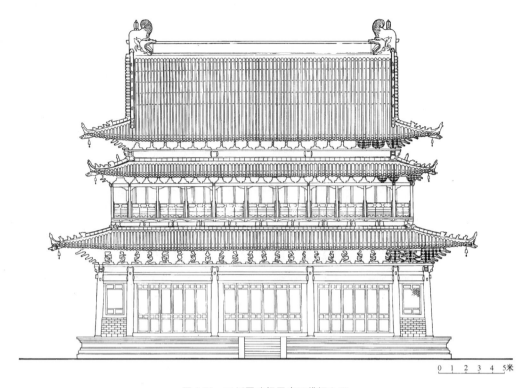

图 6-56 四川平武报恩寺万佛阁立面

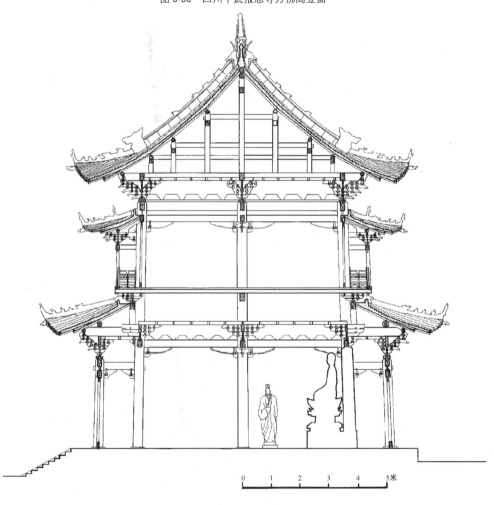

图 6-57 四川平武报恩寺万佛阁横剖面

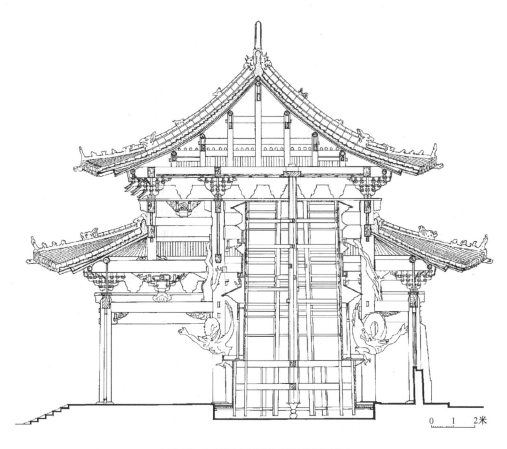

图 6-58　四川平武报恩寺华严藏殿横剖面

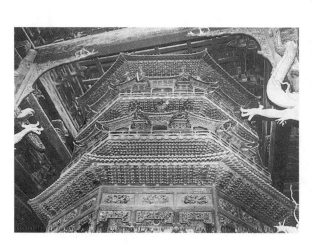

图 6-59　四川平武报恩寺华严藏殿内转轮藏及天宫楼阁

图 6-60　四川平武报恩寺大悲殿千手观音

（五）太原崇善寺

位于山西省太原市东南隅，是洪武十四年（1381年）明太祖第三子晋王朱棡为纪念其母而建造的一座大规模佛寺。清同治三年（1864年）大部分建筑被毁，仅后部主体建筑大悲殿仍完好无损。而明成化十八年（1482年）所绘制的一幅该寺总图则详细表示了全寺的建筑布置状况。

此寺南北深约550余米，东西宽约250余米，占地约200亩。分为南北二区：南区是寺庙的园圃、仓廪、碾房等设施；北区是寺庙的主体，以正殿所在的宽广院落为中心，组成规模宏大的建筑群体（图6-61～6-63）。正殿九间，重檐歇山，周围环以画廊，廊内当有明代佛寺常见的壁画经变故事。正殿之后是毗卢殿，两殿用穿堂联结，形成工字形平面。廊院东侧的罗汉殿和西侧的轮藏殿也与其后殿用穿堂联成工字形平面。在同一庭院内用三座工字殿形成纵横相交的轴线组合，衬托出主殿更为庄严隆重，这种布局在明代建筑中较为少见。正院外的两侧自南向北各配列小院落八处，是僧院、茶寮、厨院等生活用房。正院后侧是大悲殿和东、西方丈院。这是一组由二十余座院落组成的有严格轴线对称布置的宏大建筑群，其手法和明代帝王宫殿的布局有不少相似之处。

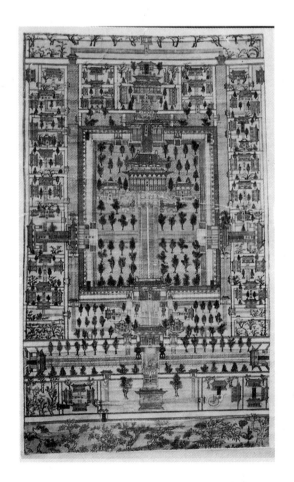

图6-61　太原崇善寺藏明成化十八年寺院总图

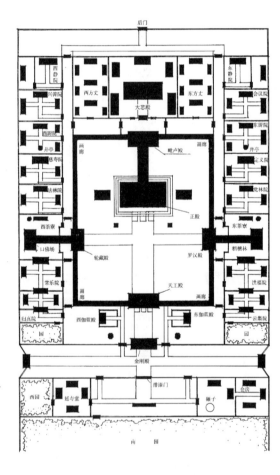

图6-62　太原崇善寺复原总平面

大悲殿位于轴线后部，是除正殿之外最宏伟的一座殿堂，面阔七间，重檐歇山顶（图6-64）。木构架严整，斗栱疏朗，反映出明初官式建筑严谨、简约的气质。殿内有三尊明代菩萨像——千手十一面观音、千钵文殊与普贤，高8.5米，是明代塑像中的巨构和杰作。

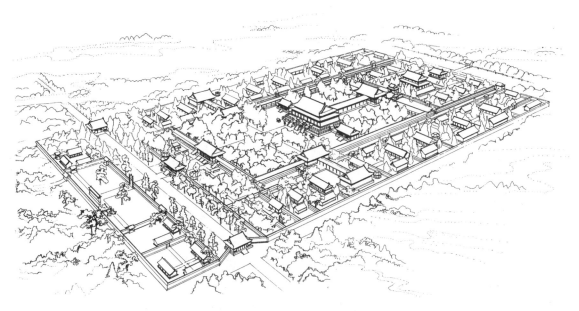

图 6-63　太原崇善寺复原鸟瞰图

图 6-64　太原崇善寺大悲殿外观

注释

［1］受元代文化影响的日本室町时代，其南禅寺之寺格，似即仿于元代，也被列于五山之上。

［2］见关口欣也《五山与禅院》，小学馆，1983 年。

［3］"五山十刹图"绘卷为入宋日本僧巡游五山十刹时，手写禅院规矩礼乐及样式形制所成之物。图写年代为南宋末的淳祐七年（1247 年）至宝祐四年（1256 年）之间（见横山秀哉《禅的建筑》）。该绘卷为南宋末江南禅刹之实录。

［4］参见戴俭《禅宗寺院布局初探》，台北文明书店，1991 年。

［5］据《黄檗清规》载："明福州黄檗山万福寺住持隐元隆琦禅师，……以清世祖顺治十一年，东游说法肥（肥前、地名）之兴福、崇福（寺），……宽文初，奉东都命，开创伽蓝（宇治黄檗山万福寺），……十二年制黄檗清规一卷，以遗其儿孙，永永遵之。其书分为十章……，按明朝禅蓝，有佛殿、法堂、禅堂……。"

［6］同［4］。

［7］智化寺伽蓝，轮藏殿与大智殿左右对置，大智殿内坛上中央奉观音像。故从本质上而言，此即为明代左藏殿右观音殿对峙的典型格局。

［8］详见《中国古代建筑技术史》第五章第七节"元代木结构"。

［9］详见张驭寰《山西元代殿堂大木结构》，《古建筑勘查与探究》，江苏古籍出版社，1988 年。

［10］、［11］、［13］、［14］详见张驭寰《山西砖石塔研究》，《古建筑勘查与探究》，江苏古籍出版社，1988 年。

［12］刘叙杰、戚德耀《江苏吴县寂鉴寺元代石殿屋》，《科技史文集》2 辑。

[15] 王振在历史上是臭名昭著的宦官，得宠于明英宗，渎乱朝纲，陷害大臣，正统十四年，北方瓦剌部入侵，王振挟帝亲征，兵败土木堡，英宗被俘，王振被杀，史称"土木之变"。英宗复辟后，为王振塑像于智化寺，并赐大藏经一部庋于该寺如来殿。详见刘敦桢《北平智化寺如来殿调查记》，《中国营造学社汇刊》第三卷第三期。

第二节　藏传佛教建筑

藏传佛教自朗达玛灭法[1]（9世纪中叶），一度沉寂，10世纪下半叶，佛教经"下部弘传"和"上部律传"再次在西藏兴起，西藏佛教教史上的"后弘期"即始于此时。西藏"后弘期"再兴之佛教更具有明显的地方特色，出于对理论、教条理解、解释的不同，开始出现部派分裂。从11世纪至13世纪，先后形成宁玛派、噶丹派、萨迦派、噶举派，众多教派纷然杂呈，一派欣欣向荣之势。这些教派各自同占据一方的封建势力相结合，因而发展很快。1244年，萨迦寺第四代寺主昆氏家族的萨班·贡噶坚赞（1182～1251年）受蒙古阔端之邀，携同其两个侄儿八思巴和恰那多吉赴凉州，代表西藏地方势力和蒙古王室建立了政治上的联系。忽必烈即帝位后，八思巴（1235～1280年）出任国师。中统四年（1264年），忽必烈迁都，设总制院（即后来的宣政院），掌管全国佛教事务和吐蕃地区的地方行政事务，八思巴以国师领总制院院事，至元七年（1270年），因创造蒙古新字，被尊为法王，死后升号帝师。继八思巴之后，又有十多名昆氏家族人员出任元帝师。由于元朝政府的支持，萨迦派取得了西藏地方领导权，形成了某一宗教派别掌握西藏地方政权的局面，使宗教和政治、上层僧侣和世俗贵族联系在一起，开创了西藏"政教合一"制度，从而大大促进了藏传佛教和藏传佛教建筑的发展。

随着元朝的衰落，萨迦地方势力在西藏也逐渐被新兴势力所取代，继之而起的是控制帕竹噶举派的朗氏家族所建立的帕竹地方政权（1354～1617年）。元末明初之际，宗喀巴（1357～1419年）实行宗教改革，创立格鲁派。宗喀巴及其弟子在西藏众多地方势力以及外族势力的支持下，使格鲁派寺院集团在藏族社会中取得绝对优势。也正是在格鲁派兴起之后，藏传佛教才正式向滇北、川西、青海、甘肃藏族地区和蒙古地区传播，格鲁派寺院建筑遍布这些地区。

明朝同元朝一样，采取利用和扶植藏传佛教的政策。对具有实力的各藏传佛教教派的领袖人物，都赐加封号。先后分封三大法王（大宝法王，属噶玛噶举派；大乘法王，属萨迦派；大慈法王，属格鲁派）和地位略低于三大法王的五王（赞善王、护教王、辅教王、阐教王、阐化王），合称"明封八大王"，另有国师、大国师等，借笼络西藏高级僧俗贵族以控制整个西藏地区。

自元朝统一全藏地区以后，元明两朝对藏族地区行使中央权力，进行全面施政，将藏族地区由原来分散割据的形势推向一个相对稳定的统一局面，促进了藏族封建制的经济、文化的发展。国家统一，取消了原先各族统治者所制造的疆界阻隔，使藏族人民和汉族以及各民族之间的友好交往日益频繁，大大增加了各族间的经济和文化技术交流，奠定了藏、汉、蒙等民族建筑文化交流、融合的基础。正是在这一时期，内地的印刷器材和印刷术，造船技术和建筑技术等先后传入西藏；藏族形式的塑像、造塔及其用具和工艺也传入内地。

元明时期藏传佛教建筑发展迅捷，大致可分为三个阶段。元代为寺院建筑的发展及其风格的成熟期。15世纪为寺院建筑发展鼎盛期，以格鲁派四大寺（甘丹、哲蚌、色拉、扎什伦布寺）的兴建为标志，这时期的寺院建筑已趋于程式化，作为寺院的主体建筑，措钦大殿、扎仓已形成特定的建筑模式，16世纪以后为寺院建筑发展的后期，在西藏地区主要是修缮和扩建古寺院，兴建一些小规模的寺院，基本上没有大规模和重要的营建活动，这时期藏传佛教不仅在西藏继续发展，同时还影响波及甘、青、川藏族地区、蒙古地区、中原内地以及喜马拉雅部分地区。

一、藏地佛教建筑

公元 1268 年（南宋咸淳四年，元世祖至元五年），萨迦地方政权本钦（意为大长官）释迦桑波受八思巴嘱托，于重曲河南岸与萨迦北寺遥遥相对处创建萨迦南寺。据藏文史料《汉藏史集》的记载：释迦桑波任上，仅建成萨迦南寺主体建筑的底层、内城城墙和角楼。在其后几任本钦时期，完成了主体建筑和外城城墙的建造以及附属建筑的建造，直到藏历阳木马年（1295 年）才完成了南寺的建造，历时二十余年[2]。

萨迦南寺设两道城墙，外城为羊马城，设回字形土筑墙一道，其外还有护城河。内城近似方形，城墙为石包夯土墙，高 8 米，顶宽 3 米，上置城垛（1948 年大修时改成藏式平檐），城墙四角及各边中部设高达三、四层的碉楼。南寺大门即设在东西城墙中部碉楼下，门道狭窄成丁字形，其上开堕石洞数处，完全出于防守的需要（图 6-65）。进入内城，首先见到的便是体量庞大的主体建筑（图 6-66）。萨迦南寺的主体建筑呈长方形四合院式布局，东西长 84 米，南北宽 69 米，高度达 21 米，由拉康钦姆（大经堂）、北佛殿、银塔殿等殿堂组成。主体建筑周围布置有萨迦法王的议事楼平措林、八思巴喇让（意为官邸）、僧舍等附属建筑。萨迦南寺以主体建筑为中心，以其庞大的体量，精巧的装饰，对比强烈的色彩，使其在整个建筑群中充分突出。次要建筑布置在主体建筑的四周并与之呼应，主体建筑作为整座城堡的构图中心有效地控制着整个建筑群，使整个建筑群统一、和谐。

萨迦南寺和北寺总体布局迥然不同，前者采用典型的元代城堡式建筑格局，后者为随山坡而筑的自由布局。究其原因，是萨迦派的"政教合一"制度，萨迦南寺既为设道传教的寺院又为萨迦政权的都城，出于安全防卫的需要，采用了城堡式格局。反映出萨迦政权初创时期，分裂割据，相互攻伐，社会动乱的时代特点。

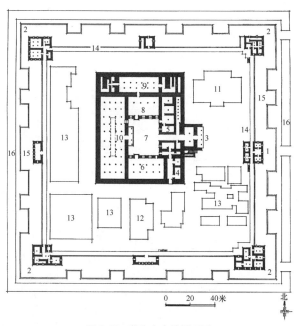

0　20　40米　　北

图 6-65　萨迦南寺总平面图

1. 门楼　　　　2. 角楼　　　　3. 主体建筑正门
4. 平措颇章　　5. 卓玛颇草　　6. 薄康
7. 内庭院　　　8. 银塔殿　　　9. 北佛殿
10. 拉康钦姆　 11. 平措林　　 12. 八思巴喇让
13. 僧舍　　　 14. 内城城墙　 15. 羊马城
16. 护城河

图 6-66　萨迦南寺主体建筑外观

日喀则东南夏鲁寺以其汉式殿宇及著名藏族学者布顿·仁钦珠（1290～1364年）曾任该寺主持而闻名遐迩。夏鲁寺在西藏佛教寺院建筑发展史上占有重要地位，就西藏现存佛教建筑而言，夏鲁寺为可看出明显汉式建筑影响的最早实例。

夏鲁寺主体建筑夏鲁拉康坐西朝东，底层纯粹藏式，由前殿、经堂、佛殿组成，绕佛殿有左旋回廊。二层布置四座佛殿，沿纵轴线对称（图6-67、6-68）。前殿为重檐歇山顶，加底层披檐形成三重檐外观（图6-69）。其余三殿皆为单檐歇山顶。四殿皆用绿色琉璃瓦，从釉层烧制质量和剥落情况来看，以南北二侧殿为早，前殿和主殿要晚一些。四殿檐下皆施斗栱，五铺作出二平昂，昂嘴为琴面（图6-70）。除主殿外，其余三殿铺作栱眼壁皆有镂空雕花板，尤以北侧殿最为精美（图6-71）。北侧殿内部构架为四椽栿，上施驼峰承平梁及中平榑，平梁正中立蜀柱承脊榑；脊榑侧施以叉手。斗栱五铺作出二平昂，内转双抄承平阁。综合四殿的斗栱铺作、木构梁架、琉璃件等细部特征可看出：这四个殿堂都是比较地道的元代内地建筑式样。

夏鲁拉康底层佛殿的左旋回廊和前殿二层回廊保存有大量早期壁画，从壁画可看出明显的印度、尼泊尔艺术的影响。壁画以卷草花纹形成大红底色，构成背景的统一基调，再在其上作画，这种壁画的画法是极为独特的。壁画中的人物高鼻深目，卷发络䰂，极富异国情调。人物形象的舞蹈姿态明显受印度笈多（Gupta）、波罗（pala）时期人体造型艺术的影响。壁画中描绘的人物服饰，许多动、植物为亚热带地区所特有。壁画中描绘的建筑形象却又是中原内地汉式建筑：单檐歇山顶、绿色琉璃瓦、檐下采用斗栱铺作（图6-72）。据称，夏鲁寺壁画是由尼泊尔画师和藏族画师共同绘制的，其中大部分壁画由尼泊乐画师起稿。

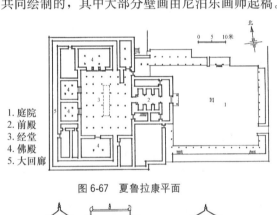

1. 庭院
2. 前殿
3. 经堂
4. 佛殿
5. 大回廊

图6-67　夏鲁拉康平面

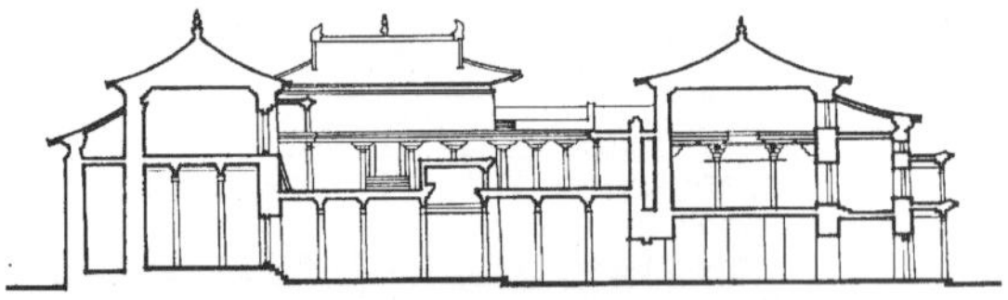

图6-68　夏鲁拉康剖面

图6-69　夏鲁拉康前殿外观

图6-70　夏鲁拉康后殿转角铺作

图6-71　夏鲁拉康北侧殿檐下斗栱及栱眼壁

图 6-72　夏鲁拉康壁画中描绘的汉式建筑

夏鲁寺创立于藏历阳铁龙年（1040 年），创始人是杰家族（其先世曾为松赞干布之囊论，即内相）的杰赞喜饶冲纳思。夏鲁寺同时又受到杰尊家族（吐蕃赞普后裔）的支持，因此发展较为迅速。入元以后，夏鲁派与萨迦派世结姻亲，成了萨迦派的孤尚（意为舅氏），同时又被蒙古皇帝封为万户，元代的夏鲁派在整个乌斯藏有较大的影响，夏鲁寺也曾几经扩建，成为后藏地区仅次于萨迦寺的大寺。

藏历阴铁猴年（1320 年），夏鲁第四任万户长孤尚葛剌思巴监藏迎请布顿大师主持寺务，创夏鲁派。1333 年，在孤尚葛剌思巴监藏主持下对夏鲁寺作了一次较大规模的扩建，据《汉藏史集》记载，扩建夏鲁寺，元帝室给予了大量资助。"赐给夏鲁家世代掌管万户的诏书，并且作为皇帝施主与上师（指八思巴之弟恰那多吉和夏鲁女子所生之子达尼钦波达玛巴拉——笔者注）的舅家的礼遇，赐给了金银制成的三尊佛像，以及修建寺院房舍用的黄金百锭、白银五百锭为主的大量布施。由于有了这些助缘，修建了被称为夏鲁金殿的佛殿以及大小屋顶殿、许多珍奇的佛像，后来修建了围墙。"[3] 这里的夏鲁金殿即今夏鲁拉康。另据《布顿大师传》记载：修建此寺时，不但从南部门域运来了大批木材，还从东部汉地请来了工匠[4]。夏鲁寺守寺老僧所述寺史也言建造夏鲁拉康时有内地工匠参加，殿顶琉璃是在汉族工匠指导下，于当地烧制的，现存南北两侧殿琉璃即为当时之物。以后由堪布格桑次旺主持维修前殿，更换了殿顶琉璃瓦，这次是由藏族工匠自己烧制的，夏鲁寺前沿河向东南约十里的一个小山沟里有此窑址。约一百年前，又以寺僧洛夹拉桑为主，更换了主殿琉璃。

另据文献记载：13 世纪末，蔡巴万户长嘎邓建却果林寺，"请来汉地之能工巧匠，建造寺院佛殿，覆汉式屋顶。"嘎邓之子仲钦·门兰多吉任蔡巴万户长时，"建造扎拉路甫神殿之汉式屋顶，在释迦和观音菩萨二佛像的头顶上建造了金顶。"[5] 从实物和文献资料可见：元代，内地汉式建筑对西藏佛教建筑产生了重大影响。

自佛教传入西藏以后，佛教建筑就一直是在多种不同建筑文化的支配力量中发生、发展的，以藏族的土著建筑文化为主，并受到印度建筑文化（涵括了尼泊尔、克什米尔）、中原内地汉族建筑文化的影响，从而使西藏佛教建筑呈现出独特的情形[6]。元代以前，西藏佛教建筑主要受到印度建筑文化的影响。入元以后，西藏佛教建筑主要表现出受汉族建筑文化影响的痕迹。之所以产生这样的转机，则有着广泛的政治、经济、文化方面的原因。1272 年，元朝于西藏设立"乌斯藏纳里速古鲁孙等三路宣慰使司都元帅府"，朝廷派宣慰使常驻西藏，协助萨迦本钦管理西藏政务。而驿站的设立，又使内地与西藏间的互相往来更为方便、迅捷，随着西藏地方和中央政府关系的进一步加深，中原文化的传入更为频繁。在建筑上，凡有大的或者重要的营建工程，往往都有相当数量的内地工匠参加营建，同时在财力上也给予支持，因而带来了藏汉建筑文化的交融。

后藏江孜白居寺集会殿建于14世纪末。由门廊、前殿、经堂、后佛殿组成。经堂中部高起为采光天窗。后佛殿底层内部采用斗栱梁架，其外围以回廊。白居寺集会殿从平面形制到外观处理都已具格鲁派措钦大殿、扎仓形制的雏形，内部木构梁柱节点处理也已经相当成熟（图6-73、6-74）。

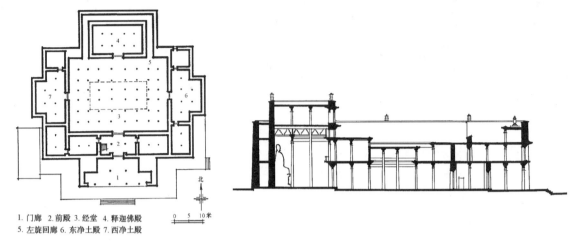

1. 门廊 2. 前殿 3. 经堂 4. 释迦佛殿
5. 左旋回廊 6. 东净土殿 7. 西净土殿

图6-73　白居寺集会殿平面　　　　　　　　图6-74　白居寺集会殿剖面

15世纪初，宗喀巴（1357～1419年）实行"宗教改革"，创格鲁派。宗喀巴提倡遵守佛教戒律，规定学佛次第，制定僧人的生活准则和寺院的组织体制，使西藏佛教及佛教建筑得到重要发展。1409年，宗喀巴在帕竹王朝第五代乃东王扎巴坚参（1374～1432年，明阐化王）及其属下贵族仁钦贝桑巴、仁钦伦波父子资助下，在拉萨东南达孜县境内创建甘丹寺，成为格鲁派祖庭。1416年，宗喀巴弟子嘉木样却吉扎西贝丹（1374～1449年）在内邬宗宗本南噶桑波和帕竹政权属下贵族的资助下，在拉萨西郊建哲蚌寺。1419年，宗喀巴另一弟子释迦也失（1352～1435年明封大慈法王）用他从内地带回的资财在拉萨北郊建色拉寺。1447年，宗喀巴又一弟子根敦珠巴（1391～1474年）在桑主孜宗本穷结巴·班觉桑布的支持下，于日喀则城西建扎什伦布寺。上述四寺合称藏地格鲁派四大寺。格鲁派四大寺的建立以及旧有噶丹派大量寺院改宗格鲁派，使格鲁派形成一个较为强大的以寺院经济为基础的集团势力。

甘丹、哲蚌、色拉、扎什伦布四大寺同以前的佛寺（藏语称邛巴mgon-pa）相比，显得异常庞大，藏语将此称作丹萨（gdan-sa），意为道场、大寺。四大寺实际上已是相当规模的村镇，成为西藏佛学中心。四大寺都有各自的寺院经济和一套完整的组织机构。格鲁派寺院的组织机构分为措钦、扎仓、康村三级，相应地在建筑类型上也就有措钦大殿、扎仓、康村，此外还有灵塔殿、佛塔、活佛喇让、喇嘛住宅、辩经场、印经处、嘛呢噶拉廊等。

四大寺皆位居城郊，这是因为宗喀巴强调僧人戒律，规定僧俗分离，因而寺院都选择比较僻静之处。甘丹寺位于拉萨东郊达孜县境内旺波尔和贡巴二山间的山坳至山顶处。措钦大殿、夏孜扎仓、强孜扎仓等主体建筑位居高处，低处为喇嘛住宅，沿等高线分层布置，形成群楼密布、重重叠叠的外观效果，远眺甘丹，蔚为壮观，俨若山城。色拉寺位于拉萨北郊乌孜山南麓，早期建筑以麦扎仓、阿巴仓为主，以后又陆续增建了吉扎仓、措钦大殿等建筑。主体建筑分散布置，形成四个控制点，丰富了群体外观轮廓（图6-75、6-76）。位于拉萨西郊根培乌孜山南山坳里的哲蚌寺，群体布局与此基本相同。扎什伦布寺位于日喀则城西尼玛岛山的南麓。该寺主体建筑的设置不同于拉萨三大寺。扎什伦布寺的强巴佛殿、却康、班禅灵塔殿、班禅喇让、班禅夏宫等主体建筑自西向东布置在寺院最高处的后部和东北部。这些主体建筑墙面为红色，且多数有金顶。寺院

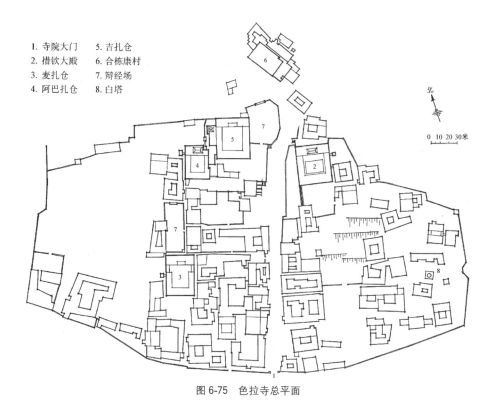

1. 寺院大门　5. 吉扎仓
2. 措钦大殿　6. 合栋康村
3. 麦扎仓　　7. 辩经场
4. 阿巴扎仓　8. 白塔

北

0 10 20 30米

图 6-75　色拉寺总平面

图 6-76　色拉寺外观

前部主要为喇嘛住宅，体量较小，墙面为白色。主体建筑位居高处，排列成行，形成一道屏障，以其庞大的体量，华丽的色彩，丰富的金顶轮廓线，同其前部以白色为基调的次要建筑形成强烈对比，更加烘托出主体建筑的重要地位（图 6-77、6-78）。

15 世纪，格鲁派四大寺兴建时，措钦大殿、扎仓已形成一种固定模式，由门楼、经堂、佛殿三部分组成。前部门楼二层，底层门廊进深二间，双排柱，于门廊左侧设置楼梯。中部为经堂，面积大小不一，开间为奇数，七至十七间不等，当心间稍阔，进深间数则不限奇偶，自五至十三间不等。通常经堂的西南角也设有楼梯。经堂屋顶的中部高起为天窗，天窗或为平顶或覆以金顶。佛殿一般设置在经堂后部，有时经堂两侧亦设有佛殿。经堂后部的佛殿为二至四层，高出经堂屋顶二至三屋。顶层佛殿之上常有金顶，强调出建筑的纵轴线（图 6-79～6-82）。

元明时期，藏传佛教建筑的木构梁柱做法逐渐统一，形成定制。其基本的构件为柱、梁、椽。

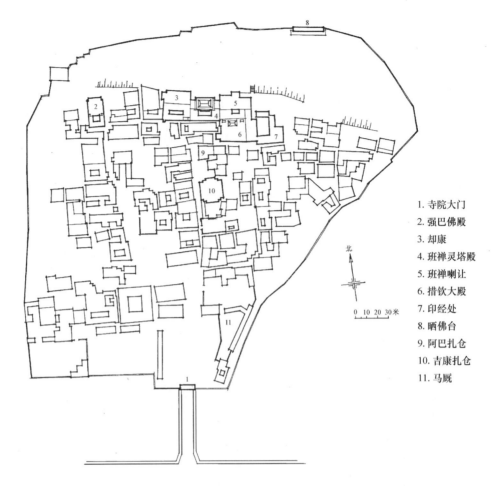

1. 寺院大门
2. 强巴佛殿
3. 却康
4. 班禅灵塔殿
5. 班禅喇让
6. 措钦大殿
7. 印经处
8. 晒佛台
9. 阿巴扎仓
10. 吉康扎仓
11. 马厩

北

0 10 20 30米

图6-77 扎什伦布寺总平面

图6-78 扎什伦布寺外观

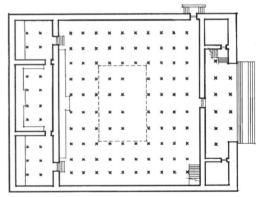

图6-79 典型的措钦大殿、扎仓平面

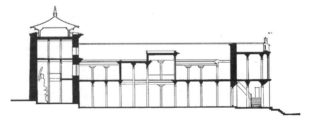

图6-80 典型的措钦大殿、扎仓剖面

梁柱节点的简繁程度，则要视建筑等级而定。木柱截面，以方形（包括四方抹角）、圆形为主。在措钦大殿、扎仓等主体建筑的门廊处通常采用多棱拼柱，柱头刻成坐斗状。柱，藏语称嘎哇。柱头之上施以雀替二重，以凹凸之暗榫相连。下层雀替，藏语称雄通（意为短栱）。上层雀替，略薄于下层，藏语称雄仁（意为长栱）。两重雀替的设置，可以减小木梁净跨，使木梁所受荷载均匀传至木柱。雀替之上，搁置木梁，断面矩形，在柱头上方以企口缝相连。木梁，藏语称东玛。梁上有二层小木枋，下层莲花枋，藏语称白玛；上层花牙枋，藏语称曲夹。梁枋之上为二层短木椽，垂直于梁枋布置、逐层挑出。其间有封椽挡空隙的封椽木块和通长的盖椽木板。木椽，藏语称江薪，在两层短木椽上方交错搭接。木椽之上铺望板，再其上便是阿嘎土屋面层（图6-83）。

　　寺院主体建筑木构件皆施以彩画，考究者，彩画还与木雕相结合。木柱柱顶刻成坐斗状，柱身上部画出或浅浮雕出卷草纹饰。其上的雀替为整个梁柱节点的重点装饰部位，常用彩画与木雕相结合的方法，其图案为卷草、云纹、火焰纹、宝珠、佛像、动物等。梁上彩画采用分段、重复的方法，图案为佛像、动物、卷草、印刷体藏文或梵文咒语等。莲花枋上刻出或画出莲瓣；花牙枋雕成齿状，着以鲜艳的色彩。平椽椽头饰以彩绘。简言之，梁柱节点既为结构关键点，又是木构装饰的重点，使结构和装饰有机地统一起来，形成和谐的整体（图6-84）。

图 6-81　色拉寺措钦大殿外观

图 6-82　哲蚌寺阿巴扎仓外观

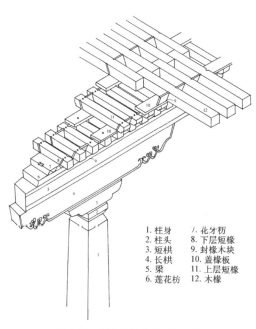

1. 柱身　　7. 花牙枋
2. 柱头　　8. 下层短椽
3. 短栱　　9. 封椽木块
4. 长栱　　10. 盖椽板
5. 梁　　　11. 上层短椽
6. 莲花枋　12. 木椽

图 6-83　藏式建筑梁柱节点大样

图 6-84　梁柱节点处彩画、木雕

除了对木构件施以艺术处理外，寺院建筑还采用其他材料诸如金属、棉毛丝织物、植物等作为装饰材料。这些特殊材料的巧妙运用，使建筑形象更具表现力，同时又由于装饰题材含有宗教意义，渲染、加强了建筑的宗教气氛（图 6-85、6-86）。

图 6-85　檐部植物饰带及镏金件

图 6-86　殿门处彩画、木雕

格鲁派四大寺集中代表了藏地元明时期佛教建筑成就。其后兴建的格鲁派寺院，无论总体布局、主体建筑的形制基本上都与四大寺相同。

二、藏传佛教建筑在西藏以外的发展

由于元明统治者的大力扶持和倡导，藏传佛教建筑伴随着藏传佛教的传播而开始在西藏以外的地区发展。元代，对于藏传佛教"帝后妃主，皆因受戒而为之膜拜"。"自至元三十年间，醮祠佛事之目，仅百有二。大德七年，再立功德司，遂增至五百有余"。由于番僧在京城有诸多特权，以至"……其徒者，怙势恣睢，日新月盛，气焰熏灼，延于四方，为害不可胜言"[7]。仅大都一处，元朝历代帝王都建有佛寺。如忽必烈在高粱河建大护国仁王寺，在城内建大圣寿万安寺，成宗建大天寿万宁寺，武宗在城南建大崇恩福元寺（初名南镇国寺），又建大承华普庆寺，仁宗建承华普庆寺，英宗建寿安山佛寺，泰定帝建大天源延圣寺，文宗建大承天护圣寺。在这些规模较大的佛寺中，有相当部分属于藏传佛教，如成宗所建万宁寺，元史载："大德年间……京师创建万宁寺，中塑秘密佛像，其形丑怪，后以手帕覆其面，寻传旨毁之。"[8]这些大规模寺院的建立，耗费了大量资材。文宗卜答失里皇后曾"以银五万两，助建大承天护圣寺。"[9]武宗时，张养浩上书曰"国家经费，三分为率，僧居二焉。"由此可知，藏传佛教和藏传佛教建筑曾在元大都盛极一时。但这些佛寺都未能保留下来。

藏传佛教对于元代的政治和文化虽然有过一定的影响，但它只是受元帝室和贵族王公的崇奉，并没有被广大的蒙古族民众所接受，他们主要还是信奉萨满教。藏传佛教尤其是格鲁派在蒙古族地区的传播则是在明代中期俺答汗和三世达赖索南嘉措的年代。明万历六年（1578 年）五月，宗喀巴弟子索南嘉措（1543～1588 年）与占据青海的蒙古土默特部俺答汗相会于青海湖畔仰华寺，举行法会，蒙古人受戒者多达千人。索南嘉措被俺答汗尊以"圣识一切瓦齐尔达喇达赖喇嘛"的称号，是为三世达赖。会后，索南嘉措随俺答汗于同年去土默特，途经宗喀时（"宗"是湟水，"喀"是水滨，即湟水之滨），在宗喀巴诞生地的塔旁建立了一所以讲说显教为主的寺庙，这个寺庙后来发展成为塔尔寺（格鲁派六大寺之一）。到了土默特（今呼和浩特、包头一带）以后，俺答汗为索南嘉措创建了蒙古地区第一座格鲁派大寺，名为大乘法轮洲（现已不存）。其后格鲁派寺庙纷纷建立，仅归化城一带，就修筑了著名的大召（弘慈寺）、席力图召

（延寿寺）、庆缘寺、美岱召（寿灵寺）等。索南嘉措自土默特返藏途中，受云南丽江土知府木氏之请，去西康南部。1580 年他到理塘、巴塘一带（当时属丽江木氏管辖）。在理塘，由索南嘉措主持创建了康区格鲁派著名大寺——理塘寺，继索南嘉措之后的四世达赖是俺答汗的曾孙云丹嘉措（1589～1616 年），宗教权威与蒙古正统的汗权相结合，更有利于藏传佛教的传播。明万历十四年（1586 年），喀尔喀蒙古部的阿巴岱汗在哈喇和林建造起喀尔喀第一座格鲁派寺院额尔德尼召（光显寺），17 世纪初，蒙古和硕特部首领拜巴噶斯迎请栋科尔呼图克图到西蒙古传佛。漠北蒙古汗王迎请觉囊派高僧多罗那他（1575～1634 年）常驻库伦，建寺传教达二十多年。自三世达赖索南嘉措与俺答汗会晤于青海仰华寺后，藏传佛教格鲁派先后在土默特部俺答汗、和硕特部固始汗的支持下不仅在西藏本土得到发展而且迅速向甘、青、川藏族地区、蒙古族地区广泛传播，产生深刻影响。

　　藏地以外的藏传佛教建筑是伴随着藏传佛教的传入而开始兴建的。因此，在一定程度上或多或少受到了西藏佛教建筑的影响，诸如总体布局，主体建筑的形制、建筑装饰艺术等等，这是非常显著的一个特点。一般地说，藏式建筑的影响随着传播距离的增大，其影响减弱，并往往同当地的建筑形式相结合而发生诸种变化，这个过程是非常复杂的。毗邻于西藏的周围地区所受到的藏式影响往往深刻一些，诸如川西北、滇北、青海、甘南等地的藏传佛教建筑。蒙古地区的藏传佛教建筑则又是另一种情形，即藏地的藏传佛教建筑自藏地传入蒙古地区，其间经过了青海、甘肃等地，难免发生了种种变异，而使蒙古地区佛教寺院建筑带上了这些地区的建筑特点。因此如果说蒙古地区的藏传佛教建筑受藏式建筑影响，毋宁说是受甘肃、青海地区变异过的藏式的影响。另外由于蒙古地区和中原内地广泛的政治、经济、文化联系，在其建筑形式上不可避免地又受到中原内地建筑的影响。明代土默特川由俺答汗统辖，于此广建城寺，受到明朝的支持，经济上也得到援助。俺答汗所建城堡式的佛寺美岱召，明廷赐名"福化城"；大召，明廷赐名"弘慈寺"。另外，俺答汗时期大量汉人逃至蒙古，兴办农业和手工业，促进了蒙古地区经济文化的发展，为佛教建筑的兴建提供了充足的技术力量和建筑材料，重要的营建活动，都有汉人积极参与。嘉靖三十三年（1554 年）投奔俺答汗的赵全、李自馨便参与了归化城的建设，城内的宫殿、宅第都是汉式建筑。史载赵全、李自馨"遣汉人采大木十围以上，复起朝殿及寝殿凡七重，东南建仓房凡三重，城上建滴水楼五重，令画工绘龙凤五彩，艳甚……"[10] 与俺答汗有过接触的大同巡抚方逢时在《云中处降录》中写道："全（指赵全）为俺答建九楹之殿于方城"，当指美岱召之大雄宝殿。美岱召现存城门石匾记载明万历十四年（1586 年）俺答汗的孙媳营建美岱召泰和门的史实，落款有"木作温伸、石匠郭江"字样。很明显，工匠统领就是汉人。大量汉族工匠的积极参与使得明朝蒙古地区的藏传佛教建筑带有浓厚的汉式建筑色彩。

　　元明时期藏地以外的藏传佛教建筑，根据现存实例，大致可分为"藏式"、"汉式"、"藏汉结合式"。所谓"藏式"是指同西藏佛教寺院建筑的自由布局式相类似，单体建筑之间没有明确的关系，通常利用地形，将主体建筑（其形式也是接近于西藏措钦大殿、扎仓形制）置于重要位置与低矮的次要建筑形成对比，形成鲜明的群体艺术形象，如塔尔寺（图 6-87、6-88）。所谓"汉式"是指其总体布局、单体建筑都同内地佛寺相类似，有明确的中轴线贯穿前后，主体建筑置于中轴线后部，其典型实例就是青海乐都瞿昙寺（图 6-89）。最为常见的便是"藏汉结合式"，其明显特征是在汉式佛寺的基础上，在中轴线的后部通常布置一个主体建筑——藏汉结合的大经堂，如呼和浩特乌素图召的庆缘寺、席力图召（图 6-90）、大召、小召、包头美岱召（图 6-91）。

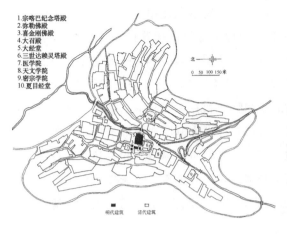

1.宗喀巴纪念塔殿
2.弥勒佛殿
3.喜金刚佛殿
4.大召殿
5.大经堂
6.三世达赖灵塔殿
7.医学院
8.天文学院
9.密宗学院
10.夏目经堂

北
0 50 100 150米

■明代建筑 □清代建筑

图 6-87 塔尔寺总平面

图 6-88 塔尔寺外观

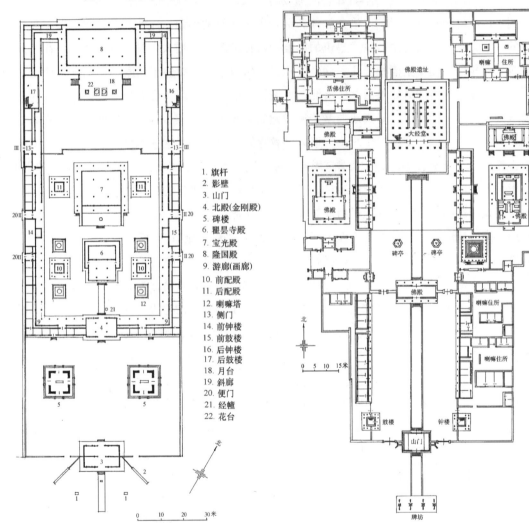

1. 旗杆
2. 影壁
3. 山门
4. 北殿(金刚殿)
5. 碑楼
6. 瞿昙寺殿
7. 宝光殿
8. 隆国殿
9. 游廊(画廊)
10. 前配殿
11. 后配殿
12. 喇嘛塔
13. 侧门
14. 前钟楼
15. 前鼓楼
16. 后钟楼
17. 后鼓楼
18. 月台
19. 斜廊
20. 便门
21. 经幢
22. 花台

图 6-89 瞿昙寺总平面（摹自《文物》1964.5）

图 6-90 席力图召总平面

　　至于单体建筑最引人注目的是寺内的主体建筑即集会殿（大经堂），因为它的变化最为丰富，最能体现藏式和汉式风格的融合，有些形式已成为蒙古地区藏传佛教寺院特有的形式。主体建筑集会殿（大经堂）从形式上大致可分为三种模式：其一，藏式，如塔尔寺小金瓦殿，建于明崇祯四年（1631年），后佛殿屋顶之上原有琉璃瓦殿堂，清嘉庆七年（1802年）改为镏金铜瓦屋顶。其二，汉式，主要遵循中原内地官式建筑做法，如瞿昙寺宝光殿（重檐歇山顶）、后钟鼓楼、隆国

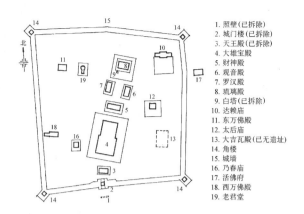

图 6-91　包头美岱召总平面示意

右侧图例：
1. 照壁(已拆除)
2. 城门楼(已拆除)
3. 天王殿(已拆除)
4. 大雄宝殿
5. 财神殿
6. 观音殿
7. 罗汉殿
8. 琉璃殿
9. 白塔(已拆除)
10. 达赖庙
11. 东万佛殿
12. 太后庙
13. 大吉瓦殿(已无遗址)
14. 角楼
15. 城墙
16. 乃春庙
17. 活佛府
18. 西万佛殿
19. 老君堂

殿（明宣德二年，1427年）（图6-92～6-94），美岱召琉璃殿（明代，三层歇山式楼阁）（图6-95）。第三种模式即所谓"藏汉结合式"，其特征是平面形制沿袭藏地佛寺的措钦大殿、扎仓模式，即平面由门廊、经堂、佛殿三部分组成，而在外观上反映出更多的汉式建筑特色。其门廊、经堂、佛殿之上皆覆以汉式殿宇，形成三个大屋顶几乎相连的状况。在这里又有二种情形，一种是更偏于藏式，如席力图召大经堂（现存建筑是清康熙三十五年，1696年重建的），底层藏式特征较为明显，檐口女儿墙和屋顶采用较多和较明显的藏式建筑常用的装饰物（图6-96）。又如呼和浩特市大召大经堂。另一种情形是更偏重于汉式，三个汉式屋顶同底层结合得十分有机，同时在外观上十分突出，只是在底层围墙部分反映出一些藏式的装饰特色，其典型实例如包头美岱召大经堂（即大雄宝殿）（图6-97）、呼和浩特乌素图召庆缘寺大经堂。这种形制的主体建筑为蒙古地区明清藏传佛教寺院广泛采用。这一方面是由于蒙古地区藏传佛教的体制基本沿袭藏地格鲁派寺院一整套的管理体制，主要建筑大经堂的功能沿袭藏地格鲁派寺院措钦大殿、扎仓的功能。另一方面，蒙古地区由于其独特的地理环境因素，长期受汉族建筑文化的影响，在这里毕竟还是以汉式为主体。因此，可以认为：这种藏汉结合式主体建筑是在汉族建筑的基础上，吸收了藏族建筑平面形制和某些装饰手法而形成的一种独特的形式。

三、藏传佛教佛塔

据藏文史料记载，佛塔早在吐蕃王朝时期（7世纪中叶至9世纪中叶）伴随着佛教的传入就已在西藏出现。经历了数百年的发展，藏传佛教佛塔在元明时期达到了鼎盛阶段，并留下了大量精美之作。根据造型特征，藏传佛教佛塔大致可分为白塔、金刚宝座塔、过街塔三类。

（一）白塔

白塔，其内部通常用于埋葬佛和高僧的舍利、尸骨，供人礼拜，其形状比较接近印度窣堵坡和尼泊尔"覆钵式"佛塔。由于采用砖石砌筑，外涂白垩，形成白色基调，故而得名白塔。白塔这种形制在中国的出现是和尼泊尔著名工匠阿尼哥（1243～1305年）联系在一起的。《元史》载："中统元年（1260年），命帝师八合斯巴建黄金塔于吐蕃，尼波罗（即今尼泊尔）国选匠百人往成之，得八十人，求部送之人，未得。阿尼哥年十七，请行，众以其幼，难之，对曰'年幼心不幼也'，乃遣之，帝师一见奇之，命监其役，明年，塔成"[11]。其后，阿尼哥随帝师八思巴赴京，至元八年（1271年）负责"大圣寿万安寺"白塔即北京妙应寺白塔的建造，历时八年。"大德五年（1301年），建浮屠于五台"[12]。即明永乐、万历两次重修的大塔院寺"释迦文佛真身舍利宝塔"。

阿尼哥所建金塔早已不存，但妙应寺白塔和五台山大塔院寺白塔尚在。妙应寺白塔由塔基、

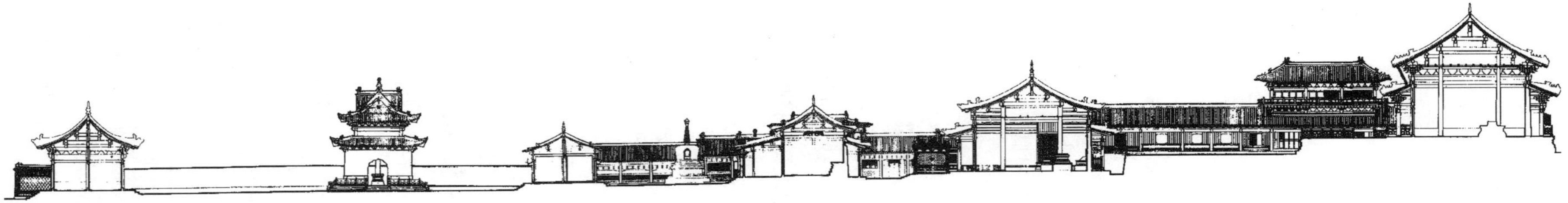

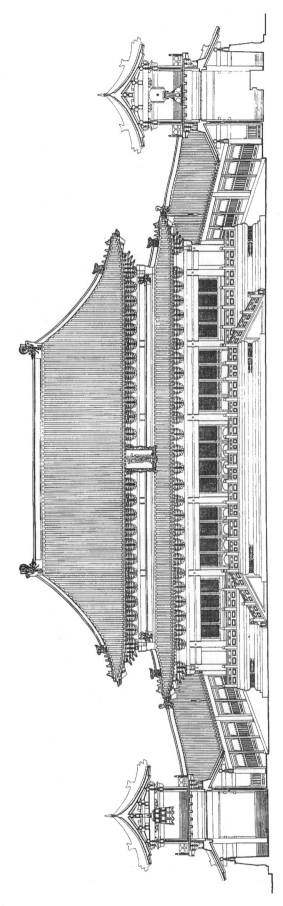

图 6-92 瞿昙寺总剖面图(天津大学提供)

图 6-94 瞿昙寺隆国殿立面图(天津大学提供)

图 6-93　瞿昙寺隆国殿外观

图 6-95　美岱召琉璃殿外观

图 6-96　席力图召大经堂外观

图 6-97　美岱召大雄宝殿外观

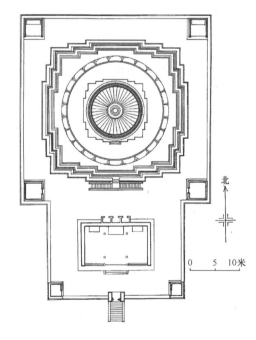

图 6-98　妙应寺白塔半面

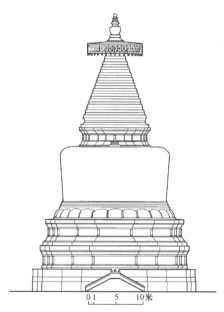

图 6-99　妙应寺白塔立面

相轮、伞盖、宝瓶组成，通高 50.9 米。塔基三层，平面作"亚"字形，上、中两层为须弥座。二层须弥座之上以硕大的莲瓣承托平面圆形、肩宽下窄的塔身。塔身之上又以"亚"字形须弥座承托圆锥状相轮。塔顶为青铜伞盖和宝瓶（后改为小喇嘛塔）。此塔全部用砖砌造，外抹白灰，不事雕饰，塔身各部比例匀称，整体雄浑稳健，气势非凡，堪称此类佛塔的杰作（图 6-98～6-100）。据元世祖至元年间如意祥迈长老奉敕所撰《圣旨特建释迦舍利灵通之塔碑文》载：白塔"取军持之像"[13]。所谓军持，梵语 Kundika，贮水，随身用于洗手的瓶子。妙应寺白塔"取军持之像"，自然是指塔身和相轮部分的形状仿自"军持"。事实上，阿尼哥所建妙应寺白塔，其原型为尼泊尔传统的"覆钵式"佛塔。两者之主要区别在于，尼泊尔"覆钵式"佛塔的塔身为半球体；而妙应寺白塔的塔身为上下略有收分的圆柱体。

矗立于山西五台山塔院寺内的"释迦文佛真身舍利宝塔"，其形制和妙应寺白塔基本相同，只是比例略有调整（图 6-101、6-102）。

图 6-100　妙应寺白塔外观

图 6-102　五台山塔院寺白塔外观

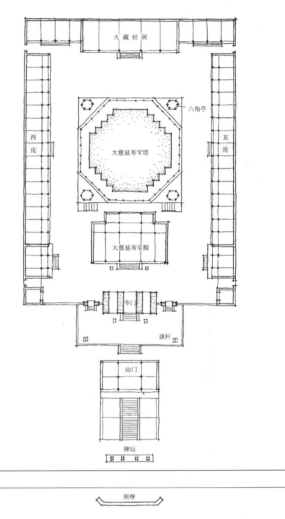

图 6-101　五台山塔院寺平面

妙应寺白塔这种"瓶形"白塔，元明时期在中原内地，尤其是藏、蒙地区被大量建造。这些塔的规模和各部分比例都有了明显变化。塔的规模变小，"瓶形"塔身上下收分更加明显，相轮变得细长瘦小，伞盖也相应变小。如明代五台山圆照寺金刚宝座塔的中间大塔、武汉胜像宝塔。

位于西藏日喀则地区江孜县白居寺内的大菩提塔，按其造型特征当属白塔一类，但又不同于妙应寺白塔。白居寺菩提塔建于藏历阳铁马年（明洪武二十三年，1390 年），因供奉有大量佛像，而被俗称为"十万佛塔"。白居寺菩提塔由塔基、塔身、方龛（相轮的基座）、相轮、伞盖、宝瓶组成（图 6-103、6-104）。佛塔基座平面同妙应寺白塔，分为四层，底层占地达 2200 平方米，以上三层逐层收缩，各层檐部均为藏式作法。基座四层均设有佛殿、龛室，底层 20 间；二层 16 间；三层 20 间；四层 16 间。塔身为圆柱状，直径约 20 米，内辟佛殿四间，佛殿门饰采用典型的印度建筑常用的火焰门饰。圆形塔身的檐部出短檐，檐下施以汉式斗栱。塔身之上的方龛平面同样为"亞"字形，其四面画有眉眼，眉间有一白毫。方龛顶部出短檐以斗栱支承，相轮十三级，上部支承着精美的铜质镏金伞盖和宝瓶。菩提塔通高达 32.5 米，塔内设磴道，可攀至伞盖上部。佛殿内以及支承伞盖的支构梁架均为传统的藏式作法。佛塔室内陈设、木构彩画以及塔基的藏式平檐等方面都反映出浓厚的藏式建筑特色。整座佛塔以白色为基调，相轮为金色，伞盖和宝瓶为镏金金属件，再辅以彩画、木构短檐、火焰门饰等的精巧处理，益发显得庄重、秀美，成为江孜古城的重要标志（图 6-105、6-106）。江孜白居寺菩提塔，其形制受到了尼泊尔"覆钵式"佛塔的深刻影响，尤其是方龛四面画有眉眼的特殊处理[14]。在装饰艺术上同时融合了印度、尼泊尔、中原内地汉式、藏式的装饰题材，形成了新颖独特的艺术形象，堪称一绝。

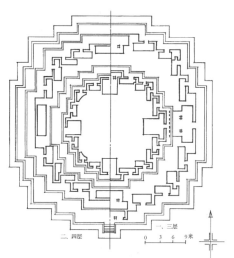

图 6-103 江孜白居寺菩提塔平面

图 6-104 江孜白居寺菩提塔剖面

图 6-105 江孜白居寺菩提塔外观

图 6-106 江孜白居寺菩提塔细部

作为白塔这一类型的原型，尼泊尔"覆钵"佛塔有着深刻的宗教内涵，也和古印度之四大原动力：土、水、火、风有着密切关系。方形或由方形演变而来的塔基面对四个方位，象征着地；覆钵状塔身，内藏灵骨或佛像，象征着水；十三级锥状相轮，又叫十三天，代表了佛教的十三层天界，象征着火；相轮顶部的伞盖又叫华盖，象征着风。最上面的宝顶，则象征着由地、水、火、风所构成的万物。整座佛塔用象征的手法表达了佛教"四大和合"的哲学思想。正因为白塔具有深刻的宗教内涵和新颖、独特的形象，因而白塔自元代从尼泊尔传入后，深受佛徒喜爱而被广为修建，并成为中国古塔重要类型之一。

2. 金刚宝座塔

金刚宝座塔，其特征是在一座台基之上分建五塔，中部之塔体型较大，四隅之塔较小。金刚宝座塔的原型当追溯到印度菩提伽耶金刚宝座塔。这种塔是佛教发展到大乘密宗时期的产物，用于供奉金刚界五部主佛，又由于建于高高的须弥座上，故而得名金刚宝座塔。密教本经《金刚顶经》认为：金刚界有五部，每部有一部主即主佛。中为大日如来佛，佛座为狮子；东为阿閦佛，佛座为象；南为宝生佛，佛座为马；西为阿弥陀佛，佛座为孔雀；北为不空成就佛，佛座为迦娄罗即金翅鸟。因此，在金刚宝座塔的基座和五小塔的须弥座上，都布满了这些动物的浮雕。

金刚宝座塔，早在敦煌四二八窟北朝时期的壁画中就能看到这种塔的雏形。但现存实物则是明清时期建造的。最早的实例便是北京真觉寺金刚宝座塔。此塔创建于明永乐年间（1403～1424年），建成于明成化九年（1473年）。《日下旧闻考》卷七十七载《明宪宗御制真觉寺金刚宝座塔碑记》曰："永乐初年，有西域梵僧曰班迪达大国师，贡金身诸佛之像，金刚宝座之式，由是择地西关外，建立真觉寺，创治金身宝座，弗克易就，于兹有年。朕念善果未完，必欲新之。命工督修殿宇，创金刚宝座，以石为之，基高数丈，上有五佛，分为五塔，其丈尺规矩与中印土之宝座无以异也。"

真觉寺金刚宝座塔用砖和汉白玉石砌筑而成，下为高7.7米近似方形的宝座，宝座之上分建五塔，均为密檐式方塔，中为十三重檐，四隅为十一重檐。宝座内辟踏道，可登至宝座上部。踏道出口处建一重檐方亭，上檐为圆形攒尖顶。整座佛塔遍布雕饰，异常精美（图6-107、6-108）。真觉寺金刚宝座塔其形制虽沿袭印度之制，但宝座上的五塔及重檐方亭则有浓厚的中国传统特色。在雕刻艺术上，又掺入了大量藏传佛教的题材和风格。清初所建内蒙古呼和浩特慈灯寺金刚宝座舍利塔与此塔十分相似。

山西五台圆照寺金刚宝座塔，略晚于北京真觉寺金刚宝座塔，建于明宣德九年（1434年），用于供奉印度高僧宝利沙的舍利。方形宝座

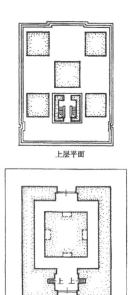

上层平面

底层平面

0 2 4米　　北

图6-107　北京真觉寺金刚宝座塔平面

图6-108　北京真觉寺金刚宝座塔外观

高 2.3 米，上建五塔。中间一塔与四隅之塔体量相距甚远，均为"瓶形"白塔，其外观与五台山塔院寺白塔类似。中间大塔高 9.1 米，连同宝座，总高 11.4 米。整座佛塔不事雕饰，造型简洁（图 6-109）。

云南昆明官渡金刚宝座塔，建于明天顺二年（1458 年），既属于金刚宝座塔，又属于过街塔。两条十字相交的拱道贯穿宝座，可供人通行。台上五塔与五台山圆照寺金刚宝座塔的五塔相似，五塔更加瘦长（图 6-110～6-112）。

湖北襄阳广德寺金刚宝座多宝塔，建于明弘治七年（1494 年），通高 17 米左右，砖石合砌。台座为八角形，其中四面辟拱形券门，各面正中置一汉白玉佛像石龛。台座略有收分，顶出短檐。台座上建五塔，正中一塔采用"瓶形"白塔形式，体量较大，四隅小塔为六角形密檐式实心塔。这种五塔不同形状的做法，在金刚宝座塔中是比较独特的（图6-113～6-115）。

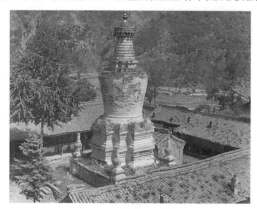

图 6-109　五台山圆照寺金刚宝座塔外观

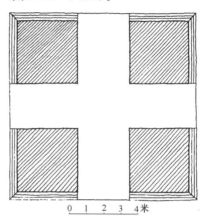

图 6-110　云南昆明官渡金刚宝座塔平面

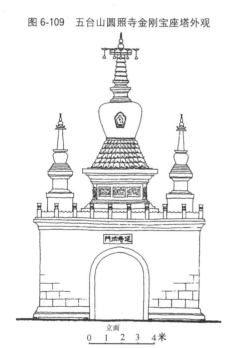

图 6-111　云南昆明官渡金刚宝座塔立面

图 6-112　云南昆明官渡金刚宝座塔剖面

3. 过街塔

过街塔是建于街道中或大路上的塔，可供人通行。这种形式的塔是在元代才开始出现的。藏传佛教在礼佛念经上有很多创造，诸如转动一次嘛呢轮、嘛呢桶（上刻经文或内贮经文）即代表念诵此经一遍，这对信佛礼佛之人，尤其对一些根本不识字的佛教信徒来说，是大开了方便之门。同样，修建过街塔，就是让过往行人得以顶戴礼佛。塔是供佛的，人们从塔下通行一次就等于是向佛进行了一次膜拜。

元明时期的过街塔现存甚少。北京居庸关云台原是一个过街塔的塔座，此塔创建于元至正年间。元人熊梦祥《析津志》记载："至正二年（1342年），今上始命大丞相阿鲁图、左丞相别儿怯不花创建过街塔。"台上原有三塔，毁于元末明初的一次大地震，现仅存此塔座。台座用青灰色汉白玉砌筑，高9.5米，台基底部东西长20.84米，南北深17.57米。台顶四周设石栏杆和排水螭头。台正中辟一南北向券门，可通车马。券顶为折角形，保留了唐宋以来城门洞的形式。券门的两端及门洞内壁遍布精美的浮雕，其题材为佛教图像、装饰花纹、经咒、六体文字石刻等，具有很高的艺术价值和历史价值（图6-116～6-120）。

江苏镇江云台山过街塔，创建于元代，明万历年间曾重修过一次。此塔横跨一条狭长街巷之上，往西不远处便是古代去江北瓜洲和江中金山的主要渡口——西津渡。佛教徒们赴金山礼佛常穿行于此。门洞形式同居庸关云台券门，台上之塔为"瓶形"白塔形式，用石料雕凿而成，同武昌蛇山的胜象宝塔（建于元至正年间）极为相像（图6-121、6-122）。

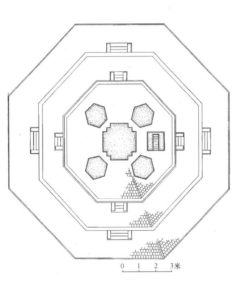

图6-113　湖北襄樊广德寺金刚宝座塔平面

图6-114　湖北襄樊广德寺金刚宝座塔立面

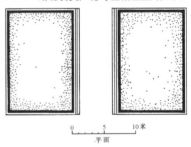

图6-116　北京居庸关云台平面

图6-115　湖北襄樊广德寺金刚宝座塔外观

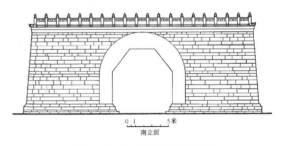

图6-117　北京居庸关云台立面

图 6-118　北京居庸关云台外观

图 6-119　北京居庸关云台雕刻细部之一

图 6-120　北京居庸关云台雕刻细部之二

图 6-121　镇江云台山过街塔位置图及平面图

图 6-122　镇江云台山过街塔外观

图 6-123　宁夏青铜峡百八塔外观

藏传佛教佛塔，其主要形式不外乎以上三类。这些塔除了以单座的形式建于室外，还有以塔群的形式建于室外者。在藏族地区尚保留有一些晚期的塔群，如纪念佛陀一生之中八件重要事迹的"佛八塔"。但元明时期的塔群已罕见。位于宁夏青铜峡县境内的百八塔便是一个十分特殊的塔群。百八塔建在青铜峡县峡口黄河西岸一个陡峭的山坡上，依山就势，由上到下按一、三、三、五、五、七、九……奇数排列成十二行，形成布局为一个三角形的巨大塔林，气势非凡（图6-123）。除最上面一塔略大外，其余各塔大小一致。塔身均为砖石砌筑，外抹白灰。塔的形制相同，如同一只只扣在地上的大钟。据《大明一统志》卷三记载："峡山口……两山相夹，黄河流经其中，一名青铜峡，上有古塔一百八座"。既称古塔，则此塔群可能为元代所筑。佛教认为人生之烦恼有一百零八种，意为烦恼无穷。为祛除人生众多的烦恼，佛教徒贯珠一百零八颗、吟经一百零八遍等等。百八塔采用一百零八这个数，其意似与此同。

除了建于室外的单座塔、塔群外，还有建于室内，供奉活佛、高僧灵骨、尸身的灵塔。其形式通常为"瓶形"白塔式样，体量较小，其上嵌镶有大量珍宝。如拉萨甘丹寺宗喀巴灵塔殿灵塔。灵塔明代以后渐多，现存灵塔基本上为清朝所建。

注释

[1] 吐蕃王朝末代赞普朗达玛（803～846年）即位后，灭法毁寺，杀逐僧众，使佛教受到沉重打击。

[2] 藏文《汉藏史集》成书于1434年，达仓宗巴·班觉桑布著，陈庆英译，西藏人民出版社，1986年，第224～225页。

[3] 《汉藏史集》汉译本第230～231页。

[4] D·S·Ruegg：The Life of Bu-Ston Rin-po-che With the Tibetan Text of the Bu-Ston rNam-thar，Serie Orientaie Roma XXIV，Roma 1966年，第90页。

[5] 《西藏王统世系明鉴》，索南坚赞著，成书于1388年。译文见黄颢《新红史》译注第345、343条。

[6] 参见应兆金《西藏佛教建筑的历史发展及外来建筑文化的影响》，未刊稿。

[7] 《元史》卷二百二，列传第八十九，释老。

[8]、[9] 《元史》卷一百一十四，列传第一，后妃。

[10] 《万历武功录》卷七，俺答汗传。

[11] 《元史》卷二百三，列传九十，工艺，阿尼哥条。

[12] 元·程钜夫《楚国文宪公雪楼先生文集》，卷七，《凉国敏慧公神道碑》。[明]释镇澄《清凉志》卷九："台怀大塔，胡元重建"。又卷三："大宝塔院寺，永乐五年（1407年）上勅太监杨昇重修大塔，始建寺。万历戊寅（六年，1573年）圣母勅中相（太监）范江、李友重建"。因"隆庆间，石塔寺僧小会者，见其圮也，发愿募修"。（同书卷九）。后遂由慈圣太后出资重修，历时二年而成。（上文所谓"重建"，当理解为较大规模的修缮）。

[13] 宿白《元大都（圣旨特建释迦舍利灵通之塔碑文）校注》，《文物》1963年第1期。

[14] 参见应兆金《江孜白居寺菩提塔形制溯源》，东南大学《建筑理论与创作》第一辑。

第三节　云南傣族的南传上座部佛教建筑

在中国佛教建筑文化中，云南傣族聚居地区的南传上座部佛教建筑是一个比较特殊的分支。由于在教义、传播途径和范围以及普及程度等方面所存在的差异，南传上座部佛教在中国的影响远不如汉地佛教那样强烈，也难以同藏传佛教相提并论，但它在与东南亚大陆部分几个笃信南传上座部佛教的国家（如缅甸、泰国、老挝等）相毗邻的云南傣族聚居地区却深入人心，占有绝对的优势地位。除了傣族群众普遍信奉南传上座部佛教之外，与之杂居或相邻的其他少数民族（如布朗族、拉祜族、德昂族以及阿昌族等）也有不少人信奉这种宗教。在建筑形式上，傣族南传上座部佛教建筑主要受东南亚地区建筑文化的影响，同时也受到内地建筑文化的冲击，因而呈现出独具一格的风貌。

南传上座部佛教，过去在我国多称为小乘佛教。傣语称其为"沙瓦卡"（Savaka）、"沙斯那"（Sasana）或"卜塔沙斯那"（Bnddha Sasana），均来自印度巴利语，其经典亦多用巴利语抄写，故人们又称之为巴利语系佛教。由于原来在印度的小乘各派只剩下南传上座部这惟一的一支，因而人们也常将南传上座部佛教称为小乘佛教，不过由于感情方面的原因，当地群众对后一种称呼不表欢迎，故我们仍称其为南传上座部佛教。

南传上座部佛教认为人的一生不外乎都是苦，只能自我解脱和自我拯救，这种解脱和拯救的惟一途径就是要以"赕"（布施）的具体行动来积善行、修来世，最终达到涅槃。信奉者必须经常向佛祈求庇护，佛则通过僧侣赐予人们清吉。进行这种"赕佛"活动的场所，除了各个家庭自行设置的小型佛坛之外，主要是佛寺或佛塔。因此这些宗教性建筑物实际上扮演着人们与佛之间的重要媒介的角色，它们在南传上座部佛教的传播和发展过程中具有重要作用。

关于南传上座部佛教传入云南的路径，一般都认为主要有两条，即泰国（经由老挝）和缅甸。西双版纳地区主要受泰国的影响，德宏地区则受缅甸影响较强。由这两条路径传入云南的南传上座部佛教本身所存在的某些差异，也反映在这两个地区的寺院建筑上。

至于南传上座部佛教传入云南的时间，因无确切的文字记载和史实依据，学术界存在着几种不同的意见。有秦汉说、隋末唐初说、中唐说、元中说等等[1]，各自都有一定的理由，但都缺乏令人信服的证据。经过比较分析，参照泰国、缅甸等东南亚国家中南传上座部佛教发展传播的情况，综合各家之言，我们推测大致应在元明之际，而以明代发展最为迅速。当然也不应排除在此之前云南地区已受到南传上座部佛教某些影响的可能性，但真正系统地接受这种宗教的时间当不会太早。因为以傣族文字为例，西双版纳傣族使用的傣泐文由兰那文演变而来，而兰那文的创制已是公元13世纪末的事；德宏傣族的傣那文源出缅文，但缅文的创制时间也不过是在公元11世纪，目前所知最早的缅甸碑文的日期是公元1058年。因此，如果说"有傣文必已奉佛斋僧"[2]的观点是正确的，那么这"奉佛斋僧"的时间似不应早于公元11世纪，因为学术界已公认南传上座部佛教传入西双版纳地区的时间要早于德宏地区，傣泐文的创制似应早于傣那文才合逻辑。马可·波罗在其游记中曾提到当时云南保山一带"其人无偶像，亦无庙宇"；元人钱古训、李思聪所撰《百夷传》亦记是时瑞丽一带"民家无祀先奉佛者"。但据明代史料记载，明朝初年德宏等地即已传入了南传上座部佛教[3]。这可看成是佛教传入时间的下限。

再来看看缅甸、泰国的情况：文献记载表明南传上座部佛教首次取代密教在上缅甸宗教中所占有的核心地位的时间是在蒲甘国王阿奴律陀于公元1057年攻占孟族首都直通之后，他把那里的巴利语三藏及其注释本以及正在受戒的上座部僧侣五百人带到了蒲甘，开始尊崇南传上座部佛教，虽然在此之前缅甸即已存在佛教，但却是略带上座部佛教色彩的密教与太阳神信仰结合在一起的佛教。严格来说，南传上座部佛教真正在缅甸民众中普遍盛行起来的时间还不是在阿奴律陀时代，而是在约百年之后的那罗波帝悉都时代（公元1171~1221年）。成书于元初的《真腊风土记》谓当时真腊"所诵之经甚多，皆以贝叶叠成，极其整齐"，"俗之小儿入学者，皆先就僧家教习，既长而还俗"，似已有南传上座部佛教流行。但这"殆为10世纪至13世纪之情形，"[4]因为至少在9至10世纪，柬埔寨的主要宗教仍是湿婆教，促使高棉人作为一个整体成为南传上座部佛教信徒的主要动力是孟族高僧车波多于公元1190年仿照斯里兰卡的方式在缅甸建立起来的一个上座部佛教的教团，该教团将上座部佛教的教义向南传播到湄南河流域各国。泰族人虽然早已从萨尔温江和湄公河流域进入湄南河谷地区，但真正建立起一个强大的国家则是在 13 世纪后半叶的拉玛甘亨时代。在拉玛甘亨的倡导下，素可泰王国开始接受斯里兰卡佛教及其传统艺术，上座部佛教才取代大乘佛教而在泰国占据统治地位。由此可见，西双版纳傣族的南传上座部佛教假如确系由泰国引入，时间亦当在公元 13 世纪末。这可看成是佛教传入时间的上限。

云南傣族聚居地区现存文物和佛教建筑所提供的证据也可支持我们的推测。例如，西双版纳地区目前所发现的贝叶经的最早年代为公元 1227 年，而现存佛寺最早的为建于明成化十三年（公元 1477 年，傣历 840 年）的曼阁佛寺[5]；现存最早的南传上座部佛教佛塔是建于明天启元年（公元 1621 年，傣历 983 年）的临沧西文笔塔。佛寺与佛塔的大量兴建，一般是在佛教已有一定基础之后的事情。这也说明南传上座部佛教的传入不应晚于 15 世纪。

综上所述，可以认为南传上座部佛教传入云南的时间只能是在公元 13 世纪末至 14 世纪末之间。也就是在元代初期至明代初期之间。

以下就傣族南传上座部佛教建筑的基本形制进行概括阐述。

南传上座部佛教是一种戒律谨严的寺院佛教，它要求每个男子在其一生中必须到寺院中去过一段时间的僧侣生活，然后可以自由还俗。短期的僧侣生活，既可为人们提供接受教育的机会，又可加强人们与寺院的感情联系。因此，南传上座部佛教寺院不但是僧侣的住所和宗教活动的场所，也是普及教育机构和公众社会活动中心。事实上，对于笃信南传上座部佛教的傣族群众来说，没有寺院似乎是不可思议的事情，因为他们一生中所经历的几乎所有重要事件都与寺院有关；他们不但要在寺院中赕佛、识字，而且要在寺院中集会、举行庆典、选举领袖、调解纠纷等等。寺院与居民生活的这种密切关系，促使人们倾注全力去建造辉煌壮丽的寺院，以至于寺院建筑无论在技术上还是在艺术上都远远超过了一般居住建筑的水准。

傣族佛寺的最基本构成单位是佛殿、佛塔及僧舍。依地区和教派的不同，还有戒堂、鼓房、藏经亭等不同的附属建筑。在组合方式上则有以佛殿为主或者以佛塔为主的区别。

一、佛殿

在云南傣族聚居地区的南传上座部佛教寺院中，佛殿以其巨大的体量、精美的造型和装饰，以及显要的位置确立了对整个寺院的控制优势。佛殿在傣语中称"维罕"，泰国、老挝等地称 wihan 或 vihan，是寺院中供僧侣及信徒们举行宗教典礼或其他重要仪式的场所。佛殿的平面大多为矩形，以东西向为主轴线（仅有少数例外），主要入口置于东端，佛像靠近西端，面朝东方。据说佛陀在菩提树下面朝东方成佛，故有此制。这也是它与内地大乘佛教寺院中的大雄宝殿之间的最明显区别。

佛殿有落地与干阑这两种不同的类型，前者以西双版纳地区为多（临沧、思茅地区某些受汉族影响较强的佛殿也属此类），后者常见于德宏地区。落地式佛殿通常置于高度不等的台基之上，其高度变化似与佛寺等级高低有关。在泰国、老挝等地，这类佛殿的台基高度随着时间的推移而逐渐降低，但在版纳地区这种趋势并不十分明显。落地式佛殿与傣族民间常见的干阑式住宅在形式上形成鲜明对照，其原因固然有对强调佛殿与住宅之间性质差异的刻意追求，但更重要的可能还在于必须满足供奉巨大佛像的实际需要，在架空的楼面上显然不适宜设置过大过重的佛像，德宏地区之所以保存着干阑式佛殿，就与当地主要供奉来自缅甸的小型玉佛不无关系。这种差异也从一个侧面证明云南傣族的南传上座部佛教确实有着两个不同的来源。

在结构体系方面，干阑式佛殿通常采用传统的干阑式住宅结构体系，可看作是普通民居的扩充和发展。落地式佛殿的承重构架均为横向梁架体系，沿纵向布置，仅端部梁架留有中柱，余皆取消，使内部空间更显阔大，以满足大规模赕佛活动的需要。在这类佛殿中，其外墙与木构梁架之间的关系引人注目，主要有以下三种类型：

（一）曼阁式　这种类型的特点是木构梁架边跨横梁的外端不是由木柱而是由砖砌外墙来支撑，但在横梁与外墙交接处，一般都垫置石柱础或卵石来作为过渡，这样既可避免横梁与砖墙墙顶的直接接触，也可为阴暗的室内空间增加些许光线。尽管如此，整个建筑的室内空间仍感照明不足，但对于神秘气氛的渲染来说却不无好处。这种类型以景洪曼阁佛寺为典型代表，故可称为曼阁式（图6-124～6-126）。

曼阁佛寺坐落在澜沧江畔，宏伟壮观的寺院建筑与花木扶疏的自然环境相得益彰。佛寺自明成化十三年（1477年）建立以来曾经小修过三次，目前该寺仍然保持着16世纪中叶的格局。曼阁佛寺的佛殿面阔四间，进深八间。佛殿室内由十六根红椿木圆柱划分出中央高大的主体空间和周围低矮的附属空间这两个性质不同的空间区域。四米多高的佛像设置在中央空间的一端，面朝东方。周围附属空间则辟有僧侣及信徒听经诵佛的场所。主体空间由悬山屋顶覆盖，山面设有小披檐；附属空间则覆以单坡屋顶。单坡顶与悬山顶之间留有一段空隙，在外观上类似于内地重檐歇山式屋顶，可以使人看到从悬山屋顶向歇山屋顶演化的某些痕迹。曼阁佛寺屋面沿长轴方向从中央向两侧分两段对称迭落，每段降低约40厘米，即一个博风板的高度。这种处理是通过改变脊瓜柱的高度来完成的，只具构造意义而无太多结构意义。在其他场合还有分三段对称迭落的做法，如勐混佛寺等。这类屋顶形式最早发现于云南晋宁石寨山出土的青铜贮贝器上，时间相当于西汉中期。类似屋顶形式目前仍常见于泰国、老挝、印度尼西亚等东南亚国家，表现出明显的渊源关系。除上述特点而外，曼阁佛寺的佛殿檐下置有十六头精雕细刻的小白象，人称"伏象"结构，其作用与内地木构建筑的斗栱大同小异，只是更富装饰而已。

（二）曼广式　如果将边跨横梁与围墙之间所设置的石柱础或卵石改换成短柱，就构成了第一种类型（曼阁式）的变化形式，姑且称之为曼广式，因为目前所知这类佛殿的最早者即是景洪曼广佛寺的佛殿（图6-127、6-128）。

据曼广佛殿的佛台所刻年代可知，该殿建于明万历二十五年（公元1597年）。佛殿格局与曼阁大体相似，开间仍为四间，但进深仅六间，亦即平面比例为2：3，在空间观感上不像曼阁佛殿的

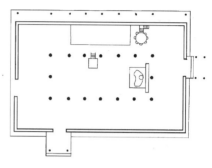

图6-124　傣族曼阁佛寺大殿平面

图6-125　傣族曼阁佛寺大殿横剖面

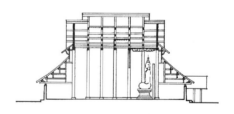

图6-126　傣族曼阁佛寺大殿纵剖面

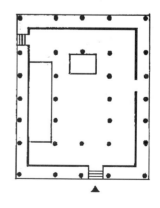

图6-127　傣族曼广佛寺大殿平面

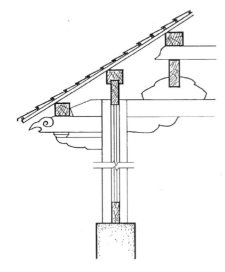

图 6-128 傣族曼广佛寺大殿外檐大样

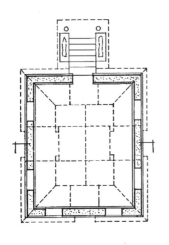

图 6-129 傣族戒堂典型平面

1：2平面比例那样具有较强的指向性。佛殿墙身与横梁之间以短柱为媒介安装有木质窗扇，使室内采光条件有所改善。此外在殿周围又增设了一圈围廊，既增加了佛殿的活动面积，也可用它那相对低矮的体量去加强佛殿主体空间的宏伟观感。

（三）曼苏满式　这种形式的佛殿外墙只起围护作用而无结构意义，所有梁架荷载均由柱子承载。其结构体系与当地干阑式住宅并无二致。这种形式以橄榄坝曼苏满佛寺为典型代表，惜该寺建造年代较晚，疑为晚期变化形式。

总的来看，前两种形式较为多见，年代也相对较早；第三种形式出现的时间可能较晚。这种情况也反映出西双版纳地区的佛殿经历了一个从忠实模仿泰国、老挝典型佛殿到因地制宜进行改进的模仿与创造的渐变过程。这一点只要看看泰、老佛殿的典型平面格局即可明了。

相对于版纳佛殿来说，德宏地区的佛殿在平面构成上比较灵活，通常将祭献部分、待客部分以及僧侣起居部分组织成一个整体，所以在某种意义上来说，德宏的佛殿与佛寺是同义词。

傣族佛殿的装饰艺术也很有特点，如像屋顶脊饰、灰塑及木雕饰物、梁枋立柱的"金水"彩画、墙面壁画及经画、彩色玻璃镶嵌等等，都具有相当高的艺术水平和丰富多彩的装饰效果。

二、戒堂

在西双版纳地区的傣族佛寺中，还有一种外观与佛殿相似，但体量较小的建筑物，这就是戒堂。戒堂，傣语称"布书"、"波苏"或"务苏"，在泰、老等国则称 boo-sote 或 bot。戒堂是高级僧侣定期讲经以及新僧人受戒的专用场所，俗人不得随意入内，有时甚至禁止妇女在附近走动，其地位相当重要，常被作为区分佛寺等级的重要标志。只有中心佛寺以上者才有资格设置戒堂，其余等级较低佛寺中的僧侣必须到等级较高佛寺所设戒堂中去举行重要仪式（图6-129）。

多数版纳戒堂的朝向、构架、屋顶形式等均与佛殿相似，平面亦为矩形，但通常没有檐廊，仅有少数戒堂有门廊。戒堂室内尽端亦供奉小佛像。有时在戒堂基础下面还埋有"吉祥法轮石"，一般每边埋一块，中心也埋一块，但其数目也有变化，等级较高者数目也较多，最多可达九块。这些法轮石的意义在于象征性地划分出神圣的祭献区域，也是区别佛殿与戒堂的主要标志。这种做法源于泰、老等国，因为在这些国家中，佛殿与戒堂在外观上的差别并不是特别明显，有的寺院甚至只有戒堂而无佛殿，或者刚好相反。在这种场合，就只能根据有无法轮石来辨别究竟是佛殿还是戒堂了。

尽管版纳地区的戒堂无论在外观、体量、位置等方面都难以同佛殿相匹敌，但这并不意味着它的重要性也逊于佛殿。事实上，在泰国早期南传上座部佛教寺院中，真正处于主导地位的是戒堂和佛塔，而佛殿不过是具有居住性质的附属于戒堂的建筑物。随着南传上座部佛教的不断普及，仅有专供僧侣使用的戒堂已难以满足日益增多的信徒的需要了。因为在人们的心目中，寺院已不再是少数僧侣独善其身的专有领域，而是大众与佛陀直接交流的场所。施主们捐献钱物建造寺院的目的也并不只是为积功德或还愿心，而是要为自己开辟一个能够与佛陀直接对话的场所。那么，与其将钱财耗费在自己不能享用的庄严的戒堂上，不如将自己可以自由出入的佛殿建造得更为辉煌气派。正是在这种思想的指导下，戒堂在体量和位置上逐渐让位于佛殿。这种由于观念上的变更导致建筑布局模式转换的现象古今恒有，中国内地佛教寺院建筑布局的演变即为一例。尽管如此，人们仍然可以看出戒堂在寺院中的地位非但未被削弱，反而成为区分佛寺等级的重要标志。西双版纳地区佛寺中戒堂的设置与否，正好说明了这一点。

在滇西佛教寺院中，难以见到戒堂的踪迹，这与滇西深受缅甸寺院影响有关。缅甸佛寺多采用集中式布局，以一个中央大厅（常常与佛塔结合在一起）来满足佛事活动的基本要求，表现出与泰国模式的差异。

三、佛塔

傣语称佛塔为"塔"或"光姆"，泰国等则称 phi-chedi 或 chedi。

在云南的南传上座部佛教建筑中，佛塔的数目十分可观。据不完全的统计，仅西双版纳地区的佛塔总数就不下百余座。德宏州及其他傣族聚居地区也有不少佛塔。傣族群众对佛塔的重视，不言自明。

傣族佛塔大体上可分为塔基、塔座、塔身和塔刹四个部分（图6-130）。这四个部分本身在形式上的变化及其组合方式的不同，构成了千姿百态的佛塔形象。

塔基的构造做法是在夯土地面上用砖或石铺砌一层平台，略高于地面，平面形状与塔座形状相呼应。当然也可不设塔基而直接在夯土地面上砌筑塔座。

塔座多为须弥座的形式，高度及层数不等。有的塔座呈阶梯形，有台阶通达塔座顶部。塔座四隅常塑有神陀、瑞兽或其他装饰物。塔座平面有方形、六角形、八角形、圆形、折角亚字形等多种形状。须弥座束腰常布置小佛龛及各种雕饰。

最常见的塔身有覆钟式和叠置式两类：

（一）覆钟式 这种形式的塔身为上小下大的喇叭状形体，有

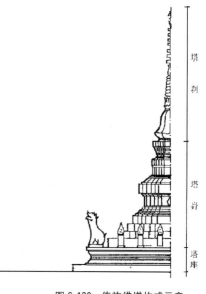

图 6-130 傣族佛塔构成示意

如覆盖在地面上的古代铜钟，故有此称。在外观上，覆钟式塔身与喇嘛塔有些相似，但其上部轮廓线比喇嘛塔更为柔缓自然，比例上亦较瘦削，风格上的差异明显可见。

据推断建筑于公元16世纪的景洪塔的塔身即为覆钟式。该塔建在一方形塔基上，塔座由若干环状体叠置而成，反映出对须弥座形式的刻意模仿。覆钟形塔身略作竖向划分和雕饰，使轮廓简洁自然的塔身显得丰富多彩（图6-131）。

（二）叠置式　这种形式的塔身是由若干大小不一的体积叠置而成，这些体积的形状或为多边体，或为扁平圆柱体，无一定之规。叠置体积的高度和面积不等，叠置方式也很灵活。尽管从总的趋势来看，叠置的体积由下而上逐渐收缩递减，但也会突然出一些凹凸变化，呈现出活泼优美的轮廓线。这些叠置的体积也可以是须弥座的形式，在外观上与内地的密檐塔有些近似（图6-132）。

建于明天启元年（1621年）的临沧西文笔塔，塔身由九个扁平圆柱体叠置而成，其塔座为八角形，边宽3.8米；周围置有七座造型相似的小塔，属于群塔的范畴，该塔通高15米，惜塔顶已残。

除了上述两类常见的塔身形式之外，还有一些比较特殊的塔身形式，有的只是简单的多面体，有的则是几种不同类型的组合。

塔刹包括莲座、相轮、刹杆、华盖、宝瓶以及风铎等几个组成部分。塔刹与塔身之间通常有一覆钟状体积作为过渡，其上置莲座。莲座呈仰莲状，承托着一圆形锥状体，然后是由大到小多层相轮，相轮之上再置细宝瓶，复有金属刹杆耸出于宝瓶之上，刹杆上有金属环片制成的华盖（又称宝伞），华盖顶端还有火焰宝珠或小塔之类的装饰物，德宏地区则常在刹尖上加设风铎，显系受缅甸影响。

傣族佛塔不仅有以单塔为主的形式，而且有群塔的形式。群塔的基本特征是以中央大塔统率周围小塔，总平面以方形、圆形为多，塔的造型与单塔大同小异。一般认为群塔与金刚塔有着相同来源，但实际上二者差距不小，具有不同的风格特征。

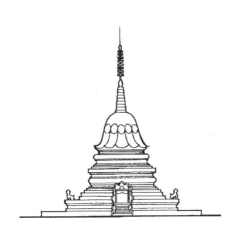

图6-131　傣族覆钟式佛塔示意

图6-132　傣族叠置式佛塔示意

四、僧舍

僧舍即专供僧侣起居的集体宿舍，傣语称"轰"或"罕"。僧舍有干阑式及平房两类型，前者与普通傣族民居几无二致，后者可能是较晚的改良形式。僧舍内部多不分隔，但有时也为高级僧侣专门辟有小室，还可留出一定的空间作为经室。因受缅甸将诵经场所与起居场所组合布置传统的影响，德宏地区的僧舍与佛殿在平面布置上常融为一体，充其量只是二者之间有些标高和装饰的变化。除此之外，德宏地区佛寺中还有一些简易干阑式茅屋，供俗家信徒礼佛期间临时居住，类似形式在泰国叫做sala，历史较为悠远，主要用途也是供行人小憩或暂住。

除上述几种建筑类型外，藏经室是佛寺中专用于贮藏经书的场所，结构形式与戒堂相近，常建于高大须弥坐台基之上，防潮效果较好，在布局上其位置多偏居佛殿一侧。其余如鼓房、泼水亭等也各有特色，不再详述。

注释

[1] 参见黄惠琨："佛教中唐入滇考"，《云南社会科学》，1982.6。

[2] 张公瑾《傣族文化》，吉林教育出版社，1986年，第144页。

[3] 参见《明史·麓川土司传》及《明太祖实录》等。

[4] 伯希和《真腊风土记笺注》。

[5] 参见余嘉华等编著《云南风物志》，云南人民出版社，1986，以及邱宣充《云南小乘佛教的建筑与造像》，《云南文物》(17)，1985。

第四节 道教建筑

元朝对于道教采取兼容的态度。早在蒙古入主中原之前，成吉思汗就征召过全真派掌门人丘处机，赋予总领道教的大权，并准许全真派自由建造宫观，广收徒众，致使全真派自"千年以来，道门开辟，未有如今日之盛"[1]。元统一后，全真派由北方向南方发展，逐步将江南金丹派南宗教团网罗于门下，势力更加强大。元室对全真祖师的不断册封，也使全真派的地位日益提高。

道教全真派要求教徒出家住庵修行，其清规戒律较严，与佛教大体相同，庵舍力求简朴："茅庵草舍，须要遮形，……或雕梁峻宇，亦非上士之作为；大殿高堂，岂是道人之活计"[2]。庵舍的建造也由道人自行完成。但至全真派贵盛后，即将俭朴作风尽行抛弃，热衷于建造大殿高堂。当时的全真派教首"居京师，住持皇家香火，徒众千百，崇墉华栋，连亘街衢。……道宫虽名为闲静清高之地，而实与一繁剧大官府无异焉"[3]。其土木之盛，不难想见。

在元代颇受重视的另一道教派别是正一派。此派尊张道陵为"正一天师"，故称"正一道"。活动以画符念咒、"驱鬼降妖"、"祈福禳灾"为主。道士有家室，俗称"火居道士"。忽必烈于至元十三年（1276年）召见正一派第三十六代天师张宗演，命其主领江南诸路道教。次年，张被封为"宣道灵应冲和真人"，此后，历代正一天师皆被元室封为"真人"或"真君"，其目的是通过正一天师对江南道教的统治来巩固中央集权。元室不仅为正一派赐建宫观，还常常赐命其教徒为道宫提点，江南一带的大型宫观当时几乎全为正一道士所把持。

另外还有一些较小的道教派系也不同程度地得到元室的扶持，但它们的影响和地位都远逊于全真和正一这两大派。至元代末期，各教派之间互相影响，逐渐融合，已无太明显的区别。

明代以降，全真、正一两大教派虽仍为道教的主要代表，但已失其活跃之势。这与明王朝对道教及其他宗教实行统一管理的政策不无关系。

明太祖朱元璋对道教和方术都十分推崇，但也注意到道教发展过滥所带来的弊端。因此，他仿照对佛教的管理方式设置了玄教院这一专门机构来处置道教事务并管理各教派。后来又下令将各府、州、县僧寺道观各归并为一所，严加管理。这种措施在一定程度上抑制了道教的发展。

到永乐时，明成祖声称"靖难"之时得到真武大帝之助，所以在武当山大兴土木，建造道宫，一方面借此为明太祖和高皇后荐灵，另一方面"为天下生灵祈福"，收揽人心。各地藩王亦着力创建或重修宫观，作为祝延圣寿之所，道教势力得以抬头。尔后，道教便更加偏离根本，日益演化为鄙俗的低层次神仙方术，并由世宗朱厚熜将其推向极端。虽其在士大夫阶层被打入另册，但它毕竟可以通过虚幻的"神启"和"许诺"来满足人们的心理欲望，所以，在普通民众中，仍有广泛的市场。道教宫观也有增无减，特别是一般的小型道观，分布范围不断扩大。

道教虽奉道家老聃为教主，以"道"为根本信仰，但其内容相当庞杂，神仙方术和儒家的名教纲常、佛教的轮回之说都被吸收融入。因此它的神祇系统也显得纷繁多序。道教所管辖的庙宇也是多种多样的。例如：永乐年间为供奉王灵官与萨真君，"建天将庙于禁城之西，宣德间改庙为大德观，……成化间改观曰宫，又加显灵二字，每年四季迎换袍服焚化如灵济宫，而珠玉锦绣岁费至数万焉"[4]。明代还将关羽奉为道教诸神中的一员，洪武二十七年（1394 年）在南京鸡笼山之阳建关公庙，永乐间在北京建汉寿亭侯庙，成化十三年（1477 年）又在宛平县东敕建关公庙。据记载，仅在北京地区，明代所建关帝庙即有五十所之多。城隍也被列入道教信仰，在明代极为流行。三官即天官、地官、水官，本为道教固有信仰，明代也立庙祭祀。明都城中即有三官庙二十余所。此外，东岳泰山庙、太仓神庙、五圣庙、碧霞元君庙等在明代也多有建造。庞杂众多的神仙庙宇，为明代道教建筑的构成增添了许多内容。

通观元、明时期道教宫观的分布，大致不出当时汉民族聚居地区，除各府和部分州、县所拥有的玄妙观[5]外，其余多集中分布于两都（京师、陪都），华北新道派创立地区及终南山、青城山、龙虎山、武当山、茅山等洞天福地和道书所谓仙真出生、修炼、得道、飞升等处（图 6-133）。

元明道教宫观建筑的基本形制多有模仿佛寺之处，这是因为一则佛道二教的寺观都采用中国传统的建筑模式——庭院式、木构架等等；二则当时许多道观是由佛寺改造而成。尽管元代道教势力不及佛教的十分之一，但在全真派鼎盛时期"往往侵占寺刹以为宫观"[6]，据《至元辨伪录》卷四记载，全真教徒曾"占梵刹四百八十二所"。由于道教建筑本身在形制上并未形成特有的模

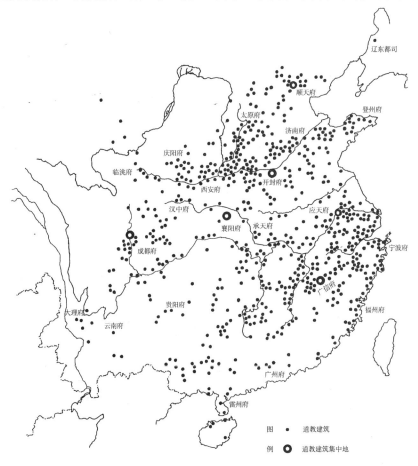

图 6-133　元明时期道教建筑分布示意图

式，从利用佛寺到模仿佛寺也是一种必然趋势。但受时代和地域的影响，其形制因各自性质和功用的不同而又有一些差异。

各地道观的布局仍采用中国传统的院落式，凡敕修宫观，不论平原和山区，都尽量保持规整、严谨的轴线对称布局，于轴线上设宫门（龙虎殿）、主殿、后殿（或祖师殿），两庑设配殿、方丈和斋堂之类。还设焚诵、课授、修炼、生活等用房。而募建之宫观，则多因地而异，在平原地区尚能按轴线对称布置，而在山地，因受地形限制，或依山就势线形排列，或呈团状布局，轴线短而不甚明显，且常随山势转折，某些宫观，甚至客观上并不受地形制约，却无轴线可寻，纯属自由式布局。"凡殿堂门庑位置高下，悉因地势之自然，而不以人力参焉"[7]。究其原因，一方面囿于财力，另一方面，使建筑融合于自然之中，形成幽雅、清静的环境，不仅有助于修炼，而且可以启发通往"神仙境界"的遐想和追求。

凡宫观主殿，不论其额称如何，大都奉三清神像，即玉清元始天尊、上清灵宝道君和太清太上老君，或曰三者为师徒关系[8]，或曰"一气化三清"，三者都是元始的化身。元始居中，灵宝居左，老君居右，通常无胁侍神像。也有单奉某一天尊者，如燕京玉清宫，正殿立元始像。终南山上清太平宫，其址为"众圣所居"之处，若有三清像，则"众圣不得安"，所以只奉上清灵宝道君，而于宫南别建"资圣宫"，以奉三清[9]。

道教的神祇系统芜杂，神殿因此也名目繁多。规模较大的道观，除三清殿之外，还设有众多神殿。"凡修建宫观者，必先构三清巨殿，然后及于四帝二后，其次三界诸真，各以尊卑而侍卫"[10]。陕西重阳成道宫"为殿者三：曰无极、曰袭明、曰开化"[11]。元代重修的终南山古楼观台宗圣宫，"建殿三：曰三清、曰文始、曰玄门列祖"[12]。这些都是规模宏大的道宫，以三清殿为主，其他殿宇或侍前、或卫后、或翼列两旁，其规模亦以三清殿为最大，等级最高。

次殿和配殿，供奉四圣元辰或祖师等众多神像。如太一广福万寿宫于繁禧殿奉太一天尊，于灵昌殿（次殿）则奉九师天尊；纯阳万寿宫于混成殿祀奉全真祖师吕洞宾；中都十方大天长观于通明阁奉昊天上帝，于延庆殿奉元辰众像，于东西两翼之澄神、生真殿奉六位元辰等。亦有另设斗姆殿、灵官殿，以供奉北斗众星之母和王灵官。道教之所以祀奉诸多神祇，不独为使信徒瞻仰，而且在于使其"察人间善恶功过而赏罚之"，以求起到现实统治体系所不能起到的威慑作用。

至于钟鼓楼之设，元初已见于碑记，或只设钟楼，或钟鼓楼俱设，只是其位置尚不确定，使用钟鼓楼的范围亦仅限于中原地区，元中叶以后，江南部分道观亦设钟鼓楼，并在个别宫观中还兼作他用，至明时始将其位址确定于山门与三清殿间，两楼对峙，这种布置方式和佛寺几乎是同步形成的。此外，间或还有于山门内再设仪门，外设棂星门（牌楼）和华表者，以表神明往来之道，如北京东岳庙、集庆永寿宫和龙虎山上清宫等。

道观和佛寺一样，住持在道徒中地位最尊，其居室亦称"方丈"，或位于中轴线上殿宇之后，或列于东西两侧。元时重建的杭州开元宫，"在前殿北者为明离殿，又北曰道纪堂，又北曰方丈。"似在中轴线之最后。集庆永寿宫则在两侧置东西方丈。

道众之居称为"云堂"、"云房"，是取弟子云集之意，多位于两庑。云堂的规模，以道徒多寡而定。元易州龙兴观有东西云堂各五间，元武昌路武当万寿崇宁宫"重起两庑甲子楼三十一间，以其下内半为云房"，此外，大型宫观道徒可至数百，如此众多的人口，还须有一定规模的斋堂和庖厨之属旁列于隐奥之处。

为了接待信徒、香客，道观又多有宾客居所——馆舍的设立。按元代以后汉族传统礼法，以中为尊、左为贵、右为谦，或以殿堂之后为客位，或左宾右主。

别院，亦称"别业"或"下院"，位于宫观周围，其额仍曰"××观"，只是规模较小，内部清幽，具有园林景色，是道长们的别墅。其景致和功用，元李道谦言之甚明："惟兹甘峪口遇仙观，祖庭重阳宫之别业也。林蔬土肥，可耕可种，借石临水，可濯可漱，境寂气清，可居可乐"[13]。道观别院的出现是由于道教在元初骤盛后，一些道宫虽名为闲静清高之地，而实际上和繁剧的大官府无异，为了"避喧拨冗"，别院成了可贵、可尚、而不可无的休闲之地。元王磐在《创建真常观记》中说："夫道宫之有别院，非以增添栋宇也，非以崇饰壮丽也，非以丰阜财产也，非以资助游观也。贤者怀高世之情，抗遗俗之志，道尊而物附，德盛而人归，盖欲高举远引而不可得遂焉。故即此近便之地，闲旷之墟，以暂寄其山林栖遁之情耳"[14]。可见其旨在于避开因道宫香火繁盛而造成的喧哗烦扰，寻求幽雅静深的山林之趣。别院内部亦建有三清殿、斋堂、厨舍等，所居者多为年高德劭的道士。有些别院也挖泉掘池、整溪建桥，构筑亭榭，种花竹、植果木，因借院外自然之景，成为环境优美的居所[15]，或亦可视为园林式宫观。

以下就元明时期若干道教建筑进行剖析：

（一）永乐宫

又名"纯阳宫"，是全真派重要据点之一。原址在山西芮城县永乐镇，位于中条山之阳，黄河之北，民间传说"八仙"之一的吕洞宾即出生于此地，唐代就其故宅改为"吕公祠"，岁时享祀[16]，约至金末，改祠为观[17]。

元太宗十二年（1240年），升观为宫，进真人号曰"天尊"，于是尹志平、李志常等全真派道首，推荐潘德冲作"河东南北两路提点"，主持修建大纯阳万寿宫。大约从1247年动工，至中统三年（1262年）才告一段落，并在其北九峰山上（当地称之为吕洞宾得道处）修建纯阳上宫，使之成为与当时大都天长观、终南山重阳宫同享盛名的全真派三大祖庭之一。之后，又于至元三十一年（1294年）建成宫门——无极之门，而至各殿壁画完成时，已在至正十八年（1358年）。自始至终，费时百余年，几乎与元代共日月。

考当时宫的形制，中统三年的《大朝重建大纯阳万寿宫之碑》所记的殿堂有三，"曰无极，以奉三清；曰混成，以奉纯阳；曰袭明，以奉七真（全真七子）"。其他则"三师有堂，真官有祠，凡徒众之所居，宾旅之所寓，斋厨、库厩、园圃、井湢"无所不具，宫的规模空前扩大。此外又在宫侧创下院十余区，置良田竹苇及蔬圃果园，俨然成为一个大庄园。入明以后，宫内建筑屡有废兴。到崇祯年间，又建玉皇阁，修潘真祠，创二仙楼，整山门，砌甬路，栽柏树，垒便门。现存永乐宫的建筑除中轴线上的无极门、无极殿、纯阳殿、重阳殿仍保持元代原状外，其他部分已有较大改变（图6-134）。1959年，因建造三门峡水库，将这组建筑完整地迁建于芮城县城北龙泉村。永乐宫的殿宇设置反映了全真道派祖庭的特色，其中除龙虎殿作为宫门奉青龙、白虎二神（图6-135～6-138），三清殿作为正殿奉三清主神（图6-139～6-142）是一般道宫、道观的常规外，正殿之后的三殿则是此宫所特有的建制，这三殿依次为纯阳殿奉吕洞宾（号纯阳）（图6-143、6-144）、重阳殿奉王嚞（号重阳）（图6-145）、邱祖殿奉邱处机。吕洞宾是当地人，又是全真派的祖师之一，此宫原先本是他的祠堂，王嚞是全真派的首领，邱处机是全真派的重要弘扬人。因此，后三殿的设立，使此宫具有独特的风貌。从建筑物的形制来看，龙虎殿和三清殿用庑殿顶，而后面的殿则用歇山顶（邱祖殿已毁，屋顶形式不明），三清殿用七开间，其他各殿都是五开间，主次分明。作为全真派道教的重要据点之一，此宫规模是相当恢宏的，南北进深约400米，占地约150亩，轴线上的门殿共六进，主要殿宇虽无重檐建筑，但木构架全用正规做法，和一般元代木构建筑的简率粗放、随意架设的情况迥然不同，大额、圆料、弯梁等被视为元代特色的构造手法也一律被摒除，而是更多地继承了《营造法式》所表现的宋代官式做法，从而使这批殿宇成为北方元代建筑中的佼佼者。

图 6-135　永乐宫无极门（龙虎殿）外观

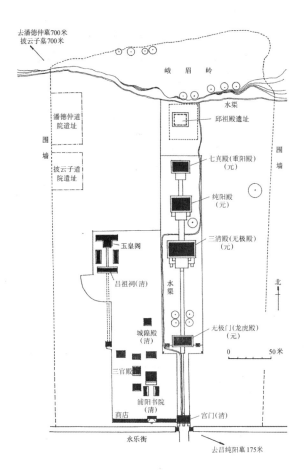

图 6-134　山西芮城永乐宫原址总平面

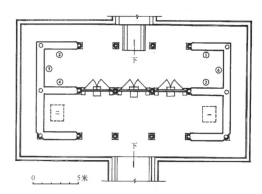

图 6-136　永乐宫无极门平面及殿内壁画分布图
壁画内容：①神荼；②郁垒；③④神将；⑤神吏；
　　　　　　⑥城隍、土地
　　一、青龙神君塑像位；
　　二、白虎神君塑像位

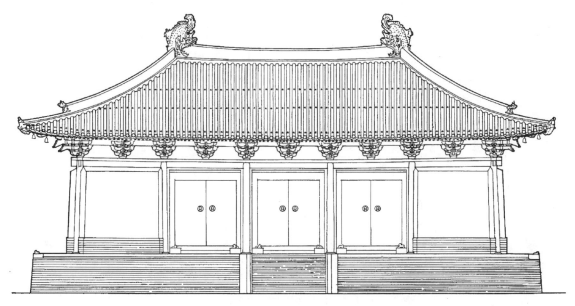

图 6-137　永乐宫无极门正立面图

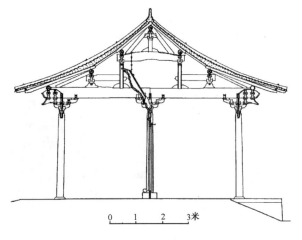

图 6-138　永乐宫无极门明间横剖面

图 6-139　永乐宫三清殿（无极殿）外观

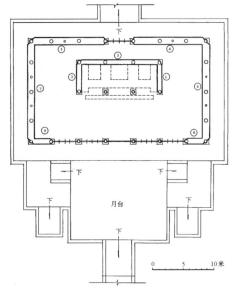

壁画内容：
①南极；
②东极；
③三十二天帝君；
④紫微；
⑤勾阵；
⑥玉皇、后土；
⑦木公、金丹；
⑧青龙星君；
⑨白虎星君

图 6-140　永乐宫三清殿平面及殿内壁画分布图

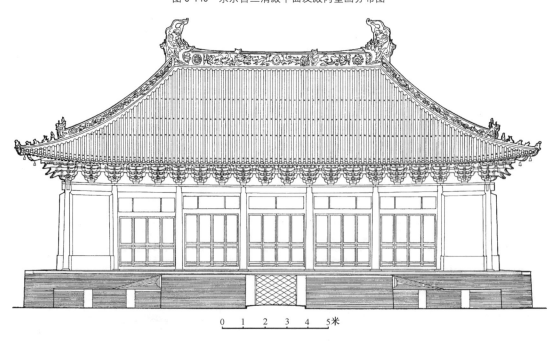

图 6-141　永乐宫三清殿正立面图

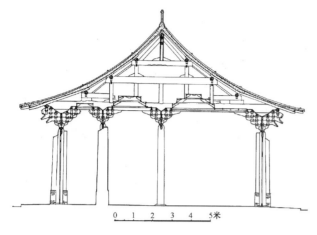

图6-142 永乐宫三清殿明间横剖面图

图6-143 永乐宫纯阳殿外观

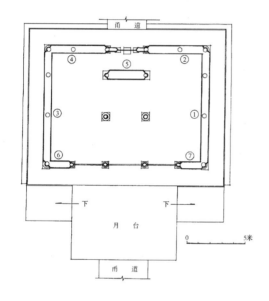

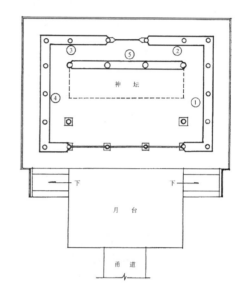

图6-144 永乐宫纯阳殿平面及壁画分布图
①～④纯阳帝君神遊显化图；⑤钟离汉度吕嵓图；
⑥道观醮乐图；⑦道观斋供图

图6-145 永乐宫重阳殿平面及壁画分布图
壁画内容：①～④王重阳画传；⑤三清像

　　永乐宫又以其元代壁画而闻名于世。四座殿内的壁画结合各殿的功用烘托殿内主神。其中三清殿内扇面墙外壁和殿周内壁的壁画，作为一个整体，是一幅《朝元图》，"朝元"即诸神仙朝谒道教的最高尊神元始天尊，其构思与佛教的《说法图》有相似之处。图中南极、东极、紫微、勾阵、玉皇、后土、木公、金母等八个主神像尺寸较大，着冕旒帝王装，处在构图的主要位置。其他道装人物大致为玄元十子、历代传经法师、北斗诸星、天地水三官、四圣及其部从、五岳四渎、三元将军、十太乙及八卦神、雷部诸神、青龙白虎君及功曹、玉女等，整幅壁画共计人物形象286个，数量众多，造型变化丰富，表情庄严传神，用笔流畅，绘画技巧高超，是我国绘画史上的精品[18]（参见图6-140）。纯阳殿内的壁画，分布于东、西、北三壁的是《纯阳帝君神游显化之图》，从吕洞宾降生起，摘取有关传说故事，组成52个画面，构成一部吕洞宾的画传（参见图6-144）。壁画分上下栏，垂直安排两幅，然后横向展开，采用鸟瞰图的传统技法，每幅自成章法，幅与幅间以山石云树作为过渡。重阳殿壁画也分布于东、西、北三壁，共49幅，是王喆的画传。画面处理方法与纯阳殿相同，只是艺术价值略逊一筹，另于扇面墙后壁绘三清像[19]（参见图6-145）。作为永乐宫正门的无极门内，也有部分壁画，后檐墙壁西段为神荼，东段为郁垒，与中缝隔断墙上

377

的神将，都是三清主神的护卫。东西山墙则为神吏、城隍、土地之属的地方守护神[20]（参见图6-136）。

永乐宫的彩画，沿袭宋代彩画传统，图案仍以构件的长短而定，三座大殿四椽栿上的彩画多似宋《营造法式》的豹脚合晕构图，又像苏式彩画中的包袱，于包袱之外用藻头，绘写生花。在丁栿和额枋的图案布局上出现了各种如意头、旋花组合成的藻头。在枋心则多设泥塑龙和彩绘龙，栱枋之间有锦纹、如意头、旋花和方胜等花纹，同时亦有青绿叠晕的做法。而栱眼壁部分近于梯形的画面多画龙、写生花和化生等题材。藻井及平棊内作海棠花瓣的圆光，其中绘龙、牡丹和网目纹等[21]。

（二）延庆观玉皇阁

在河南省开封市西南隅。原为元代万寿宫的斋堂，明初改此宫为延庆观，堂也改称玉皇阁，现观内其他建筑已不存。此阁采用砖墙穹顶结构，因此，虽然历经黄河泛滥之灾而能经久不毁。阁为二层，但外观作三层，第一层平面作方形，第二、第三层为八角形（图6-146～6-148），由方变为八角，是依靠四隅的三角形穹隅，穹顶下缘还用一圈斗栱作为装饰（图6-149）。阁的外观则全部木构化，第二层外墙用八个琉璃瓦悬山顶环绕，形成造型丰富而有新意的装饰屋顶，平座及二、三层墙面的柱子、阑额、斗栱等构件都用砖雕镶贴，屋顶用琉璃瓦铺盖。元代的穹顶在伊斯兰教建筑中使用较为普遍（参见本章第五节），但在道教建筑中则极为罕见。在使用了外来的穹顶技术后，又加以彻底地木构化，使之具有浓厚的中国传统木构建筑的风貌，这是此阁最有意义的一种探索。

图6-146　开封延庆观玉皇阁外观

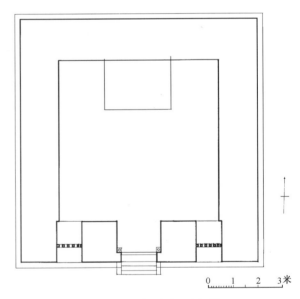

图6-147　开封延庆观玉皇阁平面

（三）飞来殿❶

位于四川省峨眉县城北2公里的飞来岗上，坐西向东，原名东岳庙，明崇祯八年（1635年）改称飞来殿。据现存宋淳化四年《重修庙记》碑、元泰定四年《重修东岳庙记》碑及《四川通志》所载，此殿重建于宋淳化中，元大德中再建，明万历间重修。1984年落架维修，在角梁处发现一铁卯栓，上刻"元大德戊戌年"（1298年）字样，可证该殿确系元代建筑，至今已有近七百年历

❶　本例由重庆建筑大学李先逵教授撰写，编者稍有删节。

史，是迄今所知四川地区最早的古代木构殿宇遗物。明洪武二十四年（1391年），于飞来殿前又增建香殿（图6-150）；崇祯五年（1632年），建九蟒殿；清代又继建毗卢殿、观音殿、星主殿。此庙原祀泰山之神，应属神祠一类，但后为道教所据，佛教继之渗入，故内容较为驳杂，这种现象在三教合流趋盛的明代已非罕见。现庙中所存中轴线上的建筑物依飞来岗山势由低到高依次是：星主殿（今山门）、九蟒殿、香殿、飞来殿。

图6-149　开封延庆观玉皇阁底层穹顶下的斗栱装饰

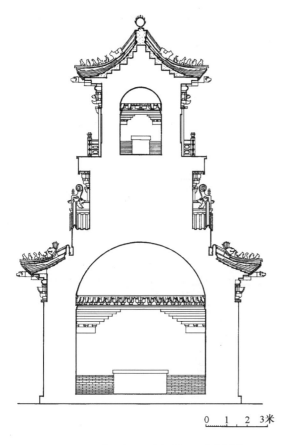

图6-148　开封延庆观玉皇阁剖面（戴俭测绘）

图6-150　四川峨眉县飞来殿前香殿

飞来殿五开间，面阔18.28米，进深四间，13.26米，前设宽敞的檐廊，廊柱减去二根，采用移柱法，使前廊成为三开间，明间面阔达8.15米。单檐歇山顶，屋檐与正脊生起明显，曲线舒展。当心间左右二檐柱各塑巨大全身蟠龙两条，矫健飞动，栩栩如生。斗栱雄大，出檐深远，明间用补间铺作四朵，次间则为二朵，为六铺作单抄双下昂重拱造。上层昂头成象鼻形，下层昂头雕作龙头，是较早使用此种昂头式样的实例。昂尾伸至金檩下，显示一定的结构机能。梁枋斗栱均未施彩画，是否为初建时情况待考。斗栱用材14.5厘米×20.5厘米，足材为14.5厘米×29.5厘米，为四川古代木构中尺度最大的斗栱用材。室内为彻上明造，五架梁制作规整，檐柱侧脚与生起明显，整个大木作做法具有宋代建筑的遗风。此殿无疑是研究南方元代建筑的珍遗实例（图6-151～6-154）。

（四）北京朝阳门外东岳庙

由正一派道教"大宗师"张留孙及其徒筹资兴建，于元延祐六年（1319年）至天历二年（1329年）建成。明正统十二年（1447年）进行展拓，两庑设七十二司，并建帝妃行宫。清道光间，又扩建东西两院。现存建筑除庙门前琉璃牌坊为万历三十五年（1607年）遗构外，余皆清代重建，但其中路轴线部分保持元、明时期的格局（图6-155）。

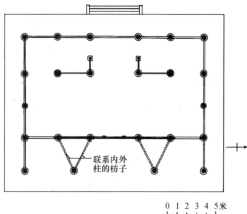

图 6-151 四川峨眉县飞来殿外观　　　　　　　　图 6-152 四川峨眉县飞来殿平面图

图 6-153 四川峨眉县飞来殿立面图
（李显文、朱小南、刘钊测绘，徐千里校订重绘）

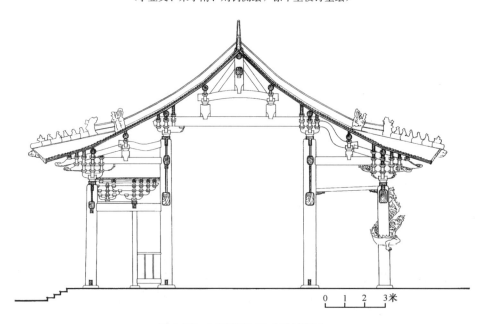

图 6-154 四川峨眉县飞来殿剖面图
（李显文、朱小南、刘钊测绘，徐千里校订重绘）

（五）明南京朝天宫

位于今江苏省南京市水西门内冶城山。南朝刘宋时在此置总明观，宋时更名为天庆观。元文宗在金陵潜邸时曾多次至观中，遂升此观为"大元兴永寿宫"，拨钞遣匠修建，成为金陵最大的道宫[22]（图6-156）。

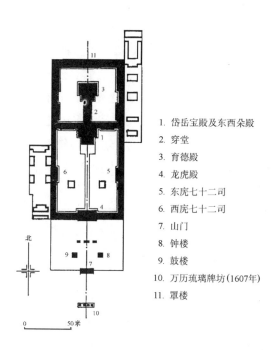

1. 岱岳宝殿及东西朵殿
2. 穿堂
3. 育德殿
4. 龙虎殿
5. 东庑七十二司
6. 西庑七十二司
7. 山门
8. 钟楼
9. 鼓楼
10. 万历琉璃牌坊(1607年)
11. 罩楼

图6-155　北京朝阳门外元明时期东岳庙平面示意图

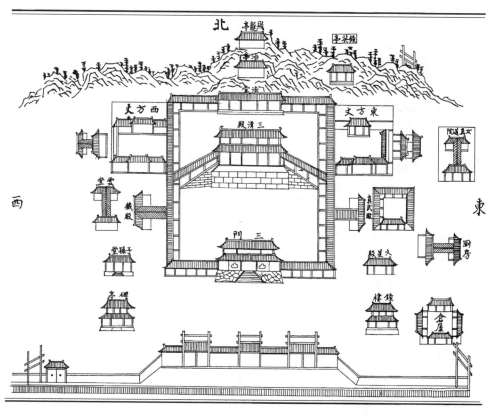

图6-156　元集庆路大元兴永寿宫图（摹自至正《金陵新志》）

明洪武十七年（1384年）再行重建，明太祖赐额"朝天宫"，名为玄观，而实为"百官遇节朝贺，先期习仪之所"。天顺六年（1462年），礼部尚书邹干奏举道录司李靖观主持集材鸠工，进行了一次大规模兴造，历时六载而成，在此期间明宪宗还命工部供给琉璃瓦三十余万及木植、军夫、工匠等赐助。建造后的规制是：于山顶旧飞龙亭遗址新建重檐黑绿琉璃瓦屋面的万岁殿三间，山前建三清宝殿七间，以奉三清神像。两殿间建大通明殿七间，以奉玉皇圣像。三清殿前建神君殿（宫门）五间，东侧景德、普济、显应三配殿，西侧宝藏、宗制、威灵三配殿[23]，俱绿琉璃缘饰，通脊吻兽。各殿间以廊庑相连，廊庑之外左右设钟鼓二楼。神君殿左右俱设公学，左前方置中外二山门各三间。两山门间左右各设碑亭。中山门之后真官、土地二堂对峙[24]。山门与神君殿间，则以曲廊联系，不仅使垂直的两轴线的转折无突兀之虞，而且有利于肃穆静谧空间气氛的创造。此外东部还设有道录司、斋堂、神厨、景阳阁、飞霞阁、东山道院等，西部有卞公祠、神库、仓库、西山道院，以弘化、育真二角门相通。山阴有全真堂、东西方丈等。外山门前还设有照壁及左右"表忠坊"[25]和"朝天宫"两牌楼（图6-157）。由此可见，明代的朝天宫已成为一座规模宏大的比元代永寿宫更为恢宏的道宫。

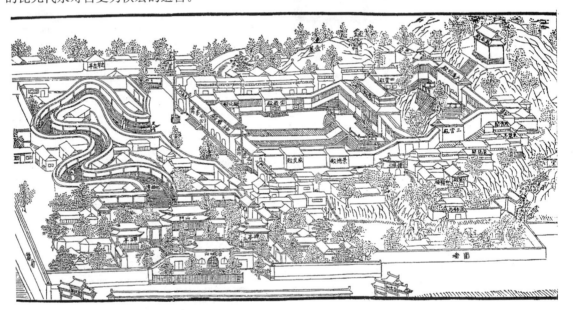

图6-157 《金陵玄观志》所载朝天宫图

通观朝天宫的布局，于入口处照壁、牌楼并用，形成宫前广场空间。山门两进，有亭、堂左右对峙，形成短暂而显明的东西向轴线。而殿宇部分则依山就势，以神君殿为开端，三清宝殿为中心，大通明殿为过渡，万岁殿为收束，两旁公学、配殿、廊庑衬托，形成规整谨严的南北向中轴线对称布局形式。两轴线间以自然流畅的"九曲弯"曲廊连接，使人在不知不觉中转折，和明代鸡鸣寺采取同样手法。周围各附属建筑大多自成院落，全真堂独居山阴，前纳钟山翠色，后枕冶城山，林木蔚荟，浓荫覆盖，不失为清虚境界[26]。但该处现存建筑物已是太平天国之后重建，中部改为江宁府文庙，西为卞公祠，东改为府学，昔日面貌，已荡然无存。

（六）武当山道教宫观

是明成祖所建的明代最大规模的道教建筑群。武当山又名"太和山"、"大岳山"、"仙室山"、"嵾上山"，在湖北均县（今丹江口市）境内，方圆800余里，为道教七十二福地之一，据道书称，真武曾于此修炼四十二年，功成"飞升"。后世因谓非玄武不足以当，故名"武当"。相传东汉阴长生、晋谢允、唐吕洞宾、五代陈抟、宋寂然之、元张守清、明张三丰等，均修炼于此。

武当山自然风景优美，有七十二峰、二十四涧、十一洞等胜迹。主峰天柱峰。海拔1612米，加之盛产药材，客观上为道士们修持、炼丹、采药提供了良好的条件。据记载，早在唐贞观年间，即于灵应峰建有五龙祠，继之在宋、元两代均有增修和扩建。元末大部建筑毁于兵火，现仅存几座元代石殿和铸造于元大德十一年（1307年）的悬山顶仿木构铜殿。明永乐十一年（1413年），又在武当山大兴土木，动用军民、工匠20余万人，历时十一年，建成宫观33处。明成祖之所以要如此兴师动众，据永乐十年七月十一日敕谕文告称："……真武阐扬灵化，阴祐国家，福被生民，十分显应。我自奉天靖难之初，神明显助，威灵感应至多，……及即位之初，思想武当山正是真武显化去处，即欲兴工创造，缘军民方得休息，是以延缓至今，而今起遣些军民去那里创建宫观，报答神惠，上资荐扬皇考皇妣，下为天下生灵祈福"[27]。可见朱棣是想借北方真武之神的"显助"来巩固他"靖难"之后的地位。

整个建筑群沿大岳山北麓的两条溪流（螃蟹夹子河及剑河）自下而上展开布置。西河沿线早在唐宋时期已经开发，如五龙宫即是明朝在旧址上的重建，东河沿线是明永乐年间的新兴工程。从而形成从均州城（今已淹没于丹江口水库中）出发，进玄岳门石坊过遇真宫，而后分两路进山至各宫观的参拜路线（图6-158、6-159）。两路的终点是太和宫和金殿。全线长60余公里，当时建筑物有八宫、二观、三十六庵堂、七十二岩庙、三十九桥、十二亭，其中称"宫"的规格最高，规模最大，"观"与"庵"次之，从而形成全山三级道教建筑体制。建成之后，成祖赐名"大岳太和山"，凡殿观、门庑、厅堂、厨库一千五百余间，并选道士二百人供洒扫，给田二百七十七顷及耕户资赡养，选任道士任自垣等九人为提点，官秩正六品，分别主管宫观祀事。

各宫观建筑中以玉虚宫规模最大，宫城东西宽170米，南北深370米，沿轴线布置桥、碑亭、宫门四重及前后殿。其中前殿面阔七间，进深五间，是武当山最大的一座殿宇。殿门外玉带河前宽广的院子是供练兵用的校场，形制与一般寺观迥异。惜宫内建筑已大部毁于火，现仅残存个别门、

图6-158　武当山道教建筑遗址分布图

（　）内表示海拔高程＿＿＿米

四座碑亭及宫城内殿宇基址。现存建筑仍较多保持着元、明时期面貌的有"治世玄岳"坊（1552年建）（图6-160、6-161）、遇真宫、天津桥、紫霄宫、天乙真庆宫石殿、三天门（图6-162～6-164）、太和宫、紫禁城与金殿等。

　　紫霄宫，在天柱峰东北展旗峰下，建于明永乐十一年（1413年），是武当山区保存较完整的宫观之一。宫前小溪有意处理成"～"形，以象太极，颇为别致。宫内层层崇台，依山叠砌，殿堂屋宇，建于崇台之上，间以斜长蹬道相联系。其格局亦严格按中轴对称布置，自前至后有龙虎殿、左右二

图6-159　明代武当山道教宫观分布略图（摹自明方升《大岳志略》）

图6-160　武当山"治世玄岳"坊

图6-161　"治世玄岳"坊现状立面图

碑亭、十方堂、紫霄殿、父母殿及两侧东宫、西宫等，与宫殿相仿佛。东、西宫自成院落，显得异常幽静。紫霄殿面阔五间，重檐歇山顶（图6-165），殿前平台两重，围以雕栏，供科仪和道士练功之用。父母殿因地域狭窄，紧逼紫霄殿，且进深较浅，酷似牌楼。

在武当山的主峰——天柱峰顶，建有周长1.5公里的石城，绕山顶一周，名为紫禁城（图6-166、6-167），城内最高峰上为永乐十四年（1416年）所建的金殿，内供真武披发跣足铜像，像前设玄武（龟蛇），左右侍金童、玉女及水火二将。金殿为三间小殿，重檐庑殿顶，铜铸镏金，仿木斗栱下檐七踩，上檐九踩，均用重昂（图6-168～6-170）。殿后为父母殿，左右为签房、印房，形成一组山顶院落。这是象征真武所居的一组城堡式建筑，掩映于密林中，隐现于云雾间，极具神秘色彩。

图 6-162 武当山天津桥

图 6-163 武当山登三天门之蹬道

图 6-164 武当山三天门中之第一天门

图 6-165 武当山紫霄殿外观

图 6-166 武当山"紫禁城"远眺

图 6-167　武当山金顶建筑群示意图

图 6-168　武当山金殿外观

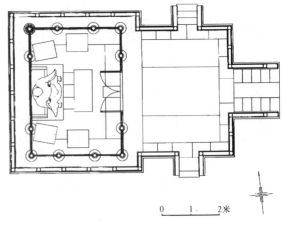

图 6-169　武当山金殿平面（据湖北省文物工作队测绘图）

　　武当山道教建筑一方面以其融全山道宫为一体的宏伟群体布局显示出这项明成祖钦定工程的规模与气魄；另一方面又以各座宫观依山就势创造各种奇险深幽如入仙府的建筑环境氛围，以达到弘道和修炼的要求，它的总体效果是十分成功的，实为我国宗教建筑中的佳作。

　　（七）真武阁

　　又名武当宫，位于广西容县城东人民公园内。相传唐末诗人元结任经略使时，曾于此建台，作为游览和操练甲兵之用，因名"经略台"。台筑于容江（绣江）北岸微微突出的弧形转角上，对岸平原开阔，远处东南方都峤山巍峨矗立，奇峰参天，气势雄壮。后来台废，于其上建玄武宫，明洪武十年（1377 年）建为真武阁。原因是由于风水的需要，一则因当地民居往往是编茅为篱，容易失火，俗称南山（都峤山）箮峤为火宿，而北极玄武帝正应北方水德，祀奉它用来镇火；再则借助于道教以化民风。但宫观当年形制已无可查考，至嘉靖初，已是"匝厥麓、梯厥蹬、入厥阈，陟厥堂"的残破景象。至万历元年（1573年）方大兴工役创阁楼三层，"隆栋蜚梁，斗窗云槛，荤神像安置，仙人好楼居，将帅列旁侍，而钟磬，而鼎炉，而廊舍，而垣墙，而庖厨。巍乎其有成也，为一邑之具瞻"[28]。可知宫以阁为主体，配以廊舍、庖厨。阁内完全按照宗教需要而布置神像及钟磬、鼎炉等设施。

现阁内神像尽失，其本身亦无任何墙壁和隔扇，通体就像一座三层四面敞开的庞大"亭子"。阁顶高出台面13.20米，底层平面总面阔13.80米，进深11.20米，就外观来说，面阔、进深均为三间，但其内部四隅各有两根金柱，这八根金柱直通到上层檐下，成为中层和上层的檐柱。而楼层则于角柱45°方向再设四根金柱，以承托五架梁。较为有趣的是这四根金柱柱脚悬空，离开楼板面0.5～2.4厘米，成为名副其实的"悬柱"（图6-171～6-173）。究其原因，一则木材本身容易干缩，再则木构的榫卯结构是一种介于刚结和铰接之间的刚铰接，易于变形，但幅度不会太大。这四根悬柱正是其自身的干缩，加之各构件的受力后发生变形取得自然平衡的结果[29]。

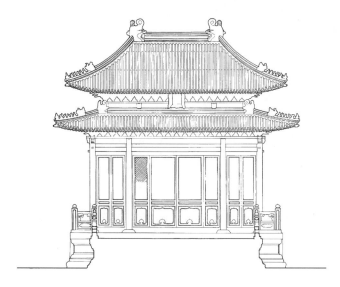

图6-170 武当山金殿立面
（据湖北省文物工作队测绘图重绘）

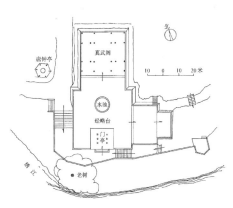

图6-171 广西容县真武阁环境图

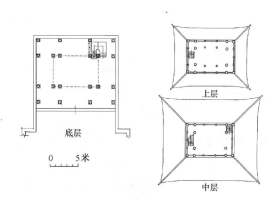

图6-172 广西容县真武阁平面图

图6-173 广西容县真武阁横剖面图

注释

[1] 元·尹志平《北游语录》卷一。

[2] 金王嘉《重阳立教十五论》。

[3] 元·王鹿庵《真长观记》,《甘水仙源录》卷九。

[4] 明·沈德符《万历野获编补遗》。

[5] 北宋大中祥符元年(1008年),两次制造"天书下降"事件,次年诏诸路、军、州各置天庆观,元初更名为"玄妙观",盖取《老子》"玄之又玄,众妙之门"之意。明代因之,清避圣祖玄烨之讳,更名为"元妙观"。

[6] 王世贞《弇州续稿》。

[7] 元黄缙撰《黄金华集》卷十四《龙虎山仙源观记》。

[8] 见元李志全撰《天坛十方紫微宫结冠殿记》,载1988年6月文物出版社版《道家金石略》。

[9] 详元李鼎撰《重修终南山上清太平宫记》。

[10] 李志全撰《天坛十方大紫微宫结冠殿记》。

[11] 《道藏》十九《宫观碑志·重阳成道宫记》。

[12] 李鼎撰《大元重修古楼观宗圣宫记》,载1988年6月文物出版社版《道家金石略》。

[13] 元·李道谦撰《重阳万寿宫下院甘峪口遇仙观碑》,载《户县石刻调查表》。

[14] 王磐《创建真常观记》。按:真常观是长春宫之别院。

[15] 详见元·戴表元《剡源集》卷六《先天观记》。

[16] 元泰定元年(1324年)三宫提点段道祥等重刻《有唐纯阳吕真人祠堂记》。

[17] 元中统三年(1262年)王鹗撰《大朝重建大纯阳万寿宫之碑》。

[18] 详见王逊《永乐宫三清殿壁画题材试探》一文,载《文物》1963年第八期。

[19] 详见王畅安《纯阳殿、重阳殿的壁画》一文。载《文物》1963年第八期。

[20] 同[18]

[21] 详见朱希元《永乐宫元代建筑彩画》一文,载《文物》1963年第八期。

[22] 详见元至正《金陵新志》卷十一上,宫观。

[23] 按《金陵玄观志》所载《朝天宫图》,东侧只有"景德殿"、"威灵殿"两配殿,西侧亦只有"宝藏殿"、"显化殿"两配殿。与商辂碑记有出入。

[24] 详见商辂撰《奉敕重建朝天宫碑》和《金陵玄观志》所载《朝天宫图》。

[25] 《奉敕重建朝天宫碑》则称"蓬莱真境"。

[26] 明葛寅亮撰《朝天宫重建全真堂记》。

[27] 转引自间野潜龙著、王建译《明朝与武当山》,载《世界宗教资料》1990年第三期。

[28] 《广西石刻录》第二七册明杨际熙撰《重修武当宫记》。

[29] 详见喻维国《真武阁漫话》及梁思成《广西容县真武阁的"杠杆结构"》,《建筑学报》1962年第七期。

第五节　伊斯兰教建筑

从元朝起我国伊斯兰教建筑在形制与风格上,已渐分为两大系统,其一为阿拉伯、波斯和中亚伊斯兰教建筑传入我国后渐渐融于汉式木构建筑体系的回族系统;其二为新疆维吾尔族系统,是中亚伊朗—突厥伊斯兰教建筑体系在我国境内的一个分支。

一般认为,伊斯兰教远在唐初已传入我国,而现有确凿的文献和实物资料都可以证实,伊斯兰教建筑虽滥觞于元以前,但却大多经过元代的重建或重修,这充分说明,元代是我国伊斯兰教建筑极为重要的发展转折期。为了阐明元明时期伊斯兰教建筑的发展过程及形制特征,有必要概略地述及其与唐宋伊斯兰教建筑的源流关系。

从《旧唐书》可知,唐高宗永徽二年(651年),我国与第三世哈里发奥斯曼统治时期的阿拉伯帝国（大食）正式通使，史家称之为伊斯兰教传入之始。《通典》保留了杜环《经行记》中有关阿拉伯倭马亚朝时（Umayyads，661～750 年），西亚和中亚伊斯兰社会的片断资料，其中称"大食有礼堂，容数万人"。"礼堂"即礼拜寺。

据记载，唐玄宗天宝十二年（753 年），海路来的穆斯林曼苏尔在广州建狮子寺、泉州建麒麟寺、杭州建凤凰寺[1]。这些伊斯兰教寺院分别为今广州怀圣寺、泉州清净寺和杭州真教寺等。按伊斯兰教初传时与佛教不同，除了在外来穆斯林社会中保持着宗教礼拜仪式外，一般没有进行普及性传教活动。而伊斯兰教忌讳拜物，尤忌动物形象，故知这些寺名都不是初时的，而是后世所托。另外，中阿通使之日并非就是伊斯兰教传入之时，且伊斯兰教入华已无确切年代可考，因此，中国伊斯兰教建筑的出现，亦只能大略判为唐前期。现存所谓最古的怀圣寺以及清净寺和真教寺等，都是后世重建的，唐代遗构大都无存了。

从波斯人伊本·库达特拔的《邦国道里志》（848 年成书）[2]和阿拉伯人的《苏莱曼东游记》（851 年成书）[3]中所述，可知 9 世纪外域穆斯林在广州、杭州、扬州等地的商业和宗教活动，故至迟此时也应有不少伊斯兰教建筑了。及至宋代，由于丝路陆上交通为突厥、契丹和党项等民族所阻滞，海上丝路取代了前者。此外，宋廷在沿海港市设市舶司及蕃坊，以管理商教涉外事务，因此唐宋之时我国最古老的几座伊斯兰教建筑均出现于沿海省份是很自然的。

关于元代以前的伊斯兰教建筑，有文献与实物相印证的遗构是广州怀圣寺光塔（Minaret 宣礼塔，又译"邦克楼"、"唤醒楼"），南宋岳珂《桯史》及元至正十年八月郭嘉立重建怀圣寺碑记均说其为可以登临的西域螺旋磴道式塔，"蜗旋蚁陟，左右九转"。光塔可能兼作宣礼和导航的标志，夜间掌灯其上，故名。据清道光《南海县志》卷 27，塔高"凡一十六丈五尺"，现塔高为 36.3 米，含掩于地面以下部分，则高约 38 米，当为我国境内最高的一座宣礼塔。塔顶曾有一随风摆荡的"金鸡"，或即"候风鸟"的设置，明洪武时已"堕于飓风"。怀圣寺塔的建造时代和形制来源，一直是学术界所注目的问题。从文献记载看，均称始建于唐，具体年代则不详。而此塔应是元明宣礼塔在中国境内的原型。

宣礼塔是用以召唤教徒做礼拜的重要建筑，最初的宣礼塔多是以方形的基督教堂钟塔为蓝本的。11 世纪波斯的宣礼塔仍多用方形平面，如沙维赫（Saveh）塔（1010 年建）及达姆根塔（1026～1029 年建）。但在此之前，圆形平面的宣礼塔已经出现。9 世纪中，西亚萨玛拉（Samarra）的穆塔瓦克尔寺，遗有一座圆塔（Malwiya），磴道露天，呈螺旋状。与之相似，同期埃及的土伦大寺（Ibn Tulan Moague，876～879 年）宣礼塔，下方上圆，也是露天的螺旋磴道。这种塔的原型，可上溯到公元前 2000 年西亚苏美尔文明的观象台（Ziggurat），为方形多级台体，可有单向或双向的折旋磴道。12 世纪，波斯和中亚开始盛行高大的圆形宣礼塔，螺旋磴道绕塔心柱，外侧以收分的墙体相围护。如伊斯法罕的伊·阿里礼拜寺宣礼塔，圆柱体塔身，顶部收为圆锥体。体量更大、更优美的宣礼塔是喀拉汗王朝阿赫马德·阿尔斯兰汗时修建的布哈拉城卡兰塔（Kalayyan Minaret），高 46 米，内有 100 余级螺旋磴道可达塔顶（图 6-174、6-175）。

显然，怀圣寺塔的圆柱形收分塔体及双向的螺旋磴道，与 9～12 世纪西亚和中亚的宣礼塔均有相似之处，若以磴道有外墙围护观之，似乎更接近中亚型。宋代砖石佛塔出现旋上磴道取代木梯古制，也应是受西域同类结构影响的结果。从塔寺位置关系看，塔位于寺东南隅，这恰与中亚卡兰大寺塔寺关系相仿，并与吐鲁番苏公塔及额敏大寺的关系略同，而西亚早期的宣礼塔一般都位于礼拜寺中轴线上。因此怀圣寺塔的原型主要是在中亚，其建造时间当在唐末至宋时，其间似有重修（图 6-176）。从卡兰塔到怀圣寺塔，可见元明伊斯兰教建筑从西亚、中亚到中国的一些原型，并可理解其后的演变。

图6-174　布哈拉城
卡兰宣礼塔外观

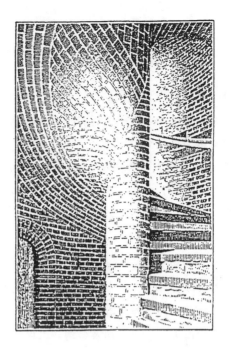

图6-175　布哈拉城卡兰宣礼塔内部螺旋蹬道

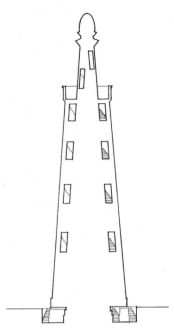

图6-176　广州怀圣寺宣礼塔剖面图

一、回族伊斯兰教建筑

13世纪初，随着蒙古帝国的崛起并席卷欧亚大陆，中西陆海交通臻于极盛，大批阿拉伯、波斯和中亚的穆斯林东渐中国内地，统称大食人。在当时，穆斯林以被称作"答失蛮"（波斯语Danishman），属色目类，他们与汉蒙等族杂居通婚，开始了回族的形成过程。而回族伊斯兰教建筑也就随之兴盛起来。据波斯伊斯兰教的伊尔汗朝大史学家拉希·杜丁·法杜拉在《史集》中的记载，元代中国12个省份中，已有8省有穆斯林的活动。

中亚南部呼罗珊地方13世纪时的著名学者阿剌丁（Alaied-din Atta-Malik Pjouvein）在《世纪征服者传》一书中提到："盖今在此种东方地域之中，已有伊斯兰教人民不少之移殖，或为河中与呼罗珊之俘虏挈至其地为匠人与牧人者，或因签发而迁徙者。其自西方赴其地经商求财，留居其地建筑馆舍，而在偶像祠宇之侧设置礼拜堂与修道院者，为数亦甚多焉……"[4]。这里明确记述了元代的伊斯兰教教徒、工匠和礼拜寺形制都是来自西域中亚。

元时，伊斯兰教最盛之处仍是沿海省份，据吴澄《送姜曼卿赴泉州路录事序》云："番货远物异宝奇玩之所渊薮，殊方别域富商巨贾之所窟宅，号为天下最"[5]。

综合元代碑刻资料，可知当时泉州已至少建有6座清真寺[6]。元世祖承袭宋制，在泉州、广州、杭州、庆元（宁波）、温州、澉浦、上海等城设市舶司，并起用外域穆斯林管理商务与教务。元代番坊制度及其组织较之宋代更加严密，清真寺便是坊中穆斯林社会生活的中心。虽"番坊"一词在记载中仅用于广州，但这并不能排除其他城市穆斯林社区采用番坊组织形式的可能。番坊的建筑布局及其与伊斯兰教建筑的相互位置关系究竟如何，由于历史的变迁，于今已不甚清楚。

摩洛哥大旅行家伊本·拔图塔（Rihlat Ibn Battutah），于1340年来华，其游记中载有：

"中国之皇帝为鞑靼人，成吉思汗后裔也。各城中皆有回教人居留地，建筑教堂，为礼拜顶香之用"[7]。并记有广州番坊情况："城中有一地段，是穆斯林居住的地方。那里有一座大清真寺和一所小清真寺；有市场，有法官和谢赫（教长）"。

元初，西域人也黑迭尔，官至茶迭尔局总监（即庐帐局），领诸色目人匠总管工部。至元三年（1266年），奉旨修筑中都皇家建筑[8]。据《马可波罗游记》，元代初期陕、甘、宁等西北省份都有回教徒活动。著名的中亚布哈拉人赛典赤·瞻思丁，曾先后参与了西安（大学习巷大寺）、昆明（南门寺和鱼市街寺）等地清真寺的监造活动。元代宁波有寺两处，是对宋元丰年间（1078～1085年）所建两座清真寺的翻建。1275年，西域人普哈丁在扬州建清真寺，即"仙鹤寺"（至1380年由哈桑主持重建）。

约在元世祖忽必烈时代（1260～1295年），上都附近建有一座形制颇奇的砖砌穹顶无梁殿。从西方学者20世纪初所摄一张珍贵图片上，可以观察到这座建筑的主要特征：方形平面的砖砌体，中空，墙面正中辟有凹廊拱门，其上檐高于墙体其余部分的檐口；拱门为双心圆类券；穹顶较低，穹冠上有砖饰如塔刹状；墙面有拼砖饰带，但未见琉璃瓷砖镶嵌痕迹（图6-177）。显而易见，这些特征都是10～13世纪中亚伊朗—突厥式伊斯兰教殿堂的典型形态所特有。这座建筑被称为"忽必烈紫堡（The Violet Tower of Kubilai Khan）"，推测为元初的一座皇家礼拜殿或某色目权贵的玛扎。忽必烈紫堡可能是迄今所知我国境内最早的伊斯兰教建筑实例[9]。

泉州艾苏哈卜寺（即圣友寺，今称清净寺）的拱门（图6-178），据阿文碑铭记载为元至大三年（1310年）所建，设计师是来自波斯设拉子城的艾哈默德·本·穆罕默德·古德西[10]。拱门内侧的半穹隆顶以抹角石形成方圆过渡，这是当时在波斯和中亚已被抹角龛和姆卡那斯（Mugarnas）所取代的一种早期穹隅做法。拱门和墙上的券窗均为四心圆，拱冠的圆心在券外，这也是波斯10世纪后一种典型的二次曲线四心圆（图6-179）。拱门入口的半穹隆顶及其后的穹顶门殿，从整体设计到局部处理，都可以认为基本上是中世纪伊朗—突厥式的，在伊朗、中亚和土耳其，都可见到与其相似的类型（图6-180）。拱门一侧的礼拜殿（奉天坛）遗构，矩形平面，石列柱，米海拉卜（圣龛）所在的圭布拉（窑殿）出于西墙外，具有波斯和中亚平顶礼拜殿的空间构成特征，因此推断缺失的顶部为平顶梁柱结构，而不大可能是穹隆顶（图6-181）。

杭州真教寺重建于元代，现存三座穹顶后窑殿，其中殿可能宋代已有，其余两座应是元构（图6-182）。明清几座碑记和《杭州府志》均记为元代所建；而明田汝成《西湖游览志》和清康熙

图6-177 "忽必烈紫堡"

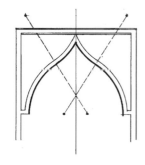

图6-179 泉州清净寺拱门四心圆

图6-178 泉州清净寺拱门

九年真教寺碑更进一步记明设计者为西城传教士阿老丁[11]。窑殿断面券形均为半圆，最大的跨度8.1米，穹顶距地14米，以平砖和菱角牙子交替层叠出挑形成三角形穹隅（图6-183）。这种做法，正是11世纪前后在波斯和中亚盛行过的一种伊斯兰教穹顶构成法。

图6-180 泉州清净寺拱门上的半穹顶

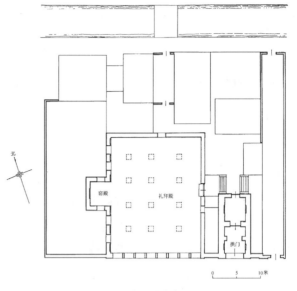

图6-181 泉州清净寺平面图

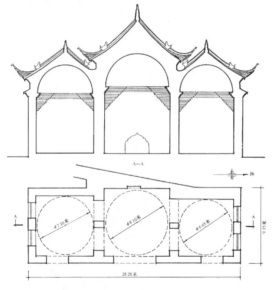

图6-182 杭州真教寺（凤凰寺）后窑殿剖面、平面图

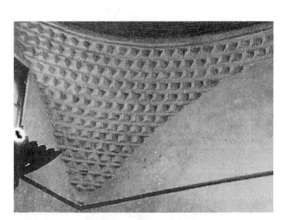

图6-183 杭州真教寺（凤凰寺）后窑殿用菱角牙子构成穹隅

松江清真寺中门及后窑殿为砖发券穹顶，可能也是元构或沿袭元代技术。窑殿穹顶直径4.2米，穹顶距地5.4米。而中门的穹顶，实即仿自中亚的门殿。河北定县清真寺后窑殿，据元碑记，建于至正三年（1343年），穹顶直径3米，距地近6米。穹隅以斗栱挑出三跳作为方圆过渡。这一仿木趋向恰好可以说明，在其之前以条砖与菱角牙子砖分层叠涩的做法，最初应来自外域。

故宫武英殿旁的浴德堂小浴室，据考证可能也是一座元代遗构[12]，方底穹顶，其穹隅以双层大条砖抹角，与泉州艾苏哈卜寺拱门内半穹顶抹角穹隅性质略同，而穹顶也明显是双心圆尖券，可证为元代手法。

元代伊斯兰教建筑中的穹顶殿，是否与两汉以降汉地墓室及砖石塔中的穹窿结构有关？抑或即是其技艺的传承与发展。这里且不论两汉拱券穹窿结构的产生本身（可能与外域同类结构有着同源关系[13]）而认为汉以来我国已形成独特的拱穹技术，然而元代伊斯兰教建筑中的穹窿顶仍与之有某些质上的区别：首先，前者为叠涩穹顶，后者则为发券穹顶；其次，前者跨度有限，一般仅3米左右，而后者跨度则可达8米以上；再次，前者的穹隅为平砖出挑的叠涩三角形，不用菱角牙子，而后者的穹隅则以平砖与菱角牙子砖分层出挑，形成叠涩三角形。故而可以认为，元代伊斯兰教建筑中的穹顶技术基本上来自于外域穆斯林建筑意匠，而非中国原有拱穹技术的传承及发展。然而，其既为外域建筑技术的移入，即如同回族的形成过程一样，在发展中便应具有中外混合的转型特征，因而又与外域同类结构有所区别，主要体现在：

券型一般少用波斯中亚的双心圆和四心圆尖券，而以半圆为多见；

穹隅不用抹角拱龛；

外墙表面不以琉璃砖镶嵌等等。

杭州的畏吾（儿）寺，讹为义乌寺，为1361年江浙行省左丞维吾尔人达识帖木儿所建，虽为摩尼教寺，亦曾为波斯中亚殿堂风格。该寺在明初（1391年）改为灵寿寺。

明代前期（14～15世纪），中国和阿拉伯、波斯的交往仍很频繁，阿拉伯来华使节达40余人次。回族的"三保太监"郑和，于永乐三年（1405年）初下西洋，远达哈桑、亚丁和麦加城，1430～1433年间，郑和派员在麦加摹写克尔白天房图形（《天堂图》）。郑和祖上三代都去过麦加行朝觐礼，获得了"哈吉"（Haji）称号。15世纪30年代，明英宗先后迁徙甘、凉"寄居回回"1749人赴江南各省，其中有702人迁往杭州，这些人中有许多中亚和新疆的维吾尔人。此时，江南各城的清真寺建筑数量增加，原有的著名大寺也都进行了不同规模的整修和扩建。

明洪武二十五年（1392年），西安化觉巷与南京三山街同时奉旨建清真寺（见西安化觉巷清真寺碑），其中化觉巷寺保留了一些明代特征，而三山街净觉寺仅入口一座石牌坊基本为明代风格，但也是20世纪毁后重建的。

明代北京曾建有不少清真寺，但多经过清代的重修或重建，唯有东四清真寺和牛街真寺留有明代木构殿堂。前者的礼拜大殿和后者的后窑殿是比较确定的明代遗构[14]。另外，东四大寺的三座砖穹顶窑殿至迟也是明代修建的。

西北回乡宁夏，明代伊斯兰教已广为传布，据明嘉靖《宁夏新志》载，当地古清真寺颇多，并在卷首附有绘着礼拜寺的银川城图，寺的大小不亚于当时城内的王府和贵族府邸，可证伊斯兰教建筑的重要地位。宁夏的韦州大寺和纳家户大寺，均建于明初，至今仍有部分遗构。

明清时，一批融合伊斯兰教义与儒家思想精华的译著大量出现，如刘智的《天方典礼》、张中的《归真总义》、马德新的《四典会要》、《大化总归》等等，这些译著者一般都是"怀西方之学问，习东土之儒书"的回族伊斯兰教徒，他们将"天方经语略以汉字译之，并注释其义焉，证集儒书，云俾得互相理会，知回、儒两教道本同源，初无二理"。这种回儒教义的融合化一，为外来伊斯兰教建筑的进一步"转译"和中国化提供了一种观念背景。明末出现在甘肃的门宦制，由教主辖诸教坊，一坊一寺，使穆斯林社会生活的各个方面都与清真寺联系在一起，伊斯兰教建筑遂成为穆斯林社会的精神中枢和场所标志。这在建筑形制上造成的直接影响是：其一，经明清重修、重建或新建的清真寺，几乎全都采用了汉代木构建筑的多进四合院布局；其二，宋元明以来的清真寺主要特征之一——外域传来的砖砌穹顶，已基本上为木构的窑殿所取代，西安化觉巷清真寺即为一例。该寺采用中轴线对称布局，省心楼（宣礼塔）位于寺内中轴线上，已演变为双层

图 6-184　西安化觉巷清真寺省心楼

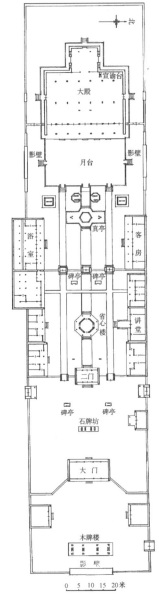

图 6-185　西安化觉巷清真寺平面

的重檐八角形楼阁。从其在寺中的位置及尺度来看，似乎已无"宣礼"功能（图 6-184）。狭长的多进院落布局，与西安典型四合院民居颇为一致，影壁、牌楼、棂星门、碑亭等设置，显然是搬用了孔庙等祠庙的建筑语汇，而早期传入的外域建筑语汇只剩下礼拜殿内拱形的圣龛及各种阿拉伯文字及图案组成的装饰纹样了（图 6-185）。

二、维吾尔伊斯兰教建筑

伊斯兰教以阿拉伯军队东征为载体，于公元 8～9 世纪经波斯进入中亚两河流域（阿姆河和锡尔河），并蔓延到帕米尔高原以东。几乎与之同时，当地又开始大量迁入从漠北地区来的突厥语族集团。9 世纪起，波斯和中亚先后出现了一系列突厥族王朝，其中影响最大的是中亚南部和北印度地区的伽兹那王朝（Gaznarid）、中亚西部和波斯的塞尔柱王朝（Seljuk）和维吾尔人为主体建立的喀拉汗王朝（karakh-anid）。他们领有中亚两河地区和塔里木盆地南缘绿洲。10 世纪时，这些突厥族王朝先后皈依了伊斯兰教。反映在建筑文化上，则是在波斯和中亚逐渐形成了伊朗—突厥系伊斯兰教建筑，其中主要类型即礼拜寺（阿语 Masjid）和玛札（Mazar）。这一建筑体系以波斯伊斯兰建筑早期形态为基础，并吸收了中亚原有佛教、景教、祆教建筑的特征。元明时期新疆维吾尔伊斯兰教建筑便可归于这一体系。

从元初至明末，新疆伊斯兰教地区先后在蒙古察合台汗国、叶尔羌汗国及维吾尔地方割据势力统辖之下。据 13 世纪初《长春真人西行记》所载，伊斯兰教此时已沿塔里木盆地南缘向北扩展，达到了今吉木萨尔以西地方。至迟到明中叶，新疆全境已基本实现伊斯兰化。

礼拜寺、玛札和经学院是新疆维吾尔伊斯兰教建筑的主要类型，而以礼拜寺和玛札最为普遍。就其共同的基本原型而言，大都是以方底穹顶和平顶构成为主的波斯中亚式。

维吾尔人早在 11 世纪前后已接触到精湛的中亚伊斯兰穹顶建筑技艺。伊朗伊斯法罕城的加米大寺中，有一座位于东南隅的砖穹顶殿堂，是为塞尔柱朝马利克·沙赫汗（Malik shah）的王后——喀拉汗朝维吾尔公主帖尔罕·哈顿（Terhankhatun）建造的，可能用作浴室或妇人礼拜殿。这座建筑在技艺上明显超过了寺中其他的穹顶殿，抹角穹隅精美复杂，饰面工艺以表面全粉刷及图案刻绘替代了纯粹砖饰。无疑新疆后来的维吾尔伊斯兰教建筑中的穹顶殿都受到了这种波斯——中亚式的影响（图 6-186）。

（一）玛札

玛札，原意为晋谒之处，是伊斯兰教圣裔或贤者的坟墓，穆斯林心目中的神圣之地。

伊犁地区霍城的秃忽鲁克·帖木儿汗玛札（Tughuluk Temer Khan Mazar），建于1363～1364年，是元代新疆仅存的一座比较完整的砖砌穹顶无梁殿。玛札的主人，是第一个皈依伊斯兰教的蒙古汗，在位期间全面接受包括建筑在内的维吾尔伊斯兰文化，因此，这座玛札亦充分体现了伊朗—突厥式建筑形制与风格（图6-187）。

玛札平面构成在室内近于方形，大门外有进深约2米的拱门（阿以旺，Iwan[15]），故外表呈面阔12.5米、进深14.6米的矩形。玛札通高约13.5米。室内其余三面墙上均辟有1～3重拱龛，墙体最厚处超过了3米。四个墙角各有一方形小龛室，前方的两个龛室内设暗梯直达玛札顶。穹顶鼓座以下的外侧，有一条宽约1.5米、高约2米的环形甬道。这条弧顶甬道增加了结构承载的强度和刚度，与厚重的墙体和四角下的小龛室一起，足以抵挡住中央穹顶产生的侧推力。环形甬道的设置与中亚布哈拉的伊斯梅尔陵（907年）、媒夫城的桑加汗陵（1157年）和奥尔杰图陵（1313年）略同[16]，可证与之一脉相承（见图6-188）。室内穹顶鼓座以下，墙体四角和四面各有一个悬挑出墙表的券龛矩形砌体，将方形变为八边形，上接跨度为7米余的鼓座和穹顶。这种方圆过渡的构造，已取代了中亚佛教建筑中穹顶的球面拱穹隅，如唐高昌故城佛寺及柯孜克里克14窟中所见穹顶佛精舍的穹隅所示。

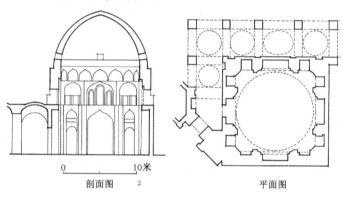

图6-186　维吾尔公主帖尔罕·哈顿殿平面及剖面　　　　图6-187　新疆秃忽鲁克·帖木儿汗玛札外观

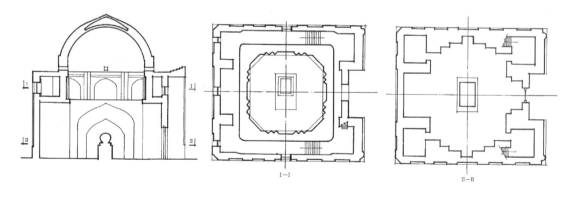

图6-188　秃忽鲁克·帖木儿汗玛札平面、剖面图

值得注意的是，这种抹角券龛法是抹角叠涩法的发展。在秃忽鲁克·帖木尔儿汗玛札的穹隅上，仍保留了数层砖叠涩，券龛上部菱角牙子砖饰，这就显示出元代回族伊斯兰教建筑的穹隅做法，是与中亚同类结构的影响分不开的。

穹顶断面为四心圆券型，有着明显的圆弧券拱腰和尖券拱冠。这种类型在设计上非常灵活，其拱腰的圆心在发券分位线上可左右平移调整，而拱冠的两个圆心也在发券分位线正下方，亦可作上下的调整（图6-189）。为了加强高耸的视觉感，除加高鼓座外，穹顶的外表曲率大于内表曲率，增加了穹顶的高度。

玛札阿以旺拱门四周的墙面上，以紫、蓝、白三色琉璃瓷砖作重点装饰，门额及两侧各有一条以阿拉伯文字组成的瓷砖饰带，其余部分瓷砖均为几何纹样，以紫、蓝色为地，图案则以白色勾勒出。瓷砖拼镶采用均匀排列，四方连续和分段、分片排列几种手法。除正墙外，其余三面墙体、穹顶及室内表面，均以石膏作素平处理。

秃忽鲁克·帖木儿汗玛札饰面艺术中的琉璃工艺，在一定程度上反映了整个波斯中亚地区当时的琉璃瓷砖工艺水平。13～14世纪，在波斯和中亚的伊斯兰教建筑中，开始在琉璃砖的黏土制坯时，预先绘制或雕刻几何纹、阿拉伯文字等图案于砖坯上，然后施以色泽透明的釉面进行烧制。制坯时很可能用了中国传统的压模成型法和施釉法[17]；弗莱契尔（B·Fletcher）甚至认为镶嵌技术中可能也有中国的影响[18]；莱斯（D·Rice）亦以大量实物资料证实，中世纪波斯和中亚伊斯兰教建筑的琉璃工艺中有着明显的中国成分[19]。史实表明，14世纪有许多汉族陶工在中亚施展技艺[20]。因此可以说，曾受到西域影响的我国琉璃工艺，在伊斯兰教时代又反过来对波斯中亚地区琉璃工艺的饰面技术产生了推进作用。

喀什的阿尔斯兰汗玛札，初建于12世纪喀拉汗王朝时期，现在的建筑是明朝时重修过的，其风格接近于秃忽鲁克·帖木儿汗玛札。同期内比较重要的实例还有莎车伊萨克王子玛札（图6-190）、喀什的麻哈默德·喀什噶里玛札（重建于元、重修于20世纪80年代），这些玛札都是土坯砌的穹顶殿，规模等级逊于秃忽鲁克·帖木儿汗玛札。

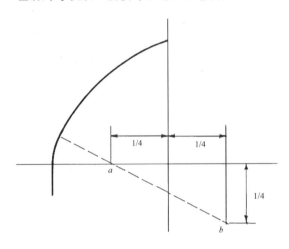

图6-189　秃忽鲁克·帖木儿汗玛札穹顶剖面四心圆拱券曲线

图6-190　伊萨克王子玛札

（二）礼拜寺

新疆元明时期的维吾尔礼拜寺，从现存几个实例看，都是经后世重修的。库车的默拉那额什丁玛札礼拜寺，是迄今所知最早的一座。据成书于15世纪的《拉失德史》记载，大食人毛拉沙黑·札马鲁丁和阿尔沙都丁父子（即应为默拉那额什丁父子），劝导秃忽鲁克·帖木儿汗皈依了伊斯兰教，在库车汗为他们修建了"哈尼卡"（苏菲—伊善派的礼拜寺），这座默拉那额什丁玛札礼拜寺便应是元代始建的。寺院在玛札前部，礼拜殿由毗连的正殿与侧殿组成。正殿又可分为面阔5间、进深3间的前殿及进深2间的后殿两部分。侧殿为敞厅式，以栅栏划分内外空间（图6-191）。礼拜殿结构为木柱承重的纵梁密肋式平顶，土坯墙仅起围护作用。有学者认为，这座礼拜殿是清代安集占时修建的[21]，但是从其形制特征来分析，与后期的维吾尔礼拜殿完全不同，如正殿有外廊，与喀拉汗王朝的外廊式礼拜寺相近，而不同于后期的内外殿制度。从柱身的木雕和上部的翅托也可看出明显带当地原有佛教建筑木雕的特点。因此，这座礼拜殿即便经清代重修，仍部分地保持了元代初建时的形制（图6-192）。寺内后部的玛札，是一座平顶木构建筑，一般认为是元代遗构（图6-193、6-194）。

喀什的艾提尕尔大寺，初建于1442年，当时也是一座苏菲—伊善派的玛札礼拜寺。1524年，叶尔羌汗国的吾布力·阿克拜克将其扩建为聚礼大寺，后又经历代扩建，遂成今日的规模。大寺与艾提尕尔广场相连，为喀什宗教文化中心，占地约16800平方米，是国内规模最大的一座礼拜寺。礼拜殿为平顶内外殿制度，面阔36间，长160余米，进深16米，轴线上出4间抱厦，以强调圣龛（Miharab）所在的构图中心。

至于玛札与礼拜寺相结合的建置，并非伊斯兰教所固有的建筑文化，而是由苏菲—伊善派"圣徒"、"圣墓"崇拜引发的，中亚和新疆突厥族建筑习俗的复活，溯其源流，与汉地坟庙制度及东伊朗佛教塔寺制度都有关联[22]。从玛札、礼拜寺建置的缘起，可以说明突厥族在东西方建筑文化融合中所起到的中介作用。

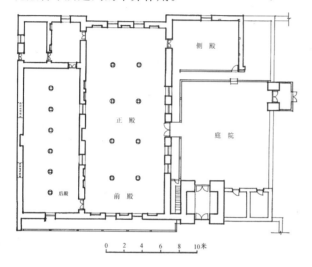

图6-191　默拉那额什丁礼拜寺平面

图6-192　默拉那额什丁礼拜寺外观

图6-193　默拉那额什丁玛札外观

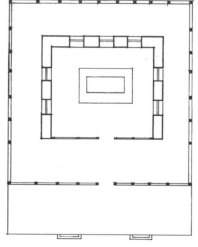

图6-194　默拉那额什丁玛札平面

除前文所举实例外，清修《莎车府志》对明代玛札礼拜寺记载较多，可以作为其在当时盛行的旁证。《莎车府志》礼俗条："凡阿洪之为人果系有品有学为乡人所尊仰者，于死后葬所，后人为之建寺筑园、凿池注水、广植果木，名曰玛札。每岁赛会数日，以恣人礼拜游玩，而其尤者，或于坟上饰以琉璃砖，形若覆碗（即穹顶），高数尺或一、二丈"。乡贤条："阿布多墨黑买汗，明初人，博览经典，知阴阳理数及过去未来之事。葬回城内，后人于其冢旁建礼拜寺以祀之"。"夏的和加、而未提拉和加、阿奇玉色普和加、乌灼土黑和加，四人均前明中叶大阿洪……；缠民（维吾尔人）至今祀奉其礼拜寺坟墓在回城内"。"苏买买协力普和加，明末大阿洪……，其坟墓礼拜寺在上米霞庄"。

从以上记载可知，伊斯兰教的礼拜寺与玛札关系密切，其原先单一的礼拜功能增加了祭祀的内容，已具有寝庙的性质。礼拜寺功能的复杂化，是元、明新疆维吾尔伊斯兰教建筑的一个最重要的发展特征。

新疆维吾尔伊斯兰教建筑的全盛期是在明代以后，著名的喀什阿巴克和加玛札（俗称"香妃墓"），便是清中叶形成今日所见规模的，一些大型礼拜寺的兴建与扩建也是在清代完成的。然而，这些发展都是在元明的基础上进行的。

注释

[1]《成达文荟》集二。

[2]《邦国道里志》称广州为汉府，杭州为汉久，扬州为刚突。指出中国西为吐蕃、突厥（包括维吾尔汗国在内的中亚突厥列朝）。

[3]《苏莱曼东游记》称："中国皇帝（唐）派有回教徒一人，办理前往该处经商的回教徒的诉讼事务，每当节期，就由他领导着大家行祷告礼，宣诵训词，并为回教国的苏丹向安拉求福"。

[4]（瑞典）多桑《蒙古史》，冯承钧译，中华书局，1962，第 7 页。

[5]《吴文正公集》卷 16。

[6] 庄为玑，陈达生."泉州清真寺史迹新考"，《泉州伊斯兰教研究论文选》，福建人民出版社，1983，第 102 页。

[7]《拔都塔游历中国记》。

[8] 欧阳玄《圭斋集》卷九，马哈马沙碑。

[9] Prip-Moller, J：《The Hall at Lin Ku Ssu, Nanking》，Arts, Copenhagen，1935，第 190～195 页。

[10] "清净寺"阿拉伯文纪石刻译文，《泉州伊斯兰教研究论文选》，第 256 页。

[11]《杭州府志》和明田汝成《西湖游览志》则称建于延祐年间（1314～1320 年）。

[12] 单士元."故宫武英殿浴德堂考"，《故宫博物院院刊》，1986 年 3 期。

[13] 常青."两汉拱顶建筑探源"，《自然科学史研究》，1991 年 3 期。

[14] 刘致平《中国伊斯兰教建筑》，新疆人民出版社，1985，第 101～110 页。

[15] "阿以旺"一词源于波斯语 Iwan，意指建筑中敞亮的部分，如门廊、檐下、门厅或中厅等。新疆南部的维吾尔阿以旺—沙莱伊式住宅，即以中厅式布局而得名。此外，波斯中亚古代的伊朗族建筑中，常见砖砌筒拱围成的院落式建筑布局，这些一端向院中开敞的筒拱亦称阿以旺。

[16] 常青《西域文明与华夏建筑的变迁》，湖南教育出版社，1992 年，第六章。

[17] Hoag, J：《Islamic Architecture》，Harrz N. Abrams, Inc. 1977，P132。

[18] Banister Fletcher's A History of Architecture, 19th, ed.，Edited by John Musgroce, London, 1987, P. 537。

[19] David Talbot Rice：《Islamic Art》，New York and Toronto Oxford University Press, 1975。

[20] 布哇《帖木尔帝国》，冯承钧译，中华书局，1956，第 567 页。

[21] 黄文弼."新疆库车二麻礼"，《亚细亚杂志》五卷三期。

[22] 同 [16]，第五章。

第七章 园　　林

第一节　元代园林

一、苑囿

元大都的苑囿集中在皇城的西部与北部，由三部分构成，即：宫城以北的御苑，宫城以西的太液池，以及隆福宫西侧的西前苑。

太液池及其东岸原是金中都的离宫万宁宫（即大宁宫）所在地。太液池是万宁宫的西园，有瑶光台、琼华岛、瑶光楼诸胜[1]。蒙古灭金，元世祖以万宁宫故址为中心建设大都城，因此，元代苑囿的主要部分是在继承金代的基础上建设发展的。

太液池——它是大都苑囿的主要水体，中有琼华岛、圆坻及犀山台（图7-1），仍是传统的神山海岛构想的延续。琼华岛上以玲珑石叠山，巉岩森耸。据记载，这些石料本是宋汴京艮岳所有，金灭宋后，拆载至此[2]。金、元二代都是北方游牧民族入主中原，统治者都有清暑的习俗，往往建有离宫别馆，以供避暑消夏之用。而离宫别馆的营造，则又直接沿袭汉族的模式。这是文化落后民族征服文化先进之民族后，其初期文明继承传播最简捷的手段。金代琼华岛仿宋汴京的艮岳，元代不仅沿袭使用，而且更名万岁山，连名字都加以套用（艮岳又称万岁山）。

岛的东与南两面都有石桥与池岸连接。山顶金代建有广寒殿，蒙古军入驻后改为道观，其后又被道士拆毁，元世祖至元元年，才在旧基上重建[3]，"重阿藻井，文石甃地。四面琐窗，板密其里，遍缀金红云而蟠龙矫骞于丹楹之上"[4]。其华丽程度超过金代。殿南并列有延和、介福、仁智三殿，东西有方壶、金露、瀛洲、玉虹四亭，似有明确对称的中轴线，布局显得过于严谨，但与大内宫殿的气氛比较容易谐调。广寒殿的命名，明显表达统治者追求月宫琼楼玉宇的境界。岛四周皆水，极宜于月景。所以元朝统治者经常乘龙舟泛月池上，臣僚有时也可得此宠幸。从殿外露台凭栏四望，前瞻三宫台殿，金碧流辉，后顾西山云气，与城阙翠华高下，而碧波迤回，天宇低沉，真可称为是清虚之府。应该说，这一造景所达到的境界是很美的。

岛上除广植花木外，还利用凿井，汲水至山顶，经石龙首注入方池，这也是艮岳用水的发展。而岛上牧人之室与马湩室则是元人保持游牧民族习俗的表现。所造温泉浴室，"为室凡九，皆极明透，交为窟穴，至迷所出路。中穴有盘龙，左底昂首而吐吞一丸于上，注以温泉，九室交涌，香雾从龙口中出，奇巧莫辨"[5]。可见元代匠人技术精巧之一斑。

琼华岛南面池中有圆坻（圆形小岛），上建圆形的仪天殿，东有木桥长200尺，可通大内夹垣，也可达池东灵囿（即豢养动物处），西有木吊桥，长470尺，可通太液池西岸兴圣宫前的夹垣。犀山台位于圆坻之南，其上遍植木芍药。

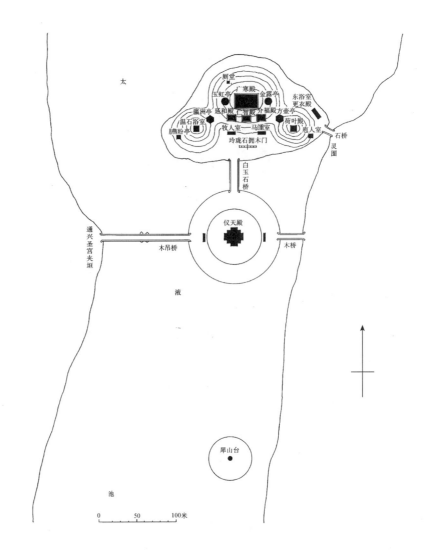

图 7-1　元大都太液池图(摹自朱偰《元大都宫苑图考》)

西前苑——太液池西岸，有两组宫殿，南为隆福宫，北为兴圣宫。隆福宫原是太子住处，后改为皇太后及宫妃所居。西前苑就位于隆福宫的西面。

苑内的主景是一座高约五十尺的小山，用怪石叠成，间植花木。山上建有香殿，"复为层台，回阑邃阁，高出空中，隐隐遥接广寒殿"[6]。殿前有流杯池，池东西有流水圆亭，再前有圆殿、歇山殿，东西各有亭，大致也是对称式布局。此苑不曾见于金代文献，应是元代所创。最能反映元代苑囿的华丽奇巧胜过今人的是蓄水作机，在假山上，"自顶绕注飞泉，岩下穴为深洞，有飞龙喷雨其中，前有盘龙，相向举首而吐流泉，泉声夹道交走，泠然清爽，仿佛仙岛"[7]。

元统治者常赐宴大臣于万岁山，或泛龙舟于太液池，因此琼华岛和太液池的宴游活动比较频繁。西前苑则僻于一隅，相对比较清静而封闭。每当皇帝行幸上都，琼华岛西通隆福宫的木吊桥则移舟断桥以禁往来[8]，可知西前苑主要供皇后与嫔妃休息游览，其规模与气势都不如太液池琼华岛。

御苑——宫城北门厚载门的北面有御苑，是大内的后苑，苑内以花木为主，间以金殿、翠殿、花亭、毡阁等，并设有水碾，可引太液池水灌溉花木。另有熟地八顷，小殿五所，元统治者以此为籍田，曾亲自执耒耜耕种。显然，这御苑的宴游功能不强，比较质朴，颇类似于种花植蔬的园圃。

二、私家园林

蒙古进据中原和江南过程中,社会生产力遭到很大的破坏,也严重影响了私家园林的发展。从现有资料看,有关元代私园的记载很少,与宋时的盛况相比,园林的发展几乎陷于停顿状态。园林是一种需要精心养护而又耗资很多的营造活动,几年不整治,就会显得荒芜不堪入目。它的发展与经济的繁荣以及社会的稳定互为表里。因此,李格非曾称其为天下盛衰之候。元代国祚较短,末期又陷入农民起义的动荡局面,几乎没有充裕的时间让园林得以从容的发展。

大都是元朝的国都,官僚士大夫麇结于此,在相对治平的六、七十年中,城市经济较为繁荣,得以出现为数不多的私家园林,但持续的时间也不长,只留下一些粗略的文献记载。江南一带也只有一些零星的材料。我们仅能凭此勾勒一个大概的轮廓。

元代私园的景物,命名以及所表现的士大夫审美趣味大体是宋代园林的延续。有的私园以单项花木胜,如大都城东的杏花园,"植杏千株",文人多有观杏花诗词题咏。齐化门外的漱芳亭以梅花胜[9]。万柳堂名花几万本,是为京城第一,"绕池植柳数百株,因题曰万柳堂"[10]。有的私园以眺远胜,倪云林在无锡的清閟阁,有云林草堂、朱阳馆、萧闲馆等,而以清閟阁最胜。阁高三层,可比明州之望海楼[11]。都城文明门外之水木清华亭,可"北瞻闉阇,五云杳霭;西望舳舻,汛汛于烟波浩渺,云树参差之间"[12]。一般规模较大的私园,往往有综合的花竹水石亭台之胜,如大都城东的姚仲实园,"构堂树亭,缭以柳树,环以流泉,药阑蔬畦,区分并列。"阳春门外之匏瓜亭,"其园中景自亭而外,有幸斋,东皋村、耘轩、退观台、清斯池、流憩园、归云台"[13]。园林的命名,继承南北朝以来士大夫以道自任,追求人格完善的传统,希望在园林这块小天地里实现自己的人格理想。元代的统治使汉族士大夫蒙受极大的屈辱与压迫。许多人因此优游林下,有的身在仕途,也仍不忘在精神上维护自己的独立人格。如赵禹卿以匏瓜命名自己的园亭,刘因为此有诗称赞他,"伟哉子赵子,独兼许颜义,匏瓜集大成,高亭揭空翠"[14]。将园主比喻为许由、颜回,表彰他的高尚品行。而诸如雅集亭、双清亭、昆山顾德辉的玉山佳处等的命名,则是表达高雅的林下之风,求得精神上的慰藉。

园林的选地以近郊居多,利用天然山水,借以成景,多属别业一类。因此,园的规模相对也比较大。现有记载可查的大都十三处私园,几乎全部都位于城郊,如双清亭在通惠河上,"笭箸舟航浮上闸,笙歌池馆接西津。"丁氏园池在玉渊潭,利用泉水成景,"玉渊潭上草萋萋,百尺泉声散远溪。"远风台则是"郊邱带于左,横冈亘其前。"姚仲实园在城东艾村,得沃址千五百余亩,可见其规模之大[15]。由于私园地偏郊邱,景色每多开敞明朗,与明清时期曲折幽邃的景观有明显的不同。

大都私园主以官僚居多,间有道士。而据现有资料所知的江南一带私园中,以高人韵士居多。江南一带的造园只是南宋的余音,新的营造活动不多。像袁桷在他的《清容居士集》中所记的芳思亭,是他祖父在宁波南郊所治的园林,而"逮今荒废逾四十年",实际上是南宋时营造的,至袁桷而未曾修复,也可说明当时造园之风并不很盛。

在大都城内海子西岸,有一处不同于一般私园的万春园,它是"进士登第恩荣宴后,会同年于此"的地方,颇似长安之曲江,属于公共名胜性质[16]。海子是当时西山诸水入城所汇成的湖泊,水面镜净辽阔,临水筑池台,景色是很开敞的。

注释

[1]《金史志》,转引自《日下旧闻考》。

［2］《明宣宗御制广寒殿记》，转引自《日下旧闻考》。

［3］《日下旧闻考》卷九十四《长春真人本行碑》有"施琼华岛为［道］观"的记载。又元好问《出都》诗注中说："万宁宫有琼华岛，绝顶广寒殿，近为黄冠辈所撤。"转引自陈高华《元大都》33页，北京出版社，1982。

［4］《日下旧闻考》，卷三十二，宫室。

［5］肖洵《故宫遗录》

［6］同上

［7］同上

［8］陶宗仪《辍耕录》

［9］《宸垣识略》，卷十二。

［10］《长安客话》，卷三。

［11］《西神丛话》转引自《中国历代名园记选注》安徽科技出版社

［12］《宸垣识略》，卷九。

［13］《日下旧闻考》卷八十八，八十九。

［14］《日下旧闻考》卷八十九。

［15］《日下旧闻考》卷八十九——九十五。

［16］《宸垣识略》卷八。

第二节　明代园林

一、苑囿

明代苑囿在元的基础上有所扩展，除西苑是承袭了元代的太液池、琼华岛之外，将御苑移到宫城之内，在皇城的东南隅另辟东苑，宫城的北面增筑万岁山，还在北京城的南郊利用元代的飞放泊改建成南苑，形成了布局较为匀称的苑囿群。但西苑仍是其中最重要的皇家园林。

明初定都南京，朱元璋曾表示："至于台榭苑囿之作，劳民财以为游观之乐，朕决不为之"（《明太祖实录》洪武八年九月辛酉诏）。终洪武之世，南京未有苑囿兴作。迁都北京后，永乐时是利用元代遗留的太液池和西前苑，统称西苑。又新辟了东苑。宣德年间，开始在东苑进行修葺和营造活动。到天顺年间，在苑内大量兴作，开启明中叶以后追求奢侈的风气。

西苑——明初，元旧都苑囿依然保存下来。永乐中，明成祖朱棣曾燕游于此，训示其孙朱瞻基（宣宗）说："宋之不振以是（艮岳），金不戒而徙于兹，元又不戒而加侈焉。""吾时游焉，未尝不有儆于中"[1]。因此，永乐迁都后也不曾对西苑进行新的建设，基本依元之旧。宣德中，新作了圆殿（元之仪天殿），修葺了广寒殿、清暑殿和琼华岛[2]。至天顺四年，在太液池东岸建凝和殿，西岸建迎翠殿，北岸建太素殿[3]（嘉靖时，改太素殿为五龙亭），其布置特点是三殿均面向太液池，并附有临水亭榭，与原有的琼华岛一起形成了以太液池为中心互为对景的建筑群。与元代相比，这是一个很重要的变化。太液池南部的南台和昭和殿，大约也建于此时[4]。自此以后，西苑兴作渐多（图7-2）。

西苑中，由于圆殿及其西侧的浮桥是大内连接西安门的通道，实际上分成北海以及中南海两部分，各有宫墙宫门隔开，惟池西岸浮桥以北一段未隔，似可从太素殿、天鹅房、虎城经通道进入兔园山。承光殿（即圆殿）以南，池东岸有崇智殿，"古木珍石，参错其中，又有小山曲水。"名芭蕉园[5]。池西岸原有平台，下临射苑，为武宗所筑阅射之地，后改为紫光阁[6]。

出西苑门沿太液池南行，有乐成殿、涵碧亭，引太液池水转北，别为小池，激水为水碓。这些都建于万历年间。再西过小桥，即南台，林木阴森，临水有昭和殿，可俯视稻田村屋的田园风光，其北面水有亭，在此可登舟。这一部分崇台池沼应是明朝新辟的景观[7]（参见图7-2）。

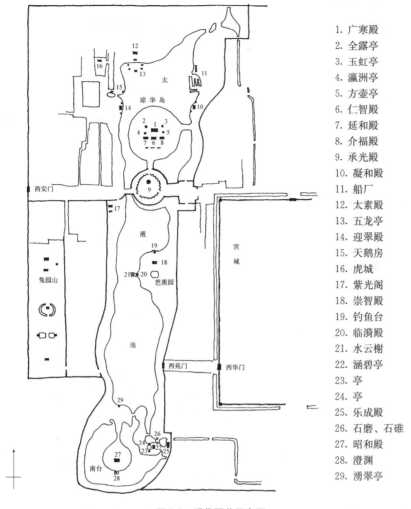

1. 广寒殿
2. 全露亭
3. 玉虹亭
4. 瀛洲亭
5. 方壶亭
6. 仁智殿
7. 延和殿
8. 介福殿
9. 承光殿
10. 凝和殿
11. 船厂
12. 太素殿
13. 五龙亭
14. 迎翠殿
15. 天鹅房
16. 虎城
17. 紫光阁
18. 崇智殿
19. 钓鱼台
20. 临漪殿
21. 水云榭
22. 涵碧亭
23. 亭
24. 亭
25. 乐成殿
26. 石磨、石碓
27. 昭和殿
28. 澄渊
29. 湧翠亭

图 7-2　明代西苑示意图

元的西前苑在明代仍然存在，称为兔园山，或叫赛蓬莱、赛瀛洲，天顺年间，许多大臣作过《赐游西苑记》，详细描绘过景物的情状，与元代是基本一致的[8]。万历时尚存遗址及一亭一殿，清康熙时的皇城宫殿衙署图中仍可看到旋磨台、曲流馆等景物的名称。

西苑除以上景物外，还有虎城、豹房、百鸟房和天鹅房，蓄养奇禽异兽[9]，颇类似于动物园，实为商周古苑囿的遗意。

与元代相比，明代的西苑不再以琼华岛为中心，而是以太液池为中心，环池依次组织沿岸景点，形成统一而丰富的园林景观。虽然在几百年中，许多建筑物屡有变更，但基本格局一直沿用到清朝。

东苑——永乐时在皇城东南隅新辟东苑，主要供击毬射柳。宣宗时曾召大臣游东苑，"夹路皆嘉树，前至一殿，金碧焜耀。其后瑶台玉砌，奇石森耸，环植花卉。引泉为方池，池上玉龙盈丈，喷水下注。"颇为新奇的是其旁辟草舍一区，其中的小殿和亭斋轩榭皆以不加斫削的山木为梁栋椽桷，屋面覆以草，作为弹琴读书修身养性致斋之所。渡河有桥，水中有鱼。竹篱荆扉，内种蔬茹匏瓜。这一区质朴的田园风光似可说明宣宗欲表白自己不忘祖训，也能从中看出宋元士大夫私园对皇家苑囿的影响。英宗复辟后，对东苑大加扩建，改称"南内"，有华丽的宫殿楼阁十余所，叠石为山，凿石为飞虹桥，植四方所贡奇花异草于其中[10]。

万岁山——位于宫城玄武门外，是宫城的镇山，高约15丈，以土渣堆积而成，山下有亭，林木茂密，鹤鹿成群。山后以寿皇殿为中心，东有观德殿、承寿殿。山左宽旷，可供射箭观花[11]。其余是附属于宫殿的建筑群。

后苑——明朝的御苑移于宫城内坤宁宫之后，主要建筑是钦安殿，供玄天上帝，祈消回禄之灾。其他亭轩斋馆布局规整，间植奇花异卉[12]。万历间建有假山、鱼池，在严谨刻板的宫殿群中，可在此徜徉于花石丛中，听禽声上下，也算是令人清心悦目的园林了。

南苑——又名南海子，在北京城南二十里。这里原是元代的飞放泊。永乐时，增筑周垣，方一百六十里，海子内设有晾鹰殿，供打猎临时居住，殿旁有晾鹰台，台俯临三海子，筑七十二桥以渡。圃内豢养鹿、獐、雉、兔，又设二十四园，以供花果。设海户守护，以时供岁猎，驰射讲武。至隆庆年间，"榛莽沮洳，宫隍不治。"逐渐荒芜[13]。

从明代苑囿上述演变过程可以看出，永乐时北京虽设三苑，但其中西苑只是利用元朝旧苑；其他二苑（东苑、南苑）是习射牧猎场所，带有军事训练性质，其主旨不在于游娱。但从宣宗开始，这种情况开始变化，习武自强的观念已经淡薄，到英宗复辟之后，则已完全变为对生活享乐的追求，以至于供牧猎用的南苑逐渐成为一座荒苑了。

二、私家园林

明初，天下方定，百废待兴，元朝亡国的教训记忆犹新，明太祖着力促进生产，恢复经济，以节俭治国，曾制定严格的舆服制度，不允许百官第宅在"宅前后左右多占地，构亭馆，开池塘，以资游眺[14]。"因此，从明初到中叶，全国范围私家园林的发展比较迟缓。随着经济的恢复与发展，禁令松弛，奢侈之风渐起。英宗在北京苑囿大兴土木以后，上行下效，民间私园营造方始兴起。当然，由于各地文化和经济发展的不同以及民俗的差异，始兴的时间略有先后。唐宋以来江南是繁华之地，加上山水清秀，气候温润，得先天之造园条件。据陆容《菽园杂记》，大约从正德前后开始，"苏城及各县富家，多有亭馆花木之胜。今杭城无之，是杭俗之俭朴，愈于苏也。"而绍兴，"其俗勤俭又皆逾于杭。"绍兴造园之风始于张内山[15]。内山是张岱的高祖，晚年在鉴湖构别业自娱，其时间当在嘉靖中叶。据此推测，杭州构园大约始兴于嘉靖初。南京是明朝的留都，贵人豪族大都去了北京，但毕竟还留下一些大族，营构过一些园林，起始大致也在正德以后。

明代私家园林遗存至今的实例极少，因此我们不得不借助于文献记载来进行研究，所幸各地所遗"园记"还相当丰富，陈植《中国历代名园记选注》所录明代园记就有22种，而实际所存的数量还大大超出此数，这就为我们的研究提供了若干有利条件，据此可对明代园林的发展和艺术特征进行概括与分析。

（一）园林的普及化

根据现有文献记载的不完全统计，明代私园的数量大大超过前代，总的情况是南方多于北方。南方以江浙为最，次江西、安徽、福建，最次贵州、云南。北方以北京为最，次山东、河南、湖北。实际上的分布要比记载的广，数量也要多得多。造成这种状况的原因是多方面的。一是自然条件的不同。南方多水，气候温暖多雨，较有利于花木的生长，北方和西部相对差些。二是城市文化与经济发展的差距。江南的宁苏杭一带是人文荟萃、商贾辐辏之地，明中叶以后，相继出现资本主义经济的萌芽。三是官僚文人麇集程度与民俗民风的区别。北京是明朝的政治文化中心，《日下旧闻考》一书所记载的明代私园多为官僚士大夫所有。绍兴以其清秀的山水和人文的兴盛，据《越中园亭记》所载，明末有园亭一百九十多处，堪称造园盛举。

此外，这时园林已不再为社会上层人物所专有，一般士庶也开始造园。宋代园林如《洛阳名园记》所列，它们的主人大部分是中上层官僚，其次才是富户。到了祁彪佳所记越中园亭，有很大一部分的园主已是一般的士大夫文人，而数量之多更是作为北宋西京的洛阳所无法比拟的。王世贞所记金陵诸园中，就有一些是属于一般士大夫阶层的，何况所记显然不是金陵园林的全部。计成在《园冶》自序中所称的"润之好事者，取石巧者置竹木间为假山。"以及他为人所作的"别有小筑，片山斗室"等都是民间小园。《长安客话》所记北京的园林中，尤可注意的是一些不见园名的小园，"瓮山人家傍山小具池亭，桔槔锄梨咸置垣下"。大通河旁"二、三亭，依涧临水，小舫从儿案前过，林间桔槔相续，大类山庄。"这些都是园林普及之后才有的景象。

（二）造园技艺的发展

在私家园林的择地方面，明人有着多种不同角度的标准。一是士大夫的审美标准，以具自然岩壑、天然山水者为佳。二是士大夫的生活标准，以利于日常游览，能维持城市优厚的生活条件为佳，王世贞所谓适于目，又得志于足，得志于四体和得志于口者。一些虔诚修身养性的文人或有例外。三是士大夫的政治理想标准。园林绝非纯粹供人游赏，娱人耳目，实际上是士大夫政治理想的寄托。因此以地偏绝尘，自成天地为佳。根据这些标准，当然是以有山水之胜的城郊为理想之地。城郊不便于居家，易于构筑别业。现在所知明代私园中有很大部分就是别业，因为建在城郊，便于眺远，景观较为开朗，与宅园有所不同。

巧于因借是明代私园的重要艺术特征。它继承了唐宋以来造园经验，又在深度和广度两方面有了新的发展。明人巧于因借主要表现在如何巧妙利用周围环境所具有的地形地貌等自然要素，确定园林布局及主景的构成，并将四周美好的景物引入园内。城郊有其天然的峰峦岗阜和水面。城内必选幽偏之地，或有湖泊、溪流、泉池可以因借。园林因地制宜构成主景，而四周景物都可作为理想的借景。例如《帝京景物略》记叙英国公建新园的缘起是"英国公乘冰床渡北湖，过银锭桥之观音庵，立地一望而大惊，急买庵地之半园之。"银锭桥是北京城中水际看山的第一绝胜处。园主显然是被这里的环境和观景条件吸引，因地造园，其主旨意在天然图画。所以，刘侗认为"夫长廊曲池，假山复阁，不得志于山水者所作也。杖履弥勤，眼界则小矣。"可见明人对园林景观的要求并非只追求壶中天地，而是旷奥兼有，追求天趣，境界比清朝的园林要开朗疏阔。

在众多的私家园林中，利用天然水面与泉水成景的例子很多，如北京西郊的海淀，"平地有泉，澎洒四出，淙泪草木之间，潴为小溪，凡数十处"[16]。这是造园的天然条件。万历帝的外祖武清侯李伟在此筑园，园中水程十数里。太仆米万锺筑勺园，园门以内，无往而非水。积水潭是西山诸泉入北水门后所汇集的水面，浩渺千顷，草树菁葱，"沿水而刹者、墅者、亭者，因水也，水也因之"[17]。沿水园亭不下七、八处。绍兴的天镜园构筑在城南的兰荡之中，水天一碧，游人需乘小艇入园，尽得水胜，被推为越中园亭之冠[18]。

祁彪佳在绍兴寓山筑园，"善能藏高于卑，取远若近。"以一让鸥池而贮寓山，涵天光，"影接峦岫，若三山之倒水。""四顾瀲瀲，恍与天光一色。"园中有远阁，可以尽越中诸山水。他认为"态以远生，意以远韵。"能于万家灯火，千叠溪山中观赏"远"中所蕴含的邨烟乍起，渔火遥明；品味"远"中所变幻的碧落苍茫，洪湖激射；体察"远"中所吞吐的古迹依然，霸图已矣，空怆斜阳衰草的情怀，"至此而江山风物，始备大观，觉一壑一邱，皆成小致矣"[19]。这种入微的审美感受与宋人相比，毕竟是精细深刻得多了。

明人所因借的自然要素也比宋元拓广了许多。除天然的山峦岗阜和水面之外，开山采石的宕口也成为造园的素材。绍兴的畅鹤园利用曹山的宕口汇为池沼，以采石形成的削壁坳窪构筑亭榭，"刻翠流舟，高出云表，望之仙居楼阁"[20]。隋唐时曾利用采石建石佛寺，明代用以造园。这是一个创造，为绍兴地区的造园开辟了一条宽阔的新路。因借一般仅限于园林及其四周，明人还扩大到通往园林的沿途景观。江元祚在杭州西溪之横山筑横山草堂，不仅草堂本身是山樵乐地，从杭城出钱塘门通草堂的沿途，以古梅修竹为径，历东岳而西溪，再越大岭，一路极其幽邃而引人入胜[21]，把枯燥的路途视为序曲纳入园林景观。因借的运用可谓匠心独运。

在景观方面，明代私园与宋元相比，造景的成分逐渐加重。士大夫观赏审美能力的提高，促使造景更趋精细，景观构成更为综合、复杂。主要表现为园主在追求旷如、奥如两种境界的同时，还要求峰峦洞谷、洞壑层台、瀑布池沼、滩渚岛屿、亭台楼阁、平桥曲径和花圃田庄等各种景观的齐备。据《洛阳名园记》等的描述，宋人私园多因地成景，不求奇险，"境无凡胜，以会心为悦"[22]。因此建筑稀疏，十分注重花木景观。司马光在洛阳的独乐园，二十亩地中只有堂一、斋一、轩一而已，却广植竹林，另外还治地百二十畦，杂莳草药，并筑台以远眺诸山，足可想象其景色之疏朗旷如。明人对旷如的追求仍然延续着宋元以来的传统，城郊之园便于眺远，所以在城郊筑园的风气依然不减。祁彪佳所记191处越中园亭，有110处建于城郊。即使城内筑园，也务求有供人眺望畅怀的地方。弇山园在太仓城北，筑高楼，名曰"缥缈"，可观万井鳞次，碧瓦雕甍。登"大观台"，则可望娄水、马鞍山，如天日晴美，目力可达百里之外的虞山。筑于苏州城内的归田园居，山上有放眼亭，北望齐门雉堞，东南则烟树弥漫，浮屠插霄汉间。

明人除追求旷如境界外，更着力于奥如的塑造。由于在叠山中石料运用日渐增多，造园的手段和技艺都比宋元有了长足的发展和提高，于是一些阴洞幽窟、峡谷飞瀑等境界不断被创造出来。对壶中天地的倾心和审美情趣的变化，使这些奥如的境界日益为士大夫们所偏爱。而园林中建筑物的增多，更有利于奥如空间的生成。祁彪佳筑寓园，建筑计有堂二、楼一、阁二、亭三，还有其他轩馆斋房十处，比规模大致相当的司马光独乐园多得多。建筑密度的增加使园林的布局和空间变得曲折深邃，使"游人往往迷所入"。由于寓山环境的制约，寓园中虽然也有像"瓶隐"那样奥如的景观，却依然是长于旷、短于幽，祁彪佳深以为憾。

明代造园材料和手段的丰富，大大提高了造景的表现力。因而峰峦层叠、巉岩绝壁、洞窟深邃的许多奇特峻险的景色不再是皇家苑囿所独有的了。而各地由于自然条件不同，因地制宜所创造的景观更丰富了明代园林的景观构成。绍兴畅鹤园的宕口造景、福建葛尚宝园的木垒假山[23]、北京勺园的水景等等都是很有特色的。因此，明代后期一些大中型私园往往都拥有多种景物，形成丰富的综合性的景观。其景物的构成主要有以下一些要素。

岗阜峰峦——明代私园的假山多数仍是土石并用，但在局部地段以石叠成峰峦，或礐头，或石壁。在山上或堂前立单个石峰的习惯仍很普遍，且多赋以象形的命名，王世贞弇山园中的"百纳峰"、"蟹螯峰"、"伏狮峰"皆是[24]。张南阳所叠豫园假山，以浑厚起伏的峰峦体量见长。张南垣的平冈小坂、陵阜陂陀，更具江南山景天然之趣。

洞壑——多在假山的某一部分叠石为洞。至明末，江南一带园内叠洞非常普遍，弇山园的"潜虬洞"是三弇第一洞天。归田园居的小桃源也是规模较大的洞，内有石床，石钟乳。南京四锦衣东园的石洞"凡三转，窈冥沈深，不可窥揣。"白天仍需张灯导游，除此之外还有水洞，清流泠泠。上海露香园有洞，洞内"秀石旁挂下垂，如笋、如乳。"可见明代即有仿喀斯特景观的叠洞方法。

池沼溪流——水面是大多数园林尤其是南方园林的主要造景要素之一，多以池沼、溪流、瀑布的形式出现。水面多者如北京的勺园，利用天然泉水，形成"无室不浮玉，无径不泛槎"，堂楼亭榭"无不若岛屿之在大海水者"的境界；水面少者如徐文长"青藤书屋"中仅十尺见方的天池。私园中多利用外水成景，园因水而活。金陵武氏园，池沼借青溪之水，"水碧不受尘，时闻瀺灂声。"甪直许自昌的梅花墅，经暗窦引三吴之水入园，"亭之所跨，廊之所往，桥之所踞，石所卧立，垂杨修竹之所冒映，则皆水也。"明人尤喜池中养金鱼。北京武清侯李伟园，"桥下金鲫，长者五尺，锦片片花影中，惊则火流，饵则霞起。"另据《环翠堂园景图》，还可以见到喷泉的出现（图7-3），这比元代的龙首吐水又进了一步。园内溪流，多曲折环绕，大者可泛舟，如吴江谐赏园，太仓弇山园，小者可流觞，如金陵金盘李园，在山趾凿小沟，宛曲环绕，可以行曲水流觞的韵事。弇山园则以辘轳汲水于"云根嶂"后，酒杯从嶂下洞口流出。安徽休宁坐隐园的曲水流觞已是石台上凿水槽为之（图7-4），不及弇山园的自然有趣。

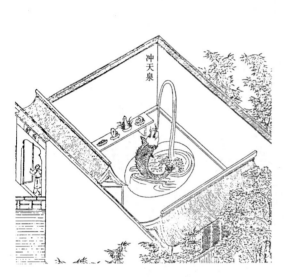

图7-3　《环翠堂园景图》中的喷泉　　　　　图7-4　坐隐园的曲水流觞（《环翠堂园景图》）

　　洞谷——洞、峡都是指以峻峭石壁或山体所形成的谷地，常伴以蜿蜒的溪流洞水，属于奥如的景观。无锡的愚公谷引惠山之洞入园，凡三折，长约四十余丈。弇山园之蜿蜒洞分支宛转数十折，而散花峡还可以泛舟，"两岸皆峭壁，犴牙垒出，寿藤掩翳，不恒见日。"寄畅园引"悬淙"之泉水，甃为曲洞，奇峰秀石，含雾出云，至今园中八音洞尚留明人遗意。

　　层台——台是供登高观景用的。明代私园中筑台很多，有土筑平台，石筑平台，旁可固以栏杆。寓园有通霞台，可眺柯山之胜。坐隐园的观蟾台似是利用原有山岗筑成的（图7-5）。城市中的私园往往在山上砌台以眺远，因此多以石砌筑。归田园居之啸月台建在小桃源洞上，供临池观月。弇山园之大观台，"下木上石，环以朱栏"。另有超然台，下距潭数十尺，得月最先，收西山之胜最切。此类观景台都有高度的要求，需以假山作为支撑，因此花费颇巨，影响了进一步的发展。

　　滩、渚、矶——滩、矶是水边比岸低的台地，随水面升降时隐时现，据此推理，应砌石而成。渚是三面或四面临水的陆地，这种景物宜在水面宽阔时设置。弇山园有大滩，滩势倾斜直下，往往不能收足，而其地宽广，列怪石，植花木，宜于游人小憩。寓园的小斜川也类似于滩，但它是天然形成的石趾，在池水激荡下，噌吰响答，更有自然情趣。愚公谷有醉石滩，长七丈许，宽约其半，砌以块石，大小错置。滩、矶多位于岗阜或叠山的临水处。水边一些零散的巨石，也可称矶，如无锡西林的息矶、醉石，弇山园的钓矶等。渚的景观特色类似于岛、

图 7-5　坐隐园观瞻台(《环翠堂园景图》)

屿。寓园有回波屿，以谢康乐"孤屿媚中川"为粉本。弇山园有"芙蓉渚"，其地多植芙蓉。归田园居有卧虹渚，是桥畔三面环水之地，有石可息。西林有凫屿，聚集凫鹥等水鸟群居于屿上而成一景。

　　花圃——明人仍重视花木景观。若以某种花木群植取胜者，往往以"沜"、"坞"、"径"、"圃"名之，如竹坞、琼瑶坞、桃花沜、菊圃、蒸霞径之类。牡丹国色尤为贵重，多在堂馆前筑台种植，称之为牡丹台，其更甚者如北京惠安伯园竟种有牡丹数百亩。宋人喜种药圃的爱好到了明代似乎逐渐淡化。明人种植花木也不似宋人求其品种的齐配，如宋洪适在盘州种花有 36 种，卉有 14 种，柑橘有 4 种，而明代无人能达此境界。他们选择花木的着眼点是景观的入画，而不再是仅仅从园艺出发了。当然，唐宋以来，那些受到文人偏爱的梅、莲、竹、松，由于其比喻象征的意义已被社会公认，仍继续受到明代士大夫的喜爱。明人对于古树名木在园林中的作用有深刻认识。计成说过"雕栋飞楹构易，荫槐挺玉成难。"所以主张建筑物的营造要让开多年树木。王世贞为保留一棵古朴，不惜花费重金，并特为建亭以承之。

　　田庄——中国古代以农为本，而士大夫中有许多是由农而仕，由野而朝，由乡村而城市，因此充满诗意的田园风光不仅作为政治生涯的一种补充，可以取得精神上的慰藉，也是仕途的退路。

所以，明代私园中特辟田园村野景色的也很普遍。与宋元相比，这类景色日益游离于园林之外而在一隅独辟。如北京英国公园，将蔬圃设在园的东面，"东圃方方，蔬畦也，其取道直，可射。"连布局方法都不同于园林。绍兴寓园的丰庄在园北。"筑之为治生处也"，具有庄园的功能，除此外，又在园内让鸥池南设圃，种桑植果，树下又种蔬菜，很有田园风味。金陵东园"初入门，杂植榆柳，余皆麦垅，若不治。"苏州东山的集贤圃，在圃北种菜数亩，极西种橘、柚、梨，将这些田野景观作为园的外藩。勺园与归田园居虽不设田园景观，仍将四周稻畦秫田作为眺远的借景引入园内。

　　建筑——明代私园中建筑数量不仅比宋元多，而且功能更为齐全。这显然是造园普及之后，园林与生活的关系日趋紧密的结果。规模稍大的园林，除去宴游观赏的亭台楼阁、堂馆轩斋之外，还包括有祭祀祖先的"祖祠"，寄托宗教信仰的大士庵、罗汉堂、土地祠以及为宴游享受生活直接服务的庖厨、酒库、仓廪和浴室。虽是高人雅士如王世贞辈也不例外。北京的李皇亲新园，甚至设有饭店、酒肆、典铺、饼炸铺，颇有南齐东昏侯的遗意。

　　建筑功能的齐备同时伴随着园林规模日渐趋小，因此建筑密度增加，导致宋元疏朗的园景变得曲折、拥挤、闭塞起来，进一步突出了士大夫所追求的寥廓天地与园林现实空间之间的矛盾。解决这一矛盾的办法就是将建筑造得愈加精细小巧，空间组合变得更加空透灵活，运用对比衬托等多种手段，努力创造壶中天地，这一过程直到明末还没有走完。

　　就建筑单体而言，明代已达到争奇斗丽的地步。北京李皇亲新园的梅花亭，砌成五瓣以象梅花，门、窗、水池皆形似梅，而亭作三重，以表现梅之重瓣，追求形式象征的倾向十分强烈。在南方一些小城镇的郊区园林中，既有精美的楼阁，也还保留宋人结树杪为屋的朴素做法，或以不经加工的原木制作亭子，如坐隐园中所见（图7-6）。又如绍兴的畅鹤园，将建筑构筑于峭壁坳窪之上，形成仙居楼阁，这种蓬瀛蜃幻的景观也是宋代的园林所没有的。长廊这一建筑类型我们可在南宋末年的私家园林中见到端倪，而在明代则已成为非常活跃的造园因素。它高下如长虹，曲折如游龙，将园内的亭台楼阁连成一气，形成整体。北京曲水园以曲水胜，"曲廊与水而曲，""滨水又廊，廊一再曲。"勺园"从台而下，皆曲廊，如螺行水面，以达至最后一堂。"苏州归田园居的修廊蜿蜒，几乎连贯了园的东西南北。长廊的运用，为园林的自然景观增加更为浓郁的人工美，形成宋元以后园林景观的特色。

图7-6　坐隐园用原木作柱的亭子（《环翠堂园景图》）

（三）造园理论的成熟

宋元的园林重在空间环境的感受，以会心会意为悦。苏舜钦在苏州筑亭北碕，“前竹后水，水之阳又竹，无穷极，澄川翠干，光影会合于轩户之间，尤与风月为相宜。”这样一个环境令苏舜钦“觞而浩歌，踞而仰啸，野老不至，渔鸟共乐，形骸既适，则神不烦，观听无邪，则道以明。”洛阳独乐园虽然卑小，却可容司马光“投竿取鱼，执衽采药，决渠灌花。”唯意所适，行无所牵，止无所柅，踽踽洋洋，悠然自得。明代私园初期尚有此遗风。但到明中叶，士大夫已不满足这种质朴而清淡、简约而疏朗的境界，开始追求精美如画的景观和能供人及时宴游行乐的物质条件。当时的社会经济比较富裕，为园林的发展提供了充分的物质基础和技术条件，加上宋元山水画画论和审美趣味的影响，从而促进了造园技术的进步和造园理论的发展，从一些园记中也可以看到这方面的论述：

景必入画——园林景物是由许多具体的造园因素构成的，大至山峦水池，小到一花一木的安排，都需仔细“经营位置”，“不使一笔不灵”[25]，“一花一竹一石，皆适其宜，审度再三，不宜，虽美必弃”[26]。其布局须“实者虚之，虚者实之”、“聚者散之，散者聚之”[27]。运用对比，使章法变化得宜。邹迪光营无锡惠山愚公谷，善于剪裁组织锡山、龙山与二泉之水，使山水互为掩映。他在议论塔照亭与山的关系时提出“山太远则无近情，太近则无远韵，惟夫不远不近，若即若离，而后其景易收，其胜可构而就。”在处理山与水的关系时，则“山旷率而不能收水之情，水径直不能受山之趣。”计成和郑元勋都主张叠山堆石要符合画理，镇江乐志园之峭壁仿大痴皴法。寓园之溪山草阁半崖半水，“似宋、元一幅溪山高隐图。”

景不尽露——私园以有限的空间表现无穷尽之山水境界，须令景不尽露，随游者所至逐步展现，方能令人作无穷遐想。愚公谷入园后涧水三折六堰，而后汇集于主堂前的玉荷浸；游人经四照关左折，穿三疑岭，过醉石滩，上渌水涯，涯尽而亭阁翘然，景色层层展开，“盖规地无几，而措置有法，故愈折愈胜如此。”郑元勋营之扬州影园，“大抵地方广不过数亩，而无易尽之患。”角直梅花墅，但觉亭阁林木“勾连映带，隐露断续，不可思议。”

景求天趣——明代私园虽有争奇斗丽的一些建筑和峰石景观，但天趣仍然是园主偏爱的审美标准。它是对符合自然之理而不露人工凿痕之景物的评价标准，也即所谓真。“真”所追求的只是直觉感受的真实，而非理性客观的真实。就叠山而言，人们看自然真山过于奇巧的，就认为“似假”，看假山浑然而成、不露凿痕的，认为“似真”。这就是感受的虚假与真实。北京李伟园的山是“剑铓螺矗，巧诡于山，假山也。维假山，则又自然，真山也。”谢肇淛曾评吴中假山，以为“景不重叠，石不反背，疏密得宜，高下合作，人工之中，不失天然，偏侧之地，又含野意”者，方称得之，也以天然为标准。就园林综合景观而言，若过于人巧，必不尽自然之理，因此林木岗阜易得天趣，奇峰异石多见人巧。弇山园中，王世贞以为“东弇之石，不能当中弇之十二，而目境乃蓰之（五倍曰蓰——笔者注）。中弇尽人巧，而东弇时见天趣。”其评价仍偏好于天趣。

景有境界——明代园林对景物的设置和命名几乎都有某种理想境界的追求。王公贵戚，商贾豪富或文人士大夫各有其不同的情趣。有的茅亭草舍，求太朴遗风，有的楼阁精丽，极享宴游之乐事。到了明末，有许多境界已成为模式，如临水台亭必令人作濠濮间想；山径逶迤，苍台碧鲜，则似武陵道中；曲流回绕，疏篱茅舍，即恍然桃源渡口。这些都是文人游园时从景物所引发的感受，往往高于园林现实的景观。除了景物本身的形象特征能引发游人的感受以外，还给景物命名，诸如“小桃源”，“武陵一曲”之类，以启示游人的联想，深化直觉感受。不仅如此，连园林四季的不同景色，也可以通过游人的“心维目想”而得之。这样可以把有限的园林景物无限地延伸、扩大，直至上升为理想境界。

景皆可借——园内登高可览远近景色，古已有之，但作为相对于园内造景而言的借景概念是明人才有的。借者，必有选择，所以借景的概念是造景的一种有选择的补充，其所指，主要是借外景。邹迪光愚公谷"园内外树，多干霄合抱之木，不必其枝琼干翠，与是吾家物，而取其虬盘凤翥，家不自有而为吾有之，如幕之垂，如褥之铺，斯亦所为胜耳。"郑元勋影园的对面河岸皆高柳，可以看见阎氏园、冯氏园和员氏园，"园虽颓而茂竹木，若为吾有。"这些都是有明确借景含义的。计成在《园冶》中始正式提出"因借"一词，"借者，园虽别内外，得景无拘远近，晴峦耸秀，绀宇凌空，极目所至，俗则屏之，嘉则收之，不分町疃，尽为烟景。"并单独列出"借景"一节，予以详叙，这是对借景比较全面完整的论述，也是明代造园经验的总结。

（四）园林文化内涵的充实

我国的私园自汉代勃起，历南北朝、唐宋至明已有一千多年的历史。官僚和士大夫始终既是园林的主要拥有者，也是中国传统文化的主要传承者。园林以其特有的含义和功能，成为士大夫阶层精神生活的领地，一千多年历史所积淀的文化内涵是极其丰厚的。

首先，园林是封建社会专制政治的互补物。中国的士大夫由于历史的原因及其特殊的社会地位，往往具有双重人格。他们终身以道自任，于出处之间，意合则仕，意不合则退居林下，以守志自爱。张鼐曾说过园居可以"观事理，涤志气，以大其蓄而施之于用，谁谓园居非事业耶？"[28]他们依托园林以保持自己的独立人格，完成维系道统的历史使命，绝不是仅将园林视为娱人耳目或作为避身之地。因此，园林在改善生活环境方面所具有的生态意义远不能说明它的成因和发展，它的本质应是一种政治性的文化产物。

其次，园林包含了士大夫主要的文化生活。士大夫在园林所从事的主要活动大约有下列几个方面：

藏书读书——许多私园中都有堂楼专供藏书，内容包罗万象，儒道佛齐备。祁彪佳寓园之八求楼，藏书十万余卷，是当时越中著名的藏书楼。弇山园有经阁专藏佛道经，另有小酉阳藏书三万卷。愚公谷有十六间小书屋，供藏书读书。顾名世还在园内校雠坟典。一些小型园林则完全把读书作为主要功能，如绍兴曲池是海樵陈山人读书处，堂临池上，旁有轩三楹，右侧有小山隐起，仅此而已。像这样的读书处和讲学处在绍兴还有多处，可见文风之盛。

宴游赋诗——宴游是园主的主要活动，既于林泉丘壑之间，"叹人生之有涯，具体道之无息"[29]。继又"盘筵饾饤，竟夕不休"[30]，为此需备有相应的服务用房。游的方式主要两种，一是步行，二是舟行。许多规模较大，有自然水源的园林如弇山园、寓园、谐赏园和北京的李皇亲新园、梁家园皆可舟游。赋诗是宴游中的雅举，相互和答，内容多就景咏志。曲水流觞是明代私园中常见的一景。

啜茗博古——啜茗是游园时最普及的活动。像寓园、集贤圃还专辟有茶圃，可自制供用。在明代文人中，收集文物古玩是一种高雅的爱好，许多园林除藏书外，还兼藏名画、古帖，旁及古器、古物。啜茗之余，摩挲钟鼎，鉴赏文玩，陶醉于鸟篆蜗书，奇峰远水之中。

灌园鬻蔬——这也是园主乐以标榜清高的一种园艺活动，这就是所谓的"拙者之为政也"。灌园鬻蔬产生的经济价值不是主要目的，但其收获仍可聊作供给。许多园主其实并不亲身参加园艺劳动，只是"坐亭督灌"以自娱。盆景是明代发达的园艺之一。文献中虽记载不多，但据明代版画所示，也是园林中室内外的主要摆设之一。

以上这些活动，构成了文人士大夫的主要文化生活内容，是他们维护独立人格最理想的生活方式，也是他们心目中理想的人生天地。

园林作为一个时代的文化载体，所包含的内容是十分丰富的，但它又是一种极易变化、毁坏和难于保存原貌的物质艺术产品，随着时间的推移和园主的更替，不用数十年，园貌就可以有很大的不同，因此今天想要找到一处保持明代布局和风貌的园林确已不是一件容易的事。各地的园记虽然很多，但是仅仅根据文字记载很难进行具体分析和领略这种空间艺术的生动神韵。鉴于这种情况，经过比较，我们选择了苏州王心一的归田园居和绍兴祁彪佳的寓园二例进行介绍并做出复原图，俾能使人们对明代园林风格获得较为具体的了解。

（一）归田园居

归田园居位于苏州娄门内春坊巷（今东北街），是明末御史王心一在崇祯四年至八年（1631～1635年）建造的。这里原是正德年间所建拙政园东侧的一部分，到崇祯时园主将此地售与王心一。园成后王心一亲作《归田园居记》，详细记述了园中景物（参见陈植《中国历代名园记》228页）。

归田园居园门在东面百家巷。园内大致分两部分，东部是荷池与秋香楼[31]，西部是山水亭台，两者以竹香廊分隔。东部登秋香楼可望园外秋田稼耕，四周水面辽阔，为大片荷池，造园手法粗放开朗，实有"旷"的个性；西部布局曲折，雕凿细腻，景色丰富，以"奥"见长，内向而幽深，山石池沼、洞壑涧谷、台阁曲廊随宜组合，呈现多个不同境界的围合空间。兰雪堂是全园的主体建筑，隔涵青池正对假山上立有"缀云峰"，这是明清两代园林中常见的山水与主建筑的组合模式。

园内多山体，南部诸山用湖石，西北部诸山有尧峰石，叠法随之巧拙有别。园的面积比寓园略小，建筑物所占比重也要小，布置较稀朗。这可能是由于别业与宅园四周环境特色的差异，导致园主观赏要求的不同。

王心一去世后，其子孙世守此园，未曾易手。在九十余年后的清雍正年间，沈德潜作《兰雪堂记》时曾说："子孙保而有之"。嘉庆年间，王氏门庭中落，园渐荒废，直至20世纪初，园址仍保留较完整。20世纪60年代，王氏后人王庚曾根据遗址绘制复原示意图一幅（图7-7），略可见其经营位置的梗概。本书作者根据园记及王图再深入一步作复原图并载于此（图7-8）。

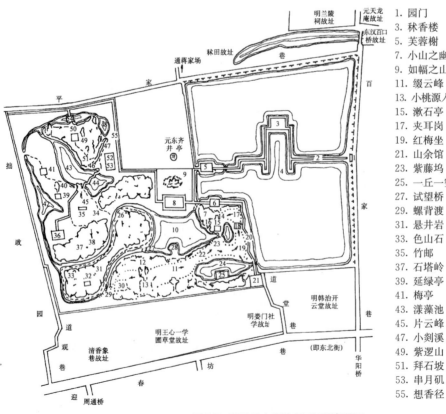

1. 园门　　　　　2. 墙东一径
3. 秋香楼　　　　4. 大荷池
5. 芙蓉榭　　　　6. 泛红轩
7. 小山之幽　　　8. 兰雪堂
9. 如幅之山　　　10. 涵青池
11. 缀云峰　　　　12. 联壁峰
13. 小桃源入口处　14. 小桃源出口处
15. 漱石亭　　　　16. 桃花渡
17. 夹耳岗　　　　18. 迎秀阁
19. 红梅坐　　　　20. 竹香廊
21. 山余馆　　　　22. 啸月台
23. 紫藤坞　　　　24. 清冷渊
25. 一丘一壑　　　26. 聚花桥
27. 试望桥　　　　28. 连云诸
29. 螺背渡　　　　30. 听书台
31. 悬井岩　　　　32. 幽悦亭
33. 色山石　　　　34. 杨梅奥
35. 竹邮　　　　　36. 饲兰馆
37. 石塔岭　　　　38. 石塔
39. 延绿亭　　　　40. 玉拱峰
41. 梅亭　　　　　42. 紫薇沼
43. 漾藻池　　　　44. 卧虹桥
45. 片云峰　　　　46. 卧虹渚
47. 小剡溪　　　　48. 杏花涧
49. 紫逻山　　　　50. 放眼亭
51. 拜石坡　　　　52. 资清阁
53. 串月矶　　　　54. 奉桔亭
55. 想香径

图7-7　王氏后人所绘归田园居复原图

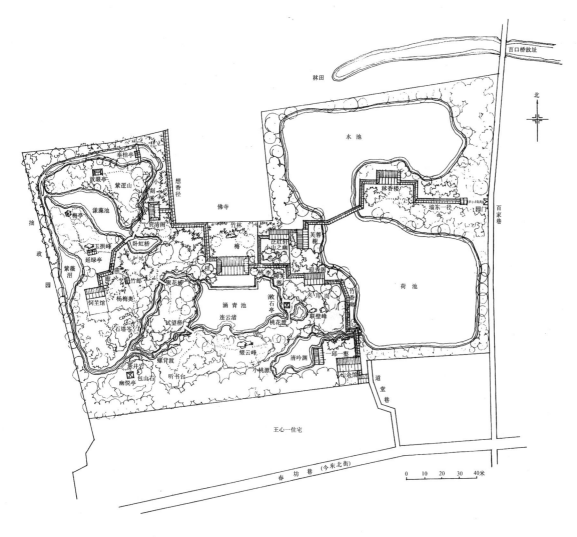

图 7-8　明归田园居复原示意图

（二）寓园

寓园是明末崇祯朝御史祁彪佳在绍兴郊外就寓山所治的别业，位于今梅墅镇西南三里。自崇祯八年至十年（1635～1637 年）历时三年而建成，以后又不断有所改筑添建（参见陈植《中国历代名园记选注》259 页，祁彪佳《寓山注》）。

祁彪佳是明末一位颇有名望和作为的官吏，清兵入关后，坚持民族气节，以身殉国。他同时还是一位戏曲和散文作家，对园林也有很高的修养。寓园是他和几位朋友边商讨、边建造、边修改而陆续完成的，从他自己写的《寓山注》中可以了解到他对园林审美的许多精辟见解。

寓山不高，相对高度仅 18 米，是柯山余脉的一个土丘，西面是万指链凿、绝壁竦立的柯山，其他三面则可尽收附近山水佳景于眼底。所以造园之初，即着意于远眺。草堂、静者轩、约室、志归斋先建在山椒，友石榭、远阁、烂柯山房继之，皆依山就势营造，待山顶、山趾镂刻殆遍，然后才凿池筑堤，四负堂、读易居、试莺馆和溪山草阁等随后而成（图 7-9、7-10）。这一过程与《园冶》所述造园以立堂基为先有所不同，可见造园不仅因地制宜，也因人而异，不必拘泥于成法。

纵观全园，以旷取胜，独缺奥趣，所以园主在山麓溪山草阁的西南辟一幽境，取名瓶隐，自草阁达瓶隐，曲槛临流，与迥波屿、孤峰玉女台形成相对封闭的"奥如"境界。园内极亭台之盛，建筑物很多。山上不仅堆叠了铁芝峰、迥波屿，还凿出袖海石室，竟可容数十人，人工斧凿痕较

图 7-9　祁彪佳寓园图(摹自崇祯版《寓山注》)

重，再不是宋代园林那种自然、疏朗的风格了。不过，宋代流行的台以及种植桑、茶和大片花木的做法依然可见，聊以补救野趣的不足。园的北面还建有丰庄，祁彪佳的本意是作为治生之处，与后来在园中点缀"稻香村"之类以农事标榜清高的做法不同，仍具有较明显的功利目的。

　　寓园是建于城市近郊的别业，利用原有的山峦水道，景色易于自然，虽经人工精雕细刻，仍然景域忱阔，非城市宅园可以比拟。祁彪佳死后，他的儿子舍寓园为寺，塑祁公像于堂以祀之。现在只剩土丘一座，河道依然，而亭台池馆已荡然无存，连遗址都难以寻找了。

三、城郊风景名胜

　　城郊风景名胜的开发与建设，可以追溯到春秋。南北朝时期由于佛教的发展，大大促进了城郊风景区的开发，至唐宋而尤盛。北京城郊的风景多开发于金代，当时即已有燕京八景之称。金章宗还在西山设八院以供游览。元朝时，各种宗教都很兴隆，又在金代的基础上扩建增建了许多寺庙，但游览的风气并不盛。明代继承并发展了已开发的风景名胜，虽然明太祖曾有造园的禁令，但宗教的发展并未受到制约，所以许多城市的郊区风景开发往往早于私园的复兴。如北京，在明初宣德、正统中即已开始增拓香山寺，香山上新建洪光寺，正德年间又改建碧云寺，使香山一带成为京师仕女郊游最盛的地方。南通的狼山唐时曾建有广教禅寺，绝顶建浮屠，明时建江海神祠于其巅，重建浮屠五级和殿宇，并带动了剑迹山、军山、塔山、马鞍山的开发，形成五山并峙、林木森蔚、金碧辉耀的境界[32]，被称为东海伟观（图7-11）。南京明初葬太祖，迁蒋山寺于今灵谷寺，松木参天，一径通幽，成为城东郊的名胜。由于明代私园有许多是构筑于城郊山水清秀的地方，也因此促进风景点的开发。如苏州的天平山，明末有范长白在原范仲淹忠烈庙旁建天平山庄，"园外有长堤，桃柳曲桥，蟠屈湖面"[33]。每至秋，红霞万丈。赵宦光又在天平山北寒山岭建别业，有千尺雪最有名[34]。遂使天平与灵岩具胜。宁夏（即今银川）城郊有丽景园、小春园、乐游园、撷芳园、盛实园诸私园，成为仕女游观的场所。而东郊的金波湖是自然水体，明庆靖王择地构楼名曰宜秋，湖之西北有亭[35]，垂柳沿岸、青阴蔽目，中有荷芰，画舫荡漾，为北方盛观。浙江平湖县东郊当湖，周四十余里，明时建县治于此，湖中有弄珠楼、鹦鹉洲、悠然亭诸胜（图7-12），

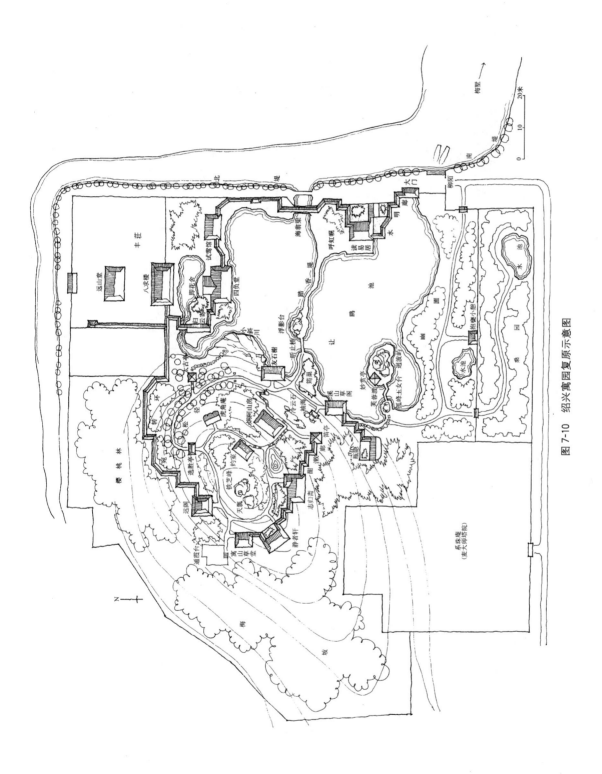

图 7-10　绍兴寓园复原示意图

图 7-11　明南通狼山图（万历《通州志》）

图 7-12　浙江平湖东郊当湖图（天启《平湖县志》）

登楼南望，九山列翠，东眺则九川汇流，成为邑中名胜所在。因湖位于城之东郊，故又名东湖[36]。其他诸如书院、名人墓或水利设施，开山采石，也都是能带动风景资源开发的因素。

　　风景名胜的景观与游览活动与园林有很大的不同。一是游人量大，时间集中，如以清明踏青、盛夏避暑、秋日登高以及一些民间的节日时游事最为兴盛。"都人好游，妇女尤甚"，"清明踏青，高粱桥磐盒一望如画图，三月东岳诞，则耍松林"，"至中秋后游踪方息"[37]。二是景观多样化，自然景观中时时点缀一些寺庙、园亭和书院之类的名胜，有时还与民俗社日集会相结合。自然景观中除峰峦、涧谷、岩洞、泉水、溪流、湖泊之外，古树名花的植物景观尤能得到仕女的偏爱。如北京香山的杏花，"杏花天，十里一红白，游人别无他馥，经蕊红飞白之旬。"卧佛寺的娑罗树，人称"游卧佛寺，看娑罗树。"树"大三围，皮鳞鳞，枝槎槎，瘿累累，根搏搏，花九房峨峨，叶七开蓬蓬，实三棱陀陀。"，据传是西域种，"周遭殿墀，数百年不见日月。""游者匝树则返矣，不知泉也"[38]。可见当时娑罗树远比卧佛寺的泉水景观闻名。

　　城郊风景区中寺庙、园亭的营造，都能结合地形，多层次地展开，尤注重总体布局中景观序列的引导，并保证主要景点有开阔的视野和良好的景象。如北京香山洪光寺，通寺山径皆植柏，"人行径中，上丁丁雨者，柏子也，下跄跄碎者，柏枯也。耳鼻所引受，目指所及，柏声光香触也"[39]。山径百步一折，经多折方至寺门，回头望香山已在脚下。潭柘寺前十余里山路引导尤有特色，"一道蓁棘中，仰天如线，可五六里，颓山四合，东西顾，树古树，壁绝壁，颓山青矣，不见寺也。里许，一山开，九峰列，寺丹丹碧碧，云日为其色。望寺，即已见双鸱吻"[40]。香山寺是当时京师天下寺观的首游，入寺有殿五重，随地形而高下，"斜廊平檐，两两翼垂，左之而阁而轩，至乎轩，山意尽收，如臂右舒，曲抱过左"[41]。建筑布局很有特点。由于自然景观是一片辽阔的空间，景点的布局必须相互间有内在的联系，才能方便游览，并给人以丰富多变的景观感受。明代城郊风景名胜点的开发是以游览路线串联一些邻近的景点，形成组团。如北京香山一组，有两条线路，一条是香山寺、碧云寺、洪光寺；另一条是卧佛寺、圆通寺、水尽头、五华寺。苏州灵岩天平山一组，有灵岩寺、天平山庄、寒山别业、华山寺、寂鉴庵；石湖一组，有石湖、范成大祠、楞伽寺。每年八月十八日仕女咸集于石湖，作串月之游。

注释

[1]《宣宗章皇帝御制广寒殿记》转引自《日下旧闻考》

[2]《明宣宗实录》转引自《日下旧闻考》

[3]《明英宗实录》转引自《日下旧闻考》

[4] 李贤赐《游西苑记》转引自《日下旧闻考》

[5]《甫田集》转引自《日下旧闻考》

[6] 据《日下旧闻考》卷三十六，宫室，卷二十四，国朝宫室，《金鳌退食笔记》

[7] 据《日下旧闻考》卷三十五、三十六，宫室。

[8] 据《日下旧闻考》卷三十五，宫室。

[9] 据《明宫史》，《日下旧闻考》卷三十五、三十六，宫室。

[10]《日下旧闻考》卷四十，皇城。

[11]《日下旧闻考》卷三十五，《宸垣识略》卷三。

[12]《日下旧闻考》卷三十五。

[13]《帝京景物略》卷三，《宸垣识略》卷十一。

[14]《明史》，志第四十四，舆服四。

[15] 祁彪佳《越中园亭记》镜波馆条。

[16]《长安客话》卷四。

[17]《帝京景物略》卷之一，水关条。

[18] 祁彪佳《越中园亭记》之三。

[19] 祁彪佳《寓山注》。

[20]《越中园亭记》。

[21] 江元祚《横山草堂记》转引自陈植《中国历代名园记选注》，安徽科学技术出版社，1983，9。

[22] 岳珂《宝晋英光集》，转引自陈植《中国历代名园记选注》。

[23] 谢肇淛《五杂俎》卷三，地部。

[24] 以下所引园林，除另加注处均转引自陈植《中国历代名园记选注》中的各园园记。

［25］祁彪佳《寓山注》。

［26］郑元勋《影园自记》。

［27］祁彪佳《寓山注》。

［28］张萼《题尔退园居序》，转引自《园林与中国文化》，上海人民出版社。

［29］李东阳《石淙赋》转引自《园林与中国文化》。

［30］王世贞《弇山园记》。

［31］王庚图中该楼处于四面水中，似可存疑。据王心一《归田园居记》所述，"自楼折南皆池，池广四五亩"，而图中
池广约大出一倍左右。

［32］《万历通州志》天一阁藏明代方志选刊

［33］张岱《陶庵梦忆》，范长白条。

［34］张壬士《木渎小志》。

［35］《嘉靖宁夏新志》天一阁藏明代方志选刊。

［36］《天启平湖县志》天一阁藏明代方志选刊。

［37］王士性《广志绎》卷之二，两都。

［38］《帝京景物略》卷之六，卧佛寺条。

［39］《帝京景物略》卷之六，洪光寺条。

［40］《帝京景物略》卷之七，潭柘寺条。

［41］《帝京景物略》卷之六，香山寺条。

第八章　学校、观象台等建筑

前面七章展示了元明时期建筑发展的几个重要方面。除此之外，全国各地城镇还存在着大量实用性建筑和民间建筑，其中商铺、旅店、手工业作坊等建筑数量很多，覆盖面广，也是重要的建筑类型。但是这些建筑既缺乏文字资料，又极少实物遗存，已难于进行具体探究。而有些建筑的普及性虽然不及上述几种类型，却有较多文献记录或有相应的实物遗存，从而使我们的研究成为可能。

第一节　学校与贡院

我国的传统教育，主要受两大因素影响：一为儒家思想；二为科举制度，从而形成了我国特有的教育制度。与此相关的学校建筑大致可分为官办的各类官学和民办的书院两大类型。

元代是一个多民族的国家，各民族的政治、经济和文化各不相同，教育状况也极不一致。元初曾诏建中央和地方各级学校，但由于分民为四等的民族歧视政策，断绝了大多数汉族士人"学而优则仕"的出路。因而这些官办教育机构成效似乎并不明显，史籍记载很少，其建筑也大多不可考了。

元朝针对原宋代文人和汉族子弟不愿进官学的情况，放宽了教育政策，允许民间办学。至元二十八年（1291年）更令"江南诸路学及各县学内设立小学，选老成之士教之，或自愿招师。或自受家学于父兄者，亦从其便"[1]。对于书院也积极加以提倡。早在太宗八年（1236年），在元大都就建立了元代第一所书院——太极书院，鼓励不愿仕元的南宋儒学家入书院讲学，缓和了知识分子的反抗情绪，又利用他们的文化知识，发展元朝文化教育事业。因此，有元一代这类民间书院得到了迅猛发展。《日下旧闻考》称"书院之设，莫盛于元，设山长以主之，给廪饩以养之，几遍天下。"尤其在原南宋版图内的江、浙、赣一带，非常盛行。而书院又促进了程朱理学发展，影响到其后六百年中国文化教育。

明代以汉族文化正统为标榜，十分重视兴办教育。明初把教育的重点放在鼓励荐举、举办官学和提倡科举方面。早在明朝立国前的至正二十五年（1365年），朱元璋即立国子学，洪武十五年在应天（今南京）鸡鸣山旁兴建规模宏大的国子监[2]，这是我国历史上最大的官学之一。永乐迁都北京，又建北京国子监[3]。史称南北两雍。明朝初期许多朝官都由国子监而来，当时的国子监可称是集中了全国的知识精英，读书人在此有多种仕进机会。规模最盛时两雍各达万人。而平民日常生活所需的教育，如读、写、算则由普设于各地的社学、义学及私塾承担。在此一百年间，书院则一直处于沉寂状态。

明成化后，国子监生不能直接入仕，加之科举制度腐败，王守仁、湛若水心学的盛起，促进了书院的复兴，至嘉靖时发展到最盛，在数量上超过了元代。明中后期的书院逐步走上官学化和科举化的道路，与一般官学差别不大，学校教育的发达由中央转入地方。

元明时期的官学可分为中央、地方及专科三种：中央学校元代有设于大都的国子学、蒙古国子学、回回国子学三所，明时则有南北二京的国子监和贵胄子弟的宗学；地方学校元代有路学、府学、上中州学、下州学、县学、诸路学下学。明代与之相类似，有府学、州学、县学、都司儒学、行都司儒学、卫儒学、都转运使儒学、宣慰司儒学、接抚司儒学、诸土司儒学、社学等，这类地方学校都是按照当时行政区划设立的。元代的专科学校有诸路医学、诸路蒙古字学、诸路阴阳学。明代则有京卫武学、卫武学、医学、阴阳学等。

元明时期学校建筑制的特点是与文庙相结合，所以学校有时又称为"庙学"、"学宫"。由"庙"和"学"两大部分组成。"庙"中的大成殿是整组建筑的中心和精神所在。元明时期学校实行分堂升斋的积分制学习法，因而"学"的重要组成部分是讲堂和斋舍。在明代，各级学校斋的数量多寡有定制，国子监为六斋，一般府学为四斋，州学三斋，县学二斋[4]。根据儒学六艺中"射"艺的教学要求，各级官学还设有习射用的射圃。

我国大多数传统建筑为四合院式。但学校和贡院的建筑是一个例外，斋舍、号房都作连排通长的房屋，行列式布局，较为特殊。

一、国子监

国子监是国家的最高学府，元时称国子学，明初改为国子监。元代国子学形式已不可考，仅据《元史·选举志》知其基本形制为：一、左庙右学，即孔庙设在国子学之东旁；二、"学"部分立有三斋，供监生研习经籍之用。元朝统治在中国历史上虽短暂，国子学影响也不大，但所立制度及诸生会食等形式都对明代的国子监有影响。

明初国子监曾有四处：元末明初改元时应天府学为国子学（今南京朝天宫），洪武十五年，因原地狭窄，另择地建国子监，称南雍；洪武十四年建中都国子监（已不可考）；永乐元年建北京国子监。其中以南雍规模最大，制度最完备。当时朱元璋放弃了汉代以来沿用的辟雍四门学的旧学校制度，而另创新制，在建筑形制上有所突破。

南雍位于南京都城北部，校址东至小教场，西至英灵坊，北至城墙土坡，南至珍珠桥，自然环境优越，左有覆舟山，右有鸡鸣山，北有玄武湖。随着监生的不断增加，附属建筑陆续有所扩充。新建的南雍，主体由并列的庙和学两部分组成，左庙右学。庙的中轴线上依次有棂星门、大成门、大成殿，构成两进院落。第一进院落中有神厨、神库、井亭、宰牲亭等建筑，第二进为廊庑式院落。大成殿推测为九间，内供孔子，配四哲，两侧廊庑分列先哲。庙后为监生号舍（称内号）。嘉靖年间，诏全国文庙立启圣殿，在号舍之北，又建启圣祠单独一庭院，祀孔子之父叔梁纥。因此南雍的文庙在嘉靖后其实分成了前后两部分。

学的主要部分有正堂一座和支堂六座，由南至北沿中轴线排列（图8-1），正堂名彝伦堂，面宽十五间，中间部分为皇帝驻跸会讲之所，两端用作考课所（后称博士厅）及斋宿所。堂前为露台，左列鼓架，右设钟楼，树巨石礐，场地开阔，兼作祭祀时师生朝拜场所。六堂分别名为率性、修道、诚心、正义、崇志、广业，均为十五开间的通长条状建筑。堂与堂之间的两端各设厢房三间，围成一个个长方形院落。各堂正中五间设师座，两旁是国子监生肄业处。国子监实行自学式的升堂之制，监生由南至北依六支堂逐步升入最高的广业堂。六堂之后，有嘉靖七年建的敬一亭及专供外国留学生学习的十五间"光哲堂"。围绕学区的一圈为廊房，主要有用作行政办公的典簿

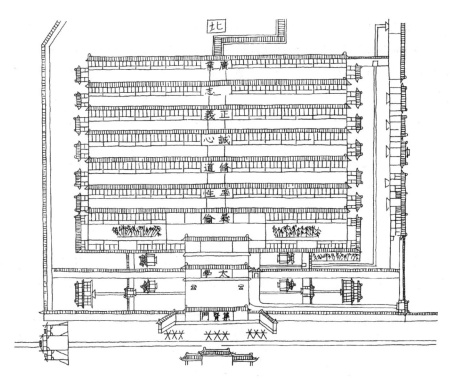

图 8-1　明南京国子监图（摹自《南雍志》）

厅、绳愆厅及一些公共用房，例如食堂、仓库、酱醋房等。

南雍的门道气象非凡，中轴线上计有二坊三门：最前为成贤街坊，次为国子监坊，通过成贤街，进入集贤门，门内两旁设对称的七开间书楼两座，再北为太学门（门内自正德十年始，立太学纪事碑，列师生姓名于其上，这种做法在北雍得到了延续），最内为仪门，门内即为堂斋。围绕国子监建造数量最多的是诸生的宿舍，都是成排连接，每排冠以一字作号，故又称号舍。初建时分为内、外两部分：庙后十五连号舍为内舍，以文、行、忠、信、规、矩、准、绳、法、度、智、仁、勇别之；成贤街两侧及国子监外围为外号房，这类大量性建筑，规格都不高，并随着监生人数变化，时有废弃及扩建，史载最多时达两千余间。

最初，国子监主要教官（祭酒、司业、典簿等）的宅舍都在监内的仪门和彝伦堂间院落内，后因起居不便及不易扩展，正德年间开始改建于监外成贤街两侧，这类住宅多为四合院式，按职位尊卑住宅的大小和院落多寡也有区别。

国子监前西南处，还筑有射圃，自北而入，中有观德殿，每年春夏及秋冬交替之时，六堂师生在此习射。

作为一个近万人的大学校，南雍四周还建有百余间养病号舍、讲院、酱醋房、仓库、菜圃、磨坊、留学生舍等建筑，供诸生日常生活、学习之用。

永乐元年，明成祖改北平郡学为国子监。北雍布局仿南雍，也是左庙右学。庙制亦同南雍。学的部分是在元代郡学的基础上改建的，所以规模、形制不及南雍，前有太学门，正堂彝伦堂仅七间，主要供皇帝临幸太学之用，而在其后另立讲堂。六支堂分设东西两旁，名称亦同南雍，各为十一间。六堂和讲堂间两侧厢房设博士厅、绳愆厅、钟鼓房，四周围以廊房、学生号舍和教官住宅[5]。明时南、北两雍国子监中无辟雍，监前也均不设泮池，这是与地方官学不同的一个特殊之处。

二、地方官学

元明时期全国这类学校数量很多，规模相差也很大，一般说来，其位置多在各级地方官署所在城市内，偶尔也有建在城外的[6]。其形制基本上是国子监的缩影，均由庙与学两部分组成，庙同时兼作当地城市的文庙，其大成殿的规模往往不超过五间，显示其等级低于国子监。各地医学多与惠民药局相结合，阴阳学多设于城市中的谯楼上，常与司天台（置更鼓刻漏于其上）相结合。

地方官学的庙除大成殿、两庑、大成门（俗称戟门）、棂星门外，还往往附有名宦祠和乡贤祠，如顺天府学附有文天祥祠[7]，应州府学戟门前二侧附有乡贤祠和名宦祠等[8]。棂星门前则多据制设有半月状的泮池。

关于学的部分，常见的形制多为明伦堂居中，兼作讲堂，或在明伦堂后再建讲堂，两侧翼或后附以若干斋[9]，按制府四斋，州三斋，县二斋，偶尔也有未按此制的，像北京顺天府学，由于其特殊的地位，设六斋。明伦堂后有时建有藏书阁（或称尊经阁、文昌阁），成为建筑布局上的结束。

庙学两部分关系，除左庙右学外，还常用前庙后学的布局，庙和学一般直接相通，在建筑上强调中轴线关系，较典型的实例有顺天府学、陈州儒学、南和县学[10]、会稽县学等（图8-2）。

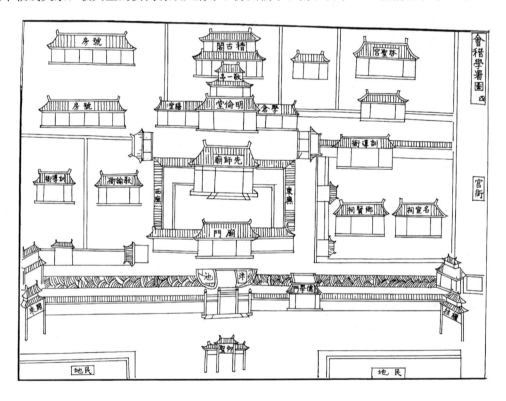

图8-2 明会稽县县学图（摹自万历《会稽县志》）

地方官学的附属建筑往往还有：庖厨、馔堂、学舍、仓库、教官宿舍、射圃等。这些附属建筑的布置往往随宜而定。

三、书院

书院是民间教育机构，兼有讲学、藏书、供祀三大职能[11]。为弥补官学只求应付科举，"课而不教"之失，书院以学术传播为主，科举为次，常是区域性的学术中心。明中后期的书院，如东林书院，还负起了社会批评的责任。

元、明时期大量的书院集中在赣、浙、苏、闽等省。书院建筑的形制在所处的文化背景、地理环境等因素的影响下，基本上有自由式和规整式二种布局形态[12]。

早期的书院往往"择胜地","依山林",选择"文物荟萃"的名山胜地,作为安静读书、讲学的理想场所,而不是像官学那样选择州县城镇,故常作自由式布置。例如浙江永康县的五峰书院[13],处于鸡鸣、覆釜、瀑布、固厚、桃花五峰内的固厚峰天然大石洞中,西侧有丽泽祠,祠西有学易斋,旁有龙湫飞瀑,环境清幽,建筑因山就势,散点设置。还有亭、廊等园林小品点缀。这类书院往往只要有名人主持,影响就很大。私办书院受经济及种种社会因素所限,不可能规模很大,有的还是在"舍宅为院"或"舍祠为院"的基础上逐渐发展而成的,各建筑单体的规格都不高。

明代中后期,书院逐步向官学化或私办官助性质发展,其形制也逐渐规则化,产生了规整式书院,有的布局甚至和州、县学相差甚微,但大部分书院只是轴线及建筑组成要素明确,各部分间的组合尚是有一定变化的。

书院的讲学、藏书、供祀三大功能,对应产生了书院的三种建筑单体:讲堂、藏书楼、礼殿或祠堂,它们组合成为元明时期书院的主体。供祀部分类似官学的庙,但有一定的区别,即除供祀先圣孔子外,往往多供祀本书院所尊奉的先儒大师,尤其是为纪念某名儒而建的书院,常有特设的专祠供奉,以表明本书院的学术方向、成就、学风和宗旨。如元代书院多有周敦颐、二程、张载、朱熹等人的祠,或在礼殿中从祀。明代书院则以祭王阳明、陆九渊及湛若水之师陈宪章等为多。书院中的礼殿,是整个书院中最高等级的建筑,也是唯一的殿阁式建筑,不过在民间书院中,最常见的也只是三、五间的殿堂而已。书院规定在开讲前,必须由山长或副讲亲自带领全体生徒到礼殿或祠堂向先圣、先师四拜后才能至讲堂升讲。因此,书院的礼殿或祠堂前往往有一个开阔的活动场所。

由于书院实行的是会讲制度,讲堂是书院最重要的建筑,也是整座书院的中心,这和官学以大成殿为中心有很大的不同,"中开讲堂"是普遍的规制,书院内大部分的讲学活动都在此举行,讲堂的面阔以三至五间居多,一般不超过七间。另一大建筑为藏书楼,明时多称为尊经阁。有些书院往往借皇帝赐书来抬高自己的身份,因此书楼建筑受到相当的重视。高阁利于藏书,体量上也有别于普通建筑,后来阁就发展成藏书建筑的主要形式,如明嘉靖年间所建的宁波天一阁就是一例。

书院中的斋舍虽是人们活动最多的建筑,但由于受儒家"卑宫室"的影响,却往往是书院中最简陋的建筑物。

四、贡院

贡院是我国科举制度的特殊产物,即举行会考的场所。元明主要州府都有建立。元代贡院规制不可考,明北京顺天府贡院为改元礼部而成,大门五楹,门外有坊,周缭以高墙,开砖门四座,大门内为五楹的二门,再内为龙门,由甬道过正中的明远楼,至南端为至公堂。明远楼建在贡院之中,主要用于瞭望监考之用,并在贡院四角建有瞭望亭,考试场所则建成一排排的考棚(亦称号房)。这种特殊建筑形制为满足当时科举考试需要,采用非常见的建筑布局。明代这种贡院形制为后来的清贡院所继承。

注释

[1]《元史·选举志》。

[2]《南雍志》二十四卷明刊本。

[3]《古今图书集成·学校部》。

［4］明《顺天府志》、《明太学志》。

［5］《续文献通考》，《文物》1959.9，陈育丞著《国子监》。

［6］《古今图书集成·学校部》载：明建广右岭南平乐府学，去城二里许。

［7］明《顺天府志》、《春明梦余录》。

［8］《应州志》，明万历版。

［9］《古今治平略》记载：嘉靖元年大学士桂蕚上疏："州府学舍，左右相向，中设四堂，前后为门，左右为塾，次为习礼堂，童子进学在此习礼，又次为句读堂，粗熟讲说大义，又次为书算堂，习六书，次为听乐堂"。提供了"学"的一个基本模式。

［10］明·吕柟《修南和儒学记》、《陈州儒学记》。

［11］《中国古代的书院制度》陈元晖、尹德新、王炳照编著，上海教育出版社1981年出版。

［12］见《东南文化》1991.3，胡荣孙《江南书院建筑》一文。

［13］《浙江省文物志》内部发行本。

第二节 观象台

中国是世界上天文学发达较早的国家之一，古代以农立国，测时测季对农作物的生长有密切关系，因此历代测天活动不断，由此而生产了司天建筑，观象台（又称观星台）是其典型的代表，这是我国古代为数不多的属科学研究性质的建筑。

元代是我国天文科学有较大发展的时期，元世祖于至元十三年（1276年）任用著名科学家郭守敬和王恂在大都建太史院，进行了一次规模巨大的历法改革。当时曾派遣许多天文官员到全国二十七个地点进行天文观测[1]，经过几年的辛勤努力，于至元十七年编制出了当时世界上最先进的历法之一——《授时历》。在这二十七个国家级观测点上，大都建有司天建筑，而目前遗留下来的实物，仅登封一处。另有地方级的测天建筑，如元大都除司天台外，在皇城北门——厚载门东侧（今景山公园东北角）也筑有观星台，称为内灵台，在观测时与司天台互为补充。各地州府城市中，也常能见到作测天用的司天台——谯楼。

元代在全国测天站上的工作，主要是测北极星出地度数和冬、夏至晷影长度（即定各地纬度和划分四季时辰），具有悠久传统的圭表是最主要的天文仪器。我国古代圭表常用构筑物建成，像登封唐开元十一年（723年）太史监南宫说制成的周公测景台就是这样一个构筑物（图8-3），元初有部分观星台仍沿用此制。因此司天建筑既是研究科学的场所，其本身又是具有科学属性的建筑。元以后的天文观测仪器逐步代替了天文构筑物，就只留下了"台"这一传统的形制了。

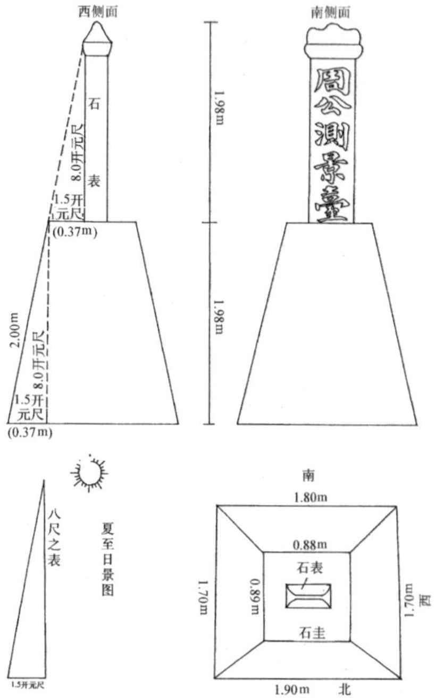

明代初年于南京鸡鸣山上建立国家天文台，规模宏大，此时的观测基本上使用南运的宋、元天文仪器。永乐迁都北京，亦并未大

图8-3 河南登封周公测景台

规模地营造司天建筑，当时只是在城墙上进行目视观测，直到正统年间，才利用元大都城墙的东南角角楼基础营建观象台[2]，这就是今北京观象台（位于建国门）。在世界上现存的观象台中，此台保持着在同一地点连续观测最久的历史记录。同时，明代亦有地方级观测台，在北京仿元制建有内灵台（设于南长街织女桥畔，约在今中山公园西门附近）。明代的观象台往往已不是一座孤立的台，而伴有一些附属的院落，供祭祀、研究等用。

明代中后期，随着西方传教士的来华，对中国固有的天文测量方式、仪器乃至建筑产生了一次深刻的影响。西方的天文观测随利马窦、汤若望、罗雅谷等人为改革历法编的丛书——《崇祯历书》的诞生，逐步取代了原有的中国式观测，中国的天文科学从此走上了革新之路，其建筑也随之式微了。

元代专门的中央天文机构称为太史院，至元十六年（1279年）春始筹建于大都城内的东南角，筹建工作前后用了约十年的时间。据杨恒的《太史院铭》述：太史院长约123米，宽约92米，司天台建筑在庭院中轴线的北半部，主台分三层，中下层为官署和工作用房，顶层陈设简、仰二仪。主台左侧另起一座小台，设玲珑浑仪。主台右侧立高表，表前有堂舍，表北地面上敷石圭。司天台前的东西隅为印历工作局，往南有神厨和算学。元太史院和司天台是紧密结合在一起的，但其建筑又与传统四合院布局有明显的差异，在这里，观测用的司天台是主体建筑，这个台又是古时"坛"的象征，从内设神厨来看，还兼有一些祭祀功能。

明改太史院为钦天监，南京钦天监仍和鸡鸣山上的观象台合署，但正统以后在北京所建的钦天监衙署已和观象台分设，单独成为一个衙署，其建筑和天文科学关系就不大了。

（一）登封观象台（图8-4～8-7）

台位于河南登封县城东南15公里的告成镇，建于元至元年间（1271～1294年），为当时27处观测点的中心台，是我国古代所谓"地中"之处[3]。观象台由台身与石圭组成，主体是一座高9.46米，底边为16米余的方形砖台。在台身北面，设有两个对称的出入口，筑有砖石踏道，对称盘旋上台顶，在结构上，此踏道具有拥壁的意义。台体收分约为壁高的24.88%，与宋《营造法式》所载城壁收分为城高的25%非常接近。台北正中，由底至顶有一垂直的凹槽。在凹槽正北是三十六块青石平铺的石圭（俗称量天尺），其长31.19米，高0.53米，宽0.56米，犹如一堵矮墙摆在观星台下面。圭面水平误差很小，并刻有两道平行的下水槽，以观测圭面的水平[4]。从《元史·天文志》和此处现存的明、清碑刻中可知，此台当时还有观测星象、测量日影和计时的仪器，如铜壶滴漏等，今已散失不存。

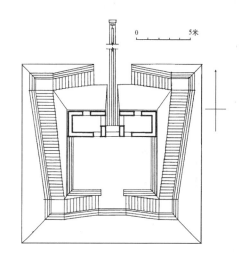

图8-4 登封观象台平面图

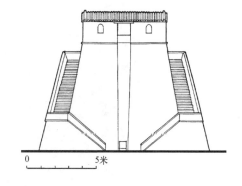

图8-5 登封观象台立面图

此台形制是由我国古代测天的"土圭"演进而成的，土圭又称圭表，是观测日影中影长变化以决定冬至、夏至时间的天文仪器。由"圭"和"表"两部分组成，"表"是垂直立在地面上的标杆，"圭"是从表的下端向正北伸出的一条石板，圭表成垂直状。每当正午时表的影子就落在圭上面，表影最长的时候是冬至，最短的时候是夏至。而把两个冬至间的时间定为一个"回归年"。此台设计利用这个投影原理，并作了进一步改进，如利用台北凹槽通到台上后设置一道木梁，测日影时从木梁上向下悬挂重锤来代替不易稳定的高表，用重锤上细细的铅垂线来调整横梁的位置，用横梁的影子来代替表影。另在石圭上设景符，用物理学中小孔成像原理，使木梁影子清晰落下，这种精确度在当时世界上具有最高水平。另外，我国古代原来的圭表，测量日影的主要缺点是"表"在"圭"上的投影长度不甚精确，日影长短在圭上的误差虽仅几个毫米，按比例推算出来的冬至和夏至就可能差一两小时。针对这种情况，登封观象台把古代的八尺表加高了五倍，称为"高表"（当时全国用高表的台仅二处，另一处为元大都）。

近年来，科学史工作者通过对直接继承元代计量标准的明代铜制圭表的测量，推算出元代天文用尺的长度为：1尺=24.525厘米。拿这个尺度来检查登封观象台，量天尺长恰为120尺，与《元史·天文志》的记载完全吻合。而台上凹槽宽度恰为5尺，台上横梁与量天尺顶面的距离恰为4丈。证明当时观象台的建筑既不是按照商业用尺，也不是按照营造用尺，而是按照历代恒定不变的天文用尺来建造的。另外，经北京天文台工作者在观星台进行的现场实测证明，七百年前元代的这个石圭与今天所测当地子午线方向是吻合的。

从登封观象台分析可见，在元初，其建筑本身就是一种天文仪器。在设计建造时，运用了多种天文学研究成果。

（二）明北京观象台（图 8-8～8-10）

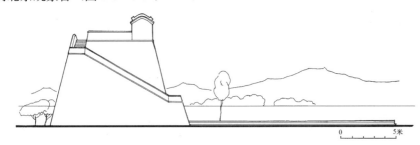

图 8-6　登封观象台侧立面图

图 8-7　登封观象台外观

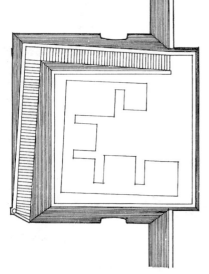

图 8-8　北京观象台平面图

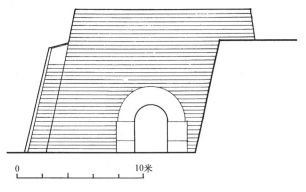

图 8-9　北京观象台立面图

图 8-10　北京观象台外观

明北京观象台是利用元大都城角楼基础而建的。就观象台本身而言，已没有作一种仪器使用的意义了，仅是附会古意的一座高台。台上的观测亦多用仪器代替，台下则有作研究用的院落，形制为一个大四合院的布局，东向，其主殿为明正统十一年造的晷影堂。

注释

[1]　董作宾《登封观象台考》单行本。

[2]　《文物》1962.3，《北京古观象台介绍》。《文物》1983.8，伊世同著《北京古观象台的考察与研究》一文。

[3]　《考工记》。

[4]　《刘敦桢文集》三，《告成周公庙调查记》

第三节　戏台

元明时期是我国戏剧活动的高潮期，元曲（包括杂剧和散曲）和南戏在我国的北南方先后呈现繁荣局面。13 世纪中至 14 世纪初，是元杂剧鼎盛时期。在我国北方的大都（今北京市）、山西平阳（临汾）等地域流行，普及已到乡村。14 世纪头 60 年中，活动中心移至杭州。此时戏曲创作上也产生了一批大家，如关汉卿、汤显祖等人，戏曲的繁荣，促进了戏台一类建筑的发展。目前，晋、浙等地还能见到这时期的遗物。

在民间，无论哪种酬神还愿活动，总少不了表演各类舞乐，以娱神兼以娱人，历代皆然。因此往往设戏台于街市或会馆、祠庙庭院内，成为节庆、仪典的中心，也就是公共聚会和娱乐的中心。

中国戏台演变的大致趋势是：由平地演出的勾栏到建立高出地面的台子；由上无顶盖的露天舞台到有屋顶的台子；由演出时的四面观赏到一面观赏。元代的戏台正处于这种变化的转折期。从现存实例来看，当时戏台多为三面开敞或一面开敞，宋及以前四面围观以勾栏为中心的广场式演出形式已不多见。元代将勾栏这种形式继续发展。元初杜善夫《庄家未识勾栏》套曲中记载道："要了二百钱，放过咱，入得门上个木坡，见屋屋叠叠团圞坐，抬头觑，是个钟楼模样，往卜觑，却是人旋涡"。由此可见，此时的舞台已是有顶的建筑，观众席有木坡。从广胜寺明应王殿反映杂剧演出的元代壁画上可见，台上挂有苍幔，将戏台进一步分为前场后幕，逐步向有固定方向的单面开敞式戏台过渡。

自明代开始，表演中出现两军对峙的武打场面，演戏场面的增大要求戏台面积相应扩大，且前后台在建筑上作明确划分，并确定了上、下场的方向和位置[1]。

在戏台建筑的单体设计上也有很多鲜明的特点：首先，这类建筑装饰华丽，以烘托演出的效果。戏台常用歇山、十字脊和山面朝外等屋顶形式，檐部雕饰也很多，明应王殿壁画还反映演出时上挂布帏，台角插旗，并有精致的布景。其次，为适应舞台演出，要求室内无立柱或少柱，解决这个问题最常用的方法就是减柱或移柱；另外还注意到音响效果，例如有许多庙门兼戏台的多功能建筑，上部为戏台，下部为祠庙门道，其中原因除为了省地、省材料，主要目的还是为了增强唱戏时的音响效果。也有采用埋设倒置的大缸来取得共鸣效果的做法，这些都体现了设计者的种种匠心。再者，戏台的朝向和一般建筑刚好相反，不管是独立的还是结合在建筑群中的，往往是坐南朝北，这是为了避免演出时产生眩光，完全是出于功能上的考虑所至。

元、明时期的戏台建筑着重点在其本身，观众多在戏台前留有的一块空地上自由选择位置观赏，直到清后期才真正出现具有室内观众席的演出建筑。

（一）晋南元代舞台（图8-11、8-12）

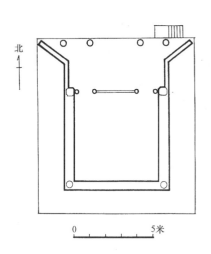
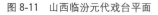

图 8-11　山西临汾元代戏台平面　　　　　　图 8-12　山西临汾元代戏台外观

晋南现存四座元代舞台：临汾魏村西牛王庙舞台、临汾东羊村东岳庙舞台、石楼县张家河村殿山寺舞台和万荣县四望村后土庙舞台[2]。这些中小型舞台有颇多共同之处：台高均在1.4～1.8米之间，和人的视平线相近，使观众能较易地观赏全景场面；舞台为开间5～7米的方形平面，三面围合；斗栱华丽，用五或六铺作，歇山或十字脊屋顶，柱、础等构件上有较多的装饰，如东岳庙舞台柱上浮雕出童子莲花纹饰等。

（二）晋祠水镜台（图8-13）

晋祠水镜台建于明代[3]，是晋祠中轴线上的第一进建筑，体量宏大，仅次于主殿。其形制为典型的明代前后分台式戏台，正对主殿圣母殿是前台，歇山卷棚顶，后台部分正对晋祠入口，作高出前台的重檐歇山顶，台后设有踏步，可供演员出入。前后台用勾连搭的屋顶连接。前台为适应演出的需要，用大檐额、减柱造，使开间有较大的自由度，故虽为三开间，实际却承载着五榀屋架。戏台正面用垂莲柱、龙状绰幕枋、龙状梁头、彩画及石栏杆等装饰，使之有别于一般建筑。由于坐落在晋祠智伯渠旁，可利用水面的反射音响，更加完善了舞台效果。

图 8-13　山西太原晋祠水镜台

注释

[1] 见《中国大百科全书·建筑卷》

[2] 见《文物》72.4，丁明夷著《山西中南部的宋元舞台建筑》

[3]《晋祠志》刘大鹏著，慕湘、吕文幸点校，山西人民出版社 1986 年出版。

第四节　驿站

　　元代实现了全国大统一，驿传制度在前代的基础上有很大的发展。元朝政府为加强边区的统治，驿道的设置东北达到奴儿干地区（今黑龙江口），西南通至纳里·速古儿孙（今西藏阿里地区），北方设到吉利吉思等地（今叶尼塞河上游）。驿道分布之远，为前代所未有，整套驿传制度以元大都为中心向四周放射[1]。

　　驿站作为驿传制度的主要建筑，均为官方所建，因此规模往往非常宏大，元驿站分陆站、水站和海站数种。陆站又有马站、牛站、车站、轿站、步站之分，辽东黑龙江下游地区还置狗站，用狗拉雪橇作为主要交通方式。陆站两站间距离，从五十、六十里至百里不等。如相距路程较长，则于中间置邀站。据当时统计全国各地约设有驿站 1500 处[2]。

　　元代驿站现已无实例保存，据《马可·波罗游记》描述，元时这类建筑大都富丽如一处官邸，室内陈设极其豪华，周围还有房屋供管理驿站官员及驿内人员居住。

　　明代的驿站，基本上是在元代的基础上改进、发展而成。并加强了几条从中央到重点州府的主干线，如当时作为南北主要交通干线的京杭大运河。沿途的驿站制度非常完备，有时甚至双线并行。明代驿站有水驿、马驿（图 8-14）和递运所。驿站备人、马、车船，并措办廪给，供传递文书人员及过境官员使用[3]。

　　明驿站一般建在城外驿道旁，同时又靠近城门的交通便利处。站内建有厅、堂、廊庑、食堂、厨房、浴室、马厩、车房、门屋、吏舍等。驿站前建牌坊，正门呈谯楼状。驿站在京城的称会同馆，负有接待国外使者的职能。驿道上大的州府驿站，多有几路院落，有的还附有园林别业，加上驿站四周站户住房，形成一大片建筑群体。驿站作为交通道上的一个休息点，常常还伴有贸易商市，景象繁荣。

　　高邮盂城驿（图 8-15、8-16）

　　盂城驿是我国古代南北大动脉——运河沿线的一处重要驿站，早在秦代，已在此筑高台，建邮亭，故有"高邮"之称。明洪武年间，在高邮州城南门外运河东岸建立驿站。嘉靖年间驿舍毁于倭患，到隆庆年间，才由知州筹款重建，规模是：驿门三间，正厅五间，后厅五间，厢房十四间，前有鼓楼、牌坊、照壁各一座。另有马神祠一座，马棚二十间和伕役住所一处。驿丞的住宅则在驿舍的后面。据嘉靖《维扬志》载，未毁前驿内有驿船18艘，驿马14匹，客铺68床。康熙初年，河水泛滥，驿站遭破坏，以后始终未能恢复。现状房屋虽多为清代改建，但中路四进仍存原有格局，其中后厅保存着明代构架，正厅柱础亦未更动。其余建筑已非明代旧貌。这个驿站可视为明代州府驿站的代表，其他如山西应州府安银子驿等，也是前后厅各五间[4]，和盂城驿规格相当。

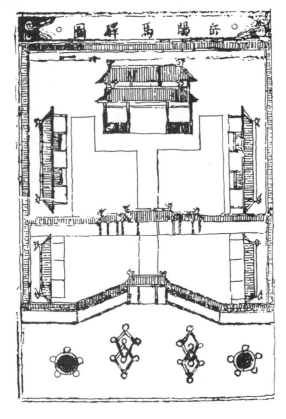

图8-14　明岳州府岳阳马驿图（摹自弘治《岳州府志》）

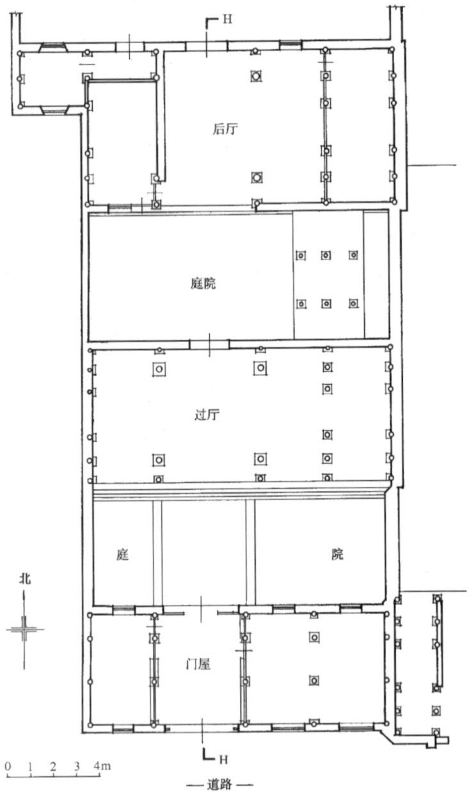

图8-15　高邮盂城驿主进平面图

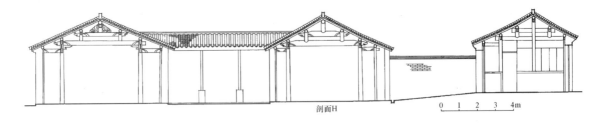

图8-16　高邮盂城驿主进剖面图

注释

[1]《历史研究》1959.2，潘念慈著《关于元代的驿传》。《历史研究》1994.5，《邮驿史话》。

[2] 同上。

[3]《辞海》驿站条。

[4]《应州志》明万历版。

第五节　牌坊

元明时期，牌坊在类型、造型、结构等方面有了显著的发展。元代之前，各类坊门、棂星门，主要用木材建造，这和中国传统建筑用材是一致的。但由于牌坊是没有内部空间的立面式建筑，用木材建造在结构耐久上有明显的缺陷，因此始于元末明初，全国的牌坊用材由木向石过渡。目前最早有记载的全石牌坊是吴县文庙棂星门，建于元至正十九年[1]。最早遗例是南京社稷坛石门及明孝陵下马坊，建于明初（图 8-17）。明中叶以后，各地普遍营建石坊，随后又出现了琉璃坊，木坊渐趋式微，仅北方雨量稀少地区仍沿用不衰。

元明时期，牌坊的功能也产生了极大的变化。元时，牌坊以用作坊门者为多，这是牌坊原始的、本质的功能。明代仍有以牌坊作为里坊大门的，如歙县郑村贞白里坊（图 8-18）。春秋战国以来的里坊制到宋代已经瓦解，坊门脱离坊墙而独立，元明时期往往引申作为建筑群空间序列中的第一道象征性大门，使用非常普遍，如官员住宅及官署、祠、寺、坛等，均常有设置。常见方式是独立使用，也有与墙垣连用柱间设扉者，南方则有在大门外墙面上贴砖成牌坊式样的做法，称之为牌楼门。

牌坊除发展了门的功能外，更为突出的演变是成为一类纪念性建筑，这与历代的旌表方式有关。从汉代"榜其闾里"到唐宋"树阙门闾"、"门安绰楔"，都是在闾门坊门上标揭诏书，或施绰楔立阙，使门派生了纪念性功能。元明时期"旌表建坊"成为制度，坊已单独作为纪念性建筑存在了。其位置或临通衢大道，或立坊里巷口，或骑街或偏于路侧皆无不可，而且往往形成城镇街景的组成部分。有些乡镇人才荟萃，屡受旌表可形成牌坊群，如浙江东阳卢宅宗祠前的牌坊群（图 8-19、8-20）。明代统治阶级强化宗法意识，使纪念性牌坊得到很大发展，以致人们差不多忘却了它本来的用途。

图 8-17　南京明孝陵下马坊遗存

图 8-18　歙县郑村贞白里坊

还有一些坊是作为桥梁和道路的标记出现的，它源于古代的桓表。汉代在邮亭、官寺、浮梁前置桓表以为标记，元代永乐宫壁画上已有在桥梁两端设坊为标记的（图 8-21），明代这一做法也为常制，一般在坊额上均有题名，如建于明嘉靖二年的曲阜孔林洙水桥坊（图 8-22）；而建于嘉靖年间的武当山玄岳坊，则是作为全山道宫的总神道和上山香道的标志；徽州歙县丰口进士坊，位于溪水转折处山脚下，兼有路标及点景作用（图 8-23～8-25）。

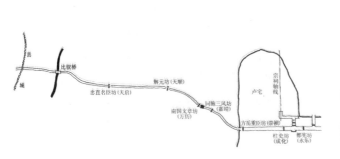

图 8-19　浙江东阳卢宅宗祠前牌坊群图

图 8-21　永乐宫壁画中桥头牌坊

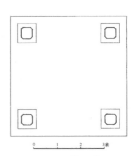

图 8-23　歙县丰口进士坊平面图

图 8-20　浙江东阳卢宅前石坊

图 8-22　孔林洙水桥坊

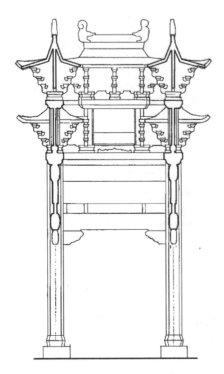

图 8-24　歙县丰口进士坊剖面图

图 8-25　歙县丰口进士坊外观

这一阶段，由于独立式的纪念性牌坊日益增多，牌坊的造型也就日趋讲究，这主要表现为开间数的增加和坊上普遍设楼，形成牌楼式而取代汉唐的乌头门形式。元代所存牌坊极少，据文献资料考察，皆为二柱，明初实例也限于二柱。南方徽州早期石坊采用二柱三楼形制，较以前二柱一楼复杂，似模仿当地住宅和宗祠的门楼（图 8-26～8-28）。北方门屋多单檐，二柱石坊多为一楼式。

明永乐以后，牌坊开间数增多，各地普遍出现四柱三楼、四柱五楼的牌坊形式，并成为以后牌坊建造的主流。更有甚者，明中期后出现了六柱五楼的牌坊，如万历二十二年的曲阜孔林万古长春坊（图8-29、8-30）。目前全国遗存规模最大的是嘉靖十九年建的北京明十三陵石坊，计有六柱十一楼，面阔约29米，总高约14米（图8-31～8-35）。

明中叶出现的立体构架式石坊，是牌坊造型上的一个突破，也是牌坊形成独立观赏建筑的明证。建于明嘉靖四十四年的徽州丰口进士坊，平面呈方形，柱下设柱础，类似石亭做法，四面均作二柱三楼式，形象丰富，比例良好；万历年间的徽州歙县许国坊是进士坊的进一步发展。上述二例说明当时匠人为追求结构坚固和造型丰满所进行的探索与努力，在牌坊发展史上是有特殊贡献的。江苏宜兴状元坊建于崇祯年间，平面作＞—＜形，六柱九楼，也是此类创新探索的一例（图8-36）。

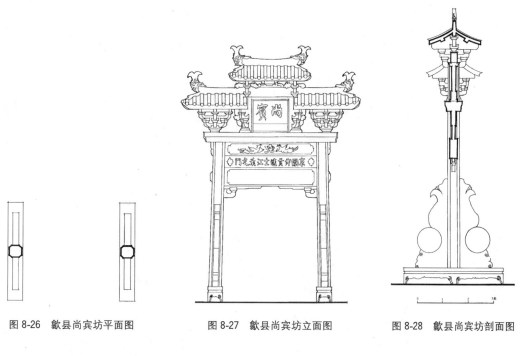

图 8-26　歙县尚宾坊平面图　　　　图 8-27　歙县尚宾坊立面图　　　　图 8-28　歙县尚宾坊剖面图

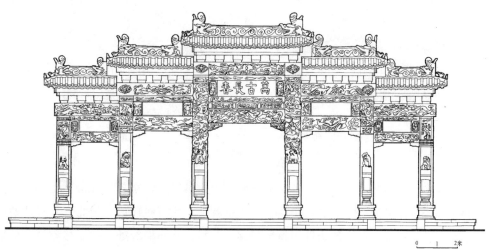

图 8-29　曲阜孔林万古长春坊南立面图

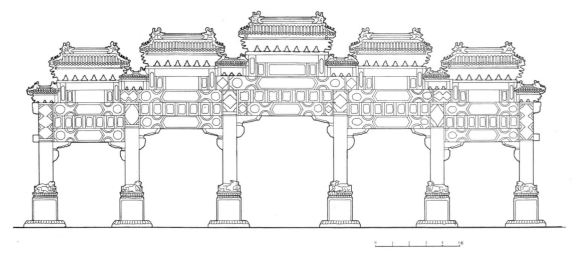

图 8-31　北京明十三陵神道石牌坊正立面

图 8-30　曲阜孔林万古长春坊外观

图 8-32　北京明十三陵神道石牌坊外观

图 8-33　北京明十三陵神道石牌坊檐口以下细部

图 8-34　北京明十三陵神道石牌坊柱础雕刻（之一）

　　石坊脱胎于木坊，因此，石坊造型多保留当地木构建筑特点，在各处细部上也均有反映。北方石坊用料粗硕，构件多为整体实雕，往往一朵斗栱就是一块石料琢成，像北方木构建筑一样给人以敦实的感觉效果；南方石坊各构件间拼装较多，斗栱、彗环板等处往往做成空透，以减少大风作用其上的水平推力。梁枋上的雕刻多采用透雕、高浮雕，整体效果较为轻巧。

图 8-35　北京明十三陵神道石牌坊柱础雕刻（之二）

图 8-36　宜兴明会元状元坊（已毁）

　　早期石坊斗栱多为整体雕凿，这种做法结构坚固，符合石结构的叠砌原则，但如需表现复杂多跳的斗栱则极费工，因而往往将其简化，有时干脆仅做一列坐斗，如山东泰安天阶坊，河南少林寺前两石坊等（图 8-37）。明中叶后，南方牌坊上复杂形式斗栱逐渐转变成分块拼装，形成出跳的偷心拱板（或昂板）与正心缝方向花板相拼合的模式化做法（图 8-38）。

　　靠背石（或称抱鼓石）是石坊中必不可少的构件，它保证了牌坊的稳定。为此常常用长边来支托柱子，但实物中也有相反的例子，如明孝陵下马坊。明中叶出现圆雕成狮子的靠背石，是仿当时盛行的门前立石狮的形制。由于蹲狮的形体不利于支撑柱子，所以四柱三间的坊往往用一对蹲狮，一对靠背石，如明万历八年建的辽宁李成梁坊（图 8-39）。徽州盛行倒立状石狮作靠背石，

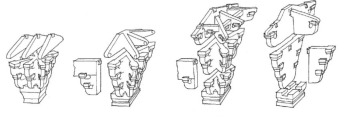

图 8-38　徽州明代石坊拼装斗栱做法

图 8-37　山东泰安天阶坊

图 8-39　辽宁北镇县李成梁石坊

使狮子尾部达到一定高度，以提高对柱子的支撑点，这在构造上是合理的，而且造型生动，产生了较好的艺术效果。靠背石在明末开始简化和程式化，一般性石坊仅用光石板。

牌坊的屋顶形式以歇山和悬山为多。明代早期南北各地石坊的屋顶构造仿木构屋面举折，作平缓之曲线，区别在于北方往往以整石雕成，南方则用二或四块石板拼成，上刻有关仿木构件，忠实显示了明代木构的一些做法特征。南方在明正德至嘉靖年间，屋面构造产生了变化，檐板坡度极平，金板较陡，整个屋面呈折板状，平缓的檐板承担了金板的推力而不易下滑，结构上更为坚固，同时取得了屋面高耸的效果（图8-40）。

（一）浙江永嘉木牌楼（图8-41）

我国现存的元明时期木牌坊甚少，但在浙江楠溪江两岸，尚保留有大小不等的数座木坊。其中，以岩头"进士牌楼"和花坦"宪台牌楼"两座形制最大，保存较好。

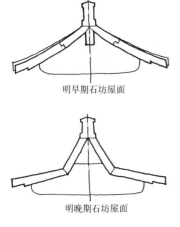

明早期石坊屋面

明晚期石坊屋面

图 8-40　徽州石坊屋面构造

图 8-41　浙江永嘉岩头进士木牌坊

进士牌楼建于明嘉靖四十四年（1565年），高7.63米，通面宽9.90米。宪台牌楼建于明弘治十八年（1505年），高5.95米，通面宽6.28米。两坊形制完全相似，为四柱三楼式木构建筑。明间为通道，与地面相平，次间有块石垒砌的台基。明间用两根方石柱，次间两柱为方木柱，用材粗壮，并在柱头抹成小斜面。柱脚前后置石抱鼓，柱础为覆盆式。由于牌楼斗栱出跳多，屋顶出檐深远。在牌坊两外侧立有四根较小的角柱，具有立体式坊的意味，明间平身科为十一踩，重栱，出三翘双下昂；两脊柱的柱头科为十三踩，重栱，出四翘双下昂。四角柱各设柱头科一攒，为七踩，出一翘双下昂，斗栱粗壮规整，制作精巧。悬山屋顶出际边沿有博风板和悬鱼，脊饰也具有当地特色。

（二）徽州歙县许国坊（图8-42～8-45）

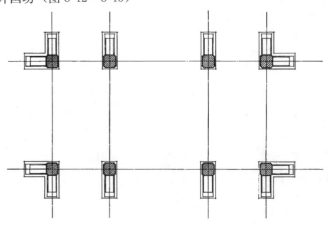

图 8-42　歙县许国坊平面图

图 8-43　歙县许国坊正立面图

图 8-44　歙县许国坊正面　　　　　　　　　　　图 8-45　歙县许国坊侧面

　　位于歙县城内中心地段，跨街而立，建于明万历十二年（1584 年）。平面呈长方形，南北长 11.5
米，东西宽 6.77 米，高 11.5 米。四面八柱，采用冲天柱式，正面为四柱三楼，侧面为二柱三楼，明、
次间下额枋为四面等高交圈，方柱断面下大上小，且重心逐渐向中心微偏，故结构稳定固实。总体比例
上，由于开间增大，明、次间下额枋同高，相应使楼屋及额枋等组成的构图上"实"的部分高度下降，
因而其所占比例从门楼式牌坊的占柱高约 70% 降到 50%～60%，造型更趋稳重而得当。

　　许国坊所采用的冲天柱式牌坊无论在屋顶结构及细部处理上都比门楼式牌坊有所简化，因此有较强生命力，也是顺应时代潮流的必然趋势。促使简化的原因大约有三：一是明中叶以后，建坊数量增多，不可能每坊皆从事繁杂的仿木雕凿；二是门楼式石坊构造复杂，构件易损坏塌落，需探求更能符合石料受力性能与构造特点的形式；三是匠师艺术风尚有所改变，细部的处理不似明初至中叶时那样推敲入微，创作思想趋于程式化，许国坊建成后成为当地四柱三楼冲天柱石坊的模式，影响垂明清数百年。

（三）北京东岳庙琉璃坊（图 8-46～8-48）

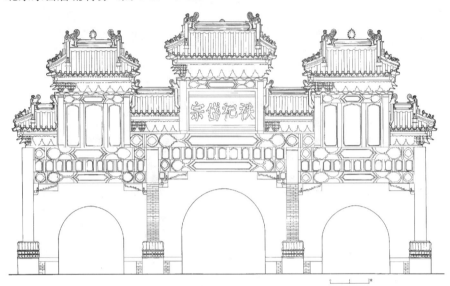

图 8-46　北京东岳庙琉璃牌坊南立面图

图 8-47　北京东岳庙琉璃牌坊侧立面图

图 8-48　北京东岳庙前琉璃牌坊

位于北京朝阳门外东岳庙之前，隔朝阳门外大街而建立。东岳庙始建于元延祐六年（1319年），此坊为明万历三十五年（1607年）增建，现坊额"秩祀岱宗"旁仍留有"万历丁未孟春吉日"的石刻题字。

此坊结构本体为三券洞式砖拱门，拱门前后两面用黄绿琉璃构件与面砖镶砌成三间七楼仿木牌坊饰面，从而形成一种砖墙为体，琉璃为饰的新型牌坊。牌坊通面阔 19.6 米，总高 12.2 米，墙体厚度 3.5 米。两侧各有短墙一堵作为铺翼，屋面、檐部、斗栱、枋柱等构件全用琉璃件砌出。这是我国现知最早的一座琉璃牌坊。

注释

［1］《吴县志》卷二十六，文庙。

第六节　桥梁

梁、浮、吊、拱是中国古代桥梁的四种基本类型。元明时期，疆域拓展，交通发达，造桥活动面广量大，数量上较前一阶段有大的增加，技术上（尤其是石桥）走向规范化，逐步形成区域性风格。

由于技术的发展，元明时期所建的桥梁，已大都为石拱桥。前一阶段造的桥梁，按照五六十年一大修的常规，此时也大部分被重修或重建，文献记载一些桥梁在此时被易木为石，技术上则直接继承唐宋造桥经验，如明万历二十二年建的河北赵县济美桥，在拱券选型和砌法等方面可看出明显受赵县安济桥的影响（图 8-49）。

在继承的基础上，明代逐步发展形成了两种风格和结构技术的多跨石拱桥，即北方各地及南方山区的厚墩石拱桥和东南一带的薄墩石拱桥。这是因北方和山区河流的水流量起伏变化大，又有山洪冰块冲击，桥墩需作得粗大稳重，为减少水流对桥墩的冲击，底部迎水面还需做出分水尖。这类桥在施工上有其优越性，厚墩可逐孔砌筑，各孔拱互相独立，其做法后来又影响了清官式石桥。如建于明万历的安徽屯溪老大桥（图 8-50），七孔，全长 142 米，宽 6.8 米，中孔最大，净跨 20 米，其他孔递减，分别为 18、16、15 米，墩宽 4.2 米，六个桥墩宽度相同，这些均可与清官式石桥做法相类比。不同的是要比清官式石桥轻巧，过水面积较大。其墩宽与大孔净跨之比，清官式为 10：19＝0.526，老大桥为 4.2：20＝0.210。券石厚 45 厘米，拱券厚与中孔净跨径之比为 2.25％，比清官式石桥的 16％也小得多[1]。南京地区虽不属山区，但所遗存几座明代桥梁也均属厚墩一类。江南河流水势较平缓，流速低，但桥下通航要求较高，另外桥大多修建在长江三角洲冲积平原的软土地基上，土壤承载能力低，故要求拱桥轻巧，桥墩纤细轻盈。如重建于明正统七年的苏州宝带桥桥墩厚仅 60 厘米，与最大一孔跨径 6.95 米相比，为 0.086，接近 1：12。数世纪来，桥梁工作者都千方百计想减薄墩厚，18 世纪法国人贝龙曾从理论上证明墩厚与拱跨比可以小到 1：11 至 1：12[2]。宝带桥的泄水面积达 85％，居我国石桥之首。薄墩带来了薄拱，建于元大德二年的苏州觅渡桥，拱券厚仅 30 厘米（图 8-51）。

南方薄墩薄拱桥梁的结构形式在当时的无梁殿拱券技术中也有体现（如无锡保安寺无梁殿）。这是一种柔性结构，易于变形，只要一孔的拱券上承受荷载，就要牵动两边的桥墩产生变形，从而把力和变形传到其他各孔上去。平时，桥墩受到两边拱跨传来的方向相反，大小相等的水平推力，若遇意外一孔坍毁，失去均衡，就会产生连锁效应，引起全桥崩溃。可贵的是，建造宝带桥的古代工匠，已掌握了解决这一问题的方式，宝带桥从北端起的第 27 号桥墩是由两个桥墩并立而成的，做成单向推力墩，因此在清末宝带桥有一孔受损时，仅毁掉北半部，而南部 26 孔却安然无恙。此类拱桥的施工组织也体现了较高的水准。

由于这时期拱桥的拱券大都采用半圆形或接近半圆的曲线，增加跨度势必要加大桥的高度，对桥面行走带来不便，故大跨的桥并不多，而工匠对起拱形式十分注重，桥梁的拱券起拱曲线逐步趋向于双心圆或三心圆，这种发展基本上与拱券类建筑是同步的。

桥梁拱券的构造已规范化，多为一券一栿，南方较薄。北方砌拱已不用赵县安济桥的并列法，而为纵联式（这一直影响到清官式石桥），每排石料互相错开，整体性强，并便于进一步发展成为尖拱——即全部拱券砌筑完毕，留下拱顶石（龙门石）不砌，用木楔紧楔券石，使之抬高脱离拱架，再嵌入拱顶石合龙。南方在元代，较多地采用分节并列的砌法，如太仓四座元代石桥，其实是较大石料的纵联式，而明代南方的砌法，较多地采用连锁式排列。其法是：从拱脚起第一排拱石并列，使用较为长大而带弧形的石料。上一层是断面近于方形的横石，把并列石加以连锁。如此反复砌作，保证龙门石处是一横石。这样做既有并列法砌作的方便，又有纵联法诸拱券间的整体性。桥身中使用长系石和间壁，使之和边墙及拱券上的填料联系起来，能在一定程度上限制石拱变形，增加拱券强度（图 8-52、8-53）。为增加横向稳定，桥塊常做喇叭形。

据文献记载，元明时期很多桥梁上均建屋造廊，桥头则立坊修亭，这一方面是增加桥梁自重，以免桥墩被冲塌，并保护桥面构造，另一方面是桥梁处于交道要道，建屋可供过往行人避风雨与休息，并作为集市进行商业活动，如湖南醴陵渌江桥在明成化九年（1473 年）修时"覆以连屋"，

图 8-49　河北赵县济美桥

图 8-50　屯溪老大桥

图 8-51　苏州元代觅渡桥

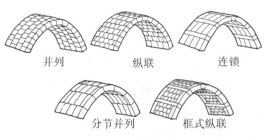

并列　　　纵联　　　连锁

分节并列　　框式纵联

图 8-52　石拱券砌筑类型图（摹自《中国古代桥梁》）

万历三十四年重建时，"覆屋百间，以利贸易。中竖一楼，以真武之神楼焉。"洪武元年重建福建建瓯平政桥时，架桥房360楹。大部分桥都有亭或坊[3]，为我国古代桥梁造型增色不少，可惜这类建筑现已大都不存。

（一）元代太仓城河石拱桥（图8-54～8-57）

太仓城郊现存元桥有五座之多，均建于元天历二年（1329年）至元统二年（1334年）之间。为单孔或三孔石拱桥，建造技术一致，拱券用分节并列砌法，半圆拱。桥两端之宽大于桥面中宽，用以增加横向稳定，这和安济桥的技术是相一致的。桥身上已采用长系石拉接，并采用石雕装饰增强桥的艺术造型。

（二）苏州宝带桥（图8-58）

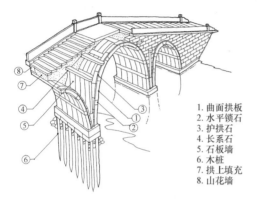

1. 曲面拱板
2. 水平锁石
3. 护拱石
4. 长系石
5. 石板墙
6. 木桩
7. 拱上填充
8. 山花墙

图8-53　石拱桥拱券构造

图8-54　元太仓州泾桥

图8-55　元太仓州泾桥石栏桥遗存

图8-56　元太仓州桥

图8-57　元太仓皋桥细部

图8-58　苏州宝带桥

全桥 53 孔，总长近 317 米，桥面宽 4.1 米，作为运河挽道而建，故成多跨平桥形。

宝带桥的桥墩下采用了木基桩，桩顶置基础石，其上安放墩身，墩上预留沟槽嵌放拱券。各桥孔均为半圆形，但第 14、15、16 孔高于群孔之上，目的是为便于船只通过，这样处理比之全桥全用高孔要经济，并使桥的造型丰富多姿。

注释

［1］《古建园林技术》总 18 期，潘洪萱著"皖南石桥"。

［2］《中国的名古桥》，潘洪萱著，上海文化出版社。

［3］《中国古代桥梁》，唐寰澄编著，文物出版社 1987 年出版。

第九章　建筑结构与装修技术

　　由于资料与遗物的限制，元明时期的建筑技术发展至今难窥全貌，但仍可看到，新的材料、新的结构与构造技巧产生并发展着，建筑的类型、形制、设计、施工方法与工艺都有所突破，特别是砖材的大量运用，促成了拱券结构技术，砖砌体技术的巨大发展。同时，琉璃被广泛使用，明中期以后石雕、木雕、髹漆、彩绘等装饰技巧更加丰富，地方建筑风格绚烂多彩。

　　与欧洲这一时期的建筑发展相比，虽然在历史的纵轴上建筑技艺与风格的变化缺少跌宕起伏的突变，但随着时间的推移也不乏翻腾的波澜；同时，各民族各地区在互相影响与融合的同时，形成结构、材料、技艺不同以至风格、体系迥异的地区建筑文化；这一切共同构成了后来清代以至今日的中华民族丰富的古典建筑的大部分原则。

第一节　大木技术

一、大木技术的发展阶段与分类

　　本时期的木构技术发展可以大致分为三个阶段：

　　第一阶段：元代从营建大都到徐达攻占大都约一百余年。这一阶段的特点是技术与工艺的变化的幅度甚大，南北技术与艺术的差异扩大，在梁架体系、斗栱用材、翼角做法等方面出现较大突破。风格上从简去华，实际是建筑的结构和装饰构件的分野日趋明显。总的来说是在北方的金代建筑和南方的南宋建筑的基础上分别发展。

　　第二阶段：明初至明代中期以前，从朱元璋营建京师和中都，到明嘉靖年间北京的一系列皇家建筑重修和重建的近二百年。这一阶段的特点是崇尚古风，讲究制度，装饰朴素，尺度雄伟，在南北建筑文化融合的基础上产生了明代官式建筑。

　　第三阶段：自嘉靖年间至明末并延及清初，一百余年。这一阶段的特点是崇尚奢华，装饰技巧充分发展，艺术手法渐趋繁缛。技术上的较大突破是出现了举架之法。这个阶段中地方风格获得了长足的发展。

　　我国古代木构有井干、穿斗、抬梁三大类，井干因用材较费仅流行于林木丰富之地，元明遗物主要是穿斗、抬梁两大体系，其本质差异是，在穿斗体系中，直接承托檩条的是柱（通柱或瓜柱），而在抬梁体系中除脊檩外，直接承托檩条的是梁，由此引至相连部位榫卯制作的差异。若再加上梁栿形状、斗栱特点等，木构建筑发展到元明可以分为七种类型，结合此后的发展，这些类型的时代差异远小于其地域差异，尤以南方为甚。这七种类型是：

　　（一）明官式木构　通行于明初的南京及明代北京。留存至今的如北京长陵祾恩殿（参见图4-40、4-41）。北京先农坛拜殿（参见图3-18、3-20、3-21），北京智化寺万佛阁（参见图6-30～

6-32）等。明朝政府通过派遣官员、工匠监造及参与施工等活动，极大地影响了某些地区的皇家建筑、坛庙建筑和宗教建筑。如湖北钟祥的显陵，湖北武当山道教建筑（参见图6-169、6-170），青海乐都瞿坛寺等。同时作为受推崇的皇家文化也不同程度地影响到各地的建筑审美趣味。

（二）直梁型抬梁式北方木构 这种结构通行于黄河流域的河北、河南、山东、山西、陕西、甘肃、宁夏等省区，绵延数千里，并影响到塞外地区的木构建筑。其技术手法延及清代，早期实例如永乐宫诸元构（参见图6-134～6-145），定兴慈云阁（图9-1～9-3），曲阜颜庙杞国公殿（参见图3-164～3-166），韩城文庙大殿（图9-4～9-7），韩城禹王殿（图9-8～9-11），河南济源大明寺大殿，山西广胜下寺后殿（参见图6-21、6-22）等元代实例。明代则有曲阜孔府二堂、三堂（参见图5-25、9-12），山西代县边靖楼，晋祠水母楼，南禅寺西配殿等众多遗物。

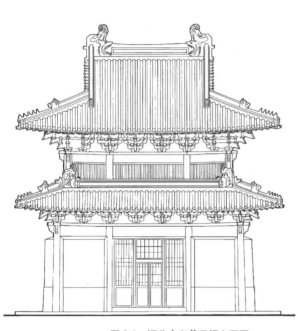

图9-1 河北定兴慈云阁立面图

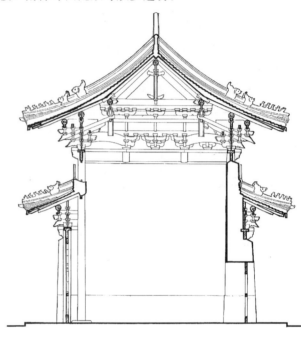

图9-2 慈云阁横剖面图

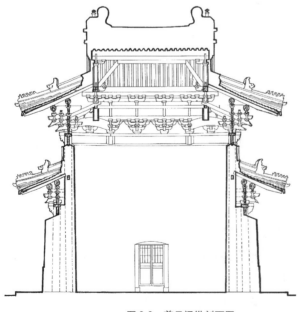

图9-3 慈云阁纵剖面图

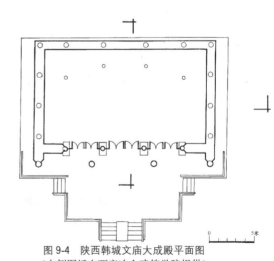

图9-4 陕西韩城文庙大成殿平面图
（本例图纸由西安冶金建筑学院提供）

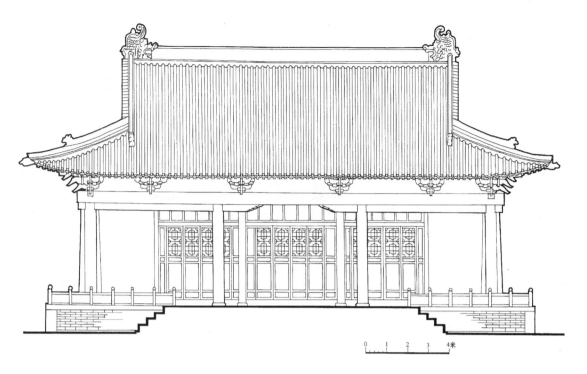

图 9-5　韩城文庙大成殿立面图

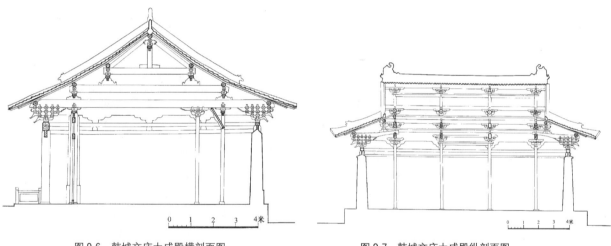

图 9-6　韩城文庙大成殿横剖面图　　　　　图 9-7　韩城文庙大成殿纵剖面图

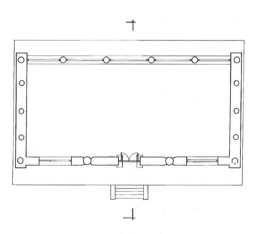

图 9-8　陕西韩城禹王殿平面图
（本例图由西安冶金建筑学院提供）

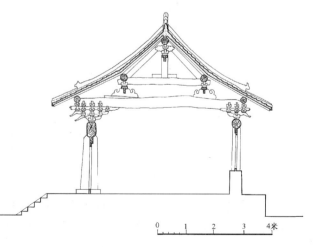

图 9-10　韩城禹王殿横剖面图

445

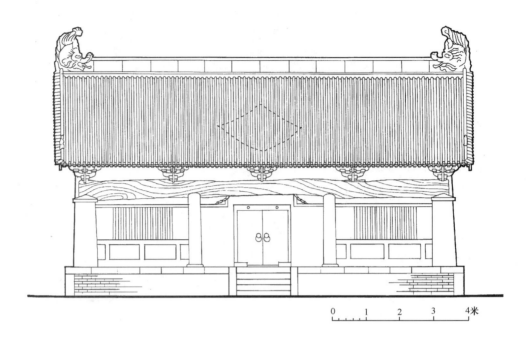

图9-9 韩城禹王殿正立面图

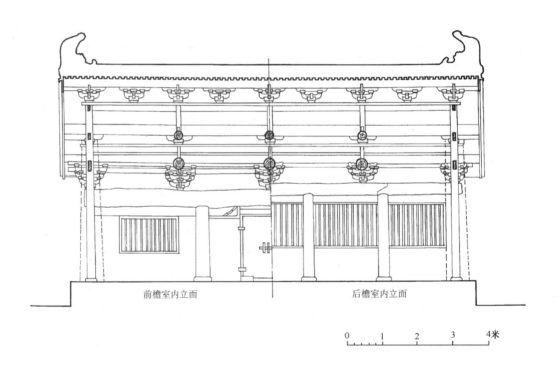

前檐室内立面　　　　　　　　　　后檐室内立面

图9-11 韩城禹王殿纵剖面图

（三）月梁型抬梁式木构　通行于太湖流域和浙江北部，也通行于南方更大范围内的大式建筑上，是宋《营造法式》为代表的宋官式建筑的继承者。元代的实例有浙江武义延福寺大殿，上海真如寺大殿，金华天宁寺大殿（参见图6-13、6-14、6-15、6-10）等。明代实例丰富，如苏州府文庙大成殿（参见图3-126、3-127），南通天宁寺金刚殿（图9-13），泉州开元寺大殿（参见图6-35～6-41），常熟彩衣堂（图9-14），吴县明善堂（参见图5-102）等。

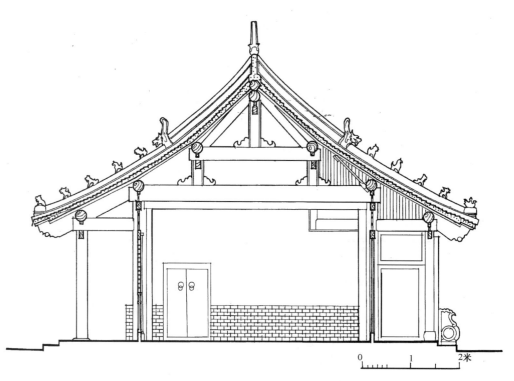

图 9-12　山东曲阜孔府三堂横剖面图

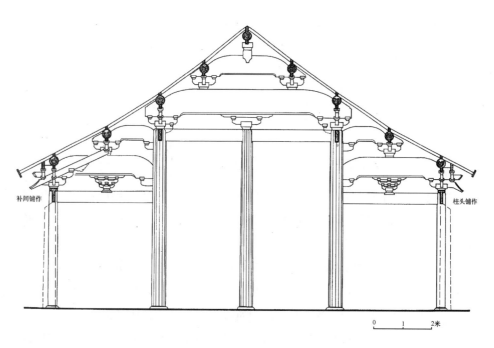

图 9-13　江苏南通天宁寺金刚殿横剖面图（大木部分）

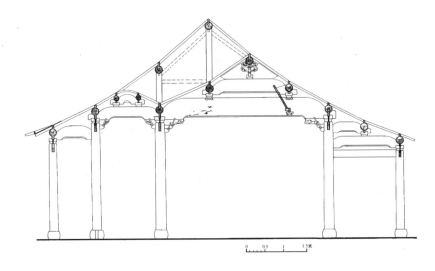

图 9-14 江苏常熟彩衣堂明间横剖面图（大木部分）

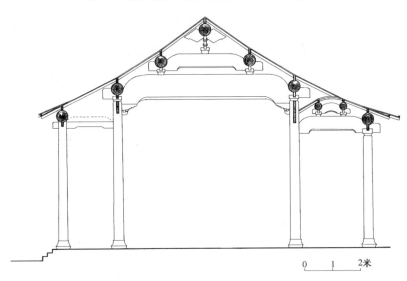

图 9-15 江苏常州保和堂明间横剖面图（大木部分）

（四）直梁型抬梁式江南木构　与北方直梁型木构十分类似，但用于小式建筑，仍存斗栱、梭形瓜柱等遗痕，梁皆圆作，部分梁头用变形的斜项，在绍兴、宁波、常州、南通等处可见。如绍兴吕府（参见图 5-66、5-67），常州保和堂（图 9-15），常熟严讷宅等。

（五）冬瓜梁、插栱穿斗式木构　通行于新安江流域及其附近的皖南、浙西和赣东北地区。现存遗物皆为明代小式建筑，如祠堂、住宅、亭榭等。实例甚多，如徽州、景德镇、兰溪等地明代住宅（图 9-16），从宋代遗构来看，这个体系的建筑也应存在于元明时期的福建。

（六）直梁、插栱穿斗式木构　实例有广西容县真武阁（参见图 6-172、6-173）。从结构体系及清代实例来看，这一体系的建筑在元明时期也应存在于福建、广东、云贵等地区。

（七）直梁、混合式木构　这一体系的建筑以北方抬梁式建筑结构为基本体系，但融会了穿斗结构技法，在大式建筑中柱头处仍置阑额，上置栌斗，但有的建筑的金步却常以柱直接托檩，有的斗栱多次偷心，额枋、驼峰等以叠木构成，显示井干遗痕。湖北、四川、云南等地区的元明遗构显示了这种特点。如四川峨眉飞来殿、四川梓潼七曲山大庙、云南安宁曹溪寺大殿（图 9-17～9-20）、湖北当阳玉泉寺大殿等。

图 9-16 安徽徽州潜口中街祠堂梁架

图 9-17 云南安宁曹溪寺大殿外观

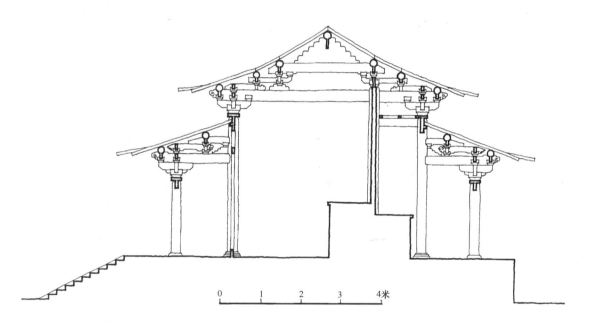

0   1   2   3   4米

图 9-18 安宁曹溪寺大殿横剖面简图（大木部分）

图 9-19 安宁曹溪寺大殿梁架与斗栱

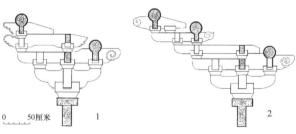

0   50厘米   1   2

1. 下檐补间铺作   2. 上檐补间铺作
图 9-20 安宁曹溪寺大殿斗栱图

以上这些结构体系之间不是截然划分的，互相之间都存在影响，在每一种体系通行的地区内，随着地域的变化，建筑也呈现不同的细微差别，不少地区是两种体系共存的。总起来看，元明时期的木构在黄河流域、长江流域（特别是长江以北）通行抬梁体系，在西南地区的大式建筑也基本上属于抬梁体系，而在华南及云贵川少数民族地区，大式建筑中抬梁式建筑的影响则较弱，现存的元明遗物中多体现出穿斗建筑的特点，而在小式建筑中，从近代遗构看，属于穿斗体系的占了大多数。

二、剧变中的元代大木技术

随着蒙古族统治者入主中原并逐渐统一中国进而建立起横跨欧亚大陆的元帝国，中国传统的汉族文化观念及原有的制度、礼法受到了一次强烈的冲击，少数民族及域外文化以空前的规模进入中国，为建筑技术的新发展提供了推动力。战乱、人口迁徙、材料供应与社会需要的矛盾更是技术改进与风格变化的直接背景。在中国木构建筑长期缓慢发展变化的历史长河中，处于动荡期的元代建筑，尤其是元代北方的建筑，其变化的规模、范围和幅度相对来说都是巨大的，这种变化表现在五个方面。

（一）层叠式结构的衰落与混合式结构的扩展

在抬梁式建筑通行的广大地区，宋以前逐渐形成并在宋《营造法式》中获得反映的三种结构形式——层叠式（殿阁式），混合式（厅堂式）及柱梁作[1]在建筑中的使用地位进一步转变了。在宋及宋以前，层叠式主要用于殿阁，柱梁作用于简陋房屋，混合式则用于介于二者之间的较为次要的正规建筑——主要是厅堂。至元代尤其是中期以后，更多的庙宇中的殿阁使用宋代已经存在但尚不普遍的混合式做法。如将曲阜颜庙中的杞国公殿同宋构中的混合式做法相比（如隆兴寺慈氏阁、摩尼殿）不但是一脉相承，而且更趋简单，这种从简去华的趋势还包括了进一步运用混合式以至柱梁作的节点手法，简化了梁与檩条之间的连接，从而简化了施工，也发挥了长材的作用。由此也牵动了元代以至后来木构技术的一系列发展变化。

（二）梁栿作用的增强

随着混合式在大式建筑运用范围的扩大与从简去华的风尚，先是室内后是外檐的斗栱出跳减少，丁头栱数量的减少促使梁的跨度以及梁的断面随之增大，这样，层叠式结构如佛光寺东大殿及应县释迦塔那样以较小断面的大量木材相叠的构架体系发生了质的变化，梁栿的作用日趋增强，元代还出现了不再锯为标准大小的较大的出挑梁头。显示了梁栿不仅成为最重要的简支构件，也开始了取代斗栱成为支托出檐的悬挑构件的进程。

（三）柱网的自由化与梁栿构架技巧

以四柱为基准限定的空间范围组成的"间"是中国木构建筑的基本单元，正立面檐柱的位置与多少，清楚地标志着间的大小与数量。元以前的"减柱法"如佛光寺文殊殿，虽然通过使用大内额与托架减少了内柱数量，但梁架与檐柱仍然清楚地表示了开间的多少。元代的直梁体系木构中，不但沿袭了文殊殿式的减柱法，如山西洪洞县广胜下寺后殿，山西高平县开化寺后殿，而且将这种减柱法用在了檐柱，将大檐额置于柱头之上，呈连续梁状。如陕西韩城禹王庙大殿，前檐用长16米、高30厘米的大额连跨通面阔五间，但前檐却用四柱，呈三开间形式。这种直接使用天然木材作构件的技巧也反映在室内构架上，梁栿即使是露明造也作草架式处理，叉手、大托脚及挑斡等也以原材简单锯解使用。苏州虎丘二山门上使用从次间跨过正帖向明间悬挑，左右在明间正中接续的檩子，该建筑因而俗称"断梁殿"。

虽然中国早期木构建筑存在过纵梁体系，而南北朝时期的石窟中也留下了反映石构建筑逻辑的阑额置于柱头之上的佛教文化影响的痕迹，但纵观元代建筑的用材情况，木材窘迫、施工急促应是直接原因。木构技法虽然在风格上显得粗犷草率，但却显示了元代工匠在实践中把握连续梁力学性能的技巧。

元代建筑还大大发展了在宋构摩尼殿中已经出现的使用天然弯曲木材斜向搭接的构架技巧。在广胜寺后殿中，弯曲的木构件不仅作为乳栿，而且向斜上方延伸直托四橼栿，减少了四橼栿的计算长度。又如四川芦山青龙寺大殿，斜向的弯曲木沿着接近剖面折线的位置连续承托各平槫和脊槫，构成了类似于近代人字屋架的结构形式（图9-21），成为继唐代佛光寺东大殿人字叉手和金代文殊殿桁架式托架梁之后的又一次充满希望的大胆结构尝试；这显示了元代匠师在设计与建造过程中杰出的运筹谋划能力。这类使用弯曲木斜向搭接的做法也反映在江南元构中。江南几座元构及后来的明清遗构中，大量的剳牵立面呈弓形并斜搭于平柱或童柱上，是江南宋构所未有的。

此外，元构还继承前代遗法，使用斜向支撑构件解决受压和桁架式托架中的荷载传递问题，如河北定兴慈云阁，永乐宫无极门（图9-22）。在支撑体系中，出现了断面较宋顺栿串断面更大的随梁枋，如真如寺大殿。也出现了代替宋襻间制度的不用斗栱的纵向支撑体系，如杞国公殿。

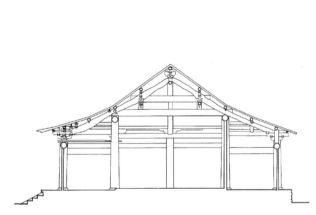

图9-21 四川芦山青龙寺大殿横剖面图（大木部分）

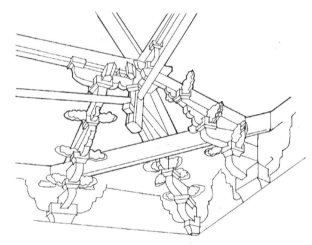

图9-22 山西芮城永乐宫无极门结角之法

（四）斗栱地位的下降与宋材分制度的解体

元代大木技法最显著的变化表现在斗栱上。表9-1列出了历代若干3～5间中小殿宇的斗栱用材情况，显示了斗栱用材不断下降的趋势，而在这一历史过程中，元代木构用材尺寸下降幅度最大，通常较宋《营造法式》的规定用材下降了三个等级。基本用材由宋代的三等材降至相当于宋《营造法式》中的六等材。其基本用材的截面积只相当于宋代的40％～50％。同时用材的减少导致出挑尺寸的减小，铺作层在整个构架中的高度比例也由宋金时代的30％左右降至25％以下。这是由于梁栿逐渐成为更具独立性的简支受弯与悬臂构件所导致的，梁栿在大式建筑中与斗栱角色的互换是一种质变。斗栱的结构作用日益减弱了，而它的装饰意味却加强了，这种转变在元构中还有以下三种表现：

第一，与相对增大了的梁头相一致，北方元构中的要头改为足材，齐心斗消失。在北方的一些元构中，正心枋与扶壁栱开始出现足材做法，如永乐宫。

第二，琴面昂完全取代了批竹昂，不少元构中的琴面昂略略上翘，成为明清两代的象鼻昂、凤头昂等装饰性极强的昂的先声[2]。宋、金时代已经出现的柱头铺作用假昂的做法更为普遍，并出现了假华头子。上昂出现隐刻或以彩画画出，如永乐宫纯阳殿。

历代斗栱用材演变表　　　　　　　　　　　　　　　　　表 9-1

（以 3 间、5 间为主，表内尺寸除注明外为毫米，斜线下为栔高）

		《营造法式》规定	唐、五代	辽、宋、金	元	明	清
一等材	9 寸×6 寸	9~11 间					
二等材	8.25 寸×5.5 寸	5~7 间	南禅寺正殿，3 间 240×170	佛宫寺塔 255×170/110~130。善化寺三圣殿，5 间 260×165/105			
三等材	7.5 寸×5 寸	3~5 间		独乐寺观音阁，5 间 240×165/105。广济寺三大士殿，5 间 255×160/120。华严寺薄伽教藏殿，5 间 235×170/105			
四等材	7.2 寸×4.8 寸	3 间殿 5 间厅堂	镇国寺大殿，3 间 220×160/100	保国寺大殿，3 间 215×145/87			
五等材	6.6 寸×4.4 寸	小 3 间殿大 3 间厅堂		苏州瑞光塔底层 190×140	永乐宫三清殿，5 间 207×135		
六等材	6 寸×4 寸	亭榭或小厅堂用之			永乐宫纯阳殿，5 间 180×125。定兴慈云阁，3 间 180×120	南通天宁寺金刚殿，3 间 210×130/75	部分城楼
七等材	5.25 寸×3.5 寸	小殿及亭榭用之			广胜上寺弥陀殿，5 间 165×110/65。金华天宁寺大殿，3 间 170×105/60	博爱宝光寺观音阁，3 间下檐 150×110。苏州府文庙大成殿，7 间上檐 165×110/65	
八等材	4.4 寸×3 寸	殿内藻井或小亭榭			真如寺大殿，3 间 135×90/52。延福寺大殿，3 间 155×100/60	长陵祾恩殿，9 间栱厚约 94	故宫太和殿，11 间 126×90
等外材					智化寺万佛阁，5 间 115×75。先农坛太岁坛拜殿，7 间拱厚约 80	多数大式建筑斗口小于 80，属于宋之等外材	

第三，补间铺作开始增多，主要是在北方，如永乐宫纯阳殿等，斜栱出现仅具外跳的做法，有时用数道斜栱，宛若盛开的花朵。

元代斗栱作用的变化既隐伏下斗栱本身存在的危机，也为纯艺术装饰提供了更多的机会，元代以后的斗栱就是在这样一对矛盾中发展变化的。

斗栱用材减小，而本质上受荷载、跨度制约的梁栿断面却不可能随之减小，实际上由于计算长度增大，梁栿反而加大了断面，这样在宋《营造法式》中获得记载并反映了宋代木构构件中内在联系——使构件接近等应力工作状态的材分制度就解体了。例如韩城文庙斗栱材厚 10 厘米，其檐柱柱径为 45 厘米，远大于《营造法式》中约 36 分°的规定而达到 45 分°。金华天宁寺三椽栿相当于 74 分°，也远大于《营造法式》中 42 分°的规定。从现存遗物来看，元代建筑用材自由多变，似不可能存在统一的或官方颁布的材分制。同时，根据永乐宫元代建筑上开始出现足材的扶壁栱与正心枋来看，已经预示着将宋式的三个基本模数转变为后来清官式中一个基本模数——斗口的历史进程。

（五）承前启后的翼角做法

斗栱与梁栿作用的转换同样发生在房屋转角部分，并引起了元代转角屋顶结构与造型的巨大变化。

当斗栱断面减小、出跳数减少之后，转角铺作斜出构件不再成为承托撩风芦或撩檐枋的可靠支点。同时，当角梁悬出较大以至等于或大于支撑长度时，还面临着倾覆的危险。沿着解决这些矛盾的不同途径，南北方元代建筑翼角获得不同的发展。

在使用直梁型抬梁式建筑的黄河流域，元代建筑摈弃了《营造法式》中作为正统官式原则的将大角梁简支于撩檐枋及平槫之上的方法（简称大角梁法），而这种方法从唐佛光寺到宋隆兴寺都是采用的。相反，将《营造法式》也曾提及但未加阐释的另一种非主流的方法——增加隐角梁并将大角梁后尾置于平槫之下形成杠杆原则的方法（简称隐角梁法）大大改进、完善，并普遍使用了起来。这种方法在金构甚至更早的五代时期的平遥镇国寺大殿中[3]已经使用，元代所作的最突出的改进措施是增加虚柱，并以此柱为连接构件将大角梁、转角铺作斜出斗栱里跳连为一体，上托平槫，再承隐角梁，下搁置于抹角梁之上，在翼角分角线剖面及平面上都形成稳定的三角形构架，免除了倾覆之患，如永乐宫无极门。有的则进一步简化，如现迁于太原晋祠崇圣寺的元构景德门。由于大角梁后尾嵌固形成可靠尾端，它成为代替转角铺作的最重要的悬挑构件。从元代开始，隐角梁法在北京地区以外的广大黄河流域连续使用达 600 年之久，显示了它强大的生命力。

北方元构在使用隐角梁法时，其子角梁也发生了令人瞩目的变化，不再如《营造法式》中那种头杀 4 分、上折深 7 分的做法，而是呈牛角状，以柔和曲线向上翘起，此法在北方不少地区沿用至明甚至清代，并影响关外木构建筑。

隐角梁法使北方建筑的翼角在外形上具有寓柔于刚的雄伟气势，其翼角上翘值较宋官式及后来的明清官式建筑皆大。

在广大的南方仍沿袭宋法，大角梁仍置于平槫之上或微微下落，与平槫相嵌，防止倾覆的主要办法是缩小出檐，同时保持较宽的廊步，以保证大角梁的后端长度不小于整个翼角悬臂端尺寸。在南方，牛角状的子角梁在南宋已经出现，一些元代建筑（甚至更晚一些的建筑）仍在使用，从苏州的元代建筑寂鉴寺仿木构的石构翼角及宁波出土的南宋银殿上可以看到这种做法的遗痕。与北方略有不同的是，子角梁稍长，且出现不用套兽的形式。更引人注目的是另一种做法，出现了多层木构件逐一相叠逐渐向上翘起挑出的子角梁做法，如湖北当阳玉泉寺大殿，浙江金华天宁寺大殿（图 9-23），成为后来嫩戗发戗的先声。此法可以产生错觉，以比较小的冲出值与高高翘起的形象使人误认为翼角远远飞出，同样解决了角梁缩短带来的问题，它所创造的柔曲之美迅速在南方传布，形成了长江流域建筑风格的一个要素。

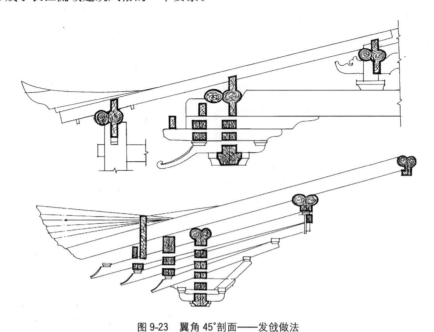

图 9-23 翼角 45°剖面——发戗做法
上 湖北当阳玉泉寺大殿   下 浙江金华天宁寺大殿

三、重新秩序化的明代大木技术

朱元璋营造京师和中都时曾征召天下工匠民夫二十余万户云集南京，并终于完成了明初南京皇家建筑。永乐十五年（1417 年）朱棣为营造北京，再次调动数十万军工民匠北上，历时三年多的大规模施工，使北京皇家建筑初具规模。明史称北京宫城"悉如南京而壮丽过之"[4]。南北建筑文化的这两次交流，酝酿了明官式建筑的产生。明代前期，为了开发由于元末战乱而凋敝的人口稀少地区，在北方有组织地进行大规模移民，这些移民带去了各自的营造技术，并使黄河流域的建筑风格趋同[5]。

明初，统治者为标榜自己的正统性和实现他们的文治武功，再次借助于传统的力量，他们除了批评元代统治者，认为元朝的礼乐"撰之于古，固有可议"[6]，又崇唐抑宋，追慕古风。因而组织名儒考定古制，逐渐颁布制度，对包括建筑开间、色彩、屋顶形式、纹样等在内的亲王以下的宫室制度作出规定，以礼制的形式强化了建筑中的封建等级制度[7]。这样，建筑制度与艺术表现形式的秩序化就逐渐成型，尤其是明官式建筑成为对元代建筑的一次否定。由于财力限制及政治上需要，明初统治者标榜节俭朴实，营建南京三大殿时有人建议用端州产的有花纹的石材铺地就曾遭到朱元璋拒绝，理由是"敦崇俭朴犹恐习于奢华"[8]，建灵谷寺大殿时，朱元璋也曾指责过装饰性过强的斗栱形式[9]。因此，虽然南京残存的明故宫柱础和明孝陵方城残存仿木的石质角梁与后来北京的皇家建筑类似构件雷同，但整体风格可能更为朴实雄浑一些。嘉靖年间，奢侈之风渐盛，影响所致，使后期风格为之一变。

南方的明代建筑除了受时代风尚的影响之外，还更多地继承了宋元旧法，在结构与工艺方面显示了极高的水平，是我国建筑文化遗产中极富个性的一部分。

明代的大木技术的发展主要表现在以下几个方面：

（一）柱梁体系的简化与改进

除了特殊功能的建筑如献殿、戏台等，元代那种在正面减柱的做法即使在北方也较少看到了，柱网向整齐化秩序化转变，但各步架尚未相等，尚未形成以攒档为模数的柱网关系。除了极少量皇家建筑的大殿及门屋外，现存明代遗构几乎再也看不到层叠式的构架了。厅堂式构架被广泛运用于庙宇煌南方的民间建筑，也普遍运用于皇家建筑，例如先农坛等。在南方抬梁式民间建筑中，则以等级最低的单斗只替、斗口跳等为普遍。而柱梁作则在北方民居中大量使用。

在明官式建筑中，如先农坛拜殿，梁栿断面既有承宋官式做法而接近3：2比例的，也有接近后来清代成为定制的5：4比例的，说明明官式建筑的形制仍在转变过程中，还未完全成型（图9-24，参见图3-21）。在明官式建筑中，斜项已被减少到最低程度，仅见于智化寺万佛阁上层为构筑庑殿顶而使用的丁栿。在南方明代建筑中，梁栿断面仍袭旧制，在抬梁式地区，继续保持2：1～3.5：1的比例，仅仅是使用更多的拼缴做法。为了承托上部瓜柱，常在拼帮后的瓜柱下空档处另嵌木块传递上部荷载。

即使在明官式建筑中，早期仍保留了较多的宋式襻间做法，而后期则以檩、垫板、枋作为纵向支撑体系。在江南，大式建筑一律使用宋代遗制，做襻间；而在民居中则是通过使用单栱只替等形式提高节点刚度来达到纵向稳定的目的（图9-25）。在大式建筑中，穿插枋被普遍使用。而在明官式建筑中，随梁枋已甚普遍；在北方民居中，则常常保留叉手的形制，说明明代建筑的横向稳定体系仍未完成转型过程。

从明中期的先农坛拜殿来看，明代已经出现扶脊木，但断面形状与清代官式建筑所用的正六边形不同，几乎为一个正五边形。在江南则沿用椽椀的做法，通过调节椽椀高度使之成为生头木继续保持梢间屋面生起的做法，在山西等地的不少明清民居中也保留着这一传统，而在福建、广东等地，则另有一套生起做法，即在木椽之上另做构架，当地称为"假厝"，如泉州开元寺大殿（图9-26），呈现出极大的屋面纵向曲线。

 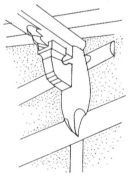 

图9-24　北京先农坛太岁坛拜殿的梁架　　图9-25　徽州毕德修宅内的单栱只替的节点做法　　图9-26　福建泉州开元寺大殿的假厝做法（据方拥提供的落架大修照片绘出）

值得注意的是，随着砖材的普及，在明代出现了混合结构的新探索。早在宋金时代，砖木混合结构的佛塔已经在南北方取得了不同的技术经验，但基本上是用木构解决屋檐、平坐的悬挑问题，尚未留下混合结构用于普通民间建筑的实例。到了明代，除了在江南、西北等地的塔上保留这些技法之外，更多地使用在普通的大小式建筑上，明十三陵的一些砖拱券明楼上仍使用木斗栱作为悬挑构件，而在绍兴吕府几处门楼上，则以砖墙承重，使用木过梁和木斗栱，以木构解决简支和悬臂问题。随着明代长城工程的开展，出于军事上防火的目的及便于施工，不少敌楼以砖墙承重而以木屋盖结顶,呈硬山式。在徽州的弘治年间所建的司谏第,后墙无木柱,梁枋均插入砖砌体内。而在徽州大观亭上(明始建,清重修),底层阑额与普柏枋置于砖墙上,仅以斗栱与底层檐柱相连(图9-27~9-29)。这种做法到了清代已较普遍,在绍兴称为"搁墙造"。

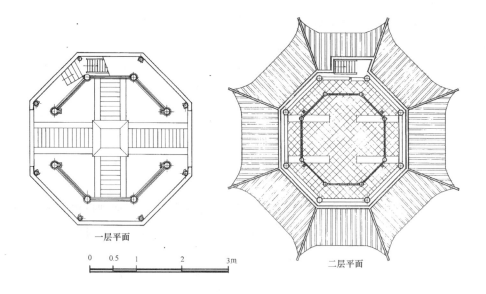

一层平面

0　0.5　1　　　2　　　　3m

二层平面

图9-27　安徽徽州许村大观亭

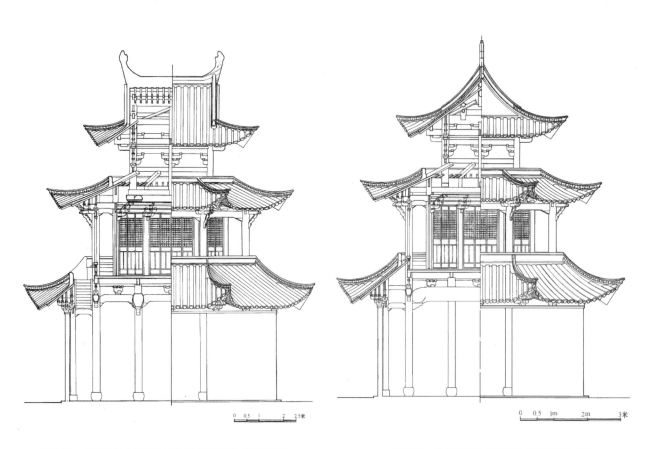

图9-28　徽州许村大观亭正立面及纵剖面图(鲍雷测绘)　　　　图9-29　徽州许村大观亭侧立面及横剖面图

（二）从举折到举架的转变

明代的中晚期，南北两地建筑都发生了一个令人瞩目的变化，即屋顶剖面设计方法从举折之法转变为举架之法。举折为宋《营造法式》用语，举架为清《工部工程做法》用语，由于举折之法是先定举高而后做折法，举架是先做折法而后得出举高的，故举折之法的整个屋盖高跨比常呈整数比；举架之法则反之，整个屋盖高跨比不是整数比，而各架椽的斜率则常常是整数比（有时是整数加 0.5 之比）。实测证明，在明官式建筑中，直到嘉靖年间还存在着举折之法，如先农坛拜殿屋盖高跨比仍为 1：3，因而可以说，即使在北方，举架之法很可能是在嘉靖以后才普遍使用的。在江南的大量明代民间建筑上，屋盖高跨比为 1：4，而南通天宁寺金刚殿、常熟文庙享殿等庙宇屋盖的高跨比则极为接近 1：3，然而有确切记载建于万历年间的常州保和堂其屋盖高跨比为 1：3.43，而各步架之比则出现六举、七举的整数比（在《营造法原》中称为六算、七算），在绍兴吕府十三厅上也出现步架为四五举的现象，因而可以说大约在万历年间，举架之法已经较多使用。它由于算料方便终于取代了举折之法。

在福建和广东，明代屋盖与江南一样仍然保持了较大的曲率。从后来清代的设计与施工算法来看，可能是区别于宋《营造法式》的举折更不同于清代举架的另一种方法[10]。

屋面曲线确定方法的改变进一步加快了中国建筑史上屋盖由平缓向陡峻的转变过程，在明代晚期的大式建筑上已经出现了高跨比大于 1：3 的实例，如苏州府文庙大成殿达 1：2.8，曲阜孔庙在小式建筑上也出现了远大于 1：4 的实例，如曲阜孔府三堂等[11]。这种由缓变陡的趋势包含着元代以后由于斗栱地位削弱，铺作数减少后，审美趣味的重点由铺作层转向屋盖的过程。

（三）斗栱的变化

明代的斗栱除了沿着元代已经出现的变化趋势发展，如铺作层降低，真昂在柱头铺作消失，材分减少等以外，还表现了一些特有的地区性特点，使我们不但看到它们的变化，也得以了解宋、元时代存在过而未保存下来的种种成就，主要表现在以下几个方面：

第一、材分减小后柱头铺作与补间铺作差别加大。在现存的明代官式建筑中，已经形成了类似于清官式做法中柱头科与平身科的巨大差异。然而清官式做法中头翘与梁头的宽度从 2 斗口到 4 斗口呈等差变化，而在先农坛太岁殿拜殿等建筑中，相当于头翘的第一跳华栱既有 2.5 斗口，也有 3 斗口。在江南建筑中还有 1.5 斗口的实例，显示出还未形成定制的摸索过程。

第二、足材的正心枋已在北方及部分南方建筑中取代了单材通过散斗相叠的正心枋。在明官式建筑中足材的补间铺作也取代了单材补间铺作，显示了在北方大式建筑中向单一模数的转变。

第三、在佛光寺东大殿已经出现的具有装饰性的一个材厚的翼形栱，在江南变成薄板斜置的枫栱，在福建、云南等处的明代建筑中，下层正心枋为足材厚，而上层里外拽的泥道栱和罗汉枋自下而上依次变窄呈板状。在江南，明初尚且存在的丁华抹颏栱中的额片（在浙江被称为蝴蝶木），至明晚期成为木雕装饰的重点，先保持垂直状态，继而如枫栱一样侧倾，且皆为板状（苏州称为"山雾云"）（图 9-30）。这些都显示了明代建筑中结构构件与装饰构件进一步分化。

第四、丁头栱与插栱分道扬镳。在宋代江南的插栱体系建筑中，内檐托于梁下的丁头栱与外檐托于撩檐枋下的插栱皆为一个材厚。丁头栱常常是外檐斗栱向内的延伸。随着斗栱用材的缩小，外檐的插栱也逐渐变小，然而丁头栱是承梁、枋、檩的，本质上受跨度、荷载等制约的，梁、额枋等不可能缩小，因而明代的丁头栱与插栱再也无法保持一致关系了，丁头栱不再保持宋《营造法式》中厚 10 分，长 38 分的尺寸，相反，在徽州插栱体系地区，由于梁栿断面增大，丁头栱与插栱的厚度差值也加大了。如建于万历年间的宝纶阁插栱厚 7.5 厘米，而四椽栿下的丁头栱厚达 10 厘米，阁前享堂四椽栿下的丁头栱厚达 17 厘米，几乎相当于宋《营造法式》中的二等材。这种现象同样发生在抬梁式建筑地区，如常熟彩衣堂的丁头栱在劄牵下为 8.5 厘米厚，而在乳栿下则厚 13 厘米。在明代官式建筑及某些江南建筑中，丁头栱则逐渐退化，经由楂头演变为雀替状。

第五、上昂的装饰化及溜金斗栱的形成。《营造法式》未给上昂以明确定义，云"上昂如昂桯、挑斡，施之于屋内或平坐之下"。倘将宋代真实木构上昂遗存，苏州玄妙观三清殿平綦下的上昂作一分析，则可见其为偏心受压构件，具有结构作用，类似于此种形状的上挑构件在江南明构中保存了一些，如徽州司谏第、徽州中街祠堂。直到清道光年间，这一地区还在使用，连同虽为明构但经清代大修过的浙江东阳卢宅肃雍堂，则可看出这些上挑构件随着时代推移而由偏心受压转变为连接性以至装饰性的构件（图 9-31～9-33）。上昂所承托的桁条也由花台枋变为小圆檩和大圆檩。

类似的上昂形制在绍兴地区的明代住宅中也得到反映，但已呈隐刻假上昂的形式，用在替木之下。以此推断，宋元时期这一地区的建筑应用真上昂。

图 9-30　常熟赵用贤宅尚保持垂直状态的山雾云和抱梁云

图 9-31　安徽徽州潜口司谏第的上昂

图 9-32　安徽徽州潜口中街祠堂的上昂

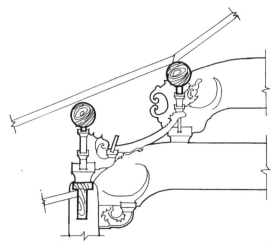

图 9-33　浙江东阳卢宅肃雍堂仅具装饰意味的上挑构件

元代北方遗构及明代北京以外的南北方多数遗构在补间铺作处仍用真下昂，明初的南京和北京的官式建筑是否在补间用真下昂今日已不得而知了。从北京现存的经过明清两代多次修葺的明代皇家建筑来看，补间悉用假下昂，而后尾上挑托金檩或井口枋，与清官式中的溜金斗栱基本一致，具更多的装饰意味，但也宜看到，用于攒尖亭，盝顶亭时通过榫卯及与其他构件组成空间构架后仍然具有明显的结构作用，如太庙井亭（图9-34～9-36）。即使是歇山顶中的溜金斗栱，将之后尾受力状态与江南明代上昂比较，也依然可看出较纯粹连接性的构件有一定的杠杆平衡作用。

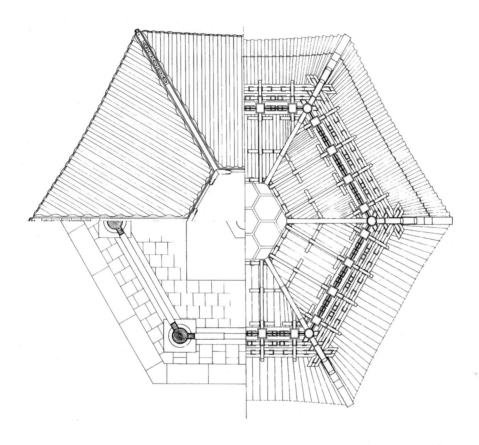

图9-34　北京太庙井亭平面、仰视及屋顶俯视图（杨新测绘）

第六、丁字牌科在江南出现。"牌科"为《营造法原》用语[12]，即斗栱。丁字牌科指的是仅具外跳而无内跳平面呈丁字形的一朵斗栱，是斗栱结构作用充分退化的表现，明代在江南地区已出现，如常熟赵用贤宅门屋（图9-37）等。

第七、撍瓣栱在江南复活。栱的卷杀不仅仅是折线，而且通过对栱棱倒角加工，使其外形出现内荘的曲线，这种栱的卷杀同《营造法式》中的撍瓣驼峰相近，故称之为撍瓣栱，它最早出现在太原天龙山石窟16窟（隋）上，接着又见之于南禅寺正殿上，继而销声匿迹。时隔一千多年，在江南的徽州、常熟等地区再次出现，如果结合徽州及福建等处一直使用斗盘（日语"皿板"）的栌斗制度，则可能撍瓣栱仍是该地古制。

（四）翼角做法逐渐定型

在黄河流域，除北京、曲阜以外，多数明代建筑的翼角沿用隐角梁法，只是更为简单，有时置于抹角梁上，或置于顺梁之上，有时悬出抹角梁作垂莲柱状，大角梁几成水平，元代的虚柱已基本消失。此法一直沿用到近代（图9-38）。

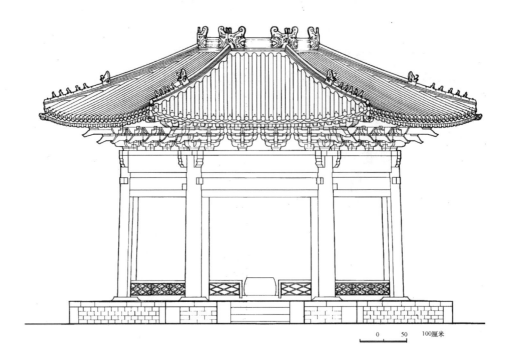

0　　50　　100厘米

图 9-35　北京太庙井亭立面图（杨新测绘）

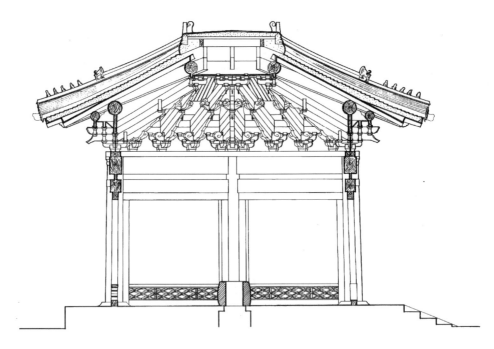

图 9-36　北京太庙井亭剖面图（杨新测绘）

图 9-37　常熟赵用贤宅门屋中的丁字牌科的里拽部分，
扶壁栱为掐瓣栱

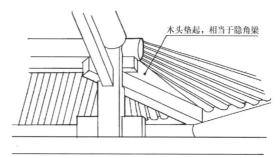

图 9-38　山西太原晋祠明构水镜台的结角之法

　　在江南也存在一种将大角梁尾置于檩下的结角方法，但不同于隐角梁法，往往是在较小建筑上将大角梁直架两椽，利用上下两步架的坡度差，将角梁后尾插于脊檩之下，同样形成稳定的嵌固。例如徽州大观亭[13]（图 9-39）。常熟明构言子庙享殿与此类似，但长两架椽的角梁后尾仍置于檩上（图 9-40）。

图 9-39　徽州大观亭歇山顶大角梁后尾直达脊桁之下

图 9-40　江苏常熟言子庙享殿结角之法

　　从北京、曲阜两地遗存的经过两代维修的明代建筑翼角来看，至少在明中期，已经出现了清代作为定式的老、仔角梁合抱金檩的做法，然而它们仍然与清官式不同，除了较多继承元代旧法，以抹角梁为老角梁后尾的搁置支点之外（图 9-41），其差别还在于：仔角梁断面常小于老角梁，此正为宋元遗风；仔角梁平飞头不是水平，更不是上翘一斗口，而是沿着大角梁倾角微微上翘，但仍未达水平状态，此正为宋子角梁卷杀之制的遗痕。

　　从明朝遗构来看，至少在太湖流域的月梁型抬梁式建筑和徽州的冬瓜梁型插拱建筑中，明中期以后已经形成了后来在《营造法原》中称为嫩戗发戗的翼角做法，嫩戗即子角梁不再如元构金华天宁寺大殿那样叠在老戗之上，而是斜插在老戗之上，老戗嫩戗之间的三角形空档补以后来称为菱角木的构件，并用千斤梢将三者拉结在一起，从苏州博物馆藏的明万历年间所铸之铜殿来看，多数建筑的老戗嫩戗之间的夹角似乎还未达到后来在《营造法原》中所标明的 129°而是在 140°左右。

　　水戗发戗是江南建筑的另一种翼角做法，如果我们看到它的本质是通过戗脊而不是通过木构件产生向上翘起的屋角形式的话，这一发戗做法可以追溯到汉代明器上的脊饰和南北朝时期的石窟中壁画的形象。虽然我们还未找到确实的明代水戗发戗的实例，然而从汉到宋明时代的许多表现建筑文物的形象，以及清代以后分布在东至沿海，西至陕西，西南至云贵一带的用戗脊翘起的建筑实例来看，明代是完全可能存在着水戗发戗做法的。

在江南的明构中并非所有的翼角都是发戗做法，也存在着一种不起翘的只用大角梁的做法，如苏州申时行墓前建筑，又如常熟严讷宅，大角梁一如宋制，后尾置于平芦之上，出挑较小，屋面也未置翘起的戗脊。

（五）卷（轩）的形成和重椽、草架技术的发展

"卷"语出《园冶》："前添敞卷，后进余轩，必用重椽，须支草架"[14]。"卷者，厅堂前欲展宽，所以添设也。或小室欲异人字，亦为斯式，唯四角亭及轩可并之"[15]。这里的卷并非卷棚屋顶，而是卷棚顶式的天花，江南今称之为"翻轩"。它是集结构与装饰于一身的天花做法；这里的"重椽"即上下两层椽子，即《营造法原》所说的复水椽；这里的草架是指天花以上的木构架，较为草率，故曰草架，宋《营造法式》已提及，唐佛光寺大殿已出现。重椽的历史也可追溯到很早，苏州宋构瑞光塔顶层即用重椽，该塔顶层虽经明清两代重建，构件已换，但据上部保留的宋代栌斗及宋砖来看，这种形制应在宋代已存在于该塔之上。受我国唐塔影响颇深的日本木塔也用重椽。"卷"从构造上看，与宋《营造法式》所述竣脚椽几乎一样："……每架下平棊方一道，绞井口并随补间，令纵横分布方正……如平闇即安竣脚椽，广厚并和平闇同"[16]。这种断面与椽相同的竣脚椽在佛光寺大殿即已使用，"卷"不过是将它的运用扩大成整个或某几步架的天花而已。元构上海真如寺大殿即是用"卷"一例。《营造法原》称之为"轩"，有"船篷轩"等多种形式。

从"卷"的使用地域来看，西达川陕，东至沿海，南抵台闽两广，北到苏北鲁南一带。但现存的明代的卷皆在太湖流域和新安江流域的小式建筑中。明初用卷的实例尚未发现。建于弘治年间的徽州司谏第尚未用卷，稍晚于此的中街祠堂则用人字形卷，明万历以后的厅堂几乎一律用卷。但像《营造法原》所载的"一枝香"、"鹤颈"、"菱角"、"茶壶档"等形式尚未在明构中见到。依出现的先后顺序，明构中主要运用的是"人字轩"、"船篷轩"和"弓形轩"（图9-42）。

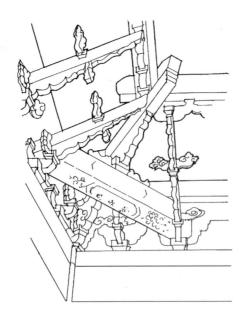

图9-41　北京先农坛太岁坛拜殿结角之法　　　　图9-42　安徽徽州呈坎宝纶阁中的船篷三弯轩

从功能上讲，卷和重椽的运用主要解决了三个问题：第一、廊庑同主要建筑相连后，主要建筑（厅堂、门屋）用卷可以取得同廊庑呵成一气的统一的内部空间效果，也使廊空间本身有一定的完整性。第二、两屋前后相接或厅堂加前廊、抱厦后，将原有屋面作成卷而以草架将前后屋面做人字形连接和覆盖，而不做勾连搭形式，避免了建造易漏水的天沟，这就是《园冶》所说"草架乃厅堂之必用者，凡屋添卷，用天沟，且费事不耐久，故以草架表里整齐"[17]的意思，也显示了卷产生的历史原因之一。徽州中街祠堂的复水椽望砖上竟还铺有蝴蝶瓦，天沟也被保留，但已不能排水，这一实例是对《园冶》这段话很好的注释。第三、卷上铺垫稳定性较木材为好的望砖后，使卷较一般的天花具有更好的隔热效果。此外，卷的产生还有另外一个社会原因，明代礼制的硬性规定[18]，使单栋民居只能沿进深方向发展，在进深变大，屋脊增高后，只有做天花才能降低过高的室内空间和屏蔽上部的黑暗，即《园冶》所谓"必须草架而轩敞，不然前檐深下，内黑暗者，斯故也"[19]。

卷虽起天花作用，但不同于天花，天花是属于装修范畴，而多数的卷，特别是明代的卷，上承草架，起了传递荷载的承重作用，在施工方面也不同于天花，是在立草架之前，就要安装的。

《营造法原》中所述的"抬头轩"与"磕头轩"、"半磕头轩"，在明构中都能找到，一般较为简洁质朴，但万历之后的一部分建筑中，也有极为华丽者。

草架的做法是极灵活的。草架柱子甚至不必同下部柱子对齐。串枋高低无定，斜撑不拘格式，甚至有将草架梁伸入复水椽下做成别的构件的（图9-43）。

（六）重檐与楼阁做法的简化与发展

由于经济的发展，人口的增加，城镇的繁荣，明代的楼阁建筑在城市和人口稠密、经济富庶的丘陵、山区都获得了发展，留下了不少建筑实例，显示了高超的大木技术，也说明了楼阁建筑在明代同样是沿着用混合式及柱梁作代替层叠式的道路发展变化的。

明代的楼阁有相当多数用于公共建筑，如城市中的城楼、钟鼓楼、市楼，振兴一方风水的奎文楼（阁），庙宇中的钟鼓楼、藏经楼，宫殿住宅中的藏书楼等。严格地说，许多称为楼者其实内部仅为单层使用空间，其中不少仅是重檐而已，如紫禁城角楼，因而其结构与重檐的殿堂屋宇并无原则区别。相反，某些未称楼阁者却反而有多层楼面，实际为楼阁式建筑，如徽州太观亭。这一现象与中国文化重意会、重表现而不重严格的概念和范畴有关。然而即使如此，不是楼屋的重檐建筑也仍然同不少楼阁有共同之处，即都要构架出两层或两层以上的出檐。明代大木技术在这方面有四种手法：

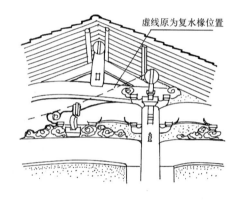

虚线原为复水椽位置

图 9-43 安徽徽州浯村某残损的明代住宅显示了草架梁伸入卷下作额片（蝴蝶木）

第一、加副阶法和加前后廊法。此法不妨看作是将单层单檐建筑的柱子加高后在周圈或前后檐加副阶和前后廊。其加副阶周匝而无楼者如长陵祾恩殿；加副阶周匝而有楼者如北京智化寺万佛阁；加前后廊，用于硬山和悬山建筑如绍兴吕府十三厅，此时内柱皆为通柱。

第二、檐柱加披法。不加前后廊，在提高柱子后加悬挑构件支托撩檐枋或撩风槫，如东阳卢宅肃雍堂通过加斜撑后增加一披檐。在元构广胜下寺山门中已用此法，但加的是挑枋和虚柱。广西容县真武阁二、三层则是用插栱出挑加披构成的。有时此法与第一法相结合，仅增加步架甚小之一廊步，将一下层披檐上伸至二层窗台，既改善了披檐受力状况，亦改善了立面比例关系，如吴县尊让堂（参见图5-70、5-71）。

第三、缠腰法。缠腰一词出自宋《营造法式》，宋代实例仅河北正定慈氏阁一例。就柱网的本质关系而言，元构河北定兴慈云阁亦为类似缠腰做法，檐柱与老檐柱相距极近，以斗栱相穿。从南京明孝陵、湖北钟祥明显陵等明代陵寝建筑中的碑亭的残迹分析，明代前期的某些碑亭有可能是木构屋盖，而下层有可能采取类似于慈云阁式缠腰的做法[20]。明代南方仍有袭用此法构筑下檐者，如徽州大观亭。

第四、叠梁法。当建筑基地狭窄无法外展，建筑体量小无法增设内柱时，就用种种梁与短柱相叠构筑一层层的屋檐。建于明代而重修于明清两代的北京紫禁城角楼可算是其中最典型也最精彩的一个实例。该角楼建于宫城城墙之上，地狭而位置重要，为了创造出从各个方向观瞻都具有优美的建筑轮廓线而用叠梁法做出所谓"七十二条脊"的四出抱厦十字脊顶的建筑来，名为楼实际仅一层空间（参见图2-36）。

楼阁建筑就顶层屋盖而言，与单层并无质的差异，楼阁大木技术特殊之处在于如何处理上下两层木构之间的连接以及如何解决楼阁特有的栏杆、楼面、楼梯等构件的结构和构造问题。

宋《营造法式》中提及的楼阁做法，从所述有平座转角铺作来看当属层叠式，但论述"望火楼"功限时提及用高30尺的四柱，则当另有通柱造的柱梁作了。从宋代遗构来看，用混合式的一些技法改进楼阁做法在隆兴寺慈氏阁等建筑中已经开始，明代则是沿着这一方向并不断简化而已。从上述第一、二、三种方法来看，楼阁内柱皆为通柱[21]。在抬梁式地区，这应是混合式建筑的影响，某些明代楼阁还程度不同地保留着层叠式的特征，如曲阜奎文阁、北京智化寺，都以斗栱出跳形成类似宋代的平座。但智化寺已是徒具外观，并不存在平座层，奎文阁则有平座层，然而与宋构相比，奎文阁不仅楼上未用层叠式，楼层之柱与楼层之下的平座层柱子也为通柱，只保留了平座层柱子与底层柱子相叠的层叠式手法。同时，由于用材减小，其平座斗栱已无力支托平座，不得不加大加长衬方，实际如同用梁头承挑檐桁一样，起梁栿作用的衬方已代替了斗栱成为承重构件。而在智化寺万佛阁，则通过将平座斗栱外移，另加短柱置于下檐单步梁上的办法将平座荷载递于下层，已经几乎不是悬挑的构件了。类似于奎文阁和万佛阁的做法，在黄河流域的大式建筑中一直用到清代。

在苏南和皖南，大部分明代楼阁是民间建筑，主要是用作楼居的楼屋和祠堂中楼式寝堂，如苏州东山的尊让堂、明善堂，徽州的宝纶阁等，此外还有私家藏书楼宁波天一阁。这些楼阁外观上无任何层叠式的痕迹，一部分楼屋如尊让堂，楼层上下用通柱，属于混合式或柱梁作，但还有一部分楼上层是另立柱子。在苏南，楼层上下开间一致，上下层主要的柱子一一对应，增加的柱子也是于下层的梁栿上，但在皖南的明代楼屋中，由于楼下明间常作堂屋使用而楼上住人，上下两层开间相错，如徽州明中期所建之方士载宅，明末的方春福宅（图9-44）。此时上层主要承重的柱子皆立于下层梁额之上。这种颇具元代遗风的自由式柱网甚至还用到了公共建筑的楼阁上，如

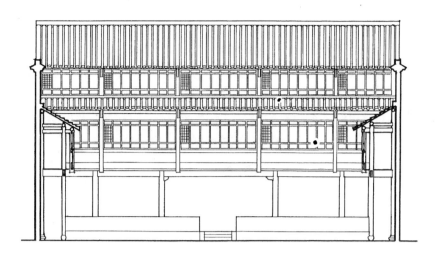

图 9-44　安徽徽州方春福宅院落立面简图

徽州许村大观亭，为了二层柱与底层不对位，不得不在楼板层中加了四段木梁，以传递四根未置于梁栿上的柱子的集中荷载。从某种意义上看，这种上下柱的关系也属层叠式结构的影响。然此法至清代后渐渐不大用了。当使用这种层叠式时，楼层之柱常另做柱础，往往为木櫍式。

和标准的层叠式楼阁相比，明代的做法中上下柱之间的铰接不复存在，层叠式结构所具有的抗震卸荷的作用相对减少。但刚度提高了，特别是既便于充分利用长料，也便于通过拼帮技术利用小料。

在通柱造的明代楼阁中最值得一提的是广西容县真武阁（参见图 6-173）。此阁不属于由层叠式变来的混合式而是这一地区原来就通行的插栱穿斗体系楼阁的正常做法。从西南、中南少数民族历代相传的鼓楼做法中可以看出它的由来。该阁是中国建筑中大木技法巧夺天工的证明。二层金柱不落地而是距楼面不足 3 厘米，给人以柱能腾空的惊叹，而实际上它仅是三层金柱向下的延伸，此二柱上由三层楼面大梁穿过支托，同时又通过从二层腰檐伸入阁内的插栱后尾插入柱内，将柱所承的部分荷载用来平衡外檐插栱所承担的屋檐重量，这是中国斗栱体系中杠杆作用的最大限度的利用，从原理上讲，与元代虚柱作用类似。

随着层叠式在楼阁中逐渐为混合式所取代，随着斗栱的结构作用大大削弱，与宋代相比平座部分除了下部支撑构件发生了变化以外，栏杆也发生了变化，除了将周围廊的栏杆直接安在老檐柱上之外，明代楼阁的一大变化是使用擎檐柱。古代木构建筑翼角易于下垂，后人便以柱支撑，这或许就是擎檐柱的缘起，但此处所指的擎檐柱不是这种后加的而是在匠师设计建筑时已预先将之作为承重构件考虑的系列柱网，从元人夏永所画岳阳楼图、滕王阁图等元画来看，这种擎檐柱列至少在元代已经出现。明代以后这种预先设置的擎檐柱在楼阁中更多地使用了，如北京智化寺如来阁，它的特点是柱断面较小，以柱顶支撑檐椽或飞椽，初期不用额枋，不施斗栱，斗栱仍用在老檐柱上，高度随出檐位置而变化。它一方面用以固定栏杆和望柱，使望柱由悬臂状态改变为简支状态，增大了安全度，同时又可支托檐椽，当出檐甚大甚至超过架深时便成了不可缺少的构件。它也是当平坐层下增加短柱便于逐层将荷载向下传递时才可能出现的。

江南明代楼阁亦常出挑，以徽州民居式样最多，主要有两种方式：1）以底层大梁出挑插入上层悬挑的檐柱中，如屯溪程梦周宅的后檐，歙县呈坎罗光荣宅；2）以插栱由檐口向外挑出挂檐柱于其上，檐柱下再以具有斜撑作用的飞来椅支托，如屯溪程梦周宅前檐；3）两法相结合，双层出挑，如歙县呈坎罗南如宅（图 9-45）。

明代楼阁的楼面做法甚多，主要做法有两种：梁板式，此时板甚厚，如徽州宝纶阁和徽州方春福宅。密肋式，此时板稍薄，如徽州罗南如宅和绍兴吕府十三厅。此外，不少明代楼阁在木楼板或柴栈上铺砖，如智化寺万佛阁及宁波天一阁等（参见图6-32）、（图9-46）。有的建筑在密肋之下加钉平棊式天花。值得注意的是江南明代楼层也使用"卷"作天花。楼厅者，楼上用卷，如苏州东山一带的明代住宅。楼下用卷则会增大房屋高度，不经济，但亦有用者，如徽州宝纶阁（参见图3-123），这除了与该楼用作祠堂的寝堂需要一定的气氛以外，可能还与当时的风尚有关。《园冶》在谈及九架梁时说："……须用复水重椽，观之不知其所，或嵌楼于上，斯巧妙处不能尽式……"。看来宝纶阁当时应为得意之作，今天看到其楼下为人字屋盖式空间而上部为楼时确实也有一种扑朔迷离的感受。

（七）新的建筑屋顶类型——硬山顶的普及

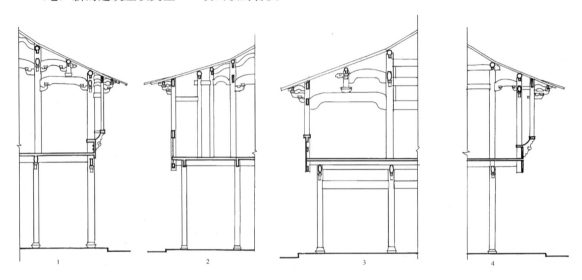

图9-45　徽州明代楼阁的几种出挑方式
1. 屯溪程梦周宅前檐　2. 屯溪程梦周宅后檐　3. 呈坎罗姓某宅前檐　4. 呈坎罗南如宅前檐

楼面做法

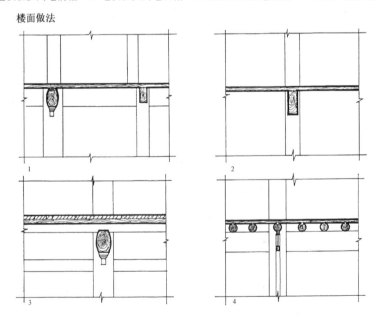

图9-46　明代楼面做法四种
1. 汩坑方春福宅　2. 呈坎宝纶阁　3. 呈坎罗南如宅　4. 绍兴吕府十三厅

从现有的资料来看，如今遍布南北各地的硬山顶是明代才普及的。硬山顶的产生有两个条件：一是防火要求提高。人口密度的提高促成了建筑密度的提高，从而对防火提出了要求；二是砖材的普遍使用，使得墙体的高度较易增加。《徽州府志》中反映了由于防火要求而使用防火墙于每户房屋周围的情况："何歆，弘治进士，由御史出守徽州……郡数灾，堪舆家以为治门面丙，丙火不宜门，前守用其言，启甲出入，犹灾，歆至，思所以御之，乃下教郡中率五家为墙，里邑转相效，家治崇墉以居，自后六、七十年间无火灾，灾辄易灭，墙岿然不动"。[22]从现存江南明构来看，硬山墙有两种：一为模仿悬山顶在硬山山花处做假博风；一为局部或全部高出层面，或做成阶梯形，谓之马头山墙，或成弧形，谓之观音兜。前一种时代略早。

在北方，明长城上的敌楼即为硬山顶，北京一带明长城是由大将戚继光主持修建的，可能是他总结了当地已经存在的砖石硬山建筑形式，也可能是他从江南带去了硬山的做法，使得冀晋一带硬山顶逐渐使用，虽然我们还未找到北京城内的明代硬山建筑。

在人口较为稀少的西北地区，直到清代，民居、寺庙中仍是以悬山为主，或者可从另一个侧面说明这个问题。

（八）精巧的榫卯技术

许多建筑上的变革是由技术引起的，而在木结构中，技术往往从榫卯结构中获得突破。技术的改变也可在榫卯中获得反映。明代的木工工艺从其榫卯制作来看是具有很高的水平的，例如，元明以后正心枋以足材销接大大改善了以单材散斗相叠的做法使纵向刚度获得提高，为斗栱减小后改进纵向支撑创造了条件，而元明时雀替的是否穿过柱心的不同榫卯也显示了这一构件的结构功能转变为装饰功能。榫卯的种类繁多，同样的结构，不同的工匠会以不同的榫卯来完成，而不同地区榫卯的差异就更大了，以下仅是已了解的一些明代榫卯做法：

柱和础的连接。南京明故宫的官式建筑未用管脚榫，但曲阜奎文阁及北京多处明构已使用。

单斗只替做法中的节点榫卯。由于地区不同，梁头宽度不同，替木高度不同，斗耳、斗平尺寸可呈多种变化。

柱与梁、额枋相交时的节点榫卯。图9-47是三根构件相交于柱时的榫卯情况，五架梁头以如意形木雕构件遮盖显示了精致的工艺。图9-48则是更复杂的实例，四根构件相交，通过高低榫与丁头栱的巧妙组织，解决了由于断面降低、抗剪能力降低所带来的结构问题，也证明了丁头栱的结构作用。

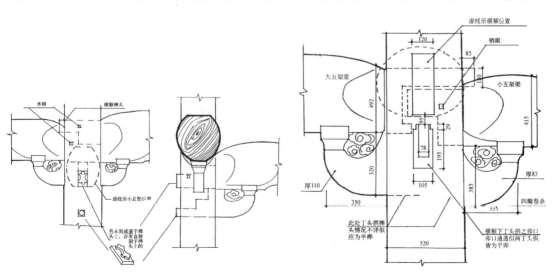

图9-47 三根梁额交会于檐柱时的榫卯（徽州中街祠堂） 图9-48 四根梁额交会于金柱时的榫卯（徽州中街祠堂）

瓜柱与梁。图9-49为江南抬梁式建筑中瓜柱与梁相交时的榫卯做法，较大的瓜柱亦有用双榫的。在插栱地区，瓜柱常通过硬木销子或榫头穿透平盘斗而插于梁上。

挑柱、斜撑及飞来椅的榫卯。明代江南的挑柱榫卯做法与清代不同，斜撑也有多种榫卯做法，东阳卢宅肃雍堂上的做法及徽州较简单的斜撑做法都显示了明代工匠的智慧。飞来椅（即宋之鹅颈勾栏）榫卯与此类似（图9-50）。

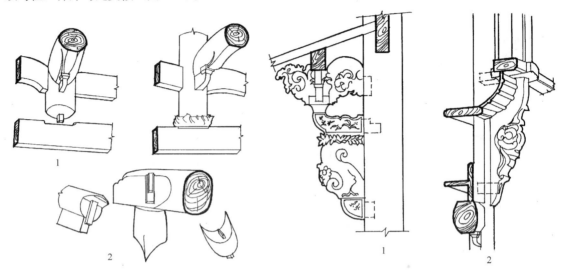

图9-49 童柱与梁相交时的榫卯
1. 徽州中街祠堂边贴 2. 绍兴吕府永恩堂

图9-50 斜撑、飞来椅的榫卯
1. 东阳卢宅肃雍堂斜撑 2. 徽州苏雪痕宅飞来椅

元明时期典型木构实例见表9-2。元代大木技术就总体而言是承上启下，又急剧变革的，它的自由多变的技法无疑为中国建筑获得更大的发展提供了一次机会。明代的大木技艺则可以算是集大成者，明代官式建筑除了继承融汇南北方元代技法并将之秩序化以外，也预告着官式建筑诞生的种种变化。而其他地区的明代建筑则更多地继承了宋元时期的旧法，在这些地区的不少明构中，对比例、尺度的把握，对细部的锤炼都达到了炉火纯青的地步，显示了强烈的艺术感染力，也是我们进一步研究宋和宋以前已经失去的许多建筑技术的宝贵线索，它的精湛的榫卯工艺及在不少地区明代建筑上所留下的典雅、淳朴、雄浑的建筑地方传统都无疑是我们珍贵的文化遗产。然而它仍然失去了历史赋予的一次机会，由于明代的复古主义思潮及对外来文化的排斥态度，使得明代的大木技术只能在制度和细部上做出改进，原来已经迸发的新的结构演进的火花未能燃烧起来，在技术上的影响是过于重视木作，而未能更多地运用铁质材料，加上一如前代木构技术始终停留在经验阶段，终于未能使我国的木构建筑技术产生质的突破。[23]

元明时期典型木构建筑实例一览表　　　　　　　表9-2

序号	建筑名称	建造年代	尺　寸	屋盖形式	斗栱及用材	柱、梁、支撑等结构	参见图号
1	永乐宫无极门	元至元三十一年（1294年）	面阔五间20.68米进深六架9.6米	单檐庑殿屋盖高跨比1：3.5	五铺作单抄单下昂（假昂），补间皆一朵，材厚12.5厘米，高18.5厘米	门屋式柱网，分心槽用三柱纵向支撑仍为襻间式	图6-134～6-138
2	永乐宫三清殿	元中统三年（1262年）	面阔七间28.44米进深八架15.28米	单檐庑殿一	六铺作单抄双下昂（假昂），重栱计心材厚13.5厘米，材高20.7厘米	尽梢间用减柱，置丁状施平棊、藻井，梁架隐而不现	图6-139～6-142

序号	建筑名称	建造年代	尺　寸	屋盖形式	斗栱及用材	柱、梁、支撑等结构	参见图号
3	广胜寺下寺后大殿	元至大二年（1309年）	面阔七间进深八间	单檐悬山	前檐为五铺作单抄单下昂（假昂），后檐为斗口跳	减柱、移柱并用，后金柱用4，前金柱用2，以大檐额用叉手托脚	图6-21、6-22
4	广胜寺上寺弥陀殿	元大德七年（1303年）	面阔五间进深六架	单檐歇山	五铺作双下昂计心（假昂），材厚11厘米、单材材高16.5厘米、栔高6.5厘米	金柱取减柱法兼移柱仅余4根	图6-24、6-25
5	韩城文庙大成殿	元	面阔五间18.66米进深六架13.44米	单檐歇山	五铺作双下昂（假昂），无补间	用通长檐达13米，呈连续梁状，有通长大檐额减檐柱2	图9-4～9-7
6	韩城禹王殿	元元统三年（1335年）	面阔内部四间立面呈三间15.32米进深四架7.38米	单檐悬山	前檐五铺作双下昂，第一跳为下插昂，后檐为四铺作单下昂（假昂）	前檐用通长大檐额减柱，后檐大檐额升高减铺作一层，四椽栿亦用天然木	图9-8～9-11
7	定兴慈云阁	元大德十年（1306年）	面阔三间，11.4米，上檐进深四架，加下檐共12.6米	单檐歇山	下檐四铺作单下昂（假昂），上檐五铺作双下昂，补间甚自由，材厚12厘米，单材高18厘米	柱取缠腰做法，叉手硕大，脊檐下又用斜撑式构件	图9-1～9-3
8	曲阜颜庙杞国公殿	似建于元而于明代迁建现址（注23）	面阔五间15.7米进深六架7.5米	单檐庑殿	五铺作双下昂柱头用假昂补间第二跳用真昂	前后劄牵用四柱	图3-164～3-166
9	上海真如寺大殿	元延祐七年（1320年）	面阔三间13.40米进深十架13.00米	单檐歇山屋盖高跨比1：2.5	四铺作单下昂（假昂），补间于明间四朵而于次间两朵，材厚9厘米，单材高13.5厘米	是使用随梁枋，也是使用草架与复水椽的现存最早实例	图6-14、6-15
10	武义延福寺大殿	元延祐四年（1317年）	元代的上檐平面柱网为11.8米见方，面阔三间，进深十架	重檐歇山，但下檐为后代所建	六铺作单抄单下昂补间用真昂材厚10厘米，高15.5厘米，栔高6厘米	宋式襻间，月梁体系，用斜劄牵梭柱	图6-12、6-13
11	金华天宁寺大殿	元延祐五年（1318年）	殿平面为边长12.72米的正方形面阔三间进深八架	单檐歇山	六铺作单抄双下昂补间里转用上昂材厚10.5厘米，单材高17厘米，栔高6厘米	法式型月梁，承宋制檐椽直跨两架	图6-9、6-10
12	四川芦山青龙寺大殿	元	面阔五间进深八架	单檐歇山	前檐五铺作无令栱后檐四铺作	用圆作天然木作大檐额及施斜栿	图9-21
13	四川峨眉飞来殿	元大德2年（1298年）	面阔五间18.7米进深八架13.50米	单檐歇山	斗栱五铺作要头作下昂状	前檐减至四柱三开间，而以穿插枋与金杜不对位连接	图6-150～6-154
14	安宁曹溪寺大殿	元至明	面阔五间进深10架	重檐歇山，高跨比恰为1：4	下檐外搜斗口跳，下檐补间里转五铺作托下平槫，上檐补间里转出四跳，托下、中平槫，材厚不一，厚者15厘米，薄者仅10厘米	抬梁体系，但补间铺作及驼峰上之构件仍存早期穿斗、井干遗意	图9-17～9-20

序号	建筑名称	建造年代	尺　寸	屋盖形式	斗栱及用材	柱、梁、支撑等结构	参见图号
15	明长陵棱恩殿	明宣德二年（1427年）	面阔九间66.75米进深十二架椽29.3米	重檐庑殿	檐柱均匀明间9攒，余为7攒斗口约9.4厘米，不抵柱径十分之一，是斗栱结构作用衰退的证明，天花下斗栱用假上昂，下檐单翘重昂，上檐重翘重昂	柱、梁、斗栱皆用香楠木，金柱柱径达1.17米，合八材有多	图 4-38～4-41
16	北京先农坛太岁坛拜殿	明嘉靖十一年（1532年）	面阔七间48.75米进深八架12.65米	单檐歇山高跨比仍为1：3	五踩单翘单昂（假昂）有假华头子，攒挡尚未相等，平身科已似溜金斗栱	梁栿断面既有2：3也有4：5脊檩、中金檩下仍用襻间	图 3-20～3-22
17	北京智化寺万佛阁	明正统八年（1443年）	底层面阔五间 18.07 米，进深十二架11.65米	重檐庑殿楼阁	下层单翘单昂，上层单翘重昂，平身科里转作上昂用材为7.5厘米×11.5厘米	上层回廊系由老檐柱出挑木枋而构成，但枋下又加斗栱及短柱传荷载于底层单步梁上，栏杆望柱升为擎檐柱，斗栱撑头木部位仍使用托脚状斜构件	图 6-30～6-32
18	代县边靖楼	明成化十三年（1476年）	底层面阔七间，27.83 米，进深17.77米	三层四滴水歇山顶，高跨比 1：3.72	底层无斗栱，二三层皆五铺作，二层檐下及三层平座为双抄，三层上下檐为双下昂（假昂）材厚12厘米、高18厘米	三层平座柱头及转角铺作二跳华栱下另加短柱支于下层结构上。梁栿断面已近正方形	图 1-43
19	曲阜奎文阁	明弘治十七年（1504年）	底层面阔七间 29.4 米，进深 五 间 18.1米	二层三滴水歇山顶	角科用附角斗	有暗层其斗栱出挑仍作平座状，襻间已化为檩、垫、枋三样，屋盖已作五、七、九举，平座上栏杆望柱上升为擎檐柱	图 3-146～3-150
20	南通天宁寺金刚殿	明宣德年间	面阔三间16.5 米，进深八架15 米	单檐歇山，屋盖高跨比1：3.1	五铺作单抄单下昂，补间用真昂，材厚13厘米、高21厘米	前后乳栿用五柱金柱用瓜楞柱，法式型月梁	图 9-13
21	苏州府文庙大殿	明成化十年（1474年）	面阔七间29.04米进深十二架19.09米	重檐庑殿	下檐四铺作、上檐五铺作双下昂，补间用真昂，上檐材厚11厘米、高16.5厘米	法式型月梁体系，但丁头栱演化为寒梢栱，推山法甚特殊，山面出现复水椽	图 3-126～3-128
22	泉州开元寺大殿	木构重建于明洪武及永乐年间（1389及1408 年），石柱为崇祯年间（1637年）	面阔九间41.3米总进深相当于 26架椽30.8 米	重檐歇山	殿身斗栱承古制，铺作数甚多，散斗满置，材厚11.5厘米、材高皆大于21分°	穿斗结构，瓜楞柱，屋盖有假厦做法	图 6-35～6-43
23	容县经略台真武阁	明万历元年（1573年）	底层面阔三间 13.8 米，进深 12 步架11.2米	三层三檐歇山顶	插栱、偷心造，下层出二跳华栱，中层出三跳华栱，上层出四跳单抄三重昂。斗栱与串枋关系甚具古风	穿斗式结构利用多层串枋穿檐柱，使出檐与金柱上荷载平衡，并设计成金柱悬于二层地板之上	图 6-172～6-173

序号	建筑名称	建造年代	尺　寸	屋盖形式	斗栱及用材	柱、梁、支撑等结构	参见图号
24	平武报恩寺大雄宝殿	明天顺四年（1406年）	面阔七间进深十架	重檐歇山	下檐七踩三下昂，上檐九踩四下昂，有隔架科承天花	明栿为抬梁式，草架仍为四川之穿斗	图6-52～6-54
25	曲阜孔府三堂	明弘治年间	面阔五间进深六架	单檐悬山屋盖高跨比已达1∶3	无斗栱	仍存叉手	图9-12
26	曲阜孔府重光门	明嘉靖以前	面阔三间进深二架	单檐悬山七举	由把头绞项作演变成一斗三升交麻叶，脊檩下襻间斗栱仍存	用担梁、垂莲柱出挑	图5-21～5-22
27	常熟彩衣堂	明隆庆万历年间	面阔三间15米进深相当于九架共14米	单檐硬山	柱檩之间用单斗只替或单斗素枋，梁下丁头栱已变形	法式型月梁并有彩绘，用船篷轩与人字轩	图9-14
28	常熟赵用贤宅	明万历年间	其中正厅面阔三间10.75米进深相当于九架10.64米	单檐硬山	柱檩之间用单斗只替或单斗素枋	正房用扁作，而厢房保留有具月梁斜项的圆作，用船篷轩与人字轩	图9-30、9-37
29	绍兴吕府永恩堂	明万历年间	面阔七间36.4米，进深十架17米	单檐硬山	仅在脊檩下保留斗栱	柱梁作，肥梁胖柱，直梁，圆作担保留丁华抹额栱	图5-66、5-67
30	徽州司谏第	明弘治年间	面阔三间7.9米进深六架6.7米	单檐硬山	插栱，栱厚近8厘米，补间铺作里转用上昂	柱为梭柱，大部断面近椭圆。穿斗体系，冬瓜梁，叉手及丁华抹额栱皆雕花	图9-31
31	徽州宝纶阁	明万历年间	面阔十一间29米，进深八架8.5米	重檐二层楼阁硬山顶	插栱、栱厚近8厘米	楼下用卷（轩）复水椽，穿斗体系，冬瓜梁，叉手等雕花兼有彩画	图3-123
32	徽州大观亭	明嘉靖年间	平面为不等边八角形	三重檐三层楼阁歇山顶	插栱厚约7厘米	上下柱不对位，顶层屋盖角梁后尾上延压于脊檩之下	图9-27、9-28、9-29

注释

[1] 关于层叠式、混合式及柱梁作的概念参见潘谷西《营造法式探索》一、二、三，《南工学报》1981，1983，1989建筑学专刊。

[2] 参见祁英涛《怎样鉴定古建筑》文物出版社1985。

[3] 平遥镇国寺建于五代而经清代重修，然经专家鉴定一致认为其五代形制与尺寸被完整地保存了下来。

[4] 见《明史》六八舆服志四，宫室之制。

［5］《明初的移民情况》,《文史知识》1989 年, 第 11 期。

［6］见《元史》六七·礼乐志第十八。

［7］见《明史》六八·舆服志四, 宫室之制。

［8］见《明史》六八·舆服志四, 宫室之制。

［9］转引自刘敦桢《关于灵谷寺无梁殿的一封信》《建筑历史理论》江苏人民出版社。

［10］见程建军《南海神庙》三,《古建园林技术》1989 年第 11 期。

［11］见南京工学院建筑系, 曲阜文物管理委员会《曲阜孔庙建筑》, 中国建筑工业出版社 1986 年。

［12］见姚承祖著《营造法原》, 中国建筑工业出版社 1986 年第 2 版第 17 页。

［13］徽州大观亭在歙县许村, 据民国歙县志载"大观亭, 明嘉靖年间许氏族人建, 隆庆间重修, 光绪间复修", 该亭多数构件已换过, 但个别斗栱为原物, 其缠腰做法, 勾栏做法及顶层构架仍为原来形制, 其满月状月梁亦可能是明末清初之物。

［14］见计成《园冶》卷一、三、屋宇。

［15］见计成《园冶》卷一、三、屋宇。

［16］见《营造法式》卷五"造梁之制"。

［17］见计成《园冶》卷一、三、屋宇。

［18］同［8］。

［19］同［15］。

［20］明孝陵方城有残洞, 显陵碑亭有木构残柱痕迹。

［21］祁英涛称慈氏阁法为"永定柱"似未能说明其结构特征, 故用"通柱"一语。参见《怎样鉴定古建筑》。

［22］见徽州府志清道光本, 卷八之二, "职官志", "名宦"及卷三之四"营造志"等。

［23］见南京工学院建筑系, 曲阜文物管理委员会《曲阜孔庙建筑》, 78 页, 中国建筑工业出版社 1986 年。

第二节　砖石建筑技术

一、砖石建筑发展的新高潮

元明时期建筑的一大特点是砖石建筑的蓬勃发展。这类建筑无论是在数量上、分布的广泛性上、技术水平上, 都是以前各时期所无法比拟的, 它的发展给传统建筑技术注入了新的因素。

我国砖石建筑的历史源远流长, 考古发现秦都咸阳遗址有烧窑址残迹, 据考证认为有可能使用了土坯砌筑的拱顶[1]。到汉代, 陵墓的地下墓室已基本形成了各种砖顶形式: 如平顶、叠涩顶、拱券顶、四面结顶等。目前, 有一种看法认为中国早期拱券的发展遵循这样一条线索: 从板梁式空心砖顶墓——斜撑式空心砖顶墓——折线式空心砖拱顶墓——带企口砖拱顶墓, 最后发展到半圆形小砖拱顶墓[2]。这种看法是根据起拱曲线的变化而归纳出来的, 但大量实例表明这种归纳是不确切的。因为首先, 在同一地区砖建筑遗址中看不到这种演变的规律, 相反, 实例却证明有颠倒上述排列的情形。如洛阳的半圆形小砖券墓在西汉中期就有先例, 晚期盛行, 最早则始于拱券形土洞内的衬砌。斜撑式空心砖墓的出现则在西汉末、东汉初[3]。而空心砖室实际上是仿木椁结构, 其作用也与木椁相同。晋人有直称砖室为"砖椁"的, 砖椁即是砖椁。因此, 空心砖室和小砖券室应是两个不同来源的产物, 它们之间没有承继关系, 但同向发展, 相互结合是可能的。墓中不乏空心砖室与小砖券室结合的例子[4]。

如果换一种方法, 按拱顶的承载情况来分析, 也许能更确切地说明我国早期拱券技术发展的脉络。在中原众多的汉墓中, 砖顶式样虽然很多, 但大部分都不承重, 地宫结构仅是按挖好的土洞内衬砌砖壁而成。虽然由于空间处理的要求有券、结顶等形式, 但其内壁与顶部起拱均用半砖砌，甚至1/4砖砌[5]，这只能属于自承重结构而非承载构件。这种砌作方法是否来自于窑洞技术，尚须考证。东汉后期，砖墓开始流行于各地，墓壁厚度有所增加（约用一砖），墓室的建造一般是挖开建好后再回填土，这表明砖砌体的承载能力也在增加。拱券承载变化同时体现在筒拱构造上，早期墓室多用并列式筒拱，券券相连，易于衬砌，但整体性差；稍晚渐被纵联式筒拱所取代，承载能力及稳定性能都得到提高（图9-51）。

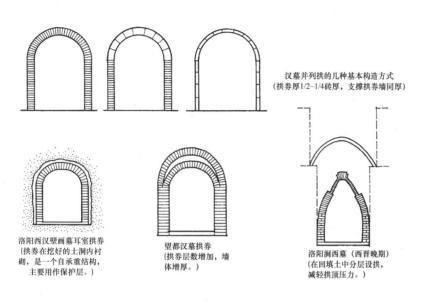

汉墓并列拱的几种基本构造方式
（拱券厚1/2~1/4砖厚，支撑拱券墙同厚）

洛阳西汉壁画墓耳室拱券
（拱券在挖好的土洞内衬砌，是一个自承重结构，主要用作保护层。）

望都汉墓拱券
（拱券层数增加，墙体增厚。）

洛阳涧西墓（西晋晚期）
（在回填土中分层设拱，减轻拱顶压力。）

图 9-51 中国拱券早期之发展（自承重结构——承重结构）

汉代以后，砖石拱券结构的优越性逐步被认识，广泛用在墓室、砖塔、桥梁、民居等建筑上，尤以晋、陕、豫一带用得最为普遍。但由于未能成为传统建筑的主要结构形式，另外又受粘结材料、施工支模等影响，长时间中技术发展十分缓慢。其间结构体系没有重大突破，主要成就是在用砖石材料仿木构建筑的式样上。

元代拉开了砖石建筑大发展的序幕。由于统治者建筑观念的不同，宗教的影响，域外工匠的流入和基于防卫、防火等实用目的，地面上的砖石建筑开始兴起。据考证，元上都主要宫殿就是一组砖券建筑[6]。一些伊斯兰教礼拜寺，由于受教义的影响和主持营建的多为域外工匠，其中的后殿往往是中亚地区常见的穹隆顶形式。如杭州凤凰寺大殿，由砖砌的三个并列穹隆顶组成，是回回人阿老丁所建。现存同期相似的实例还有河北定县清真寺后殿、河南开封延庆观玉皇阁、原北京崇文门外天庆寺内一浴室，故宫武英殿浴德堂等。元代还在全国兴建了不少砖构喇嘛塔，最著名的就是由尼泊尔匠师阿尼哥设计的北京妙应寺白塔，全部砖造，外部抹石灰，用砖量很大，精确优美的外形体现了当时已有较高的砌筑水平。元时用砖石筑城也逐渐普及，考古发掘出的元大都和义门瓮城门洞即为一例，门洞用传统的纵联拱形式，四券无伏。这表明虽在宋代《营造法式》中已有"缴背"之制，但在明代之前尚未形成定制。这阶段出现了新的穹隆顶结构的地面砖石建筑，而在此之前的传统砖石地宫技术中，并无半球形穹隆顶，至多只有与此相接近的"四面结顶"形式，如唐永泰公主墓、南唐二陵等，但这两者从营建技术上讲有很大差别。这种半球穹隆顶的砖石建筑和西域有着较多的渊源关系，可看作是元代这个多民族社会中外来建筑形式在中国的移植，但其后来并未得到充分的发展。而传统的拱券技术也正处于摸索阶段，在增加跨度等方面进行着尝试。

明代是我国砖石建筑发展的又一高潮，由于元代的开拓，地面上砖石建筑逐渐被人们所接受，并在实践中体会到这类建筑的优点，从而使砖石建筑在数量上大大增加。明初，统治者以恢复汉文化为标榜，对外来的东西有一定的排斥性，另外在明初的大量营建中，汉族工匠和军工在工程中是施工的主力，传统的砖石建筑技术和艺术被更多地使用，外来的技术逐步被融合。因此这时期砖石建筑以传统技术的筒拱为主。

明初砖石建筑的发展首先是由造城而兴起的，各地城池、南北两京的建设，都是规模浩大的砖石建筑工程。其他砖石类建筑，又以运用传统技术的无梁殿所取得的成绩最为瞩目。此时传统筒拱由于砖、粘结材料的发展，在技术上已基本解决了跨度问题（南京灵谷寺无梁殿中跨达11.25米），形成了券伏相间的纵列筒拱构造，采用支模施工，使拱券在外形上渐趋规整，多表现为半圆形筒拱。此外还有一种混合结构建筑的产生，如城楼、箭楼、钟鼓楼等，上构木楼，下筑砖台，或木构屋顶直接架在四面用厚砖砌成的承重墙身上。这类建筑注意了砖、石、木等材料的结合，形成了新的建筑形象。

明万历年间在砖石建筑技术上的突出成就是营建了一批砖拱结构、仿木建筑的无梁殿，现存实物计有五处八殿。在采用传统筒拱的技术实践基础上，已开始对拱券构造有进一步的认识，探究结构受力的合理性，变明初的半圆形筒拱为双心圆或三心圆式筒拱，但这种拱的式样与西亚装饰性较强的双心圆尖券、马蹄形券、火焰式券等明显不同，不是呈简单的尖券状而是一条比较圆滑的起拱曲线，这种形式最终对清代有很大影响。其承重墙体变薄，室内多设龛，并有变承重墙向集中承重柱发展的趋势，以利于扩大这类建筑的室内空间。从外墙到檐部逐步出现了程式化的砖构仿木手法，异型砖构件增多，加大了砌筑和拼接的难度。明代由于砖山墙开始普及，导致了一种新的屋顶形式——硬山顶的兴起和推广。

促使元明时期砖石建筑取得重大发展的原因大致有以下几点：

第一，认识上的发展。中国人的传统习惯是：地面用木构造房，地下用砖砌墓。地上的砖塔建筑在佛教中本意为"坟"，故而可用砖。这或许是受古代阴阳之说的影响，认为树木生长于阳光雨露之中，故视木为阳性材料；而砖取土于地下，属阴性。阴阳不同材料对应于不同性质的建筑——阴宅（墓穴、塔坟）和阳宅（居住与使用建筑），在人们概念上已形成习惯定势。而元代统一中原、中亚和西亚大片疆域后，促进了东西方文化的广泛交流。元代统治阶层主要是蒙古人和色目人，他们对砖石建筑的认识与汉族人不同，那些在宫殿、寺庙中经常出现的域外建筑式样，冲击着中国原有的传统建筑观念。但到明初，建筑又较多受到阴阳五行观念的影响。明太祖朱元璋曾说"……上至天子大臣，下至庶民，凡生天地能动作运用者，此之谓阳；天子郊祀天地祭岳镇海渎，诸侯祭境内山川，庶民祭祖宗，皆求其神，有名无形，有心无相，此之谓阴……"[7]。可见，在他看来无形之神谓之"阴"，延伸之，宗教崇拜中的佛、帝均可归为"阴"。考查一下明初的砖殿（包括厚砖墙包木构和无梁殿），都是用在祭祀一类的建筑。再后，由于这种观念有所淡化以及其特有的长处被不断认识，才逐渐普及到诸如宫殿、住宅、城楼等建筑类型中去。

第二，造城的刺激。大量性的长时期建造砖城，对砖及粘结材料的生产，砖结构技术的发展都是一个有力的刺激。砖城的兴建，实际是攻城火器发展造成的。史籍表明，火药广泛用于军事是入宋以后的事[8]。蒙古人灭宋后不久，又制成了金属火铳。火器的发达，必然引起防御系统的变革。元以前，北方城镇砖构城墙的还较少见，城门也多如《营造法式》中记载的"排叉柱上承木梁"做法。从元末开始，城墙城楼逐步采用砖石材料来防御火器。砖城体现出来的防火和坚固的特点，为以后无梁殿及其他砖建筑（如钟鼓楼、碑亭及各类建筑大门等）提供了经验。明无梁殿多用作藏经，这较之以前用金属柜、石经幢，安藏于砖塔内等方法更为理想。

第三，工匠制度的变化。从明代大型工程的记载来看，工匠的组成发生了很大变化，其特点是大量军士和囚犯参加营建工作[9]。这一变化为大规模建造砖石建筑提供了人力上的可能性。再则砖石构筑物操作技术容易掌握，除匠师外，对工人的技术素质要求不高，可充分征用军士、囚犯等劳作。明初的砖石建筑上反映出来的制作粗放的痕迹，也说明了这一点。

明代工匠制度的另一变化就是明初洪武年间开始实行的工匠南北流动制[10]。这一制度促进了砖结构技术的南北交流与提高。明代无梁殿外观为北方风格，但在细部装饰上又带有南方做法，营建匠师则多为晋、陕地方人。

第四，制砖和粘结材料的发展。明代建筑材料的生产获得了很大的发展和进步，数量上激增。明代建的长城及各地州县城所需砖量之大是前所未有的，单以临清一地来说，每年要烧制城砖120万块[11]。其次是制砖活动的普及，几乎遍及全国。在实地调查中可见，像山西这样燃料丰富的地区，几乎每个村镇都有窑址。另外明时遇大修建或特殊需要时，常采用"坐办"的方式[12]。明初应天城（南京）的营建，其砖来自周围的五省125县。这种"坐办"制，刺激了各地砖的生产。同时，一向不被重视的粘结材料——石灰生产也有大的提高。砖和粘结材料的发展与生产体制很有关系。明代商品经济的发展对促进砖瓦向手工工场生产转化，刺激民间制砖技术进步和增加产量有很大推动作用。同时，官府制定的官手工业制度也从内容与形式上保证了人员、规格和质量。如洪武二十六年规定"凡在京营造合用砖瓦，每岁于聚宝山置窑烧造，所用芦柴，官为支给，其大小、厚薄、样制及人工、芦柴数目，俱有定例。"砖瓦窑的劳动力许多是使用军士和囚犯，《明会典》"南京工部"条载："凡门禁、城垣损坏，留守等五卫把守官军，予于本卫立窑烧造砖瓦。"这种官手工业，还能占据最好的原料地，按土质的特点造制不同类型的砖，使各地的制砖技术得以延续。如山东临清土质细腻，长期作为城砖的产地；而苏州陆墓土质含胶体物质多，塑性大，一直生产皇宫内铺地用的"金砖"。

第五，漕运作砖瓦运输的保障。明朝海运多险阻，运输的重点在内河。永乐十三年，海运告停，漕运全由运河承担。为此，明代皇家御窑及专门为全国范围制砖的场所几乎都在运河两侧，如著名的临清窑、陆墓窑等。明代还对漕运船只规定了带砖量，如《明会典》记："洪武间令各处客船量带沿江烧造官砖于工部交纳。"对粮船、料船、沙船、民船等都有明确的带砖数量规定。这对于当时八千至一万条运河船来讲[13]，其所带砖量是极为可观的，这尚不包括专门的运砖船。水运之便无疑是促进明代各地砖建筑发展的因素之一。此外，满足建筑工期的要求也促使砖建筑的不断建造，明代北京皇家建筑所用木材，需到遥远的川、贵、湖、广一带去采伐，运费昂贵且延滞工期，相对而言，砖的备料要快捷得多，它可以在各地大量生产后利用漕运集中。施工时可以大量役使非技术工人，从而加快了建筑速度。明无梁殿的工期多则一两年，少则数月，有力地说明了这一点。

二、砖石建筑技术成就

（一）砖拱券与穹窿顶结构

砖拱券可以认为是砖梁柱体系中的"梁"，板柱体系中的"板"，没有砖拱券技术就不可能使砖建筑具有内空间，所以砖拱券在砖建筑发展的过程中起着主导的、举足轻重的作用。

元明时期的砖石建筑多为筒拱顶，它的技术水平主要表现在跨度，拱券受力形态，构造做法和承重墙这几个方面。

元以前的拱券跨度较小，很少有超过 3 米的。施工采用无支模，拱券近似于半圆形，但不很规整。到元明时期，已逐步采用支模施工技术，加上粘结材料与砖强度的提高，使拱券跨度得到了较大的突破，一般城门洞拱券跨度都要在 4～5 米。而在无梁殿中，最大跨度已超过了 11 米。

从结构上看，影响整个筒拱受力状况的是起拱曲线，它的变化反映了技术上的进步。明代砖建筑的起拱曲线线型是多种多样的，有小于半圆形的"坦拱"（南京灵谷寺的窗券、明鲁荒王藩王墓地宫等）、半圆拱（明初期无梁殿、山海关城门券、明大部分藩王墓地宫、定陵地宫等）、双心拱（明后期无梁殿、南京聚宝门等），在砖桥、窑洞上还有一些三心拱和抛物线形拱的例子，这个时代可谓是一个拱券砌筑多样化的时代。工匠们在营建的实践活动中总结经验，终于形成了比较合乎科学的双心圆拱，即后来清代《营造则例》中规定的矢高与跨度之半比为 1.1：1 的起拱曲线线型，并渐渐取代半圆拱而成为砖拱的主流。

拱券曲线的变化不仅有时间性，也有地域性。从桥梁的拱券技术来看，南北方的拱券使用是有区别的：江南一带拱桥多选用半圆拱，苏州偶尔也有椭圆形拱的桥，其源仍出于半圆拱而非蓄意为之；坦拱桥拱券系圆弧线的一部分，代表作为永济桥，抛物线形拱桥多见于山西，双心圆拱桥亦多存于北方，长江以南用者极少[14]。明初建都南京，拱券技术多受江南影响，所以实例中多用半圆拱；永乐移都北京，北方技术对拱券的影响日益增强，起拱曲线渐趋双心圆形。

据现代力学理论分析，倒置的悬链线应是最佳起拱曲线，作图表明，与倒悬链线最接近的是抛物线，其次为双心圆，按形营建也就能基本发挥出砖材料的力学性能，是比较理想的起拱曲线。半圆形线型离悬链线较远，当然不能算合理的线型，只是由于其施工、放样较为方便，才在砖石建筑上不断地得到使用。坦拱是小于半圆的拱，仅在明初少数建筑上运用，因拱坦则拱脚对侧墙推力就大，需要较厚的侧墙来平衡侧向推力。明时营造工匠不一定懂得深奥的力学原理，但起拱曲线的发展基本上是科学的、合理的（图 9-52）。

中西方建筑起拱曲线也存在着区别，明代砖石建筑与西方哥特式建筑比较，虽同是双心圆，但两者的圆心距相差甚大，引起外观上的迥然不同。从拱跨之半与矢高比值看，前者是 1：1.1，而后者是 1：1.732，因此哥特式拱券比我国传统拱券来得高耸。中西拱券的差别实际是由施工方式引起的，西方较尖的双心拱券比较易于肋骨拱的施工，而明时接近抛物线的双心圆拱则适合用支模的方式。

从明代开始，拱券都采用券伏相间的构造技术，使拱券自身的拉结强度得到增强，其构造规律一般为：荷载越大，券、伏数越多，

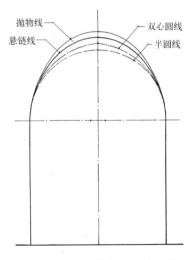

图 9-52　各种起拱曲线和合理的受力线

抛物线　　双心圆线
悬链线　　半圆线

反之则越少。城门、地宫券伏数多在三券三伏以上，最多达七券七伏（见表9-3）。用厚重的拱壳来承受巨大的荷载，在视觉上也能给人以稳定牢固之感。

城门、地宫用券伏数表　　　　　表 9-3

地宫：名称	券 伏 数
蜀 王 墓	五券五伏
庆庄王墓	六券六伏
益瑞王墓	七券七伏
安肃王墓	六券六伏
城门：名称	券 伏 数
山海关城	七券七伏
南京明故宫城	三券三伏
平遥城	五券五伏
雁门关城	五券五伏

明代无梁殿起券层数较少，据实测推算一般不超过二券二伏，属于薄拱形。

明无梁殿往往以小于墙体砖砌块的小砖来砌拱，好处是可以根据设计的受力曲线砌筑，小砖砌曲面可使砖面间的灰浆层比用大砖块砌的要薄而匀，厚度变化小。灰浆层的强度总是低于砖砌块，越薄、越匀就越利于提高拱券整体承载能力。再则小砖起拱降低了砖券自重产生的轴向推力，使承重墙厚度可大大减小，这是一种比较合理、经济的处理办法。因此在满足上部传递荷载的条件下，薄拱的优越性就表现出来了。但是如果拱跨比较大，则拱券、伏层数增加，这个直观的变化说明当时工匠对多券拱的分载能力有定性的认识。

筒拱承重墙需要解决的主要问题是如何抵消拱券的水平推力。明代无梁殿中除了用增加墙体厚度的方法外，还有三种较特殊的方式：

第一，上、下层或同层筒拱轴线相互成垂直布置。万固寺、隆昌寺、永祚寺、显通寺小殿及开元寺等处无梁殿的底层筒拱与上层筒拱成90°布置，好处在于减弱每堵墙的水平推力。其实是分力的处理办法。而筒拱垂直相交，又互为扶壁。

第二，依坡而建。后期无梁殿不少都是依坡而建，利用土坡来平衡掉一部分水平推力，这是一种省工省料的好办法，如万固寺（图9-53）。

第三，设扶壁。永祚寺和开元寺无梁殿都有扶壁的做法。人们通常对西方古建筑中各种扶壁造型留有深刻印象，但却很难联想到中国古建筑中亦同样出现过扶壁这种技术。其实早在魏晋时期的地宫中就出现过这种技术。将中西扶壁做一比较，可认为是各具特色，

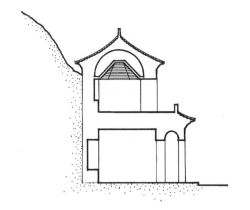

图 9-53　依坡而建的无梁殿

（山西万固寺无梁殿）

具有各自的地方性和民族性。中国的扶壁之所以没有引起人们的重视，究其原因，大概与无梁殿的建筑没有得到继续发展以及已造的有限数量未能形成成熟的时代风格有关。但扶壁在明无梁殿上的出现仍应被认为是中国砖技术的一大突破。

承重墙的厚度与拱跨之比约在一定的范围内变化，单拱为 0.33～0.5：1，连续拱为 0.13～0.15：1，当时有一部分无梁殿采用了连续拱的结构（如斋宫、显通寺小殿等），拱券相连互抵水平推力，使承重墙仅受垂直荷载作用而大大减小墙厚，这无论是从结构观点上还是从扩大建筑空间来讲都是一种进步。

传统的砖石建筑内部拱顶多为一道单独的筒拱，在碑亭、钟鼓楼中偶尔有十字拱出现。但中国的十字拱实为两道垂直筒拱叠加，而不是为追求大空间和以柱代墙的产物，因此传统十字拱建筑的平面上，四角仍是极其厚重的实墙。虽然侧推力已相对减少，但没有结构上的创新。在地宫等处中如遇筒拱相交，一般处理都把这两道拱建造得一大一小，一高一低，技术上还是一个单独的筒拱，这是我国传统砖石建筑结构技术上的一大缺陷，也使得以后的拱券建筑承载体系没有像西方同类建筑那样由实墙演变成柱，因而停滞了它的发展进程。

元明时期我国穹隆顶建筑与汉唐地下基室中使用的结顶形式有很大的不同，基本上是属于西域系统的[15]。穹顶技术的关键在于穹顶的圆形平面与墙体方形平面之间的交接。这个时期内地的穹顶都采用叠涩出跳形成穹隅来解决方圆过渡问题；新疆地区的穹顶往往是在墙顶四角用球面穹隅或券龛把方形平面渐变成为圆形平面。上述两种方法都深受中亚穹顶方圆衔接处理手法的影响（详见本书第六章第五节）。由于穹顶主要依靠沉重的厚墙来平衡其水平推力，其墙厚往往超过筒拱结构的承重墙，从而使建筑物的平面布置与空间利用受到很大限制，所以明后期以后就很少再应用了。

（二）砖的制作与砌筑

明代在制砖过程中，产生了专门的制砖工匠，技术比较复杂的烧窑工作由经验丰富的"陶长"负责，这可以从宋应星的《天工开物》和张问之的《造砖图说》等明代专门记述砖生产的著作中得到证实。

专供宫殿中用的苏州陆墓金砖是明代制砖中最为考究的一类砖，它的制作技术相当复杂，其过程大致可分为以下几个步骤：

选土——"其土必须取城东北陆墓所产干黄作金银色者"[16]，造砖取的是陆墓当地土质细腻并有黏性的黄泥土，这种年代久的黏土密度、结构强度、压缩性、透水性都很大。从距地表 3～5 尺深的地方取出生土（浆泥），在当地称"起泥"。

熟化——"掘而运，运而晒，晒而推，推而舂，舂而磨，磨而筛，凡七转而后得土"[17]。黏土挖掘出来后，需在露天堆放一段时间（一般需半年），经日、雨、冰雪作用，黏土粒内部发生化学风化，使原料中的水分分布均匀，提高原料的可塑性，并溶解一部分可溶盐，减少杂质，从而使其技术性能得到改善。然后在阳光下晒到完全干透为止，再用粗碓、中舂、细磨的方法，使之成为细粉，用筛子筛去其中的砂石，得制砖的纯土。

滤浆和泥——"复澄以三级之池，滤以三重之罗，筑地而晾之，布瓦以晞之，勒以铁弦，踏以人足，凡六转而后成泥"[18]。在专设的水池中，将土粉变成泥浆而沉淀，并多次过滤，这样的制砖用土颗粒小，比重大，制成的砖亦重。将"澄浆"后的泥取出，人力和合，晾去水分，成为合适的制砖泥。

制坯阴干——"揉以手，承以托版，研以石轮，推以木掌，避风蔽日，置以阴室，而日日轻筑之，阅八月而后成坯"[19]。《天工开物》记"造方墁砖，泥入方匡中，平板盖面，两人足立其上，研磨而坚固之"。在板模中（常用杉木，不易变形）做成砖坯，并用石轮在表面打光、修整、脱模。由于可塑性高的黏土干燥收缩值大，一般为5%～12%，干燥时如脱水快，收缩也快，易产生内外不均匀收缩而出现裂纹和变形，很难使砖大小一致，因此坯需阴干约八个月，最佳程度是晾到土坯表面发白，才能进窑烧制。

烧窑和窨水——"其入窑者，防骤火激烈，先以糠草熏一月，乃以片柴烧一月，又以柴棵烧一月，又以松枝柴烧四十日，凡百三十日后窨水出窑"[20]。这一工序是制砖的关键所在，进出窑要四个多月。由于金砖密实要求高，烧结要良好，不然就不能达到均匀焙烧的目的，易产生变形。陆墓窑一般由火塘、窑室、烟囱三部分组成。窑室高度大于其平面长度，为倒焰窑。窑顶用近似三心圆曲线窑券，可使窑室内温度尽量一致。砖坯入窑放置也很讲究，这主要是为了让火焰能在室内回流，使各排砖均匀受热。不断变换的燃料是为了让窑内温度逐步提高。用糠草烧主要使砖坯内掺合水逐渐挥发掉，温度约在110℃左右。换成劈柴后，温度提高到350～850℃间，这时，坯内矿物分解，剩下的碳质被氧化烧尽，经过这一阶段烧制后坯已是不再溶于水的脆性制品，孔隙率大，这一阶段为氧化期。此时换能产生高温的燃料松枝等，使黏土中的易熔颗粒熔化，注入坯的孔隙间，使坯体变得密实，体积收缩，强度增大，这一过程称为烧结，温度约900℃以上。当砖坯在高温烧结时，减少入窑空气，把窑顶透气孔用泥封死，使燃烧不完全，转入还原气氛，这时坯体中红色三价铁（Fe^{+++}）被还原为青灰色的二价铁（Fe^{++}），火焰中大量的游离碳素又可通过坯体的气孔渗透入内。继续升温到1000℃左右，直到还原作用完成。烧火要掌握火候，缺火则曰嫩火砖，遇风雨易散；过火则变形厉害，只能作墙脚。烧结完成后进行我国制砖工艺独有的一道工序——窨水。方式是：将火塘和窑顶用砖封死，然后在窑顶积池放水，池中的水得保持一定体积，渗水也得保持一定的速度，快了砖易"伤"，出窑后发脆；慢了则砖的颜色发黄发红，因此窑工需不停地给顶池加水。其原理是由窑顶渗入的水，在窑内遇高温即化为蒸汽，蒸汽压力保证在窑温逐步下降的情况下，窑内不会出现"负压"，窑外空气不能进入窑室，窑内的还原气氛可一直保持到冷却，防止坯体中低价铁重新被氧化，这一过程又叫"转锈"。

成品检验：出窑的砖，"或三、五选一，或数十而选一，必面背四旁，色尽纯白，无燥纹无坠角，叩之声震而清者，乃为入格"[21]。由此可见金砖制造之精细和艰难。合格的金砖表面还需用一层软蜡密封，成品呈烟黑色。

宋代《营造法式》在"用砖"一条中，就列出了八类砖，规定等级高的房屋用砖要大，反之则小，体现着中国建筑的等级观念。元明砖建筑同样如此，明时用砖最大的建筑是城墙，次则无梁殿，大殿用大砖，小殿用小砖（见表9-4）。

无梁殿砖尺寸、比例及砌法表 表9-4

殿 名	灵 谷 寺	斋 宫	皇 史 宬	万 固 寺	永 祚 寺	宝 华 寺
墙身砖尺寸（厘米）	45.5×20×10.5～8	墙裙砖44×21.5×9 台基砖44×22×10	45×22×11.5～10.5	35×18×6	34×18×7	33×？×7
比 例	4.5：2：1	4：2：0.9	1：2：1	6：3：1	5：2.5：1	5：？：1
砌 法	梅花丁法	三顺一丁	梅花丁法	多顺一丁错砌	顺砖错砌	不规则，基本为顺砌

殿　　名	显通寺(大殿)	显通寺(小殿)	开　元　寺	万　年　寺	琅　琊　寺	保　安　寺
墙身砖尺寸 (厘米)	36×17×7	35×17×6	41×20×11 起拱砖： 33×15×8.5	不　详	38×16×8	31×14×6
比　　例	5：2.5：1	6：3：1	4：2：1	″	5：2：1	5：2.3：1
砌　　法	一顺一丁	顺砖错砌	顺砌,常有大小砖 调整,砌法不规则	″	砌法较乱, 并杂有石块	两顺(或一顺一丁) 加一排立砖

明砖的长宽比为2：1(此比例便于顺丁搭接砌筑),各地所征的砖尺寸略有偏差,但仍在灰浆的可调整范围之内,这是由于砖在烧制过程中不可避免的变形所致。再则砖的厚度与其使用功能有关：城砖厚度较大,砖大块重,如西安城墙用砖每块重36斤,砌筑虽费力,但施工快,砖墙整体性好;无梁殿墙身用砖厚度较小(参见表9-4),大概是考虑民间劳力的砌筑方便。而无梁殿拱券用砖的尺寸又较墙身砖为小,这使曲面砌筑较为容易达到美观和耐久的标准。无梁殿各殿砖的规格较多,也说明除了官方有规定外,各地有各地的制砖规制,一般都小于官制,这和建筑等级、土质、出窑合格率、窑工水平等都有关系。

明初各城墙的砌法基本一致,都是"梅花丁"式(每皮一顺一丁式),这种砌法适合于外皮用整砖里面用土坯或碎砖填充,可节省用料。在荷载不同的地段砌筑,通常设贯通沉降缝,如城门与城墙的交接处。山西平遥城是明初建的一个县级城池,其砌筑方法即有地方性,非梅花丁法而是每皮多顺一丁,这种做法在晋陕一带比较普遍。保安寺无梁殿顺、立砖间隔砌的方法在江南流传较广,源于土坯建筑。南京的南唐二陵墓室以及万历年间镇江圌山塔等均有立砖砌法,这与明代以降南方流行的空斗墙砌法有着密切关系(图9-54,9-55)。

无梁殿上的砖不像以往认为的那样有统一的比例(主要指厚度的变化较大)关系。砌筑的方式是尽可能避免通缝。随着砖建筑上仿木构装饰的增加,用异型砖的地方就多了起来,这给砌筑增加了难度。斗栱往往是一层层特制异型砖拼砌而成的,这种异型砖的厚度与条砖相同,但长宽均按设计而定,各层出挑的栱就相当于"丁砖",比普通叠涩拉结要好。复杂的砖斗栱为减少拼接,栱长至多有两种,即瓜栱和万栱的长度。同一平面上前后一短一长栱常制成一块异型砖,增加每攒斗栱的整体性。砖斗口尺寸与整座殿及其他构件大小没有内在联系,已丧失了作为建筑尺度和模数的意义(图9-56、9-57)。壁柱等装饰构件,按上下错缝的原则平砌异型砖,只有阑额多用立砖垒砌。挑檐檩用两块半圆的砖拼成圆形,挑檐檩与枋之间用燕尾榫连接,这是砖构建筑上少数能见榫卯的地方。

(三)粘结材料

我国虽早就有了砖砌体,但长期缺乏良好的粘结材料,这就给砖建筑的发展以很大的限制。中西砖建筑之间的一个重要差别,就是使用了不同的粘结材料。

西方有着许多的天然粘结材料,为砖建筑发展为大跨、多跨提供了得天独厚的条件。如西亚盛产石油,因而给古西亚砖建筑提供了沥青这种强度很高的粘结材料。古罗马拱券建筑的发达,也完全依赖当地盛产一种火山灰,加上石灰和碎石后,形成高强材料——天然混凝土。混凝土的使用不仅给大跨拱券提供粘结材料,还带来一个附加影响,可大量使用没有技术的奴隶,使大型工程的营建成为可能。新疆的砖建筑用当地盛产的石膏做粘接材料,烧制石膏较石灰为易,快凝高强,这是促使当地砖建筑发达的原因之一。

图 9-55　镇江圌山塔立砖砌法

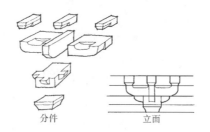

分件　　　　　　　　立面

图 9-54　南京聚宝门"梅花丁"式砌法

图 9-56　无梁殿砖斗栱构造图

而中国内地在唐以前的砖建筑上大多用黄土作粘结材料，这是一种强度极低的材料（用现代抗压强度标准来定，其标号为零），用这样的粘结材料来建造大跨度的拱券显然是不可能的。直到宋代，砖建筑中以石灰为粘结材料的例子才渐渐多起来。当时作粘结材料的是石灰加黄土或黄沙混合而成。明代则是粘结材料发展的成熟时期，砖建筑中普遍采用石灰或石灰加有机物作粘结材料，从而促进了无梁等砖建筑的发展。

明代《天工开物》对当时的粘结材料石灰的制作有所介绍，其烧造方法同于造砖瓦之煤炭窑[22]。砌造时按不同需要加入各种调和物，如"凡灰用以砌墙石，则筛去石块，水调粘合。甃墁则仍用油灰。用以垩墙壁，则澄过入纸筋涂墁。用以襄基及贮水池，则灰一分入河沙黄土二分，用糯米、粳米、羊桃藤汁和匀，轻筑坚固，永不隳坏，名曰三合土"[23]。从记述看，当时建造高强度的建筑，其粘结材料偏向于采用无机材料和有机材料相结合的混合材料。这是一种很好的创造。羊桃藤在江南山区分布较广，当是常用之物。据调查还有其他几种混合粘结材料，如桐油石灰、糯米汁石灰、血料石灰、白芨石灰及米醋石灰等。明代南京城，重要部位用的就是糯米汁石灰，外观呈白色。

中国古代还有将金属作为粘结材料的，如一些墓门与拱券缝中，常嵌有铜钱或铁片，这是因为铜、铁生锈后变成氧化铁和氧化铜，体积膨胀，粘着在拱砖上，使拱券更为坚实。在明十三陵的定陵地宫中，有用铁汁浇灌拱券缝的实例。

（四）石构技术

我国石建筑的结构方式向两个方向发展：一是发挥石材的抗压性能优势，建造砖石混合或纯石料拱券建筑，这类较多地出现在北方；另一种是用石梁、石板、石柱做成仿木构的梁柱体系建筑，这类较多地出现在南方。后者虽不能充分发挥材料性能的优势，但与传统木构建筑的意念相仿，因而也得到了较多的发展。

石拱券和砖拱券除有许多共性外，还各有其个性。由于石砌块一般都较大，砌筑时可用长边发券，也可用短边发券。从实例来看，一般跨度小的、券上荷载轻的用长边发券；跨度大、荷载重的用短边发券。前者如一些小型城门和石桥，后者多如地宫建筑。这主要是出于建造的方便和受力状态不同来考虑的。石券构筑往往也有好几道，每道厚度相等，但砌缝错开。太仓五座元代石桥，较典型地反映这时期该地域的石拱券技术。桥孔都为半圆拱，由弧形石叠砌成并列式石拱结构，券石有榫，为使结构牢固，诸桥都做成起拱处宽而拱顶窄的形式（图9-58）。

图9-57　五台山显通寺无梁殿屋角斗栱构造　　　　　图9-58　太仓皋桥桥拱有榫券石

元明时期梁柱式石建筑沿"柱——梁——板"体系发展，它的最大变化在建筑的上部，即屋顶和斗栱上。元及明初的石建筑，一攒斗栱就是一块石料整体雕凿而成，仿木构往往做得很逼真，如武当山元代的天乙真庆宫石殿，歇山顶完全仿木构做出曲线和起翘，整刻带斜栱的每攒斗栱，这些石建筑优点是仿木逼真，缺点是费工，斜曲的屋面有下滑的趋势，受力状态欠佳。明中后期始，从徽州石牌坊和万历年间建的庐山赐经亭来看，石建筑的基本构件产生了变化，石斗栱成为纵横相交的条形构件，屋面呈现折板状，檐板往往水平而金板比木构金步架更陡（这类石板顶建筑多为悬山顶和歇山顶），折板形屋面更符合受力原理，而条状的斗栱等装饰构件也更易于加工。在《营造法原》中还有记载这种屋面的嫩戗做法，说明这种变化在南方影响更为深远。

三、明代的无梁殿建筑

明代无梁殿的形制、技术与式样随时间、地域的不同而有所变化。概括地说，早期无梁殿等级高，体量大，外表简洁，墙身素砌，无木构装饰，整体造型质朴雄壮，筒拱起拱曲线为半圆形。中期无梁殿体量趋小，装饰成分增加，平座、栏杆，雕饰仿木构，风格统一，内部拱券形式多用尖券。晚期无梁殿，受当地建筑风格影响，形制各异，其发展已过鼎盛时期，而处于杂变阶段。

（一）南京灵谷寺无梁殿

此殿为明初著名的灵谷寺正殿，在明代诸无梁殿中，当推此殿建造年代最早（洪武至嘉靖年间）[24]，规模亦最大。据史料记载，明清间曾有数次修缮，20世纪30年代一次大修，将屋顶承重结构及斗栱改为钢筋混凝土[25]。

现殿为重檐歇山顶，平面53.3米×37.35米，殿前有月台，后有甬道，正面三门两窗，背面三门，两山墙各开三窗，门窗皆用三券三伏的拱券，拱券表面贴有水磨砖板。屋顶正脊上立有三小喇嘛塔,中间的小塔塔基为中空,在殿内仰视拱券正中见一个八边形的亮孔。内部结构为券洞式。正面广五间,每间一券,侧面进深三间,各为一列半圆形筒拱,中列最大,跨度为 11.25 米,净高 14 米;前后间券洞跨度各为 5 米,净高 7.4 米;其他券洞的跨度为 3.35 米,净高 5.9 米(图 9-59~9-62)。该殿的拱券有几点比较特殊:其一,窗上拱券不很规则,有小于半圆形的坦拱,说明小拱券的砌筑仍采用无支模法;其二,窗洞三券三伏的券起不在同一水平高度,而呈阶梯状的发券;其三,室内拱券的起拱处与墙体交接处错 2~3 厘米,这可能是为了施工发券和支模的方便。

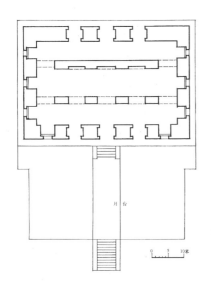

图 9-59 南京灵谷寺无梁殿平面图

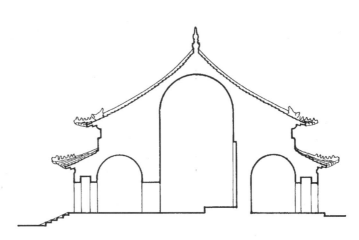

图 9-60 南京灵谷寺无梁殿剖面图

图 9-61 南京灵谷寺无梁殿外景

图 9-62 南京灵谷寺无梁殿内景

(二)北京天坛斋宫

斋宫大殿始建于永乐十八年[26],后代历次修葺,有记载的为明嘉靖九年、清雍正三年、乾隆七年、嘉庆二十四年。

该殿为单檐庑殿顶,屋顶用黄琉璃筒瓦,角脊用走兽七件,等级较高。殿座于一层砖台基之上,前有月台,后有甬道,周围围以石栏杆。殿的外观为面阔七间,进深二间,正面当中五间各开一门,当心间门稍大,其余四门大小相同,背面正中开一小门,山墙实砌无窗。所有门洞均为木过梁式矩形门,是明代无梁殿中的孤例。此殿在额枋以下用砖素砌,施土红色粉刷,墙裙部分

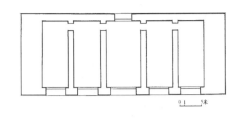

图 9-63　北京天坛斋宫平面图

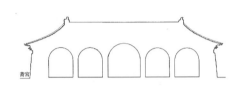

图 9-64　北京天坛斋宫纵剖面图

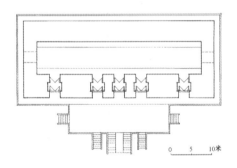

图 9-65　北京皇史宬平面图

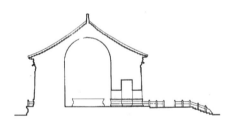

图 9-66　北京皇史宬剖面图

图 9-67　北京皇史宬外景

则为磨砖露明砌造。内部结构为纵向并列的五个连续半圆形筒拱，各间开一小门连通，两梢间实为厚山墙。此殿是明代无梁殿用纵列拱结构的现存最早实例，而在此前的灵谷寺无梁殿等均采用横拱结构（图 9-63、9-64）。

（三）北京皇史宬

皇史宬在明时的"东苑"内。是仿照古代"石室金匮"之意修建的一座"不用木植，专用砖石垒砌"的防火档案库房[27]。始建于嘉靖十三年（1534 年）七月，完成于嘉靖十五年七月，清代曾进行几次小规模的维修。

皇史宬是一处四合院建筑，总面积达两千多平方米。门和大殿均为砖构，左右两配殿为砖构外形，内用砖木混合结构。大殿建在高 1.42 米的石造须弥座上，前有月台，月台正侧三面有台阶，台基四周环以精美雕凿的汉白玉栏杆，栏杆望柱下有螭石，在现存无梁殿中，此殿台基的等级是最高的。殿的外观为面阔九间，进深五间。单檐庑殿顶，黄琉璃筒瓦，戗脊用琉璃走兽九件，等级很高。大殿在大小阑额之上完全用石料仿木造飞椽、檐椽、斗栱、阑额、柱子等构件，阑额之下则用青砖磨砖砌出墙身，墙裙部分是汉白玉造的须弥座。殿正面开大小相同的拱门五个，中间三间各设一门，然后隔间再对称开门。砖门券上均贴有水磨砖板。整个立面构图主次分明。山墙上各开一窗，窗外观矩形而内部实为圆拱形。殿背面无门窗洞。殿内部结构为一横向半圆形大筒拱，跨度 9 米，拱顶距地面约 12 米，前后檐墙作为受力墙，厚达 6 米（图 9-65～9-67）。

（四）山西中条山万固寺无梁殿

万固寺在山西蒲州东南数十里地的中条山脚下。建于万历十四年（1586 年）至十八年，轴线为东西向。寺内现存山门、药师洞、塔及后殿均为砖构，是一处几乎全都由砖殿组成的寺院，为僧妙峰所建，其形式对以后的无梁殿有着深刻的影响。

建筑形式最为丰富的后殿较以前的无梁殿要复杂得多。该殿外观分为三部分：正中为三开间的两层歇山顶楼阁，正面各间设一拱门，墙上出现了壁柱、垂莲柱等仿木构件，二层设平座，栏杆已毁，正中双层殿和两侧殿间设八字砖雕照壁过渡；两侧是与中殿对称的两座单层三开间无梁殿，明间用券门，梢间用券窗，墙面素砖平砌，据寺内碑文记载，其上部原各有三间券棚。侧殿外侧仍用八字照壁作为结束。殿内空间也较早期无梁殿有了变化：正中底层前部有一较窄的横向筒拱形成的廊间，后接三个连续纵向筒拱构成的三间房。楼梯从廊间穿山墙到达二层。二层三间缩进留出平台，因此正立面上上下结构外墙是不对齐的；中殿上层在一横向筒拱下划分成三个相连正方形空间，各间均在大筒拱下砖砌不起承重作用的斗八藻井；两侧殿内部结构为三个大小相同的连续纵向拱组成。此组殿的当心间正中用一斜栱，是这类建筑中最早实例，整组建筑砖雕丰富而繁多（图9-68、9-69）。

（五）山西太原永祚寺无梁殿

永祚寺位于太原市郝庄村南，其中无梁殿建于明万历二十五年（1597年），为僧妙峰所建。

寺平面布局为四合院，坐南向北。两侧禅堂和客堂为长条形五间厢房，外观仿砖殿，内实为砖木混合结构。无梁殿是寺中的大雄宝殿，供奉释迦牟尼、阿弥陀佛铜铁铸像。在大殿之上置观音阁，也称三圣阁，整组建筑均用青砖磨砖砌筑，风格协调一致。大殿外观两层，歇山筒瓦顶底层面阔五间，上层为三间，进深上下层都为二间。但上、下层平面在结构上是不对齐的。所有门窗均为拱券形，正立面用壁柱、垂莲柱等装饰。大殿两侧紧靠两座三开间单层平顶无梁殿，与两侧厢房围合成一小院，上二层的楼梯就设在小院内。两个楼梯对称盘旋通过单层无梁殿顶而达二层。这种形制似还未受到我国宋、明砖塔楼梯"壁内折上式"的影响，而与当地民居室外楼梯上平台的做法相同。殿内空间复杂，底层中三间为一横向筒拱，两梢间各为一纵向筒拱，二层三间顶部为一横向筒拱，但正中一间在筒拱下再作砖叠涩斗八藻井（图9-70～9-73）。

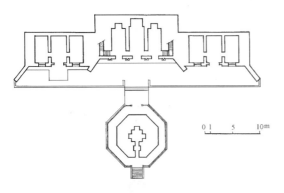

图9-68 山西万固寺后殿总体平面

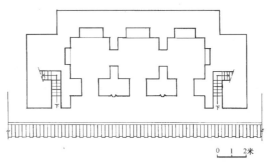

图9-69 山西万固寺后殿二层平面

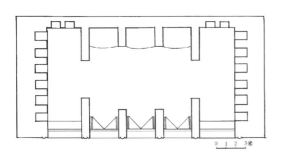

图9-70 山西太原永祚寺无梁殿底层平面图

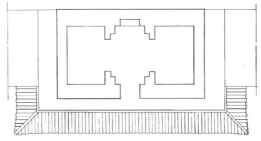

图9-71 山西太原永祚寺无梁殿二层平面图

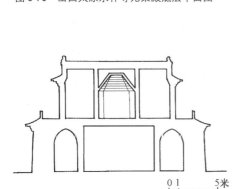

图9-72 山西太原永祚寺无梁殿剖面图

图9-73 山西太原永祚寺无梁殿外景

（六）江苏句容宝华山隆昌寺无梁殿

隆昌寺内现存文殊、普贤两小砖无梁殿，建造于明万历三十三年（1605 年），为僧妙峰所建。两殿大小、形制完全相同，据载两殿最初是供作藏经之用。此殿外观为两层的单檐歇山殿。面阔三间，进深二间，上下层平面基本对位，尺度为明代同类建筑中最小的。殿正面底层为一门两窗，拱券形，二层为三个矩形窗。正侧三面平座已演化为浮雕形装饰。因体形较小，墙面上不用壁柱，每间仅施以垂莲柱。殿内做法简单，上下层均为一道横向尖券筒拱，楼梯布置在山墙内，构造方式同于塔内使用的"壁内折上式"（图 9-74～9-77）。

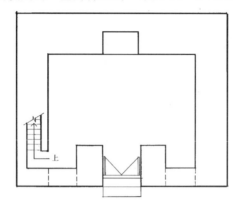

图 9-74　江苏宝华山隆昌寺无梁殿底层平面图　　　　图 9-75　宝华山隆昌寺无梁殿二层平面图

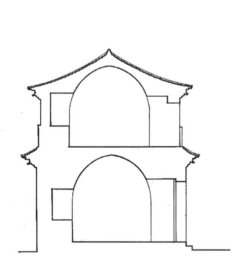

图 9-76　宝华山隆昌寺无梁殿横剖面图　　　　　图 9-77　宝华山隆昌寺无梁殿外景

（七）山西五台山显通寺无梁殿

寺内现存三座无梁殿，一大两小，呈品字形分布，都建于万历三十四年，为僧妙峰所建。

三殿均为二层的歇山建筑。大殿面阔七间，进深三间，小殿面阔三间，进深一间。立面上用壁柱、垂莲柱，皆用装饰性平座，门券部分施砖雕。大殿内分三间，实在一横向筒拱下，此拱跨度为 9.5 米，仅次于灵谷寺无梁殿拱跨，底层正中间用四角叠涩砖斗八藻井，上铺木板形成两层。小殿内部下层为三个并列纵拱，中间稍大。二层三间在同一横向筒拱下。三殿登楼方式不尽相同，大殿楼梯从两旁尽间（实为厚的山墙）进入，同"壁内折上式"；小殿因建于台地上，殿后的台基与二楼楼面平，因而在二楼山墙上开一门，从其后的台基经过底层的披檐直接进入二层，小殿内上下层不相通（图9-78～9-89）。

（八）苏州开元寺无梁殿

此殿名藏经阁，建于明万历四十六年（1618年），清道光九年重修。其外观近似永祚寺与显通寺的无梁殿，为两层歇山殿，面阔五间，进深三间，正背两面完全相同，有壁柱、垂莲柱及砖雕平座等装饰。殿内部拱券结构形式完全同永祚寺大殿（图9-90～9-93）。

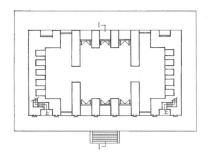

图9-78 五台山显通寺大无梁殿底层平面图

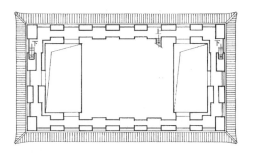

图9-79 五台山显通寺大无梁殿二层平面图

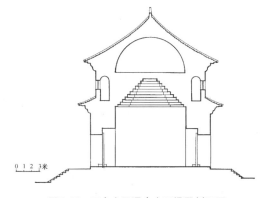

图9-80 五台山显通寺大无梁殿剖面图

图9-81 五台山显通寺大无梁殿外观

图9-82 五台山显通寺大无梁殿底层檐部

图9-83 五台山显通寺大无梁殿壁柱柱础

图 9-84　五台山显通寺小无梁殿立面图

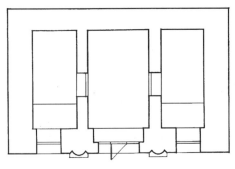

图 9-85　五台山显通寺小无梁殿底层平面图

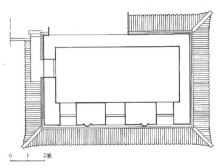

图 9-86　五台山显通寺小无梁殿二层平面图

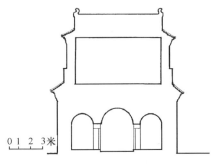

图 9-87　五台山显通寺小无梁殿纵剖面图

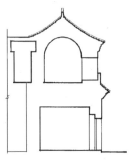

图 9-88　五台山显通寺
小无梁殿横剖面图

图 9-89　五台山显通寺小无梁殿外景

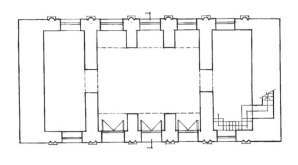

图 9-90　苏州开元寺无梁殿底层平面图

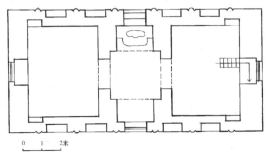

图 9-91　苏州开元寺无梁殿二层平面图

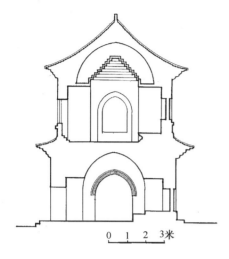

图 9-92 苏州开元寺无梁殿剖面图

图 9-93 苏州开元寺无梁殿外景

（九）峨眉山万年寺无梁殿

该殿建于明万历二十八年至三十年，是明无梁殿中形式较为特殊的一例。此殿平面为正方形，15.6米×15.6米，殿高16米，墙厚3.2米，内部空间高跨比接近1，方形平面砖墙和半球形穹窿砖顶交接，先用抹角叠涩在四角分三层叠出八边形平面，再用抹角叠涩的方法形成十六边，最后成为三十二边形平面，在其上起穹窿顶。此殿的面阔与进深均为三间，墙面素平无壁柱，以垂莲柱划分开间，正、背面为一拱门二假拱窗。砖斗栱上承挑檐檩（以上部分为后世修改），挑檐檩上不是常见的屋顶形象而是在方形台座上，四角各立一喇嘛塔。中间层顶部分分四段：底座为四方台体，角坐吉祥兽；二层为圆台体，三层为半球体，顶部再高耸一喇嘛塔（图9-94、9-95）。

（十）安徽滁县琅玡山无梁殿

该殿位于滁县琅玡山顶，营建年代不详，根据现存形式判断，应是明末作品。

此殿内部结构形制特殊，在殿内已取消承重墙面改用四根大柱，体现了砖建筑的一种进步趋向。砖柱用束柱状，颇有西方高直建筑的风格，内部拱券类似于交叉拱，只是三列两向度垂直拱顶不在同一高度上，殿前有一横筒拱券顶的拱廊。外观五开间，单檐硬山顶，内部采用了砖制月梁、丁头拱等装饰（图9-96～9-98）。

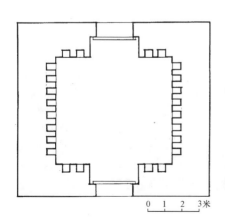

图 9-94 峨眉山万年寺无梁殿平面图

图 9-95 峨眉山万年寺无梁殿外景

（十一）无锡保安寺无梁殿

该殿建造年代约在明末清初之际，现损坏严重，仅存一开间。根据左右两端都有倒塌痕迹来看，此殿至少应有三间。内部结构为横向两个大小相同的连续筒拱，纵向隔墙与受力檐墙在砌造时完全分开，相互间没有拉结，受力檐墙也较薄（1.6米），大概这么薄的墙承受不了水平推力，所以两端出现倒塌现象。殿砖块砌筑用"玉带砖法"，砖雕仿木装饰多为江南风格（图 9-99～9-101）。

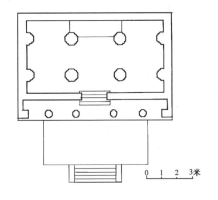

图 9-96 滁县琅玡山无梁殿平面图

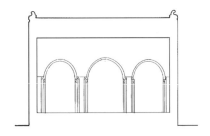

图 9-97 滁县琅玡山无梁殿纵剖面图

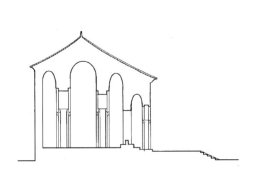

图 9-98 滁县琅玡山无梁殿横剖面图

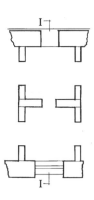

图 9-99 无锡保安寺无梁殿残存平面图

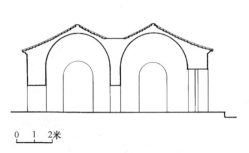

图 9-100 无锡保安寺无梁殿剖面图

图 9-101 无锡保安寺无梁殿外景

注释

[1] 参见《中国古代建筑技术史》第八章第三节。

[2] 刘敦桢《中国古代建筑史》第三章第七节。

[3] 见《洛阳烧沟汉墓》科学出版社 1959. 12。

[4] 参见 "洛阳西汉壁画墓发掘报告"《考古学报》1964. 2 和《洛阳烧沟汉墓》。

[5] 同 [3]。

[6] 参见 "中国建筑发展的历史阶段"（梁思成，林徽因，莫宗江）《建筑学报》1959. 2《内蒙古文物资料选辑》和《文物》1961. 9。

[7] 明洪武四年《御制蒋山寺广荐佛会文》，载《金陵梵刹志》。

[8] 参见《中国史稿》北宋在开封设置 "广备攻城作"，是一个制造战争物资的国防工场，其中有火药，沥青，猛火油等十一目。

[9] 据单士元《明代营造史料》论："军士供役营造，会典并无明文，但每有营建，军士供役人数，皆几占基本半，而内府更任意需求。""因人供役，系以工代罪，其制始于洪武。"

[10] 参见《明史》。

[11] 转引自陈诗启《明代官手工业的研究》。

[12] 引自《天下郡国利病书》卷 32，"江南二十"。

[13] 参见《漕运史话》(中国历史小丛书)。

[14] 参见《刘敦桢文集》。

[15] 刘致平《中国伊斯兰教建筑》。

[16]～[21] 引自明嘉靖年间在苏州主持制砖的工部郎中张问之撰《造砖图说》。

[22]《天工开物》上的煤炭窑没有一个固定的外形。做法是：先在堆积的芦柴等燃料上，排上一层直径五尺的用煤屑做成的煤团，再在上面排着一层要烧的原料，再在上排炭团，层层交错，堆成馒头状，然后在下面的薪炭上点火烧制而成，这是把原料和燃料一起焙烧的原始而不经济的方法。

[23] 转引自《天工开物》。

[24] 参见刘敦桢《南京灵谷寺无梁殿建造年代和式样来源》载《建筑历史与理论》第一辑和《祁英涛古建筑论文集》第五章第一节。

[25] 见《灵谷禅林志》，20 世纪 30 年代大修的建筑设计者为墨菲、董大酉。

[26]《明太宗实录》记 "斋宫在外垣内西南，东向"。《明会要》载 "世宗以旧存斋宫在圜丘北，是据视圜丘也，欲改建于丘之东南……" 后听从大臣夏言谏阻未迁。

[27]《明孝宗实录》卷六十三。

第三节　建筑彩画

一、本时期建筑彩画的发展

在彩画发展过程中，元明是一重要阶段和转折时期。尤其是明代彩画的高度发展水平，在很大程度上成就了一代建筑的辉煌。可以说，彩画是本时期建筑技术与艺术成就的重要组成部分。

本时期建筑彩画的发展与成就突出地表现在：宗教艺术（如伊斯兰教、喇嘛教等）的传入带来了新的装饰图案；建筑木构架的简约使彩画新的构图和做法应运而生；清新淡雅的南方彩画和浓重富丽的北方彩画，经过长期发展，已经分野鲜明，形成两种不同的稳定风格。

（一）旋花图案的产生与盛行

旋花（或旋子），是旋涡状的花瓣组成的几何图形（图 9-102）。旋花以 "一整二破" 为基础，

图 9-102　旋花及旋瓣

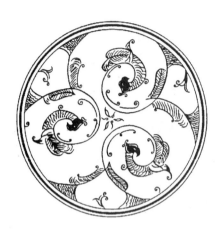

图 9-103　湖南长沙出土的战国彩绘漆盘

主要用于藻（找）头部位。这种迥异于宋代以写生花为主题的图案题材，是经过不断创造逐渐形成的，在明代彩画中十分盛行。

追溯其雏形，可见于中国古代早期旋涡状的花纹，所谓"小勾子"形式出现的回形图案即是[1]。在战国至汉代期间，流行"米字格"图案，从而"小勾子"和"米字格"结合形成旋转的图案，如湖南长沙出土的战国彩绘漆盘中的"凤纹图案"（图 9-103）。但是这种旋转着的具有动态感的图案还不是旋花。旋花的真正出现是在元代。当时是阿拉伯伊斯兰教传入中国的极盛时期，伊斯兰教擅用的几何、植物纹样也引起了更多的重视，中国本土原有的和外域传入的纹样结合并形成新的装饰图案随之而生，旋花乃是其中的重要一项。元中统三年（1262 年）所建的山西永济县永乐宫大殿内梁上，两端即有初期旋子彩画图案，它大都是用简化的凤翅花瓣分布在石榴或如意中心纹的周围，虽还未形成环状的旋花形式，亦无"一整二破"的布局（在天花支条、斗栱上也有类似的图案），构图变化灵活，运用无定则。但已可看出它是一种摆脱了写生花的局限而更多地向图案化方向发展的新图案。后来明代旋花在此基础上逐渐定型，并形成体系，成为易于设计、施工方便、广为流行的建筑彩画题材。

旋花彩画图案在明代宫殿庙宇中十分盛行。现存的明代遗构如明十三陵的石碑坊、各陵的琉璃门额枋以及北京智化寺、法海寺、东四清真寺、故宫南薰殿等处的梁架上，都存有丰富多彩的旋花图案。旋子图案之所以如此广泛被采用，究其原因不外：一是花纹简单明确，表现力强，布局条理分明，便于设计与施工；二是构图的伸缩性大，以"一整二破"为基础的旋花图案，或加一路花瓣，或加二路旋花瓣，或加"勾丝咬"，或成椭圆形，只要运用简单的手法即可处理成变化多端的彩画布局；三是在梁枋的正、底面上，可布置成环状双关构图，适合转角处理而形成图案造型的整体性。

（二）新的做法和构图的出现

在元代建筑彩画中，出现了一种不同于以往的做法，即做"地杖"。地杖的做法一般是在油漆彩画前，在欲设施彩画的木构上，用油灰嵌缝做好底子，或在木构上缠以一二道麻或粗布，再用桐油调灰做面层。1925 年于赤塔（东康堆古城）附近发掘蒙古帮哥王府（成吉思汗之孙）废墟时，在残木柱上发现有"用粗布包裹涂有腻子灰，表面绘有动物形象的泥饼"[2]，证明元代已有地杖之实物。而在元代以前尚未发现有关地杖的资料。历代战争和滥施砍伐，造成我国木材资源日益稀少的局面，到了元代，这种情况更为严重。尤其是大断面的木材匮竭，直接影响到以木构为主的大型建筑的兴建，于是产生了建筑构架的简约做法，梁架多用原木，或根据材料创造出许多灵活的构造,如用旧料或小料拼合形成的所谓"拼帮"[3]。为适应建筑的这种变化,一种新的彩画做法——做地杖便应运而生。地杖使木构施彩的外表找平,因而掩盖了"拼帮"带来的拼缝。反之,整木则勿需作地杖。明朝修建北京宫殿庙宇,多用川黔采运而来的楠木,整料做成梁、枋、柱等构件,在这种情况下,彩绘就不需做地杖,刨削平整后便直接施彩,北京故宫诸多殿门及智化寺、法海寺、长陵祾恩殿等均用此法。但拼帮、做地杖的方法仍被沿用(图9-104、9-105),如到万历中,巨材渐稀,重建三殿二宫,即用减等和拼帮法。及至清代,营建北京宫殿的木材以东北松柏为主,巨材仍难多得,像故宫太和殿、天坛祈年殿这样的等级极高的建筑都采用了拼合梁柱,于是,地杖的使用又渐趋广泛。不过油灰与麻丝、麻布层层包裹更甚,形成一个厚壳,谓之"披麻捉灰"。

图9-104 先农坛拜殿地杖残片

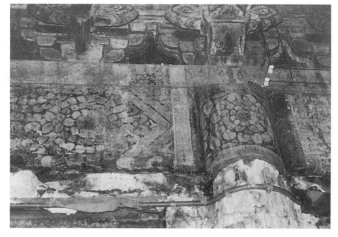

图9-105 先农坛拜殿外檐彩画

在宋代,对梁、额彩画进行构图时,一般只要考虑单根梁的长度及高度关系,即可确定藻头(角叶)与枋心的比例[4]。但自元、明采用两层长度相等、宽窄不同的大小额枋后,彩画构图的协调问题便复杂化了。因此,为了取得大小额枋彩画构图的整体效果,通常在确定藻头(有的加箍头)的长度后(明初为梁长之1/4,中叶以后变为1/3),用垂直贯通的界线将上下层对齐,在同长异宽的箍、藻头内布置和谐统一的图案。这种新的构图形式除额枋外,也同样用于内部梁架的彩画上。这是元明建筑彩画另一重要特色。

(三)南北彩画不同风格的形成

上述元明建筑彩画特色与成就,一般也实指以中原为代表的北方彩画的发展。但是从横向的空间维度来看,元明建筑彩画的又一重要成就和特色,就是南北不同风格的形成。

北方彩画源远流长,体系完整,向有以偏概全,笼统称之为中国彩画之说。诚然,北方彩画在元明时期大力发展,除取得上述成就外,在色彩上也有明显偏向,即较多地继承宋《营造法式》中的"碾玉装"及"青绿叠晕棱间装"的做法,使整个屋檐下呈现统一的青绿色冷调以反衬黄琉璃屋顶的辉煌。从图案、构图、色彩这三要素来考察,北方彩画在元明时期已形成成熟的风格自不待言。但实际上,当时以江南为代表的南方彩画,也已独具风貌、自成一格,它和北方彩画并驾齐驱,成为中国古代建筑彩画的重要部分。

以江南为代表的南方彩画,是以包袱锦构图和写生题材为形式特征的。和北方彩画相比,它图案丰富多样,构图生动活泼,色彩淡雅宜人,至少在明代已形成较成熟的艺术风格。追溯其形成,当与用锦绣织品包裹建筑构件相关[5]。

用织品包裹建筑构件的史实，最早见于刘向《说苑·反质》所载："纣为鹿台糟丘，酒池肉林，宫墙文画，雕琢刻镂，锦绣被堂，金玉珍玮"。即早在商代便有用锦绣被覆建筑的做法出现。以后又有秦始皇咸阳宫"木衣绨绣、土被朱紫"的记录。及至汉代，这种用锦绣装饰建筑的艺术得到迅速发展，当时丝织工艺发达，在上层阶级使用的建筑中，直接悬挂锦绣或在木梁柱上裹以绫锦并配以明珠、翠羽、金玉等珍贵饰物，已蔚为风气。这都可视为南方包袱彩画之源。不过当时这种锦绣装饰建筑的做法似局限于中原及汉水流域而未及于江南。究其原因，可能：一是因为锦绣装饰建筑非保护木构之功用，而是为了追求奢靡，炫耀华贵，故它的出现和当时统治阶级的集中地有关；二则因为丝织品之丰富为锦绣装饰兴盛的重要前提，当时北方"齐带山海，膏壤千里，宜桑麻"[6]，而江南"绵绵葛藟，在河之浒"[7]，主要生产庶民用的麻葛织品，故北方率先用锦绣装饰建筑乃自然之事。

至南宋时，江南用锦绣装饰建筑已十分盛行。一方面，东晋及南宋政治中心南迁，原来直接为皇家服务的土木营造业亦随之南移，从而使得昔日北方锦绣装饰建筑艺术在江南出现并逐步融合于民间；另一方面，经几百年的经济中心南渡，整个江南已是"缣绮之类，不下齐鲁"[8]，丝织业取代北方而成为全国中心，社会经济的富足，又扩大了上层阶级的消费欲望。及至南宋后期，锦绣装饰建筑在数和量上均超过前代，甚至"深坊小巷，绣额珠帘，巧制新装，竞夸华丽"[9]，其流行普及和根深蒂固，相当程度地反映了上层社会及一般市民的生活喜好和审美情趣，所以当南宋末年对"销金铺翠"实行"禁制"之后，以包袱形式摹绘锦绣装饰的彩画便逐渐发展起来。至明代，江南彩画已形成以包袱构图锦纹及写生花卉为主要题材，淡雅的复色格调为特色，而有别于北方风格的一种成熟彩画。它与北方彩画争奇斗妍，成为中国古代建筑艺术中的两支奇葩。

二、彩画的类型

（一）元代彩画

元代建筑彩画留存甚少，至今保留较好的有山西芮城永乐宫（原在山西永济县永乐镇）、广胜寺明应王殿等。1952年北京安定门工程中，出土的一根梁（枋）上也曾发现有元代彩画。

永乐宫由宫门至重阳殿五座建筑都保存有彩画，但保存元代彩画的只有三清殿、纯阳殿、重阳殿三座主要的建筑。其中以三清殿的最精致，纯阳殿的次之，重阳殿的更次。三清、纯阳二殿有天花，重阳殿为彻上明造，彩画构件有四椽栿、四椽栿上的丁栿，普拍枋和天花藻井之间的斗栱、斗栱之间的栱眼壁等。

永乐宫的彩画，是按不同构件长短来构图的，如三清殿西次间四椽栿在枋心与藻头之间绘上白色的凤凰来调节较长构件上的彩画布局；三清殿丁栿、纯阳殿和重阳殿四椽栿则形成明显的藻头和枋心布局；至于较短的纯阳殿丁栿，则将枋心绘成类似上裹的包袱形式，以使构图均衡和画面不受拘束。在图案上，藻头部分多用最初的旋子形式，间以如意纹，表现出如意头向旋花过渡从而逐步摆脱写生花的元明北方彩画特征。梁架彩画的其他部位则主要延续了宋代彩画图案的特点，如三清殿四椽栿枋心似宋《营造法式》豹脚合晕的做法，在枋心部位用宝相花作为点缀，上绘盘龙，在枋心与藻头之间的凤纹底上以写生花衬托等，有的四椽栿则全是写生花和集锦纹，十分典雅。斗栱及其他构件的彩画图案丰富多彩，如三清殿殿内斗栱以如意头和旋花、莲花、凤翅瓣为主，在栌斗、散斗间多绘集锦、兽面、莲瓣，罗汉枋花纹比较古老，似宋《营造法式》上的琐子和团科类的花纹，栱枋之间则似锦绣，栱眼壁内多绘云龙穿插于牡丹花和荷花之间等，纯阳殿内栱眼壁除龙与写生花外，还绘有各种"化生"，刻画十分生动，使永乐宫这座道观更具宗教色彩。在色彩与做法上，一方面延续宋代，如三清殿西次间四椽栿枋心以青绿叠晕为外轮廓线，内绘五彩花纹衬以红地，类似五彩遍装的画法，又斗栱多用宋《营造法式》青绿叠晕棱间装的手法，表现出由雄伟华丽向清雅淡素风格转变的特色。另一方面，又开创了一种新的做法，即在宋代彩画贴络雕饰技法的基础上，产生了更为合理而省工的沥粉贴金做法。此外，山西广胜寺明应王殿栱眼壁所绘云龙和永乐宫的也极相似，姿态活泼生动，采用了雕塑的方法。

以永乐宫为代表的彩画所反映的元代彩画特色，概括而言，就是构图无定则；图案多与宋《营造法式》有直接传承关系，但也出现了旋花这种新的变体；色彩多用青绿二色，以冷色为主；做法在继承宋代的基础上，又有新的创造。可谓一个继往开来的阶段。

（二）明代北方彩画

明代北方建筑彩画，在元代的基础上，又有所发展，形成了自己的时代风格。留存至今的遗物主要有北京寺庙、宫殿、陵墓建筑的彩画和部分其他地方的彩画。明代北方建筑诸彩画的重要特征是有严格的等级制度，和同时期（尤以明中叶以后）的南方彩画的普遍"僭越"存在很大差异。《明史》中记载的等级制度，如："亲王宫得饰朱红、大青绿，其他居室止饰彤碧"；亲王府可以画蟠螭饰以金边，而百官第宅"不许雕刻古帝后圣贤人物及日月龙凤狻猊麒麟犀象之形"；公侯厅堂檐桷、梁柱、斗栱可以彩绘，门窗枋柱可以金漆饰，而一、二品的厅堂只许青碧饰，"门窗户牖不得用丹漆"，六品至九品厅堂梁栋仅许饰以土黄；洪武三十五年严明禁制，一至三品厅堂"梁栋只用粉青饰之"[10]等等，都可以在明代北方彩画中得到印证。现存明代北方彩画中，宫殿的级别最高，用金较多，图案用龙凤；寺庙等建筑彩画多以旋花为主，局部点金；而品官住房的彩画，则最高以青绿饰彩为限。

1. 北京寺庙彩画

北京智化寺如来殿万佛阁彩画是现存较好的、具有明早期特点的寺庙建筑彩画。该建筑建于明正统八年（1443 年），完成于正统九年。彩画部分沿袭宋、元特点，又有部分独创。彩画原分内、外两种，现外檐已凋落，内部除楼层藻井已毁外，其他均保存甚好。构图特点是：枋心两端尖头不用直线，亦非豹脚合晕，而是曲折线，枋心长为梁枋长之 1/2，藻头采用"一整二破"格式，但旋花狭长而非整圆，且一整二破之间根据构件长短加如意头或莲瓣，有的外加箍头（图 9-106、9-107）。图案以旋花为主，花心多为如意莲瓣或莲花，外绕以凤翅花瓣或圆头花瓣，梁底之旋花，因面窄作狭长形，似《营造法式》叠晕如意头。色彩以青绿为地，凡青色之外即为绿色，二者反复相间使用，近似宋代的青绿叠晕棱间装，又于花心处点金以求鲜艳醒目，但又不破坏整体效果，于素雅中显出辉煌。天花平棊彩画则是另外一种形式，支条皆绿色，平棊则以朱色为地，杂饰青绿蕃草，中央书喇嘛教七字真言（图 9-108、9-109）。在做法上，梁枋彩画之底甚薄，因木料平整，无需披麻捉灰；天花施工亦极讲究，凡天花板之接缝，正背二面皆粘薄麻丝一层以防破裂，上再裱纸作画[11]，加之彩画皆用石青石绿等天然颜料，故今天看来智化寺如来殿万佛阁彩画仍十分完好夺目。

图 9-106　北京智化寺如来殿底层四椽栿彩画

图 9-107　北京智化寺如来殿楼层四椽栿彩画

　　智化寺西配殿梁枋及平棊彩画，在做法及图案、色彩风格上，和如来殿的相同，疑为同时期作品（图9-110）。西配殿彩画的特殊之处是经藏上方的藻井，呈覆斗形。由雕刻成云纹、莲瓣的木花板，间以木枋层层收分，上承斗栱层层出挑，最后覆以圆形天花而成。均绘以彩画（图9-111）。第一层的木板上以圆环内的佛像为主要题材，周围环绕云彩，绘在绿色底上，佛像形象生动，佛衣呈红色，安坐在绿色莲瓣上，线脚勾勒金线，十分细致。第二层和第三层分别是雕刻和彩绘结合的云纹和莲瓣纹，红绿色相间并饰，并描以金线（图9-112）。第四层是斗栱层，于红底板上的斗栱绘成绿色，斗栱构件边线均勾以金粉。最后是藻井顶层天花，绘曼陀罗（坛场）图案，

图9-108　北京智化寺如来殿底层入口（第一进深）平棊彩画

图9-109　北京智化寺如来殿底层平棊彩画

图9-110　北京智化寺西配殿平棊彩画

图9-111　北京智化寺西配殿藻井彩画

红绿色间用，边饰金（图 9-113）。整个藻井色彩由红、绿、金组成，加上凹凸分明的雕刻形象和细腻的彩绘用笔，生动鲜明，优美而有韵致。

　　晚于智化寺的法海寺山门及大殿（建于明正统年间，弘治年间又扩建、修建）彩画，具有明中期的彩画特点。枋心构图在 1/3～1/2 之间，梁枋多有箍头，藻头多为一整二破布局。大小额枋统一构图，在上层较宽的藻头内绘以椭圆形的旋花，箍头内绘长形莲瓣盒子；在较窄的小额枋内，用可以伸缩的扁长形如意纹来配合，使贯通的分界线均齐。图案为旋花，以青绿色为主，花心点金（图 9-114、9-115）。平棊内于绿色底上用红、黄色绘佛梵字图案，支条上绘佛法宝（图 9-116）。室内藻井绘曼陀罗（坛场）图案。为烘托肃穆神秘的佛寺气氛起到画龙点睛的作用（图 9-117）。智化寺山门彩画与大殿类同，只是花心点金以红色来代替，虽降低一等，但也加强了彩画的明快感。另外，在明间脊檩上做佛梵字三个，以大红颜色衬底来突出，由于色彩强烈鲜明，使人进入山门即刻便能感受佛门的特殊气氛。

　　北京东四清真寺大殿系明正统十二年（1447 年）重建，大殿内彩画金碧辉煌，虽为后来重绘，但格局基本上保留明代风格。桁条、梁、额枋等均系以青绿色为主调的旋子彩画（图 9-118），有的根据构件长短，在旋子间再加如意头。富有特色的是殿内三座拱门，以精美的《古兰经》文作

图 9-112　北京智化寺西配殿云纹和莲瓣描以金线

图 9-113　北京智化寺西配殿藻井曼陀罗彩画

图 9-114　北京法海寺大殿内檐阑额彩画

图 9-115　北京法海寺大殿梁底彩画

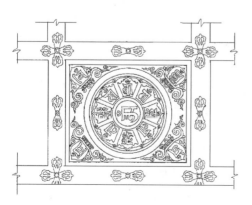

图 9-116　北京法海寺大殿平棊彩画

图 9-117　北京法海寺大殿藻井曼陀罗图案

为装饰，加上整个大殿彩画只采用植物纹、几何纹，不用动物纹样，十分浓郁地表现出伊斯兰教的特色。另外大殿柱上彩画采用了沥粉贴金的做法，缠枝卷草及凤翅花瓣的周边均因此凸出而具有立体感（图9-119）。整个大殿彩画明丽辉煌，辅以殿内通明的灯火，形成的气氛和佛寺迥异。

2. 北京宫殿、陵墓建筑彩画

北京故宫南薰殿是宫殿类建筑彩画唯一保存较好的实例。一些琉璃门的琉璃彩画也是一份不可多得的研究资料。

故宫南薰殿彩画是以华丽为特色的，用金较多，用龙纹亦较多。梁及额枋构图比较自由，因为用材较大，旋花图案舒展、饱满，一整二破之间的如意头和箍头的如意盒子均较丰硕、疏朗，尽间藻头仅用如意纹，亦显得布局疏落有致（图9-120）。枋心皆绘金龙，天花平棊内于绿青地上绘二龙戏珠（图9-121），又于明间藻井内用大型木雕盘龙，龙纹骨力雄健，盘曲刚柔相济。色彩除青绿作地，部分镶红外，所有的龙纹、旋花花心及瓣边、枋心线、斗栱边线均贴金勾勒，呈现出皇家的豪华气派。

图9-118　北京东四清真寺大殿外檐旋子彩画

图9-119　北京东四清真寺大殿内柱子沥粉彩画

图9-120　北京故宫南薰殿梁上彩画

图9-121　北京故宫南薰殿平棊彩画

故宫迎瑞门、永康左门及十三陵的门、殿、宝城明楼的琉璃彩画和十三陵大牌坊的石刻花纹均是仿照木构上彩画做成，只是做法不同而已。琉璃彩画做法如同近代贴面砖，按梁长分成若干段，将烧制好的长方形琉璃砖（后面做出榫头）贴在建筑上。一般只用黄绿两种色釉，绿色釉铺地，线路、花瓣、边线、花心及如意纹都用浅黄色釉，形成一种独特的典雅格调。石牌坊上的彩画则用线浅刻而成，现已无彩。在构图和图案方面，它们和其他明代北方彩画一样，自由丰富，但都不离旋花之宗，枋心长在1/3～1/2之间，晚期变为1/3。其构图方法有四种：一、在开间较小的地方将旋花缩小或在开间较大的地方拉长旋花并间以如意头，或加箍头，如长陵陵门和故宫永康左门（图 9-122）。二、在一整二破之间加一路花瓣，相当于清代"加一路"的做法，如景陵明楼和十三陵大牌坊次间（图 9-123）；或"加二路"，如北京文天祥祠额枋彩画；或为"喜相逢"，如十三陵大牌坊明间石刻彩画，一般中晚期多如此构图，并成为清代彩画构图定则的雏形。三、在开间特小的梁枋上，有时只做如意头一朵，存有宋代"如意头角叶"的遗风，如庆陵的琉璃门山面大额枋上的近似宋"燕尾"或"云头"的花纹，裕陵琉璃门山面大额枋上在旋瓣外加番莲叶纹等，南薰殿尽间亦属此类。四、檩条多做"二整四破"旋花及箍头盒子，扁而长。柱头与额枋的箍头盒子花纹一致，并在上下做两道"死箍头"，图案均以旋花为主，分花心和旋瓣。旋瓣一般层次较少，用凤翅形和涡旋形较多。花心通常有四种：莲座上带如意头；莲座上带石榴头；莲座上带番莲叶；番莲花。

图 9-122　北京故宫永康左门彩画

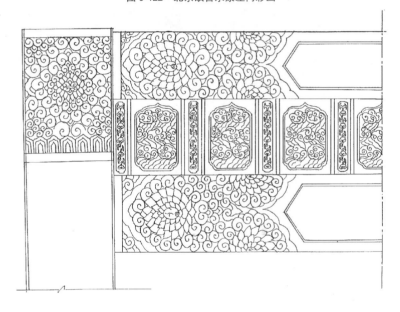

图 9-123　北京昌平十三陵大牌坊次间石刻彩画

3. 其他地方的彩画

偏离北京的明代彩画，一般和北京的没有太大差异，也有的具有地方特点。前者如青海乐都县瞿昙寺宝光殿彩画（图 9-124、9-125），在构图、图案、色彩的做法方面极类似北京的彩画。后者如山东曲阜孔府的彩画，基本格局同于北京，而在构图与图案的配合以及色彩的处理上则别具一格。

孔府是孔子后裔的居住之地，明朝朱元璋很重视孔府作为礼仪之家的楷模作用，明确规定衍圣公专主祀事，不复兼任地方官职，后又晋升为一品官秩。明朝规定的"一品二品，厅堂五间九架，屋脊用瓦兽，梁栋斗栱檐桷青碧绘饰。门三间五架，绿油，兽面锡环"[12]，和孔府一品官的第宅形制非常吻合。孔府的建筑彩画也完全符合礼制，可归于"粉青"之列。其特点是不用金，而以橘黄、朱红、橘红等色点缀于青绿之间，青用二青，绿用二绿，青绿相间，墨线为界，色彩素淡，旋子全用明代盛行的西番莲凤翅瓣，这可以孔府大门及重光门为代表（图 9-126）。可惜近年这两处彩画，已被清式宫廷彩画所代替，与孔府规制不符。现在穿堂、二堂、三堂及前上房、内宅门等处仍保留有一部分这种彩画，但比大门与重光门等处规格低，即在青绿花纹之间，绘有大片松文图案，松文用土黄为地，棕色为纹，应属《营造法式》彩画作"杂间装"一类[13]。在构图上，比较自由，枋心长度有的少于1/3，近于1/4，有的则多于1/3，近于1/2，有的则等于1/3。突出之处在于枋心图案因构图而变化。当枋心长多于1/3，或近于1/2时，枋心内多以花卉、各种锦纹为主题，当枋心少于1/3时，一般空着不画，只涂青、绿地或丹地。这样和藻头图案配合时显得疏落有致。藻头一般为旋花，和北京彩画相似，但更丰富，有一整二破加四路瓣、三路瓣等，靠近花心处有的用海棠瓣、莲花瓣或菊花头来处理，也有的用四合云。整个彩画谐调、朴素，符合礼制规范。

图 9-124 青海瞿昙寺宝光殿梁底彩画

图 9-125 青海瞿昙寺宝光殿柱头彩画

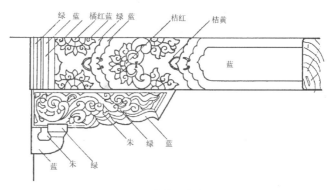

图 9-126 山东曲阜孔府大门彩画

总之，上述各种实例表明，明代北方彩画已在宋元彩画基础上发展成一代新风：构图已有显见的枋心、藻头（箍头）之分，各自长度的确定正处在一个向梁长1/3的过渡阶段，藻头旋花的分布亦由早期的旋花间以如意纹逐步向以一整二破为主的加一路、加二路、勾丝咬等清代规则化的方向发展。图案内容则在统一的时代特点——旋花的基础上，根据不同类型建筑性质的需要加上具有符号象征意义的纹样。在色彩上，主要发展了青绿色调，但也依不同建筑类型而有所变化。从而形成一种既有统一风格又有一定地方特色的彩画类型。

（三）明代南方彩画

明代南方彩画的形制，根据实际调查（表9-5）和民间匠师口碑所传，其等级可以线条做法划分为三等：即上五彩、中五彩和下五彩。它和宋《营造法式》以色彩丰富与否、色调级别如何作为等级标准及后来清代以用金量多寡、图案内容划分等级的规定都不同。"上五彩"即沥粉后补金线，又称"堆金沥粉"；"中五彩"不沥粉，而是拉白粉线，有时线条微凸；"下五彩"既不沥粉也不拉白线，仅以黑线拉边。江南各种类型建筑的彩画多不例外，而现存的实例则以"下五彩"居多。且无论"上五彩"、"中五彩"、"下五彩"，也不管寺庙、祠堂、住宅，都常用金装饰，在色彩和图案上出现与当时制度相悖的"僭越"现象。分析这一特殊的现象，是和南方明代特殊的社会背景分不开的。

江南地区明代彩画实例一览　　　　　　　　　　表 9-5

建筑名称	年　代	建筑类型	彩　画　制　作　特　点	彩画级别	地　　点
彩衣堂	明万历	住宅	采用沥粉贴金，笔法细致，四橡栿堆塑狮子为太平天国时期所作	上五彩	江苏常熟市虞山镇
吴景文宅	明　末	住宅	图案中所有线条均为金线勾勒，线条微凸，细腻精致	上五彩	安徽休宁县临溪区
孙宝珍宅	明	住宅	图案系线刻形成锦纹，刻纹内绘彩描金，现多被烟熏黑	线刻用彩	安徽屯溪上朝乡
定慧禅寺大殿	明	佛寺	用笔精简，和《营造法式》"解绿装"有相通之处，但纹样用白粉勾边	中五彩	江苏如皋县城内
程梦州宅	明嘉靖末	住宅	用笔细致流畅，色彩柔和，图案边线外勾白粉，明晰清新	中五彩	安徽屯溪市柏树路
赵用贤宅（脉望馆）	明	住宅	浮雕、透雕和彩画结合，彩画仅用白色作绘	中五彩	江苏常熟南赵弄
明善堂	明	住宅	构图规整，锦纹主要由黑、红、黄、白绘成，白粉勾边，局部用金	中五彩	江苏吴县东山杨湾
念勤堂	明	住宅	色彩以红、生褐、白为主，素雅清淡，图案外勾粉条	中五彩	江苏吴县东山雕刻厂
凝德堂大门	明	门	色彩淡雅，箍头用晕，图案黑线勾勒	中五彩	江苏吴县东山翁巷
凝德堂	明	住宅	色彩淡雅，箍头用晕，图案黑线勾勒	下五彩	江苏吴县东山翁巷
凝德堂二门	明	门	色彩淡雅，箍头用晕，图案黑线勾勒	下五彩	江苏吴县东山翁巷
西方寺大殿	明洪武	佛寺	布局严谨，色彩以红、黄、蓝为主色，图案外拉黑线	下五彩	江苏扬州城北驼岭巷
宝纶阁	明万历	祠堂	强调色彩深与淡、冷与暖的对比效果，图案外勾黑线，画风粗糙，雕刻精美	下五彩	安徽歙县呈坎乡
怡芝堂	明	住宅	色彩鲜艳，大片红、白色形成对比，外勾黑线	下五彩	江苏吴县东山白沙
吴省初宅	明	住宅	用笔细致，以冷色调为主，在白色底上作画，图案外勾黑线	下五彩	安徽休宁县枧东乡
彭九斤宅	明末	住宅	在黄色木表上绘图案，外勾黑线，风格粗糙	下五彩	安徽休宁县汉口乡
茅厅	明	住宅	用笔细致，彩有朱红，白、青色，外压黑边	下五彩	江苏常熟董浜乡
敦余堂	明	住宅	于朱红底上绘图案，黑线勾勒	下五彩	江苏吴县东山镇

建筑名称	年代	建筑类型	彩画制作特点	彩画级别	地点
熙庆楼 显庆堂	明	住宅	包袱锦纹样黑线压边，锦内方胜和锭贴金	下五彩	江苏吴县东山杨湾
遂高堂	明	住宅	包袱锦内为花卉与笔锭胜，纹样外压黑线，枋木线刻七朱八白	下五彩	江苏吴县东山陆巷
双观楼	明	住宅	图案黑线压边，笔锭贴金	下五彩	江苏吴县东山陆巷
寿山堂	明	住宅	于檩、椽用黑线绘松木纹，脊檩锦纹黑线勾勒，胜、锭贴金	下五彩	江苏吴县东山镇
乐志堂	明	住宅	锦纹、团花黑线压边，方胜贴金	下五彩	江苏吴县东山翁巷
亲仁堂	明	住宅	锦纹黑、白、红相间，黑线勾勒，笔锭胜贴金	下五彩	江苏吴县东山翁巷
恒德堂	明	住宅	红、白、黑色绘包袱锦纹，黑色压边，胜锭贴金	下五彩	江苏吴县东山镇
慎德堂	明	住宅	图案黄、白、黑色彩相间，松木纹及图案纹样系黑线勾勒	下五彩	江苏吴县西山梅益村
绍德堂	明	住宅	锦纹上绘方胜与锭，璎珞红、黄相间用色，黑线勾勒	下五彩	江苏吴县东山新义村

明代中期以后经济繁荣的同时，也逐渐产生奢侈之风，尤以明嘉靖至万历年间，商业资本在南方空前的活跃，从而意识形态方面出现了对礼制的反叛，在明嘉靖时期至明末，越礼逾制的思潮汹涌。据《巢林笔谈》载，明初曾有廖永忠因僭用龙纹而被处死，但到明末，团龙、立龙却已成为普通百姓常用的服装花纹，"泥金剪金之衣，编户僭之矣"[14]。明初对于色彩和用料限定甚严，士庶不准用黄色和大红色，但在明中叶以后，以僭越为荣的社会心理使人们衣食住行发生变化，小康人家"非绣衣大红不服"，大户婢女"非大红裹衣不华"[15]，大红、鲜黄在民间成为富有的象征而广为流行。概括南方明代彩画的发展背景，其过程大致是：极端君主专制政治体制和社会循礼之风——商品经济的发展和资本主义萌芽产生——普遍越礼逾制和社会风貌改观——南方明代彩画的特殊风格。根据这一过程来考察推论，现存南方明代彩画多为明中晚期遗存。

1. 住宅彩画

江南现存明代建筑彩画中，以住宅彩画占比例最大。它们可分为两种：一是所有檩条及梁架满施彩，二是部分梁架（主要是檩条）施彩。一般前者主要用于住宅中规格较高的大厅（徽州"一颗印"和苏州"眠楼"，通常明代前期楼层较高作为大厅，后期底层较高作为大厅），而后者多用于堂屋。

满施彩可以江苏常熟彩衣堂、苏州东山凝德堂和怡芝堂为例。

彩衣堂是常熟翁姓旧宅主轴线上的大厅，室内梁架上保存有完整的彩画。此宅原为明桑侃（秩五品）的住宅，清道光间归翁同和之父所有，太平天国期间彩画曾被重绘，但仍保留较多明代风格。彩画等级较高，为上五彩，用金线沥粉，做法细致（图9-127）。四椽栿底面贴金；额枋枋心包袱锦图案为水仙花与海棠花心相间，并用青绿点金；平梁上蜀柱两面透雕云鹤三幅云，亦描金（图9-128、9-129）。在构图上，枋心均作包袱，藻头部分有的是包袱，有的则为云纹，截面狭窄的枋子，仅于正面作枋心、藻头，底面绘二方连续图案。色彩上，大面积的包袱锦地采用灰性复色，衬以模拟木表本色的松文彩画为地，基调甚为柔和但于局部采用红、黑、金等色，故于优雅中仍显示出富丽（图9-130、9-131）。这种彩画所创造的室内环境气氛迥异于北方浓重的青绿彩画。

图9-127　常熟彩衣堂乳栿、劄牵、枋子彩画

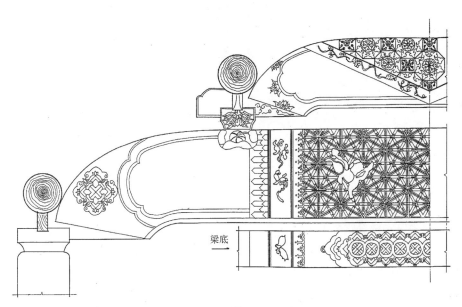

图9-128　常熟彩衣堂四椽栿、平梁包袱彩画（正面）

梁底

凝德堂为江苏吴县东山镇翁巷明代住宅之大厅。彩画属"下五彩"，其图案中所用锦纹多与宋《营造法式》的图式相合，如明间上金檩为"六出"龟纹，次间上金檩为方环，次间脊檩为龟纹等。构图上，梁檩的枋心均用包袱，四椽栿和平梁上为复合形，即在一矩形包袱上再裹一菱形包袱；而脊檩则用矩形包袱。在相当于箍头的位置为宝相花图案，还有一种是和月梁轮廓及云纹斗栱相结合的莲花图案（图9-132、9-133）。整个彩画色彩淡雅，形成一幅幅清新别致的锦绣装饰图案，不施彩的木表则刷土黄色，绘松木纹。由于色调以较浅的暖色为主，使室内平添明亮和温暖的感觉，又能和黑色的柱子形成对比，显得格外精致而生动（图9-134）。

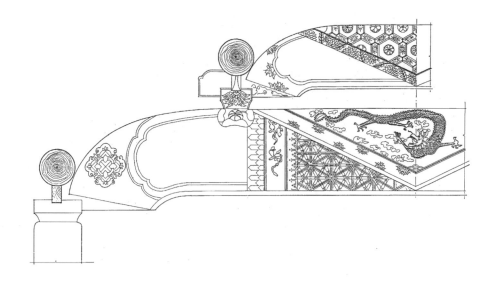

图 9-129 常熟彩衣堂四椽栿、平梁包袱彩画（背面）

图 9-130 常熟彩衣堂轩桁彩画

图 9-131 常熟彩衣堂檩条彩画

东山白沙怡芝堂是规模较小的宅第厅堂，彩画系"下五彩"。构图比较丰富，有复合形包袱、矩形包袱和用线脚勾勒出的枋心等，藻头多用大朵的宝相花（图 9-135）。但宝相花周以圆形，形成二破布局。包袱锦内为写生花卉和龙凤纹。用色颇大胆，如檩枋之下搭包袱锦的整个底色均为红色（图 9-136），它和黑色退光漆柱子及白色柱头彩画形成鲜明对比，所有椽子上也用红色绘松木纹样。

从上述三例可见，满施彩的住宅彩画虽都采用南方特有的包袱锦，但各有特色。它们在创造室内气氛方面都起到较好的作用。在题材方面，以上三例檩条（包括其他满饰彩的住宅檩条）彩画的中心，都喜用"笔锭胜"图案（毛笔、金锭、方胜三者的组合图案），喻义"必定胜"的仕途追求，也反映出当时人们的一种审美心理。至于有些建不起大厅的人，往往仅在堂屋檩条上绘"笔锭胜"图案，作为一种符号象征主人的追求和意趣，这就是部分施彩的一类建筑了。如东山乐志堂、亲仁堂、熙庆堂、寿山堂等，均属此类，只是图案因各人喜好而有所变化而已（图 9-137～9-139）。

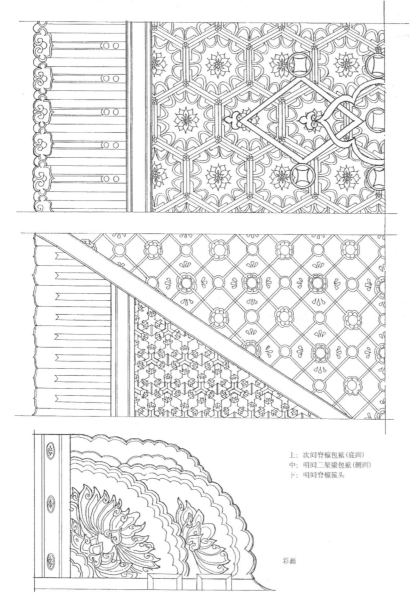

上：次间脊檩包袱（底面）
中：明间二架梁包袱（侧面）
下：明间脊檩箍头

彩画

图 9-132 江苏吴县东山凝德堂彩画

图 9-133 吴县东山凝德堂檩条箍头彩画

图 9-134 吴县东山凝德堂梁架彩画

图 9-135 吴县东山白沙怡芝堂四椽栿箍头彩画

图 9-136 吴县东山白沙怡芝堂檩枋彩画

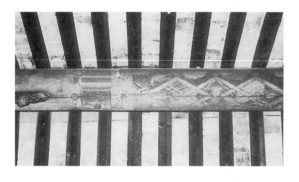

图 9-137 吴县东山杨湾熙庆堂明间脊檩彩画

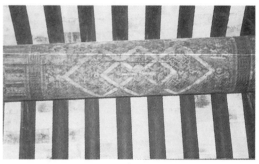

图 9-138 东山翁巷亲仁堂明间脊檩彩画

图 9-139 东山翁巷乐志堂楼层脊檩彩画

图 9-140 屯溪程梦周宅梁底彩画

徽州住宅建筑彩画在风格上则另有一番情趣。在历史上，徽州是经济、文化都很发达的地方。徽人常以"处者以学，行者以商"为信条，读书登第是徽商孜孜以求的荣耀前途，而告老还乡又往往以"士以兼商"的身份出现。因此在建筑装饰中，较少苏南彩画表征高官厚禄志向的意味，而较多含蕴翰墨书卷之气，有时又以商人之富有不惜工本精雕细琢。如屯溪程梦州宅彩画，包袱锦纹为几何形，十分简洁，色彩以青绿为主、黄色为辅，在梁架的叉手、替木、荷叶墩等处，以精美的描金雕刻相配（图 9-140），予人以清新之感。休宁县枧东乡吴省初宅彩画也十分别致，在室内空间甚低的天花上将木地刷成白色，上绘细密的木纹，又在木纹上绘团科花卉，疏露有致，设色清丽绝俗（图 9-141、9-142），天花下梁绘有包袱锦纹，以红蓝相间，衬托出天花的淡雅。总的来说，徽州住宅建筑彩画以冷调为主，配以简洁的锦纹，但也常施金雕刻。这种淡雅简明与铺陈精美的二重结合，正是徽州地区人文风格的反映。

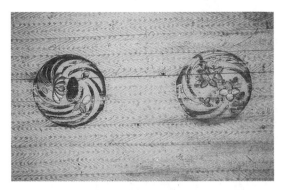

图 9-141　安徽休宁枧东乡吴省初宅大厅天花彩画　　　　图 9-142　休宁枧东乡吴省初宅大厅梁底彩画

2. 宗祠庙宇彩画

宗祠是家族维持礼教尊严和耀宗炫祖的场所。故要求气氛庄严、肃穆而又开阔、堂皇。彩画对此起到重要作用。徽州歙县呈坎乡宝纶阁可为代表。

宝纶阁建于万历年间，其性质是宗祠大堂后面贮存祖宗神主的寝堂，阁两层，有彩画的是底层梁架。统计全部梁枋所绘图案，可归纳为下列几种：一、外廊扁方形月梁上所绘的包袱图案；二、檐柱上所用的米字格图案；三、内部圆形月梁上所用的包袱图案；四、檩条两端所绘的交叉缠结带状图案；五、山墙枋上两端所绘的方形图案；六、月梁两端所绘箍头图案；七、椽、檩木表所绘松文图案。其中如第一、三、六等又有许多变化。故图案极尽工巧之能事，在构图上，各部分布局周密，使檩条和梁上所绘的彩画相互呼应，但邻近部分又免于重复。在较短的构件如平梁及乳栿上仅作箍头彩绘，而对四椽栿这样长而大的构件则作完整的包袱图案的藻头（箍头）图案。图案多为锦纹、几何纹，但在月梁的箍头部位的方形图案与构件本身的形式不很协调（图 9-143～9-145）。在表现庄严、宏伟、肃穆的气氛方面，该阁彩画主要是通过深、淡色的对比与冷、暖色的对比来获得强烈效果。另一方面，由于大面积未设彩的木表为土黄色，各细部雕刻又为红、白、黑三色，加上各冷暖色之间常用白线、灰蓝或黑等来协调，故彩画又是温暖明快的（图 9-146），从而创造出祠堂的特有气氛。

明代南方庙宇彩画现存的多为佛寺彩画。江苏扬州西方寺大殿始建于唐永贞元年，明洪武间重建，以后续有修建。现存木构尚存明代风格。彩画为满堂彩形式，檩条上绘包袱锦，梁上包袱锦外遍饰花纹，设有箍头，枋上彩画不分枋心、藻头，不设框线，有的枋上有枋心，类似宋《营造法式》的“合蝉燕尾”（图 9-147），枋以上柱头遍饰花卉，整个彩画构图多样活泼。在图案上，以花卉为主，并以卷草形式最多。枋底多作卷草二方连续图案，梁上饰卷草散地花，有时又以卷草作为写生花的叶子。这种卷草是由蔓生植物忍冬图案演变而来，作为佛教的象征，具有灵魂不灭、轮回永生的含义。其他图案多为锦纹和写生花，近似宋《营造法式》所载图样。在色彩上，以红、黄、蓝为主色，都比较沉着而不艳丽，黑、白、金诸色也时有运用。这种用色浓重的格调和佛殿室内空间高大有关，同时也易于产生佛寺追求的深邃奥秘感。

江苏如皋定慧禅寺大殿彩画，袭古成分颇多。包袱内为锦纹或宝相花，包袱边一如宋《营造法式》的三晕带红棱间装做法（图 9-148）。在枋底用卷草、菊花图案，整个色彩为红、绿对比色相间，给人以闪烁不定的神秘感，可与昏暗幽明的香火相呼应，创造出佛寺特有的氛围。

从上述江南诸例可见，无论住宅、祠堂或是庙宇，彩画均以包袱锦为重要内容，图案多用锦纹和宋代以来相沿使用的各种纹样，有时也僭越用龙纹；色彩则因不同建筑类型和地区而相宜应

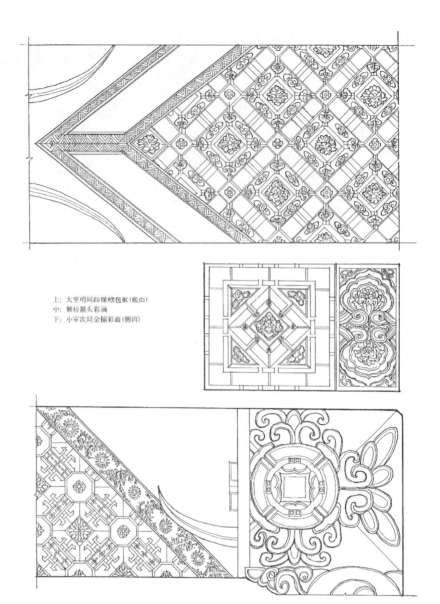

上：大室明间四椽栿包袱（底面）
中：额枋箍头彩画
下：小室次间金檩彩画（侧面）

图 9-143　安徽歙县呈坎宝纶阁彩画

图 9-144　歙县呈坎宝纶阁随檩梁上裹包袱彩画

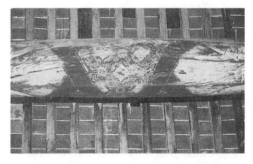

图 9-145　歙县呈坎宝纶阁随檩梁下搭包袱彩画

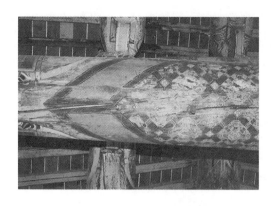

图 9-146　歙县呈坎宝纶阁梁架彩画

图 9-147　扬州西方寺大殿梁枋彩画

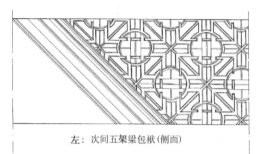

左：次间五架梁包袱（侧面）　　　　　右：明间五架梁箍头

图 9-148　如皋定慧禅寺大殿彩画

用，用金不受严格限制，强调渲染、烘托室内气氛，使建筑具有个性。在纵向发展上，南方明代彩画是中国早期锦绣装饰艺术转化的成熟结果；在横向的地区比较上，则以其独特的风貌而自成一格，与以北京为代表的北方彩画同为中国两大彩画体系之一，它后来在清代继续得到发展，并影响到北方。

三、江南明代彩画的做法

根据江南明代建筑彩画实例，比照民间彩画匠师的传统工艺[16]，其做法可大致归纳如下：

1. 打底子。有三道工序：捉补——用桐油加白土作腻子，对画彩的木构件部分进行捉补，以找平；磨生——用细砂磨平；过水布——以水布擦去浮灰。

2. 衬地。在需施彩的部位遍刷一层胶粉（铅白粉加鱼鳔胶，明代称铅白粉为"胡粉"）。若木表需刷油，先留出彩画部位，然后用荏油（白苏加松香）、熟桐油、雄黄调料刷于木表，之后再用雄黄加铅白、鱼鳔胶成胶粉，刷彩画部位。

3. 打谱。包括起谱、扎谱、拍谱。拍好后以黑线按粉印描下图案。

4. 立粉。又称"爬粉"，"上五彩"用之。若有作"堆华"的，先刷一道鱼鳔胶，然后用立粉堆塑。

5. 包胶或打金胶。对于沥粉的彩画，一般都采用贴金，在贴金前包一道黄胶，使粉条全包起来。"中五彩"或"下五彩"不沥粉，有时平贴金，也要打胶。

6. 贴金。当金胶将干未干时开始贴金。分贴油金、贴活金和假金做法。贴油金——用棉球微

509

蘸油，在金箔包装纸上蘸一下，金箔就粘在纸上，然后粘贴到打了金胶的构件上。金箔有纸隔着，可以用手指略加拂按，使它粘贴着实而不致粘手破碎。待金箔粘着后，再将纸片撤去。贴活金——对准需贴金位置吹气，使金箔贴上，然后盖纸，用丝棉（茧球）拂扫一次，称为"帚金"，使金箔完全捺压着实。此外还有二种假金做法——一是"选金箔"，即颜色如金而实际上是用银熏成的；二是用银箔作代替品，外用黄色漆罩刷（罩金），也能有金箔的效果。

苏州产的金箔，每帖十张，有三寸三分、三寸八分两种。从色度深浅分"库金"（颜色发红，金的成色最好）、"苏大赤"（颜色正黄，成色较差）、"田赤金"（颜色浅而发白，实际上是"选金箔"）。南方明代彩画实例用后两者较多。

7. 着色。所用技法主要是我国传统的工笔重彩法。南方彩画包袱锦纹多用线条组成，大块画面少，只有包袱边处有时运用同于北方的分层罩染或叠晕的技法。

8. 拉白线、压黑线、描金线。这是根据"上五彩"、"中五彩"或"下五彩"等级区别来进行线条的强化，从而使图案生动。

9. 找补。颜色描画完毕，须检查各部分，有不匀、遗漏、不净之处，即以原色补正。

10. 罩胶矾水。画完候干，彩画表面以稀薄的胶矾水遍刷一次，以防潮防腐。胶矾水干后形成薄膜，微有光泽，还能增强彩画的效果。

注释

[1] 张道一《中国古代图案选》，江苏人民出版社，1983。

[2] 转引自《中国古代建筑技术史》，中国科学院自然科学史研究所主编，科学出版社，1985年11月。

[3] 参见：张步迁"晋南元代木建筑的梁架结构"，《建筑理论及历史资料汇编》第1辑，1963年12月。

[4] 《营造法式》十四卷："檐额或大额两头近柱处作三瓣或两瓣如意头角叶，长加广之半"。

[5] 陈薇"江南包袱彩画考"，《建筑理论与创作》第2辑，东南大学出版社，1988年11月。

[6] 《货殖列传》。

[7] 《诗经·周南·葛覃》。

[8] 《南宋文苑》卷15，苏籀《务农札子》。

[9] 吴自牧《梦粱录》一。

[10]、[12] 参见《明史》卷六十八，志第四十四，舆服四。

[11] 经中国林业科学研究院林产化学工业研究所利用显微镜及扫描电镜对智化寺西配殿天花彩画残片检验和南京故宫博物院有关纸专家鉴定，彩画底层系韧皮类纤维（纸）和麻类纤维组成，审核人：谢国恩、奚三彩。

[13] 潘谷西主编《曲阜孔庙建筑》P. 149，中国建筑工业出版社，1987年12月。

[14] 《巢林笔谈》卷五。

[15] 《阅世编》卷八。

[16] 南方各地彩画制作各有班子，做法也有差异。本文所据系江苏苏州东山老艺人的传统做法，其工艺和当地明代遗物仍基本相同，且又可以看出《营造法式》彩画作某些旧法的遗留。

第四节 建筑琉璃

一、我国建筑琉璃顶峰期

琉璃在古代文献上有多种名称，如"璆琳"、"琉璃"、"陆离"、"青金石"、"青玉"、"颇黎"、"玻璃"等，其中一些是外来语。以现代的观点来看，我国古代早期的琉璃泛指三种不同的物质：一、自然宝石或人造宝石；二、玻璃；三、陶胎铅釉制品。元明以来，琉璃特指陶胎铅釉制品，它是以陶土为胎，经高温烧制后，表面涂刷铅釉，再经低温烧制而成。这种低温色釉，是以氧化铅或硝为助熔剂，以铁、铜、钴、锰的氧化物为着色剂，再配以石英制成。由于它的烧成温度低于陶胎的烧成温度，因此，我国传统的琉璃制品需经两次烧制而成，这在宋《营造法式》、明《天工开物》及一些文人笔记中均有记载。

元朝的蒙古族统治者在建筑装饰上追求华丽，采用贵重的材料和强烈的色彩。元大都宫殿"凡诸宫门，皆金铺，朱户丹楹，藻绘雕壁，琉璃瓦饰檐脊"（陶宗仪《辍耕录》）。在大都城外海王村，设置琉璃厂窑，设提取大使、副大使各一员。

元代的寺庙广泛地使用琉璃，如山西的永乐宫殿宇屋面等。近年笔者还发现有元代工匠题记的琉璃多处[1]。

山西霍县城东五里李诠庄观音堂，屋面绿琉璃剪边，正脊立牌南面为盘龙；立牌顶部有狮子驮宝瓶，造型生动（图9-149）；背面是延祐元年（1314年）的题记（图9-150）。这是山西境内所发现的最早有纪年的建筑琉璃。在它东面五里下东平村圣王庙，正脊立牌背面刻有延祐五年（1318年）的工匠题记。这两座寺庙的平面与结构雷同，琉璃的胎质和釉色完全相同，可惜圣王庙正脊上琉璃吻兽和花饰已破坏殆尽。

图9-149　山西霍县李诠庄观音堂正脊　　　　　图9-150　山西霍县李诠庄观音堂正脊题记

山西潞城东三十里李庄文庙大成殿，屋面琉璃为至元元年（1335年）烧造。北面吞脊吻嘴上有"至治元年（1321年）程德厚管造庙堂，至元元年李君仁捏烧吻脊"的工匠题记（图9-151）。

高平县伯方村仙翁庙，大殿正脊是元至正二年（1342年）烧造。西边鸥吻的张口处有"潞州上党县北和村申待诏"的元代匠人题记。脊上的琉璃龙凤为淡黄、青绿、白、黑数种，凸雕浮出底面，实为元代建筑琉璃的杰出代表（图9-152）。这次发现，不仅弄清了此殿的建造年代应不迟于元至正二年，还纠正了历来把该殿的琉璃说成是明代琉璃佳品这一错误。

其他虽无题记，但结合建筑的年代和琉璃的造型，釉色，可以断定为元代琉璃的就更多了。如山西高平县上董峰村圣姑庙三教殿正脊东鸥吻和脊上的力士（图9-153、9-154），形象生动，塑造有力，推测为元至正二十一年（1361年），与建筑的年代相同；河北省曲阳县北岳庙大殿正脊琉璃由十条龙组成，三爪，西边的鸥吻高约3.5米（图9-155）。大殿在元至元七年（1270年）奉旨重修，琉璃的年代应相去不远。

元代建筑琉璃在造型上受宋、金雕塑的影响，刻画形象表现力强，鸱吻、垂兽、角神不脱宋、金的形制。元初的正脊和垂脊仍沿用唐代以来的垒脊做法，后来才出现琉璃通脊。色彩上以黄、绿、白、黑为基本色调，绿色为青绿（或称瓜皮绿），黄为淡黄，色彩素朴典雅。元代的匠人编入匠籍，优秀的工匠则冠以"待诏"的称号，待诏原是宋代的画院对画家所加的官秩，至元代则变成一种头衔，成为听候官差的民间工匠称号。琉璃匠人往往在作品上刻上自己的名字。这就为今天的考证提供了最宝贵的依据。

元代建筑琉璃的广泛使用，为明初琉璃的发展奠定了基础。匠人入籍也为明初工匠的来源和技术的提高创造了有利条件。

图9-151　山西潞城李庄文庙大成殿正脊题记

图9-152　山西高平伯方村仙翁庙大殿正脊

图9-153　山西高平上董峰村圣姑庙三教殿正脊鸱吻

图9-154　山西高平上董峰村圣姑庙
三教殿正脊力士

明代是我国建筑琉璃发展的成熟时期，在艺术造型、釉色配制和烧造技术上都达到了纯熟的顶点。明初熔块釉（有人称之为"法华"）广泛使用，提高了琉璃的质量。釉色中的孔雀蓝和茄皮紫，更增加了它的艺术效果。这一时期全国留下的佳品甚多，确为我国琉璃发展史上的鼎盛期。

明代建筑琉璃的发展，大致可分为以下三个时期。

初期：洪武——永乐年间

中期：成化——正德年间

后期：嘉靖——万历年间

初期是皇家建筑琉璃的创成和鼎盛时期。明初，朱元璋在南京和临濠中都大兴土木，屋面全部使用琉璃瓦和脊饰。永乐时，朱棣为迁都之需，在北京创琉璃厂，集中南北工匠的精粹，统一规格，统一生产，严格质量检验，从而提高了琉璃的质量和工匠的技术。其生产规模及数量、质量都超过了元代，同时也对民间琉璃的普及和发展起了巨大的推动作用。

成化年间，民间建筑琉璃开始发展起来，这可能与当时的营造制度有关，洪武六年朱元璋明令全国各府、州、县只能有一个大寺观的规定至此已被打破，寺庙的发展带来了琉璃烧造的繁荣，琉璃在造型艺术和釉色上朴素典雅，以青绿为主，图案简洁，没有皇家之富丽。但此时官僚和百姓仍被禁止使用琉璃作为住房屋面脊饰。

嘉靖至万历年间，社会稳定、经济活跃，民间大量维修寺庙，琉璃遍地开花。在河北、山东、山西、河南等省的山川村落里，留下了无数琉璃匠人足迹和他们的作品，传统的工艺已完全定型，开始走上片面追求装饰的道路。过多的图案和纹样变得繁琐，破坏了整体效果。

万历以后，政局的动乱导致建筑琉璃数量急剧减少，多数只是修补而已，建筑琉璃已呈衰落景象，直至清初康熙、乾隆年间才重新活跃起来。

图 9-155　河北曲阳北岳庙大殿鸱吻

二、明代主要琉璃产地

明代建筑琉璃产地广泛分布于我国南北方，它和当时的大规模营造工程相联系。传统的琉璃产地仍然集中于山西以及邻近的河北、河南、陕西的部分地区。为了适应皇家建设的需要，明初在南京聚宝山、当涂青山窑头、凤阳琉璃岗和细瓷窑设琉璃厂，为南京宫殿以及凤阳中都烧造大量琉璃砖瓦和构件。永乐迁都，又在元代海王村琉璃窑基址上建厂设窑。类似的官办琉璃厂的设置尚有湖北、四川、山东等地。根据需要，有的存在时间长，有的则很短。它们都在工部掌管下统一烧造。

南京聚宝山窑址在今中华门外窑岗村一带，方圆数里，民间有"七十二窑"之称，洪武年间盛极一时，永乐迁都后，尚未废止，南京大报恩寺塔的五彩琉璃构件就由此处烧造。

明初的另一处重要官窑是在当涂县城东二十里的青山乡窑头村，紧靠姑溪河边，有南窑和北窑隔河相望，民间有"九十九窑"之说。现场踏勘，可以看到琉璃窑遗址和大量琉璃碎片。南北窑不仅烧琉璃，还烧城砖。窑头村东南五里的白土山，（图9-156）高约百米，方圆七八里，属青山的余脉，这里便是明代皇家琉璃的原料产地。山中所产白土矿，色白质纯，明初不仅供应窑头，还供给南京聚宝山琉璃窑和凤阳琉璃厂，永乐迁都后，曾远供北京的琉璃厂。明宋应星《天工开物》陶埏第七卷记有"若皇家宫殿所用，……其土必取于太平府〔舟运三千里，方达京师，参沙之伪，雇役扬缸之扰，害不可极，即承天皇陵亦取于此，无人议正〕"。太平府即当涂，承天皇陵指明嘉靖的生父朱祐杬的陵墓，在湖北钟祥县，足见此处白土供应之广。

凤阳中都的琉璃窑有两处，北面在今天的琉璃岗村，东面在细瓷窑村，面临濠河的东岗上，两处距淮河不远。遗址残留各色琉璃碎片甚多，其中有白瓷瓦片，这两处琉璃窑使用时间不长，洪武八年中都工程停止，匠人调离，窑址荒废。

明永乐四年开始营建北京宫殿，十九年基本完工，皇宫营造由琉璃厂专职烧造琉璃瓦件，原料依赖水道运输。清初琉璃厂停办后，该地逐渐成为古玩书籍、字画碑帖的交易市场。

除了以上几处重要的皇家琉璃厂，还有几处规模较大的官窑。永乐十一年至十六年（1413~1418年）建成的湖北武当山道教建筑群，全部采用琉璃屋面，早年曾在均县习家店庞湾发现琉璃窑址。

山东兖州东北五里的琉璃厂村，距村南200米，从泗水河边向西延伸，有一条长500米的土埂，上面有残缺的琉璃窑。数目估计近百座，从现场的砖瓦和琉璃碎片来看，其中一部分是砖瓦窑。据《阙里志》记载，明弘治十三年至十七年孔庙进行大规模重修和营建，琉璃窑为此而建，属官窑。琉璃工匠中有朱姓和米姓，朱姓相传从山西迁来，明末迁到曲阜城西的大庄开设窑厂，为孔庙烧制琉璃，延续数百年至今。

四川成都东面十里华阳县胜利乡一带，旧名琉璃厂，范围很大，至迟从宋代就开始烧制琉璃。明代正德、嘉靖年间太监丁祥受命在琉璃厂董督，为蜀王府烧造琉璃砖瓦。

民间的琉璃产地集中于山西，历史悠久。明代的主要产地在晋中的太原马庄、平遥杜村里、介休义常里、文水马东都。晋东南则集中于阳城后则腰。其影响范围扩散到河北真定府定州，河南怀庆府、陕西韩城、朝邑等周围地区。

三、匠作制度与匠人

明代皇家琉璃烧造由琉璃厂负责。琉璃厂隶属于工部营缮清吏

图9-156 安徽当涂白土山

司，匠人则是从全国征调而来。明初，工匠主要来源于元代的匠户。工匠是生产中的技术骨干，下有夫役，琉璃厂是一匠五夫。各工种的匠人均实行轮班制和住坐制。明初，轮班制为三年一期。洪武二十六年，按各部门的需要定为一至五年的五种轮班制度，琉璃匠为一年一班，有三个月的服役时间。景泰五年重新定为凡轮班工作二三年者，俱合四年一班。

明代皇家建筑上工匠姓名多不录，从南京以及凤阳当地烧造的琉璃瓦上，未发现工匠的题记。但是在当涂窑头烧造的琉璃筒瓦头部或板瓦背面有图章两块，一块1.5厘米×4.8厘米，刻有"万字×号"或"寿字×号"；另一块2厘米×7厘米，上刻提调官、作头、上色匠人和风火匠人的姓名（图9-157）。它的形式与明初南京、凤阳的城砖上戳记相似，属于一种产品质量负责制度。由此可知当时此处官窑由提调官负责，作头督造，工匠分上色匠和风火匠两种，分别负责釉色的配制和器件的烧造。上色匠又有北匠和南匠之分，推测明初这里的琉璃匠人分为南北二个系统，以便管理。从当地世居老人了解到，窑头村最早居住者为祝姓，历来有"祝窑头"之称，在明代的琉璃瓦图章上发现祝姓的上色匠人和风火匠人很多，如祝万三、祝万五，祝寿一、祝寿二等，他们都属"南匠"，很有可能为明代以前就居住在这里的琉璃匠或陶匠。20世纪下半叶，当地曾在距窑头村四五里地的青山乡园艺村发现晋代墓群，墓葬中出土有上了釉的陶器，工艺水平很高，联系到当地有制作陶器的优质白土，又有制作釉陶的历史，琉璃的烧制当无问题。

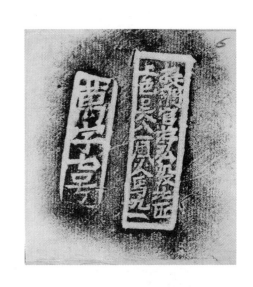

图9-157 安徽当涂窑头明初琉璃瓦戳记

明代北京的琉璃匠人由山西迁来。如赵姓"元时自山西迁来，初建窑宣武门外海王村，嗣扩增于西山门头沟琉璃渠村，充厂商，承造元、明、清三代宫殿、陵寝、坛庙、各色琉璃瓦件，垂七百年于兹，……然赵氏世居海王村琉璃厂，其地即明、清以来烧造琉璃官署所在，故世俗有琉璃赵之名，今其裔赵雪仿尚能继旧业"[2]。

山西晋中和晋东南地区的琉璃匠人可以阳城乔姓为代表。早年发现的碑文记载乔氏的祖先系唐代由西安龙桥迁到河南，后迁高平桥沟，经过宋、元二代，于明初到了阳城，先居于旧城东关，后迁到离城十里的后则腰，因为此地山上有陶瓷原料"坩子土"。自乔氏在此定居建窑烧造，阳城的琉璃和陶瓷随之兴起。已发现的明代琉璃构件上阳城乔氏题记最早为嘉靖年间，与碑文所记大体相符。据当地老匠人的口碑，早年后则腰的琉璃匠人不仅捏烧琉璃，还烧陶器和瓷器，往往同一窑中，既有琉璃，也有陶器。民间的匠人除接受建筑琉璃的加工订货外，还制作大量的琉璃器具、玩具以及釉陶来维持生计，产品销往晋东南和河南一带。

从大量的明清建筑琉璃上的题记来看，阳城乔氏的琉璃技艺从明代嘉靖后世代相传的辈分排列为：

宗————世————永————常
（嘉靖、隆庆）（万历）（万历）（万历—顺治）

清康熙后乔氏匠人逐渐衰落。

介休义常里（今义棠）乔姓从明代天顺年间开始烧造琉璃，已发现的琉璃题记早于阳城乔氏。义棠产"坩子土"，当地相传有"四十八窑（家）"之说，在晋中的介休、灵石、洪洞一带，发现了不少义常里乔姓题记的建筑琉璃，年代从天顺到万历。

汾阳乔姓琉璃匠人的题记，在霍县赵家庄观音殿戏台正脊立牌上发现，年代为嘉靖五年，和阳城乔氏、介休乔氏的琉璃匠人兴盛时期相当。这三地乔氏匠人在世系和亲缘上有无关系，尚无考证。

山东曲阜大庄琉璃厂朱氏琉璃匠人，明初为修建孔庙由山西迁来，先居于兖州琉璃厂村，后迁到曲阜城西大庄设窑烧造，因为此地离原料产地（城东八宝山）比琉璃厂更近。大庄烧造的琉璃上有"曲阜裕盛公窑场"或"裕盛公"戳记。山东一些庙宇，如岱庙、孟庙、曾庙和济宁庙上的琉璃多由该窑承造。

四、明代建筑琉璃的品类

琉璃在明代建筑中应用广泛，从地面建筑到地下墓室，从脊饰到彩画，从装饰构件到出跳斗栱。除了传统的屋面琉璃，还有琉璃照壁、琉璃塔、琉璃牌坊、琉璃门以及琉璃香炉、碑、神龛、佛座等较为特殊的品类。

（一）琉璃照壁

用于宫廷、陵墓、亲王府第、寺庙等建筑物大门之前。按等级的尊卑，可分为三龙照壁、五龙照壁、七龙照壁、九龙照壁诸等。还有以植物花卉为母题的琼花照壁。照壁的平面有一字形和八字形。一字形用于建筑主入口的对面，作为屏蔽和大门的对景，八字形用于大门的两侧，是其衬托和辅翼。昌平明十三陵多在宝顶前设琉璃照壁作为地宫羡道入口屏蔽，如长陵（今已不存）及其他大部分陵墓。

照壁的琉璃贴面一般是单面，也有双面贴的例子，如大同观音堂三龙壁（图9-158）和陕西蒲城文庙照壁。贴双面琉璃是为了照顾另一面的景观，如大同三龙壁在大路边，蒲城文庙照壁位于县城的闹市。照壁中的图案以龙为主体，辅以凤凰、狮子、麒麟、大象等瑞祥动物和牡丹等花卉。明代的照壁遗物首推洪武二十五年（1392年）建造的大同代王府前九龙壁，全长45.5米，高8米，厚2米，十分壮观。中部壁面九条巨龙翻腾于波涛汹涌的云海之中，造型生动，釉色斑斓，表现了明初精湛的琉璃艺术（图9-159）。以琼花为装饰题材的琉璃照壁则不一样，壁的正中作海棠形图案，内饰琼花，壁面的四边有琉璃岔角，整个壁面典雅大方。其中嘉靖年间建造的湖北钟祥县元祐宫山门前的琼花照壁可作为代表（图9-160）。

图9-158　山西大同明代三龙壁

图9-159　山西大同明代九龙壁

图9-160　湖北钟祥元祐宫明代琼花照壁

除了琉璃照壁，还有琉璃壁画（或称之为琉璃壁），如山西平遥干坑南神庙大殿东西偏院的琉璃壁，偏院平面为倒 L 形，壁面部分长 13 米，以东边墙面保存完整，上面凸雕龙、凤、狮子、麒麟等瑞祥动物，以及菩萨、官吏、市民和城市建筑、世俗活动等图案。

（二）琉璃塔

这种塔在结构和造型上与一般砖塔相同，但外表镶贴琉璃面砖和琉璃构件，色彩绚丽，装饰题材内容丰富。塔的内壁仍为砖结构，规模很小的塔，则可全部用琉璃分段烧制，现场组装。

明代早期的琉璃塔以南京大报恩寺塔为代表，它是我国明代琉璃艺术的最高成就。报恩寺塔位于南京聚宝门（今中华门）外长干里的报恩寺内，是明成祖为纪念其生母硕妃而建，永乐十年动工，宣德三年完成，历时十六年（一说十九年）。塔平面八角，高九层，从地面到宝珠顶通高为明营造尺二十四丈六尺一寸九分，合 78 米，一说高三十二丈九尺四寸九分，合 104 米（图 9-161），塔的外表为黄、绿、红、白、黑五色琉璃，拱券门边由五彩构件分段砌成（图 9-162），图案有飞天、狮子、白象、飞羊等（图 9-163～9-165），造型优美为前代未见。九级之上为塔刹，冠以黄金珠顶，每层檐角悬有风铎和簧灯各一百四十四个。塔的内壁布满佛龛，菩萨高约一尺。塔心室内还有琉璃藻井，青绿斗栱，层层叠起。

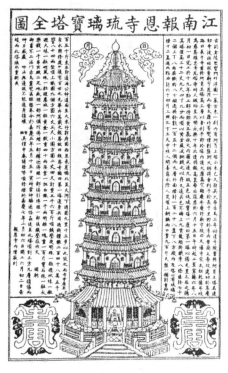

图 9-161　明南京大报恩寺塔全图

图 9-162　明南京大报恩寺塔复原拱门

报恩寺塔建成后，名扬海外，享有中世纪"世界七大奇观"的美誉。1856 年，这座巨构毁于战火，但塔基至今仍保存完整。据记载。该塔有二套备件埋在地下。"闻烧成时，具三塔相，成其一，埋其二、编号识之，今塔上损砖一块，以字号报工部，发一砖补之，如生成焉"[3]。据调查，这两套琉璃备件可能仍埋在聚宝山明代琉璃窑址下，确否尚待日后考古发掘的揭示。

明代中期建造的山西洪洞广胜寺飞虹塔，平面八角，十三层，高 47.13 米，塔身砖砌，二层以上外表面用五彩琉璃构件（图 9-166），各面塑有菩萨、金刚、盘龙、花卉、鸟兽等（图 9-167），底层入口两侧有琉璃金刚护法神，形象勇猛。飞虹塔构思巧妙，制作精美，20 世纪 60 年代修塔时，山西省古建所曾在塔顶发现榆次工匠和阳城乔姓琉璃匠人的题记。

图 9-163　南京大报恩寺塔琉璃飞天　　　图 9-164　南京大报恩寺塔琉璃白象　　　图 9-165　南京大报恩寺塔琉璃飞羊

图 9-166　山西洪洞广胜上寺飞虹塔二层琉璃檐部　　　　　图 9-167　飞虹塔细部（力士）

（三）琉璃牌坊、琉璃门

明代的琉璃牌坊遗留下的实物很少，北京东岳庙前"秩祀岱宗"琉璃牌坊为已知最早的实例。此坊建于万历三十五年（1607 年），清代康熙年间曾大修，琉璃额上有"万历丁未孟秋吉日"题记。坊的形式为三孔砖拱门外表贴砌仿木三间七楼琉璃牌坊，底座全用砖砌，上部则用琉璃贴面仿木牌坊式样（参见图 8-48）。

琉璃门多见于皇家建筑，如故宫、太庙、十三陵。一般用于围墙上，作为两个空间的过渡（图 9-168）。除了屋面上用琉璃，檐下的椽、板、斗栱以及梁、柱、枋、彩画也都用琉璃，色彩以黄和青绿色为主。琉璃彩画的基本图案为"一整二破"的旋花图案，但各时代均有变化（图 9-169）。

（四）屋面构件的种类

明代常见的屋面琉璃构件有筒瓦、板瓦、勾头、滴水、当沟、线道、正脊、垂脊、角脊、正吻、垂兽、仙人走兽等。屋面的形式变化丰富，正脊中有立牌、吉庆楼和吞脊吻，脊上往往有骑马武士和力士，角脊端有角神（图9-170），角梁上有套兽；歇山面上有琉璃山花（图9-171）、悬鱼和博风等。这些构件和清代的造型不尽相同，单是正吻的形式就很多样。官式的正吻是从宋代的鸱吻演变而来，在元末明初定型下来，比例瘦长，以后背上又出现了剑靶，形状扁平，变成了典型的明清官式正吻。北方民间尚有龙尾和兽头形式，元代永乐宫三清殿就是龙尾的造型，在变化中，龙尾变成龙嘴，上下为双龙张口，吞云吐雾。

明代建筑琉璃的装饰图案与纹样大体分为人物、动物、植物、几何纹样等数种。

人物造型中有世俗的官吏、儒生、武士、胡人、百姓；有佛教的菩萨、罗汉、二十八宿、化生（图9-172）、童子；有神话中的鬼怪、力士等。早期形象塑造有力，受宋、元雕塑影响较多，晚期趋于刻板、平淡。

动物造型有龙、凤、麒麟、狮子、白象、天马、海马、仙鹤等，以龙凤的题材最为普遍（图9-173、9-174）。龙的形象生动有力，在正脊、勾头、滴水以及照壁上都可见到。正脊上往往用几条行龙，姿态、色彩各异；垂兽和角兽有的用翼龙，振翅腾飞；照壁的勾头上多用盘龙，海天云山，吐珠腾虹。有关龙的爪数，元代皇家用五爪，王府用四爪（称蟒），民间用三爪。山西元代琉璃上，龙都是三爪。明代皇家仍为五爪龙，王府和民间都是四爪龙，如大同的三龙、五龙、九龙壁上均为四爪龙（清代一律用五爪龙）。凤鸟除了用于屋脊，也常见于滴水和蹲兽。狮子和白象则常于屋脊正中立牌上背负宝瓶，显然是受佛教艺术的影响（图9-175）。

图9-168　北京明十三陵琉璃门

图9-169　北京明十三陵琉璃彩画

图9-170　山西明代琉璃角神

图9-171　山西夏县文庙琉璃山花

植物图案中有牡丹、西番莲、莲花、葵花、宝相花、石榴、卷草、菊花等，以缠枝牡丹最为流行（图9-176）。几何纹样，通常为云纹、毯纹、水波纹、方格纹、回纹、曲线纹等。

值得注意的是，这些装饰图案的题材受到外来佛教文化影响较深，如莲瓣、莲花、化生、佛像、海马、狮子、白象、白羊、葡萄等。还有祈祝吉祥的图案，如百福百禄、富贵神仙、晋爵封侯、平安如意、八宝、八吉祥等。

图9-172　山西柳林香岩寺正脊琉璃化生

图9-173　明初凤阳中都琉璃勾头（龙纹）

图9-174　明初凤阳中都琉璃勾头（凤纹）

图9-175　山西洪洞广胜上寺毗卢殿正脊琉璃装饰

图9-176　山西闻喜文庙正脊缠枝牡丹

五、传统琉璃的制作工艺

我国古代琉璃制作都是匠人世代相传或师徒相承。由于历史的局限和传统观念的束缚，有关琉璃的烧制技术，尤其是釉色配方秘不外传。匠人素有"父传子、子传孙，琉璃不传外姓人"和"传子不传女"的习惯，年代久远，技术难免失传。加上在中国的封建社会中，这些技艺无人重视，难入经典，更给后代的研究带来困难。调查中发现，一些明代著名的琉璃产地后代竟然默默无闻了。琉璃的釉色配方属于化学范畴，有关烧制中的化学变化和形成机理，工匠往往只知其然，而不知其所以然。父子相传，更容易造成墨守成规，因循守旧，使他们在一个很长的时期内保持传统的做法。今天我们在研究明代琉璃制作工艺时，可以参考琉璃之乡——山西省主要琉璃产地，如太原马庄和阳城后则腰世居匠人的技术和经验，结合文献，通过取样分析，得出接近历史真实的结论。

我国古代建筑琉璃制作工艺见于宋代《营造法式》卷十五"窑作制度"，它是李诫总结工匠的经验而编纂的，这是我们研究传统琉璃的重要参考文献。明代宋应星《天工开物》、清代张涵锐《琉璃厂沿革考》等文中记述琉璃加工制作方法亦大体与之相同，但釉色配方多有出入。现将山西传统琉璃工艺整理如下：

（一）原料

琉璃胎质为陶土，北方称之为"坩子土"、"牙根石"，南方则称为"白土"。其主要成分为 SiO_2、Al_2O_3 和少量的 Fe_2O_3、CaO、MgO 等化合物。它的产地分布很广，明代以当涂的白土山产的白土质地最好，呈灰白色，烧成后呈白色。其他产地的坩子土烧成后颜色有白、淡黄、棕红或褐色。色泽主要受铁钛氧化物的影响，Fe_2O_3 和 TiO_2 的含量高低决定了色泽的深浅。

（二）釉料的加工和配制

琉璃的表面釉层属低温色釉，主要的化学成分由助熔剂、着色剂和石英三部组成。助熔剂为黄丹（PbO）或火硝（KNO_3）。着色剂有氧化铁（Fe_2O_3）、氧化铜（CuO）、氧化钴（CoO）和二氧化锰（MnO_2）等金属氧化物。石英成分为二氧化硅（SiO_2），《营造法式》称其为洛河石。常常根据需要的釉色来选定着色剂的种类。常见的釉色有黄、绿、蓝、紫、白数种，白色不加着色剂，只用助熔剂和石英。

黄丹的加工，以铅为原料，放在火锅里，每次炒百十斤，直到变为粉末，颜色发黄，经过石碾碾细，放入水中浸泡，溶后，将上面的黄色汁液倒掉，等水分挥发完，即为黄丹。沉淀的渣滓干后可再行炒造。明正德《江宁县志》物产篇"颜料之品，黄丹，炒黑铅为末，三变为丹"即为此。黄丹有毒，熔点888℃，在高温加热下变为四氧化三铅（Pb_3O_4），俗名铅丹或红丹。

宋《营造法式》卷二十七载，炒造黄丹的主要原料为黑铅加少量的密陀僧、硫磺和盆硝。黑锡、黑铅都是铅的别名。《说文》中："铅、青金也，古称铅为黑锡"。从明代南京聚宝山的琉璃釉层化验来看，其中含有大量锡（Sn），估计是原料中的铅含有锡的成分，而不是配制时另加的。密陀僧为铅的氧化物，我国古代常用它调入油漆中作为催干剂。盆硝为硝酸钾（KNO_3），炒造的过程见于《营造法式》卷十五琉璃瓦等条，和后期差不多。

另一种助熔剂为硝（KNO_3），又称硝石、钾硝石、土硝、盆硝等，是我国古代制造黑火药的原料。李约瑟在《中国科学技术史》中，论证我国的火药发明始于唐末，那时已有将木炭、硝石和硫磺混合起来的最初记载。其中引用了我国古代文献《道藏·洞神部·众术类》所收《金石薄五九数诀》："消石，本出益州、羌、武都、陇西，今乌长国者良……"。本文还记载：唐代（664

年）西域康居国僧人往山西五台山朝圣，随行 12 名汉族僧人，行至山西泽州，发现硝石，经过试验，性质与乌长所产相同。以往山西省的传统琉璃工匠，都是自己去山中采集硝石。《天工开物》卷十五"消石"条有详细的制造方法。

着色剂中的氧化铜、氧化铁，是用铜或铁放在琉璃窑中煅烧，再经粉碎碾细或者收集铁匠锻打后落下的铁片屑制成。亦有采用天然矿石的。例如赭石是自然生成的赤铁矿，块状，易碎，含有大量的氧化铁成分。而紫石含有大量的二氧化锰，常用来做茄皮紫的着色剂。

传统釉料可分为生釉和熟釉（熔块釉）两种。生釉的助熔剂为黄丹，它的配制是用黄丹、着色剂和石英（都已加工碾细）几种原料按比例混合，用水调匀，直接涂于已经过素烧的陶胎表面，送入窑中烧制，形成黄、绿、蓝、白等色。熟釉的助熔剂为火硝，加入石英及少量的黄丹和氧化铜（或二氧化锰后），按一定的比例混合均匀，放在琉璃窑中煅烧，烧成后再进行石碾、过筛，进而配成釉料，涂刷于陶胎的表面，烧制后的釉色成为孔雀蓝和茄皮紫。它与生釉不同之处，除了成分外，又多了一次烧制加工的过程，这对除去有害物质减少毒性，除去分解和挥发物，减少烧成后的收缩以及使釉色均匀饱满都有一定的作用。

根据阳城后则腰和太原马庄山头村等地老匠人提供的资料[4]，山西传统琉璃釉色配方列表如下：

生 釉 料 配 方

原料 / 釉色	黄 丹 PbO	石 英 SiO$_2$	氧化铜 CuO	氧化铁 Fe$_2$O$_3$	氧化钴 CoO
绿	1 斤	7～8 两	0.8～1 两		
黄	1 斤	7～8 两		0.8～1 两	
蓝	1 斤	7～8 两			1 两
白	1 斤	7～8 两			

注：1 斤＝16 两。

熟 釉 料 配 方

原料 / 釉色	黄 丹 PbO	火 硝 KNO$_3$	石 英 SiO$_2$	氧化铜 CuO	二氧化锰 MnO$_2$
孔雀蓝	8 斤	50 斤	20～25 斤	7 斤	
茄皮紫	8 斤	50 斤	20～25 斤		7 斤

从表中看出，黄丹与石英的比例为 2～2.3：1，这和《营造法式》卷二十七的配方"每黄丹三斤，用铜末三两、洛河末一斤"相比较，着色剂的配合比相同，而石英的含量偏大。

通过对明代南京聚宝山琉璃窑址采集的天蓝色琉璃釉色的光谱分析检验，其着色元素为铜，还有铅和锡，以及微量的硼、镁、锌、铝。这些微量元素对琉璃的釉色质量可能有影响。南宋赵汝适《诸蕃志》卷下载"琉璃出大食诸国，烧炼之法，其法用铅硝石膏烧成，大食则添入南鹏砂，故滋润不烈，最耐寒暑，宿水不坏，以此贵重于中国。"南鹏砂即硼砂，其成分为 Na$_2$B$_4$O$_7$·10H$_2$O，在玻璃工业上用途广泛。

（三）成型与烧制

琉璃的原料坩子土"由山中凿挖以后，碾成细粉，再和泥成浆，以脚踏之，使其柔润粘合，捏成各式砖瓦形状，曝于烈日之下（？）[5]，使其中水分退净，再以细刀镌刻各种花样，复置于阴凉处，然后始能入窑"（张涵锐《琉璃厂沿革考》）。山西的传统加工方法大体与此相同。大件的吻兽、正脊上的花饰、人物、鬼怪都是手工捏制而成。成批的构件，如瓦当、滴水、筒瓦、板瓦等则用烧制的陶土模或木、竹筒模成型，花饰用翻刻的陶模印上。

晾干后的陶胎放入窑中烧制，第一次不上釉色，为素烧。燃料有两种，北方烧煤，南方烧柴或芦柴。从点火、升温到停烧，全过程一般为 2～3 天，根据琉璃器件的大小而定，大的器件烧制时间长，小的相应缩短。烧成温度控制在 1100～1200℃ 之间，停火后，冷却 1～2 天就可以出窑。《营造法式》卷十五"烧变次序"条"琉璃窑前一日装窑，次日下火，烧变三日开窑，火候冷至第五日出窑"与上述过程相近。

第二次烧制前，先上釉料，即在经过素烧的胚胎表面涂釉。涂法有浇釉和刷釉两种。釉色上完，再次放入窑中，换用柴烧。柴的燃烧温度较低，烧成温度在 800～900℃ 之间。从点火，升温到停烧，一般为 24 小时左右。装窑不用匣钵，明代的几个官窑址均未发现匣钵的残片。

烧窑需要的人工和燃料、色料在《明会典》卷一九○有记载："每一窑装二样板瓦坯二百八十个，计匠七工，用五尺围芦柴四十束；每一窑装色二百八十个，计匠六工，用五尺围芦柴三十束四分，用色三十二斤八两九钱三分二厘。"

（四）窑的形制

琉璃窑比普通砖瓦窑的尺寸和容积都要小。平面有圆形和方形两种，窑顶拱券或为穹窿，排烟口不在顶部而在后壁的下方。顺墙壁有烟道直通顶部，因而它的烟囱也在后部，这样的排烟方式为倒拔回火式，工匠称之为倒烟窑。

据南京博物院 1959 年的调查，明初聚宝山琉璃窑的平面为圆形，直径约 3 米，内部顶高约 3.5 米左右，分为窑门、火床、窑室和烟囱四个部分，属倒烟窑（图 9-177）。安徽当涂县窑头和山东兖州琉璃厂的明代窑制与之相同，宋代烧制琉璃用"曝窑"，《营造法式》卷十五"垒造窑"中记载了曝窑的形制。

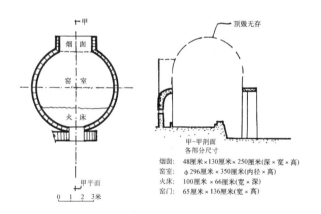

图 9-177 明初南京聚宝山琉璃窑构造

从阳城后则腰和太原马庄山头的传统形式来看，山西的琉璃窑，其平面为方形，内部为拱券顶或穹窿顶。窑的尺寸较小，内径为 2.5 米×2.5 米，中央的高度拱券顶为 2.5 米，穹窿顶为 3.5 米（图 9-178、9-179）。

琉璃窑内壁衬砌的耐火砖一般为一砖厚，约 24～30 厘米，外面包砌一层普通砖，砌到 2 米高左右，再发拱券或叠涩砌穹窿，窑的外侧用土培实，起保温隔热作用。

坯件在窑室内隔排错置码空，以便火势流通。在火床的三面（另一边靠窑门）码上几十厘米高的空花砖，以防止燃烧时的火头直接烧到坯件上。

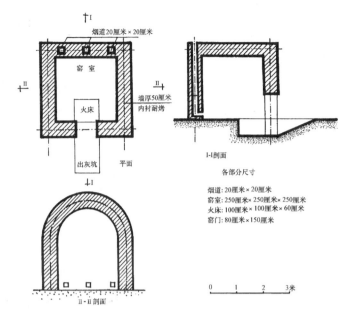

图 9-178　山西太原马庄琉璃窑构造

图 9-179　山西阳城后则腰琉璃窑
（前为加工用石碾）

坯件全部装好，用砖或泥封闭窑门。中间留下加煤和看火的孔洞，点燃煤或柴，窑便开始工作。素烧时坯件要烧得略"生"一点（工匠语），这样在上釉时，釉药可渗入坯胎表层，使烧制后的釉层和底坯能较强地结合。明代官窑的风火匠人和上色匠人是分开的，因为火候适当是保证琉璃质量的关键，稍有不慎就可造成次品和废品，我们在明代官窑中（如南京聚宝山、当涂窑头）曾发现大量残次品就说明了这一点。

注释

[1] 四处有元代工匠题记的琉璃，除山西潞城李庄文庙一处为该县在文物普查中所发现者外，余皆笔者在调查中发现。

[2] 刘敦桢《琉璃窑轶闻》，《中国营造学社汇刊》三卷三期。

[3]（明）张岱《陶庵梦忆》。

[4] 阳城后则腰卫天铎老人，东关乔承先之徒王永胜，太原马庄山头村苏杰老人等。

[5] 砖瓦坯不可曝于烈日之下，必须在阴处候干，方可避免开裂。引文中此处显然误记。

第五节　明代家具

家具的发展与人们生活习惯和使用要求的变化有着密切的联系。随着我国古代长期以来的"席地而坐"改变为"垂足而坐"，唐宋之间，家具在高度和种类上发生了很大的变化。到元代，家具也有一些新的因素出现，如罗锅撑、霸王撑、高束腰等新做法和缩面桌的新品种[1]。明代是我国家具发展史上极重要的时期。这个时期所形成的家具类型和风格，长期影响着清代以及近代的家具设计。

一、明代家具的发展

明代社会经济的发展使手工业的生产规模和工艺水平达到了前所未有的高度，也为家具制作水平的提高创造了有利的条件。东南亚一带的珍贵硬木如红木、花梨、乌木由于海上交通的开辟而不断输入，受到人们的普遍欢迎。这些硬木的使用，减少了家具的用材，延长了家具的寿命，促进了工匠工艺水平的提高。

明初，朝廷对臣下和庶民的住宅有着严格的等级规定，住宅的平面和结构形制已规范化，人们的注意力更多集中和日常生活密切相关的室内陈设和布置，因而适合各种用途的家具得到充分发展。这些家具既讲究造型，又和人体的尺度、使用的舒适很好地结合起来。

民居的发展，私家园林的兴盛，厅堂楼阁、书斋别院，处处需要家具来充实空间，装点环境，这在苏州表现得尤为突出。"富而豪侈，家具什物，穷工极巧，无一不精"（《吴县志》）。明中叶后，沈周、文征明、唐寅、仇英四大画家所形成的吴门画派，更促进了造园艺术的提高和室内陈设的发展。在营建住宅和园林时，文人、画家也根据建筑形制和主人所好，着意进行家具设计的推敲，如明末苏州文震亨所著《长物志》就对住宅园林的家具制作及室内陈设提出了精辟的系统的见解。万历后的《鲁班经》，收入了明代常用家具的规格和做法，是我国现存最早记述家具制作的著作。继北宋的《燕几图》后，明代弋汕编写了《蝶几谱》，用一些固定的单元来组成具有美丽图案的组合多用桌。

随着社会文化和精神生活的发展，人们对于家具的要求不仅具有使用上的方便和舒适，还要具有观赏价值和精神寄托，如文征明的弟子周天球，就在一把红木扶手椅的靠背上刻有"无事此静坐，一日如两日，若活七十年，便是百四十"（此椅现藏于南京博物院）。该诗实为苏轼"无事静坐，便觉一日似两日。若能处置此生，常似今日，得至七十，便是百四十岁"的翻版（《东坡志林》卷三）。南京博物院还收藏了一件万历年间制作的红木书桌，腿上刻有"材美而坚，工朴而妍，假尔为凭，逸我百年。"

明代家具的主要制作地点在北京、广州、苏州几处，因而有"京做"、"广做"、"苏做"之分。从遗留的实物、木刻版画以及绘画作品来看，南北方家具在造型、尺度以及装饰风格上都比较一致，这和当时全国各地商业和文化的频繁交流有着密切的关系，当然也和两宋的基础分不开，尤其是南宋，北方优秀工匠的南迁，建筑制度和形式对南方的影响很大，而明成祖迁都北京后，在全国征集大批匠人建造宫殿，南北方建筑工匠的交流，也促进了室内家具陈设的发展[2]。

我国明代家具对海外尤其是欧洲家具有一定的影响，如英国安后（Queen Anne）和乔治早期（Early Georgian）的椅子，法国路易十四与路易十五的家具等。而18世纪英国家具设计兼制造者契彭达尔（Chippendale）曾明白表示，在他设计的家具里有些是仿照中国趣味的。1840年鸦片战争以后，我国家具制作受欧洲影响，遂有"海做"家具的出现，结构和装饰上均受巴洛克风影响。

二、明代家具的种类

根据遗留的实物，对照明代绘画，按其使用功能，分为六大类。

（一）坐具类（宴坐休息）

杌（小凳）：有方、圆二种。还有交杌，马杌。

凳：长方凳，长条凳，方凳，圆凳（图9-180～182）。

墩：瓜墩，坐墩（图9-183）。

椅：单靠椅，灯挂椅，一统碑椅，扶手椅，四出头，宫帽椅，玫瑰椅，梳背椅，交椅（折叠椅），圈椅（图9-184～9-189）。

宝座

图 9-180　方凳（吴县东山正义堂）

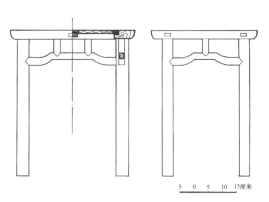

图 9-181　方凳实测图

图 9-182　圆凳（苏州）

图 9-183　坐墩（苏州）

图 9-184　单靠椅（吴县东山杨湾）

图 9-185　一统碑椅（苏州）

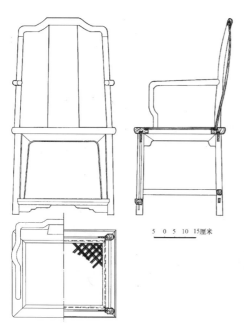

图 9-186　扶手椅实测图（苏州）

图 9-187　梳背椅（吴县东山光荣村）

图 9-188　圈椅（吴县东山杨湾）

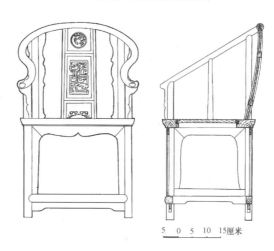

图 9-189　圈椅实测图

（二）几案类（陈列、工作）

几：搁几、香几、花几、茶几、琴几、炕几。

案：翘头案（天然几），平头案，条案，书案（图 9-190、9-191）。

图 9-190　翘头案（天然几吴县东山光荣村）

图 9-191　平头案（苏州网师园）

桌：方桌（八仙桌、六仙桌、四仙桌），半桌（半方桌，半圆桌），圆桌，琴桌，棋桌，书桌，折桌，二屉桌，三屉桌，四屉桌，八角桌（图9-192～9-197）。

图9-192　方桌（吴县东山杨湾）实测图

图9-194　书桌（吴县东山）

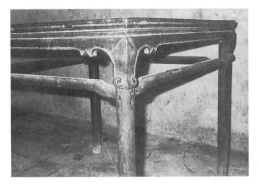

图9-193　方桌细部

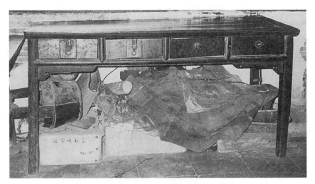

图9-195　四屉桌（吴县东山白沙）

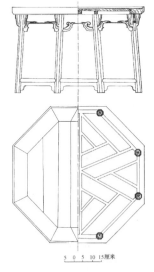

图9-196　八角桌（吴县陆巷）实测图

图9-197　八角桌细部

（三）橱柜类（储藏衣物）

橱柜：闷户橱，联二橱，联三橱，书橱，碗橱，灯橱，衣橱。四件柜，六件柜，竖柜（图 9-198～9-202）。

格：书格，万历格（万历年间流行式样）。

箱：官皮箱，衣箱，药箱（图 9-203）。

图 9-198　书橱（吴县东山光荣村）

图 9-199　碗橱（吴县东山白沙）

图 9-200　灯橱（吴县东山白沙）

图 9-201　衣橱（吴县东山陆巷）

（四）床榻类（休息睡眠）

拔步床（大床），架子床，禅床，凉床，藤床（图9-204）。

榻，短榻（俗称弥勒榻）（图9-205、9-206）。

（五）台架类

巾架（面架），衣架，镜架，花架，火盆架（图9-207～9-209）。

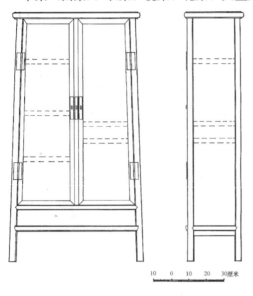

图 9-202　衣橱（吴县东山）实测图

图 9-203　衣箱与箱柜（吴县东山）

图 9-204　拔步床（吴县东山）

图 9-205　榻（吴县东山杨湾）

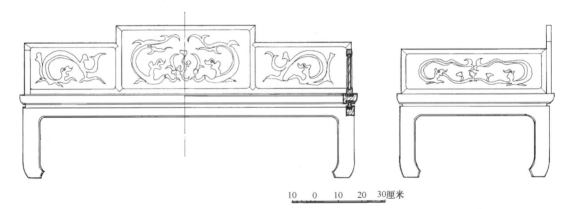

图 9-206　榻实测图

图 9-207　巾架（吴县东山白沙）

图 9-208　衣架（吴县东山）

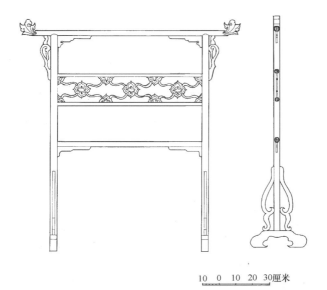

10　0　10　20　30厘米

图 9-209　衣架实测图

烛台，花台，学士灯挂。

承足（脚踏）。

（六）屏座类

座屏，镜屏，插屏，围屏。

炉座，瓶座。

明代家具品种齐全，已和我国近现代家具的五大类（桌类、橱类、椅凳类、床类、箱架类）大体相合。

三、明代家具的造型特点

（一）宜人的比例与尺度

明代家具经过成百年的推敲改进和千百万人的使用检验，它的尺度已和现代人体工学的分析十分接近。下面以江南的明代最常见的坐椅尺寸来分析其与人体的关系。人在椅上，通常有三个支点：脚、臀部和背部。因此坐椅就必须根据人体来确定座高、座深及靠背、扶手等尺度，下面将实测的明式坐椅分单靠、扶手、圈椅三种列表如下，并与现今同类家具的国家标准尺寸进行比较[3]。

明式单靠椅实测比较表

名　称	座　宽	座　深	座前高	踏足至椅面高	背　宽	背总高	背板宽	材种	地点
单　靠　椅	487	400	464	372	上 435 下 455	942	上 134 下 138	红木	苏州
单　靠　椅	455	380	480	405	上 380 下 420	1020	上 124 下 130	榉木	东山
单　靠　椅	495	385	455	378	上 401 下 460	962	上 114 下 124	花梨	苏州
国标靠椅	不小于 380	340～420	400～440		不小于 300				

明式扶手椅、圈椅实测比较表

名　称	扶手内宽	座深	座前高	踏足至椅面高	背　宽	背板宽	扶手高	总高	材种	地点
扶　手　椅	500	420	458	378	上 483 下 530	上 151 下 157	245	984	红木	苏州网师园
扶　手　椅	520	440	480	395	550	220	235	1065	红木	苏州
扶　手　椅	500	435	480	390	上 465 下 530	上 155 下 164	230	1030	红木	东山
圈　　椅	500	400	490	388		上 163 下 175		955	榉木	杨湾
圈　　椅	475	400	485	407		上 148 下 160		950	榉木	石桥
国标扶手椅	不小于 460	400～440	400～440		不小于 440	200～250				

注：1. 表中尺寸以毫米计；

　　2. 国标无圈椅种类。

从表中我们可看出，在座宽、座深、背宽、扶手高等几个主要尺寸是与今天国家标准尺寸相接近的。座高的平均尺寸为 480 毫米，从表面上看，它的尺寸比国家标准常用家具的尺寸超过 70 毫米，但明代坐椅均有搭脚挡，作踏足之用，其高约 70 毫米，踏足至椅面为 410 毫米，正好与标准椅高不谋而合。从表上还可以看出，椅的上部尺寸比下部为大，因此整个坐椅比例修长，其靠背根据椅的种类做出各种曲线，以求和人体背部的曲线取得一致，这样不仅承坐舒服，而且也不易疲劳。

椅面的材料是影响坐椅时心理感受的因素之一，民间的大部分椅面均采用木材和藤材相结合的方式，椅面多用宽度为约 2～3 毫米的细藤皮编织而成，藤面下绷上棕绳，以增强其强度，又能形成良好的体压分布，而藤材略具弹性，透气性能良好，特别适于南方及夏天使用，加上材料的质地光滑细致，给人以良好的感觉。

明式方桌，其高度在 800～840 毫米间，这样的尺度结合椅的高度也是合适的。（清代家具如太师椅，椅面高且阔，椅背直，人坐其上，两足悬空，椅面和靠背多用直板硬木面甚至石面，坐者既不舒服，也极易疲劳。）

（二）与建筑相呼应的结构意匠

明代家具的立面造型、结构处理、细部装饰都吸取了大木作结构的意匠，作为一种木框架结构，它和大木作梁架结构的做法有不少相似之处，具体做法有两种：一是忠实地模仿大木结构，如明代的大床，以苏州王锡爵墓中出土的拔步床为例，在平面布局和立面处理上均采用大木结构的做法，三开间、中间开间大、两边开间小。全床分为底座、柱身、上部三段，底座采用了简化的须弥座。四方柱身，讹角，还有柱础。上部吸取了建筑物上门罩的做法，并进行了重点的装饰，采用常见的明代建筑图案和纹样，建筑上的栏杆形式也被用作床的栏杆（图9-210）。在平面上，大床分为前后两部分，前面是一个小空间，作为过渡，犹如建筑的柱廊，这里放了烛台，台面上可放蜡烛作为照明之用，下有抽屉（明代称抽替）和小柜作为存放小件物品和单衣之用，还有两张小坐凳，里面可以放鞋。整个床的四周有板，关起来便成为一个完整的建筑空间，充分考虑到使用者的要求。另一种做法是采用建筑上某些传统结构做法，加以改造和创新。如常见的桌、椅、凳、橱，普遍采用"侧脚"。建筑上的侧脚在明代已不多见，但家具上依然保留这一古老的传统。除了美观因素以外，利用侧脚增加家具的稳定性也是一个重要原因。

腿部采用圆形截面，如同房屋的"立柱"；上端渐渐收细，如同柱的收分；柱腿之间用圆形或椭圆形的横撑联系，像"串枋"；在这横撑的下面，用"替木"一样的牙子加固节点，既有结构功能，也起了装饰作用。牙子的种类有：替木牙子，是建筑替木的仿照（图9-211）；悬鱼牙子，犹如建筑山墙搏风下的悬鱼（图9-212）；侧脚牙子则吸取了建筑上门罩的做法；壸门牙子可以看到建筑壸门装饰的影响。

（三）优美的曲线与线脚

明代家具在其造型中，大量地使用曲线。我国古代书法家用线条表达书法的豪放和遒劲，画家用线表示人物和山水意趣；古代建筑中，飞起的檐角，反宇向阳的屋面，无处不有优美的线条表现。明代家具也充分利用线条体现出朴素大方、清隽典雅的造型，例如椅的后腿、靠背、搭脑、撑档、圈椅和交椅扶手都是结合人体使用功能而形成的优美曲线（图9-213），家具的脚形除了常见的圆形、方形和长方形外，还有"马蹄脚（有内翻马蹄与外翻马蹄）"，"螳螂足"，"豹足"等，尤其是内翻马蹄脚，它的弯曲有力，干净利索，广泛应用于椅、凳、桌、榻等。外翻马蹄脚结合牙板和边做成枭混曲线。

明代家具采用了大量的线脚以表现边缘断面的轮廓，由混面或凹面，阳线或阴线构成，常见的有半混面单边线、双混面单边线、混面起边线、混面压边线、凹面凹角线、凹面梅花瓣、平面双皮条线、四瓣加间线及素混面、素凹面（图9-214）。《鲁班经》一书中还有"棋盘线"、"麻栌线"、"剑脊线"、"麻栌出色线"之称。用线脚来统一家具的细部，如椅、榻的腿和牙子常用混面和阳线，由于它的形象饱满，所以被广泛采用。

（四）重点突出的装饰手法

明代家具的装饰素雅精当，仅施局部雕刻用以强化和衬托整体

图9-210 拔步床（苏州明代王锡爵墓出土明器）

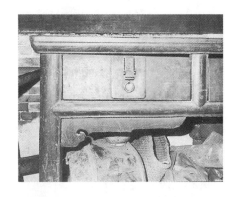

图9-211 替木牙子

图9-212 悬鱼

图 9-213　圈椅扶手曲线

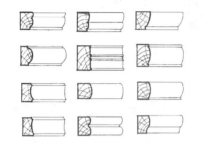

图 9-214　明代家具上常用的线脚

图 9-215　圈椅背板雕刻

图 9-216　书橱门板雕饰

造型。雕刻的位置多在椅子的靠背上，或作圆形浮雕，或将下部镂空（图 9-215）。扶手端头、方桌的牙子和腿部、橱门、衣架的上搭头等结合整体造型略作雕饰，做得恰到好处，能收到事半功倍之效。常见的图案有夔龙、云头、螭首、凤纹、垂鱼、四合如意、万字、莲纹、卷草、锦纹、山水、花鸟、人物（图 9-216）等。衣架和大床喜欢使用"卐"字，有连绵万代之意，但明代文人认为"卐字回文等式俱俗"（《长物志》）。

四、明代家具的工艺特点

（一）精选用材

明代家具所用的木材，分为硬性木质与中性木质两种。硬木有红木、紫檀、鸡翅木（别名杞梓木）、花梨、乌木、铁梨木等。中性木有楠木（又名香楠、花楠）、樟木、黄杨、榉木（北方称南榆）、柏、楝等。硬木以红木、紫檀、鸡翅木、花梨木品质最佳。红木，花纹美丽，材色悦目，心材多为红色，且有香气，极耐腐，只是锯刨加工较困难。它是优质家具、室内装修、雕刻、乐器的用材。紫檀，材色美丽，紫红色，收缩性较小，干燥缓慢，耐久性强，心材耐腐，木质坚硬，纵切面光滑略呈带状悦目的花纹。乌木，色黑、纹细、材色别致，干缩大，耐腐，刨面光滑，油漆和胶粘性能良好。这三种木材产于东南亚、南亚等热带地区。我国的海南、广东、广西也有出产。花梨，有黄花梨和新花梨之别，以黄花梨木品质为佳。木质坚实，颜色从浅黄到紫赤，心边材区别明显，有香味，纹理精致美丽，适于雕刻和家具之用，是明代家具中最标准的材料。花梨产于我国南部各省及东南亚一带。鸡翅木，产于我国南部，是四川名材之一，心材材色艳丽，花纹别致，因形似鸡翅而得名，材质坚重，油漆加工性能良好，是高级的家具和工艺装饰品用材。铁梨，又名铁力，产于广东，心材暗红色，材质坚硬，沉重耐久。

明代的宫廷、官僚、豪富都取上述名贵木材制作家具（如苏州多用红木、紫檀、乌木、铁梨、楠木），而民间大多就地取材，苏州地区则多用榉木（榉、乾隆《吴县志》作据，注云："为桌椅床榻最佳"）。榉树分布在江苏、浙江、安徽、湖南、贵州等地，材质坚硬，纹理直，结构粗，干燥不易变形，耐磨损，耐腐性强，材面花纹美丽，适宜于家具装饰等用材。历史上苏州洞庭东山榉树很多，只是因近代的砍伐而不易见到。其他用材尚有柏木、楝木、檫木、杉木等。

除了材料的选择，加工时的因材致用也十分重要。《长物志》对书桌选材的要求是："中心取阔大，四周厢边"。制作前的木材采用自然干燥法，即将木材切割成板材后，堆成板垛，经过风吹日晒自行干燥以保证家具的质量。从海外和外地运进的硬性木材，因运输过程中长期日晒和浸泡，相当于一个自然干燥过程，因此木材来后即可锯成板材风干使用。"材美工细"是明代家具历数百年岁月仍能完整地保存下来的关键。

除了木材，明代家具还广泛地采用棕、藤、竹、石等材料。在座椅面和床面上使用棕和藤，棕、藤常常混合使用于坐垫或床垫，做法是棕绳在下，纵横成十字对穿；藤皮在面，斜穿。两者相辅相成，不仅牢固，且舒适、透气。

明代家具作镶嵌面饰的石材，有大理石、祁阳石、花蕊石、玛瑙石等，其中以大理石为上乘。但这种面饰做法在明代尚属少见（后盛于清代）。在南方竹椅、竹案、竹床、竹踏凳也很普遍。《长物志》介绍的吴江竹椅在明代的文人画中也可见。

（二）巧用榫卯

我国建筑的大木作都是用榫卯联结的，明代的榫卯技术更加纯熟繁复藏而不露，家具榫卯也更多样而精致。由于材质的优良和加工的精细，家具构件的断面可以做得很小。如方桌脚，直径约5厘米，椅腿直径约3厘米，上下均有收分。家具的牢固和耐久，全靠结构合理和榫卯精确。

明代家具的榫卯类型很多，就榫的形状来说，有直角、斜角、圆、燕尾，按其是否出眼，又有透榫或半榫（即明榫或暗榫）。不同的部位有与之相应的不同榫卯，如格角榫（常用于拼框的两边交接）、综角榫（用于几、案、桌的三面交接）、燕尾榫（用于箱和抽屉的二面交接）、夹头榫（用于柱腿与牙板的连接）等等（图9-217）。其他还有托角榫、长短榫、抱肩榫、勾挂榫、穿带榫、削丁榫、穿楔、挂楔、走马楔、盖头楔等。榫卯之间不用铁钉，也不用胶水，关键之处附以竹梢钉，透榫之处加楔（称破头楔）。

明代家具的面板，不论是几、案、椅、凳、橱门，凡用板做面的，都是用四条边梃做框，中间镶板心，边梃交角处用45°的格角榫，边梃的内侧做通槽，板心四边出榫，嵌入通槽之内。板心的下面做燕尾槽，以穿带横贯槽中，这种做法，北方称为"攒边"，南方称为"厢边"（图9-218）。这就解决了家具用材上的两个难题：第一，预留板面的伸缩余地，利于木材本身的收缩，不致使板面破裂和松动；第二，完全避免了截面板纹的露明，因为横截面的板纹不仅纹理粗糙，也不利于油漆。攒边的框料与面料的材料、纹理或一致，或有意不一致以达到艺术表现的目的。

（三）淡施油漆

明代的油漆种类很多。我们可以从《髹饰录》了解明代家具、器皿油漆的工艺。《长物志》记载家具的油漆有退光朱黑漆、螺钿金漆、黑漆断纹、朱黑漆、黑漆嵌金银片等做法。苏州漆工多来自徽州府的旌德。

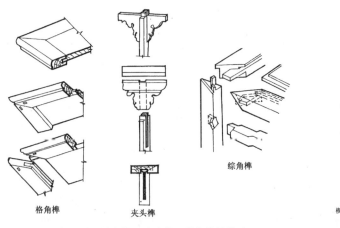

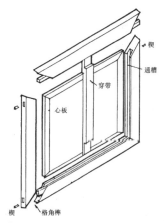

图9-217　格角榫、夹头榫、综角榫的做法　　　　图9-218　攒边做法

我国传统油漆的主要原料是天然漆和桐油。天然漆又称大漆。"六月取汁，漆物如金"[4]。漆树在我国分布很广，浙江、安徽、福建、广东都产漆。各地天然漆的色泽不同，"今广漆则黄，江漆则黑"[4]。采割下来的天然漆，经过滤，去杂质，即为生漆。再经过日晒或低温烘烤（30～40℃）脱去一部分水即成熟漆或推光漆。熟漆再经过一番炼制加入熟桐油或豆油等植物油，便成为一般的广漆或退光漆。桐油产于我国南方，熬炼时，加入土子（含氧化锰的矿石，作催干剂用，明代称"催干土"），再加入密陀僧（含一氧化铅），在一定的温度下熬炼后便成熟桐油（亦称光油）。熟桐油干燥迅速，耐水性强，油膜坚韧光亮，普遍用于房屋、家具、车辆、船只等。

明代家具的油漆，以轻妆淡抹为特色，目的使木材本身的纹理明显，以保持天然的美丽。常用的家具油漆有以下几种：

打蜡——家具不着色，用树蜡或蜂蜡擦磨，多次磨拭，表面平整光洁如镜，呈现美丽的木纹。

光油——即熟桐油。家具做完，打磨光净，即可上光油，干燥后，表面光洁。因桐油取材方便，乡间多用之。

水磨漆（或擦漆）——家具做好以后，用木芨草（《吴县志》称木贼草）或朴树叶带水打磨表面，磨光后用土红或土黄着色，然后用丝团蘸推光漆在家具表面擦拭，反复多遍，直至家具表面精润光滑、纹理清晰。

其他油漆有黑推光漆、笼罩漆、广漆、黄明漆等。油漆的时间，江南常选在4～7月间进行。此间正当黄梅季节，空气湿度大，温度适中，利于天然漆的结膜。

明代家具的底部如桌底、橱底、椅凳底部或接缝处采用"披麻捉灰"的办法，即用夏布作底，上用生漆灰刮平，干后可防家具受潮，起到良好的保护作用。

家具上镶嵌的铜质饰件如合页、面页、钮头、吊牌、抱角、圈子、拉环等多为白铜制品，制作极为精细，形式灵巧多样，尺寸、比例、安装部位和家具协调，有很好的装饰效果，成为明式家具不可缺少的一个组成部分（图9-219）。

图9-219　灯橱上的铜质饰件

五、明代室内家具布置

室内的家具布置除了满足人们生活起居，还要适应习俗和礼仪。"位置之法，繁简不同，寒暑各异，高堂广榭，曲房奥室，各有所宜"（《长物志》卷十）。由于气候的差异或房屋性质的不同，家具的布置也有种种变化。从明代的版画、绘画和一些史料中可以发现大量的明代生活起居和家具布置的真实写照。例如当时的流行小说《金瓶梅》、《水浒传》、《西厢记》、《琵琶记》等都有精美的版画插图，图中大量反映了江南一带的风土人情和生活起居活动。吴门画派四大家中的仇英善作工笔画，他的一些画中也细腻地刻画了当时人们的生活情况和室内陈设。这些都是今天研究明代室内布置的宝贵资料和借鉴。

北方的住宅以四合院为典型。普通民宅多于正房的明间作佛堂，前设供桌、供案、香几、磬几等。较大的住宅，则另建佛堂。寝室的位置，多在正房的次间、厢房、耳房和套间内，北京民宅中大半有炕，炕上有炕几或称炕桌。柜橱、联二橱、凳、墩等都是常用的家具。北方也有采用带床架的木床"架子床"，床架周围用帷幕，床顶置仰尘，可能是永乐迁都以后，这种南方的架子床才逐渐在北方普遍开来。佛堂置于正房的住宅，客厅多设于倒座或厢房内。客厅内的家具以坐具为主，榻是最常用的坐具，屏风也是必不可少的。其他如茶几、椅子、条案、方桌、杌凳、瓜墩和鼓墩都是客厅里常见的家具。书斋要求幽静，多设置在套间或跨院里。家具则有书案、书橱、椅、凳之属。书案一端临窗，檐际挂竹帘，显得洒脱静雅。

南方的室内陈设和北方有所不同。明代苏州的住宅是多进的院落布置，主轴线上依次有门厅——轿厅——堂（大厅）——楼；轴线的两侧尚有客厅、花厅或书房、花园等。门厅内不设家具，家具主要布置在堂和楼中，堂是迎宾、宴请、议事的主要活动场所，故以堂名来称呼整组建筑及其所属家庭。根据礼仪的需要，大厅的屏门前置天然几（翘头案）一张，天然几一般长不过 1 丈（小于明间两柱之间的净距），宽不足 2 尺。天然几前放供桌，这是一种长形的桌子，供桌前放八仙桌，桌的两侧对称布置坐椅。大厅的中间和两侧均有配套的茶几、方桌和坐椅，采取完全对称的格局，给人以庄重的气氛。客堂（内厅）布置在楼下，作为接待亲戚和女宾之用，室内的家具比较精致。明间的屏门前放搁几，其尺度比天然几略小，搁几前是小供桌，供桌两边放靠椅。卧室内的家具有大床（拔步床）、挂衣架、脸盆架、书桌、灯挂、香几、屏风、凳、箱、橱等。《长物志》所载卧室布置为："面南设卧榻一，榻后别留半室，人所不至，以置薰笼、衣架、盥匜箱奁、书灯之属，榻前仅置一小几，不设一物，小方杌二，小橱一，以置香药玩器"。这是文人卧室的写照。关于书房（斋）内的陈设，《长物志》认为："斋中仅可置四椅一榻，他如古须弥座、短榻、矮几、壁几之类，不妨多设。忌靠壁平设数椅，屏风仅可置一面，书架及橱俱列以置图史，然不宜太杂如书肆中。"从明代版画可以看出，斋的布置多以屏风为背景，屏前放书桌一张，屏后放书、花瓶、香炉等。

在明代，屏风是一种被广泛使用的家具，它分隔室内空间、屏障视线、装饰内部，故厅、堂、书房内常置屏风。《鲁班经》所录屏风有两种：屏风式，围屏式。屏风式为一整块，是一种座屏；围屏式分为八片或六片，是一种可以收折的折屏。明画中厅堂和正房屏门前放置围屏或座屏，屏前放榻或几案，堂中置椅凳（图 9-220）。

图 9-220　明代室内布置
（明万历木刻版画《状元图考》）

注释

[1] 参见杨耀《我国古代家具发展简况》，《建筑历史理论资料汇编》第一辑，1963。

[2] 清代中叶以后，由于宫廷统治阶级的欣赏口味，京做家具发生了很大变化，一方面广泛地把各种工艺品应用到家具上来，另一方面又增加了许多繁琐雕饰，弃家具的功能和结构于一旁，造型笨拙，线条粗重，不能适应人体的舒适功能要求。这是和当时建筑及艺术风尚相一致的。广做家具受到外来的冲击，苏做家具也受到了一定的影响。但在民间，仍然保留了明代家具的优良传统和工艺，在苏州一带的民间可以明显看到这一点。

[3] 参见中华人民共和国国家标准《桌、椅、凳类主要尺寸》GB 3326—82，国家标准局1982-12-29发布，1983-08-01实施。

[4] 明·方以智《物理小识》。

第六节 小木作

元明时期小木装修做工进一步趋向工整和细致。官式做法受到制度和形式的制约，走向规范和定型，缺乏创新。但在民居尤其是明代的园林建筑中，小木装修的式样远较宋金时期为丰富，装饰趣味更浓，图案花饰多样。由于海上交通的发展，东南亚出产的名贵木材不断输入我国，为小木装修提供了高档原材料，加之各种刨子（长短平刨、线刨、槽刨等）的广泛使用，使小木作技术和加工精度有了很大的提高。到明代晚期，已出现了小木装修和室内装饰的系统论述，如《园冶》、《长物志》两书都有专门的讨论，其中尤以前者的内容最为丰富，立论也很精辟，是研究明代装修的重要著作。中国古代的小木装修到明代已臻于高度成熟，清代只是在明代基础上的继承，已无多大差异。

一、外檐装修

各类建筑的外门仍沿用传统的板门作门扇。按构造不同，可分为实拼门与框档门两种。实拼门全用厚木板拼成，为设于外墙的大门或仪门（图9-221、9-222）。江苏吴县东山中、小型住宅的大门多为框档门，门板镶钉在框上，门的两侧上部是镂空花格窗，下部是平整的木板，按缝处施以护缝条（图9-223）。

图9-221　山西高平上董峰村圣姑庙板门

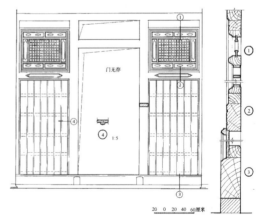

图9-223　吴县东山宝善堂大门（何建中测绘）

格子门在宋代用三抹头或四抹头式，到明代发展为五抹头或六抹头，而以六抹头式最为常见。建筑物的明间和次间常安装4扇或6扇格子门，园林建筑多至8扇。抹头增多，格子门的坚固性得到加强；扇数越多，则重量越轻，安装拆卸更为方便，外观上也给人以轻巧的感觉。格子的图案变化很多，式样极其丰富，最简单的是方格、柳条格和斜方格，其次是菱花格和拐子纹。官式建筑以菱花格最为常见（图9-224）。菱花格的基本图案是由圆形、六角形、八角形组成，形成雪花纹、龟锦纹、双交四椀、三交六椀、三交灯球六椀等丰富多彩的纹样（图9-225）。园林与民居则以柳条格为雅致，俗称"不了窗"，（图9-226）《园冶》收录达43种。格子门的裙板也是重点装饰的地方，皇家建筑多以龙凤为题材，用整板雕刻，民间则以飞禽走兽、花卉盆景为装饰主题，但很多采用素面，仅在裙板的四周起线脚。

屏门是由宋代的照壁屏发展而来的。照壁屏是固定的，用纸或布裱糊，可在屏上作画。屏门则可开启，用木板覆面，表面光平，背面用木框，用于大门后的檐柱之间。江苏吴县东山的明代民居厅堂内也多采用屏门，前设几案桌椅，平时关闭，遇有重大活动时可打开，以扩大厅堂活动

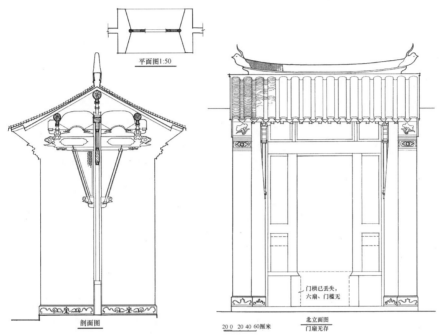

图9-222 吴县东山凝德堂仪门（门扇无存）

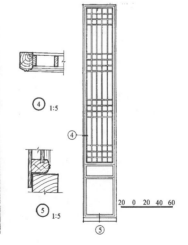

图9-224 山西代县文庙大成殿　　图9-225 五台山显通寺铜殿　　图9-226 吴县东山民居
菱花格扇　　　　　　　　　　格扇菱花图案　　　　　　　　柳条格扇

空间（图9-227）。屏门的表面作"披麻捉灰"，施以油漆。明代晚期已有两面夹板，使两面观瞻俱佳的屏门，俗称"鼓儿门"（《园冶》卷一，四装折）。

风门也是明代常见的一种格门，在内宅使用，常做单扇，扇内为格心，宽约三尺，高约六、七尺，向外开启。

槛窗在明代有了很大发展，虽然直棂窗在庙宇和民居中仍然有使用，但由于无法开启，采光量少，因而渐受冷落。槛窗以四抹头形式居多。槛窗以下部分，北方为砖砌槛墙，南方多用木板作裙板（图9-228）。

支摘窗，分上下两扇，上扇支起，下扇摘下，南方的民居也常使用，多为方格窗心（图9-229）。

推窗，从山西新绛稷益庙正殿的明代壁画中可以清楚地看到这种窗的形式，它有里外两层，外层是直棂窗格，里面有一层木板，既可以保温，也可以防盗。

横披窗，位于门、窗的中槛和上槛之间，常见的窗心花纹有方格、斜方格、菱花等图案（图9-230）。

风窗是窗格子外侧防风的保护窗。窗棂稀疏，做成横的半截或上下两截开关，《园冶》中收录了九种风窗式样。

栏杆式样在明代有较大的变化，唐宋时期的斗子蜀柱式已不见，由瘿项云拱和撮项云拱逐渐演变出荷叶净瓶，栏板式样除了素平外，最常见的是卐字、回文、如意等图案（图9-231～9-233）。

图9-227　吴县东山民居屏门

图9-228　景德镇市苦菜宫民宅槛窗

图9-229　南京市江宁龙都乡杨柳村民居支摘窗

图9-230　山西洪洞广胜上寺毗卢殿格扇和横披窗

图9-231　屯溪程梦周宅窗栏杆

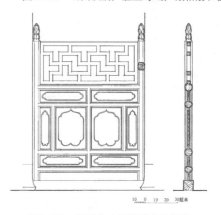

图9-232　吴县东山杨湾遂高堂栏杆

在民居和园林建筑中的栏杆已不用寻杖，而由整体的几何图案所组成，更富有装饰趣味。其式样由笔管式开始，随意变化。《园冶》收录明代栏杆图式多达一百种，楼梯栏杆也更显轻巧，两端望柱之间以寻杖作扶手，下面是荷叶净瓶承托，栏板则雕花或作通常的卧棂形式（图 9-234、9-235）。

二、内檐装修

室内隔断，最常见的是板壁，即在正房明间的前后柱间立框，满装木板。苏州东山的明代住宅中的隔断往往将板壁做成屏门形式，可以装拆（图 9-236），这是宋代截间板帐的继承和发展。此外也用格子门作室内隔断，其形式与外檐所用格子门相同，只是加工更为精细。罩也是一种分隔室内空间的木装修，有几腿罩、落地罩、栏杆罩、花罩等。除了以上几种外，还有用太师壁、博古架、书架等作室内隔断的，这些内檐装修与室内的家具陈设相配合，形成了典雅的环境。

天花在明代又称仰尘，它与唐宋的平棊在构造上有所不同，即用支条做成方格，每一方格内

10　0　10　20　30厘米

图 9-233　吴县东山汤之根宅栏杆（何建中测绘）

图 9-234　曲阜孔庙奎文阁楼梯栏杆

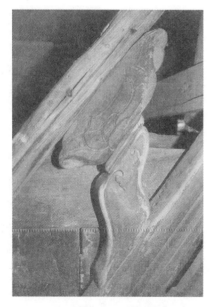

图 9-235　曲阜孔庙奎文阁楼梯扶手荷叶墩

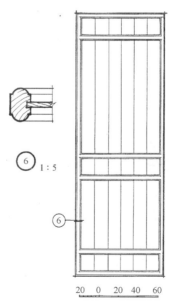

⑥ 1:5

20　0　20　40　60

图 9-236　吴县东山麟庆堂隔断

用一块天花板，尺寸减小，规格一致，加工安装方便，较之宋代用大片木板做平棊的方法有了明显改进。板上画上禽兽花卉等图案，"或画木纹，或锦，或糊纸"（《园冶》四装折）。苏州的住宅往往在明间的楼板搁栅下面钉上木板，做成平顶天花。元明时期的天花保存完整的实例有山西永乐宫三清殿、北京智化寺万佛阁等。

在宋代斗八藻井和小斗八藻井的基础上，元明的藻井有了较大的变化，首先是角蝉数目增加，宋式斗八藻井的角蝉为四，元明的角蝉成倍增加。其次是由阳马构成的穹顶被半栱承托的彩绘浮雕井心所代替。有的藻井斗八部分几乎全部由斗栱组合而成，无数的小斗栱做成的螺旋或圆形的藻井产生了视觉上丰富的变化，如河南济源王屋山紫微宫三清殿的藻井等。元代永乐宫三清殿的藻井，有圆形和八角形两种，周围用五层细密的斗栱来承托，顶板上雕刻蟠龙，是元代小木作的杰作。最为精美的明代藻井是北京智化寺万佛阁和智化阁内的斗八式楠木贴金藻井。以万佛阁藻井为例，外框四方，每边长4.35米，内边长4米，有方格两重，互相套合形成内八角，交叉的格条外缘，装饰卷云、莲瓣、斗栱。内档的空间布置轮、螺、伞、盖、花、罐、鱼、长，内八角与井心之间的斜板上环雕八条行龙，正中圆心，团龙垂首，俯首向下（图9-237）。"云龙蟠绕，结构恢奇，颇类大内规制，非梵刹所应有"[1]。

图9-237　北京智化寺藻井

"卷"是另一种形式的天花，卷或称为轩，用于厅堂前后檐步的廊下，用弯曲椽子形成木架，上施望砖，下有二重轩梁，施以雕刻。轩的形式有多种，在南方的民居和园林建筑的厅堂中广泛使用。

神龛即宋《营造法式》中的"佛道帐"，用来供奉神佛像或先祖牌位，小木做工和雕刻尤为细致。南京栖霞寺大雄宝殿内神龛建造于明万历年间，保存完整。

转轮藏是寺庙中常见的另一种小木作，它立在殿的正中，可以推之旋转，常见形制为八角形，下有基座，中为柱身，上有屋顶。明代转轮藏中的精品首推四川平武报恩寺华严藏殿中的转轮藏（参见图6-58、6-59），它的外观作三层楼阁，其上再饰以传统的"天宫楼阁"，是现知保存完好的一座明代转轮藏。

在我国具有传统木雕工艺的浙江东阳、广东潮汕、安徽徽州等地，明代大家住宅以及祠堂、庙宇中使用了大量的木雕。雕刻的部位在梁、枋、垫板、替木、栱眼板等处。苏州东山民居常见的形式有山雾云、抱梁云、棹木等（图9-238）。浙江东阳卢宅和广东潮汕的明代建筑中的雕刻更为繁杂，大量采用圆雕和透雕的手法，内容有动植物图案以及民间传统习俗和礼教喻理的题材。

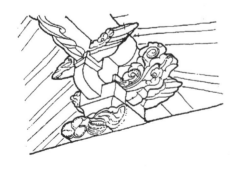

图9-238　吴县东山春庆第山雾云

注释

[1] 北京智化寺如来殿调查记，刘敦桢文集（一）1982.12。

第十章　风水、建筑匠师、建筑著作

第一节　风水

一、元明时期风水的发展及其流派

风水是中国古代特有的一种术数，它通过对天地山川的考察，辨方正位，相土尝水，从而指导人们如何确定建筑物（包括坟墓）的朝向、布局、营建等，帮助人们妥善利用自然，获取良好的环境，保证身体健康和获得心理安慰。风水又名堪舆、青乌、青鸟、卜宅、卜地、相地、相宅、图宅、地理、地学、山水之术、青囊术等等。

作为专有名词，"风水"二字始见于托名为晋郭璞（公元276～324年）所著的《葬书》："葬者，乘生气也"。"经曰：气乘风则散，界水则止，古人聚之使不散，行之使有止，故谓之风水"。

其实，风水的历史源远流长，从形式上说，它发端于殷商之际卜宅、卜地的巫术，之后又有相土、相地、相宅、相墓等实践，至汉代风水已初步形成理论萌芽。并有"堪舆金匮"与"宫宅地形"两大类型，随后，代有发展并在上述汉代两种理论的基础上逐渐形成形法与理法两大派别。至元明时代这两大派别除深入全国各地外，特别在广大东南地区愈演愈烈，深深地影响了这一地区各种类型的建筑。

元代，有关风水著作可以查考的有朱震亨所著的《风水问答》及《新刊阴阳正理论二卷》。《风水问答》今已佚失，只能从《古今图书集成·堪舆部》卷六百八十中明代胡翰所作的"风水问答序"中略见一斑。《新刊阴阳正理论二卷》目前北京图书馆古籍部仍有收藏，从内容上看这部书主要是根据阴阳原理论述和预测生活中诸事的吉凶及其消除，而有关住宅和住宅吉凶及处理的内容只是该书的一部分。从以上各书的内容以及《鲁班经》诸多版本和天一阁藏本《鲁班营造正式》的对比中，我们可以推究元代风水发展的某些变化，因为天一阁《鲁班营造正式》为元末明初所作[1]，但该本几乎没有涉及风水及符镇方面的内容，而自天一阁本之后的《鲁班经》就增加了厌镇禳解的符咒与镇物等阴阳风水内容。从而可以推断，在元代风水并不十分盛行，抑或说是风水历史上的低潮。

到明代，宋明理学日趋兴盛，五行生克、阴阳八卦等理论也成为此时乃至以后中国思想的主要内容和无法摆脱的总背景。这样以五行之说、阴阳八卦、太极等为理论基础和框架的风水也随之复盛，并发展至极点。风水活动遍及民间乃至皇室。皇帝的青睐，致使风水理论终于登上大雅之堂，明代官方编纂的大型丛书《永乐大典》即收录了一些典型的风水理论。民间各种风水书籍也纷纷出笼，驳杂混乱，或为儒士所著，或为俗师所作，有的托名贤者古人，有的则标榜承传仙师异人。今天能够查考的有如下几种：

第一类：以丛书的面目出现，多集录古人的风水理论。较典型的有明崇祯间刻本《选择丛书五集二十九卷》、徐维志和徐维事合编的《人子须知三十九册》列有古书百余种（但后人的评论是"其方法不可取"）[2]，及徐试可册补顾陵风所辑的《天机会要三十五卷》，此书讨论理气，专主正针一盘，后人多有指责，但其所论形势部分则比较扼要。

第二类：单行本，如刘基的《堪舆漫兴》、目讲僧师的《地理直指原真》、蒋平阶的《水龙经》、《地理右镜歌》、《阳宅指南》、《地理辨正》、黄复初的《阳基部》、陈复心的《阳明按索五卷》、高濂的《相宅要说》、张宗道的《地理全书》、谢双湖的《堪舆管见》、周景一的《山洋指迷》以及张子微的《地理玉髓经》等等，关于明代的堪舆书，民国31年（1942年）出版的《钱氏所藏堪舆书提要》中列有详细目录与内容提要。一般认为《山洋指迷》、《地理直指原真》为初学风水者之必读书。

风水理论混杂，流派众多，有南北之别，有承传之异，其中最为明显的两大派是江西派与福建派。这两大派别也分别代表着形法派与理法派。

（一）江西派

又称为形势派、峦体派，"一曰江西之法，肇于赣州杨筠松、曾文迪、赖大有、谢子逸辈，其为说主于形势，原其所起，即其所止，以定向位，专指龙、穴、砂、水之相配"[3]。杨筠松一直被视为风水历史上的重要人物。关于此人，《四库全书总目提要》认为：筠松不见于史传……惟术家相传以为筠松名益，赣州人，掌灵台地理，官至金紫光禄大夫。广明中，遇黄巢犯阙，窃禁中玉函秘术以逃，后往来于处州。无稽之谈，盖不足尽信也，然其书乃为世所盛传。《古今图书集成》中的"堪舆名流列传"里引用了《江西通志》中与上述相似的有关杨的记载。不管怎样，元明以来的形法派皆以托名杨的风水理论为经典纲要，主要有《疑龙经》、《撼龙经》、《葬法十二杖》、《青囊奥语》等。《四库全书总目提要》对这些书的内容作了简明归纳："《撼龙经》专言山垅络脉形势，分贪狼、巨门、禄存、文曲、廉贞、武曲、破军、左辅、右弼九星，各为之说。《疑龙经》上篇言干中寻枝，以关局水口为主；中篇论寻龙到头，看面背朝迎之法；下篇论结穴形势，附以疑龙十问，以阐明其义。葬法则专论点穴，有倚盖撞沾诸说，倒杖分十二条……"。明代的江西派风水术师也都遵以上理论作为形法理论的主干。几乎任何一本有关形法的风水书都有对杨筠松等人乃至其理论的追述和评论。

形法理论又分山川形式与宅形格式两大类。前者指宅（包括阴宅与阳宅）外部视线所及甚至不能及的总的山川地势的配属。比如何方有山，何方有水、有道路、有坑等。其理论要点是所谓的"地理五诀"——龙、穴、砂、水、向。其实就是把自然环境要素归纳为龙、穴、砂、水四大类。根据这四大类本身的条件及其相互间的关系决定建筑或墓葬的位向布置等。故而对这四大要素的考察和踏勘构成了风水形法活动的主要内容，称为觅龙、察砂、观水、点穴。

觅龙——"龙"是指地（山）脉的行止起伏。觅龙之法，首先是"寻祖宗父母、审气脉，别生死，分阴阳"。所谓"祖宗"是指山脉的出处，"父母"即山脉的入首处，"脉"即指山脊的起伏轮廓线。审脉先直观是否屈曲起伏，再细察山的分脊和合脊处是否有轮有晕，起伏有晕者则脉有生气。分阴阳即是考察山的向背，朝阳的面为阳，朝阴的面为阴。其次，"观势喝形，定吉凶衰旺"。关于势的说法颇多。总的说，势指的是群峰的起伏形状，是一种远观的效果；形则指单座山的具体形状，是近观景象。如何观势？其法有"九势说"、"五势说"等等。殊途同归，都是希望来龙山势奔驰远赴，所谓"势远形深者，气之府也"。至于入首处，则要山碧水环，左盘右旋，形成曲折的入口。所谓"喝形"就是凭直觉本能将山比作某种生肖动物，如狮、象、龟、蛇、凤等，并将生肖动物所隐喻的吉凶与人的吉凶衰相联系，其实这种隐喻并非真的把山川当作动物，而是借助动物与自然建立关系从而确定人的居住位置。此种隐喻手法比较直接，既方便又合乎中国人特有的对特定动物的崇拜心理，故流传广泛。关于山形吉凶还有诸多说法，如赋予山形以特定象征意义的五星说、九星说以及三台等。又如在观察山形时进行拟人的比喻，所谓相山如相人，就是把山的各部位与人体的各部位相对应进行考察。再次，"察分合背向，分主客正从，主龙四周要有帐幕"。"帐幕"是指主山前后左右的山，形法认为无帐幕则主山（"龙"）孤单，不吉。

察砂——砂即主龙四周的山，与"帐幕"同义。察砂主要看左右护砂。另外还要看主龙之前的砂，根据距离的远近分为朝山（远）、案山（近）。对之要求是形似"三台"、"玉几"、"横琴"等有完美象征意义的格局。

观水——"水随山而行，山界水而止"[4]。水与山不可分离，观水在风水术中往往比觅龙还要重要，所谓"水抱边，可寻地；水反边，不可下"。抱边是指水偃曲处（古称"汭位"），城市、建筑在此立基不受水流冲激剥蚀，是为吉地。故水以转抱、屈曲者为佳，直冲、斜飞、激泻者为劣。至于水的流向，形家以由西向东流为妙，其实这是依中国大的地形地貌推论而来的，是一种极普通的地理现象。观水时还有一个重点，便是"水口"。对此将在下一节中论及。

点穴——阳宅中穴指住宅所立之基。阴宅则指棺木所葬之点。阳宅基地讲求开敞，"宜铺毡展席"；阴宅位置则求紧凑，"局紧阴地"。

伴随着上述四项内容的还有望气、尝水、辨土石等事件。

宅内形法则主要讲求住宅内部的平面布置，房屋形状以及附近的设施细节。

总之，形法注重于观察自然，了解自然，顺应自然，《鲁班经》对此有详细描述，其理论多出于实地考察的结果，含有较多的合理成分。

（二）福建派

又称理法派，"一曰屋宅之法，始于闽中，至宋王伋乃大行。其为说主于星卦，阳山阳向，阴山阴向，纯取五行八卦，以定生克之理"[5]。可见福建派注重的是卦与宅法的结合，用以推算主人凶吉，有较浓的巫卜成分。其理论的典型为托名为黄帝的《黄帝宅经》，理论要点可以图表表示（图10-1）。考其内容，源远流长，其图表的表达方式与汉代司南及六壬盘极相似，所用的十二神也正是六壬家的十二神。其中天门、地户、鬼门、人门的提法可追溯到《山海经》里的传说："沧海之中，有度朔之山，上有大桃木，其屈

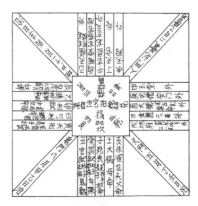

图 10-1 《宅经》理论要点示意图

蟠三千里，其枝间东北曰鬼门"。"天门"、"地户"在明代风水中则用来比喻水口，常使村落集镇的地形具有完美深邃的象征意义，从而提高了其在人们心目中的地位，东北为地形中的"鬼门"这一概念也日趋固定化。

福建派主要依据《周易》，以十二支，八卦、天星、五行为其理论的四大纲。其内容非常驳杂，常见的有以下几种：

"八宅周书"——又称八宅明镜，不过该理论明代时尚处萌芽。其原理概括为：将"宅"的坐向分为八个方位，配合宅主人之命推导宅之吉凶。该部分和巫卜星相紧密结合，是风水中最晦涩难懂之处，也是迷信成分最重的部分。

"紫元飞白"——同样以人的命运与宅的卦位相配推导吉凶，常配合《八宅周书》一起使用。

"阳宅三要"与"阳宅六事"——前者以主、门、灶为住宅的主要元素；后者以门、灶、井、路、厕、碓磨作为主要元素。都是在宅内按各"元素"的特点进行布置，颇似于今天的住宅平面布置，《鲁班经》等诸书中都有关于室内各要素如何位序的具体规定。其实，这些规定也往往是和功能要求相符的，如灶不能靠厕等。再考察为什么归纳成"三要"或"六事"，可追溯至古代原始崇拜中的五祀（见表10-1）。

先秦"五祀"内容 表 10-1

出　处	五　祀　的　对　象	备　注
《礼记·月令》	户、灶、中溜、门、行	
《礼记·祭法》	户、灶、中溜、国门、国行	
郑玄注	户、灶、中溜。门、行	曲礼、礼运、王制
《白虎通》	户、灶、中溜、门、井	
又郑注	勾芒、祝融、后土、蓐收、玄冥	大宗伯
《左传》	勾芒、祝融、后土、蓐收、玄冥	昭公二十九年

总之，理法中杂有大量的玄虚荒诞的内容，但也不能将之全部归结为迷信。

到明代，虽然各风水师有自己的传承派系，但考察明代的风水书籍，不管是标榜承传江西派或是承传福建派，他们实际上都是既讨论形法又讲述理法，只是各有所侧重和扬弃而已。并且不管是形法还是理法都离不开一个强有力的工具——罗盘。特别是随着明代的罗盘用途范围的扩大（如用于航海），讨论罗盘的书籍一时间多如牛毛。不过风水师们却仍遵从他们各自祖传而来的基本说法，稍稍加以解释而已，他们又尊称罗盘曰"罗经"，认为"凡天星、卦象、五行、六甲所积渊微浩大之理，莫不毕具其中也"。

我们今天看风水师的罗盘，的确集"阴阳二气、八卦五行生克之理、河图洛书之数、天星卦象之形"为一体，并且解释纷繁，特别是一圈又一圈组成的踊时难识含义的字与数，更加令人眩惑。不过，深入分析并将其简化，罗盘的基本框架不外二盘二针，其余的都是些微调辅佐的数据。二盘二针即是：

地盘正针——天池内浮针所指，用以定南北方向，风水师称作："格定来龙"，说穿了就是起指南针的功用，用来测定山脉水流的方位；

天盘缝针——主地支生旺，专用以推断方向、水脉之"生旺死绝"，其实就是决定建筑的方位及其与周围环境的关系。

正针与缝针皆用二十四字表示二十四个方向，但各错开半字（图10-2），这是出于对磁偏角的校正。现代物理学告诉我们：北极在北纬七十度，西经九十六度四十分，南极在南纬七十六度。磁针所指南北之地理子午线之间存在一个角度即磁偏角，此偏角之值各地不同，随时亦有些微差。但明代的堪舆家们并未从科学角度对之进行解释，仅停留在直观体验上，并将之简单附会成五行之气、天地之气。有的则又附会天、地、人三才之说，再加一圈二十四向（也错开半字），即所谓的人盘（图10-2），又称作中针，使得罗盘更为复杂和玄虚。这种解释不免简单幼稚，但也蕴藏着古代人对磁偏角与人体的某种心理、生理联系的探索及哲理的追求。

—— 引自范宜宾《罗经解》"三针总图"

图10-2 罗盘三针示意图

二、风水对明代建筑的影响

风水对建筑的影响是多方面的，在明代，中国的经济文化重心已移至东南一带，加上这一地区多山多水，地形变化丰富，且其传统的"巫文化"十分兴盛，因此风水对这一地区的影响显得更为深厚。主要有以下几方面。

（一）对选址的影响

相地选址一直是风水术的主题和首要使命，在明代，几乎所有的建筑在建造之前都要请风水师来寻觅"吉地"。

考察一些村落的宗谱，可看到大量类似于以下的记载：邀形家观山水，寻龙穴，以为"卜筑"（即选址）。选定基址之后还要风水师画出村基图（有的称作"地图"、"舆图"）。至明代，风水术已总结出一套有关选择村基的理论，即所谓的：背山面水，山龙昂而秀，水龙围抱，作环状；"明堂"宽大；水口收藏，关煞二方无障碍等等。在这种原则的影响下，诸多村落的外部空间呈现出同构的模式（图10-3），也就是"枕山、环水、面屏"。考察一些宗谱记载，其关键词多离不开以上几字，其舆图的基本构架也都与（图10-3）相吻合，这是就山区村落而言。平原地区则属于"洋法"，所谓洋法，是以水为龙，坐虚向实，得水为上，于是这类地区的村落外部空间模式为："背水、面街、人家"。如江苏、浙江一带村镇均呈此种家家尽枕河的格局。

不仅村落受风水控制进行选址，城市选址大多也参考风水的原理。风水对城市基址的准则与乡村的选址原则相同，所不同的是城市选址更多地与"量"有关，即"气"要大，"龙"要旺，"脉"要远，"穴"要阔等等，就是说"环境容量"要大。另外不同的是城市选址时"水"的要素比"山"更为重要，认为："其基既阔，宜以河水辨之"。对于这一点似应这样理解：城市位于平原一带才有大的发展，而平原地带，正是"洋法"施行地区，而洋法则以水为龙。明代风水指导选择城址的例子不胜枚举，有名的则有明南京皇

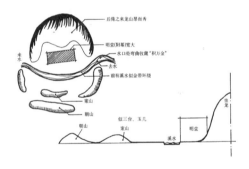

图10-3 明代村落外部空间同构模式

城的选址。相传是在朱元璋的谋士、对风水深有研究的刘基参与下选定的。但关于南京城的"风水"后人亦有异议，认为"山形散而不聚，江流去而不留，非帝王都也，亦无状元宰相者，因世禄之官太多，亦被他夺去风水"[5]。

相地还有一个重大使命——对坟墓位置的选择，这就是"阴宅"风水。明代几乎家家的坟墓都要由风水师来确定位置，如著名的绍兴王阳明墓，相传是王阳明自己根据风水原则选定的，当地人称作"仙虾八斗"。而选址最为隆重的莫过于明代帝陵，其选址过程一般是：由皇帝指派大臣率领钦天监官员及风水术士选定几处"吉壤"，绘图贴说，进呈御览，然后乘其拜谒祖陵之机，亲临现场，逐一审视，而后再选择其中尤佳者作为自己的"寿陵"。可以说明代帝陵的选址基本上是以风水理论为指导来进行的。其中明成祖的长陵是十三陵陵区选址的关键，系由江西风水师廖均卿等人所选定[6]。各帝陵墓建设也受风水理论的支配，如明光宗的庆陵，原来是完全依照穆宗照陵的形制、尺寸，但由于地形条件不同（中遇溪壑），建设过程中变更布局，改为按仁宗献陵的布置方式，将陵区前后两部分（宝城、方城、明楼区和享殿区）分开，中间架一石桥作为联系。当时大学士刘一燝视察后奏言："新寝营建规制，原题比照昭陵。今相度形势，似又宜参酌献陵。盖以龙砂蜿蜒环抱在前，形家以为至尊至贵之砂，不可剥削尺寸（即不可丝毫破坏地形地貌——笔者注），献陵亦以龙砂前绕享殿、祾恩门，正与此合"（《明熹宗实录》卷七）。所以庆陵的总体布局与献陵如出一辙（参见本书第四章第四节）。我们今天考察十三陵，其四周山岭环抱气势雄广，不得不佩服风水选址的成功，及建筑与环境艺术运用得无与伦比的高超。

当然，基于以上所述的风水原则选定的基址有时并非十分完美，风水则采用一系列的补救方法如引水开圳、挖塘筑堤、造桥植树、培补龙背砂山等。明代这一类的例子数不胜数，有名的例子如皖南山区黟县的宏村，原来村中并无河流贯通，明永乐时因休宁风水师何可达之言，才开挖了月塘，认为这样就能"定主甲科，延绵万亿子孙千家"，至明万历年间又因为有"内阳之水"，还不能使子孙逢凶化吉，于是在村南开南湖作为"中阳之水以避邪"（图10-4、10-5）。月塘、南湖至今仍存。其实开挖月塘、南湖都是有实际功用的，因为宏村西侧有一条溪水绕村而过，水流湍急，村中用水又较远，故由上水口处开渠引水进村，在村中心挖塘贮水，供洗濯、消防之用。对

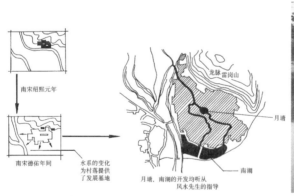

图 10-4　安徽黟县宏村图

图 10-5　黟县宏村南湖

于木构建筑组成的村庄来说，消防用水是万万疏忽不得的。月塘之水顺流而下，筑堤围成南湖，不但增加了贮备水量，也点缀了村景，成为村中最美的游息地。两塘之设，一举多得，十分成功。

（二）水口——风水对环境处理的独特成就

水口是风水中的重要概念。明代风水师莫不遵循以下原理：入山寻水口……凡水来处谓之天门，若来不见源流谓之天门开；去谓之地户，不见水去谓之地户闭。这是因为风水术认为水本主

财，门开则财用不竭。从这里我们知道水口有两种：一为村落或城市的水流入口处；一为水流出口处。通常村镇内水流的入处位于高处，自然成为开敞地，或只需稍加处置。而水流出口处则位置低矮，又常与村镇的入口方向一致，故显得十分重要。因此，从明代开始，水口也就成了特指水流流出处的专有名词。"水口者，一方众水所总出处也"[7]。

一般说水口多设在山脉的转折处，或两山夹峙碧流左环右绕之处。有意味的是，对于许多基址，水口都设在东南方，即所谓的"巽位吉方"。这大概与我国西高东低的地形地貌有关，我国的主要河流流向多从西向东流去，故一村或一城之水多在"龙脉"的东、南，或东南方向流出，因而水口也就自然地位于这几个方位，其中又以东南方为最多。为了留住"财气"，村落或城镇均不惜一切代价在水口处营建桥、塔、亭、堤、塘、文昌阁、魁星楼、祠堂等建筑（图 10-6～10-9）。平原地区的水口则在水中立洲，或立土墩，并在其上建阁或庙（图 10-10、10-11）。

图 10-6 徽州考川阳基水口图

现代格式塔心理学告诉我们：当人的视觉区域出现一个不规则、不完整或有缺陷的图形时，人们将其"补足"的"需要"便大大增加，即努力使之变成完美的图形。风水术之于水口处立高塔、楼阁、植树等就是为了满足这种心理需要，即所谓的"障空补缺"。正如大量的关于水口的记载那样："……四面皆山……惟东南隅山势平远……于是依形家言建塔……"。

水口对于村落和城市的外部序列景观有着十分重要的影响，也构成了风水最有魅力的部分。

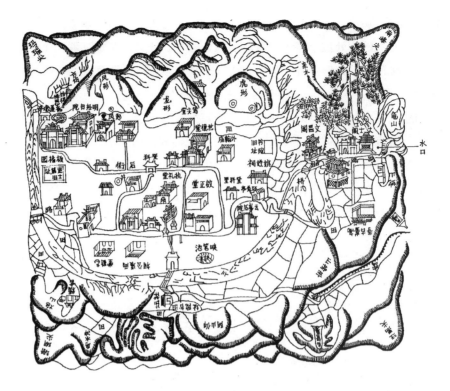

图 10-7　徽州黄村水口图

图 10-8　黟县西递村水口图

图 10-9　歙县许村水口建筑群

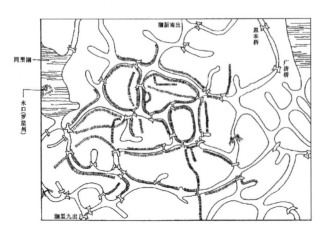

图 10-10　江苏同里镇水系及水口图

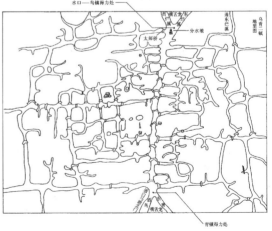

图 10-11　浙江乌青镇水系及水口图

（三）风水对建筑宏观布局的影响

对于村落来说，每组住宅的位置选择也要听从风水安排，主要是审度宅基的形状，前后左右的地形，水流水质、建筑、树木等要素及其配属关系。这也影响了元明之后中国乡村住宅环境布局的两个重要方面：

第一，邻里关系——风水忌讳住宅背众，而要与其他房屋朝向保持一致。对于屋前空地（称作地台）不能两边低而自己独高，过低又不行，只能是人高而已略低。其实是"中庸"思想的体现，利用风水吉凶观来有效地达到目的，从而调节了住宅组团之间的空间关系，使众多住宅自发地趋向秩序化的格局。

第二，绿化——风水对绿化的规定很有意思：在布置上不可在大门前种大树，认为大树在门前不但阻扰阳气生机入屋，屋内的阴气也不易驱出。联系实际，颇有道理，若门前有大树，不但出入不便，而且易招雷击，冬秋又有落叶易入室内；在树种选择上有所谓宅东种桃柳（益马），宅西种栀榆，南种梅枣（益牛）、北种柰杏；又认为中门有槐，富贵三世，宅后有榆，百鬼不近。宅东有杏，凶，宅北有李、宅西有桃皆为淫邪。门庭前种双枣，四畔有竹木青翠则进财等等。说法虽然荒唐无稽，但以今天科学衡之，亦符合树种的生植特性，且满足了改善宅旁小气候以及观赏的要求。这种绿化处理观念对明以后乃至今天农村民居都有着很大的影响，对保护树木不被任意砍伐也起了积极作用。

对一些村镇公共建筑如宗祠、书院、魁星楼、文昌阁、塔等，风水亦附会上吉凶观念，或授之以良好的风水宝地，或将之与住宅分开，或附以特殊的吉利方位等等，给村落或城镇的外部景观增色，同时又赋予种种奇妙的传说，使得这些建筑具有浓烈的象征意义。例如古城大同，明代在城东南城墙上建造一座风水塔，塔的轴线呈东南——西北走向，直指文庙，希冀本地文运亨通，文人多入仕途（图10-12）。

对于城市的布局，风水附会阴阳之说，认为一个城市阴代表城墙，阳代表内部空间。再进一步推衍这种阴阳关系则阴又与地相关，故城墙要与城市四周的地形相合，其作法是使城墙东、西两墙的透视交点指向城市龙脉主峰的顶点。阳与天相关，故城内的中轴线指向天体的北极星座。事实上，大多数中国城市都有强烈的南北轴线。另据《宅经》的说法，东北为"鬼门"，"邪气"和"煞气"多由此方来，须在此作一完整的墙面抵挡。此说对福建一带影响较大，考察该地的一些城市城墙皆呈此态。如图10-13所示的明代福州城图。

城市道路格网的比例亦要与阴阳原理相符，呈9：8或5：4或3：2的矩形，不可为方形，这可从所有的格网型城市得到印证。

图10-12 山西大同城东南隅城墙上的风水塔

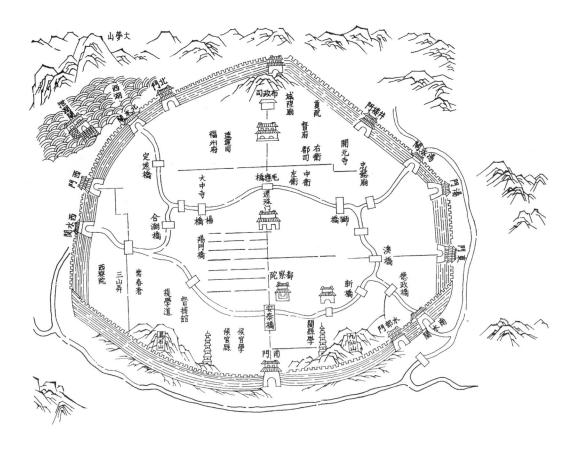

图 10-13　明代福州府城图

城市"正穴"（中心）的处理，则有"城市之地，其正穴多为衙署诸基用，余者不论东南西北四向，总以高地为吉，低处为界水，不可居"[8]，"京都以皇殿内城作主，省城以大员衙署为主，州县以公堂作主"[9]等。这些说法正是中国各级城市中心点处理的写照，也迎合了封建宗法礼制的需要。

（四）风水对住宅的影响

选定宅基之后，再确定朝向，风水称这种决定屋向的方法为"向法"。其步骤如下：

"丈量"。即将"屋基"及"层数"（指房屋院落的进数）逐一量明尺寸画成地盘图，然后将此总图分作八卦九宫，写明二十四方位，以便了解某方位为某间房以推吉凶。

根据地形、地貌、水流方向、气候特征等决定"大向"（即大致朝向），一般规则是坐北朝南。

最后用罗盘"格定"准确方位。

下罗盘分静宅与动宅（静宅指只有一进院的住宅，动宅指 2～5 进院的住宅）。对于静宅则将罗盘置于天井十字正中的位置上；对于动宅则先在大门内、二门外院之正中用十字线分开，再在此中心处下罗盘。通常还在罗盘下垫一 3 寸厚的木盘作取平之用。然后转动罗盘使其天池内的磁针与天池下边的海底线平行相叠，于是方盘上的十字红线就在圆盘上有相应的读数，据此判明吉凶。宅向确定，宅之属性也随之确定，再根据《八宅周书》或类似的方法推导住宅的平面布局，门的方位乃至空间组织（图 10-14）。

另外，风水还认为住宅以"前后两进，两边有辅弼护屋者为第一"（《阳宅会心集》"格式总论"）。对于水井及排水方向也有种种说法和规定。其中对住宅中的门则给予特别的关注："地理作法，……全藉门风路气，以上接天气、下收地气，层层引进以定吉凶"（《相宅经纂》卷二）。这带来了住宅中门的奇特处理，也限定了住宅的室内、外空间。

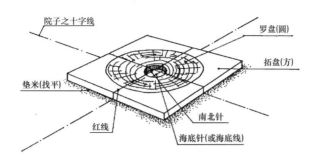

院子之十字线
罗盘(圆)
拓盘(方)
垫米(找平)
南北针
红线
海底针(或海底线)

图 10-14　罗盘用法示意图

风水将宅门分成大门、中门（又称作二门）、总门、便门、房门等等，而以大门为"气口"，除位于宅之吉方外，还要避凶迎吉。山、水是自然中极致之祥物，故大门总应朝向山峰、山口（近处的山口则又不可对，谓之"煞气"），或迎水而立，以便通过门建立起建筑与自然的相对呼应关系。同时还通过大门朝向的转换，使住屋与四周的其他建筑相协调。如"门不相对，"可互不干扰。"门不冲巷，"可使住宅避开喧扰。冲巷之门则设立种种符镇之物如泰山石敢当、镇山海、小镜子等等，这显然是一种迷信举动，但对宅主起到了心理平衡的作用。从建筑文化角度来看，则是给住宅和外部空间以种种界定与暗示，丰富了住宅的外部空间层次和人文景观。风水在关注门的同时对路也有许多规定。路分内路与外路；对于内路要"步步与门同，有一门始有一路"。对于外路则要从"吉方"来，且应曲曲折折，方可导"吉气"入宅。

凡此种种对住宅的限定，其内容极为繁多驳杂，而正是这些迷信与科学混杂、荒诞与哲理互见的东西，深深地影响着历代民间住宅的布局与形制。

（五）风水对宗教建筑的影响

这里所说宗教，仅限于道教与佛教。明代道教佛教的世俗化为风水提供了有利的渗透之机，风水甚至能左右寺院的盛衰。

道观选址无一不以"四灵兽"地形为标准。如安徽齐云山太素宫左有钟峰，右有鼓峰，背倚翠峰，前视香炉峰。江西龙虎观左为龙山，右为虎山。这些和风水的影响不无关系。一些有关道观四周的描述中堆满了风水名词。如《穹窿山志》记三茅峰："大峰刚直，二峰峻急，开帐出峡，顿断再起，……左臂石骨东行转身作白虎案……岗上真观三楹，旧基在三峰之下，压于当胸之白虎，向为庚申，堂局倾泻，香火几绝"。于是施师苦行："就峰前高处立基，而以尧山最高峰为对眉之案，明堂开旷，白虎伏降……左臂就本山势，回拱如抱，故从山口入者不见殿场，从殿场出者不见水口，……前以尧峰、皋峰、九龙诸山为列屏，而上方一山固捍门锁钥也，……而香山胥口则巽水从入之路也"（图 10-15）。有意味的是其水口的设置亦在"巽"位。

几乎每一部佛寺志都对本寺所倚龙脉作风水的描述，《普陀洛迦新志》更向我们展示了风水对佛寺龙脉保护的直接作用："后山系寺之来脉，堪舆家具言不宜建盖，故常住特买东房基地，与太古堂相易，今留内宫生祠外，其余悉栽竹木，培荫道场，后人永不许违禁建造，其寺后岭路，亦不得仍前往来，踏损龙脉"。更为奇特的是《天台山方外志》与《明州阿育王山志》中关于山源的考察几乎是对风水名言"乘风则散，界水则止"的注解，并进一步发挥："然水无定止，因山而为源，山无自体，假气以为因，盖山之形势，必中高而边下，如人身之有顶与四肢，相为高下……，虽然一身莫尊乎顶，气之所聚非顶也。众山莫尊乎祖，气聚非祖也。……故曰界水则止"。关于"气"非聚于山之最高处的说法颇有道理，也许用此可以解释为什么佛教建筑很少立于

图 10-15　穹窿山三茅峰图

山顶之上。

　　佛寺选址亦遵循"四灵兽"式地形的要求。这固然与佛教所追求的静修教义及生存需要有关，却也离不开风水潜移默化的观念影响。如宁波保国寺的地形即是风水所说的最佳地形（图 10-16）。

　　风水还对佛寺的布局有所影响，从两个层面上展开：第一、寺院的世俗性生活部分，"安灶与俗家作灶同，监斋司不可朝内逆供"[10]，可惜这部分的情况如今已难于按实物进行考察。第二、圣性部分，虽然佛教以其无上的圣性往往不屑于风水，风水却固执地干预其寺院布置："寺院又为护法山，或有竹木高墙尤为得宜，一切寺院庵宇以大殿为主，大殿要高，前后左右要低，如后殿高于大殿者为之欺主……殿内法象以佛相为景，故佛相宜大，护法菩萨相宜小，若佛相小亦为欺主"[11]。考察明代以后寺院布局的演变正是佛殿的地位日趋突出，这里则用风水的观念和语言加以肯定和限制。

　　另外，风水还对寺院的开门之法有所规定："亦依《八宅周书》例，然坎、艮、震、巽、离、坤、兑七山可开正门，惟乾山一局，辰、巽、巳三向不可开正门，或从青龙首乙位出入，或从白虎首巳上开门，谓之福德门，吉。"[12]同样很难找到这种完整的实例，不过可从一些寺志的记载里拾取一鳞半爪：

　　浙江普陀法雨寺　"旧入寺者，路从西，地家谓生气东旺，故改于东首，建高阁三间，供天

图 10-16　宁波保国寺形势图

后像……”[13]。

宁波天童寺　“太白一峰高压千岭，雄尊突秀，为一郡之望，绍兴初，宏智师正觉欲撤其寺而新之，谋于众，有蜀僧，以阴阳家言自献曰：此寺所以未太显者，山川宏大而栋宇未称，师能为层楼以发越淑灵之气，则此山之名，且将震耀于时矣，觉突然之，乃招旧址，谋兴作……”。且“路径如斗形，双池并突，中筑七塔以象斗。”“形家云：两池象斗，七塔乃七星之象。”“七塔，四白三赤，白以生水，赤以厌火”[14]。七塔至今尚存。天童寺还有一个奇特现象，即无鼓楼，也是因为风水的影响：“钟楼在佛殿东廊外，高与天王殿等对峙，欲建鼓楼，已庀材鸠工矣，以形家言中止”[15]。

明代浙江南浔镇之东藏内无头塔　“明董份建，浮屠功成大半，格于形家言，不为合尖，俗称无头塔，亦称半塔”[16]。

三、如何评价风水

分析风水纵横交错地表现出的许多颇具迷信色彩的现象，不难发现其中有不少对事象因果关系的歪曲认识或处理，比如一有灾难便转换门向、挂悬小镜子等等，都明显地带有巫术气息。但是，从本质上看，风水产生于生活和农业生产的需要，其理论来源于观察自然和改造地理环境的实践，从形式上说发端于卜宅这一巫术活动，而继之面世的相宅活动又使它充实了经验的内容。再以后的发展是愈来愈荒诞不经，弥漫着阴阳五行的吉凶推论，众说纷纭，而终未离开其一贯的发展轨迹。

风水凝聚着中国古代哲学、科学、美学的智慧，隐含着国人所特有的对天、地、人的真知灼见，有其自身的逻辑关系与因果关系，如“四灵兽式地形”模式，“水口”序列，“罗盘”系统，“攻位于汭”的基地，如绿化的布置及对树种的选择等等，都有着合理的理性思想。它们不是迷信或原始宗教信仰，只不过以神谕式信仰的面目出现而已。在实际中这种智慧逐渐演化为信仰中的俗性成分而变成一种传统习惯，千百年来担任着中国古代建筑理论的指导工作。

西方，在罗马时代便有类似于建筑师手册的《建筑十书》，而中国的浩如烟海的经史群书之中竟无一本专谈建筑。因此，在某种意义上说，最初的有关风水理论的书籍便是最早的中国建筑理论书。

风水把中国的古老哲学、科学（特别是天文学、地理学）引入建筑，充当着中国哲学、科学与建筑的中介。但在引入的过程中却掺杂着大量的巫术，从而赋予中国建筑以特有的哲理意趣与巫术气息。可以说风水是中国古代哲学、科学、巫术礼仪的混合，还可说风水作用下的中国传统建筑同样体现着中国古老哲学、科学、巫术礼仪的混合特征。因而风水在建筑学中具有不容忽视的地位与价值。

不过，由于中国文化的"道"、"器"相分，中国传统建筑除园林外无不归之于"器"之行列，因而风水理论也就自始至终地被笼罩在"器"的氛围之中而终未能完全走出巫术迷信的帐幔，而其对自然、建筑、人的考察在任何场合都被五行主义、神秘主义顽固地投上了阴影。其直观外推的思维方式，产生出似是而非的解释，往往令人感到滑稽可笑而忽视了它的理论价值，闪光的思想蒙上了污垢，再加上为了迎合世俗的庸俗文体，风水也就历遭文人雅士们的鄙视和抨击。即使在风水黄金时代的明朝，中国的造园艺术也很少被风水所渗透，或许就是出于上述原因。我们翻开明代名著《园冶》和《长物志》，不难发现他们对选址的阐述与风水的说法并无二致，但书中丝毫见不到涉及风水的词句。

但是，不论人们如何对待风水，历史终究是历史，问题的本质不在于它的庸俗可笑的表达方式，也不在于它的蛊惑人心的吉凶观，而在于它所展示的卓越成果。面对环抱十三陵的群山，面对皖南山区的优美村落，谁不会对风水发出由衷的感叹？

是这么一种效果吸引了中外学者，也使风水得以重新评估。因此，似乎可以这样认为：风水在古代特定条件下所创造出来的许多优秀成果，仍可作为今天吸取建筑创作养分的典范，有着永恒的价值；但它所使用的手段和依据的理论，即使是其中合乎科学原理的那一部分，也已远远落后于现代规划学和建筑学的发展进程（如罗盘远不及经纬仪之类），因此不可能再作为操作手段加以应用；而那些用风水来确定居住者命运凶吉的成分，则和巫师的骗术并无本质差别，是风水术中的糟粕。

注释

[1] 据郭湖生《鲁班经》评述，《中国古代建筑技术史》，科学出版社，1985，第541页。

[2] 民国刘中一《堪舆辟谬传真》。

[3] 清赵翼《陔余丛考》。

[4]《管氏地理指蒙·山水会遇第三十九》。

[5] 周漫士《金陵琐事》上卷，"形势"条引郑淡泉语。

[6] 孙承泽《春明梦余录》。

[7] 缪希雍《葬经翼》，水口篇十，载于《古今图书集成》六百七十卷，"堪舆汇考"。

[8]《阳宅会心集》卷上，"城市说"。

[9]《相宅经纂》卷一，"阳宅总纲"。

[10]～[12] 目讲僧《地理直指原真》。

[13]《普陀珞迦新志》。

[14]、[15]《天童寺志》。

[16]《南浔镇志》。

第二节 建筑匠师

在中国历史上，著名的政治家、哲学家、文学家、诗人数不胜数，但作为建筑师而名垂青史的却绝无仅有。几乎人人都知道李白、杜甫，却并非人人都了解李诫、计成是何许人也。在中国，担任建筑师角色的人仅有少数以工匠的名分出现在某些史料中。传统观念所谓："形而上者谓之道，形而下者谓之器"，人们认为工匠所处理的仅仅是土木结构之类，属于"器"，是低级的东西。

其实，认真考察中国的建造历史，自然会发现中国"匠人"的另一面，他们并非仅仅只属于形而下之"器"，而且"器"也不是什么低级的东西。事实上，也正是由于这种"道""器"分割论而使中国的科学技术长期处于不被重视的地位，以致得不到应有的发展机会。

一、元时期匠师

（一）也黑迭儿

阿拉伯人，世系不详，是元初燕京宫殿建设的实际指挥者。他的事迹见于欧阳玄《圭斋文集》九"马合马沙碑"。马合马沙是也黑迭儿之子。

早在忽必烈居藩期间，也黑迭儿已见亲任，蒙古宪宗九年（1259年），忽必烈征宋北返，亲临其宅，也黑迭儿铺"金罽（地毯）"迎接忽必烈的乘骑，事后将地毯分赠给随从官员，从此更受器重。中统元年（1260年），忽必烈登帝位，任命他统领"茶迭儿"局（汉语为庐帐局，是管理皇室及百官居舍的机构），至元三年（1266年），正式任命他为该局"达鲁花赤"并兼掌宫殿建设的管理机构。当时因为"大业甫定，国势方张"，忽必烈与其弟阿里不哥争夺帝位的斗争刚结束，所以要求"宫室城邑，非巨丽宏深，无以雄视八表"。也黑迭儿受任之后，"夙夜不遑，心讲目算，指授肱麾，咸有成画"。亲自规划指挥宫殿的门阙、正朝、路寝、便殿、掖庭、官署、祠庙、苑囿、宿卫居舍、百官邸宅等各项工程的建设。同年十二月，又受命和安肃公张柔、工部尚书段天祐共同负责宫城的修筑，历时二年而告成。

元初燕京殿宇、宫城、都城的修建虽有刘秉忠、张柔、段天祐等人共同主持，但宫殿建筑的实际工程指挥者是也黑迭儿。刘秉忠以相臣（位太保参与中书省事）总领都城工事，张柔以勋旧（宪宗旧臣，封安肃公）而董宫城之役，二人位高权重，唯独也黑迭儿位卑而负宫殿庐帐的实责，对工程的规划与建造必定要付出更多心血。欧阳玄碑文中所说："受任劳勤，夙夜不遑"决非虚饰之词。大都宫殿总体布局，建筑内部布置与装修等方面显示出来的有别于中国传统的风格和情趣，应是以忽必烈为代表的蒙古贵族习尚和意向的反映，同时也不可避免地通过也黑迭儿而掺入某些西域文化因素的影响。

（二）杨琼（？～1288年）

保定路曲阳县（今河北曲阳县）人，元世祖时宫廷建筑石作负责人。幼年时与叔父杨荣共同学习石工手艺，心灵手巧，技艺超群。中统初年，忽必烈闻其名而召之。赴京途中，用玉石雕成一狮一鼎献呈，受到元世祖的赞赏，命他管领燕南路石匠，从而成为京城石匠作头。从中统二年（1261年）到至元四年（1267年）间，参加建造上都开平和中都燕京的宫殿、城郭等工程，因在石作方面的功绩而升任大都等处山场石局总管。至元九年（1272年）在建造大都宫城大殿和朝阁（香阁、延春阁等）的工程中建议调用近畿民户以代替远道征工的办法而节省了施工费用50万缗。至元十三年（1276年），兴建宫城轴线上位于崇天门前的周桥，忽必烈对进呈的图样都不中意，唯独杨琼的方案得到肯定，遂由他负责建造这座位置特别重要的桥梁。桥成，忽必烈赐以"黄金满衿"。

杨琼一生的作品主要有两都和涿县的寺庙石作工程、察罕脑儿（汉语为白海）行宫的凉亭、石洞门、石浴室以及北岳庙的石鼎炉和山西的三清石雕像等，数量极多。至元二十四年（1287年）授武略将军判大都留守司兼少府监。

杨琼是一名以石工手艺及工程实绩而跻身人仕途的匠师。他的贡献主要在于元初两都建设中的石作工程，独立的石建筑有周桥、凉亭、石浴室、石洞门等数种，其余则属木构建筑的配套工程。

（三）阿尼哥（1245～1306年）

尼波罗国（今译尼泊尔）工匠，他在中国的主要成就是把印度式的白塔营建技艺和佛教梵像传到中国。

1260年，忽必烈令帝师八思巴在西藏建造金塔，作为良工荟萃之地的尼泊尔国奉诏选派了八十名工匠去西藏，17岁的阿尼哥入选，并被帝师任命为领队。塔成之后，阿尼哥又被八思巴带至大都朝见元世祖，由于应命迁修了一个无人能修得好的宋代针灸铜人而受忽必烈的赏识，并从此让他参与重要的修建工程而滞留中国。1273年负责诸色人工匠总管府，1278年被升任大司徒，领导将作院事务。

阿尼哥在中国的建筑活动主要是建了三座佛塔、九座大寺、两座祀祠和一座道宫，其中以至元八年（1271年）建的白塔最为著名，塔在大都大圣寿万安寺内，寺于明代改称妙应寺。该塔白色，砖建实心，塔体雄浑有力，是元代喇嘛塔的代表作。另一座白塔建于大德六年（1302年）即山西五台山塔院寺白塔。此塔虽经明代两次重修，仍基本保持元代风格。有一种说法认为阿尼哥在建该塔时是以印度的一种宇宙观即地、火、水、风是万物之基本元素作为指导思想的，因而塔的每层形状都赋予一定的象征意义。

除擅长建造外，阿尼哥还善于造像。像分铜铸和泥塑两种，元大都及上都寺观佛像多出其手，可谓是中国藏式佛像的创始者，特别对元代以后佛教造像的影响很大。他的徒弟刘元，从他学藏式佛像，手艺高超，在大都也称绝技。此外，他还会织像，元初皇室神御殿中的祖先织锦像，都是他的作品，据说比图画还逼真（《元史·方技传》）。元朝人十分推崇阿尼哥的技艺，称他"每有所成，巧妙臻极"、"金纫玉切，土木生辉"。元大德十年（1306年）阿尼哥卒于大都城。

（四）刘秉忠（1216～1274年）

字仲晦，原名侃，邢州（今河北邢台县）人，元初政治家，是忽必烈的重要谋士。他出身于官宦世家，年轻时曾任小吏，后出家为僧，法名子聪，以博学多才而闻名于时，后经著名佛师海云推荐于忽必烈，深得忽必烈赏识。

刘秉忠在建筑方面得以留名的主要原因在于都城建设方面的贡献。蒙古宪宗六年（1256年）奉忽必烈之命修建开平府城，即后来的元上都。至元四年（1267年）又负责建造燕京新都，即后来的大都城（参见第一章第一节）。关于元大都的规划，近世论者多认为是刘秉忠根据《考工记·匠人营国》一节所记的"方九里"、"旁三门"、"左祖右社"、"面朝后市"等旧制来确定布局的。其实，这是一种没有根据的推测，有关这个问题的论证，已在第一章中详加展开，这里只说明一点：即"方九里"、"旁三门"也是和元大都的实际情况不符的，因为元大都是"方六十里，十一门"（《元史·地理志》）。虽然设十一门而不设十二门原因还无确切史料能加以说明，但元末明初长谷真逸著《农田余话》所说："燕城系刘太保定制，凡十一门，作哪吒三头六臂两足"，似和刘秉忠的精于术数，"尤邃于《易》及邵氏经世书，至于天文、地理、律历、三式、六壬、遁甲之属无所不通"（《元史·刘秉忠传》）的为人不无企合之处。

二、明时期匠师●

（一）陆贤、陆祥兄弟

明直隶无锡县（今江苏无锡县）人，石工，他的先人曾在元朝任"可兀兰"。所谓可兀兰就是负责营缮工程的官员。其中有名陆宪者，曾任元朝诸路工匠都总管；有名陆庄者，曾是元朝保定路诸匠提举。

洪武初年，朱元璋建造南京和临濠中都宫殿，陆氏兄弟应召入京，陆贤被委为工部营缮司所属营缮所的所正（官正九品），陆祥任郑王府工副而支取工部营缮郎（官从五品）的俸禄。陆祥历任五朝（洪武、永乐、洪熙、宣德、正统）工官，最后位至工部侍郎，带衔太仆少卿（康熙《无锡县志》）。

关于陆氏兄弟的工程实绩，未见具体记载，但作为元代工官的后人入选参加明初宫殿建设，并当即委以营缮司官职，说明二人具有一定的工程经验，并熟谙宫廷建筑规范。因此，明初南京、临濠宫殿建设中接受元代传统技术与工艺也是不难想象的。

（二）阮安

一名阿留，交趾（今越南）人，永乐年间太监，为人朴质敦敏，生活清苦，善于谋划，熟谙建筑营缮事务。明成祖营建北京新都，他奉命参与城池、宫殿、五部、六府等各项工程，并治理杨村驿（在河北省武清县东南）河道，都作出了重大功绩。正统五年（1440年）重建北京宫中三殿（三殿初建成于永乐十八年，十九年毁于火，此后经洪熙、宣德两朝，均未重建），阮安也参与建造。景泰中（1450～1456年），山东东阿县张秋河决，久不治复，阮安奉命而行，卒于途中，死后"囊无十金"。著有《营建纪成》诗一卷，将刊行，因宦官王振阻挠未能传流于世。

中国历史上的太监以反面人物著名者为多，像阮安这样一生清苦力行，对京师重大建筑工程和水利事业作出重要贡献的人，历史应予充分肯定。

（三）蒯祥、蔡信、杨青

三人都是永乐年间北京宫殿的参与建造者。

蒯祥（1398～1481年）吴县（今江苏吴县）香山人，生于明洪武末年，卒于成化年间，终年84岁，从事建筑活动达半个世纪之久。最初为营缮所木匠，其设计、施工十分精确，据《吴县志》载："凡殿阁楼榭，以至回廊曲宇，随手图之无不中上意者。每修缮，持尺准度，若不经意，既成不失毫厘，有蒯鲁班之称"。景泰七年（1456年）被提升为工部左侍郎。

蒯祥在建筑上的主要成就在于主持并参加了明代皇室的重大工程以及明代皇陵的觅址及建造工作。其中代表作品有长陵、献陵、裕陵、隆福寺以及北京的一系列宫殿。明北京宫殿和陵寝是现存中国古代建筑中最宏伟、最完整的建筑群，从中我们可以看出，作为工程主持人之一的蒯祥在规划、设计尤其是施工方面的卓越才能。

蔡信，明直隶武进阳湖（今江苏武进县）人，幼习建筑工艺，明初任工部营缮司营缮所所正（正九品），后升工部营缮司主事（正七品）。永乐年间北京营建宫殿时，蔡信是工程负责人之一，后官至工部侍郎（光绪《武进阳湖县志》）。

● 本节"陆贤，陆祥兄弟"、"阮安"、"徐杲"、"郭文英"、"冯巧"诸人由编者增补。"释妙峰"由龚恺执笔。

杨青，明金山卫（今上海松江县）人，泥瓦工。永乐初，至京师（南京）供役，一次宫中新壁粉刷刚成，被蜗牛爬行后留下的遗迹有如奇特的彩纹，明成祖见而询问，杨青据实以对，朱棣给予嘉勉，并授以营缮所的官职，以后营建宫殿（当是北京宫殿），又使之为"都知"，正统五年重建奉天、华盖、谨身三殿及乾清、坤宁二宫，工程完成后，升任工部侍郎（《明英宗实录》、康熙《松江府志》）。

以上三人连同陆祥兄弟都是出生于江南的工匠，在皇家建筑工程中以实绩而入仕途，渐次升迁为工部侍郎，于此可见江南建筑技艺对北京官式建筑所产生的重大影响。

（四）徐杲

籍贯世系不明，本是木匠，明嘉靖年间，因参加北京宫中三殿和西苑永寿宫的重建而大显身手，被明世宗朱厚熜所赏识，越级擢为工部尚书，是明代匠人中以工程实绩而升迁职位最高的一员。

嘉靖三十六年（1557年）四月，北京宫殿遭火灾，一时间奉天殿、华盖殿、谨身殿（前朝三殿）和两侧的文楼武楼，前面的奉天门，还有午门外的左右廊庑全被焚毁。为了尽快恢复一处可供朝谒之用的殿宇，明世宗要求工部首先重建奉天门（殿门的规格做法和正殿相等，平时也作为朝谒之所）。但当时的工部尚书庸弱无能，拖延日久，无法开工。朱厚熜盛怒之下，另任工部尚书，并由工部侍郎雷礼及木工徐杲具体负责此项工程，一年之后，奉天门即告竣工，对比之下，显示了雷礼和徐杲二人的才华和能力，因而深得明世宗的赞赏。随后三殿主体工程也在二人的主持下历时三年而成（嘉靖三十八年10月至嘉靖四十一年9月）。与此同时，朱厚熜居住的位于西苑的永寿宫又于嘉靖四十年11月遭火被焚，他只得迁居狭隘的西苑玉熙殿暂住，当即命雷礼、徐杲利用三殿余材修复永寿宫，经徐杲经度规划，工程进展神速，"十旬而功成"，朱厚熜即日迁居，命名为"万寿宫"（《明史·徐阶传》），并厚赏雷、徐二人，雷礼升一品，徐杲超擢为尚书（二品），朱厚熜的原意还要加封徐杲为太保，因为辅臣徐阶认为"无故事"（即无先例）而止。徐杲和雷礼还共同负责治理卢沟桥一带水利并修复此桥（沈德符《野获编》）。

徐杲获得皇帝的赏识不是偶然的，主要是由于他对官式建筑做法的精通。奉天三殿被毁后，工部竟无一人知道它的旧制与做法，而徐杲独能"以意料量"，予以修复，"比落成，竟不失尺寸"（明《世庙识余录》）。永寿宫被焚后，徐杲亲自踏勘"相度"，经过观察核计，很快定出方案付诸施工。文献记载有"第四顾筹算，俄顷即出，而斲材长短大小，不爽锱铢"的精彩记录（沈德符《野获编》卷二），看来似乎有点神奇，实际上如果掌握了当时工程做法，也是不难做到的，只要确定材等（也可能已用斗口分等）、开间、进深和屋顶形式，即可断料开工。外行看来神奇，内行则可办到。由此我们也可推知，在徐杲手上确有一整套工程的"法式"或"做法"、"则例"一类的东西，因此能够"以意料量，比落成，竟不失尺寸"或"不爽锱铢"。只是由于封建社会中匠师们的技术诀窍只靠师徒面授，因而未能以文字记载的形式将当时的建筑规范传流下来。

从徐杲的事迹中也可以看出当时社会对工匠所抱的态度。徐杲超越常规被皇帝擢为尚书，士大夫贬称为"蹴官"，徐杲本人虽已是二品正卿，却"不敢以卿大夫自居"而深自谦退。尽管他的才华出众，能力过人，贡献突出，比之那些庸碌官僚，不知高明多少倍，《明史·方伎》也无一字提及，反映了在中国封建社会里工程技术和匠师的卑下地位。

（五）郭文英

陕西韩城人，少年时为人牧羊。嘉靖时朝廷大兴土木，征调各地夫役民匠进京服役，郭也被征至京师抵役。开始他对建筑工程并不熟悉，但凭着自己的聪颖和努力学习，后来竟以工巧而闻名，并被提升为木工作头。在实际工程中得到明世宗的赏识，由作头而升任营缮所丞、所副、所正、营缮司主事、员外郎，最后官至工部侍郎（正三品）。

郭文英曾参与北京历代帝王庙、太庙、显陵（明世宗朱厚熜之父朱祐杬的陵墓，在湖北钟祥县）、天坛皇穹宇、皇史宬、沙河行宫等诸多工程项目。从一个牧童成长为皇家重大工程的负责人，所经过的道路完全是实际工作的锻炼和师承技术传授。他所参与修建的一些工程如历代帝王庙、皇穹宇、皇史宬等至今保存完好，是明代中叶的重要建筑遗物，从中反映出当年的建筑技术和工艺水平。

（六）冯巧

籍贯世系不明，他的事迹，仅见于清初王士祯的《梁九传》："明之季，京师有工师冯巧者，董造宫殿，自万历至崇祯末，老矣。（梁）九往，执役门下数载。终不得其传。而服侍左右不懈益恭。一日，九独侍，巧顾曰："子可教矣"，于是尽传其奥。巧死，九遂隶冬官（即工部—笔者注），代执营造之事"。

从这段记载可以看出，冯巧是明代晚期京师的一位皇家建筑匠师，负责万历至崇祯年间宫殿建筑的建造。他所掌握的一套技术诀窍绝不轻易授人，直到老死之前经过多年对梁九的考察方肯传授，这就是中国古代建筑技术传流方式的一个代表，也因此造成了建筑技术发展的滞留和缓慢。

梁九从冯巧那里学得技术奥妙后，代之而为明朝最后一代皇家建筑师。清初，又成为清朝宫廷建筑的主持者，负责大内各项工程兴造，直到康熙三十四年（1695 年）重建太和殿之役还由他来董领。其间不难看出明清官式建筑之间有着密切的前后传承关系。

（七）释妙峰（1540～1612 年）

我国传统建筑历来以木构为主，但元明时期，兴起了另一类砖石结构的建筑——无梁殿。至明代万历年间，此类建筑发展到鼎盛期，并有了一批专门建造无梁殿的工匠，高僧妙峰就是其中典型的一位，他一生所营建的砖石建筑有记载的就有数十座之多。以往中国建筑史研究多偏重于传统主流的木构上，因而忽略了这位有创新意义并掌握砖券技术的古代民间建筑家的活动。

妙峰原名续福登，出家后法号妙峰。山西平阳（今山西太原附近）人。生于明嘉靖十九年（1540 年），卒于万历四十年（1612 年）。他所处的年代，正是明中后期经济较为繁荣时期，且嘉靖、万历两帝又好兴土木，在营建上给他提供了一个良好的环境。

幼年的妙峰经历坎坷，十三岁出家为僧，后进蒲州（今属山西永济县）万固寺。在寺内，他逐步由一位普通僧人成为一个有声望的高僧，为后来所倾心的营建活动打下了基础。妙峰出身、生活的陕晋地区，历来就是砖技术水平发展较高的地区，从他以后的建筑实践来看，他对当地的民间砖石技术是非常熟悉的。另据记载，妙峰青年时期，曾云游过普陀、宁波、南京、北京、五台山等处，这些地方多有早期无梁殿存在，为他吸取各地技术经验提供了机会。妙峰为求皇室储君一事又和万历帝、后结上了因缘，这种恩宠一直伴随妙峰后半生，为他作为一个民间高僧能充分发挥自己的营建才能打下了基础。

在万历十四年（1486 年）至二十五年（1597 年）间，由于帝、后的赐建，妙峰开始了丰富多彩的建筑生涯。他先后营建了他长期出家的万固寺和家乡的太原永祚寺等处寺庙，内有多处无梁殿和砖塔。同时，他还修建了陕西滑川桥、演府大桥等拱券类桥梁。在这些早期实践中，妙峰作为工程主持人已显示出自己的营建特点，就是对砖结构建筑的偏爱。几处殿、塔的风格和装饰一致，采用的砌筑技术和拱券技术也趋于规范化。

有了以往工程营建的经验，妙峰开始了他一生最著名的工程，即为峨眉、五台、普陀佛教三大名山范铸三大士金像,并造铜殿三座供之。在这过程中,又伴随着多座无梁殿的营建(建造次序为峨眉山圣寿永延寺、宝华山隆昌寺、五台山显通寺)。这一时期的营建活动约为万历三十至三十四年之间。万历三十四年所建的五台山显通寺是妙峰成熟期的典型代表作。《清凉山志》记载该寺当初为"鼎新创立,以砖垒七处九会大殿,前后六层……",该寺现尚存三处无梁殿,其中大殿跨度达九米多,是明代无梁殿中拱跨仅次于南京灵谷寺无梁殿的大跨建筑。

这时期妙峰建筑活动的影响范围逐渐扩大,像稍后的苏州开元寺无梁殿,虽非妙峰所主持修建,但可以明显看出其间的继承关系。

妙峰后期的工程,主要集中在五台,据记载有:在五台建接待院、七如来殿、惠济茶庵、砖藏经阁;在阜平建慈佑圆明寺,有殿阁前后七进;修省城大塔寺等处。另外还建造阜平普济桥、崞县滹沱河大桥等多处拱桥。万历四十年修会城要路及其长桥时,工程未完,抱病回乡身亡,终年七十三岁。万历皇帝赐葬,建塔于显通寺西,并为之御书塔额"真正佛子妙峰高僧之塔"。太后为葬事赐金。现塔及一碑尚存于显通寺旁的西梁地。

妙峰一生所建的无梁殿和砖塔,比明早期及以前的砖建筑仿木化趋势更彻底,装饰题材统一,在砌造技术、粘结材料、拱券技术、使用异型砖等方面有了明显的提高,室内也创造了装饰和结构分离的砖斗八藻井形式,使明代无梁殿发展到了较高水平。

(八)贺盛瑞

字风山,生卒年不详,明代的建筑管理专家。其主要成就在于其对明代皇室的一系列的大型工程的经济管理、统筹施工和工程队伍的组织。

明万历二十年(1592年)贺盛瑞任工部屯田司主事,二十三年任工部营缮司郎中,任职期间主要负责修了泰陵、献陵、公主府第、宫城北上门楼、西华门楼以及乾清宫、坤宁宫等项工程的管理工作。在这种管理中,他的突出贡献在于运用了高效的管理方法,为工程节约了大量开支。如乾清宫工程中,原估计需160万两白银,而通过采用了他的大小60多条改革方法之后,只需白银68万两。总之贺盛瑞的建筑施工管理不仅在当时是一种颇为先进和系统的改革措施,具有重大的经济意义,而且对我们今天的工程管理仍有着一定的参考价值。

(九)张南阳

始号小溪子,更号卧石生,又号张山人。也常被称作卧石山人。上海人,明末江南著名造园叠山技艺家。

张南阳祖辈虽然务农,父亲却是个画家,所以自小便工绘画。他的造园风格最突出的特点就是以绘画原理作为造园叠山的指导,他的著名的作品有:上海的豫园、日涉园以及太仓的弇山园等。在这些作品中,张南阳叠山的手法基本都是运用绘画原理随地赋形以达层峦叠嶂之效。其中一些具体做法是运用大量黄石堆叠辅以少量山石散置。所叠之山多是所谓的石包土,构造颇具真山气势。上海豫园假山便是以大量黄石堆叠而著称于世,此山高不过10米左右,但人行其中,宛若游于真山之间,这种叠山可称得上是假山中的大手笔,与后来清朝的张涟、张然父子的平岗小坂迥然不同。

张南阳一生健壮,陈所蕴在张八十岁时为其作《张山人传》。(见陈所蕴《竹素堂集》卷十九)。

(十)计成(1582~?)

字无否,又号否道人,籍贯松陵(即今江苏吴江县),中年定居润州(即今镇江),明代江南杰出的造园叠山技艺家。他的突出成就在于所作的名著《园冶》。

计成家境虽贫寒，却在幼时开始学画并兼工诗文。据记载，其画主要师法五代杰出画家荆浩和关同的笔意，属写实派。其诗则如秋兰吐芳，清新隽永。由此可窥计成之艺术风格。遗憾的是他的山水画及诗文均无留传。所以目前对计成的研究主要在于《园冶》以及他的一些造园作品的遗迹。

青年时代的计成曾遍游华北及长江中游一带，中年归里之后偶然运用一些绘画技法为人叠山，却意外地备受称赞，并一鸣惊人超过同时的其他叠山者，随后便正式投入造园叠山事业。目前公认的计成的第一个完整的造园作品是常州吴玄的东第园，此园堪称是他的成名之作，建于明天启三至四年之间（1623～1624 年），面积约五亩。另外计成的代表作还有在仪征为汪士衡修建的"寤园"、在南京为阮大铖修建的"石巢园"以及在扬州为郑元勋改建的"影园"。其创作旺盛期约在明崇祯前期。

在建汪士衡"寤园"之时，计成积累了不少实际造园经验，于是利用工余闲暇整理成文，名曰《园冶》，意为经过陶冶的园林学说。但由于计成家境贫寒，无力刊印此书，遂求助于阮大铖门下，至崇祯七年，才得于安庆刊版发行。其后李自成进迫安徽，阮大铖逃避藏匿，计成和《园冶》也都被社会遗忘，动乱之际连计成死于何时何地目前也难以考证。《园冶》的命运也几经波折（参见本章第三节建筑著作部分）。

计成一生与吴玄、汪士衡、曹元甫、阮大铖、郑元勋等人交往密切，目前研究计成及《园冶》，除《园冶》中提到的一些片断内容外，主要就从这些人遗存的诗文及计成为其中几个人所造的园林中得到某些启示。

第三节　建筑著作

与建筑匠师受轻视相应的是中国历史上没有人专门研究建筑理论，因而也缺乏反映系统建筑理论的著作。中国古代没有一部像西方维特鲁威《建筑十书》那样的全面综合论述建筑的专书，建筑理论往往散见于一些经史群书之中。而专题性的建筑术书主要有如下几种形式：

专讲营建和做法的专书，如宋代的《木经》及《营造法式》、元代的《梓人遗制》、明代的《营造正式》、《鲁班经》等；

专论园林设计、住宅布置、室内陈设、装修、铺装等内容的书籍，如《园冶》、《长物志》等；

以风水面目出现的讲述有关选址、建筑布置等内容的书籍；

其他有关的专书，如《髹饰录》关于油漆工艺、《天工开物》对于砖、石灰等建筑材料制作技术的记载等等。

（一）《鲁班经》

是一部传流至今的南方民间建筑术书，其内容和专为宫廷、官署营缮使用的"法式"有明显的不同。由于该书是明代以后江南沿海诸省民间工匠的准绳和依据，因此也是研究我国明清时期民间建筑的一份宝贵资料。

此书在数百年的发展过程中，从名称到内容都有了很大的变化。迄今所知最早的这类书籍是宁波天一阁所藏明成化、弘治年间刊行的《鲁班营造正式》（简称《营造正式》），这是一本纯技术性的著作，其内容主要是关于一般民间房舍和楼阁的建造方法，另外还涉及一些特殊建筑类型如钟楼、宝塔、畜厩等。书中附有大量插图，图中所表示的某些做法和宋《营造法式》颇为相近，尤其是在"请设三界地主鲁班仙师文"一段文字中还保留着元代各级地方行政建制的名称——路、县、乡、里、社。因此推断此书最早的编写年代应早于明代中期而可上溯至元末明初[1]。

万历年间出版的《鲁班经匠家境》比天一阁本《鲁班营造正式》增加了不少制作生活用具的内容。到崇祯年间重刻此书时又增添了"鲁班秘书"、"灵驱解法洞明真言秘书"一类风水和迷信的篇幅，从而使一本技术书变成技术与厌镇祈禳、风水符咒相间杂的带有迷信色彩的混合物了。此后各地所刊行的《鲁班经》都是从上述万历本、崇祯本衍化而来，内容大同小异，只是由于刊行地区的差异而掺入了一些不同的地方手法。

《鲁班经匠家境》（简称《鲁班经》）全书共四卷，其中文三卷，图一卷。内容主要为：一、木匠行业的规矩、制度以及仪式；二、民间屋舍的施工步骤、方位选择、时间选择的方法；三、鲁班真尺的用法；四、民间日常生活用具包括家具和农具的做法；五、当时流行的常用房屋构架形式和建筑构成、名称；六、施工过程中必须注意的事项，如祭祀鲁班先师的祈祷词、各工序的吉日良辰、门的尺度、建筑构件和家具的尺度、风水、厌镇禳解的符咒与镇物等。其中以第五项的内容对民间建筑的实际意义最大。而书中把房屋与室内家具和摆设的尺度、做法结合为一体的思想颇足供今人深思。

崇祯本《鲁班经》卷首存有编集者的姓名："北京提督工部御匠司司正午荣汇编，局匠所把总章严全集，南京御匠司司丞周言较正"。但是，所谓"御匠司"、"局匠所"这两个机构根本未见于明代史书，而且书中对王府宫殿、郡殿角式等方面的叙述十分牵强，与明代官式建筑不符，因此推断此书的编者是一些不谙官式做法的民间匠师，只是为了求得书的权威性，才杜撰了这些官司职务[2]。

《鲁班经》主要流行于安徽、江苏、浙江、福建、广东等广大的东南地区。可以从如下的事实加以佐证：第一、现存的各种版本，大多在上述地区刊印发行，如天一阁本是建阳麻沙版，万历本则刻于杭州；第二、考察上述地区现存的明清民间木构以及室内装修、家具等，多与《鲁班经》的做法相符，而《鲁班经》中的诸多做法却难以在北方地区发现，这些现象绝不是一种偶然的巧合。

（二）《园冶》

中国历史上第一部选园专著，在造园史上有着重要位置，是明末造园家计成的一部传世之作。

《园冶》虽已董声中外，然而有关《园冶》的原始资料却很贫乏。除书的正文内容外，用以佐证的资料主要有以下几类：第一，与计成交游密切的几个人如吴玄、阮大铖、曹履吉、郑元勋等人的诗词以及阮大铖在《园冶》书开篇亲笔所写的《冶叙》（崇祯甲戌年即1634年）；第二，计成自己在书中写的"自序"（崇祯辛未年1631年）以及书尾的类似"跋"的几句话（写于崇祯甲戌年1634年）；第三，书末尾的两个印记，即"安庆阮衙藏板如有翻刻千里必诛"与"扈冶堂图书记"。据此我们约略推知《园冶》成书的简况以及当时的环境。

计成在为汪士衡建造寤园之时（约崇祯四年），开始撰写此书。相传书稿写于寤园中的扈冶堂，《园冶》的书尾有"扈冶堂图书记"可能与此不无关系。书稿初定名为《园牧》，当时的江南名人曹元甫看后赞曰："千古未闻见者"，并将书名改作《园冶》。但书直到崇祯七年才由安庆阮大铖刊版印行。阮大铖是历史上一个不光彩的人物，历遭世人唾弃，再加上时值战乱，因此与阮大铖有关的计成和《园冶》也没有引起当时人们的重视而逐渐被人淡忘。考察当时诸多名人的笔记文章，除与计成交往密切的上述诸人外，大概只有明末清初的戏剧家李渔对之有些许认识，如他在名著《闲情偶寄》中提到了《园冶》。但《园冶》流入日本之后却引起巨大反响，赞之为"夺天工"之作，并对日本园林的创作产生深刻的影响。20世纪初日本学者还尊《园冶》为世界造园学之最古名著,这对当时的中国学术界产生强烈震撼,经过朱启钤、陶兰泉、阚铎等人的努力,《园冶》开始在中国重新刊印,并日益受到珍视。自 20 世纪 30 年代至今,已先后出过四个版本:1931 年的喜咏轩丛书本,1932 年的中国营造学社本,1956 年的城市建设出版社根据中国营造学社本的影印本,1981 年中国建筑工业出版社的《园冶注释》本。

《园冶》在写作手法上采用所谓的"骈四俪六"式的骈体文,典故连篇且讲究辞藻的对仗和韵味,它既是一部严肃的学术性很浓的造园专著,又可谓是一部以造园为题材的文学作品,读来十分琅琅上口。

全书文字并不太长,总计约万字余,但插图有二百多幅,分为三卷共十篇。其中第一卷为"兴造论"、"园说",是全书的总论;第二卷讲栏杆及其造型,并附有图式;第三卷讲门窗、墙垣、铺地、叠山、选石、借景等诸多技法。可见全书从立论到叙述十分自然并且富有逻辑性。下面扼要介绍其内容:

兴造论:首先即说明写书的目的在于为了不使造园手法"浸失其源",接着着重指出园林的基本特性是因地制宜,因此在设计和营建中要始终坚持"巧于因借、精在体宜"的总的指导思想。并且一个好的园林作品必须要有善于利用自然环境来进行处理的人主持把关,即所谓的"七分主人"之说。

园说:可谓是全书的总纲。计成在此将园林艺术的最高境界概括成"虽由人作,宛自天开"。在阐述这一思想的过程中还着意把园林的造景和艺术意境感受联系起来,勾勒出中国明代江南园林的基本特征。

以上两篇中的"巧于因借,精在体宜"、"虽由人作、宛自天开"的两句话也被后人誉为《园冶》的精髓,并成为造园的"金石铭言"和判断园林作品高下的试金石。

相地:即园林基址的选择。通过对不同类型的园林地形的分析,总结出了山林地、城市地、村庄地、郊野地、江湖地等的地形特点和各自具有的独特风格。并得出结论:"园林唯山林最胜,有高有凹,有曲有深,有峻而悬,有平而坦,自成天然之趣,不烦人事之工。"

立基:主要讲园林的总平面布置及园林建筑的一般设计原则和步骤。其中还谈到一些主要建筑单体如厅堂、楼阁、门楼、书房、亭榭、廊房等的具体设计、位置的选择。另外还提到假山在总平面中的位置处理。在这一篇里,作者根据江南私家宅园的特点指出,一般私家宅园应"定厅堂为主",即首先考虑厅堂的选址、取景和朝向等。其余类型的园林建筑则可以"格式随宜",即可根据不同的功能要求因地制宜。

屋宇:从以下几个方面具体论述园林建筑:一、总论园林建筑风格及园林建筑与一般居住建筑的差异,另外还讨论了园林建筑如何与周围的自然景观相协调配合问题;二、对各类园林建筑进行了名词解释;三、列出常见的园林建筑的梁架做法,所谓的梁架式八种,其图式与现存江南常见的梁架颇为吻合;四、园林建筑的平面图式,计成称之为"地图",与风水称村基平面图为"地图"一致。

装折:指可以安装与拆卸的木制门窗等小木作及其构图原则。另外还详细论述了长隔平版与棂格的比例等问题,为我们研究明代的园林建筑美学及构图法则提供了依据,如:"端方中须寻曲折,到曲折处还定端方,相间得宜,错综为妙"等原则可谓是明代建筑美学的代表。

门窗和墙垣:这里的门窗主要指砖墙上的磨砖框洞,墙垣则包括实墙和漏明墙两种。计成提出了这两种园林构成要素都要因景择宜、式样雅致的思想。并且介绍了江南园林中常见的白粉墙、磨砖墙、漏砖墙(漏明墙)、乱石墙的施工工艺。

铺地：详细介绍了乱石路、鹅子地（卵石铺地）、冰裂地等各种铺地做法。还特别提出一些废物利用的巧妙处理手法如"废瓦片也有行时"、"破方砖可留大用"。

掇山和选石：讨论园林中如何进行山石的选择、布置及堆叠。并系统而详尽地介绍了山石施工特点及具体方法如桩木基础和等分平衡法等技艺，这对于以绘画为特长的计成十分难得。

借景：对我国古代各种传统的借景手法加以总结而成系统理论。如"远借、邻借、仰借、俯借、应时而借"等等。并指出借景的作用在于扩大园林空间，丰富园林意境，故为"林园之最要者也"。

（三）《长物志》

是一部论述明末仕宦文人处置居住环境和器用玩好的著作。对研究明代住宅、园林、家具、室内陈设等有重要参考价值。作者为明末书画家文震亨。

文震亨（1585～1645年），字启美，长洲（今苏州）人，出身官僚世家，即所谓"簪缨世族"、"冠冕吴趋"，其曾祖父是著名书画家文征明，父亲及兄弟也是有名的书画家。文震亨少年时聪颖，以翰墨风流闻名于世。明朝亡后，文震亨寓居阳城，忧愤发病死，又传说为绝粒死，时年六十一岁。文震亨一生著书极多，其中与住宅、园林有密切关联的首推《长物志》。除著书外，文震亨还参与了一些实际造园活动，作品主要有以下几处：改建苏州高师巷冯氏废园而来的香草垞，苏州西郊的碧浪园，南京的水嬉堂。但以上诸园都已湮没，因此文震亨在建筑界也一直未引起重视。

《长物志》的命名源于《世说》"王恭平生无长物"的故事，含有身外余物之意，颇富哲理。全书共十二卷，分别为：室庐、花木、水石、禽鱼、书画、几榻、器具、衣饰、舟车、位置、蔬果、香茗。其中直接涉及建筑与园林的有：室庐、位置、几榻、花木、水石、禽鱼、蔬果等七卷，其余的虽属室内器物和生活用品，但却是中国园林所特有的内容，也能从另一角度显示出中国士文化的特色。所以《长物志》对研究中国文人园林具有十分重要的价值。

室庐：主要论述住所的位置选择，功能要求，式样选择以及室内外的布局原则。提出"居山水间者为上、村居次之、郊区又次之……"等一系列判断住所地形、住所周围环境的标准。并对住所的各种局部如门、阶、窗、栏杆、照壁（即屏门）、堂、山斋、……室外地面等做法作了阐述。总的目标是："宁古无时，宁朴无巧，宁俭无俗"。反映出江南文人的审美情趣和处世哲学。

花木：主要论及花木的品种、形态、特性以及栽培养护和花木的配植方式。可贵的是涉及的花木多达四十余种，说明作者具有渊博的植物学知识。作者还认为观赏性花木要与其他材料作适当配置方能展现出完善而宜人的景致，另外还对具体的花木的搭配作了详尽的分析。用今天的造园知识来衡量，其经验仍有积极的参考价值。

水石：作者认为"石令人古，水令人远，园林水石，最不可无"。这里将水、石提到了人生哲学的高度。由此进一步分析了园林中各种水池、瀑布以及山石的形态与布置。对于水池着重指出比例、大小、色彩、动静等问题。另外还提出了水池处理的层次问题，认为水池以大水为妙，但大的水面（称作广池）应该划分层次，方能丰富景观，即"凿池自亩以及顷，愈广愈胜，最广者中可置台榭之属，或长堤横隔，汀蒲岸苇，杂植其中，一望无际，乃称巨浸……池旁植垂柳，忌桃杏间种，中畜鸟雁"。这些手法对今天的公园设计仍具有现实意义。

禽鱼：分析了众多的禽鱼的特性、饲养技术以及禽鱼与配景的处理，见解独特，也具科学性。如对禽鱼的养殖，提出了生物应与周围生态环境相结合，使驯养的生物犹如大自然中的野生动物一般等等，是一些很有趣的观点，可谓是中国观赏动物学的滥觞。

书画：阐述了创作书画的原则以及判别画之优劣的标准，还介绍了历史上诸多名家及书画之收藏、装裱方法。

几榻和器具：前者主要论述园林中的家具处理，后者则论述文具、各种陈设及实用物品的做法。对此，文震亨的标准是：精致古雅，式样优美简朴。并讨论了材料、尺度、色彩和装潢等问题。对室内器物和家具的重视也是中国建筑和园林特征之一。

衣饰和舟车：前者涉及包括道服、禅衣在内的各种衣饰的风格式样，后者则主要列举出巾车、篮舆、舟、小船等四种游览中常用的交通工具。

位置：这里指的是园林中的堂、榭等建筑及室内器具陈设的布置。主要布置原则是与四周环境取得协调。此外还认为这些建筑本身要注意各自的形式古朴和色彩调和。

蔬果：具体分析各种蔬果的栽培方法，以食用为主要目的，同时又强调蔬果的美观作用，反对"买菜佣"的纯生产意识。

香茗：指的是香和茶。认为香茗是贞夫雅士所不可少之物。因为茶可以清心悦神、辟睡、排寂、除烦……，这里除介绍各种名茶种类之外，还仔细叙述了洗茶、候汤、涤器、茶具以及煮水和饮茶的方式、步骤。再结合"室庐"卷内所述茶寮，足见我国明代茶道之盛。

总之，《长物志》论述的内容包罗很广。用今天的学科来衡量，则涉及建筑学、植物学、观赏树木学、观赏动物学、绘画、书法等。此外还讨论了与建筑室内设计有关的家具、陈设、器具等方面的布置及艺术风格问题。可说是较为集中地反映明代住宅、造园、家具、绘画、书法、生活习惯等方面的一部非常难得的著作。

（四）《山洋指迷》

是一部明初关于风水理论的专书。书中所持说法在明代众多堪舆家所著书中比较新颖，曾是初学风水者的入门书之一。著者为周景一。

关于作者，史书不见记载，仅从乾隆年间出版的《山洋指迷》重版序中略知一二：周景一，明初台郡人，原为儒生，性耽山水，后得青囊之术，遂善堪舆，人称之为地仙。明永乐间曾游于越地（今浙江绍兴一带），为人相地，并与吴卿瞻（即乾隆版书序的作者）之三世伯祖有深交。明正统十四年离开越地，曾赠《山洋指迷》四卷给吴家，此书遂得以流传和再版。

从书名可知，此书既讲山法，又讲洋法，即山区与平原地带兼而述之。全书总的观点是论述山区地形时以"开面"为第一准则，论述平原地区时则以"来气"为最高准则，所谓"开面"和"来气"都是风水术的专有名词，书中有详细的定义（见下文），并且作者还以"开面"来审察地之有无，即以"开面"为标准考察地形的好坏，又以"地步"定地之大小，即以"地步"作标准衡量其地区的环境容量的大小。在明代杂多的堪舆学说中此观点颇为独特。全书共有四卷。

卷一，首先阐明立场，认为："论地理以峦头为本"，即以江西形法派为宗。同时又有新的见解，认为："峦山不专指星体而言，凡龙、穴、砂、水有形势可见者，皆峦头内事也"。因此书中评论山地和平原时，总是从讨论龙脉开始而及砂、水、穴等。另外作者虽以峦头为本，但并不轻视理气。接着作者提出两个重要的风水概念，即"开面"和"地步"。所谓开面实际上是判别地形的一个准绳，书中用八个字"分、敛、仰、覆、向、背、合、割"来描述，其实是通过四种标准考察地形好坏，即如果地形分而不敛、仰而不覆、向而不背、合而不割则为有"开面"，此种地形为上地。反之若上述四个标准有一个不合乎要求则为无"开面"为不好的地形。从中可看出其实就是要地形开阔而又整齐，合乎中国传统的山水美的思想。于是书中分别以"分敛"、"仰覆"、"向背"、"合割"四篇论述有关"开面"的概念。对这四个标准作了详尽的分析。所谓"地步"实际上指的是地形的大小，即环境容量的大小。书中同样也用八个字论述，亦是四个标准，即"纵

"横"、"收放"、"偏全"、"聚散"，认为地形纵方向长，横方向广，收局小而放局大，聚集了很多地势之气的地形为地步广，为上地。反之，则为地步狭，为不好的地形。同样书中也分四篇即"纵横"、"收放"、"偏全"、"聚散"，具体分析"地步"的广狭问题。

卷二，仔细论述各种有关"开面"的具体模式，分析各种类型地形的好坏，并有诸多附图。

卷三，仔细分析各种有关"地步"的具体问题，从远处的地形，风水中称太祖山，一直描述到近处的地形，风水中称父母山，均有论述和附图。然后综合"开面"和"地步"两者来分析各种山体龙脉的形势及星辰，判别山形的好坏与凶吉。

卷二与卷三其实就是对各种各样的山区地形进行分析、考察、比较，并附以图说。虽然所用的"风水"语言及名词，今天看来比较晦涩难懂，但蕴含着许多对地理、地质方面的真知灼见。作者如果没有广阔的实地考察和踏勘是写不出这样的著作的。

卷四，制定了所谓立穴定向的准绳。并且为了弥补别的风水书只讲山地不讲平原地带（风水中称作"平洋"）的缺点，书中最后重点讲解考察平洋的方法，认为："山龙以开面占地步者为胜，平洋亦然，盖平洋开口，即如山龙开面，山龙不开面为无气，平洋不开口亦为无气，其理一也"。这便是说当考察平原地区地形时，便以河流的源头比作山地的发脉，如果河流没有好的源头（即平洋不开口）则没有"气"。因此提出对于平原地区要"因水验气"。于是进一步将山区地形的各种要素与平原地区的各种要素一一对应，像分析山形一样分析了各种平原地带的河流特点和分布。同样附之以图。

总之，《山洋指迷》是一本以风水形式出现的专讲山川地质、地理形势和建筑选址的专书。对如何直观地形、把握自然，有着一定的参考价值，也为我们了解考察明代风水理论提供了重要的史料。

注释

[1]、[2] 据郭湖生 "《鲁班经》评述"，《中国古代建筑技术史》，科学出版社，1985，第541页。

附录一　元明时期建筑大事记

- **公元1215 年（蒙古太祖十年）**

  五月，蒙古军围金中都，金相完颜福兴服毒自杀，守将抹燃尽忠弃城南奔。城中官属父老开门请降。元将石抹明安入城安抚镇守，改为燕京路总管大兴府。

- **公元1224 年（蒙古太祖十九年）**

  敕赐燕京全真道观为长春宫，该观唐代称天长观，金代称太极宫。1230 年改太极宫的跨院建白云观。

- **公元1234 年（蒙古太宗六年）**

  道士宋德方在山西太原西南龙山开凿龙山石窟和营建昊天观。现寺观残圮，石窟尚存八龛四十余尊雕像。

- **公元1235 年（蒙古太宗七年）**

  在蒙古鄂尔浑河上游东岸建都城和官阙称哈剌和林，简称和林。

- **公元1237 年（蒙古太宗九年）**

  于和林北七十余里处建蒙古大汗行宫迦坚茶寒殿，全由回回工匠建造。同年，因1214 年（太祖九年）蒙古军南侵，山东兖州府曲阜孔庙殿堂廊庑烬损过半，受损极大。同时颜子庙和邹县孟庙均毁于兵灾。是年开始重修孔庙，修成寝殿等建筑。

  1267 年（蒙古至元四年）对奎文阁、杏坛进行大修。

  1282 年（元至元十九年）修孔庙墙垣，植松桧一千株。

  1297～1302 年（元成宗大德元年至六年）建大成殿、泗水侯殿、沂水侯殿、钟楼、"九号"碑亭等建筑一百二十六间，此次孔庙修葺是元代最大的一次工程。

  1331 年（元至顺二年）赐币三十一万余缗，按皇城宫室制度，在孔庙四隅建角楼，1336 年完工。

  1334～1336 年（元元统二年至至元二年）修庙内殿宇书楼等建筑。

  1339 年（元至元五年）建"第十号"碑亭。

- **公元1241 年（蒙古太宗十三年）**

  重建山东兖州府曲阜县颜子庙，1255 年（蒙古宪宗五年）告成。元大德末年庙又毁。

  1326 年（元泰定三年）扩建颜庙。以后又多次修葺、扩建，建成殿宇等建筑一百五十九间，前后五进院落的布局。

- **公元1247 年（蒙古定宗二年）**

  重建山西芮城永乐镇永乐宫。该宫本名大纯阳万寿宫，因在永乐镇，习惯称今名。宫初名吕公祠，金末改祠为观，1231 年毁于火，是年敕赐为"宫"并动工重建。1262 年（蒙古中统三年）完成宫主体建筑三清殿、纯阳殿、七真殿等，1294 年（元至元三十一年）完成龙虎殿（无极门）。1325 年（元泰定二年）绘完三清殿壁画，1358 年（元至正十八年）纯阳殿壁画竣工。宫前后施工期经一百一十年，现存元代建筑有龙虎殿、三清殿、纯阳殿、重阳殿及元代壁画达九百六十平方米。于公元1959 年按原样全部迁置县城北龙泉村。

● **公元1256年（蒙古宪宗六年）**

忽必烈于滦水之北龙凤岗建开平府（今内蒙古正蓝旗东北闪电河北岸）为藩府驻所，并营建宫室。

同年，建福建泉州凤屿盘光桥，桥宽五米，长一千二百米，计一百六十间。

● **公元1260年（蒙古中统元年）**

忽必烈在开平即帝位，建元中统。1264年（蒙古中统五年至元元年）以开平为上都，燕京为中都，并诏营上都城池宫室，修燕京琼华岛。

1265～1266年（蒙古至元二年至三年）郭守敬主持开金代旧渠道，导玉泉诸水，流入太液池，称为金水河，用以保证宫苑用水。

1267年（蒙古至元四年）兴建燕京新都城，宫殿和外城郭同时动工。

同年，以金代所遗海子、琼华岛为皇城禁苑，称"上苑"。1271年（元至元八年）其山赐名万寿；也称万岁山，其水称太液池。

1271年（元至元八年）二月，发民二万八千余人筑宫城，十一月建国号为"大元"。1272年（元至元九年）改称中都为大都，以开平为陪都。

同年初，建大都宫城东西华门及左右掖门，次年建正殿、寝殿、香阁、周庑等建筑，1274年（元至元十一年）正月，宫阙告成，并在太液池西岸建隆福宫。

1276年（元至元十三年）四月，诏修太庙，1280年（元至元十七年）重建太庙，1321年（元至治元年）建正殿于1323年完工，前殿十五间，有东西门、夹室。1284年（元至元二十一年）六月，京城建成，有三重城垣，外城周长28600米共开十一门。次年二月"诏旧城居民之迁京城者，以赀高及居职为先，仍定制以地八亩为一分。其或地过八亩及力不能作室者，皆不得冒据，听民作室"。

1291年（元至元二十八年）年初发侍卫兵营建宫中紫檀殿。1322年又作紫檀殿。

1291年（元至元二十八年）七月，于大都和义门内（今西直门内）建社稷坛。

1297年（元大德元年二月）于大都建五福太乙神坛畴（清代改为普济寺）。

1308年（元至大元年）三月，于大都隆福宫北建兴圣宫。

1320年（元延祐七年）六月，新作太祖幄殿。

1324年（元泰定元年）十二月，新建棕殿竣工。

1359年（元至正十九年）顺帝诏赶筑大都十一个城门的瓮城，并造吊桥加强防卫。

● **公元1260年（蒙古中统元年）**

尼泊尔派遣阿尼哥来我国协助兴建佛塔及雕塑佛像。阿尼哥所建白塔共三座，一在西藏，一在山西五台山，另一座在大都。

● **公元1261年（蒙古中统二年）**

于大都瓮山泊（今昆明湖）东岸建大臣耶律楚材墓（耶律楚材，契丹人字晋卿号湛然居士、玉泉居士，死于1244年），墓前置祠及石像。

● **公元1262年前**

元初薛景石著关于元代木工技艺的著作《梓人遗制》。（已佚，现只能从《永乐大典》中略知其片段内容。）

● **公元1264～1294年（至元年间）**

建大都金水河上的澂清闸（位于今北京地安门北鼓楼，后重修时，更名为万宁桥、海子桥，清代称后门桥），单孔石拱，界分北城与中城，地处大都商业区。

● **公元1264年（蒙古至元元年）**

建河北真定县（今正定县）玉华宫，宫内置睿宗帝后（即成吉思汗幼子拖雷）影堂（又称神御殿）。

● **公元1265年（蒙古至元二年）**

八思巴主持扩建及修葺西藏日喀则萨迦北寺。

1268 年在冲曲河南建萨迦南寺，寺规模宏大，仅大经堂一组建筑面积达六千平方米。

1282 年诏造帝师（八思巴）舍利塔。

● **公元1266 年（蒙古至元三年）**

开凿大都西山水利工程"金口"，引永定河水以解决建设首都的材料运输。1336 年下令闭闸板，1339 年用沙石封堵，1342 年（元至正二年）正月，又起闸放金口水，因湍急沙淤，船不能行以徒劳无功告终。

● **公元1267 年（蒙古至元四年）**

于大都城西建佑圣王灵应庙（都城隍庙）（明代永乐年间重修改名为大威灵祠，1447 年和 1548 年先后两次重建，现仅存寝祠）。

● **公元1270 年（蒙古至元七年）**

大都高梁河北建大护国仁王寺。1285 年又发诸卫军六千八百人修造。成宗时，寺中供察必皇后神像。

同年，重建河北曲阳岳庙德宁殿。

● **公元1271~1294 年间（元至元八年至三十一年间）**

建江苏苏州阊门外归元寺（明代改建为东园、西园，东园即今留园）。

● **公元1271 年（元至元八年）**

大都平则门（今阜成门）内建白塔，由尼泊尔工艺师阿尼哥设计建造。1279 年（元至元十六年）完成，其增建之寺院，于 1288 年四月竣工，敕赐名为大圣寺寿万安寺，简称万安寺。仁宗时续建，寺内元寿昭睿殿置世祖帝后的影堂，明寿殿置裕宗帝后影堂。1368 年寺毁于雷火仅存白塔。是塔为我国内地建年最早，规模最大的一座喇嘛塔。（1457 年明天顺元年，重建寺宇改名为妙应寺，塔随寺名称妙应寺白塔，1465 年明成化元年于塔座周围用砖砌灯龛一百零八座。）

● **公元1275 年（元至元十二年）**

建江苏扬州仙鹤寺（即伊斯兰教礼拜堂，清代重建）。

● **公元1276 年（元至元十三年）**

一月，南宋恭宗赵显降，元军入临安。元世祖忽必烈并诏谕原南宋新附地区：各守职业，其勿妄生疑畏，……所在……名山大川，寺观庙宇，并前代名人遗迹不许拆毁……。此谕有利于南方各省文化遗迹的保存。次年，改临安为杭州。

同年，诏建河南登封县告成镇观星台（即天文观测台）。由郭守敬和王恂主持这项工程。台是一座砖石结构建筑，由台身和石圭（观测仪）两个部分组成。

● **公元1278 年（元至元十五年）**

三月，忽必烈命达海（塔海）毁夔府（今四川奉节县）城壁。

同年六月，南宋张世杰在新会岸山（今广东新会县南）为宋主赵昺造行宫二十间，军屋三千间居住，正殿称慈元殿。次年即被元军攻占。

● **公元1279 年（元至元十六年）**

二月，同意王恂等人建议，在大都建司天台，其仪象、圭表皆用铜制，高表比原来的八尺增五倍，使测影更加精密。

同年十月，诏叙州（今湖南黔阳县西南黔城）夔府至江陵（今四川奉节县至湖北江陵县）河守置水上驿站。另于辽阳行省东北部米瓦江（今松花江），黑龙江下游通往奴儿干（黑龙江口一带）置狗站十五所，供冰上驾犬舆使者途中停休。1283 年开置云南驿站。1285 年四月，置畏兀驿六所，1289 年置福建泉州至浙江杭州沿海驿站十五所。1293 年诏，自耽罗至鸭绿江口沿海置十一所水上驿站。

● **公元1280 年（元至元十七年）**

建察罕脑儿（蒙语白湖）行宫，每年元帝自上都回返大都途中，于此驻跸并放鹰行猎。

● **公元1280~1293 年（元至元十七年至三十年）**

在郭守敬主持下，于至元十七年至三十年前后开凿济州河、会通河和通会河与原部分运河衔接，建成北起大都南达杭州，沟通海河、黄河、淮河、长江、钱塘江五大流域的大运河，全长一千七百多公里。

- **公元1281年（元至元十八年）**

  重建浙江杭州凤凰寺。寺创建于唐，宋代毁圮，是年由波斯人阿老丁筹资重建（1451年，明景泰二年又大修）。

- **公元1282～1292年（元至元十九年至二十九年之间）**

  镌雕浙江杭州灵隐寺前飞来峰佛像，迄今尚能辨认者有一百余尊。这是南方地区保留较多的元代石窟艺术造像。

- **公元1283年（元至元二十年）**

  兴建山西临汾县魏村牛王庙。1303年庙遭地震塌圮，1329年重建，现尚存元构戏台一座，平面近方形，单檐歇山顶。

  同年，修汴梁城，诏毁汴梁宋代天坛，就地兴建佛寺。

- **公元1284年（元至元二十一年）**

  建山西高平县董峰村圣姑庙，现存三圣殿为元代遗构。

- **公元1285年（元至元二十二年）**

  正月，毁杭州南宋郊天台，建佛寺，为皇帝太子祈寿。先是江南释教总统杨琏真加，已将临安、绍兴南宋诸帝陵墓发掘，并在墓址上建佛寺。至此杨琏真加又奏请毁台建寺。

  同年，将福建泉州开元寺原一百二十所支院归合为一寺，成为福建最大寺院之一。同年建高二层的藏经阁，1357年毁于火灾（1389年，明洪武二十二年，重建大雄宝殿，1637年〔明崇祯十年〕又大修）。

- **公元1286年（元至元二十三年）**

  重建湖南长沙岳麓书院，1368年毁于火。

- **公元1287年（元至元二十四年）**

  招江南诸路匠户进京。

- **公元1288年（元至元二十五年）**

  立学校二万四千四百余所。

- **公元1289～1290年（元至元二十六年至二十七年）**

  重修江苏州圆（玄）妙观三清殿，观原名真庆道观，1264年（蒙古至元元年，南宋景定五年）更今名。

- **公元1289年（元至元二十六年）**

  重建山西稷山县马村青龙寺中殿（腰殿），殿内三面绘有壁画。同年，于大都西郊西山建碧云庵（1516年明正德十一年，重建改称碧云寺）。

  同年，重建山西清徐县孤突庙。庙原为晋父公追纪孤突冤死而立。现存其正殿五间，献殿七间及历代碑碣十余通。

- **公元1290年（元至元二十七年）**

  从文献中统计自1290年至1367年间遭大地震的地方有四十九处。载明震毁建筑物的有：

  1290年8月，武平地震，压死七千二百二十七人，坏仓库局四百八十间，民居不可胜计；

  1291年平阳（今山西临汾）地震，损坏民庐舍一万八百二十六间；

  1303年8月，又地震，村堡移徙，地裂成渠，死者不可胜计；

  1305年4月，大同路地震，有声如雷，坏官民庐舍五千余间；

  1306年8月，开成路（今属陕西）地震，王宫及官民庐舍皆毁；

1337 年（元至元三年）8 月，京师大震，太庙梁柱震裂，各室墙壁皆坏。压损仪物，文宗神主及御床尽碎，西湖寺神御殿壁塌，自是累震，数日后震方止，所损人民甚众；

1342 年冀宁路平晋县地震，声鸣如雷，裂地尺余，民居皆倾；

1347 年 2 月山东地震，坏城郭。5 月临淄地震七日乃止。河东地震泉涌，崩城陷屋，伤人民；

1352 年（元至正十二年）陇西地震百余日，城郭颓夷，陵谷迁变。……会州（今甘肃会宁）公舍中墙崩。

● 公元1294 年（元至元三十一年）

罗马教廷派戈淮诺教士，驻元朝第一任大主教，留居大都直至逝世。他曾先后兴建教堂二所。

● 公元1295 年（元元贞元年）

重建山东邹县孟庙。

同年，为皇太后建佛寺于山西五台山，并命工部尚书宋德柔主持此项工程。于 1297 年完工，三月皇太后亲往祈祝（其中所建的南山寺，于 1541 年重建，清代增修，并将佑国寺，极乐寺，善德寺合并。今尚存殿堂、古塔、亭台楼阁三百余间。）

● 公元1298 年（元大德二年）

江浙佥省周文英于江苏镇江焦山建佛塔。

同年，建江苏苏州城外的觅渡桥，桥横跨京杭大运河，拱跨二十米，是苏州最大的一座单孔石拱桥。

● 公元1300 年（元大德四年）

海山（即爱育黎拔力八达）在大都建佛殿，纪念他死去的祖母（裕圣后伯蓝也怯赤），1308 年海山即帝位后，又为皇太子（索儿只斤爱育黎拔力八达）置佛寺，将原佛殿扩建，赐名立大承华普庆寺，后文寿殿置仁宗帝后影堂，衍寿殿置顺宗帝后影堂。

● 公元1302 年（元大德六年）

于大都宫城东北（今安定门成贤街）建孔庙，1306 年（元大德十年）完成。

● 公元1305 年（元大德九年）

于大都建大天寿万宁寺，广寿殿内置成宗帝后影堂。

同年，于大都丽正、文明门之南建郊坛。

● 公元1306 年（元大德十年）

在大都孔庙西侧建国子监（明初称"北平府学"或"北平郡学"。1404 年明永乐二年，复称国子监。）。1322 年（元至治二年）建藏书所崇文阁于国子监北部（明永乐年间重建，并改名彝伦堂）。

同年，建河北定兴县慈云阁。

● 公元1307 年（元大德十一年）

湖北均县武当山天柱峰建面阔一间的铜殿，殿铸成仿木结构，通体构件用榫卯搭接，可以拆装，为我国现存最早的铜殿。1314 年（元延祐元年）在武当山南岩前侧，紫霄岩的悬崖绝壁上，建天乙真庆宫，又名南岩石殿，是一座石砌仿木结构建筑。1324 年（元泰定元年）建供真武帝的玉虚岩。

同年六月，建行宫于旺兀察都之地，立官阙筑城垣，称为中都。1311 年正月罢修中都城。

● 公元1308 年（元至大元年）

为楚王（即拖雷庶子拔绰弘牙忽都）、皇子建佛寺于五台山，同时发军士一千五百人修五台山佛寺。十月皇太后于五台山建佛寺调军士六千五百人供其役，至大三年，正月役丁匠达一千四百人，军十三千五百人。

同年十二月，于大都建大崇恩福元寺，内设武宗帝后影堂于仁寿殿，殿成于 1312 年三月。

同年七月，建呼鹰台于潞州泽中（今北京市通州区）。

同年，重建山西介休县回銮寺大殿，殿面阔五间，进深六椽。

● 公元1309 年（元至大二年）

重建山西洪洞县霍山，广胜上、下寺及水神庙，现存元代遗物尚有：上寺前后殿（包括殿内佛像）、下寺山门、前后殿及 1324 年（元泰定元年）完成的殿内壁画。1345 年（元至正五年）建的下寺两垛殿。1319 年（元延祐六年）重建的水神庙，又称明应王庙，殿内四壁满布 1324 年所绘壁画。（1527 年［明嘉靖六年］重建上寺、飞虹塔，1622 年［明天启二年］于塔底层增建回廊。）

同年，大都城南建佛寺。

● **公元1310 年（元至大三年）**

重修福建泉州清净寺，由耶路撒冷人阿啥玛特主持工程（寺始建于宋，1350 年和 1600 年先后又大修）。

同年十一月，敕修建中都城，令各部卫士助之，限至明年四月十五毕集，误期者罪其部长。次年罢修中都城。

同年，荆门州（今湖北荆门）大水，山崩，坏官廨民居二万一千八百二十九间，死三千四百六十六人。1313 年六月，黄河决口，没民庐舍。1318 年八月，浑河溢坏民田庐。1326 年八月，盐官州大风溢坏堤三十余里，徙民居一千余家。大都昌平大风坏民居九百家。亳州、大宁路河溢各漂民舍八百余家。坏田七千八百余亩。1348 年五月，广西漓江溢平地水深二丈余，屋宇人畜漂没。

● **公元1311 年（元至大四年）**

仁宗赐大承华普庆寺金千两、银五千两、田八万亩、邸舍四百间，后文寿殿内置仁宗帝后影堂。

同年正月，禁百官役军人营造及守护私第，停各处营造（包括罢诸王，大臣私第营缮）。

● **公元1313 年（元皇庆二年）**

王桢所著《农书》二十二卷成，其中载涂灰防木材虫蛀法。

● **公元1314～1320 年（元延祐年间）**

重建山西五台山台怀镇殊像寺。寺始建于唐，后毁于火（1487 年〔明成化二十三年〕再建，主殿为文殊阁，面阔五间，进深三间，重檐歇山顶，阁内塑有高约九米的驭狮文殊像及三世佛，五百罗汉皆为明物）。

● **公元1315 年（元延祐二年）**

重建山西浑源永安寺，护法正宗殿，现尚存山门、中殿、正殿及东西厢房。

● **公元1316 年（元延祐三年）**

正月，赐上都开元寺田二百顷，华严寺百顷。1321 年二月，调军三千五百人修华严寺。

● **公元1317 年（元延祐四年）**

重建浙江武义县陶村延福寺大殿。

● **公元1318 年（元延祐五年）**

重建浙江金华天宁寺大殿。

同年，重建山西介休县后土庙（现存殿堂均为明清建筑）。

● **公元1320 年（元延祐七年）**

建上海真如镇真如寺大殿。

同年，大都西山北部寿安山兜率寺进行扩建，自延祐七年动工至 1331 年竣工。其间于 1321 年（元至治元年）冶铜五十万斤作卧佛像，后俗称卧佛寺。寺累改其名，有洪承寺、寿安禅林、永安寺等，清代重建，改称今名十方觉寺。

同年十一月，命各郡建帝师八思巴殿，次年诏毁上都回回寺，原址建八思巴殿。

● **公元1321 年（元至治元年）**

八月，上都鹿顶殿竣工。

同年，建江苏建康路（今南京）龙湾山（今狮子山）前的广运仓，以储诸路漕粮经海路运到大都。

● **公元1322 年（元至治二年）**

改建福建闽江万寿桥，桥长 800 米，宽 4.8 米，每根石梁重 40 吨，石梁上架石板桥面，此二者合用的结构是前所未有的。

同年，建大都东岳庙，次年扩建，定名仁圣宫（1447 年［明正统十二年］、1575 年［明万历三年］及清初均有增修）。

● **公元1323 年（元至治三年）**

立碑纪念唐代武德年间来华传教的穆罕默德门徒大贤四人，大贤等死后葬于福建泉州东门外灵山（今称伊斯兰教灵山圣墓）。

同年，建浙江临安经山普庆寺石塔，塔仿木结构，六面七级。

● **公元1324～1327 年（元泰定年间）**

于大都建大永福寺，内宣寿殿设英宗帝后影堂。

● **公元1324 年（元泰定元年）**

诏作礼拜寺于上都和大同路（今大同）。

● **公元1325 年（元泰定二年）**

重建江苏吴江县垂虹桥，将宋代所建木桥改成六十二孔石券桥，1352 年，扩建成八十五孔（清代重建又改成七十二孔，长 1500 尺，俗称长桥）。

● **公元1326 年（元泰定三年）**

建山西太谷光化寺大殿。

同年五月，遣指挥使兀都蛮镌西番咒语于居庸关崖石。

同年，建河南济源大明寺佛殿。

● **公元1328～1332 年（元致和元年至顺三年）**

在海南兴建大兴龙普明寺。1331 年七月，因建寺，工费浩繁，不胜其扰，因是起事。

● **公元1329～1334 年（元天历二年至元统二年）**

江苏太仓建跨城河的州桥、周径桥、皋桥及城郊的金鸡桥、井亭桥等。五座石拱桥至今尚完好。

● **公元1329 年（元天历二年）**

文宗在泰定年间封怀王，出居建康（南京），即位后改建康为集庆，将旧居藩邸扩建为寺，名大龙翔集庆寺，位居江南各寺之首。

同年，于大都西北玉泉山南，建大承天护圣寺，1332 年建成。文宗为祭祀太皇后答己（武宗母）而建，内供佛像及答己影像。皇后卜答失里以银五万两助建，并赐永业田四百顷。顺帝时又以文宗帝后像入祀御殿。

● **公元1330 年（元至顺元年）**

建河北赵县原柏林寺内的柏林寺塔。又名真际禅师塔，八角七层，密檐式，高 40 米。

● **公元1331 年（元至顺二年）**

元代官修《经世大典》（又称《皇朝经世大典》）完成，计八百八十卷，分十门，其中工典又分为二十二项，多与建筑有关。原书已佚，今所见者仅影印《永乐大典》残本和前人自辑出的各文。

同年，修山东兖州府曲阜北郊孔林的林墙，构筑重门即大林门和二林门。

● **公元1332 年（元至顺三年）**

罢正在建造的工役，唯城郭、河渠、桥道、仓库不在此禁。

● **公元1333 年（元元统元年）**

重修西藏日喀则南嘎鲁寺。寺初建于宋，1329 年遭大地震破坏甚多。本次修复由布顿大师主持。寺内殿宇融合藏汉两民族建筑风格，是民族文化交流的成果。

同年，建四川阆中县永安寺大殿，面阔三间，进深四间，单檐歇山顶。

● 公元1336～1339 年（元至元二年至五年）

重建福建晋江县石湖村金钗山六胜塔，塔八角五层高 31 米，底围 47 米，全用石块砌成，仿木结构楼阁形式（该塔又名万寿塔，创建于宋）。

● 公元1338 年（元至元四年）

改建江苏苏州虎丘山云岩寺山前重门（二山门）。

同年，重建江苏吴县东山镇杨湾村胥王庙正殿，庙曾称显灵宫、灵顺宫及轩辕宫。

● 公元1341～1368 年（元至正年间）

建山西五台县广济寺，现存山门、东西配殿、弥陀殿和大殿。

天如禅师创建江苏苏州狮子林。园内假山传为画家倪云林设计。

● 公元1345 年（元至正五年）

建昌平居庸关。关城内的云台全用石砌，平面为矩形，台上置三座喇嘛塔，形成过街塔形式，元末明初塔毁。台正中开门，门洞做六角形石券门，券面周镌四大天王，是元代石雕精品（1439 年［明正统四年］，曾于台上建泰安寺，后遭火灾）。

● 公元1347 年（元至正七年）

建江西庐山秀峰寺麻石亭，亭为六边形单檐攒尖顶。

同年，大都城东建柏林寺（1447 年重建）。

● 公元1350 年（元至正十年）

建广州怀圣寺光塔。

● 公元1352 年（元至正十二年）

四月，诏天下完城郭、筑堤防。

● 公元1355 年（元至正十五年）

建广西兴安县四贤祠，纪念历来对修建县境内"灵渠"作出重大贡献的马援、李勃、鱼孟威和严虞直等四人。

同年，建山西晋城后土岗玉皇庙山门及钟鼓楼。

● 公元1356 年（元至正十六年）

建大都城东（今东四南大街）清真寺，又名法明寺（1447 年重修）。

● 公元1357～1360 年（元至正十七年至二十年）

创建江苏吴县寂鉴寺，建石殿和山门外两座石屋，殿名西天寺。

● 公元1357 年（元至正十七年）

建河北真定县阳和楼。

同年，朱元璋败元兵于金陵（今南京）东郊蒋山，攻占集庆路，改名"应天府"。朱元璋自称吴国公，并以府城为根据地着手兴修。于 1364 年（元至正二十四年）称吴王，建百司官台。

● 公元1359 年（元至正十九年）

建杭州风山门东中河上的水门，称风山水门。

● 公元1360 年（元至正二十年）

朱元璋令筑应天府龙湾（今南京下关）虎口城。

● 公元1362 年（元至正二十二年）

四月初，顺帝以上都宫殿被焚，乃令重建大安、睿思二阁，因危素谏而止。至是诏禁诸王、驸马、御史台衙门占匿差役人民，以便大兴工役修建上都宫殿。

● 公元1363 年（元至正二十三年）

建秃黑鲁帖木儿玛扎（即墓）于新疆霍城，是蒙古人信伊斯兰教死后按教俗入葬的第一例。

同年五月，吴国公（朱元璋）聘名儒集中建康，在他居住地的西面筑礼贤馆供诸儒居住。

同年九月，张士诚在平江（今苏州）自称吴王，治宫阙，置官属，改平江路为隆平府，令其部属颂己功德，立隆平造像石碑，后称张士诚记功碑。

● **公元1365年（元至正二十五年）**

朱元璋改元集庆路学（今南京夫子庙）为国子学。1377年于南京鸡笼山（今北极阁）下新建国子学，原址恢复为应天府学。1381年改国子学为国子监。次年新建国子监竣工。

● **公元1366年（元至正二十六年）**

八月，朱元璋改筑应天府城并新建宫城，新城址由刘基等人勘定，坐落在钟山的"龙头"前。十二月，建庙社宫室，所司进宫殿图，命去雕琢奇丽部分。次年九月新宫及太庙稷坛工程完成。宫内建筑皆朴素，不作雕饰，新宫四周墙垣称为"皇城"。

● **公元1368年（明洪武元年）（元至正二十八年）**

吴王朱元璋即皇帝位，国号明，建元洪武，以应天府为京城，称南京，以河南开封为北京。并开始建"六都"。

同年八月，明将徐达率兵攻下大都，遂由大将华云龙经理，将元大都的北部收缩，改大都路为北平府。次年攻占开平。

同年，扩建应天府城。

1368~1371年修复自玄武湖引水入南京城的武庙闸。工程包括：进水口、穿城墙的涵洞与出水口。其涵洞外石内铜，石涵宽、高各1米，长3.75米，内壁92厘米，直径铸铁管长37米，92厘米直径铜管长达103米。这种以生铜为管面砌以石拱的筑沟法始于明代。

1369~1373年，改建南唐时的东水门为东水关。关为砖石结构，分上、中、下三层，自下而上逐层收小，下层涵洞通水，上两层作屯兵之所。

1370年十二月，填燕雀湖。同年建奉先殿，次年建成，殿基打桩，并用石灰三合土分层夯实。以后北京所建的宫殿沿用此法。

1375年（洪武八年）改作太庙于午门左，次年十月完成。1377年改作社稷坛于午门右。同年八月，诏改建圜丘大祀殿，1378年十月建成。

1382年（洪武十五年）建南京钟、鼓楼于金川门内，鼓楼置于钟楼之东。在城市中心部位并建钟鼓楼始自元代，明代以后开始普及。

1386年（洪武十九年）建南京通济、聚宝、三山、洪武等门，新建后湖城及廒房街道，完成了南京的筑城工程。内城门共十三座，其中三山、通济和聚宝门为最雄伟，均设有瓮城三重。

1390年建南京应天府城外郭，一部分城墙利用土丘筑成，小部分为砖砌。外城辟门十八，周长号称一百八十里，实长50余公里。

1391年迁徙各地富民一万四千三百户于南京。

1392年（洪武二十五年）改建京师官署及分布位置，五府五部并列于御街东西，唯刑部位置在太平门外。

1399年（明建文元年）以礼制拆毁部分宫殿以表示对祖父朱元璋的哀悼。1402年六月，改建奉天殿于旧址之西。十一月，工程告竣。

● **公元1368~1398年（洪武年间）**

1368年（洪武元年）七月，以周宗疏请天下普设学校，开始大量兴建和修葺府、州、县学校。又据《明一统志》洪武年间兴建学校为二百四十八处，重建者（包括移建）三百五十五处，其他形式的维修计七十二处。

同年间，为了边防的需要，大量增置防御性的卫、所于全国各地。仅洪武年间共建卫一百四十座。千户所一百零八座。另建一座百户所。

1368 年起修筑、重建北京一线的长城，自平谷县彰作里北京境，经密云县的墙子路、曹家路、古北口路、石塘路、怀柔县的黄花路、昌平县的居庸路，西接横岭路出境长达千余里，有关口百余座，敌台四百余座，附墙台三十余座。

1567 年～1583 年之间，戚继光任蓟镇总兵时，在特别险要地段又加筑双重、多重城墙。并建造了一千三百多座敌台。

同年间，建山西大同代王府。现留有门前的照壁"九龙壁"。

- **公元1369 年（洪武二年）**

正月，立功臣庙于南京鸡鸣山下。

同年九月，以临濠府（今安徽凤阳东）为中都，命建城郭宫殿，如京师之制。城分外、中、内三道。1373 年六月，建成皇城。1375 年朱元璋放弃在凤阳定都之意，工程停止。

同年，于江西景德镇珠山之南建御窑厂。

- **公元1370 年（洪武三年）**

在唐长安城的皇城基础上修西安府城墙，城四十里，高三丈，四面辟门、城楼、城墙转角置角楼，迄今仍较完整。

同年，建山西平遥县城，城周长 6.4 公里，平面呈方形，辟六门，门外有瓮城，开挖城壕，城台上有城楼，四隅置角楼，敌楼共九十四座。

- **公元1372 年（洪武五年）**

建甘肃嘉峪关，关位于万里长城西端嘉峪山麓，因而得名，高 11.7 米，总长 733.3 米。

- **公元1373 年（洪武六年）**

建南京秦淮河浮桥。

- **公元1374 年（洪武七年）**

建山东聊城光岳楼，又名东昌楼，俗称余木楼。楼面阔五间，高四层 24 米，十字脊顶，立在 9 米高的石台上。

同年，建山西朔县雁门关北的广武新城。城依山而筑，半在平川，半在山坡，周长 1.5 公里，是雁门关的山前防卫据点。

同年，建山西代县雁门关，与宁武关，偏关合称"三关"。

同年，建山西代县边靖楼，后毁于火，1471 年增台重建。台高 13 米，台上构三层四滴水的高楼。

同年，建南京历代帝王庙。

同年，诏修山东曲阜县孔庙，次年完成。同年敕建衍圣公府，1377 年完成正厅、后厅、东西司房、外仪门等建筑。

1412 年（明永乐十年）诏修孔庙按"务须坚固，拆旧换新"的方式大修廊庑楼阁二百七十余间，1417 年竣工。

1434 年（明宣德九年）周忱、况钟捐款建金丝堂。

1460 年（明天顺四年）对孔庙寝殿，按拆旧换新的方式进行大修。1483 年将大成殿原七间改建成九间，又大修殿堂、廊庑、门庭、斋厨等三百五十八间。工程于成化二十三年告竣。

1499 年（明弘治十二年）七月，孔庙遭雷击火灾。次年二月开始重建大成殿、寝殿、大成门、家庙、启圣殿、诗礼堂，移建金丝堂至启圣殿之前，改奎文阁五间为七间，大中门、二门原三间改为五间，增建快睹、仰高二门等，1504 年竣工，共化币金十五万二千六百余两。

1503 年（明弘治十六年）重修衍圣公府。

1511 年（明正德六年）曲阜古城遭兵灾，破坏严重。1512 年决定移建新城至孔庙处以利保护。自1513 年七月起至 1522 年三月建成，历时九年，自此孔庙于新曲阜城中。

1538 年建金声玉振坊，1544 建太和元气坊，1553 年修葺殿寝、楼、斋阁、门宇、垣屋、碑亭及家庙等计三十七所。1569 年重建杏坛，增置石柱重檐，并拓宽棂星门外土地。1592 年（明万历二十年）何光创建孔庙圣迹殿，殿内立石刻圣迹图一百二十幅。

- **公元1376 年（洪武九年）**

  为营建孝陵将南京蒋山寺从独龙阜迁朱湖洞南，1381 年再迁至钟山小茅山东南，1384 年新寺完成。改名灵谷寺。以后所建大殿——无量殿因用砖拱筑成，故俗称无梁殿。殿为重檐歇山顶，外形既受木结构的影响，又有砖石结构的风格。

  同年，营建孝陵于南京独龙阜，1381 年（洪武十四年）初步建成。陵墓附属工程延续至 1405 年。

  同年，建北京府学胡同文天祥祠。1408 年由朝廷重建，正式列入祀典。

  同年，于山东登州府登州卫北丹崖山东麓筑蓬莱水城。城是在原来宋代的"刀鱼寨"基础上修建而成，专防倭寇侵扰故又称备倭城。

- **公元1377 年（明洪武十年）**

  增广山东兖州府曲阜北郊孔林占地规模。

  1414 年（永乐十二年）扩建孔林思堂，又作墓门三间。1423 年修葺孔林围墙，并加以增拓，墙围达十余里，为巡卫者建铺舍。1436～1449 年间增植孔林桧柏等树。

  1494 年（明弘治七年）重修孔林驻跸亭、林墙，创建享殿、神门，扩作城楼，并重建洙水两桥。加种桧柏数百株。1531 年建文津桥。

  1594 年（明万历二十二年）修孔林享殿、斋室，并在大林门前创建石碑坊及碑亭二座，种植神道树数百株，完成了孔林神道。

  1634 年（明崇祯七年）修葺林门、享殿、驻跸亭、植楷亭、庐墓堂等，并凿刻石狮二对。

  1644 年又修葺孔林。

  同年，建广西容县北灵山玄武宫，奉祀真武大帝。1573 年建三层真武阁。

- **公元1378 年（洪武十一年）**

  四月，建凤阳皇堂，朱元璋亲自撰写碑文，后称"皇陵碑"。殿宇明末毁于兵乱。

  于青海湟中县鲁沙尔镇建塔尔寺。二十一年前此处为黄教创始人宗喀巴诞生地。1560 年、1577 年先后扩建和增修。1612 年（万历四十年）建大经堂。

- **公元1380 年（洪武十三年）**

  于南京聚宝门外长干里重建天禧寺，原寺毁于元末兵灾，重建后不久又毁于火。1412 年（永乐十年）于原址上重建寺与塔，按宫殿规格兴建，规模浩大，至 1431 年竣工，历时十九年，赐名大报恩寺及报恩寺塔。

- **公元1381 年（洪武十四年）**

  建山西太原崇善寺。该寺为朱元璋第三子晋王为纪念其母而建，寺内现存大悲殿规模宏大，立有 8.2 米高的千手观音像，是明代佛像的佳作。

- **公元1382 年（洪武十五年）**

  十二月，筑河北秦皇岛东北的山海卫城，并构筑城关，为万里长城第一关。关平面呈方形，门台上高筑城楼，关城外有瓮城、罗城和翼城等防御设施。

- **公元1383 年（洪武十六年）**

  重建北平府房山云居寺。同年重建河南开封府祐国寺。

  同年，改建南京永寿宫为朝天宫。1395 年又重建，作为祭祀天地，朝贺天子等礼节演习之所。

- **公元1385 年（洪武十八年）**

  于南京鸡笼山（今北极阁）扩建观星台，又称钦天台，故其山又名钦天山。

- **公元1386 年（洪武十九年）**

  修建江苏泗州（今属盱眙县）明祖陵（朱元璋祖父朱初一的墓）。1403 年大修，命改黑瓦为黄色琉璃瓦形如皇陵制。

- **公元1387年（洪武二十年）**

    重建南京鸡鸣山鸡鸣寺，并在寺后山顶建五层高的宝公塔。

- **公元1388年（洪武二十一年）**

    建南京净觉寺，为南京伊斯兰教建寺之始。1430年重建，成为全国五大清真寺之一。

- **公元1389年（洪武二十二年）**

    正月，命工部派员修河南嵩山祠宇。1562年将中岳庙大门黄中楼改建为天中阁。

    同年，重建福建泉州开元寺大雄宝殿，俗称百柱殿（该殿始建于唐代，毁于元代）。殿身面阔九间，进深六间，高20米，重檐歇山顶。

- **公元1390年（洪武二十三年）**

    改筑山西偏关县偏关。宋代为偏头砦，元代改关。明代置所，辖边墙四道，长城至此分为内外：外城延及山西、内蒙古；内长城在雁北、忻县一带。

- **公元1392年（洪武二十五年）**

    皇太子朱标死，建太子陵于南京孝陵之东侧，后称懿文陵。1458年三月修懿文陵灵殿等建筑，至1512年完工。

    同年，重建陕西西安化觉巷清真大寺，又称化觉寺，俗称东大寺。寺占地12000平方米，是西安最大一座清真寺。

- **公元1393年（洪武二十六年）**

    建青海乐都县瞿昙寺。

    同年九月，以两浙赋税漕运京师岁费浩繁，转输甚难，命自畿甸内地开河以通浙运。工程由李斯负责，率六郡民工数万于次年完成。河床通过一座长达5公里的石山岗，凿成底宽10余米、深30余米的河道。开山先用铁针在岩石上凿穴缝，以简麻嵌入缝中，浇以桐油，点火焚烧，泼上冷水，使岩石开裂。此处岩石呈赤色，故名胭脂河。开河时，留山石为桥，中凿孔十余丈，以通舟楫。桥因山势而成，故名天生桥。原有南北两桥，南桥于1528年崩毁，今存北桥，高34米，宽8~9米，桥顶石厚8.9米。

- **公元1396年（洪武二十九年）**

    四月，命燕王朱棣筑大同城。

- **公元1403年（明永乐元年）**

    正月，升北平为北京，改北平府为顺天府，称为"行在"。

    1406年筹建北京宫阙。次年五月，诏建北京宫殿，并分遣大臣宋礼等采木于四川、湖广、江西、浙江、山西等处。

    1416年八月，建北京西宫。清理元大内旧址，以备建造新宫，于元延春阁旧址上，堆成镇山，称为万岁山（后称景山）。

    1417年二月，派陈珪、柳升、王通等主持北京建设工程，并命加速营造。四月，西宫建成，同年还建成承天门、东南角楼。六月，建郊庙及宫阙。九月改建皇城。

    1418年十一月拓北京南城，南移一里余筑新垣。

    1420年（永乐十八年）二月建成北京郊庙、宫殿及十王府邸。计有：宫殿——奉天、华盖、谨身三大殿；乾清宫、坤宁宫、储秀宫、午门、神武门等。坛庙——天坛、祈谷坛、大享殿（即大祀殿、后称祈年殿）、斋宫、神乐署、山川坛（先农坛）、社稷坛（将太社、太稷合为一坛）、太庙等。

    同年建成宫城（又称紫禁城）及北京钟鼓楼。

    1421年（永乐十九年）建成皇城、内城及正阳门。是年北京称京师，正式由南京迁都北京。

    在建设期间曾集中全国匠户27000户，动用工匠20~30万人。征发民夫近百万，建成房屋8350间，改建三重城垣。

1553 年（嘉靖三十二年）在城南加修外城。面积为 24.8 平方公里。1564 年增建永定门等七门瓮城，京师重门完成。城墙本系土城单面筑砖，至 1445 年（正统十年）开始增筑双面包砖。就此形成明清两代都城的造型及规模。

1436 年（正统元年）命阮安、沈清、吴中率军夫数万人修筑京师门，至 1439 年完成。工程有：正阳门正楼、月城中左右楼各一；崇文、宣武、朝阳、阜成、东直、西直、安定和德胜诸门正楼及月城楼各一；各门外立牌楼，城四隅立角楼；又浚城壕，两壁加用石叠砌，城壕上的木桥均改筑为石桥，桥间各有水闸，同时修整德胜门内外的土城及砖墙等。

1501 年（明弘治十四年）九月，修皇城四门红铺及内府砖城周围红堡共六十九座。

● **公元1403～1424 年（明永乐年间）**

建北京昌平县沙河镇行宫，专供成祖北征和巡视途中休息，称沙河店。正统年间被水冲坏。1537 年重建，专为谒陵途中休息。

1540 年（嘉靖十九年）行宫围城完工，称巩华城，又称巩华台，后称沙河城。平面呈方形，周四公里，外有护城壕周绕，城为砖甃，四面辟券门。同期，创建北京西直门外白石桥东正觉寺，寺中主要建筑金刚宝座塔，宝座上立有五座小塔，故又称五塔寺。塔寺建于 1473 年（成化九年）是依照西域番僧迪达进贡的塔形而修建，为我国早期金刚宝座塔代表作。

● **公元1403 年（永乐元年）**

八月徙直隶（今保定）、苏州等十郡、浙江等九省富民实北京，1404 年又徙山西民万户实北京。京城兴起建房买屋的高潮。

● **公元1404 年（永乐二年）**

重建北京广安门外大万安寺，1435 年改名为天宁寺（寺至清末仅存一座辽代所建砖塔）。

同年十月，黄河堤决口，冲坏河南开封城。

● **公元1405 年（永乐三年）**

于南京麒麟门外阳山开凿孝陵碑石，碑身重 5620 吨，高 45 米，宽 11.5 米，厚 4 米。碑座高约 7 米，宽约 13 米。终因体量过大无法运输而弃于原地。此石今称"阳山碑材"。

同年，设南京玉河桥西四夷馆。

● **公元1409 年（永乐七年）**

七月，修通州卫仓，同时建西门外四仓，俗称大仓。

同年于西藏拉萨达考县萨河南岸建甘丹寺，又名噶丹寺。寺由西藏佛教格鲁派创始人宗喀巴兴建。为该派建造的第一座寺院。

同年，选址于北京昌平黄土山营建永乐寿陵，称长陵，改山名为天寿山。1413 年地宫建成。1415 年（永乐十三年）九月，山陵基本完成，以后明代十二帝皆分葬长陵左右，统称十三陵。

1425 年（洪熙元年）六月，建仁宗献陵。同年，建长陵神功圣德碑亭，又称大碑亭。

1427 年（宣德二年）建长陵主要建筑祾恩殿，又称享殿。

1435 年（宣德十年）正月，始建宣宗景陵。四月，整修长陵与献陵，并安置总神道两侧的石象生。

1450 年（景泰元年）于昌平天寿山南筑土城，以供守陵官兵防御。城周十二里。

1456 年（景泰七年）二月，于昌平天寿山营建代宗寿陵，八月建享殿。1457 年英宗复帝位，代宗被废为郕王，并毁其正在营建的寿陵。同年郕王去世，按王礼葬于北京金山（今西山）。1475 年（成化十一年）扩建为帝陵，嘉靖年间又增建，称景泰陵。

1462 年建景陵方城、明楼、筑宝城。

1464 年（天顺八年）二月，建昌平天寿山英宗裕陵。

1487 年（成化二十三年）九月，建昌平天寿山宪宗茂陵。次年四月工成。

1505 年（弘治十八年）五月始建泰陵（孝宗）于昌平天寿山。次年三月竣工。

1521 年（正德十六年）建昌平天寿山武宗康陵。1535 年九月工成。

1536 年（嘉靖十五年）三月于昌平天寿山建寿宫，1548 年二月，定名永陵。同时修七陵及鳌长陵总神道，并将石象生等护以石台。

1572 年（隆庆六年）六月，建穆宗寝陵于昌平天寿山，称昭陵。

1573 年（万历元年）二月，祾恩殿上梁，六月竣工。

1581 年（万历九年）五月，由于永陵宝城上的黄土已四十二年没有加筑，昭陵宝城上的土也欠丰厚，所以一体加培，次年十一月完工。

1584 年（万历十二年）九月，于昌平天寿山选地做寿宫，十一月初动工兴建称定陵（神宗），1590 年六月完工。

1604 年（万历三十二年）五月，雷火焚长陵明楼，次年六月，重建工成。

同年六月，因大水冲毁昌平长陵、泰陵、康陵、昭陵石桥，于 1609 年开始修复。

1620 年（万历四十八年）五月，昌平定陵寿宫享殿一柱腐朽，有司拟照南京孝陵享殿，制以大木四面环包柱使坚稳，其对面柱也照样修成，帝不允，命速换金柱，遂开工。

1621 年（天启元年）正月，于昌平天寿山建光宗庆陵。十月建享殿，次年十一月竣工（在被毁掉代宗的寿陵基础上重新整修而成）。

1627 年（天启七年）九月，于昌平天寿山建熹宗德陵，次年三月完成。

- ● **公元1411 年前后（永乐九年前后）**

  于南京狮子山仪凤门（今兴中门）外，建静海寺，展示郑和下西洋的成果。

- ● **公元1411 年（永乐九年）**

  通惠河因水量流失而逐渐淤塞，直接影响北京的水源及漕运。后采纳白石老人的建议，在地势较高的汶河坝拦水导之入运河，并建闸调节水位，使南北水运畅通。

- ● **公元1412 年（永乐十年）**

  七月，北京卢沟桥水涨，坏桥及堤，令工部修筑。1444 年大修卢沟桥。1555～1557 年又一次修整河道及修葺桥身。

  同年，诏于湖广襄阳府太和山（今湖北均县武当山）大兴土木，遣郭琎、张信、都尉沐昕等率军民工匠三十余万人，历时十一年建成八宫二观、三十六庵堂、七十二岩庙、三十九桥、十二亭的庞大道教建筑群，面积合今二十余万平方米。建筑有：玄武门、遇真宫、玉虚宫、元和观、磨针井、复真观、天津桥（又名剑河桥）、紫霄宫、南岩、五龙宫、太和宫等，其中 1416 年建的铜殿又称金殿，位于天柱峰顶，面阔三间，宽 4.4 米，深 3.15 米，高 5.54 米，为铜铸仿木结构形式，重檐庑殿顶，是明代铜殿的精品。

- ● **公元1413 年（永乐十一年）**

  立永宁寺碑于奴尔干都司（今俄罗斯特林）。1433 年修建永宁寺，再立永宁寺碑。这两块碑文用汉、女真、蒙、藏四种文字书写，记述了明政府建置奴尔干都司和兴建永宁寺的经过。

- ● **公元1414 年（永乐十二年）**

  建西藏日喀则江孜白居寺。寺内菩提塔于 1423 年建成，费工一百多万，塔座平面为"四角八方"，实为二十角，占地 2200 平方米，塔身有一百零八门，内有七十七间佛殿、龛室和经堂，供奉泥、铜、金质塑像三千多尊，是西藏喇嘛塔中规模最大，形式别致的一座。

- ● **公元1415 年（永乐十三年）**

  建南京仪凤门外天妃宫，以酬谢海神保佑郑和等人远航西洋安全。

  同年，建西藏拉萨西北更丕鸟考山坡的哲蚌寺。

  同年，建北京城郊清河镇广济桥，桥横跨清河，故又称清河桥。是明代都城通往西北边关和往明代帝陵的必经之路。为三孔石拱桥，长 48.4 米，宽 12.46 米。今已移至清河南镇小丹河上。

- **公元1419 年（永乐十七年）**

  建西藏拉萨北郊的色拉寺，成为西藏三大寺之一。

- **公元1420 年（永乐十八年）**

  建锦州府广宁县北镇庙。

  同年，建北京天坛斋宫，为皇帝望祭和沐浴斋戒之地。1530 年遭火焚毁寝宫十间，清乾隆时修复。

  同年，仿南京天坛形制建大祀殿。1530 年改天地合祀为天地分祭，遂改称祈谷坛。

  1504 年坛上另建大享殿，1545 年（嘉靖二十四年）建成（1751 年改称祈年殿）。同年，建神乐观，是教习乐舞的地方（清代改名为神乐署）。

  1530 年（嘉靖九年）五月，建天坛内的圜丘，又称圜丘坛、祭天坛。按南京旧制，用蓝色琉璃砖贴面（清乾隆扩建时栏杆改用汉白玉石，坛面铺艾叶青石）。

  同年，建皇穹宇，置圜丘祭祀神牌，初名泰神殿，1538 年改今名，重檐圆顶（清代重修时改为圆攒尖顶，单檐蓝色琉璃瓦，鎏金宝顶）。其周置围墙，由于弧度规则，壁面平滑，声音可沿内弧传递，俗称"回音壁"。

- **公元1421 年（永乐十九年）**

  四月，大内奉天、华盖和谨身三殿遭雷火焚毁。1436 年（正统元年）命于原址上重建三大殿，于1441 年十一月告成，并修缮二宫，凡役工匠官军七万余人。

  1557 年（嘉靖三十六年）四月，三大殿及二楼、十五门皆遭火焚毁。当年修饰端门外东西廊。十月，重新修建奉天门。次年六月，午门、角楼竣工。1562 年九月重建三大殿竣工，并更名奉天殿为皇极殿，华盖殿为中极殿，谨身殿为建极殿，文楼为文昭阁，武楼为武成阁，左顺门为会极门、右顺门为归极门，奉天门为皇极门，东角门为弘政门，西角门为宣治门。

  1565 年重建大明门内的千步廊。

  1597 年（万历二十五年）六月，皇极、中极、建极三大殿及文昭、武成二阁、周围廊房均遭火焚。

  1615 年由冯巧主持重建三大殿。1627 年八月竣工。

- **公元1422 年（永乐二十年）**

  闰十二月，北京乾清宫火灾，1441 年（正统六年）重建。1475 年乾清门火灾。1514 年（正德九年）正月，乾清宫遭火焚。同年十二月筹建，需银百万两，决定加天下田赋，令一年内征齐，次年决定再建，1519 年按原位定石磉，至1521 年十一月竣工。

  1596 年（万历二十四年）三月，乾清宫火灾。七月开始重建，至1598 年基本建成二宫，同时竣工的有交泰殿、乾清门暖殿、廊门等一百一十间，耗银七十二万两。1603 年复修二宫，于次年竣工。

  同年，建西安沣桥，桥为二十七间石轴平桥，每间列石轴六根，每二根相并，并以铁箍联系。

- **公元1426～1435 年（宣德年间）**

  重建山西五台山台怀镇圆照寺，古名普宁寺。永乐年间印度僧人宝利沙者来中国，后死于此寺，经火化后，其骨灰分二份，一份送北京正觉寺，此寺存一份。1434 年为此建金刚宝座塔以放舍利。

- **公元1428 年（宣德三年）**

  扩建北京赐台山大觉寺，寺为金代西山八院之一，后毁于明末，清代在原址扩建。

  同年，设福建泉州东街染局，现存古井一口和万历年间立的"清白源"碑。志书称"泉水清澈，染色为天下最"。

- **公元1429 年（宣德四年）**

  建北京定府大街崇国寺。1472 年更名为大隆善护国寺（清初改称护国寺），今尚存金刚殿一处。

- **公元1432 年（宣德七年）**

  六月，建北京西直门内朝天宫，至1433 年完工，其形制仿照南京朝天宫。

● 公元1436年（正统元年）

九月修山东东岳泰山神祠，和浙江绍兴南镇大禹庙。

● 公元1438年（正统三年）

十月，建北京白云观玉皇阁。

● 公元1439年（正统四年）

五月，建今石景山南的法海寺，至1443年竣工。寺由太监李童集资而建，殿宇依山势层叠排列，气势宏伟。大殿内有工笔重彩堆金壁画。

同年五月，京师大雨成灾，坏官民居三千三百九十区。1482年河南霖雨连续三月，冲圮城垣，溧损公署、坛庙、民居三十一万四千间。1546年京师大雨坏九门城垣。1587年，潮州六县海飓，溺二万二千五百余人，坏民居三万间。1628年八月，杭州、嘉兴、绍兴三府海啸，冲毁民居数万间。

● 公元1442年（正统七年）

南京皇宫大火，图籍资料，用器皆毁尽。七年后奉天、华盖、谨身三殿又遭火灾。

同年，利用原元大都城东南角楼旧址，改建成北京观象台，又称司天台。同年，修南京三山、朝阳和江东门的城楼及十九座牌楼。

同年，修北京牛街清真寺。寺始建于996年，是北京最古、最大的礼拜堂。同年二月，建北京会同馆。四月，建宗人府，吏、户、兵、工部，鸿胪寺、钦天监、太医院及翰林院等官署。

● 公元1444年（正统九年）

建北京智化寺。寺中各殿、梁枋天花藻井上均绘彩画或雕饰，是北京现存较完整的一座明代佛寺。

● 公元1446年（正统十一年）

重建江苏苏州宝林寺（始建于元至正年间）。

同年，建北京通县惠河上的永通桥，桥离城西八里，故俗称八里桥。为三孔联拱石桥，长50米，宽16米，是北京至通州的主要道口。

同年，浙江沿海巡检司五十多处皆防倭要地，城多为土筑，又卑小，命改筑砖城。

● 公元1447年（正统十二年）

建西藏扎什伦布寺，简称扎寺，寺由一世达赖根敦朱巴创建。

同年八年，宫内建内府贮书版房四十余间，以藏放"五论"等书版。

● 公元1449年（正统十四年）

六月，南京谨身殿火灾，延及奉天、华盖二殿、门俱毁。

同年十二月，文渊阁遭火灾，所有藏书均成灰烬。1509年又遭火灾，历代国典稿簿俱焚。

● 公元1450年（景泰元年）

筑山西宁武县宁武关。此关是内长城三路的中路，也是三关镇守总兵驻地。

● 公元1454年（景泰五年）

南京大火延烧毁屋千家，此后大火毁房屋千间者有：1489年临海毁千七百余家，1498年贵州大火毁官民舍一千八百所，1503年辽东铁岭卫火起毁房屋二千五百余间，1506年峄县大火烧毁房屋千余间，1513年龙泉县焚屋四千余家，1621年杭州大火毁房屋六千余家，月后又大火延毁城内外万余家。

● 公元1456年（景泰七年）

七月，以工匠蒯祥、陆祥为工部侍郎。

● 公元1458年（天顺二年）

建昆明妙湛寺金刚宝座塔。

同年，因新运来京木材增多，木厂无法容纳，特派大臣率军士一万人增造厂房四千余间。

● 公元1460年（天顺四年）

增建北京西苑（今北海）殿、亭、轩馆，即于太液池周边建飞香、拥翠、澄波、岁寒、会景、映晖诸亭及运辙轩，保和馆等建筑。

● 公元1461年（天顺五年）

移建山西大同四座王府于平阳府。

● 公元1465～1487年（成化年间）

重建山西五台山台怀镇碧山寺，又名普济寺，俗称广济茅棚。同期，于山西右玉县建宝广寺。现存面阔七间的中殿及后殿。

● 公元1465年（成化元年）

建云南永平县霁虹桥。桥横跨澜沧江，总长113.4米，宽3.7米，全桥共有十八根铁索组成，是我国最早的铁索桥之一。

同年，重刻《鲁班营造正式》。孤本现藏浙江宁波天一阁藏书楼。

● 公元1474年（成化十年）

闰六月，修筑边城，东起清水营紫城岩，西抵宁夏花马池，长一千七百七十多里，守护濠墙崖砦八百十九座，小墩七十八座，边墩十五座。

● 公元1478年（成化十四年）

建河南开封朱仙镇岳飞庙，1509年扩建。

● 公元1482年（成化十八年）

建河北张家口宣化清运楼，楼面阔五间，进深七间，高三重17米，下有平面呈亚字形的墩台。

● 公元1482～1484年（成化十八年至二十年）

修遭大水冲坏的居庸关边墙、水关城券及隘口水门四十九座，城墙楼铺，墩台一百零二处。1484年修受地震倾圮的楼橹及墩台。

1504年（弘治十七年）修葺古北口边墙，西至慕田峪关，东至山海关庙山口，墙垣一千五百余里，营堡二百四十余处。

1505年砖砌八达岭一带的边墙。以后嘉靖、万历年间多次修葺，使之成为现存长城最好的一段。

自15世纪中期至17世纪初，修筑长城全长五千六百多公里，在河北山西境内，城身多用砖石包砌，陕西则用夯土筑成，除筑墙外，还建有大量的敌楼、烟墩、堡寨等防卫工程。

● 公元1492年（弘治五年）

重建山西五台山台怀镇罗睺寺。寺始建于唐。是五台山保存完好的大型寺庙。

● 公元1494～1496年（弘治七年至九年）

重建湖北襄阳广德寺多宝塔。塔有八角形台座，四面开门，上立五塔，中央为喇嘛塔，四隅为仿木结构六角亭式塔，全部用砖砌成，通高17米。台座与小塔外壁都嵌有石雕佛龛及佛像，塔的形体庄重，别具风格。

● 公元1498年（弘治十一年）

为祭祀泰伯于江苏无锡县梅村建泰伯庙，大殿面阔五间，进深六架，单檐歇山顶，坐落在前带月台的台基上。

● 公元1500年（弘治十三年）

七月，因通州等地的城墙无角楼、敌台等设施，遂增置悬楼十座，并修换城门等，以加强防守能力。

● 公元1506～1521年（正德元年至十六）

建江苏无锡凤谷行宫，隆庆年间改名为寄畅园，曾为尚书秦金别墅。

● 公元1507年（正德二年）

八月，于宫内西华门别筑宫院，造密室于两厢，名为豹房，工程耗白银二十四万余两。1512年七月，又增建豹房二百余间。

- 公元1508年（正德三年）

  命工部派专人修造江西贵溪县龙山上清宫，次年竣工。

- 公元1510年（正德五年）

  于北京永昌寺旧址改建成太平仓，1513年又改为镇国府。

- 公元1511年（正德六年）

  建山西繁峙县平型关。1581年增修关城，辟券门，东西相穿。现仅存残台。

- 公元1513年前后（正德八年前后）

  建苏州拙政园。

- 公元1514年（正德九年）

  镇守陕西的太监廖堂进御用铺花毡幄一百六十二间。自此，武宗郊祀，陈设幄幕，不复宿斋宫。

- 公元1518～1543年（正德十三年至嘉靖二十二年）

  建湖北钟祥县显陵。此陵系明世宗朱厚熜之生父兴献王朱祐杬和生母蒋氏的合葬墓。1518年和1520年前后两次修明楼，1524年更改及增建殿宇、碑亭等建筑，1543年全部建成，其规制同北京明陵。

- 公元1522～1566年（嘉靖年间）

  闵士籍建上海嘉定县南翔镇漪园，后改称古漪园。同期于嘉定县建秋霞园（1726年改建为城隍庙后园）。

  同期，修建天津大沽口炮台。

- 公元1524年（嘉靖三年）

  于北京奉先殿西奉慈殿后建观德殿，以供世宗父朱祐杬神位，后因殿址狭隘，于1526年移建于奉先殿左侧，次年改称崇先殿。

- 公元1525年（嘉靖四年）

  于太庙之后建世庙以祀世宗父亲朱祐杬。1526年竣工。

  同年三月，昭圣皇太后所居住的仁寿宫火灾。

- 公元1529～1532年（嘉靖八年至十一年）

  于北京正阳门外山川坛内，易地别建太岁坛，正殿名太岁殿，专祀太岁神。同期，建北京北郊先蚕坛。

- 公元1530年（嘉靖九年）

  建北京安定门外方泽坛，是祭"地"场所。1534年改名地坛。

  同年，建北京朝阳门外日坛，以祭大明神（太阳）原名朝日坛。同年建北京阜成门外月坛，专祭夜明神（月亮）与日坛东西对峙。

  同年，建西藏哲蚌寺噶丹颇章，藏语意为极乐宫，为二世达赖根敦嘉措主持兴建，布达拉宫工程未竣工前，各世达赖皆居住于此。

- 公元1531年（嘉靖十年）

  九月，于北京阜成门内保安寺旧址上建历代帝王庙。

  同年，于北京西苑内建土谷坛、社稷坛，设豳风亭与无逸殿，次年于零坛外墙内左方建燎坛。

- 公元1534年（嘉靖十三年）

  张向之《造砖图说》一卷成书。

  同年，北京西苑河东建成十亭一榭。

  同年七月，建北京东苑皇史宬（即神御阁）。是一座用砖石建成能防火的国家档案殿。至1536年完工。

- 公元1535 年（嘉靖十四年）

  改建九庙及世庙，次年完工。

- 公元1537 年（嘉靖十六年）

  于浙江钱塘江、钱清和曹娥三江汇合处建绍兴三江闸，防止内涝和抵御海潮倒灌，又是绍兴、萧山二地水流主要出口处。

- 公元1541 年（嘉靖二十年）

  四月，八庙灾，火从仁宗庙起，延烧及祖庙、太庙及群庙，一时俱焚，惟睿庙幸存。1544 年四月，重建太庙恢复"同堂异屋"之制。1545 年六月告成。

- 公元1542 年（嘉靖二十一年）

  于北京景山前建大高玄殿。殿面阔七间；重檐庑殿顶。殿后为五间的天应无雷坛，再后是二层的乾元阁，前后建筑象征"天圆地方"。是皇家的一座道教宫观。

  同年，筑山西平定县娘子关。

- 公元1548 年（嘉靖二十七年）

  浙江绍兴兰亭迁建于兰渚山下，此处原为越王种植兰草之地，后为纪念东晋书法家王羲之在此修禊的韵事，历代对兰亭均作修葺。

- 公元1552～1621 年（嘉靖三十一年至天启元年）

  1552 年建浙江杭州西湖中央的湖心亭，1600 年改称清喜阁。

  1607 年开浚西湖时取湖泥垒筑成小瀛洲。

  1621 年重立"三潭印月"的三座石塔。三塔原是宋代立于湖心的标志，在塔周划定范围禁止植菱种茭，以防湖泥淤积。

- 公元1559 年（嘉靖三十八年）

  潘允端于上海建豫园，1577 年告成，历时十八年，占地七十亩。

- 公元1560 年（嘉靖三十九年）

  为抵御倭寇，于浙江镇海县甬江口候涛山上建威远城。

- 公元1561 年（嘉靖四十年）

  于山西阳城县大桥村海会寺内建琉璃塔。寺始建于唐，原有琉璃塔一座，新增一塔遂成琉璃双塔。新塔高 50 米，底层平面为方形，上转八角形，十三层，八面镶置琉璃佛龛与佛像。

  同年六月，山西、陕西、宁夏、固原等处地震，宁固尤甚。震中烈度为八度，房屋震倒及压死军民无算。

- 公元1566 年（嘉靖四十五年）

  建浙江宁波范氏藏书楼"天一阁"。阁是我国现存最古的一座藏书楼。

- 公元1567 年（隆庆元年）

  戚继光修河北滦平一带长城，称金山岭长城，长达五十公里，是城上构筑物最复杂楼台最密集的一段，计有敌楼、战台一百五十八座，建筑形式各具特色。

- 公元1573～1620 年（万历年间）

  建山西五台山显通寺铜殿。殿内壁有铜铸小佛万尊，中央台上铜佛一尊。另有铜塔五座，暗示"五台"，现尚存两座。

  1606 年（万历三十四年）营建一大二小三座砖拱结构的无梁殿，品字形布置在铜殿前面及左右。

  同期，建河北正定县北门崇因寺，后寺圮，幸存主殿迁建于隆兴寺主轴最末端。殿内供毗卢铜佛，遂称毗卢殿，佛身与座上还铸有小佛像一千另十二尊。

  同期，建四川峨眉山入口处的会宗堂，后改名报国寺。

- **公元1574年（万历二年）**

  八月，由皇太后出资白银六万五千两，修筑河北承州胡良河桥。

  同年，集资重建浙江绍兴广宁桥。桥横跨漕河，中券净跨 6.1 米，总长 60 米，宽 5 米，高 4.6 米。

- **公元1576年（万历四年）**

  建河南卫辉府新乡县岳忠武庙。

- **公元1580年（万历八年）**

  建浙江普陀山海潮庵。1594 年改名海潮寺，1606 年又改名为护国镇海禅寺（清代重修改称法雨寺），为普陀山三大寺之一。

- **公元1584年（万历十二年）**

  建安徽歙县许国石碑坊。仿木结构形式，平面呈"口"字形，南北长 11.54 米，东西宽 6.77 米，高 11.4 米，由书法家董其昌题字。

- **公元1585年（万历十三年）**

  建四川峨眉山吕仙行祠，1633 年增修并改名纯阳殿，是一座道观（清初改祀弥勒）。

- **公元1586年（万历十四年）**

  建山西五台山台怀镇文殊寺（俗称狮子窝）内的琉璃塔。塔平面八角，十三级，高 35 米，青石塔基座，塔身外表贴砌黄绿蓝三色琉璃砖。

- **公元1586～1590年（万历十四年至十八年）**

  建山西中条山万固寺无梁殿。

- **公元1587年（万历十五年）**

  努尔哈赤于赫图阿拉（今辽宁新宾西老城）筑城，建楼台。

- **公元1597年（万历二十五年）**

  建山西太原永祚寺正殿与配殿，为砖拱结构无梁殿。万历年间于寺侧建砖塔两座，故此寺俗称双塔寺。塔为楼阁式，平面八角，十三级，高 54.7 米。

- **公元1600～1602年（万历二十八年至三十年）**

  建四川峨眉山万年寺无梁殿，高 16 米，平面呈正方形，边长 15.7 米，是明代无梁殿采用穹隆顶的孤例。

- **公元1602年（万历三十年）**

  大火毁浙江普陀山寺院，当年开始重建，于 1605 年完工。

  同年，建云南昆明鸣凤山太和宫铜殿，又名铜瓦寺铜殿。

- **公元1604年（万历三十二年）**

  顾宪成、顾允成、高攀龙等出资建江苏无锡东林书院。

- **公元1605年（万历三十三年）**

  于江苏句容县宝华山隆昌寺铜殿左右侧各建一座无梁殿，两者形制完全相同，砖砌二层仿木构楼阁形式，单檐歇山顶，全部工程由僧妙峰主持。同年，改建北京什刹海东岸的火德真君庙，简称火神庙。庙始建于唐。是岁殿宇改作琉璃瓦顶，并建重阁。

- **公元1607年（万历三十五年）**

  于北京潞县（今通州东南）永乐店皇太后出生地建景命殿。次年在殿左右又增建华严寺及火德真君庙。

  同年，重建因地震倒塌的福建泉州洛阳石桥。桥始建于宋代，全长 1200 米，宽 5 米，有四十六个桥墩，是一座著名的大型梁式古桥。

- **公元1610年（万历三十八年）**

建意大利人利玛窦墓。利玛窦于1582年来我国传教，对天文、数学、地理很有造诣，病逝于北京。神宗以陪臣礼葬于阜成门外。

● **公元1612年（万历四十年）**

建四川峨眉山慈延寺，又称仙峰禅院，后改名仙峰寺，由本炯创建。殿宇四进，殿顶皆覆以锡铁瓦。

● **公元1615年（万历四十三年）**

铸造山东泰山碧霞灵佑宫之天仙金阙殿，又称金阙，俗称铜亭、铜殿，高5米多。清代迁置岱庙西南灵佑宫内，后复迁至岱庙后院。

同年，努尔哈赤始建佛殿及玉皇庙。次年于赫图阿拉即大汗位，建元为天命元年，国号大金（史称后金），后改为清。

同年，表彰贺盛瑞于万历二十四年经办乾清、坤宁两宫工程，两年间以七十万两白银竣事，省足省费，倍蓰于昔。曾将修宫经过撰写成《两宫鼎建记》、又名《冬官纪事》，殁后由其子录行于世。

● **公元1618年（万历四十六年）（后金天命三年）**

建苏州开元寺藏经楼，砖拱结构，俗称无梁殿。

● **公元1620年（万历四十八年）（后金天命五年）**

建浙江绍兴阮社太平桥。桥南北向横跨古运河，桥形分主副，主桥为石拱结构，净跨9.6米，长20.9米，副桥为石平桥，筑成阶级式，长24.2米，8孔，每孔宽2.3米。

● **公元1621年（天启元年）（后金天命六年）**

万历三十三年所建乾德阁（又称北台）因登临能俯视四周禁宫，并据钦天监言对"风水"不利，遂命高道素主事毁之。适禁中有洼地，以所毁台基积土填补之。次年在遗址上建嘉乐殿。

● **公元1626年（天启六年）（后金天命十一年）**

始建魏忠贤生祠。诸祠务极工巧，诸方效尤，几遍天下。开封毁民舍二千余间，创宫殿九楹，仪如王者。

● **公元1627年（天启七年）（后金天聪元年）**

瑞士人邓玉画《奇器图说》由王征译绘收入《守山图》丛书子部，刊印问世。书内有关营建述绘甚多。如施工时的机械起重，机械锯石以及机械运石等，对我国机械营建发展影响较大。

● **公元1634年（崇祯七年）（后金天聪八年）**

计成《园冶》三卷成书。

同年，建山西隰县凤凰山小西天寺，历时十六年竣工。寺分上下两院，有大小殿阁十处，佛像一千余尊，下院建有砖砌无梁殿一座。

同年，建江西南城万年桥，桥横跨盱江，由吴麟瑞创建，历时十七年建成。桥长二十三孔，是江西著名的石拱桥。

● **公元1637年（崇祯十年）（清崇德二年）**

宋应星所著《天工开物》成书刊行。计三卷十八篇，该书为总结农业、手工业生产技术之科学巨著，对砖瓦、陶瓷、铜铁器具、车船、石灰、硫磺、纸、兵器、火药等生产技术及过程皆有详细记录，并加图解。

附录一　主要参考书

《元史》

《元一统志》

《日下旧闻考》

《明史》

《明会典》

《明会要》

《古今图书集成·职方典》

《明宫史》

《帝京景物略》

《山樵暇语》

《二中野录》

《明通鉴》

《明实录》

《明一统志》

《野获编》

《大岳太和山记略》

《山西通志》

《吴县志》

《康熙杭州志》

《清一统志》

《乾隆江南通志》

《顺天府志》

《中国通史简编》

《中国古代建筑史》

《中国古代桥梁》

《中国大百科全书》建筑、园林、城市规划卷

《中国大百科全书》考古学卷

《曲阜孔庙建筑》

《梁思成文集》1～4卷

《刘敦桢文集》1～3卷

《中国历史大事编年》第四卷，元、明

《明代建筑大事年表》

《中国古代建筑技术史》

《全国重点文物大全》

附录二　明代建筑名称与宋、清建筑名称对照表

　　由于明代未曾留下一部类似宋《营造法式》和清工部《工程做法》这样完整的建筑术书，长期以来人们对明代的建筑名称缺乏系统了解，为了弥补这一缺陷，特制本表供读者对照参改。

　　各条目对一般熟知的建筑名称，仅作对照，不作解说，以省笔墨。对目前尚不能确切找出其名称的或不知其为何物的术语，只能暂成空白，待后补缺。

　　条目对照中的历代称呼，均作缩写处理，如宋代官式建筑简称为"宋"，清代官式建筑简称为"清"。清代江南地区则简称为"江南"。

　　各条目后所附数字为出处书名的编号，如："地图，地盘图（8，9）"即表示此两名称引自《园冶》及《鲁班营造正式》，《鲁班经》。现将本表所引明代文献及其编号列出如下：

1.《明史》

2.《明会典》

3.《明实录》

4.《明一统志》

5.《阙里志》

6.《天工开物》

7.《五杂俎》

8.《园冶》

9.《鲁班营造正式》，《鲁班经》

10.《长物志》

11.《徐霞客游记》

12.《古今图书集成·考工典》中有关明代史料

13.《三国演义》

14.《水浒》

15.《西游记》

16.《金瓶梅》

17.《明刻西厢记》

18.《二刻拍案惊奇》

19.《醒世恒言》

20.《太和正音谱》

一、平面与施工

地图，地盘图（8，9）　　宋称地盘、清称地图、平面，江南称地面图。

规度，营度，计度（2，3）　　似今规划设计和建筑设计。

绘图，图书（1，3）　　指建筑工程制图。

屋样，图样，样制，屋宇图式（9，7，8）　　宋称图样，清称样式，江南称样式、样子、屋样。

式，格，格式，造式（9，8）　　相似宋称的图样，元称式，清称式、式样，江南称格式。

定　式（10）　　作规定的式样或常用的式样解。

间、楹（2，3，5，8）　　宋、元、清均称间。

连，片屋（1，2，9）　　清称座、排，江南称排、行、幢，今称一栋、一行。是并联房屋的量词。

长连，廊下，短连（1）　　并联房屋三间者称短连，三间以上者称长连又称廊下。

所，间进（2，8）　　一幢建筑加院子或天井组成单个院落，明、清江南地区均称间进，清称进。是院落的量词。

相间（9）　　清称间距，即柱间挡距。

当心间，中间（8，9）　　宋称当心间，清称明间，江南称正间、中间。

次间（9）　　宋称次间，清称次间，江南称次间。

梢间（9）　　宋、清均称梢间，江南称再次间、边间、落翼。

广，阔，阔侧，间阔（4，5，9）　　宋称间广，清称面阔，江南称开间。阔侧，为阔窄或阔狭之误。

屋阔，屋阔狭（8，9）　　清称通面阔，总面阔，江南称共开间。

进深，深，深浅（12，9）　　宋称间深，清称进深、入深，江南称进深。

地盘深（9）　　清称通进深、总进深，江南称共进深。

段（19）　　见大木作。

步廊，屋廊，庄廊（8，15，9）　　宋称行廊，清称廊子、步廊、游廊，江南称外廊。

斜廊（《南雍志》）　　唐宋以来宫殿、庙宇大殿两侧与两庑相连之斋均用斜廊，明仍之，如北京故宫中奉天殿、乾清宫两侧斜廊，南京国子监孔子庙两侧斜廊等。现存明代实例有四川平武报恩寺大殿两侧斜廊等。

单步廊，目廊（6，9）　　宋称廊屋，清称步廊、单步廊，江南称单步廊、一界廊。

庭，中庭（2，9，8）　　清称庭院、院子、院落，江南称院子。

楼房，重屋，楼阁（2，9）　　清称楼房，江南称楼、楼房。

两山（5）　　清称两山，江南称山面。

营缮所，营造司，总理工程处（1）　　宋称将作监，元称将作院、缮工司、修内司、祇应司，清称营造司、内务府。

营造，营建，兴造，兴工（1，2，8，9）　　宋称营缮、营造、兴建，元称营造，清称营建、营造、造房，江南称营造、建造。

起盖，架造，创造（2，9）　　宋称建屋，清与江南均称造屋。

修造，修缮，修理（5，12，2）　　清称修缮、维修，江南称修理、整修。

相地，宅相，卜筑（8，9）　　清称相地、择地，江南称选址。

度量，丈量，度地（2，8，3）　　清称丈量，江南称测量、量地、量屋。

地基（8，9）　　宋称基址，清称地基、地盘，江南称地基、屋基。

定平，平基（8，4）　　宋、元均称定平，清称找平、抄平、定平、平基。

定向（8）　　宋称取正，清称找正、定位、辨方向、取正。

镇中心（9）　　清称找中，江南称中线。镇中心，疑"镇"为"正"之误。

立基（8）　　清称立基。

开基，开基址（8）　　宋称筑基，元称筑基，清称筑基、开地脚、刨槽、开基，江南称开地脚、开脚。

取　土（1）　　清称挖土、铲土，江南称取土。

定碇，安碇（8，9）　　宋称定柱础，清称定碇，江南称定碇窠、定碇。

马　上（9）　　截锯木料的三脚架子，清称驾码、码，江南称上三脚马。

截木料（18）　　清称截料，江南称配料。

扇　架（9）　　宋称展拽，清称草架摆验，江南称拼装。

安　装（8，9）　　清称安装，江南称装。

上　梁（9）　　宋称安勘，清称立架上梁，江南称上梁。

方表，水绳（9）　　宋称漕版、垂线，清称方表、线，即定平仪器。

水鸭子（9）　　宋称浮子、浮木，清称水鸭子，即定平仪器中的部件。

定盘尺、定盘真尺（9）　　宋称真尺，清称真尺。

杀（12）　　宋、元均称杀，清称斜削、削，是收减之意思。

收（2）　　宋、元均称收，清称收分，江南称收水。

风字脚（1）　　特大的侧脚。宋称侧脚，清称升、掰升。

八　棱（1）　　八角形。

抹　斜（16）　　宋称杀，清称抹角，江南称削角。

欹斜，欹侧，横斜（19，10）　　清称侧斜、斜线，江南称斜线。

棱　角（8）　　宋称棱，清称棱角，即构件的阳角。

混　角（1）　　宋称混棱，清称圆角，江南称圆弧角，是棱角抹圆的做法。

二、大木作

大木作，木作（1，9）　　宋、元、清均称大木作，清又分大木殿式（简称大式）和小式大木，江南称木作。

列架式，屋列图（8）　　宋称侧样、点草架，清称屋架侧样，江南称贴式，即屋架图。

架梁，屋架、排架，屋梁（9，8，7）　　宋称椽栿、缝，清称梁架、柁梁、一缝梁，江南称梁架、贴。

间架、间梁、架（9）　　清称间架，通称大木架。

草　架（8）　　宋、清均称草架，江南称草架式。

缝（9）　　宋称架、缝，清称梁缝、俗称一缝柁。

段（9）　　宋称一椽架，清称一步架，江南称一界，即一步架水平距离。

柱柱落地（9）　　清称穿斗、穿逗屋架，江南称穿斗。

柱叉桁（9）　　木构架的一种做法，即柱头直接承搁木桁条。

偷柱，过梁式（8，9）　　清称抬梁，江南称过梁造、抬梁式。

搁墙造（19）　　由墙体支承梁架的做法，清称硬山搁檩。

酱架式，秋迁架（8，9）　　清称凳门式，用双步梁而不立脊柱的一种梁架形式。

偷栋柱（9）　　减去脊柱的构架。

四柱落地（9）　　前后各由二立柱来支承间架的形式。

卷、敞卷，轩（8，9）　　清称卷式、捲，江南称轩、翻轩。

卷　棚（10）　　清称卷棚，江南称回顶。

步　廊（8）　　清称××加廊步，即正身梁架前后出廊造，分单步及双步。

后步，后架（5，8）　　清称后出廊造，江南称后单步、后双步。

楼阁式（9）　　宋称楼阁，清称楼阁、楼，江南称楼阁、楼房。

三架，三架屋（2，8）　　清称三檩房、三檩垂花门。

三架屋后连一架（8）　　似清三檩房后出一步廊。

五架，五架房子（2，8）　　宋称四架椽屋，清称五檩小式大木、五檩大木，江南称四界屋。

五架梁、正五架，五架过梁式（9，8）　　宋称四椽栿、四椽栿通檐用二柱，清称五架梁、五架大梁，江南称四界大梁、内四界。

小五架梁（8）　　似宋称四架椽屋劄牵三椽栿用三柱，清称五檩用三柱小式大木。

正五架三间拖后一柱、五架屋拖后架（9）　　似清正五檩后出廊，江南称内四界后出（加）廊。

五架后拖两架（9）　　似清称五檩后出双步廊，江南称内四界后加双步。

七架屋（9）　　宋称六架椽屋，清称七檩大木、七檩小式大木，江南称六界屋。

七架，正七架（2，8，9）　　宋称六椽栿，清称七架梁，江南称六界梁、六界大梁。

七架堂屋大九架造合用前后柱（9）　　似七架堂屋使用草架并添加轩廊的构架。

七架酱架式（8）　　似宋六架椽屋前后乳栿劄牵用四柱，清称七架四柱。

七架列式（8）　　清称七檩两山山柱式、七檩排山架造，江南称六界边贴。

九架屋，九架（10，2）　　宋称八架椽屋，清称九架檩屋。

九架，九架梁（2，8，9）　　宋称八椽栿，清称九架梁，江南称八界梁。

九架五柱（8）　　室内顶板贴复水重椽，使前后成三间屋形的结构形式。

九架六柱（8）　　室内顶板施复水重椽，分隔成前后二间屋形，并前后出廊的结构形式。

九架梁前后卷式（8）　　似清代江南地区称九界扁作厅抬头轩正贴式，即室内顶施弯椽贴成前后二组卷式的厅堂结构。

九架屋前后合橑（9）　　似清正九檩前后出廊或九檩前轩后出廊，江南称八界前后架廊或轩。

十一架（2，9）　　宋称十架椽，清称十一檩房。

方木、方（12）　　宋称方木，清称枋木、方料、收料，江南称段、枋木、方料。

圆材，圆木（10）　　宋称圆木材、圆木，清称圆木，江南称圆木。

材积（12）　　清、江南均称材积，即木材的体积量。

方梁（9）　　清、江南称扁作梁。

折，分水（1，2）　　宋称举折，清称举架，江南称提栈、分水。

上三超四（9）　　指屋架顶部三分中举起一分，超出常规四分中举一分的做法，一般应用于亭子顶梁。

过梁，抬梁，正梁，大梁（8，7，15）　　宋称 n 椽栿，清称大梁、柁梁，江南称 n 界梁、大梁。（n 为 3、4、5……其中 2 椽者称为乳栿，1 椽者称为劄牵）

过步梁（9）　　跨两檩以上的梁。

驼　梁（8）　　宋称月梁，清江南称骆驼梁，月形梁。

大驼梁（8）　　似宋称的四椽栿或四椽栿以上的大梁，清代江南称大梁、过梁。

小驼梁（8）　　宋称平梁，清称三架梁、顶梁，江南称山界梁。

眉　梁，球门（8，10）　　似宋乳栿劄牵，清称步梁、抱柁，江南称轩梁、眉川双步。

上眉梁（9）　　宋称劄牵，似清代的单步梁、抱头梁，江南称单步、眉川、廊川。

下眉梁（9）　　宋称乳栿，清称双步，江南称双步、双步梁、二界梁。

角　梁（15）　　　宋称阳马、角梁，清称角梁，江南称戗。

大角梁（19）　　　宋称大角梁，清称老角梁，江南称老戗。

边　梁（12）　　　宋称阁头栿，清称采步金，江南称支梁。

搭角梁，转角梁（19，12）　　　宋称抹角梁、抹角栿，元称斜栿，清称抹角梁，江南称搭角梁。

界梁、川（9）　　　清称单步梁、抱头梁，江南称单步梁、廊川、短川、眉川、川。

拼梁、梁拼（9，18）　　　宋称缴贴，清称包镶拼接。

庭　柱（16）　　　房屋立柱的统称。

檐柱，步柱（5，8，9）　　　宋称副阶柱、檐柱，清称檐柱，江南称廊柱、步柱。

擎檐柱（5）　　　殿宇在檐柱之外，用以支承屋檐的柱子，清称擎檐柱、封廊柱。

金柱，襟柱，现柱，仲柱（1，5，8，9）　　　宋称内柱，清称金柱、老檐柱，江南称金柱、步柱。

攒　柱（5）　　　主殿内里围金柱，宋称内柱，清称前、后金柱、里围金柱。

栋柱，脊柱（9，8）　　　宋称分心柱、中脊柱，清称脊柱、中柱、山柱，江南称脊柱、中柱。

长　柱（8）　　　抬梁式的梁架，其后上金檩下不置童柱改用立柱直上搁檩，此柱称长柱。

画　柱（7）　　　清称通柱，江南称通柱、长柱。

列　柱（8）　　　两山的金柱。

列步柱（8）　　　位于两山的檐柱。

心　柱（9）　　　似清代的雷公柱、宝顶柱子。

童柱，又童（8，9）　　　宋称侏儒柱、蜀柱、矮柱，清称瓜柱，江南称童柱、川童。另多层建筑的上层檐柱清代也称童柱。

垂莲，倒挂莲（10，14）　　　宋称虚柱头莲华（蓬），元称虚柱，清称垂莲柱，江南称倒挂莲花。

环包柱（1）　　　宋称合柱，清称拼合柱、贴棱柱，又称分别拈法。

将军柱（9）　　　疑是冲天门楼中的前后虚柱。其确实形制尚待查考。

斗栱，科栱，栱斗，升栱（5，19，15，8）　　　宋称铺作，元称斗栱，清称斗栱，江南称牌科。

出　跳（2）　　　宋称出跳、出抄，清称出踩（彩）、出踊，江南称出参。

平身科　　　宋称补间铺作，清称平身科，江南称外檐桁间牌科。

柱头科　　　宋称柱头铺作，清称柱头科，江南称柱头牌科。

大　斗、斗（9）　　　宋称栌斗，清称坐斗，江南称大斗、坐斗。

升　　　宋称小科、顺桁科、骑互科，清称升，江南称升、小斗。

栱　　　宋称栱、栱子，清称栱、翘，江南称升栱、长栱、栱。

重　栱（2）　　　宋称重栱，清称重栱。

瓜　栱　　　宋称泥道栱、瓜子栱，清称正心瓜栱、单材栱，江南称斗三升栱。

慢　栱　　　宋称慢栱，清称单材万栱、正心万栱，江南称斗六升栱。

掐瓣栱（18）　　　清，江南均称花瓣栱，即内颐形的栱瓣。

瓣（18）　　　宋、清均称瓣，江南称板，即栱侧面下部短折面。

柱头栱，丁字栱（16，12）　　宋称丁头栱，清称半截栱、丁头栱，江南称实栱、蒲鞋头、丁字栱。

十字栱，跳栱、跳（9，2）　　宋称华栱、卷头、跳头、抄栱，清称翘，江南称十字栱。

翼　栱（16）　　清代，江南称枫栱。

昂（2，15）　　宋称昂，清称昂，俗称猪拱嘴，江南称昂。

象　鼻（14）　　清称象鼻昂，似江南凤头昂。

耍　头（14）　　宋称耍头、爵头，清称耍头、蚂蚱头，江南称耍头。

云头，云栱，云板（15，2，1）　　清代称三福云、三伏云，江南称云头。

注：明代斗栱名称除已注明出处外，其他引录出土的明代南京报恩寺琉璃塔琉璃构体题记。

川　牌（9）　　疑为梁架中接点构件，其确实形制尚待查考。

斗桑、斗傺、斗礤（9）　　疑为梁架中用斗栱形式的搭接构件。

斗盘、荷叶墩（9，8）　　宋称皿板，元称斗盘，清称荷叶盘、荷叶墩、垫板，江南称荷叶座、荷叶墩。

叉毛笆（10）　　宋称叉手，清代江南称斜撑木。

驼　峰（9）　　宋称驼峰。

毡笠样（9）　　似宋毡笠驼峰。

毬棒格（9）　　似宋称的两瓣驼峰。

如意样（9）　　似宋称的鹰嘴驼峰。

虎瓜样（9）　　似宋称的掐瓣驼峰。原著为虎瓜疑为虎爪之误。

三蚌样（9）　　驼峰样式之一种。

云　样（9）　　驼峰样式之一种。

瑞草样（9）　　驼峰样式之一种。

替　木（8）　　宋、清均称替木，江南称连机、机、花机。

额　片（16）　　似宋代的丁华抹额栱二侧的翼形构件，清代江南称抱梁云、山雾云。

施斗，立叉童（9）　　疑为梁枋间节点构件，即上施大斗，斗下立叉童（童柱）拟宋称的施枓子蜀柱。

金檩、金桁（5）　　宋称平榑，清称金檩、金桁，江南称金桁、步桁。

步檩，步桁（5，7）　　宋称平榑，清称老檐檩，江南称步桁、廊桁、轩桁。

檐　檩（16）　　宋称檐榑、牛脊榑，清称檐桁、檐檩、正心檩，江南称廊桁、檐桁。

挑檐檩（18，19）　　见挑檐枋条。

栋，正梁，栋梁（9，2，8）　　宋称脊榑、栋，清称脊檩、脊桁，江南称脊桁、栋梁、顶桁。

步　枋（16）　　清称穿插、穿插枋，江南称夹底。

檐　枋（7）　　清称檐枋、老檐枋，江南称廊枋、步枋。

挑檐枋，托檐枋（7）　　宋称撩檐枋、撩风榑，清称挑檐枋，俗称压斗枋、上桁条，江南称梓桁、托檐枋。

眉　枋（9）　　清称穿插枋、挑尖随梁枋，江南称双步夹底、草步夹底。

平盘方（9）　　亭子构架上部绕周边的金枋，清又称井口枋。

随梁枋（15）　　宋称顺栿串，清称随梁枋，江南称抬梁枋、随梁枋。

垫　板（18）　　　清称垫板，江南称楣板、夹堂板。

博缝，泊风（8，9，5）　　　宋称搏凤版，清称博风板。

垂　鱼（9）　　　宋称垂鱼，清称悬鱼。

掩　角（9）　　　垂鱼形式之一种。

如意头样（9）　　　垂鱼形式之一种。

雕云样（9）　　　垂鱼形式之一种。

惹　草（16，12）　　　宋称惹草。

滴珠板，雁翅板、如意滴珠板（1，2，5）　　　宋称雁翅版，清称挂檐板、华板。

出　檐（2，3）　　　宋称檐出，清称出檐，江南称出檐、梁檐出。

屋檐、房檐（15，19）　　　宋称檐，清称檐宇、跳檐，江南称跳檐、檐口。

两　檐（5）　　　清称前檐后檐。

虚　檐（12）　　　元称梁檐，似清称的跳檐。

当　檐（8）　　　主屋的檐宇（檐步）。

周　檐（8）　　　屋四周的出檐。

磨角，转屋角（8，14）　　　宋称转角，似清称的屋角、翼角、屋面转角，江南称屋角、转角。

撒　角（8）　　　清称攒角，即屋面转角。

飞　檐（12）　　　宋、清均称飞檐。

飞　椽（17）　　　宋称飞子，清称飞檐椽，江南称飞椽。

飞　头（17）　　　宋称飞子头，清称椽头，江南称椽子头。

檐　椽（19）　　　宋、清均称檐椽，江南称出檐椽。

弯椽，曲椽（8，16）　　　宋称曲椽，清称蝼蝈椽、罗锅椽、顶椽，江南称顶椽、弯椽。

重　椽（8）　　　屋内施天花，顶板做成贴椽加望板形式，遂成上下双重椽子则称重椽。

复水椽（8）　　　重椽中斜置的椽称复水。

椽　当（11，19）　　　宋、清均称椽当，江南称椽豁。

地　屏（8，10）　　　宋称地棚，清称地板，江南称地板。

楼　板（10）　　　清称楼面地板、楼地板，江南称楼板。

楞，楞木，楼楞（16，19）　　　宋称铺版枋，清称楞木、龙骨木，江南称楼搁栅。

衬头木（12）　　　宋称生头木，清称枕头木、衬头木，江南称戗山木。

平　头（1，4）　　　梁枋、榫头端部做成直面者称平头。

栓，栓木，大栓（14，12，18）　　　即木钉，宋称橛子，清称栓子。

笋，笋头（12）　　　宋称卯眼，清称榫卯，江南称榫。

榫　眼（8）　　　宋称卯眼，清称卯口、窍眼，江南称卯口、榫眼、榫口。

暗　钉（9）　　　即木梢子，清、江南均称梢子、木梢。

阴阳笋（9）　　　清称龙凤榫，上、下榫，江南称雌雄榫，为拼接用的一种榫卯。

银锭榫（16，19）　　　清称银锭榫、银锭扣，属扣榫类，江南称锭榫、锭心榫、元宝榫。

三、小木作

装折，装修（8，5）　　　宋称小木作，清称装修，江南称装折。

雕　花（8）　　　宋称雕作，清称雕凿作，江南称雕花作、花作。

槢（16）　　　量词，即一组门、窗、屏风等的称呼。

外　门（9）　　　院子周边与对外开的门统称外门。

内　门（9）　　　院子范围内所开之门，含建筑物之门统称内门。

正大门，大门（9，5）　　　宋称正门、大门，清称大门、正门，江南称大门、头门。

门　楼（2，3，5，8）　　　清称大门、门楼，江南称门楼，另城门上的楼橹，明、清也称门楼。

虎坐门楼（15）　　　疑是宋、清称断砌门，江南称的将军门。

倒垂莲升斗门楼（15）　　　似清称的垂花门，江南称牌科门楼，如用砖雕砌者则称砖雕牌科门楼。

门　屋（3，4，5）　　　清称门屋、门厅、门座，江南称门屋、门房、门楼。

枷梢门屋（9）　　　疑是门屋前部二侧施排栅的门屋。

小门式（9）　　　相似宋的乌头门，清称冲天门，江南称冲天牌楼门。

戟　门（1，3）　　　以戟列在门前以示显贵，宋、元、清均称戟门。

重　门（8，9）　　　第二道大门，清、江南称二门。

仪　门（5）　　　官署中第二重正门，清、江南均称仪门。

房　门（9）　　　内门均可称房门，也有专指卧室之门。

庭门、角门（15，7）　　　即院子侧门，清称侧门、边门，江南称边门。

廊　门（10）　　　清称廊门、廊门桶子，即廊屋两侧的山墙面辟门。

都　门（9）　　　形制待查考，是官署、祠庙的大门，属门屋形式的一种。

球　门（10）　　　似清称的园门、券门、栱门。

胡字门（9）　　　宋、清均称壸门。

较　门（9）　　　形制待考，疑是第二重大门。

槽　门（9）　　　疑为框架式的大门，形制待考。

方胜门（9）　　　疑为砖木砌筑成的门楼或大门，形制待考。

如意门（9）　　　用砖、木砌筑的门楼式大门，清称砖雕如意门。

古门、古门道、鬼门道、鼓门道（20）　　　戏房两边出入之门。元称古门，似清"出将、入相"门。

圜　扉（16，14）　　　用圆木做成木栅的狱门。

柴　扉（11，15）　　　用树枝条编制成的门扇。

板门、板扉（10，11，8）　　　宋称版门，元称板门，清称板门，江南称木板门。

隔扇，长隔式，床槅，亮槅（16、17、18、8、14）　　　宋、元均称格子门，清称隔房、格门，江南称长窗。

门　簾（17，12，7）　　　元称门簾、簾架，清称门簾、簾架、簾框。

门　当（9）　　　门框与抱框间的横木，清称腰枋，江南称门档，原"当"字疑是"档"字之误。

明栿，框（1，4）　　　清称抱框、抱柱，江南称边栿。

门槛，地伏，门限（3，9，15）　　　宋称地栿，元称门限，清称下槛、门槛、地脚枋，江南称门槛、门限、下槛。

门　空（8）　见园林项。

门扇，扇门（9，14，7）　指门，也作量词如单扇门、双扇门。

门枋，额、楣（8，19）　宋称门额、门楣、额，元称额、楣、衡，清称门头枋、中槛、挂空槛，江南称中槛、额枋。

门枢，转轴（15，16）　宋称肋、搏肋，清称转轴，江南称摇梗。

门　簪（15，16）　宋、元、清均称门簪，江南称阀阅。

门　板（7，11）　宋称肘版，清称门板，江南称木门板。

门　枕（15）　宋称门砧，清称门枕、荷叶墩，江南称门枕石、门臼、地方。

关　木（15）　似宋称的门关、卧关，元称关木，清称横关，江南称门闩。

关门杆、门栓，大栓（8，14）　宋称立柣（门关），元称立柣，清称栓杆，即关闭门的竖立闩。

地脚，门蹄（7，9）　宋称立柣，清称地脚，江南称金刚腿。

窗扇、扇（7，16）　即窗，“扇”又含量词的意思。

窗槛，窗匡（1，4）　清称窗框，江南称窗宕子。疑“匡”字，应作“框”字解。

梃　子（12，18）　宋称桯，清称边梃、大边，江南称边梃。

窗间柱（7）　似宋称的明柱、心柱，清称间柱，江南称中枤、矮柱、窗间柱。

床　隔（8）　清称框窗、室窗，江南称户窗、窗户。

月牖，雪洞，月窗（8，10）　圆或半圆似月形的窗。

不了窗（8）　纵横直条组成的格子窗。

风　窗（8，10）　宋称风窗，清称横披，江南称风窗。

夹纱，夹纱（8，10）　宋称两明格子，清称夹实纱、夹堂，江南称纱隔、纱窗。

卐字窗（10）　格棂条用卐（万）字纹样的窗。

老古钱窗（19）　似宋称的白毬纹格扇，清称菱花格窗，分三交六椀、双交四椀等，江南称菱窗格。

直棂窗（4，7）　宋称板棂空、破子棂窗，直棂窗，似清一码三箭或马蜂腰窗，江南称直楞窗。

绣　窗（8）　妇女作刺绣室的格窗。

梅花篛（10）　梅花形式的窗。

琐　窗（16）　由欹斜棂条拼组成似锦纹的窗。

窗隔，槛窗，半墙床隔、尺槅式（5，16，8）　清称槛窗，江南称半窗、楼窗，如果槛墙改用木板封围，则宋代称隔减坐造。

蜊房窗（1）　清称明瓦窗、明瓦格窗，江南称明瓦窗、明瓦短窗。

截式窗、二截式、三截式（8）　相似清称的支摘窗，江南的和合窗。

格（10）　横格、横条档，也作量词解，如若干格，粗格，细格等。

窗棂，槅子，格子，棂齿（8，12，15，11）　宋称条桱、棂子，清称棂子、棂条，江南称心仔。

棂窗，隔心（8）　宋称格心，清称隔心、花心，江南称内心仔。

隔棂式，槅子（8，14）　棂条拼组成各种花式的窗。

十字槅式，纵横格（1，12）　宋、元均称四直方格子，清称方格窗心，俗称“豆腐块”，江南称满天星。

    细　格（8）　　　　由细棂条拼组成较密的格眼。

    柳　条（8）　　　　清称书条，即直条棂的窗格。

    横　格（8）　　　　即横平格子窗棂。

    欹斜式（18）　　　即直棂条作斜角形组成的窗格。

    斗　瓣（8）　　　　曲形棂条组合形式之一种，属清称的锦葵式。

棱花槅扇，菱花槅，菱花棂格（5，8，14）　　清称菱花窗，分双交四方菱花及三交六方菱花二类。

    菱花龟背槅（5）　　菱花花心形式之一种，清称三交六方菱花。

    格子眼（15）　　　由棂条交合成的空眼，清称格子。

    方　眼（10）　　　　由纵横棂条交合成方形格眼，宋称方格眼。

    眼　径（10）　　　　即棂格眼的对径尺寸。

    平　板，棂板（8，10）　　宋称障水版，清称裙板，江南称裙板。用于栏杆上的，宋称栏版，清称栏板。

    花　板（4，7）　　宋称华版，清称花板，江南称雕花板。

    条环板，束腰（1，8）　　宋称腰华版，清称绦环板，江南称夹堂板、夹心板。另须弥座上枭与下枭之间部分也称束腰。

    如意条环板（1）　　板面雕如意纹样的绦环板。

    泊风板（5）　　环绕柱子的薄板套及外檐门窗的遮风板。

    栏杆，栏楯，木栏（8，10，5）　　宋称钩栏，分重台钩栏与单钩栏二类，元称勾栏，清称栏杆，江南称木栏杆。

    短栏式（8）　　即宽度小于一般栏杆的形式。

    尺　栏（8）　　尺栏又有长、短尺栏之分，清称靠背栏杆、倚栏，江南称半栏，可分坐栏、座凳栏杆、倚栏。另用于槛窗外的靠背栏杆，宋称栏槛钩窗。

    鹅颈承坐，鹅颈（10，14）　　宋称鹅项，清称靠背栏杆、鹅颈椅，江南称吴王靠、美人靠。

    扶梯栏杆，胡梯栏杆（16，12）　　清称扶手栏杆，江南称胡梯栏杆。

    木栅，排栅（1，14，15）　　宋称杈子，清称栅栏，江南称木栅栏。

    天花，仰尘，承尘、平顶（8，10、5、7）　　宋称平阇或平棊，元称仰尘，清称天花、顶棚、承尘，江南称天花，棋盘顶。

    龙顶天花，蹲龙顶（5）　　背板面绘有龙纹彩画的天花，简称蹲龙顶，相似清代的片金天花。

    凤顶天花，天花凤板（5）　　背板面绘有云凤彩画的天花。

    浑金盘龙天花板（5）　　见彩画项。

    龙骨方槅顶，棋盘方格顶，顶格（2，1，8）　　清称井口天花，江南称棋盘顶。

    方　空（1）　　清称井、井口，江南称方井。

    龙　骨（2）　　宋称贴、桯，清称单枝条与连贰枝条，江南称支条。

    天花板，绮井（5，8）　　宋称背版，清称天花板，江南称天花板、顶板。

    藻　井（1，4）　　宋、清均称藻井，江南俗称鸡笼顶。

    斗以八顶，斗八藻井（1，3）　　似宋称的斗八藻井、小斗八藻井，清称八角藻井。

窠拱攒顶（2）　　　似用于拱承托圆窗或多边状的藻井。

顶　心（1）　　　宋称明镜，清称顶。

踏梯，楼梯，胡梯（1，10，14，16）　　　宋称连梯、胡梯，清称楼梯，江南称楼梯、扶梯。

板　棚（16，15）　　　檐下置可以自由支撑的木板棚。

屏风，三山屏风、五山屏风（16，1）　　　分隔室内空间的装修。

明　瓦（8）　　　清称明瓦，即加工过的蜊壳片。

皮条边（8）　　　窄狭的直线脚，清称皮条线。

起　线（7）　　　宋称出线，清称线脚、线条、起线，江南称起线。

合　线（8）　　　指两构件合缝处要求无漏隙。

丝　缝（8）　　　指两构件合缝处要求达到极细的空隙。

合　角（8）　　　似清称的双榫实肩、双榫双卯、大割角、大分角，江南称合角。

镶　边（5）　　　清称嵌边，江南称镶边。

转　轴（16，17）　　　宋称搏肘（肘），清称转轴，江南称摇梗。

门环，锡环，铁环（2，10，2）　　　宋称环，元称环纽，清称门环、仰月千年锦、雕花扭头圈子。

门　钹（12，5）　　　宋称钹，清称门钹。

门钹兽，兽面，铜兽面（2，5，2，10）　　　宋称铺兽、金铺，清称兽面、鋄钑兽面。

古青绿蝴蝶兽面（10）　　　门钹兽面之一种花式。

合页，铰链，合扇，铰钉，屈戌（8，12，10，5）　　　宋称屈戌，元称铰具，清称合页、活铰，江南称铰链。

包门叶（16）　　　清称护角叶。

包楅片、包楅（5）　　　清称中分角叶、看叶，又称梭叶、人字叶、拐角叶等。

角　叶（2）　　　清称角叶、人字叶，分双人字叶、单人字叶，叶面上镏贴金箔者称铜龙看叶。

抹金钑花叶片（1）　　　清称镏金镂花角叶、镏金镂花转角叶、镏金镂花看叶、镏金镂花转角叶或镏金镂花梭叶。

金铜钑花（1）　　　清称鋄钑上敷金箔，即铜器面上镏金或贴金并施镂花纹。

铜钉、门钉，金钉，金涂铜钉（1，14，2，4）　　　宋称浮沤、金钉、铜钉，元称金钉，清称门钉、金钉，江南称门钉，俗称馒头钉。

大麻菰铜钉（5）　　　经油饰贴金过的门钉。

寿　山（5）　　　清称钏，有铁钏、铜钏之分，即门的下镶所用铜铁套件，用以加固下楅（楅即门轴上下两头突出部分，见《营造法式》卷六版门条。）。

福海（5）　　　安门楅的铜，铁鞢臼，它往往与寿山联合一起称呼为"寿山福海"。

鎏　金（10）　　　即镀金，清称鎏金，江南称镀金、鎏金。

镶　金（10）　　　即包金。清称包金。

花　头（9）　　　即花式，清称花式、花样，江南称式样。

人字式，攲斜式（8）　　　门窗楅桱式样之一，清称人字纹。

井字式（8）　　　门窗楅桱式样之一，清称井字纹、井口式。

井字变杂花（8）　　　门窗楅桱式样之一。

玉砖街式（8） 门窗槅棂式样之一。

柳叶，柳条式（8） 门窗槅棂式样之一，清代江南称书条纹。

挑花浪，浪里梅式（16） 双层卧式的曲棂之间镶嵌木雕梅花结子的槅棂式样。

斜毯纹（18） 宋称毯文格，元称四斜毯文格子，清称正搭斜交四方菱花。

三方式（8） 木栏杆花式之一，清称三方式，即三角形。

六方式（8） 木栏杆花式之一，清称六方式，即六角形。

套方式（8） 木栏杆花式之一，似清称的方胜纹、盘长纹。

冰片式，碎冰（8） 木栏杆花式之一，清称冰裂纹式，江南称冰裂纹式、碎冰式。

波浪式（8） 木栏杆花式之一，清称直线波纹、水纹，江南称波浪式、水波式。

笔管式（8） 木栏杆花式之一，分单笔管、双笔管和变体三种，清、江南称笔管式。

梅花式（8） 木栏杆花式之一，清称花瓣式，梅花式。

锦葵式（8） 木栏杆花式之一，分六方葵式，葵花式二类，清、江南称花瓣锦纹。

联瓣葵花式（8） 木栏杆花式之一，清称葵花式。

镜 光（8） 木栏杆花式之一，即圆形花饰，清称圆光、圆镜、月亮圆。

攒 心（8） 花样棂子做法之一，即将弧曲的小棂条攒集于一中心，成一朵花形状，清称转心。

斗 瓣（8） 棂花的一种做法，取一中心向外放射成一花形。

八吉祥花（2） 纹样之一，清称八吉祥即法螺、法轮、雨伞、白盖、莲花、宝瓶、金鱼、盘长。

上下圈（8） 清称椭圆形。

万 字（8） 清称万字，卐字纹。

方 胜（8，10） 清与江南均称方胜，纹样之一。

叠 胜（8） 清称盘长，江南称套胜，俗称绳结、盘肠、结子。

金方胜、垒锭（7，18） 清称锭，江南称金锭，即金元宝。

笔 锭（7） 清称笔与金锭，江南将笔、锭与方胜三者结合，谐音"必定胜"，以取吉利之意。

方 环，套方（8） 清称套方。

凤翅花瓣（15） 清称凤起花瓣。

火焰宝珠（1） 宋、元均称火珠，清称火焰宝珠，江南称宝珠。

双 鱼（10） 清称鱼纹，为图腾纹样之一，意为"如鱼得水，年年有余"。

如 意（8） 宋、元、清均称如意。

如意莲瓣（17） 清称如意莲瓣，寓意"连年如意"。

连 钱（17） 清称双钱、古钱、轱辘钱，江南称双钱，寓意"双全"。

竹 节（7） 清称竹节，寓意"级级高升"。

执 圭（8） 即锐角形图案。

步步胜（8） 清、江南称步步锦。

罗 纹、琐纹（8，1） 宋、清均称锦纹。

龟文锦（2） 清称六方锦、六角锦，江南称六角锦。

宝相花（11） 宋、元均称宝相华。

香　草（1）　　似清吉祥草，江南称卷草。

松木纹，木文（1，8）　　宋称松纹，清称木纹。

莲花瓣（1）　　清称莲瓣，江南称莲花。

瑞　草（3）　　清称万年青、吉祥草。

鱼　鳞（3）　　清称鳞纹。

象　眼（10）　　即三角形图案。清称象眼。

升　龙（1）　　宋称升龙，元称升龙，清称升龙，龙纹之一种。

行　龙　　宋、元、清均称行龙，江南又称游龙。

坐龙、蹲龙（15）　　清称座龙、坐龙。

团龙，福海团花、盘龙（1，5）　　清称团龙，江南又称围龙、盘龙。

蟠　螭（2）　　即盘曲的龙兽纹。

云龙纹（1）　　即朵云、流云与龙组成的图案，清称云龙。

弯凤云文（1）　　即朵云或流云与凤组成的图案。

云朵、云纹，彩云（1，3）　　宋、清称云纹，清又称朵云、流云。江南称云朵、行云。

瑞　兽（1）　　清称祥瑞兽即龙、麒麟、猴、獾、马、鹿、象、羊等。

四、泥瓦作

瓦　作（5，8）　　宋、元、清均称瓦作，江南称泥瓦作、水作。

四阿，四阿顶（8，11）　　宋称四注、四阿、吴殿、五脊殿，清称庑殿，江南称四合舍。

歇山，转角歇山，歇山转角（2，3，8，15）　　宋称曹殿、九脊殿、厦两头造，清称歇山、歇山转角，江南称歇山。

人字顶，两坡顶（8，7）　　清称硬山、硬山房，江南称人字顶、山墙到顶造。

挑山，悬山（16，15）　　宋称两下造、不厦两头造，清称悬山、挑山，江南称悬山。

卷　篷（10）　　清称卷棚、元宝脊、过陇脊，江南称回顶。

方尖，结顶方尖（8）　　四方屋面的攒尖顶。

攒顶，尖合檐（11，16，8）　　宋称撮尖、斗尖，清称攒尖，江南称攒尖、尖顶，明又有"结顶合檐"做法与"结顶"之称。

盝顶，鹿顶（2，12）　　元称盝顶、鹿顶，清称盝顶，即中央筑平顶四周加檐的屋面。

坡　屋（1）　　清称单坡，江南称披。

重　庑（8）　　清称重檐庑殿顶。

重檐，双檐滴水，两檐（2，5，18，5）　　宋、元、清均称重檐，元代又称重屋。

三檐，三重檐，三檐滴水（5，4，14）　　宋称三重檐，元称三檐重屋，清称三重檐、三滴水，江南称三滴水。

后　厦（12）　　宋称抱厦，元称连厦，清称庑，似江南称的轩廊。

承露台（10）　　即平顶屋面，似阳台。

茆　盖（10）　　用茅草、稻麦秆覆盖屋面的草房，清称草房、草舍，江南称茅草屋。

殿角式（14，11）　　指庑殿、歇山转角屋顶的建筑。

福海顶（9）　　似清称的宝顶、葫芦顶，一般用于攒尖式的亭子屋面。

半间屋（8）　　　清称披屋，江南称披子。

瓦盖、屋皮（9）　　　清称瓦顶、头停宽瓦，江南称屋面。

铺瓦，盖瓦，盖（7，5）　　　宋称结瓦、布瓦，清称铺瓦、屋顶宽瓦，江南称盖瓦、布瓦陇。

陇、瓦沟（10，8）　　　宋称瓦陇，清称陇，江南称瓦楞。

檐　瓦（10）　　　即檐口之滴水，瓦当等瓦件。

檐溜，屋溜（10，11）　　　清称水溜。

合漏，天沟（10，8）　　　清称走水挡、天沟、斜沟，江南称天沟。

铜　池（15）　　　宋称承溜，元称铜溜，清称走水漕。

砌脊，筑屋脊（2）　　　宋称垒屋脊，清称调脊，江南称砌脊、筑脊。

叠瓦脊（11，19）　　　元称叠脊，清称叠瓦屋脊，江南称用瓦筑脊。

吻　脊（17，14）　　　宋、清均称正脊、大脊，元称吻脊，江南称正脊，殿庭用脊。

大吻，吻兽，衔脊（18，15）　　　宋称鸱尾、龙尾，元称鳞爪瓦兽，清称正吻，江南称吻、大龙吻。

花样兽脊（1）　　　兽脊中等级较高的一档次。

花样瓦兽（1，3）　　　次于花样兽脊的档次。

瓦　兽（2）　　　即陶土烧成的瓦兽。

鸱吻好望（10）　　　瓦兽之一种，形似龙的异兽。

葫芦顶（10，11，15）　　　攒尖顶屋面，结顶施葫芦形的瓦件。

土坯墙（14）　　　宋称土墼墙，清称土坯墙，江南称土墙。

土墙，版筑（3，8，5，8）　　　宋称版筑墙、土墙，清称椿土墙、夯土墙、版筑，江南称夯土墙、土墙。

一　堵（5）　　　宋称堵，清称一版，筑夯土墙计层数的单位。"堵"在宋代以前又作墙壁解说。

白粉墙，粉墙（8，18）　　　清称粉墙，江南称粉墙、纸筋粉墙。

素壁，粉壁（8，10）　　　清称白墙面，江南称白粉墙。

磨砖墙（8）　　　清称磨砖贴砌，磨砖对缝砌，江南称作细清水墙。

镜面墙（8）　　　明、清江南一带的一种粉面很光亮的墙。

漏砖墙，漏明墙（8，17）　　　清称花窗墙、漏明窗、漏洞窗，江南称漏窗墙，漏砖墙。

护泥板，牙护泥虚板（12，13）　　　似清称的护泥壁。

卵石墙（8）　　　清称卵石墙、石子墙，江南称石子墙、卵石墙。

乱石墙（8）　　　清称虎皮墙，江南称虎皮墙、块石墙。

瓦　墙（10）　　　用残瓦叠成的墙。

编篱棘（8）　　　用竹枝、酸枣之类的枝条编成的篱笆，一般作院墙使用。

八字墙，八字粉墙、八字砖墙（5，15）　　　清称八字墙，撤山影壁，硬山式八字影壁，江南称八字墙、八字照墙。

山墙，山尖墙，边墙（16，13，2）　　　清称山墙，江南称山尖墙、屏风墙。

厅堂面墙，门墙（8，15）　　　宋称的露墙之一，清称看面墙，江南称塞口墙。

半　墙（8）　　　宋称墙隔减、月兔墙，清称槛墙，江南称半墙。

围墙，院墙（5，8）　　　宋称露墙，清称围墙、院墙，江南称围墙。

面墙，照墙，影壁（5，10，8，10）　　宋称的露墙之一种，清称影壁，江南称照壁、照墙。

腰　墙（8）　　清称墙壁隔断、扇面墙。

隐门、小屏门（8）　　清称跨山隐壁。

墙脚，墙基，墙根（6，5，11）　　清称墙基，江南称墙脚。

下　脚（16）　　宋称隔减，清称群肩、下肩，江南称勒脚。

飞　檐（16）　　清称拔檐，江南称飞檐，即墙顶逐层挑出作仿木椽形式的砖结构。

排　方（18）　　清称大方子、贴枋，江南称抛枋。

檐　牙（12）　　墙顶拔檐砖跳部分，做成间空形式如牙齿状的砖跳结构。

封顶，墙头，收顶（4，10，1）　　清称墙顶、扣顶、压顶。

墙　肩（12）　　清称墙肩、签尖，江南称山尖、墙顶。

墙　跺（16）　　清称墀头、脚头，江南称垛头。

墙　角（10）　　即墙转角。

门　空（8）　　称砖砌的门框、门洞为门空，江南称地穴。

磨空，门窗磨空（8）　　清，江南称门景，即门、窗宕子（边框）满嵌磨砖。

上下圈式门，鹤子式（8）　　清称椭圆形门框。

方门合角式（8）　　一般长方形门框，竖横框架正角相交。

月洞、圆门空（80）　　清称月亮门、圆洞门，江南称月洞门。

八角门式（8）　　门框上枋左右两角做海棠纹。

长八方门式（8）　　门框上下均作抹角。

执圭门式（8）　　门框上方做成三角形门首。

券门、券洞、圆鞠（8，6）　　清称券门、拱门，江南称券门、拱门。

墙门，砖门楼（14，2）　　清称镶头门、砖雕门楼、雕花如意门，江南称砖雕门楼，按形式分为三飞砖墙门、砖雕牌科墙门。

八字墙门（18）　　清称撇山影壁门楼。

门台，门座（2）　　砖、石砌的大门台座，称台门座。

皮条线（8）　　用磨砖起线砌出门窗框。

砌砖墙（7）　　宋称叠砖墙，清称砌砖墙，江南称砌墙。

侧砖砌（6）　　清称立砌。

卧砖砌（6）　　清称卧砖砌、平铺。

细磨、细砖（10）　　清称磨砖，江南称作细砖。

满　磨（8）　　清称满磨细砖，满贴细砖。

磨　砌（8）　　清称磨砖对缝，江南称作细砌。

破花砌（17）　　砌砖墙方法之一。

龟背磨砖嵌缝（14）　　室内墙面用六角形磨细砖贴面。

粉　饰（10，8）　　清称抹灰，江南称粉纸筋灰。

泥　屋（19）　　宋称抹灰，清称抹灰，江南称粉灰、抹灰浆。

涩　浪（16）　　即石作、瓦作筑砌石、砖的一种花式。

铺　灰（19）　　清称铺灰，江南称笃灰。

抿　缝（16）　　即于清水砖墙面勾抹灰缝，清称勾缝。

土　坯（13，12）　　　宋称土墼，清称土坯。

刀砖，鞠砖，券砖（6）　　　券用砖，似宋称牛头砖，属条砖之一。

方砖，细料方砖、方墁砖（2，6）　　　宋称方砖、地砖，清称地砖、金砖、京砖，即细泥精制砖，产于江苏吴县陆墓。

平身砖（6）　　　砖型之一。

沙板砖（6，2）　　　砖型之一。

线　砖（6，2）　　　异型砖之一。

斧刃砖（6）　　　楔形砖之一。

官　砖（10）　　　明代对官窑烧成砖统称为官砖。

城　砖（10）　　　似宋走趄砖，清属澄浆砖之一。

副　砖（2）　　　砖类型之一。

混　砖（2）　　　清称混砖。

楻板砖，望板砖（6，2）　　　清称望砖、望板砖，江南称望砖。

嫩火砖（6）　　　火候不足烧成的次品砖。

黑板瓦、板瓦（6）　　　宋称瓪瓦，清称板瓦、底瓦、黑板瓦，江南称底瓦、仰瓦。

青瓦，灰瓦、小瓦（6，7，12）　　　宋称青灰瓦、小瓦，清称布瓦、青瓦、阴阳瓦、蝴蝶瓦，江南称小青瓦、蝴蝶瓦。

青筒瓦，宛筒，筒瓦（6，12）　　　宋称瓹瓦，清称筒瓦，筒板瓦，江南称灰筒盖瓦、筒瓦。

龙鳞瓦（12）　　　弧形瓦。

缥瓦，溜璃瓦、琉璃瓦（12，5，6）　　　宋称琉璃瓦、缥瓦，清称琉璃瓦，江南称琉璃瓦。

沟　瓦（6）　　　清称天沟大瓦、大板瓦，江南称天沟瓦、大仰瓦。

云　瓦（6）　　　清、江南称花边瓦之一种形式。

滴　水（6）　　　宋称重唇瓪瓦、垂尖华头瓪瓦，清称滴水，江南称滴水瓦、花边滴水。

抱　同（6）　　　清称蒙头瓦、瓦圈、扣脊瓦。

窑厂，黑窑厂（1）　　　宋置事材场，窑务，元称窑场，清分置于黑窑厂、琉璃厂。

黑窑、窑作（2）　　　宋称窑作，清称陶土砖窑，江南称烧窑。

琉璃窑（2）　　　清称琉璃窑，专烧琉璃砖瓦件的窑。

柴薪窑（6）　　　用木柴烧砖、瓦之窑。

煤炭窑（6）　　　用煤烧砖、瓦之窑。

砖瓦挤水转锈窑（6）　　　制青色砖、瓦之方法。

黑窑匠（12）　　　清称窑匠，江南称烧窑匠。

上色匠（12）　　　清称上油匠，即琉璃作负责采釉着色的工匠。

风火匠（12）　　　烧制琉璃构件的工匠。

石　粉（8）　　　粉刷墙面用料之一，即石灰。

白　蜡（8）　　　白蜡虫分泌物，可以起润滑而光泽作用。

油　灰（8）　　　清称油灰，江南称油灰、灰油，是桐油与石灰的混合物。

纸　筋（8）　　　清称纸筋，用以与石灰拌和的纸浆便成纸筋灰。

蜈蚣木（2）　　　筑土墙的木支架。

条　石（10）　　　清称块石，江南称塘石。

武康石（10）　　　石有青色和黄黑斑二种，产于浙江武康县境内。

暗　丁（9）　　　即瓦钉，宋称葱台钉、腰钉，清称瓦丁、瓦帽铁钉。

铺地、砌地，瓮地、铺活（5，2）　　　宋称铺地面，清称铺地、墁地面，江南称花街铺地、铺地。

乱石路，石子砌地（8，10）　　　清称乱石路、碎石路、杂石路，江南称弹石路、杂扎石路。

卵石路，鹅石路，鹅子路（8，7，17）　　　清称卵石路，江南称石卵路，分清石卵与黄石卵二种。

砖铺地（8）　　　清称墁砖地，江南称砖铺地。

墁方砖（6，7）　　　清称墁方砖地面、砌金砖地，江南称铺砖地。

莲花贴地（8）　　　铺成莲花图案的地面，宋称铺地莲花。

满地草砖（14）　　　用一般条砖铺地面，"草砖"是与磨细砖相对而言。

仄　砌（8）　　　清称立铺、仄铺、立砌，江南称立砌。

扁铺、平铺地面（12）　　　宋称平铺地面，清称平铺地面、平墁地面，江南称平铺。

细砖地空铺（10）　　　室内用方砖满铺于木板层上，下用陶制缸罐承支的铺地结构。

八方式（8）　　　砌地铺街花式之一种，即八角形式。

八方间六方式（8）　　　砌地铺街花式之一种，即八角间嵌六角的图案。

长八方式（8）　　　砌地铺街花式之一种，清江南称长八角形、八方式。

八角嵌方，八角嵌小方（8）　　　砌地铺街花式之一种，即正八角嵌正方形，四抹角的八角形嵌小四方形。

人字纹式（8）　　　清称人字纹，砌地铺街花式之一种。

六方式（8）　　　清称龟纹、龟锦，江南称六角，是砌地、铺街花式之一种。

套六方式（8）　　　铺街、砌地花式之一种，清称套六角，江南称六角套式。

攒六方式（8）　　　铺街、砌地花式之一种，清、江南称攒六角式。

水　晶（16）　　　元称水精纹，清称水晶纹、玻璃晶。

四方间十字式（8）　　　铺街、砌街的花式之一种。

斗　纹（8）　　　铺街、砌街花式之一种，清称斗纹。

回　纹（8）　　　清与江南均称回纹，是铺地砌街花式之一种。

间　方（8）　　　清称间方，是铺地砌街花式之一种。

冰裂地（8）　　　清称碎冰纹、冰裂纹，江南称冰纹，是砌街铺地花式之一种。

波纹地（8）　　　宋称水文、水波文、波水地，清称波纹，江南称波纹。

海棠式（8）　　　清称海棠，江南称软景海棠、海棠纹。

球门式（8）　　　宋称毯纹，清称球纹，江南称球门地，是铺地砌街花式之一。

蓆纹式（8）　　　清称蓆纹，铺地砌街花式之一。

香草边地（8）　　　铺地砌街花式之一，清称香草边。

碎　花（8）　　　铺地砌街花式之一。

五、石作

台基，台座，阶基（8，5，15，14）　　　宋称陛基，清称台基、台明，江南称陛台。

须弥石座、花石须弥座（5）　　宋石作称叠涩坐，砖作称须座坐，清称须弥座，江南称金刚座、细眉。

须弥样（5）　　侧面上下凸，中间凹入的台座形式，均称须弥样。

露合，出步，月台（10，8，14）　　清称平台、露台、月台，江南称月台。

承露台（8）　　见泥瓦作。

仰覆莲座，石莲座（5，14，12）　　宋称仰覆莲荷台坐，元称莲花座，清称莲花座，江南称莲座。

上　枋（7）　　宋称方罨平塼（只不过它是用砖砌），元称方罨，清称上枋，江南称枋子。

下　枋（7）　　宋称罨牙塼（只不过它是用砖砌），元称方罨，清称下枋，江南称枋子。

束　腰（12，3）　　宋、清均称束腰（宋又称束腰塼），江南称宿腰、宿肤。

螭、螭首，螭头，石龙头（3，2，6）　　宋称殿陛螭首，清称螭首，江南称兽头、龙头。

八达马（12）　　类似宋束腰转角的角柱，元称巴刺子，清称巴达马，江南称莲花柱。

台级（阶）、露阶，落步，阶（7，10，8）　　宋称踏道，元称踏道、露阶、台阶，清称踏跺、踏步、台级、阶级，江南称踏步、踏坡、石级。

象眼石（8，10）　　宋、清均称象眼，江南称菱角石。

踏　坡（14）　　宋称墁道、清称马道、蹉蹉，江南称坡道、踏坡。

陛道，御路（1）　　宋称陛、辇道，清称御道、御路。

石柱、石栏杆　　石制栏杆，宋称钩栏、勾栏、分重台钩栏与单钩栏，清称钩栏、石栏杆，江南称石栏杆。

落步栏杆（8）　　清称垂带栏杆、石阶栏杆。

石井栏（10）　　清称井栏，江南称围井栏杆。

石莲柱（10）　　宋、清均称望柱。

仰覆莲座顶（17）　　宋称莲华柱顶、仰覆莲胡桃子柱顶，清称莲花柱顶，江南称莲花座顶。

柿　顶（10）　　望柱顶花式之一。

宝珠顶仰覆莲座、火焰宝珠带仰覆莲座（1）　　望柱顶花式之一。

凤顶带仰覆莲柱（1）　　望柱顶花式之一。

云拱，荷花宝瓶（12，10）　　宋称云栱、撮项、瘿项，清称净瓶荷叶云子，江南称花瓶撑、三伏云撑。

花板、栏板（1）　　宋称华版，清称栏板。

云板、字板（1）　　栏板花式二种

地　霞（2）　　宋称地霞，是重台钩栏小华板间承托束腰的构件，木栏杆中称木墩。

土　衬（16）　　宋称土衬石，清称土衬、砚窝石，江南称土衬石。

石础，础，磉（8，10，7）　　宋称柱础、石碇，元称磉，清称础、础石、柱顶石，江南称磉石。

雕花石础，石莲磉（13，10）　　如宋称铺地莲花覆盆、仰覆莲花覆盆，元称花础，清称雕花石础、雕花柱顶石，江南称雕花磉磴。

石槏，石柱（4，5）　　清、江南均称石柱子，江南又称石庭柱、石廊柱。

盘龙柱（5）　　宋称混作缠柱龙，清称盘龙柱，江南称盘龙柱、龙柱。

镌花石柱（5）　　清称雕花石柱。

石捆、门限，地栿（10，12）　宋称石地栿，清称石槛、石门限，江南称石门槛、石门限、石地伏。

石　基（8）　园门框或折角门框下的石座。

过门石（8）　石制门楣（门梁）。

镂鼓，抱鼓石，门鼓石，石鼓（8，7，10，15）　清称门鼓石，江南称坤石。

石　灯（14）　石制灯屋，由屋、杆、座组成。

石　幢（14，15）　由石柱础、石柱、屋柱顶组成，石柱面刻有经文咒语，故又称经幢，清、江南均称经幢。

马　石（15）　清称上马石。

碑　碣（1）　宋、清均称碑碣，江南统称石碑、碑。

石龟趺坐（1，10）　宋称鳌坐，清称龟趺、霸下，江南称龟座、碑座。

天禄趺（1）　即镌雕天禄之碑趺，按制度分属第三等。

螭首趺，龙顶（1，5）　即镌雕螭形（神兽）之碑趺，按制度分属第一等。

麒麟趺，麟凤（1，3）　即镌雕成麒麟形之碑趺，按制度分属第二等。

方　趺　即镌成长方形的方座，有方直、叠涩雕花三种。按制度分属第四等，而碣则多采用方趺。

圭式碑，执圭碑碣　宋称笏头碣，清称圭头碑、圭首碑。

碑首及碑额（15）　宋称碑首、碣首、篆额天宫，清称碑首、碑头及碑额。

碑座，碑趺　宋称碑坐、碣坐，清称碑座、趺。

朝天吼（1）　清称蹲兽（犼），即华表上的异兽。

卷　瓮（12）　宋称卷，清称石拱券。

瓮（12）　石券单位作量词解又作券洞的简称，清称孔。

斧刃石（3）　宋称门卷石、斧刃石，清称拱券石。

石　房（15）　即石材垒砌成的房屋。

土石方（8）　清称土方、石方。

桩木，桩撅（8）　宋称地丁，元称橛，清称桩丁，江南称桩木。

钉柏桩（10）　清称打柏树桩木。

铁　锭（10）　用铁件（锭）来加强石块间的牢度。

磨石、磨光（5）　造石材、石件最后一道工序，使石件达到光亮平滑的效果。

六、油漆与彩画

彩画，綵画（10，5，1）　宋称彩画，元称彩绘，清称彩画、彩饰，江南称彩画。

彩　漆（10）　即用各色油漆绘成的彩画。

素染、白木染色罩油（10）　清称染本色，江南称染木。

雕　銮（10）　雕刻与彩画并施。

雕漆、剔漆、刨剔（10）　为漆器制作方法之一。

装塑、泥胎塑彩装（15）　泥塑加上彩绘。

白　漆（10）　元称素白漆、小白漆，清称白色漆，江南称白漆。

生漆、大漆（10）　　生漆又称棉漆即天然漆，清称生漆。

朱漆、丹（10）　　元称朱漆，清称红色漆、朱红漆，江南称朱红漆。

金漆，广漆（2，10）　　清称广漆、罩光漆，江南称广漆。

退光漆（10）　　清与江南均称退光漆。

青　油（7）　　元、清、江南均称青漆。

白　垩（1，13）　　又称白土粉、大白、白土子，是白色原料。

石　青（8）　　似宋螺青，清称石青、扁青、骨青、空青，即蓝铜砂是天然矿颜料之一。

石　绿（10）　　宋、清均称石绿，清又称孔雀石绿，是矿物质颜料之一。

丹砂、丹（10）　　即朱砂、辰砂，是天然矿物颜料之一，清、江南皆称丹、红朱、朱砂。

银　硃（8）　　又称银朱，是正赤色的矿物质颜料。

沉香色（1）　　清称香色。

翠绿，瓜皮绿（2，3）　　似清称的洋绿。

胡　粉（7）　　宋称铅粉，清称铅白粉，江南称铅粉。

胶　粉（7）　　宋称鳔粉，清称金胶油，江南称胶，三者用材及配合方法有异，但均是贴金的胶合材料。

木　色（8）　　清称木色，江南称本色。

木　纹（8）　　宋称松纹，清称木纹，江南称木轮纹。

上五彩，五色装（5）　　相似宋五彩装，彩画类型之一。

上等青绿间金妆饰、上等青绿间金妆绘，青绿点金（5，2）　　相似清代沥粉贴金金龙和玺彩画或沥粉贴金龙凤和玺彩画。

青绿彩画（5）　　相似清代和玺彩画。

青碧绘饰（2）　　彩画类型之一。

次等青绿彩画（5）　　相似清代旋子雅五墨彩画。

琢　色（12）　　相似琢墨彩画。

五　墨（13）　　清称五墨彩画。

粉青刷饰（2）　　刷饰之一种。

土黄刷饰（2）　　刷饰之一种。

青黑刷饰（2）　　刷饰之一种。

绿地描金绘（1）　　彩画之一种。

青地绘五彩云（1）　　彩画之一种。

线金五彩莲花妆（2）　　彩画之一种。

水花，油漆（5）　　刷红漆的工艺之一。

打底子（12）　　清称打底杖，江南称打地（底）子，是彩画，油刷操作程序之一。

衬地（底）（2）　　宋称衬底，清称衬底（地）。

堆粉贴金、贴金（5）　　元称金装，清称沥粉贴金、飞金、金条子，江南称立粉装金。

点　金（5，2）　　清称点金，分大点金、小点金，是点缀彩画花纹中心部位或主要部位的用金手法之一。

描金线（2，1）　　宋称描金，清称描金，是彩画操作程序之一。

扫　金（12）　　清称扫金，是贴金方法之一。

洒　金（10）　　　　是贴金方法之一，即将金箔用笔洒在油垫层上。

飞　金（2）　　　　是贴金方法之一，即将金箔全部贴在油垫层上。

七、其他

1. 宅　园

复　室（8，10）　　　清称套房。

避　弄（10）　　　清、江南称备弄、更道、长弄。

四敞厅（8）　　　四面敞开置有回廊弄或门窗的厅，清称凉厅，江南称四面厅，另四厅环合院子者也称四面厅。

敞　卷（8）　　　厅堂建筑前置轩廊不施门窗者，明、清江南地区均称敞卷、敞轩。

余　轩（8）　　　厅堂建筑后带步廊，顶做轩梁形式。

蟹壳屋（9）　　　堪舆论对建筑间进布局的一种术称，即前幢建筑宽度小于后幢。

槛口屋（9）　　　堪舆论中对建筑间进布局的一种术称，即前幢建筑面阔大于后幢建筑。

半　廊（8）　　　清称单面空廊，是空廊之一种。

回　廊（8）　　　清称回廊。

空　廊（8）　　　清称空廊，分单面空廊、双面空廊，是游廊之一种。

复　廊（8）　　　清称复廊、里外廊，是空廊之一种。

爬山廊（8）　　　清称爬山廊、叠落廊，是一种高低起伏的廊。

游　廊（8）　　　清称游廊，是园廊之总称。

梅花亭（8）　　　清称梅花亭，江南称花瓣亭。

十字亭（8）　　　清称十字亭，用十二根柱按四等分布成十字，上用方形攒尖结顶。

横圭亭（8）　　　上圆下方的圭形亭。

暖　亭（15）　　　封闭式的亭子。

山　堂（8）　　　山间两侧的斜路。

掇　山（8）　　　清称掇山，江南称叠假山。

叠　石（8）　　　宋、清均称叠石，清又称假山，江南称假山。

步　石（8）　　　清称踏步、跳墩子，江南称步石。

山　师（12）　　　元称山匠，清称山匠、花园子、叠山工，江南称叠山匠。

主　石（8）　　　清称峰石、主峰。

劈　峰（8）　　　主峰二侧的陪衬峰石。

壁　岩（8）　　　嵌筑在墙身的岩石。

峭壁岩（8）　　　叠筑壁岩之一种。

弹子窝（8）　　　湖石石面有凹孔。

瘦透漏皱（8）　　　清称瘦皱漏透。

斗（8）　　　岩石拼对称斗。

竿（8）　　　清称吊杆，是起重的工具。

水库房（8）　　　园林储藏水的建筑。

地　管（8）　　　园林排水管道。

2. 塔

塔　心（15）　　　清称塔室，江南称塔心。

天轮，相轮（2，18）　　　宋、清均称相轮，江南称蒸笼圈。

宝　盖（1）　　　元称华盖，清称宝盖，江南称风盖。

铁　索（2）　　　清称垂链，江南称旺链。

塔心木（15）　　　清称刹杆，江南称刹木。

风铎、金铃，铜铃，檐铃（1，13，16）　　　清称风铎、风铃，江南称铜铃、卦铃。

3. 陵　墓

下马坊　　　清称下马碑。

禁约碑　　　清称禁示（勒）碑。

朱石碑　　　碑石刷红色的石面。

神　道　　　宋、清均称神道，陵区的主道。

神道柱，擎天柱　　　宋称望柱，清称望柱、华表，江南称墓表、石柱。

朝天吼　　　见石作项。

望君出　　　华表顶盘上踞的面南异兽。

望君归　　　华表顶盘上踞的面北异兽。

石几筵，五供石台　　　宋称石五供，清称五供。

雀　池　　　清称树池，即矩形的石槽。

方　城　　　清称方城、寝门。

明　楼　　　清称碑亭。

宝　顶　　　清称宝顶。

芦　殿　　　用芦蓆和竹搭成的临时建筑。

芦殿坂　　　供搭芦殿的基地。

奉祠房，祠祭署　　　宋称护班房，清称守护房。

拂尘殿及具服殿　　　清称具服殿。

神宫监　　　似清称的朝房。

琉璃屏　　　位于宝顶前，作屏风功能的墙。

棱恩殿　　　相似宋的南大殿，清称隆恩殿。

焚帛炉　　　清称焚帛炉、燎炉，藩王墓前置的称焚帛亭。

玄　宫　　　宋称皇堂、攒宫，清称地宫。

法　宫　　　寝宫内廷的建筑。

丁字大券　　　地宫内的砖券。

金刚墙　　　清称挡券砖墙。

注：以上名称多引自《明史》、刘敦桢文集一卷《明长陵》。

插 图 目 录

第二章　宫　　殿

第三章　坛　庙　建　筑

第四章　陵　墓　建　筑

第五章　住　　宅

第六章　宗　教　建　筑

第七章　园　　林

第八章　学校、观象台等建筑

第九章　建筑结构与装修技术

第十章　风水、建筑匠师、建筑著作